超值DVD多媒体教学光盘

- **10大**特效设计领跑服装界核心领域
- **13大**类时尚服装及配饰设计，涵盖各式女装、男装、童装以及各种配饰的设计和表现技法，及时更新您的潮流服装储备

温鑫工作室　编著

Photoshop CS5

服装设计 案例精选

兵器工业出版社

北京希望电子出版社
Beijing Hope Electronic Press
www.bhp.com.cn

内 容 简 介

本书全面系统地介绍了如何用 Photoshop CS5 进行服装造型设计和绘制时尚服装效果图。作者结合多年实际工作经验，通过大量的案例详细讲解了各种服装及配饰的设计思路和制作方法。

本书共分为 15 章，内容包括服装面料、眼镜、帽子、胸针、时尚女包、丝巾、腰带、各类鞋靴、童装、领带、女裙、晚礼服、婚纱、舞台装与古代服装的设计与绘制，通过大量的案例详细讲解了各类设计的基础知识及操作方法。读者通过阅读本书，可以学习到使用 Photoshop CS5 设计各种服装及配饰的方法和技巧。

本书附赠 1 张 DVD 光盘，包含本书案例的部分教学视频以及素材文件，以方便读者学习和参考。

本书内容实用、案例精美，可作为从事平面美术设计、服装设计、婚纱设计人员以及广大服装艺术爱好者的指导用书，也可作为各类院校服装设计和平面设计专业师生及社会相关领域培训班的教材。

图书在版编目（CIP）数据

Photoshop CS5 服装设计案例精选 / 温鑫工作室编著
. -- 北京 : 兵器工业出版社, 2012.1
ISBN 978-7-80248-690-4

I. ①P… II. ①温… III. ①服装－计算机辅助设计
－图像处理软件，Photoshop CS5 Ⅳ. ①TS941.26

中国版本图书馆 CIP 数据核字（2011）第 238106 号

出版发行：兵器工业出版社　北京希望电子出版社
邮编社址：100089　北京市海淀区车道沟 10 号
100085　北京市海淀区上地 3 街 9 号
金隅嘉华大厦 C 座 611
电　　话：010-62978181（总机）转发行部
010-82702675（邮购）010-82702698（传真）
经　　销：各地新华书店　软件连锁店
印　　刷：北京市双青印刷厂
版　　次：2012 年 1 月第 1 版第 1 次印刷

封面设计：深度文化
责任编辑：宋丽华　赵书亚
责任校对：刘　伟
开　　本：787mm×1092mm 1/16
印　　张：28.5
印　　数：1-3000
字　　数：702 千字
定　　价：55.00 元（配 1 张 DVD 光盘）

Preface 前言

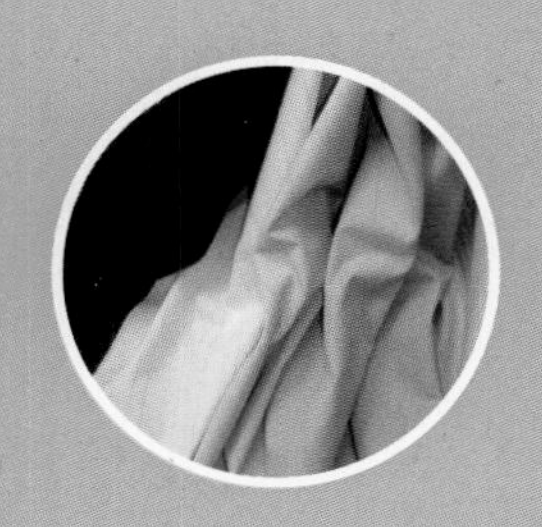

本书是一部讲解如何利用Photoshop CS5绘制现代服装效果图的书籍。作者结合多年的实际工作经验，通过大量的实例，深入浅出、循序渐进地讲解了服装服饰的制作方法，并教授读者如何利用电脑绘制时装设计图。

服装效果图是对服装设计产品较为具体的预示，它将所设计的服装，按照设计构思形象、生动、真实地绘制出来。人们通常所指的“服装效果图”，便是这种类型的服装画。服装效果图是服装画分类中的一种，服装画比服装效果图的内容更丰富，含义更广泛，它们之间因所绘制的目的不同而有所区别。

本书以电脑手绘为主，通过Photoshop CS5 全方位表现服装与配饰画的绘制方法和创作技巧。本书涉及的范围比较广泛，有时尚女装、男装、可爱童装以及不同风格、不同质地的服装，可谓是一本服装大全。书中着重以钢笔工具、画笔工具与各种图形特效命令相结合，从而绘制出各种服装款式和服装饰品效果图。

本书实例创意新颖，步骤清晰，内容详尽，理论与实践相辅相成。本书附赠1张DVD光盘，内容包括书中部分实例素材和完成的效果文件以及视频文件，建议读者将书中内容与光盘结合起来学习，从而达到事半功倍的效果，降低学习的难度。

参与本书编写的工作人员有徐丽、刘茜、张丹、徐杨、王静、李雪梅、刘海洋、李艳严、于丽丽、李立敏、裴文贺、霍静、骆晶、刘俊红、付宁、方乙晴、陈朗朗、杜弯弯、谷春霞、金海燕、李飞飞、李海英、李雅男、李之龙、梁爽、孙宏、王红岩、王艳、徐吉阳、于蕾、于淑娟和徐影等，在此表示感谢。

如果您在阅读本书时存有疑问，可登录网址www.温鑫文化网.cn，给温鑫工作室留言，我们会及时给予回复。也可发电子邮件至skyxuli888@sina.com与作者联系。如果希望知悉图书的更多信息，请浏览网站www.bhp.com.cn。

编著者

第3章

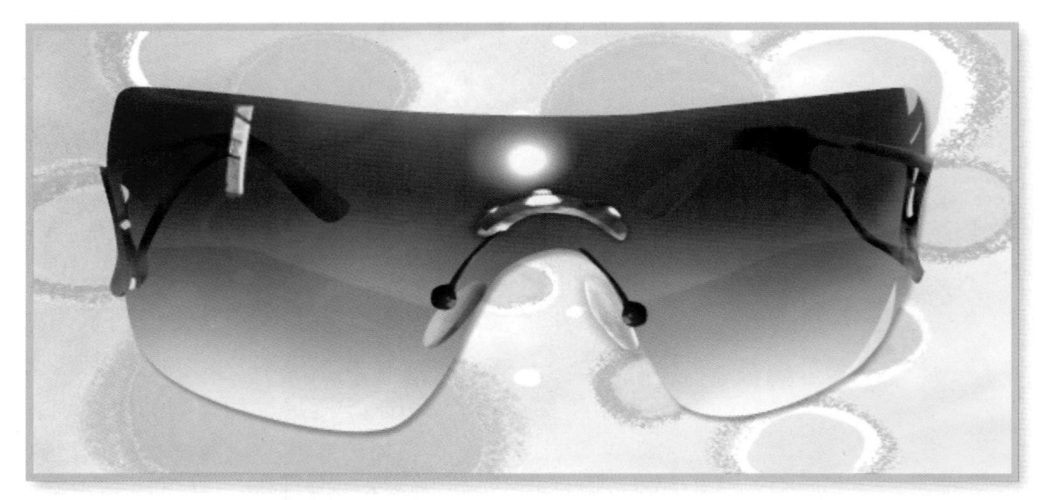

第4章

第5章

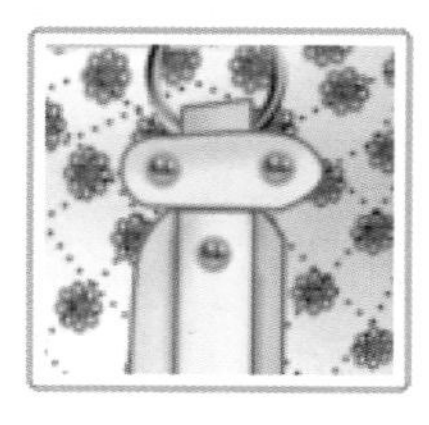

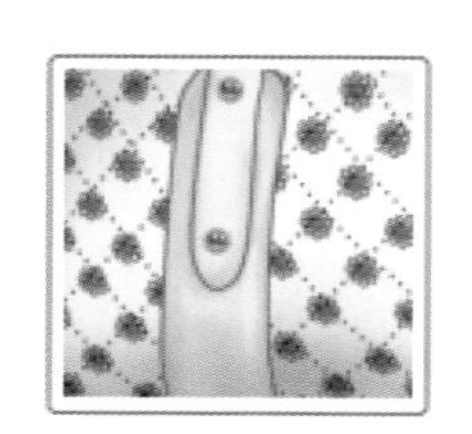

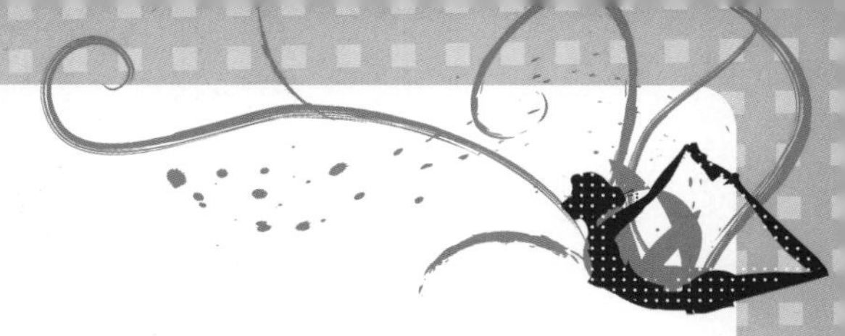

第6章

第7章

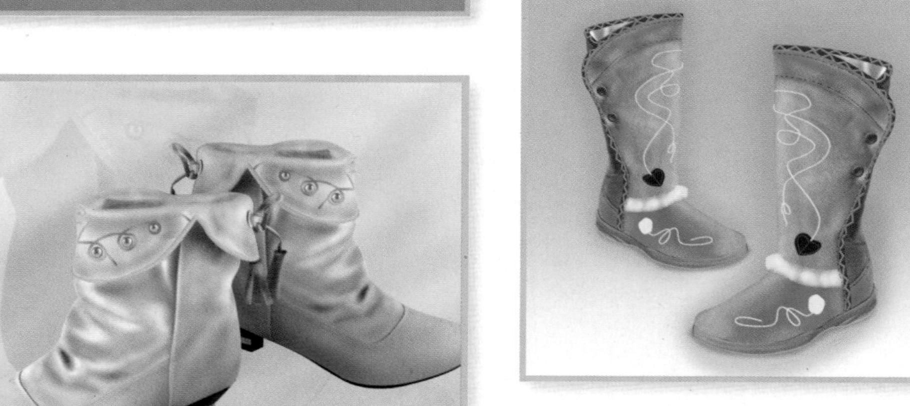

第8章

第9章

第10章

第11章

第12章

第13章

第14章

第15章

Content 目录

第1章　服装画与服装设计

第2章　服装设计与各种面料的搭配

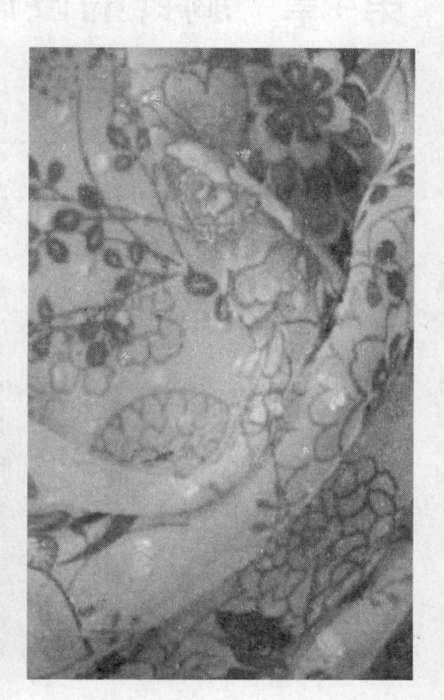

第3章　眼镜和帽子的设计

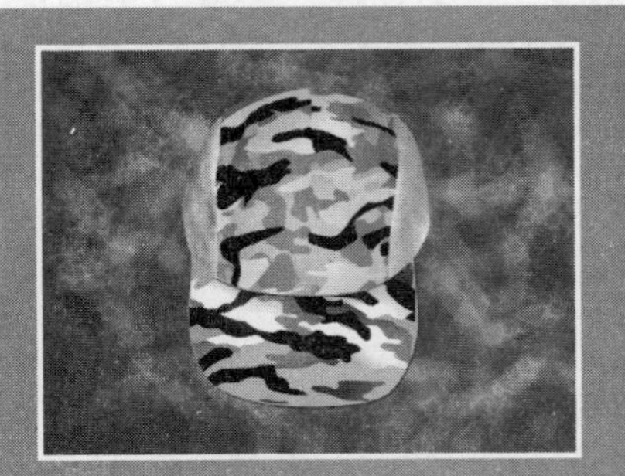

第4章　胸针的设计

第5章　时尚女包的设计

第6章　丝巾与腰带的设计

第7章 各种女鞋的设计

第8章　各种男鞋的设计

第9章　童装与童鞋的设计

第10章 男士服装与配饰的设计

第11章 妩媚迷人的女裙设计

第12章　休闲套装与女裙的设计

第13章　时尚超酷女装的设计

第14章　晚礼服与婚纱

第15章　舞台装与古代服装的设计

第1章 服装画与服装设计

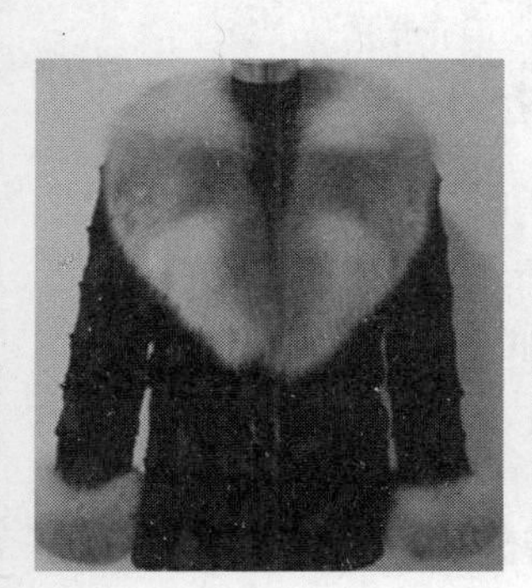

Photoshop CS5

1.1 服装画的表现手法

服装画是表现服装设计理念的必要手段。服装画的表现方法多种多样，可凭借各种工具材料和创作手法来表现设计者的设计意图。画好服装画要进行几个基础训练，包括服装人体画、着装、黑白单色训练和色彩训练。只有掌握了这些，并运用各种工具和技法，才能将丰富多变的设计意图准确、形象地描绘出来。

1.1.1 黑白表现

黑白表现是用单色表现服装的明暗与质感。它包括素描和水墨，无论哪种表现方法，都是在线描的基础上用不同的方法表现画面的立体效果。

1. 黑白表现方法

（1）线描

线描表现是所有表现方法的基础。利用线条的变化塑造对象的表现方法叫线描。线描注重用线条的轻重缓急和虚实变化表现服装的面料与质感。线条的长与短，粗与细，曲与直都会给人不同的感觉。绘画时线条要简洁明了，如图1-1所示。

图1-1

（2）素描

素描是各种绘画的基础，是表现画面明暗的基本方法。利用单色的深浅来塑造人物的方法叫素描。素描是色彩表现的前提，它借助明暗调子和空间透视来塑造画面的三维立体关系。

1）绘制适合表现服装的人体。

2）将服装准确地穿着在人体上，并根据人体描绘出服装的款式、人体扭转处服装出现的褶皱等。

3）通过淡化人体线条，描绘出画面的立体效果，用素描调子的处理方法绘画服装与人体的立体转折关系。

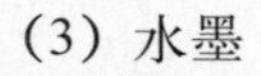

（3）水墨

水墨表现是素描表现的一种，素描大多都用铅笔来表现，水墨是另一种黑白画的表现方法。为了给以后的色彩学习打基础，这里单独把水墨表现划分出来，它以毛笔为工具，为服装材料塑造明暗立体的效果。

2. 裙、裤褶皱的表现

裙、裤的褶皱表现要根据服装是否贴身、裙摆大小等问题选择不同的处理方法。紧身裙子和裤子必须根据人体扭转动态，画出运动产生的褶皱。

3. 各种面料质感的表现

各种面料质感的表现主要包括皮革、绸缎、编织物、雪纺绸、羊毛织物、貂皮、丝绒、羽绒服及内衣材料等，如图1-2、图1-3、图1-4所示。

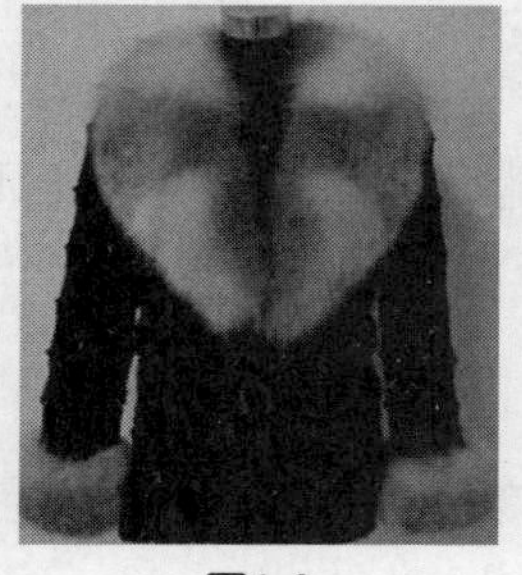

图1-2

图1-3

图1-4

4. 男装的表现

男装表现以西服为主，绘画时要表现出服装的挺拔与棱角分明。

5. 饰品的表现

服装饰品是服装设计的重要组成部分。服装设计本身不单是设计服装款式，同时包括对服装饰品的设计。服装饰品是协调服装设计整体风格的手段之一，出色的饰品搭配能进一步衬托服装的设计亮点，也能改变服装的整体风格。如图1-5、图1-6所示。

图1-5

图1-6

1.1.2 色彩表现技法

色彩表现是服装画表现的重要手段。服装的色彩要与服装的款式、面料等互相配合。服装画的表现有薄画法和厚画法两种，色彩表现要依据不同的情况来选择相应的表现手法。薄画法一般以水彩画为主，根据加入水的多少来调整颜色的浓淡，水分越多，色彩就越薄越淡，此时适合表现轻薄、飘逸的面料。厚画法一般以水粉画为主，依据水粉本身的特点，加入粉质越多，颜色越厚，此时可以加入其他颜色（以白色为主）来调节颜色的浓淡。厚画法，立体感强，适合表现厚重、有型的面料。

薄画法和厚画法都是服装画表现的手段。在画画时，依据服装面料的质地及要表达的效果选择相应的画法。当然两种方法各有优势，有时可两种方法混合使用。

下面介绍一些色彩的基本常识。

1. 色彩属性

（1）明度

明度指色彩的明暗程度。明度是所有色彩都具有的属性，明度可以说是搭配色彩的基础，它最适合于表现物体的立体感与空间感。

（2）色相

色相指色彩的相貌，是区别色彩种类的名称。红、橙、黄、绿、蓝、紫等都代表一类具体的色相，它们之间的差别就属于色相差别。其中红、黄、蓝是色相三原色，其他颜色(白色除外)都可以用这三原色调配出来。

（3）纯度

纯度是指色彩的纯净程度，也可以说是色彩的鲜艳度。红色是纯度最高的色相，蓝绿色是纯度最低的色相。任何色彩加入黑、白、灰色都会降低它的纯度。

明度、色相、纯度为色彩的三要素。任何色相在纯度最高时都有不同的明度。

2. 色彩分类

为了便于掌握色相间的配合关系，我们通常对服装设计的色彩配合进行分类，包括：同类色、邻近色、对比色、含灰色。

（1）同类色

同类色指同一色相但明暗、冷暖层次不同的色彩，如，深红色与浅红色。

（2）邻近色

邻近色指在色带上相近的颜色，但色彩的明暗变化不能过于接近，要有一定的色阶变化，以免出现层次不清的现象。

（3）对比色

对比色指把对比鲜明、明暗对比强烈的色相，相互并列而成的配合颜色。

（4）含灰色

含灰色指由灰色或以黑与白相混合的、不同明暗度的灰色为主色调，加入少许上述不同分类的色相组合而成的各种色相，使之带有某色相的含灰倾向，并保持较低纯度的含灰色调。

3. 色彩感觉

（1）色调

色调是指画面的主调，是色彩搭配时所产生的色彩倾向。色调主要分：冷色调、暖色调。以冷色为主调的搭配为冷色调，如：蓝、绿、紫。以暖色为主调的搭配为暖色调，如：红、黄、橙。

（2）色彩的进退和胀缩

在相同的背景衬托下，两个以上的同形同面积的不同色彩给人的感觉是不一样的。在色彩的比较中，给人感觉比实际距离近的色彩叫前进色，给人感觉比实际距离远的色彩叫后退色。给人感觉比实际大的色彩叫膨胀色，给人感觉比实际小的色彩叫收缩色。

在色相方面，红、橙、黄给人以前进、膨胀的感觉。蓝、蓝绿、蓝紫给人以后退、收缩的感觉。

在明度方面，明度高而亮的色彩给人前进或膨胀的感觉；明度低而黑暗的色彩给人后退、收缩的感觉，但由于背景的变化，给人的感觉也会产生变化。

在纯度方面，高纯度的鲜艳色彩给人以前进与膨胀的感觉；低纯度的灰浊色彩给人以后退与收缩的感觉。

（3）色彩的轻重和软硬

决定色彩轻重感觉的主要要素是明度，即明度高的色彩感觉轻，明度低的色彩感觉重。其次是纯度，在相同明度、色相的条件下，纯度高的感觉轻，纯度低的感觉重。如暖色调黄、橙、红给人的感觉轻，冷色调蓝、蓝绿、蓝紫给人的感觉重。

轻的色彩给人的感觉软，而且有膨胀的感觉。重的色彩给人的感觉硬且有收缩的感觉。

（4）色彩的冷暖

色彩的冷暖感觉是物理、生理、心理及色彩本身等综合性因素决定的。如：橙、红、黄给人温暖、热烈的感觉，称为暖色。绿、蓝、紫给人清凉、寒冷的感觉．称为冷色。

色彩冷暖也受明度、纯度的影响。暖色加上白色会使暖色向冷色转化；冷色加上黑色会使冷色向暖色转化。

高纯度冷色显得更冷；高纯度暖色显得更暖。

（5）色彩的华丽与朴素

不同的色彩给人不同的感觉。从明度方面来讲，明度高的色彩给人感觉华丽；明度低的色彩给人朴素的感觉。从色相方面讲，暖色感觉华丽；冷色给人朴素的感觉。从纯度方面讲，纯度高的色彩给人的感觉华丽，反之，纯度低的色彩给人朴素的感觉。

（6）色彩的对比和调和

色彩对比指两个以上的色彩，以空间或时间关系相比较，如果能比较出明确的差别，这种相互关系就称为色彩对比关系，即色彩对比。色相对比、明度对比、纯度对比是色彩对比的三大方面。因色相之间的差别形成的对比叫色相对比。因明度差别而形成的色彩对比称为明度对比。纯度对比是把不同纯度的色彩相互搭配，根据纯度之间的差别，形成不同纯度的对比关系。

两个或两个以上的色彩有秩序地组织在一起，看起来使人心情愉悦的色彩搭配叫做色彩调和。邻近色最为调和，如：红与橙、橙与黄。但如果对比色能巧妙地搭配在一起，也是一种不错的调和，如绘画服装画时，可运用对比色绘画装饰品的颜色，这样就做到了整体与局部的统一。

1.2 服装画的表现技巧

服装画的表现技巧可根据服装的设计风格选择适当的表现方法。服装画所采用的工具和材料没有限制，如今画面表现语言越多样，表现力也越丰富。各种特殊技法和效果层出不穷，人物形态和服装形态也变得越来越特别。

下面介绍一些不同工具的表现效果及一些特殊技法。

1. 常用工具表现

（1）铅笔表现

铅笔是人们常用的绘画工具，它的表现方法在前面黑白表现的学习中已经详细介绍了，有线条和素描两种方法。如图1-7所示就是利用线条表现的形式。

（2）彩色铅笔表现

彩色铅笔分油性和水溶两种，笔芯较柔软，但同样可达到普通铅笔的素描效果。为了丰富画面效果，还可以用含水分的毛笔对画面再次进行加工。

（3）水彩表现

水彩是一种常用的绘画工具，它是用水分的多少来控制色彩的轻淡与浓重。水彩颜料具有鲜艳、透明的特点。由于水彩的覆盖力较弱，在画服装画时，应由亮到暗绘画，绘画前就可大致估计达到的效果，做到意在笔先，主次分明。水彩画分干画法和湿画法两种。干画法是画完一个层次待干后，再绘画下一个层次，依次层层叠加，所以较容易掌握。而湿画法则是指在绘画过程中，画纸上始终潮湿，一个层次未干又加入下一个层次，这样一来，前后两个层次相互融合、渗透。这种画法对水分的掌握较难，但可表现朦胧、含蓄及其他特殊的效果。

为追求效果，绘画水彩画时往往可以干、湿结合，或再与其他工具配合使用，如：油画棒、钢笔、铅笔等。

（4）水粉表现

水粉与水彩不同，具有很强的覆盖力，用其表现厚重、朴实的面料和挺拔有形的服装款式最为合适。水粉用色的明暗变化不是单靠水分的多少来调节，常用的方法是靠加白色和其他颜色来调节的。水粉含水的颜色与干后的颜色有一定的偏差，含水的颜色重一些，所以要控制好水分。如果在浅色或含白的色彩上面涂重色，颜色干后，色彩也会变浅、变亮。因此，在绘画时，要先画暗部或中间色，最后再画亮的部分。

当然水粉的用法多变，水彩的干、湿画法同样适用于水粉。水粉也可以再分薄和厚两种画法。

（5）油画棒表现

油画棒属于油画性颜料，就像蜡笔，不易被其他颜料覆盖，尤其是水性颜料。所以我们就利用这一特殊性，与水性颜料配合，绘画那些有装饰花纹的面料。绘画步骤：先用油画棒画好装饰花纹或印染花样后，再用水彩或其他覆盖力较差的颜料画出面料底色，并刻画出立体效果，如图1-8所示。

图1-7

图1-8

（6）麦克笔表现

麦克笔可分为油性和水性两种，水性的色彩较轻淡，油性的色彩较鲜艳。它的画法与铅笔的画法有些相同，麦克笔可重叠绘画，但不宜过多，因无法删减修改，所以绘画时注意线条要流畅。由于麦克笔笔头较宽，绘出的线条较粗，所以大多用于整体效果的绘画，细节表现较少。

麦克笔可表现服装设计思想和整体色彩的关系。绘画时应由亮部画到暗部，层层深入刻画。

（7）色粉笔表现

粉笔画是用色彩粉笔在专用的色粉笔纸上绘画。色粉笔色泽鲜艳，用法细腻多变，可用于整体效果的表现，也可精工细作，刻画细节。它运笔流畅，转折柔和，极具表现力。

2. 其他工具和特殊技法

（1）剪纸法

剪纸是一种常见的艺术表现形式。剪纸法概括性强，主题突出。

（2）拼贴法

拼贴法与剪纸法一样，是一种粘贴艺术。只是服装画的拼贴是用布料剪出所需要的图形，然后粘贴在画面上，使其更具真实感。

（3）色纸法

色纸法是指在色彩画纸上绘画。这样一来，可以利用色纸统一画面主调。色纸大多为单色，可用色纸作为背景色绘画。由于已有色纸主调，选择绘画颜色时要考虑色值产生的对比效果。

（4）皱纸法

皱纸法是将纸揉皱，并在上面绘画。由于皱纸凹凸不平，且有不规则的折痕，绘画时，握住笔，保持笔的高度不变，画面就会出现时断时续、轻重缓急的效果。此效果给人松散、朴实的感觉。

（5）刻画法

刻画法是用坚硬的工具在未干的颜料上刻画。刻画留下的痕迹，效果奇特，其他方法难以达到。

（6）搓擦法

将画面上的颜色按一定的方向搓擦，可表现出奇特的效果和质感，但要选择较厚的纸张。如果要表现蓬松、朴实的效果，此法较为适合。

（7）拓印法

将物体涂上颜色后，印压在画面上的绘画方法叫拓印法。因使用物品的不同，印制出的效果也变得丰富多彩。扩印法可表现整体的洒脱效果，也可以表现别致的细小图案。

（8）吹画法

将含水分较多的颜料置于画面上，按一定的方向吹散，可出现意想不到的效果。此法适合绘制衬景或特殊花纹。

（9）冲洗法

冲洗法是将适量颜料涂在画纸上，并按需要用水冲洗，垂直放好待干。这种方法适合表现轻纱等朦胧飘逸的效果。

（10）喷绘法

喷绘法是运用气压泵和喷枪绘图，也可用牙刷蘸取色彩在梳子上进行刮喷。此法采用渲染、退晕的方式，可形成和谐的特殊效果，使画面显得光润、柔和、更具装饰性。

（11）撇丝法

撇丝法是将毛笔尖蘸色后压扁，并向设计方向扫绘的方法。还可以用细笔尖单线扫绘。这种方法采用均匀、粗细、起伏、变化的线条来表现服装的肌理或图案。

（12）点绘法

点绘法是用有规律或无规律的点，来表现服装造型、结构、层次与空间处理的一种方法。

绘画过程较为繁琐，但画面效果精致细腻，极具表现力。

（13）平涂法

平涂法是将色彩均匀涂于画面上，适合表现追求整体效果的作品。画画时也可利用多色彩的画面上的对比，来表现服装的层次感。还可平涂颜色后，依靠勾线塑造形象空间的立体感。

（14）块面法

块面法是运用色彩，依据形象的黑、白、灰色块面关系，表现服装立体的方法。这种方法具有转折明确，色彩鲜明的特点，装饰性较强。

3. 各种技法综合运用

（1）水彩、水粉的综合运用

用水彩绘画整体效果，用水粉进行深入刻画，调整画面的明暗关系。可用水粉白色画出高光亮部，最后用毛笔蘸水粉色画色线。

（2）油画棒、水彩、彩色铅笔的综合运用

先用油画棒画出面料的花纹肌理后，再用水彩绘画服装底色并处理明暗效果，最后用彩色铅笔丰富层次，加强画面立体效果。

（3）铅笔、淡彩、拓印法、剪纸法综合运用

铅笔详细画出线稿后，用水彩平涂颜色，并留出高光部分。然后用拓印法印出需要绘画的花纹。再用剪纸在衣服上贴上花纹或装饰字母。

（4）色纸与水粉综合运用

以色纸为背景，采用覆盖力强的水粉为工具，并用彩色铅笔表现画面的黑、白、灰立体关系，最后用白色提亮高光部位，整理后完成画面的整体效果。

（5）铅笔淡彩

铅笔淡彩画，主要表现铅笔绘画的流畅性，用淡淡的水彩表现服装的色彩。此方法更能快捷地表现服装的特点及穿着的效果。

用铅笔绘画出人物头像线稿，并详细刻画出五官细节及简单的明暗关系。然后用毛笔多蘸水分，再蘸少量水彩颜料进行描绘。

（6）钢笔、水粉综合运用

水粉适合表现服装的结实、厚重感，色彩效果浓烈。水粉大多不用留白，最后用白色或相应的亮色提亮高光部分。用钢笔勾线图画的硬角转折，棱角分明，突出服装的笔挺。

4. 背景用来衬托主体，表现环境气氛

背景可根据画面主体，运用色彩的色相对比、纯度对比和明度对比来衬托。也可以运用平面设计中的方法来表现，如：特意、调和、对称、均衡等。

背景可大致分为平面背景和空间背景两种。

（1）平面背景

平面背景是用平面设计的表现方法来衬托主体画面。

（2）空间背景

空间背景是通过空间环境绘画，来表现画面主体服饰的穿着环境。空间背景对绘画者的空间概念意识要求较高，绘画者必须掌握一定的空间绘画能力，了解空间绘画透视关系，同时要有较强的画面整体把握能力。

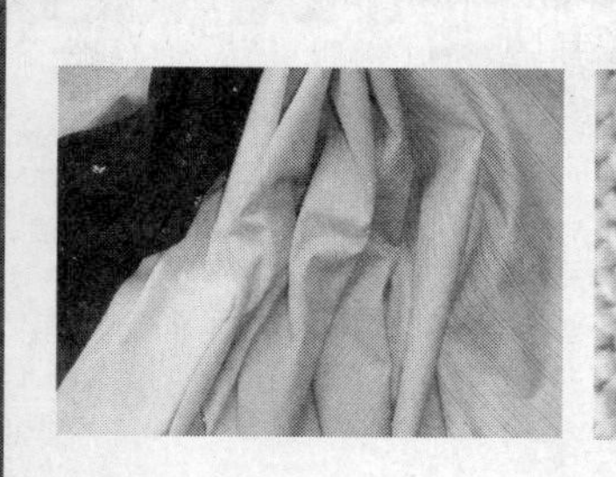

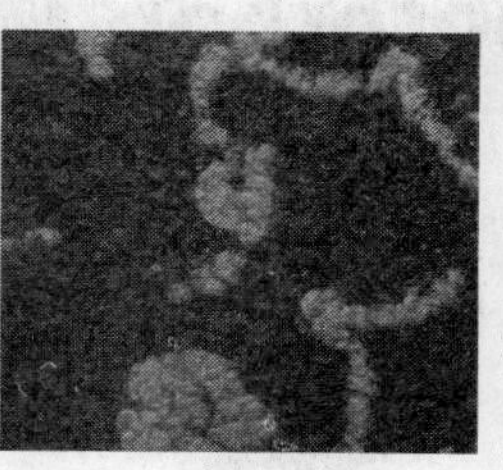

第2章 服装设计与各种面料的搭配

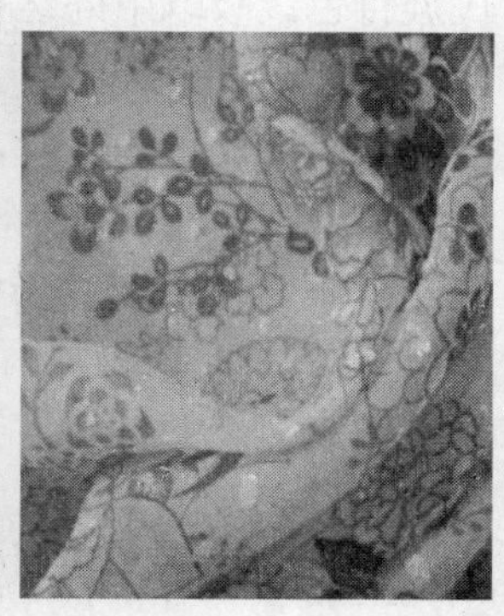

Photoshop CS5

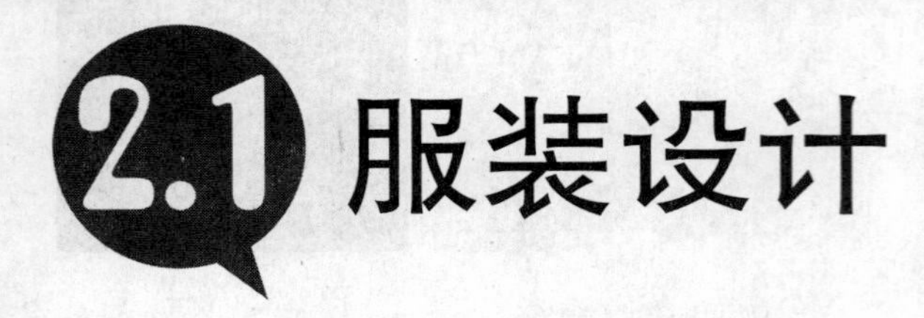

2.1 服装设计

1. 服装设计的目的

我国是世界四大"文明古国"之一，在历史上曾有"衣冠王国"的美称。我国的服装历史从有形象资料可考的商代算起，到现在已有三千多年，而且历代的服装各有特色。加之我国有56个民族，所以我国的民族服装无论是在款式方面，还是在花色品种方面都是相当丰富的。有的朴实厚重，有的雍容华贵，有的华丽精致，有的优美大方。我国的历代民族服装，被国内外历史学家、服装设计家赞叹不已。直到今天，我们的民族服装，仍受到中外人士的重视。

服装不仅是人们遮体与避寒防暑的生活必需品，而且还是物质文明和精神文明的具体表现。而服装设计则是服装新款式、新品种延伸的前奏，它关系到产品质量、销量以及服装品牌的社会美誉度。

我们正在建设有中国特色的社会主义国家，作为服装设计者就应当根据我国的国情，发扬民族特色，吸取中外之长，设计出具有时代感、艺术感而又被人们喜欢的服装款式，以满足人们的生活需要。

服装设计者的使命，就是通过自己的创作和引导，使服装——文化的镜子，充分反映出社会的审美观，建设中华民族的精神美和服装文化。

服装设计是服装美学中的科学部分，主要研究人们的着装美。它包括自然美（人体、五官）、社会美（劳动、活动、精神、道德等）和某种艺术美（衣料质感、色彩、服装结构）。为了达到引导的目的，要注意审美对象和审美活动中的美和美学的普遍规律与特殊规律。

2. 服装设计的概念

"设计"一词是外来语，由英语"Design"翻译而来，原意为"记号、徽章、计划"。其解释含义是：通过符号把计划表现出来，即把思想意图表现成可见的内容。服装设计首先也要通过慎重思考，拟定形体、构造、色彩装饰等方面后合并出统筹的安排，然后把设想画出来，一般称其为服装设计表现，即服装设计效果图。

服装设计是设计者运用服装艺术美的规律，对创作构思进行组织、加工、提炼、创造的全过程，它要求反映出服装款式的特征和技巧结构，把设计者的意图与工艺制作联系起来，为生产、实用做依据。

具体来说，服装设计是以服装为对象，考虑穿着者的年龄、性别、身材和社会性等因素，选择素材，运用一定技法来完成一套服装。使设想变为实物化的这样一个过程，是一个创造性的行为。

服装设计是同服装的诞生一起开始的，设计意识明朗化是以生产发展和经济发达为背景的。设计是机能、素材、技法三者的统一体。这三者是一切设计不可欠缺的条件。机能就是欲求，设计者必须满足消费者的要求和用途。素材是机能决定的，技法又是由素材决定的，三者通过这种联系形成设计。

2.2 常见的服装面料种类及特性

1. 棉织物

棉织物由天然棉纤维纺织而成，具有良好的吸湿性、透气性，穿着柔软舒适，保暖性好，染色性能好，色泽鲜艳，耐碱性、耐热性和耐光性能较好。但弹性较差，容易褶皱，易生霉，如图2-1所示。

棉织物是最理想的内衣面料，也是价廉物美的大众外衣面料。常见的棉纤维面料有：平纹结构的平纹布、府绸、麻纱；斜纹结构的斜纹布、卡其、华达呢；缎纹结构的横贡缎、直贡缎等。其中府绸是棉布中兼有丝绸风格的高档品种，是较好的衬衫面料。它用20支以上的棉纱织成，织物组织为平纹，经密大于纬密近一倍，绸面光洁，手感滑爽，面料挺括，光泽丰润。

2. 麻织物

由麻纤维纱线织成的织物称为麻织物。目前主要采用的麻纤维有亚麻、苎麻等。麻织物的共同特点是结实、粗犷、凉爽、吸湿性好，但抗皱性差。适合加工夏季服装，如图2-2所示。

图2-1

图2-2

代表品种有夏布、苎麻布、亚麻布等。其中苎麻细纺以及亚麻细纺织物具有细密、轻薄、挺括、滑爽、透气的特征，价格介于棉织物与丝绸织物之间，产品很受人们的喜爱。同时，利用麻与其他纤维混纺或交织的麻型织物，既可以制作高档的时装也可以制作自然朴实的休闲服装。在人们越来越注重服装以及面料的环保、舒适性的今天，麻类织物必将越来越受到消费者的追崇。

3. 丝绸织物

以桑蚕丝为代表的丝绸织物是天然纤维织物中的精华，色彩艳丽、富丽堂皇，是纺织品中的佼佼者。它的主要特点为色彩纯正、光泽柔和、手感凉爽光滑、质地富有弹性、穿着舒适、不易产生皮肤过敏。品种有双绉、真丝缎、电力纺等。丝绸织物还包括以柞蚕丝、绢纺丝为原料加工的面料。柞蚕丝面料的特点是色彩较暗，外观较桑丝面料粗犷些，穿着舒适，牢度较大，富有弹性，易产生水渍；绢纺丝是将真丝切断后纺纱而成的短纤维制品，其面料一般采用平纹组织结构，面料光泽柔和、手感柔软、富有弹性，穿着舒适、吸湿性好，但易泛黄、起毛。其他还有以蚕丝为主以及蚕丝与化纤长丝交织而成的面料，如图2-3所示。

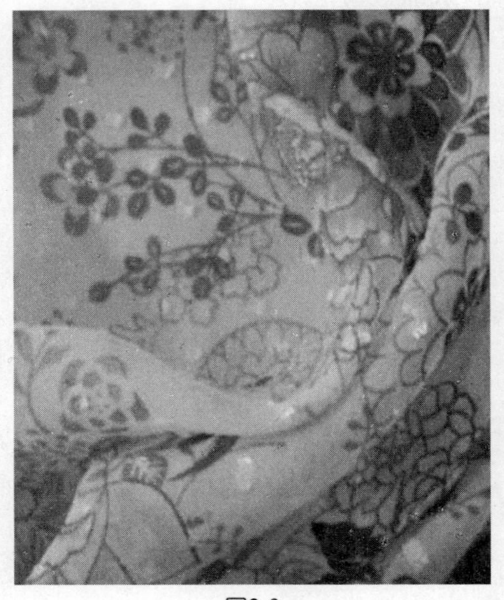

图2-3

4. 毛织物

毛织物的应用范围较广，主要适合加工春秋装和冬季服装。毛织物的原料有羊毛、兔毛、骆驼毛、人造毛等，其中以羊毛为主要原料。毛织物弹性好，挺括抗皱，耐磨耐穿，保暖性强，舒适美观，色彩纯正，如图2-4所示。

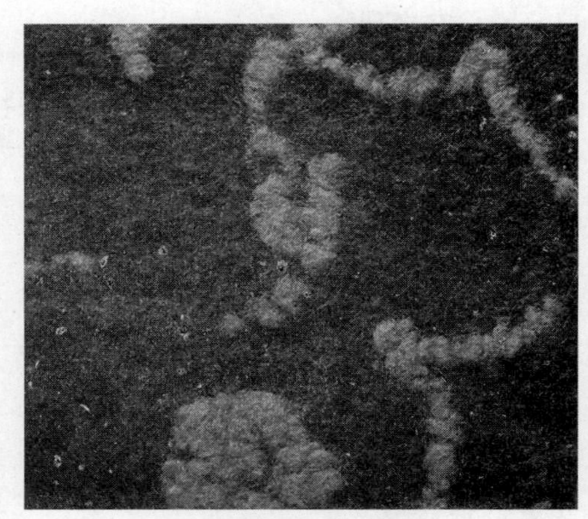

图2-4

毛织物一般根据织物加工工艺的不同分为精纺呢绒和粗纺呢绒两类。粗纺呢绒由粗梳毛纱织成。粗梳毛纱是采用品质支数较低的羊毛或等级毛，通过粗梳整理纺成具有一定粗细的纱，一般为单股纱。粗梳毛纱的毛纤维长短、粗细不匀，而且没有完全平行伸直，所以毛纱外表有许多长短不齐的毛羽，纱支较粗，织成的织物粗厚，正反面都有一层绒毛，织纹不显露，保暖性极好，而且结实、耐用耐脏。主要产品有：银枪大衣呢、拷花大衣呢、麦尔登、制服呢、女式呢、法兰绒、粗花呢、大众呢等。其中麦尔登是高档粗纺产品之一，织物表面经重缩绒处理，属于匹染织物，其特点是呢面丰满，细致平整，光泽好，质地挺实，富有弹性，表面不起球、不露底，是粗纺呢绒中最畅销的品种，多用于男女大衣面料。

精纺呢绒由精梳毛纱织成。精梳毛纱是采用品质支数较高的羊毛，经加捻合股成线再进行纺织。精纺呢绒质地紧密，呢面平整光洁，织纹清晰，色泽纯真柔和，手感丰满而富有弹性，耐磨耐用。代表品种有：凡立丁、派力司、哔叽、华达呢、花呢、板丝呢、贡呢、马裤呢、女衣呢等。其中派力司由混色精梳毛纱织制而成，纱支较细，采用平纹组织，重量轻，是精纺呢绒中重量最轻的一个品种，表面具有雨丝条状花纹。

5. 化学纤维面料

化学纤维面料是由人造纤维和合成纤维组成的化学纤维，其应用近年来呈明显上升趋势，它是纺织品中的一个大类，如图2-5所示。

粘胶纤维是人造纤维中使用较多的一种，根据纤维的长短、质地可分成棉型、毛型、中长型、丝绸型。其主要品种有：棉型粘胶纤维面料，包括人造棉、粘／棉平布(粘胶短纤维为人造棉)；中长型与毛型粘胶纤维面料，包括粘／锦华达呢、哔叽；长丝或交织面料，包括人造有光纺、无光纺、富春纺、美丽绸、文尚葛、羽纱。

由于合成纤维成本低、产量大，研究由合成纤维所构成的面料已经成为服装面料开发的主要途径，目前市场上主要以涤纶、锦纶、腈纶、氨纶纤维等加工的面料为主，人们正在不断地通过各种工艺条件改善合成纤维面料的性能与外观。

图2-5

总体而言，合成纤维面料的优点主要表现为强度大、结实耐穿、缩水率小、易洗涤、易干燥、易保管，缺点是透气性和透湿性差。

6. 针织面料

近年来针织面料的需求量不断增加。针织面料的特点主要有：

1）外观性：针织物的线圈容易产生歪斜。用针织面料生产的服装稳定性较差，不够挺括，但近年来涤纶纤维的运用使外观得到改善。

2）舒适性：针织物结构中存在较大的空隙，有较大的变形能力，具有伸缩性、柔软性、吸湿透气性好等特点，运动自如，与相同密度的机织物比较，针织物的舒适性更好。

3）耐用性：结构松，易磨损，强度小，线圈容易脱散，因此耐用性差。

针织面料按照用途可以分成内衣面料和外衣面料两种。对于内衣面料，其特点为合身随体、有弹性、舒适、运动方便、柔软性好、吸湿透气性好、防皱性能好，但织物易脱散，尺寸稳定性差，易勾丝、起毛起球。

对于外衣面料，其特点为坚牢耐磨、缩水率小、易洗、富有弹性。主要产品有：合纤、天然面料、色织、印花、乔其纱面料、天鹅绒以及混纺和交织面料，如图2-6所示。

7. 裘皮与皮革面料

动物的毛皮经加工处理可成为珍贵的服装材料，如裘皮与皮革，如图2-7所示。裘皮以动物皮带毛鞣制而成，皮革是由动物毛皮经加工处理而成的光面皮板或绒面皮板。

图2-6

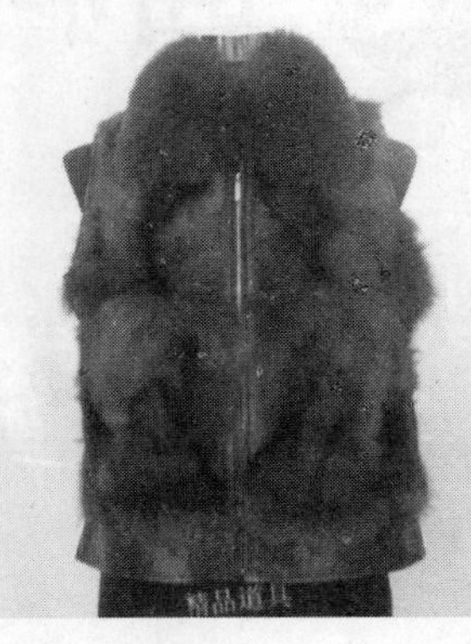

图2-7

毛皮为直接从动物身上剥下的生皮。经浸水、洗涤、去肉、毛皮脱脂、浸酸软化后，对毛皮进行鞣制加工，经过染色处理，即可获得较为理想的毛皮制品，其特点为柔软，防水，不易腐烂，无异味。

一般将裘皮分为小毛细皮、大毛细皮和粗毛皮。小毛细皮：毛短而珍贵，如紫貂皮、水獭皮、黄狼皮等；大毛细皮：毛长而价格较贵，如狐皮、猞猁皮等；粗毛皮：毛较长的中档毛皮，有羊皮、虎皮、狼皮、獾皮、豹皮等；杂毛皮：皮质差、产量高的低档毛皮，如狸猫皮、兔子皮等。

皮革为动物光面皮或绒面皮，是毛皮经鞣制去毛后的制品，具有较好的柔韧性及透气性，且不易腐烂，主要有猪皮革、羊皮革、牛皮革、马皮革、麂皮革等，如图2-8所示。

图2-8

人造毛皮的加工主要采用超细纤维(如涤纶)来仿制麂皮等皮革制品。将聚氯乙烯树脂涂于底布，织物通透性差，遇冷硬挺；将聚氨酯树脂涂于底布，织物吸湿、通透性有所改善，与羊皮革相似。

2.3 面料的色彩与图案

1. 面料的色彩

面料的色彩是服装构成的主要元素之一，随着生活及科技的进步，色彩在人们的着装中扮演着越来越重要的角色。国际流行色协会每年定期发布流行色预测，这对面料设计师和消费者起到了积极的引导作用。

（1）色彩三元素

色彩是由光的折射产生的，基本的构成元素是色相、明度和纯度，即色彩的三属性。

（2）面料的色彩设计

设计师对面料的色彩设计是根据流行趋势、面料的用途、面料的材质等因素综合考虑进行的。

1）按照色彩的流行趋势设计：流行色协会定期发布的流行色预测，是色彩专家们依据社会的经济形势、人们的生活方式、心理变化、文化述求和消费动向等因素预测的，是在一定的市场调研基础上产生的，反映了整个消费群体对色彩的需求。因此，面料设计师与服装设计师们都非常关注流行色，把流行色作为面料和服装色彩设计的主要参考依据。

2）按照面料的用途设计：面料的用途主要指面料用于哪类服装。男装与女装、成人服与儿童服、冬装与夏装、户外装与职业装等不同类别的服装对色彩有着不同的要求，因而用于不同服装的面料，其色彩也必须随之变化。例如，作为工作场合穿着的职业装，要求服装色彩高雅、稳重，一般采用黑白灰系列色彩的面料；中国人认为红色是吉祥、喜庆的象征，因此节日服装、庆典服装常采用红色系列的面料制作；米色给人以亲近、淡雅的感觉，米色面料常用于女性的职业装。

3）按照面料材质设计：面料的纤维性能和组织结构不同，对光的吸收和反射程度不同，因此色彩效果也各不相同。例如，丝绸面料的色彩富贵华丽，羊毛面料的色彩温暖高雅，棉布纤维面料的色彩浑厚自然。

2. 面料的图案

面料的图案指面料的花纹纹样。面料图案的最大作用在于它的装饰性。纹样的摆设位置对于服装来说，具有画龙点睛的作用。穿着者可以利用图案来弥补自身的不足。图案同样是民族文化传统的载体，例如中国的龙、古希腊的镶边图案等，这些图案既是装饰，也传承了民族文化的底蕴和内涵。

（1）图案的种类

面料的图案种类很多，按图案造型可分为具象图案和抽象图案。具象图案指模拟客观物象的图案，例如花卉图案、人物图案、动物图案、自然风景图案、人造器物图案等；抽象图案指通过点、线、面等元素按照形式美的一定法则所组成的图案，例如几何图案、随意形图案、变幻图案、文字图案、肌理图案等。按照成型工艺可分为印染图案、编制图案、拼接图案、刺绣图案以及手绘图案等。

（2）图案的构成形式

图案构成一般分为独立图案构成和连续式图案构成。

独立图案指可以单独用于装饰的图案，具有独立性和相对完整性。独立图案分为自由纹样、适合纹样、角隅纹样、边缘纹样。

连续式图案指将单位纹样按照一定格式有规律地反复排列而形成的、能无限延续的图案，具有延续性和延伸性。连续式图案分为二方连续和四方连续两种。

读书笔记

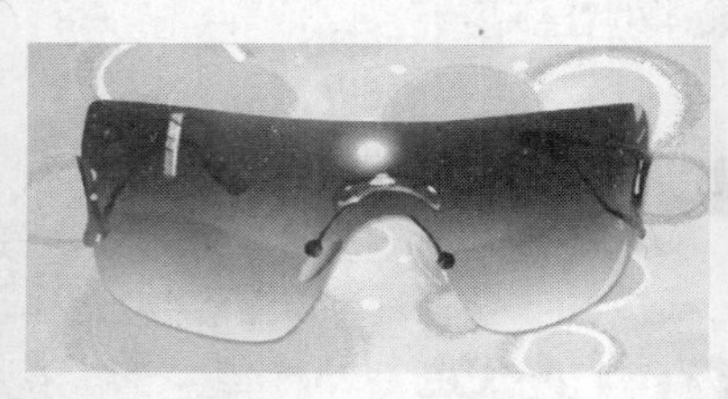

第3章

眼镜和帽子的设计

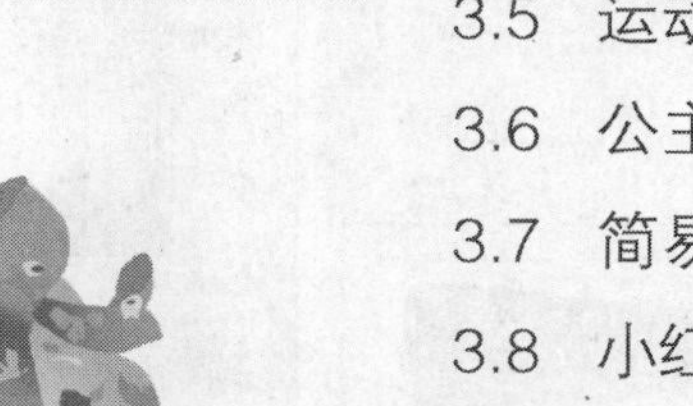

3.1 宽边太阳镜

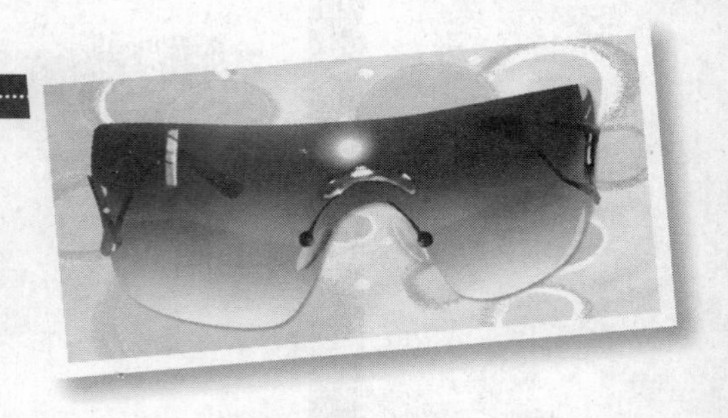

设计步骤

01 按快捷键Ctrl+N，新建一个文件，设置对话框如图3-1所示。

02 单击“图层”面板底部的“创建新图层”按钮，新建一个图层，名称为“图层1”。选择“钢笔工具”，在画面中绘制路径，如图3-2所示，选择“渐变工具”，设置渐变颜色由浅灰色到深褐色，然后填充渐变颜色，效果如图3-3所示。

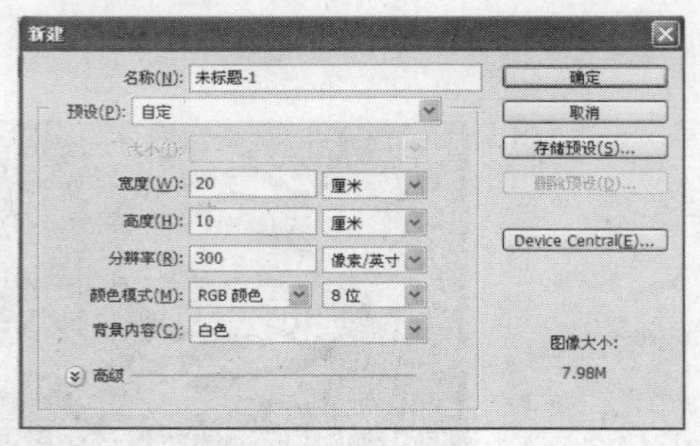

图3-1

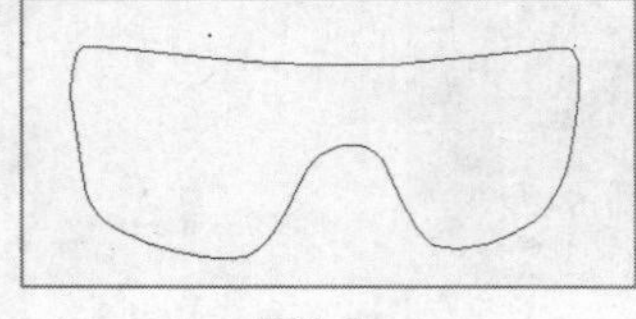
图3-2

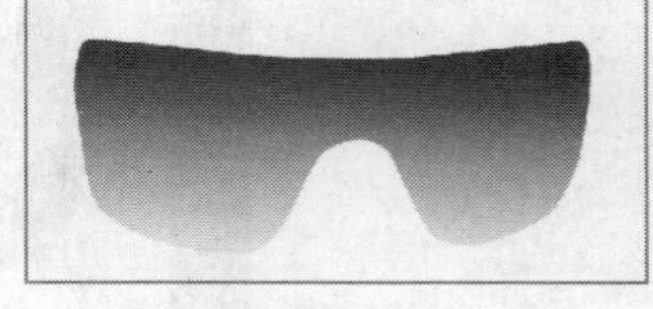
图3-3

03 使用“钢笔工具”，在画面中绘制路径，如图3-4所示。选择“选择/修改/羽化”命令，设置羽化半径为2，按Ctrl+L组合键，打开“色阶”对话框，如图3-5所示设置参数，效果如图3-6所示。

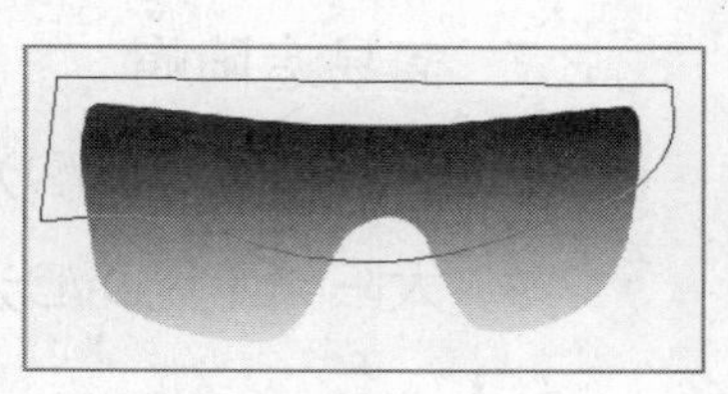
图3-4

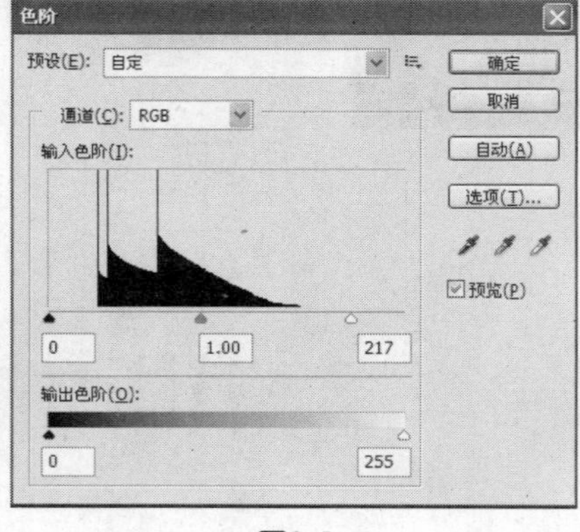

图3-5

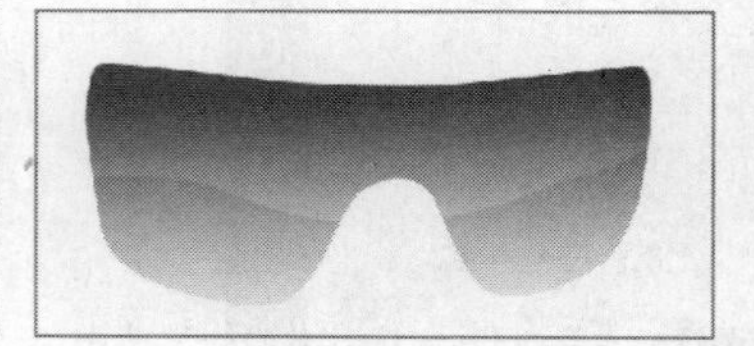
图3-6

04 单击“图层”面板底部的“创建新图层”按钮，新建一个图层，图层名称为“图层2”。选择“钢笔工具”，在画面中绘制路径，如图3-7所示。设置前景色如图3-8所示，填充路径后，效果如图3-9所示。

图3-7

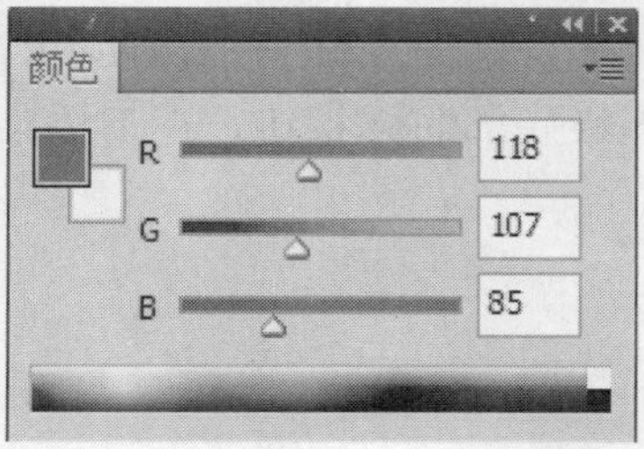

图3-8

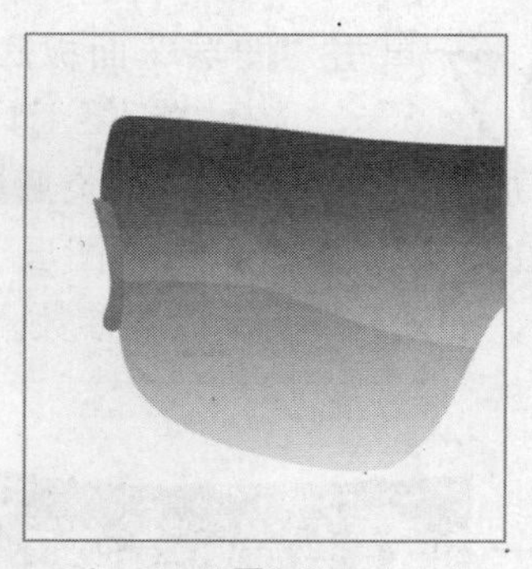

图3-9

05 单击“图层”面板底部的“创建新图层”按钮，新建一个图层，名称为“图层3”，选择“钢笔工具”，在画面中绘制路径，效果如图3-10所示。设置前景色如图3-11所示，选择“加深工具”，如图3-12所示设置参数，将镜架的颜色填充完整，效果如图3-13所示。

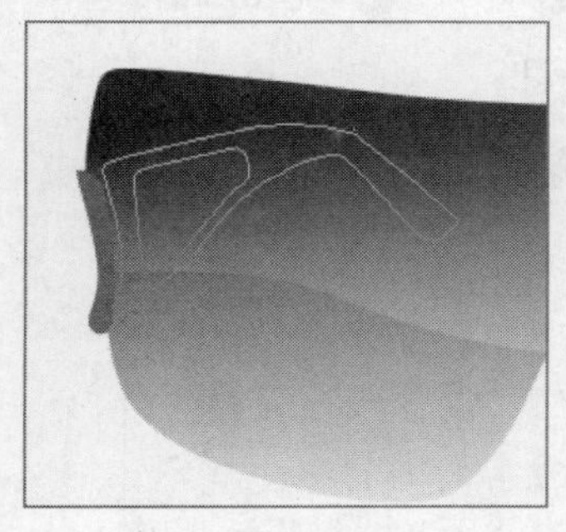

图3-10

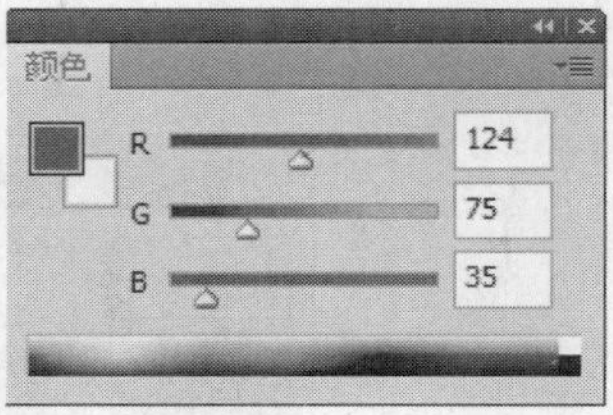

图3-11

图3-12

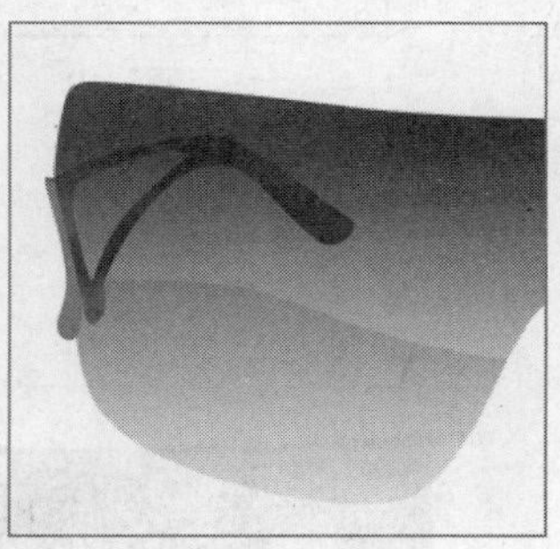

图3-13

06 单击“图层”面板底部的“创建新图层”按钮，新建一个图层，名称为“图层4”，选择“钢笔工具”，在画面中绘制路径，效果如图3-14所示。设置前景色如图3-15所示，选择“加深工具”和“减淡工具”，如图3-16、图3-17所示设置参数，填充颜色后，效果如图3-18所示。

图3-14

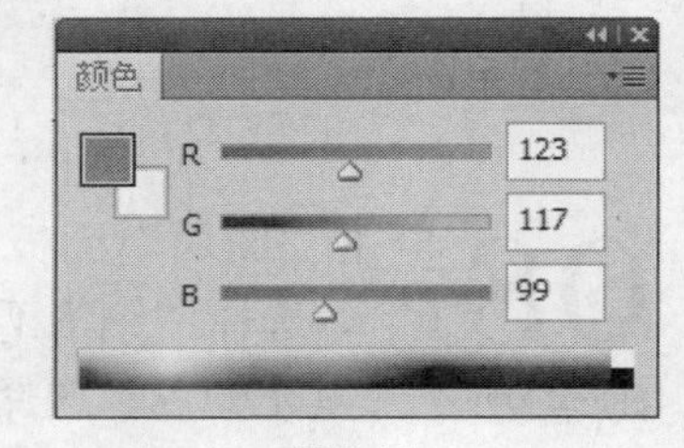

图3-15

图3-16

图3-17

图3-18

07 单击“图层”面板底部的“创建新图层”按钮，新建一个图层，名称为“图层5”，选择“钢笔工具”，在画面中绘制路径，填充颜色后效果如图3-19所示。选择“加深工具”和“减淡工具”，如图3-20、图3-21所示参数设置，对图像进行处理，效果如图3-22所示。单击“图层”面板底部的按钮，在下拉菜单中选择“图层样式/外发光”命令，如图3-23所示设置参数。

图3-19

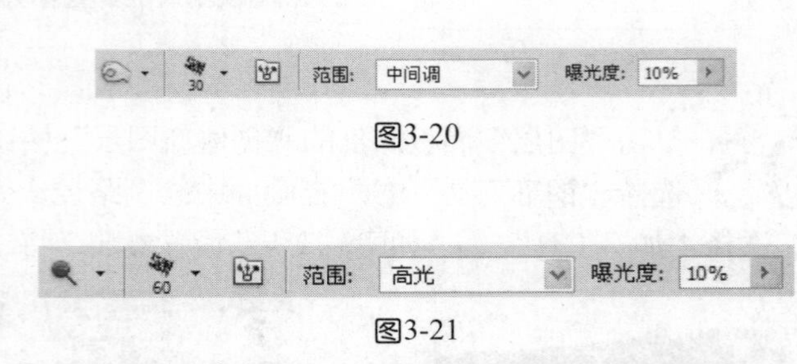

图3-20

图3-21

图3-22

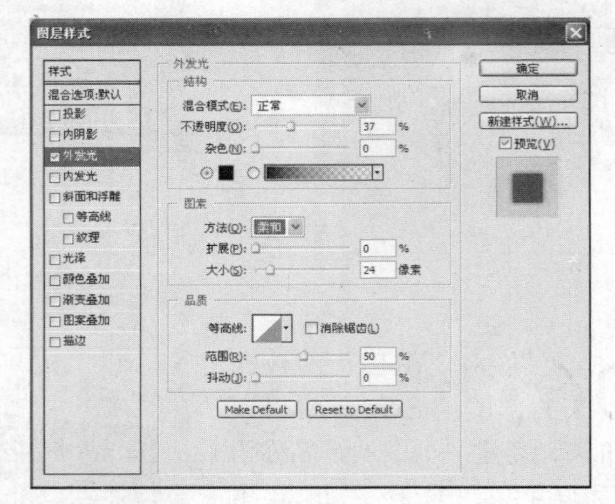

图3-23

08 单击“图层”面板底部的“创建新图层”按钮，新建一个图层，名称为“图层6”，选择“钢笔工具”，在画面中绘制路径，效果如图3-24所示。设置前景色如图3-25所示并填充颜色。选择“加深工具”和“减淡工具”，如图3-26、图3-27所示设置参数，将“图层6”的颜色填满，效果如图3-28所示。

图3-24

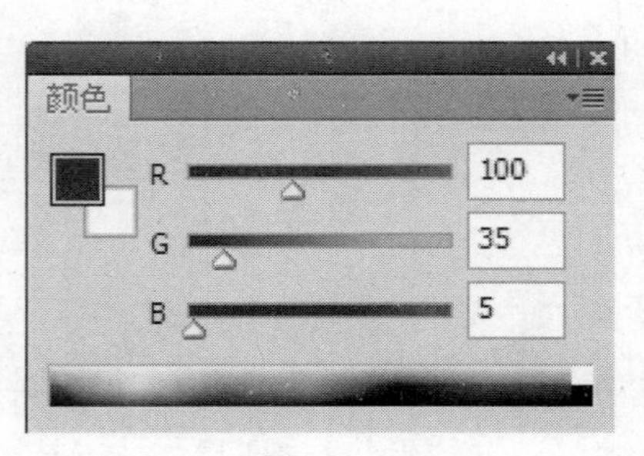

图3-25

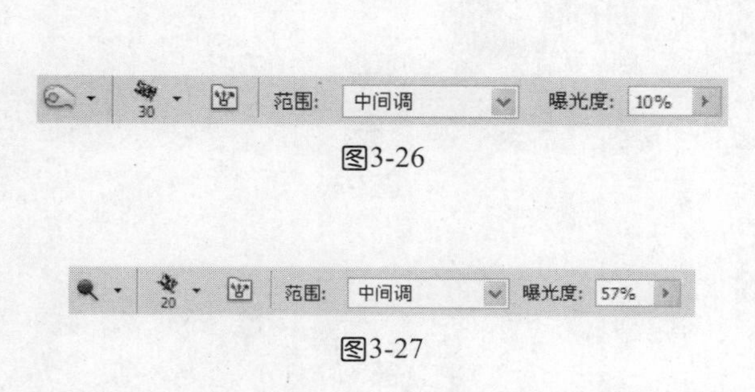

图3-26

图3-27

图3-28

09 单击“图层”面板底部的“创建新图层”按钮，新建一个图层，名称为“图层7”，选择“钢笔工具”，在画面中绘制路径，效果如图3-29所示。选择“选择/修改/羽化”命令，设置羽化半径为1。设置前景色为土黄色，填充颜色后，效果如图3-30所示。

图3-29

图3-30

10 选择“加深工具”和“减淡工具”，如图3-31、图3-32所示设置参数，对“图层7”进行处理，效果如图3-33所示。按Ctrl+J组合键复制“图层7”，效果如图3-34所示。

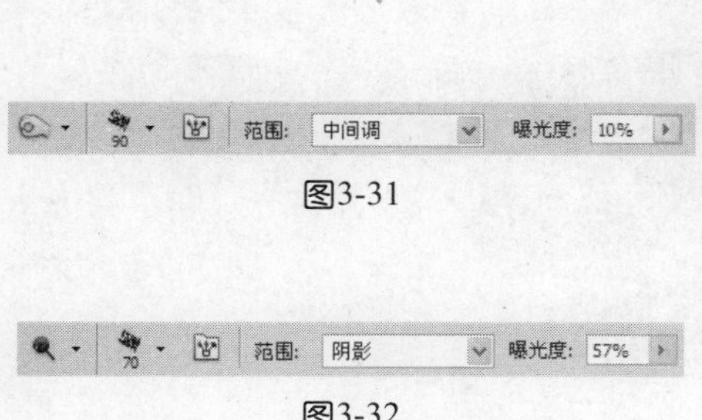

图3-31

图3-32

图3-33

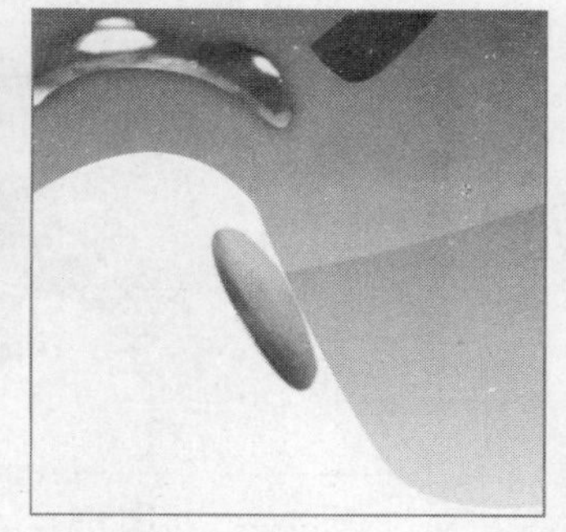

图3-34

11 选择“图像/调整/色相饱和度”命令，如图3-35所示设置参数。选择“加深工具”和“减淡工具”，如图3-36、图3-37所示设置参数，调整“图层7”的颜色，效果如图3-38所示。单击“图层”面板底部的fx按钮，在下拉菜单中选择“图层样式/投影”命令，如图3-39所示设置参数，效果如图3-40所示。

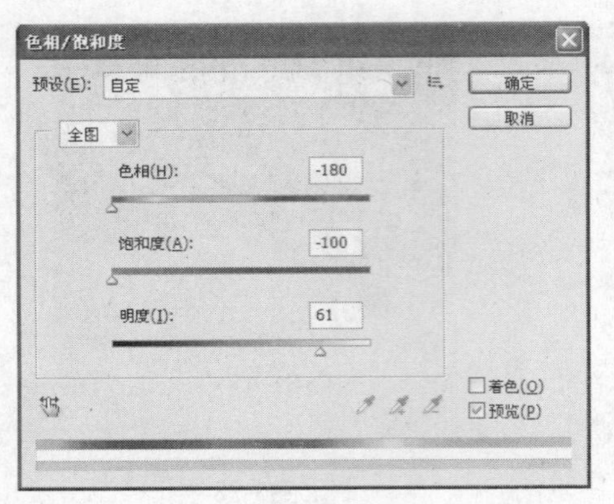

图3-35

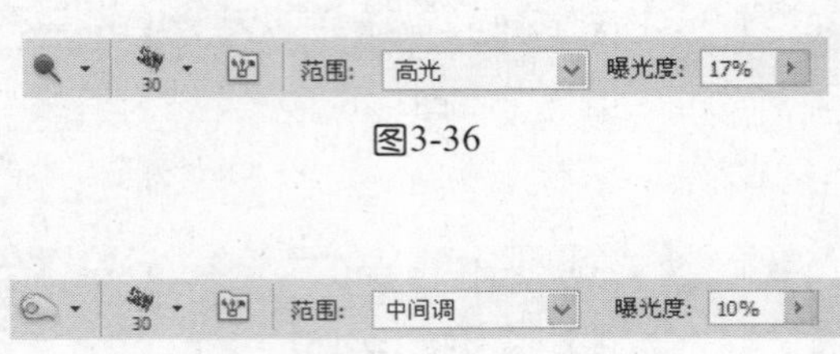

图3-36

图3-37

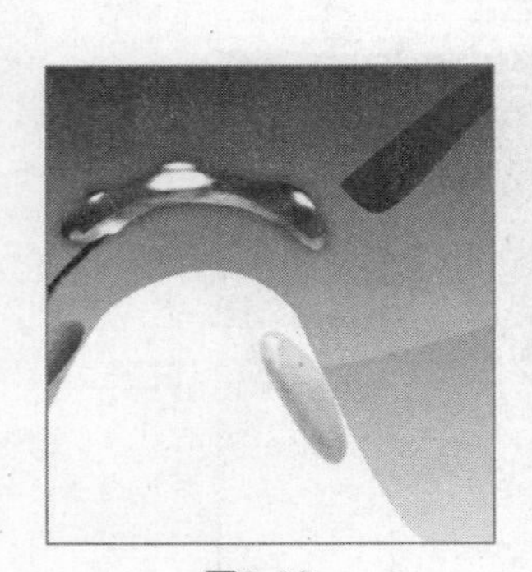

图3-38

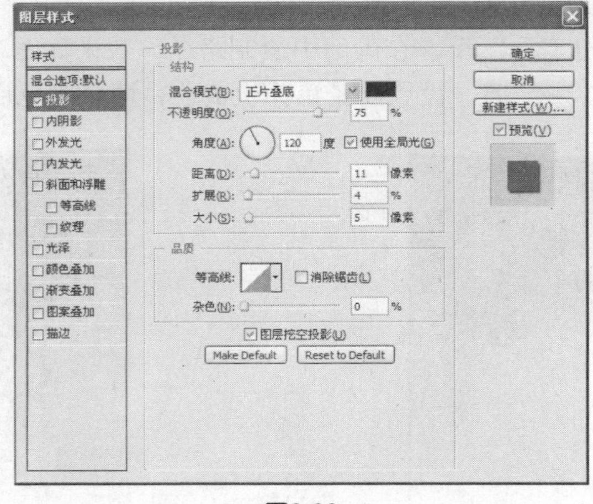

图3-39

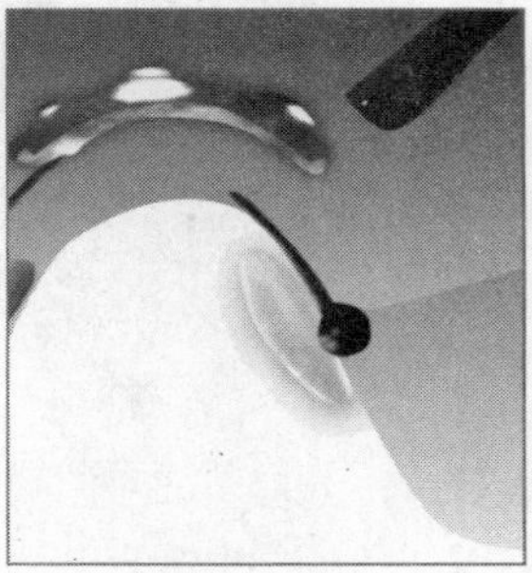

图3-40

12 单击“图层”面板底部的“创建新图层”按钮，新建一个图层，名称为“图层8”，选择“椭圆工具”在画面中绘制选区，选择“羽化”命令，设置羽化值为10。设置前景色为淡黄色，在图层中绘制出点光效果，如图3-41所示。导入素材图片，最终效果如图3-42所示。

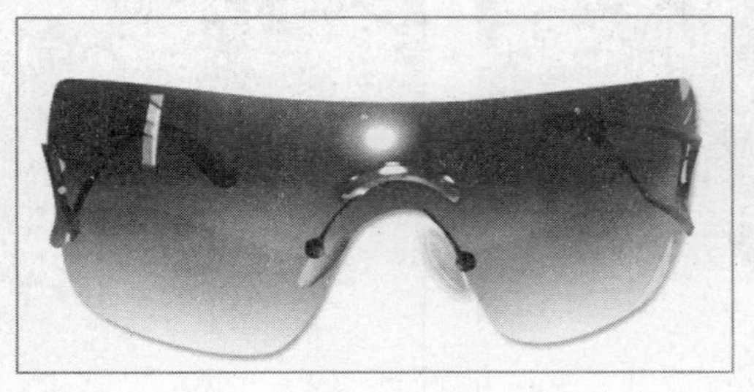

图3-41

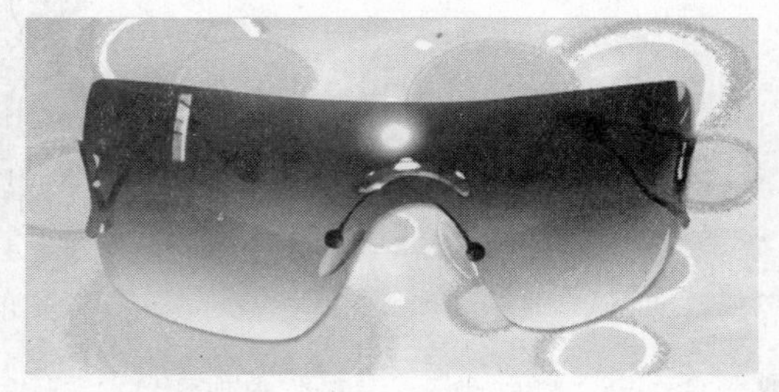

图3-42

本例讲解在Photoshop CS5 中，制作宽边太阳镜的方法与技巧。在制作过程中，使用钢笔工具绘制眼镜的整体轮廓路径，使用渐变工具填充镜片的颜色，选择“图层样式”将镜腿的立体效果呈现出来。考虑到镜面的光泽度、质感等方面，使用加深工具、减淡工具就可以绘制出眼镜的层次感、高光等效果。

时尚款太阳镜

设计步骤

01 按快捷键Ctrl+N，新建一个文件，设置对话框如图3-43所示。

02 单击“图层”面板底部的“创建新图层”按钮，新建一个图层，名称为“图层1”，选择“钢笔工具”，在画面中绘制路径，如图3-44所示。选择“选择/修改/羽化”命令，设置羽化半径为1。设置前景色如图3-45所示，将图层的颜色填满后，效果如图3-46所示。

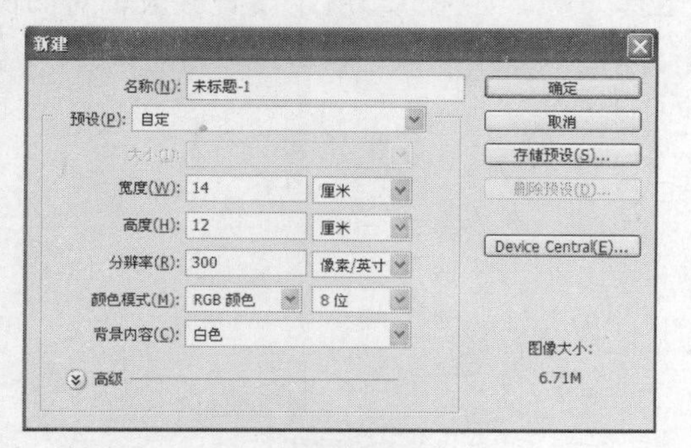

图3-43

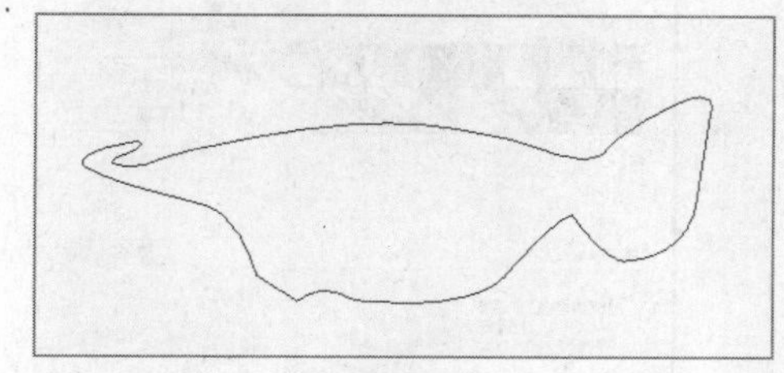

图3-44

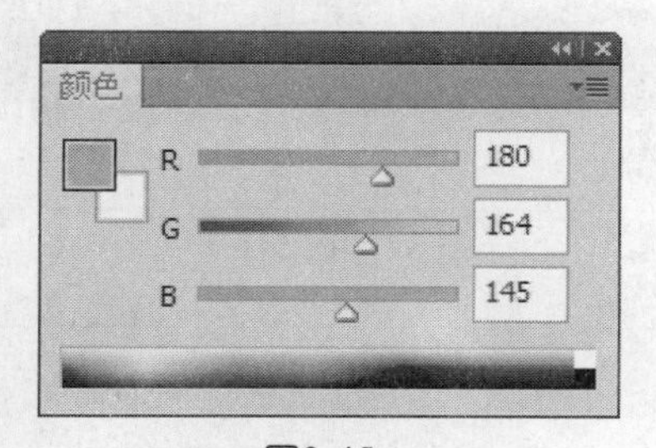

图3-45

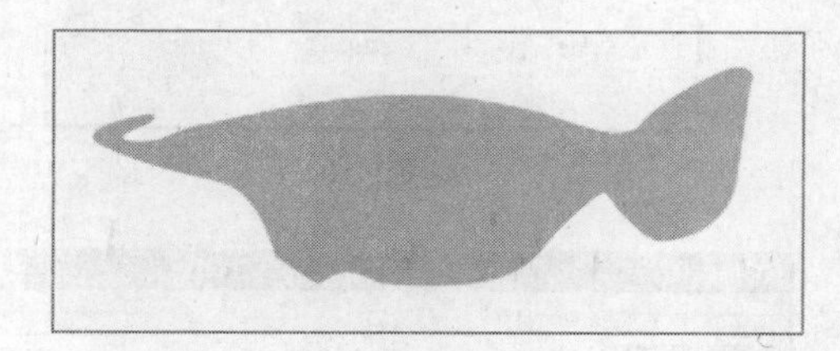

图3-46

03 单击“图层”面板底部的“创建新图层”按钮，新建一个图层，名称为“图层2”，选择“钢笔工具”，在画面中绘制路径，效果如图3-47所示。在路径上单击鼠标右键，在弹出的快捷菜单中选择“建立选区”命令，如图3-48所示，设置参数如图3-49所示。

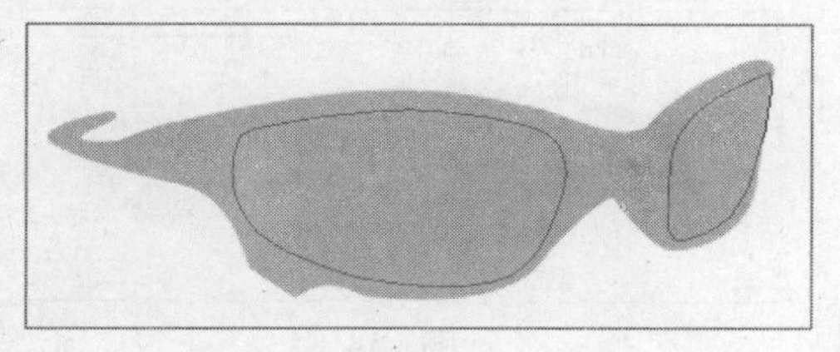

图3-47

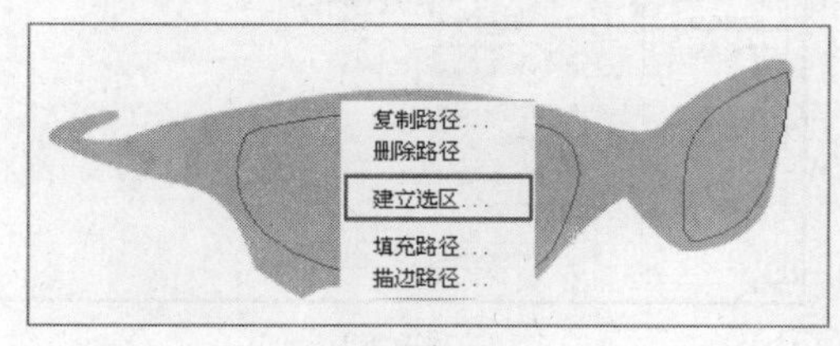

图3-48

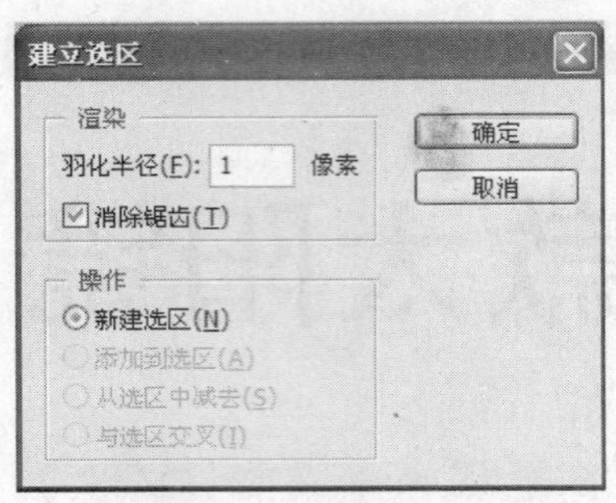

图3-49

04 选择“渐变工具” ，设置渐变颜色如图3-50所示，填充“图层2”的颜色后效果如图3-51所示。单击“图层”面板底部的 按钮，在下拉菜单中选择“图层样式/斜面和浮雕”命令，如图3-52所示设置参数，效果如图3-53所示。

05 选择“钢笔工具” ，在画面中绘制路径，如图3-54所示，选择“选择/修改/羽化”命令，设置羽化半径为5。选择“减淡工具” ，如图3-55所示设置参数，对图像进行处理，效果如图3-56所示。

图3-50

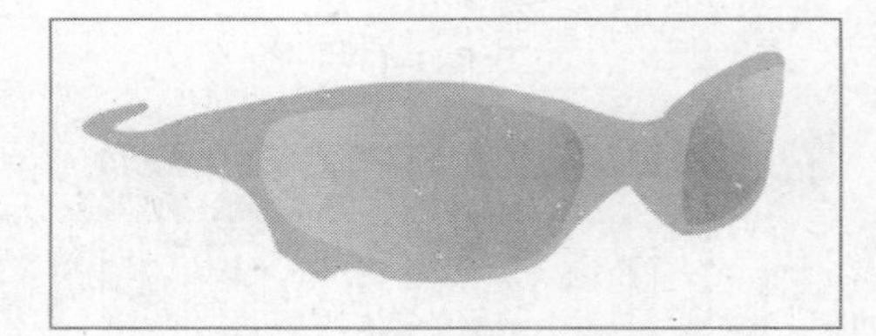

图3-51

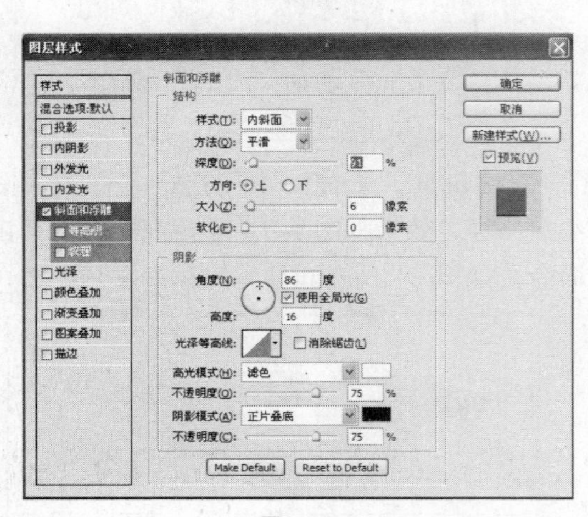

图3-52

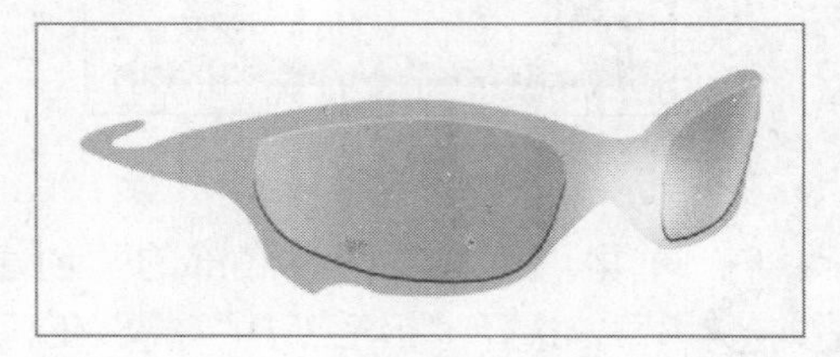

图3-53

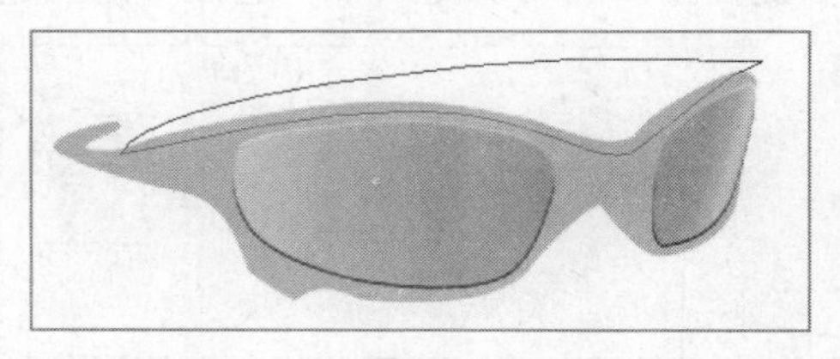

图3-54

范围: 中间调 曝光度: 28%

图3-55

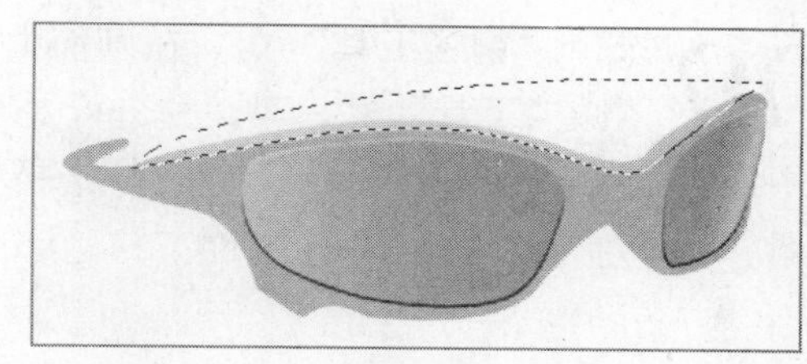

图3-56

06 选择“钢笔工具”，在画面中绘制路径，如图3-57所示。选择“选择/修改/羽化”命令，设置羽化半径为2。选择“加深工具”，如图3-58所示设置参数，对图像进行处理，效果如图3-59所示。

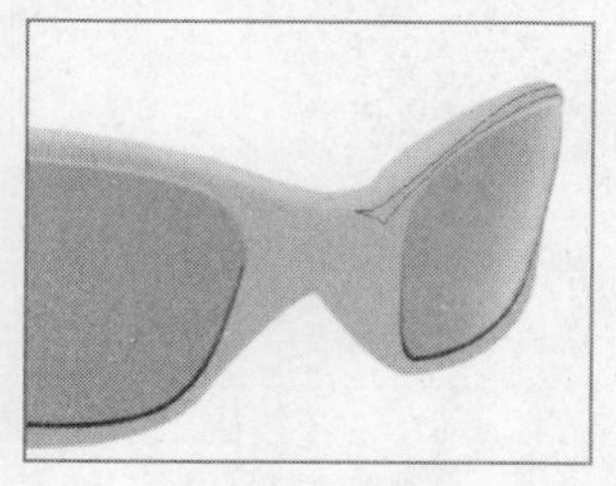

图3-57

图3-58

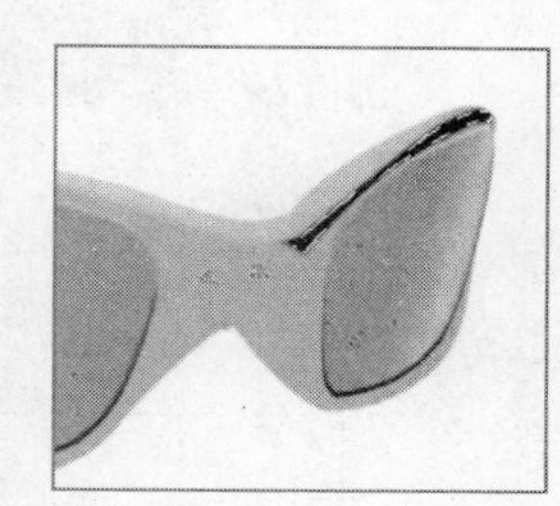

图3-59

07 选择“钢笔工具”，在画面中绘制路径，如图3-60所示。选择“加深工具”，如图3-61所示设置参数，对镜片的颜色进行处理，效果如图3-62所示。

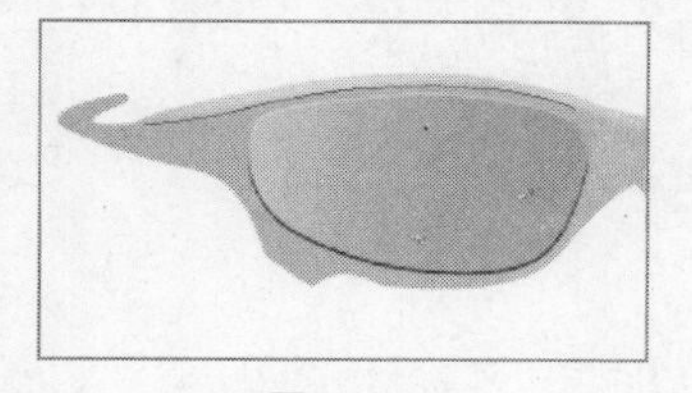

图3-60

图3-61

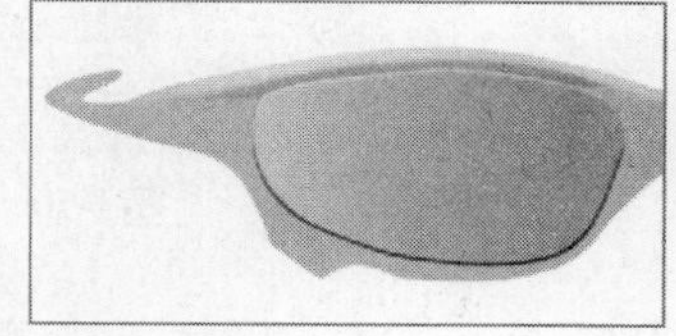

图3-62

08 选择“钢笔工具”，在画面中绘制路径，如图3-63所示，填充颜色后，效果如图3-64所示。选择“钢笔工具”，在画面中绘制路径，如图3-65所示，选择“选择/修改/羽化”命令，设置羽化半径为2。选择“减淡工具”，如图3-66所示设置参数，对镜片的边缘进行处理，效果如图3-67所示。

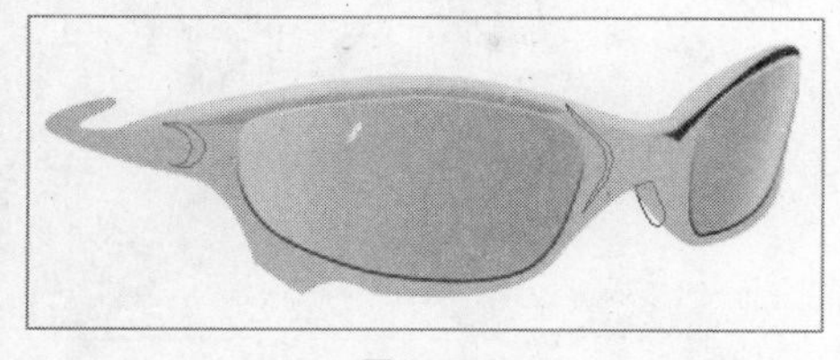

图3-63

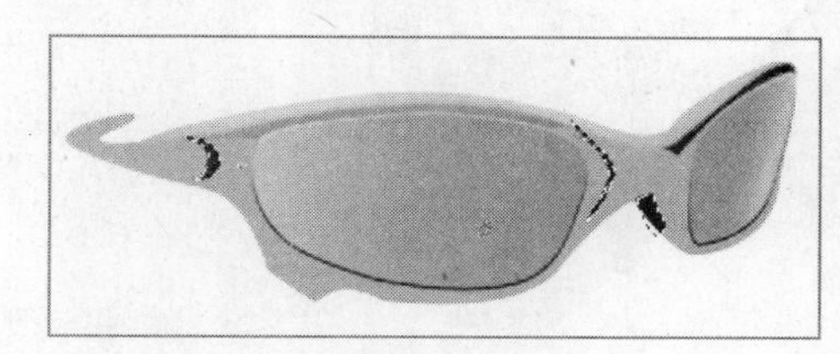

图3-64

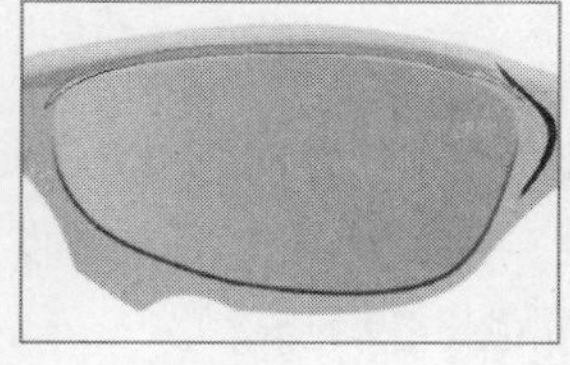

图3-65

图3-66

图3-67

09 选择“钢笔工具”，在画面中绘制路径，如图3-68所示。选择“加深工具”和“减淡工具”，对镜片进行处理，效果如图3-69所示。选择“钢笔工具”，在画面中绘制路径，如图3-70所示，选择“选择/修改/羽化”命令，设置羽化半径为1，效果如图3-71所示。

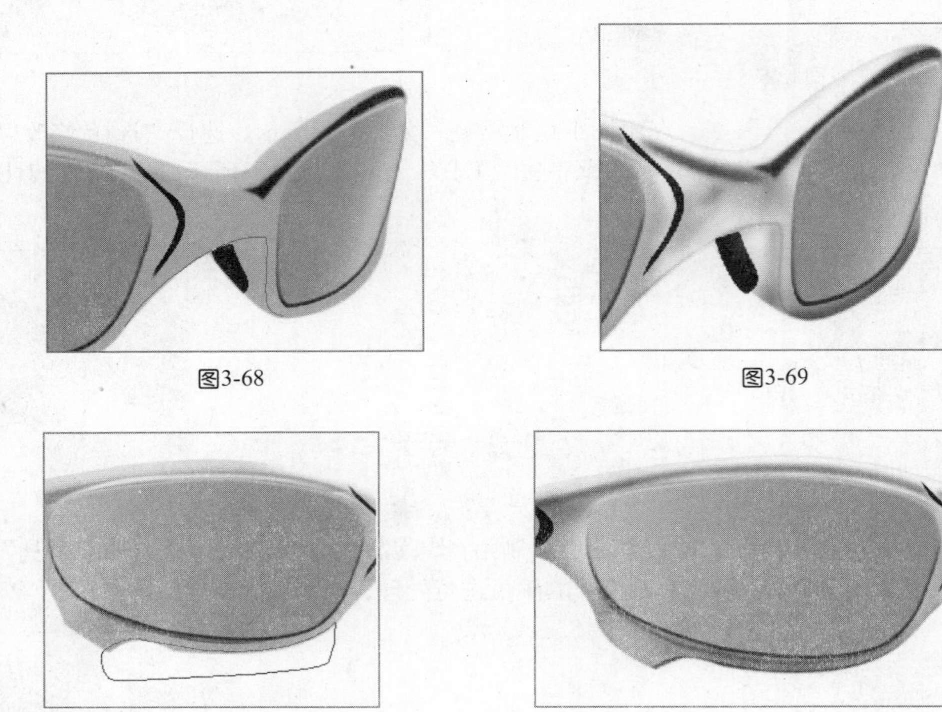

图3-68

图3-69

图3-70

图3-71

10 单击“图层”面板底部的“创建新图层”按钮，新建一个图层，名称为“图层3”，选择“椭圆工具”，在画面中绘制并填充颜色，效果如图3-72所示。选择“减淡工具”，如图3-73所示设置参数，对图像进行处理，效果如图3-74所示。

图3-72

图3-73

图3-74

11 单击“图层”面板底部的“创建新图层”按钮，新建一个图层，名称为“图层4”，选择“钢笔工具”，在画面中绘制路径，如图3-75所示。选择“选择/修改/羽化”命令，设置羽化半径为3。设置前景色如图3-76所示，填充颜色后，效果如图3-77所示。选择“减淡工具”，如图3-78所示设置参数，对图像的颜色进行减淡处理后，效果如图3-79所示。

图3-75

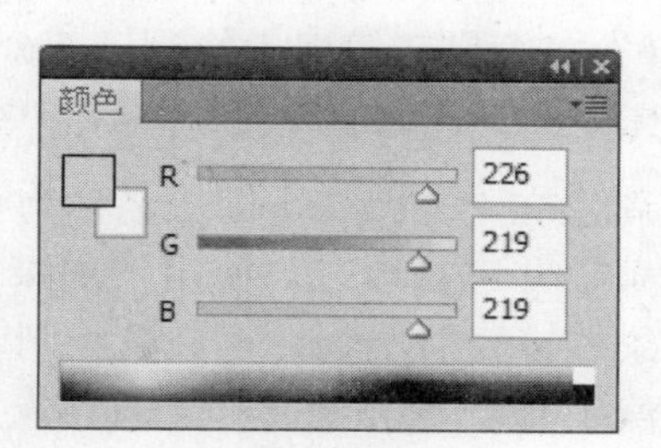

图3-76

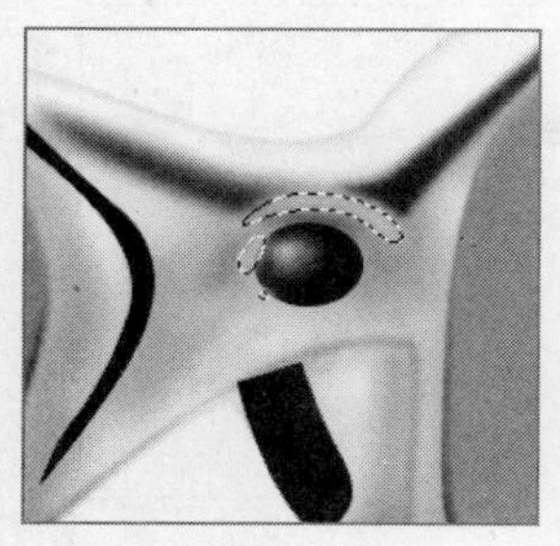

图3-77

图3-78

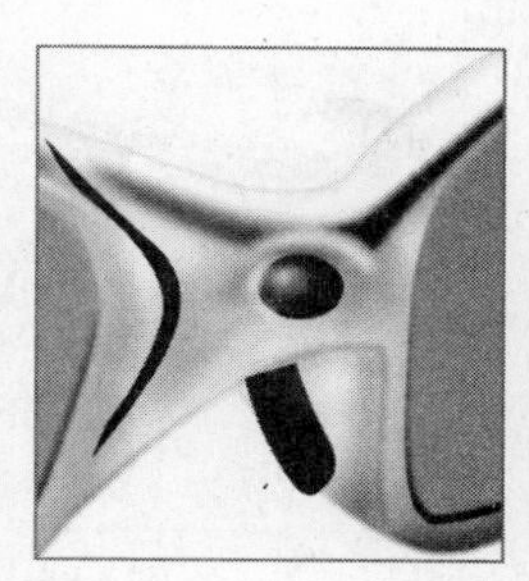

图3-79

12 单击"图层"面板底部的"创建新图层"按钮，新建一个图层，名称为"图层5"。在画面中绘制镜架和镜腿的边缘，效果如图3-80、图3-81所示。单击"图层"面板底部的按钮，在下拉菜单中选择"图层样式/描边"命令，如图3-82所示设置参数，效果如图3-83、图3-84所示。

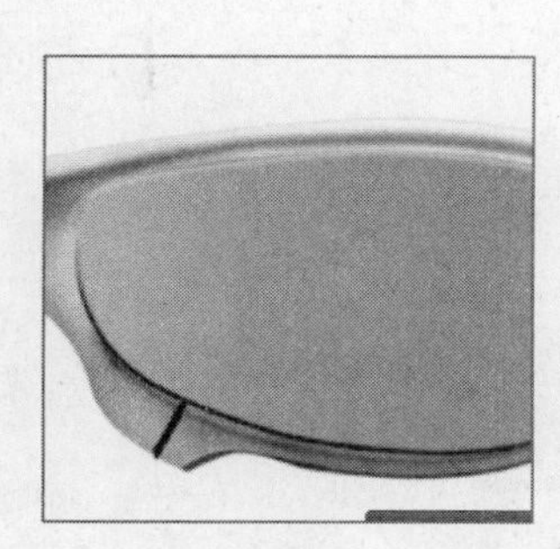

图3-80

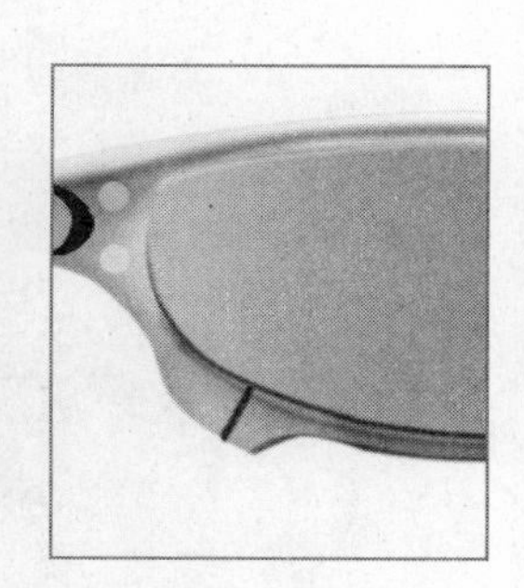

图3-81

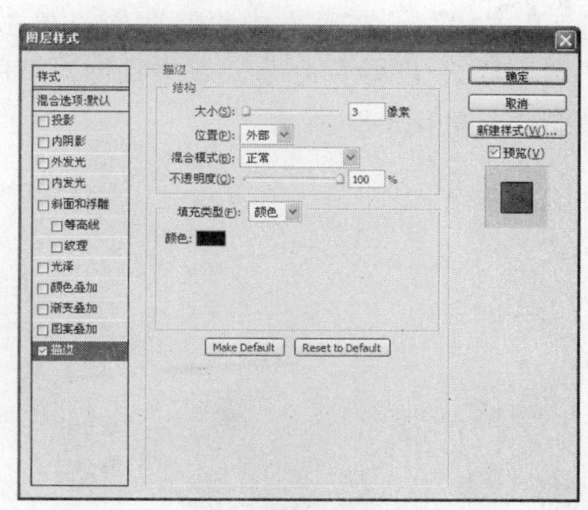

图3-82

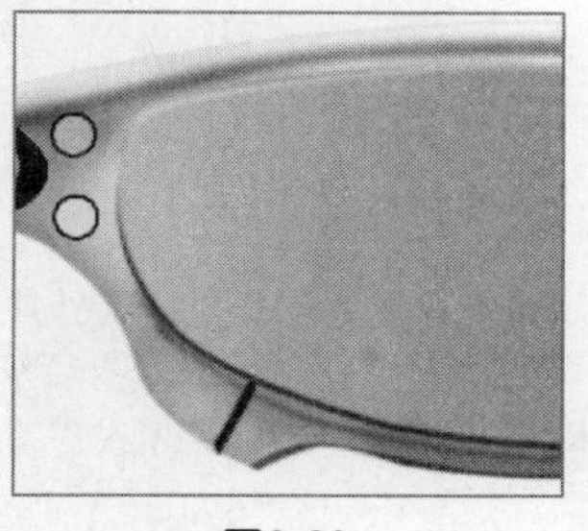

图3-83

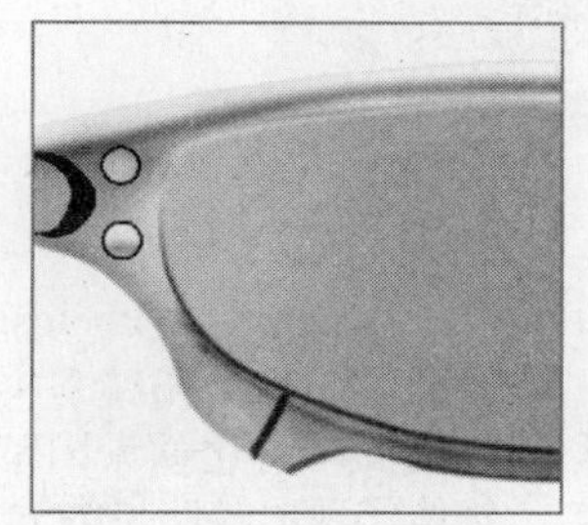

图3-84

13 单击“图层”面板底部的“创建新图层”按钮，新建一个图层，名称为“图层6”，分别在镜腿上绘制三部分路径，再填充不同的颜色。选择“加深工具”和“减淡工具”将镜腿的颜色调整好，效果如图3-85所示。

14 新建立一个图层，图层名称为“图层7”，选择“椭圆工具”，设置前景色为橘黄色并进行填充。使用“加深工具”和“减淡工具”调整颜色，选择“钢笔工具”绘制镜腿装饰物，再分别绘制不同的路径并填充不同的颜色。使用相同的方法，选择“加深工具”和“减淡工具”进行交互绘制，效果如图3-86所示。

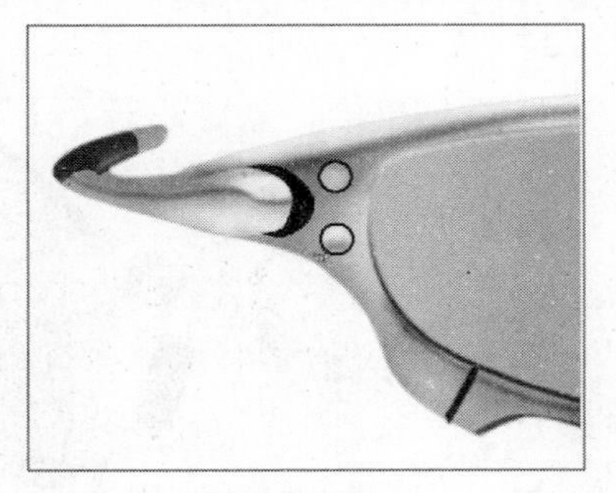

图3-85

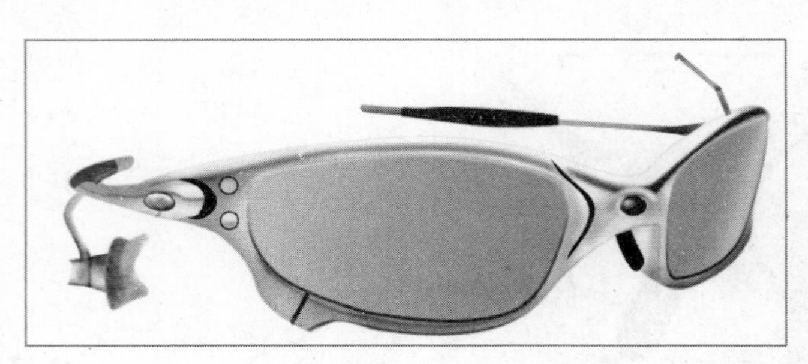

图3-86

15 单击“图层”面板底部的“创建新图层”按钮，新建一个图层，名称为“图层8”，选择“钢笔工具”在太阳镜的另一侧绘制镜腿路径，填充颜色后，使用“加深工具”和“减淡工具”进行涂抹。

16 单击“图层”面板底部的“创建新图层”按钮，新建一个图层，名称为“图层9”，在画面中绘制阴影，单击“图层”面板下方的按钮，在下拉菜单中选择“图层样式/投影”命令，效果如图3-87所示。打开光盘中的素材文件夹，导入素材图片，最终效果如图3-88所示。

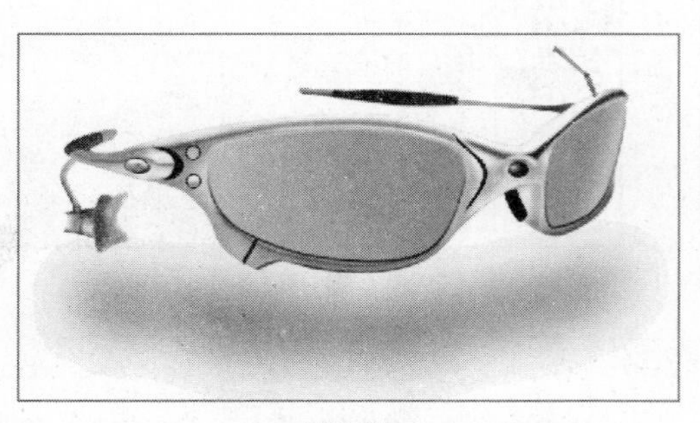

图3-87

图3-88

本例讲解在Photoshop CS5 中，制作时尚款太阳镜的方法与技巧。制作的方法跟前一款太阳镜基本相似，使用钢笔工具绘制出路径，然后填充渐变颜色。与此同时，这款太阳镜在制作镜腿的时侯选择了“图层样式”命令，它可以使物体呈现出较明显的立体效果。

3.3 普通太阳镜

设计步骤

01 按快捷键Ctrl+N，新建一个文件，设置对话框如图3-89所示。

02 单击“图层”面板底部的“创建新图层”按钮，新建一个图层，名称为“图层1”。选择“钢笔工具”，在画面中绘制路径，如图3-90所示，选择黑色将路径填满，效果如图3-91所示。

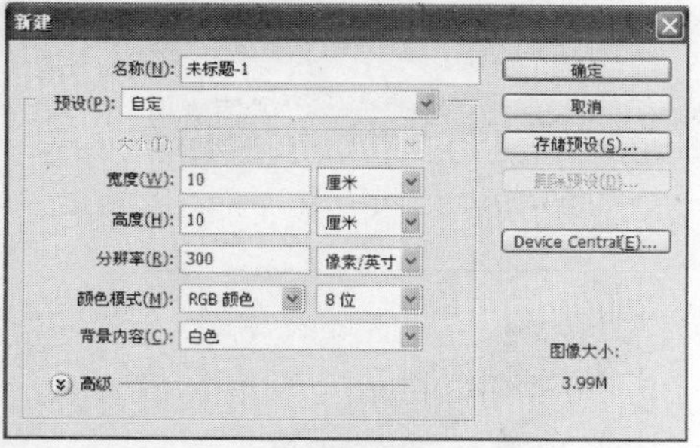

图3-89

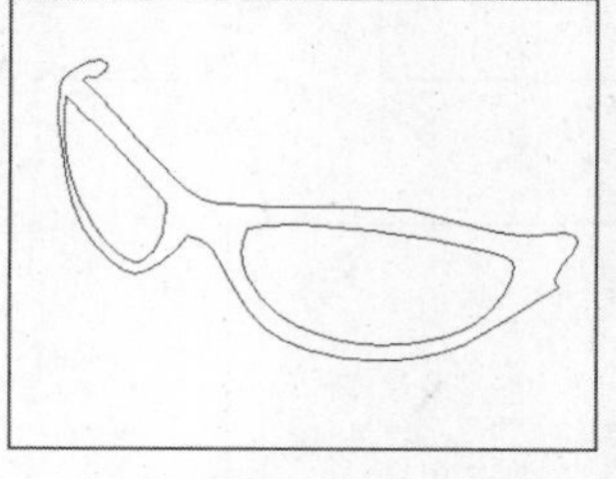

图3-90

图3-91

03 单击“图层”面板底部的“创建新图层”按钮，新建一个图层，名称为“图层2”。选择“钢笔工具”，在画面中绘制路径，如图3-92所示。选择“选择/修改/羽化”命令，如图3-93所示设置羽化参数。设置前景色如图3-94所示，然后填充画面。

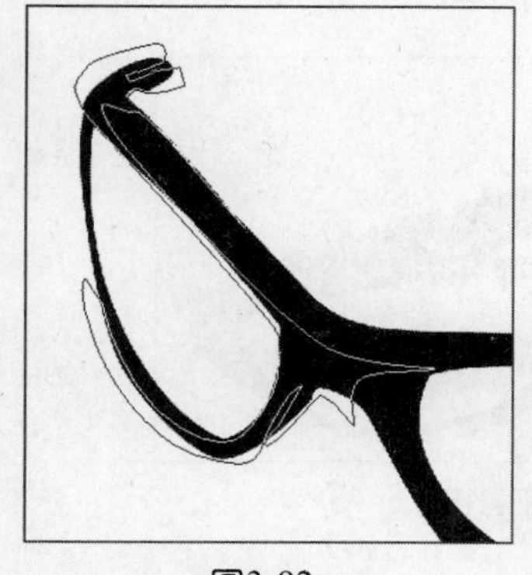

图3-92

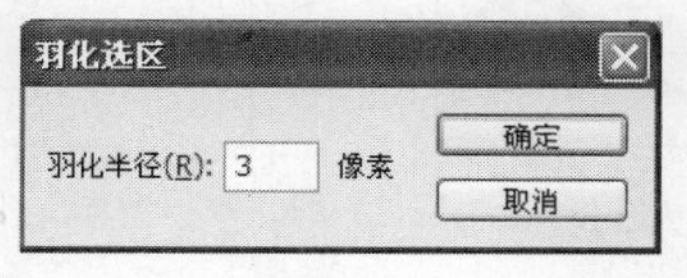

图3-93

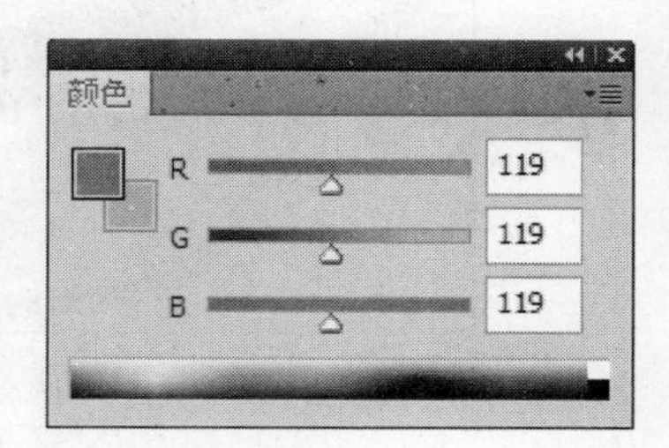

图3-94

04 单击“图层”面板底部的“创建新图层”按钮，新建一个图层，名称为“图层3”。选择“钢笔工具”，在画面中绘制路径，如图3-95所示。选择“选择/修改/羽化”命令，如图3-96所示设置羽化参数，效果如图3-97所示。

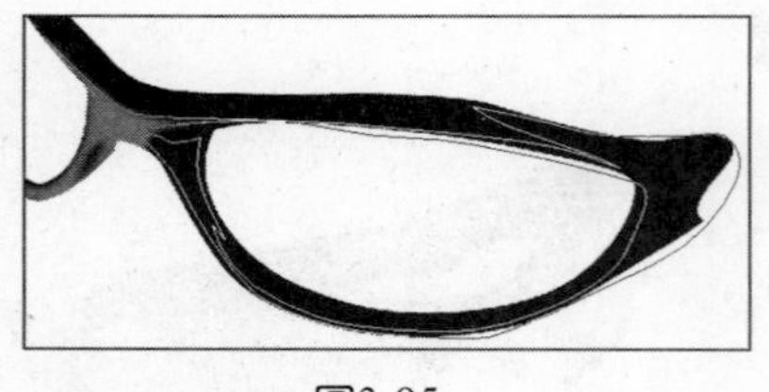

图3-95

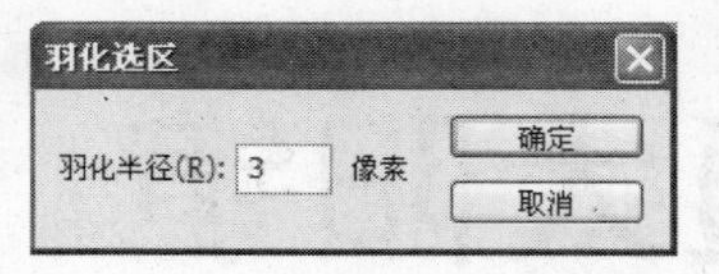

图3-96

图3-97

05 单击“图层”面板底部的“创建新图层”按钮，新建一个图层，名称为“图层4”。选择“钢笔工具”，在画面中绘制路径，如图3-98所示。使用“加深工具”和“减淡工具”对镜架的颜色进行调整，效果如图3-99所示，整体效果如图3-100所示。使用相同的方法，新建两个图层，图层名称为“图层5、图层6”，分别绘制镜腿并填充颜色，效果如图3-101、图3-102所示，整体效果如图3-103所示。

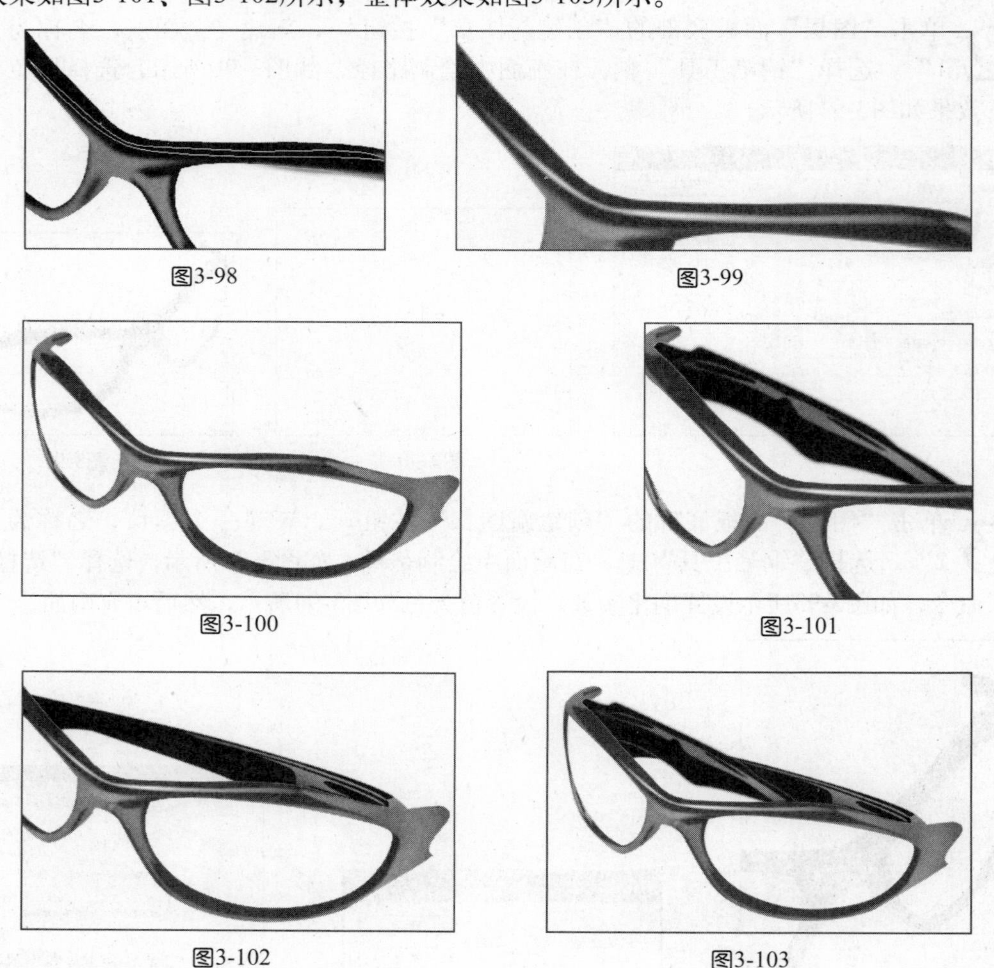

图3-98

图3-99

图3-100

图3-101

图3-102

图3-103

06 单击“图层”面板底部的“创建新图层”按钮，新建一个图层，名称为“图层7”。选择“渐变工具”，如图3-104所示，设置渐变颜色由深黄色到浅黄色，向镜片内填充颜色，效果如图3-105所示。使用“钢笔工具”，在左侧镜片中绘制路径，如图3-106所示。选择“图像/调整/色相饱和度”命令，如图3-107所示设置参数，效果如图3-108所示。

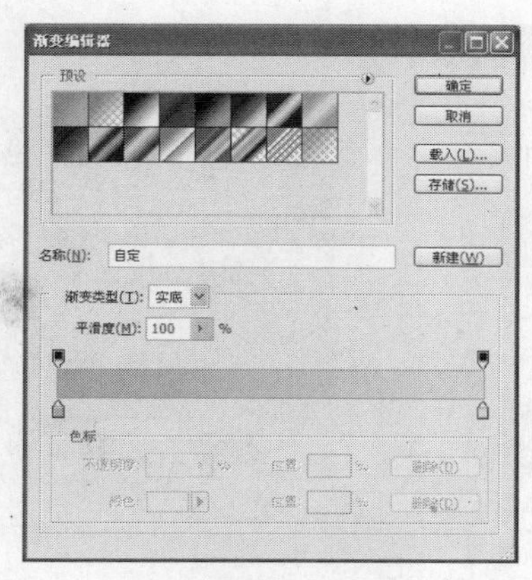

图3-104

图3-105

图3-106

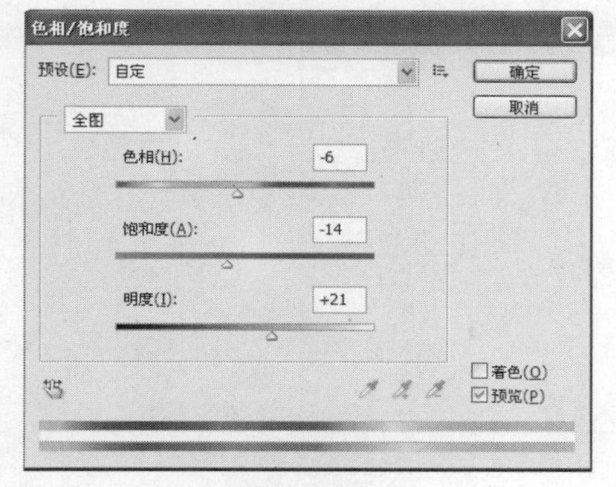

图3-107

图3-108

07 单击“图层”面板底部的“创建新图层”按钮，新建一个图层，名称为“图层8”，选择“渐变工具”，设置渐变类型为径向渐变，径向颜色由黄色到红色，然后填充另一侧的镜片，效果如图3-109所示。整体效果如图3-110所示。

图3-109

图3-110

本例讲解在Photoshop CS5 中，制作普通太阳镜的方法与技巧。在本节中，为了增加太阳镜的光晕效果，使用了渐变工具里的“径向渐变”命令，因此可以不断地调整径向的参数和角度范围，使眼镜呈现出自然光和镜片的反光效果。

3.4 休闲帽

设计步骤

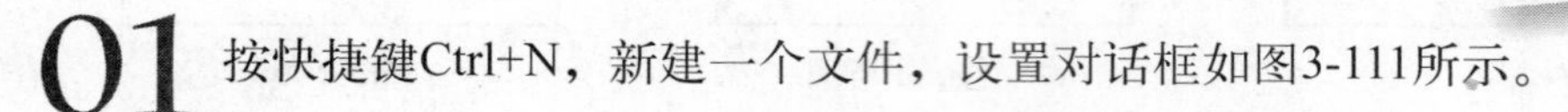

01 按快捷键Ctrl+N，新建一个文件，设置对话框如图3-111所示。

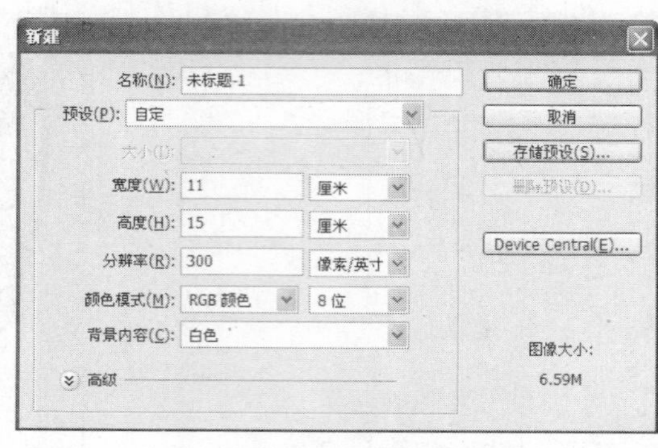

图3-111

02 单击“图层”面板底部的“创建新图层”按钮，新建一个图层，名称为“图层1”，选择“钢笔工具”，在画面中绘制路径，如图3-112所示。设置前景色为黑色，填充路径后，效果如图3-113所示。选择“滤镜/杂色/添加杂色”命令，如图3-114所示设置参数，效果如图3-115所示。打开素材光盘中的文件夹，导入素材图片，如图3-116所示。将此素材调入画面中，设置该图层的混合模式为“叠加”，效果如图3-117所示。

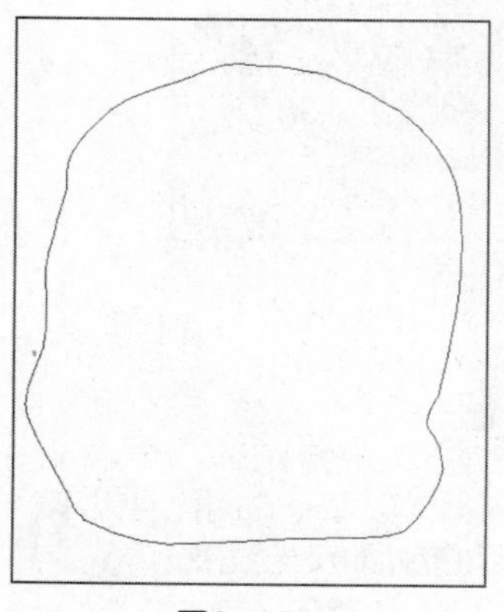

图3-112

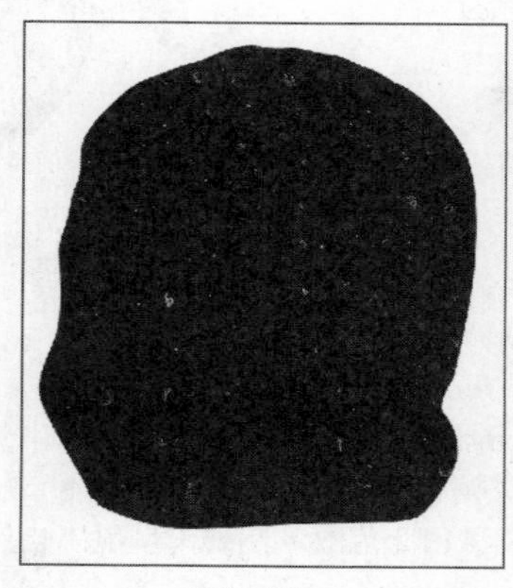

图3-113

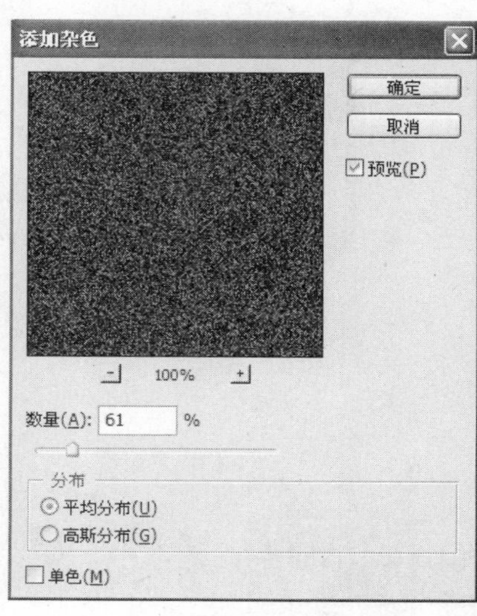

图3-114

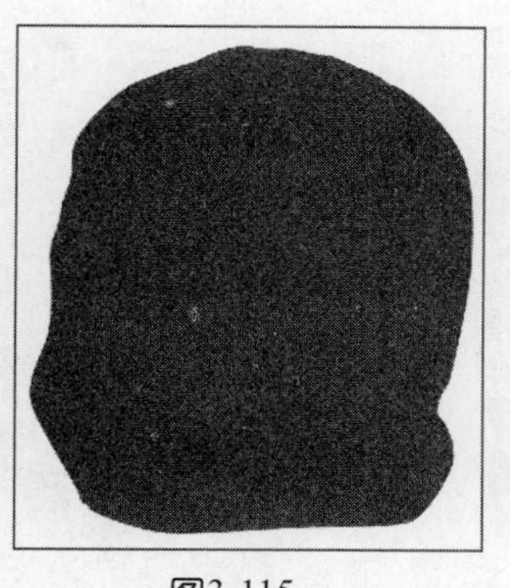

图3-115

图3-116

图3-117

03 选择“加深工具”和“减淡工具”，如图3-118、图3-119所示设置参数，对图像进行处理，效果如图3-120所示。选择“图像/色相/饱和度”命令，如图3-121所示设置参数，选择“钢笔工具”，在画面中绘制路径，设置前景色为红色并填充，选择“加深工具”，如图3-122所示设置参数，加深图像的颜色，效果如图3-123所示。

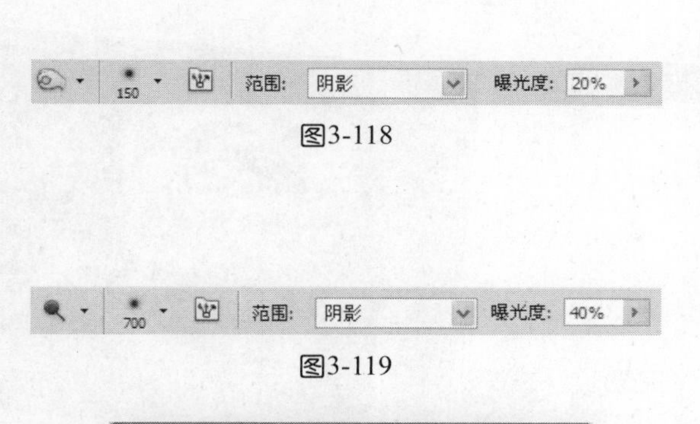

图3-118

图3-119

图3-120

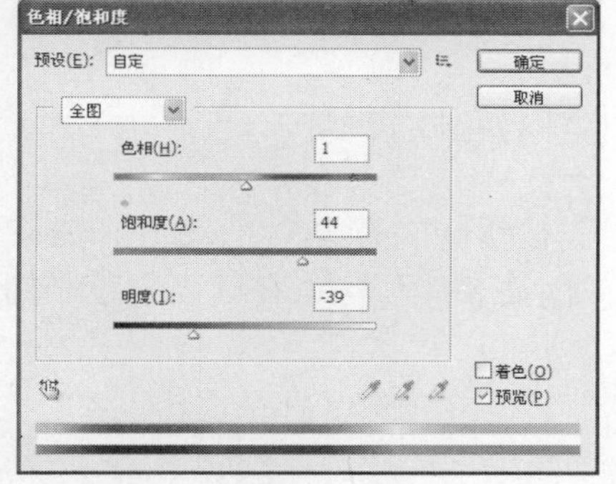

图3-121

图3-122

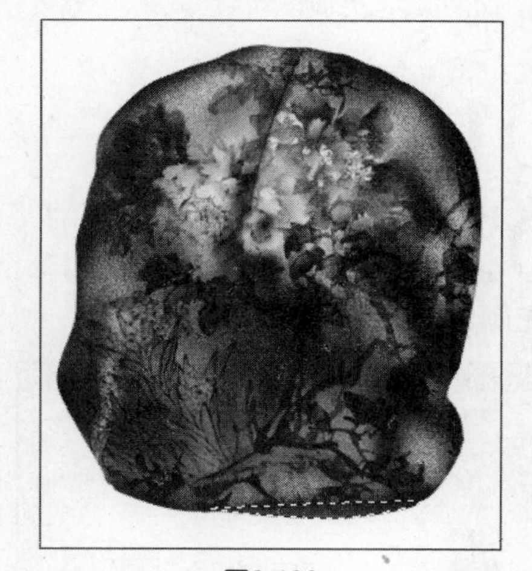

图3-123

04 选择“减淡工具”，如图3-124所示设置参数，对图像进行处理，效果如图3-125所示。选择“背景图层”，设置前景色为浅粉色，选择“画笔工具”，在画面中绘制帽子上的国画图案，最终效果如图3-126所示。

图3-124　　图3-125　　图3-126

本例讲解在Photoshop CS5 中，制作休闲帽的方法与技巧。在制作过程中使用钢笔工具绘制出帽子的大体轮廓、使用“色相饱和度”来调整画面的效果。本实例的重点是使用了图层混合模式中的“叠加”，使国画图案自然叠加在帽子上面，最后使用加深、减淡工具，制作帽子面料的褶皱效果。

01 按快捷键Ctrl+N，新建一个文件，设置对话框如图3-127所示。

02 单击“图层”面板底部的“创建新图层”按钮，新建一个图层，名称为“图层1”，设置前景色如图3-128所示，使用“钢笔工具”，在画面中绘制帽子轮廓并填充颜色，效果如图3-129所示。

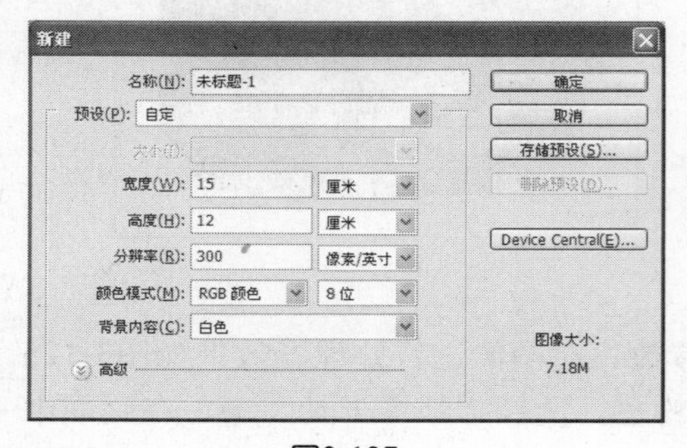

图3-127

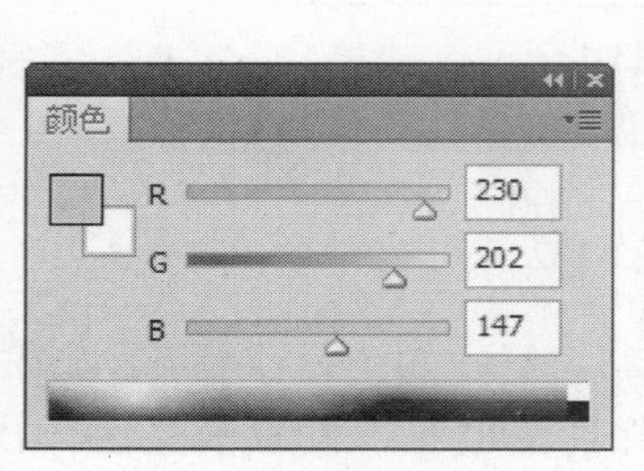

图3-128

图3-129

03 单击“图层”面板底部的“创建新图层”按钮，新建一个图层，名称为“图层2”，设置前景色如图3-130所示。使用“钢笔工具”，在画面中绘制帽子图案的路径，填充前景色，效果如图3-131所示。

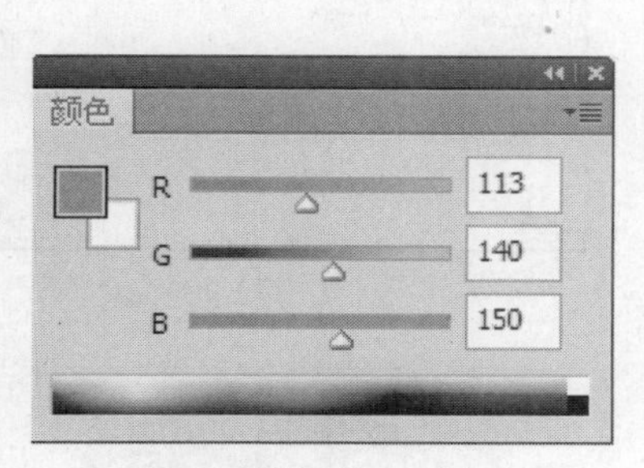

图3-130

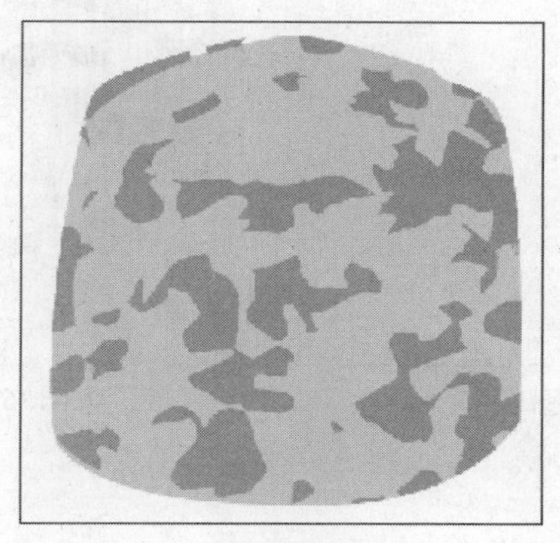

图3-131

04 单击“图层”面板底部的“创建新图层”按钮，新建一个图层，名称为“图层3”，设置前景色为白色。使用“钢笔工具”，在画面中绘制路径并填充前景色，效果如图3-132所示。

05 单击“图层”面板底部的“创建新图层”按钮，新建一个图层，名称为“图层4”，设置前景色为黑色。使用“钢笔工具”，在画面中绘制路径并填充黑色，效果如图3-133所示。

06 单击“图层”面板底部的“创建新图层”按钮，新建一个图层，名称为“图层5”，设置渐变颜色由灰色到白色，使用“钢笔工具”，在画面中绘制图案路径，填充渐变颜色，效果如图3-134所示。

图3-132

图3-133

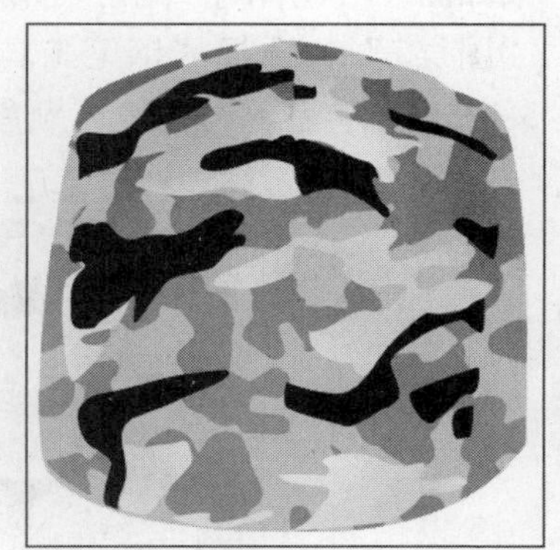

图3-134

07 选择“图层1”，再选择“滤镜/杂色/添加杂色”命令，如图3-135所示设置参数，效果如图3-136所示。单击“图层”面板底部按钮，在下拉菜单中选择“图层样式/投影”命令，如图3-137所示设置参数。选择“加深工具”和“减淡工具”，如图3-138、图3-139所示设置参数，对帽子上的颜色进行调整，效果如图3-140所示。

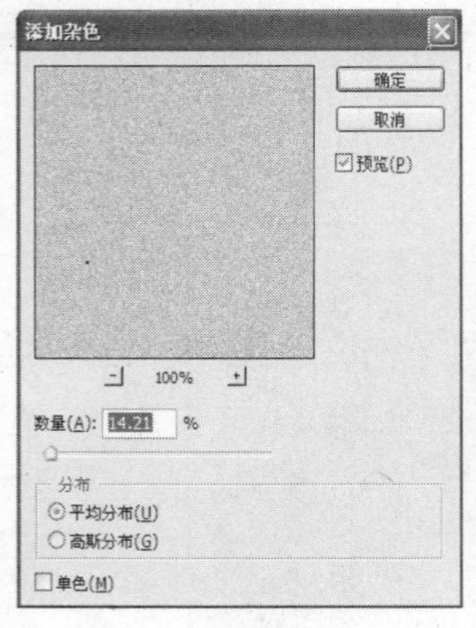

图3-135

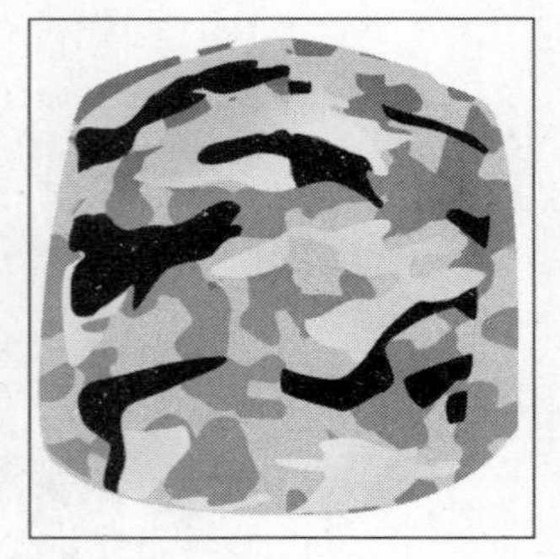

图3-136

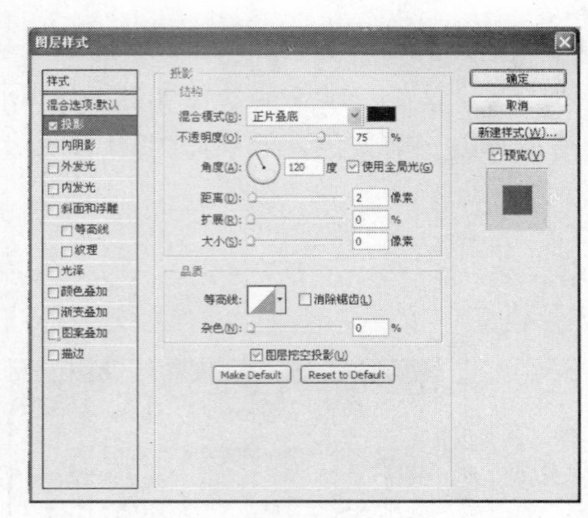

图3-137

图3-138

图3-139

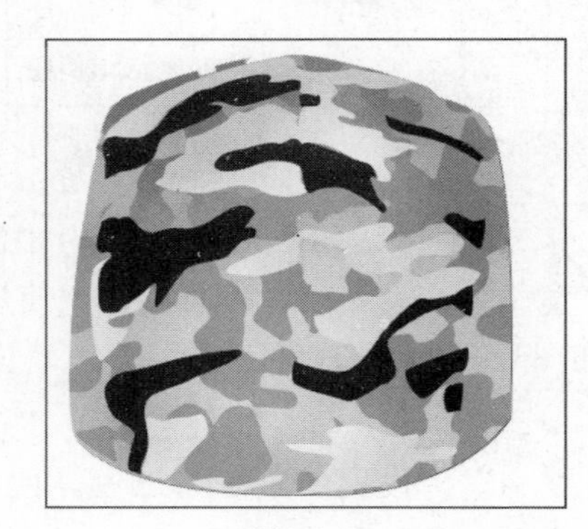

图3-140

08 单击“图层”面板底部的“创建新图层”按钮，新建一个图层，名称为“图层6”，在画面中绘制帽遮路径，拷贝刚做好的帽子图案并将其填充到帽遮路径内，效果如图3-141所示。单击“图层”面板底部的“创建新图层”按钮，新建一个图层，名称为“图层7”，选择“钢笔工具”，在画面中绘制路径，如图3-142所示，设置前景色如图3-143所示，在路径内填充颜色，效果如图3-144所示。

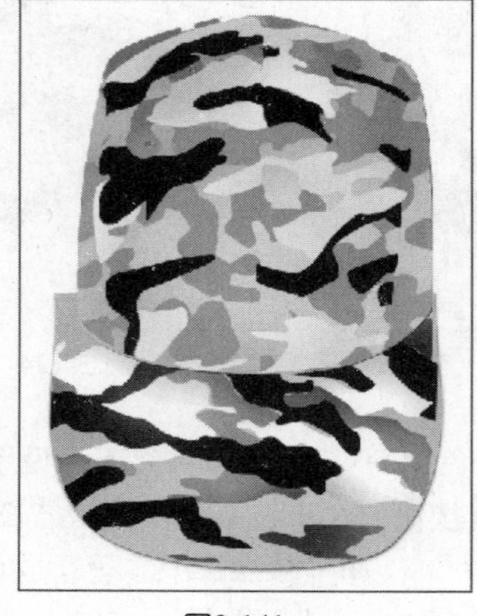

图3-141

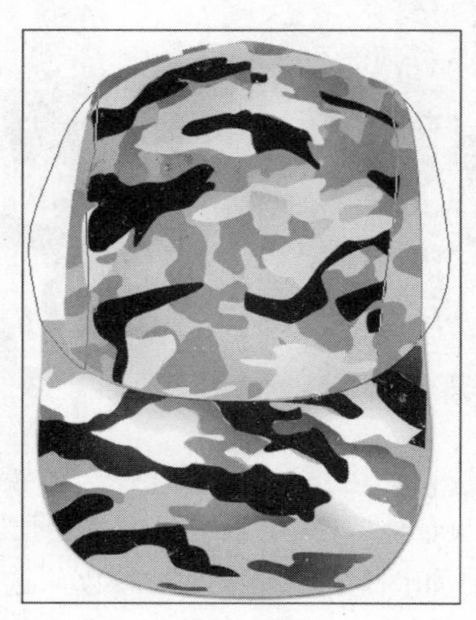

图3-142

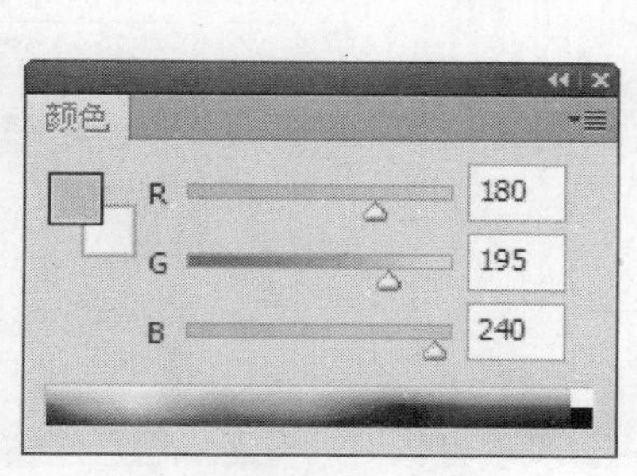

图3-143

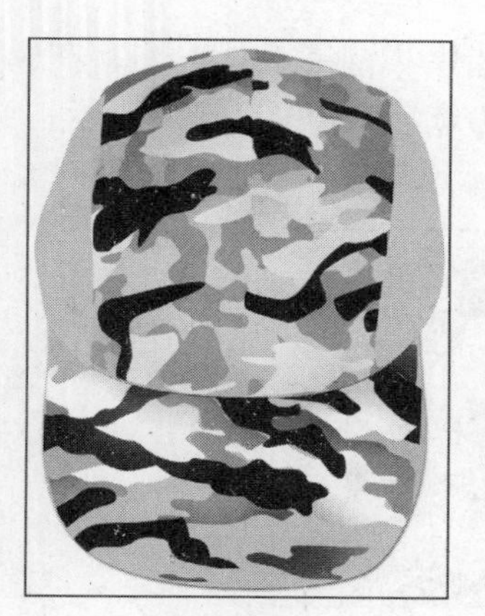

图3-144

09 选择“加深工具”和“减淡工具”，如图3-145、图3-146所示设置参数，对图像进行处理，效果如图3-147所示。单击“图层”面板底部的按钮，在下拉菜单中选择“图层样式/投影”命令，如图3-148所示。再次选择“加深工具”、“减淡工具”，如图3-149、图3-150所示参数设置，对图像进行处理，效果如图3-151所示。

图3-145

图3-146

图3-147

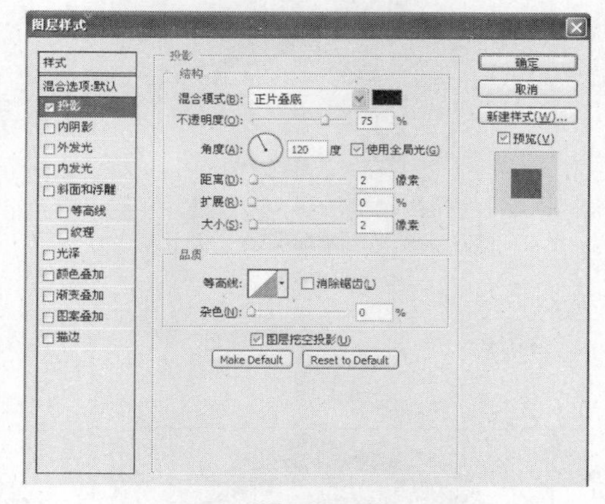

图3-148

图3-149

图3-150

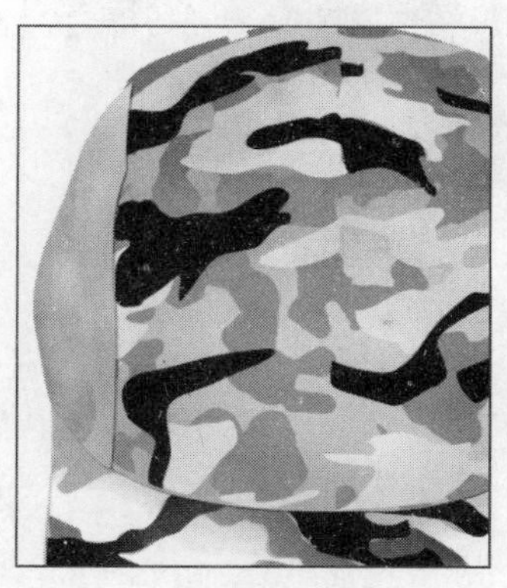

图3-151

10 选择“钢笔工具”，在画面中绘制路径，按“Ctrl+Enter”组合键，将路径转换为选区，如图3-152所示。选择“加深工具”、“减淡工具”，如图3-153、图3-154所示设置参数，调整帽子边缘的颜色，效果如图3-155所示。

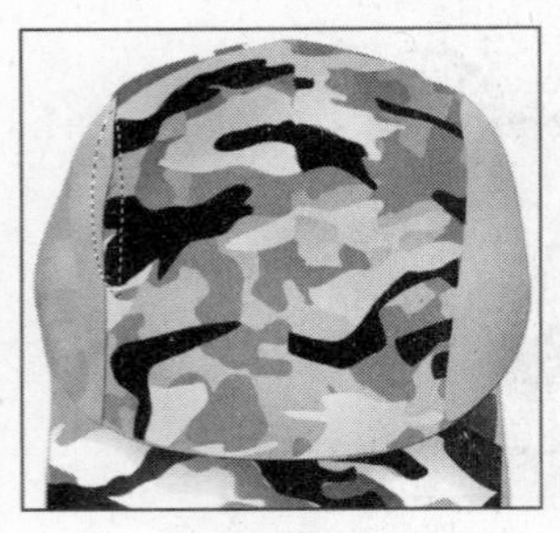

图3-152

图3-153

图3-154

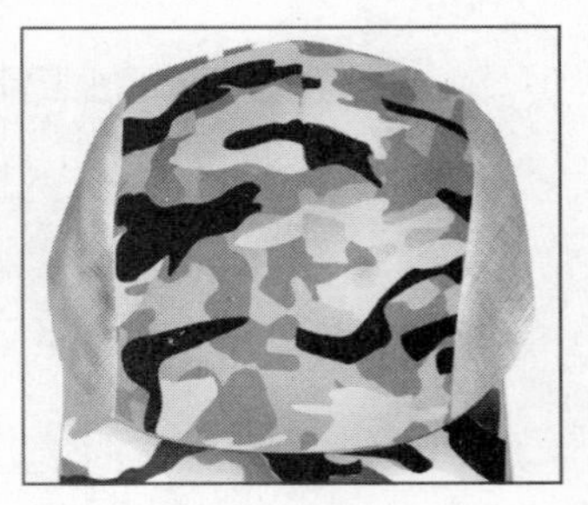

图3-155

11 单击“图层”面板底部的“创建新图层”按钮，新建一个图层，名称为“图层8”，选择“钢笔工具”，在画面中绘制帽子的缝合线，如图3-156所示。选择“画笔工具”，如图3-157所示设置参数。打开画笔“样式”面板，选择画笔“样式”，如图3-158所示，使用“画笔工具”，绘制帽子的缝合线，效果如图3-159所示。打开素材文件夹，导入素材图片，最终效果如图3-160所示。

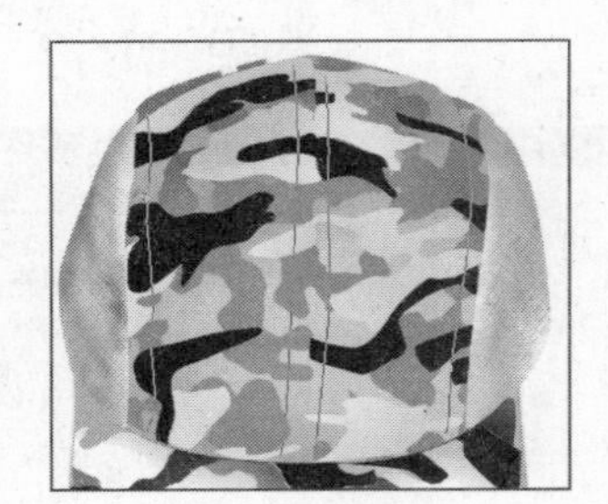

图3-156

图3-157

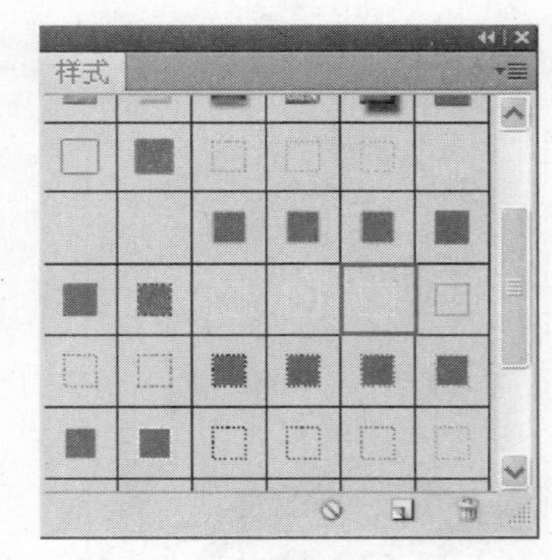

图3-158

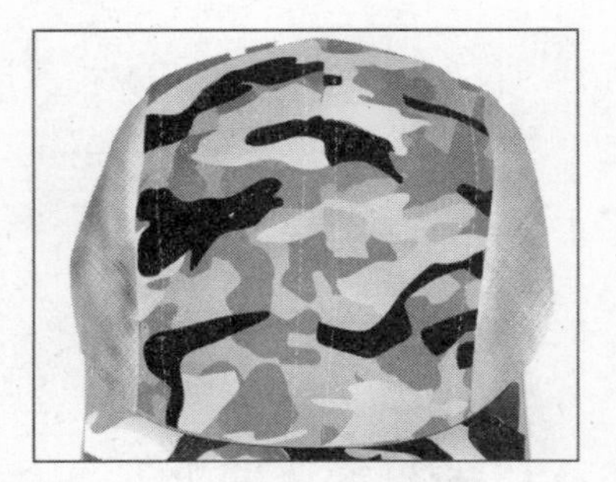

图3-159

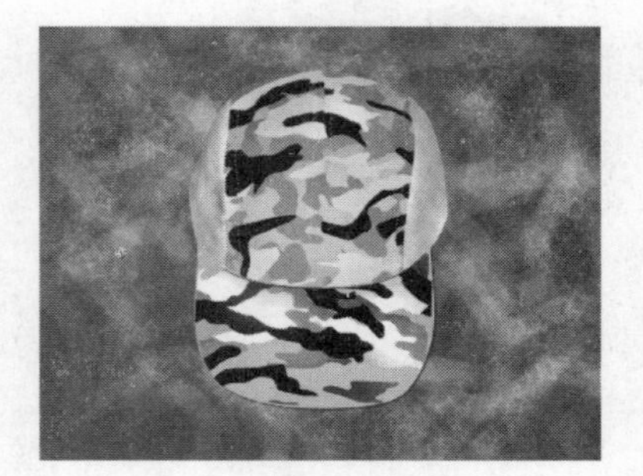

图3-160

本例讲解的是制作运动帽的方法与技巧。此处使用了“滤镜”命令填充帽子的图案。将参数的数值稍微设置得大一些，图案就会增大。此实例的重点就是如何来设置描边样式。为了呈现帽子上缝合线的效果，可以使用钢笔工具在画面中绘制缝合线的路径，然后选择画笔样式，缝合线就呈现出来了。

3.6 公主帽

设计步骤

01 按快捷键Ctrl+N，新建一个文件，设置对话框如图3-161所示。

02 单击“图层”面板底部的“创建新图层”按钮，新建一个图层，名称为“图层1”，设置前景色如图3-162所示，使用“钢笔工具”，在画面中绘制帽子顶部路径，填充颜色后，效果如图3-163所示。

03 单击“图层”面板底部的“创建新图层”按钮，新建一个图层，名称为“图层2”，选择“钢笔工具”，在画面中绘制帽子上的线形路径，效果如图3-164所示。

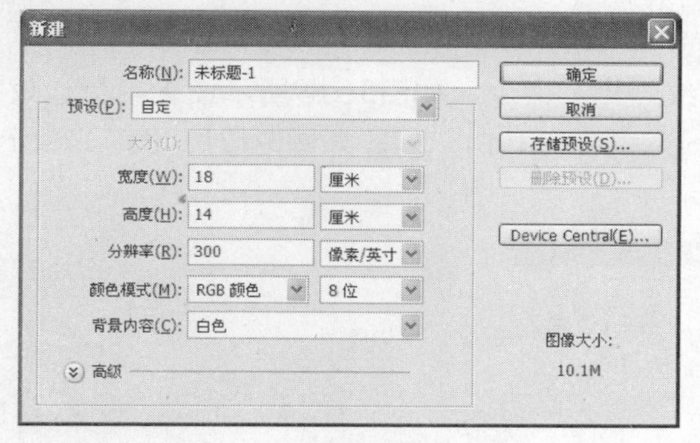

图3-161

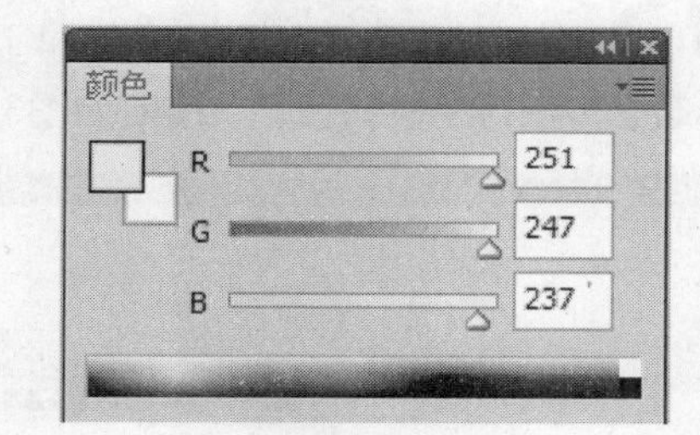

图3-162

图3-163

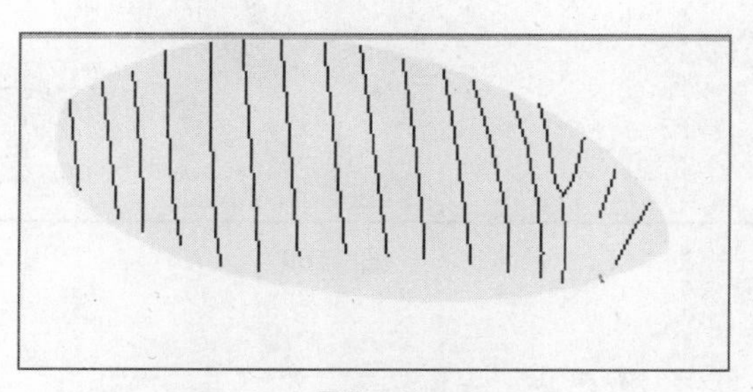

图3-164

04 选择“画笔工具”，如图3-165所示设置参数，在画面中绘制帽子上的条纹，效果如图3-166所示。单击“图层”面板底部的fx按钮，在下拉菜单中选择“图层样式/投影”命令，如图3-167所示设置参数。单击“图层”面板底部的“创建新图层”按钮，新建一个图层，名称为“图层3”，选择“钢笔工具”绘制路径并为路径描边，效果如图3-168所示。

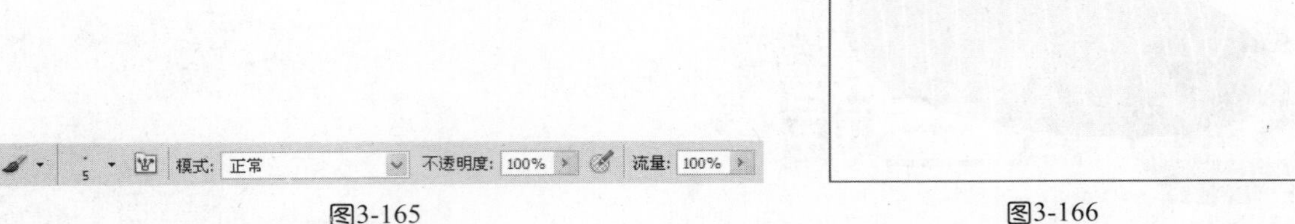

图3-165

图3-166

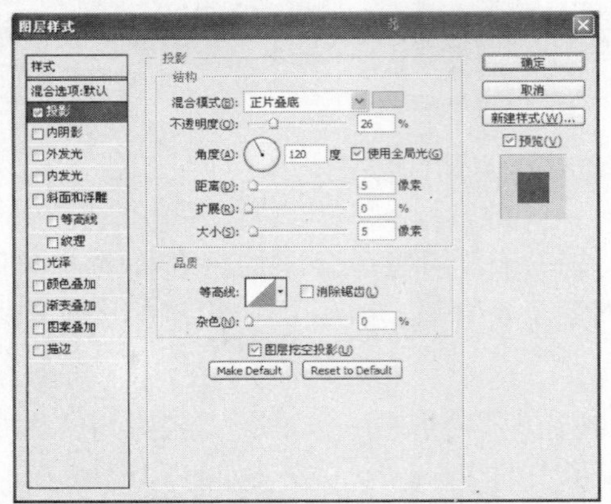

图3-167

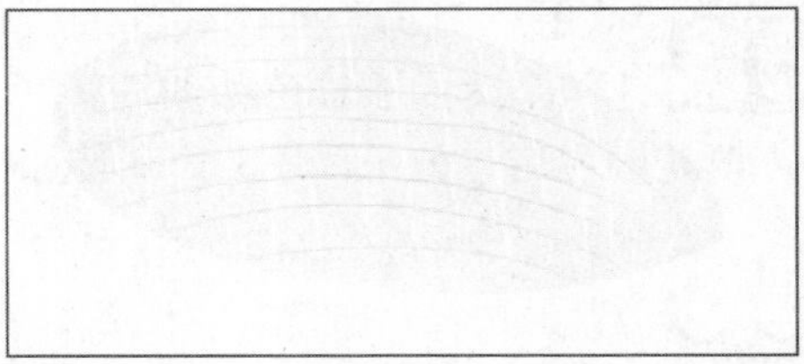

图3-168

05 选择“图层1”，选择“滤镜/纹理/纹理化”命令，如图3-169所示设置参数，效果如图3-170所示。选择“加深工具”、“减淡工具”，如图3-171、图3-172所示设置参数，对图像进行处理，效果如图3-173所示。

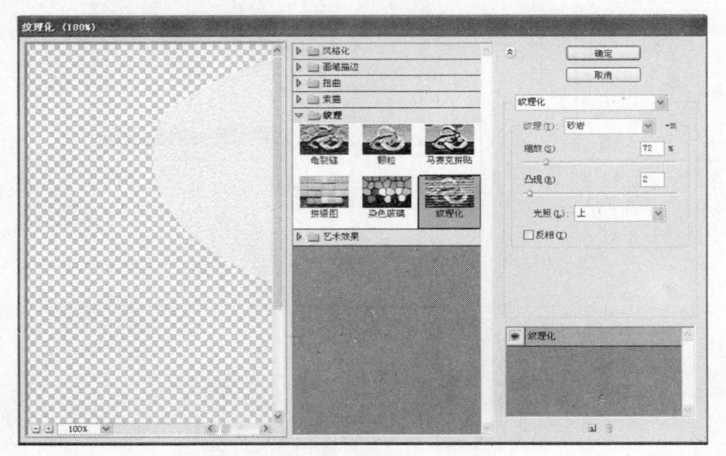

图3-169

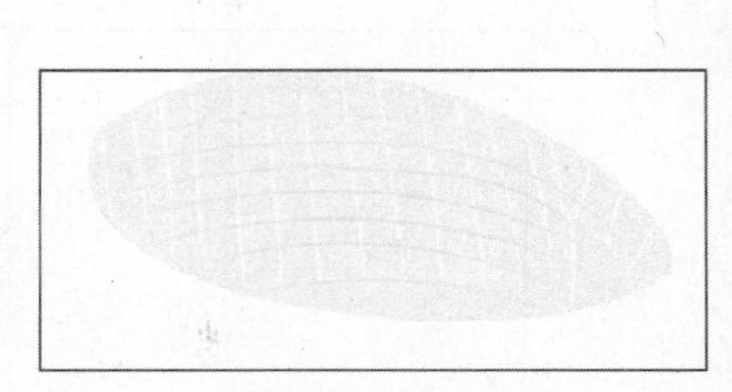

图3-170

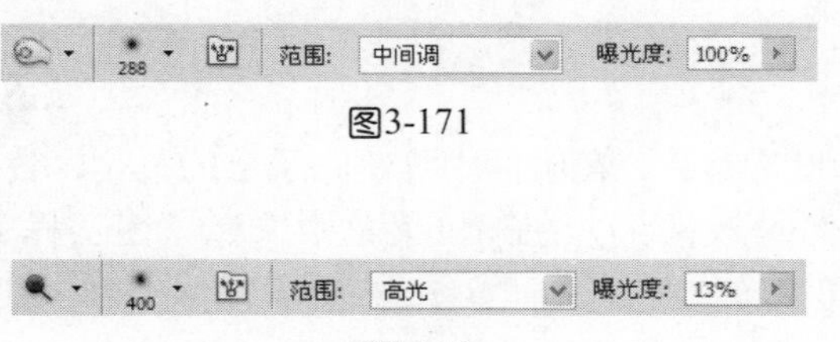

图3-171

图3-172

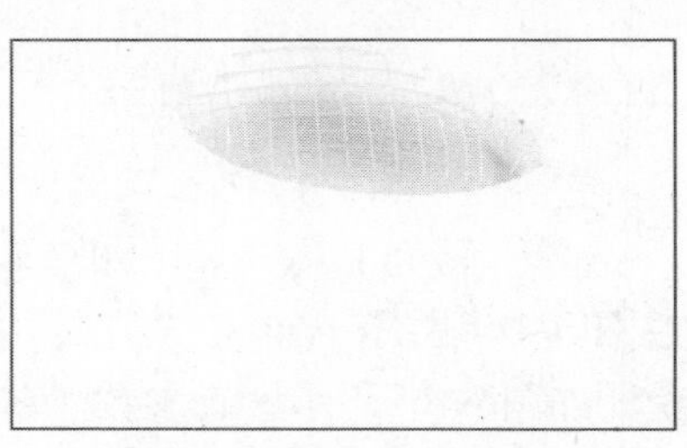

图3-173

06 单击“图层”面板底部的“创建新图层”按钮，新建一个图层，名称为“图层4”，选择“钢笔工具”，在画面中绘制路径，如图3-174所示。选择“渐变工具”，设置渐变颜色由浅粉色到深粉色，如图3-175所示。填充颜色后，效果如图3-176所示。单击“图层”面板底部的按钮，在下拉菜单中选择“图层样式/图案叠加”命令，如图3-177所示设置参数，效果如图3-178所示。

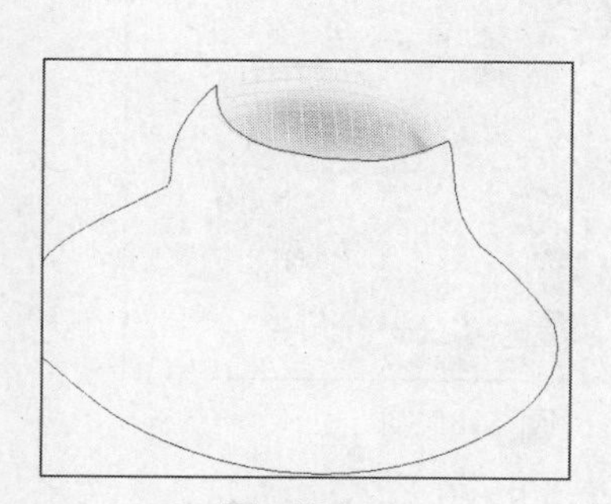

图3-174

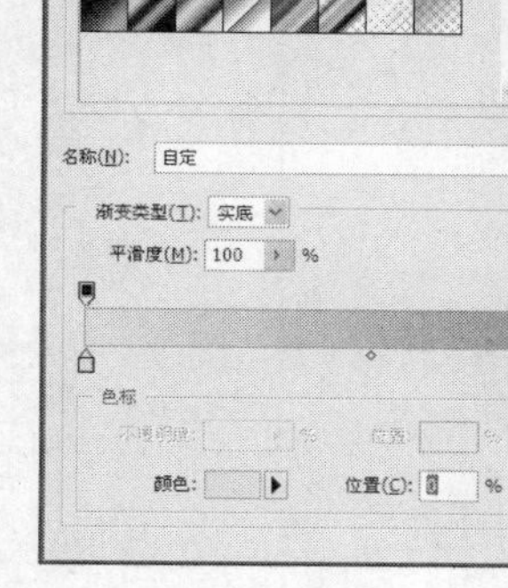

图3-175

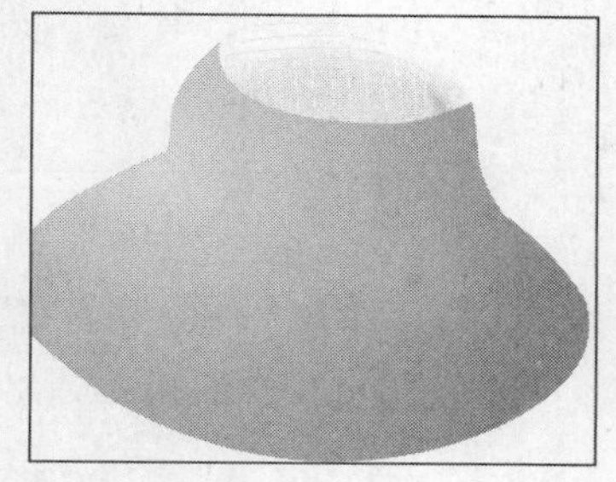

图3-176

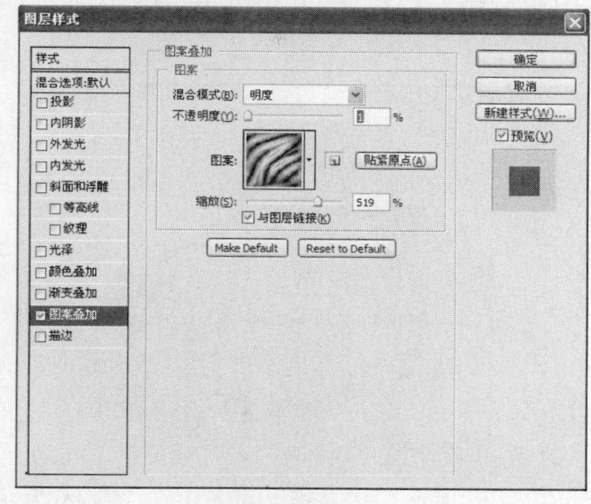

图3-177

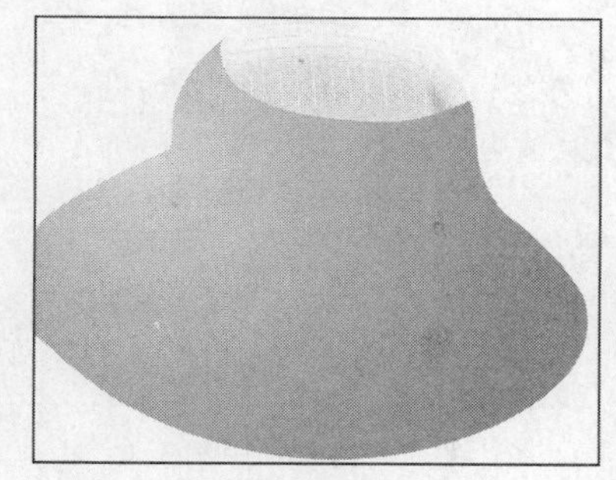

图3-178

07 分别选择“加深工具”、“减淡工具”，如图3-179、图3-180、图3-181所示设置参数，对帽子上的颜色进行处理，效果如图3-182所示。

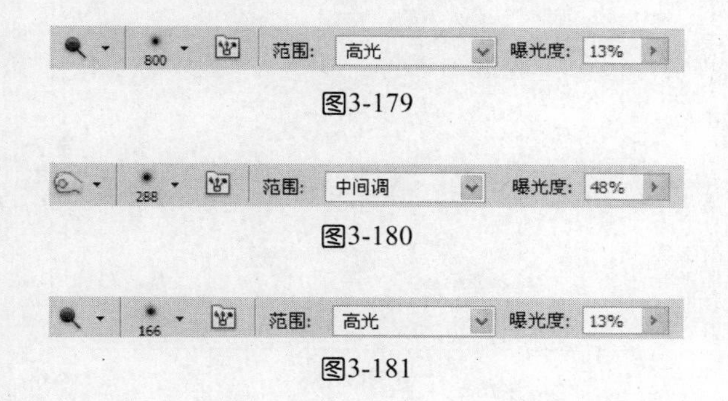

图3-179

图3-180

图3-181

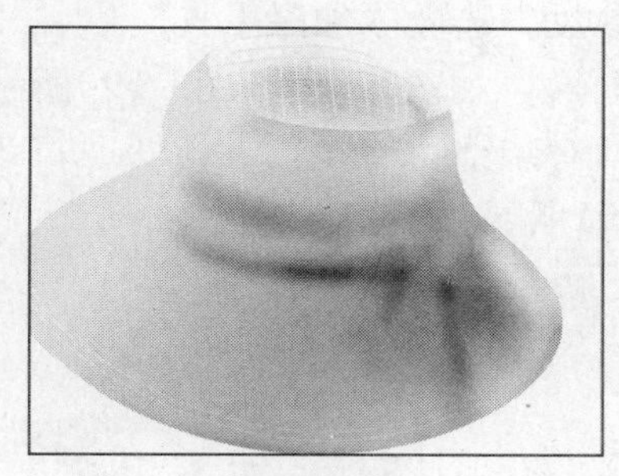

图3-182

08 单击“图层”面板底部的“创建新图层”按钮，新建一个图层，名称为“图层5”，选择“钢笔工具”，在画面中绘制帽子上的装饰路径，如图3-183所示，填充颜色为浅粉色。选择“加深工具”，如图3-184所示设置参数，对装饰路径的颜色进行处理，效果如图3-185所示。

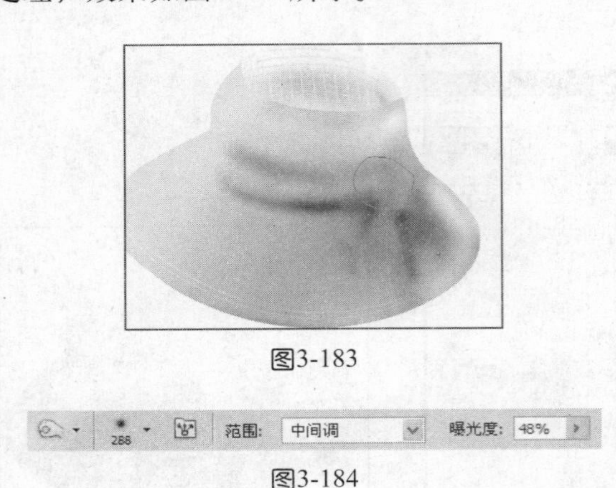

图3-183

图3-184

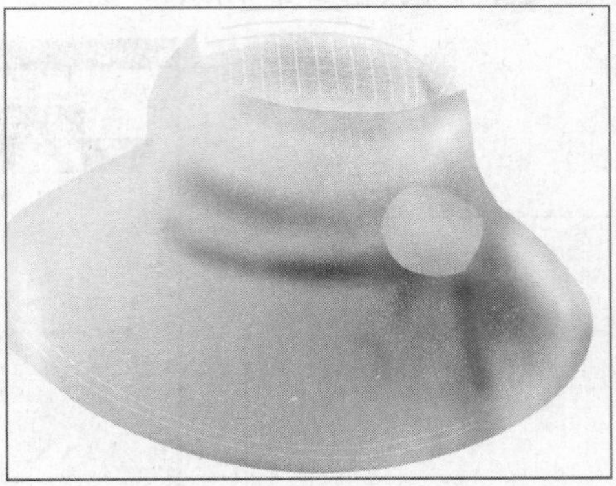

图3-185

09 单击“图层”面板底部的“创建新图层”按钮，新建一个图层，名称为“图层6”。选择“钢笔工具”，在画面中绘制路径，如图3-186所示，填充颜色为深红色，效果如图3-187所示。

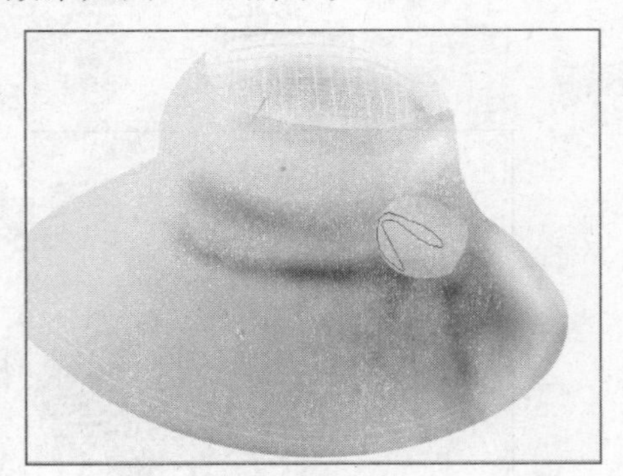

图3-186

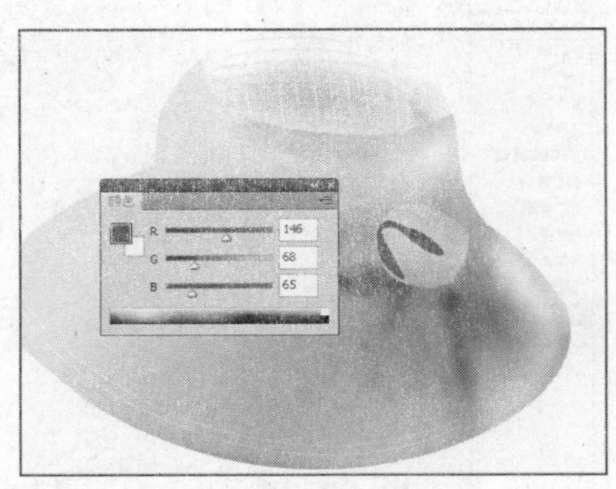

图3-187

10 单击“图层”面板底部的按钮，在下拉菜单中选择“图层样式/斜面和浮雕”命令，如图3-188所示设置参数。选择“加深工具”、“减淡工具”，如图3-189、图3-190所示设置参数，对装饰物的颜色进行处理，效果如图3-191所示。

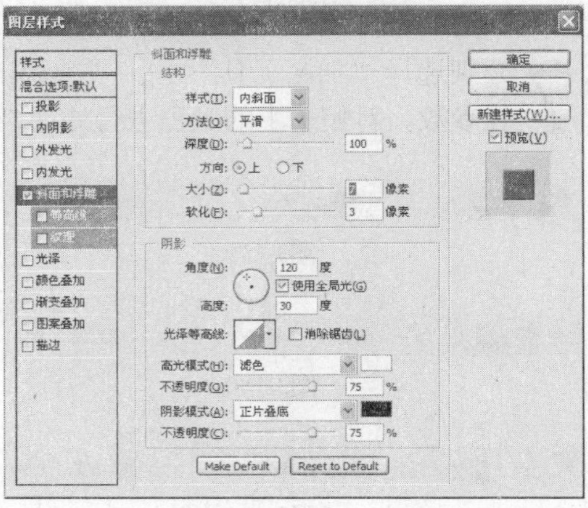

图3-188

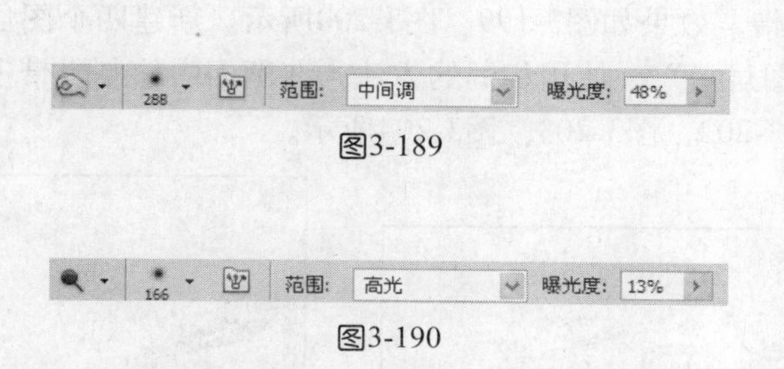

288
范围:
中间调
曝光度:
48%

图3-189

166
范围:
高光
曝光度:
13%

图3-190

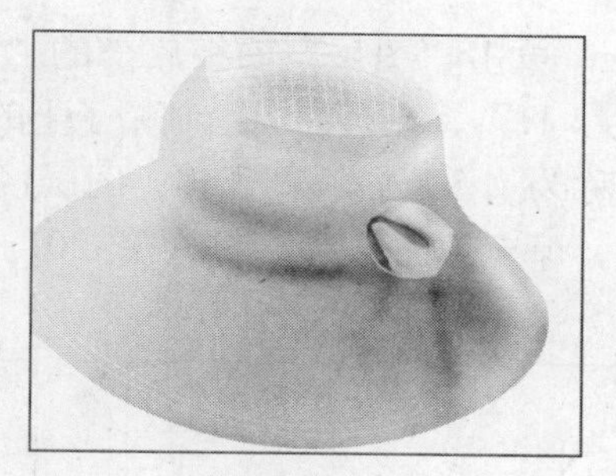

图3-191

11 使用相同的方法，新建三个图层，名称为“图层7、图层8、图层9”，在画面中绘制帽子上的飘带，填充粉色后，效果如图3-192、图3-193、图3-194所示。

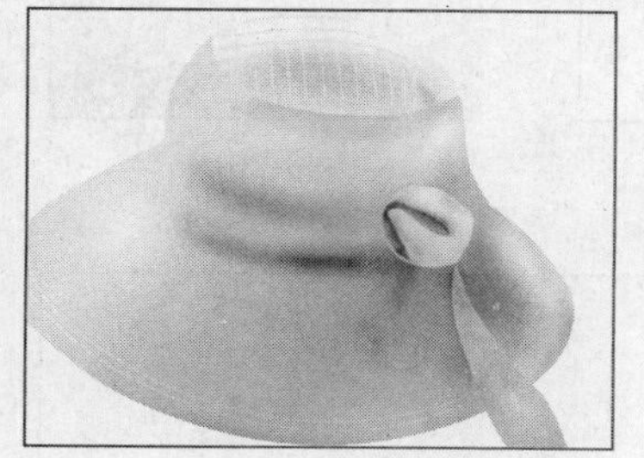

图3-192

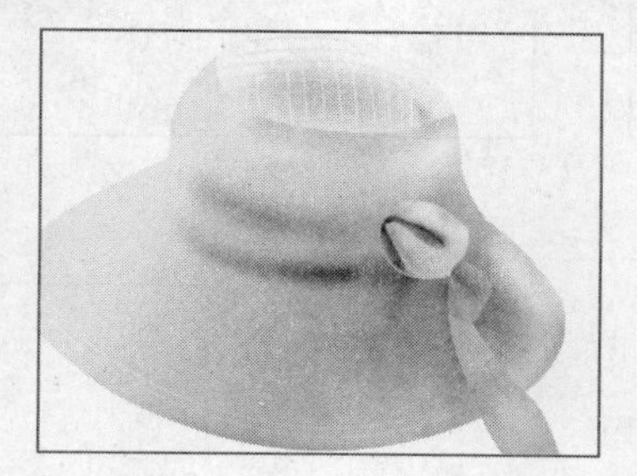

图3-193

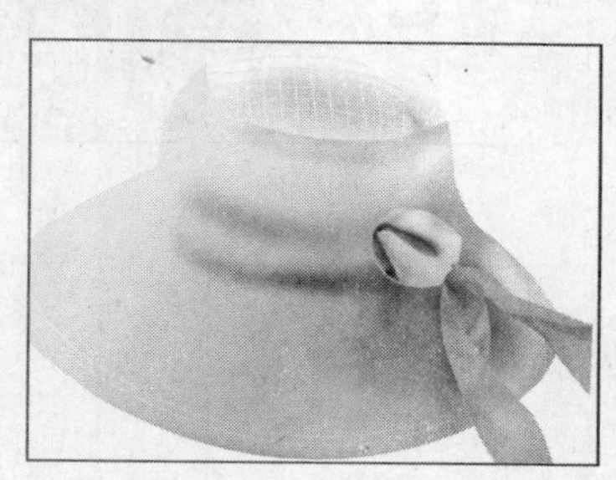

图3-194

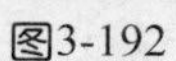

12 单击“图层”面板底部的“创建新图层”按钮，新建一个图层，名称为“图层10”，使用“钢笔工具”，在画面中绘制图案路径，将路径转换为选区，效果如图3-195所示。选择“滤镜/渲染/云彩”命令，分别将黑色、白色填充选区，效果如图3-196所示。选择“减淡工具”，如图3-197所示设置参数，对帽子上的花纹进行减淡处理，效果如图3-198所示。

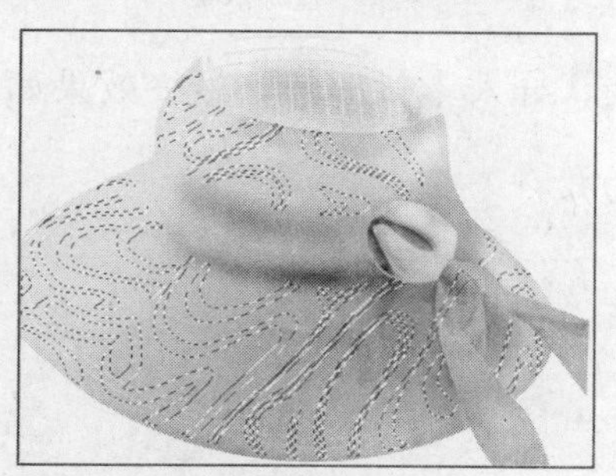

图3-195

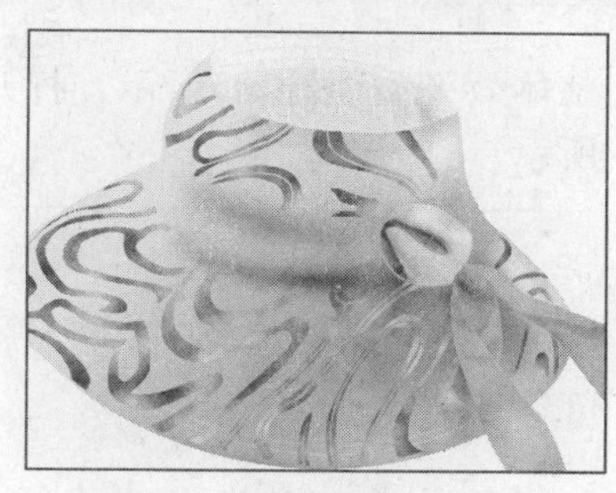

图3-196

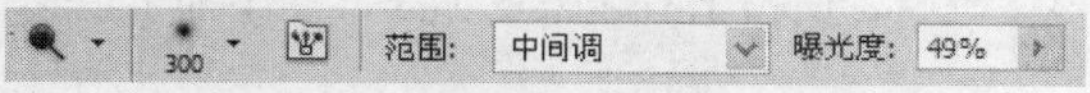

300
范围:
中间调
曝光度:
49%

图3-197

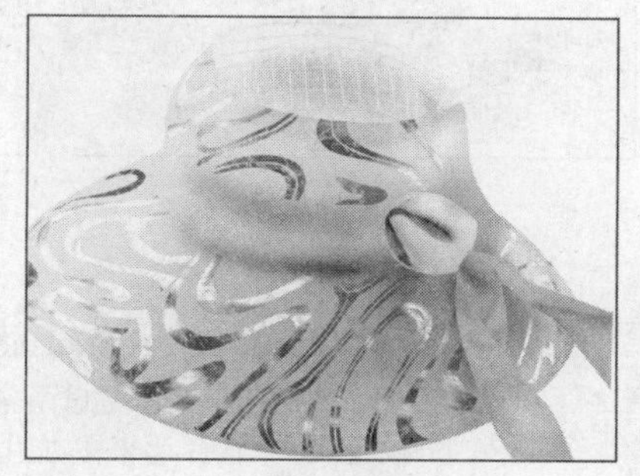

图3-198

13 单击“图层”面板底部的“创建新图层”按钮，新建一个图层，名称为“图层11”，在画面中绘制帽子上的飘带，效果如图3-199、图3-200所示。新建四个图层，图层名称为“图层12、图层13、图层14、图层15”，使用相同的方法，在画面中绘制飘带上的蝴蝶结，填充颜色后，效果如图3-201、图3-202、图3-203、图3-204所示。

图3-199

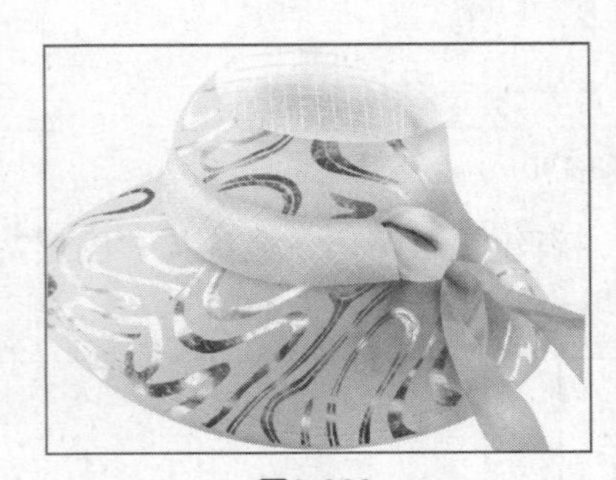

图3-200

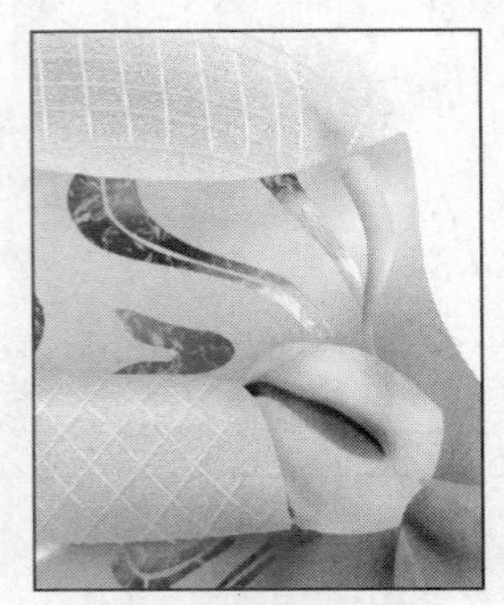

图3-201

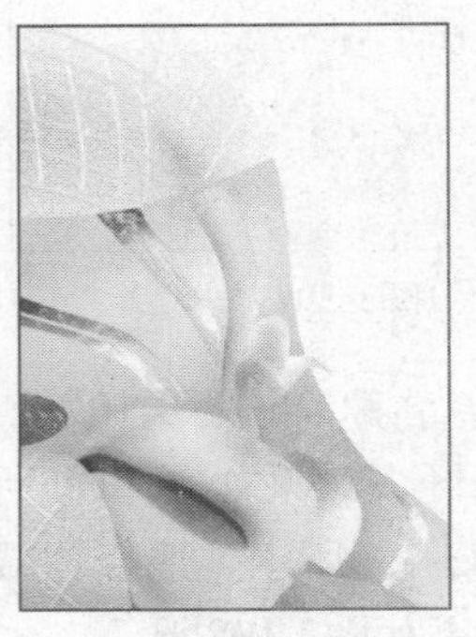

图3-202

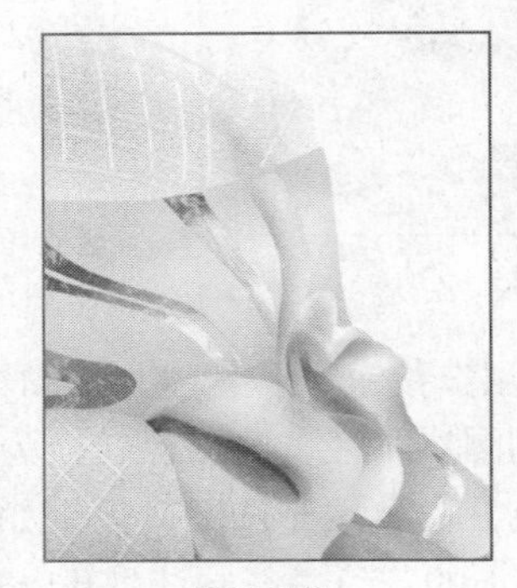

图3-203

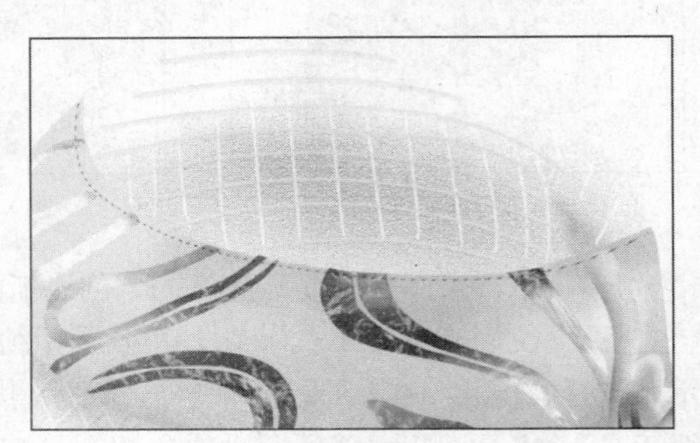

图3-204

14 整体效果如图3-205所示，打开素材文件夹，导入素材图片，最终效果如图3-206所示。

图3-205

图3-206

本例讲解在Photoshop CS5 中，制作公主帽的方法与技巧。在绘制帽子图案时，本例使用了“滤镜/渲染/云彩”命令，使帽子看起来更加洋气。添加杂色和纹理使帽子看起来更加生动。

3.7 简易遮阳帽

设计步骤

01 按快捷键Ctrl+N，新建一个文件，设置对话框如图3-207所示。

02 设置背景颜色为黑色并填充画面，单击“图层”面板底部的“创建新图层”按钮，新建一个图层，名称为“图层1”，使用“钢笔工具”，在画面中绘制帽遮路径，如图3-208所示。设置前景色为深粉色，如图3-209所示。填充路径后，效果如图3-210所示。选择“加深工具”、“减淡工具”，如图3-211、图3-212所示设置参数，调整帽子的颜色，效果如图3-213所示。

图3-207

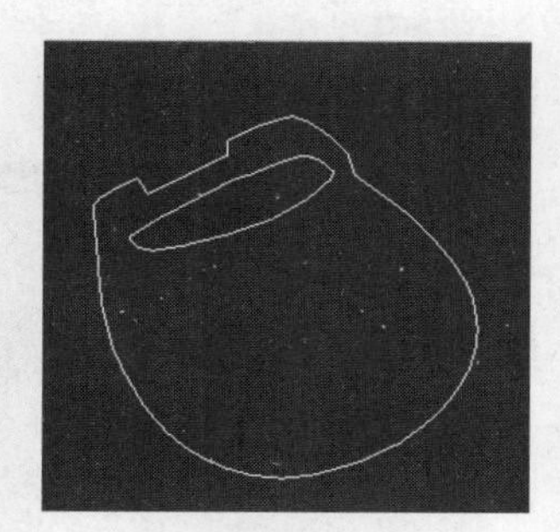

图3-208

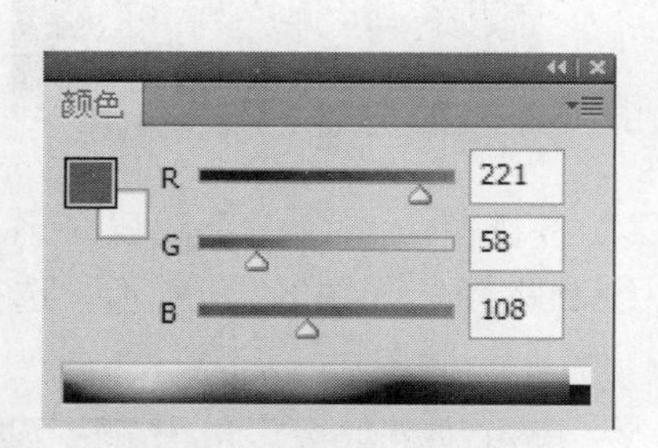

图3-209

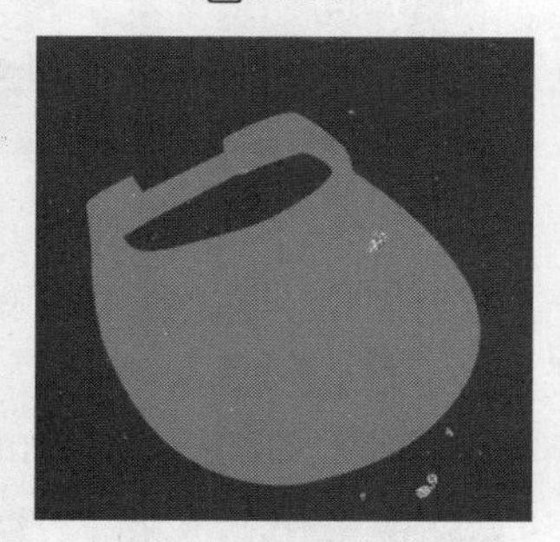

图3-210

图3-211

图3-212

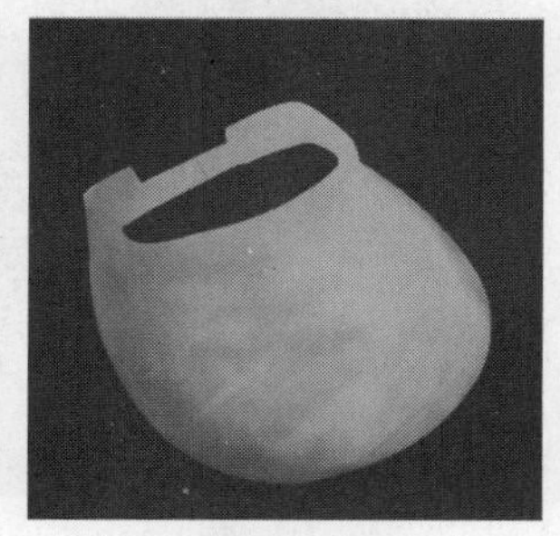

图3-213

03 单击“图层”面板底部的“创建新图层”按钮，新建一个图层，名称为“图层2”，选择“钢笔工具”，在画面中绘制路径，如图3-214所示，填充深粉色后，效果如图3-215所示。选择“加深工具”、“减淡工具”，如图3-216、图3-217所示设置参数，调整路径的颜色，效果如图3-218所示。打开素材文件夹，导入素材图片，选择帽子这个图层，再选择“菜单/选择/反选”命令，将选区以外多余的部分删除，效果如图3-219所示。

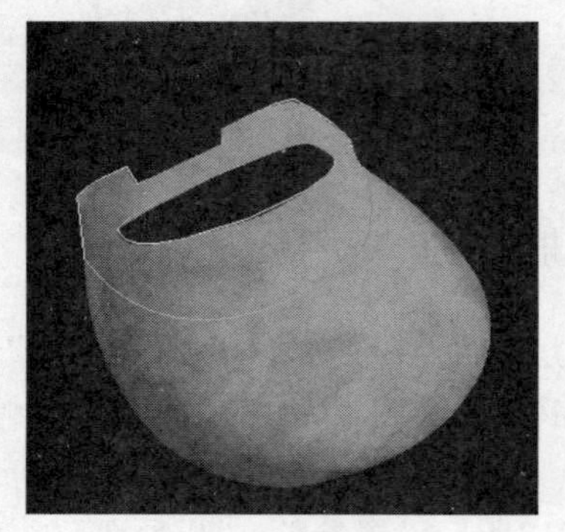
图3-214

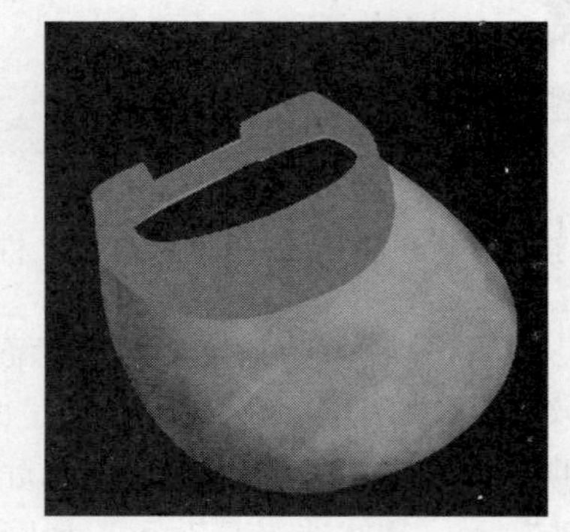
图3-215

图3-216

图3-217

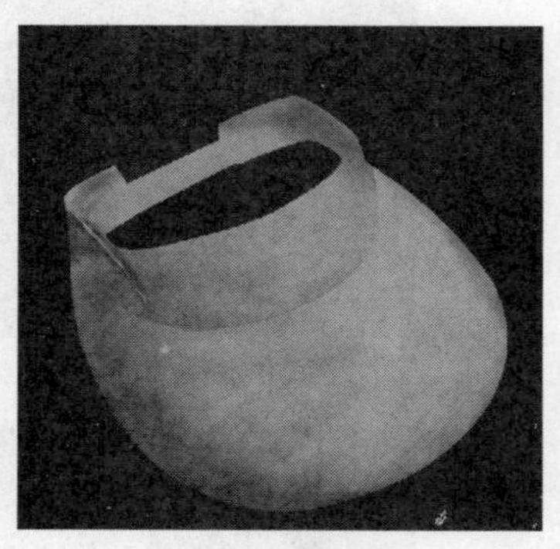
图3-218

图3-219

04 单击“图层”面板底部的“创建新图层”按钮，新建一个图层，名称为“图层3”，使用“钢笔工具”，在画面中绘制路径，如图3-220所示，选择“画笔工具”，对路径进行描边，效果如图3-221所示。

图3-220

图3-221

05 单击“图层”面板底部的“创建新图层”按钮，新建一个图层，名称为“图层4”，选择“钢笔工具”，在画面中绘制路径，如图3-222所示。设置填充颜色如图3-223所示，选择“加深工具”、“减淡工具”，如图3-224、图3-225所示设置参数，对图像进行处理，效果如图3-226所示，最终效果如图3-227所示。

图3-222

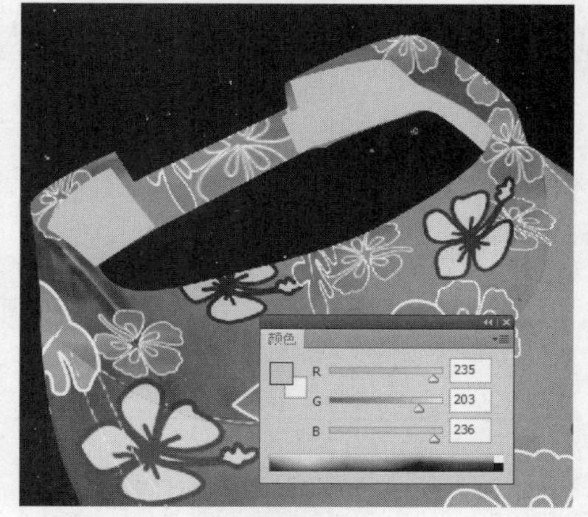

图3-223

范围: 中间调 曝光度: 49%

图3-224

图3-225

图3-226

图3-227

本例讲解在Photoshop CS5 中，制作简易遮阳帽的方法与技巧。在制作过程中，使用钢笔工具在绘制好帽子的大致路径之后，选择图案素材填充选区，为帽子添加图案效果，再使用加深、减淡工具，制作出帽子的立体效果。

读书笔记

第4章

胸针的设计

4.1 金属镶钻胸针
4.2 银饰镶钻胸针
4.3 蝴蝶胸针
4.4 丝织胸花
4.5 复古胸针

Photoshop CS5

4.1 金属镶钻胸针

设计步骤

01 按快捷键Ctrl+N，新建一个文件，设置对话框如图4-1所示。

02 单击“图层”面板底部的“创建新图层”按钮，新建一个图层，名称为“图层1”，选择“钢笔工具”，绘制花瓣路径，设置前景色为绿色，填充颜色后效果如图4-2所示。

图4-1

图4-2

03 单击“图层”面板底部的“创建新图层”按钮，新建一个图层，名称为“图层2”，选择“钢笔工具”，绘制花叶路径，设置前景色为淡绿色，填充颜色后效果如图4-3所示。

04 单击“图层”面板底部的“创建新图层”按钮，新建一个图层，名称为“图层3”，选择“钢笔工具”，绘制花茎路径，设置前景色为褐色，填充颜色后效果如图4-4所示。

图4-3

图4-4

05 选择“图层1”，按Ctrl键单击图层，载入此图层的选区，选择“图层/修改/收缩”命令，弹出“收缩”对话框，如图4-5所示设置参数，效果如图4-6所示。选择菜单中

"选择/反向"命令，如图4-7所示。

图4-5

图4-6

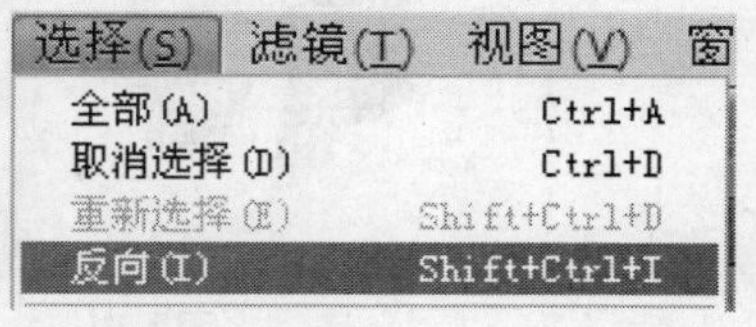

图4-7

06 选择"加深工具"，如图4-8所示设置参数，加深花瓣的颜色，效果如图4-9所示。

图4-8

图4-9

07 选择"减淡工具"，如图4-10、图4-11所示设置参数，减淡花瓣前端的颜色，效果如图4-12所示。

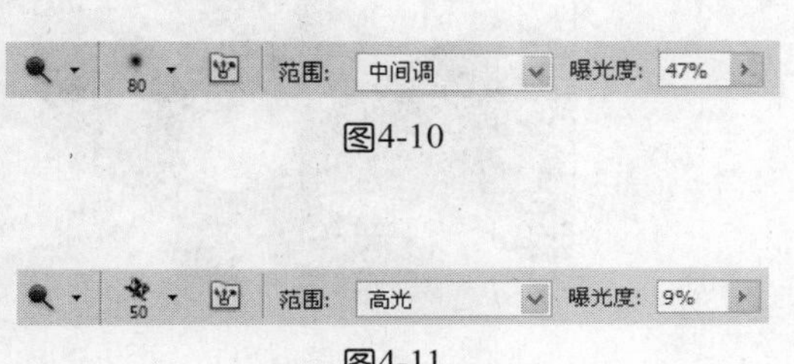

图4-10

图4-11

图4-12

08 选择"加深工具"，如图4-13所示设置参数，加深花芯的颜色，效果如图4-14所示。选择"钢笔工具"，绘制花瓣边缘路径，如图4-15所示，设置前景色为绿色，选择"减淡工具"，如图4-16所示设置参数，对图像进行处理，效果如图4-17所示。

图4-13

图4-14

图4-15

50 范围: 高光 曝光度: 9%

图4-16

图4-17

09 单击“图层”面板底部的“创建新图层”按钮，新建一个图层，名称为“图层4”，选择“椭圆工具”，在花瓣中心绘制正圆，设置前景色为蓝色，填充颜色后效果如图4-18所示。选择“减淡工具”，如图4-19所示设置参数，减淡椭圆形的颜色，效果如图4-20所示。

图4-18

30 范围: 高光 曝光度: 9%

图4-19

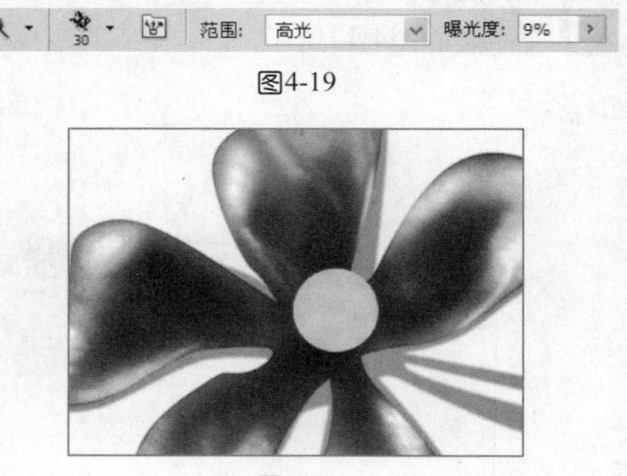
图4-20

10 选择“图层4”，在画面中绘制路径，选择“加深工具”，如图4-21所示设置参数。选择“图像/调整/色相/饱和度”命令，弹出“色相/饱和度”对话框，如图4-22所示设置参数，效果如图4-23、图4-24所示，整体效果如图4-25所示。

图4-21

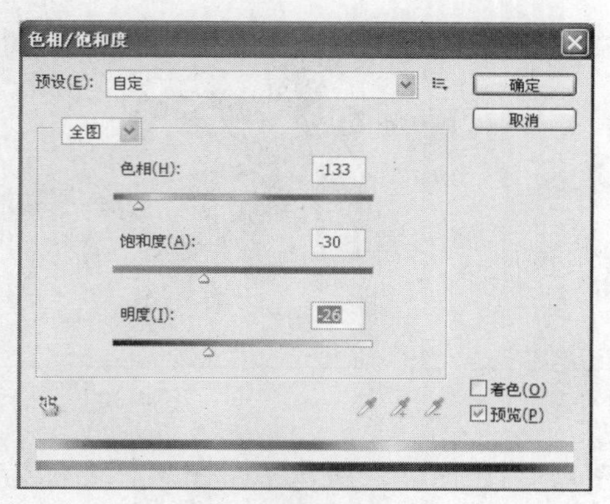

图4-22

图4-23

图4-24

图4-25

11 选择“减淡工具”，如图4-26所示设置参数，对图像进行处理，效果如图4-27所示。

范围: 高光 曝光度: 9%

图4-26

图4-27

12 选择“花茎”图层，使用“钢笔工具”在花茎上绘制高光选区，选择“减淡工具”绘制出高光效果，如图4-28所示。选择“钢笔工具”，在花叶部位绘制路径，如图4-29所示，按“Ctrl+Enter”组合键，将路径转换为选区，设置前景色为深黄色填充选区，效果如图4-30所示。

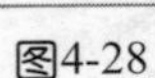

图4-28

图4-29

图4-30

13 单击“图层”面板底部的“创建新图层”按钮，新建一个图层，名称为“图层5”，在画面中绘制路径，如图4-31所示。选择“选择/修改/羽化”命令，弹出“羽化”对话框，如图4-32所示设置参数，设置前景色为黑色进行填充，效果如图4-33所示。

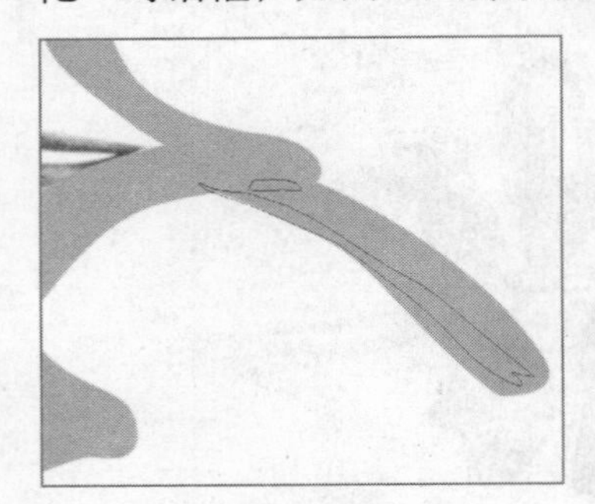

图4-31

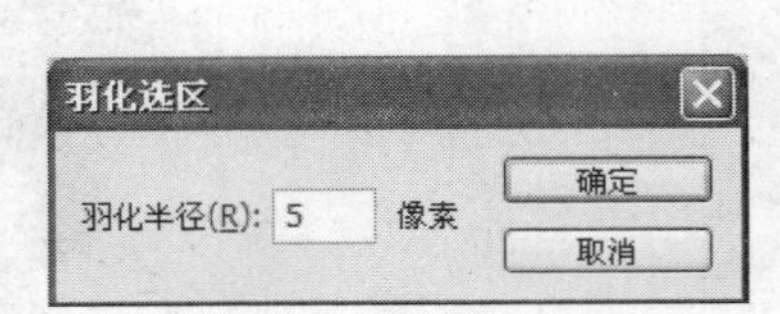

图4-32

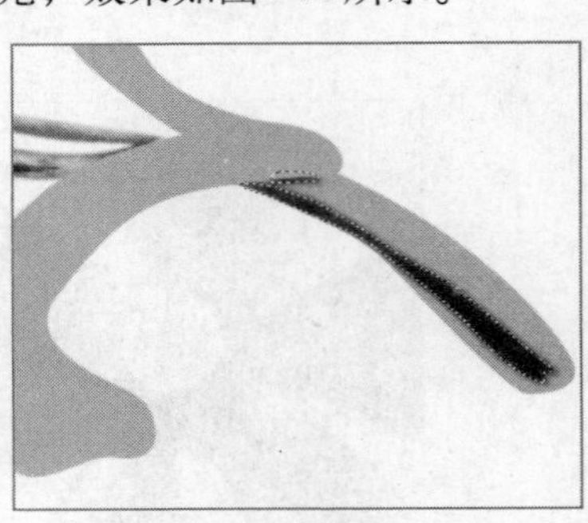

图4-33

14 单击“图层”面板底部的“创建新图层”按钮，新建一个图层，名称为“图层6”，选择“钢笔工具”，在画面中绘制路径，如图4-34所示。设置前景色为黄色并填充。选择“减淡工具”，如图4-35所示设置参数，减淡花茎的颜色，效果如图4-36所示。

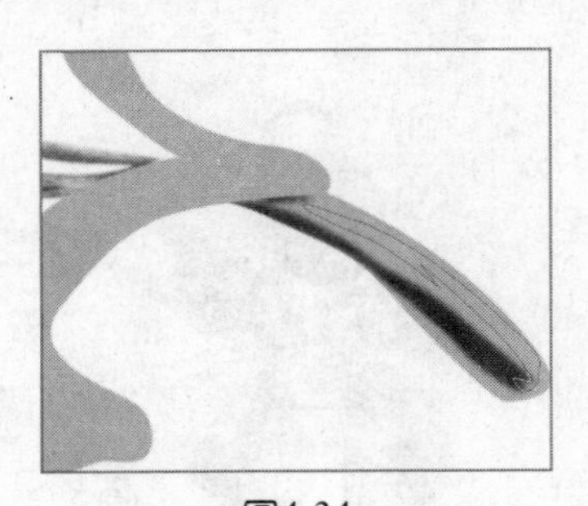

图4-34

图4-35

图4-36

15 单击“图层”面板底部的“创建新图层”按钮，新建一个图层，名称为“图层7”，选择“钢笔工具”，在画面中绘制高光路径，如图4-37所示。设置前景色为黄色并填充，选择“选择/修改/羽化”命令，弹出“羽化”对话框，如图4-38所示设置参数。选择“减淡工具”，如图4-39所示设置参数，减淡花叶的颜色，效果如图4-40所示。

图4-37

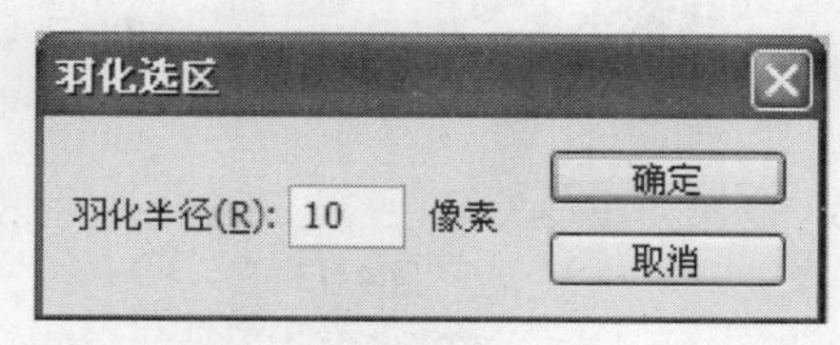

图4-38

图4-40

图4-39

16 单击“图层”面板底部的“创建新图层”按钮，新建一个图层，名称为“图层8”，选择“椭圆工具”，绘制正圆，设置前景色为绿色并填充，效果如图4-41所示。选择“减淡工具”，如图4-42所示设置参数，对图像进行处理，效果如图4-43所示。

图4-41

图4-42

图4-43

17 选择“加深工具”，如图4-44所示设置参数，加深花茎上的宝石的颜色，效果如图4-45所示。使用“减淡工具”对载入的区域进行提亮，效果如图4-46所示。按Alt键复制多个绿宝石的图层，进行错列摆放，效果如图4-47所示。选择背景图层，设置背景色为绿色并填充，效果如图4-48所示。

图4-44

图4-45

图4-46

图4-47

图4-48

本例讲解在Photoshop CS5 中，制作金属镶钻胸针的方法与技巧。在制作胸针的时候，首先应该考虑到胸针的质感，然后绘制图案为胸针添枝加叶。本例多处用到了“羽化”命令，它可以使图案变得更加柔和，衔接起来更加自然。

4.2 银饰镶钻胸针

设计步骤

01 按快捷键Ctrl+N，新建一个文件，设置对话框如图4-49所示。

02 单击“图层”面板底部的“创建新图层”按钮，新建一个图层，名称为“图层1”，选择“椭圆工具”，在画面中绘制正圆，设置前景色为灰色并填充，效果如图4-50所示。

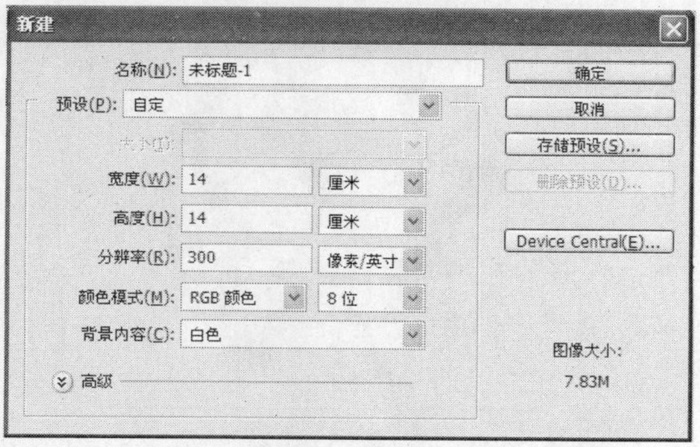

图4-49

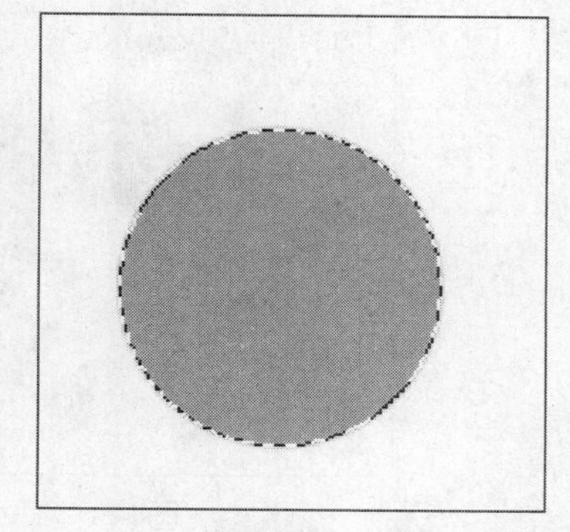

图4-50

03 单击“图层”面板底部的“创建新图层”按钮，新建一个图层，名称为“图层2”，选择“钢笔工具”，在画面中绘制宝石的肌理路径，如图4-51所示。选择“减淡工具”，如图4-52所示设置参数，对图像进行处理，如图4-53所示。

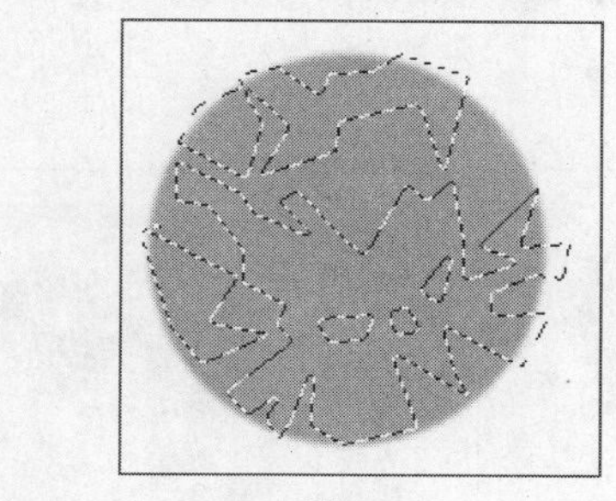

图4-51

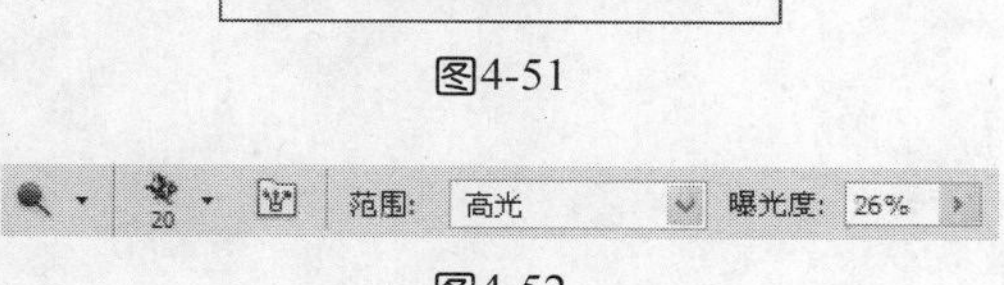

图4-52

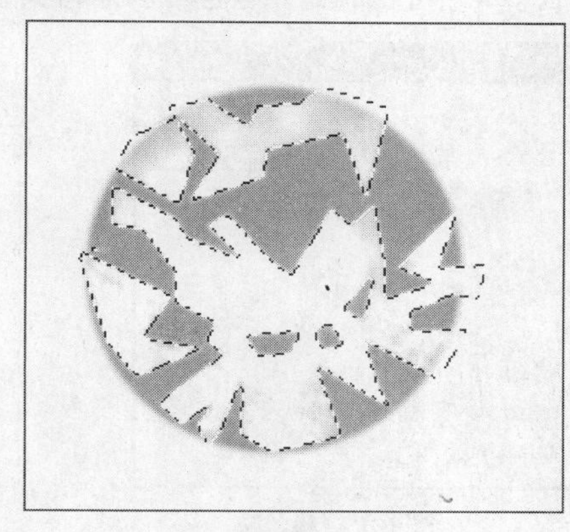

图4-53

04 载入“图层2”的选区，选择“加深工具”，如图4-54所示设置参数，对图像进行处理，效果如图4-55所示。

图4-54

图4-55

05 单击“图层”面板底部的“创建新图层”按钮，新建一个图层，名称为“图层3”，选择“钢笔工具”，绘制宝石反射光路径，设置前景色分别为蓝色、绿色和红色，填充颜色后效果如图4-56、图4-57所示。

图4-56

图4-57

06 选择“图层1”，再选择“编辑/描边”命令，如图4-58所示设置参数，对反光路径进行描边，效果如图4-59、图4-60所示。单击“图层”面板底部的 fx 按钮，在下拉菜单中选择“图层样式/斜面和浮雕”命令，如图4-61所示设置参数，效果如图4-62所示。按Alt键复制多个宝石图层，调整大小并将其摆放到合适的位置，效果如图4-63所示。

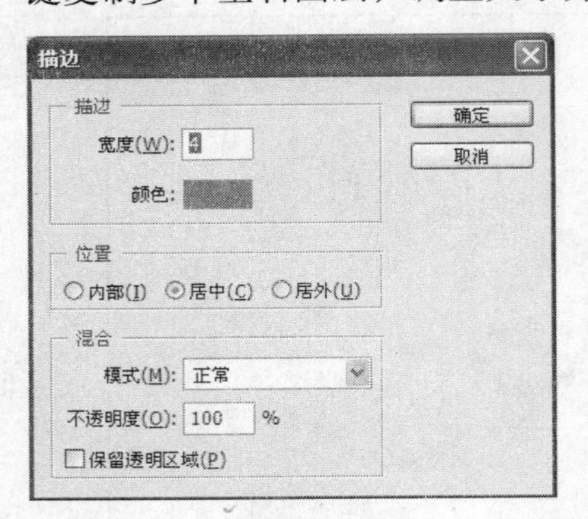

图4-58

图4-59

图4-60

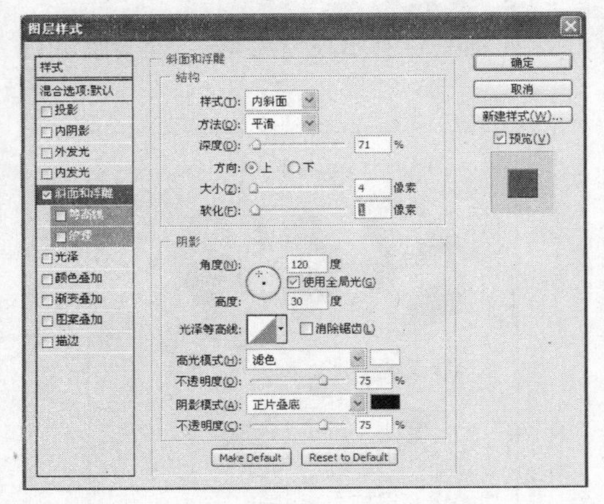

图4-61

图4-62

图4-63

07 单击“图层”面板底部的“创建新图层”按钮，新建一个图层，名称为“图层4”，使用“钢笔工具”，在画面中绘制装饰花瓣，设置前景色为灰褐色并填充，效果如图4-64所示。单击“图层”面板底部的 fx 按钮，在下拉菜单中选择“图层样式/斜面和浮雕/纹理”命令，如图4-65、图4-66所示设置参数，效果如图4-67所示。

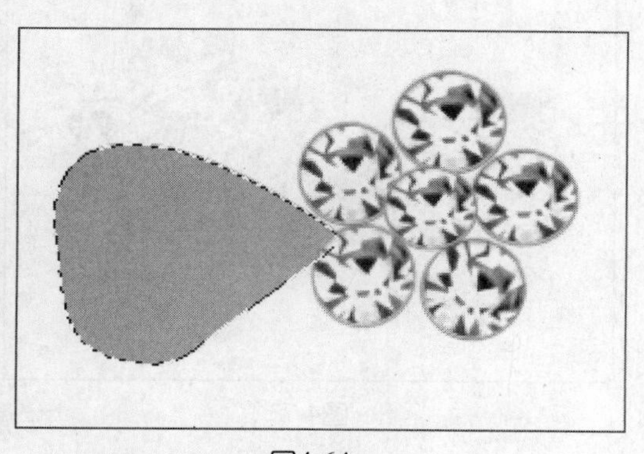

图4-64

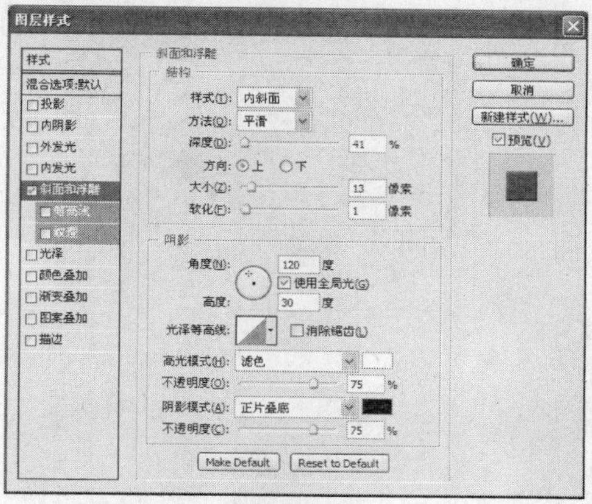

图4-65

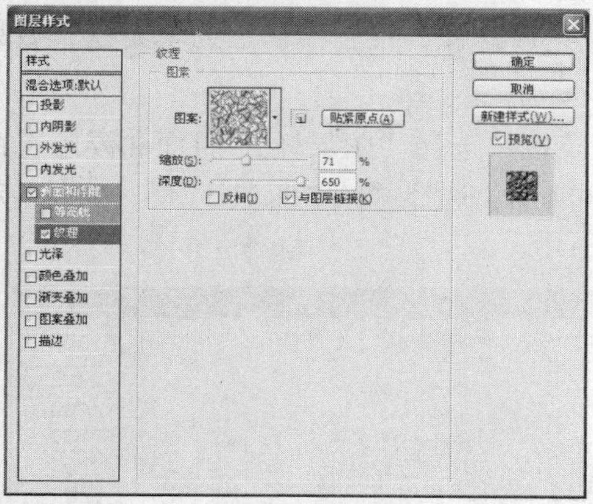

图4-66

图4-67

08 选择“减淡工具”，如图4-68所示设置参数，淡化花瓣的颜色，效果如图4-69所示。单击“图层”面板底部的按钮，在下拉菜单中选择“图层样式/投影”命令，如图4-70示设置参数，效果如图4-71所示。选择“加深工具”，如图4-72所示设置参数，对图像进行处理，效果如图4-73所示。

图4-68

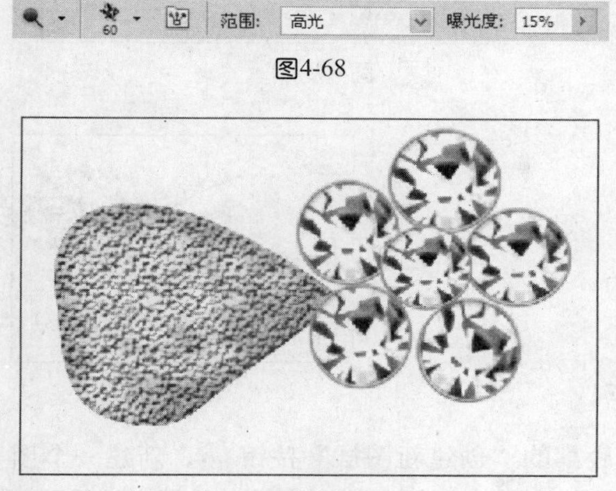

图4-69

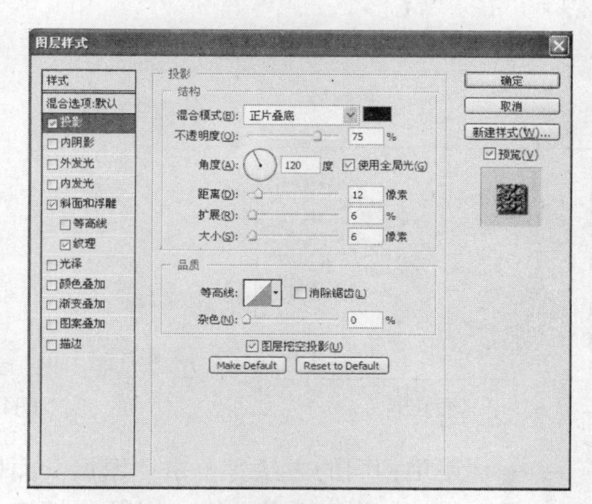

图4-70

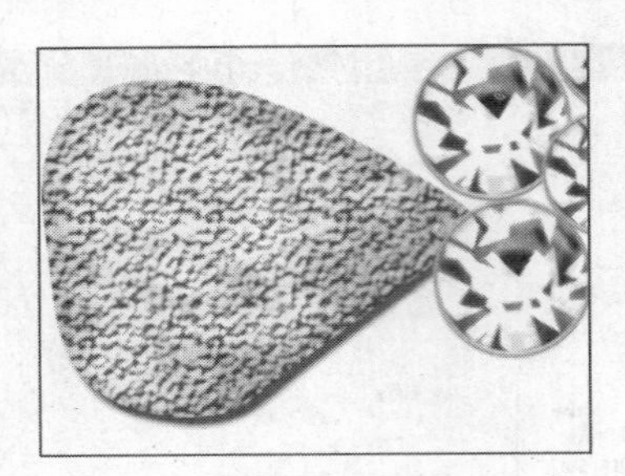

图4-71

图4-72

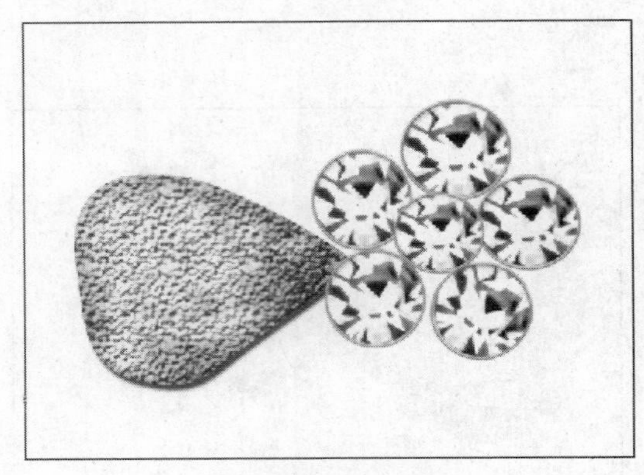

图4-73

09 单击“图层”面板底部的“创建新图层”按钮，新建一个图层，名称为“图层5”，使用“钢笔工具”，在画面中绘制花瓣路径，设置浅褐色为填充色，效果如图4-74所示。

10 单击“图层”面板底部的按钮，在下拉菜单中选择“图层样式/斜面和浮雕”命令，如图4-75所示设置参数，效果如图4-76所示。选择“减淡工具”，如图4-77所示设置参数，减淡花瓣边缘的颜色，效果如图4-78所示。

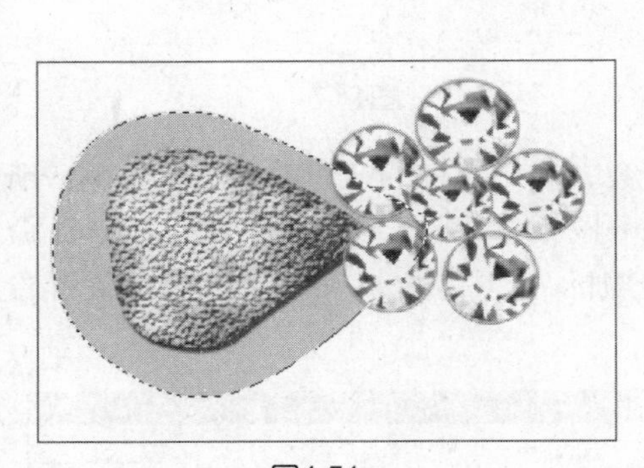

图4-74

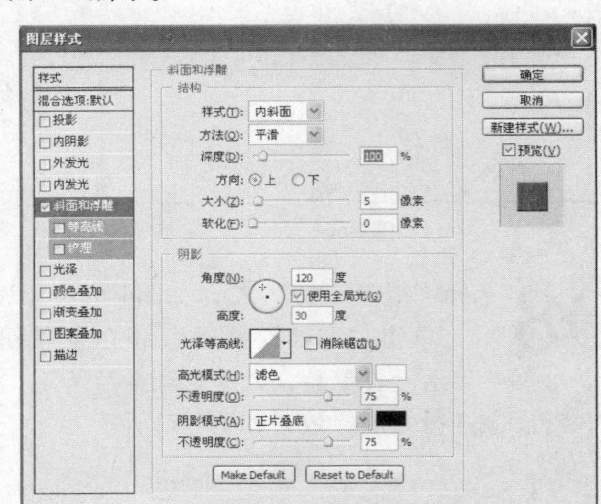

图4-75

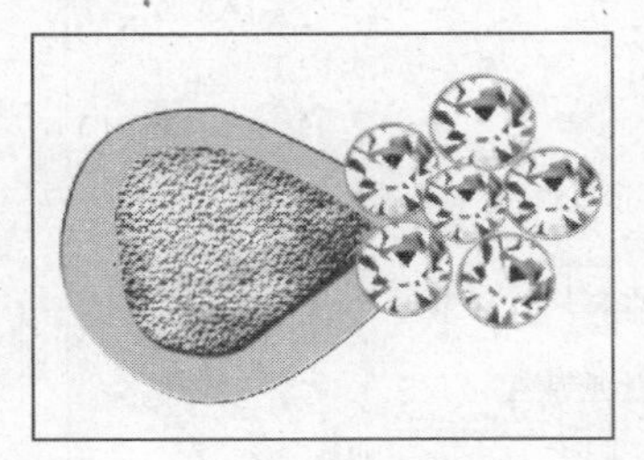

图4-76

图4-77

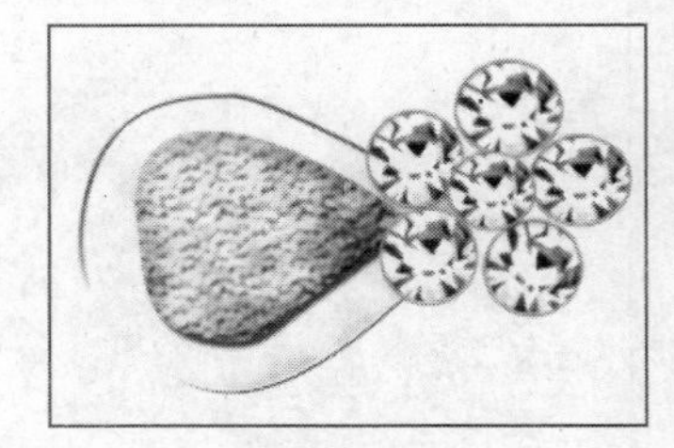

图4-78

11 使用相同的方法，单击“图层”面板底部的“创建新图层”按钮，新建一个图层，名称为“图层6”，使用“钢笔工具”，在画面中绘制路径，如图4-79所示。

设置前景色为深褐色并填充，效果如图4-80所示。使用“减淡工具” 在画面中进行提亮处理，效果如图4-81所示。按Alt键复制多个花瓣图层并摆放到合适的位置，效果如图4-82所示。整体效果如图4-83所示，打开素材文件夹，导入素材图片，最终效果如图4-84所示。

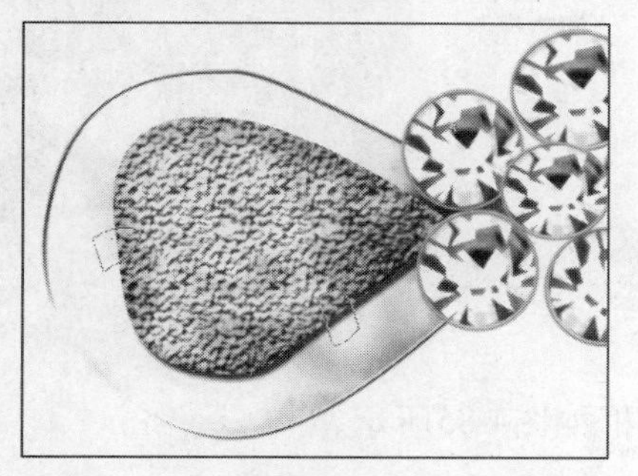

图4-79

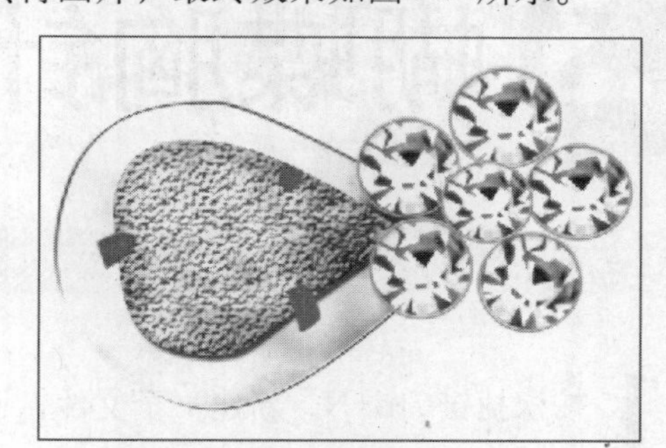

图4-80

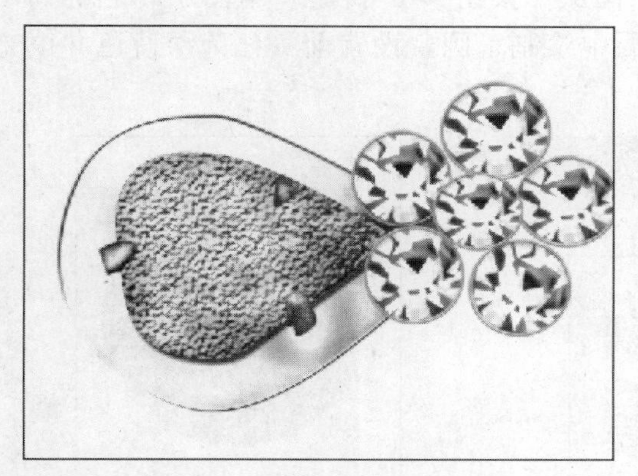

图4-81

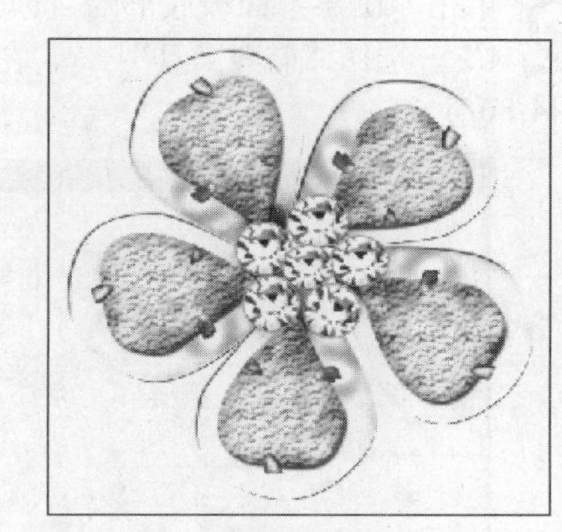

图4-82

图4-83

图4-84

本例讲解在Photoshop CS5 中，制作银饰镶钻胸针的方法与技巧。在绘制钻石的时候，为了加强钻石坚硬的质感，黑白颜色的对比可以强烈一些。

4.3 蝴蝶胸针

设计步骤

01 按快捷键Ctrl+N，新建一个文件，设置对话框如图4-85所示。

02 单击“图层”面板底部的“创建新图层”按钮，新建一个图层，名称为“图层1”。选择“椭圆工具”，在画面中绘制正圆，设置前景色为深蓝色并填充，效果如图4-86所示。

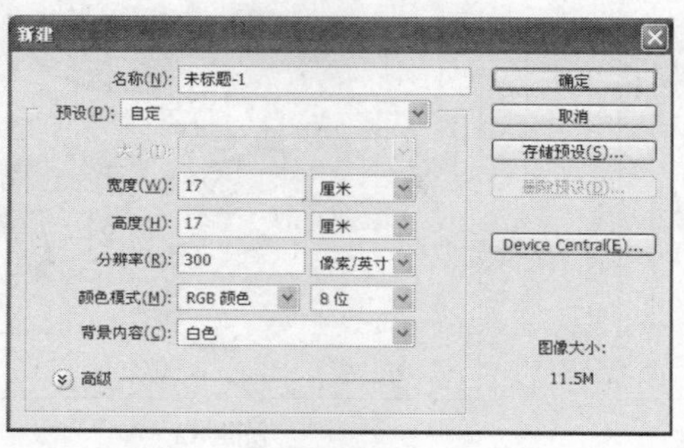

图4-85

图4-86

03 单击“图层”面板底部的“创建新图层”按钮，新建一个图层，名称为“图层2”，使用“钢笔工具”，在画面绘制蓝宝石的反射光路径，效果如图4-87所示。选择“选择/修改/羽化”命令，设置羽化参数为1。选择“减淡工具”，如图4-88所示设置参数，对路径中的颜色进行处理，效果如图4-89所示。

图4-87

图4-88

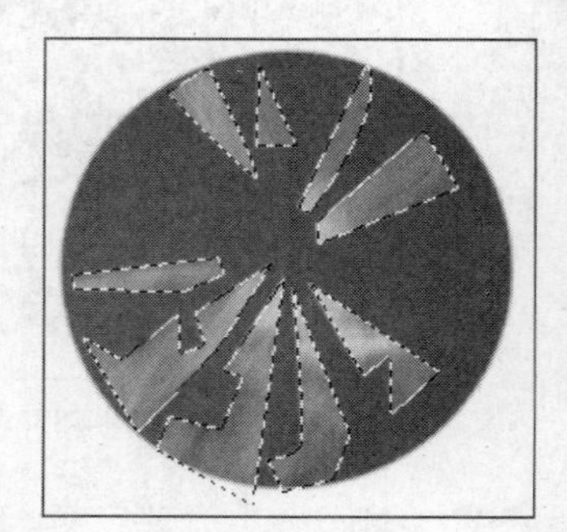

图4-89

04 单击“图层”面板底部的“创建新图层”按钮，新建一个图层，名称为“图层3”，使用“钢笔工具”，在画面绘制其他反射光路径，效果如图4-90所示。选择“减淡工具”在画面中对图层进行提亮，效果如图4-91、图4-92所示。

图4-90

图4-91

图4-92

05 单击“图层”面板底部的“创建新图层”按钮，新建一个图层，名称为“图层4”，继续使用“减淡工具”对图层进行提亮，效果如图4-93所示。按Alt键复制一个蓝宝石的图层并将其摆放到合适的位置，效果如图4-94所示。再次复制蓝宝石，并将其中一个图层缩小摆放在合适的位置，效果如图4-95所示。

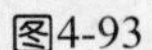
图4-93

图4-94

图4-95

06 再次按Alt键进行多次复制，将蓝宝石摆放成花形图案。选择“图像/调整/色相/饱和度”命令，如图4-96所示设置参数，调整宝石的颜色，效果如图4-97所示。单击“图层”面板底部的“创建新图层”按钮，新建一个图层，名称为“图层5”，选择“椭圆工具”，在画面中绘制正圆，设置前景色为蓝色并填充，效果如图4-98所示。选择“减淡工具”，如图4-99所示设置参数，减淡椭圆形的颜色，选择“钢笔工具”绘制反射光的路径，效果如图4-100所示。

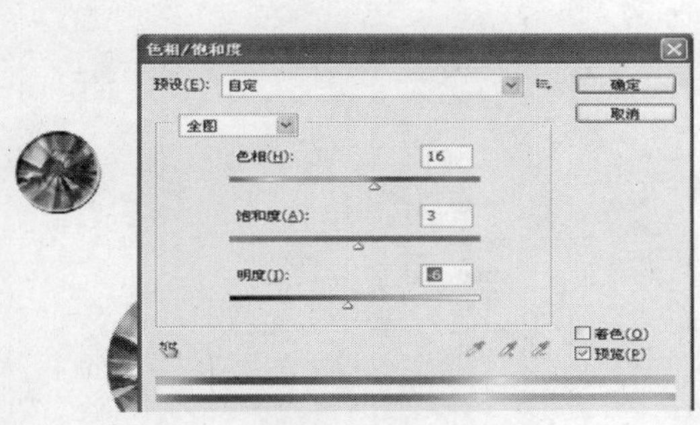

图4-96

图4-97

图4-98

图4-99

图4-100

07 单击“图层”面板底部的“创建新图层”按钮，新建一个图层，名称为“图层6”，选择“减淡工具”在选区内提亮颜色，效果如图4-101所示。

08 单击“图层”面板底部的“创建新图层”按钮，新建一个图层，名称为“图层7”，选择“钢笔工具”，在画面中绘制路径，选择“图像/调整/色相/饱和度”命令，如图4-102所示设置参数，效果如图4-103所示。

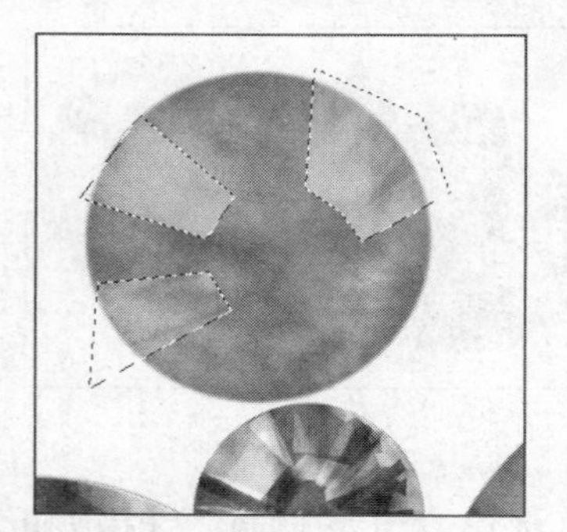

图4-101

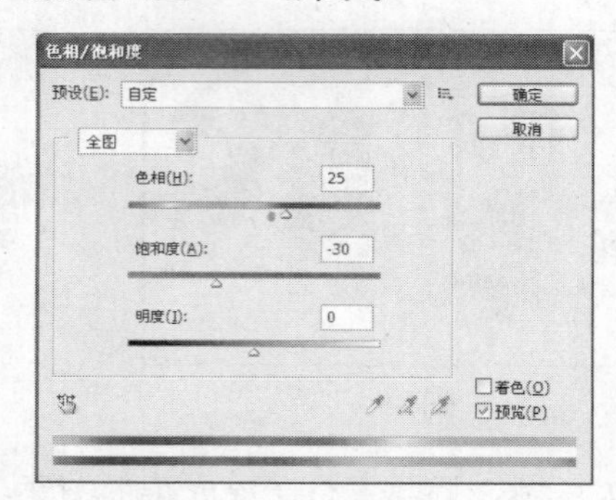

图4-102

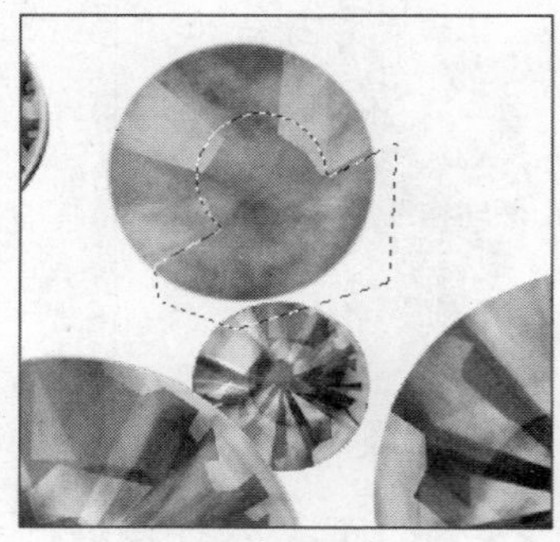

图4-103

09 选择“加深工具”，如图4-104所示设置参数，加深选区内的颜色，效果如图4-105所示。单击“图层”面板底部的按钮，在下拉菜单中选择“图层样式/斜面和浮雕”命令，如图4-106所示设置参数，效果如图4-107所示。按Alt键复制一个绿宝石图层，效果如图4-108所示。

图4-104

图4-105

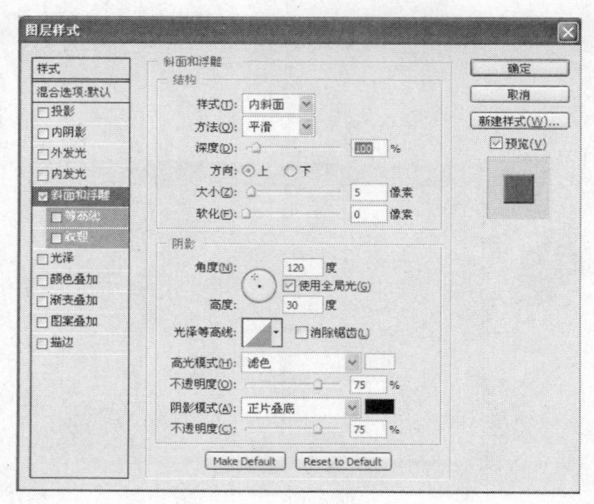

图4-106

图4-107

图4-108

10 单击“图层”面板底部的“创建新图层”按钮，新建一个图层，名称为“图层8”，选择“椭圆工具”，在画面中绘制正圆，选择“渐变类型”为“角度渐变”，“渐变颜色”为“透明彩红”，填充渐变颜色，效果如图4-109所示。选择“减淡工具”，如图4-110所示设置参数，对图像进行处理，效果如图4-111所示。选择“钢笔工具”绘制反射光路径，使用“减淡工具”提亮颜色，效果如图4-112所示。

图4-109

图4-110

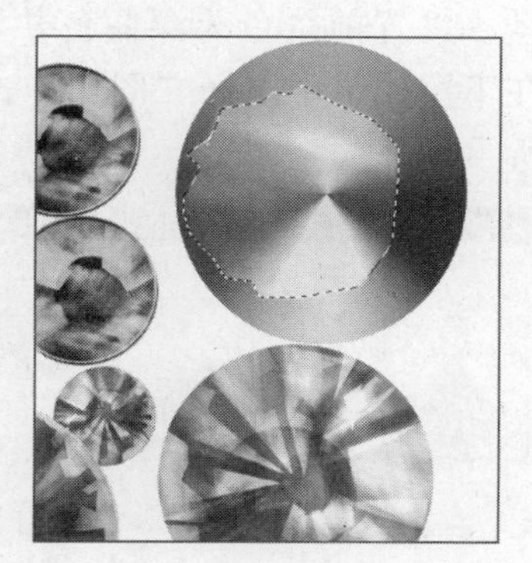
图4-111

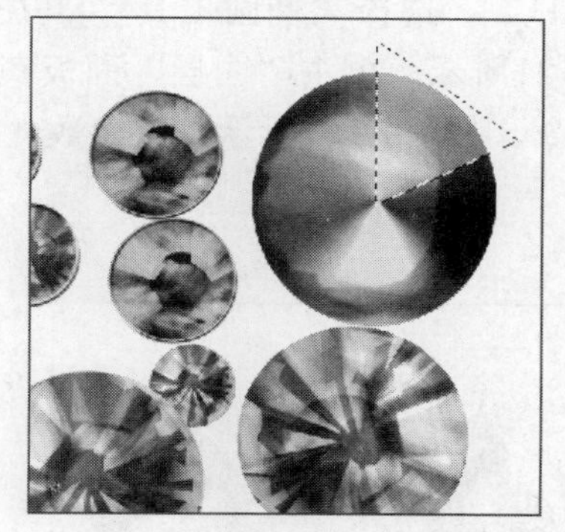
图4-112

11 单击“图层”面板底部的“创建新图层”按钮，新建一个图层，名称为“图层9”，选择“椭圆工具”，在画面中绘制圆形，设置前景色为灰色并填充，效果如图4-113所示。单击“图层”面板下方的按钮，在下拉菜单中选择 “图层样式/斜面和浮雕”命令，为圆形添加厚度，效果如图4-114所示。

图4-113

图4-114

12 单击“图层”面板底部的“创建新图层”按钮，新建一个图层，名称为“图层10”，选择“钢笔工具”，在画面中绘制蝴蝶形状的路径，效果如图4-115所示。设置前景色为灰色，填充颜色后效果如图4-116所示。

图4-115

图4-116

13 使用“钢笔工具”，在画面中绘制正圆选区，按Delete键删除正圆部分，效果如图4-117所示。单击“图层”面板底部的按钮，在下拉菜单中选择“图层样式/斜面和浮雕”命令，如图4-118、图4-119所示设置参数，效果如图4-120所示。

14 单击“图层”面板底部的“创建新图层”按钮，新建一个图层，名称为“图层11”，选择“椭圆工具”在画面中绘制路径，设置前景色为深蓝色并填充，效果如图4-121所示。单击“图层”面板底部的按钮，在下拉菜单中选择“图层样式/斜面和浮雕”命令，如图4-122所示设置参数，效果如图4-123所示。

图4-117

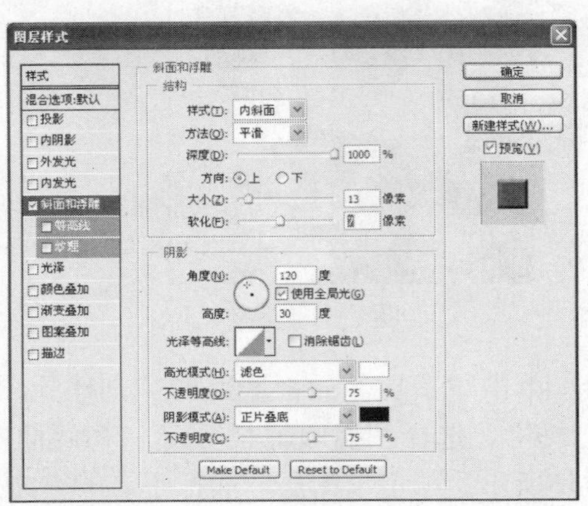

图4-118

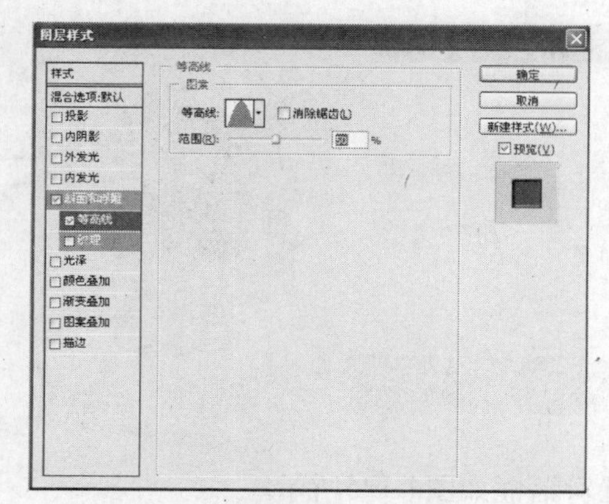

图4-119

图4-120

图4-121

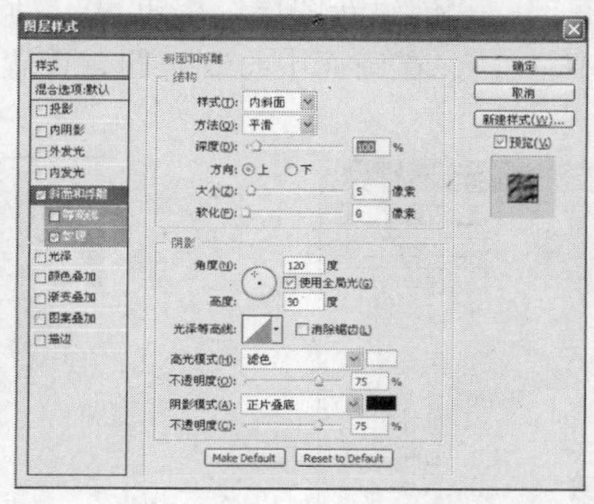

图4-122

图4-123

15 选择背景图层，设置“渐变类型”为“辐射渐变”，“渐变颜色”由蓝色到白色。新建立一个图层组，图层组名称为“组1”，将所有蝴蝶胸针图层都放在“组1”里，复制图层“组1”，单击“图层”面板下方的fx按钮，在下拉菜单中选择“投影”命令，为“组1”添加投影效果，调整其大小并摆放好位置，最终效果如图4-124所示。

图4-124

本例讲解在Photoshop CS5 中，制作蝴蝶胸针的方法与技巧。在制作蝴蝶胸针的时候，优先考虑的是胸针的质感。蓝宝石看起来闪闪发亮，但它的表面却凹凸不平，因此，本例着重选用加深工具和减淡工具，将其交叉运用，体现宝石的立体质感。

4.4 丝织胸花

设计步骤

01 按快捷键Ctrl+N，新建一个文件，设置对话框如图4-125所示。

02 单击“图层”面板底部的“创建新图层”按钮，新建一个图层，名称为“图层1”，选择“椭圆工具”，在画面中绘制正圆，设置前景色为土黄色并填充，效果如图4-126所示。

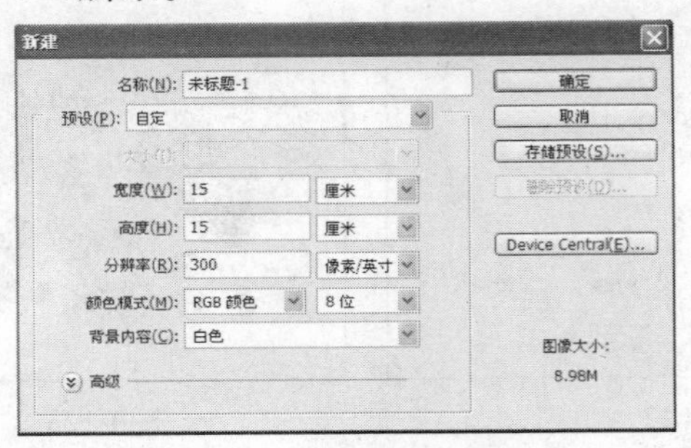

图4-125

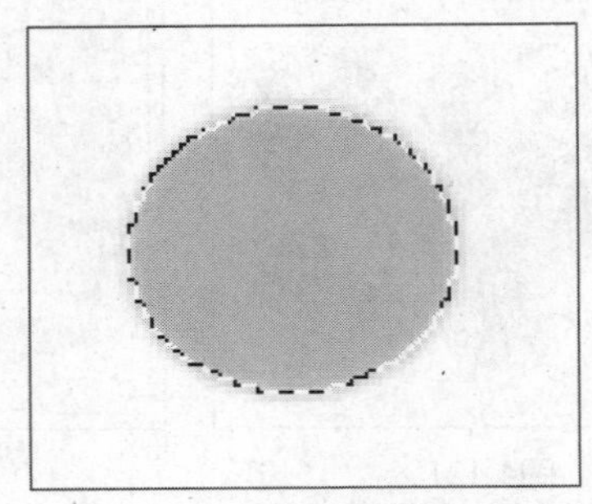

图4-126

03 单击“图层”面板底部的按钮，在下拉菜单中选择“图层样式/投影“命令，如图4-127所示设置参数，效果如图4-128所示。按Alt键复制多个图层并摆放到合适的位置，效果如图4-129所示。

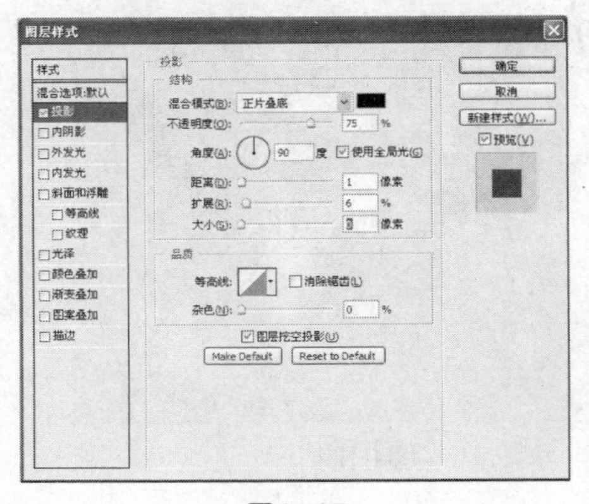

图4-127

图4-128

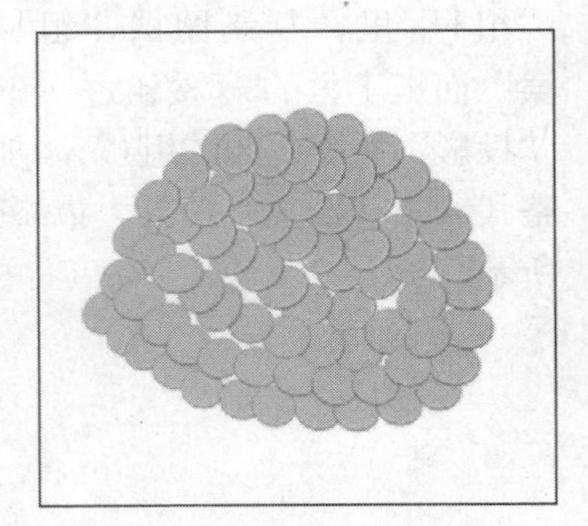

图4-129

04 单击“图层”面板底部的“创建新图层”按钮，新建一个图层，名称为“图层2”，使用“钢笔工具”，在画面中绘制路径，效果如图4-130所示。选择“画笔工具”，为路径描边，效果如图4-131所示。选择“画笔工具”，如图4-132所示设置参数，效果如图4-133所示。

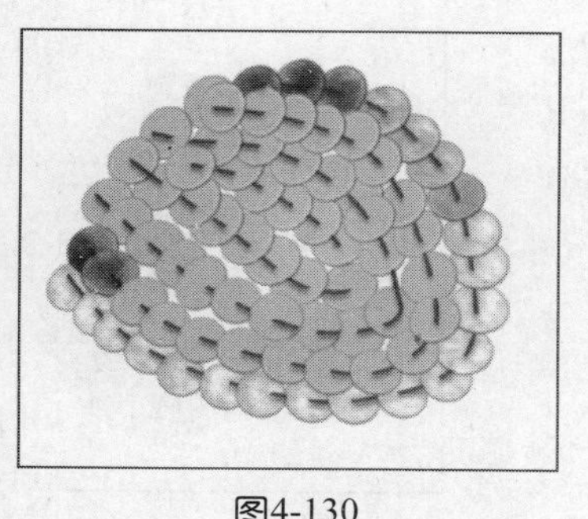

图4-130

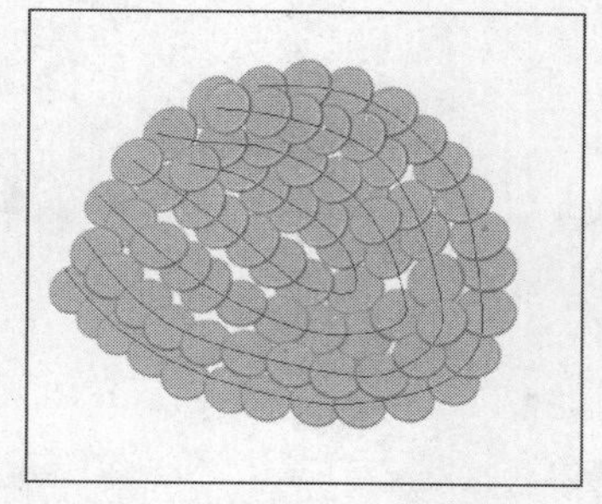

图4-131

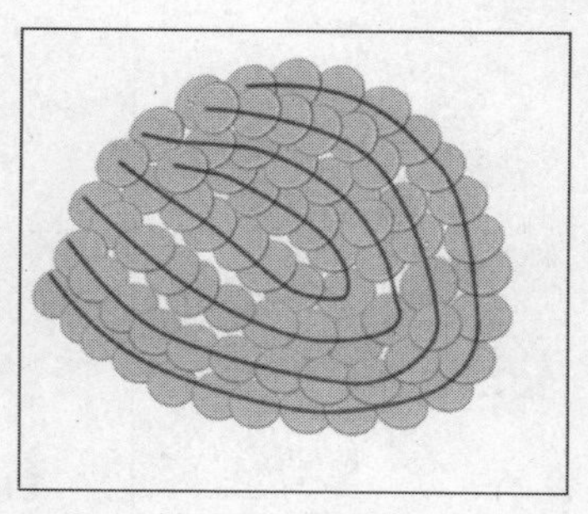

图4-133

图4-132

05 选择“加深工具”、“减淡工具”，如图4-134、图4-135所示设置参数，对图像颜色的深浅度进行处理，效果如图4-136、图4-137所示。按Alt键复制多个图层并组成花瓣的形状。单击“图层”面板底部的“创建新图层”按钮，新建一个图层，名称为“图层3”，使用“钢笔工具”，在画面中绘制花瓣路径，设置前景色为土黄色并填充，效果如图4-138所示。

图4-134

图4-135

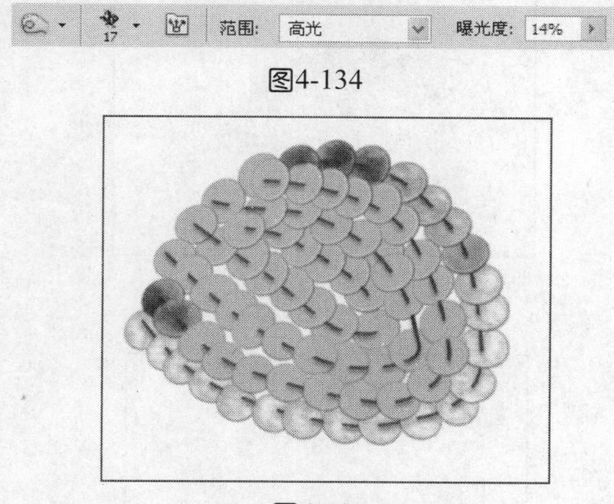

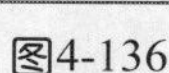

图4-136

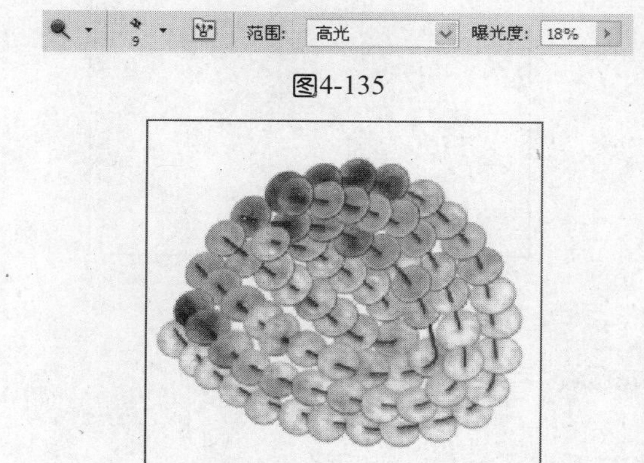

图4-137

06 选择“减淡工具”，如图4-139所示设置参数，对图像进行处理，效果如图4-140所示。选择“加深工具”，如图4-141所示设置参数，对花瓣边缘的颜色进行处理，效果如图4-142所示。

图4-138

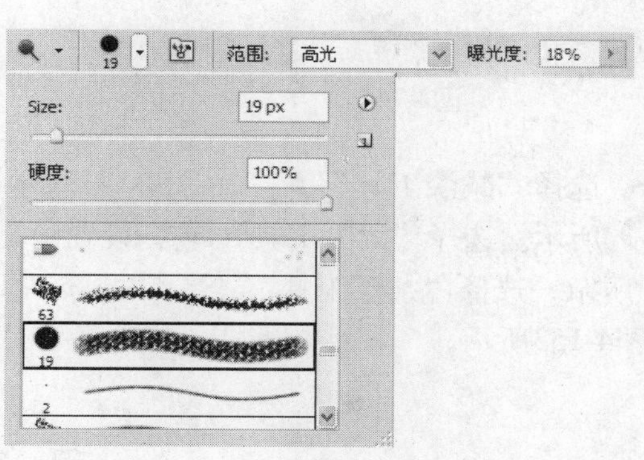

图4-139

图4-140

图4-141

图4-142

07 单击“图层”面板底部的“创建新图层”按钮，新建一个图层，名称为“图层4”，使用“钢笔工具”，在画面中绘制花瓣路径，如图4-143所示，设置前景色为浅褐色并填充，效果如图4-144所示。选择“加深工具”，如图4-145所示设置参数，对图像进行处理，效果如图4-146所示。

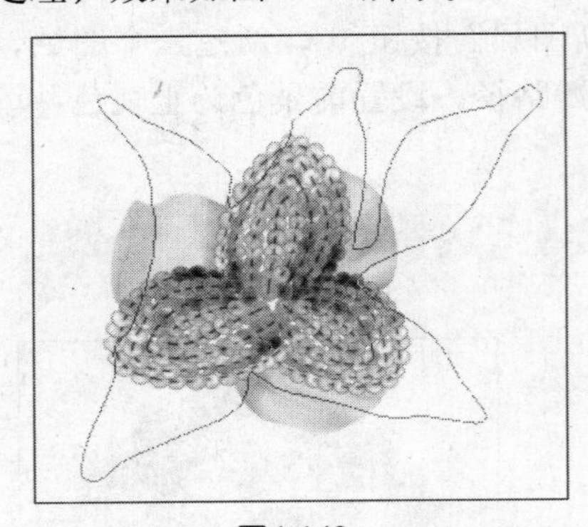

图4-143

图4-144

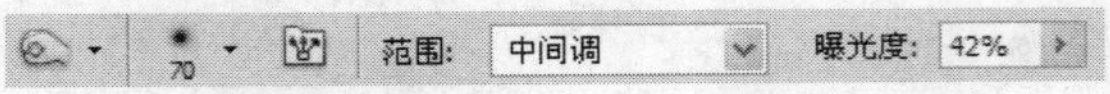

图4-146

70
范围: 中间调
曝光度: 42%

图4-145

08 选择“减淡工具”，如图4-147所示设置参数，对图像进行处理，效果如图4-148所示。选择“画笔工具”，设置画笔参数如图4-149所示，为路径描边后，效果如图4-150所示。选择“加深工具”、“减淡工具”，如图4-151、图4-152所示设置参数，效果如图4-153所示。

图4-147

图4-148

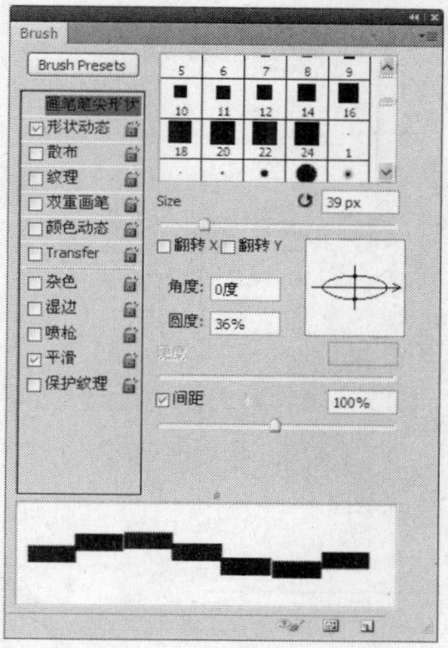

图4-149

图4-150

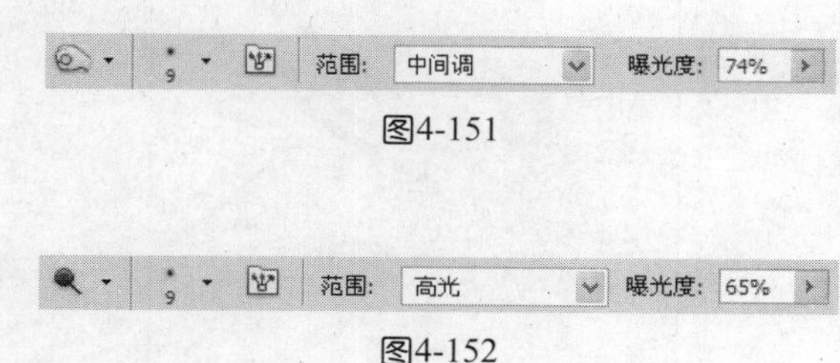

图4-151

图4-152

图4-153

09 单击“图层”面板底部的“创建新图层”按钮，新建一个图层，名称为“图层5”，使用“钢笔工具”，在画面中绘制飘带路径，效果如图4-154、图4-155所示。选择“减淡工具”，对飘带进行颜色的淡化处理，效果如图4-156所示。单击“图层”面板底部的按钮，在下拉菜单中选择“图层样式/描边”命令，如图4-157所示设置参数，效果如图4-158所示。

图4-154

图4-155

图4-156

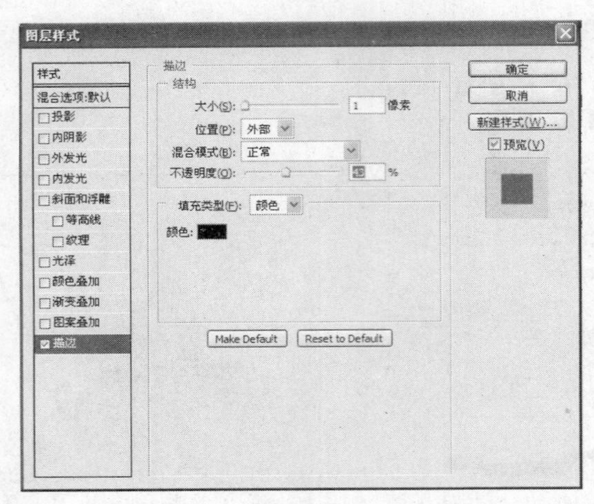

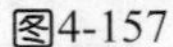
图4-157

图4-158

10 单击“图层”面板底部的“创建新图层”按钮，新建一个图层，名称为“图层6”，使用“钢笔工具”，在画面中绘制路径，如图4-159所示。设置前景色为深褐色并填充，效果如图4-160所示。

图4-159

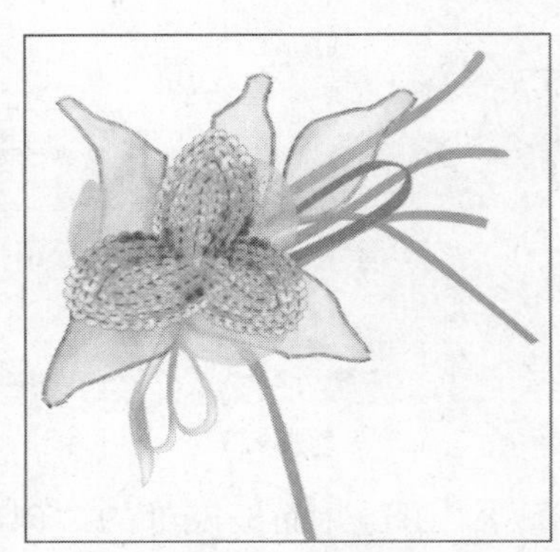
图4-160

11 选择“加深工具”、“减淡工具”，对图像进行处理，效果如图4-161所示。选择“滤镜/杂色/添加杂色”命令，如图4-162所示设置参数，效果如图4-163所示。

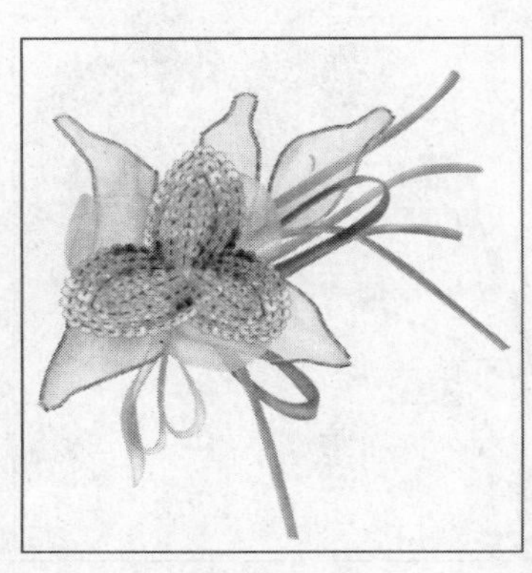
图4-161

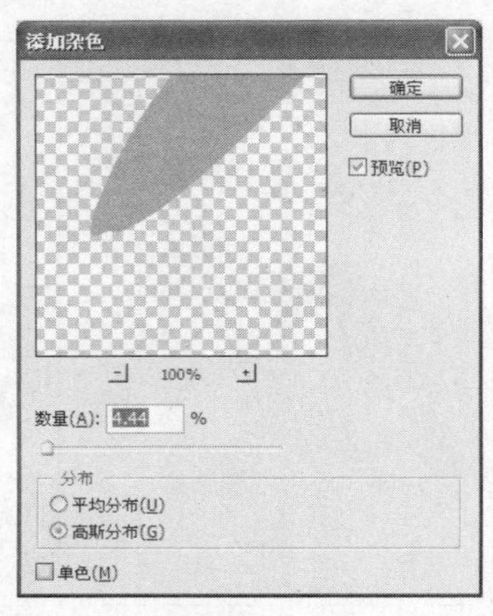

图4-162

图4-163

12 单击“图层”面板底部的“创建新图层”按钮，新建一个图层，名称为“图层7”，选择“椭圆工具”，在画面中绘制正圆，设置前景色为淡粉色，填充后效果如图4-164所示。选择“减淡工具”，对图像进行颜色的淡化处理。选择“画笔工具”，设置前景色为黑色填充圆芯，按Alt键复制多个亮片图层，分别摆在不同的花瓣上，效果如图4-165所示。

图4-164

图4-165

13 选择“加深工具”、“减淡工具”，如图4-166、图4-167所示设置参数，对花瓣的颜色进行处理，效果如图4-168所示。选择背景图层，设置渐变颜色由浅粉色到深粉色，填充画面后，最终效果如图4-169所示。

图4-166

图4-167

图4-168

图4-169

本例讲解在Photoshop CS5 中，制作丝织胸花的方法与技巧。根据胸花麻布质感的要求来调整画笔笔刷的大小及软硬程度，这是本节的重点。

4.5 复古胸针

设计步骤

01 按快捷键Ctrl+N，新建一个文件，设置对话框如图4-170所示。

02 单击“图层”面板底部的“创建新图层”按钮，新建一个图层，名称为“图层1”，选择“钢笔工具”，在画面中绘制不规则图形路径，设置前景色为绿色并填充效果如图4-171所示。

03 单击“图层”面板底部的“创建新图层”按钮，新建一个图层，名称为“图层2”，选择“钢笔工具”，在画面中绘制高光路径，如图4-172所示。选择“选择/修改/羽化”命令，设置羽化参数为2。设置渐变颜色由中绿色到深绿色，填充渐变颜色。

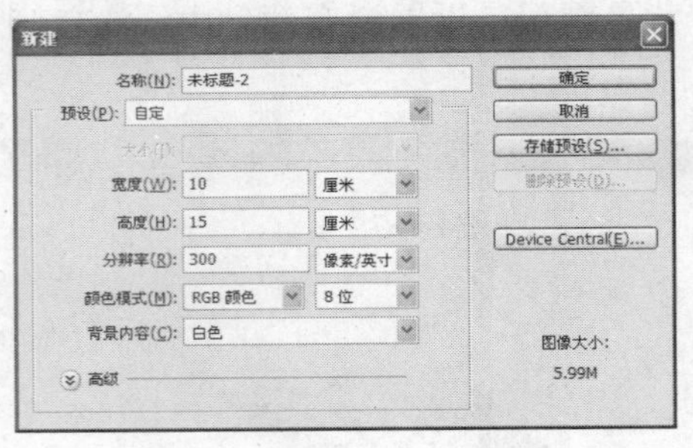

图4-170

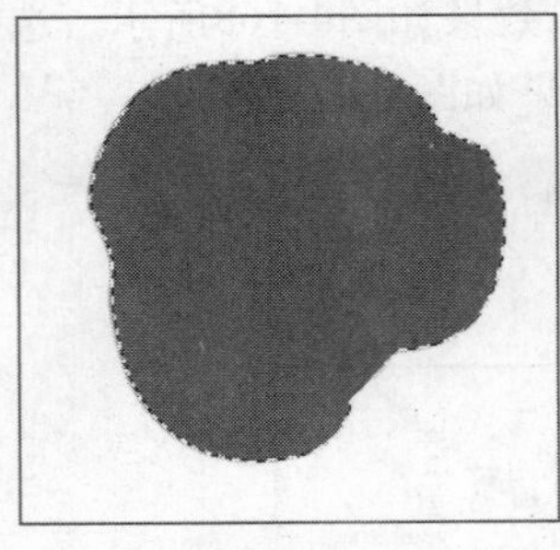

图4-171

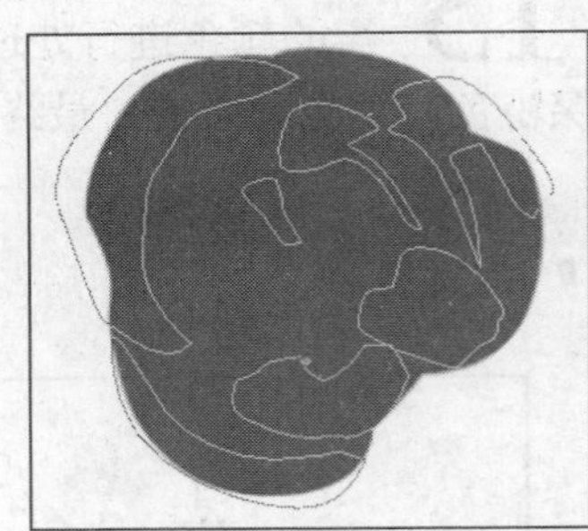

图4-172

04 选择“减淡工具”，如图4-173所示设置参数，对图像的局部进行淡化处理，效果如图4-174所示。取消选区，再次进行减淡处理，效果如图4-175所示。选择“加深工具”，如图4-176所示设置参数，对图像进行处理，效果如图4-177所示。

图4-173

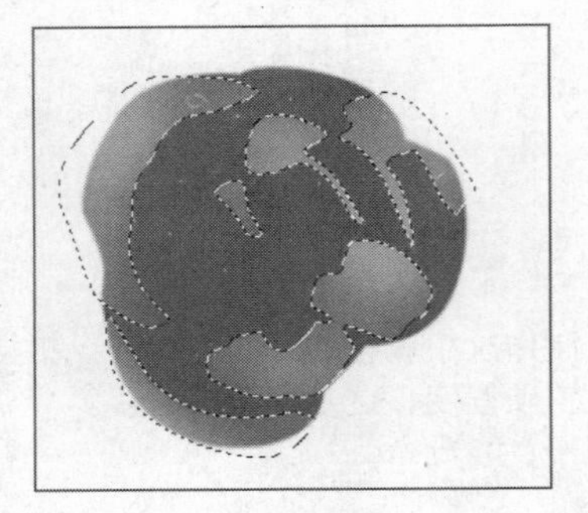

图4-174

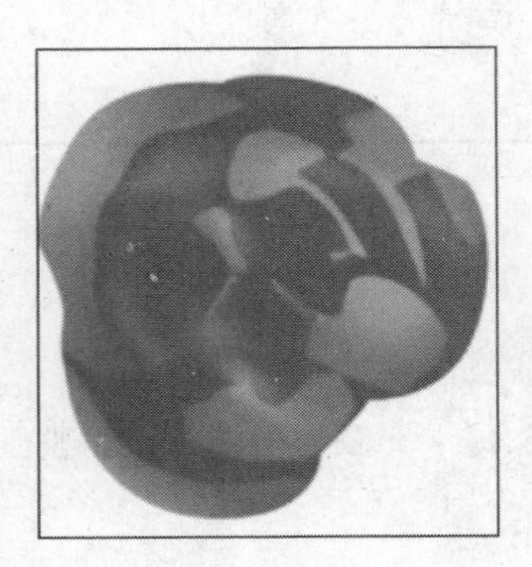

图4-175

图4-176

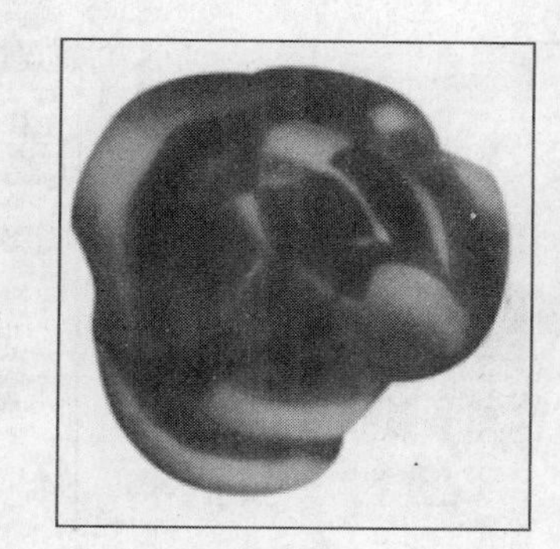

图4-177

05 单击“图层”面板底部的“创建新图层”按钮，新建一个图层，名称为“图层3”，选择“钢笔工具”，在画面中绘制花瓣路径，设置前景色为土黄色并填充，效果如图4-178所示。选择“钢笔工具”，在花瓣上绘制路径，将前景色设置为深褐色填充后，使用“减淡工具”进行淡化处理，效果如图4-179所示。选择“减淡工具”，如图4-180所示设置参数，对图像进行处理，效果如图4-181所示。

图4-178

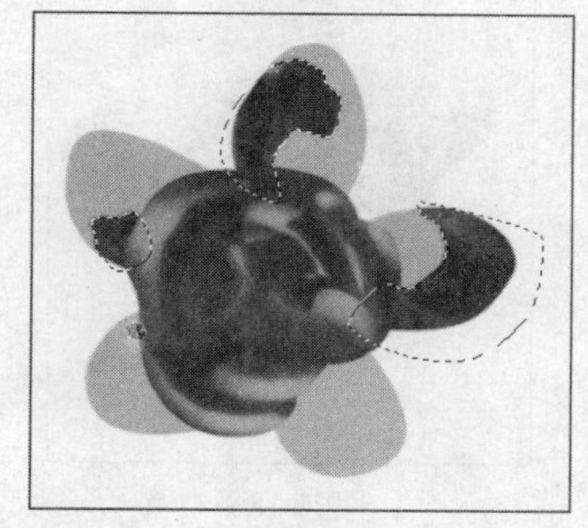

图4-179

范围: 高光 曝光度: 12%

图4-180

图4-181

06 单击“图层”面板底部的“创建新图层”按钮，新建一个图层，名称为“图层4”，选择“钢笔工具”，在画面中绘制花瓣路径，设置前景色为淡绿色并填充，效果如图4-182所示。单击“图层”面板底部的按钮，在下拉菜单中选择“图层样式/斜面和浮雕”命令，如图4-183所示设置参数，效果如图4-184所示。选择“减淡工具”，如图4-185所示设置参数，对图像进行处理，效果如图4-186、图4-187所示。

图4-182

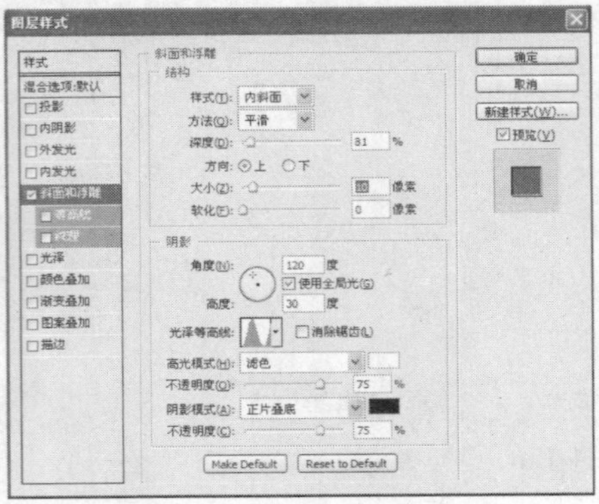

图4-183

图4-184

图4-185

图4-186

图4-187

07 单击“图层”面板底部的“创建新图层”按钮，新建一个图层，名称为“图层5”，选择“钢笔工具”，在画面中绘制叶子的路径，设置前景色为黄绿色并填充，效果如图4-188所示。使用“钢笔工具”绘制不规则方块图案，单击“图层”面板底部的按钮，在下拉菜单中选择 “图层样式/斜面和浮雕”命令，如图4-189所示设置参数，效果如图4-190所示。

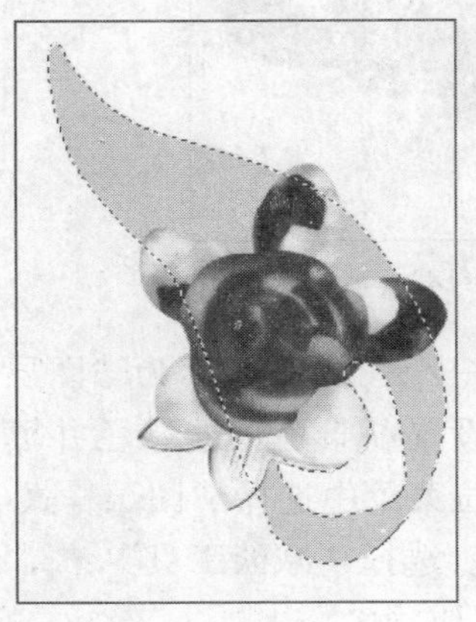

图4-188

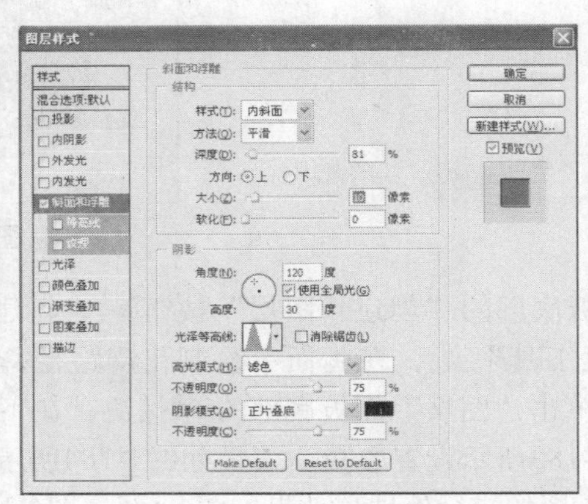

图4-189

图4-190

08 单击“图层”面板底部的“创建新图层”按钮，新建一个图层，名称为“图层6”。单击“图层”面板底部 “图层样式/斜面和浮雕”命令，如图4-191所示设置参数，效果如图4-192所示。

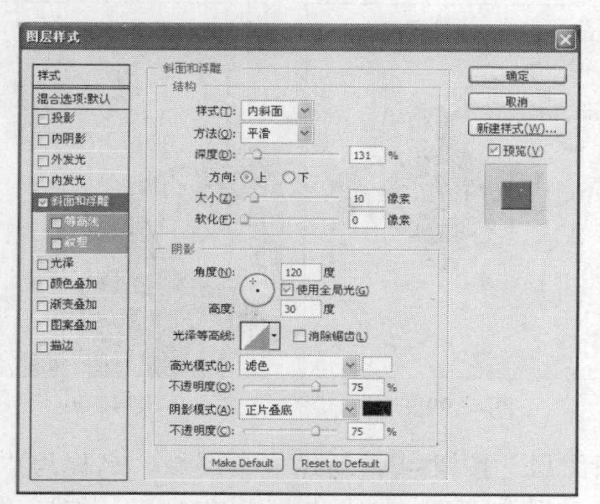

图4-191

图4-192

09 选择方形图案路径图层，单击“图层”面板底部的按钮，在下拉菜单中选择“图层样式/斜面和浮雕/纹理”命令，如图4-193所示设置参数，效果如图4-194所示。选择“减淡工具”，如图4-195所示设置参数，对方形图案进行处理，效果如图4-196所示。

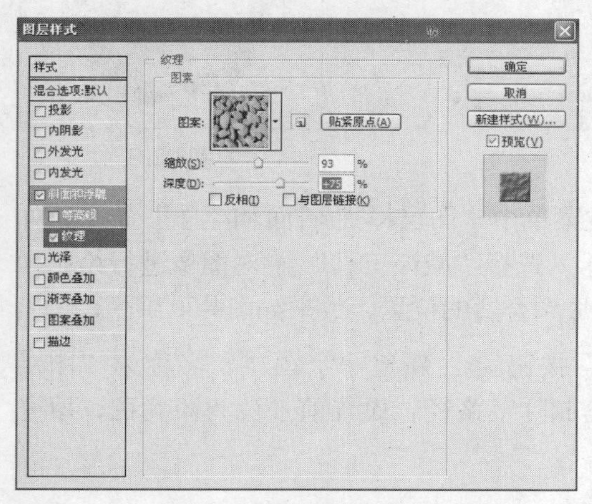

图4-193

图4-194

图4-196

图4-195

10 单击“图层”面板底部的“创建新图层”按钮，新建一个图层，名称为“图层7”，选择“钢笔工具”，在画面中绘制弯曲路径，设置前景色为黄绿色并填充，效果如图4-197所示。单击“图层”面板底部的按钮，在下拉菜单中选择“图层样式/斜面和浮雕”命令，如图4-198所示设置参数，效果如图4-199所示。

图4-197

11 单击“图层”面板底部的“创建新图层”按钮，新建一个图层，名称为“图层8”，选择“钢笔工具”，在画面中绘制花形路径，设置前景色为土黄色并填充，效果如图4-200所示。

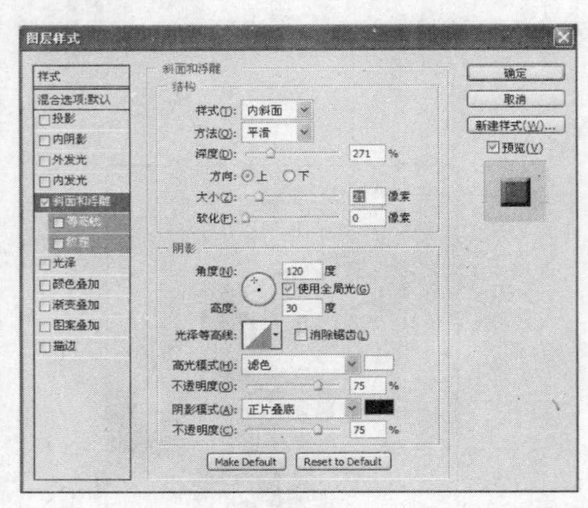

图4-198

图4-199

图4-200

12 单击“图层”面板底部的“创建新图层”按钮，新建一个图层，名称为“图层9”，选择“椭圆工具”，在画面中绘制正圆，效果如图4-201所示。选择“加深工具”，如图4-202所示设置参数，对“图层8”的图像进行处理，效果如图4-203所示。

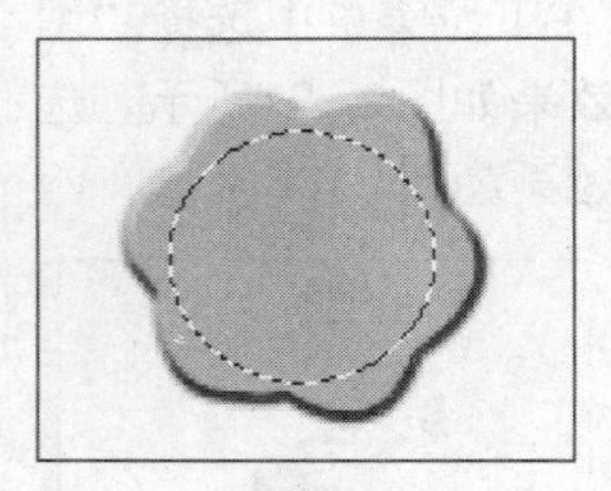

图4-201

图4-202

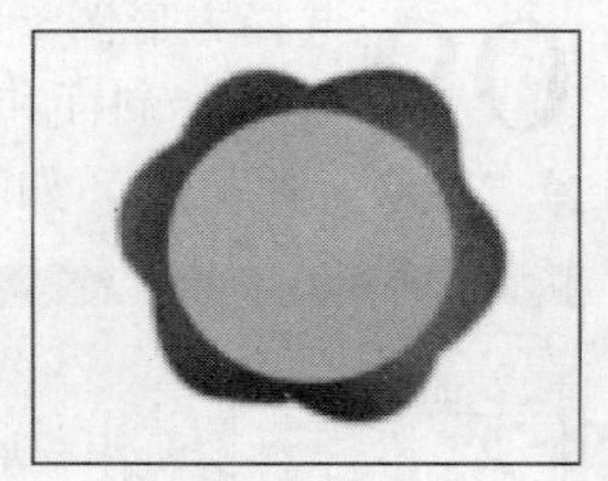

图4-203

13 单击“图层”面板底部的fx按钮，在下拉菜单中“图层样式/斜面和浮雕”命令，如图4-204所示设置参数，效果如图4-205所示。选择“减淡工具”对图像进行绘制，效果如图4-206所示。按Alt键复制两个花瓣图层并摆放到合适的位置，效果如图4-207所示。

14 单击“图层”面板底部的“创建新图层”按钮，新建一个图层，名称为“图层10”，选择“钢笔工具”，在画面中绘制叶茎路径，设置前景色为淡黄色，填充颜色后，效果如图4-208所示。

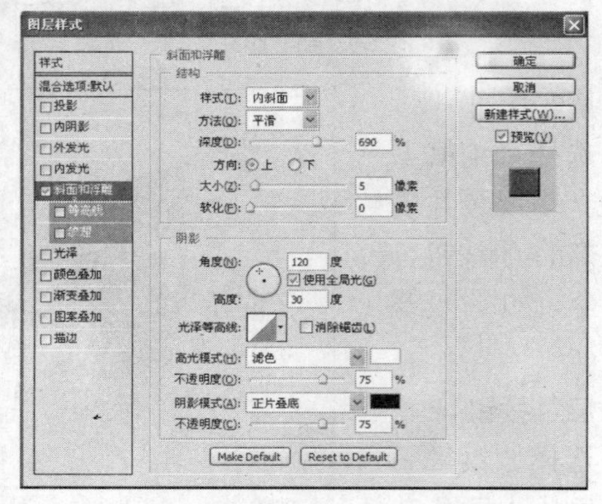

图4-204

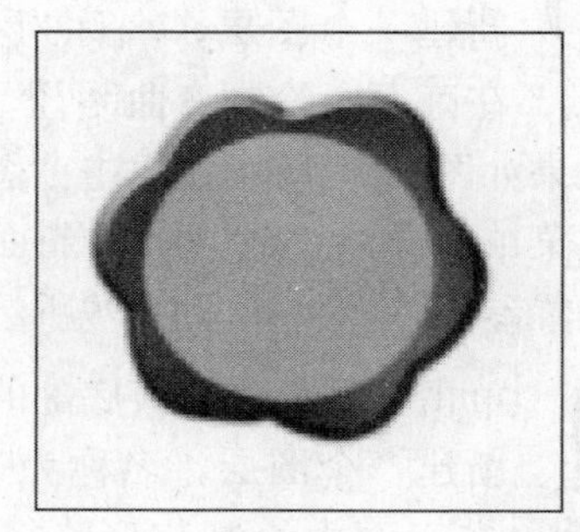

图4-205

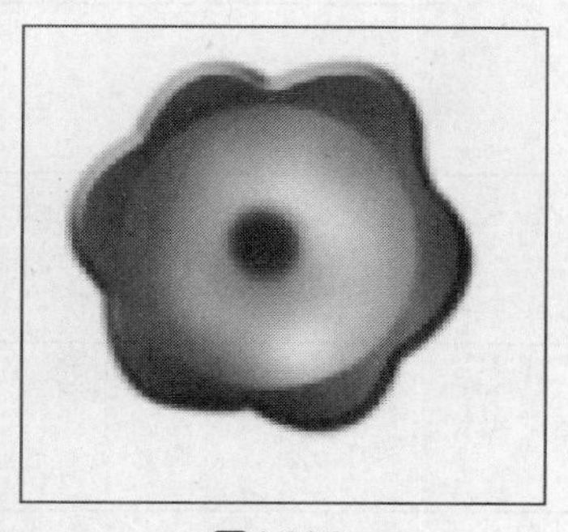

图4-206

图4-207

图4-208

15 单击“图层”面板底部的 fx 按钮，在下拉菜单中选择“图层样式/斜面和浮雕”命令，如图4-209所示设置参数，效果如图4-210所示。选择背景图层，设置渐变颜色从淡黄色到深灰色，最终效果如图4-211所示。

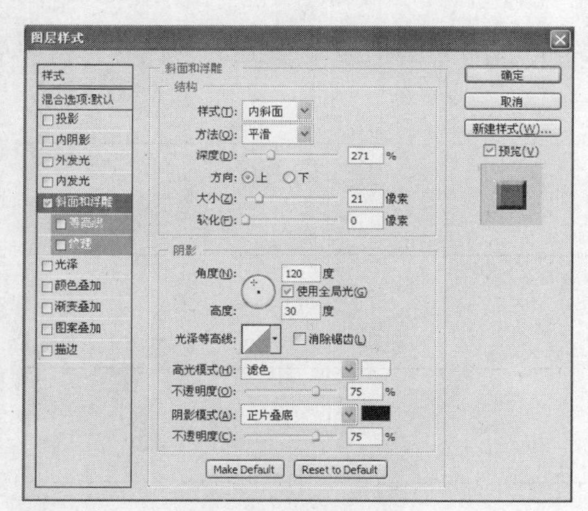

图4-209

图4-210

图4-211

技法点评

本例讲解在Photoshop CS5 中，制作复古胸针的方法与技巧。本节的重点是使用图层样式中的“斜面和浮雕”命令，它可以绘制出胸针上凹凸不平的纹理效果。

读书笔记

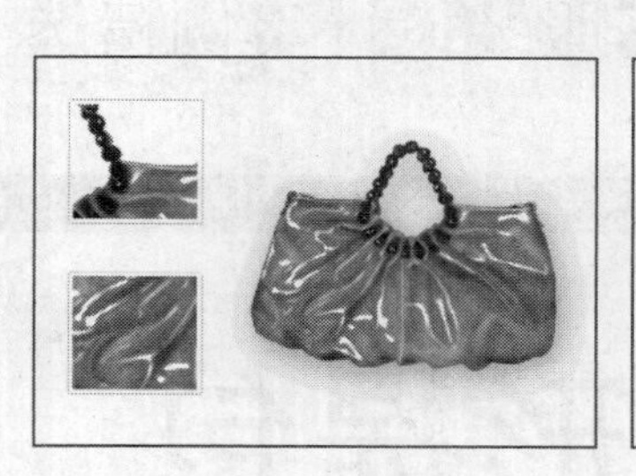
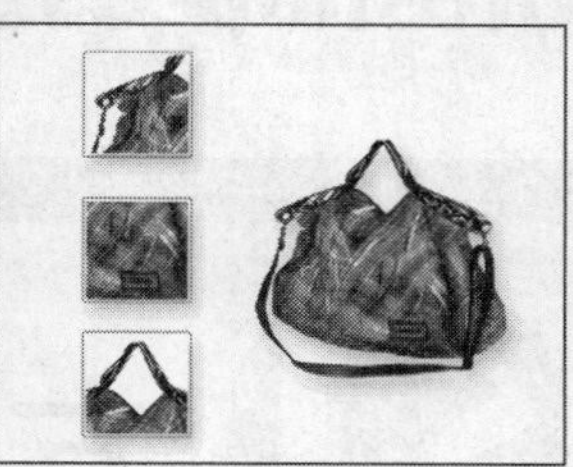

第5章

时尚女包的设计

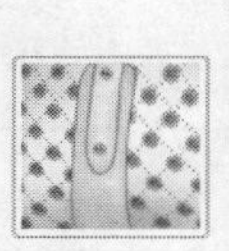

5.1 方形提包
5.2 印花提包
5.3 高档手提包
5.4 休闲手提包
5.5 亮皮手提包
5.6 红格背包

Photoshop CS5

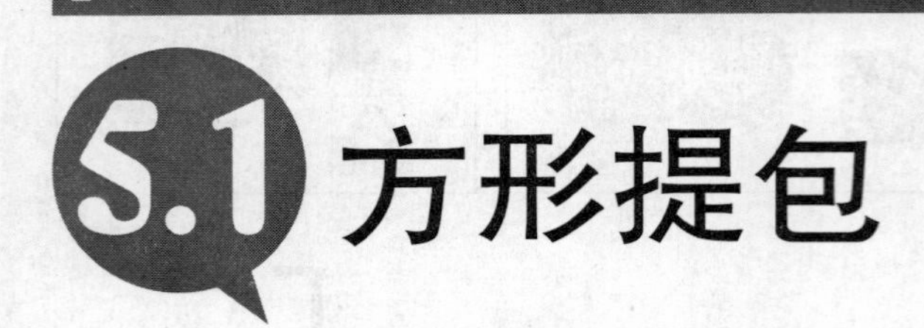

5.1 方形提包

设计步骤

01 按快捷键Ctrl+N，新建一个文件，设置对话框如图5-1所示。

02 单击“图层”面板底部的“创建新图层”按钮，新建一个图层，名称为“图层1”，选择“钢笔工具”，绘制提包的路径，如图5-2所示。选择“选择/修改/羽化”命令，如图5-3所示设置羽化半径为1，如图5-4所示设置前景色为红色，填充路径后，效果如图5-5所示。

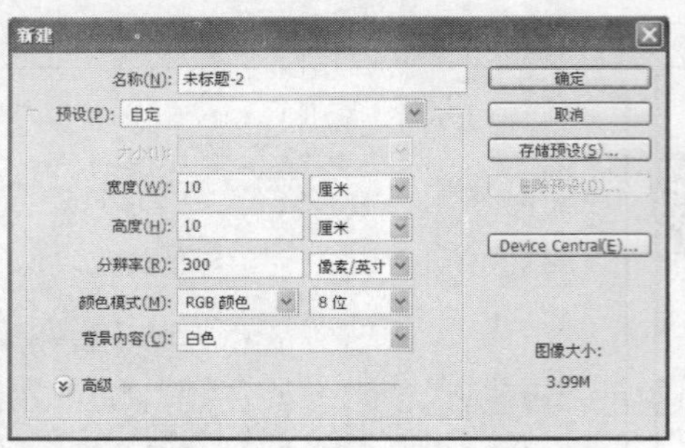

图5-1

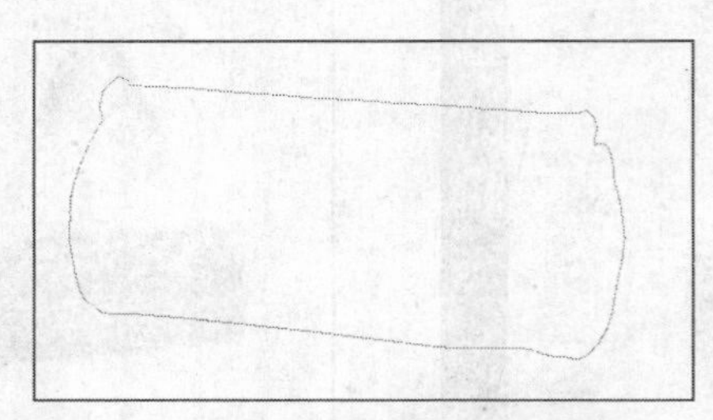

图5-2

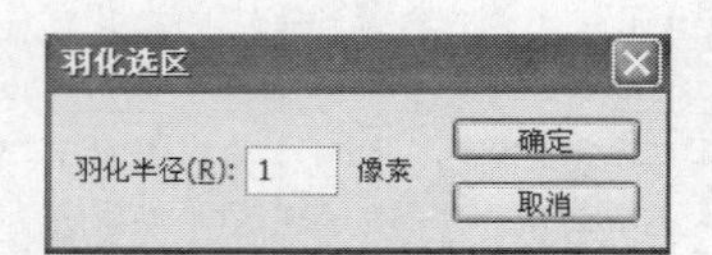

图5-3

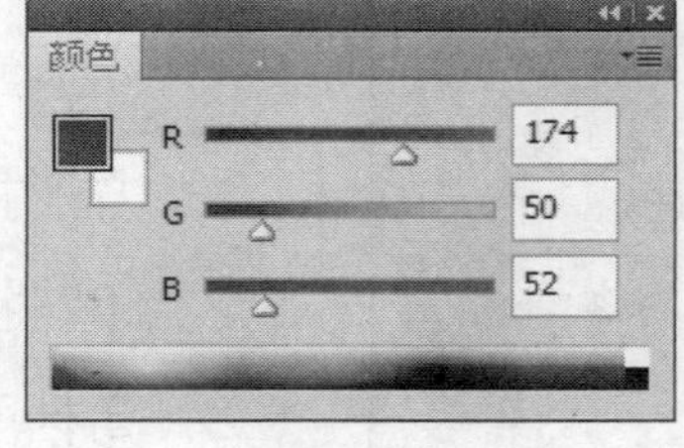

图5-4

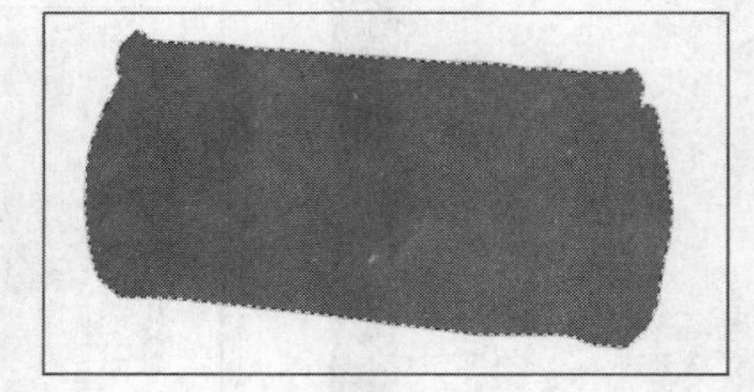

图5-5

03 单击“图层”面板底部的“创建新图层”按钮，新建一个图层，名称为“图层2”，选择“钢笔工具”，绘制兜带路径，设置前景色为红色，填充颜色后，效果如图5-6所示，

04 单击“图层”面板底部的“创建新图层”按钮，新建一个图层，名称为“图层3”，设置前景色为灰白色，如图5-7所示。使用“钢笔工具”，在画面中绘制兜带的下半部分，填充颜色后，效果如图5-8所示。

05 单击“图层”面板底部的“创建新图层”按钮，新建一个图层，名称为“图层4”，选择“钢笔工具”，绘制兜带的双层路径，如图5-9所示。选择“选择/修改/羽化”命令，设置羽化半径为1，单击“图层”面板底部的fx.按钮，在下拉菜单中选择“图层样式/投影”命令，如图5-10所示设置参数，效果如图5-11所示。

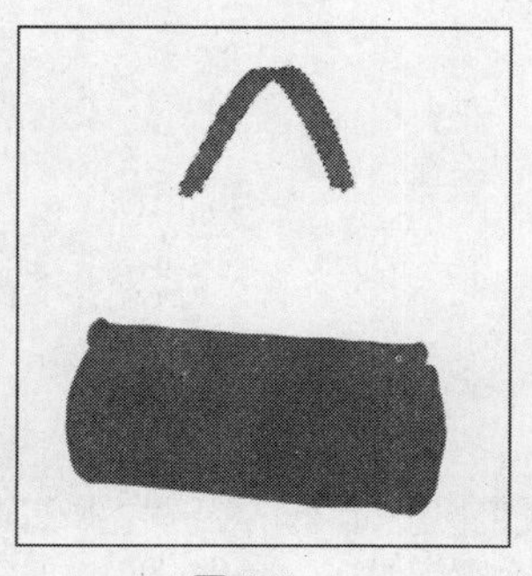

图5-6

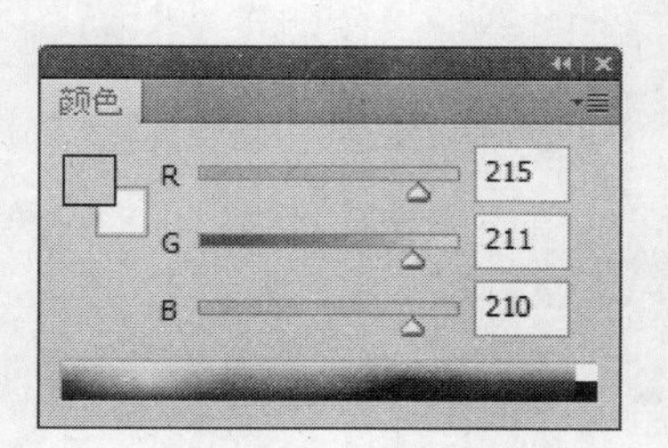

图5-7

图5-8

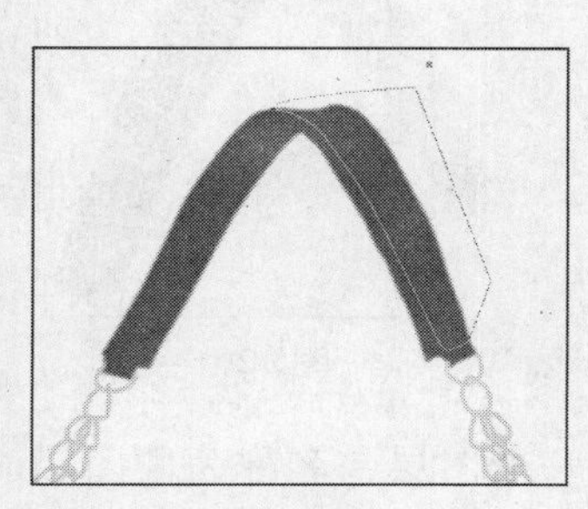

图5-9

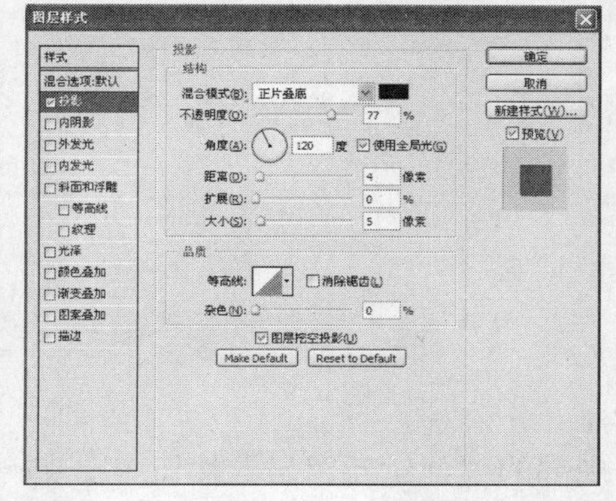

图5-10

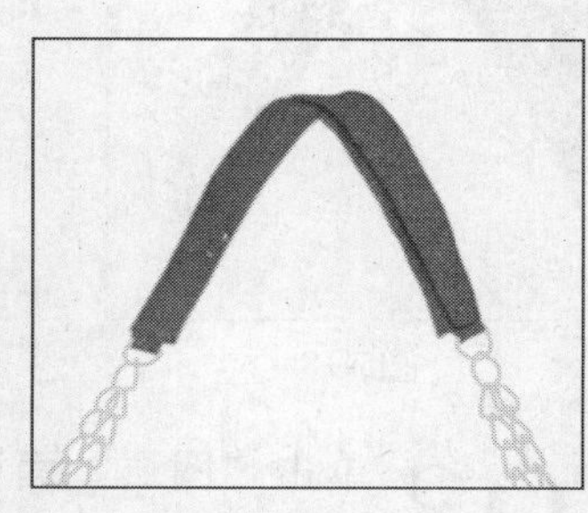

图5-11

06 单击“图层”面板底部的“创建新图层”按钮，新建一个图层，名称为“图层5”，选择“钢笔工具”，绘制兜带上的拉环路径，如图5-12所示。单击“图层”面板底部的按钮，在下拉菜单中选择“图层样式/斜面和浮雕命令”命令，如图5-13所示设置参数，效果如图5-14所示。

图5-12

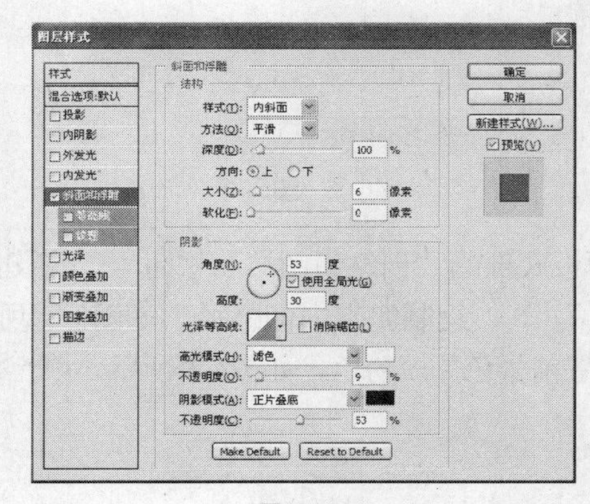

图5-13

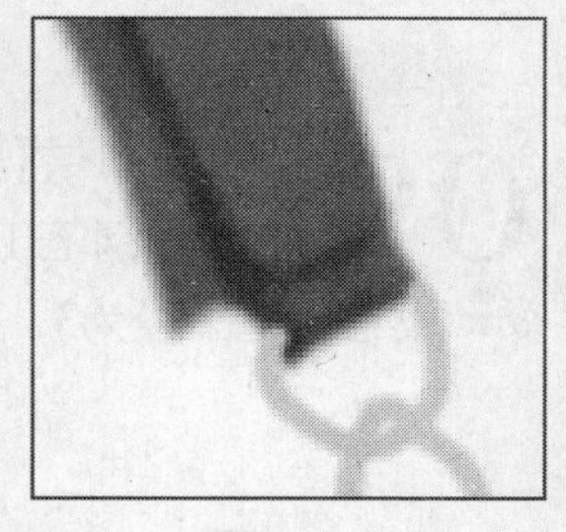

图5-14

07 选择“减淡工具”，如图5-15所示设置参数，效果如图5-16所示，单击“图层”面板底部的“创建新图层”按钮，新建一个图层，名称为“图层6”，选择“画笔工具”，如图5-17所示设置参数，设置前景色为白色填充拉环，效果如图5-18所示。选择“加深工具”，如图5-19所示设置参数，效果如图5-20所示。

范围：高光 曝光度：17%

图5-15

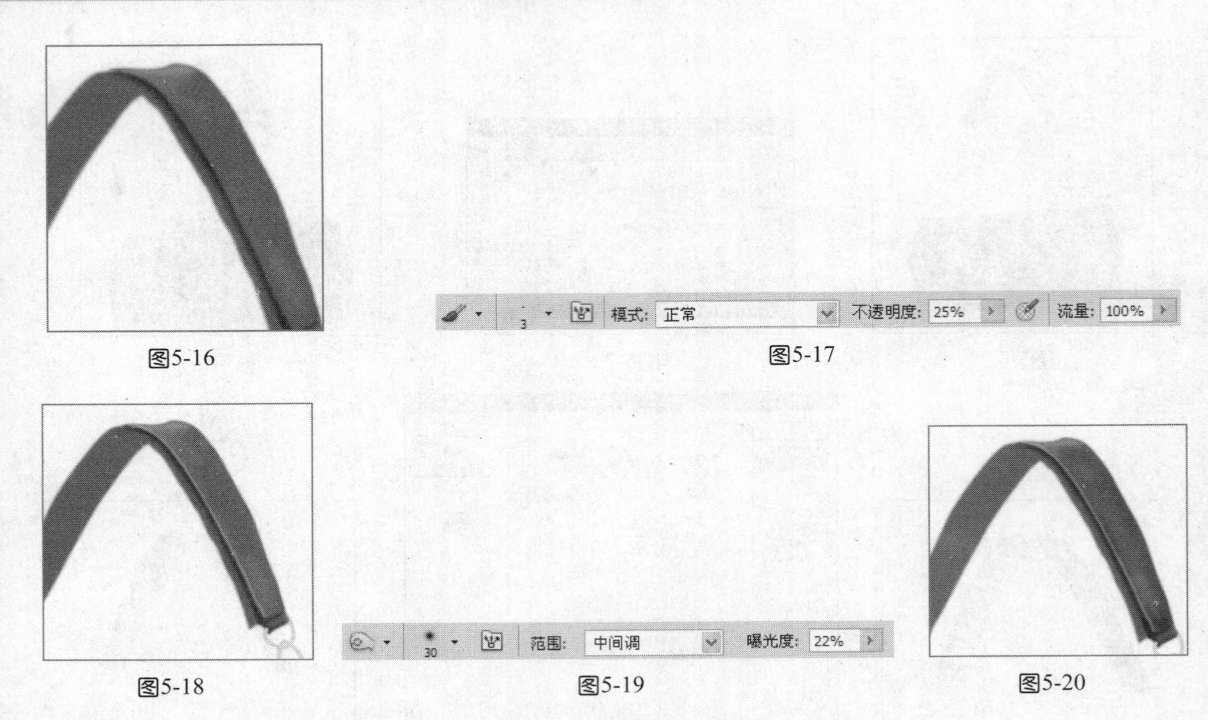

图5-16　图5-17

图5-18　图5-19　图5-20

08 单击“图层”面板底部的“创建新图层”按钮，新建一个图层，名称为“图层7”，选择“钢笔工具”，在画面中绘制兜带的内侧路径，如图5-21所示。选择“加深工具”，如图5-22所示设置参数，加深兜带内侧的颜色，效果如图5-23所示。

图5-21　图5-22　图5-23

09 单击“图层”面板底部的“创建新图层”按钮，新建一个图层，名称为“图层8”，使用“钢笔工具”，绘制兜带内侧路径，如图5-24所示。选择“选择/修改/羽化”命令，设置羽化半径为3，设置前景色为淡粉色，如图5-25所示，填充路径后，效果如图5-26所示。

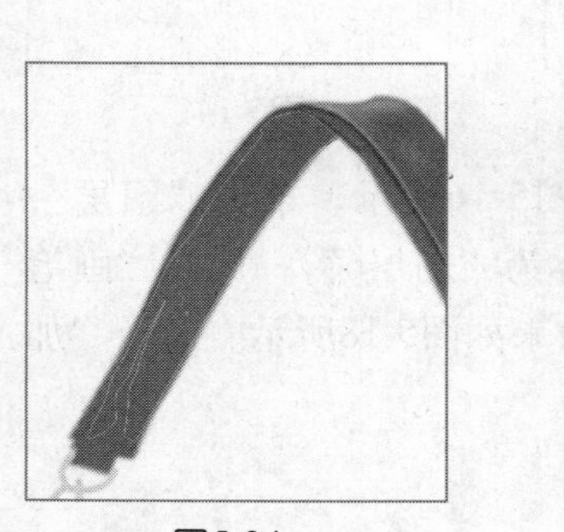

图5-24

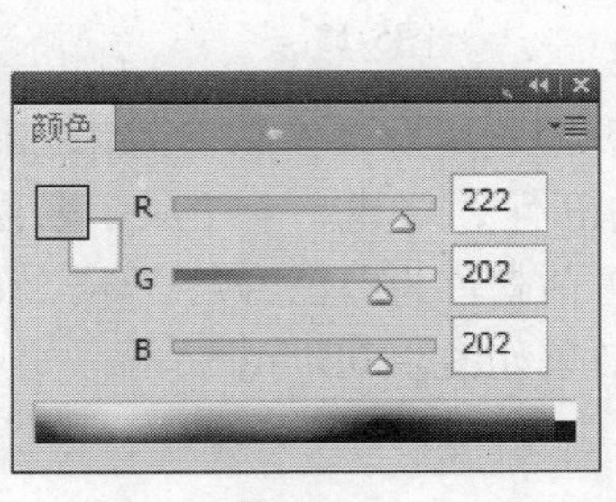

图5-25

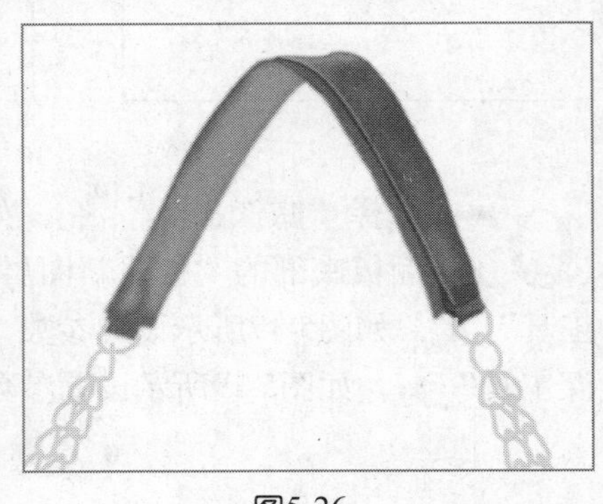

图5-26

10 单击“图层”面板底部的“创建新图层”按钮，新建一个图层，名称为“图层9”，选择“钢笔工具”，在画面中绘制缝纫线路径，如图5-27所示。使用“画笔工具”，为路径描边，效果如图5-28所示，选择“样式”面板如图5-29所示，效果如图5-30所示。选择“加深工具”，加深缝纫线的颜色，效果如图5-31所示。

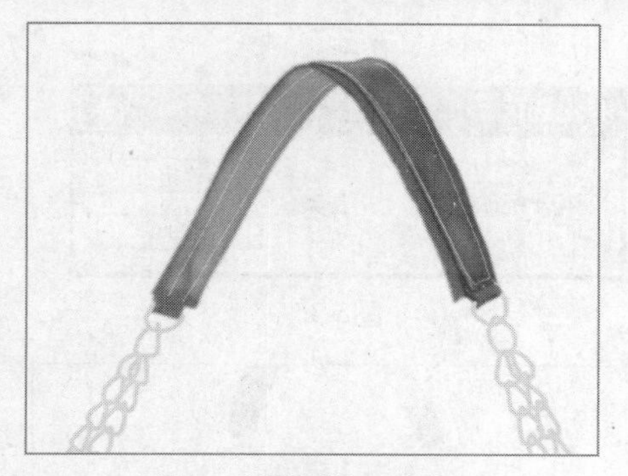

图5-27

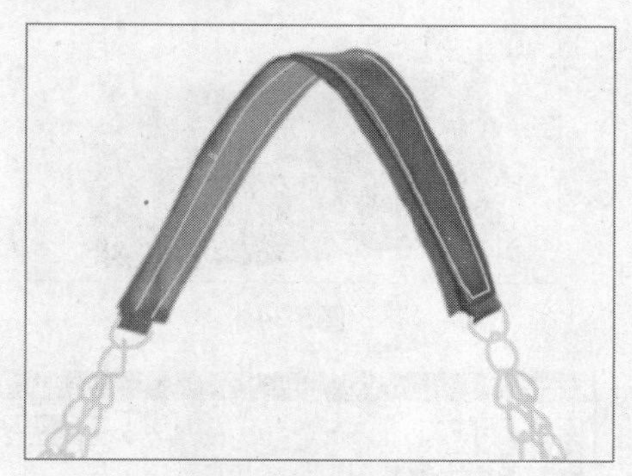

图5-28

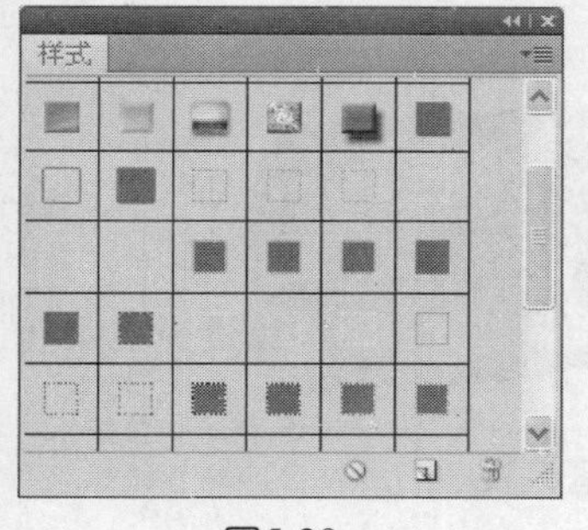

图5-29

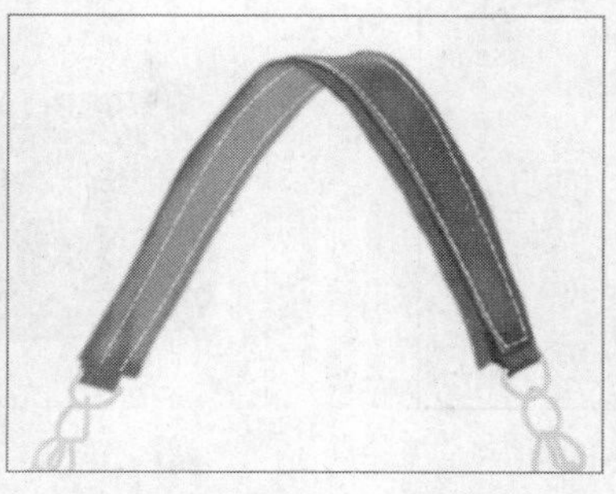

图5-30

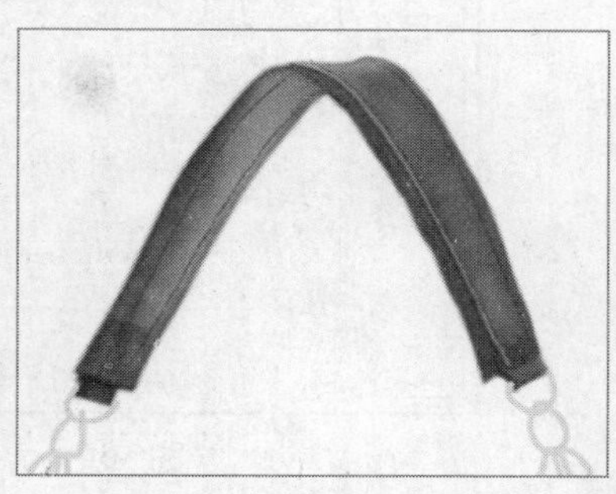

图5-31

11 选择“图层3”，单击“图层”面板底部的按钮，在下拉菜单中选择“图层样式/斜面和浮雕”命令，如图5-32所示设置参数，效果如图5-33所示。

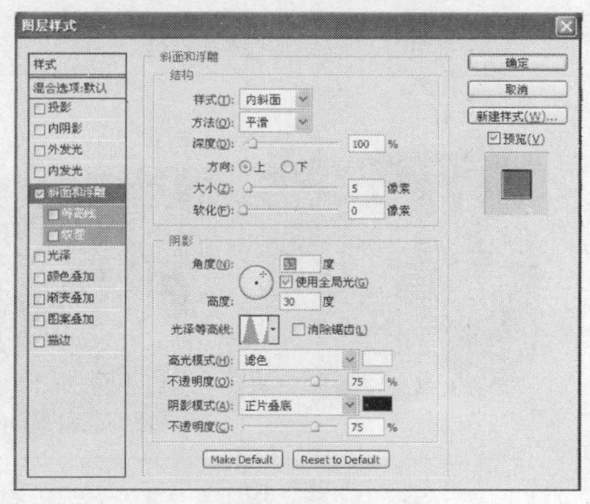

图5-32

图5-33

12 单击“图层”面板底部的“创建新图层”按钮，新建一个图层，名称为“图层10”，选择“钢笔工具”，在画面中绘制提包的轮廓，如图5-34所示。选择“选择/修改/羽化”命令，如图5-35所示设置参数。单击“图层”面板底部的按钮，在下拉菜单中选择“图层样式/投影”命令，如图5-36所示设置参数，效果如图5-37所示。

图5-34

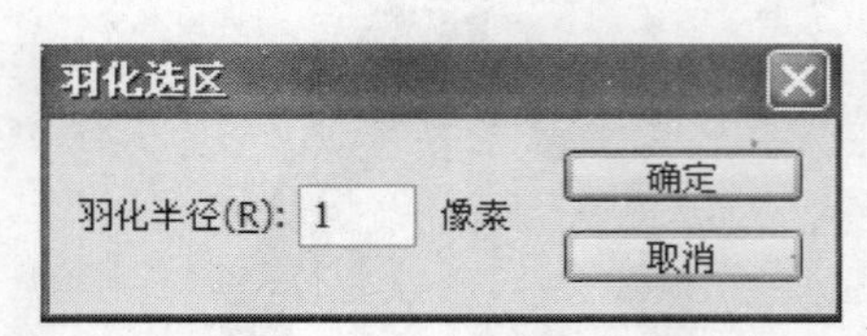

图5-35

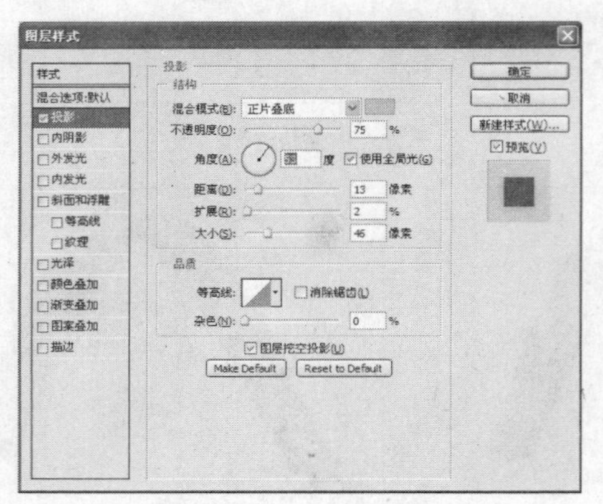

图5-36

图5-37

13 单击“图层”面板底部的“创建新图层”按钮，新建一个图层，名称为“图层11”，选择“钢笔工具”，在画面中绘制兜盖的路径，如图5-38所示。选择“选择/修改/羽化”命令，设置羽化半径为3，选择“减淡工具”，如图5-39所示设置参数，减淡兜盖的颜色，效果如图5-40所示。

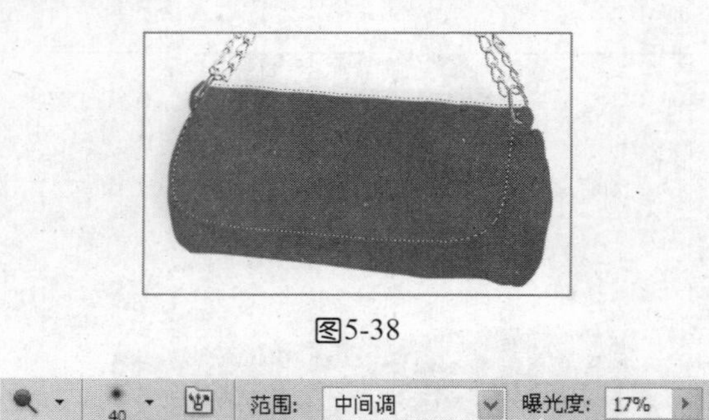

图5-38

图5-39

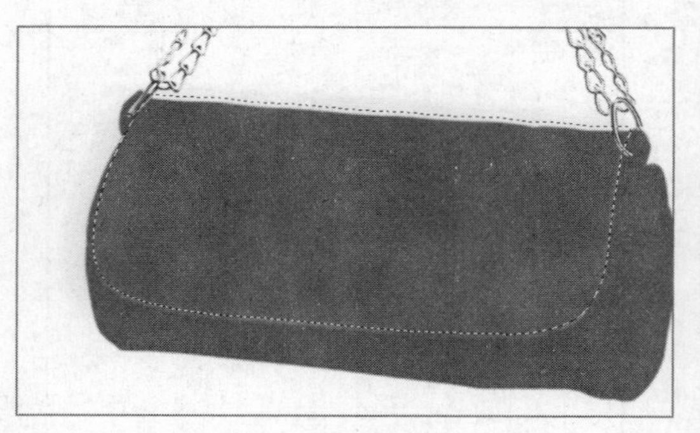

图5-40

14 单击“图层”面板底部的“创建新图层”按钮，新建一个图层，名称为“图层12”，选择“钢笔工具”，在兜面上绘制网格路径，如图5-41所示。选择“画笔工具”，按照如图5-42所示设置参数，为路径描边，效果如图5-43所示。选择“样式”面板，如图5-44所示，效果如图5-45所示。

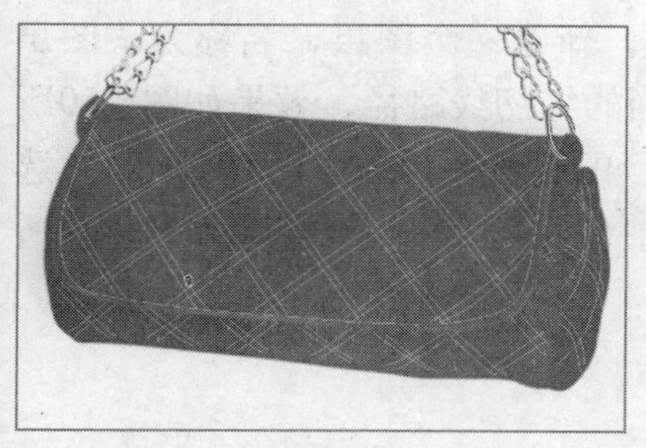

图5-41

图5-42

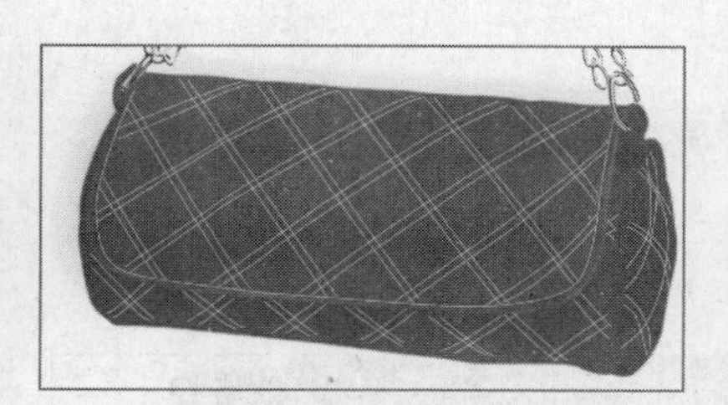

图5-43

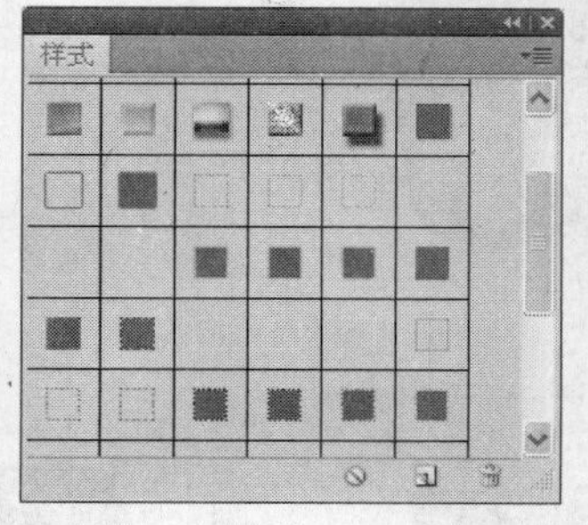

图5-44

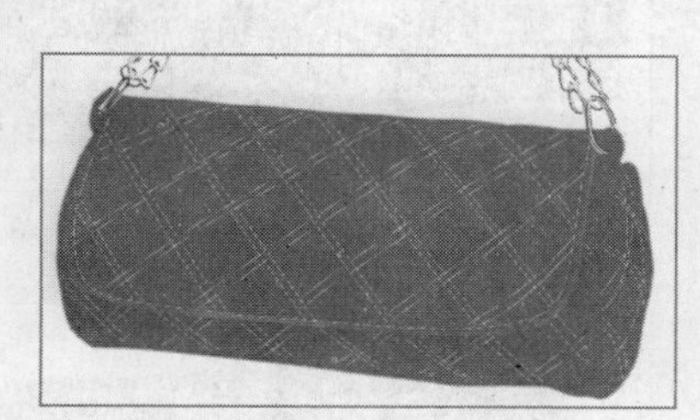

图5-45

15 如图5-46所示，设置前景色为红色，填充颜色后，效果如图5-47所示。单击“图层”面板底部的fx.按钮，在下拉菜单中选择“图层样式/斜面和浮雕”命令，如图5-48所示设置参数，效果如图5-49所示。

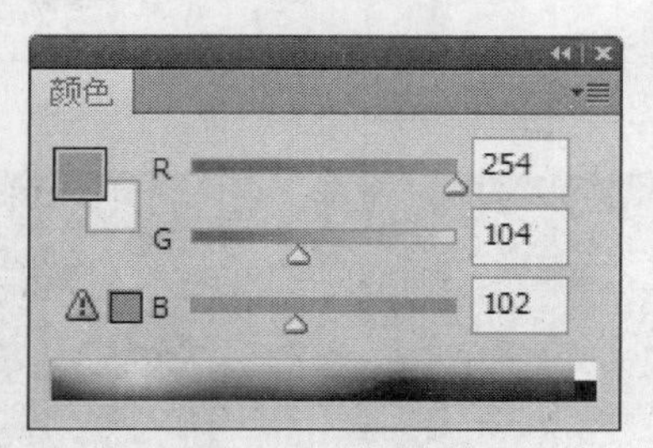

图5-46

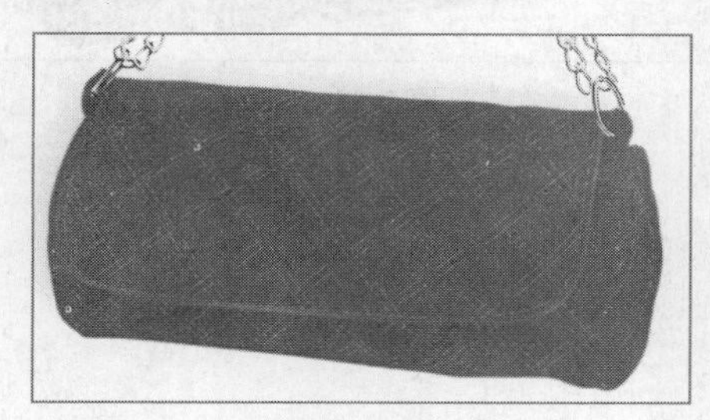

图5-47

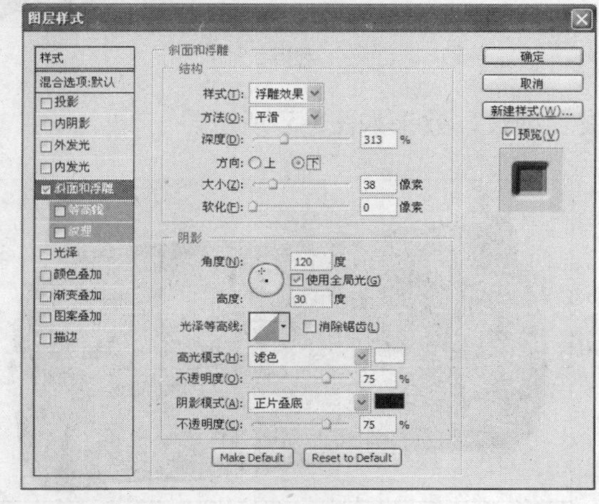

图5-48

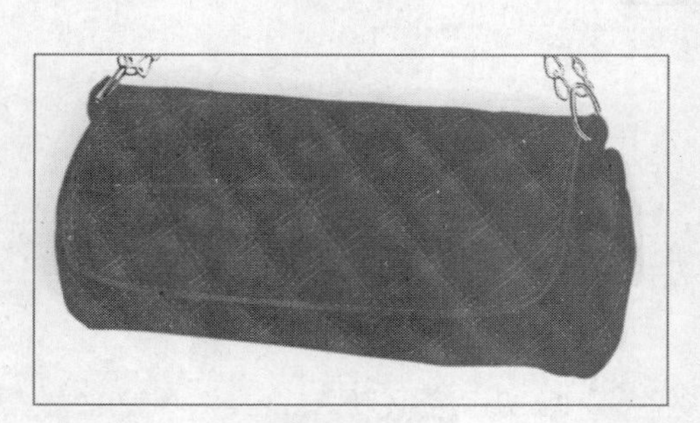

图5-49

16 单击“图层”面板底部的“创建新图层”按钮，新建一个图层，名称为“图层13”，选择“钢笔工具”，在画面中绘制兜侧面的缝纫线路径，效果如图5-50所示。选择“加深工具”，如图5-51所示设置参数，加深路径的颜色，效果如图5-52所示。选择“钢笔工具”，在画面中绘制路径，如图5-53所示。选择“减淡工具”，如图5-54所示设置参数，效果如图5-55所示。

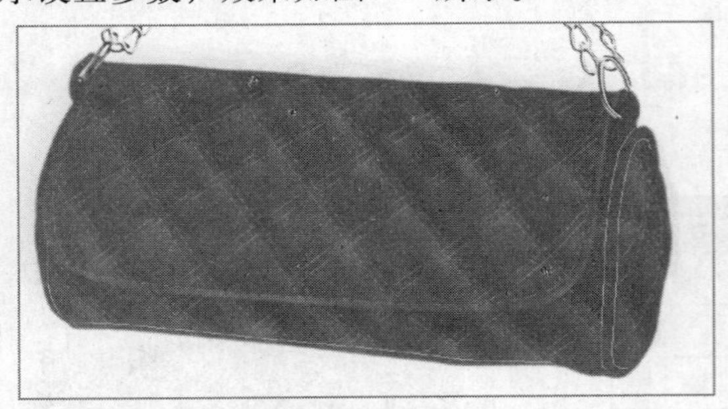

图5-50

图5-51

图5-52

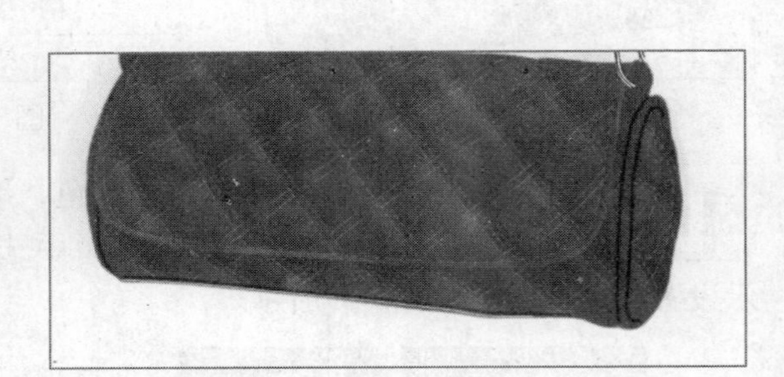

图5-53

图5-54

图5-55

17 选择“加深工具”，如图5-56所示设置参数，效果如图5-57所示。

图5-56

图5-57

18 单击“图层”面板底部的“创建新图层”按钮，新建一个图层，名称为“图层14”，选择“钢笔工具”，在画面中绘制兜带拉链扣的路径，如图5-58所示。选择“选择/修改/羽化”命令，设置羽化半径为2，选择“加深工具”，如图5-59所示设置参数，对图像进行处理，效果如图5-60所示。

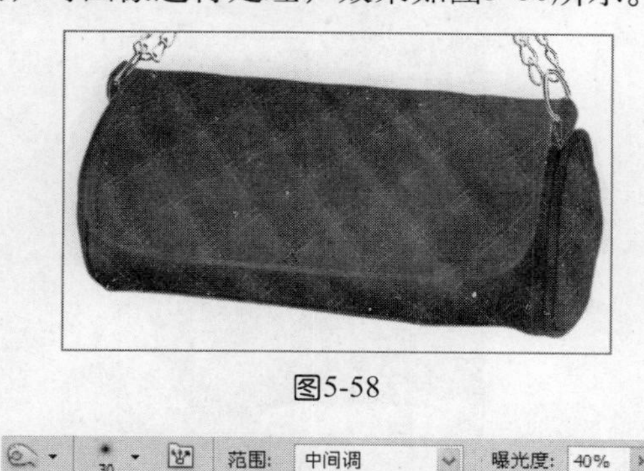

图5-58

图5-59

图5-60

19 选择“加深工具”、“减淡工具”，如图5-61、图5-62所示设置参数，对图像进行处理，效果如图5-63所示。单击“图层”面板底部的“创建新图层”按钮，新建一个图层，图层名称为“图层15”，选择“钢笔工具”，在画面中绘制出高光路径，效果如图5-64所示。

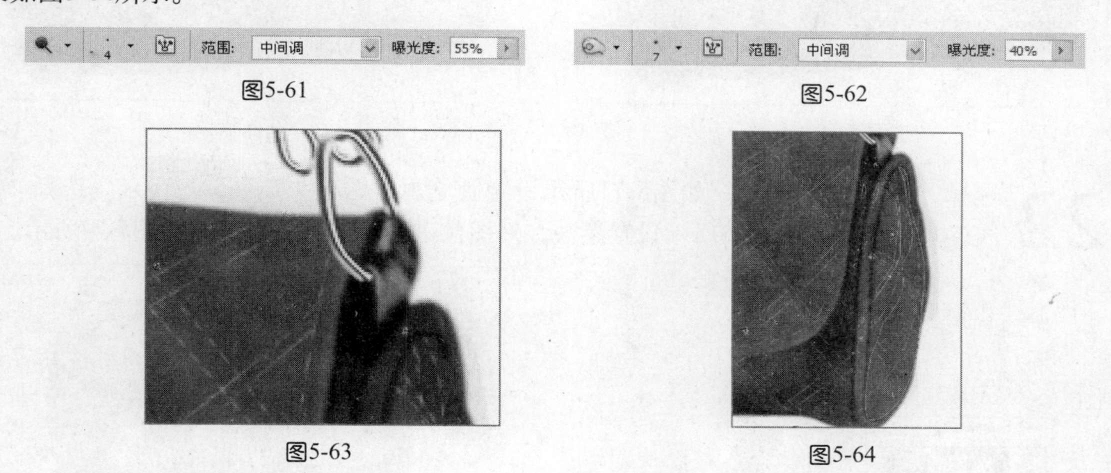

图5-61

图5-62

图5-63

图5-64

20 选择“选择/修改/羽化”命令，设置羽化半径为2，设置前景色如图5-65所示，填充颜色后，效果如图5-66所示。

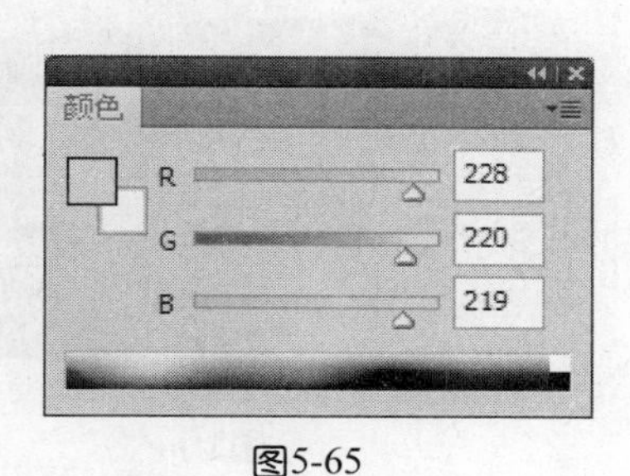

图5-65

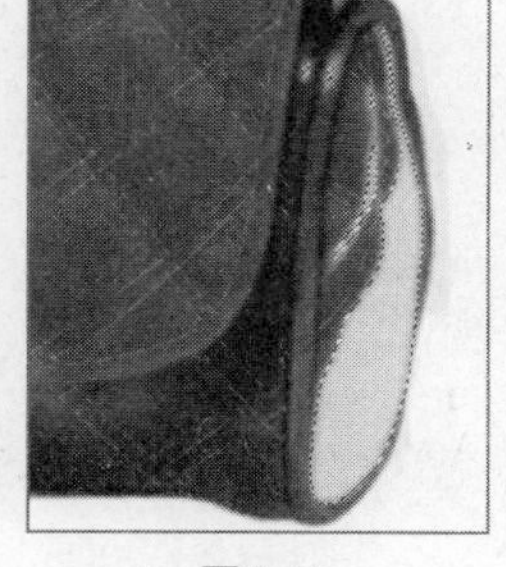

图5-66

21 选择“橡皮擦工具”，如图5-67所示设置参数，对图像进行处理，效果如图5-68所示。单击“图层”面板底部的“创建新图层”按钮，新建一个图层，名称为“图层16”，选择“钢笔工具”，在画面中绘制兜盖的高光路径，如图5-69所示。选择“选择/修改/羽化”命令，设置羽化半径为3，效果如图5-70所示。

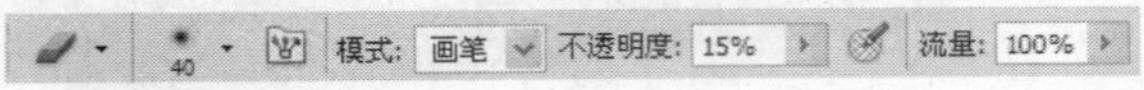

40
模式: 画笔
不透明度: 15%
流量: 100%

图5-67

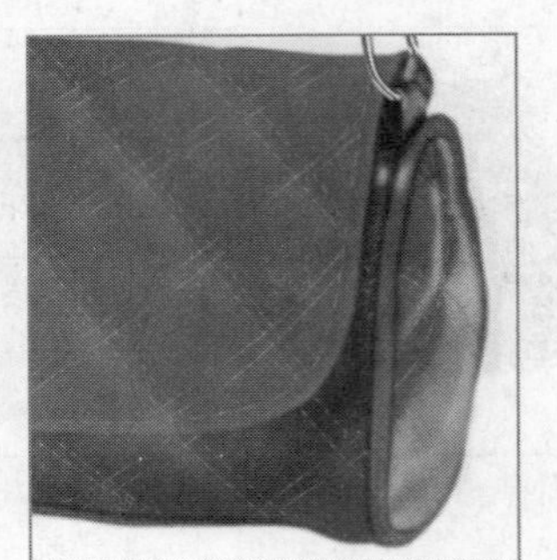

图5-68

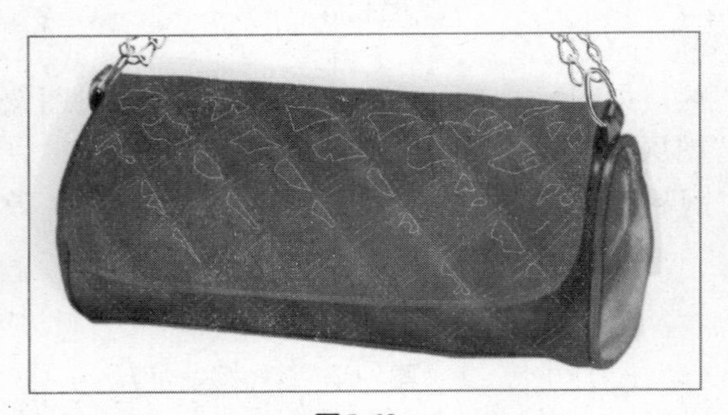

图5-69

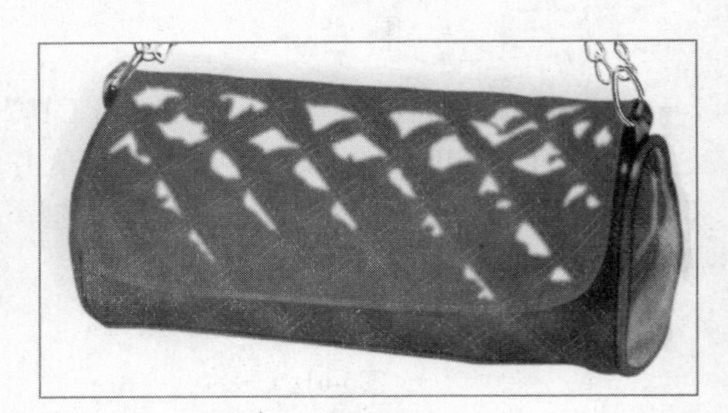

图5-70

22 选择“画笔工具”，如图5-71所示设置画笔属性，效果如图5-72所示。选择“减淡工具”，如图5-73所示设置参数，对图像进行提亮处理，效果如图5-74所示。

模式: 画笔
不透明度: 15%
流量: 100%
Size:
20 px

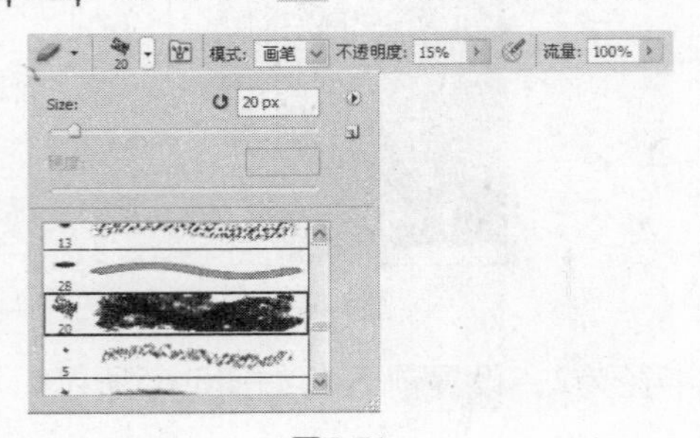

图5-71

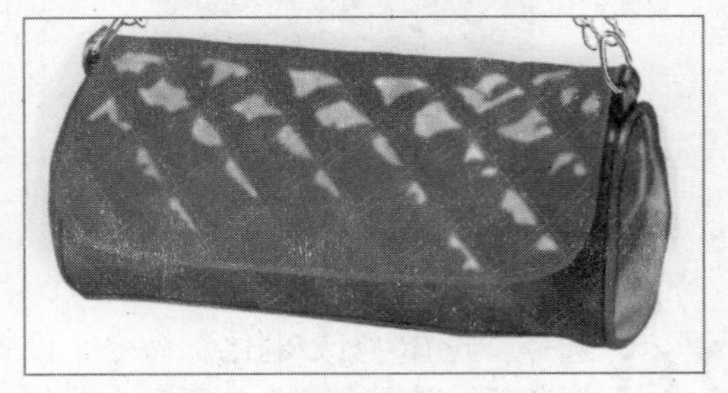

图5-72

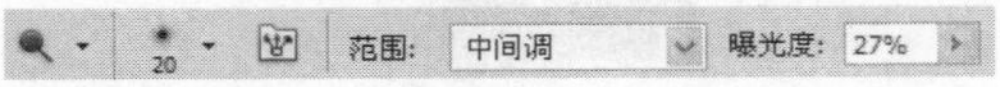

20
范围: 中间调
曝光度: 27%

图5-73

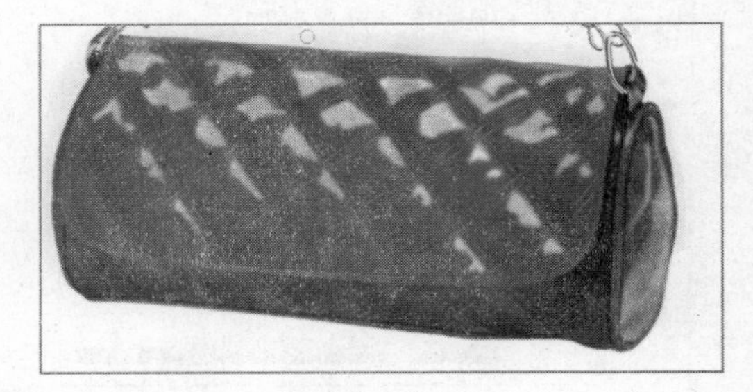

图5-74

23 单击“图层”面板底部的“创建新图层”按钮，新建一个图层，名称为“图层17”，选择“钢笔工具”，在画面中绘制反光路径，效果如图5-75所示。选择“选择/修改/羽化”命令，设置羽化半径为5，效果如图5-76所示。单击“图层”面板右上方的“填充”命令，设置此图层的填充为10%，效果如图5-77所示。

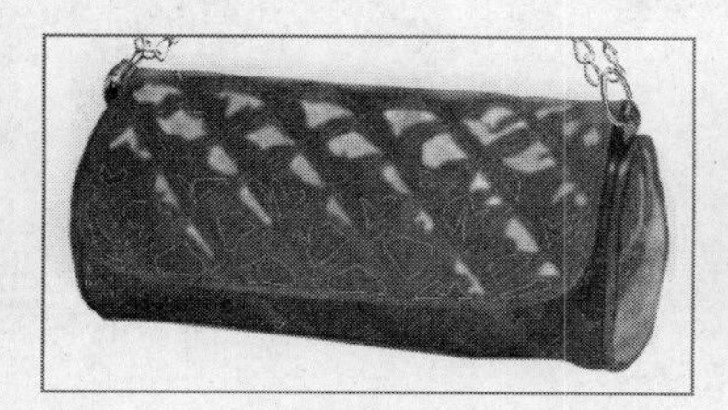
图5-75

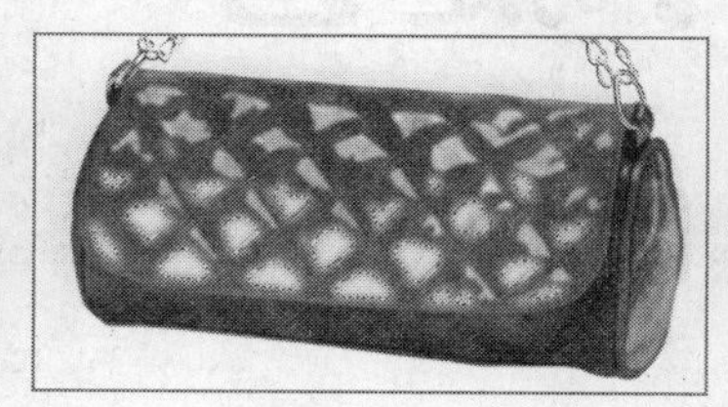
图5-76

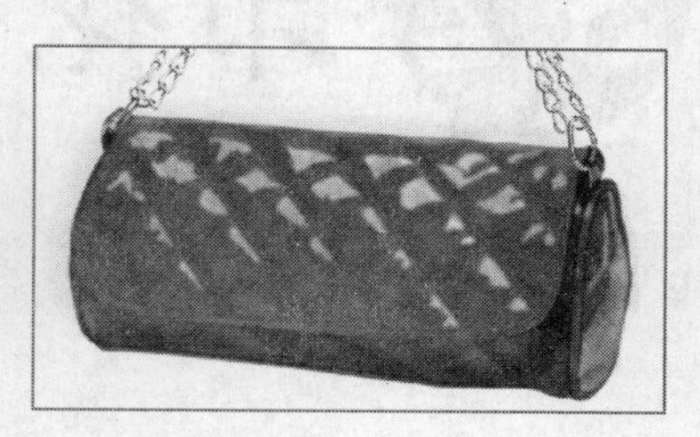
图5-77

24 单击“图层”面板底部的“创建新图层”按钮，新建一个图层，名称为“图层18”，选择“画笔工具”，设置画笔参数如图5-78、图5-79、图5-80所示，效果如图5-81所示。选择“橡皮擦工具”，如图5-82所示设置参数，擦掉画面中多余的部分，效果如图5-83所示。打开素材文件夹，导入素材图片，将此图片拖入背景图层中，效果如图5-84所示。

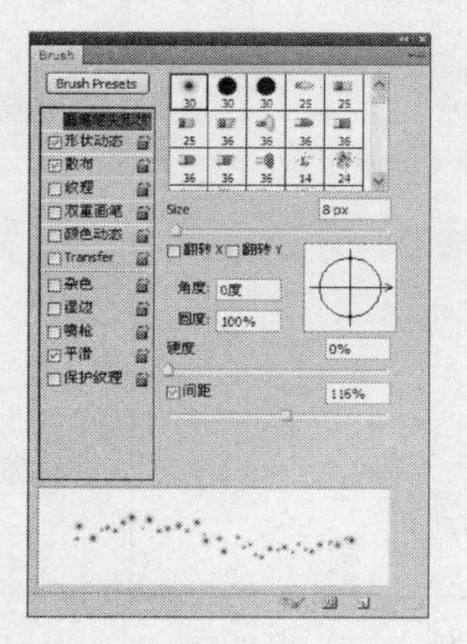
图5-78

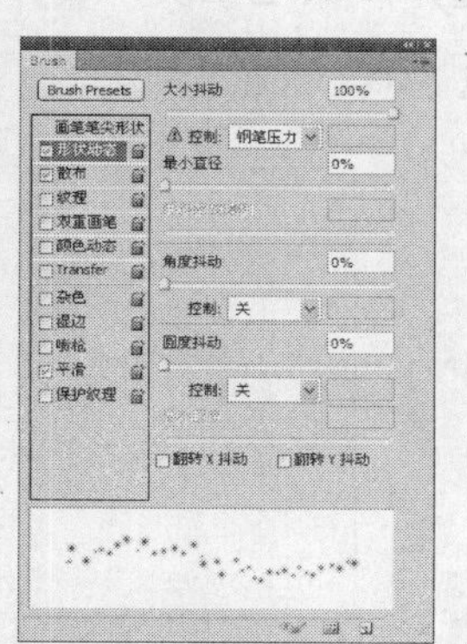
图5-79

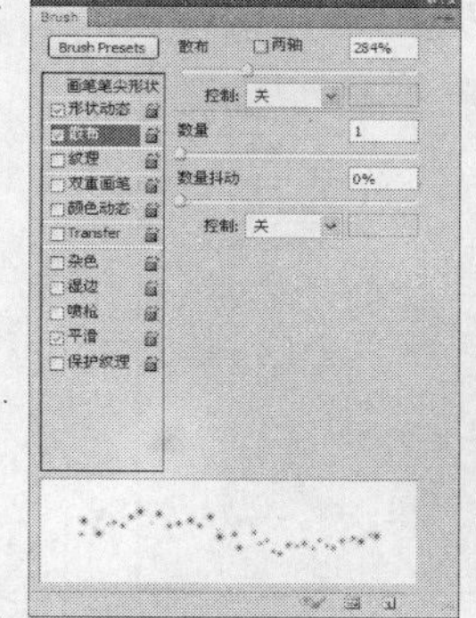
图5-80

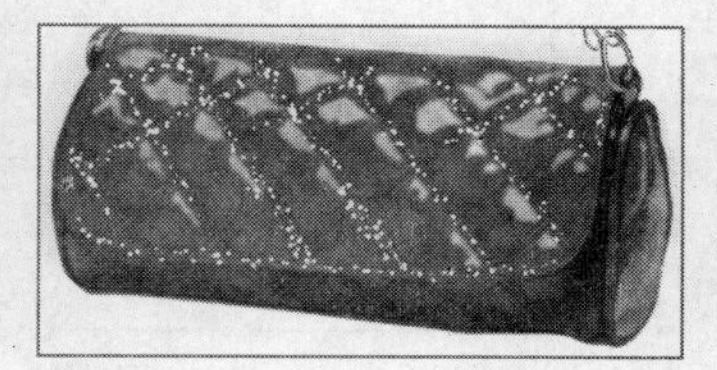
图5-81

图5-82

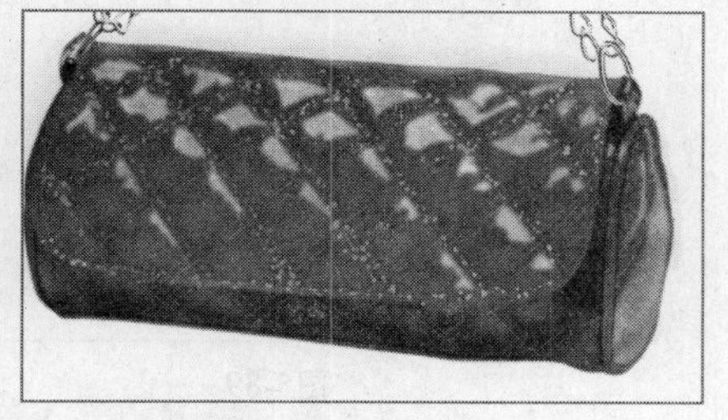
图5-83

图5-84

本例讲解在Photoshop CS5 中，制作方形提包的方法与技巧。本节着重讲解橡皮擦工具的使用方法。橡皮擦是一种擦拭工具，可以擦掉画面中多余的部分，也可以作为画笔的一种表现方法，擦出特殊的效果，如擦出高光或者飞白的效果。

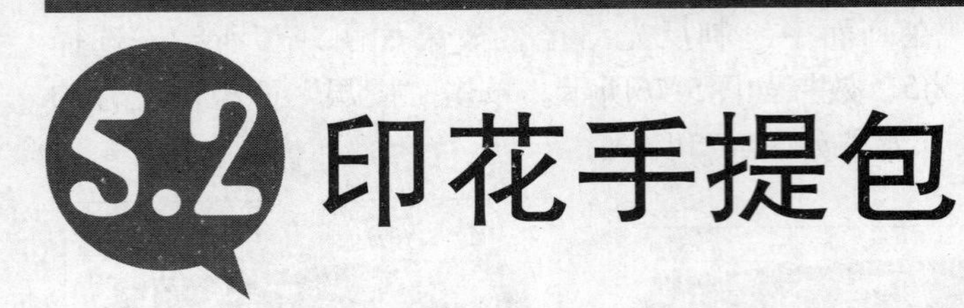

5.2 印花手提包

设计步骤

01 按快捷键Ctrl+N，新建一个文件，设置对话框如图5-85所示。

02 单击“图层”面板底部的“创建新图层”按钮，新建一个图层，名称为“图层1”，选择“钢笔工具”，绘制兜体路径，如图5-86所示。选择“选择/修改/羽化”命令，设置羽化半径为1，如图5-87所示。选择“画笔工具”，如图5-88所示设置参数，对路径进行描边，效果如图5-89所示。

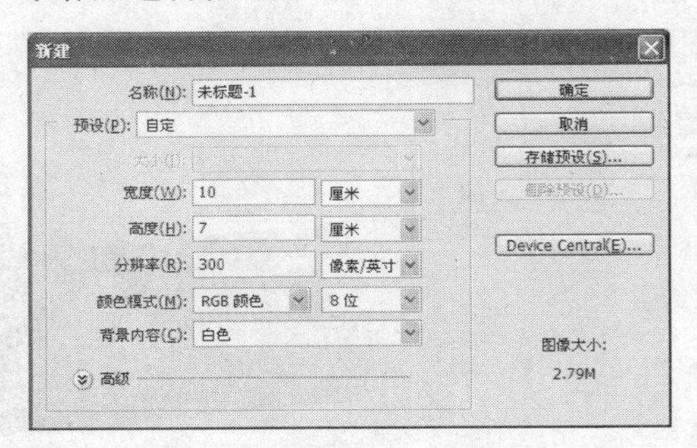

图5-85

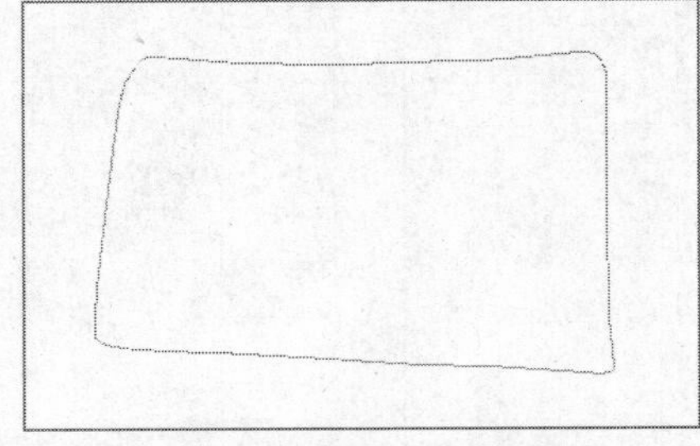

图5-86

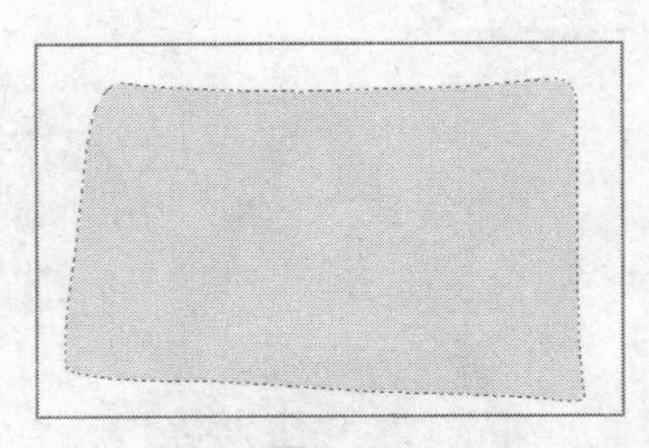

图5-87

模式: 正常 不透明度: 100% 流量: 100%

图5-88

图5-89

03 单击“图层”面板底部的“创建新图层”按钮，新建一个图层，名称为“图层2”，选择“自定义形状工具”，如图5-90所示，在画面中绘制图案，效果如图5-91所示。选择“画笔工具”，如图5-92所示设置参数，效果如图5-93所示。选择“编辑/变换/变形”命令，如图5-94所示改变图层的形状，效果如图5-95所示。选择“画笔工具”，如图5-96所示设置画笔属性，为图案描边，效果如图5-97所示。

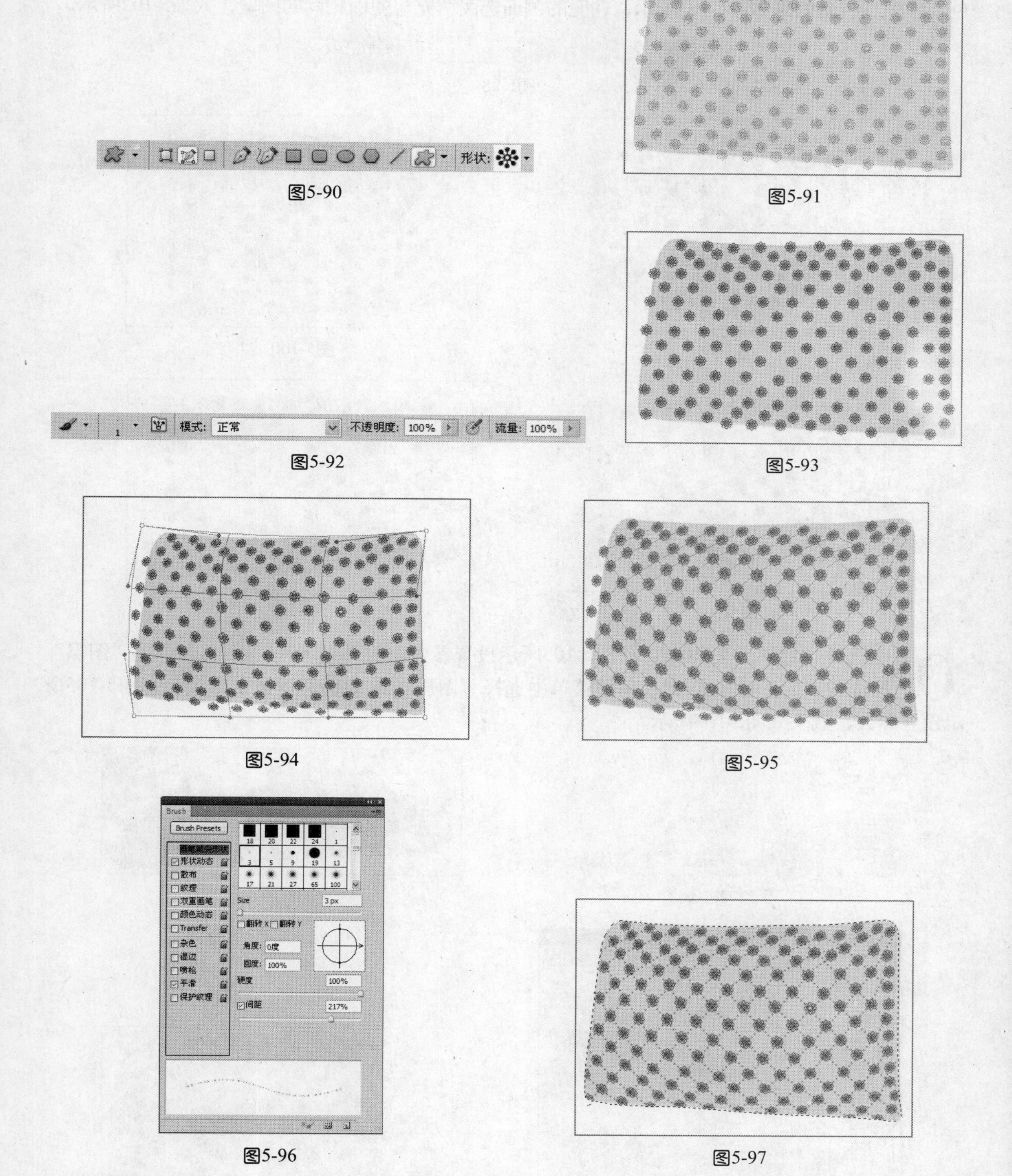

图5-90

图5-91

图5-92

图5-93

图5-94

图5-95

图5-96

图5-97

04 选择“减淡工具”，如图5-98所示设置参数，对图像进行处理，效果如图5-99所示。单击“图层”面板底部的“创建新图层”按钮，新建一个图层，名称为“图层

3”，选择“钢笔工具”，在画面中绘制兜侧面的路径，如图5-100所示，设置前景色为灰色，填充颜色后效果如图5-101所示，在兜的侧面选区填充与兜面相同的图案，效果5-102所示。

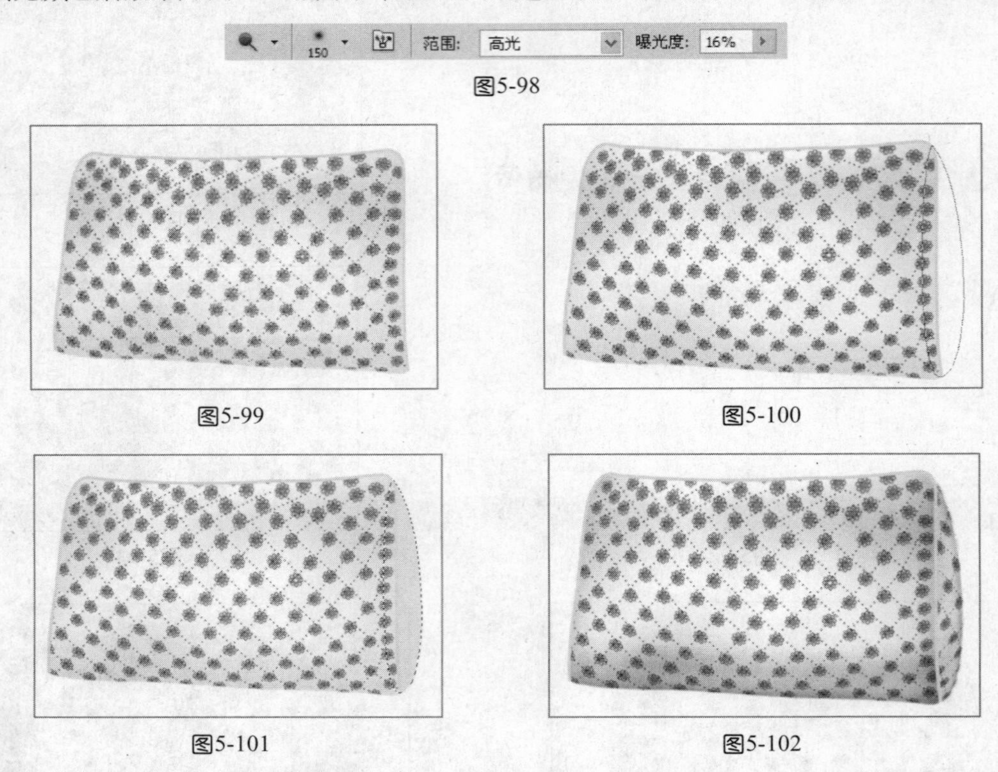

图5-98

图5-99

图5-100

图5-101

图5-102

05 选择“加深工具”，如图5-103所示设置参数，效果如图5-104所示。单击“图层”面板底部的按钮，在下拉菜单中选择“图层样式/斜面和浮雕”命令，如图5-105所示设置参数，效果如图5-106所示。

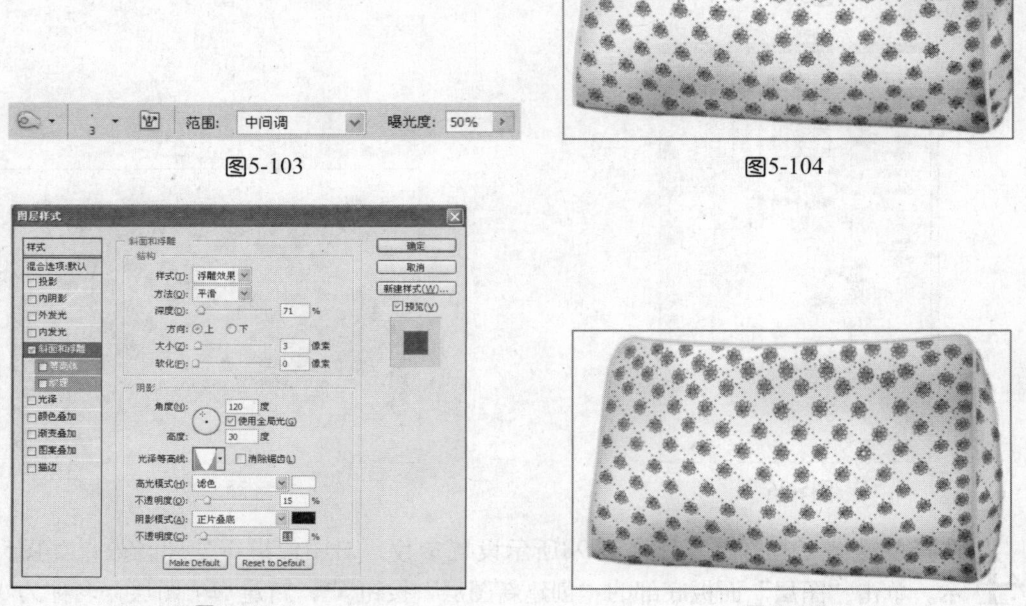

图5-103

图5-104

图5-105

图5-106

06 选择“画笔工具” ，在画面中绘制图案，效果如图5-107所示。单击“图层”面板底部的“创建新图层”按钮 ，新建一个图层，名称为“图层4”，选择“钢笔工具” ，在画面中绘制兜口装饰路径，设置前景色为中黄色，填充选区，效果如图5-108所示。选择“减淡工具” 、“加深工具” ，交互使用这两个工具，对兜口的拉链进行处理，效果如图5-109所示。

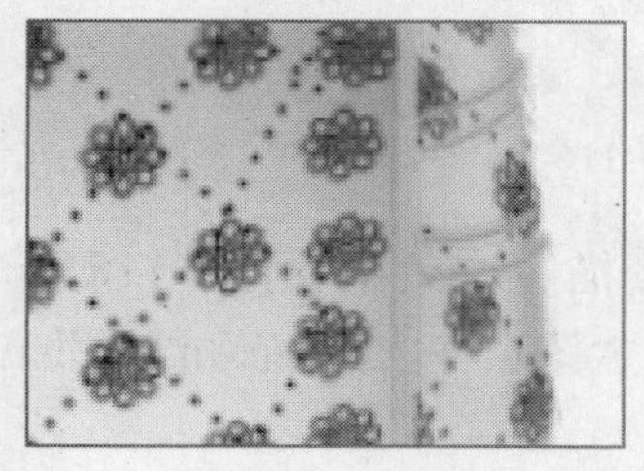

图5-107

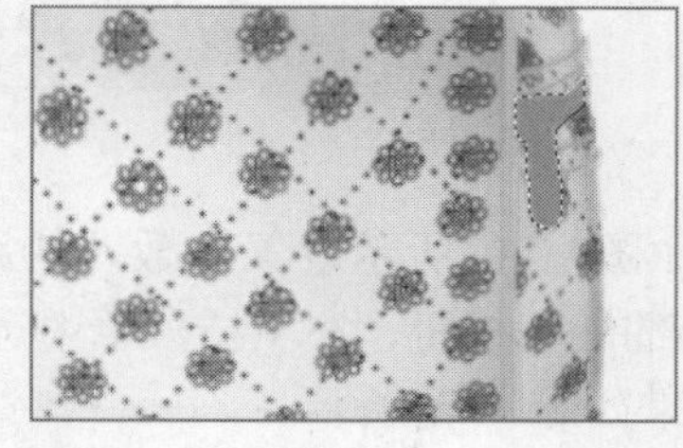

图5-108

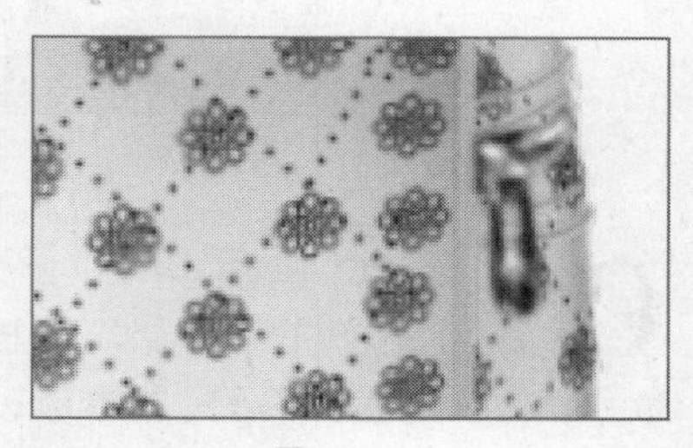

图5-109

07 单击“图层”面板底部的“创建新图层”按钮 ，新建一个图层，名称为“图层5”，在画面中绘制兜带的路径，设置前景色为粉色填充选区。再使用“钢笔工具” 绘制兜槽，使兜带可以放进去，效果如图5-110所示。新建两个图层，图层名称为“图层6、图层7”，选择“钢笔工具” ，在画面中绘制手提兜路径，设置前景色为粉色填充选区，效果如图5-111、图5-112所示，选择“减淡工具” ，如图5-113所示设置参数，对图像进行处理，效果如图5-114所示。

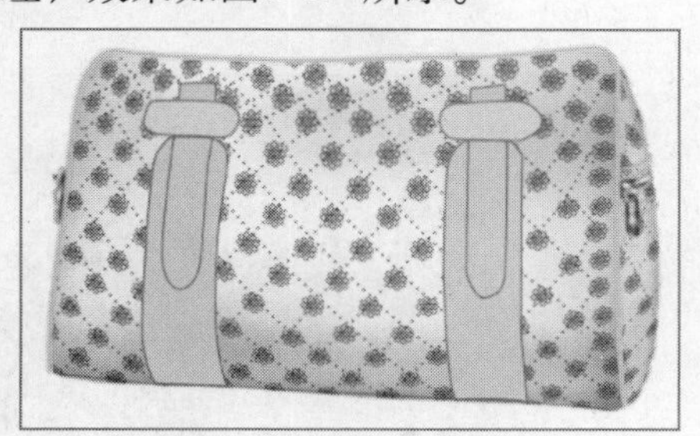

图5-110

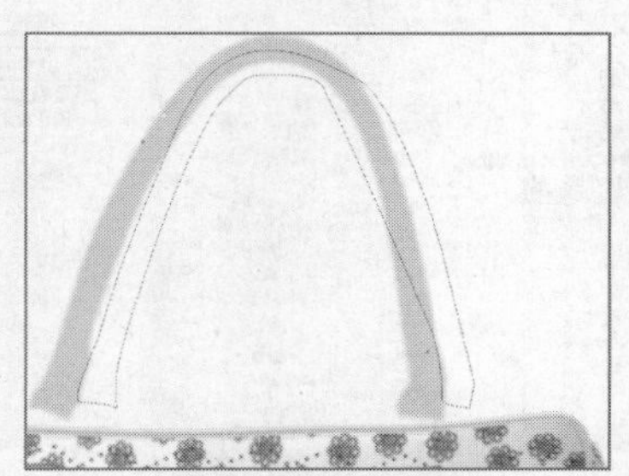

图5-111

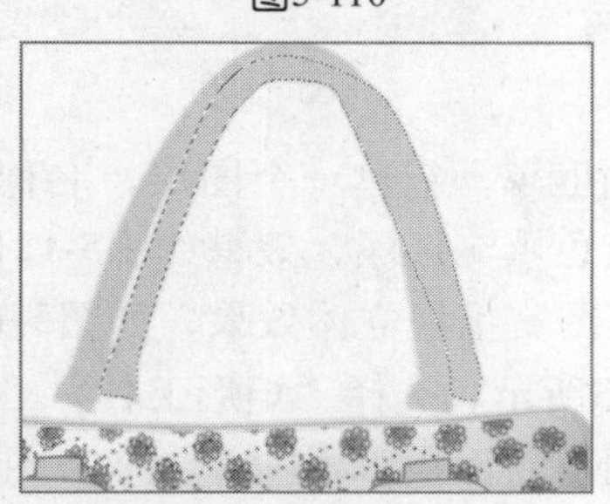

图5-112

图5-113

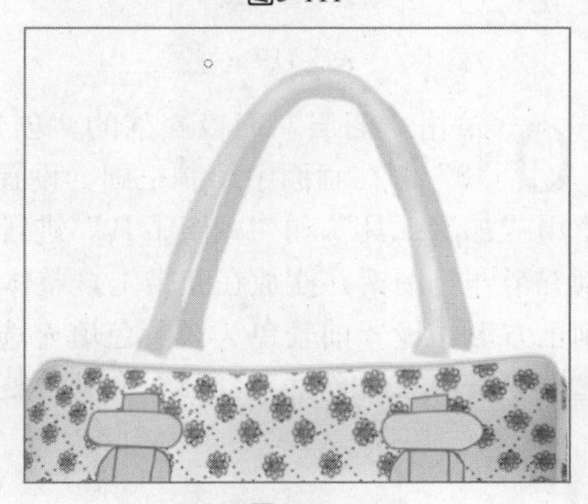

图5-114

08 单击“图层”面板底部的“创建新图层”按钮 ，新建一个图层，名称为“图层8”，选择“钢笔工具” 在画面中绘制两个兜带缝隙的路径，选择“画笔工具” 设置前景色为红色，为路径描边，效果如图5-115所示。单击“图层”面板底部的“创建新图层”按钮 ，新建一个图层，名称为“图层9”，选择“椭圆工具” ，在画面中绘制正圆，如图5-116所示。

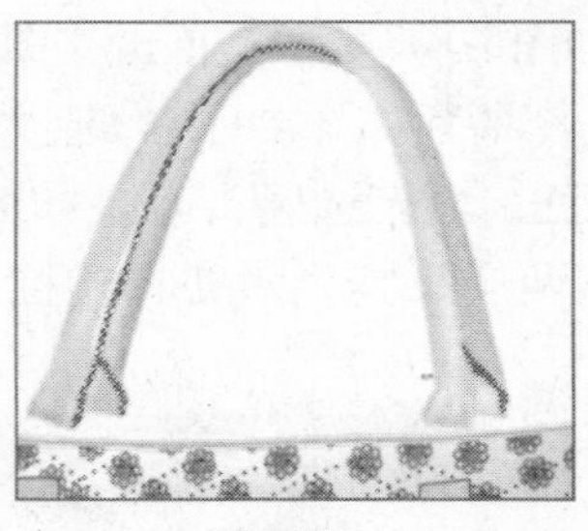

图5-115

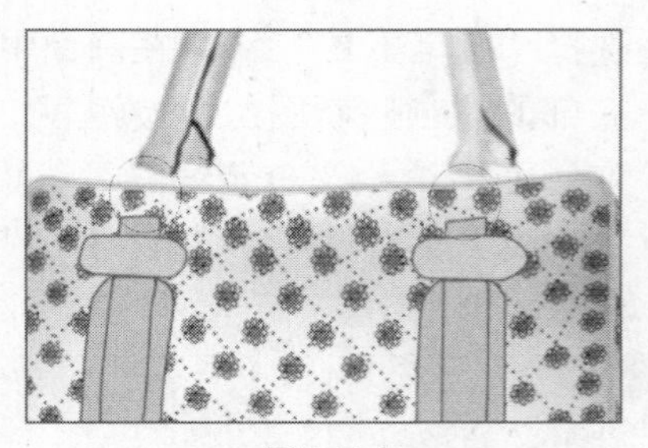

图5-116

09 选择“画笔工具”，如图5-117所示设置参数，为路径描边，效果如图5-118所示。单击“图层”面板底部的fx.按钮，在下拉菜单中选择“图层样式/斜面和浮雕”命令，如图5-119所示设置参数，效果如图5-120所示。

图5-117

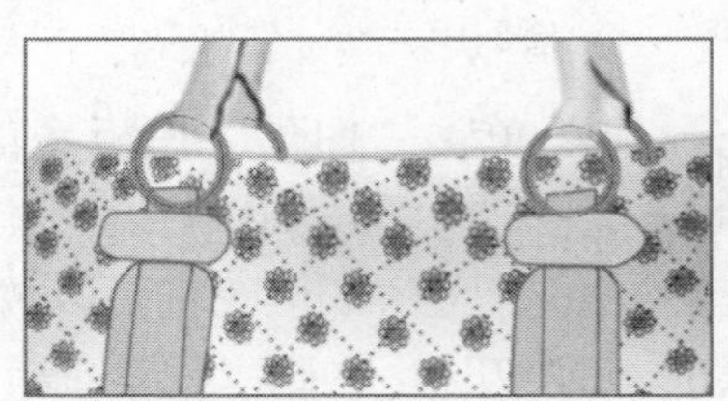

图5-118

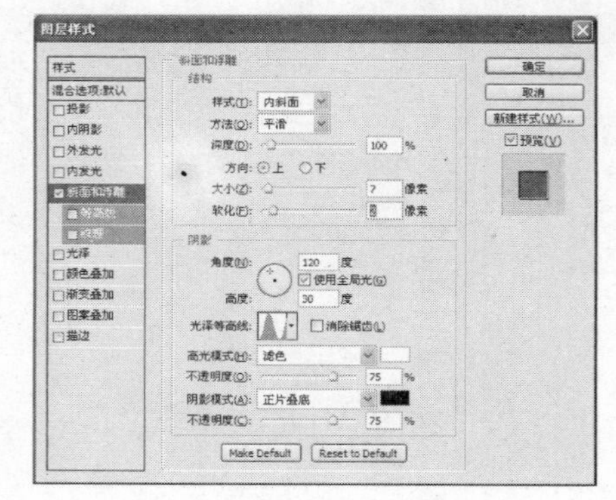

图5-119

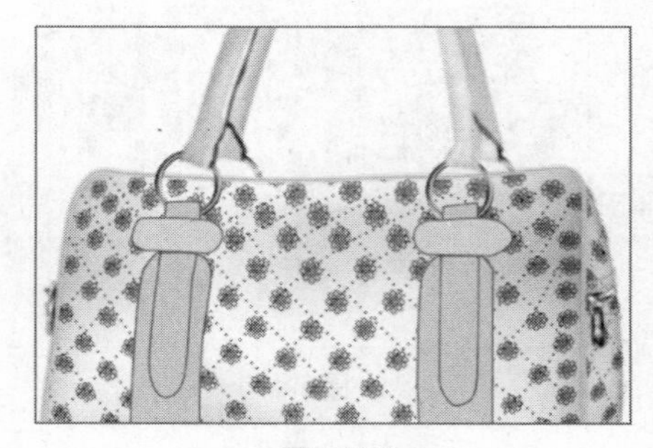

图5-120

10 单击“图层”面板底部的“创建新图层”按钮，新建一个图层，名称为“图层10”，在画面中绘制正圆，设置前景色为土黄色填充选区，效果如图5-121所示。交互使用“加深工具”和“减淡工具”进行绘制，使卯钉图案呈现立体效果，如图5-122所示。复制五个卯钉图案并摆放在兜带上，整体效果如图5-123所示。选择“矩形工具”在画面中绘制正方形，设置前景色为浅黄色填充选区，单击“图层”面板下方的fx.按钮，在下拉菜单中选择“图层样式/斜面和浮雕”命令，整体效果如图5-124所示。

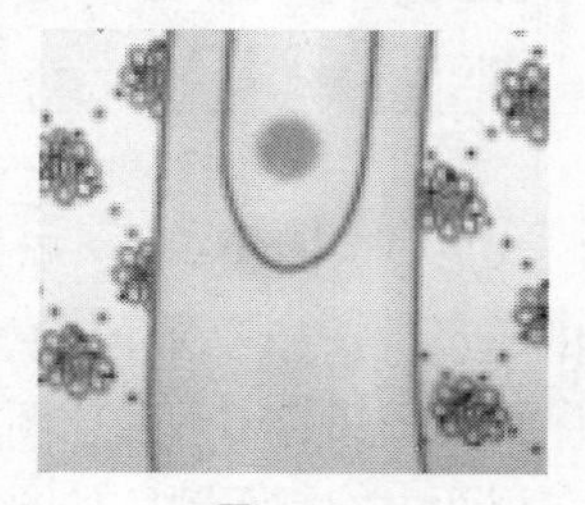

图5-121

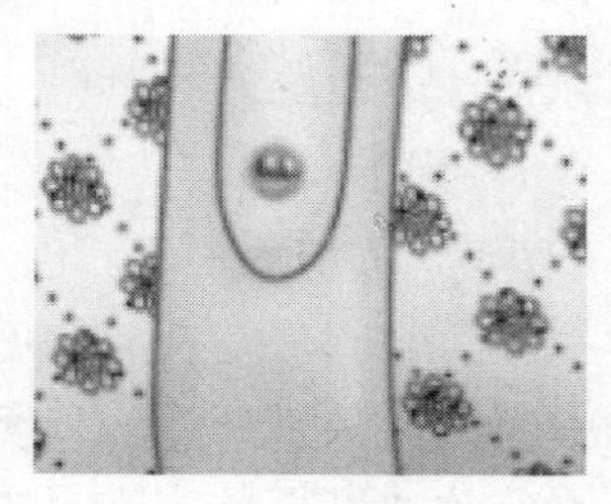

图5-122

图5-123

图5-124

本例讲解在Photoshop CS5 中，制作印花手提包的方法与技巧。本节强调自定义形状工具的使用方法。绘制手提包时，选中“编辑/变换/变形”命令，来调整图案或者物体的形状。然后选择“自定义形状工具”绘制手提包上的印花图案。

5.3 高档手提包

设计步骤

01 按快捷键Ctrl+N，新建一个文件，设置对话框如图5-125所示。

02 单击“图层”面板底部的“创建新图层”按钮，新建一个图层，名称为“图层1”，选择“钢笔工具”绘制不规则图案路径，如图5-126所示。设置前景色为深灰色，如图5-127所示，填充颜色后，效果如图5-128所示。

图5-125

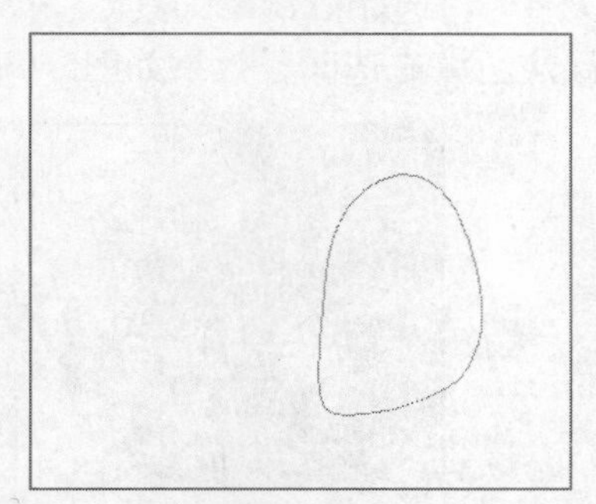

图5-126

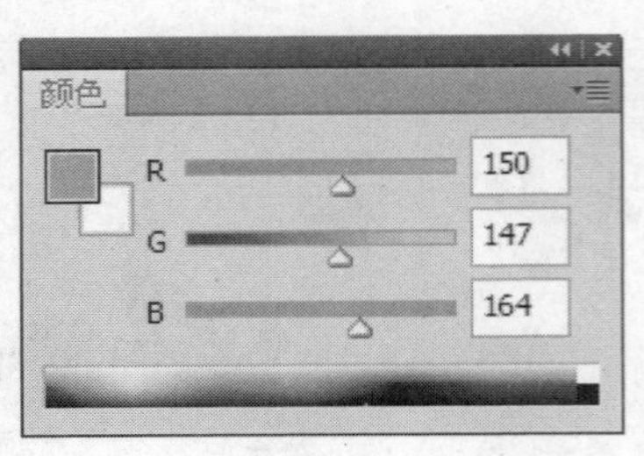

图5-127

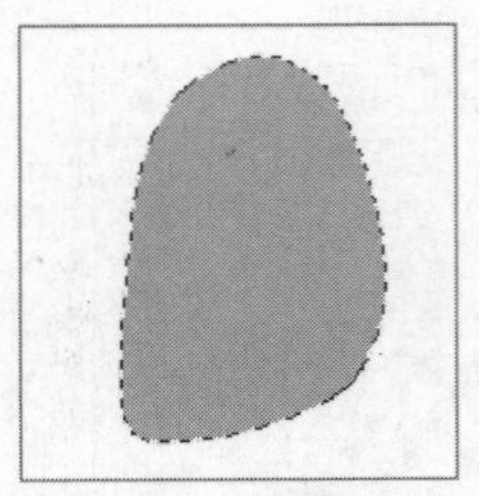

图5-128

03 单击"图层"面板底部的"创建新图层"按钮，新建一个图层，名称为"图层2"，选择"钢笔工具"，在画面中绘制提包的整体轮廓，如图5-129所示。设置前景色为灰色填充选区，效果如图5-130所示。

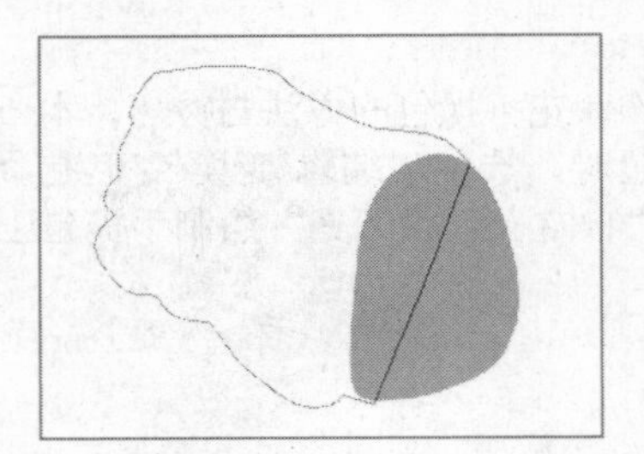

图5-129

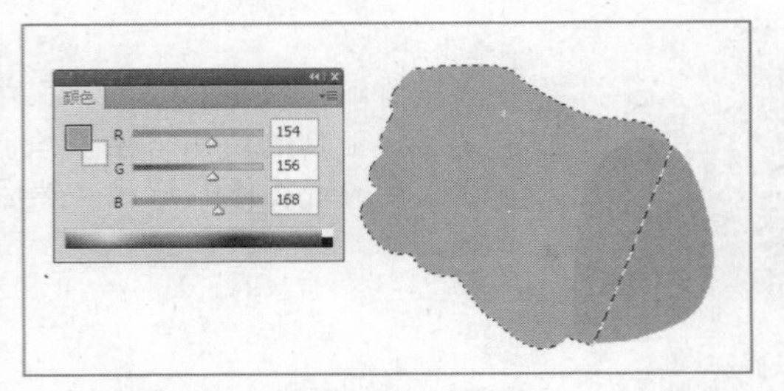

图5-130

04 单击"图层"面板底部的"创建新图层"按钮，新建一个图层，名称为"图层3"，选择"钢笔工具"，在画面中绘制拉链的路径，如图5-131所示。设置前景色如图5-132所示并填充。

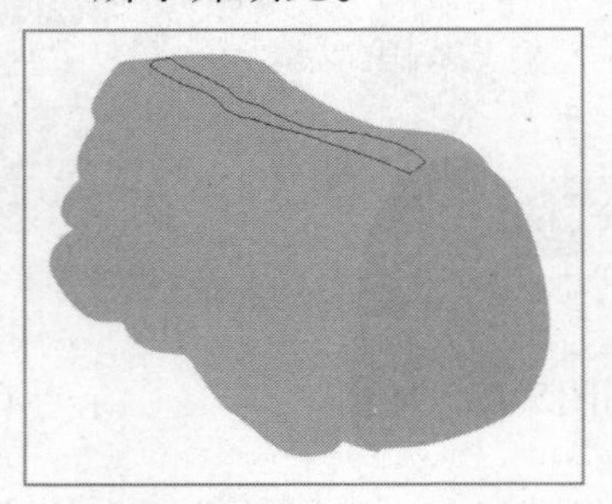

图5-131

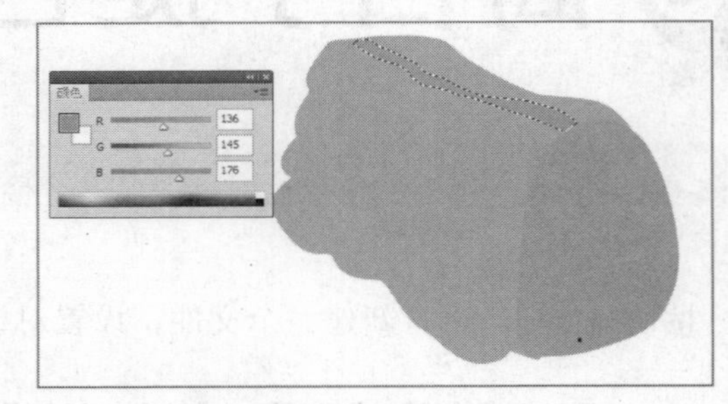

图5-132

05 单击"图层"面板底部的"创建新图层"按钮，新建一个图层，名称为"图层4"，选择"钢笔工具"，在画面中绘制提包侧面路径，如图5-133所示。设置前景色为深灰色填充选区，效果如图5-134所示。

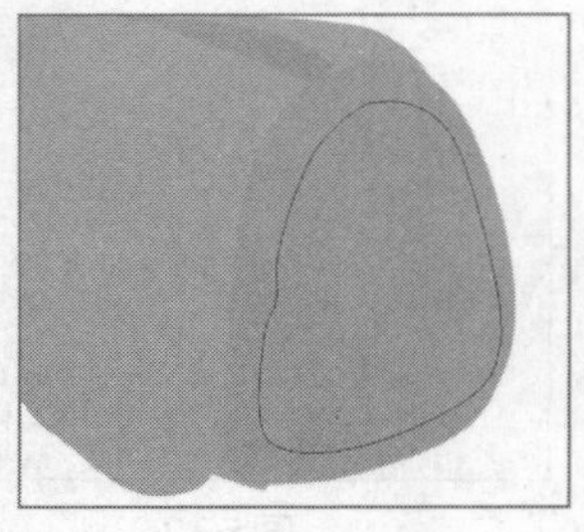

图5-133

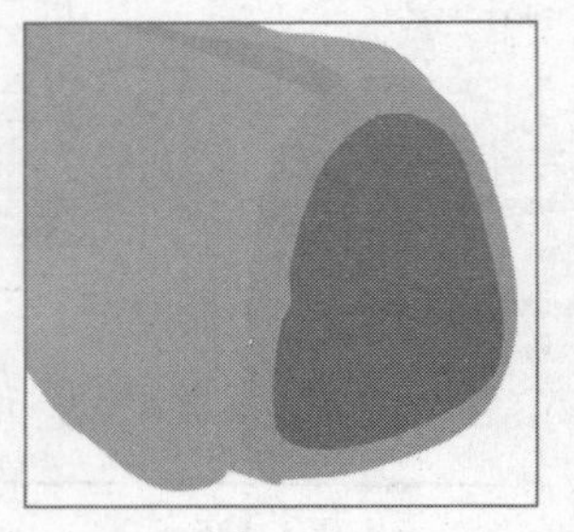

图5-134

06 单击“图层”面板底部的 按钮，在下拉菜单中选择“图层样式/图案叠加”命令，如图5-135所示设置参数。选择“选择/修改/收缩”命令，如图5-136所示设置参数，选择“减淡工具” ，如图5-137所示设置参数，对图像进行处理，效果如图5-138所示。单击“图层”面板底部的 按钮，在下拉菜单中选择“图层样式/投影”命令，如图5-139所示设置参数，效果如图5-140所示。

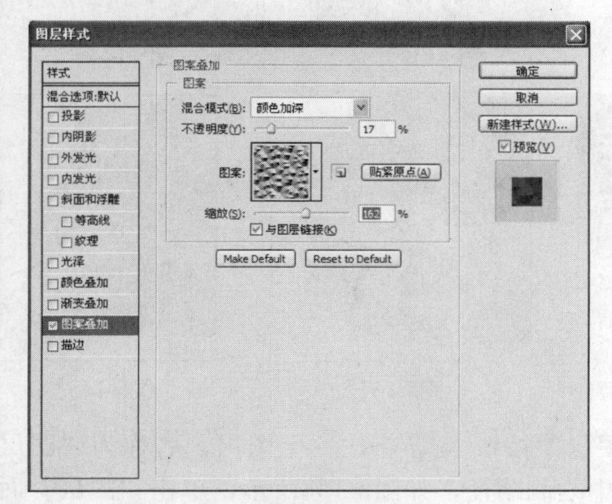

图5-135

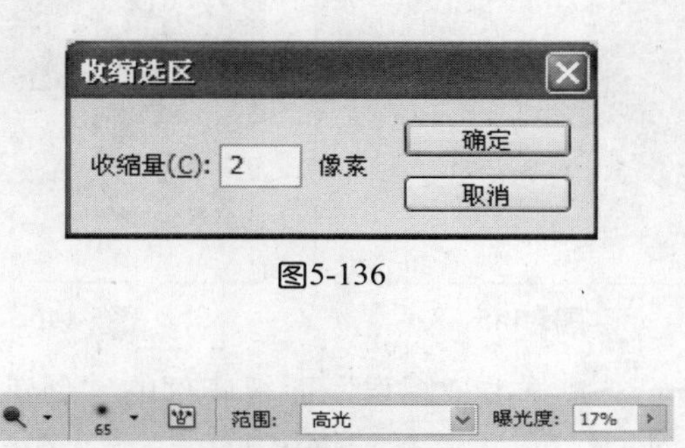

图5-136

图5-137

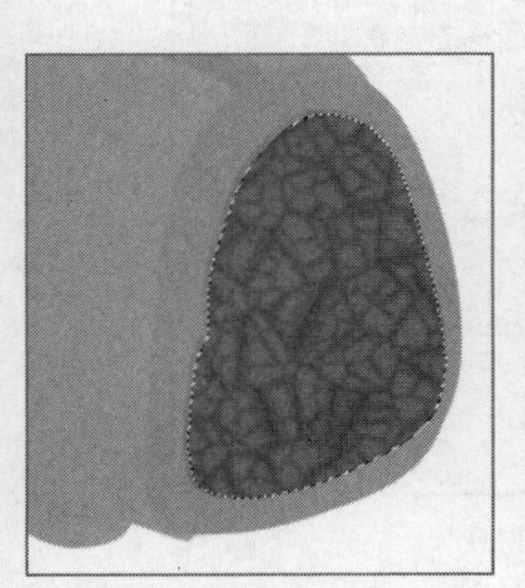

图5-138

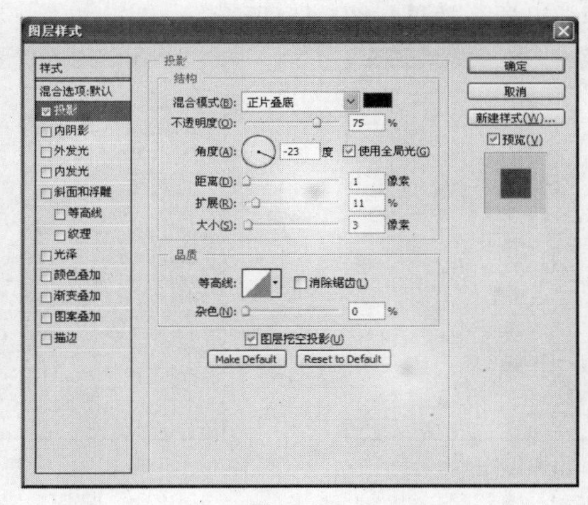

图5-139

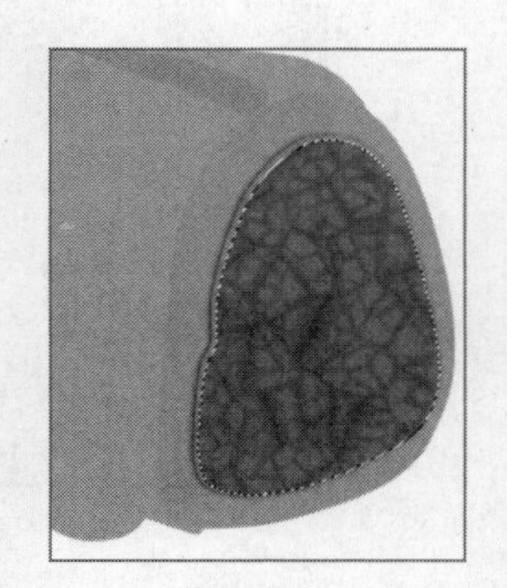

图5-140

07 单击“图层”面板底部的“创建新图层”按钮 ，新建一个图层，名称为“图层5”，在画面中绘制椭圆形路径，效果如图5-141所示。将路径转换为选区，设置前景色为白色填充选区，效果如图5-142所示。选择“钢笔工具” 绘制暗部区域，使用“加深工具” 和“减淡工具” 进行绘制，继续使用“钢笔工具” 绘制高光区域，效果如图5-143所示。设置前景色为灰白色填充选区，效果如图5-144所示。

08 单击“图层”面板底部的“创建新图层”按钮 ，图层名称为“图层6”，在画面中绘制正圆，设置前景色为白色填充，效果如图5-145。选择“钢笔工具” 绘制路径，使用“加深工具” 和“减淡工具” 对图像进行处理，效果如图5-146所示。按Alt键复制多个图层并摆放在侧面的位置，效果如图5-147所示。

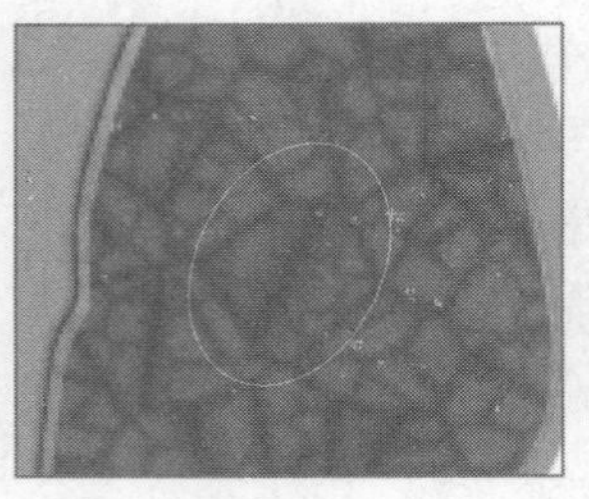
图5-141

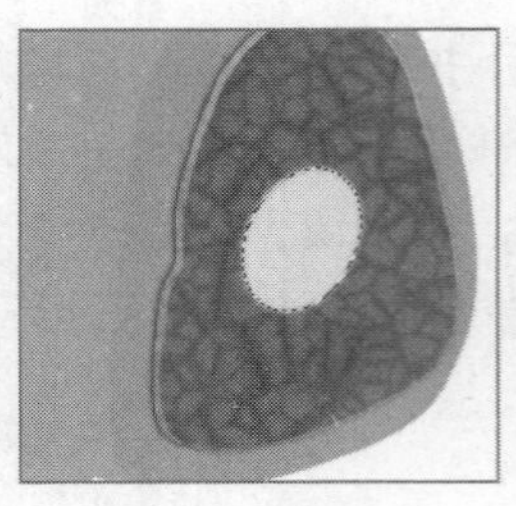
图5-142

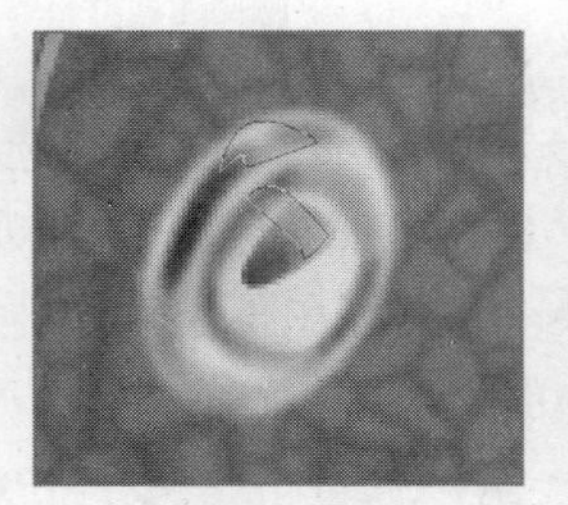
图5-143

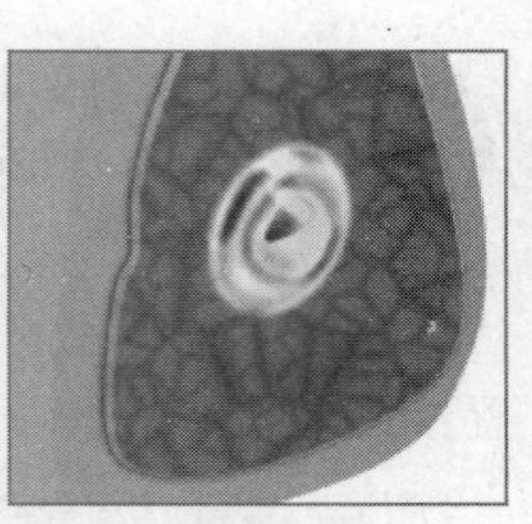
图5-144

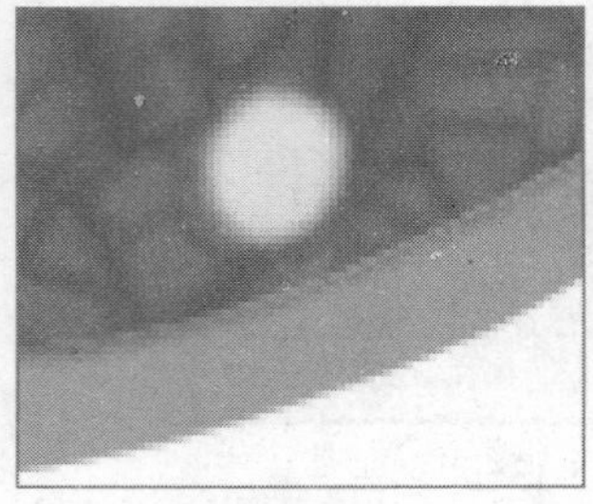
图5-145

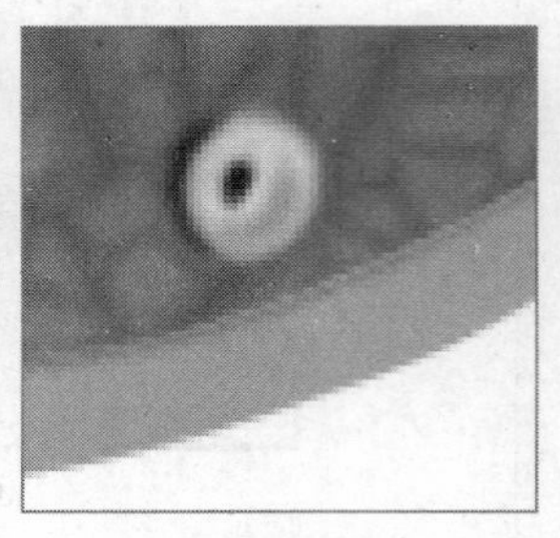
图5-146

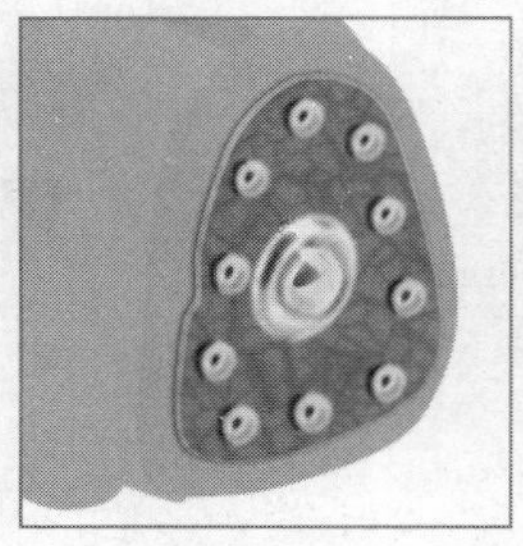
图5-147

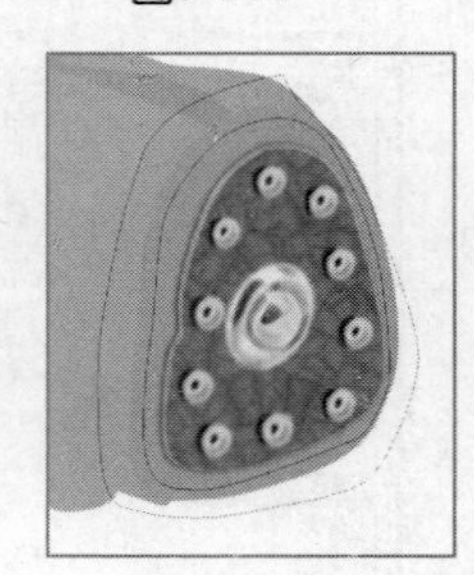
图5-148

09 单击“图层”面板底部的“创建新图层”按钮，新建一个图层，名称为“图层7”，选择“钢笔工具”，在画面中绘制路径，如图5-148所示，单击“图层”面板底部的按钮，在下拉菜单中选择“图层样式/斜面和浮雕”、“图层样式/投影”命令，如图5-149、图5-150所示参数设置，效果如图5-151所示。

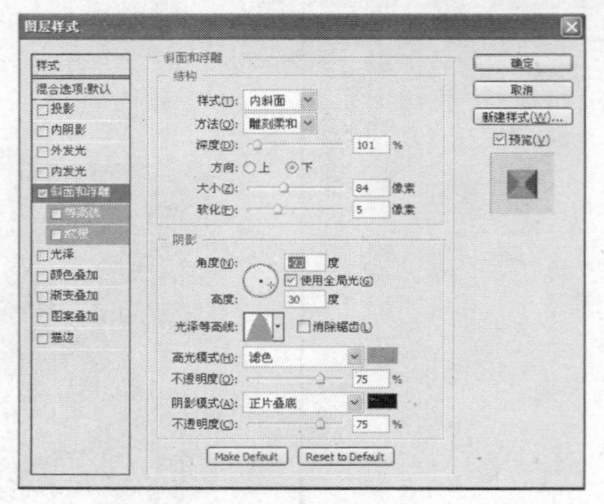

图5-149

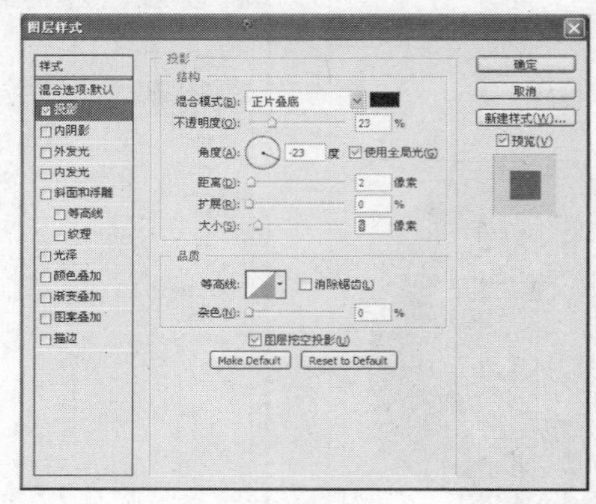

图5-150

10 单击“图层”面板底部的“创建新图层”按钮，新建一个图层，名称为“图层8”，选择“钢笔工具”，在画面中绘制凹面阴影路径，如图5-152所示。选择“选择/修改/羽化”命令。如图5-153所示设置羽化半径为3，效果如图5-154所示，选择“减淡工具”，对图像进行处理，效果如图5-155所示。

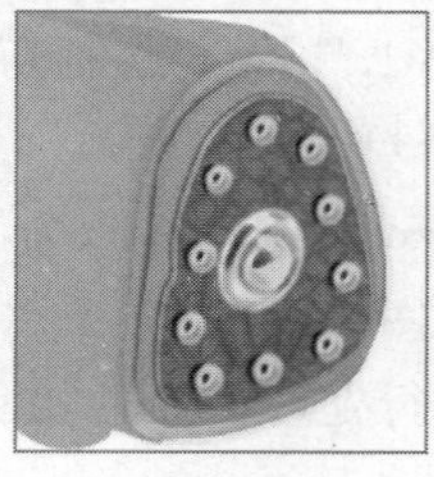
图5-151

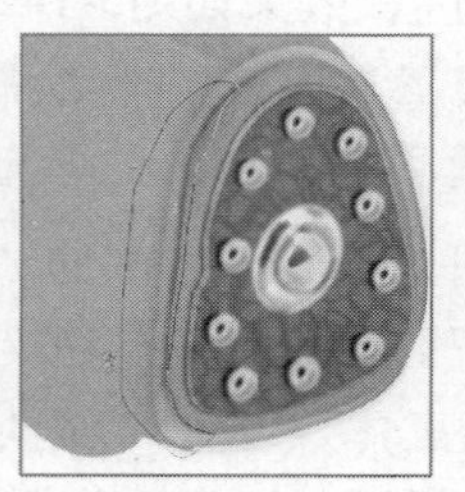
图5-152

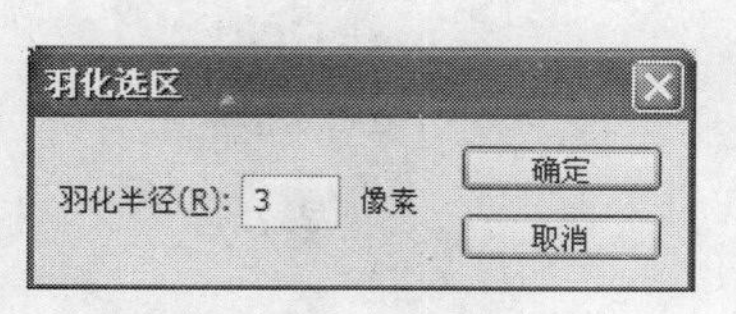

图5-153

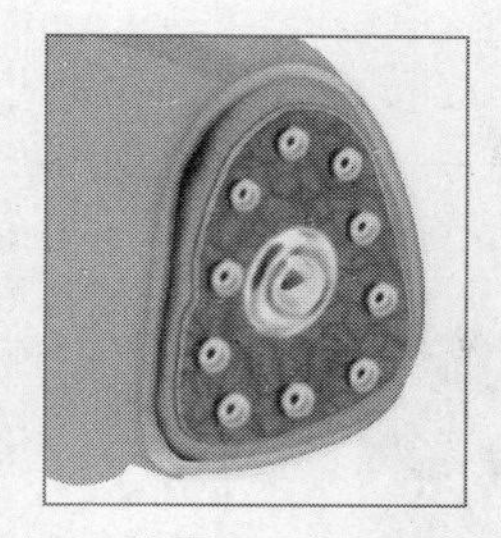

图5-154

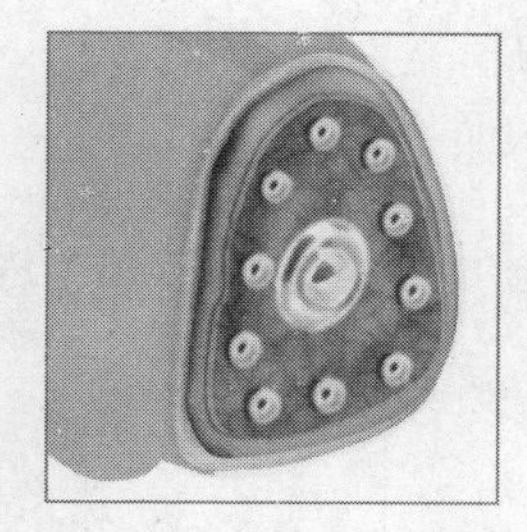

图5-155

11 单击“图层”面板底部的“创建新图层”按钮，新建一个图层，名称为“图层9”，选择“画笔工具”，如图5-156所示设置参数，在画面中绘制，效果如图5-157所示。选择“涂抹工具”，如图5-158所示设置参数，效果如图5-159所示。

图5-156

图5-158

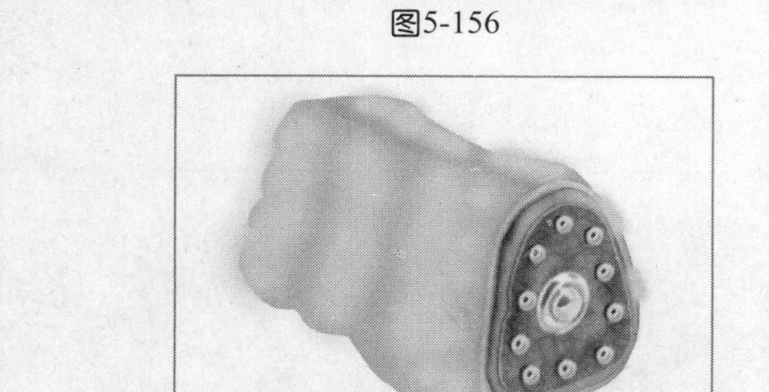

图5-157

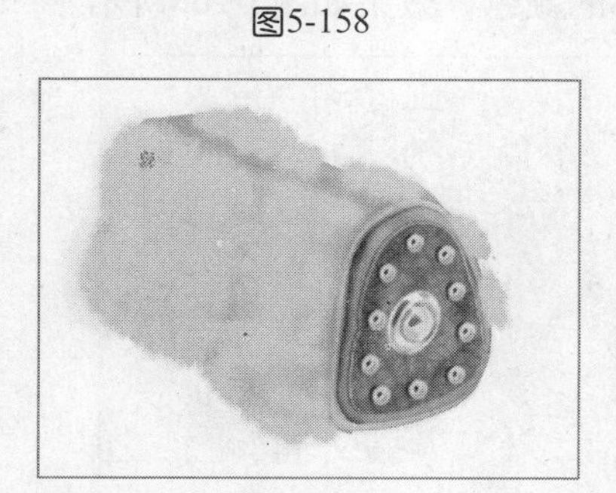

图5-159

12 选择“加深工具”，如图5-160所示设置参数，对图像进行处理，效果如图5-161所示。选择“钢笔工具”，绘制路径兜口拉链路径，如图5-162所示。选择“减淡工具”，如图5-163所示设置参数，效果如图5-164所示。选择“加深工具”，加深拉链的颜色，效果如图5-165所示。

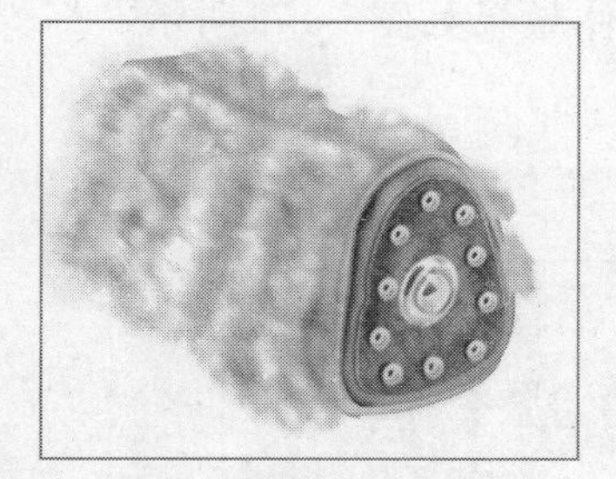

图5-161

图5-160

图5-162

图5-163

图5-164

图5-165

13 单击“图层”面板底部的“创建新图层”按钮，新建一个图层，名称为“图层10”，选择“钢笔工具”，在画面中绘制拉环路径，效果如图5-166所示。设置前景色为灰色，填充选区，效果如图5-167所示。选择“加深工具”、“减淡工具”调整拉环的颜色，效果如图5-168所示。

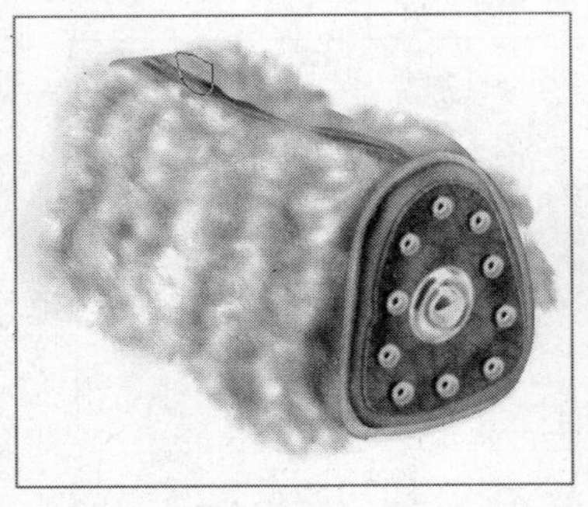

图5-166

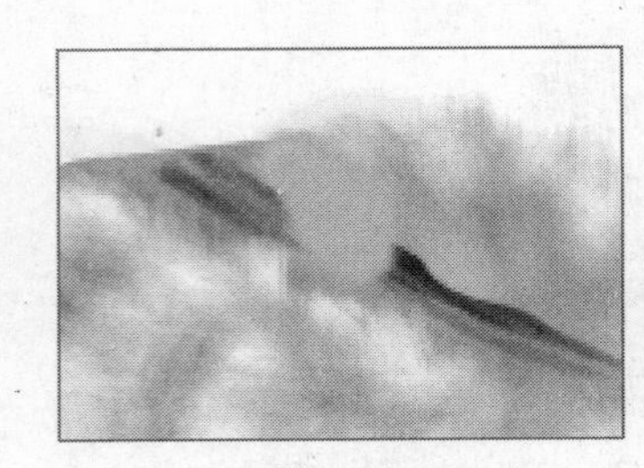

图5-167

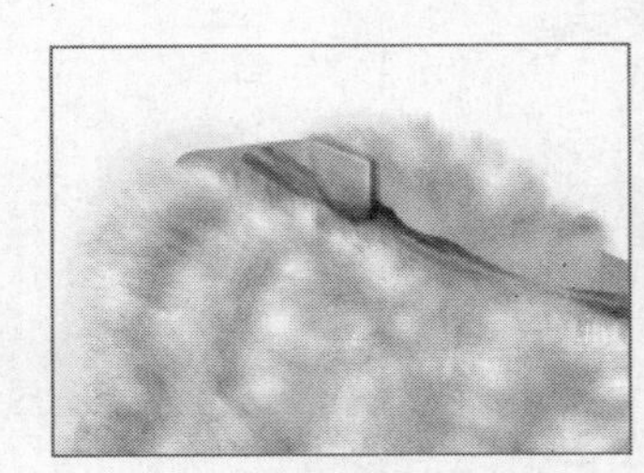

图5-168

14 单击“图层”面板底部的“创建新图层”按钮，新建一个图层，名称为“图层11”，选择“钢笔工具”，在画面中绘制拉环路径，如图5-169所示。设置灰色填充选区，使用“加深工具”、“减淡工具”调整图像的颜色，效果如图5-170所示，整体效果如图5-171所示。

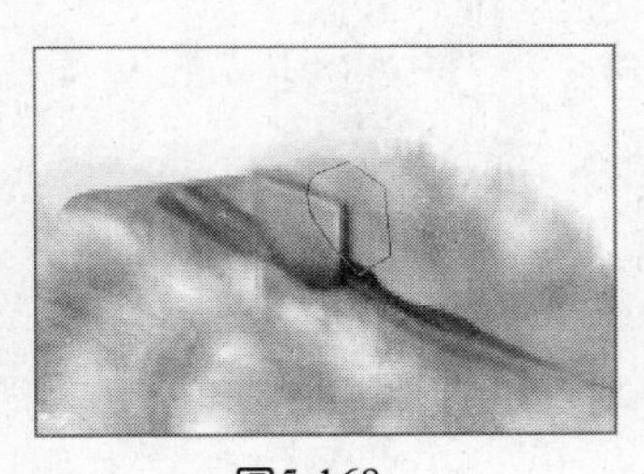

图5-169

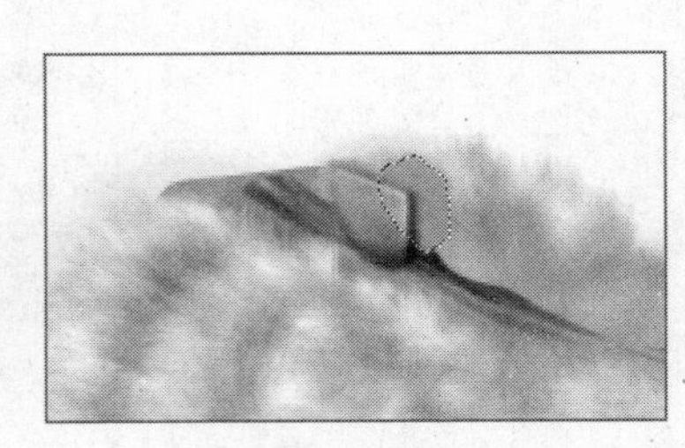

图5-170

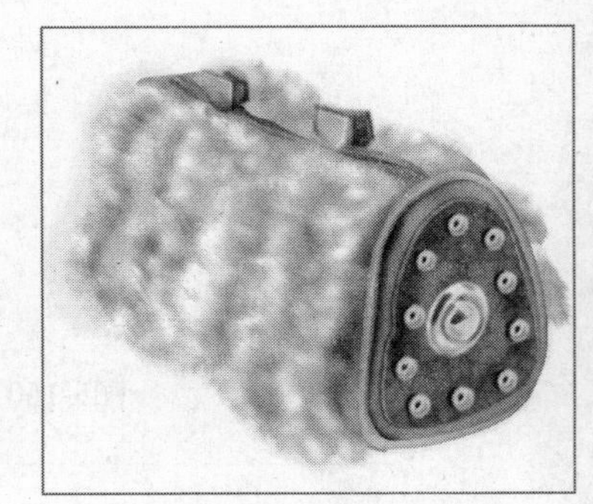

图5-171

15 单击“图层”面板底部的“创建新图层”按钮，新建一个图层，名称为“图层12”，在画面中绘制路径，如图5-172所示。选择“画笔工具”为路径描边，效果如图5-173所示。单击“图层”面板底部的按钮，在下拉菜单中选择“图层样式/斜面和浮雕”命令，如图5-174所示设置参数，效果如图5-175所示。

图5-172

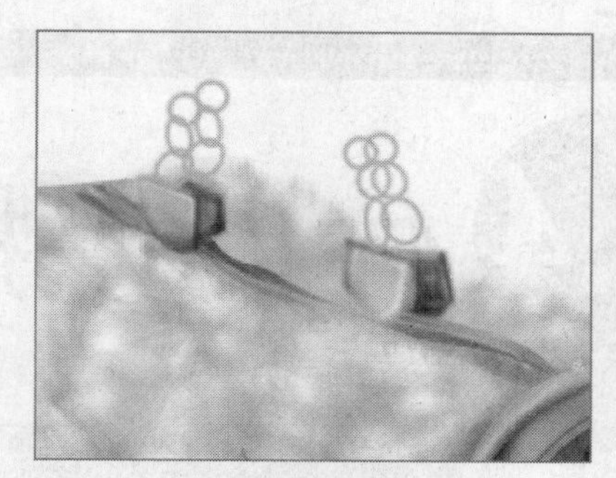

图5-173

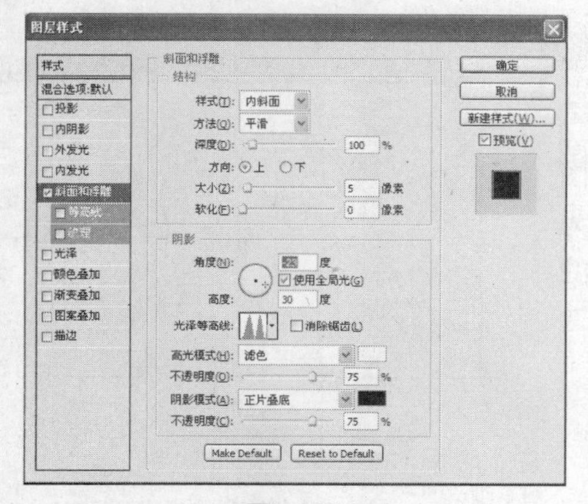

图5-174

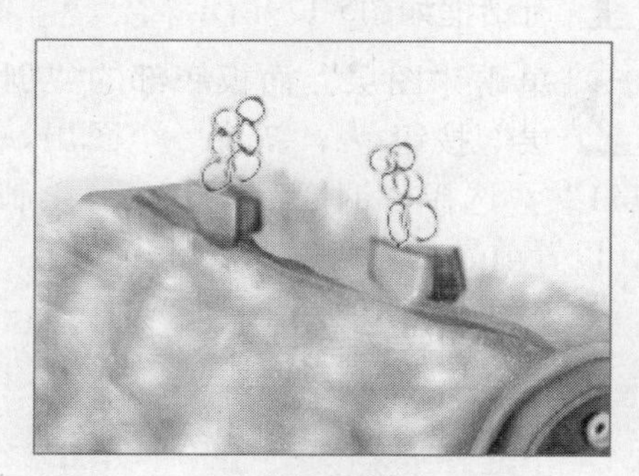

图5-175

16 单击“图层”面板底部的“创建新图层”按钮，新建一个图层，名称为“图层13”，在画面中绘制兜带路径，设置前景色为灰色填充选区，效果如图5-176所示。选择“加深工具”、“减淡工具”对兜带进行绘制，效果如图5-177所示。打开素材文件夹，调入素材图片，最终效果如图5-178所示。

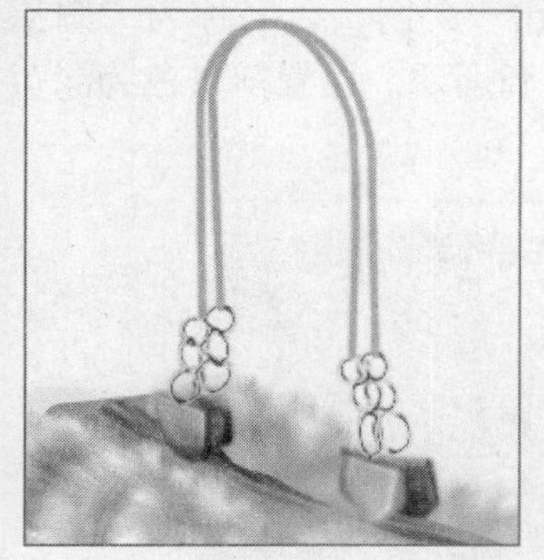

图5-176

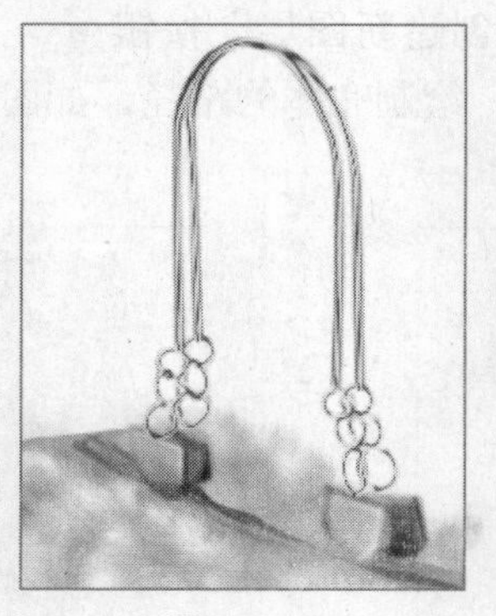

图5-177

图5-178

这是一款貂绒面料的高档手提包，因此本例运用“涂抹工具”来绘制毛绒面料。在这一过程中，应将笔刷大小调节适中，模式选择变暗，降低强度数值，达到最佳效果。交互使用减淡、涂抹等工具，绘制貂绒的明暗效果，这样可以表现出手提包时尚、前卫的效果。

5.4 休闲手提包

设计步骤

01 按快捷键Ctrl+N，新建一个文件，设置对话框如图5-179所示。

02 单击“图层”面板底部的“创建新图层”按钮，新建一个图层，名称为“图层1”，选择“钢笔工具”，绘制兜盖的路径，设置前景色为黄色，如图5-180示，填充选区后，效果如图5-181所示。

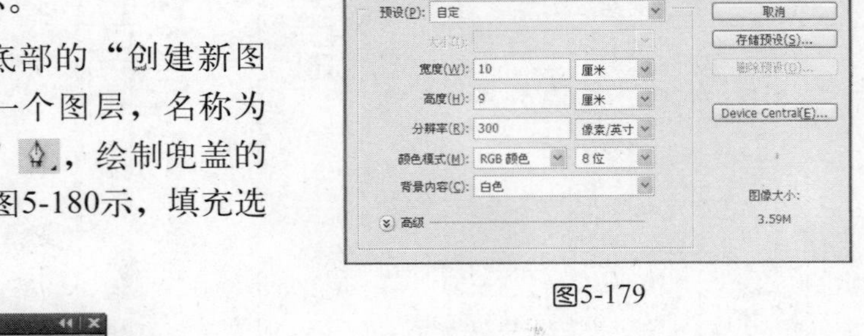

图5-179

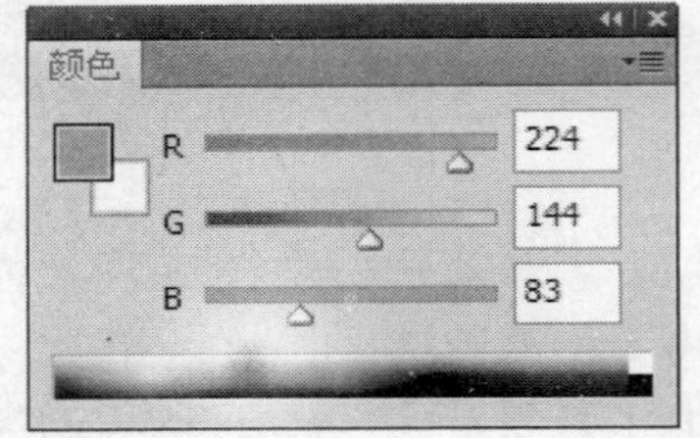

图5-180

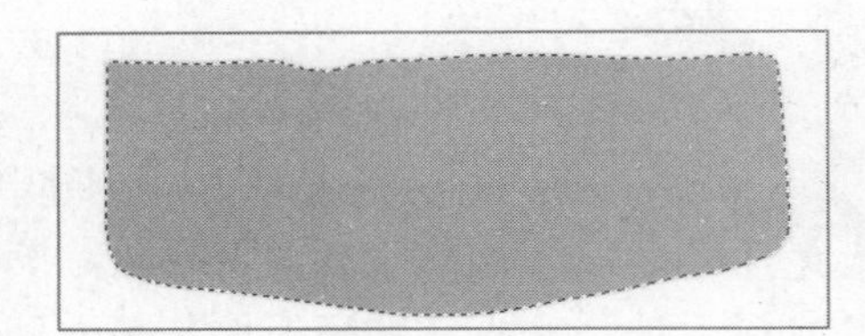

图5-181

03 单击“图层”面板底部的“创建新图层”按钮，新建一个图层，名称为“图层2”，选择“钢笔工具”，绘制兜体的路径，如图5-182所示。设置前景色为深黄色填充选区，效果如图5-183所示。

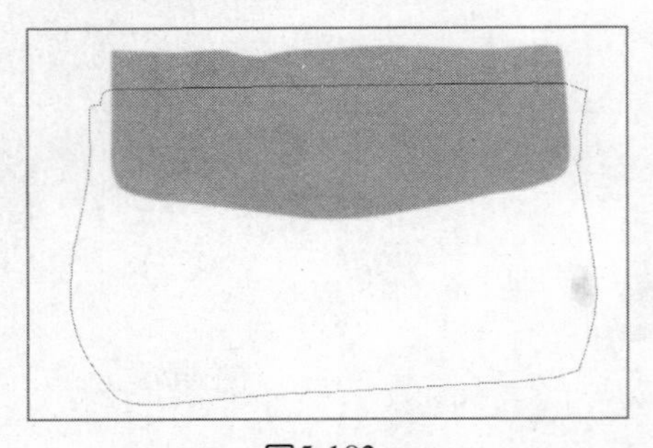

图5-182

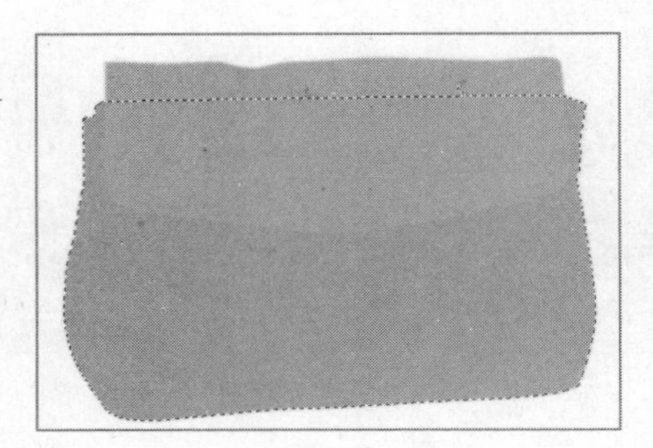

图5-183

04 单击“图层”面板底部的“创建新图层”按钮，新建一个图层，名称为“图层3”，选择“钢笔工具”，绘制兜带路径，设置前景色为深黄色填充选区，效果如图5-184所示。选择“减淡工具”，如图5-185所示设置参数，减淡兜带的颜色，效果如图5-186所示。

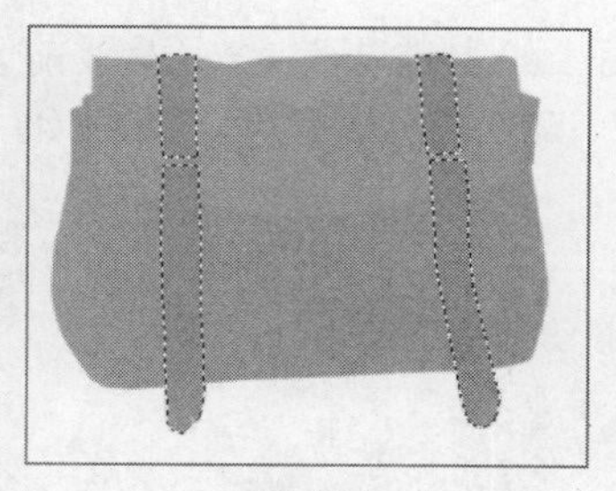
图5-184

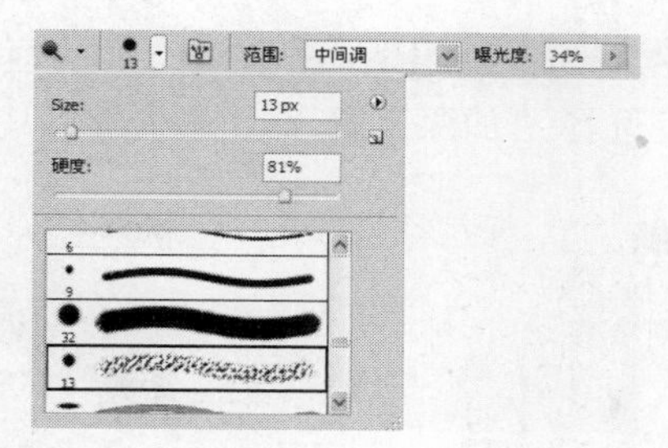

图5-185

图5-186

05 选择“加深工具”，如图5-187所示设置参数，对图像进行处理，效果如图5-188所示。

图5-187

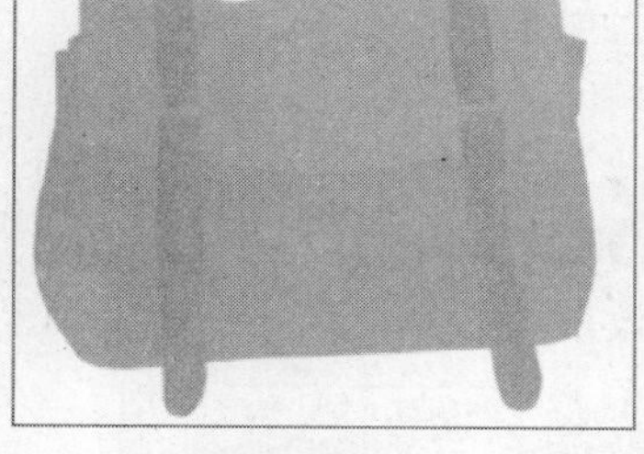
图5-188

06 单击“图层”面板底部的“创建新图层”按钮，新建一个图层，名称为“图层4”， 选择“钢笔工具”，绘制拉环路径，设置前景色为白色填充选区，效果如图5-189所示。单击“图层”面板底部的按钮，在下拉菜单中选择“图层样式/斜面和浮雕”命令，如图5-190所示设置参数，效果如图5-191所示。选择“减淡工具”，如图5-192所示设置参数，减淡拉环的颜色，效果如图5-193所示。

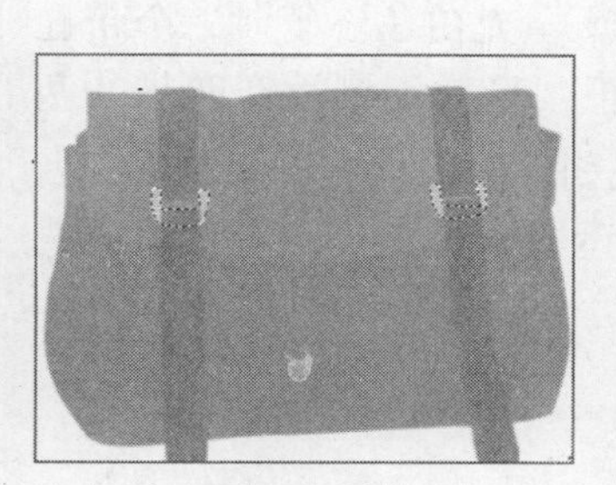
图5-189

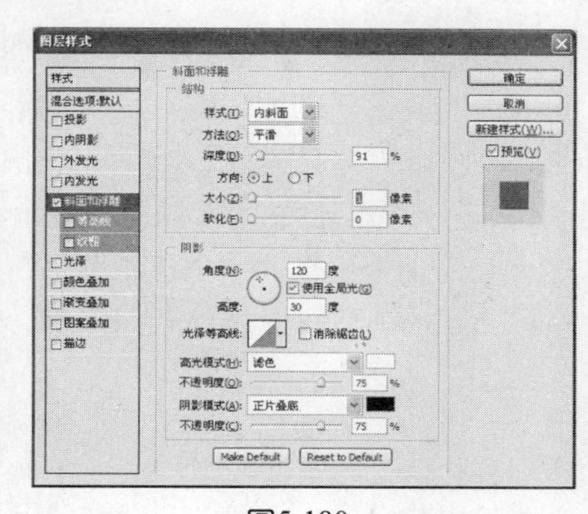

图5-190

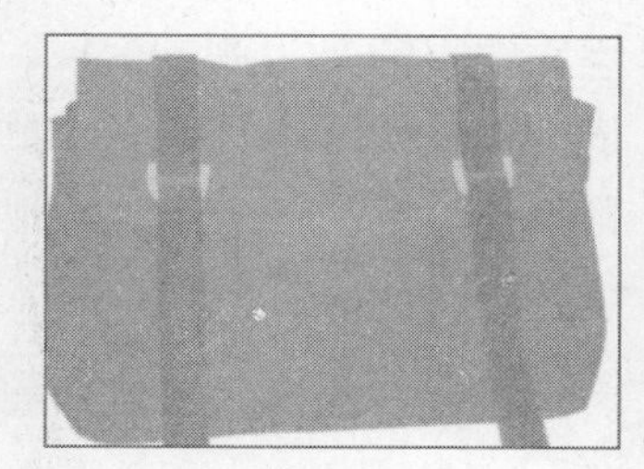
图5-191

图5-192

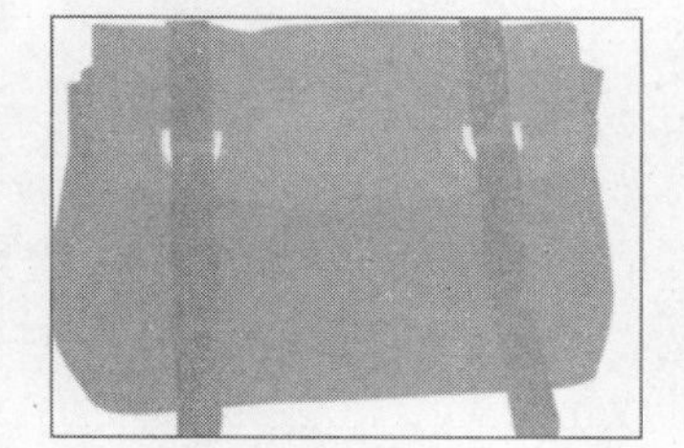
图5-193

07 新建两个图层，图层名称为“图层5、图层6”， 在画面中绘制兜夹路径，设置前景色为黄色填充选区，选择“加深工具”、“减淡工具”调整兜夹的颜色，效果如图5-194、图5-195所示。

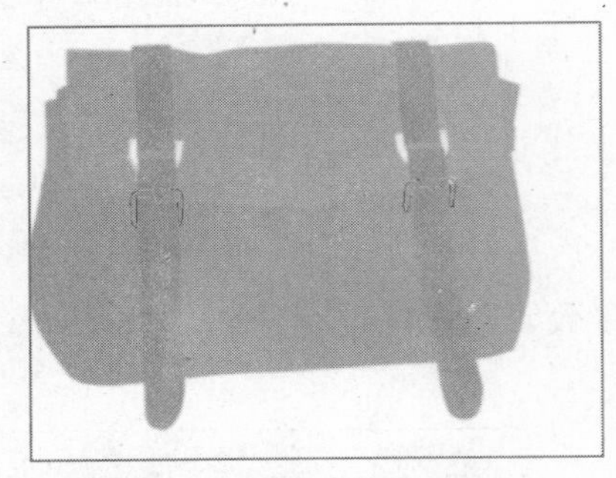
图5-194

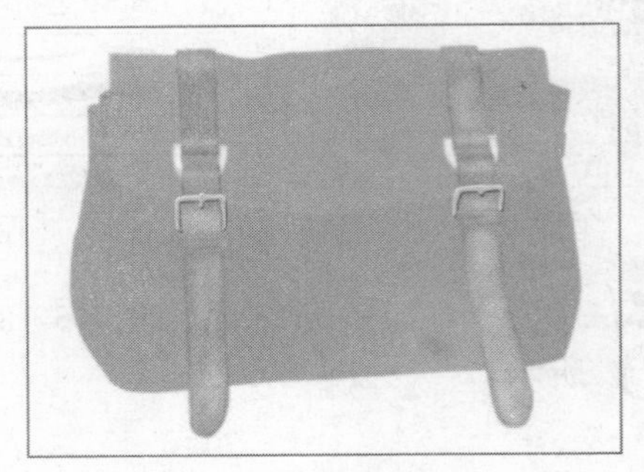
图5-195

08 单击“图层”面板底部的“创建新图层”按钮，新建一个图层，名称为“图层7”，选择“钢笔工具”，在画面中绘制兜带缝合线路径，选择“画笔工具”，为路径描边，效果如图5-196所示。选择画笔“样式”面板，如图5-197所示，效果如图5-198所示。

图5-196

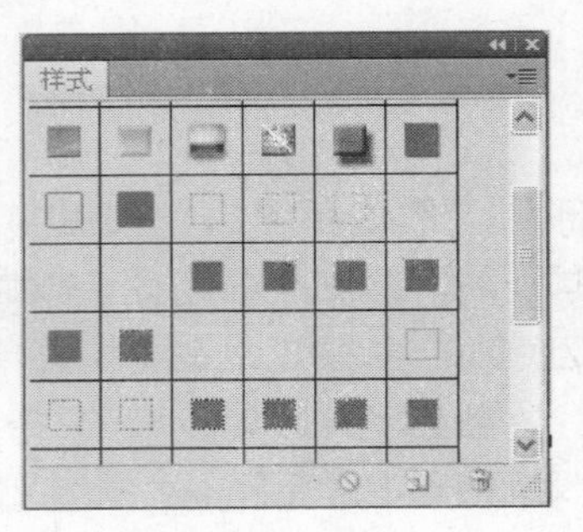

图5-197

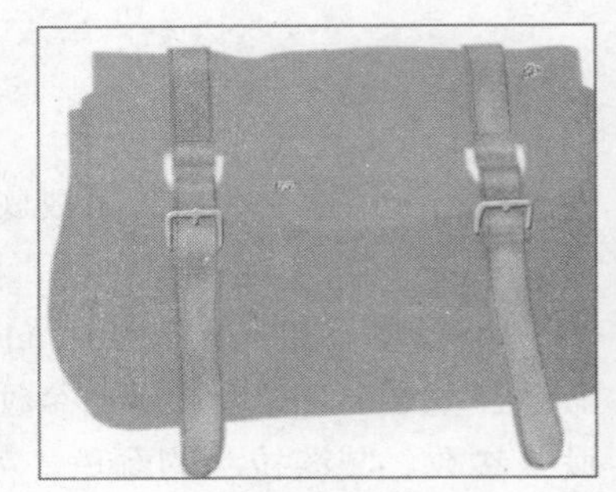
图5-198

09 单击“图层”面板底部的“创建新图层”按钮，新建一个图层，名称为“图层8”，在画面中绘制带孔，选择“椭圆工具”绘制正圆，填充白色。复制一个带孔摆在兜带的另一侧，同理，绘制正圆形并填充深灰色。复制多个正圆形分别摆放在兜带的两侧，效果如图5-199所示。单击“图层”面板底部的“创建新图层”按钮，新建一个图层，名称为“图层9”，选择“椭圆工具”，在画面中绘制商标图案，设置前景色为土黄色填充选区，效果如图5-200所示。

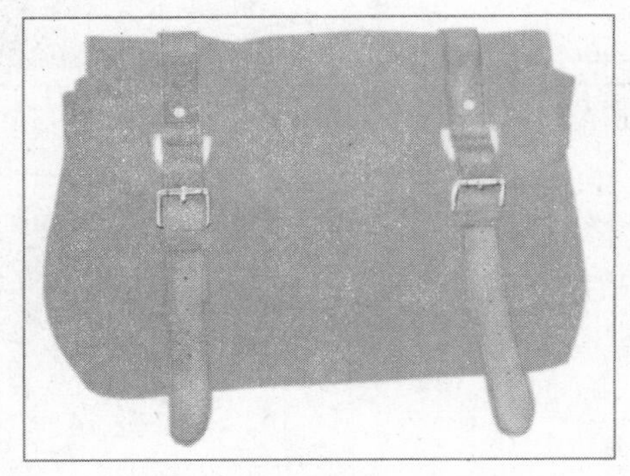
图5-199

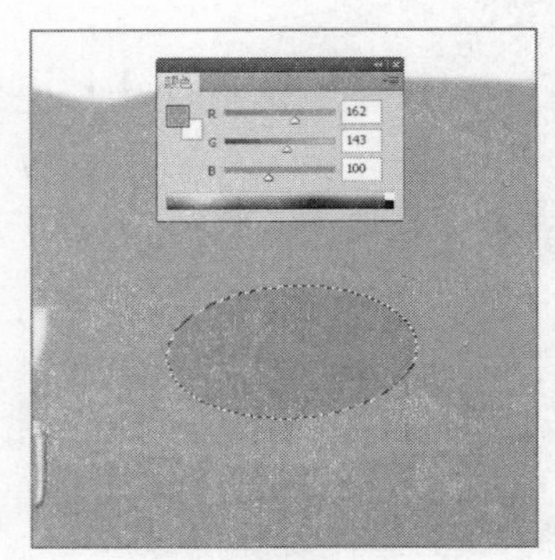

图5-200

10 选择“选择/修改/收缩”命令，如图5-201所示设置参数。选择菜单中的“选择/反向”命令，再选择“减淡工具”，如图5-202所示设置参数，在商标的边缘部位提亮，效果如图5-203所示。选择“加深工具”，如图5-204所示设置参数，对商标图层的颜色进行处理，选择“矩形”在画面中绘制矩形，设置前景色为黑色填充选区，效果如图5-205所示。

图5-201　图5-202　图5-203

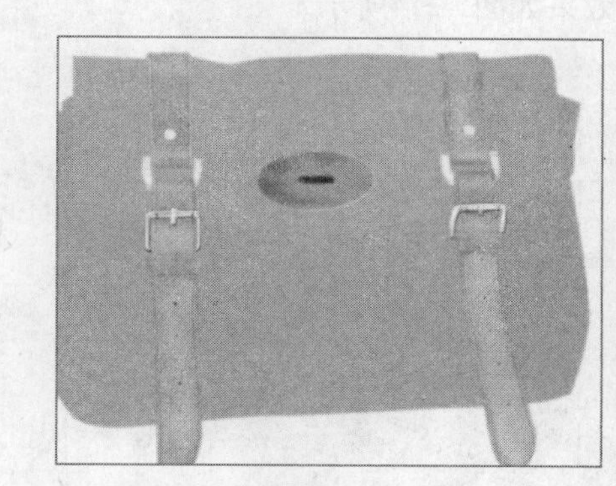

范围: 中间调　曝光度: 99%

图5-204

图5-205

11 单击“图层”面板底部的“创建新图层”按钮，新建一个图层，名称为“图层10”，选择“椭圆工具”，在画面中绘制圆形路径，效果如图5-206所示。设置前景色为土黄色填充选区。绘制装饰路径，也填充土黄色。选择“加深工具”、“减淡工具”调整图像的颜色，效果如图5-207所示。

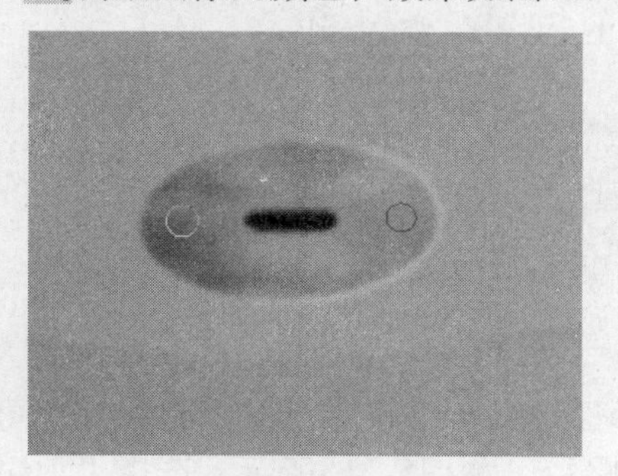

图5-206

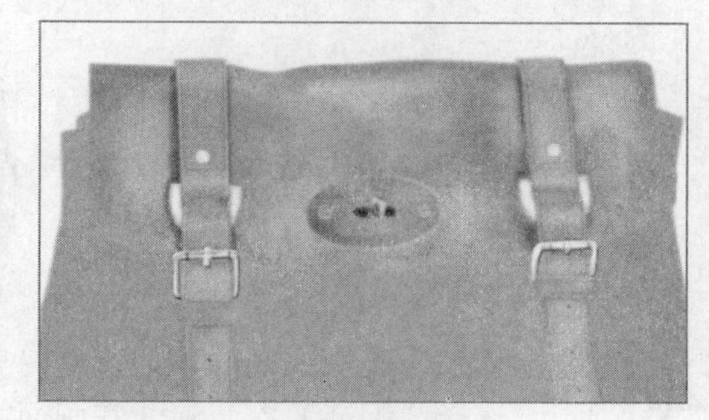

图5-207

12 单击“图层”面板底部的“创建新图层”按钮，新建一个图层，名称为“图层11”，选择“钢笔工具”，在画面中绘制缝合线路径。选择“画笔工具”，为路径描边，如图5-208所示。选择画笔“样式”面板，如图5-209所示，效果如图5-210所示。

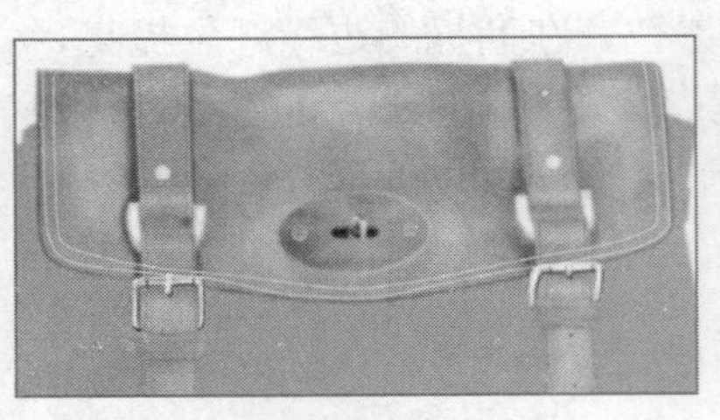

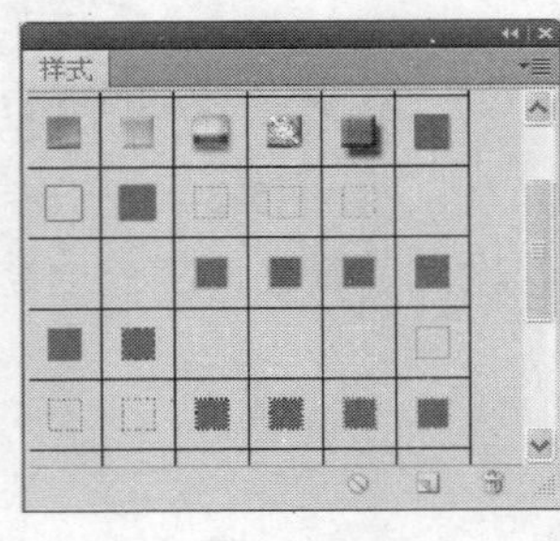

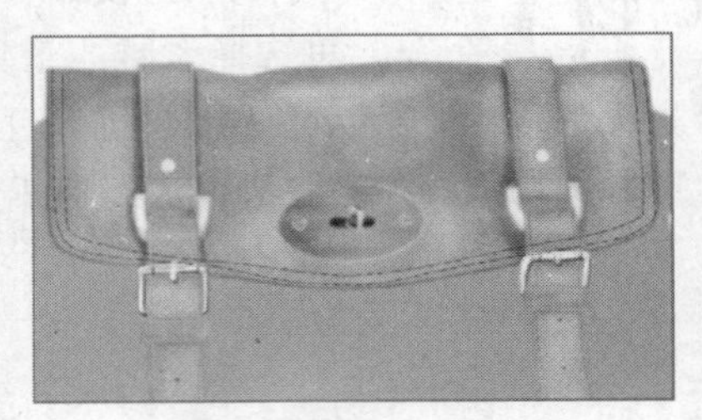

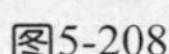

图5-208　　图5-209　　图5-210

13 单击“图层”面板底部的“创建新图层”按钮，新建一个图层，名称为“图层12”，选择“钢笔工具”，在画面中绘制兜面凸起部分的路径，如图5-211所示。单击“图层”面板底部的fx按钮，在下拉菜单中选择“图层样式/斜面和浮雕”命令，如图5-212所示设置参数，效果如图5-213所示。选择“加深工具”、“减淡工具”，对图像进行处理，效果如图5-214所示。

图5-211

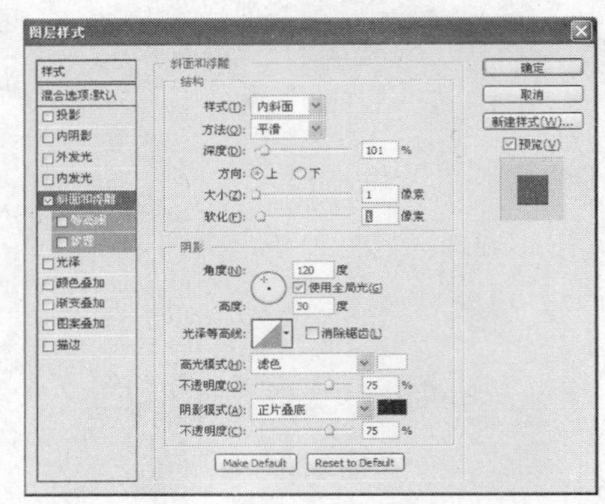

图5-212

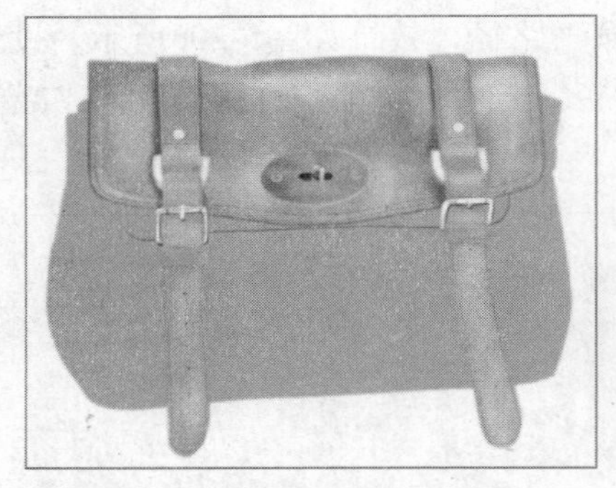

图5-213

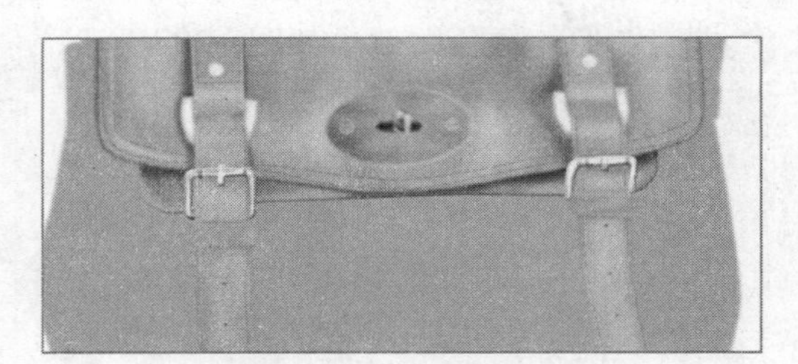

图5-214

14 单击“图层”面板底部的“创建新图层”按钮，新建一个图层，名称为“图层13”，选择“钢笔工具”，在画面中绘制路径，如图5-215所示。选择“加深工具”，如图5-216所示设置参数，加深兜子前面的颜色，效果如图5-217所示。单击“图层”面板底部的“创建新图层”按钮，新建一个图层，名称为“图层14”，选择“钢笔工具”，在画面中绘制路径，如图5-218所示。选择“加深工具”，如图5-219所示设置参数，效果如图5-220所示。再使用“加深工具”和“减淡工具”在画面中交互绘制，效果如图5-221所示。

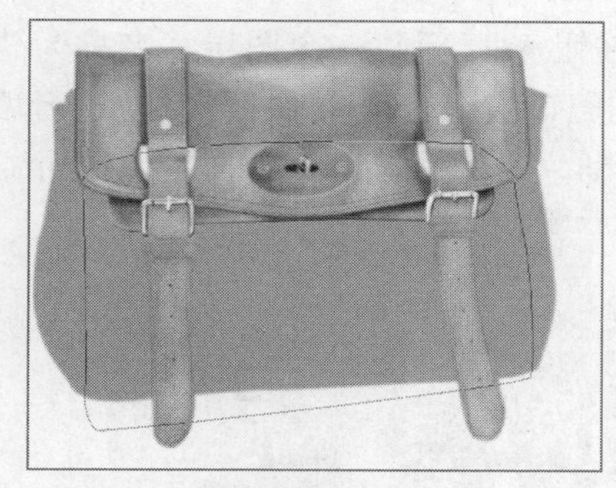

图5-215

图5-216

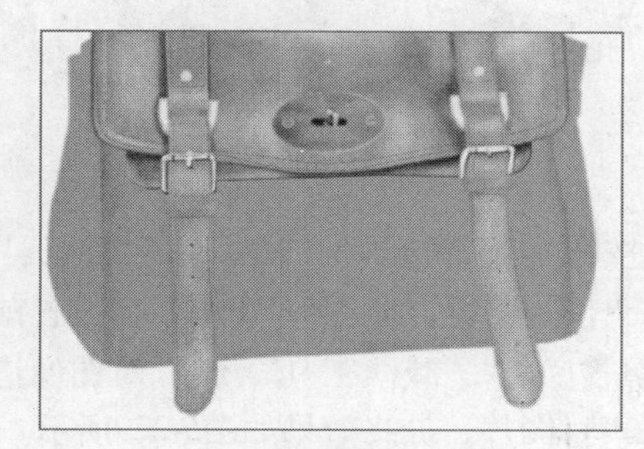

图5-217

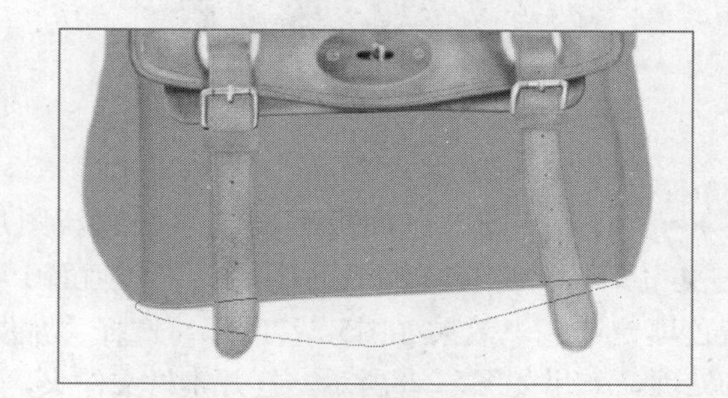

图5-218

图5-219

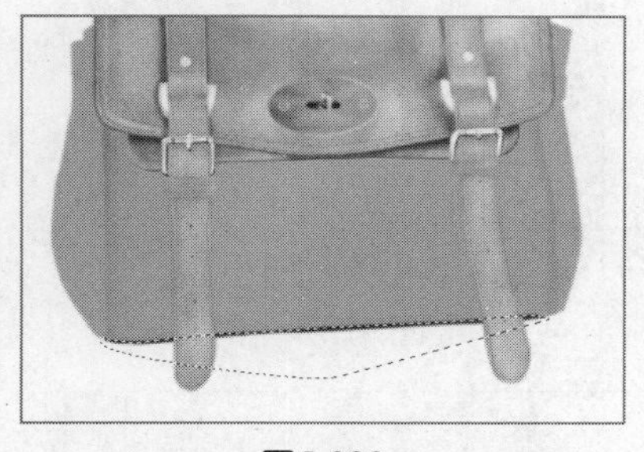

图5-220

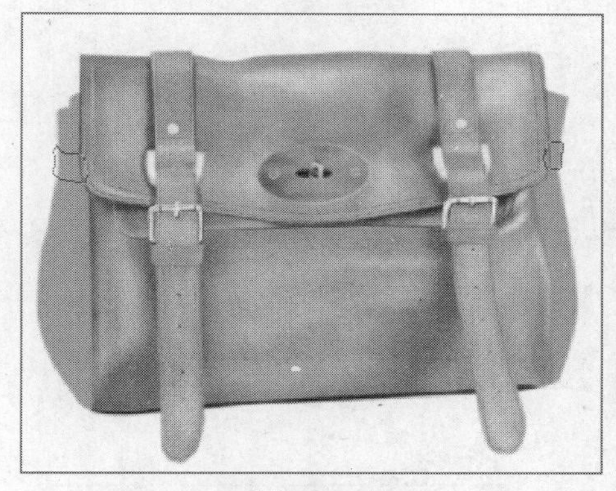

图5-221

15 单击“图层”面板底部的“创建新图层”按钮，新建一个图层，名称为“图层15”，选择“钢笔工具”，在画面中绘制兜口的路径，如图5-222所示，设置前景色为黄色填充选区。选择“加深工具”，对图像进行加深处理，效果如图5-223所示。

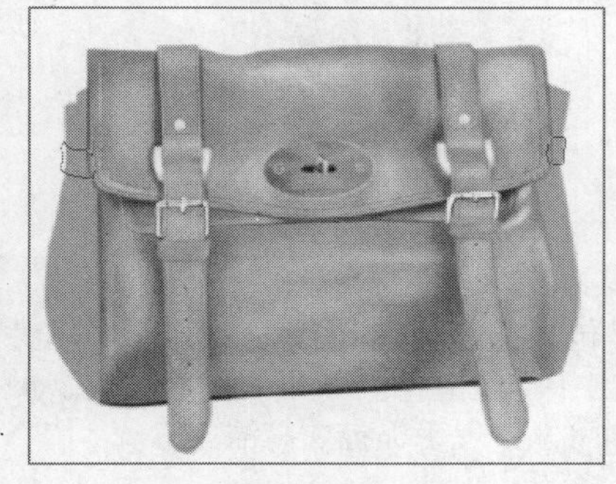

图5-222

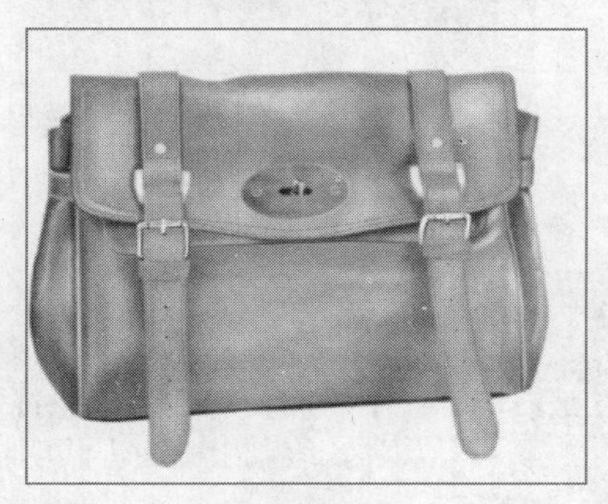

图5-223

16 单击“图层”面板底部的“创建新图层”按钮，新建一个图层，名称为“图层16”，选择“钢笔工具”，在画面中绘制兜口内侧的路径，设置黄色进行填充，选择“加深工具”、“减淡工具”对图层进行绘制，效果如图5-224、图5-225所示。

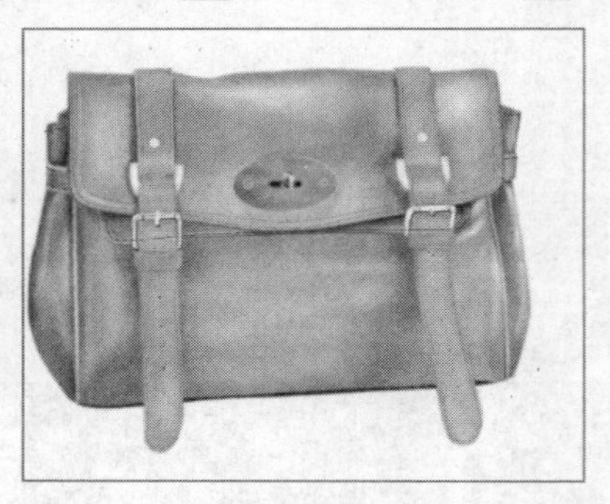

图5-224

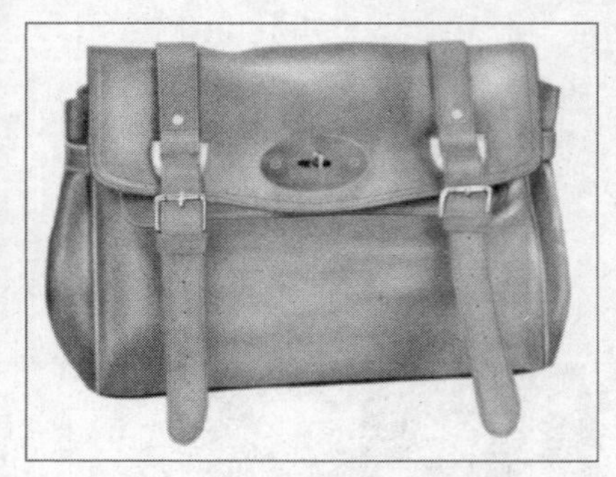

图5-225

17 单击“图层”面板底部的“创建新图层”按钮，新建一个图层，名称为“图层17”，选择“钢笔工具”，在画面中绘制兜带的路径，如图5-226所示。设置前景色为黄色填充选区，效果如图5-227所示。选择“加深工具”、“减淡工具”，对图像进行颜色的处理，效果如图5-228所示。打开素材文件夹，导入素材图片，最终效果如图5-229所示。

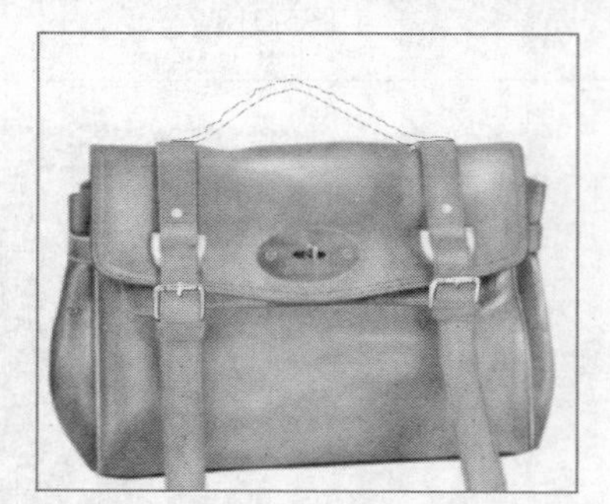

图5-226

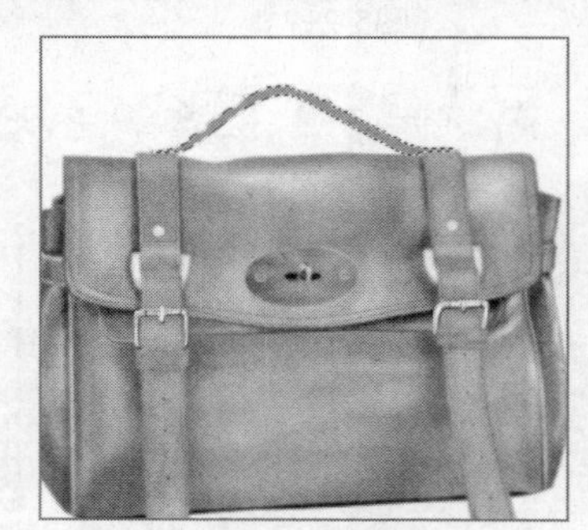

图5-227

图5-228

图5-229

这是一款纯皮休闲面料的手提包，因此，使用画笔工具和“样式”面板中的样式对其进行修饰，可以绘制出手提包立体的效果。结合加深、减淡等工具，绘制出画面上的明暗效果，这样可以体现手提包的简洁大方。

5.5 亮皮手提包

设计步骤

01 按快捷键Ctrl+N，新建一个文件，设置对话框如图5-230所示。

02 单击“图层”面板底部的“创建新图层”按钮，新建一个图层，名称为“图层1”，选择“钢笔工具”，绘制兜体路径，如图5-231所示。选择“选择/修改/羽化”命令，设置羽化半径为1，设置前景色为红色，如图5-232所示，填充路径，效果如图5-233所示。

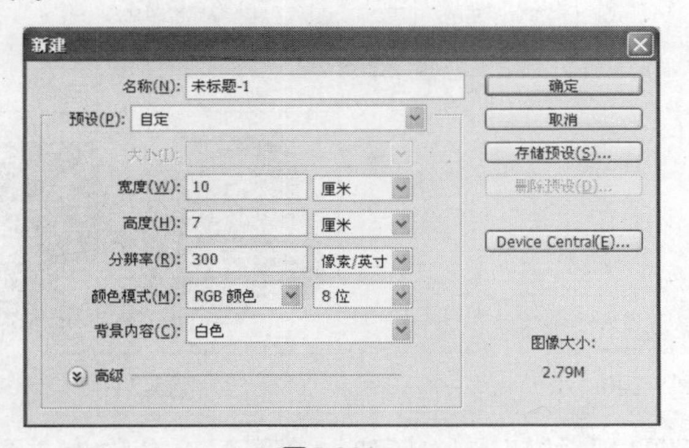

图5-230

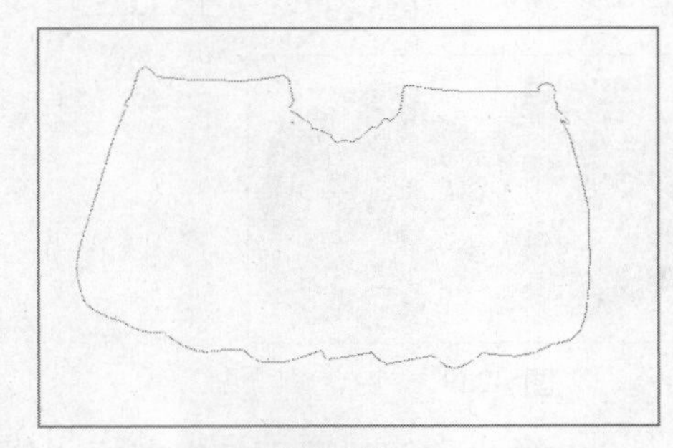

图5-231

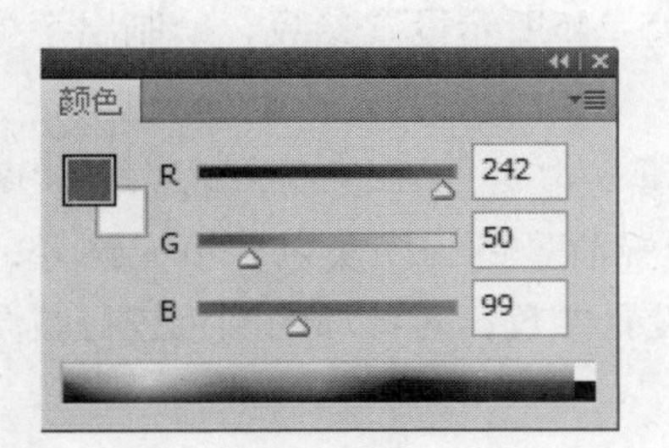

图5-232

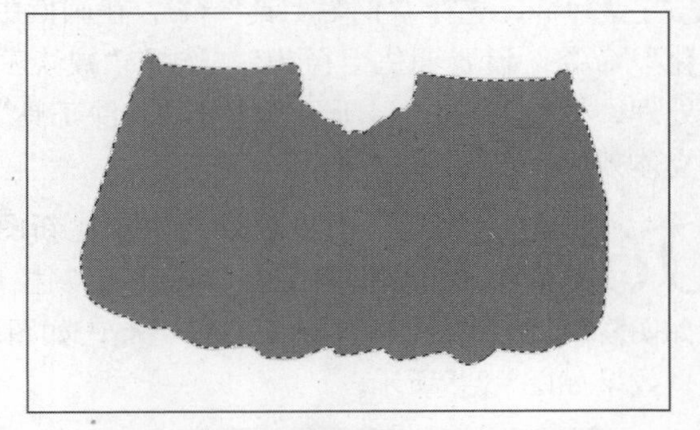

图5-233

03 单击“图层”面板底部的“创建新图层”按钮，新建一个图层，名称为“图层2”，选择“钢笔工具”，在画面中绘制兜褶路径，如图5-234所示。选择“选择/修改/羽化”命令，设置羽化半径为3。选择“加深工具”，如图5-235所示设置参数，加深褶皱的颜色，效果如图5-236所示。

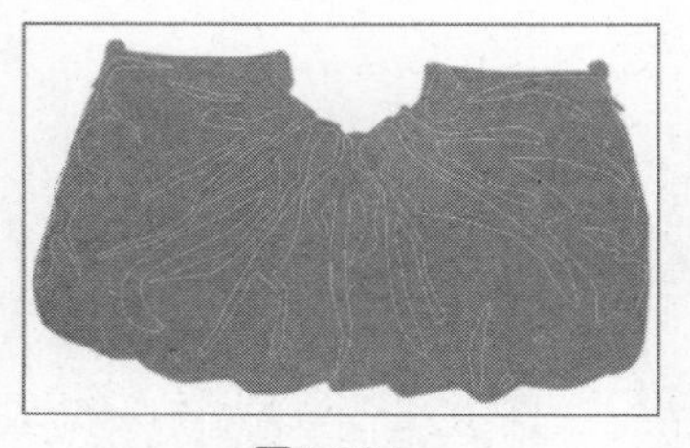

图5-234

图5-235

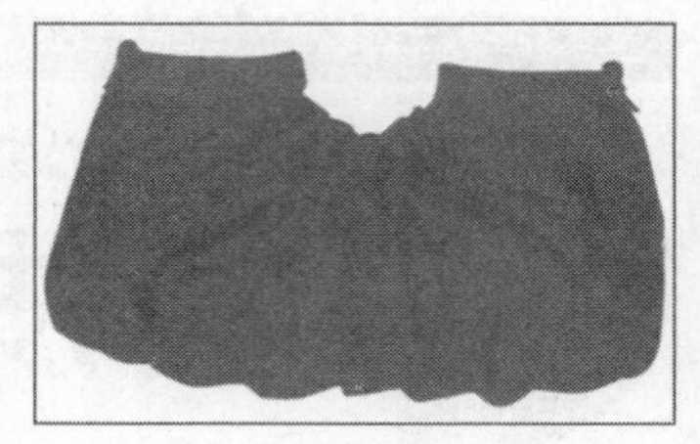

图5-236

04 单击“图层”面板底部的“创建新图层”按钮，新建一个图层，名称为“图层3”，选择“钢笔工具”，在画面中绘制高光的路径，如图5-237所示。选择“选择/修改/羽化”命令，设置羽化半径为2，选择“减淡工具”，如图5-238所示设置参数，效果如图5-239所示。选择“减淡工具”，如图5-240所示设置参数，对高光的部分进行修饰，效果如图5-241所示。

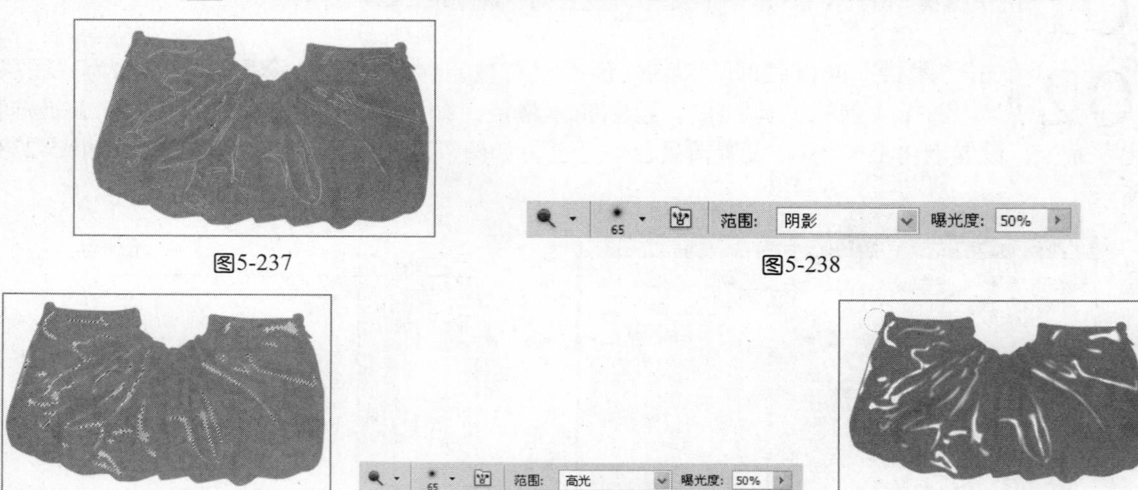

图5-237

图5-238

图5-239

图5-240

图5-241

05 单击“图层”面板底部的“创建新图层”按钮，新建一个图层，名称为“图层4”，选择“钢笔工具”，在画面中绘制路径，如图5-242所示。选择“选择/修改/羽化”命令，设置羽化半径为5，选择“减淡工具”，如图5-243所示设置参数，对图像进行处理，效果如图5-244所示，选择“加深工具”，如图5-245所示设置参数，绘制出手提包的立体效果，如图5-246所示。

06 单击“图层”面板底部的“创建新图层”按钮，新建一个图层，名称为“图层5”，选择“钢笔工具”，绘制拉环路径，设置前景色为深灰色并填充路径，效果如图5-247所示。选择“减淡工具”，如图5-248所示设置参数，对拉环的颜色进行减淡处理，效果如图5-249所示。

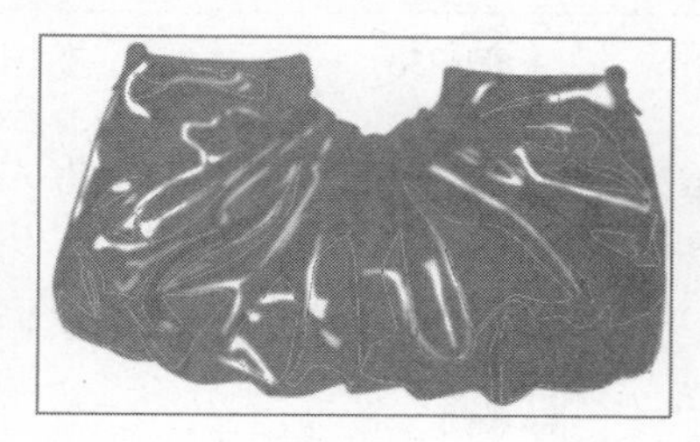

图5-242

图5-243

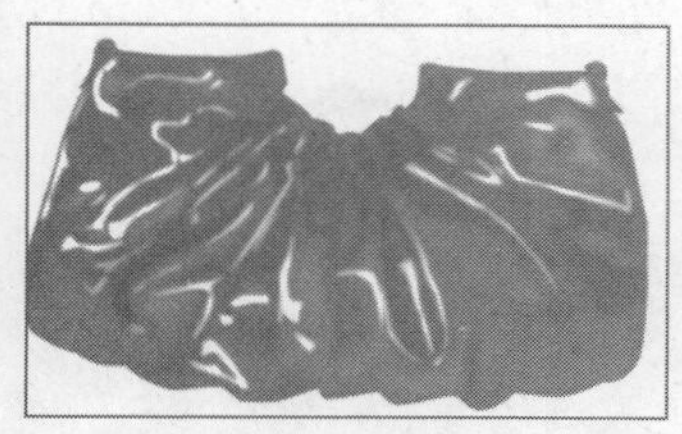
图5-244

图5-245

图5-246

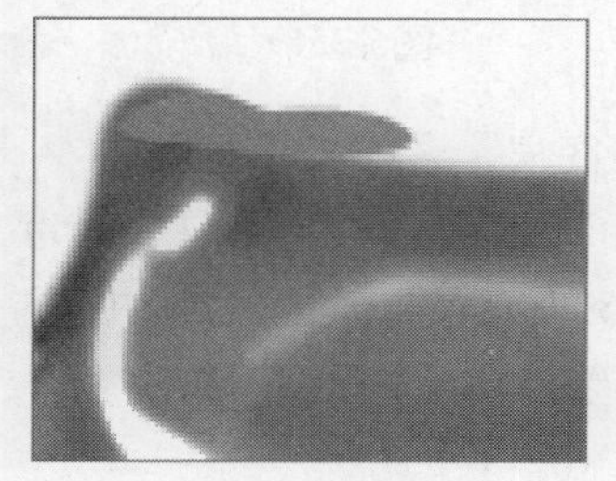
图5-247

图5-248

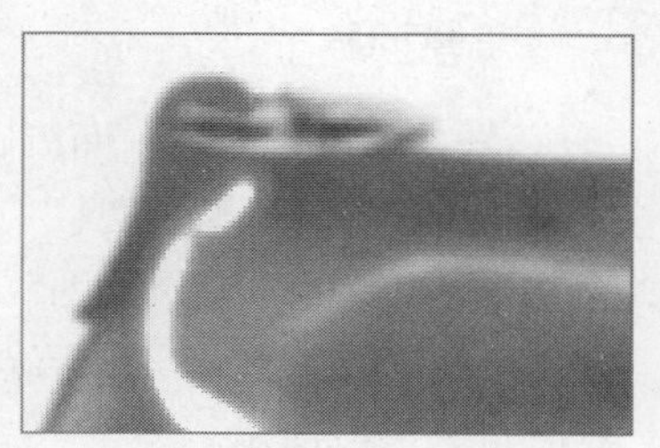
图5-249

07 单击“图层”面板底部的“创建新图层”按钮，新建一个图层，名称为“图层6”，选择“钢笔工具”，在画面中绘制拉环扣的阴影路径，如图5-250所示。选择“加深工具”，如图5-251所示设置参数，效果如图5-252所示，整体效果如图5-253所示。

图5-250

图5-251

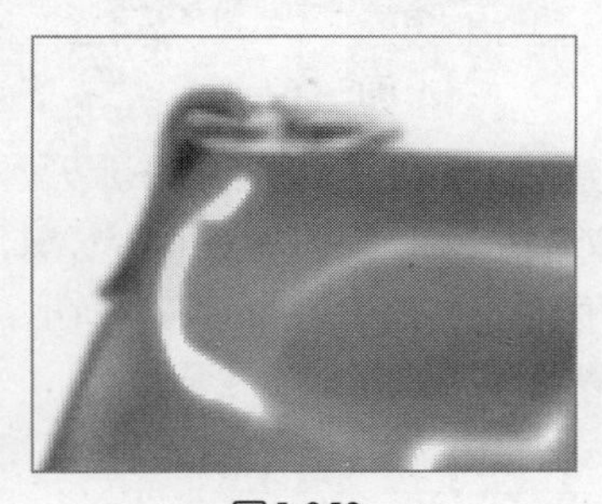
图5-252

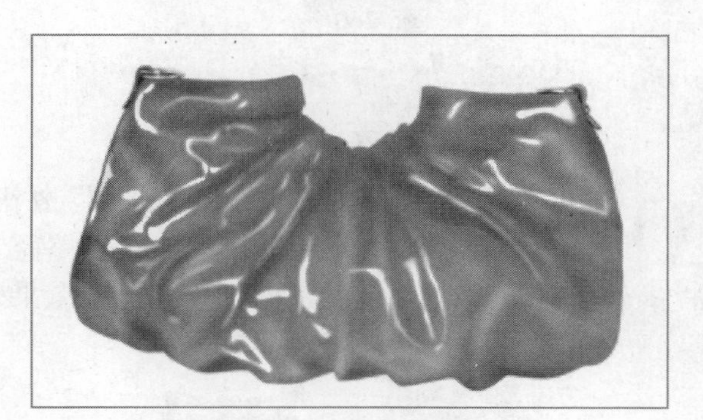
图5-253

08 单击“图层”面板底部的“创建新图层”按钮，新建一个图层，名称为“图层7”，选择“钢笔工具”，在画面中绘制不规则图案的兜带路径，设置前景色为黑色并填充路径，效果如图5-254所示。选择“减淡工具”，如图5-255所示设置参数，对图案的颜色进行减淡处理，效果如图5-256所示。

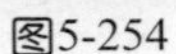

图5-254

图5-255

图5-256

09 单击“图层”面板底部的“创建新图层”按钮，新建一个图层，名称为“图层8”，选择“钢笔工具”，在画面中绘制另一侧兜带路径，如图5-257所示。设置前景色为黑色并填充路径，效果如图5-258所示。选择“减淡工具”，如图5-259所示设置参数，对图像进行处理，效果如图5-260所示。选择“加深工具”，如图5-261所示设置参数，对图像进行处理，效果如图5-262所示。

图5-257

图5-258

图5-259

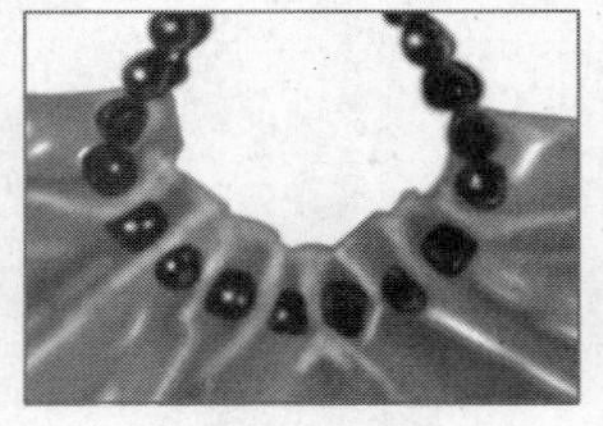

图5-260

图5-261

图5-262

10 单击“图层”面板底部的“创建新图层”按钮，新建一个图层，名称为“图层9”，选择“钢笔工具”，在画面中绘制缝合线路径，如图5-263所示。使用“画笔工具”，为路径描边，选择画笔“样式”面板，如图5-264所示，效果如图5-265所示，整体效果如图5-266所示。

图5-263

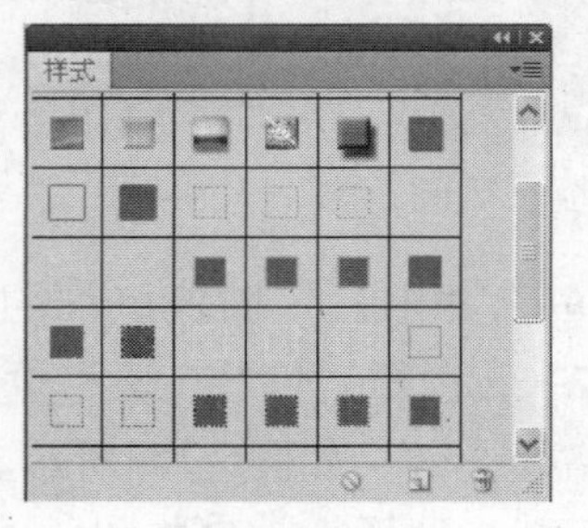

图5-264

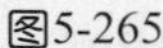

图5-265

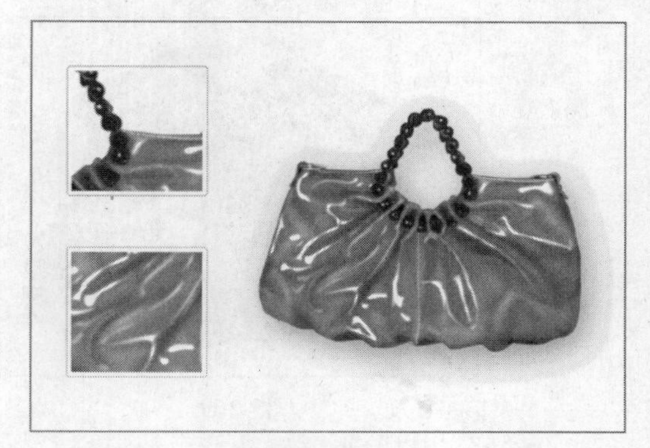

图5-266

本例讲解在Photoshop CS5 中，制作亮皮手提包的方法与技巧。本例在绘制皮包的褶皱和纹理时，使用了钢笔工具。钢笔工具分为直线路径和曲线路径。想要绘制好曲线路径，就必须调整好方向线的长度和方向。

5.6 红格背包

01 按快捷键Ctrl+N，新建一个文件，设置对话框如图5-267所示。

02 单击“图层”面板底部的“创建新图层”按钮，新建一个图层，名称为“图层1”，选择“钢笔工具”，绘制兜体路径，如图5-268所示。选择“选择/修改/羽化”命令，设置羽化半径为1，设置前景色为红色并填充路径，效果如图5-269所示。打开素材文件夹，导入素材图片，如图5-270所示。

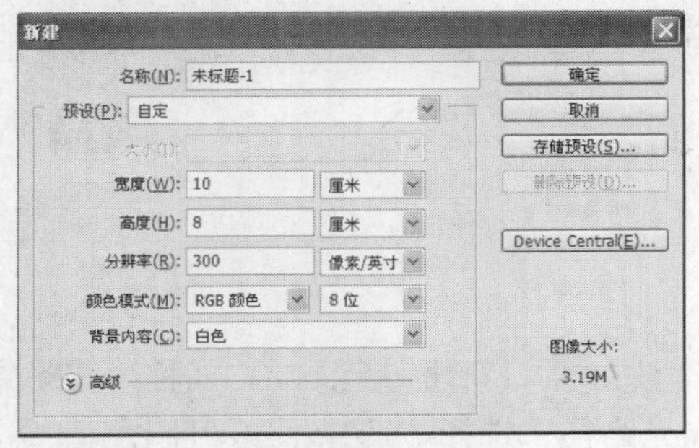

图5-267

图5-268

图5-269

图5-270

03 选择“编辑/定义图案”命令，如图5-271所示，选择“编辑/填充”命令，如图5-272所示设置参数，将“图层1”载入选区，选择“反向”命令，将多余的部分删除，效果如图5-273所示。

图5-271

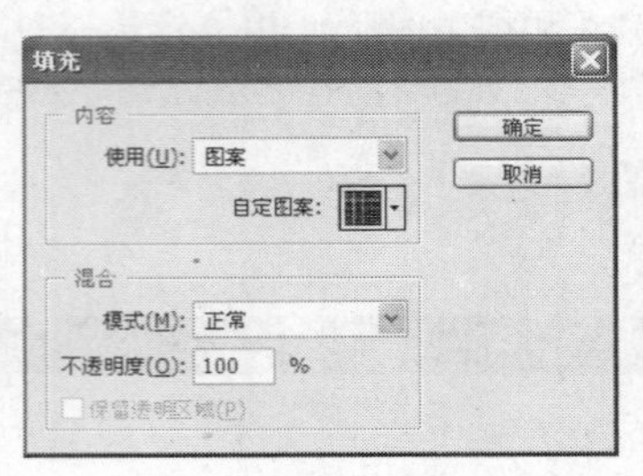

图5-272

图5-273

04 选择“滤镜/液化”命令，如图5-274所示设置参数，效果如图5-275所示。选择“编辑/变换/变形”命令，如图5-276所示，对图像进行调整。

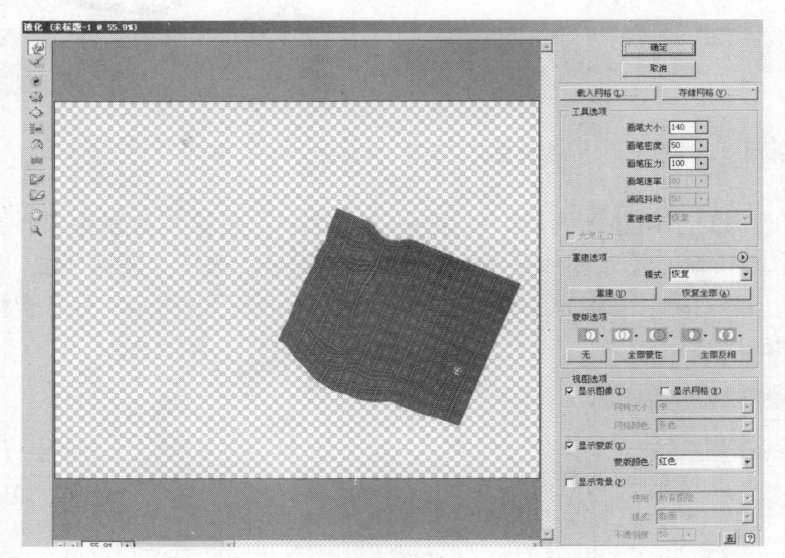

图5-274

图5-275

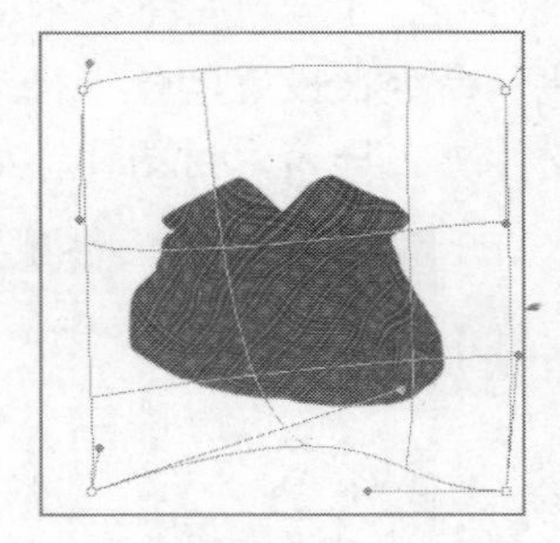

图5-276

05 单击“图层”面板底部的“创建新图层”按钮，新建一个图层，名称为“图层2”，选择“钢笔工具”，在画面中绘制高光路径，选择“选择/修改/羽化”命令，设置羽化半径为1。选择"加深工具"，如图5-277所示设置参数，加深图画局部的颜色，效果如图5-278所示。选择"减淡工具"，如图5-279所示设置参数，对高光的部分进行减淡处理，效果如图5-280所示。选择"加深工具"，如图5-281所示设置参数，效果如图5-282所示。选择"减淡工具"，如图5-283所示设置参数，对图像进行处理，效果如图5-284所示。

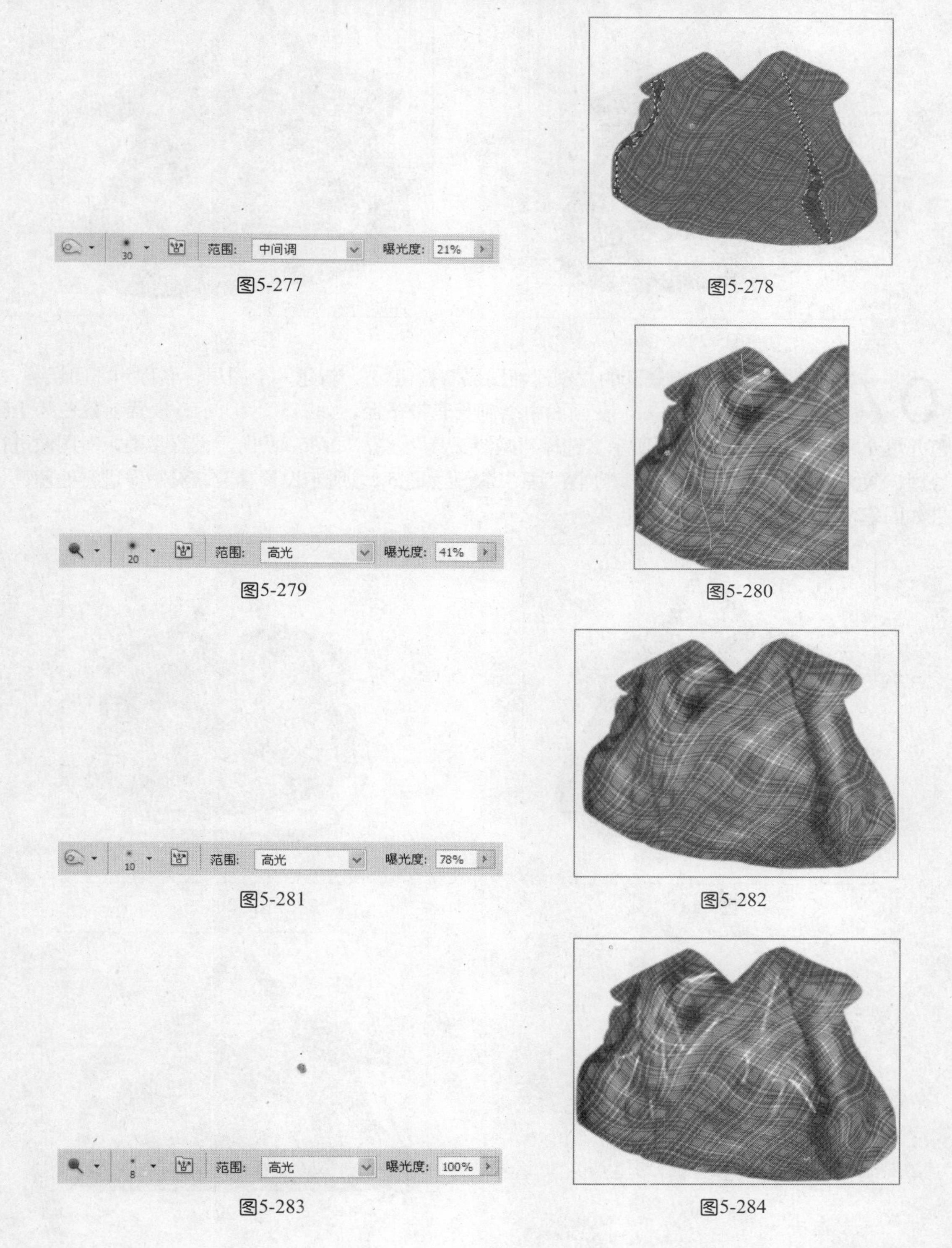

图5-277

图5-278

图5-279

图5-280

图5-281

图5-282

图5-283

图5-284

06 单击“图层”面板底部的“创建新图层”按钮，新建一个图层，名称为“图层3”，选择“钢笔工具”，在画面中绘制兜带路径，如图5-285所示，设置前景色为土红色并填充路径，效果如图5-286所示。

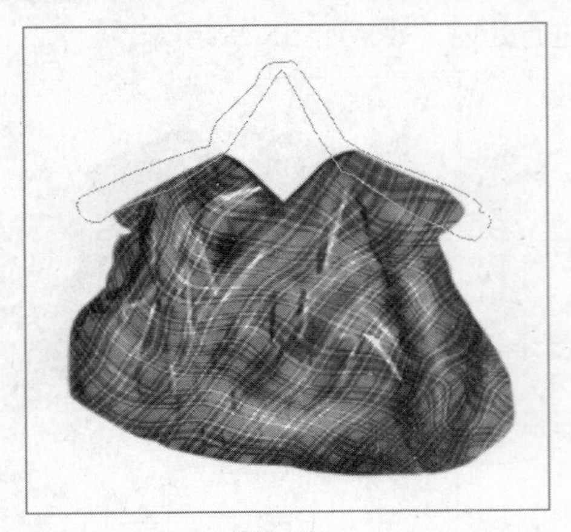

图5-285

图5-286

07 单击“图层”面板底部的“创建新图层”按钮，新建一个图层，名称为“图层4”，选择“钢笔工具”，在画面中绘制长兜带路径，如图5-287所示。设置前景色为土红色并填充路径，效果如图5-288所示。选择“减淡工具”，如图5-289所示设置参数，对图像进行处理，效果如图5-290所示。选择“加深工具”，如图5-291所示设置参数，对图像进行处理，效果如图5-292所示。

图5-287

图5-288

图5-289

图5-290

图5-291

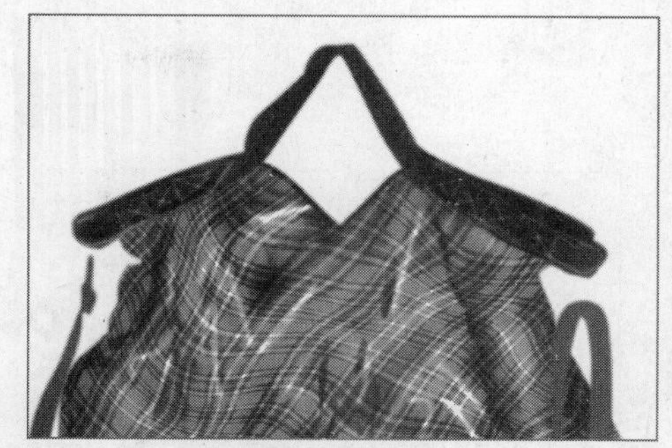

图5-292

08 单击“图层”面板底部的“创建新图层”按钮，新建一个图层，名称为“图层5”，选择“钢笔工具”，在画面中绘制兜带上的图案路径，选择红色对路径进行描边。选择“钢笔工具”绘制兜带的阴影路径，如图5-293所示，选择“画笔工具”对路径进行描边，效果如图5-294所示。选择“加深工具”，如图5-295所示设置参数，对兜带的颜色进行加深处理，效果如图5-296所示。

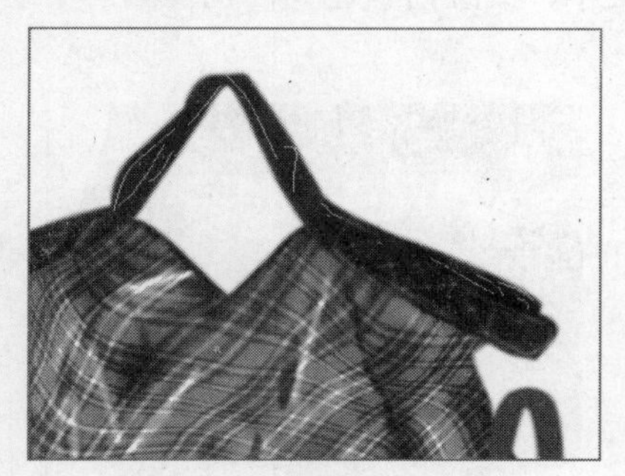

图5-293

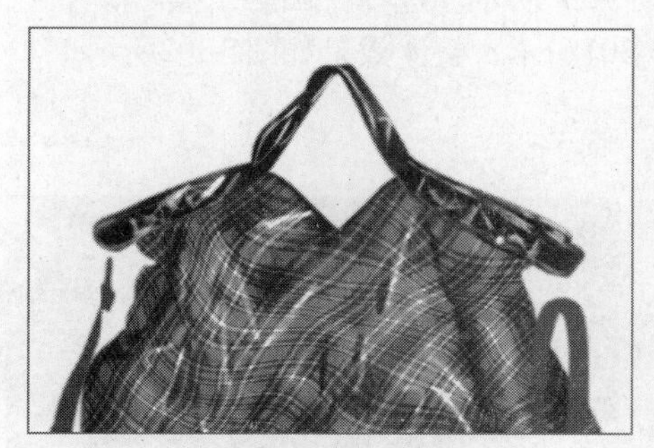

图5-294

图5-295

图5-296

09 单击“图层”面板底部的“创建新图层”按钮，新建一个图层，名称为“图层6”，选择“钢笔工具”在画面中绘制兜带拉环，设置前景色为白色并填充路径。选择“加深工具”、“减淡工具”对颜色进行处理，使兜带呈现出立体效果，如图5-297所示。单击“图层”面板底部的按钮，在下拉菜单中选择“图层样式/斜面和浮雕”命令，如图5-298所示设置参数。

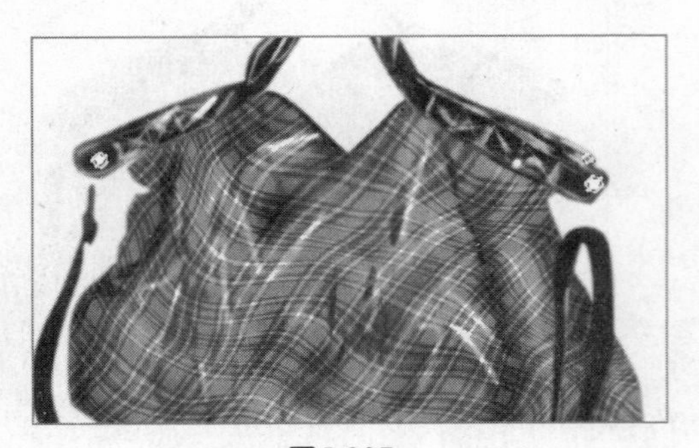

图5-297

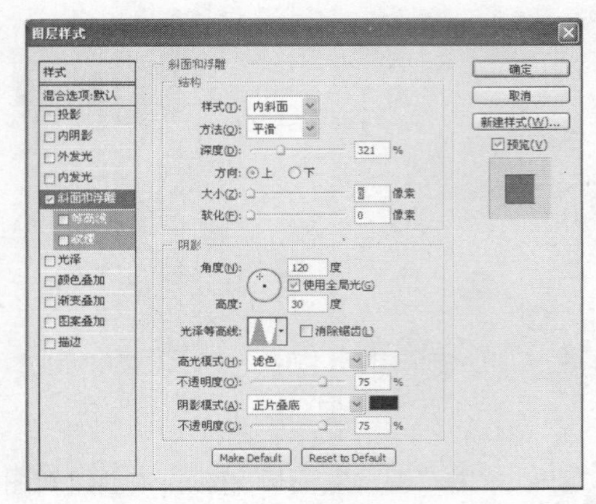

图5-298

10 单击“图层”面板底部的“创建新图层”按钮，新建一个图层，名称为“图层7”，在画面中绘制兜面上的商标路径，如图5-299所示。设置前景色为土红色并填充路径，效果如图5-300所示。选择“画笔工具”，设置笔刷大小，设置前景色为白色在画面中绘制，效果如图5-301所示，整体效果如图5-302所示。

图5-299

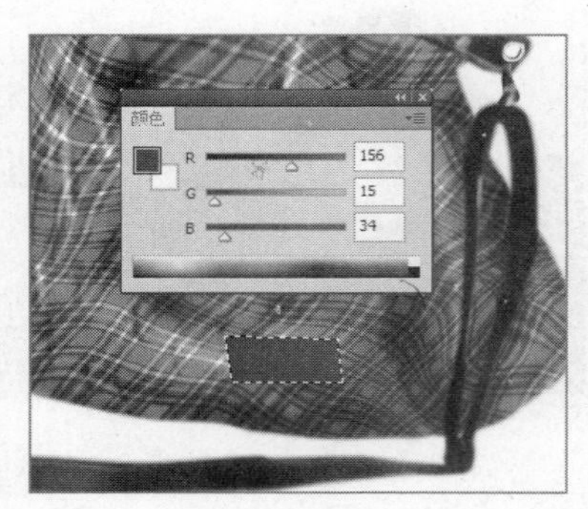

图5-300

图5-301

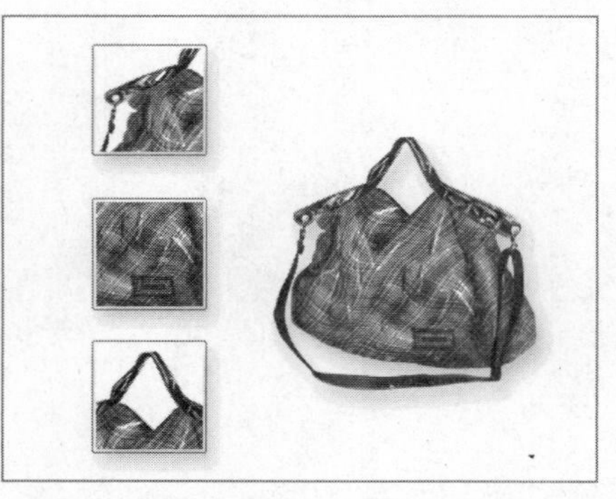

图5-302

本例讲解在Photoshop CS5 中，制作红格背包的方法与技巧。本例特别使用了“滤镜/液化”命令，这样可以呈现出布面肌理的柔软特性。在使用“涂抹工具”时，涂抹的幅度不能太大，否则会使画面看起来不自然。

第6章 丝巾与腰带的设计

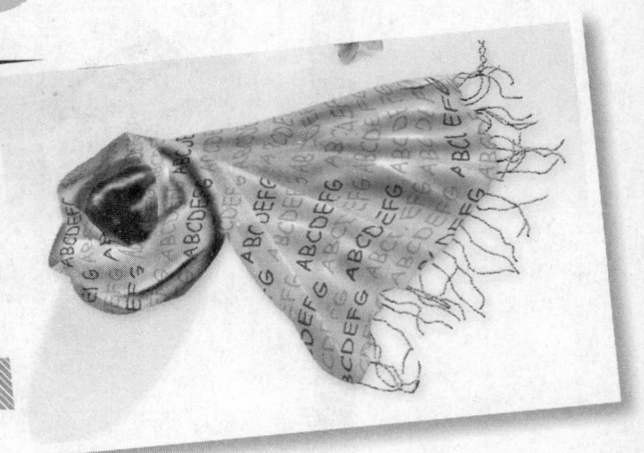

6.1 丝织围巾

设计步骤

01 按快捷键Ctrl+N，新建一个文件，设置对话框如图6-1所示。

02 单击“图层”面板底部的“创建新图层”按钮，新建一个图层，名称为“图层1”，选择“钢笔工具”，绘制丝巾整体轮廓路径，如图6-2所示。选择“选择/修改/羽化”命令，设置羽化半径为1，设置前景色为淡粉色并填充路径，效果如图6-3所示。

图6-1

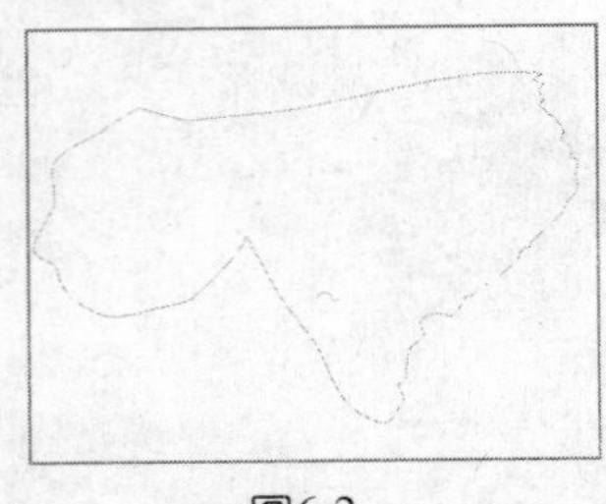

图6-2

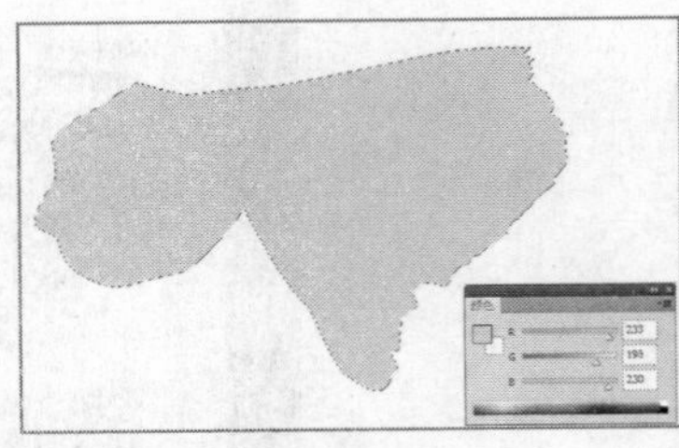

图6-3

03 单击“图层”面板底部的“创建新图层”按钮，新建一个图层，名称为“图层2”，选择“钢笔工具”在围巾上绘制路径，设置前景色为深粉色并填充。选择“减淡工具”，如图6-4所示设置参数，选择“画笔工具”绘制路径如图6-5所示，为路径描边后，效果如图6-6所示。

图6-4

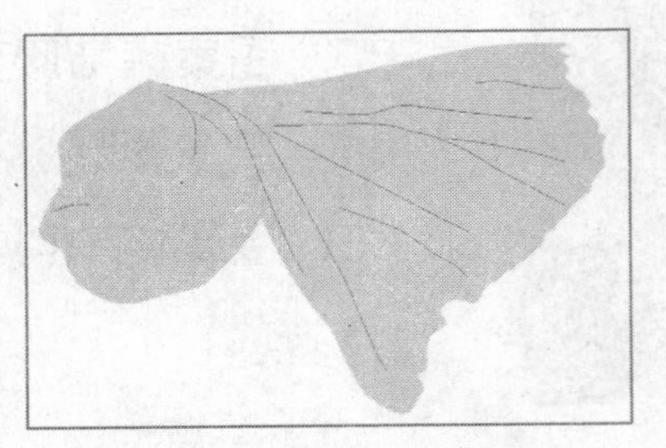

图6-5

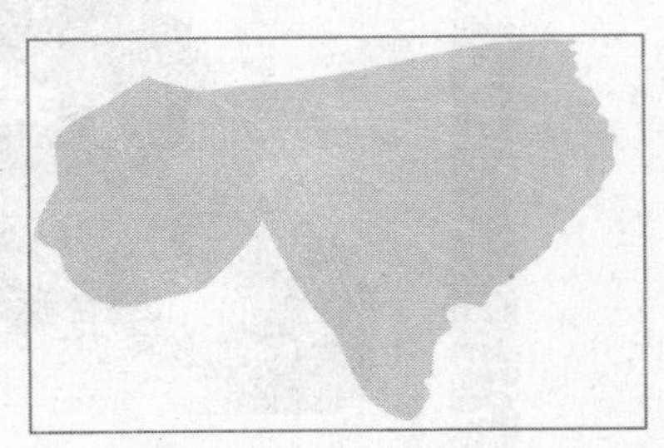

图6-6

04 单击“图层”面板底部的“创建新图层”按钮，新建一个图层，名称为“图层3”，选择“钢笔工具”，在画面中绘制纹理路径，如图6-7所示。选择“选择/修改/羽

化”命令，设置羽化半径为10。选择“加深工具”，如图6-8所示设置参数，加深选区的颜色，效果如图6-9所示。

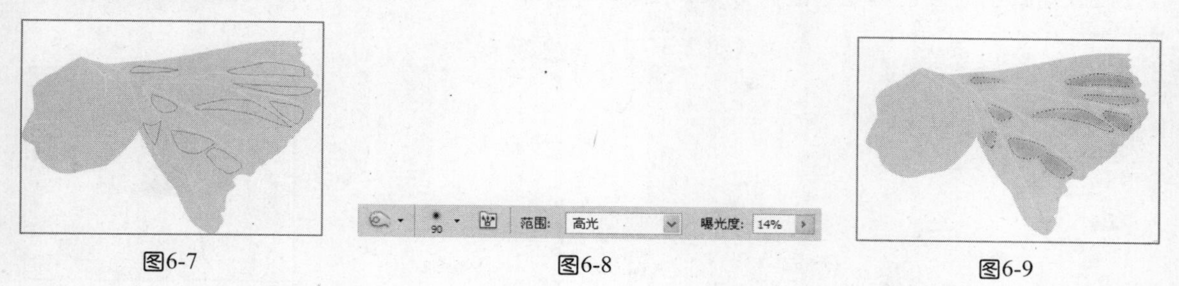

图6-7　　图6-8　　图6-9

05 单击“图层”面板底部的“创建新图层”按钮，新建一个图层，名称为“图层4”，选择“钢笔工具”，在画面中绘制高光路径，如图6-10所示。选择“选择/修改/羽化”命令，设置羽化半径为10。选择“减淡工具”，如图6-11所示设置参数，对图像进行处理，效果如图6-12所示。选择“加深工具”，如图6-13所示设置参数，对图像进行处理，效果如图6-14所示。

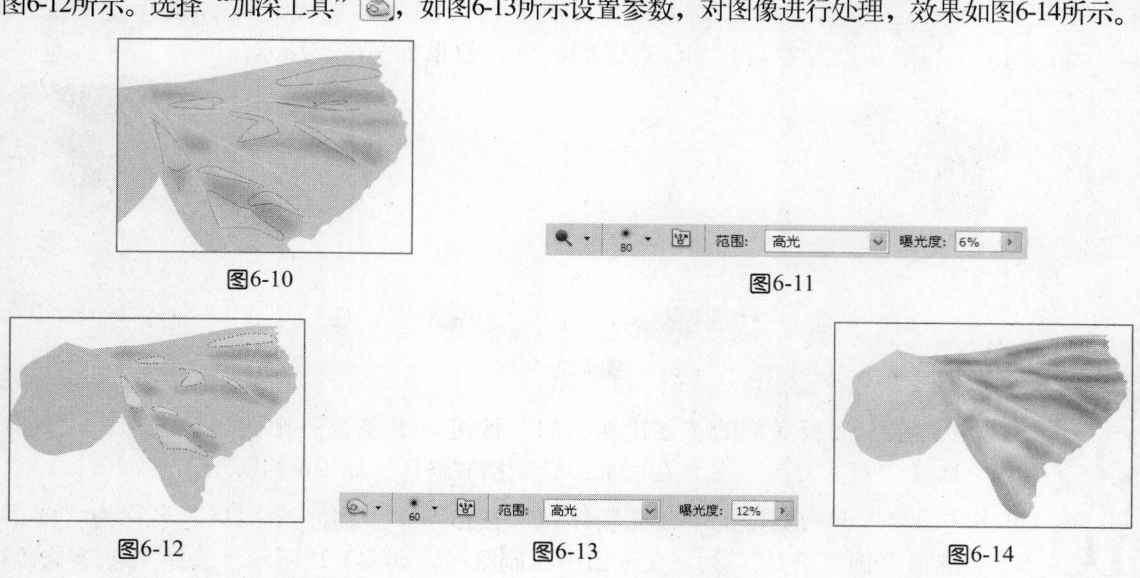

图6-10　　图6-11

图6-12　　图6-13　　图6-14

06 单击“图层”面板底部的“创建新图层”按钮，新建一个图层，名称为“图层5”，选择“钢笔工具”，在画面中绘路径，并为路径描边，如图6-15所示。选择“选择/修改/羽化”命令，设置羽化半径为1，选择“加深工具”，如图6-16所示设置参数，加深选区的颜色，效果如图6-17所示。

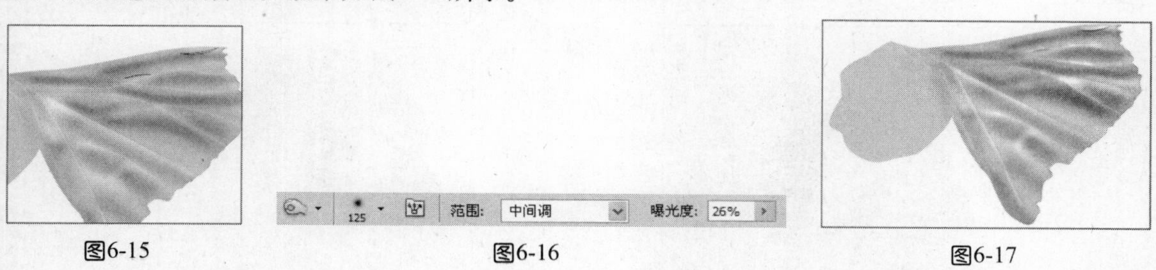

图6-15　　图6-16　　图6-17

07 单击“图层”面板底部的“创建新图层”按钮，新建一个图层，名称为“图层6”，选择“钢笔工具”，在画面中绘制卷曲路径上的图案，如图6-18所示。选择

"选择/修改/羽化"命令，设置羽化半径为5，选择"加深工具"，如图6-19所示设置参数，设置前景色为黑色填充选区，效果如图6-20所示。

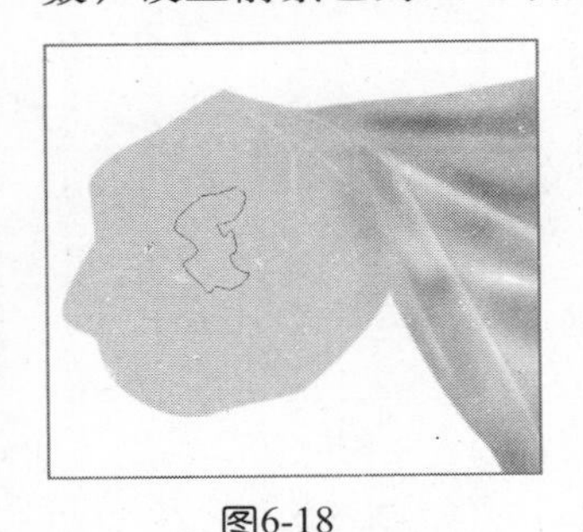

图6-18

图6-19

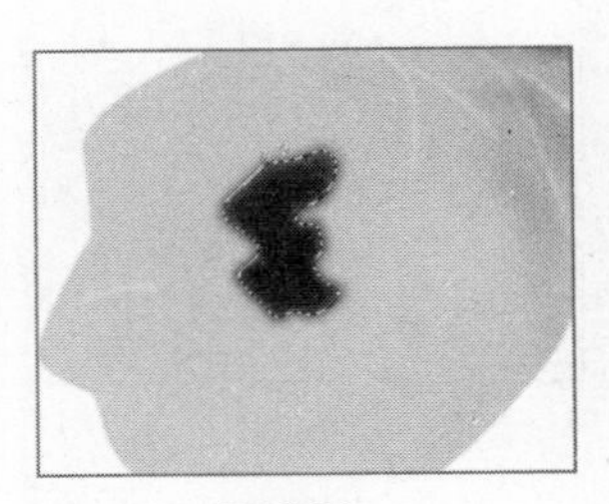

图6-20

08 单击"图层"面板底部的"创建新图层"按钮，新建一个图层，名称为"图层7"，选择"钢笔工具"，在画面中绘制折叠路径，如图6-21所示。选择"选择/修改/羽化"命令，设置羽化半径为1，设置前景色为深灰色填充选区。选择"加深工具"，如图6-22所示设置参数，加深选区的颜色，效果如图6-23所示。

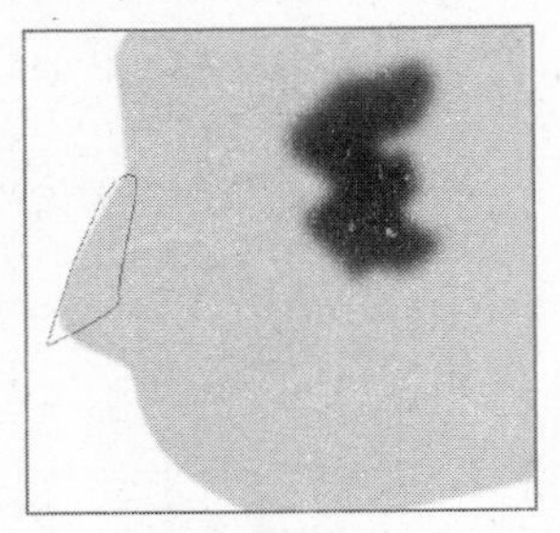

图6-21

图6-22

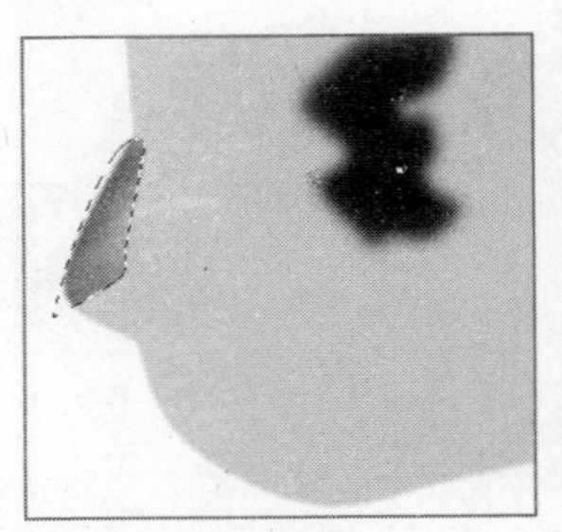

图6-23

09 单击"图层"面板底部的"创建新图层"按钮，新建一个图层，名称为"图层8"，选择"钢笔工具"，在画面中绘制褶皱路径，如图6-24所示。

10 单击"图层"面板底部的"创建新图层"按钮，新建一个图层，名称为"图层9"，选择"钢笔工具"，在画面中绘制路径，如图6-25所示。选择"选择/修改/羽化"命令，设置羽化半径为1，设置前景色为深粉色填充路径。使用"加深工具"、"减淡工具"对图层进行处理，选择"钢笔工具"绘制折叠路径，效果如图6-26所示。

11 单击"图层"面板底部的"创建新图层"按钮，新建一个图层，名称为"图层10"，选择"钢笔工具"，在画面中绘制折叠路径的图案，效果如图6-27所示。

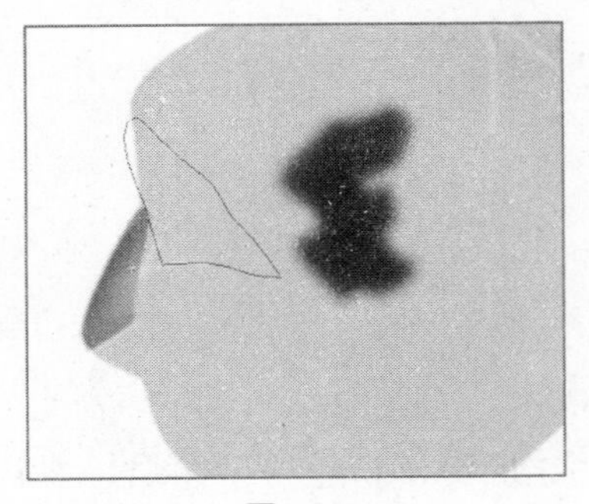

图6-24

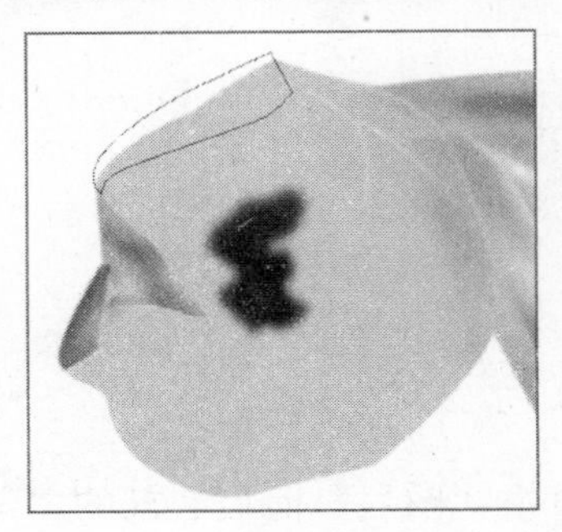

图6-25

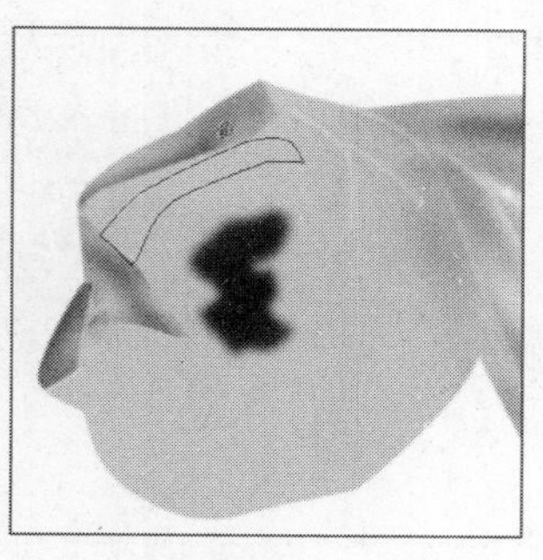

图6-26

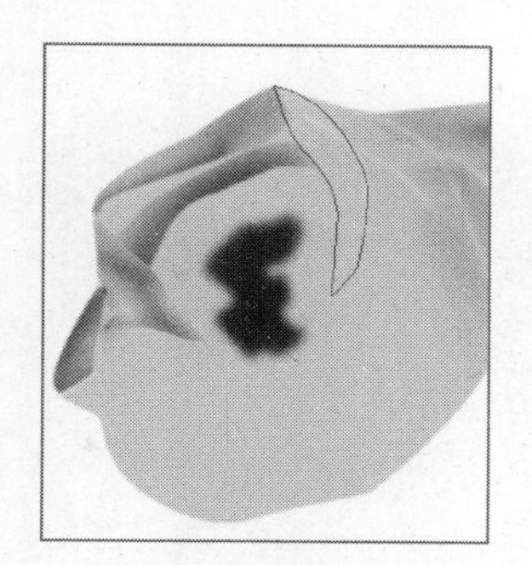

图6-27

12 选择“选择/修改/羽化”命令，设置羽化半径为1，设置前景色为深粉色填充路径。使用“加深工具”、“减淡工具”对图像进行处理。选择“钢笔工具”绘制路径，效果如图6-28所示。选择“减淡工具”，如图6-29所示设置参数，对图层的颜色进行减淡处理。

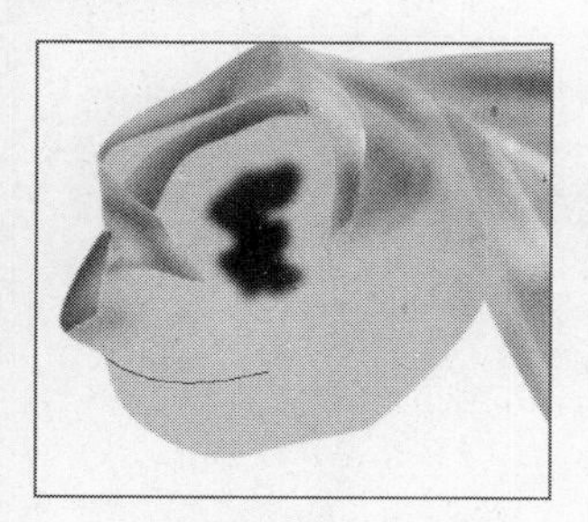

图6-28

图6-29

图6-30

13 单击“图层”面板底部的“创建新图层”按钮，新建一个图层，名称为“图层11”，选择“钢笔工具”，在画面中绘制转折路径，如图6-30所示。选择“选择/修改/羽化”命令，设置羽化半径为3，选择“加深工具”，如图6-31所示设置参数，对图像进行处理，效果如图6-32所示。选择“文字工具”T，在画面中随意键入英文字母，效果如图6-33所示。

图6-31

图6-32

图6-33

14 选择“编辑/变换/变形”命令，效果如图6-34所示。将“图层1”载入选区，如图6-35所示，选择“选择/反向”命令，将多余的部分删除，选择“滤镜/液化“命令，如图6-36所示设置参数，效果如图6-37所示。

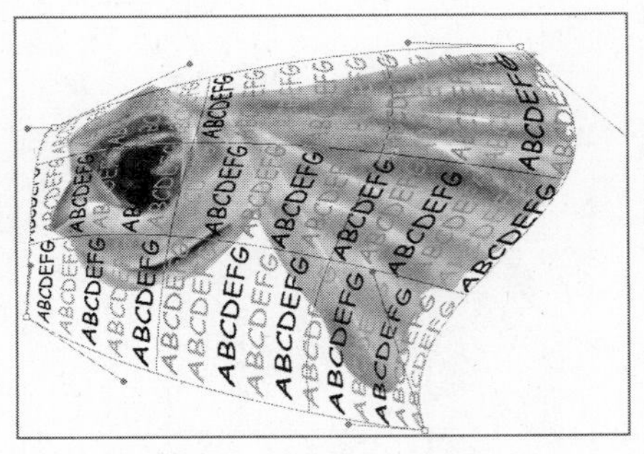

图6-34

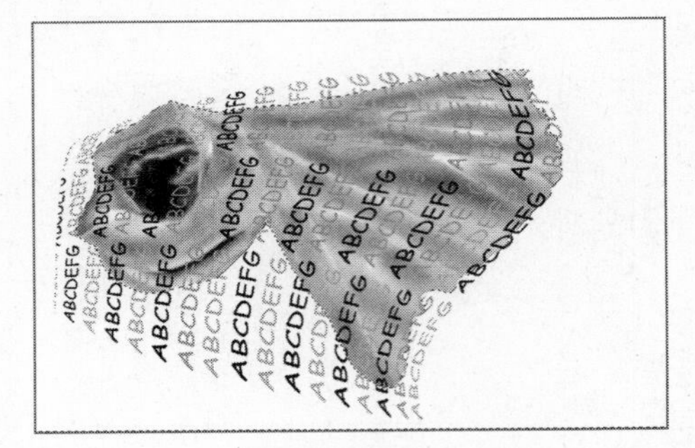

图6-35

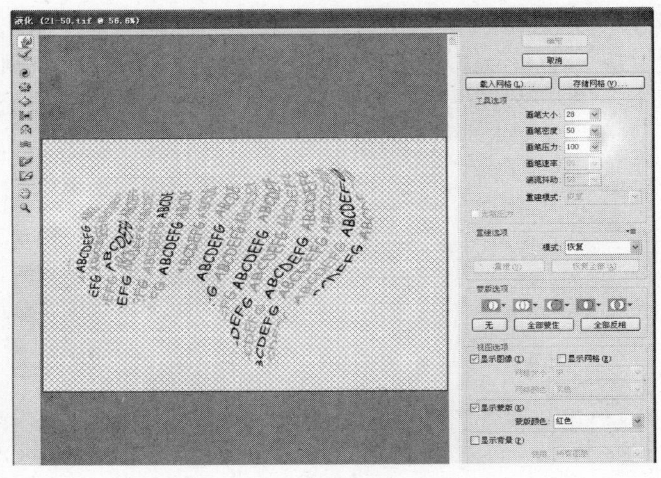

图6-36

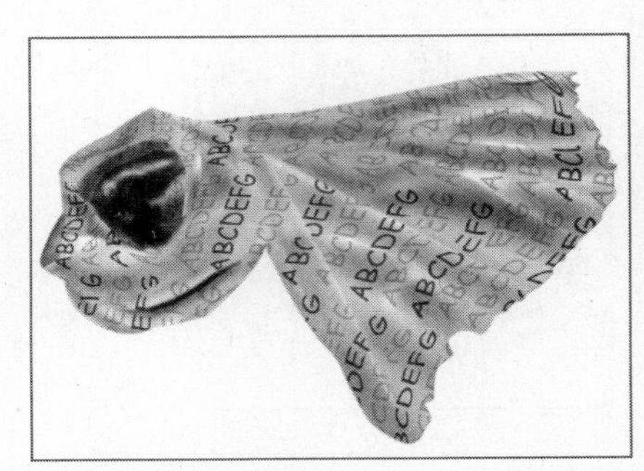

图6-37

15 单击“图层”面板底部的“创建新图层”按钮，新建一个图层，名称为“图层12”，选择“钢笔工具”，在画面中绘制折叠路径，如图6-38所示。选择“选择/修改/羽化”命令，设置羽化半径为5，选择“加深工具”，如图6-39所示设置参数，加深路径的颜色，效果如图6-40所示。

图6-38

图6-39

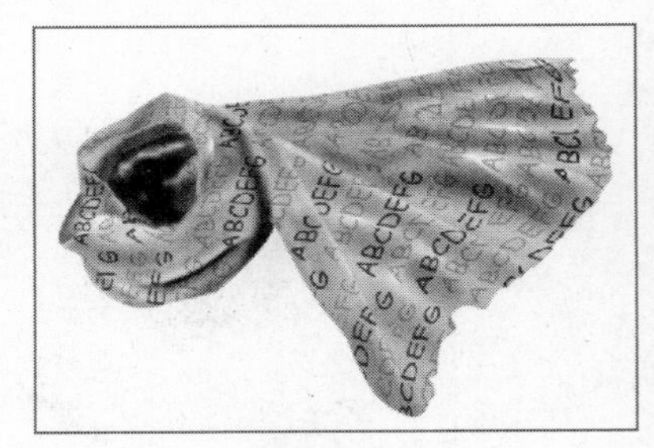

图6-40

16 单击“图层”面板底部的“创建新图层”按钮，新建一个图层，名称为“图层13”，选择“钢笔工具”，在画面中绘制丝巾穗，如图6-41所示。选择“画笔工具”为路径描边，效果如图6-42所示。单击“图层”面板底部的按钮，在下拉菜单中选择“图层样式/斜面和浮雕”、“图层样式/纹理”命令，如图6-43、图6-44所示设置参数，效果如图6-45所示。打开文件夹，导入素材图片，最终效果如图6-46所示。

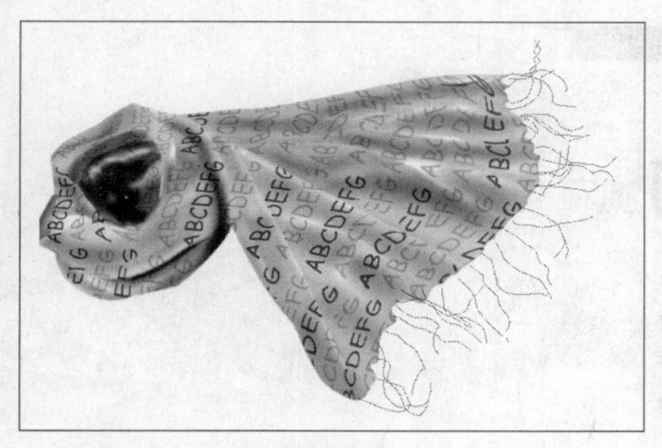

图6-41

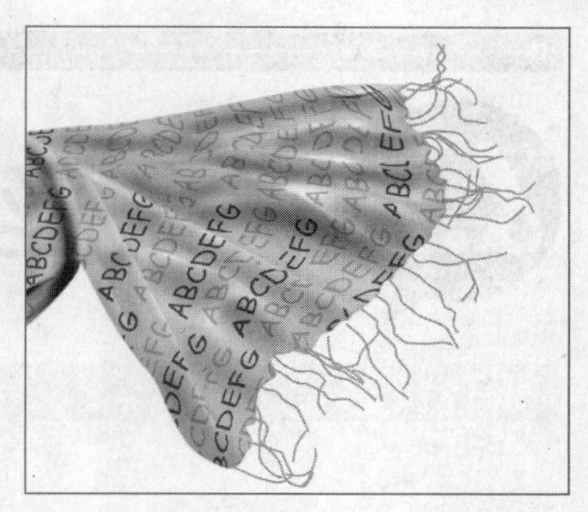

图6-42

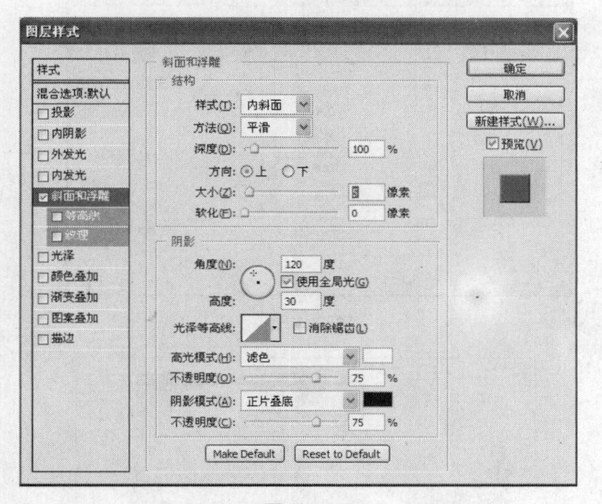

图6-43

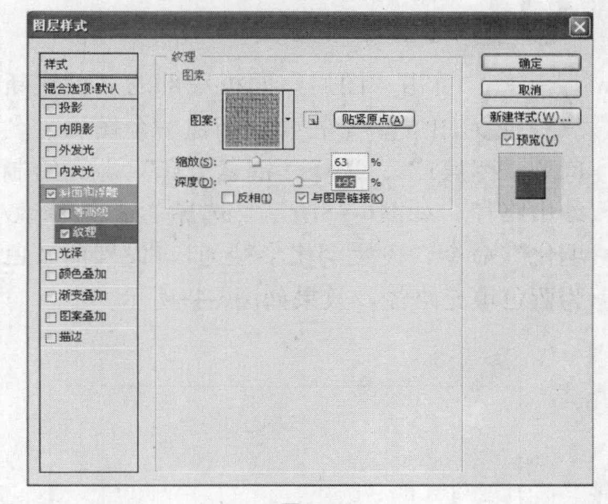

图6-44

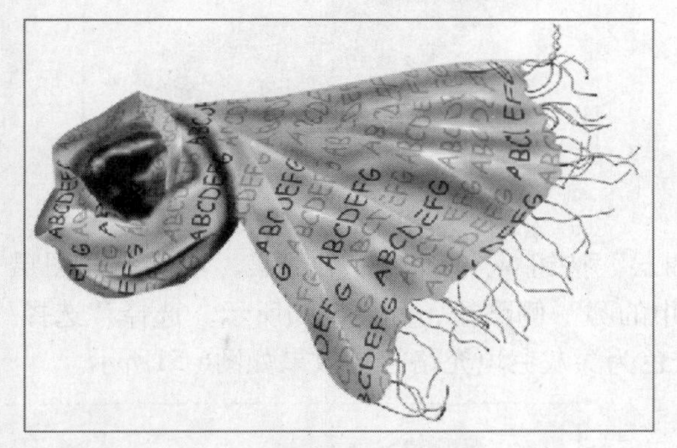

图6-45

图6-46

本例讲解在Photoshop CS5 中，制作丝织围巾的方法与技巧。在制作过程中，钢笔、文字工具的使用，结合加深、减淡工具，绘制出围巾的明暗、褶皱效果。应用图层样式添加图案、可以使围巾呈现出立体效果。

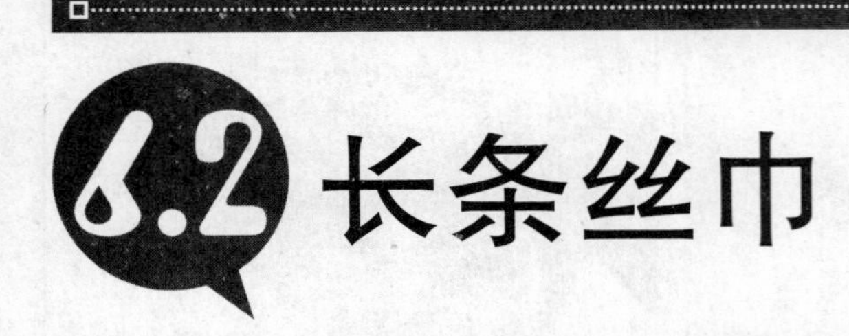

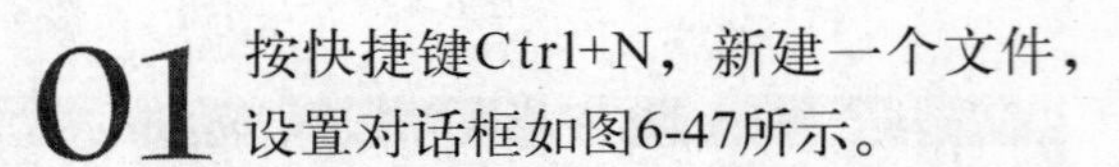

01 按快捷键Ctrl+N，新建一个文件，设置对话框如图6-47所示。

02 单击“图层”面板底部的“创建新图层”按钮，新建一个图层，名称为“图层1”，选择“钢笔工具”，绘制纱巾路径，如图6-48所示。选择“选择/修改/羽化”命令，设置羽化半径为1，设置前景色为蓝色填充路径，效果如图6-49所示。

图6-47

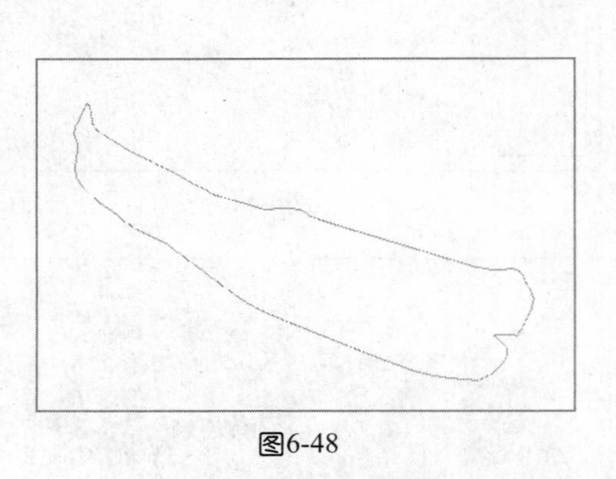

图6-48

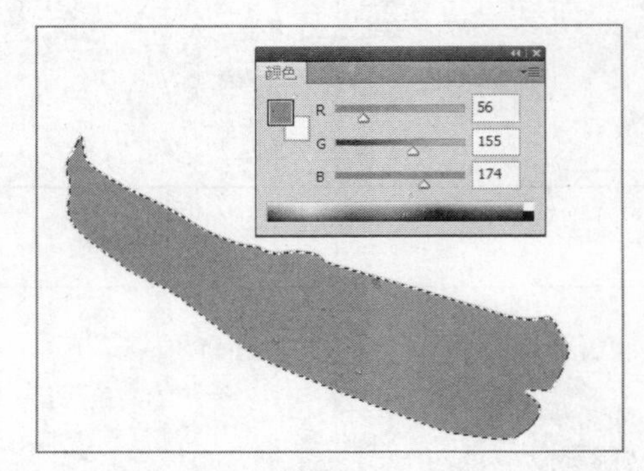

图6-49

03 单击“图层”面板底部的“创建新图层”按钮，新建一个图层，名称为“图层2”，选择“钢笔工具”，绘制丝巾的另一侧路径，如图6-50所示。选择“选择/修改/羽化”命令，设置羽化半径为1，设置前景色为深灰色填充路径，效果如图6-51所示。

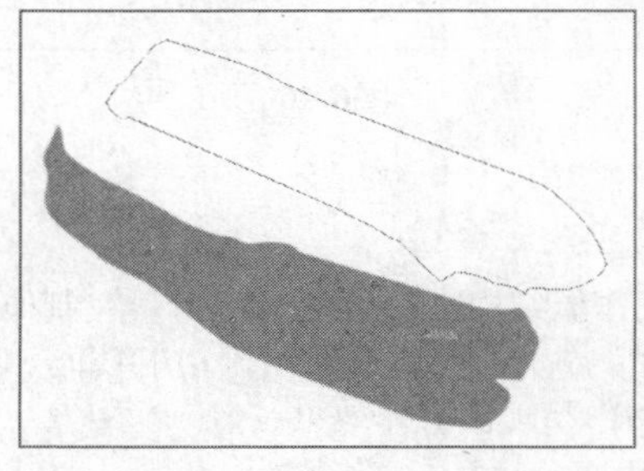

图6-50

图6-51

04 单击“图层”面板底部的“创建新图层”按钮，新建一个图层，名称为“图层3”，选择“钢笔工具”，绘制纱巾卷曲的路径，效果如图6-52所示。选择“选择/修改/羽化”命令，设置羽化半径为1，设置前景色为黄色填充路径，效果如图6-53所示。

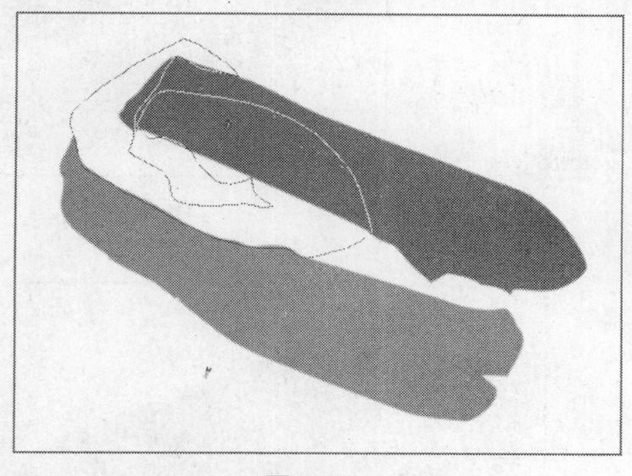

图6-52

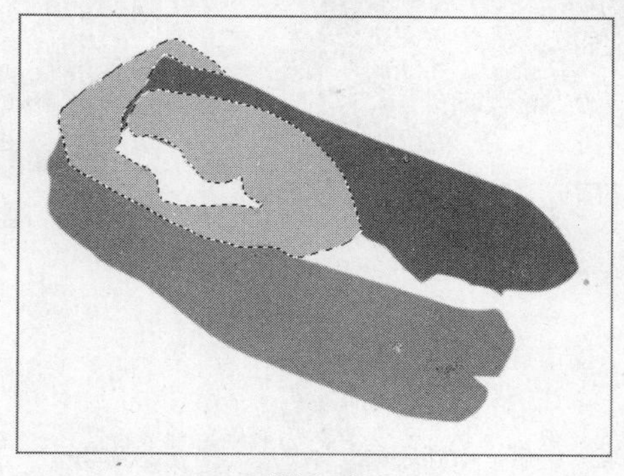

图6-53

05 单击“图层”面板底部的“创建新图层”按钮，新建一个图层，名称为“图层4”，选择“钢笔工具”，绘制丝巾褶皱路径，如图6-54所示。选择“选择/修改/羽化”命令，设置羽化半径为2，选择“加深工具”，如图6-55所示设置参数，对褶皱的部分进行加深处理，效果如图6-56所示。设置前景色为中绿色，如图6-57所示。选择“画笔工具”，在画面中填充褶皱的颜色，效果如图6-58所示。

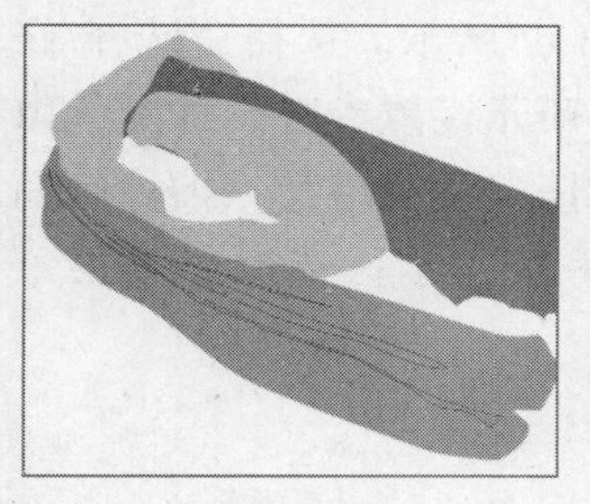

图6-54

图6-55

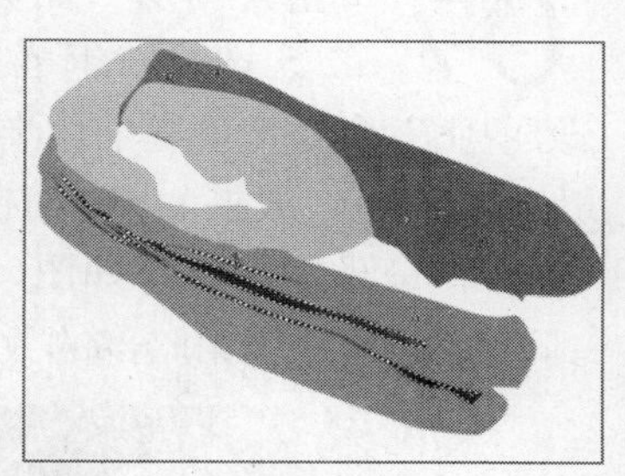

图6-56

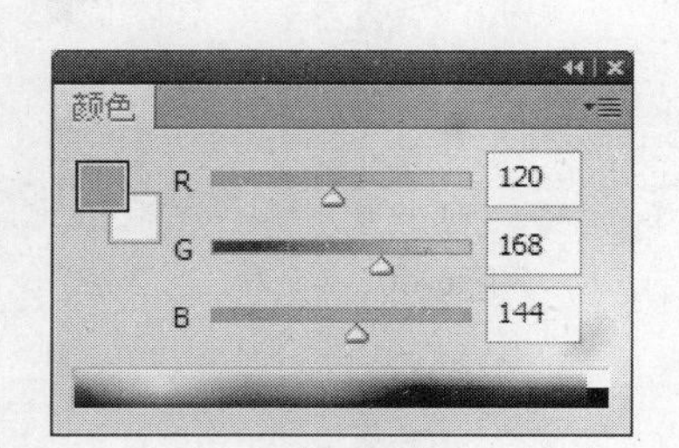

图6-57

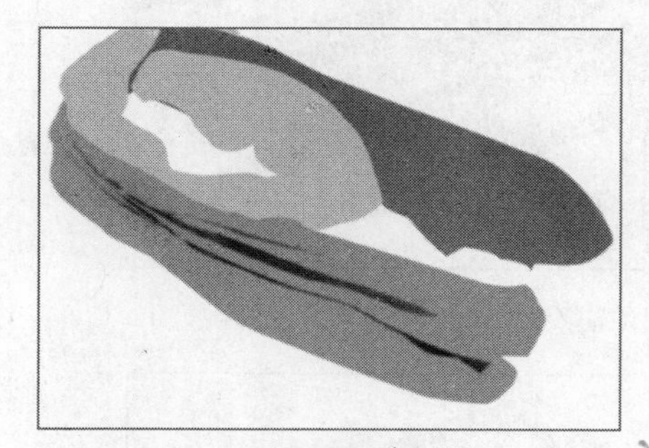

图6-58

06 单击“图层”面板底部的“创建新图层”按钮，新建一个图层，名称为“图层5”，选择“钢笔工具”，绘制丝巾的高光和暗部路径，如图6-59所示。选择“减淡工具”，如图6-60所示设置参数，对图像进行处理，效果如图6-61所示。选择“加深工具”、“减淡工具”，如图6-62、图6-63所示设置参数，对丝巾的高光和暗部的颜色进行调整，效果如图6-64所示。

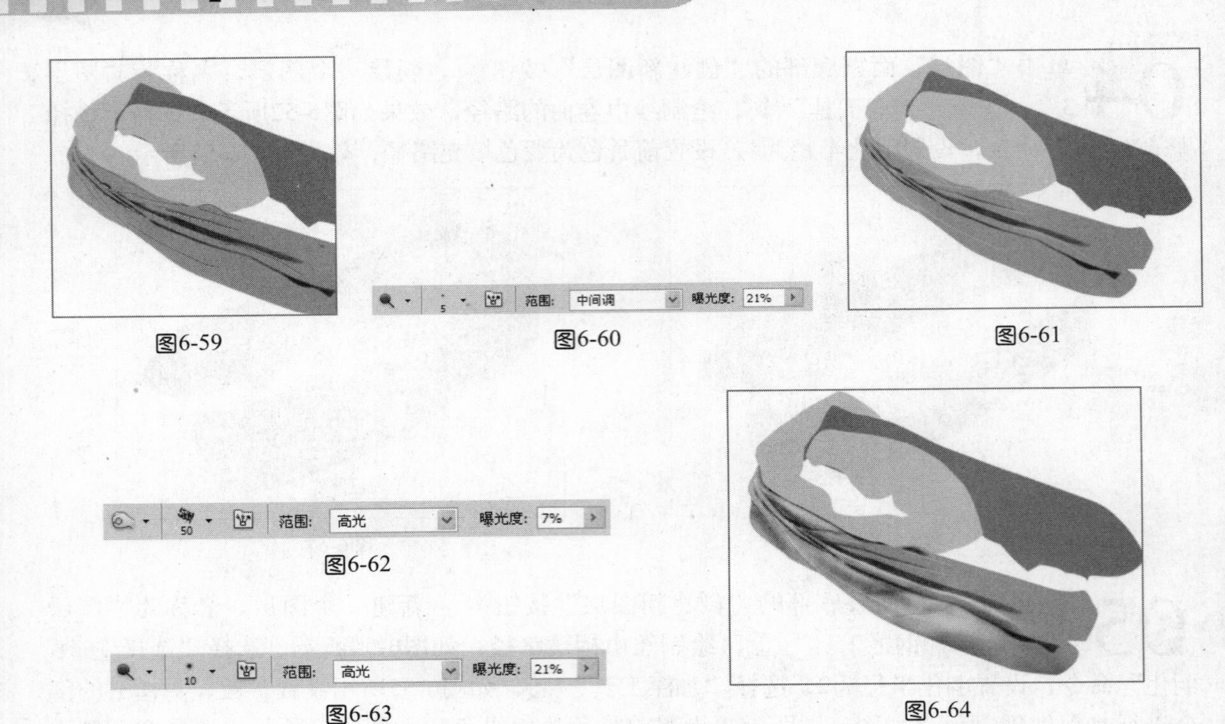

图6-59　图6-60　图6-61

图6-62

图6-63　图6-64

07 单击“图层”面板底部的“创建新图层”按钮，新建一个图层，名称为“图层6”，选择“钢笔工具”，绘制丝巾侧面的路径，如图6-65所示。选择“选择/修改/羽化”命令，设置羽化半径为2。选择“加深工具”，如图6-66所示设置参数，加深丝巾边缘的颜色，效果如图6-67所示。选择“橡皮擦工具”，如图6-68所示设置参数，擦掉画面中多余的部分，效果如图6-69所示。设置前景色为深灰色，如图6-70所示。选择“画笔工具”，绘制围巾暗部的效果，如图6-71所示。

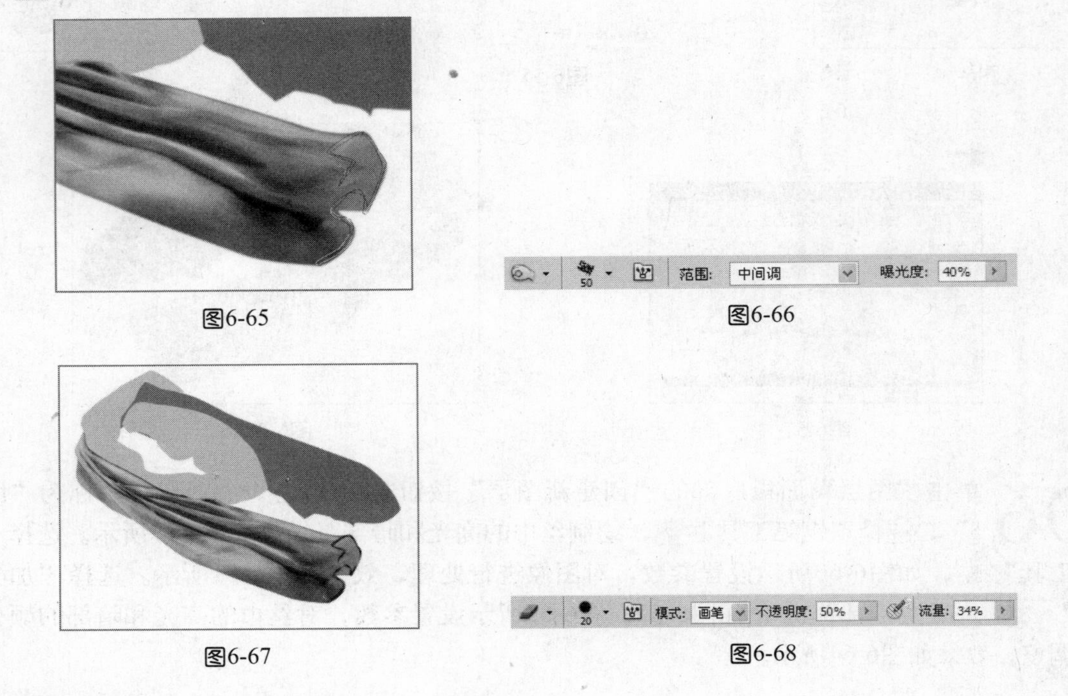

图6-65　图6-66

图6-67　图6-68

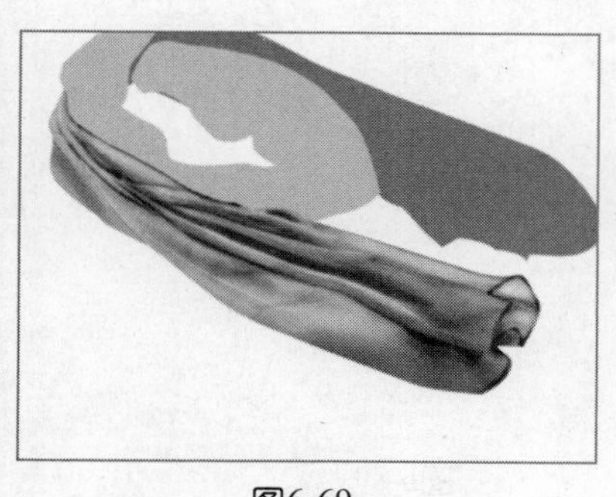
图6-69

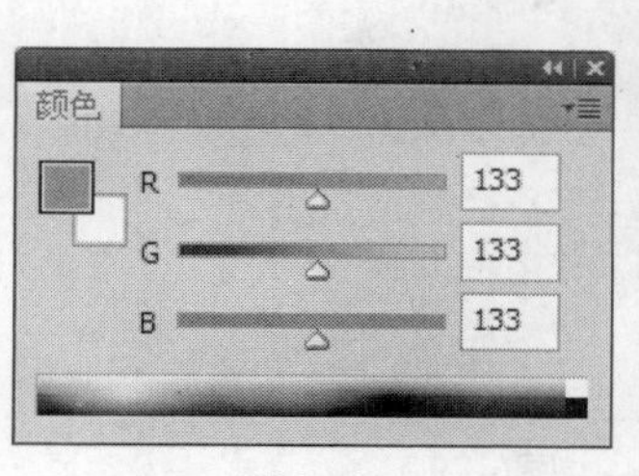

图6-70

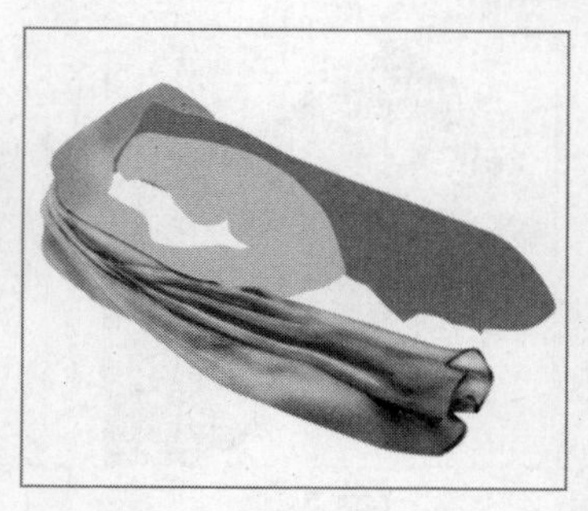
图6-71

08 单击“图层”面板底部的“创建新图层”按钮，新建一个图层，名称为“图层7”，选择“钢笔工具”，绘制路径，如图6-72所示。选择“选择/修改/羽化”命令，设置羽化半径为5，选择“加深工具”，如图6-73所示设置参数，加深图层的颜色，效果如图6-74所示。

图6-72

图6-73

图6-74

09 单击“图层”面板底部的“创建新图层”按钮，新建一个图层，名称为“图层8”，选择“钢笔工具”，绘制高光路径，如图6-75所示。选择“选择/修改/羽化”命令，设置羽化半径为2，选择“加深工具”，如图6-76所示设置参数，对图像进行处理，效果如图6-77所示。

图6-75

图6-76

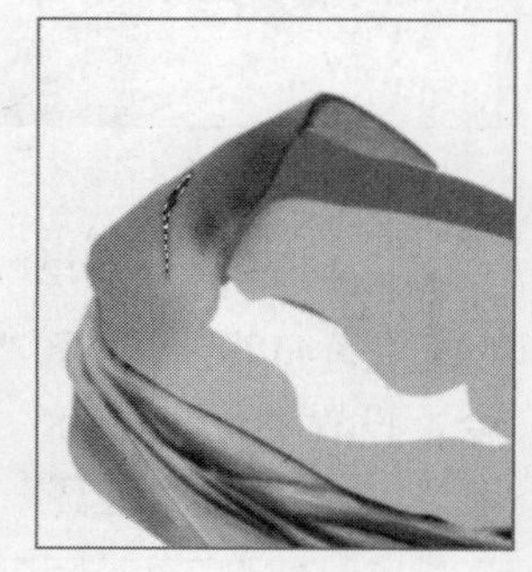
图6-77

10 新建一个图层，图层名称为“图层9”，选择“钢笔工具”，绘制丝巾的缝隙路径，如图6-78所示。选择“选择/修改/羽化”命令，设置羽化半径为1，选择“加深工具”，如图6-79所示设置参数，对图像进行处理，效果如图6-80所示。

11 新建一个图层，图层名称为“图层10”，选择“钢笔工具”绘制褶皱路径，如图6-81所示。选择“选择/修改/羽化”命令，设置羽化半径为4，选择“加深工具”，如图6-82所示设置参数，加深褶皱的颜色，效果如图6-83所示。

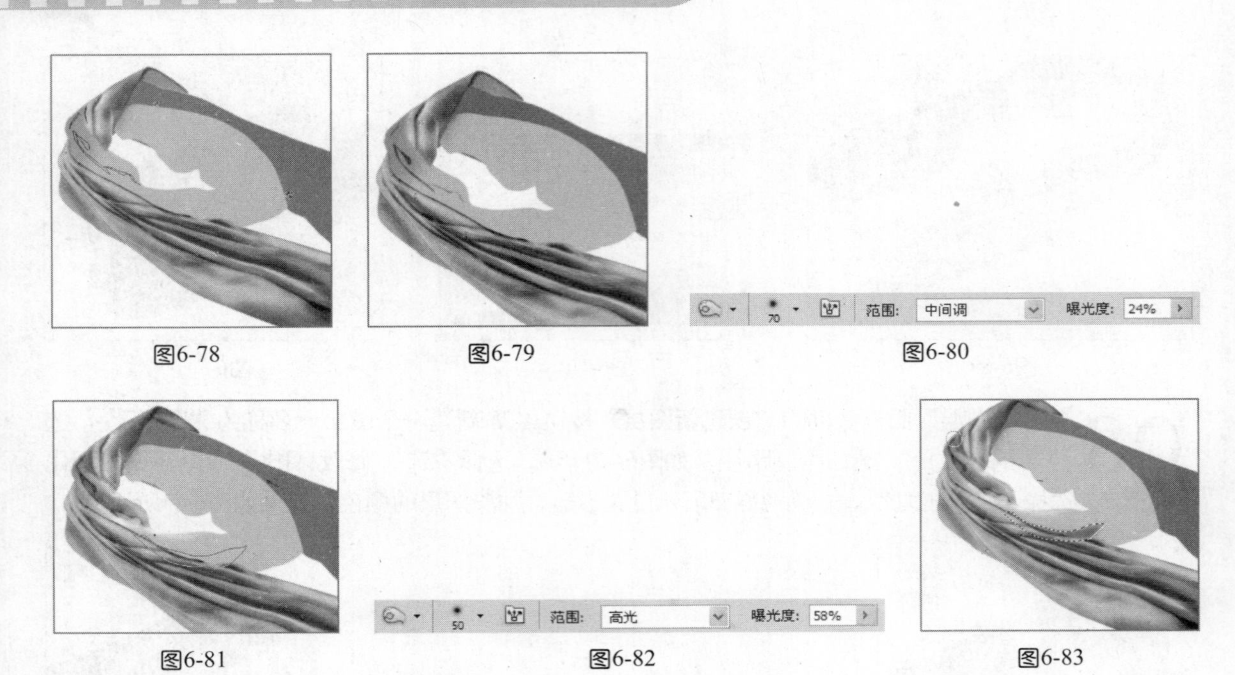

图6-78　图6-79　图6-80

图6-81　图6-82　图6-83

12 单击“图层”面板底部的“创建新图层”按钮，新建一个图层，名称为“图层11”，选择“钢笔工具”，绘制高光路径，如图6-84所示。选择“选择/修改/羽化”命令，设置羽化半径为2，选择“加深工具”，如图6-85所示设置参数，加深高光选区的颜色，效果如图6-86所示。

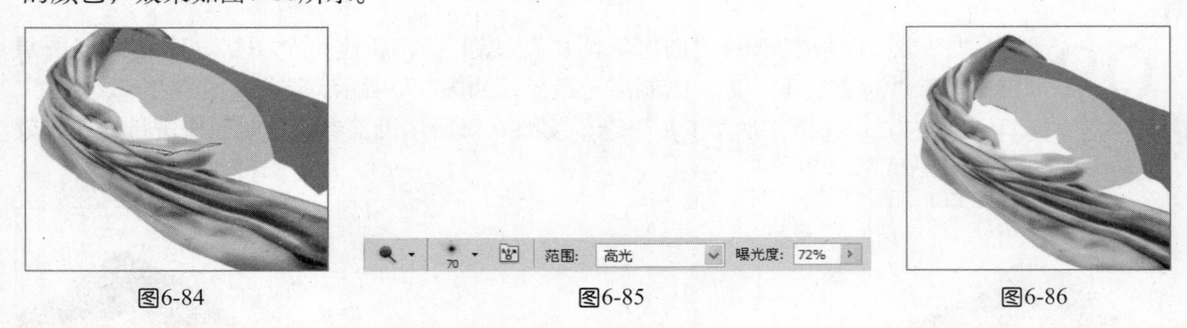

图6-84　图6-85　图6-86

13 单击“图层”面板底部的“创建新图层”按钮，新建一个图层，名称为“图层12”，选择“钢笔工具”，绘制路径，如图6-87所示。选择“选择/修改/羽化”命令，设置羽化半径为5，设置前景色为深灰色并填充路径，效果如图6-88所示。使用“加深工具”、“减淡工具”对图像进行调整，效果如图6-89所示。

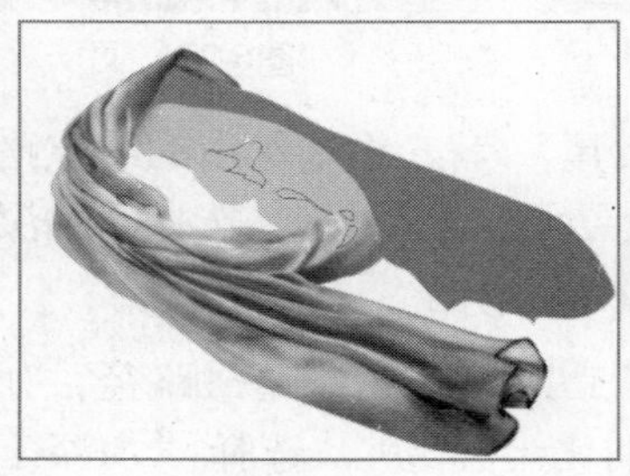

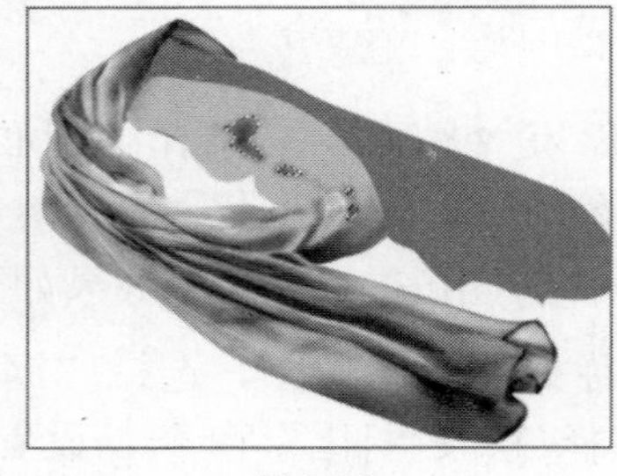

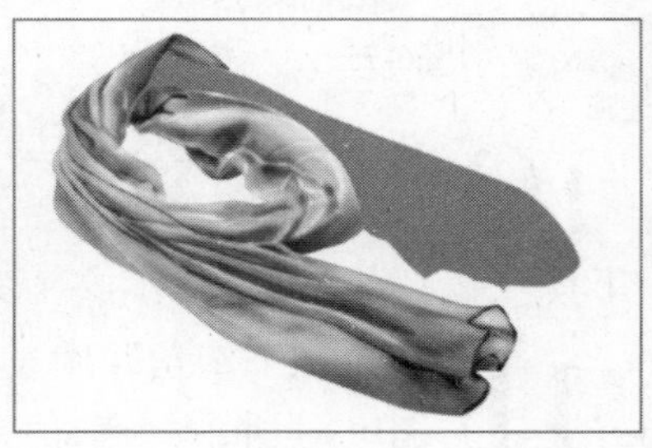

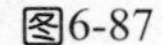

图6-87　图6-88　图6-89

14 单击“图层”面板底部的“创建新图层”按钮，新建一个图层，名称为“图层13”，选择“钢笔工具”，绘制路径，如图6-90所示。选择“选择/修改/羽化”命令，设置羽化半径为3，选择“加深工具”，如图6-91所示设置参数，加深丝巾上褶皱部分的颜色，效果如图6-92所示。打开文件夹，导入素材图片，最终效果如图6-93所示。

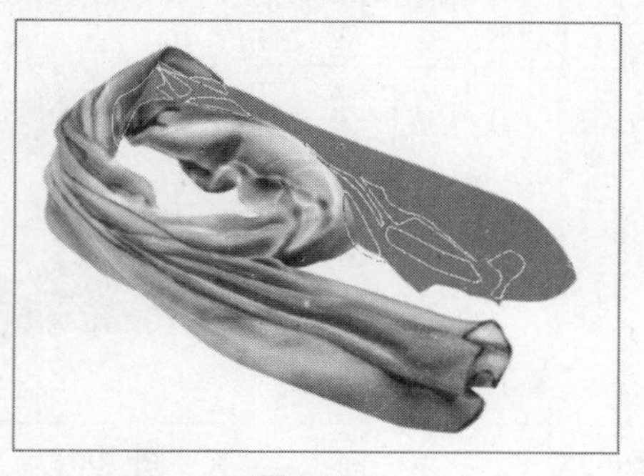

图6-90

图6-91

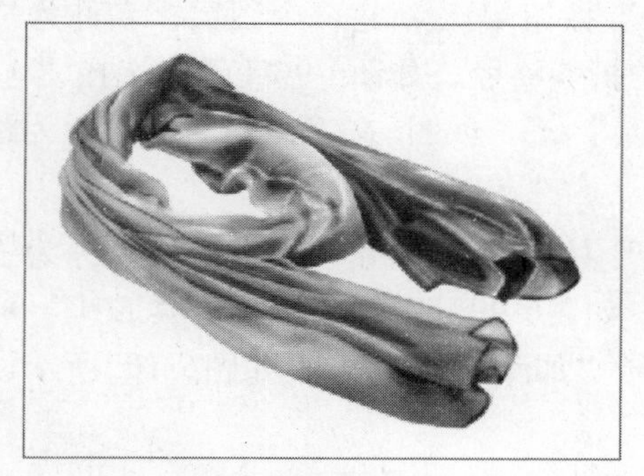

图6-92

图6-93

技法点评

本实例多处运用了加深工具和减淡工具，这两个工具可以使画面上的区域变暗或者变亮。在属性栏内调整相应的数值，可以为减淡工具和加深工具指定曝光度，参数值越高，曝光效果越明显。

6.3 卷状丝巾

设计步骤

01 按快捷键Ctrl+N，新建一个文件，设置对话框如图6-94所示。

02 单击“图层”面板底部的“创建新图层”按钮，新建一个图层，名称为“图层1”，选择“钢笔工具”，绘制丝巾路径，如图6-95所示。选择“选择/修改/羽化”命令，设置羽化半径为1，设置前景色为墨绿色并填充选区。选择“钢笔工具”绘制路径，效果如图6-96所示。

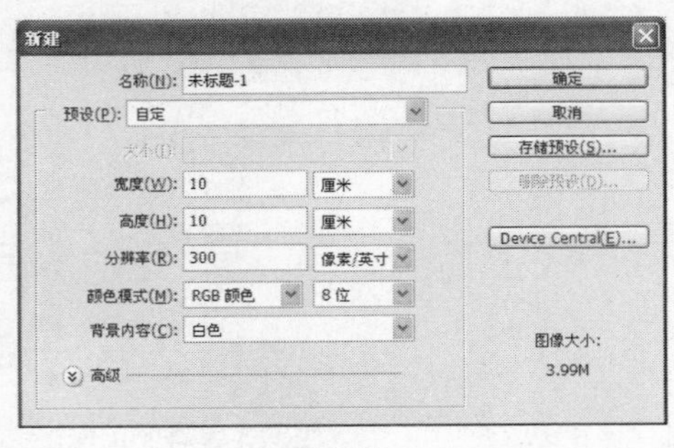

图6-94

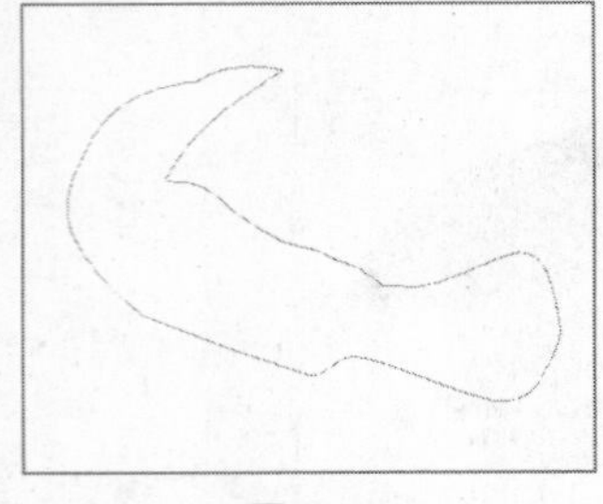

图6-95

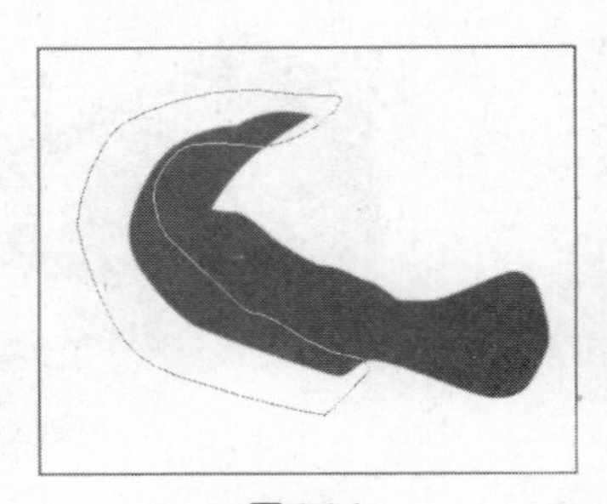

图6-96

03 单击“图层”面板底部的“创建新图层”按钮，新建一个图层，名称为“图层2”，选择“钢笔工具”，绘制围巾的折叠路径，如图6-96所示。选择“选择/修改/羽化”命令，设置羽化半径为2，选择“画笔工具”，如图6-97所示设置参数，为路径描边，效果如图6-98所示。

04 单击“图层”面板底部的“创建新图层”按钮，新建一个图层，名称为“图层3”，选择“钢笔工具”，绘制路径，如图6-99所示。选择“减淡工具”，如图6-100所示设置参数，效果如图6-101所示。选择“加深工具”，如图6-102所示设置参数，加深图层的颜色，效果如图6-103所示。

300 模式: 正常 不透明度: 100% 流量: 100%

图6-97

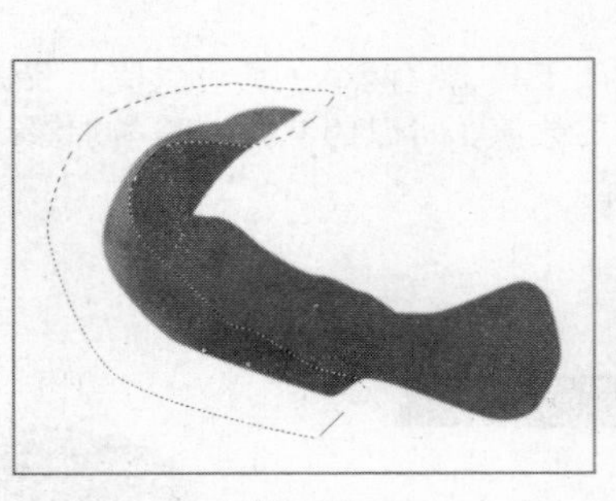

图6-98

图6-99

5 范围: 中间调 曝光度: 10%

图6-100

图6-101

图6-102

图6-103

05 单击“图层”面板底部的“创建新图层”按钮，新建一个图层，名称为“图层4”，选择“钢笔工具”，绘制阴影路径，如图6-104所示。选择“选择/修改/羽化”命令，设置羽化半径为2，选择“加深工具”，如图6-105所示设置参数，对图像进行处理，效果如图6-106所示。选择“钢笔工具”绘制围巾的褶皱路径，设置前景色为墨绿色填充路径，使用“加深工具”、“减淡工具”对图像进行处理，效果如图6-107所示。再选择“加深工具”，如图6-108所示设置参数，在画面中加深褶皱的颜色。

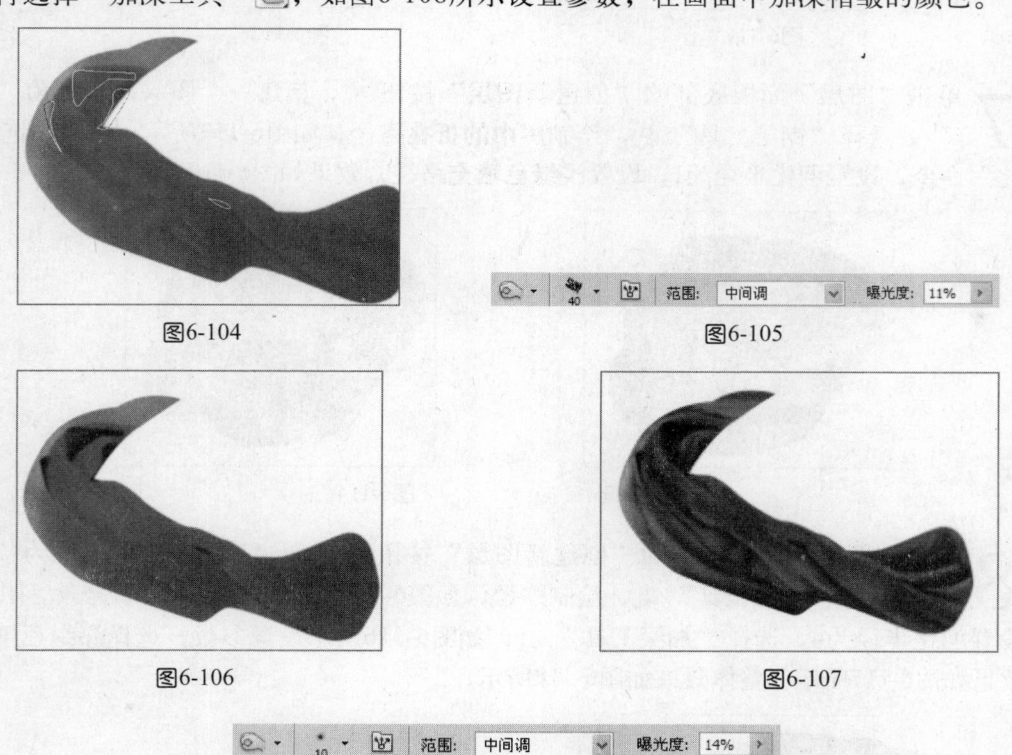

图6-104

图6-105

图6-106

图6-107

图6-108

06 单击“图层”面板底部的“创建新图层”按钮，新建一个图层，名称为“图层5”，选择“钢笔工具”，绘制围巾的卷盘路径，如图6-109所示。选择“选择/修改/羽化”命令，设置羽化半径为1，设置前景色为墨绿色填充路径，效果如图6-110所示。选择“钢笔工具”，绘制盘芯路径，如图6-111所示。选择“选择/修改/羽化”命令，设置羽化半径为1，选择“选择/反向”命令，将多余部分删除，效果如图6-112所示。

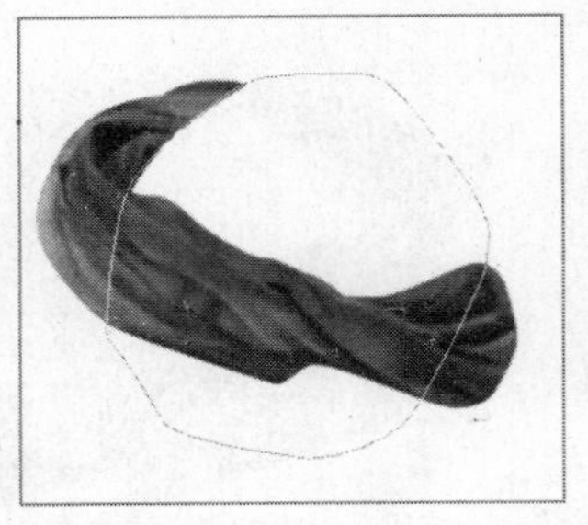
图6-109

图6-110

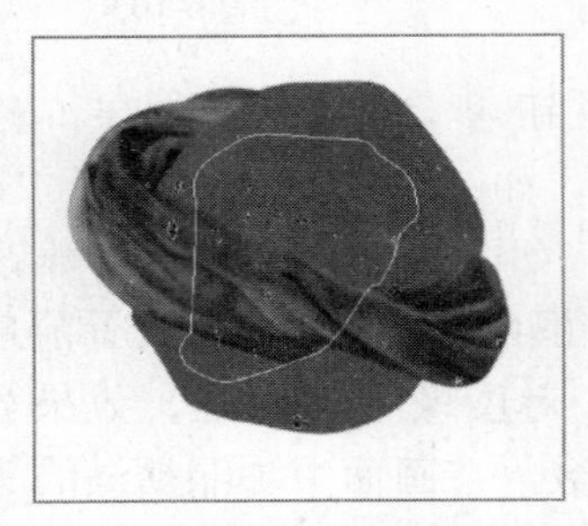
图6-111

图6-112

07 单击“图层”面板底部的“创建新图层”按钮，新建一个图层，名称为“图层6”，选择“钢笔工具”，绘制围巾的折叠路径，如图6-113所示。选择“选择/修改/羽化”命令，设置羽化半径为1，设置浅绿色填充路径，效果如图6-114所示。

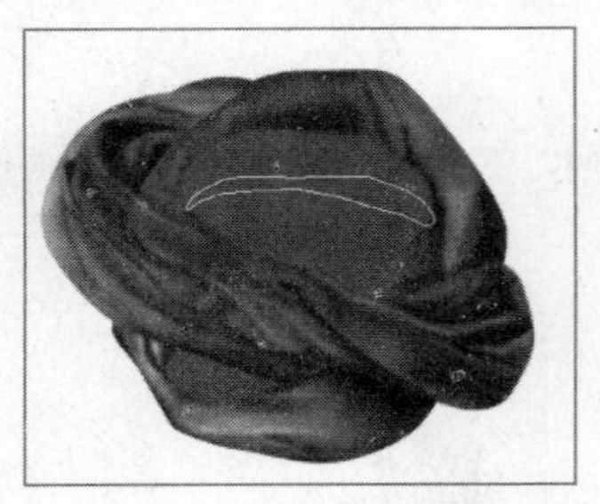
图6-113

图6-114

08 单击“图层”面板底部的“创建新图层”按钮，新建一个图层，名称为“图层7”，选择“钢笔工具”，绘制路径，如图6-115所示。选择“选择/修改/羽化”命令，设置羽化半径为4，选择“加深工具”，如图6-116所示设置参数，选择深绿色填充路径，效果如图6-117所示，整体效果如图6-118所示。

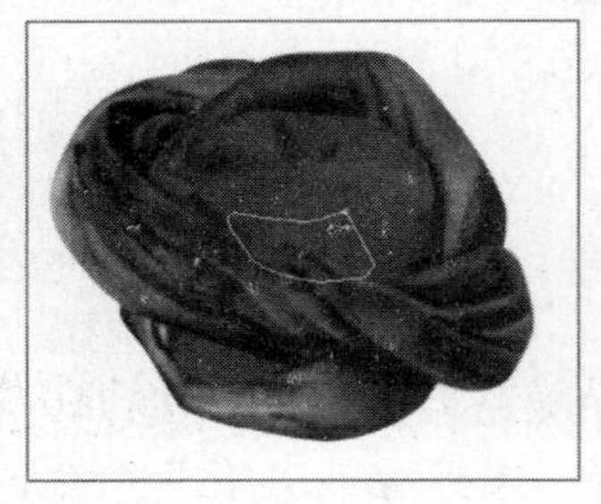
图6-115

图6-116

图6-117

图6-118

09 单击“图层”面板底部的“创建新图层”按钮，新建一个图层，名称为“图层8”，选择“钢笔工具”，绘制围巾的高光路径，设置前景色为淡绿色填充路径，效果如图6-119所示。单击“图层”面板底部的“创建新图层”按钮，图层名称为“图层9”，选择“钢笔工具”，绘制围巾两侧不同的路径，如图6-120所示。选择“画笔工具”分别填充不同颜色，效果如图6-121所示。选择“加深工具”、“减淡工具”，如图6-122、图6-123所示设置参数，效果如图6-124所示。

图6-119

图6-120

图6-121

图6-122

图6-123

图6-124

10 单击“图层”面板底部的“创建新图层”按钮，新建一个图层，名称为“图层10”，选择“钢笔工具”，绘制围巾的高光路径，如图6-125所示。选择“选择/修改/羽化”命令，设置羽化半径为2，选择“减淡工具”，如图6-126所示设置参数，选择“钢笔工具”绘制围巾另一侧的高光路径，选择浅绿色填充，效果如图6-127所示。选择“选择/修改/羽化”命令，设置羽化半径为3，选择“加深工具”，如图6-128所示设置参数，对图像进行处理，效果如图6-129所示。

图6-125

图6-126

图6-127

图6-128

图6-129

11 单击“图层”面板底部的“创建新图层”按钮，新建一个图层，名称为“图层11”，选择“钢笔工具”，绘制围巾上的网格路径，如图6-130所示。选择“画笔工具”，如图6-131所示设置参数，在画面中为路径描边，效果如图6-132所示。单击“图层”面板底部的按钮，在下拉菜单中选择“图层样式/投影”、“图层样式/斜面和浮雕”命令，如图6-133、图6-134所示设置参数，效果如图6-135所示。选择“加深工具”，如图6-136所示设置参数，加深网格图案的颜色，效果如图6-137所示。设置此图层混合模式为“变亮”，效果如图6-138所示，打开素材文件夹，导入素材图片，最终效果如图6-139所示。

图6-130

图6-131

图6-132

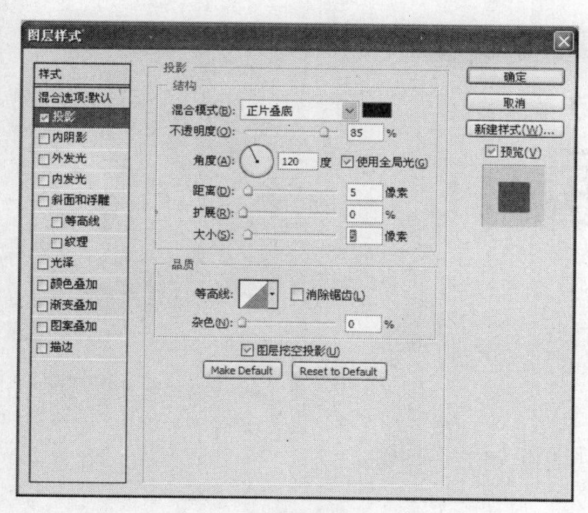

图6-133

图层样式
样式
混合选项:默认
投影
内阴影
外发光
内发光
斜面和浮雕
等高线
纹理
光泽
颜色叠加
渐变叠加
图案叠加
描边
斜面和浮雕
结构
样式(T): 内斜面
方法(Q): 平滑
深度(D): 100 %
方向: 上 下
大小(Z): 5 像素
软化(F): 0 像素
阴影
角度(N): 120 度
使用全局光(G)
高度: 30 度
光泽等高线: 消除锯齿(L)
高光模式(H): 滤色
不透明度(O): 75 %
阴影模式(A): 正片叠底
不透明度(C): 75 %
Make Default
Reset to Default
确定
取消
新建样式(W)...
预览(V)

图6-134

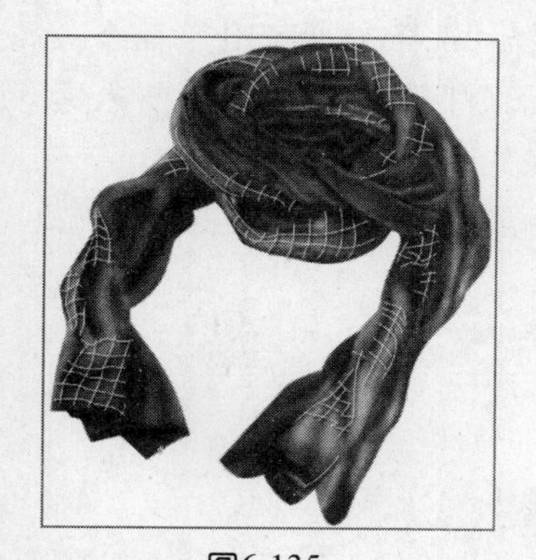

图6-135

90 范围: 高光 曝光度: 100%

图6-136

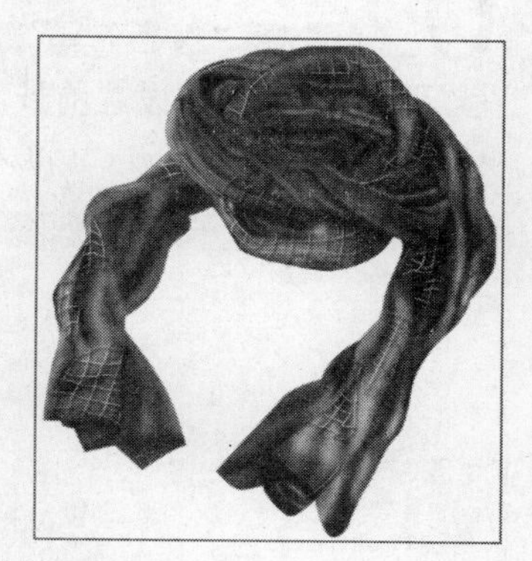

图6-137

图6-138

图6-139

本实例着重运用“图层样式”命令，图层样式也叫图层效果，它用于创建图像的特殊效果，如具有真实质感的水晶、玻璃、金属等。图层样式可以随时修改、隐蔽或删除，具有非常强的灵活性。

6.4 图案装饰围巾

设计步骤

01 按快捷键Ctrl+N，新建一个文件，设置对话框如图6-140所示。

02 单击“图层”面板底部的“创建新图层”按钮，新建一个图层，名称为“图层1”，选择“钢笔工具”，绘制围巾路径，如图6-141所示。选择“选择/修改/羽化”命令，设置羽化半径为1，设置前景色为灰黄色填充路径，效果如图6-142所示。打开素材文件夹，导入素材图片，如图6-143所示。将“图层1”载入选区，删除多余部分，效果如图6-144所示。

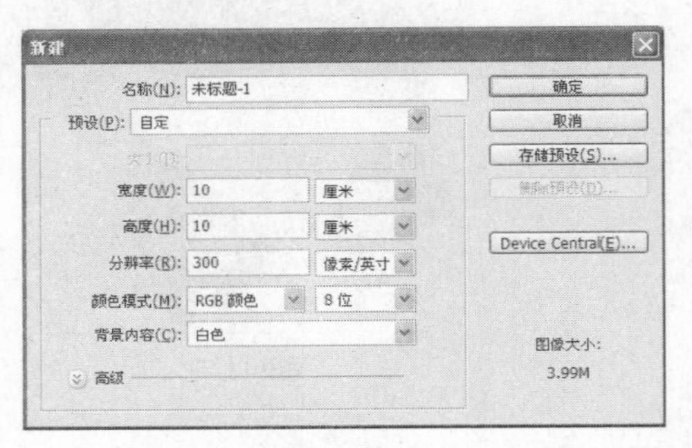

图6-140

图6-141

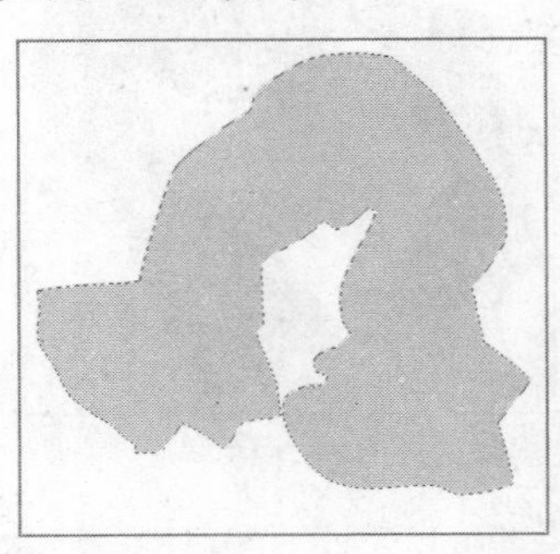

图6-142

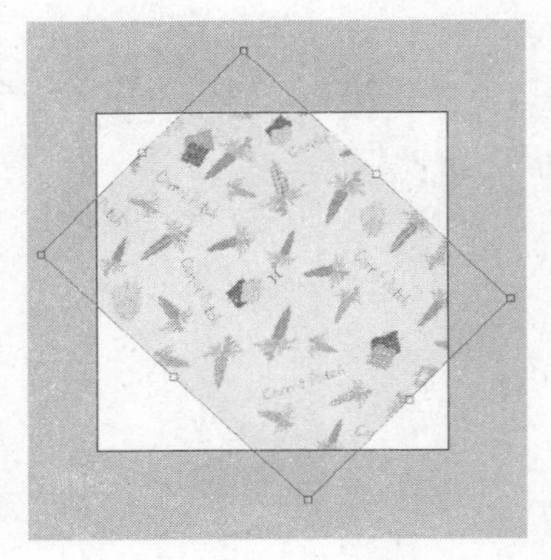

图6-143

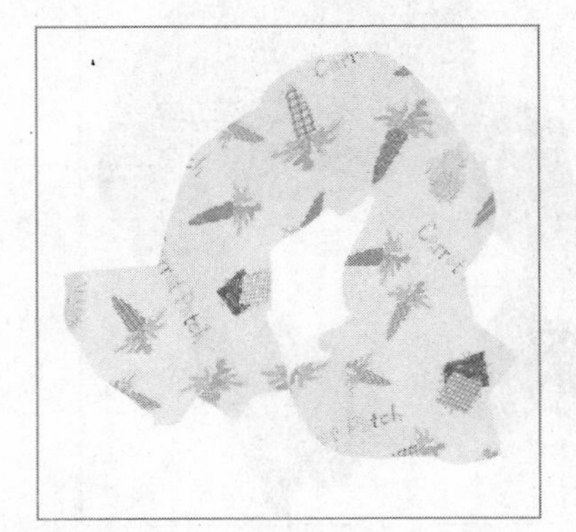

图6-144

03 单击“图层”面板底部的“创建新图层”按钮，新建一个图层，名称为“图层2”，选择“钢笔工具”，绘制围巾的褶皱路径，如图6-145所示。选择“选择/修改/羽化”命令，设置羽化半径为2。选择“滤镜/扭曲/球面化”命令，如图6-146所示设置参数，效果如图6-147所示。选择“加深工具”，如图6-148所示设置参数，对图像进行处理，效果如图6-149所示。

图6-145

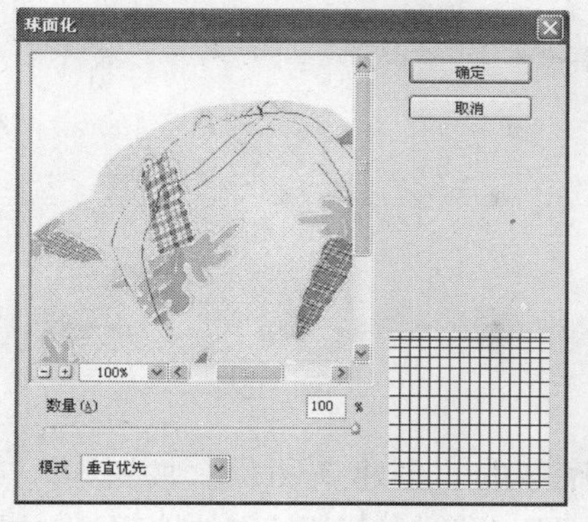

图6-146

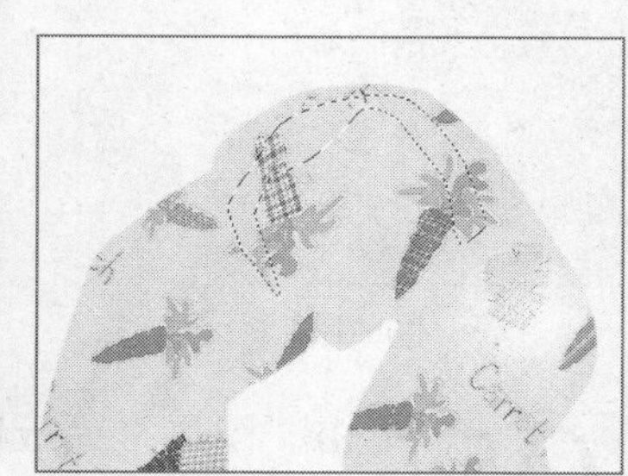
图6-147

图6-148

图6-149

04 单击“图层”面板底部的“创建新图层”按钮，新建一个图层，名称为“图层3”，选择“钢笔工具”，在画面中绘制路径，如图6-150所示。选择“减淡工具”，如图6-151所示设置参数，对图像进行处理，效果如图6-152所示。选择“钢笔工具”，在画面中绘制路径，选择“减淡工具”，如图6-153所示设置参数，对图像进行处理，效果如图6-154所示。选择“加深工具”，如图6-155所示设置参数，加深选区的颜色，效果如图6-156所示。

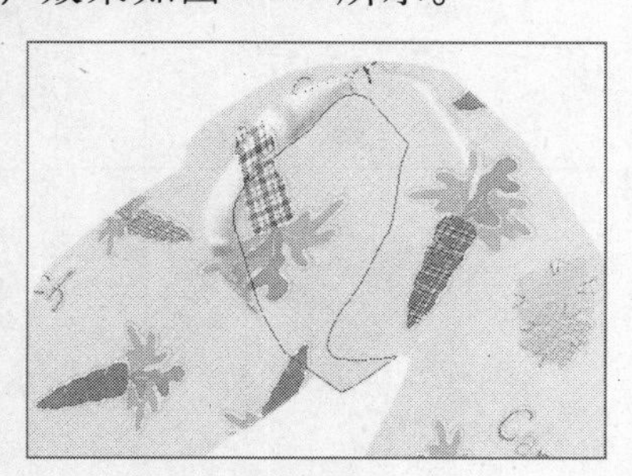
图6-150

图6-151

图6-152

图6-153

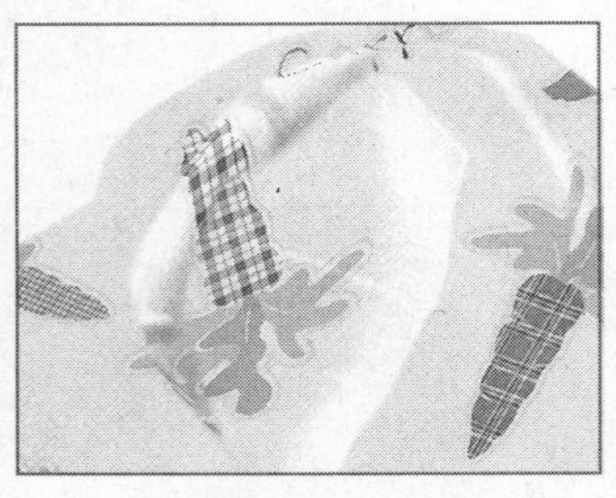

图6-154

图6-155

图6-156

05 单击“图层”面板底部的“创建新图层”按钮，新建一个图层，名称为“图层4”，选择“钢笔工具”，在画面中绘制围巾的转折面路径，如图6-157所示。选择“加深工具”，如图6-158所示设置参数，在画面绘制立体效果。使用“钢笔工具”在画面中绘制路径，效果如图6-159所示。设置前景色为深灰色填充路径，使用“减淡工具”对图层进行提亮，如图6-160所示。

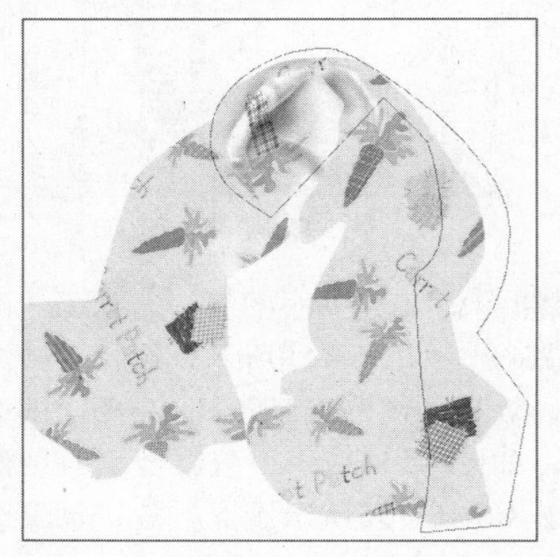

图6-157

图6-158

图6-159

图6-160

06 单击“图层”面板底部的“创建新图层”按钮，新建一个图层，名称为“图层5”，选择“钢笔工具”，在画面中绘制路径，如图6-161所示，效果如图6-162所示。选择“钢笔工具”，在画面中绘制转折路径，如图6-163所示，选择“减淡工具”，如图6-164所示设置参数，减淡转折路径的颜色，效果如图6-165所示。

图6-161

图6-162

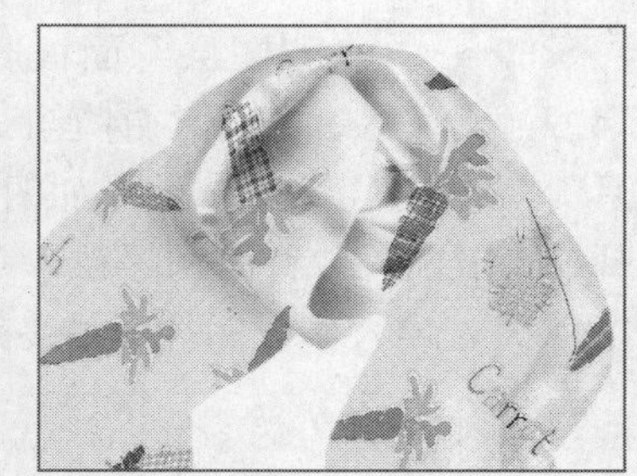

图6-163

范围:　高光　曝光度:　11%

图6-164

图6-165

07 单击“图层”面板底部的“创建新图层”按钮，新建一个图层，名称为“图层6”，选择“钢笔工具”，在画面中绘制纹理路径，如图6-166所示。选择“加深工具”，如图6-167所示设置参数，加深纹理的颜色，效果如图6-168所示。

图6-166

图6-167

图6-168

08 单击“图层”面板底部的“创建新图层”按钮，新建一个图层，名称为“图层7”，选择“钢笔工具”，在画面中绘制高光路径，如图6-169所示。选择“加深工具”，如图6-170所示设置参数，对高光的部分进行提亮，效果如图6-171所示。

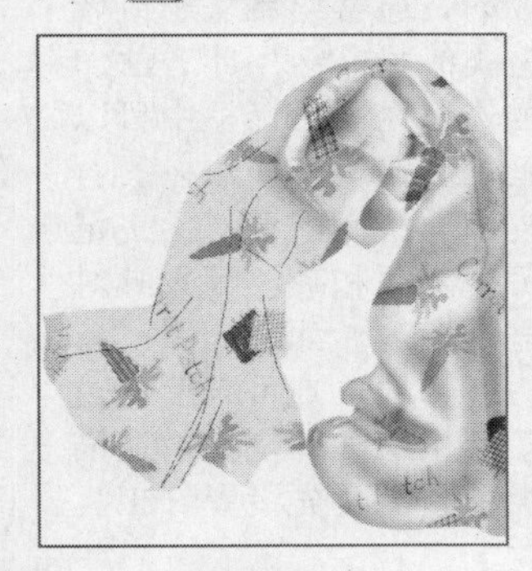

图6-169

图6-170

图6-171

09 单击“图层”面板底部的“创建新图层”按钮，新建一个图层，名称为“图层8”，选择“钢笔工具”，绘制围巾穗的路径，如图6-172所示。选择“画笔工具”为路径描边，效果如图6-173所示。单击“图层”面板底部的fx按钮，在下拉菜单中选择 “图层样式/斜面和浮雕”命令，如图6-174所示设置参数，效果如图6-175所示。打开素材文件夹，导入素材图片，最终效果如图6-176所示。

图6-172

图6-173

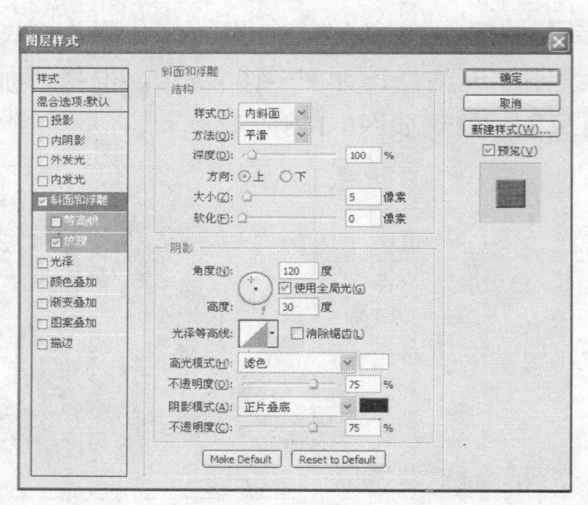

图6-174

图6-175

图6-176

本实例在围巾两端绘制了围巾穗，是使用路径描边命令来完成的，通常绘制穗子或者毛线之类的物品多用此方法。在“描边路径”对话框中可以选择画笔、铅笔、橡皮擦、背景橡皮擦、仿制图章、历史记录画笔、加深和减淡等工具对路径进行描边。如果勾选“模拟压力”选项，则可以使描边的线条产生粗细的变化。在描边路径前，需要先设置好工具的参数。

6.5 毛绒围巾

设计步骤

01 按快捷键Ctrl+N，新建一个文件，设置对话框如图6-177所示。

02 单击“图层”面板底部的“创建新图层”按钮，新建一个图层，名称为“图层1”，选择“钢笔工具”，绘制花形路径，如图6-178所示。选择“选择/修改/羽化”命令，设置羽化半径为1，设置前景色为土黄色填充路径，效果如图6-179所示。选择“减淡工具”，如图6-180所示设置参数，在画面中绘制出花瓣边缘淡化的效果，如图6-181所示。

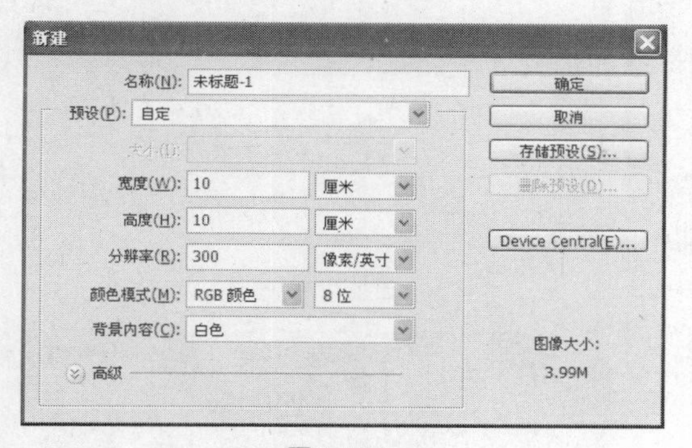

图6-177

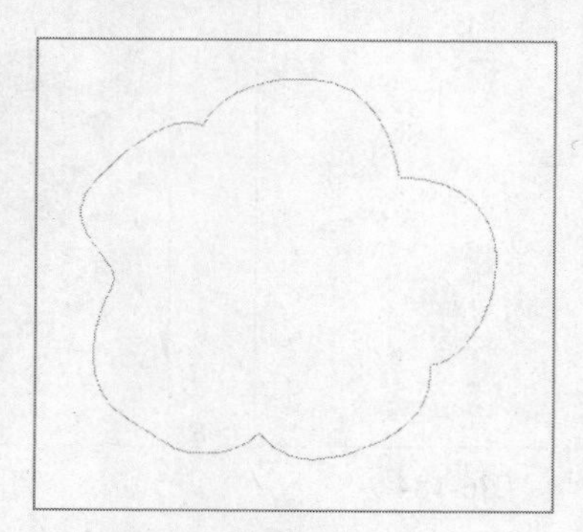

图6-178

图6-179

图6-180

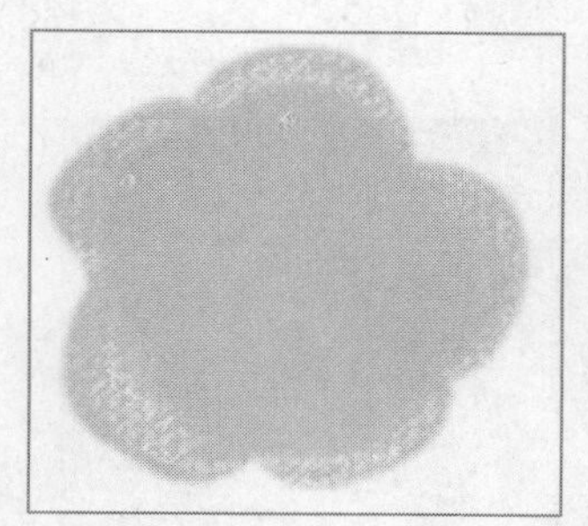

图6-181

03 单击“图层”面板底部的“创建新图层”按钮，新建一个图层，名称为“图层2”，选择“钢笔工具”，绘制花瓣纹理路径，如图6-182所示。选择“选择/修改/羽化”命令，设置羽化半径为2，选择“加亮”工具，设置相同的参数，提亮纹理的颜色，效果如图6-183所示。

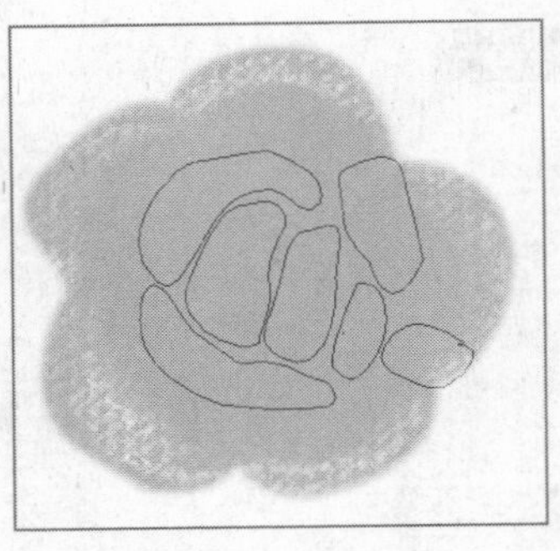

图6-182

图6-183

04 单击“图层”面板底部的“创建新图层”按钮，新建一个图层，名称为“图层3”，选择“钢笔工具”，绘制路径，如图6-184所示。选择“选择/修改/羽化”命令，设置羽化半径为2，设置前景色为土黄色填充路径，效果如图6-185所示。选择“加深工具”，如图6-186所示设置参数，加深花瓣的颜色，效果如图6-187所示。选择“减淡工具”，如图6-188所示设置参数，减淡围巾的颜色，效果如图6-189所示。

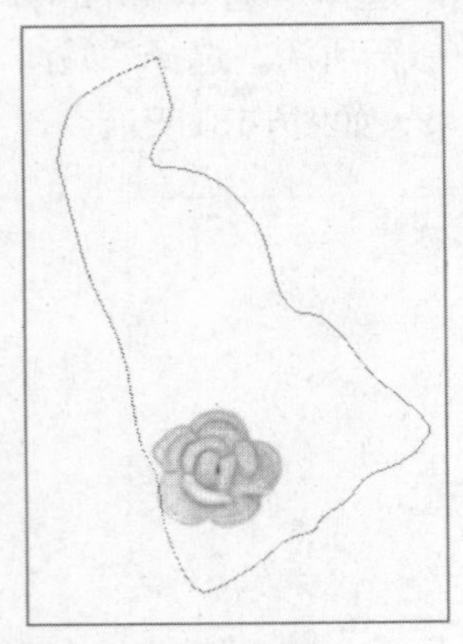

图6-184

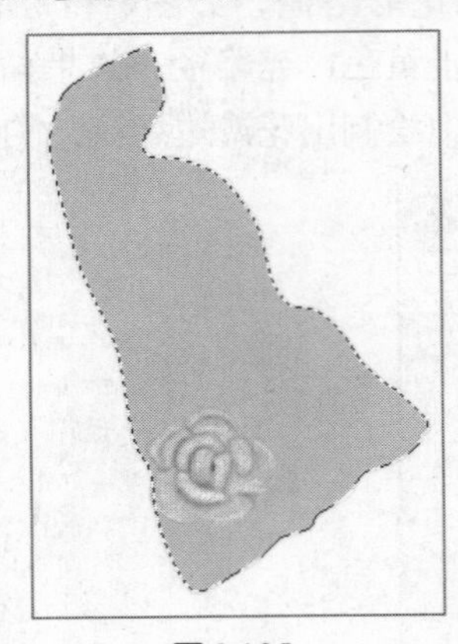

图6-185

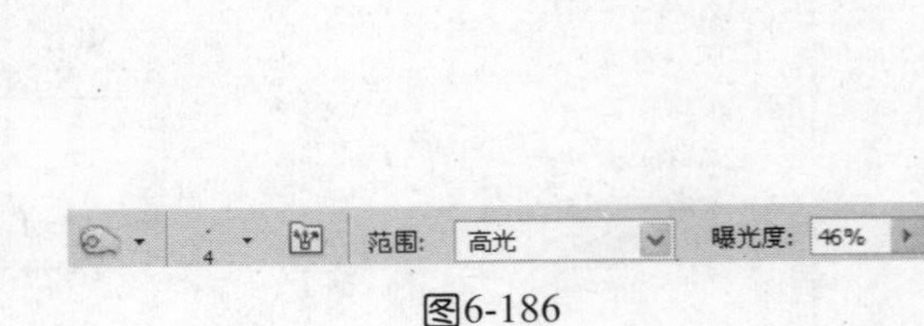

图6-186

图6-187

图6-188

图6-189

05 单击“图层”面板底部的“创建新图层”按钮，新建一个图层，名称为“图层4”，选择“钢笔工具”，绘制围巾褶皱路径，如图6-190所示。选择“选择/修改/羽化”命令，设置羽化半径为10，选择“加深工具”，如图6-191所示设置参数，加深褶皱的颜色，效果如图6-192所示。

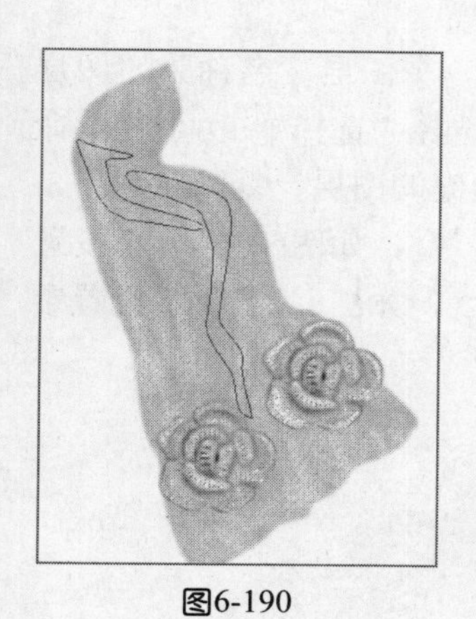

图6-190

图6-191

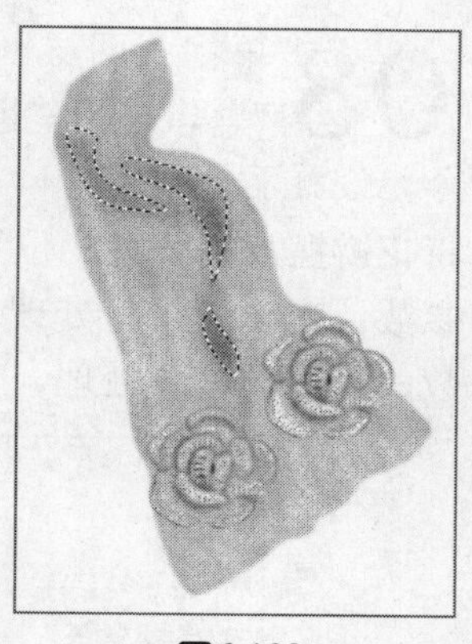

图6-192

06 单击“图层”面板底部的“创建新图层”按钮，新建一个图层，名称为“图层5”，选择“钢笔工具”，绘制高光路径，如图6-193所示。选择“选择/修改/羽化”命令，设置羽化半径为5，选择“减淡工具”，如图6-194所示设置参数，对图像进行处理，效果如图6-195所示。

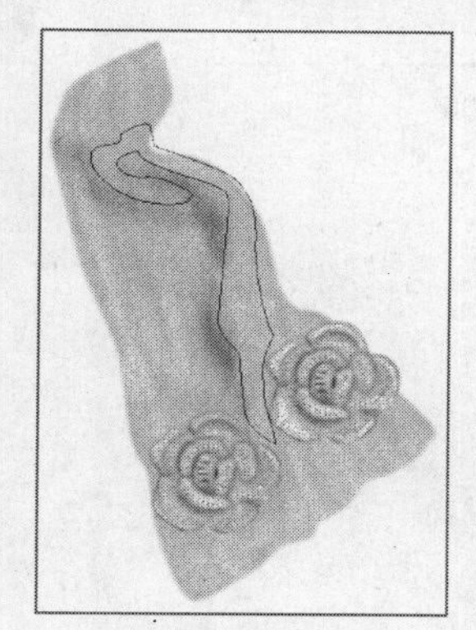

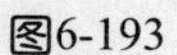

图6-193

图6-194

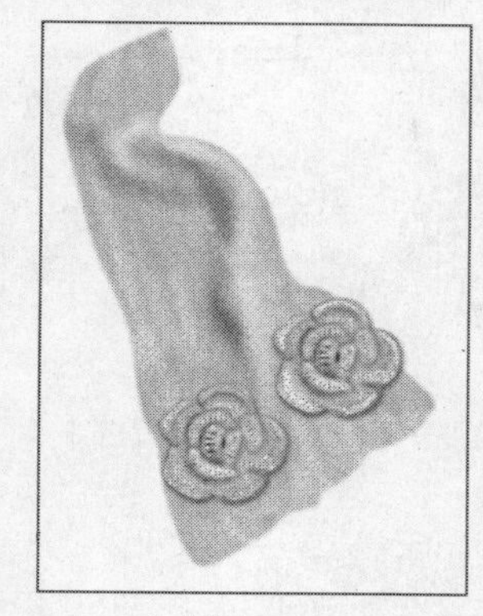

图6-195

07 单击“图层”面板底部的“创建新图层”按钮，新建一个图层，名称为“图层6”，选择“钢笔工具”，绘制围巾的纹理路径，如图6-196所示。选择“选择/修改/羽化”命令，设置羽化半径为3，效果如图6-197所示。选择“加深工具”，如图6-198所示设置参数，对图像进行处理。

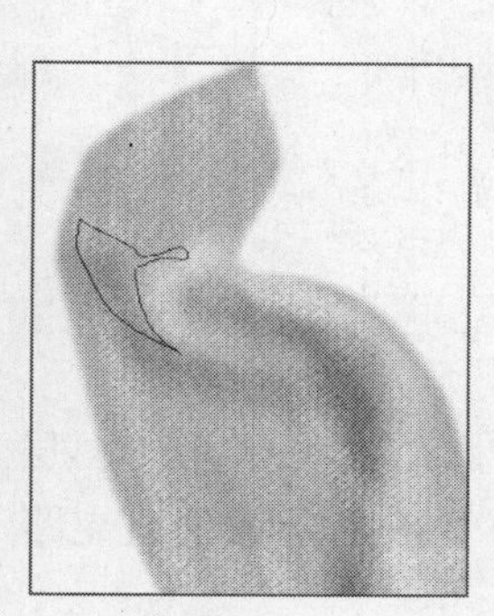

图6-196

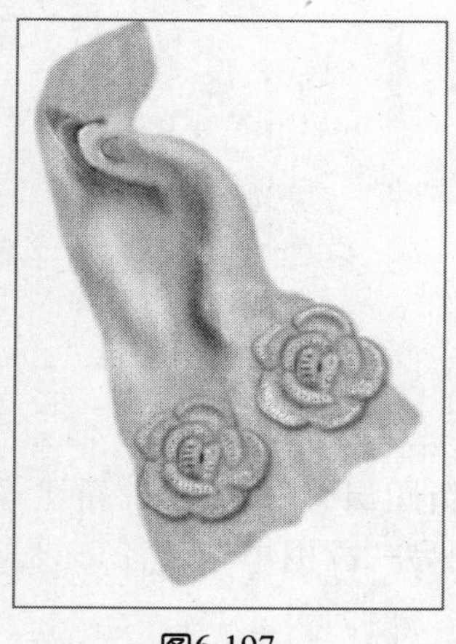

图6-197

图6-198

08 单击“图层”面板底部的“创建新图层”按钮，新建一个图层，名称为“图层7”，选择“钢笔工具”，绘制路径，如图6-199所示。选择“选择/修改/羽化”命令，设置羽化半径为1，设置前景色为土黄色填充路径。选择花瓣图案的图层，复制该图层，将花瓣摆放到合适的位置，效果如图6-200所示。选择“减淡工具”，如图6-201所示设置参数，对图像进行处理，效果如图6-202所示，选择“加深工具”，如图6-203所示设置参数，对图层进行处理，效果如图6-204所示。

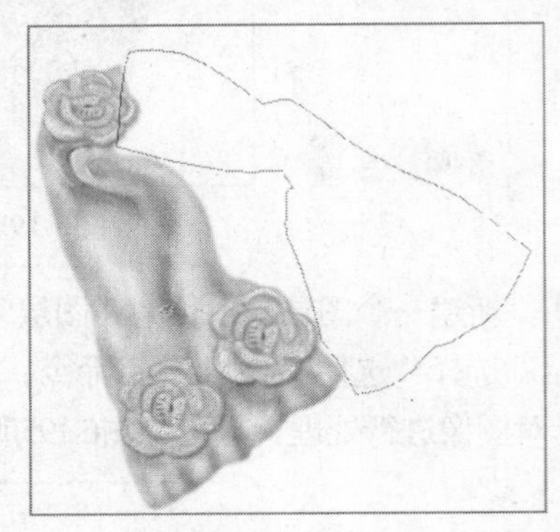

图6-199

图6-200

图6-201

图6-202

图6-203

图6-204

09 单击“图层”面板底部的“创建新图层”按钮，新建一个图层，名称为“图层8”，选择“钢笔工具”，绘制另一段围巾的路径，设置前景色为土黄色填充路径，效果如图6-205所示。

10 单击“图层”面板底部的“创建新图层”按钮，新建一个图层，名称为“图层9”，选择“钢笔工具”，绘制围巾的阴影路径，如图6-206所示。选择“选择/修改/羽化”命令，设置羽化半径为5，效果如图6-207所示。

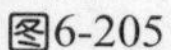

图6-205

图6-206

图6-207

11 单击“图层”面板底部的按钮，在下拉菜单中选择“图层样式/投影”命令，打开素材文件夹，调入素材图，如图6-208所示。将此图像摆放在背景图层上，最终效果如图6-209所示。

图6-208

图6-209

在本节中，为绘制出围巾的毛绒质感，运用到了“图层样式/投影”命令。背景图层不能添加图层样式，如果要为其添加图层样式，需要先将它转换为普通图层。关于“图层样式”对话框中的“混合选项”的设置方法，高级混合选项控制着图层蒙版、剪贴蒙版和矢量蒙版的属性。虽然这些选项有的并不常用，但它们对于精通Photoshop的样式和蒙版等重要功能的人来说，却有着非同寻常的意义。

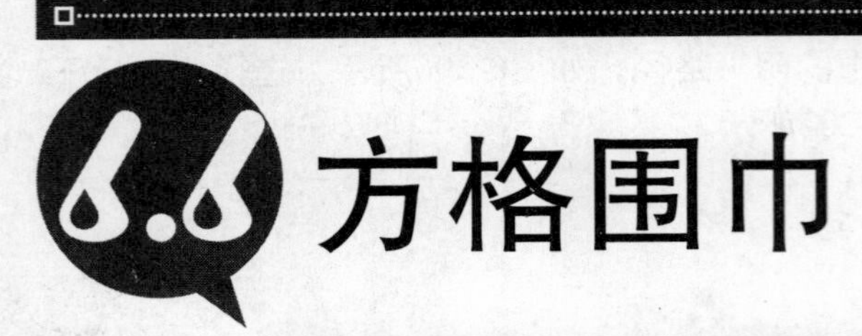

6.6 方格围巾

设计步骤

01 按快捷键Ctrl+N，新建一个文件，设置对话框如图6-210所示。

02 单击“图层”面板底部的“创建新图层”按钮，新建一个图层，名称为“图层1”，选择“矩形工具”，在画面中绘制矩形并填充颜色，如图6-211所示。按Ctrl+J组合键复制“图层1”，选择“编辑/填充”命令，如图6-212所示设置参数，效果如图6-213所示。

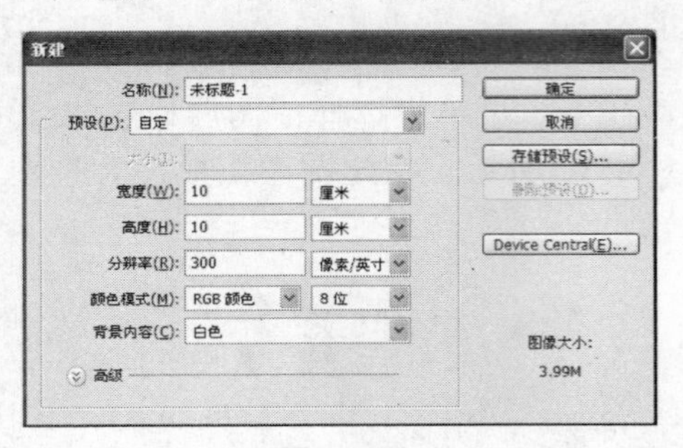

图6-210

图6-211

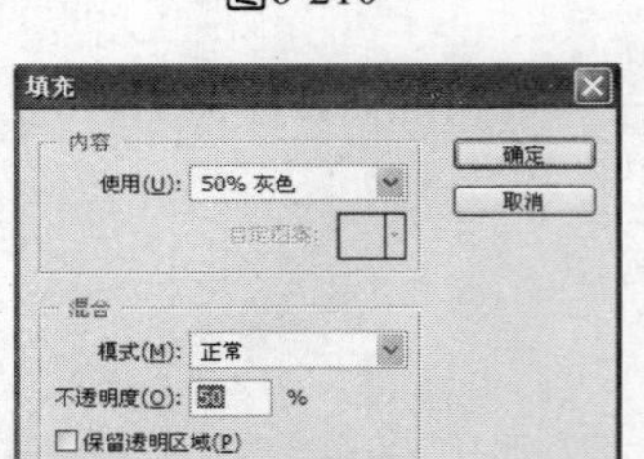

图6-212

图6-213

03 按Ctrl+J组合键复制“图层1”，选择“编辑/填充”命令，如图6-214所示设置参数，效果如图6-215所示。选择“矩形工具”，框选图形，选择“编辑/定义画笔”命令，定义图案的名称如图6-216所示。选择“编辑/填充”命令，如图6-217所示设置参数，整体效果如图6-218所示。

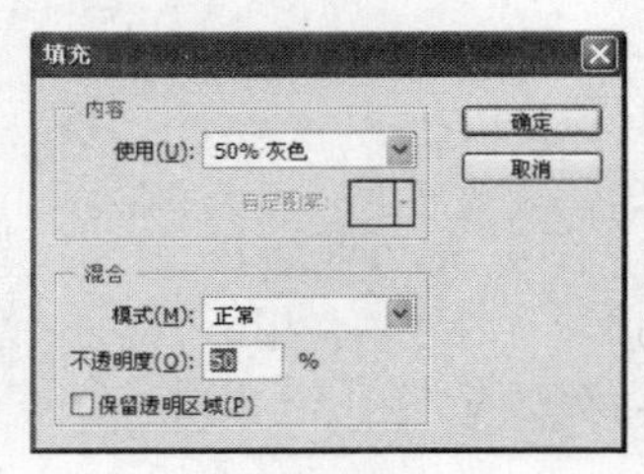

图6-214

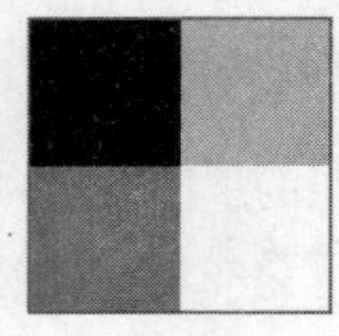

图6-215

图6-216

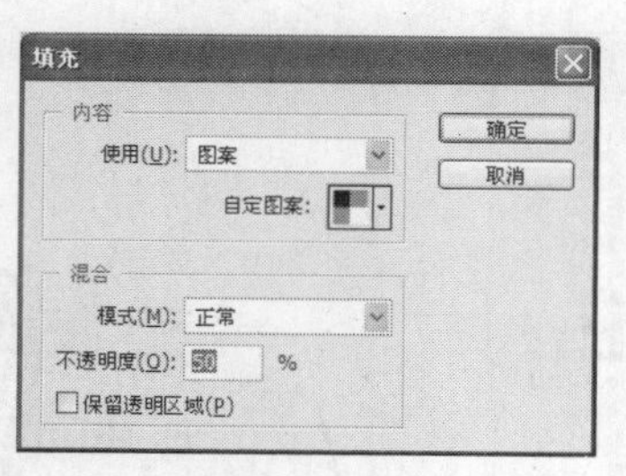

图6-217

图6-218

04 单击“图层”面板底部的“创建新图层”按钮，新建一个图层，名称为“图层2”，选择“钢笔工具”，在画面中绘制纹理路径，设置前景色为黑色填充路径，效果如图6-219所示。填充定义好名称的图案，如图6-220所示，选择“滤镜/液化命令”，如图6-221所示设置参数，效果如图6-222所示。

图6-219

图6-220

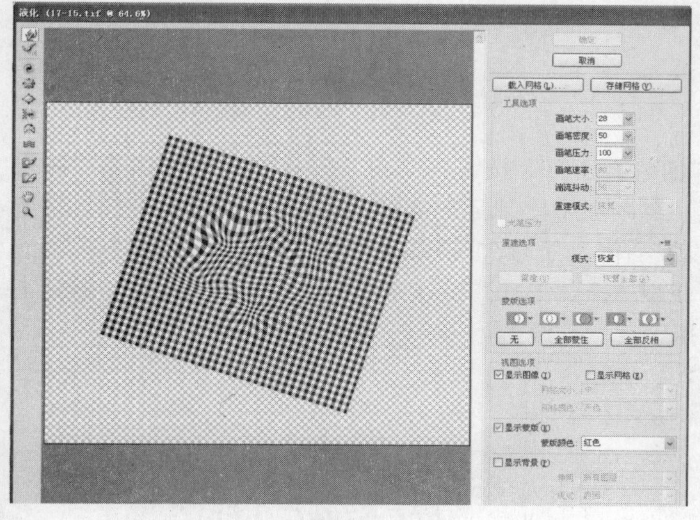
图6-221

图6-222

05 单击“图层”面板底部的“创建新图层”按钮，新建一个图层，名称为“图层3”，选择“钢笔工具”，在画面中绘制围巾的轮廓，效果如图6-223所示。选择“选择/修改/羽化“命令，设置羽化半径2，向路径内填充定义图案，效果如图6-224所示。按“Ctr+T”组合键调入“调整图形工具”，如图6-225所示。选择“滤镜/液化”命令，如图6-226所示设置参数。使用“涂抹工具”在画面中对图层进行涂抹，效果如图6-227所示。

图6-223

图6-224

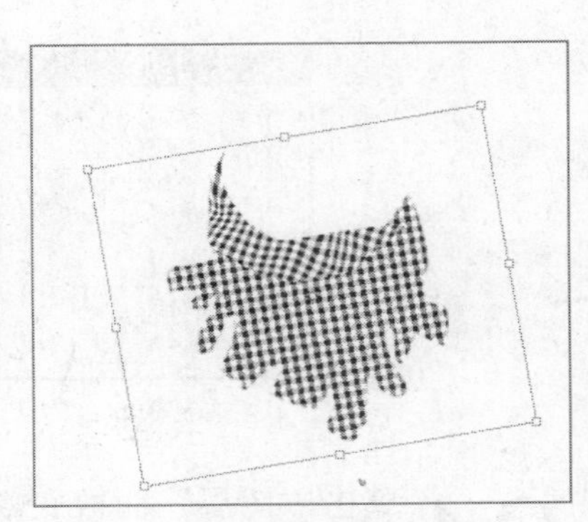

图6-225

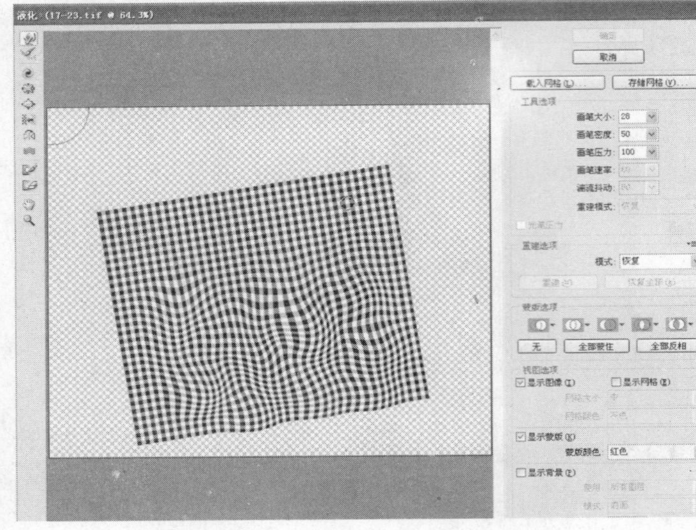

图6-226

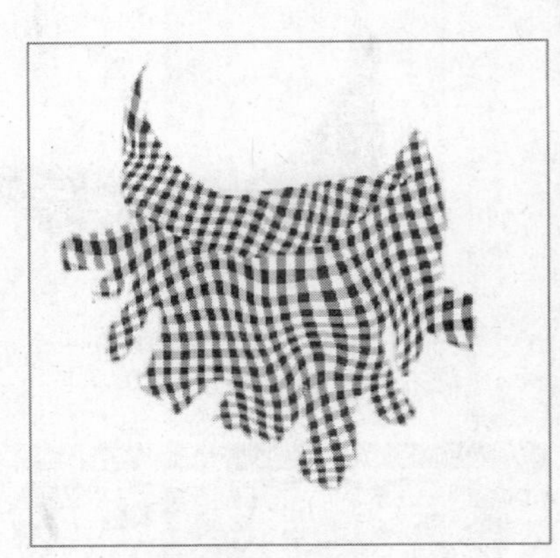

图6-227

06 单击“图层”面板底部的“创建新图层”按钮，新建一个图层，名称为“图层4”，选择“钢笔工具”，在画面中绘制另一侧围巾的路径，效果如图6-228所示。选择“选择/修改/羽化”命令，设置羽化半径为2，效果如图6-229所示。选择“滤镜/液化”命令，如图6-230所示设置参数。使用“涂抹工具”在画面中进行涂抹，使用“钢笔工具”继续绘制路径，效果如图6-231所示。

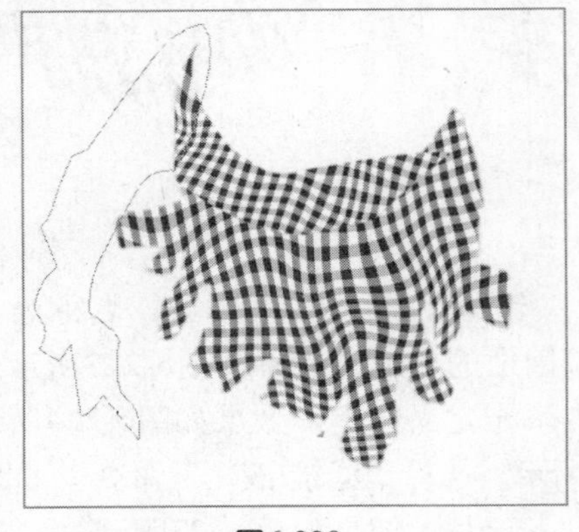

图6-228

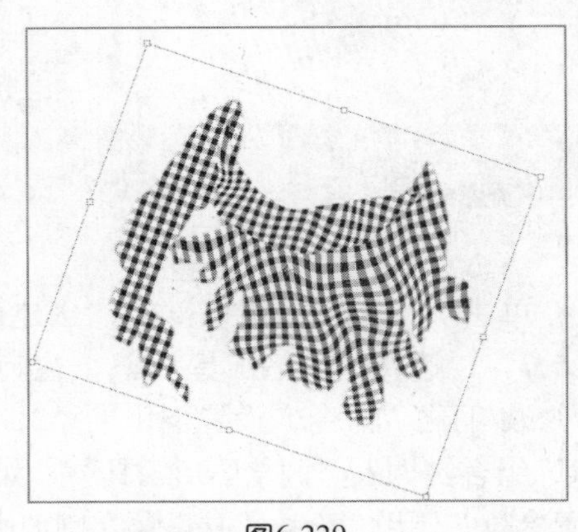

图6-229

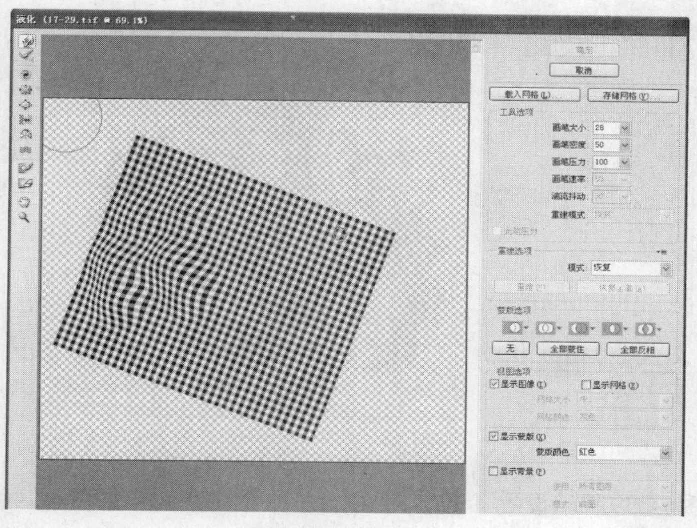

图6-230

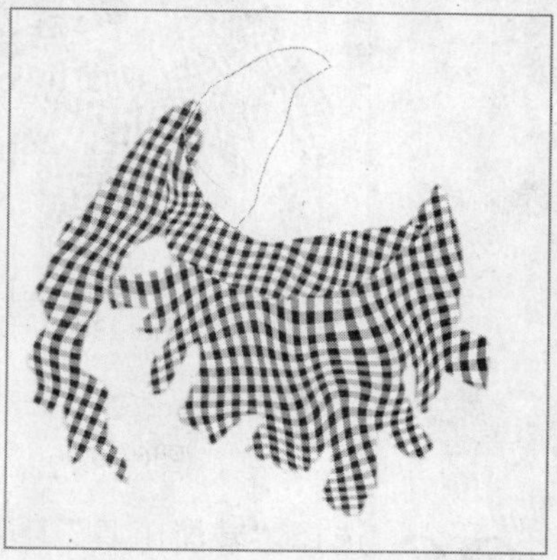

图6-231

07 选择定义好的图案向路径内填充图案，效果如图6-232所示。新建三个图层，图层名称为“图层5、图层6、图层7”，选择“钢笔工具”，在画面中绘制路径，向路径内填充图案，效果如图6-233所示。选择“钢笔工具”绘制路径，如图6-234所示。向选区内填充定义图案，效果如图6-235所示。

图6-232

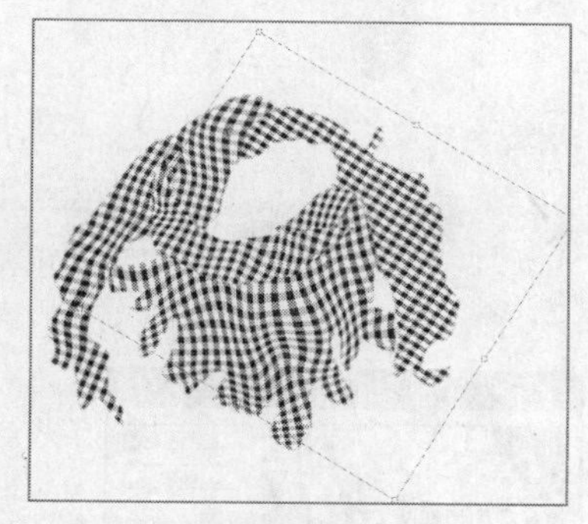

图6-233

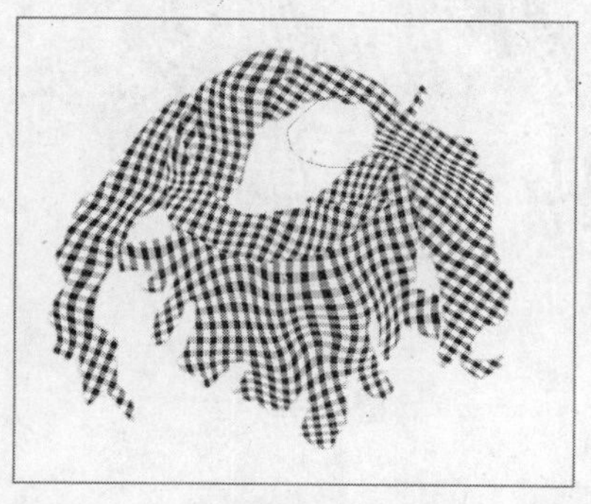

图6-234

图6-235

08 单击“图层”面板底部的“创建新图层”按钮，新建一个图层，名称为“图层8”，选择“钢笔工具”，在画面中绘制阴影路径，效果如图6-236所示。选择“选择/修改/羽化“命令，设置羽化半径为5。选择“加深工具”，如图6-237所示设置参数，在画面中绘制围巾褶皱纹理的暗部，效果如图6-238所示。

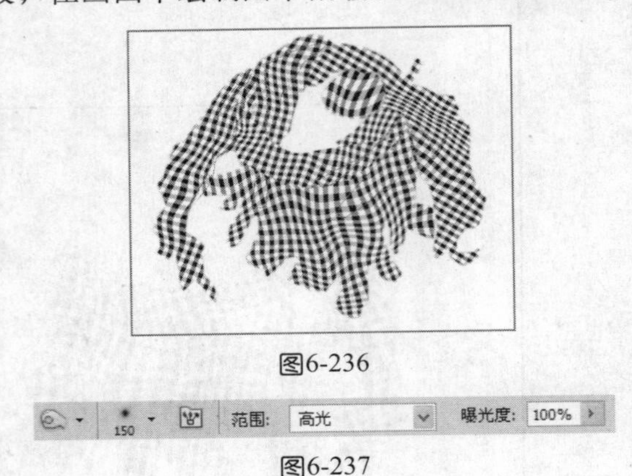

图6-236

图6-237

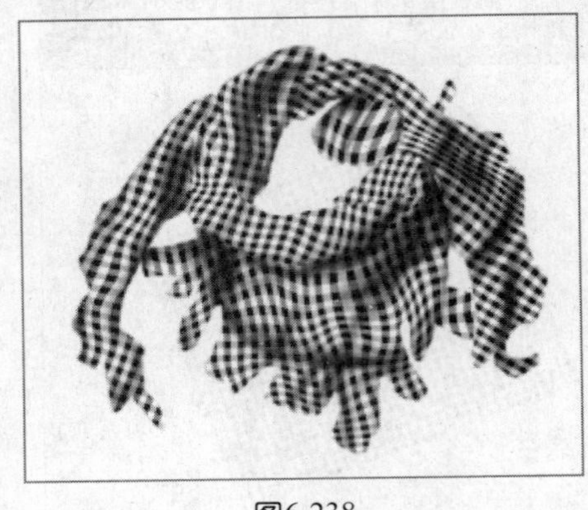

图6-238

09 选择“减淡工具”，如图6-239所示设置参数，对图像进行处理，效果如图6-240所示。选择“滤镜/杂色/添加杂色”命令，如图6-241所示设置参数，打开素材文件夹，导入素材图片，最终效果如图6-242所示。

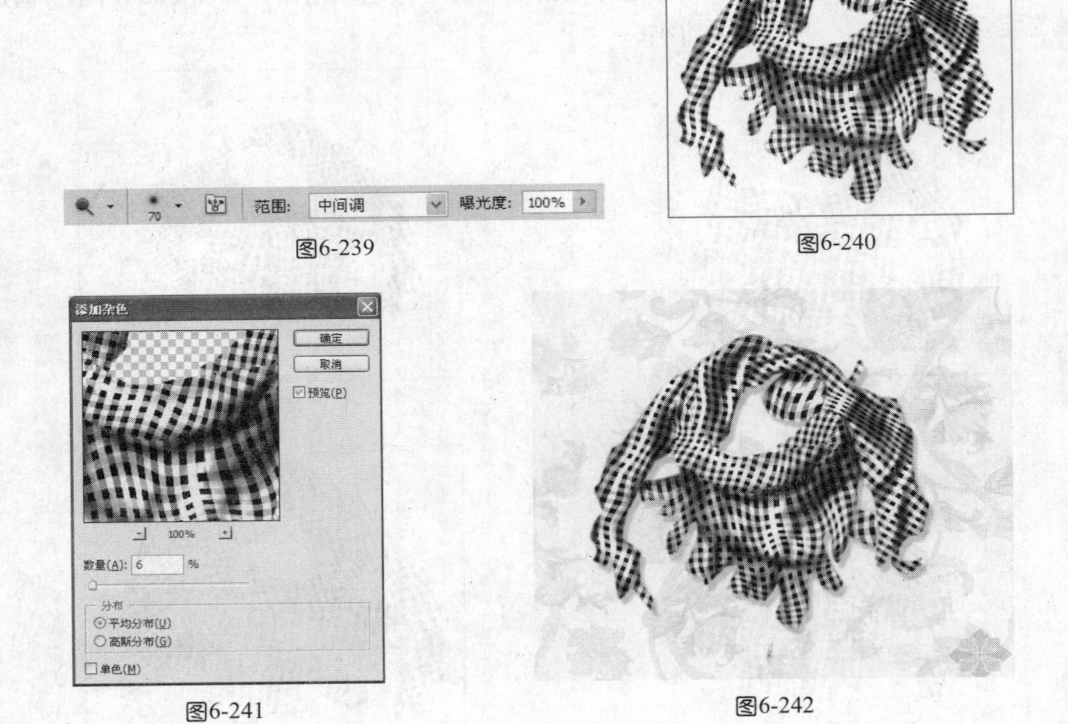

图6-239

图6-240

图6-241

图6-242

本例使用了“定义图案”命令来绘制围巾上的图案。选择“图案生成器”中的“滤镜”工具，可以将选定的图像重新组合在一起。如果面板中没有这种图像，可以单击选择“图案”命令，加载图案库。

6.7 图案装饰腰带

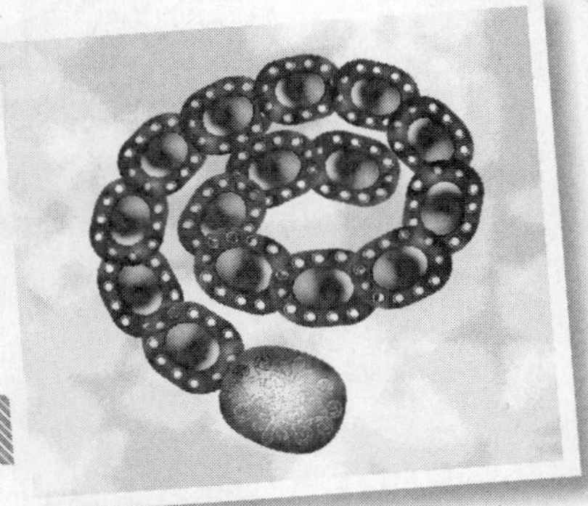

设计步骤

01 按快捷键Ctrl+N，新建一个文件，设置对话框如图6-243所示。

02 单击“图层”面板底部的“创建新图层”按钮，新建一个图层，名称为“图层1”，选择“钢笔工具”，在画面中绘制图案路径，设置前景色为深灰色填充路径，效果如图6-244所示。

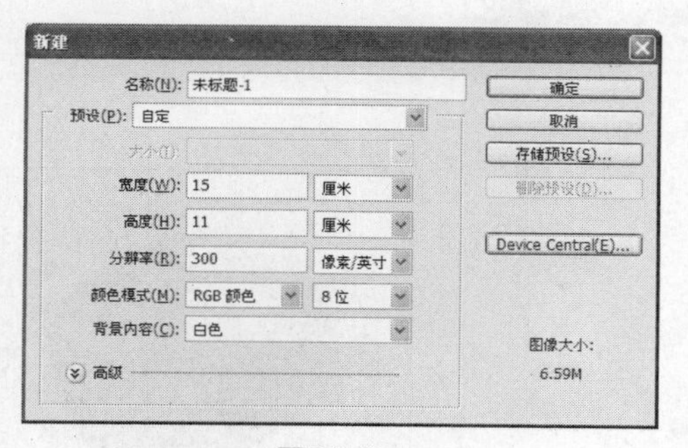

图6-243

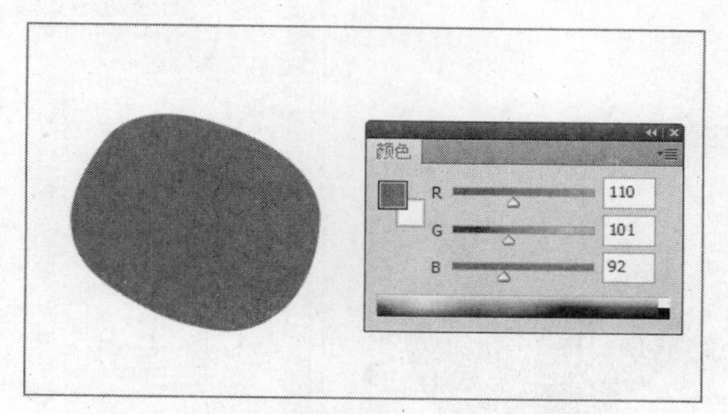

图6-244

03 单击“图层”面板底部的按钮，在下拉菜单中选择“添加图层样式/斜面和浮雕”命令，如图6-245所示设置参数，效果如图6-246所示。选择“加深工具”，如图6-247所示设置参数，对图像进行处理，效果如图6-248所示。

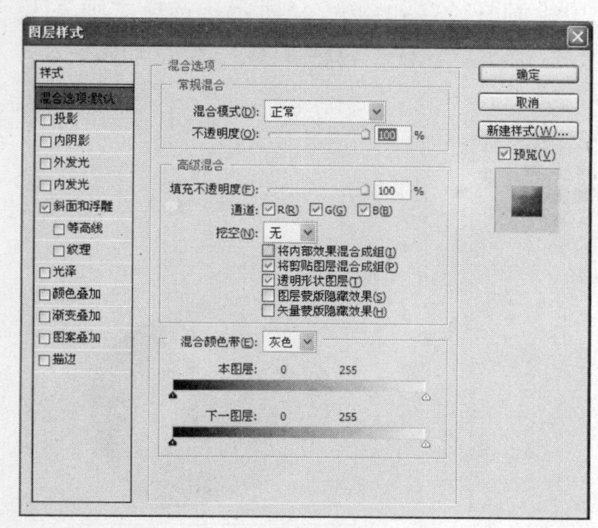

图6-245

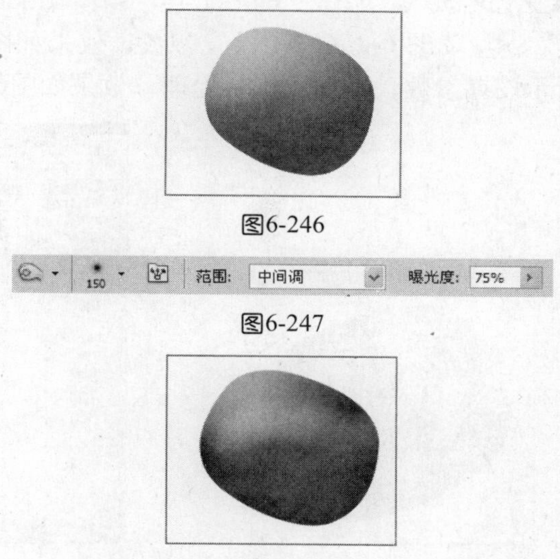

图6-246

图6-247

图6-248

04 单击“图层”面板底部的“创建新图层”按钮，新建一个图层，名称为“图层2”，选择“自定义形状工具”按钮，如图6-249所示，在画面中绘制图案，效果如图6-250所示。选择“选择/修改/羽化”命令，如图6-251所示设置羽化参数，效果如图6-252所示。单击“图层”面板底部的按钮，在下拉菜单中选择“添加图层样式/斜面和浮雕”命令，如图6-253所示设置参数，效果如图6-254所示。

图6-249

图6-250

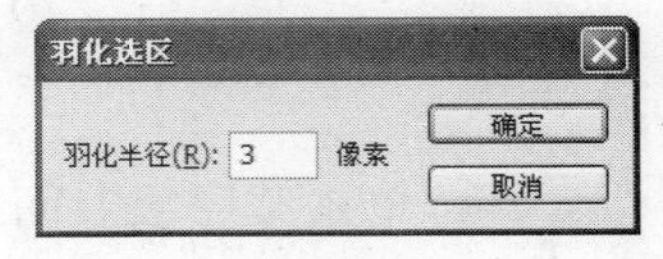

图6-251

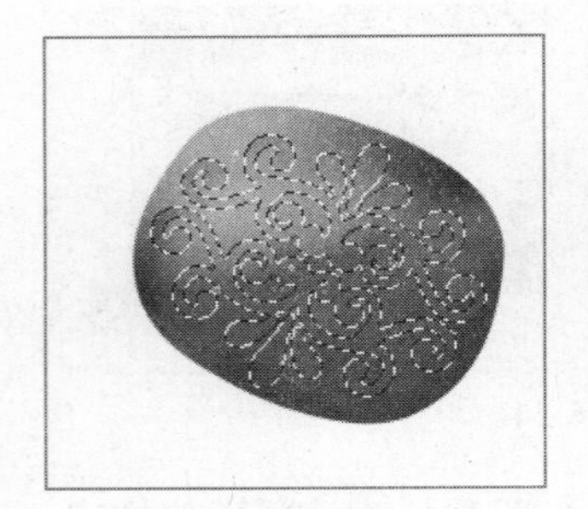

图6-252

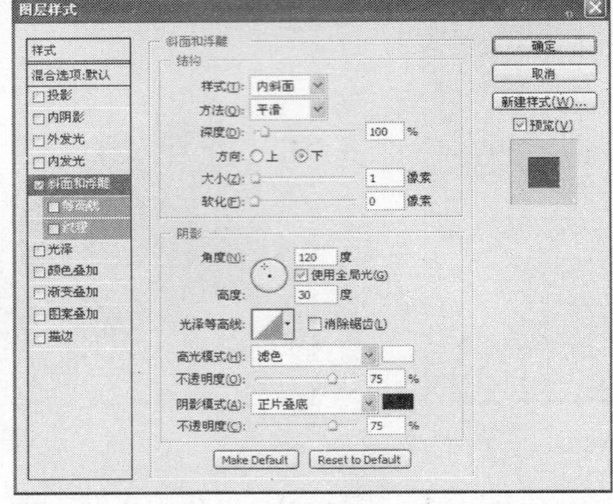

图6-253

图6-254

05 单击“图层”面板底部的“创建新图层”按钮，新建一个图层，名称为“图层3”，选择“钢笔工具”，在画面中绘制路径，如图6-255所示。选择“画笔工具”，如图6-256所示设置参数，效果如图6-257所示。选择“减淡工具”，如图6-258所示设置参数，对图像进行处理，效果如图6-259所示。

图6-255

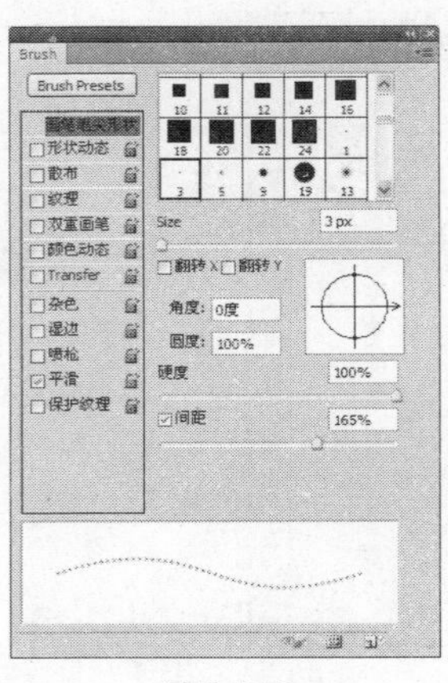

图6-256

图6-257

175 范围: 高光 曝光度: 80%

图6-258

图6-259

06 单击“图层”面板底部的“创建新图层”按钮，新建一个图层，名称为“图层4”，选择“钢笔工具”，在画面中绘制路径，设置前景色为深灰色填充路径，如图6-260所示。单击“图层”面板底部的fx按钮，在下拉菜单中选择“图层样式/斜面和浮雕”、“图层样式/纹理”命令，如图6-261、图6-262所示设置参数，效果如图6-263所示。

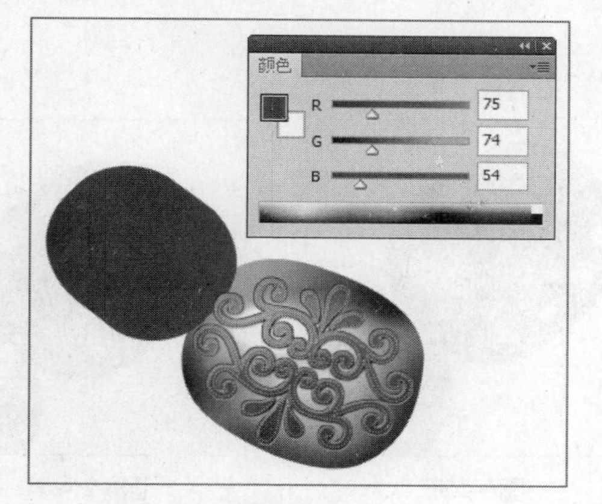

图6-260

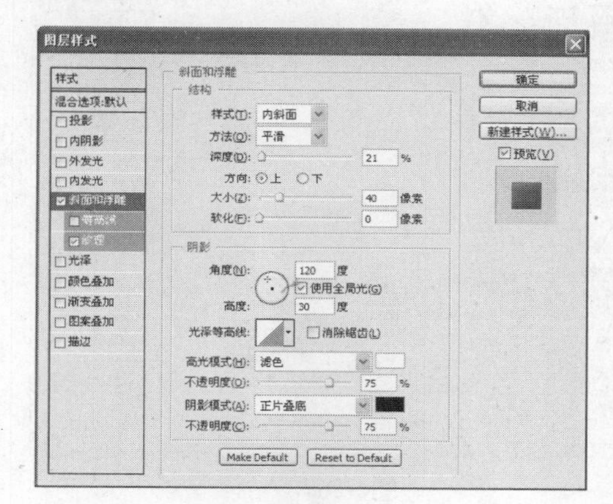

图6-261

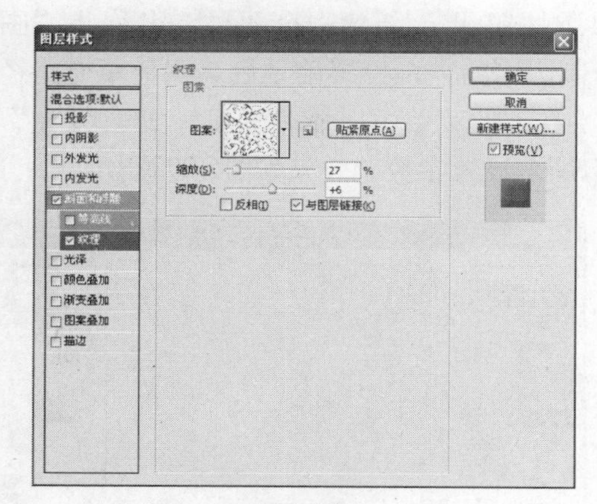

图6-262

图6-263

07 单击“图层”面板底部的“创建新图层”按钮，新建一个图层，名称为“图层5”，选择“椭圆工具”，在画面中绘制圆形路径并复制多个摆放在合适的位置，如图6-264所示。选择“画笔工具”，如图6-265所示设置参数。设置前景色如图6-266所示，单击“图层”面板底部的fx按钮，在下拉菜单中选择“图层样式/斜面和浮雕”命令，如图6-267所示设置参数，效果如图6-268所示。

图6-264

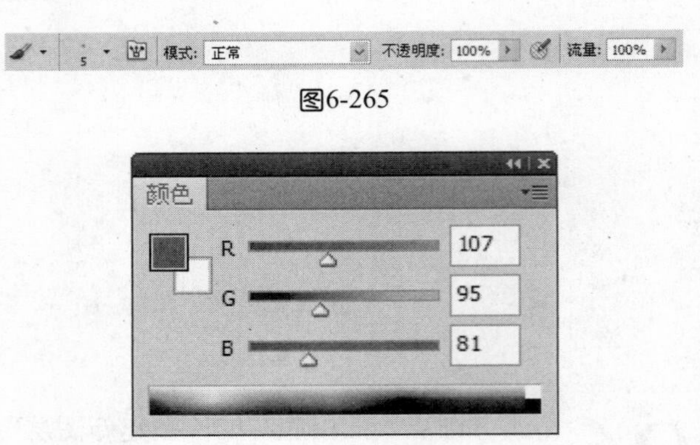

图6-265

图6-266

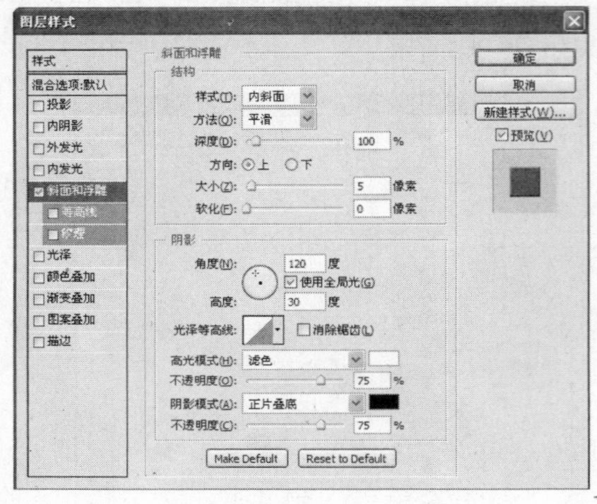

图6-267

图6-268

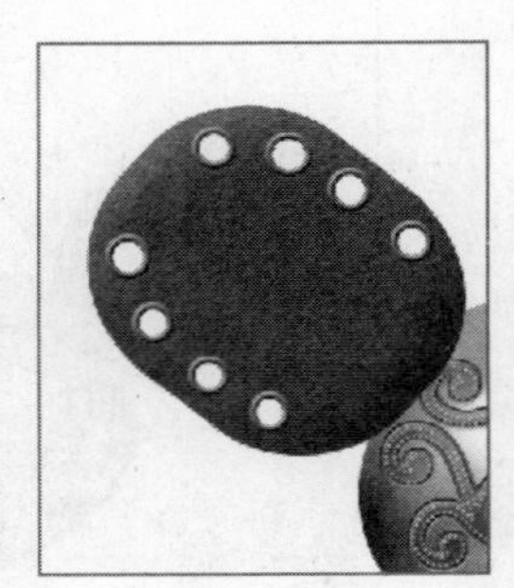

图6-269

08 单击"图层"面板底部的"创建新图层"按钮，新建一个图层，名称为"图层6"，选择"椭圆工具"，在画面中绘制圆形路径，设置前景色为褐色填充路径，如图6-269所示。单击"图层"面板底部的按钮，在下拉菜单中选择"图层样式/外发光"、"图层样式/斜面和浮雕"命令，如图6-270、图6-271所示设置参数，效果如图6-272所示。

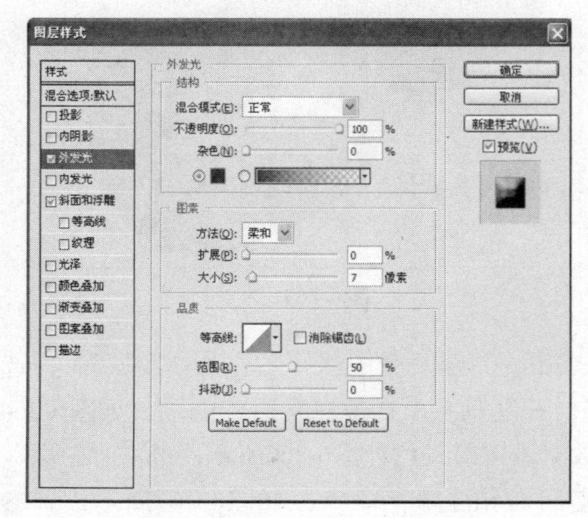

图6-270

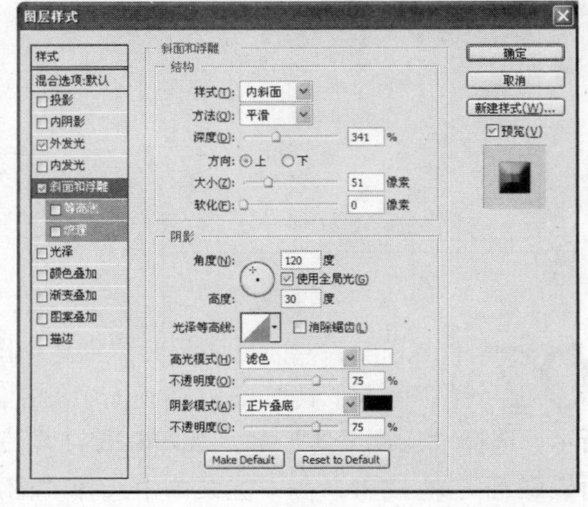

图6-271

图6-272

图6-273

09 单击“图层”面板底部的“创建新图层”按钮，新建一个图层，名称为“图层7”，选择“椭圆工具”，在画面中绘制椭圆形路径，如图6-273所示。单击“图层”面板底部的fx按钮，在下拉菜单中选择“图层样式/投影”、“图层样式/内发光”、“图层样式/斜面和浮雕”、“图层样式/图案叠加”命令，如图6-274、图6-275、图6-276、图6-277所示设置参数，对图像进行处理，效果如图6-278所示。

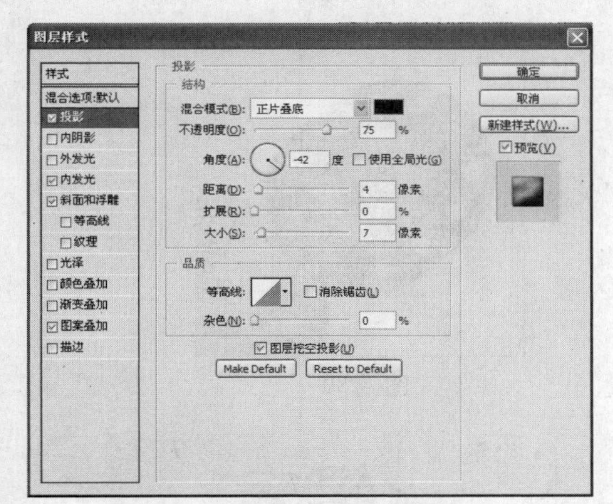

图6-274

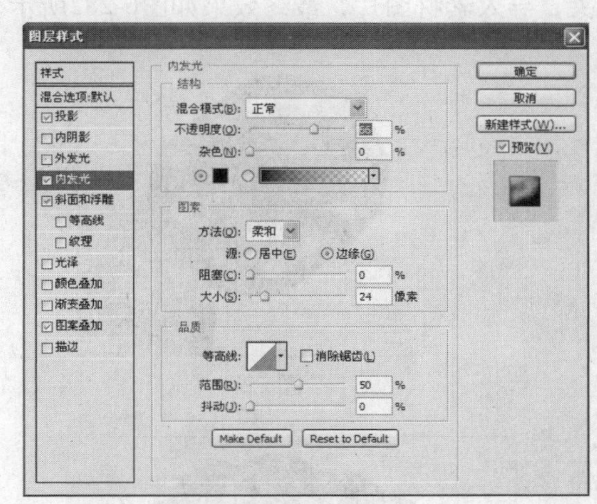

图6-275

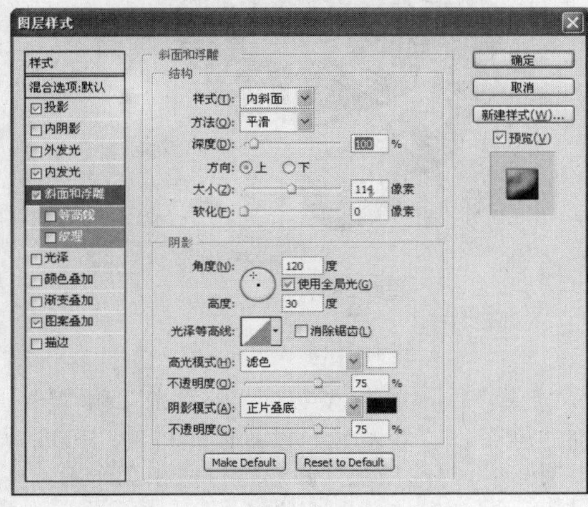

图6-276

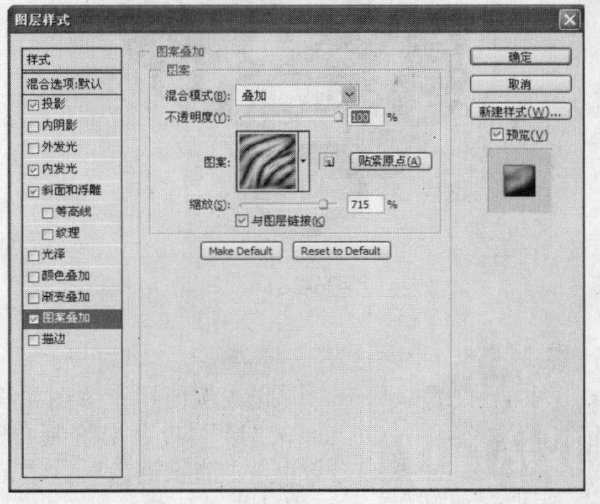

图6-277

图6-278

10 单击“图层”面板底部的“创建新图层”按钮，新建一个图层，名称为“图层8”，选择“钢笔工具”，在画面中绘制高光路径，如图6-279所示。选择“选择/修改/羽化”命令，设置羽化半径为10，使用“减淡工具”对图像进行处理，效果如图6-280所示。按Alt键复制多个椭圆形图层并摆放在合适的位置，效果如图6-281所示。打开素材文件夹，导入素材图片，最终效果如图6-282所示。

图6-279

图6-280

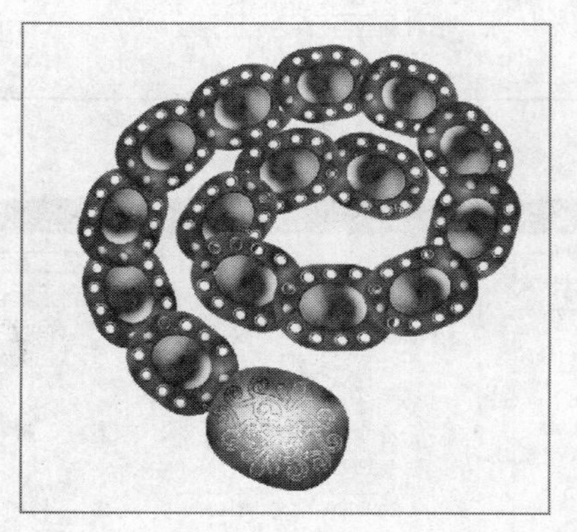

图6-281

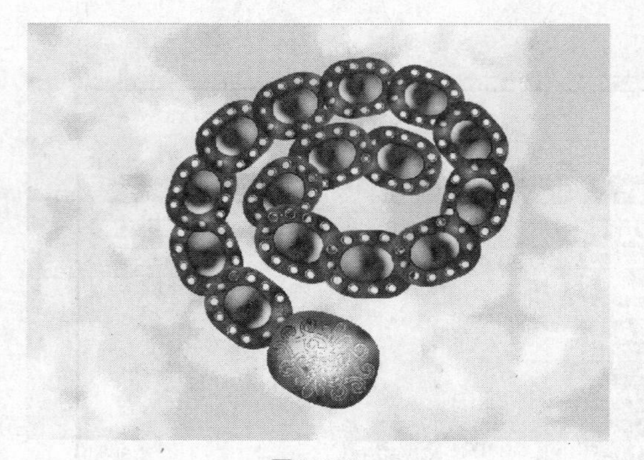

图6-282

此实例使用了“图层样式”，“投影”，“内发光”，“外发光”和“斜面和浮雕”命令来绘制有图案装饰的腰带。“外发光”设置面板中的“等高线”、“消除锯齿”、“范围”和“抖动”等选项与“投影”样式相互作用，可以达到最佳效果。

6.8 皮革腰带

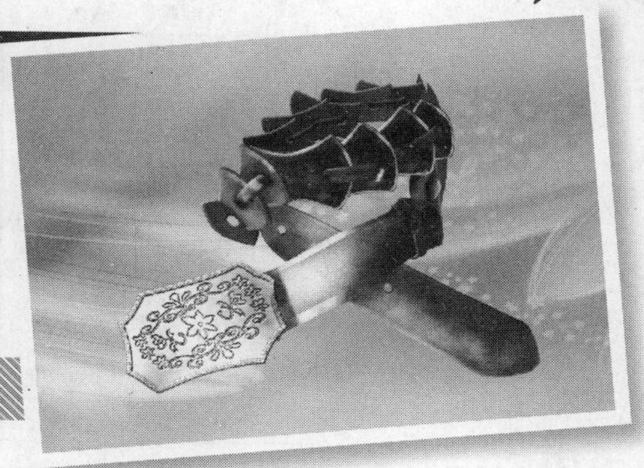

设计步骤

01 按快捷键Ctrl+N，新建一个文件，设置对话框如图6-283所示。

02 单击“图层”面板底部的“创建新图层”按钮，新建一个图层，名称为“图层1”，选择“钢笔工具”，在画面中绘制腰带上的夹子，如图6-284所示，分别设置前景色和背景色如图6-285、图6-286所示。选择“滤镜/渲染/云彩”命令，对图像进行处理。

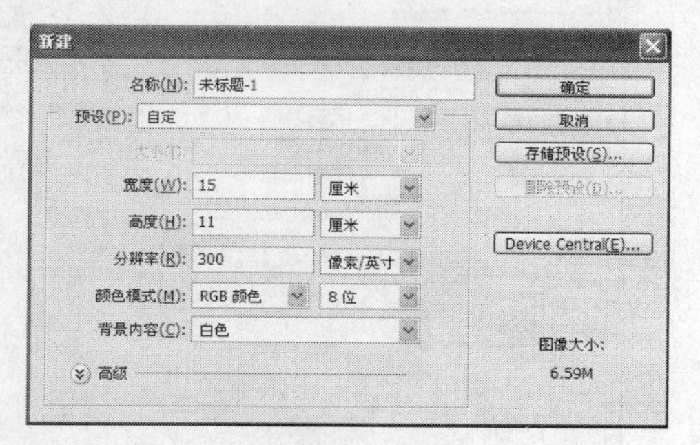

图6-283

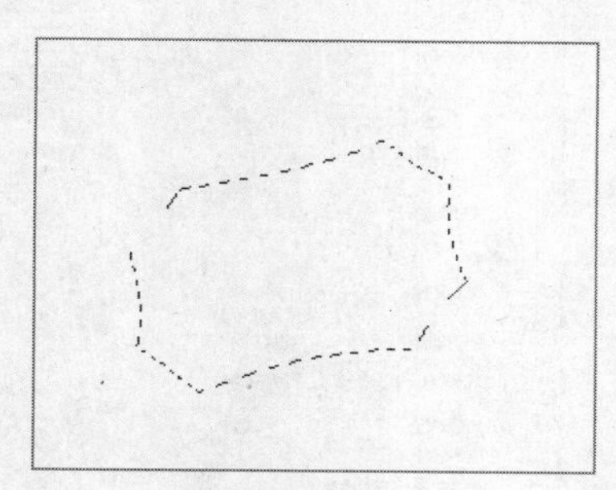

图6-284

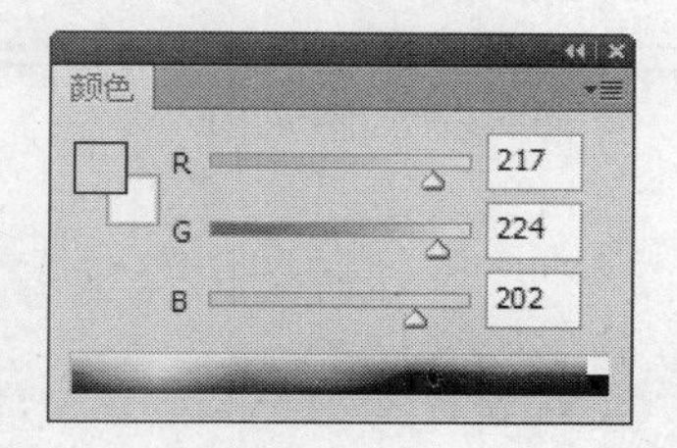

图6-285

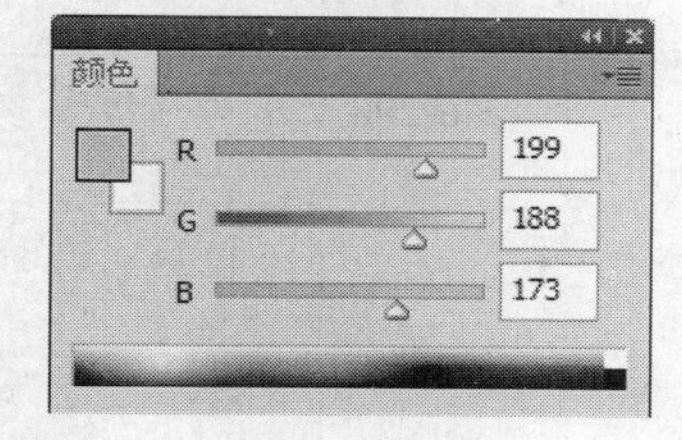

图6-286

03 单击“图层”面板底部的按钮“添加图层样式/图案叠加”命令，如图6-287所示设置参数，效果如图6-288所示。选择“自定义形状工具”按钮，在画面中绘制图案，效果如图6-289所示。

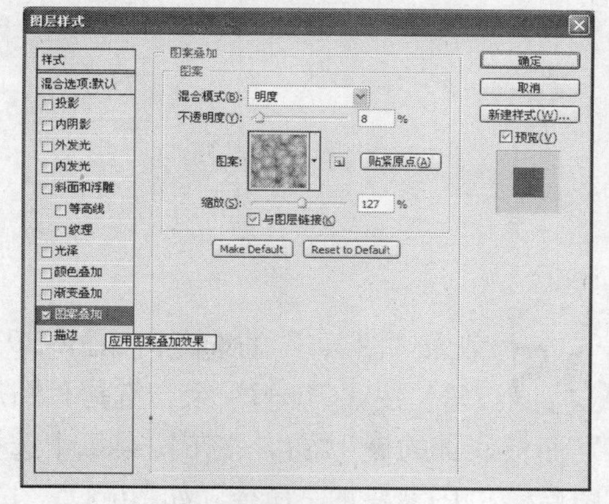

图6-287

图6-288

图6-289

04 按“Ctrl+J”组合键拷贝“图层1”，得到“图层2”。单击“图层”面板底部的 fx. 按钮，在下拉菜单中选择“图层样式/斜面和浮雕”、“图层样式/图案叠加”命令，如图6-290、图6-291所示设置参数，效果如图6-292所示。

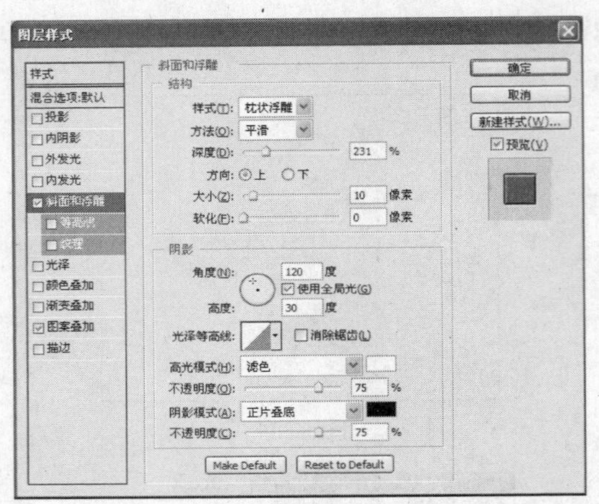

图6-290

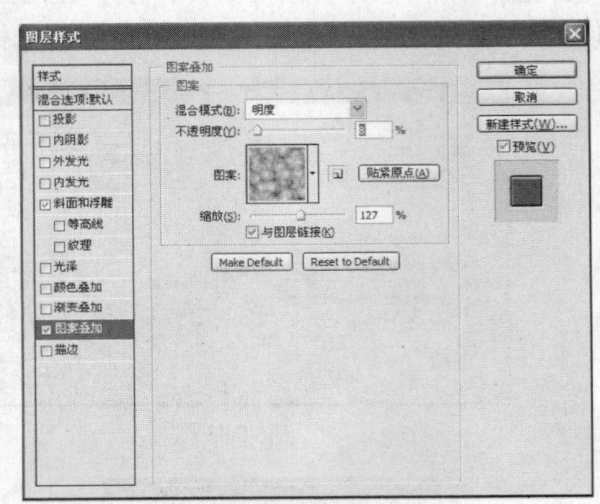

图6-291

图6-292

05 载入“图层1”的选区，如图6-293所示，选择“选择/修改/收缩”命令，设置参数值为15，按“Ctrl+J”组合键拷贝图层，得到“图层3”，效果如图6-294所示。单击“图层”面板底部的 fx. 按钮，在下拉菜单中选择“图层样式/投影”、“图层样式/斜面和浮雕”、“图层样式/图案叠加”命令，如图6-295、图6-296、图6-297所示设置参数，效果如图6-298所示。

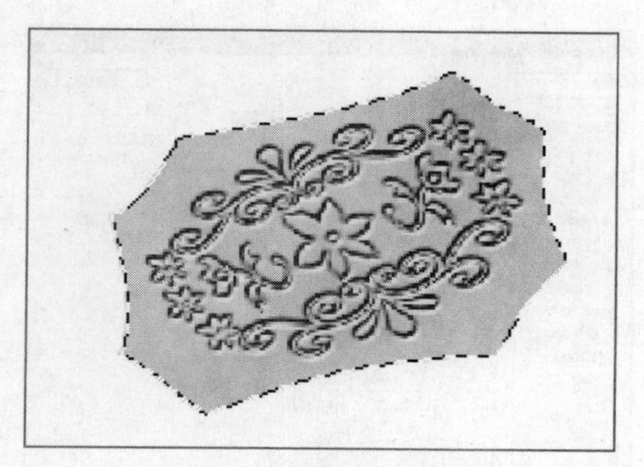

图6-293

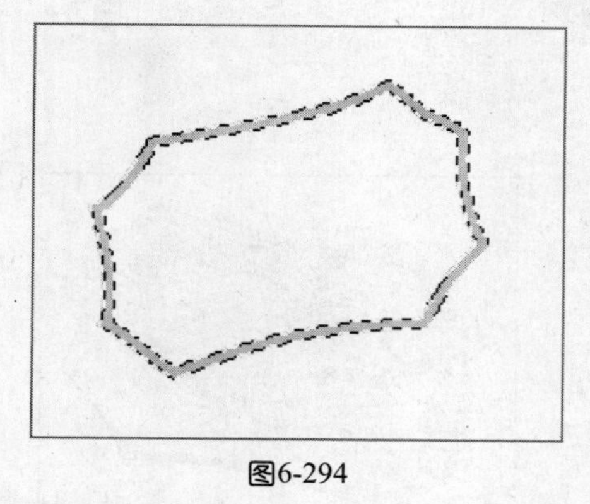

图6-294

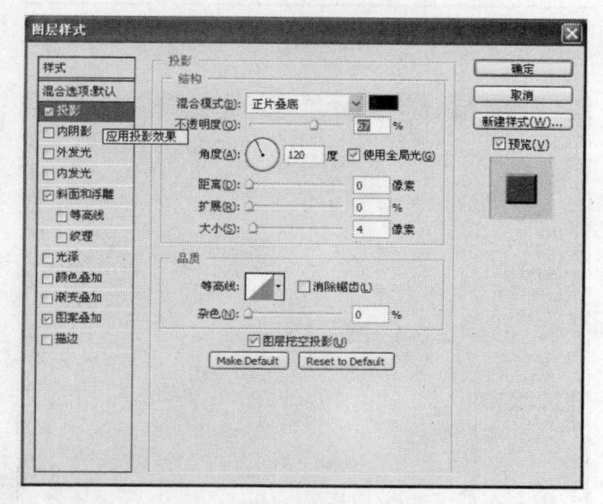

图6-295

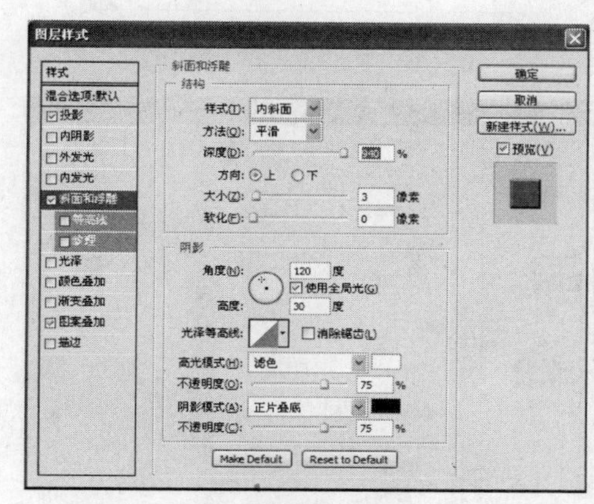

图6-296

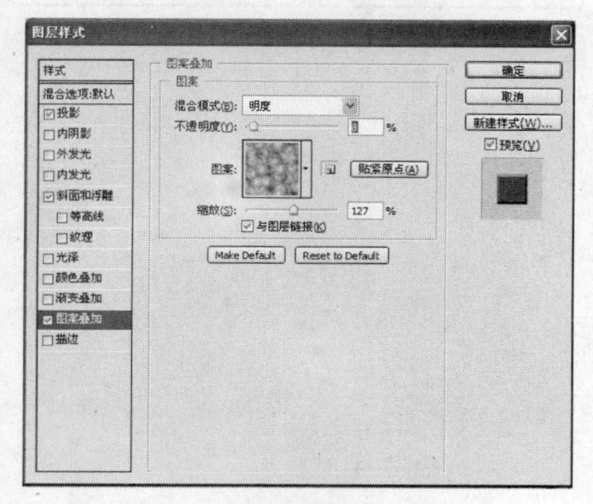

图6-297

图6-298

06 单击“图层”面板底部的“创建新图层”按钮，新建一个图层，名称为“图层4”，选择“画笔工具”，在画面中绘制夹子边缘的圆点，如图6-299所示。单击“图层”面板底部的按钮，在下拉菜单中选择“图层样式/投影”、“图层样式/斜面和浮雕”、“图层样式/图案叠加”命令，如图6-300、图6-301、图6-302所示设置参数，效果如图6-303所示。选择“加深工具”、“减淡工具”，如图6-304、图6-305所示设置参数，对图像进行处理，效果如图6-306所示。

图6-299

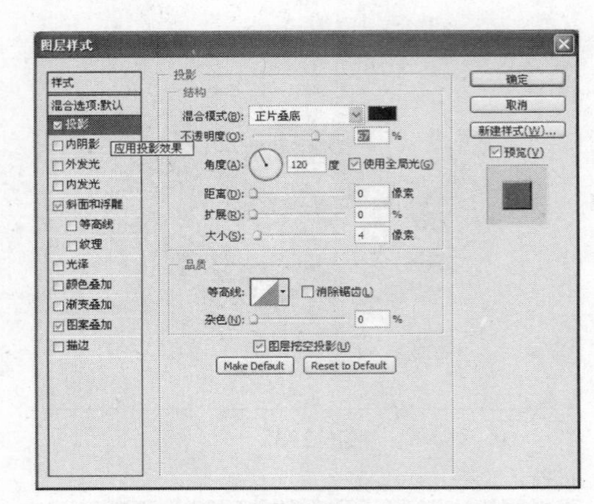

图6-300

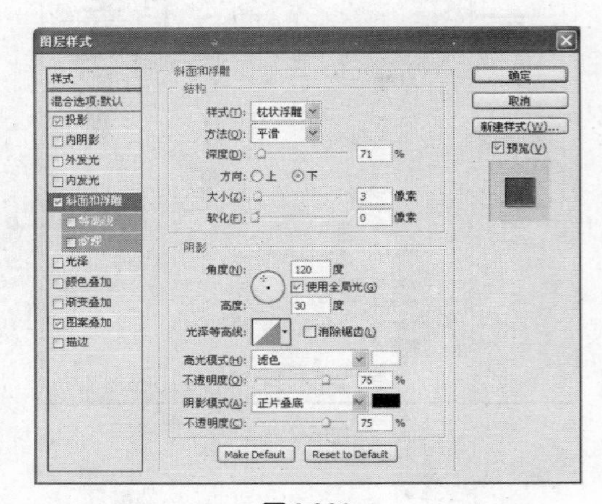

图6-301

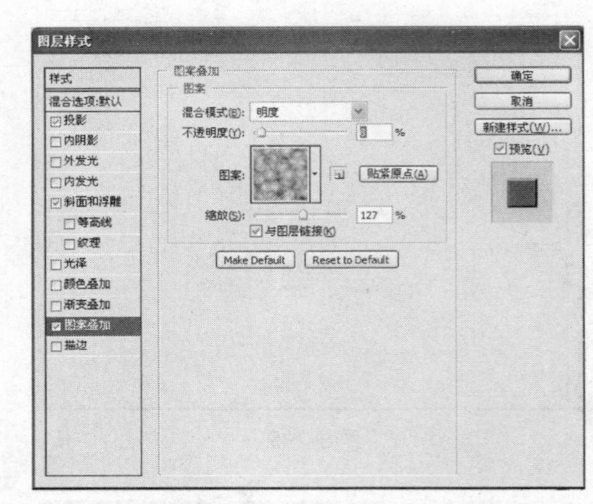

图6-302

图6-303

图6-304

图6-305

图6-306

07 单击“图层”面板底部的“创建新图层”按钮，新建一个图层，名称为“图层5”，选择“钢笔工具”，在画面中绘制腰带部分的路径，设置前景色为棕色填充路径，效果如图6-307所示。

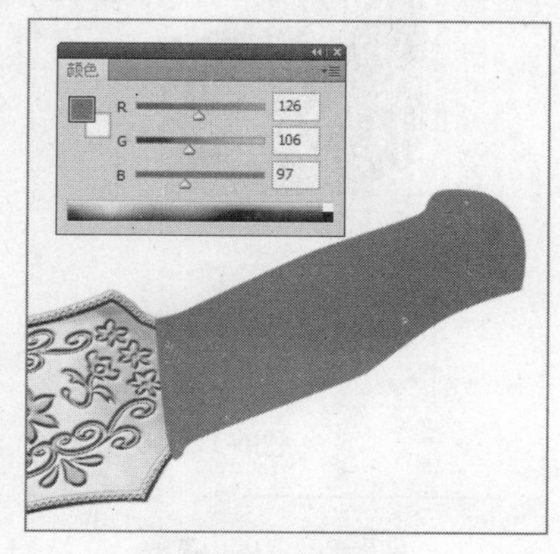

图6-307

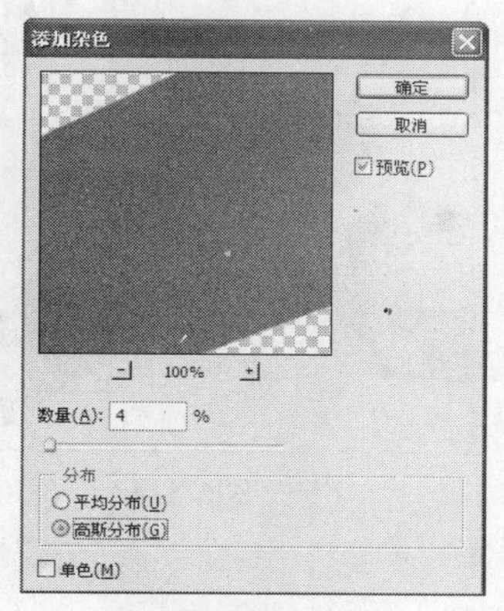

图6-308

08 选择“滤镜/杂色/添加杂色”命令，如图6-308所示设置参数。单击“图层”面板底部的“创建新图层”按钮，新建一个图层，名称为“图层6”，选择“钢笔工具”，在画面中绘制路径，如图6-309所示。选择“图像/调整/色相饱和度”命令，如图6-310所示设置参数。选择“加深工具”、“减淡工具”，如图6-311、图6-312所示设置参数，对图像进行处理，效果如图6-313所示。

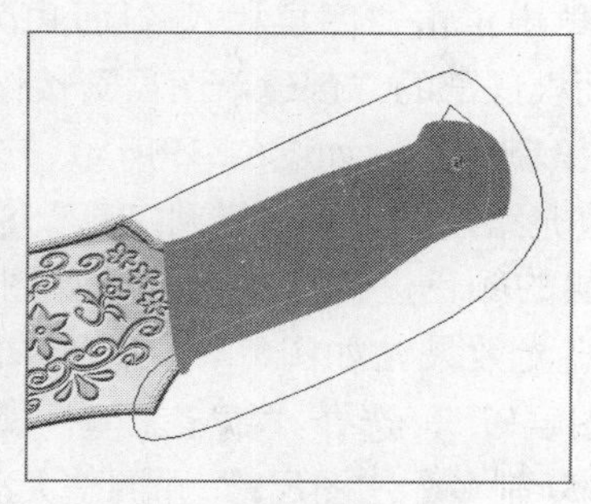
图6-309

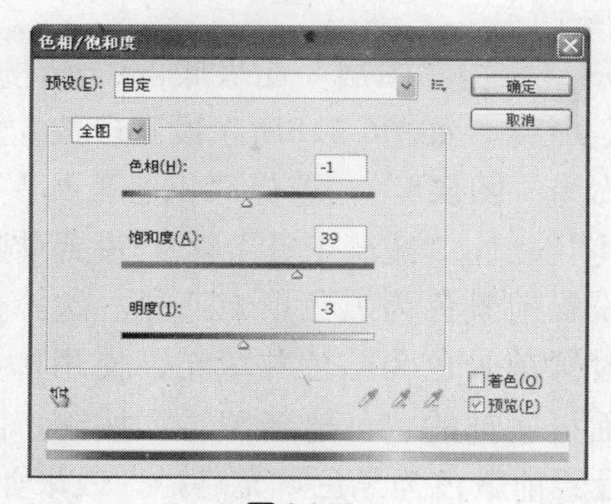

图6-310

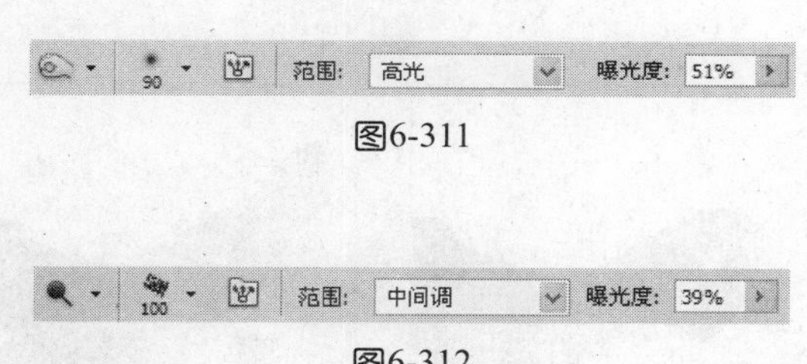

图6-311

图6-312

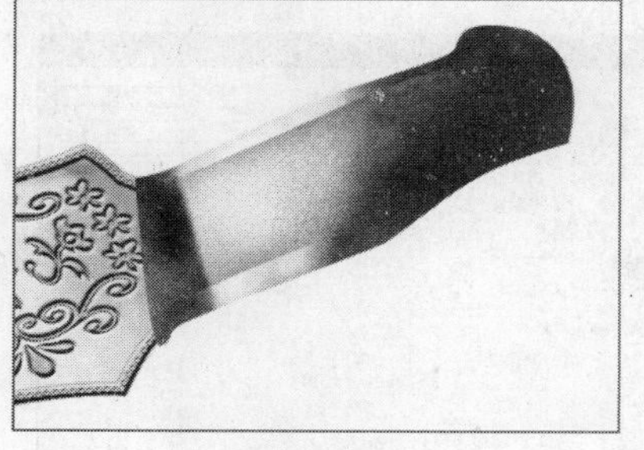
图6-313

09 单击“图层”面板底部的“创建新图层”按钮，新建一个图层，名称为“图层7”，选择“钢笔工具”，在画面中绘制腰带另一侧路径，设置前景色为深灰色填充路径，效果如图6-314所示。选择“滤镜/杂色/添加杂色”命令，如图6-315所示设置参数。选择“减淡工具”，如图6-316所示设置参数，对图像进行处理，效果如图6-317所示。

图6-314

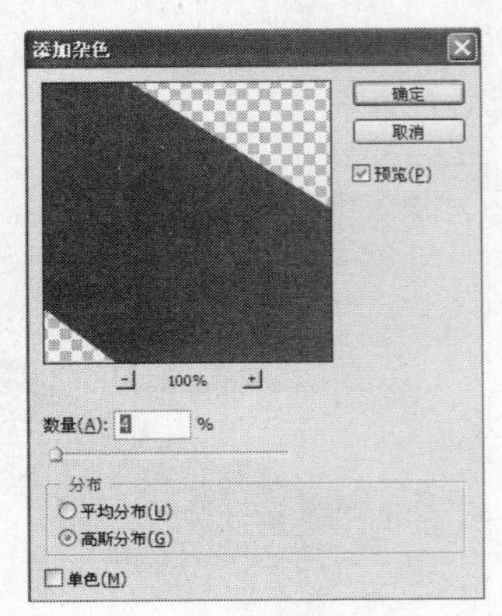

图6-315

图6-316

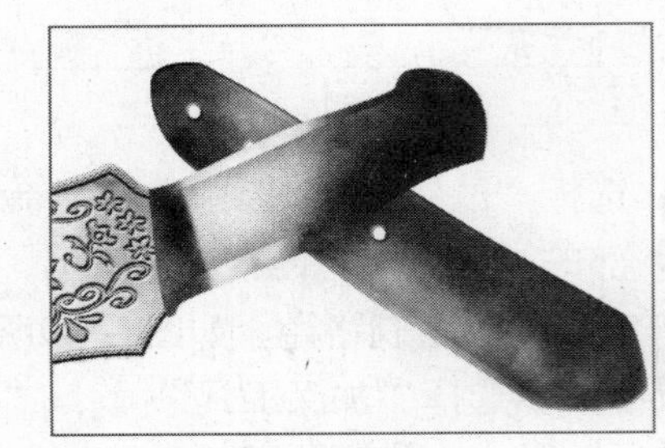

图6-317

10 单击“图层”面板底部的按钮，在下拉菜单中单击“图层样式/斜面和浮雕”命令，如图6-318所示设置参数。单击“图层”面板底部的“创建新图层”按钮，图层名称为“图层8”，选择“钢笔工具”，在画面中绘制路径，如图6-319所示。选择“加深工具”、“减淡工具”，设置前景色为深灰色填充路径，选择“椭圆工具”绘制圆形，设置前景色为黑色填充路径。选择加亮工具对图层的颜色进行提亮，效果如图6-320所示。设置前景色为棕色并填充，使用加亮工具绘制出高光效果，如图6-321所示。单击“图层”面板底部的“创建新图层”按钮，图层名称为“图层9”，选择“钢笔工具”绘制路径，设置前景色为黑色填充路径，效果如图6-322所示。复制多个“图层9”并调整大小摆放在合适的位置，效果如图6-323所示。

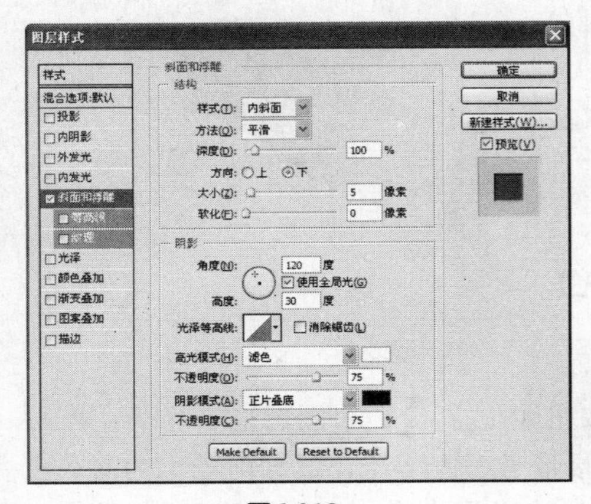

图6-318

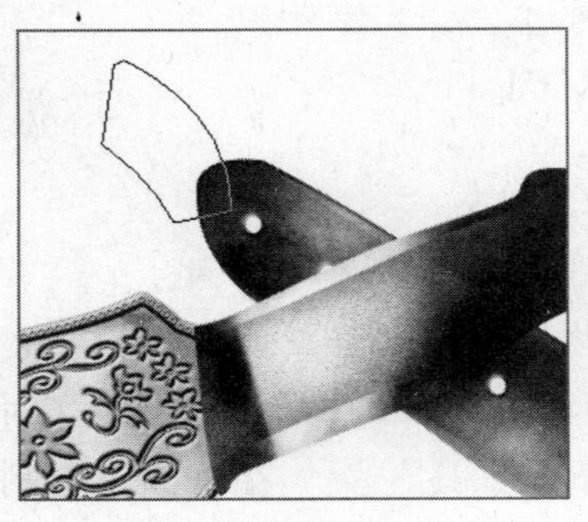

图6-319

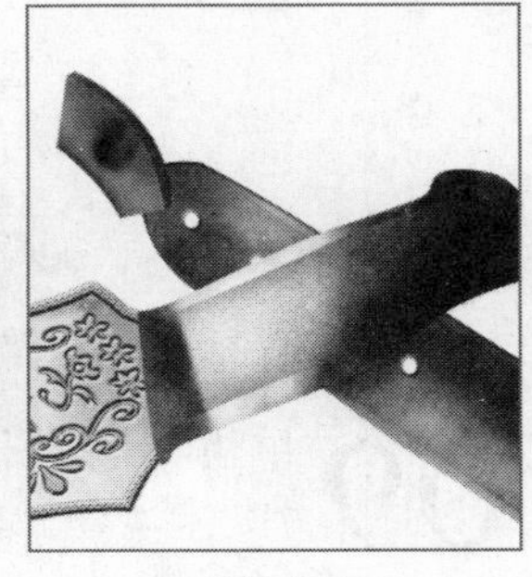

图6-320

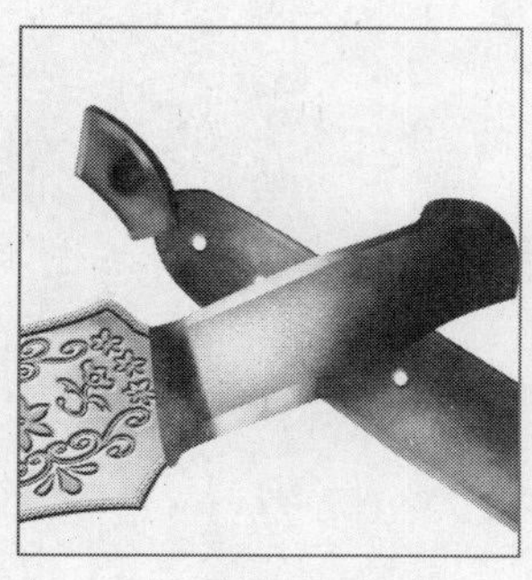

图6-321

图6-322

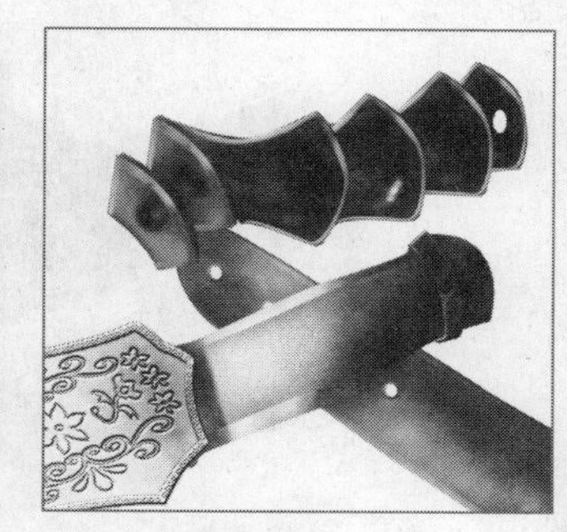

图6-323

11 单击“图层”面板底部的“创建新图层”按钮，新建一个图层，名称为“图层10”，选择“钢笔工具”，在画面中绘制路径，效果如图6-324所示。设置前景色为灰色填充路径，效果如图6-325所示。选择“图像/调整/色相/饱和度”命令，如图6-326所示设置参数，单击“图层”面板底部的按钮，在下拉菜单中选择“图层样式/斜面和浮雕”命令，如图6-327所示设置参数，效果如图6-328所示。

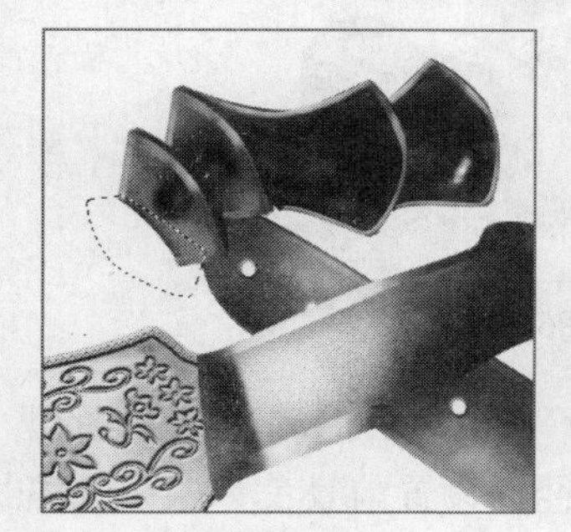

图6-324

图6-325

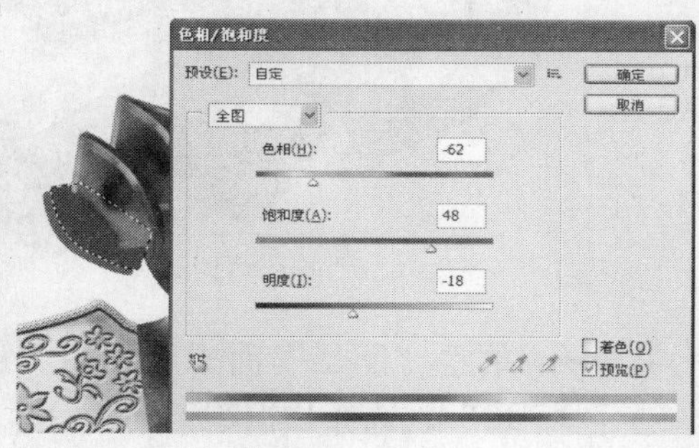

图6-326

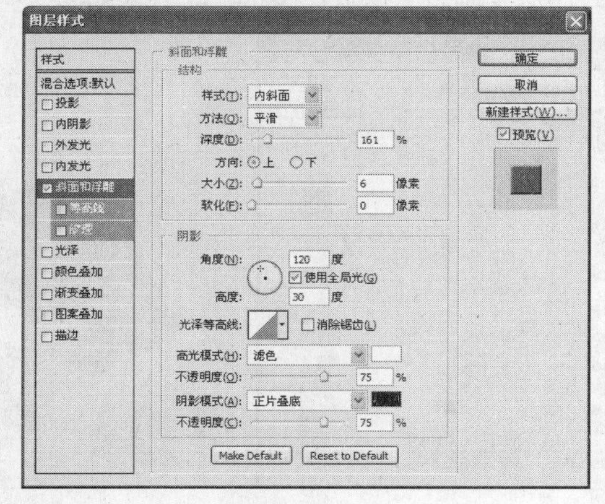

图6-327

图6-328

12 单击“图层”面板底部的“创建新图层”按钮，新建一个图层，名称为“图层11”，选择“钢笔工具”，在画面中绘制连接腰带的路径，如图6-329所示。设置前景色为黑色填充路径。选择“加深工具”，如图6-330所示设置参数，对图像进行处理，效果如图6-331所示。复制多个“图层11”并摆放在腰带上，效果如图6-332所示。

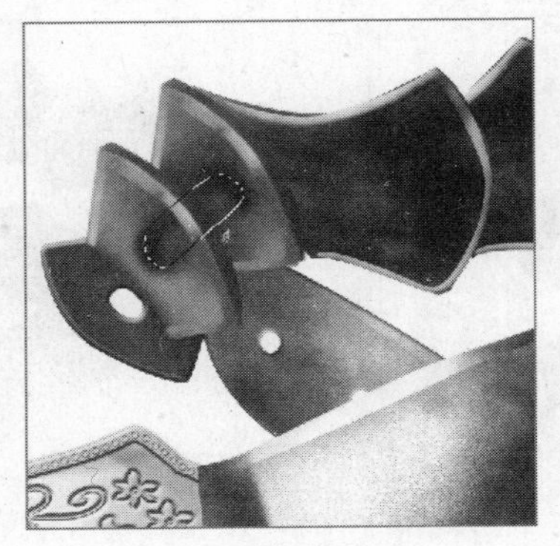

图6-329

图6-330

图6-331

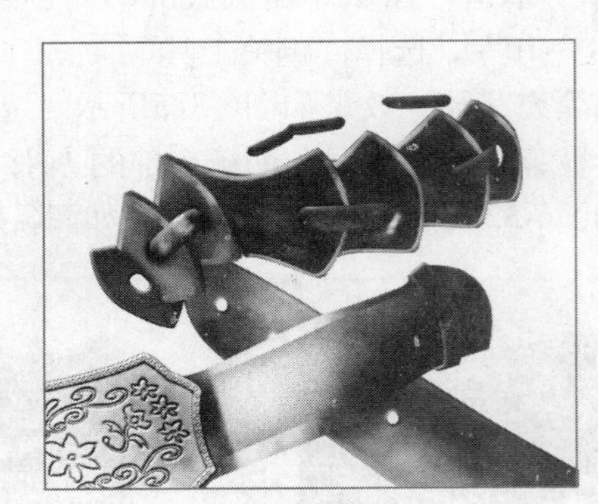

图6-332

13 单击"图层"面板底部的"创建新图层"按钮，新建一个图层，名称为"图层12"，选择"钢笔工具"，在画面中绘制不规则图案路径，设置前景色为深褐色填充路径，如图6-333所示。单击"图层"面板底部的按钮，在下拉菜单中选择"图层样式/斜面和浮雕"命令，如图6-334所示设置参数，将此图层复制多个摆放在腰带上，效果如图6-335所示。

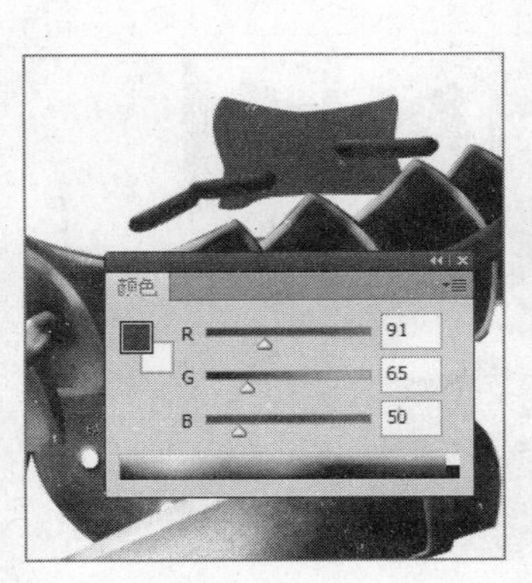

图6-333

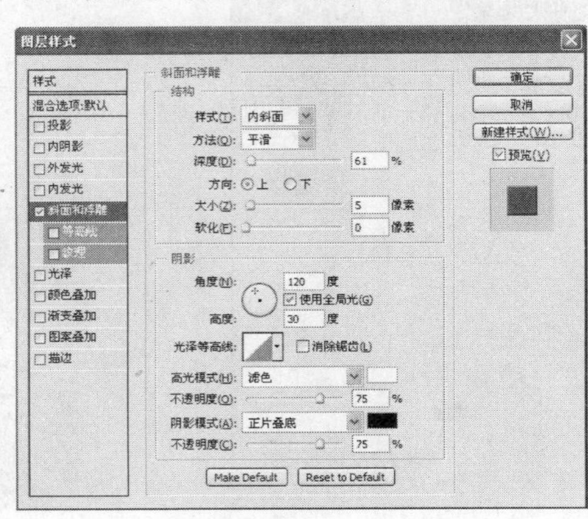

图6-334

图6-335

14 单击"图层"面板底部的"创建新图层"按钮，新建一个图层，名称为"图层13"，选择"钢笔工具"在画面中绘制路径，选择深褐色填充路径。选择"椭圆工具"画出椭圆形并填充黑色。选择"加亮工具"对图层进行提亮，效果如图6-336所示，整体效果如图6-337所示。打开素材文件夹，导入素材图片，最终效果如图6-338所示。

图6-336

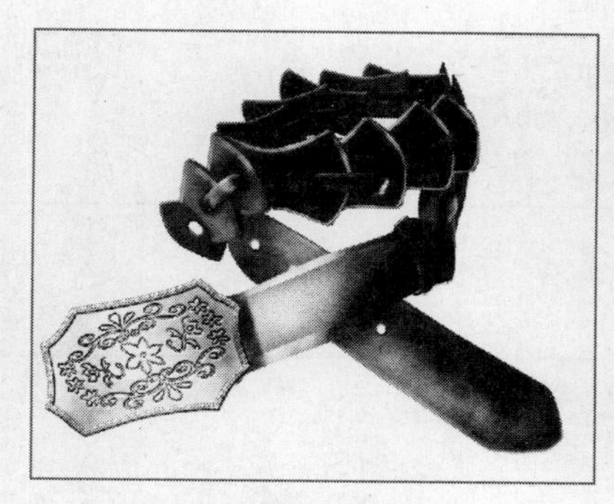

图6-337

图6-338

本例用到了滤镜工具，滤镜是Photoshop中最具吸引力的工具之一，它就像一个魔术师，可以把普通的图像变为非凡的视觉作品。滤镜不仅可以制作各种特效，还能模拟素描、油画、水彩等绘画效果。滤镜组中包含五种滤镜，它们可以在图像中创建3D形状、云彩图案、折射图案和模拟的光反射。

读书笔记

第7章 各种女鞋的设计

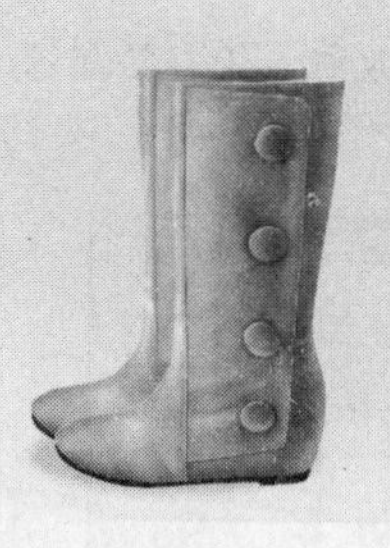
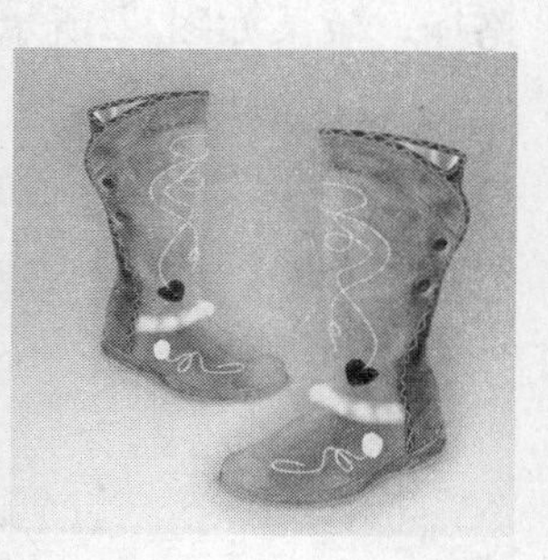

Photoshop CS5

7.1 花式凉鞋

设计步骤

01 按快捷键Ctrl+N，新建一个文件，设置对话框如图7-1所示。

02 单击“图层”面板底部的“创建新图层”按钮，新建一个图层，图层名称为“图层1”，选择“钢笔工具”，在画面中绘制鞋面路径，设置前景色为灰色并填充路径，效果如图7-2所示。

03 单击“图层”面板底部的“创建新图层”按钮，新建一个图层，图层名称为“图层2”，在画面中绘制图形，选择“编辑/定义画笔预设”命令，效果如图7-3所示。

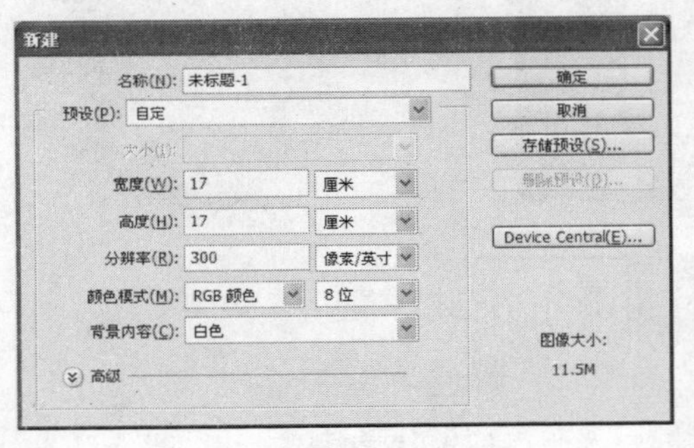

图7-1

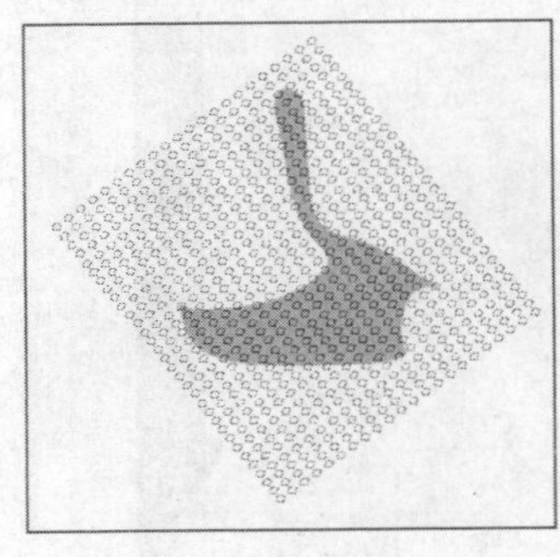

图7-2

图7-3

04 按Ctrl键单击“图层1”，选择“选择/修改/羽化”命令，弹出“羽化”对话框，设置羽化半径为1，按“Ctrl+Shift+I”组合键（反向选择），单击“图层2”，按Delete键删除鞋尖多余部分，效果如图7-4所示。

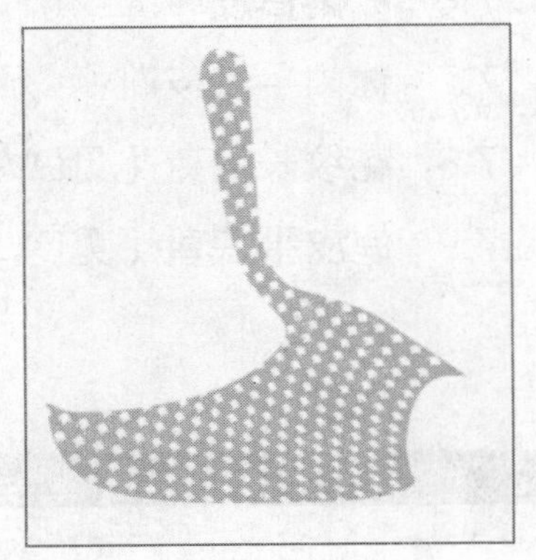

图7-4

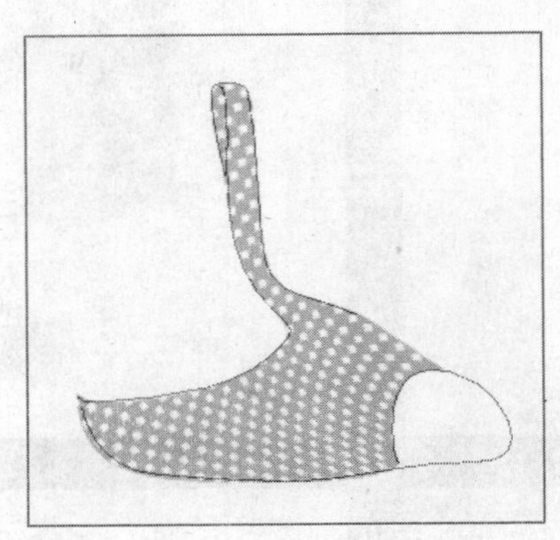

图7-5

05 单击“图层”面板底部的“创建新图层”按钮，新建一个图层，图层名称为“图层3”，选择“钢笔工具”，在画面中绘制鞋尖路径，效果如图7-5所示。选择“画笔工具”，如图7-6所示设置参数，为路径描边，效果如图7-7所示。单击“图层”面板底部的按钮，在下拉菜单中选择“图层样式/斜面和浮雕”命令，如图7-8所示设置参数，效果如图7-9所示。

图7-6

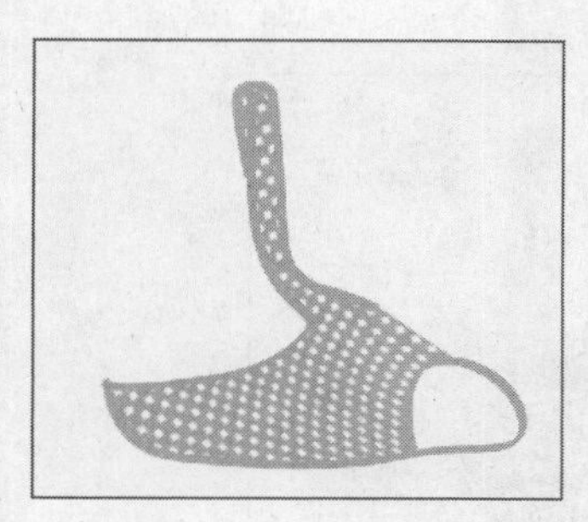

图7-7

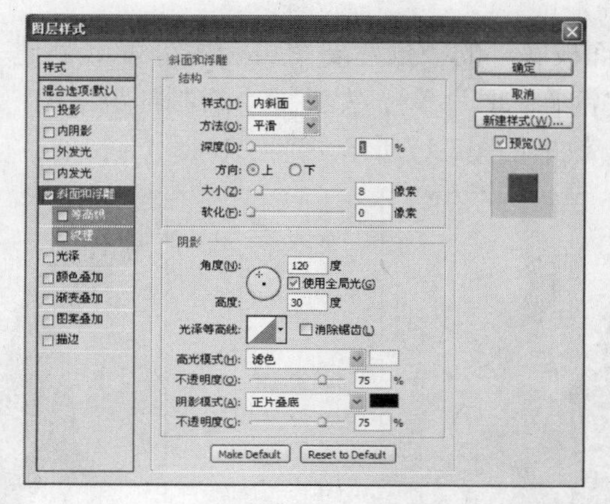

图7-8

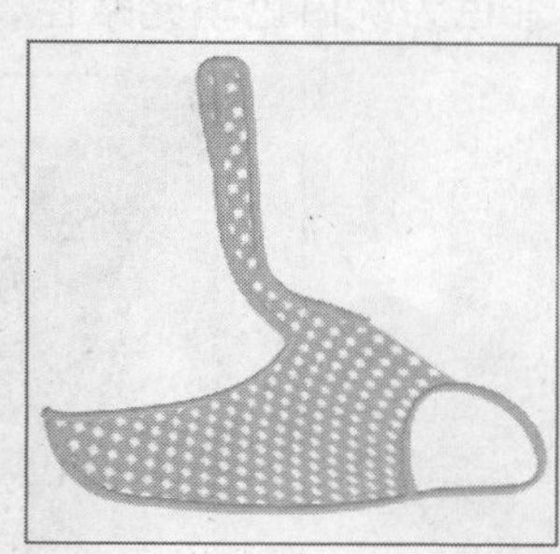

图7-9

06 单击“图层”面板底部的“创建新图层”按钮，新建一个图层，图层名称为“图层4”，选择“钢笔工具”，在画面中绘制鞋底路径，如图7-10所示。选择“图层/新建/通过剪切的图层”命令，再选择“钢笔工具”，设置前景色为深灰色填充路径，效果如图7-11所示。选择“图层3”上绘制好的图案填充在“图层4”上，效果如图7-12所示。

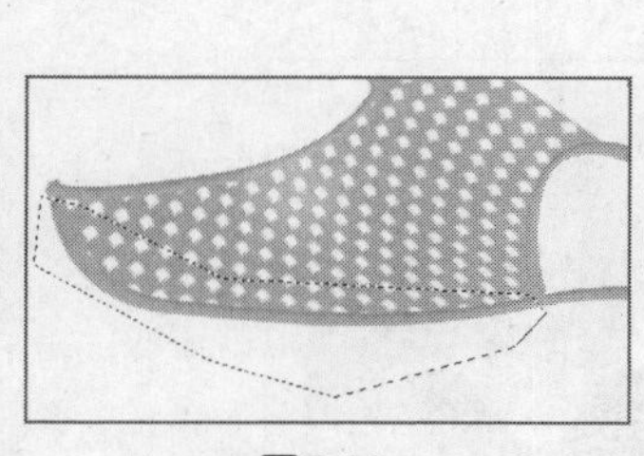

图7-10

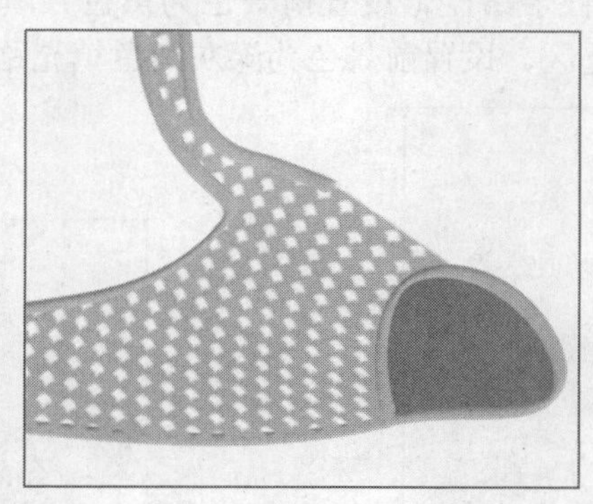

图7-11

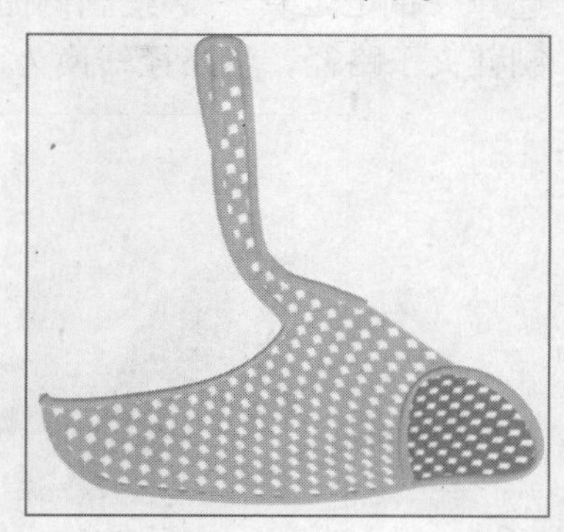

图7-12

07 单击“图层”面板底部的“创建新图层”按钮，新建一个图层，图层名称为“图层5”，选择“钢笔工具”，在画面中绘制鞋底路径，并填充深灰色，效果如图7-13所示。

08 单击“图层”面板底部的“创建新图层”按钮，新建一个图层，图层名称为“图层6”，选择“钢笔工具”，在画面中绘制鞋边路径，效果如图7-14所示。设置前景色为灰白色填充路径，效果如图7-15所示。

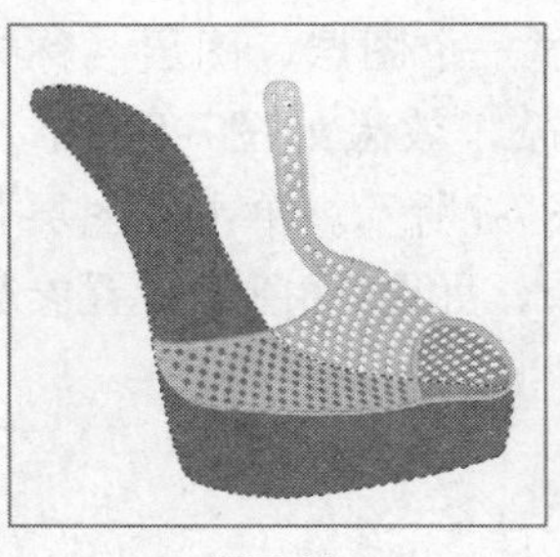

图7-13

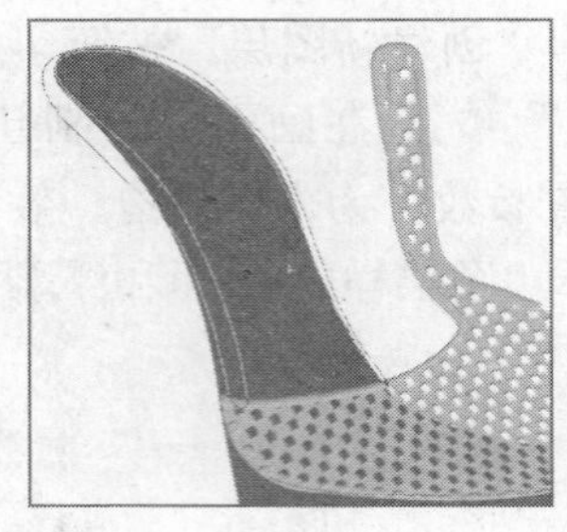

图7-14

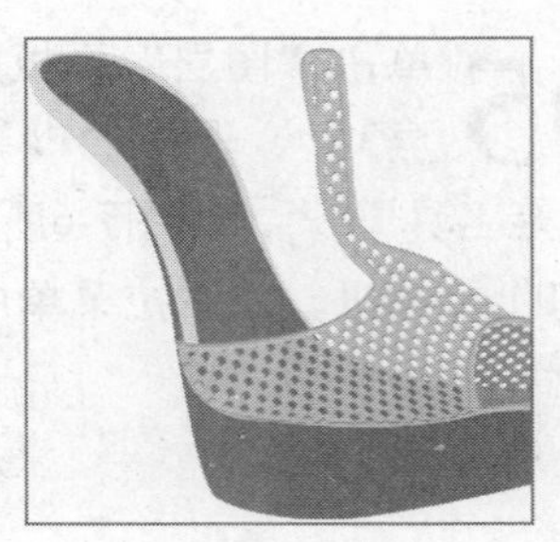

图7-15

09 单击“图层”面板底部的“创建新图层”按钮，新建一个图层，图层名称为“图层7”，选择“钢笔工具”，在画面中绘制鞋跟路径，效果如图7-16所示。设置前景色为灰白色填充路径，效果如图7-17所示。

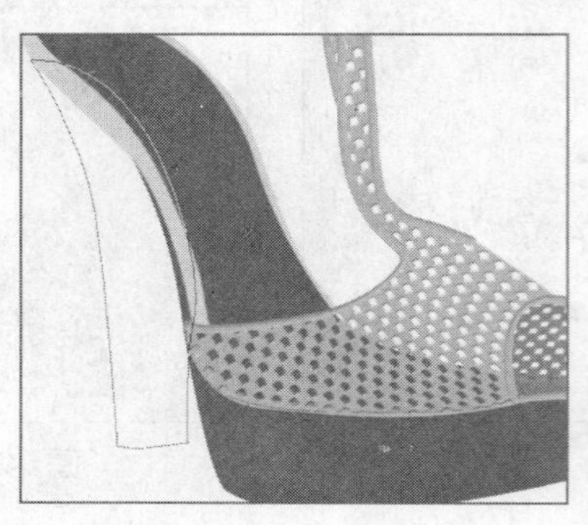

图7-16

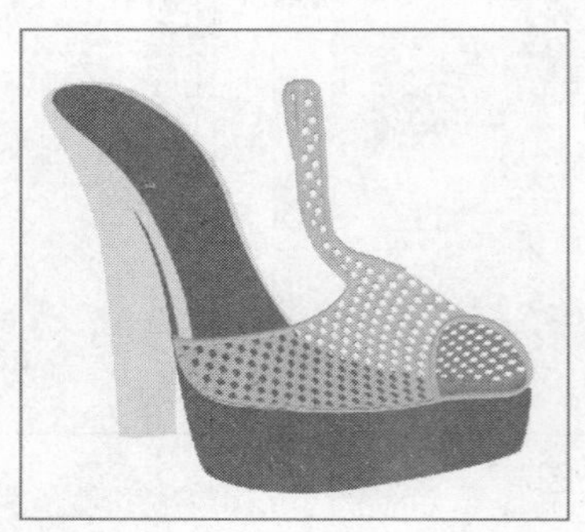

图7-17

10 新建四个图层，图层名称为“图层8、图层9、图层10、图层11”， 选择“钢笔工具”，在画面中绘制鞋带路径，设置前景色为灰白色填充路径，如图7-18所示。选择“钢笔工具”绘制侧面鞋带路径，设置前景色为黑色并填充。选择“钢笔工具”再绘制鞋夹子路径，将路径转换为选区，设置前景色为深灰白色填充路径，效果如图7-19所示。

图7-18

图7-19

11 单击“图层”面板底部的“创建新图层”按钮，新建一个图层，图层名称为“图层12”，选择“钢笔工具”，在画面中绘制鞋带内侧路径，填充深灰白色，如图7-20所示。选择“加深工具”，如图7-21所示设置参数，效果如图7-22所示。选择“减淡工具”，如图7-23所示设置参数，减淡鞋后跟部位的颜色，效果如图7-24所示。

图7-20

图7-21

图7-22

图7-23

图7-24

12 选择“减淡工具”，如图7-25所示设置参数，在鞋底和鞋带部分绘制路径，效果如图7-26所示。单击“图层”面板底部的“创建新图层”按钮，新建一个图层，图层名称为“图层13”，选择“钢笔工具”，在画面中绘制鞋跟内侧路径，如图7-27所示。选择“加深工具”，如图7-28所示设置参数，加深鞋跟内侧的颜色，效果如图7-29所示。

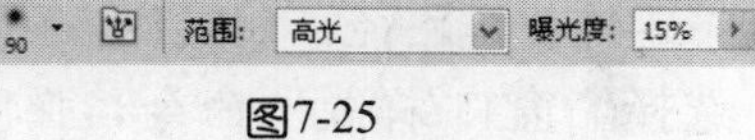

图7-25

图7-26

图7-27

图7-28

图7-29

13 单击“图层”面板底部的“创建新图层”按钮，新建一个图层，图层名称为“图层14”，选择“钢笔工具”，在画面中绘制鞋扣，如图7-30所示。设置前景色为灰色填充路径，效果如图7-31所示。

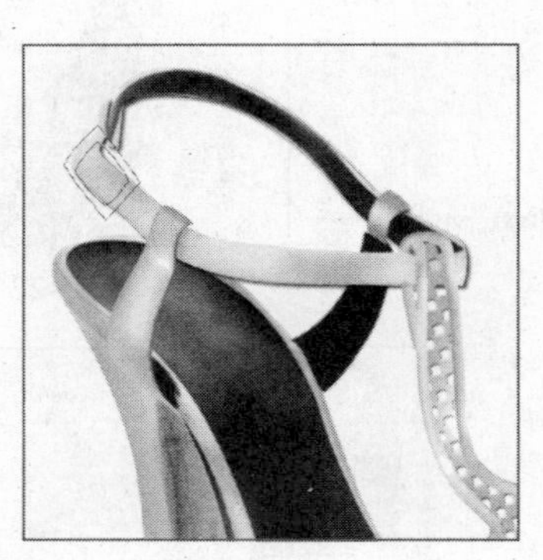
图7-30

图7-31

14 单击“图层”面板底部的“创建新图层”按钮，新建一个图层，图层名称为“图层15”，选择“钢笔工具”，在画面中绘制鞋跟的底部，如图7-32所示。设置前景色为黑色填充路径，效果如图7-33所示。

图7-32

图7-33

15 单击“图层”面板底部的“创建新图层”按钮，新建一个图层，图层名称为“图层16” 选择“钢笔工具”，在画面中绘制鞋带的缝合线路径，如图7-34所示。选择“画笔工具”，为路径描边，效果如图7-35所示。选择“窗口/样式”命令，弹出“样式”对话框，如图7-36所示，效果如图7-37所示。

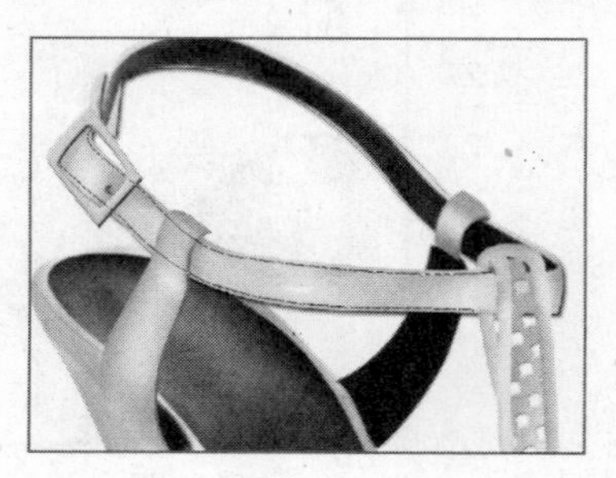
图7-34

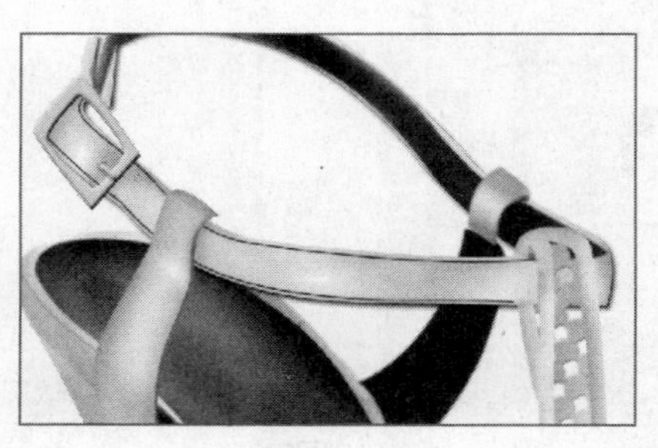
图7-35

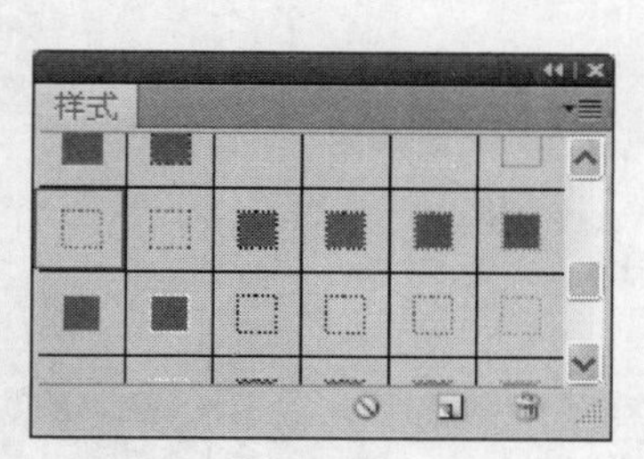

图7-36

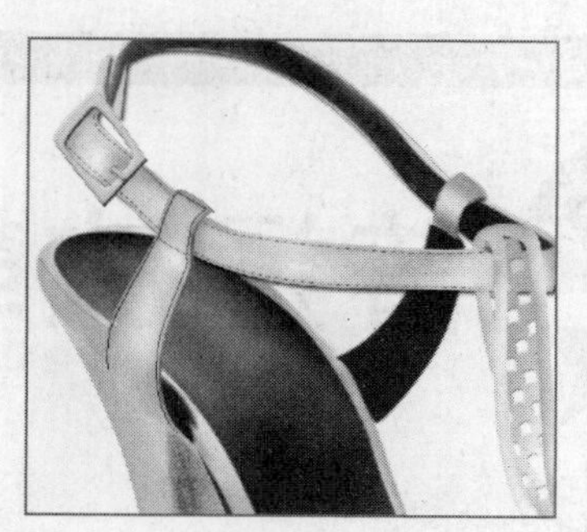

图7-37

16 选择"文字工具"T，在鞋底部位键入字母，效果如图7-38所示。按Alt键复制整个图像，调整位置并改变图层的透明度，产生鞋的倒影效果，如图7-39所示。再复制一个鞋的图层，错落摆放好位置，如图7-40所示。选择背景图层，设置渐变颜色由白色到黑色，最终效果如图7-41所示。

图7-38

图7-39

图7-40

图7-41

此实例在绘图最后的步骤中用到了复制命令。"拷贝"、"剪切"和"粘贴"等都是应用程序中最普通的命令，它们用来完成文件的复制和粘贴任务。与其他程序不同的是，在Photoshop中还可以对选区内的图像进行特殊的复制或粘贴操作，例如，在选区内粘贴图像，或者清除选区内的图像。

7.2 普通凉鞋

设计步骤

01 按快捷键Ctrl+N，新建一个文件，设置对话框如图7-42所示。

02 单击“图层”面板底部的“创建新图层”按钮，新建一个图层，图层名称为“图层1”，选“钢笔工具”，在画面中绘制鞋面和鞋跟路径，如图7-43所示。选择“选择/修改/羽化”命令，设置羽化参数为1，设置前景色为黄色填充路径，效果如图7-44所示。选择“滤镜/纹理/纹理化”命令，如图7-45、图7-46所示设置参数，效果如图7-47所示。

新建

名称(N):	未标题-1	
预设(P):	自定	
大小(I):		
宽度(W):	10	厘米
高度(H):	10	厘米
分辨率(R):	300	像素/英寸
颜色模式(M):	RGB 颜色	8 位
背景内容(C):	白色	

高级

确定 / 取消 / 存储预设(S)... / 删除预设(D)... / Device Central(E)...

图像大小: 3.99M

图7-42

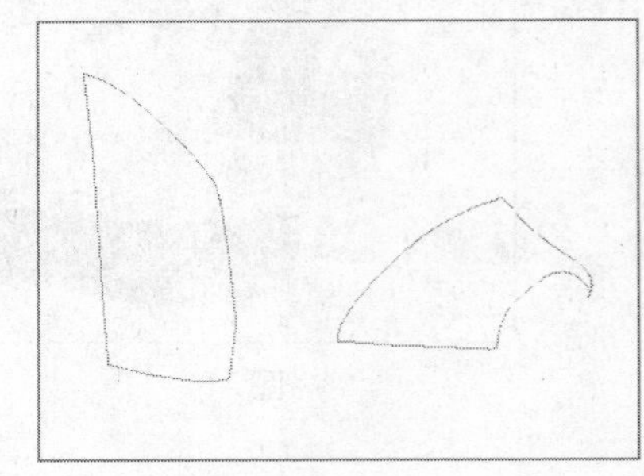

图7-43

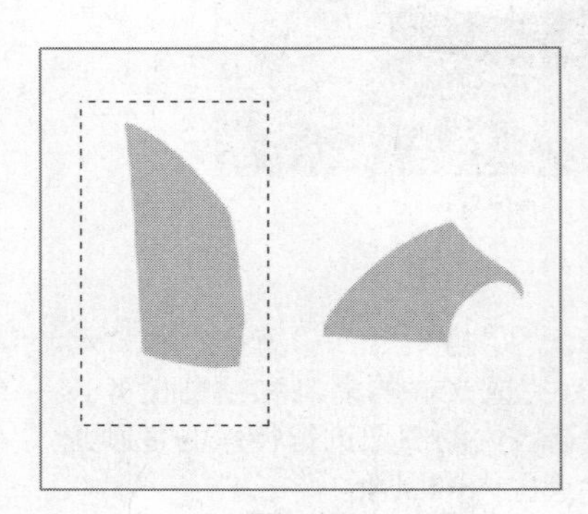

图7-44

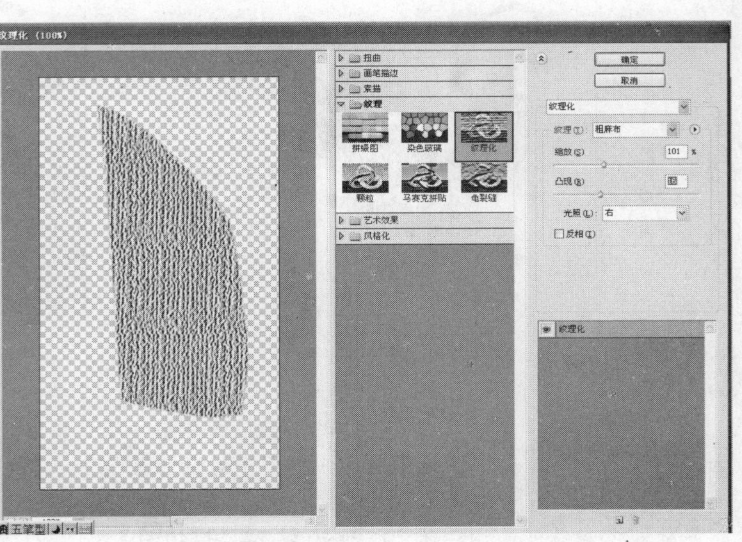

图7-45

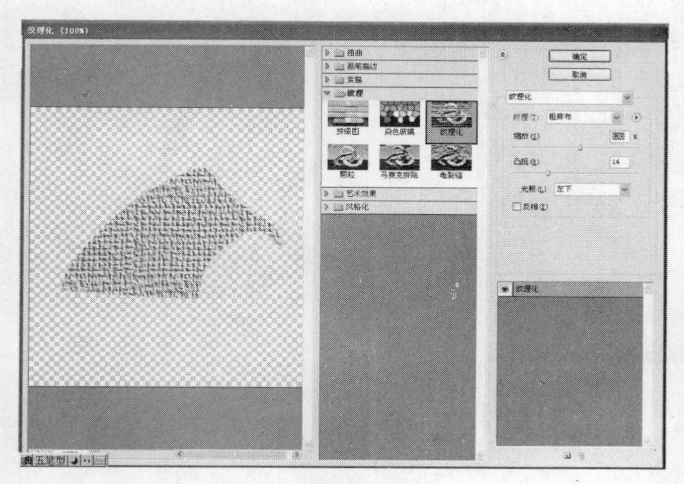

图7-46

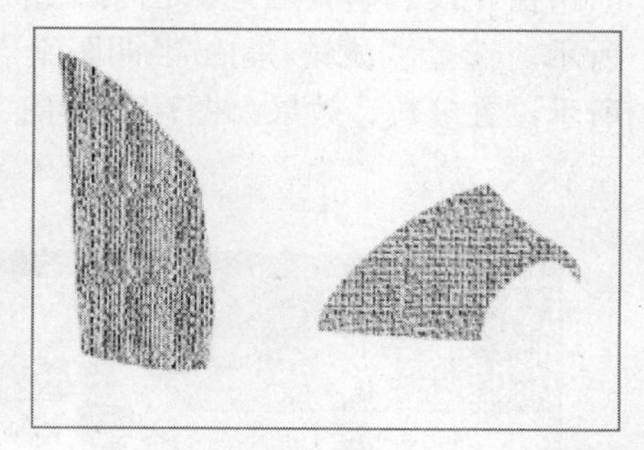

图7-47

03 单击“图层”面板底部的“创建新图层”按钮，新建一个图层，图层名称为“图层2”，选择“钢笔工具”，在画面中绘制鞋底路径，选择“选择/修改/羽化”命令，设置羽化参数为1，设置前景色为黑色填充路径，效果如图7-48所示。选择“滤镜/素描/半调图案”命令，如图7-49所示设置参数，效果如图7-50所示。设置此图层模式为“线性加深”，效果如图7-51所示。

图7-48

图7-49

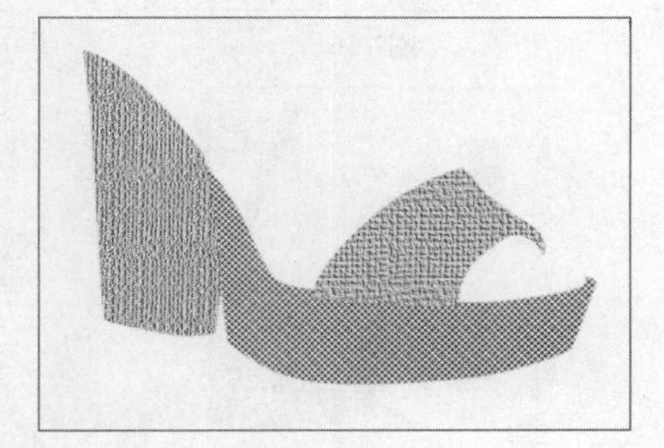

图7-50

图7-51

04 单击“图层”面板底部的“创建新图层”按钮，新建一个图层，图层名称为“图层3”，选择“钢笔工具”，在画面中绘制鞋横梁的路径，设置前景色为黑色填充路径，效果如图7-52所示。选择“滤镜/素描/半调图案”命令，如图7-53所示设置参数，效果如图7-54所示。

图7-52

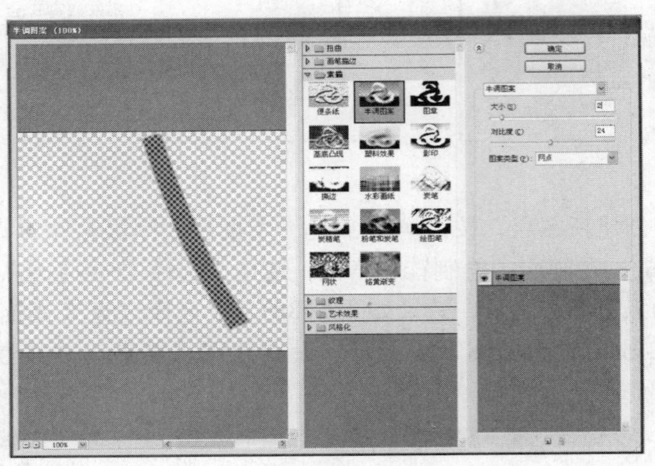

图7-53

图7-54

05 新建两个图层，图层名称为“图层4、图层5”，选“钢笔工具”，在画面中绘制鞋底路径，并为鞋底添加描边效果，分别填充颜色后，效果如图7-55、图7-56所示。选择“加深工具”，如图7-57所示设置参数，加深鞋后跟的颜色，效果如图7-58所示。

图7-55

图7-56

图7-57

图7-58

06 选择“加深工具”，如图7-59所示设置参数，加深鞋前跟的颜色，效果如图7-60所示。选择“滤镜/液化”命令，如图7-61所示设置参数，效果如图7-62所示。

50 范围: 高光 曝光度: 10%

图7-59

图7-60

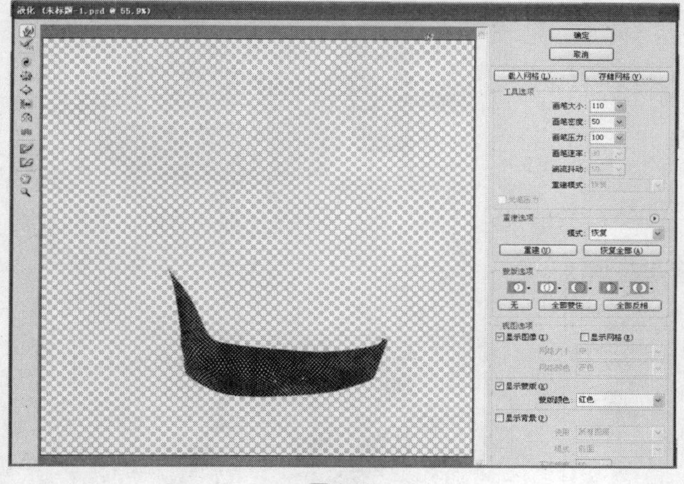

图7-61

图7-62

07 选择“减淡工具”，如图7-63所示设置参数，减淡鞋跟的颜色，效果如图7-64所示。单击“图层”面板底部的“创建新图层”按钮，新建一个图层，图层名称为“图层6”，选择“钢笔工具”，在鞋底上绘制路径，设置前景色为黑色填充路径，效果如图7-65所示。选择“减淡工具”，如图7-66所示设置参数，对图像进行处理，效果如图7-67所示。再使用此“减淡工具”在鞋面上进行颜色的淡化处理，效果如图7-68所示。选择鞋底图层，单击图层底部的fx.按钮，在下拉菜单中选择“图层样式/斜面和浮雕”效果，如图7-69所示设置参数，效果如图7-70所示。

80 范围: 高光 曝光度: 71%

图7-63

图7-64

图7-65

图7-66

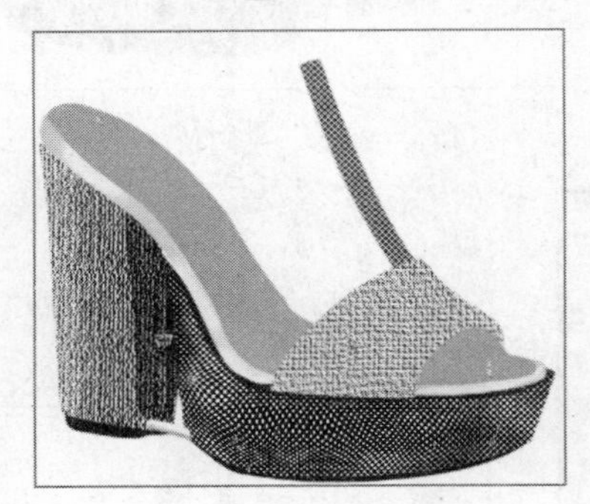

图7-67

图7-68

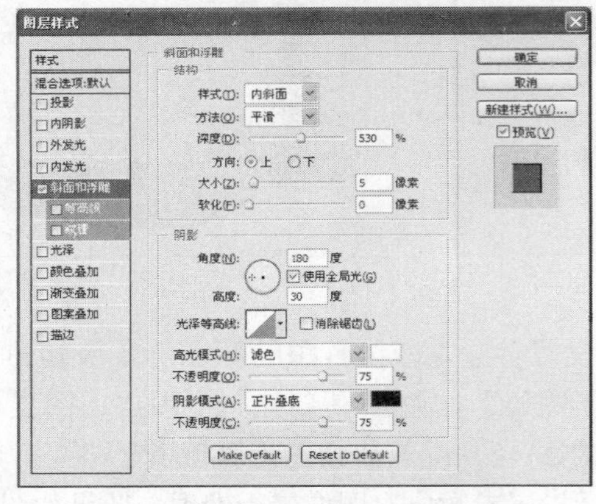

图7-69

图7-70

08 选择鞋底图层，选择“加深工具”，如图7-71所示设置参数，加深图像的颜色，效果如图7-72所示。选择“减淡工具”，如图7-73所示设置参数，对图像进行处理，选择“钢笔工具”绘制鞋帮路径，效果如图7-74所示。

图7-71

图7-72

范围: 阴影 曝光度: 20%

图7-73

图7-74

09 将路径转换为选区，设置前景色为灰色填充选区，效果如图7-75所示。设置画笔颜色，为路径描边，效果如图7-76所示。

图7-75

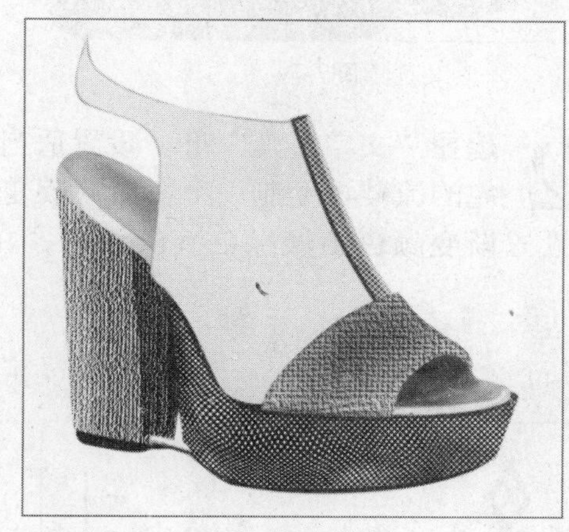

图7-76

10 单击“图层”面板底部的“创建新图层”按钮，新建一个图层，图层名称为“图层7”，选择“钢笔工具”，在画面中绘制鞋扣路径，设置前景色为绿色填充路径，效果如图7-77所示。选择“橡皮擦工具”，设置笔刷的大小和硬度，对整个图层进行擦拭，留出鞋跟的底色，再使用加亮工具在鞋帮上绘制高光，选择鞋扣图层，按Alt键进行复制，将其颜色设置为黑色并填充，效果如图7-78所示。

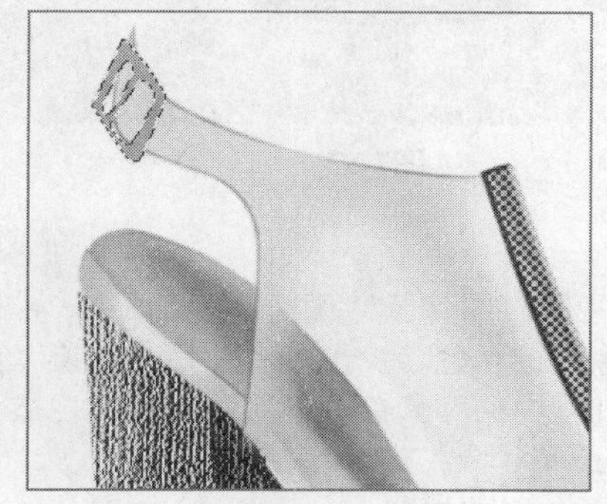

图7-77

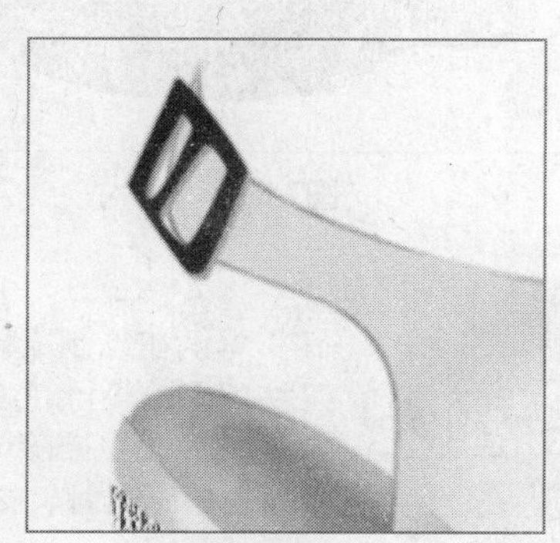

图7-78

11 单击“图层”面板底部的“创建新图层”按钮，新建一个图层，图层名称为“图层8”，选择“钢笔工具”，在画面中绘制鞋带路径，设置前景色为灰色填充路径，效果如图7-79所示。选择“减淡工具”，对图像进行处理，效果如图7-80所示。

图7-79

图7-80

12 选择“文字工具”T，设置适当的字体和字号后键入文字，如图7-81所示。将做完的凉鞋再复制一个，然后改变图像大小、调整位置再改变透明度。选择背景图层，设置渐变颜色由淡绿色到深绿色，在背景图层中设置渐变颜色，最终效果如图7-82所示。

图7-81

图7-82

本例在绘制凉鞋的时候，运用到了擦除工具来擦除图像。Photoshop 中包含三种类型的擦除工具，橡皮擦、背景橡皮擦和魔术橡皮擦。使用橡皮擦工具擦除图像时，被擦除的部分会显示为工具箱中的背景色，而使用背景橡皮擦和魔术橡皮擦工具时，被擦除的部分将变成透明区域。

7.3 女士皮靴

设计步骤

01 按快捷键Ctrl+N，新建一个文件，设置对话框如图7-83所示。

02 单击“图层”面板底部的“创建新图层”按钮，新建一个图层，图层名称为“图层1”，选择“钢笔工具”，在画面中绘制皮靴整体轮廓路径，设置前景色为黄色填充路径，效果如图7-84所示。单击“图层”面板底部的“创建新图层”按钮，新建一个图层，图层名称为“图层2”，选择“钢笔工具”，在画面中绘制鞋底路径，设置前景色为淡黄色并填充颜色，效果如图7-85所示。

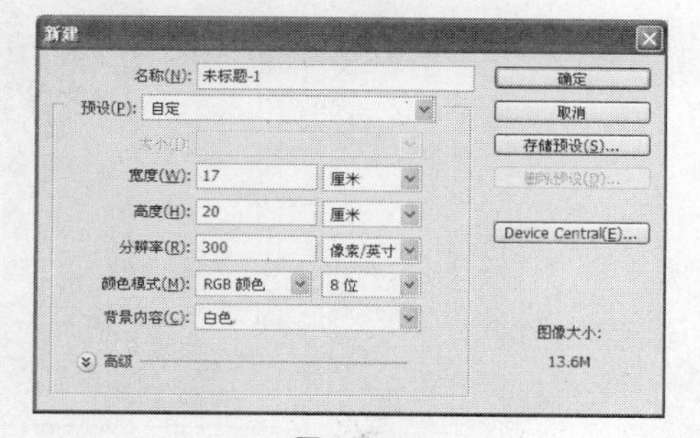

图7-83

图7-84

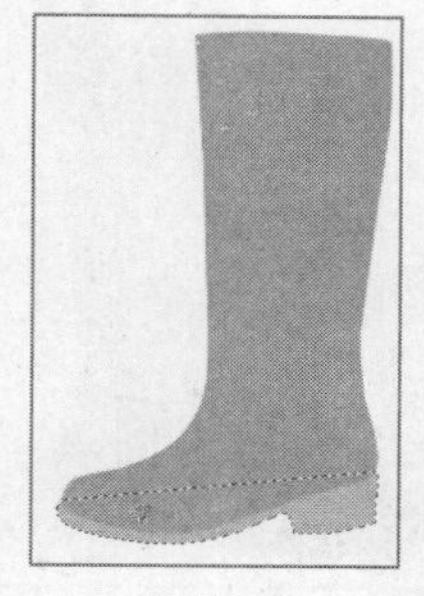

图7-85

03 单击“图层”面板底部的“创建新图层”按钮，新建一个图层，图层名称为“图层3”，选择“钢笔工具”，在画面中绘制路径，如图7-86所示。选择“图层/新建/通过拷贝的图层”命令，单击“图层”面板底部的fx.按钮，在下拉菜单中选择“图层样式/斜面和浮雕”，如图7-87所示设置参数，效果如图7-88所示。单击“图层”面板底部的fx.按钮，在下拉菜单中选择“图层样式/斜面浮雕效果/纹理”命令，如图7-89所示设置参数，效果如图7-90所示。

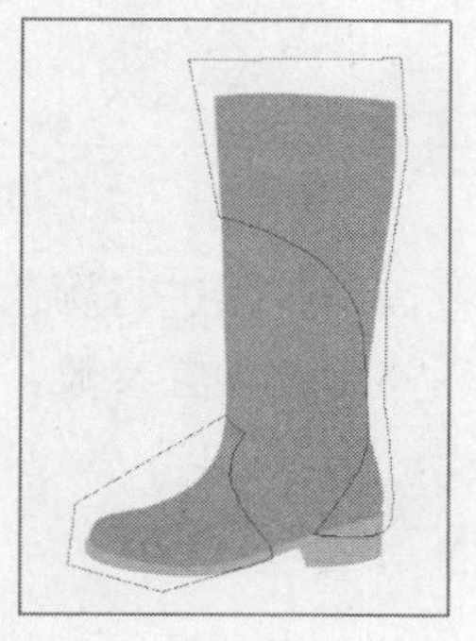

图7-86

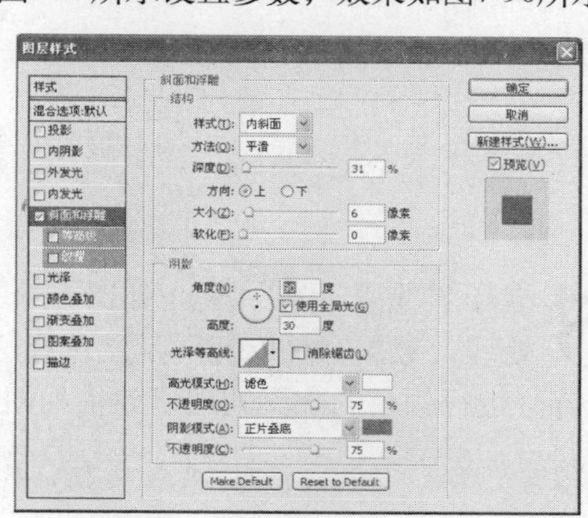

图7-87

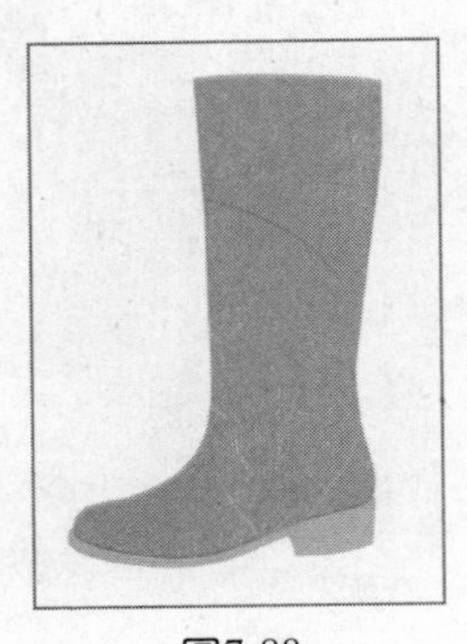

图7-88

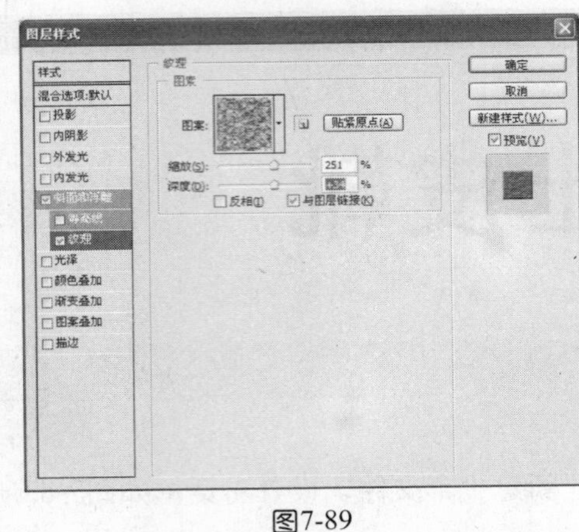

图7-89

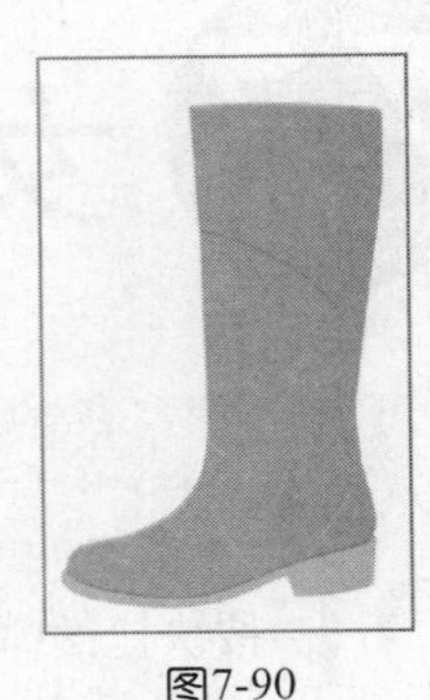

图7-90

04 单击“图层”面板底部的“创建新图层”按钮，新建一个图层，图层名称为“图层4”，选择“钢笔工具”，在画面中绘制皮靴的缝合线路径，效果如图7-91所示。选择“减淡工具”，如图7-92所示设置参数，对图像进行处理，效果如图7-93所示。选择“加深工具”，如图7-94所示设置参数，加深皮靴表面的部分图层，效果如图7-95所示。

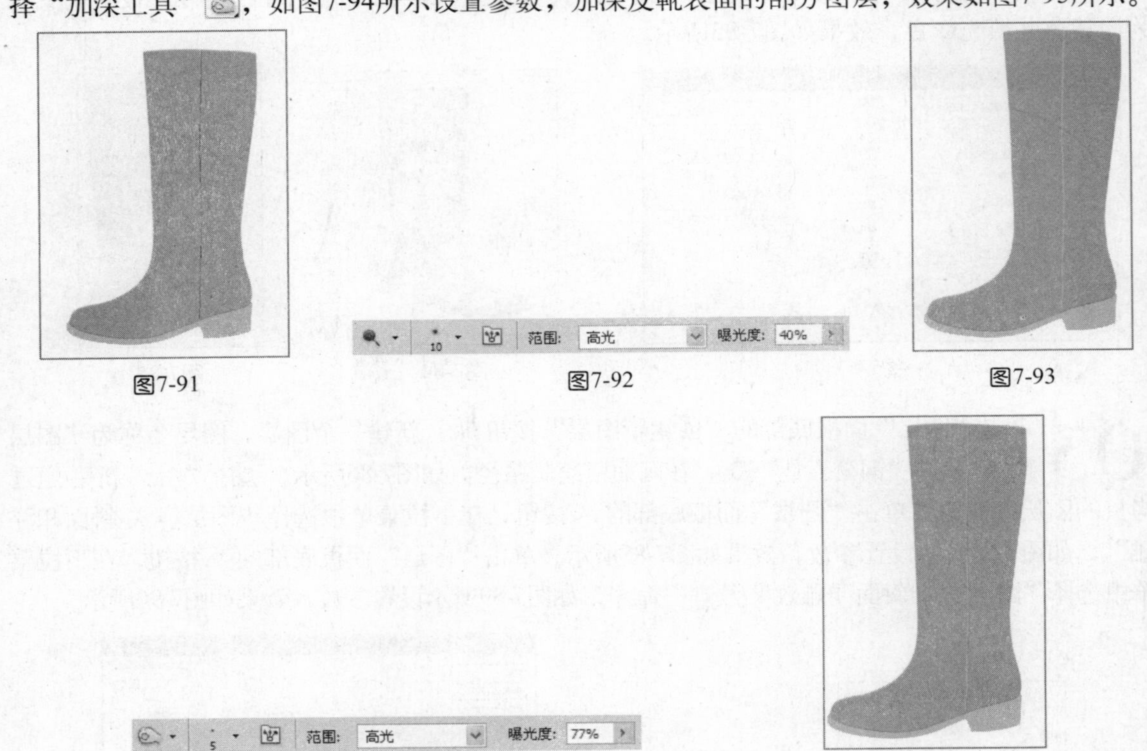

图7-91

图7-92

图7-93

图7-94

图7-95

05 选择“减淡工具”，如图7-96所示设置参数，对部分靴筒和鞋跟进行颜色的减淡处理，效果如图7-97所示。选择“加深工具”，如图7-98所示设置参数，对靴子的其余部分进行颜色的加深处理，效果如图7-99所示。

图7-96

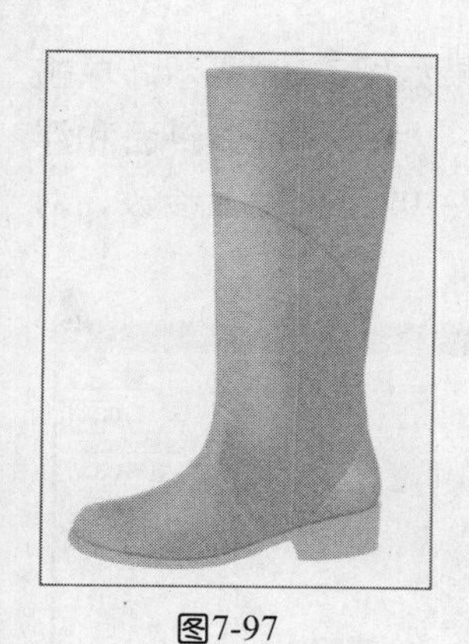

图7-97

图7-98

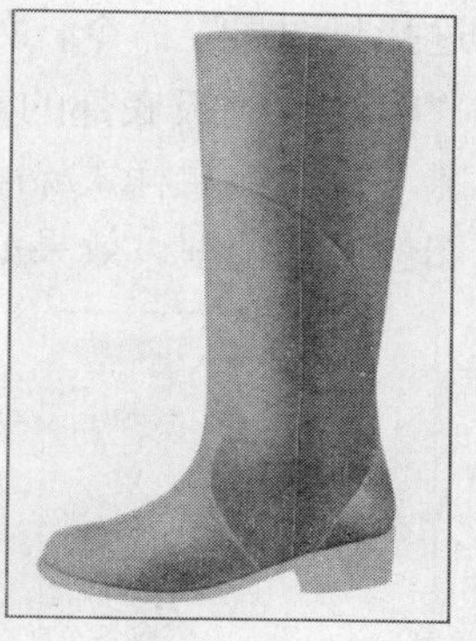

图7-99

06 单击“图层”面板底部的“创建新图层”按钮，新建一个图层，图层名称为“图层5”，选择“钢笔工具”，在画面中绘制图案路径，如图7-100所示。选择“选择/修改/羽化”命令，设置羽化半径为10，选择“减淡工具”，如图7-101所示设置参数，对“图层5”的颜色进行减淡处理，效果如图7-102所示。

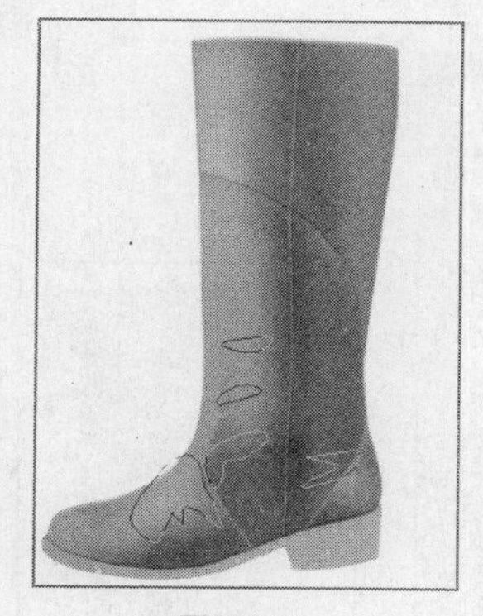

图7-100

图7-101

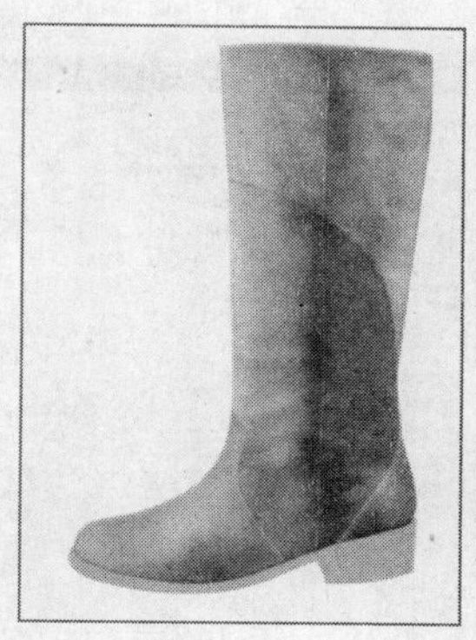

图7-102

07 单击“图层”面板底部的“创建新图层”按钮，新建一个图层，图层名称为“图层6”，选择“钢笔工具”，在画面中绘制路径，如图7-103所示。选择“选择/修改/扩展”命令，设置参数为3，为路径描边，效果如图7-104所示。

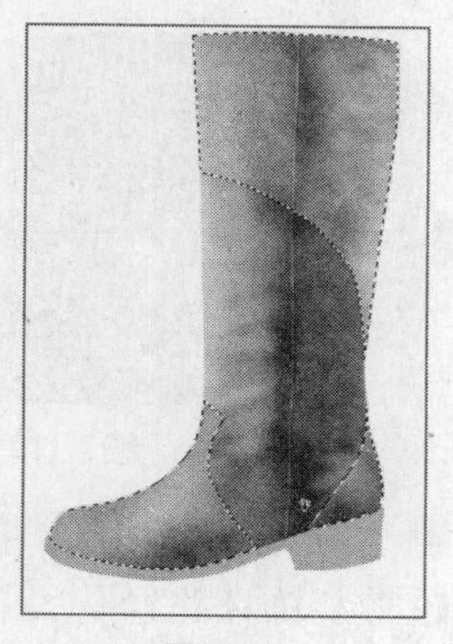

图7-103

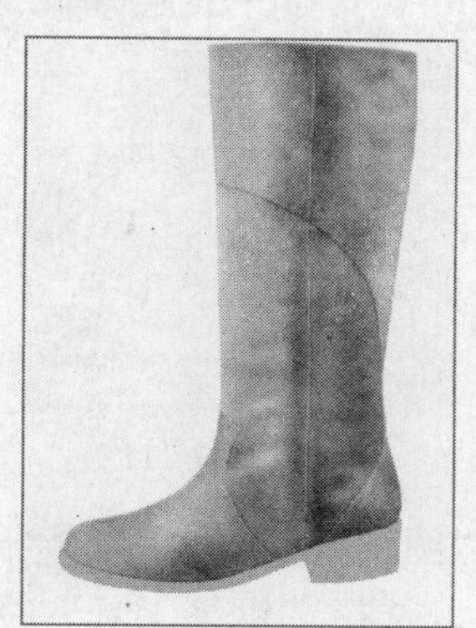

图7-104

08 单击“图层”面板底部的“创建新图层”按钮，新建一个图层，图层名称为“图层7”，选择“钢笔工具”，在画面中绘制靴口装饰带路径，选择“图层/新建/通过拷贝图层”命令，如图7-105所示。设置前景色为黄色填充路径，效果如图7-106所示。单击“图层”面板底部的按钮，在下拉菜单中选择“图层样式/投影”、“图层样式/斜面和浮雕”、“图层样式/斜面和浮雕/纹理”命令，如图7-107、图7-108、图7-109所示设置参数，对图像进行处理，效果如图7-110所示。

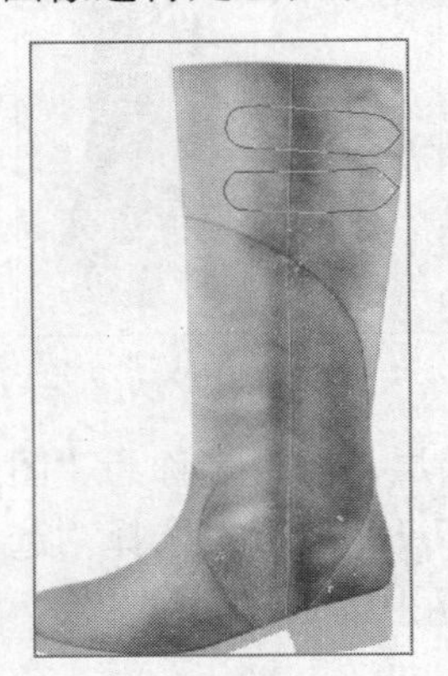
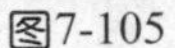

图7-105

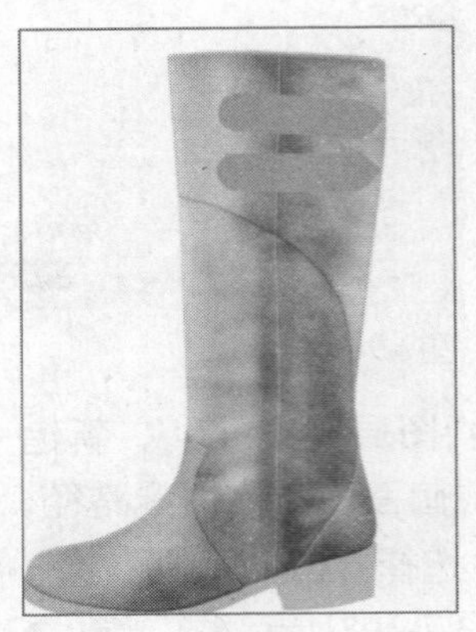

图7-106

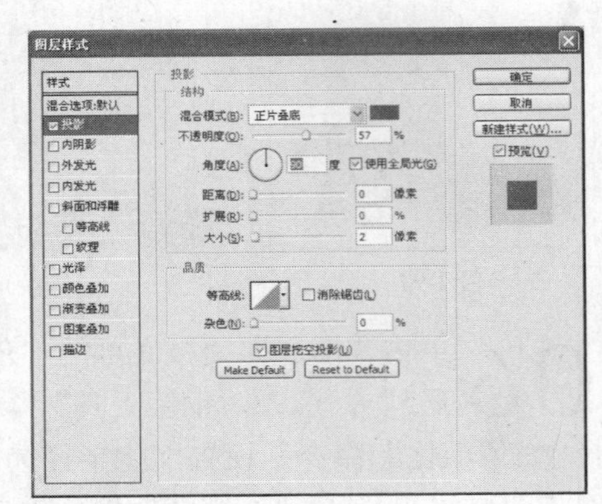

图7-107

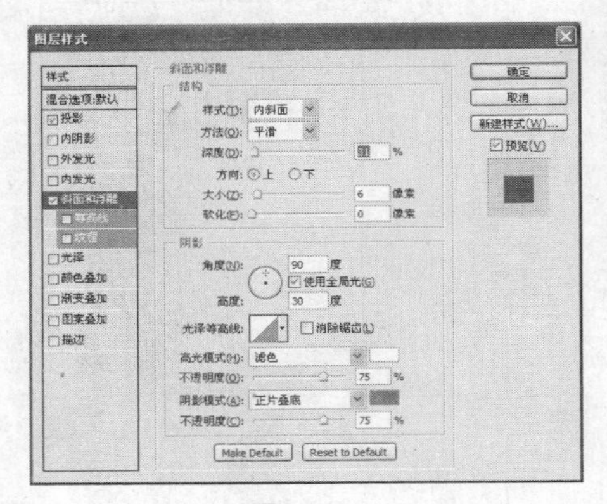

图7-108

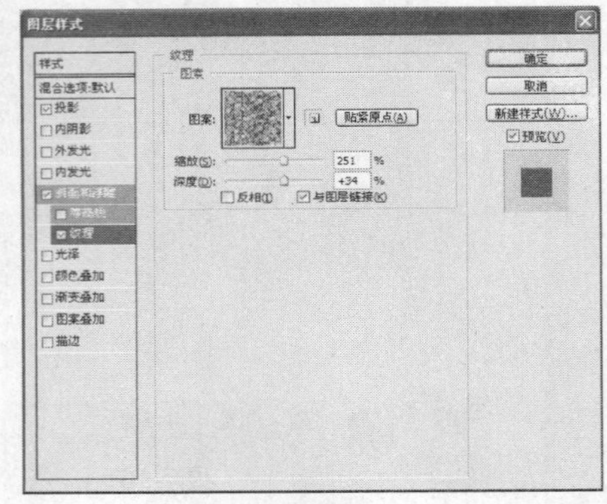

图7-109

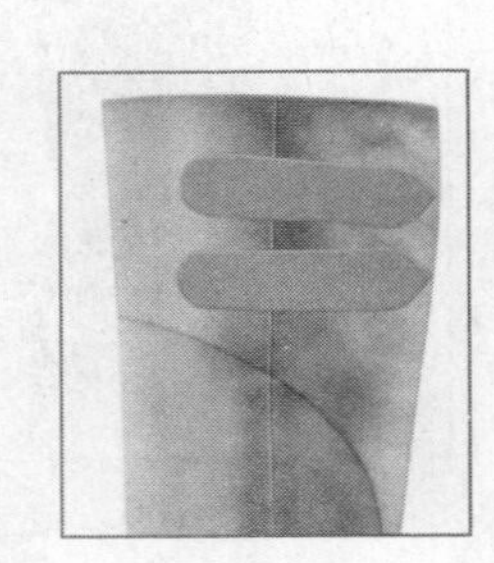

图7-110

09 选择“选择/修改/羽化”命令，设置羽化参数为5，选择“减淡工具”，如图7-111所示设置参数，对靴口装饰带的颜色进行减淡处理，得到效果如图7-112所示。

图7-111

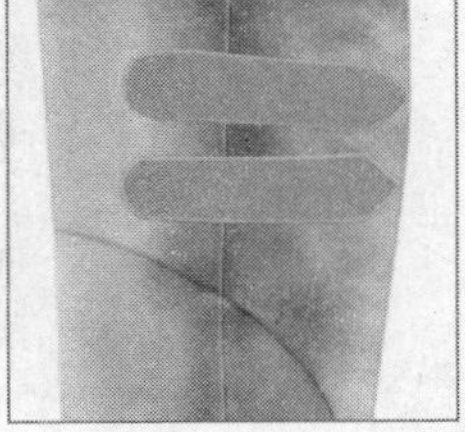

图7-112

10 单击“图层”面板底部的“创建新图层”按钮，新建一个图层，图层名称为“图层8”，选择“钢笔工具”，在画面中绘制靴带装饰环路径，设置前景色为灰绿色填充路径。选择“加深工具”、“减淡工具”将装饰扣绘制出立体感，效果如图7-113所示。单击“图层”面板底部的“创建新图层”按钮，新建一个图层，图层名称为“图层9”，选择“钢笔工具”，在画面中绘制鞋跟纹理路径，如图7-114所示。选择“图像/调整/

色相/饱和度”命令，弹出“色相/饱和度”对话框，如图7-115所示设置参数，效果如图7-116所示。选择“减淡工具”，如图7-117所示设置参数，对图像进行处理，效果如图7-118所示。

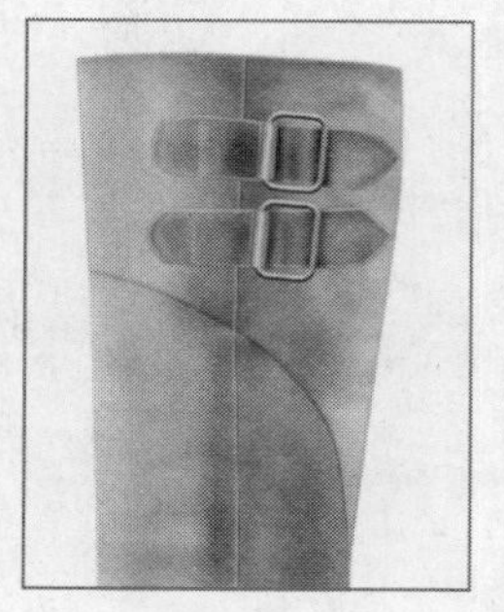

图7-113

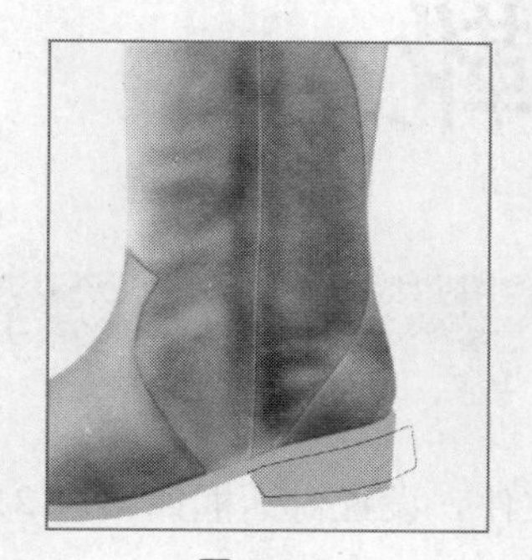

图7-114

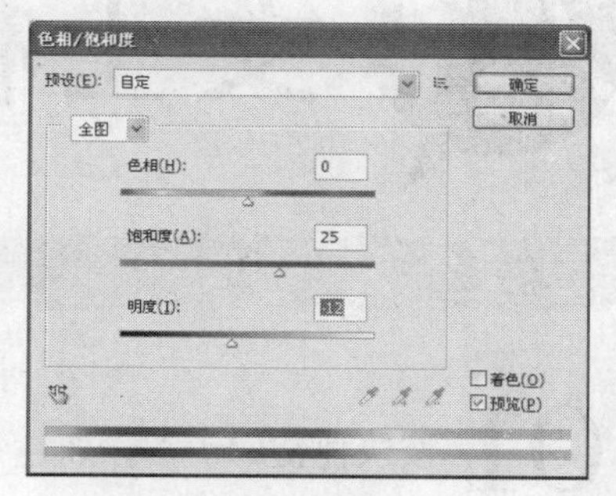

图7-115

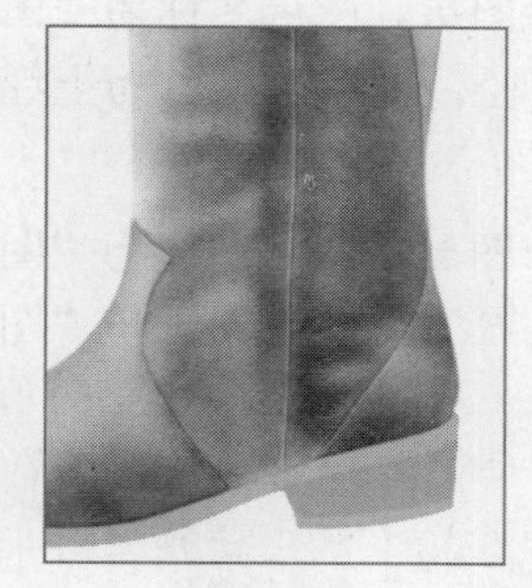

图7-116

图7-117

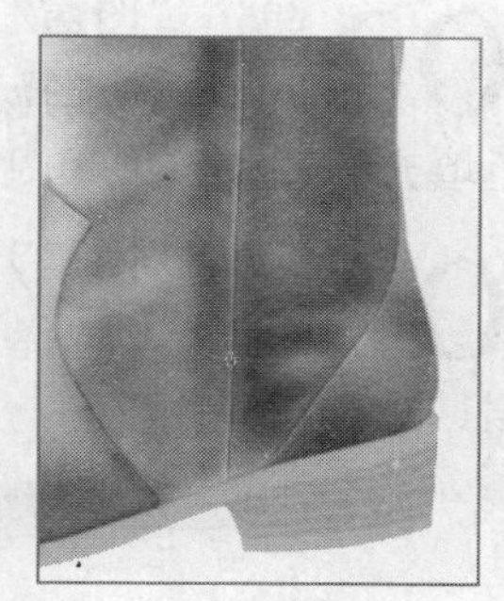

图7-118

11 单击“图层”面板底部的“创建新图层”按钮，新建一个图层，图层名称为“图层10”，选择“钢笔工具”，在画面中绘制皮靴的装饰线路径。选择“窗口/样式”命令，得到效果如图7-119所示。按Alt键将靴子复制一个并调整位置摆放，打开素材文件夹，导入素材图片，最终效果如图7-120所示。

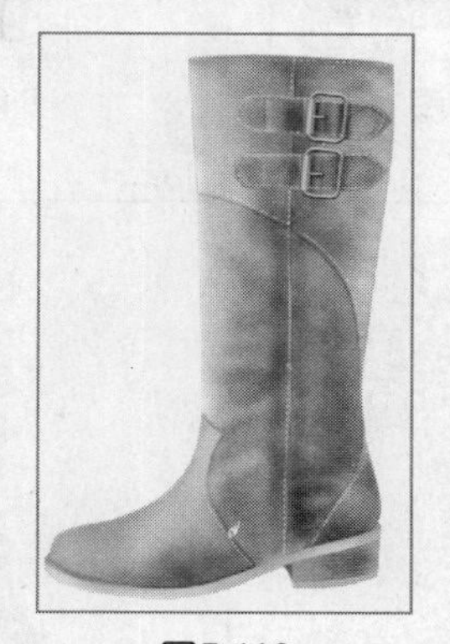

图7-119

图7-120

本例运用了“样式”面板命令，画笔样式面板的作用是用来保存、管理和应用图层样式。我们可以将Photoshop软件中提供的预设样式，或者外部样式载入到面板中，也可以自制样式存储到样式库中。如果在“样式”面板中创建了大量的自定义样式，可以将这些样式单独保存为一个独立的样式库。

7.4 女士棉靴

设计步骤

01 按快捷键Ctrl+N，新建一个文件，设置对话框如图7-121所示。

02 单击“图层”面板底部的“创建新图层”按钮，新建一个图层，图层名称为“图层1”，选择“钢笔工具”，在画面中绘制局部的靴面路径，设置前景色为土红色填充路径，效果如图7-122所示。

03 单击“图层”面板底部的“创建新图层”按钮，新建一个图层，图层名称为“图层2”，选择“钢笔工具”，在画面中绘制局部路径，设置深一点的颜色与“图层1”的土红色区别开，填充后，效果如图7-123所示。

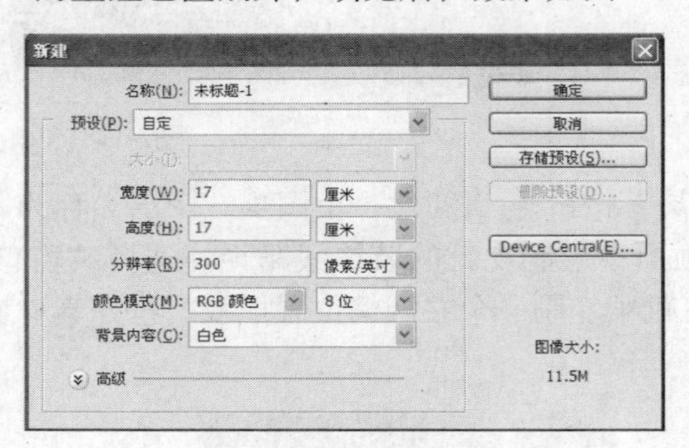

图7-121

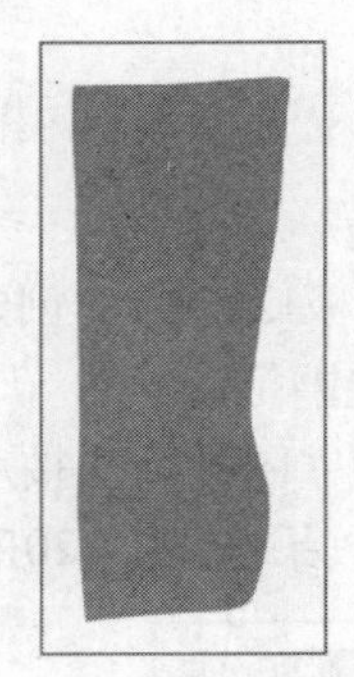

图7-122

图7-123

04 单击“图层”面板底部的“创建新图层”按钮，新建一个图层，图层名称为“图层3”，选择“钢笔工具”，在画面中绘制棉靴另一面的路径，设置前景色为土红色填充路径，效果如图7-124所示。

05 单击“图层”面板底部的“创建新图层”按钮，新建一个图层，图层名称为“图层4”，选择“钢笔工具”，绘制靴底路径，设置前景色为黑色填充路径，效果如图7-125所示。

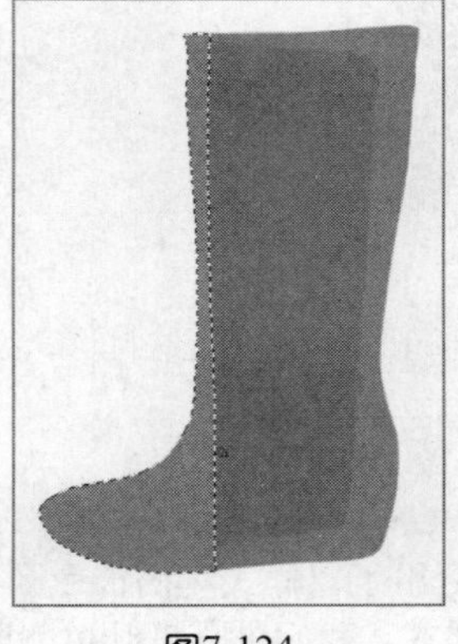

图7-124

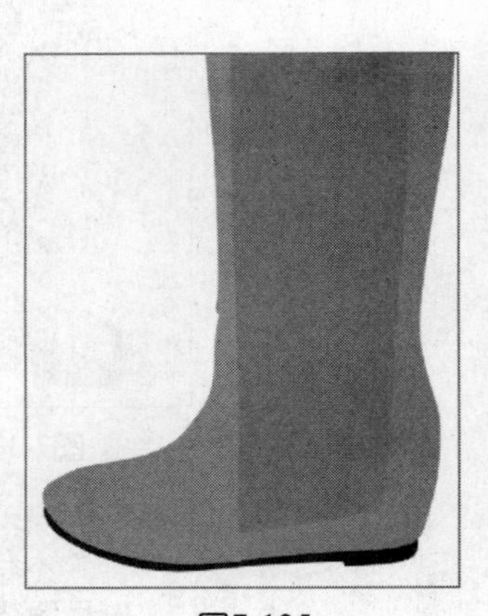

图7-125

06 选择“图层2”，单击“图层”面板底部的fx.按钮，在下拉菜单中选择“图层样式/斜面和浮雕”命令，如图7-126所示设置参数，效果如图7-127所示。选择“滤镜/纹理/纹理化”命令，如图7-128所示设置参数，效果如图7-129所示。

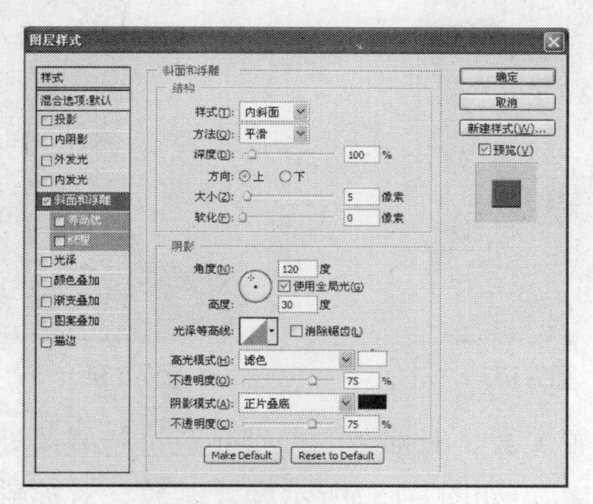

图7-126

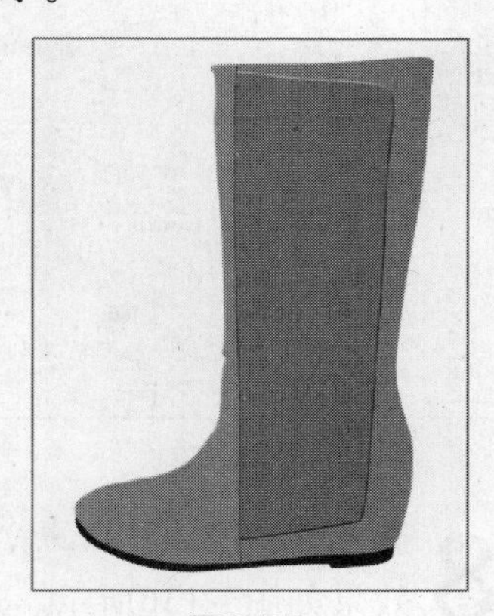

图7-127

图7-128

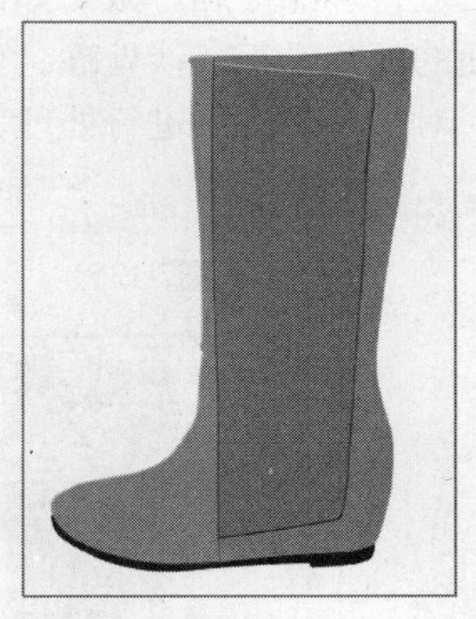

图7-129

07 单击“图层”面板底部的“创建新图层”按钮，新建一个图层，图层名称为“图层5”，选择“钢笔工具”，在画面中绘制棉靴的装饰路径，如图7-130所示。单击“图层”面板底部fx.“图层样式/斜面和浮雕”命令，效果如图7-131所示。继续使用“斜面和浮雕”命令，如图7-132所示设置参数，效果如图7-133所示，选择“图层/新建/通过拷贝图层”命令，将装饰图案拷贝三个，摆放在靴子上，效果如图7-134所示。

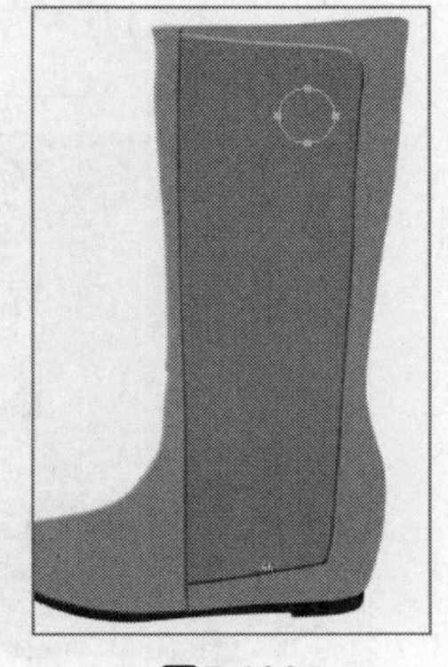

图7-130

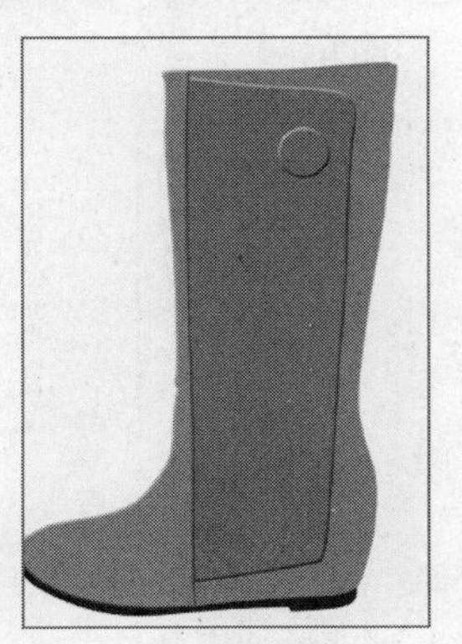

图7-131

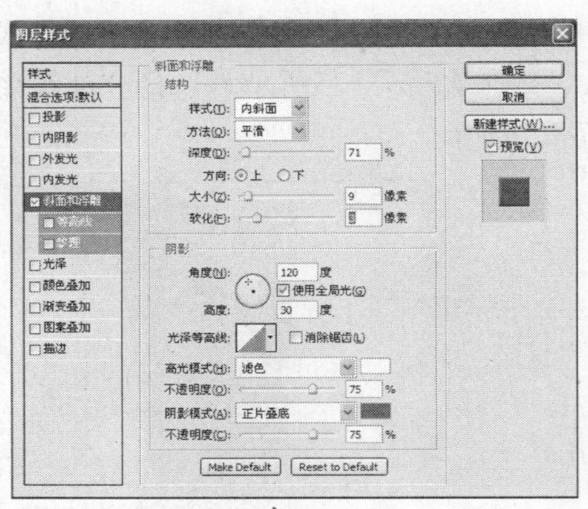

图7-132

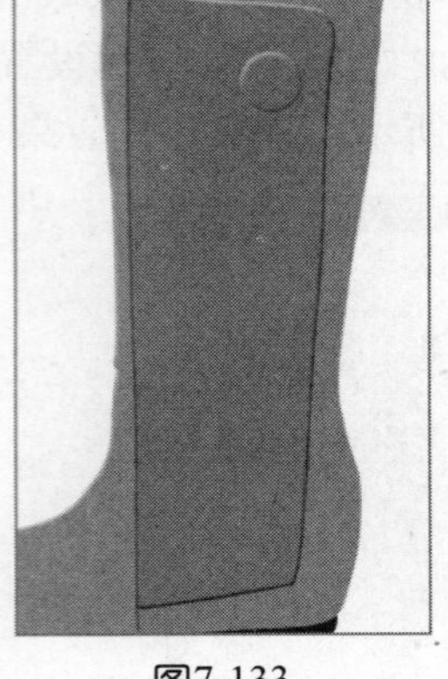

图7-133

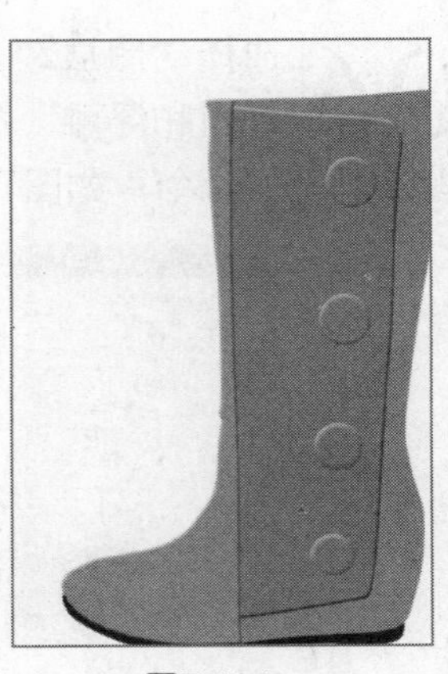

图7-134

08 选择“减淡工具”，如图7-135所示设置参数，对棉靴的前端颜色进行减淡处理，效果如图7-136所示。选择“加深工具”，如图7-137所示设置参数，对棉靴的侧面颜色进行加深处理，效果如图7-138所示。选择“减淡工具”，如图7-139所示设置参数，对鞋面的颜色进行减淡处理，效果如图7-140所示。选择“减淡工具”，如图7-141所示设置参数，对图像的整体进行处理，效果如图7-142所示。

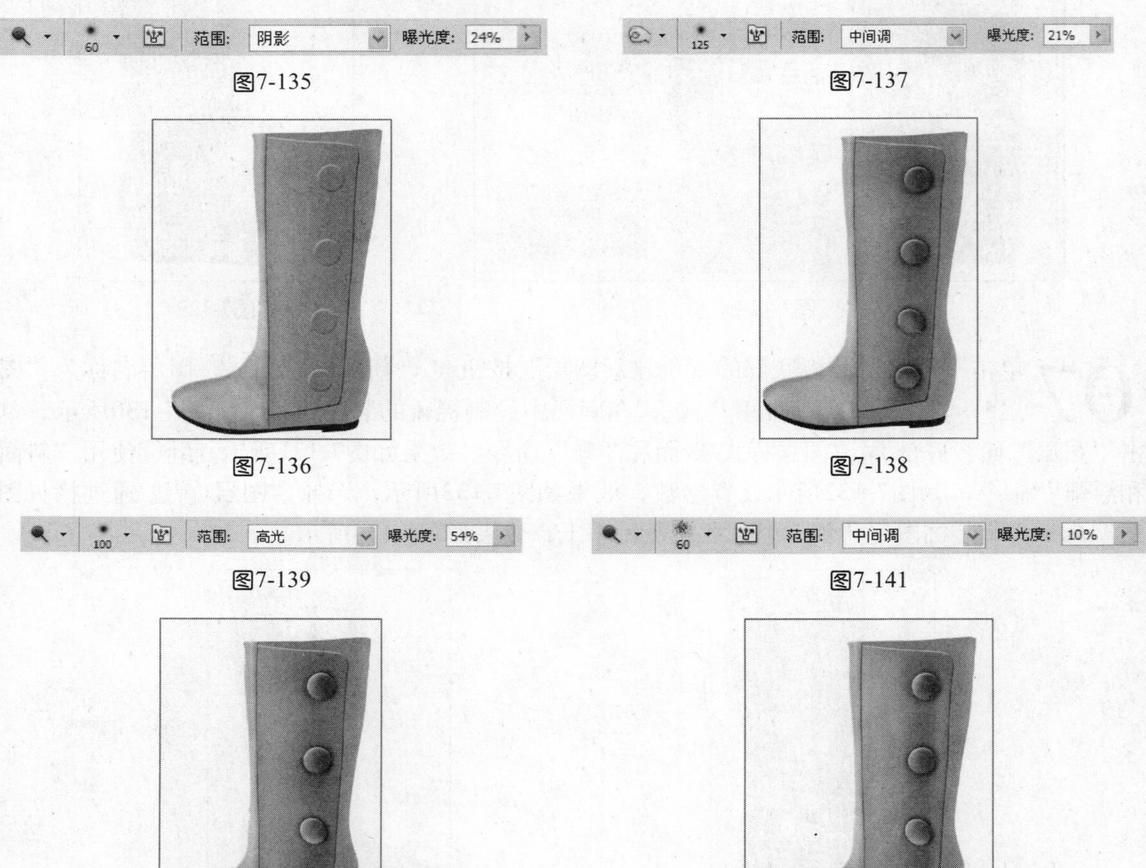

图7-135

图7-137

图7-136

图7-138

图7-139

图7-141

图7-140

图7-142

09 选择“减淡工具”、“加深工具”，如图7-143、图7-144所示设置参数，对图像进行处理，效果如图7-145所示。单击“图层”面板底部的“创建新图层”按钮，新建一个图层，图层名称为“图层6”，选择“钢笔工具”，绘制棉靴的装饰线路径，如图7-146所示。选择“画笔工具”为路径描边，效果如图7-147所示。使用“加深工具”、“减淡工具”对图像进行处理，效果如图7-148所示。按Alt键复制棉靴，调整其位置，选择背景图层，设置渐变颜色由白色到灰色，效果如图7-149所示。

80　范围：高光　曝光度：10%

图7-143

90　范围：中间调　曝光度：21%

图7-144

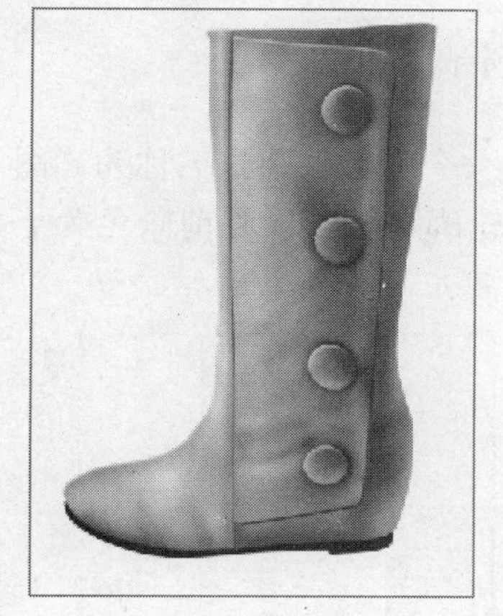

图7-145

图7-146

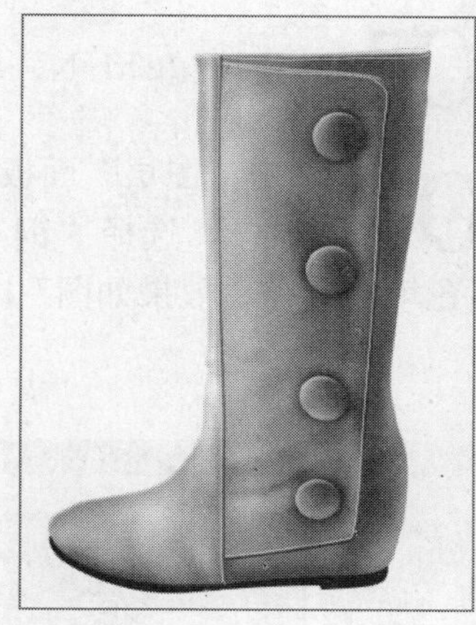

图7-147

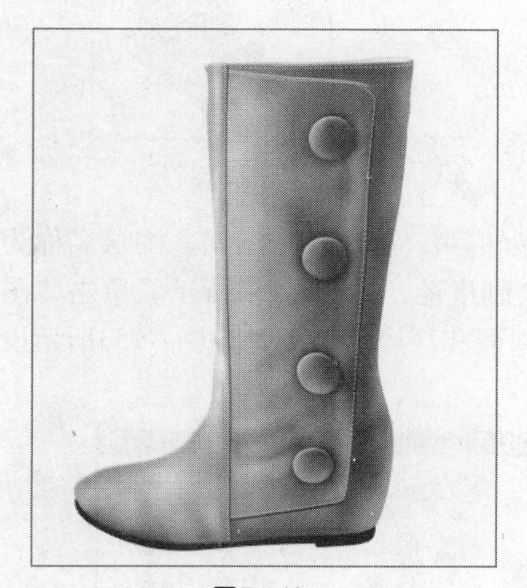

图7-148

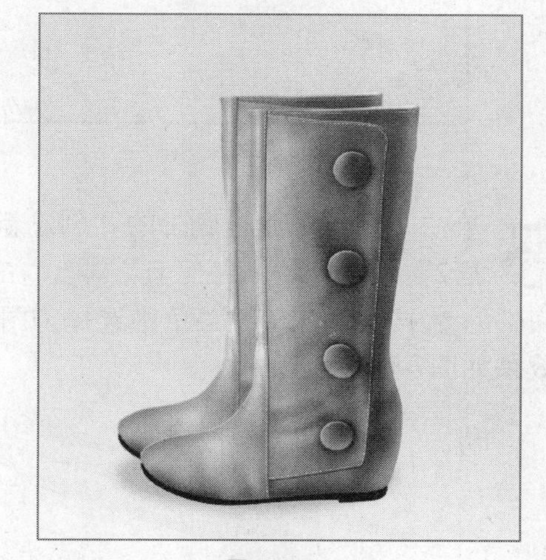

图7-149

本实例着重运用了“图层”命令。新建图层的方法有很多种，包括在“图层”面板中创建、在编辑图像的过程中创建、使用创建命令等。执行“图层”面板菜单中的“面板选项”命令，打开“图层面板选项”对话框，在对话框中可以调整面板中的图像缩览图的大小。

7.5 系带平底长筒靴

设计步骤

01 按快捷键Ctrl+N，新建一个文件，设置对话框如图7-150所示。

02 单击“图层”面板底部的“创建新图层”按钮，新建一个图层，图层名称为“图层1”，选择“钢笔工具”，在画面中绘制靴子整体轮廓路径，设置前景色为土黄色填充路径，效果如图7-151所示。

新建
名称(N): 未标题-1
预设(P): 自定
大小(I):
宽度(W): 17 厘米
高度(H): 17 厘米
分辨率(R): 300 像素/英寸
颜色模式(M): RGB 颜色 8位
背景内容(C): 白色
高级
确定
取消
存储预设(S)...
删除预设(D)...
Device Central(E)...
图像大小:
11.5M

图7-150

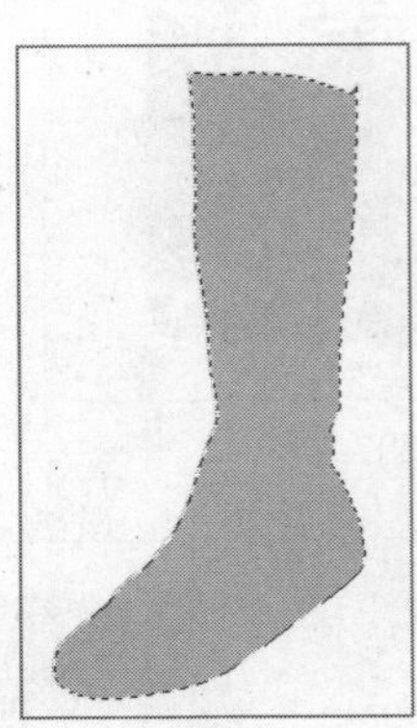

图7-151

03 单击“图层”面板底部的“创建新图层”按钮，新建一个图层，图层名称为“图层2”，选择“钢笔工具”，在画面中绘制路径，如图7-152所示。单击“图层”面板底部的fx按钮，在下拉菜单中选择“图层样式/斜面和浮雕”命令，如图7-153所示设置参数，效果如图7-154所示。

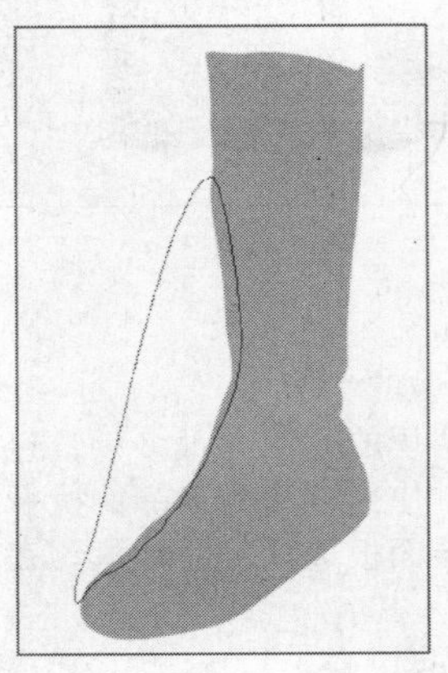

图7-152

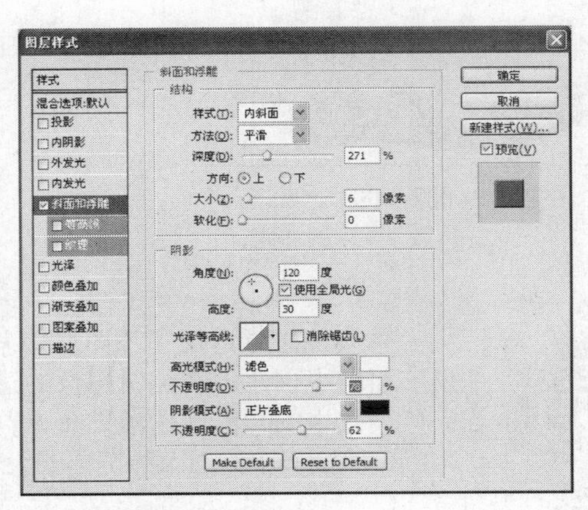

图7-153

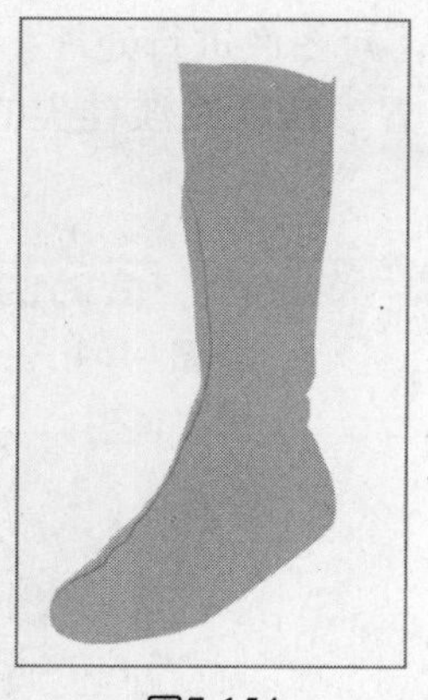
图7-154

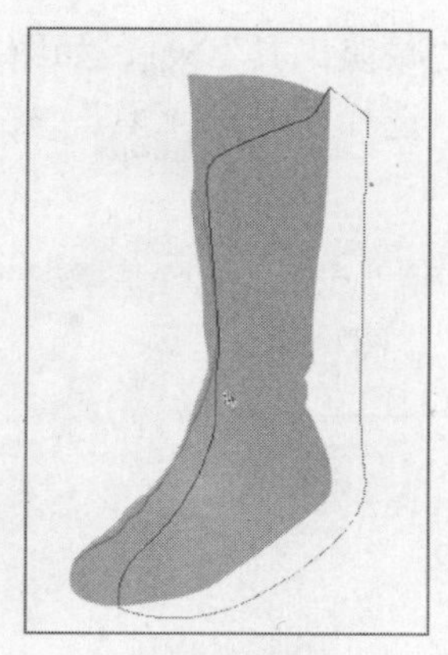
图7-155

04 单击“图层”面板底部的“创建新图层”按钮，新建一个图层，图层名称为“图层3”，选择“钢笔工具”，在画面中绘制路径，如图7-155所示。选择“图层/新建/拷贝图层样式”命令，效果如图7-156所示。同理，在画面中绘制鞋跟路径，如图7-157所示，拷贝图层样式后，效果如图7-158所示。单击“图层”面板底部的按钮，在下拉菜单中选择“图层样式/斜面和浮雕”命令，如图7-159所示设置参数，效果如图7-160所示。使用“钢笔工具”绘制路径，并用画笔工具为路径描边，效果如图7-161所示。

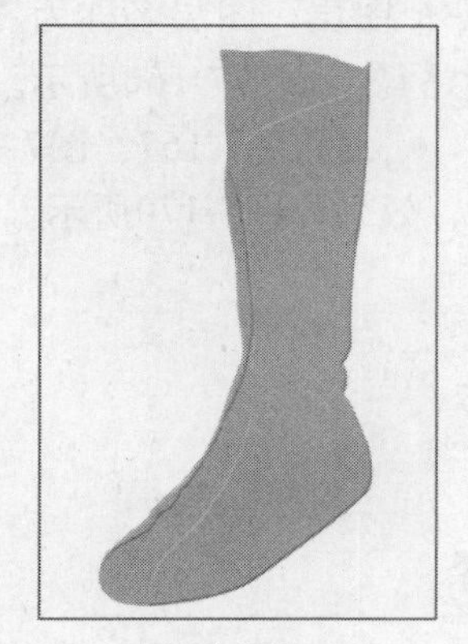
图7-156

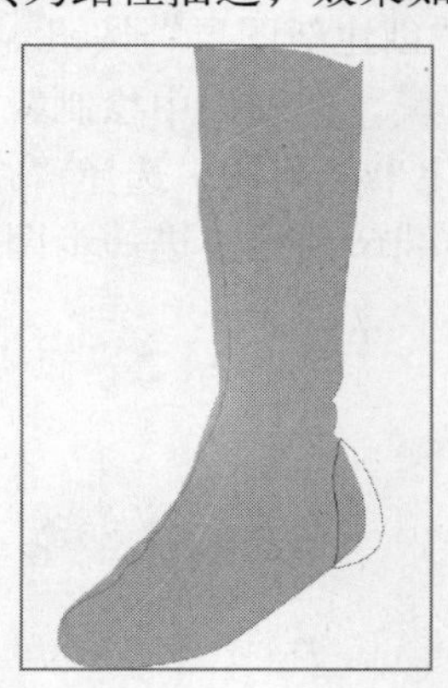
图7-157

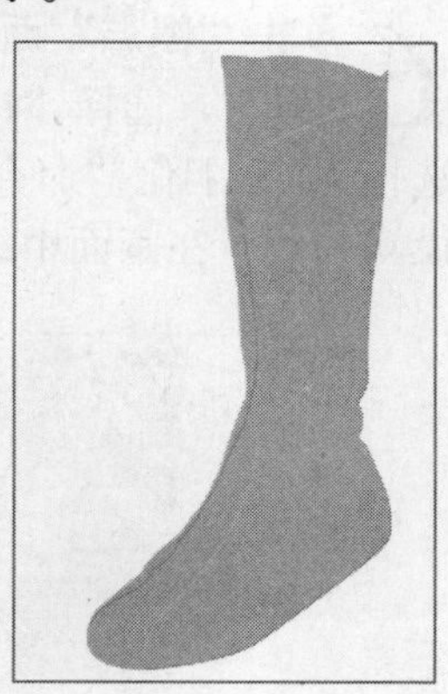
图7-158

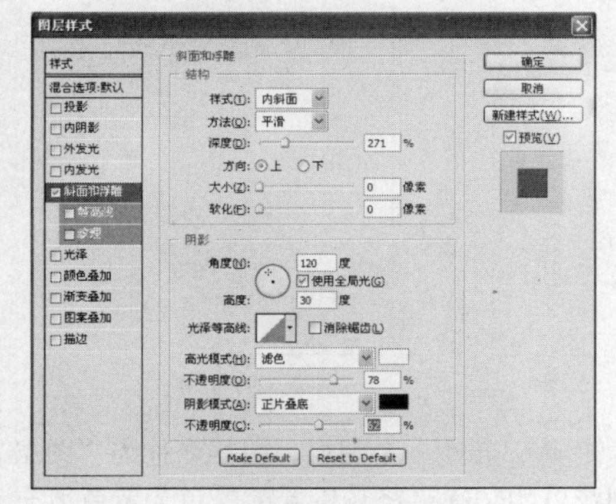

图7-159

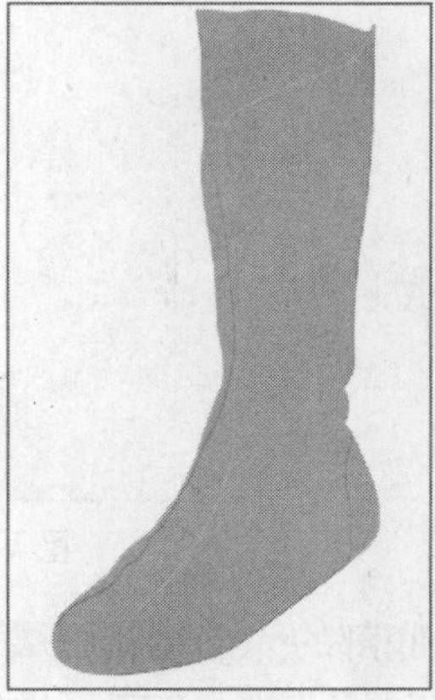
图7-160

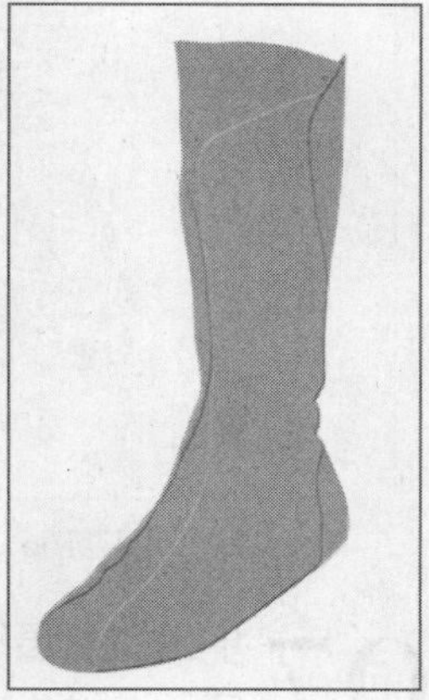
图7-161

05 选择“减淡工具”，如图7-162所示设置参数，对图像进行处理，效果如图7-163所示。选择“减淡工具”，如图7-164所示设置参数，减淡鞋尖的颜色，效果如图7-165所示。

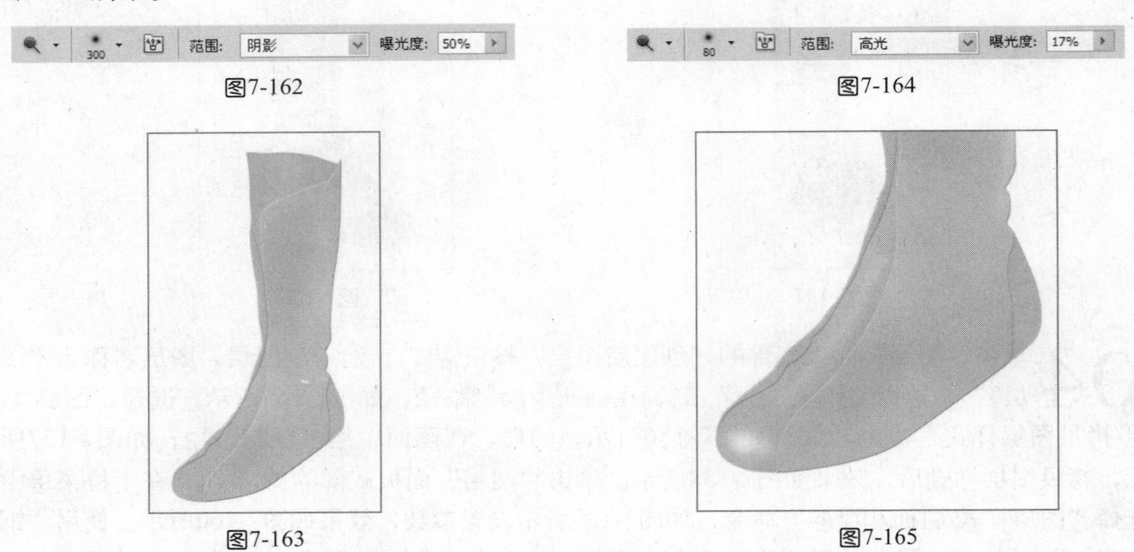

图7-162 图7-164

图7-163 图7-165

06 单击“图层”面板底部的“创建新图层”按钮，新建一个图层，图层名称为“图层4”，选择“钢笔工具”，在画面中绘制靴子的褶皱路径，如图7-166所示。选择“选择/修改/羽化“命令，设置羽化半径为10。选择“减淡工具”，如图7-167、图7-168所示设置参数，在画面中绘制，如图7-169所示。进一步调整颜色后，效果如图7-170所示。

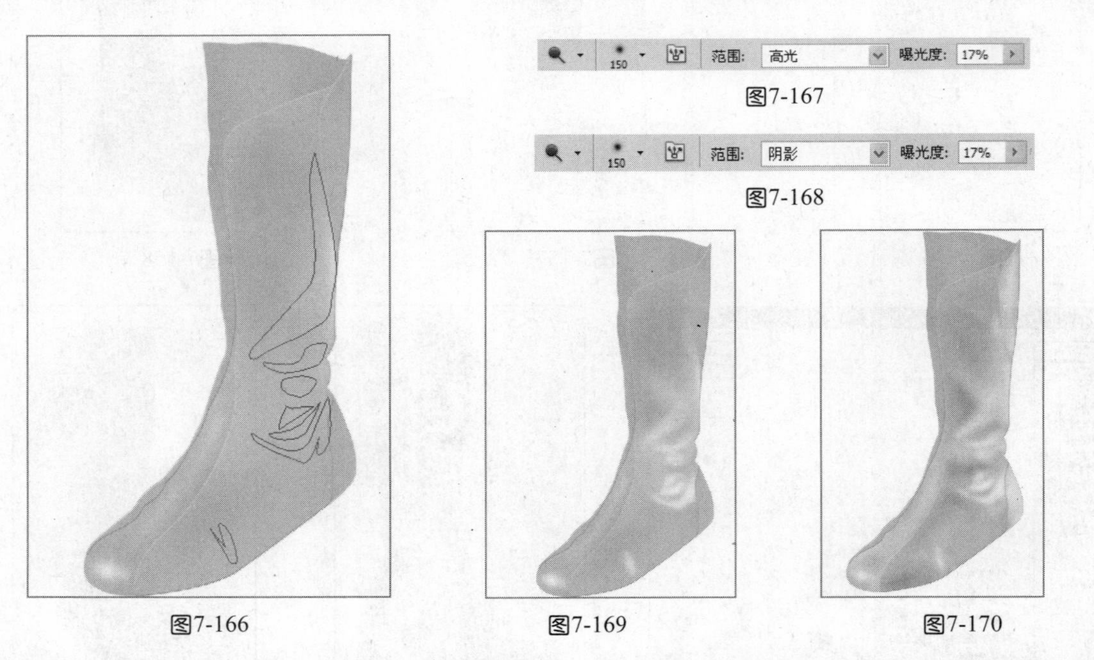

图7-167

图7-168

图7-166 图7-169 图7-170

07 单击“图层”面板底部的“创建新图层”按钮，新建一个图层，图层名称为“图层5”，选择“钢笔工具”，在画面中绘制靴口的装饰路径，设置前景色为黄色填充路径，效果如图7-171所示。单击“图层”面板底部的按钮，在下拉菜单中选择“图层样式/

斜面和浮雕”命令，如图7-172所示设置参数，效果如图7-173所示。选择“加深工具”，如图7-174所示设置参数，加深靴子的部分颜色，使其更加立体，效果如图7-175所示。

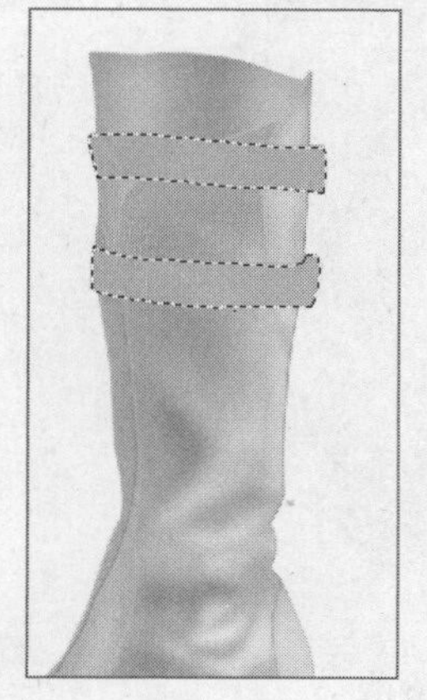

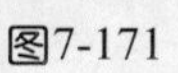

图7-171

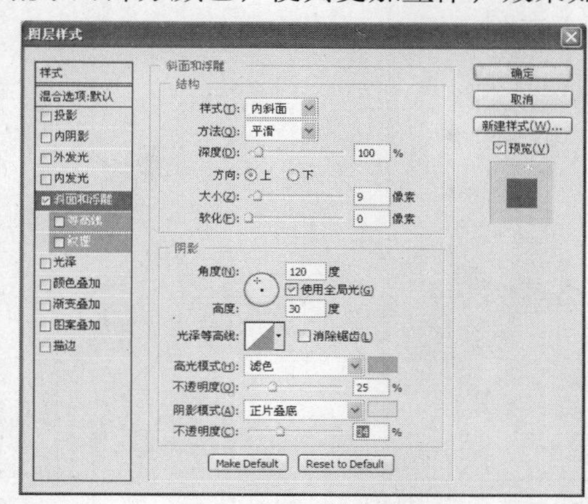

图7-172

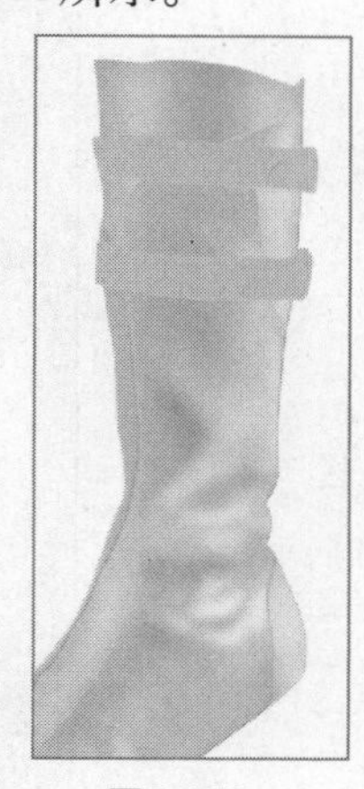

图7-173

250　范围: 中间调　曝光度: 8%

图7-174

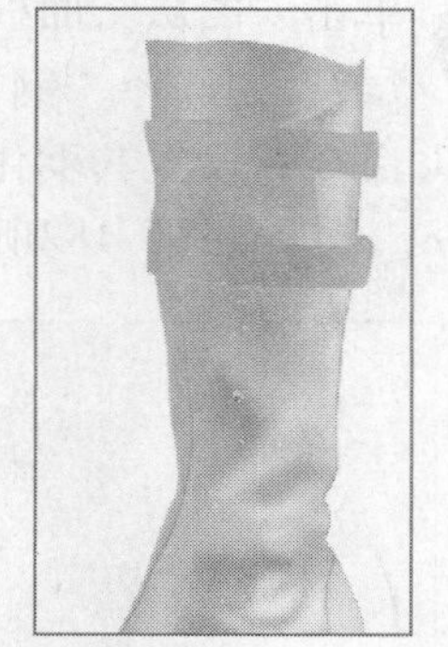

图7-175

08

单击“图层”面板底部的“创建新图层”按钮，新建一个图层，图层名称为“图层6”，选择“钢笔工具”，在画面中绘制鞋带路径，设置前景色为浅黄色填充路径，如图7-176所示。单击“图层”面板底部的fx.按钮，在下拉菜单中选择“图层样式/斜面和浮雕”命令，如图7-177所示设置参数，效果如图7-178所示。使用相同的方法，将另一侧的鞋带也绘制出来，效果如图7-179所示。

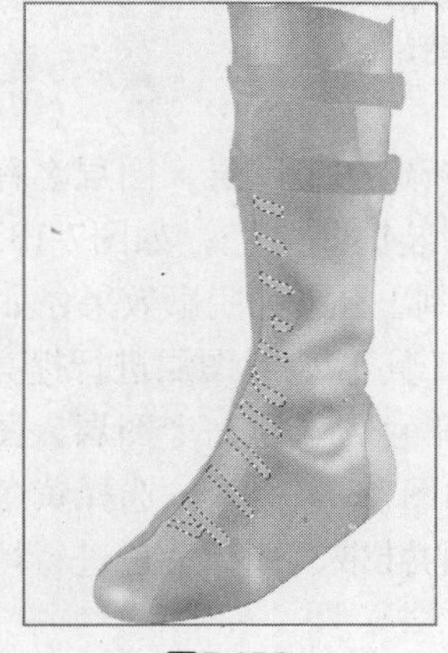

图7-176

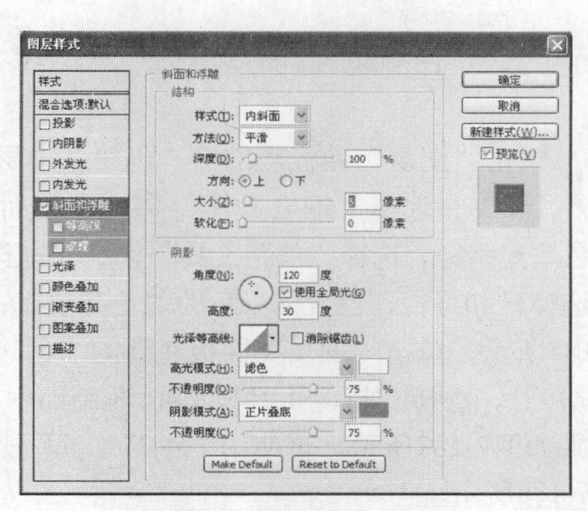

图7-177

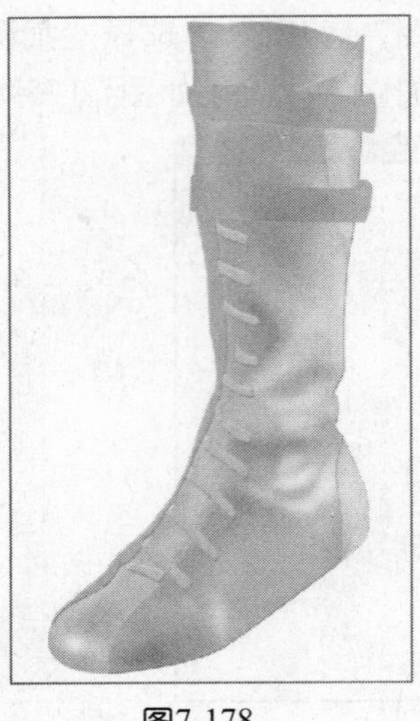

图7-178

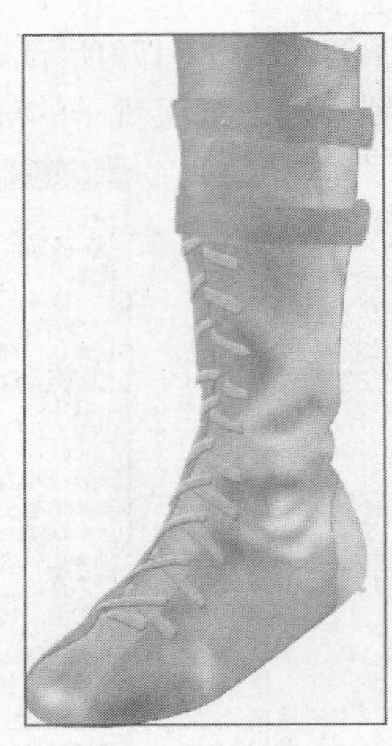

图7-179

09 单击“图层”面板底部的“创建新图层”按钮，新建一个图层，图层名称为“图层7”，选择“钢笔工具”，在画面中绘制路径，如图7-180所示。选择“选择/修改/羽化”命令，设置其羽化参数为5。选择“加深工具”，如图7-181所示设置参数，绘制阴影部分，效果如图7-182所示。

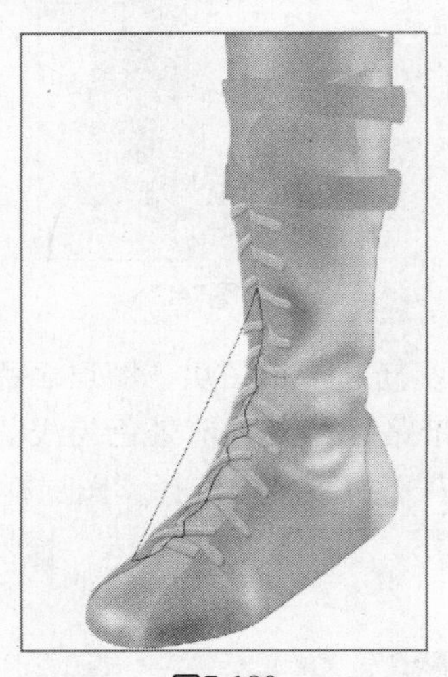

图7-180

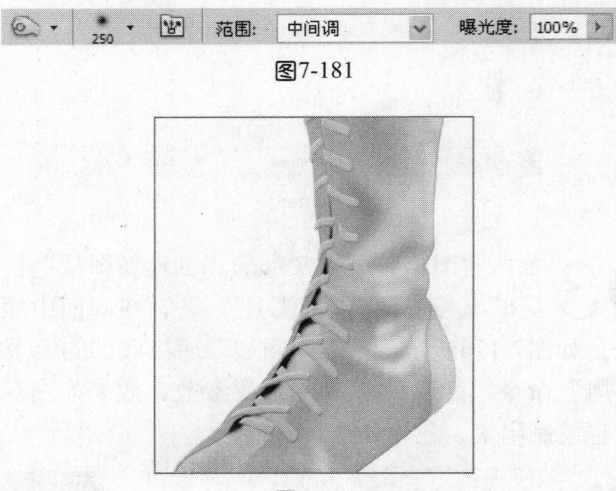

图7-181

图7-182

10 单击“图层”面板底部的“创建新图层”按钮，新建一个图层，图层名称为“图层8”，选择“钢笔工具”，在画面中绘制靴子的装饰扣路径，如图7-183所示。选择黄色填充路径，选择“加深工具”、“减淡工具”绘制出鞋带的阴影效果，如图7-184所示。选择鞋扣路径，设置前景色为黄色并填充，使用“减淡工具”对图层进行提亮，效果如图7-185所示。单击“图层”面板底部的“创建新图层”按钮，新建一个图层，图层名称为“图层9”，选择“钢笔工具”，在画面中绘制鞋带，如图7-186所示。选择黄色填充路径，效果如图7-187所示。再使用“钢笔工具”绘制另一侧的鞋带，选择黄色进行填充，效果如图7-188所示。

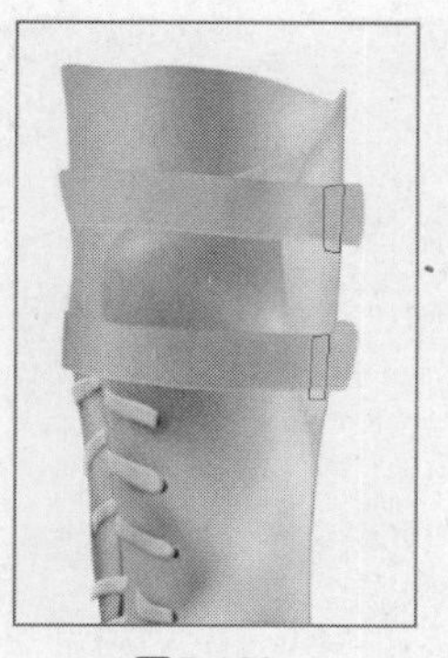
图7-183

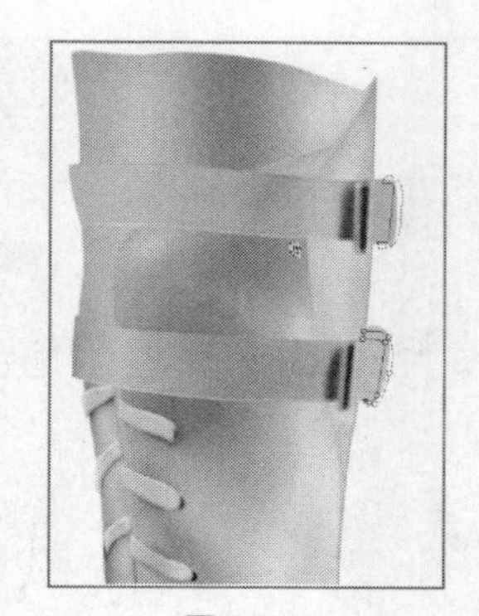
图7-184

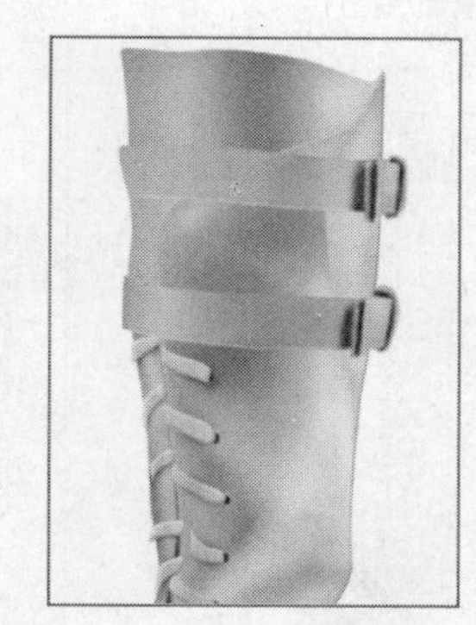
图7-185

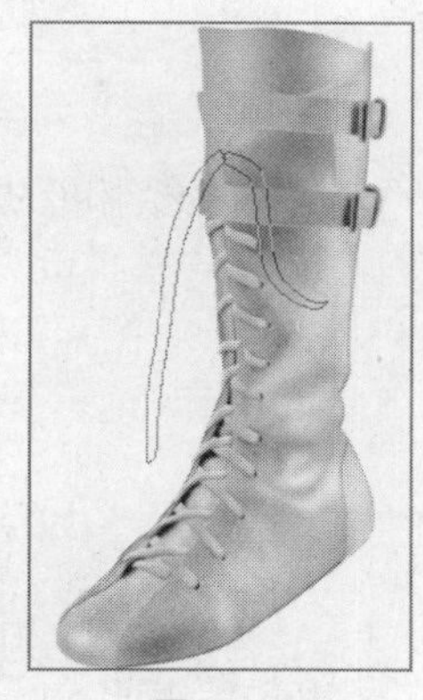
图7-186

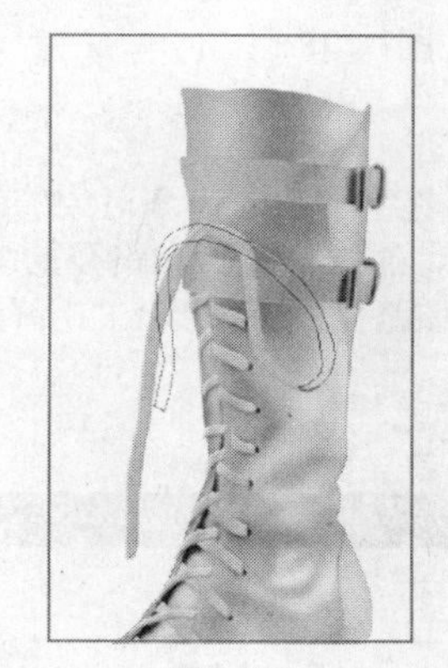
图7-187

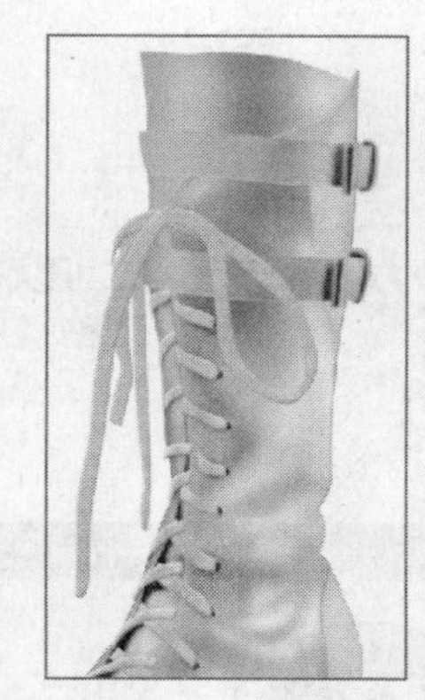
图7-188

11 单击“图层”面板底部的“创建新图层”按钮，新建一个图层，图层名称为“图层10”，选择“钢笔工具”，在画面中绘制鞋底路径，如图7-189所示。向路径内填充黑色，再选择“钢笔工具”绘制装饰路径，使用“画笔工具”绘制眼孔和鞋提手路径，并填充颜色，效果如图7-190所示。选择“画笔工具”为路径描边，效果如图7-191所示。单击“图层”面板底部的“创建新图层”按钮，新建一个图层，图层名称为“图层11”，选择“钢笔工具”，在画面中绘制路径，效果如图7-192所示，为路径进行描边，效果如图7-193所示。按Alt键复制另一只靴子，调整位置，打开素材文件夹，导入素材图片，最终效果如图7-194所示。

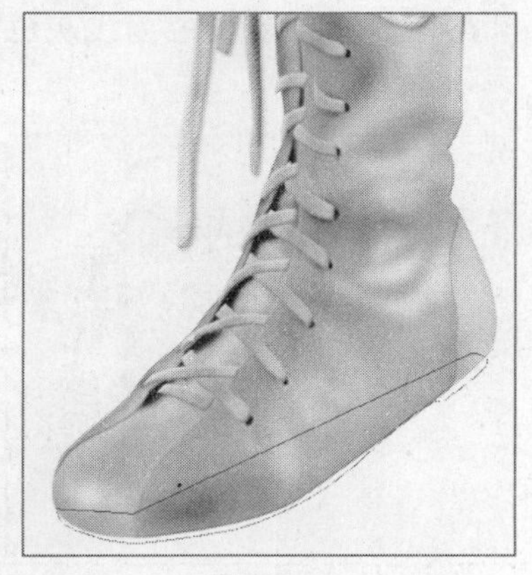
图7-189

图7-190

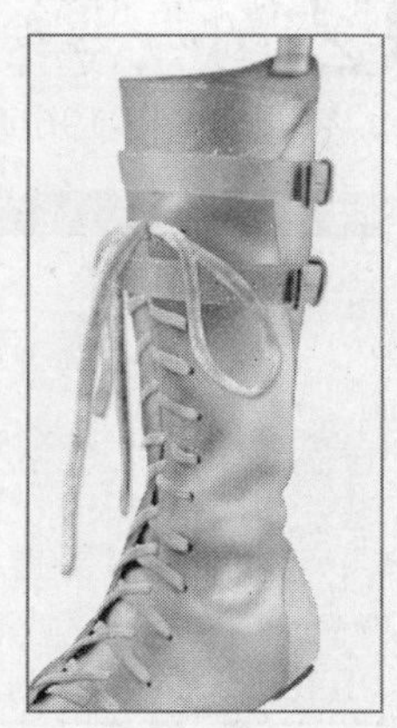
图7-191

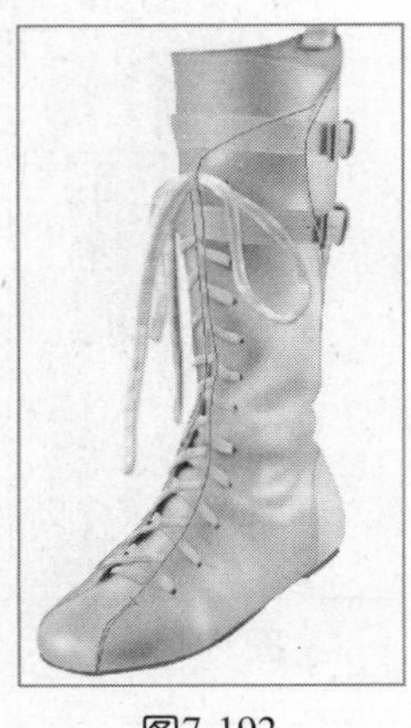

图7-192

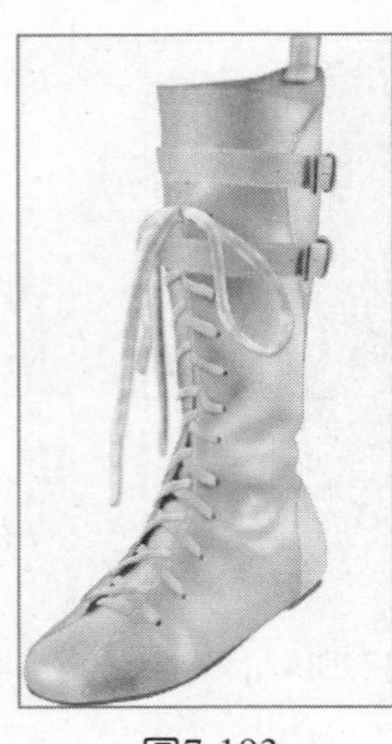

图7-193

图7-194

在使用钢笔工具绘图或者描摹对象的轮廓时，如果不能一次就绘制准确，可以在绘制完成后，通过对锚点和路径的编辑来达到目的。按住Alt键单击一个路径段，然后选择该路径段及路径上的所有锚点进行编辑。

7.6 休闲白皮靴

设计步骤

01 按快捷键Ctrl+N，新建一个文件，设置对话框如图7-195所示。

02 单击“图层”面板底部的“创建新图层”按钮，新建一个图层，图层名称为“图层1”，选择“钢笔工具”，在画面中绘制局部路径，设置前景色为浅灰色填充路径，效果如图7-196所示。

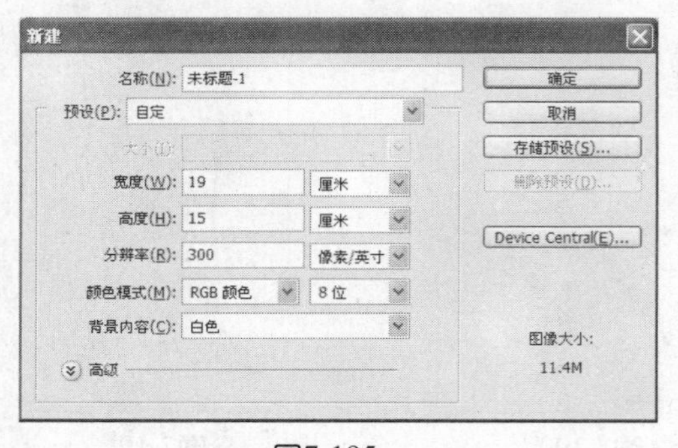

图7-195

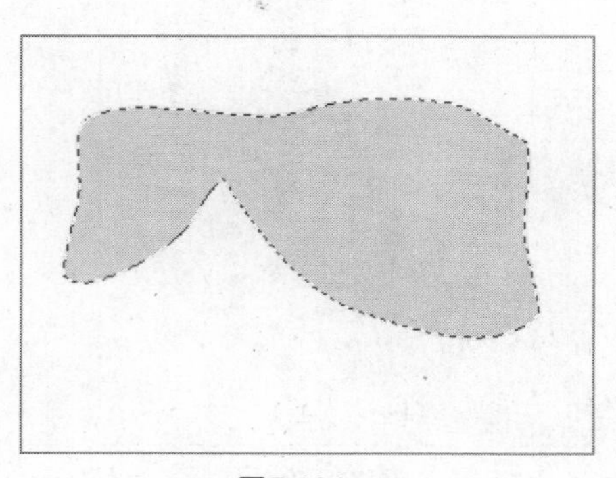

图7-196

03 单击“图层”面板底部的“创建新图层”按钮，新建一个图层，图层名称为“图层2”，选择“钢笔工具”，在画面中绘制皮靴的整体轮廓路径，填充浅灰色后，效果如图7-197所示。

图7-197

04 单击“图层”面板底部的“创建新图层”按钮，新建一个图层，图层名称为“图层3”，选择“钢笔工具”，在画面中绘制路径，如图7-198所示。单击“图层”面板底部的按钮，在下拉菜单中选择 “图层样式/斜面和浮雕”命令，如图7-199所示设置参数，效果如图7-200所示。

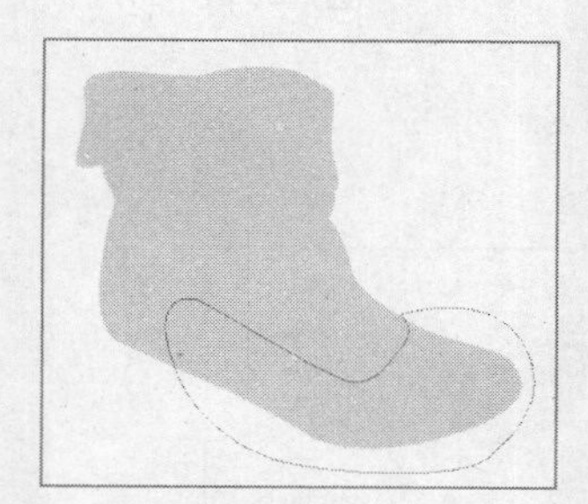

图7-198

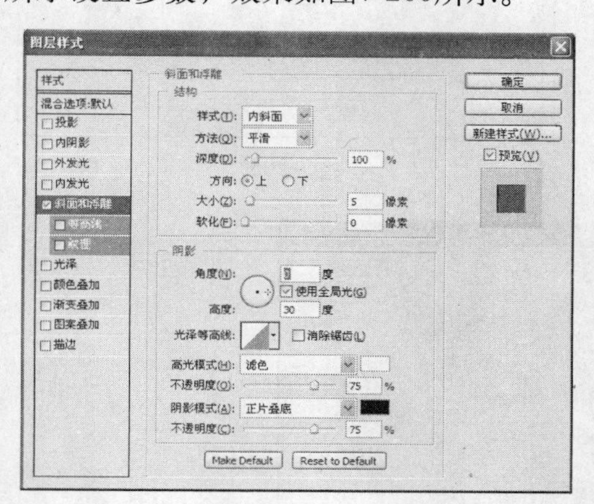

图7-199

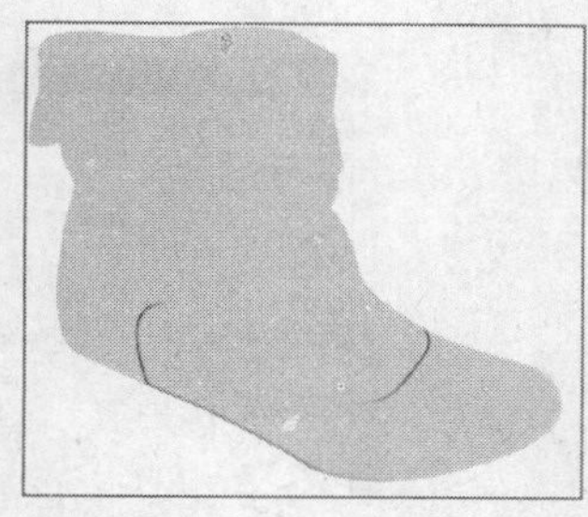

图7-200

05 单击“图层”面板底部的“创建新图层”按钮，新建一个图层，图层名称为“图层4”，选择“钢笔工具”，在画面中绘制路径，如图7-201所示。单击“图层”面板底部的按钮，在下拉菜单中选择“图层样式/斜面和浮雕”命令，如图7-202所示设置参数，效果如图7-203所示。

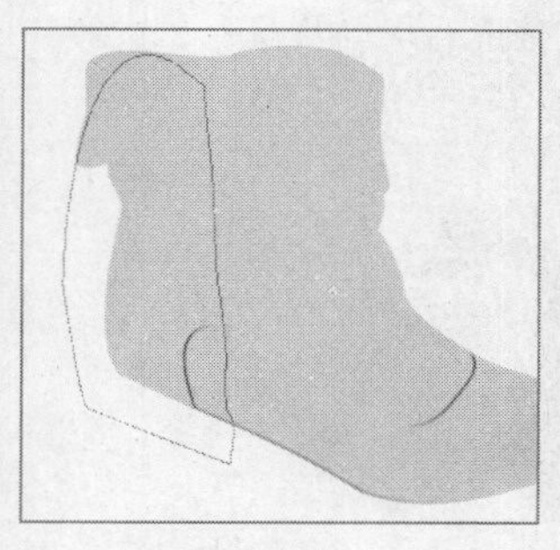

图7-201

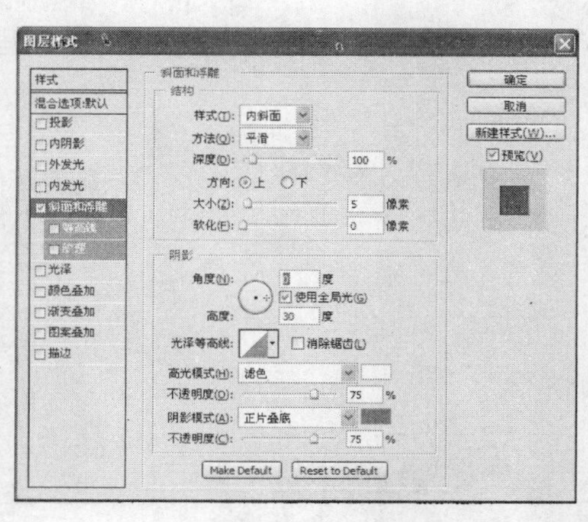

图7-202

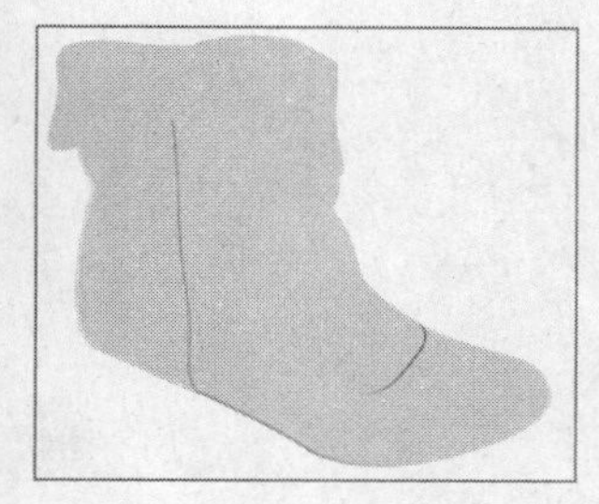

图7-203

06 单击“图层”面板底部的“创建新图层”按钮，新建一个图层，图层名称为“图层5”，选择“钢笔工具”，在画面中绘制靴口路径，如图7-204所示。单击“图层”面板底部的按钮，在下拉菜单中选择“图层样式/斜面和浮雕”命令，如图7-205所示设置参数，效果如图7-206所示。单击“图层”面板底部的 按钮，在下拉菜单中选择“图层样式/斜面和浮雕/纹理”命令，如图7-207所示设置参数，效果如图7-208所示。

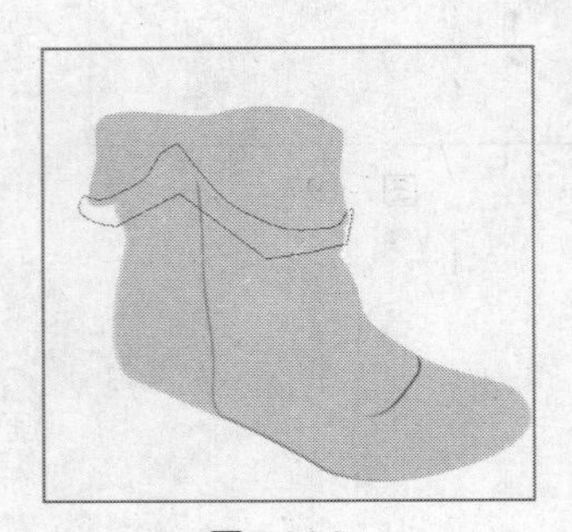

图7-204

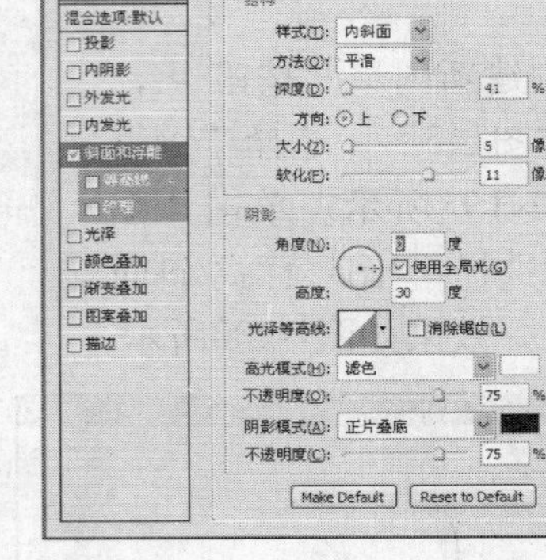

图7-205

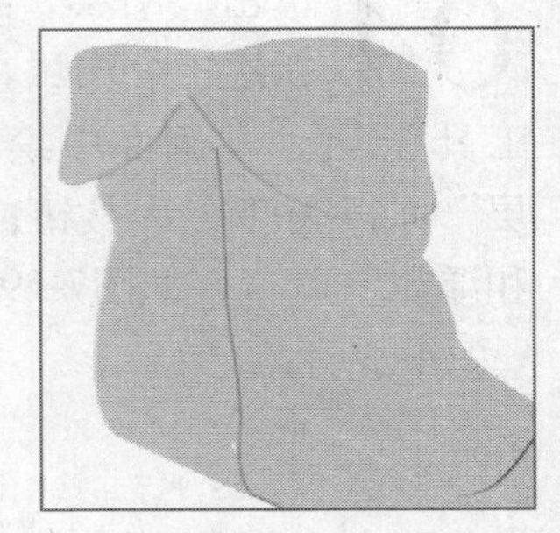

图7-206

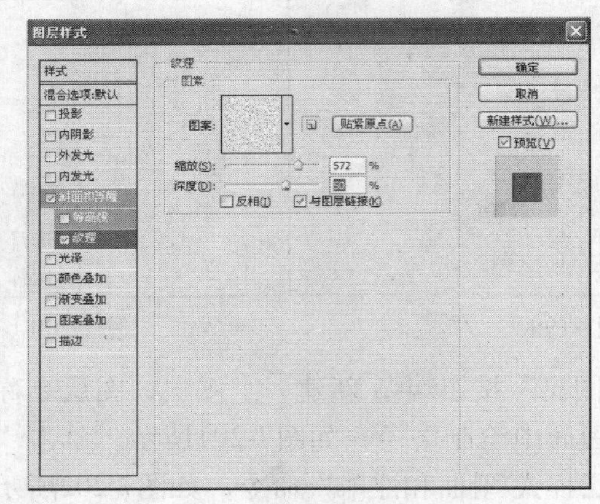

图7-207

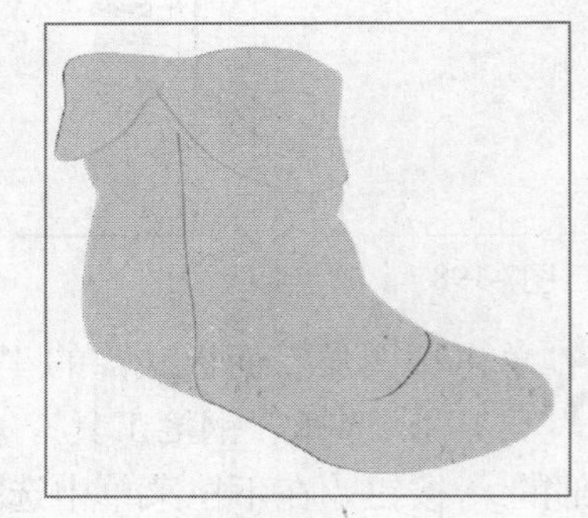

图7-208

07 选择“加深工具” ，如图7-209所示设置参数，对图层进行处理，效果如图7-210所示。

图7-209

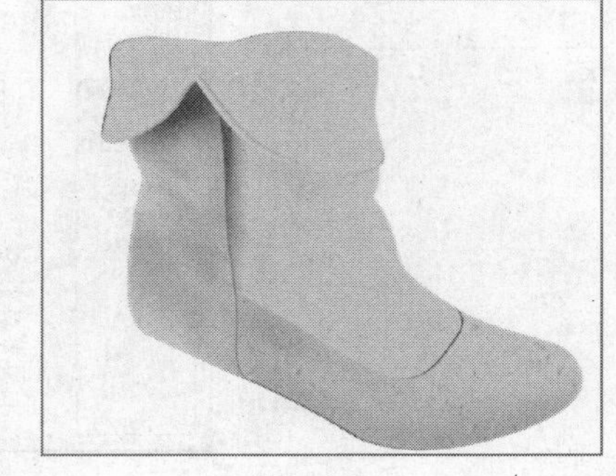

图7-210

08 单击“图层”面板底部的“创建新图层”按钮 ，新建一个图层，图层名称为“图层6”，选择“钢笔工具” ，在画面中绘制图案路径，如图7-211所示。选择“选择/修改/羽化”命令，设置羽化半径为10。选择“加深工具” ，如图7-212所示设置参数，

对图像进行处理，效果如图7-213所示。

图7-211

图7-212

图7-213

09 单击“图层”面板底部的“创建新图层”按钮，新建一个图层，图层名称为“图层7”，选择“钢笔工具”，在画面中绘制路径，如图7-214所示。选择“选择/修改/羽化”命令，设置羽化半径为10。选择“加深工具”，如图7-215所示设置参数，对图像进行处理，效果如图7-216所示。

图7-214

图7-215

图7-216

10 单击“图层”面板底部的“创建新图层”按钮，新建一个图层，图层名称为“图层8”，选择“钢笔工具”，在画面中绘制阴影路径，如图7-217所示。选择“加深工具”，如图7-218所示设置参数，对图像进行处理，效果如图7-219所示。

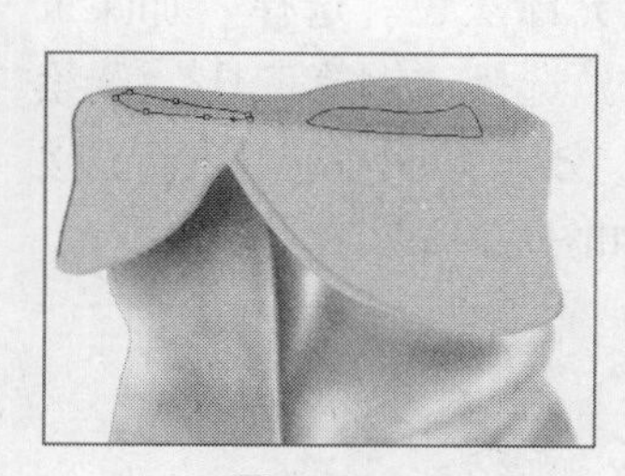

图7-217

图7-218

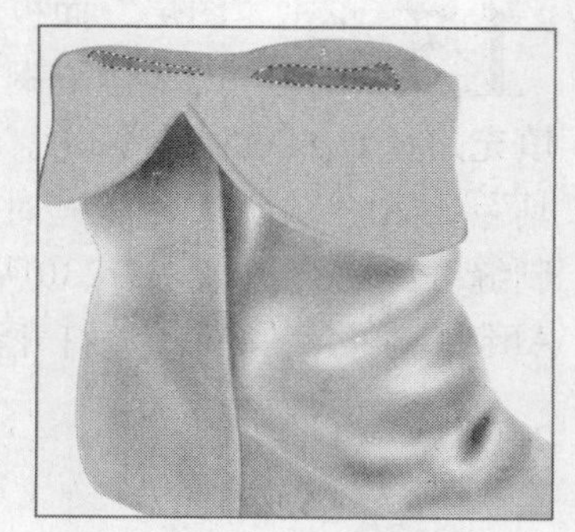

图7-219

11 选择“减淡工具”、“加深工具”，如图7-220、图7-221所示设置参数，效果如图7-222所示。单击“图层”面板底部的“创建新图层”按钮，新建一个图层，图层名称为“图层9”，选择“钢笔工具”，在画面中绘制鞋跟路径，设置前景色为黑色填充路径，效果如图7-223所示。

图7-220

图7-221

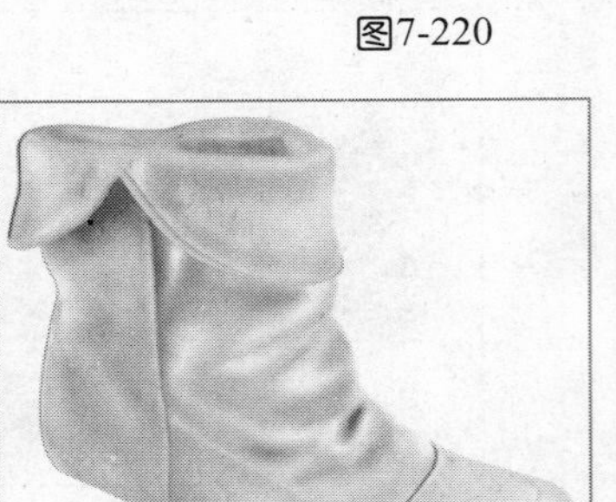

图7-222

图7-223

图7-224

12 单击“图层”面板底部的“创建新图层”按钮，新建一个图层，图层名称为“图层10”，选择“钢笔工具”，在画面中绘制路径，如图7-224所示。选择画笔为路径描边，效果如图7-225所示。选择减淡深工具，如图7-226所示设置参数，对图像进行处理，效果如图7-227所示。

图7-225

图7-226

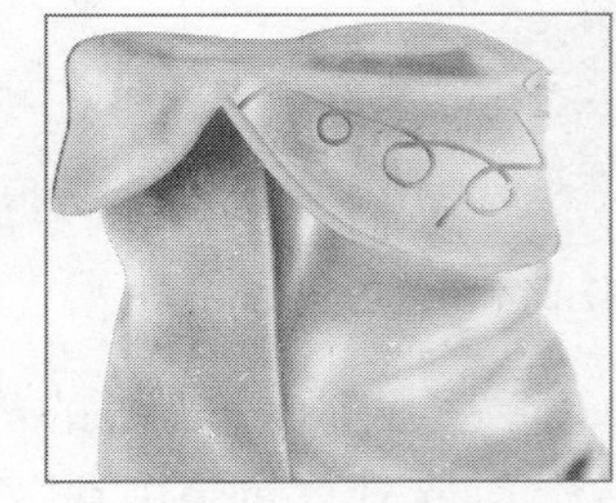

图7-227

13 单击“图层”面板底部的“创建新图层”按钮，新建一个图层，图层名称为“图层11”，选择“钢笔工具”，在画面中绘制鞋口的装饰物，设置前景色为深灰色填充路径，如图7-228所示。使用“钢笔工具”继续绘制路径并填充深灰色。选择“加深工具”和“减淡工具”对图层颜色进行调整，效果如图7-229所示。选择“钢笔工具”绘制缝合线路径，如图7-230所示，选择“画笔工具”为路径描边，效果如图7-231所示。按Alt键复制另一只靴子，打开素材文件夹，导入素材图片，最终效果如图7-232所示。

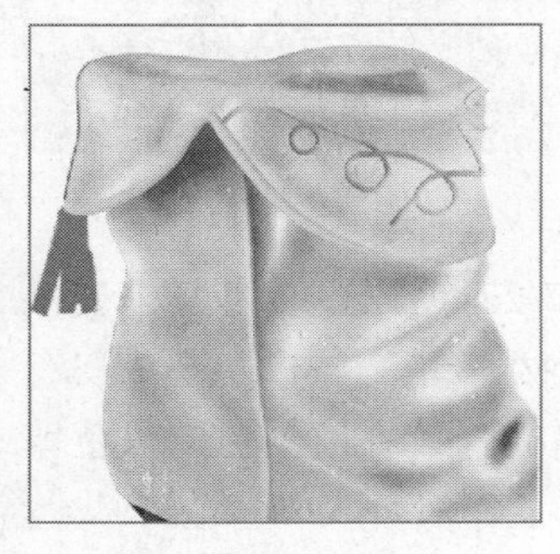

图7-228

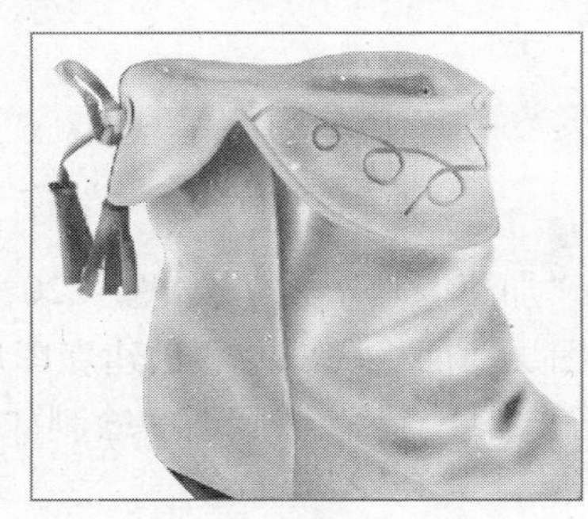

图7-229

图7-230

图7-231

图7-232

在Photoshop中，绘图与绘画是两个截然不同的概念，绘画是基于像素创建的位图图像，绘图则是使用矢量创建的矢量图形。钢笔和表状等矢量工具可以创建不同类型的对象，包括形状图层、工作路径和填充像素。选择一个矢量工具后，需要先在工具选项栏中按下相应的按钮，指定一种绘制模式，然后才能绘图。

7.7 休闲平底皮靴

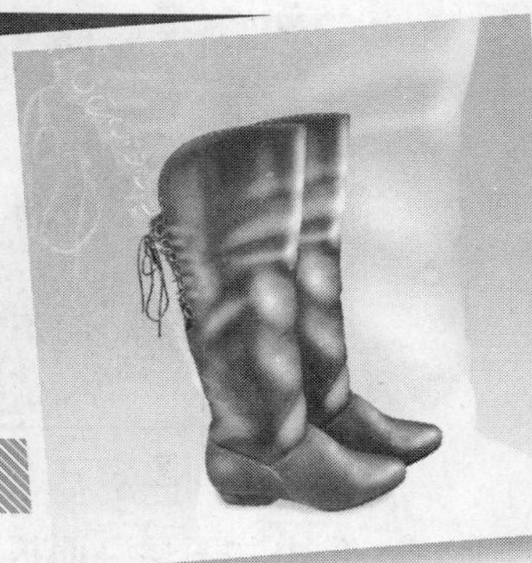

设计步骤

01 按快捷键Ctrl+N，新建一个文件，设置对话框如图7-233所示。

02 单击“图层”面板底部的“创建新图层”按钮，新建一个图层，图层名称为“图层1”，选择“钢笔工具”，在画面中绘制靴子路径，设置前景色为深咖啡色填充路径，效果如图7-234所示。

新建

名称(N): 未标题-1

预设(P): 自定

大小(I):

宽度(W): 15 厘米

高度(H): 15 厘米

分辨率(R): 300 像素/英寸

颜色模式(M): RGB 颜色 8位

背景内容(C): 白色

高级

确定　取消　存储预设(S)...　删除预设(D)...　Device Central(E)...

图像大小: 8.98M

图7-233

图7-234

03 单击“图层”面板底部的“创建新图层”按钮，新建一个图层，图层名称为“图层2”，选择“钢笔工具”，在画面中绘制皮靴缝合线路径，如图7-235所示。选择“图层/新建/通过拷贝图层”命令，单击“图层”面板底部的fx.按钮，在下拉菜单中选择“图层样式/斜面和浮雕”命令，如图7-236所示设置参数，效果如图7-237所示。使用相同的方法绘制皮靴另一侧的缝合线，效果如图7-238所示。

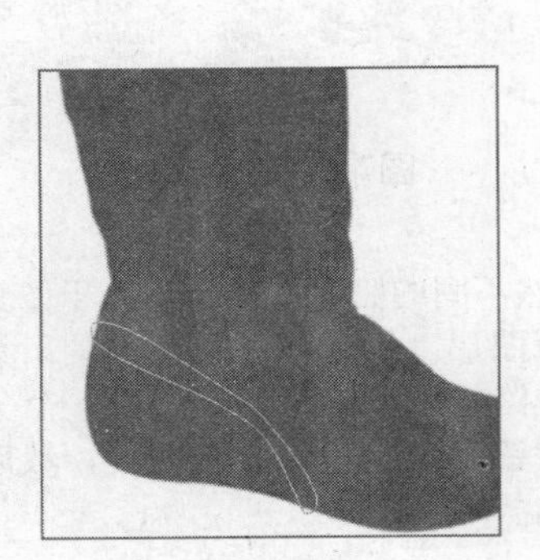

图7-235

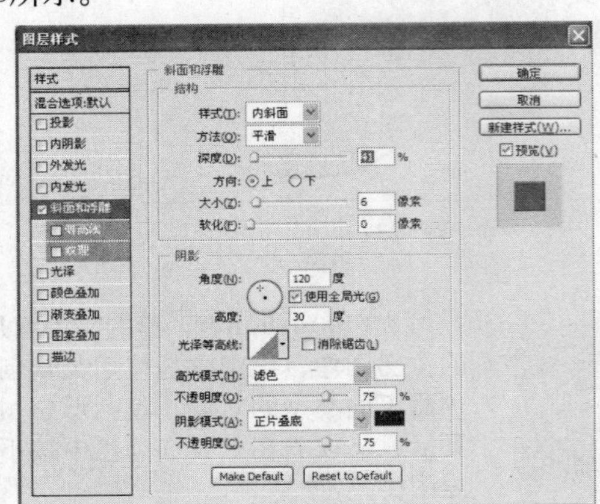

图7-236

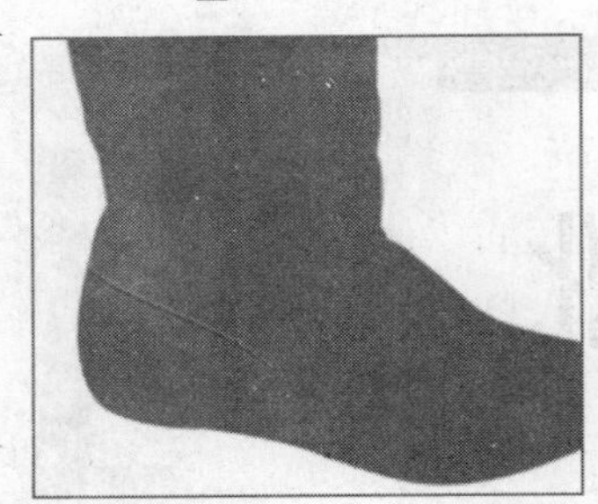

图7-237

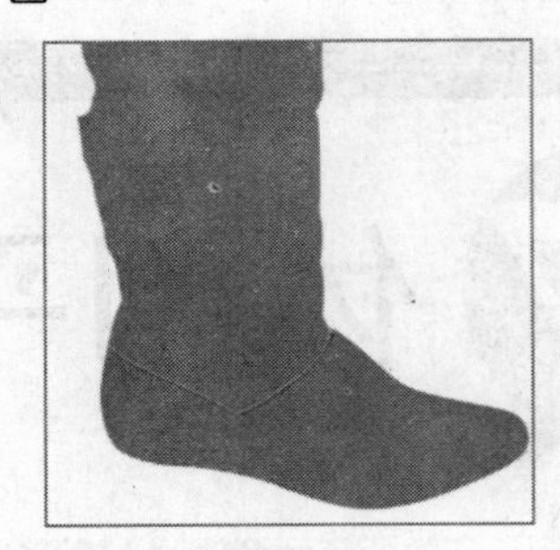

图7-238

04 单击“图层”面板底部的“创建新图层”按钮，新建一个图层，图层名称为“图层3”，选择“钢笔工具”，在画面中绘制鞋跟路径，设置前景色为黑色填充路径，效果如图7-239所示。

05 单击“图层”面板底部的“创建新图层”按钮，新建一个图层，图层名称为“图层4”，选择“钢笔工具”.在画面中绘制皮靴的开合路径，设置前景色为深灰色并填充路径，效果如图7-240所示。

图7-239

图7-240

06 单击“图层”面板底部的“创建新图层”按钮，新建一个图层，图层名称为“图层5”，选择“钢笔工具”，在画面中绘制鞋带路径，选择“画笔工具”为路径描边，如图7-241所示。选择“钢笔工具”在画面中绘制路径，设置前景色为棕色填充路径，效果如图7-242所示。选择“加深工具”、“减淡工具”，借鉴上一节的参数设置，对图像进行处理，效果如图7-243所示。选择“钢笔工具”绘制鞋带另一侧路径并填充白色。使用“加深工具”、“减淡工具”对鞋带进行绘制，效果如图7-244所示，再调整开合口部分的颜色，效果如图7-245所示。

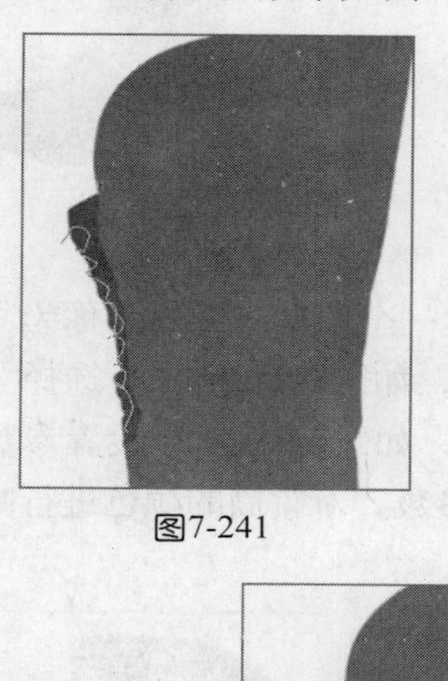

图7-241

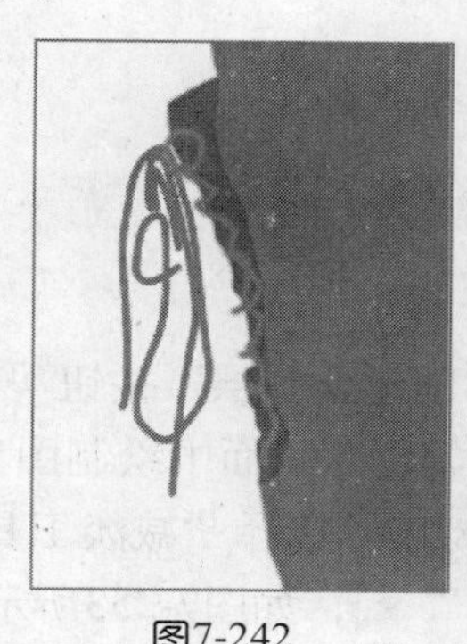

图7-242

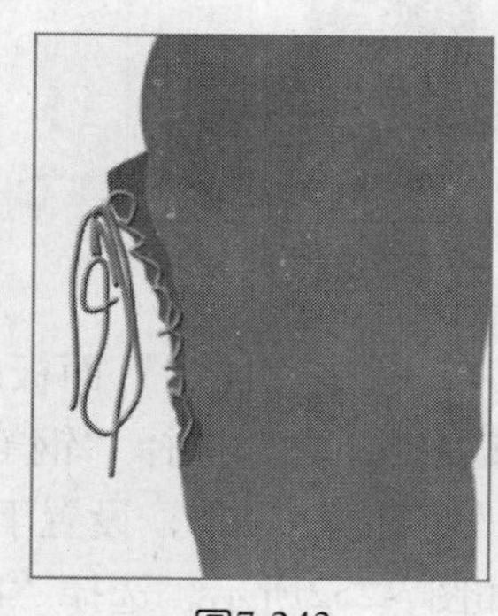

图7-243

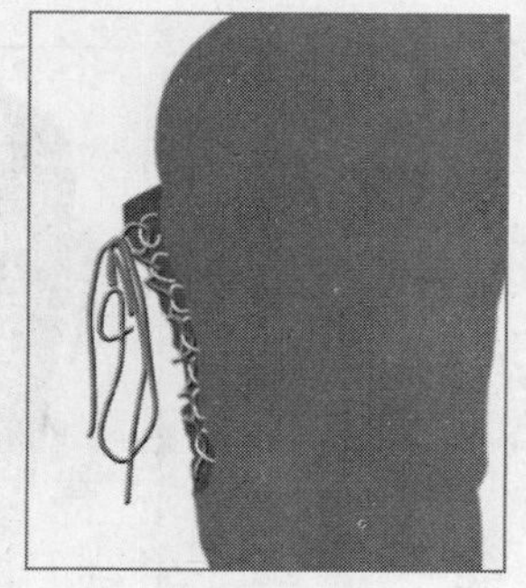

图7-244

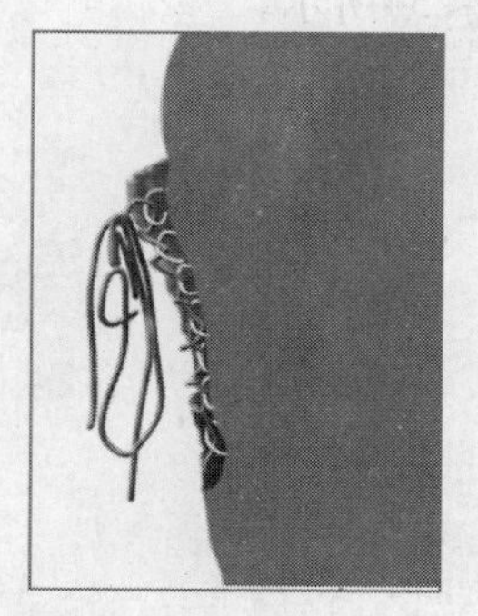

图7-245

07 选择“图层1”，选择菜单“滤镜/纹理/纹理化”命令，如图7-246所示设置参数，效果如图7-247所示。选择“加深工具”，如图7-248所示设置参数，对图像进行处理，效果如图7-249所示。

图7-246

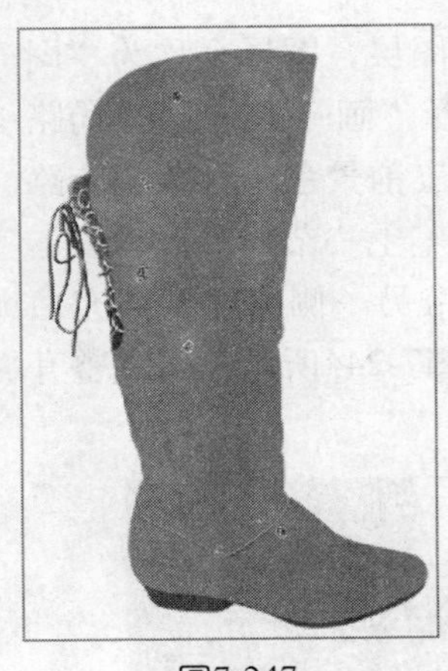

图7-247

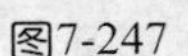

图7-248

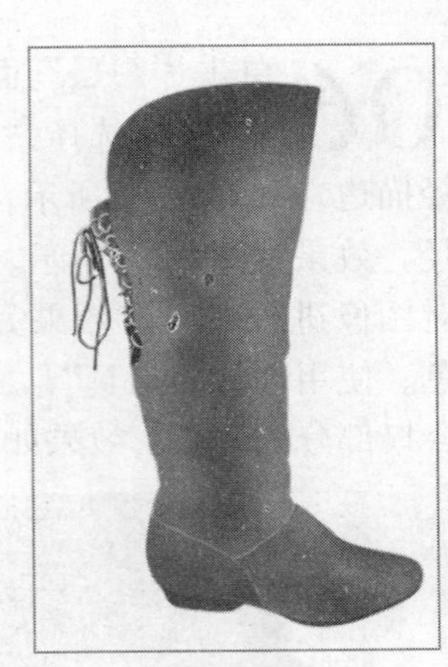

图7-249

08 单击“图层”面板底部的“创建新图层”按钮，新建一个图层，图层名称为“图层6”，选择“钢笔工具”，在画面中绘制图案路径，如图7-250所示。选择“选择/修改/羽化”命令，设置羽化半径为10。选择“减淡工具”，如图7-251所示设置参数，效果如图7-252所示。选择“减淡工具”，如图7-253所示设置参数，对靴筒的颜色进行减淡处理，效果如图7-254所示。

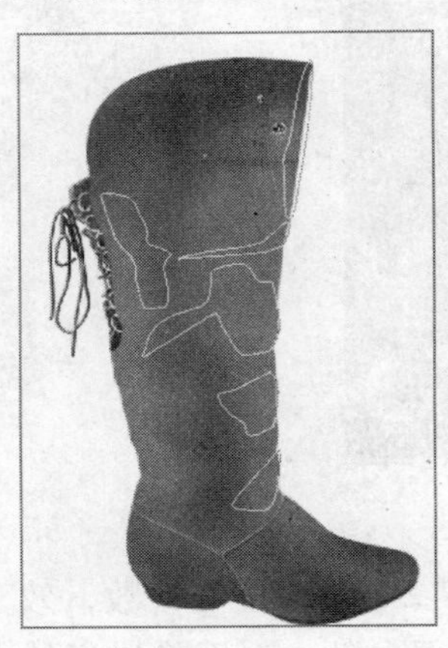

图7-250

图7-251

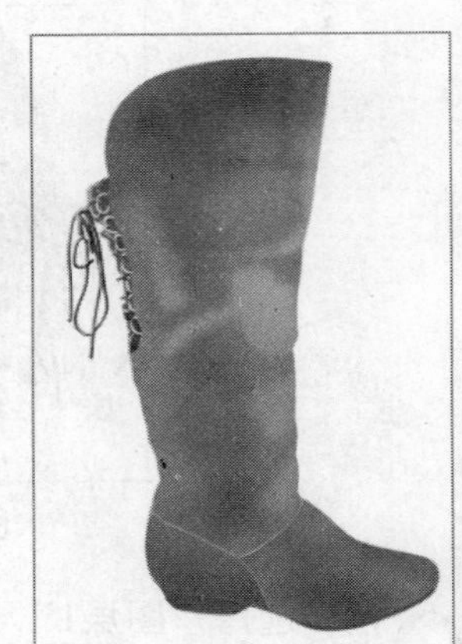

图7-252

125 范围: 高光 曝光度: 30%

图7-253

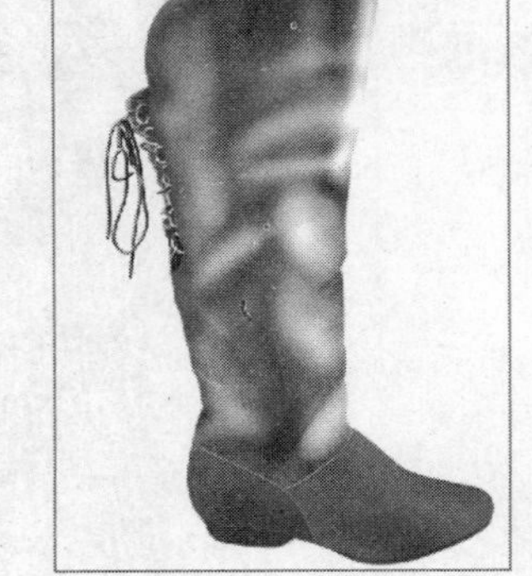

图7-254

09 选择“加深工具”、“减淡工具”，如图7-255、图7-256所示设置参数，对鞋面进行颜色的调整，效果如图7-257所示。

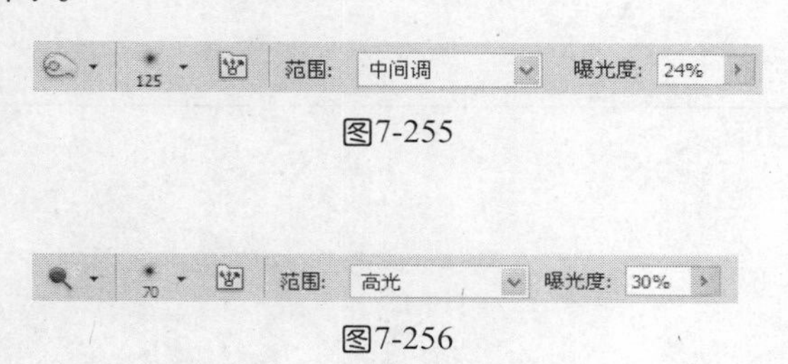

图7-255

图7-256

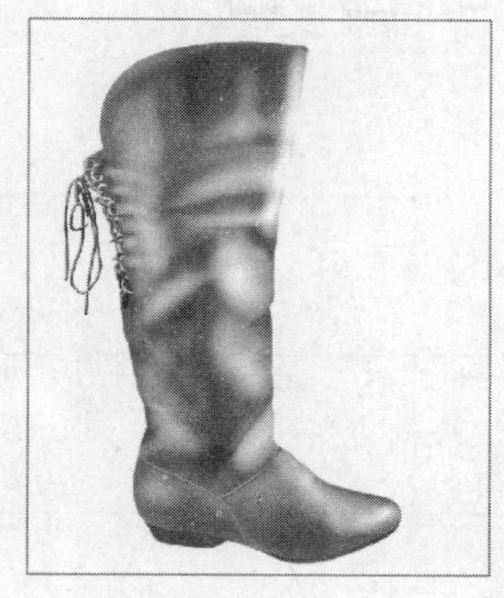

图7-257

10 单击“图层”面板底部的“创建新图层”按钮，新建一个图层，图层名称为“图层7”，选择“钢笔工具”，在画面中绘制缝合线路径，如图7-258所示。添加画笔样式如图7-259所示，效果如图7-260所示。按Alt键再复制一个靴子，调整位置，改变透明度，选择背景图层，设置渐变颜色为白色到淡棕色，填充渐变颜色，最终效果如图7-261所示。

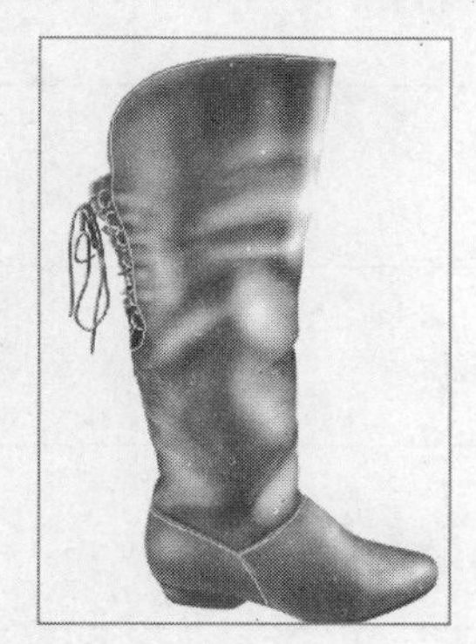

图7-258

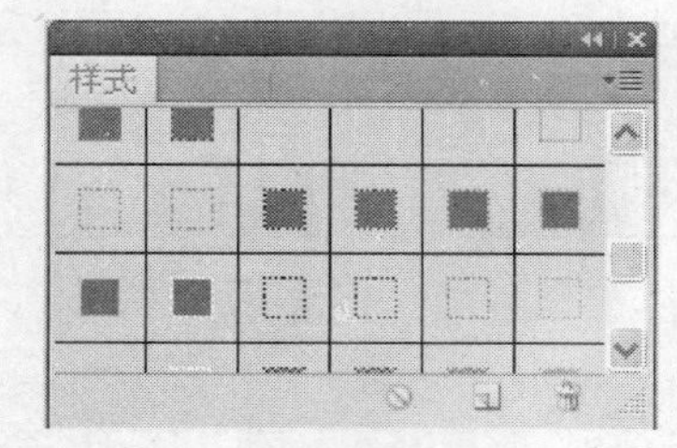

图7-259

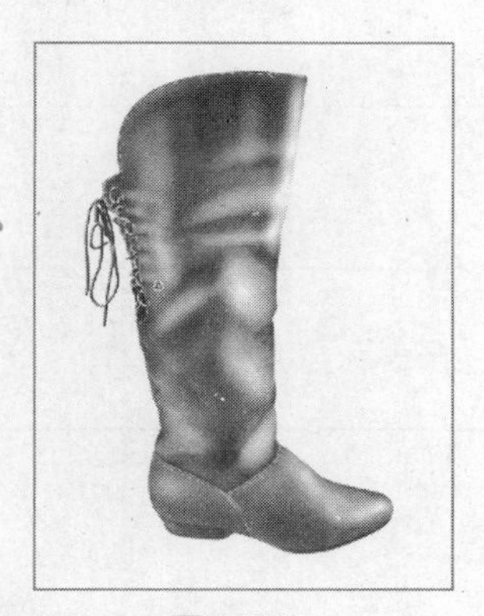

图7-260

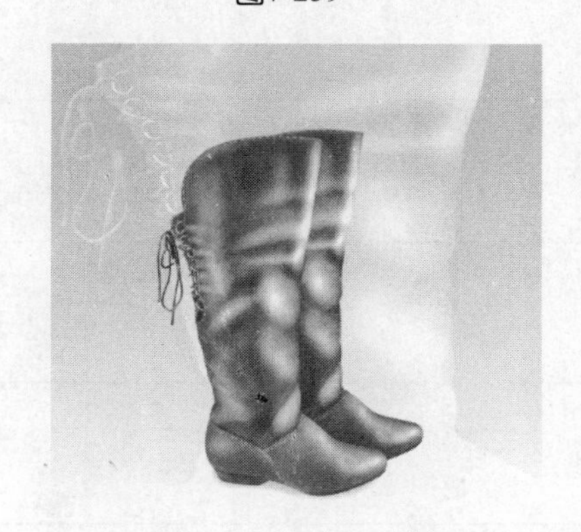

图7-261

本节着重讲一讲渐变工具的使用，渐变工具是用来在整个文档或选区内填充渐变颜色的。选择该项工具后，在图像中单击并拖动出一条直线，以标示渐变的起点和终点，放开鼠标即可填充渐变色。

读书笔记

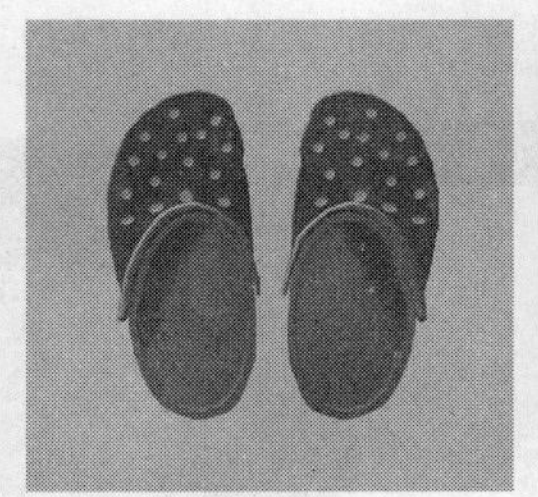
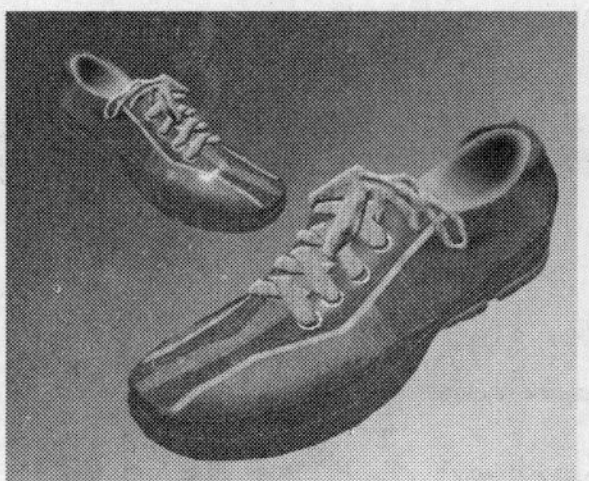

第8章

各种男鞋的设计

- 8.1 男士皮靴
- 8.2 男士高档皮鞋
- 8.3 男士拖鞋
- 8.4 男士休闲鞋
- 8.5 男士跑鞋
- 8.6 男士短筒靴（见DVD光盘）

8.1 男士皮靴

设计步骤

01 按快捷键Ctrl+N，新建一个文件，设置对话框如图8-1所示。

02 单击“图层”面板底部的“创建新图层”按钮，新建一个图层，图层名称为“图层1”，选择“钢笔工具”，在画面中绘制鞋面路径，设置前景色为深黄色填充路径，效果如图8-2所示。

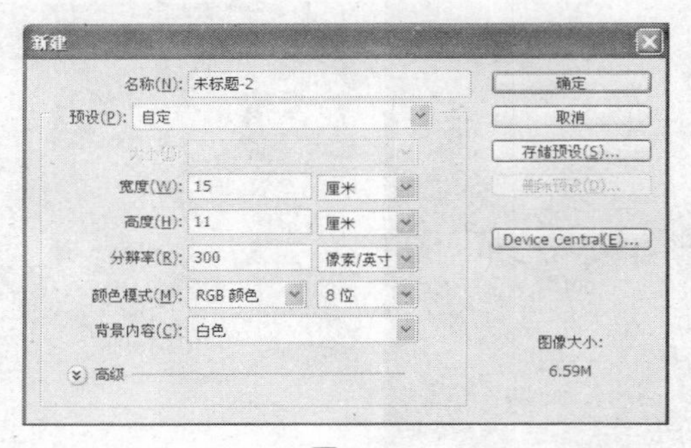

图8-1

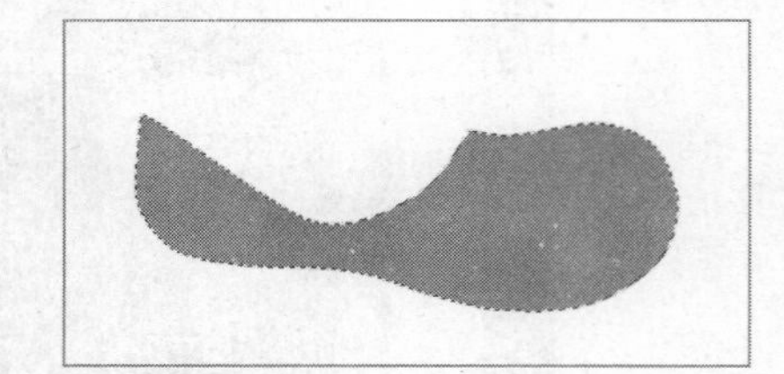

图8-2

03 新建三个图层，图层名称为“图层2、图层3、 图层4”，在画面中分别绘制鞋靴、鞋底，效果如图8-3所示。使用“钢笔工具”绘制鞋帮路径，如图8-4所示，使用“钢笔工具”绘制鞋前门，效果如图8-5所示。

图8-3

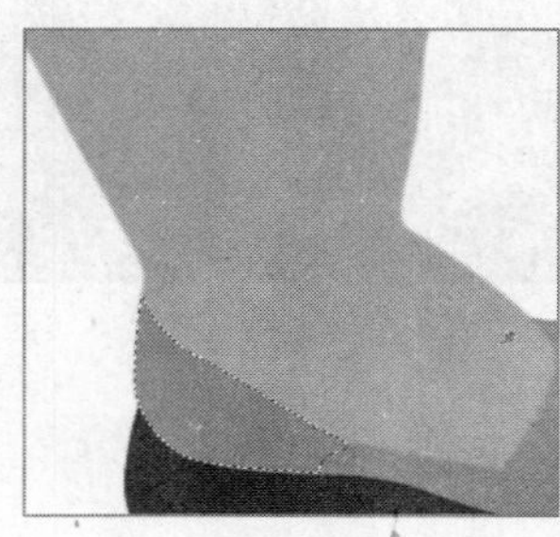

图8-4

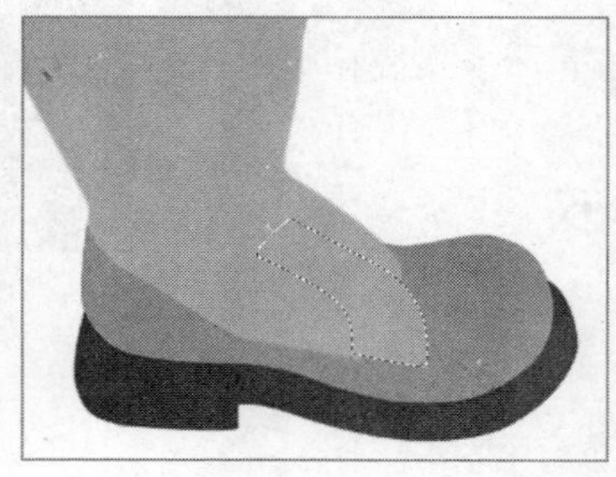

图8-5

04 选择“钢笔工具”，在画面中绘制开合路径，如图8-6所示。单击“图层”面板底部的按钮，在下拉菜单中选择“图层样式/斜面和浮雕”命令，如图8-7所示设置参数，效果如图8-8所示。

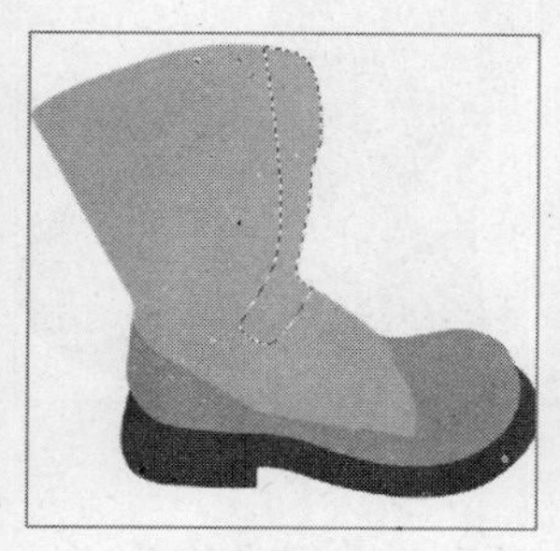
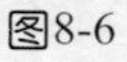

图8-6

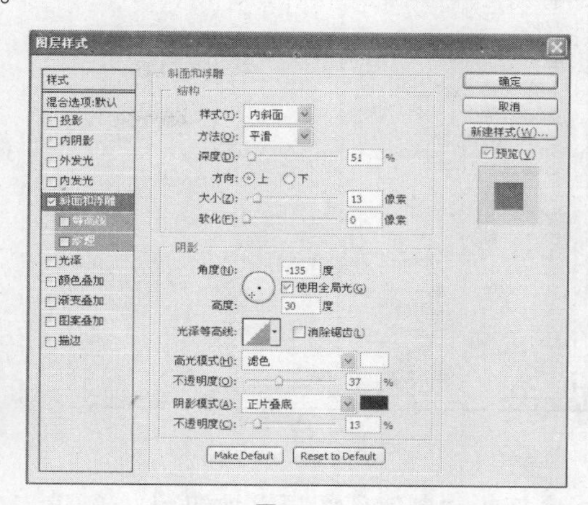

图8-7

图8-8

05 选择“减淡工具”，如图8-9所示设置参数，对图像进行处理，效果如图8-10所示。使用“加深工具”，如图8-11所示设置参数，加深鞋面的颜色，效果如图8-12所示。

图8-9

图8-10

图8-11

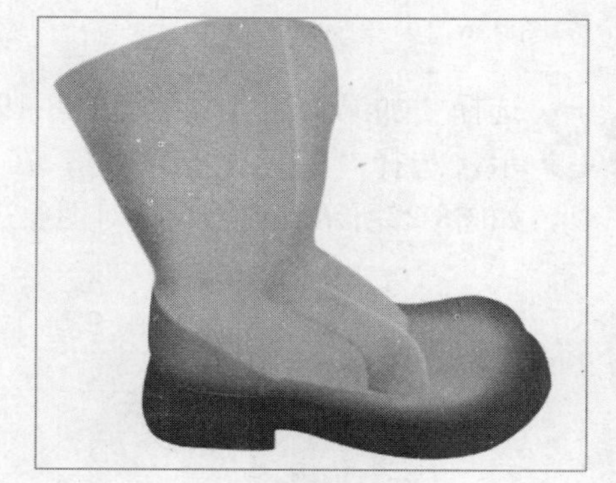

图8-12

06 单击“图层”面板底部的“创建新图层”按钮，新建一个图层，图层名称为“图层5”，选择“钢笔工具”，在画面中绘制装饰路径，选择黄色填充路径，效果如图8-13所示。单击“图层”面板底部的fx按钮，在下拉菜单中选择“图层样式/斜面和浮雕”命令，如图8-14所示设置参数，效果如图8-15所示。

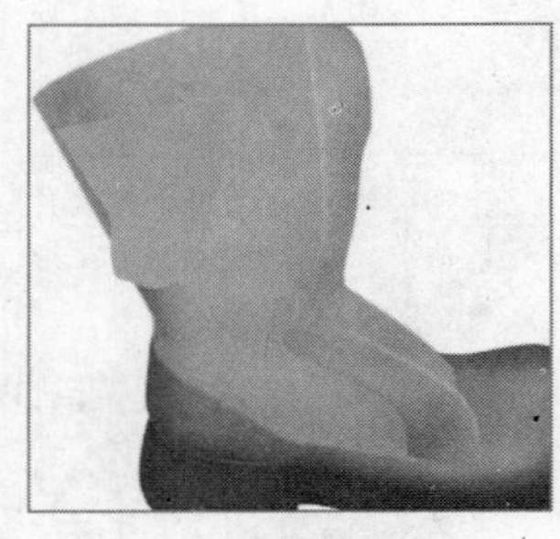
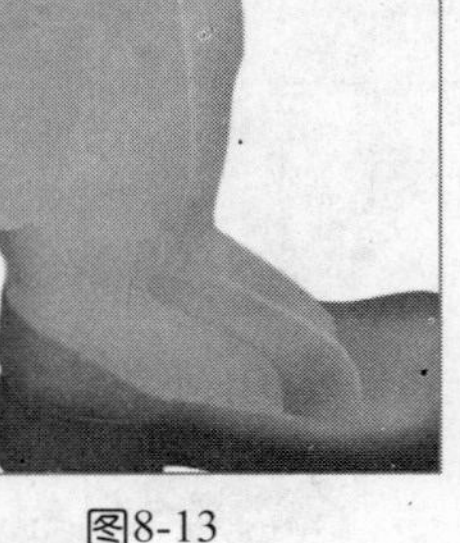

图8-13

图8-14

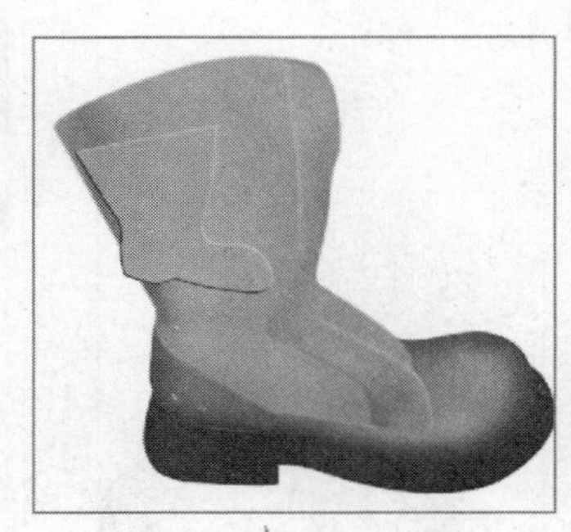

图8-15

07 单击“图层”面板底部的“创建新图层”按钮，新建一个图层，图层名称为“图层6”，选择“钢笔工具”，在画面中绘制路径，如图8-16所示。单击“图层”面板底部的fx按钮，在下拉菜单中选择“图层样式/斜面和浮雕”命令，如图8-17所示设置参数，效果如图8-18所示。

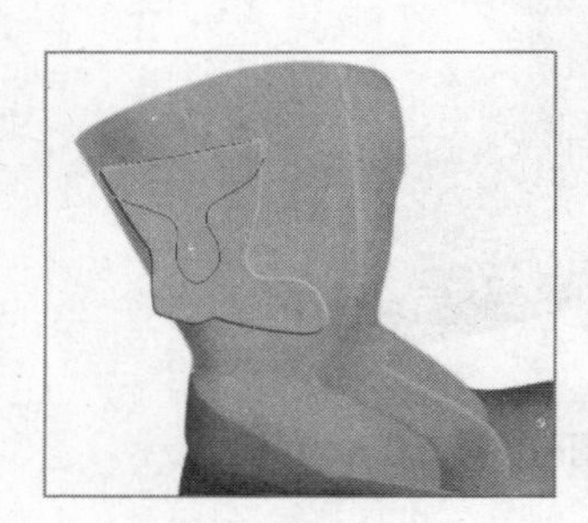

图8-16

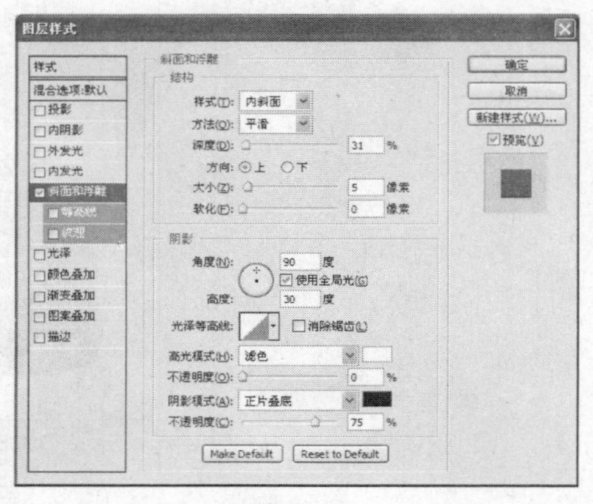

图8-17

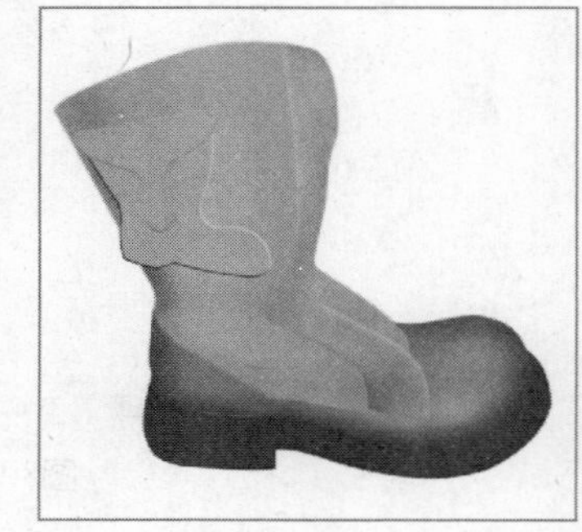

图8-18

08 选择“加深工具”，如图8-19所示设置参数，对图像进行处理，效果如图8-20所示。选择“钢笔工具”，在画面中绘制图案，如图8-21所示。选择“加深工具”，如图8-22所示设置参数，对图像进行处理，效果如图8-23所示。

图8-19

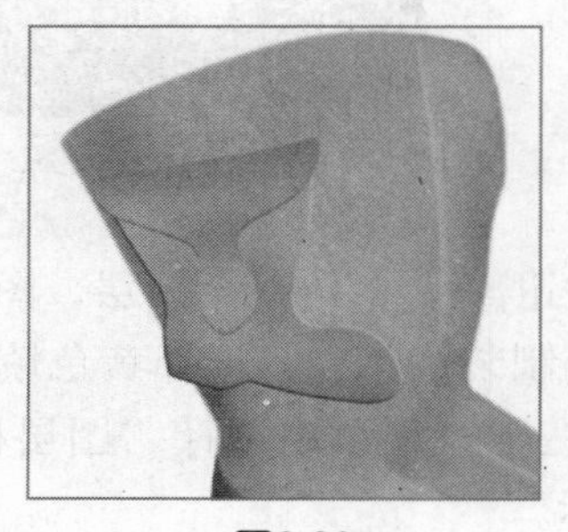

图8-20

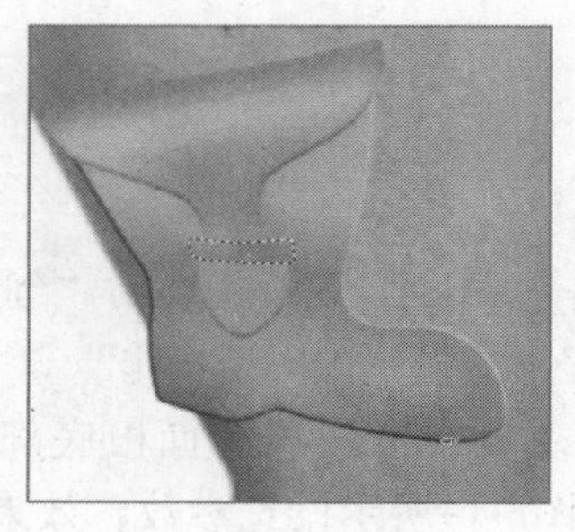

图8-21

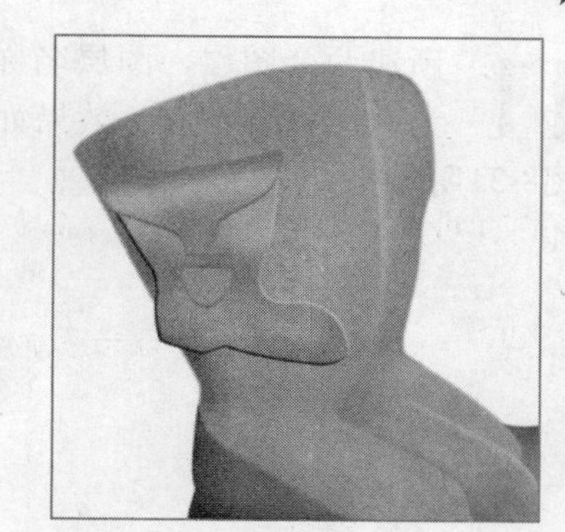

图8-22

图8-23

09 选择“钢笔工具”，在画面中绘制开口线路径，设置羽化半径为2，如图8-24所示。选择“加深工具”，如图8-25所示设置参数，对图像进行处理，效果如图8-26所示。

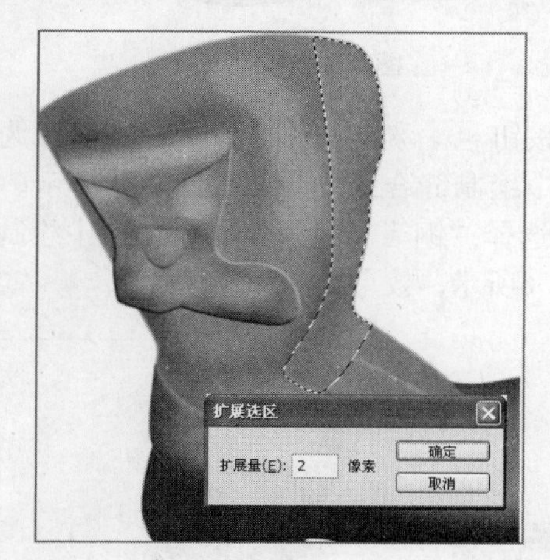

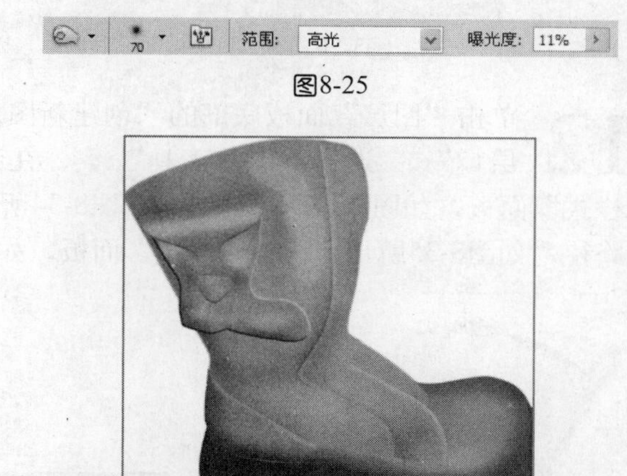

图8-25

图8-24

图8-26

10 新建三个图层，图层名称为“图层7、图层8、图层9”，在画面中绘制图案并将其绘制成阴影，效果如图8-27所示，选择“减淡工具”在画面中进行处理，效果如图8-28所示。选择“钢笔工具”绘制提手路径，用黄色填充路径。使用“加深工具”、“减淡工具”对图像进行处理，效果如图8-29所示。

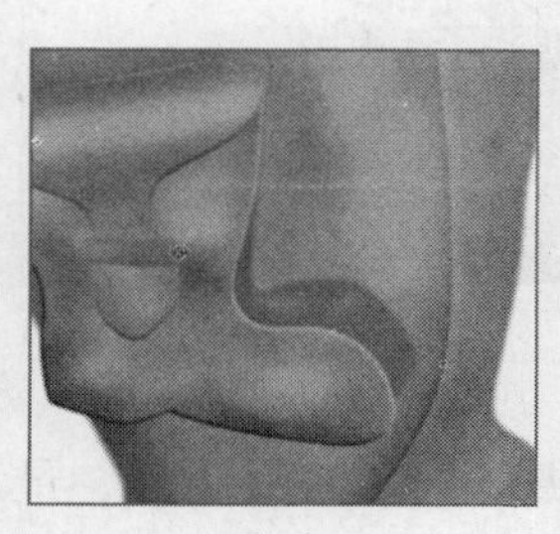

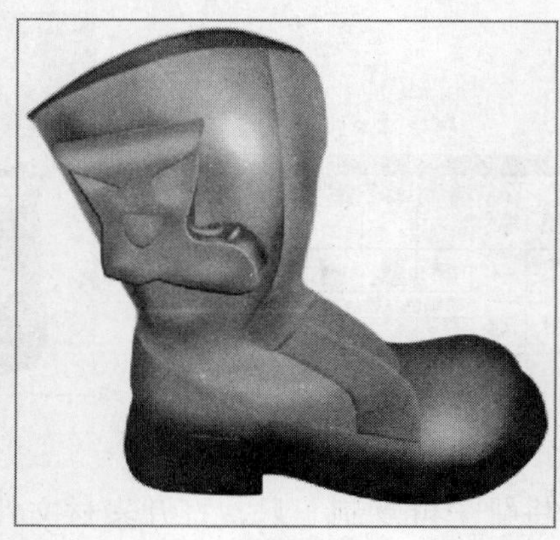

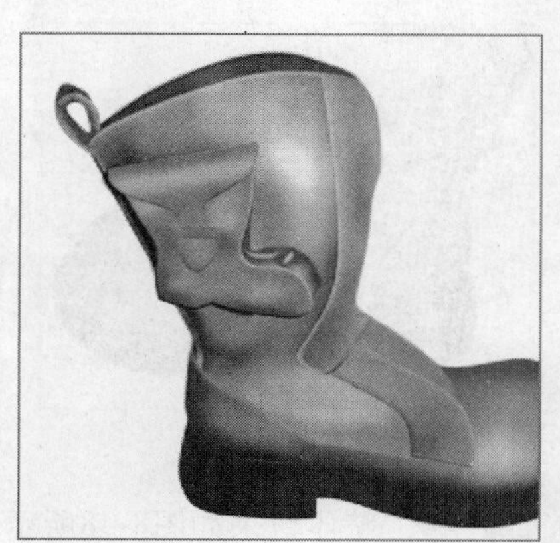

图8-27

图8-28

图8-29

11 新建两个图层，图层名称为“图层10、图层11”，在画面中绘制鞋带，设置前景色为白色进行填充，效果如图8-30所示。选择“画笔工具” 在画面绘制带孔，效果如图8-31所示。

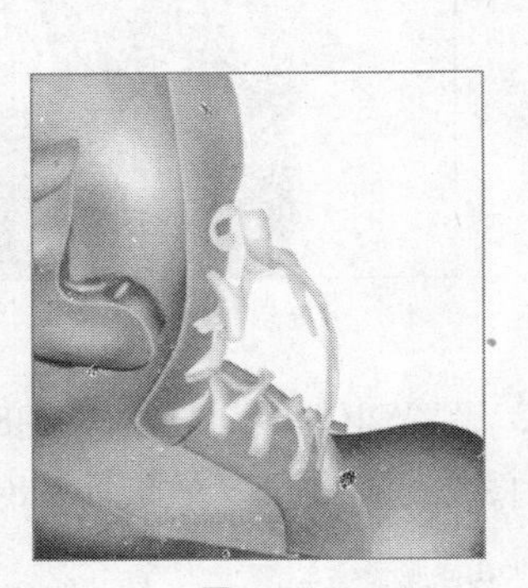

图8-30

图8-31

12 单击“图层”面板底部的“创建新图层”按钮 ，新建一个图层，图层名称为“图层12”， 选择“钢笔工具” ，在画面中绘制缝合线，效果如图8-32所示。选择“样式”面板，如图8-33所示，效果如图8-34所示。选择“钢笔工具” ，在画面中绘制缝合线路径，如图8-35所示，选择“样式”面板，如图8-36所示，效果如图8-37所示。

图8-32

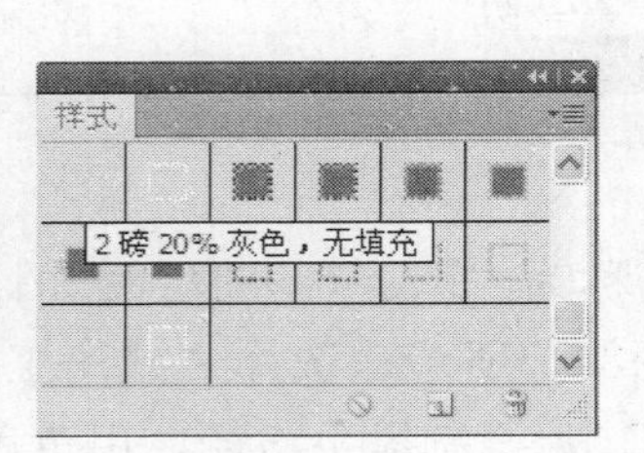

图8-33

图8-34

图8-35

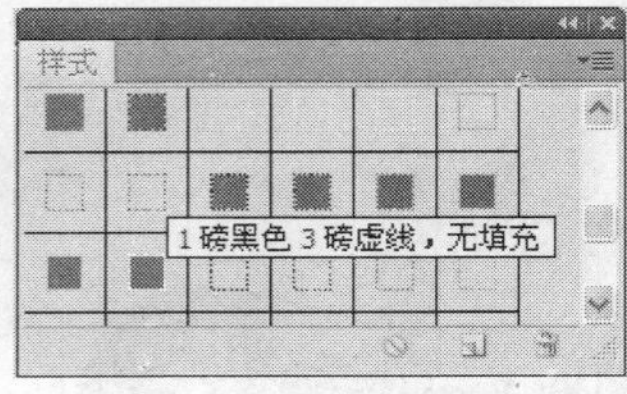

图8-36

图8-37

13 整体效果如图8-38所示，将靴子再复制一只，打开素材文件夹，导入素材图片，最终效果如图8-39所示。

图8-38

图8-39

在这个实例中着重介绍了图层。图层是绘制每一个实例时都要用到的。调整图层是一种特殊的图层，它可以将颜色和色调调整应用于图像，但不会改变图像的像素，因此，不会对图像产生实质性的改变。

8.2 男士高档皮鞋

设计步骤

01 按快捷键Ctrl+N，新建一个文件，设置对话框如图8-40所示。

02 新建四个图层，图层名称为“图层1、图层2、图层3、图层4”，选择“钢笔工具”，在画面中绘制鞋面路径，设置前景色为深蓝色填充路径，效果如图8-41所示。选择“钢笔工具”绘制鞋底，如图8-42所示，设置前景色为黑色填充路径。使用“钢笔工具”绘制鞋跟，设置灰色填充路径，效果如图8-43所示。选择“钢笔工具”绘制鞋帮转折面路径和鞋内侧路径，设置黄色填充路径，效果如图8-44所示。

新建
名称(N): 未标题-1
预设(P): 自定
大小(I):
宽度(W): 15 厘米
高度(H): 12 厘米
分辨率(R): 300 像素/英寸
颜色模式(M): RGB 颜色 8位
背景内容(C): 白色
高级
确定
取消
存储预设(S)...
删除预设(D)...
Device Central(E)...
图像大小:
7.18M

图8-40

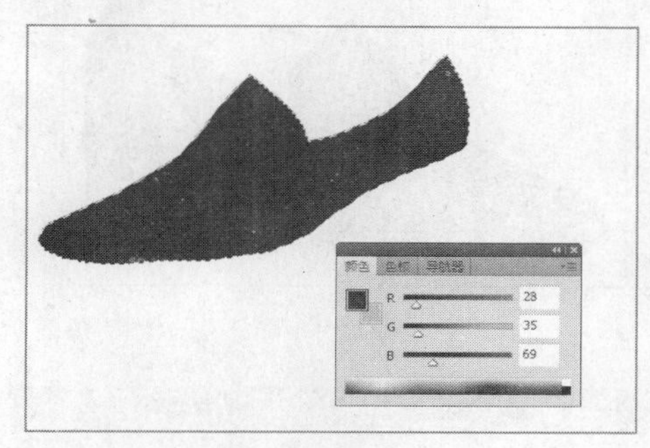

图8-41

图8-42

图8-43

图8-44

03 单击“图层”面板底部的“创建新图层”按钮，新建一个图层，图层名称为“图层5”，选择“钢笔工具”，在画面中绘制鞋侧面路径，如图8-45所示。选择“减淡工具”，如图8-46、图8-47所示设置参数，在鞋侧面进行颜色的减淡处理，效果如图8-48所示。

图8-45

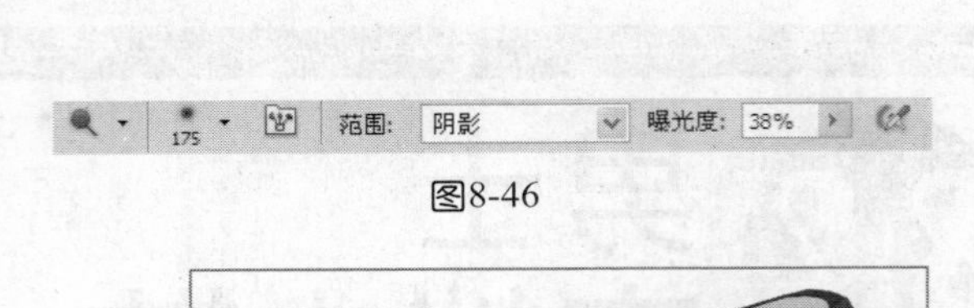

图8-46

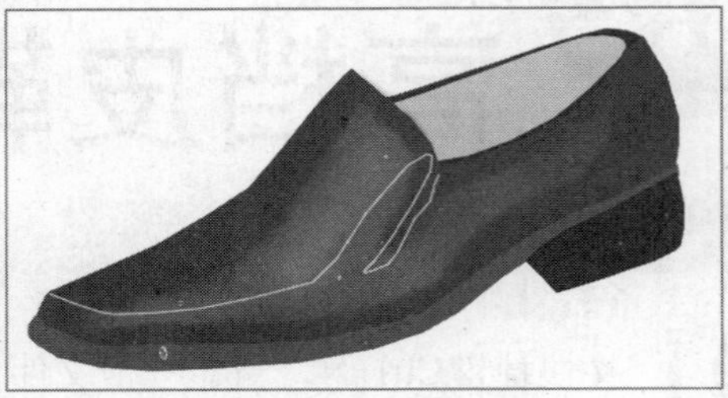

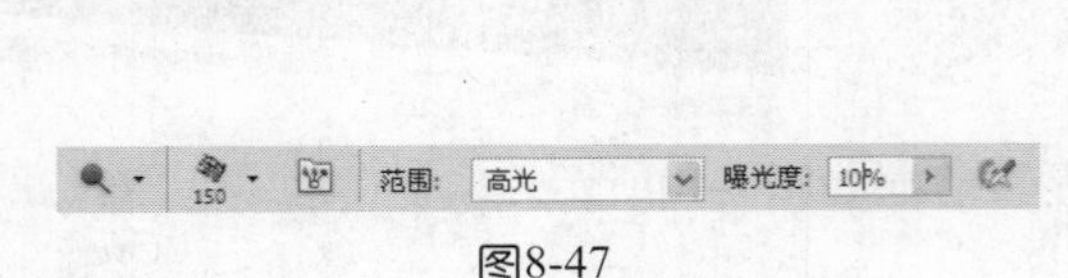

图8-47

图8-48

04 单击“图层”面板底部的“创建新图层”按钮，新建一个图层，图层名称为“图层6”，选择“钢笔工具”，在画面中绘制鞋面路径，如图8-49所示。选择“减淡工具”，如图8-50所示设置参数，在画面中绘制出高光效果，如图8-51所示。

图8-49

范围: 高光 曝光度: 10%

图8-50

图8-51

05 单击“图层”面板底部的“创建新图层”按钮，新建一个图层，图层名称为“图层7”，选择“钢笔工具”，在画面中绘制高光路径，如图8-52所示。选择“减淡工具”，如图8-53所示设置参数，效果如图8-54所示。单击“图层”面板底部的“创建新图层”按钮，新建一个图层，图层名称为“图层8”，在画面中绘制鞋跟上方路径，效果如图8-55所示。

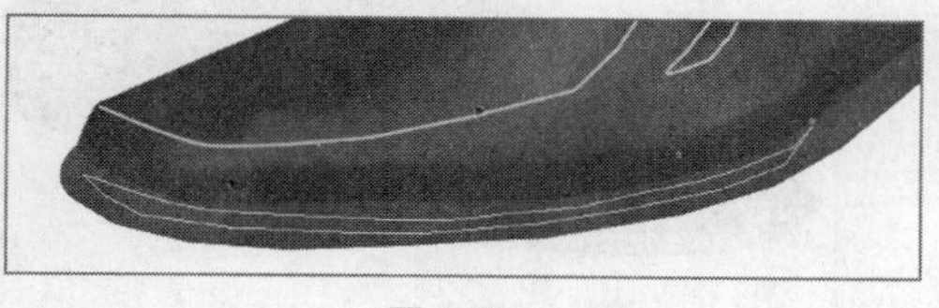

图8-52

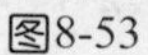

图8-53

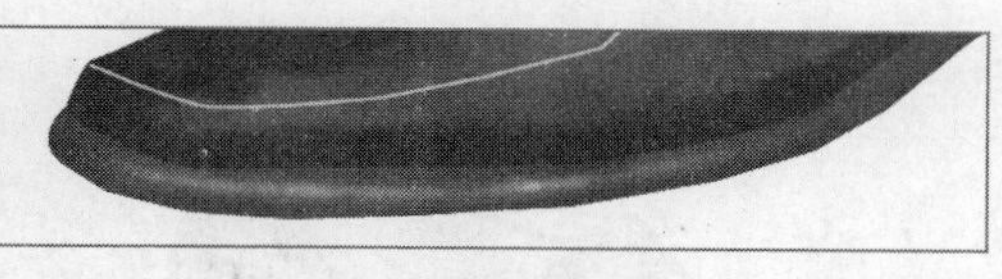

图8-54

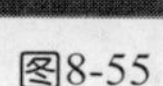

图8-55

06 选择鞋内侧图层，选择“减淡工具”，如图8-56所示设置参数，在画面中绘制阴影，效果如图8-57所示。单击“图层”面板底部的“创建新图层”按钮，新建一个图层，图层名称为“图层9”，选择“钢笔工具”，在画面中绘制高光路径，如图8-58所示，选择“加深工具”，如图8-59所示设置参数，对图像进行处理，效果如图8-60所示。

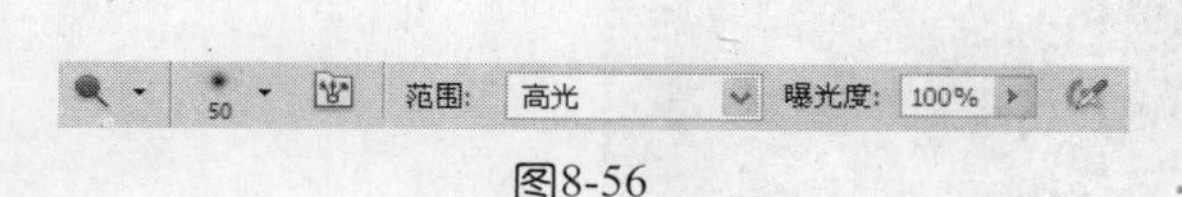

图8-56

图8-57

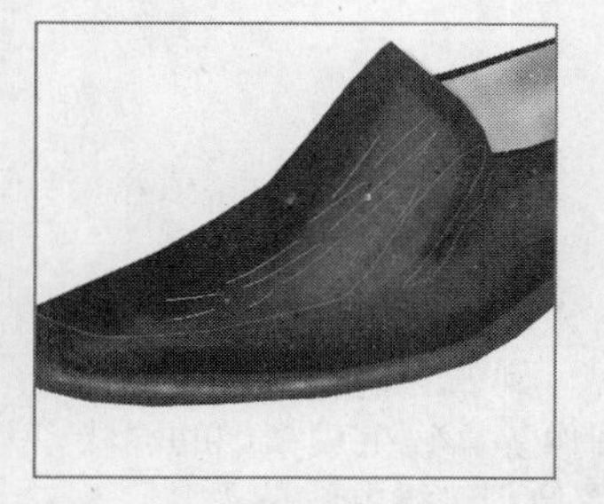

图8-58

图8-59

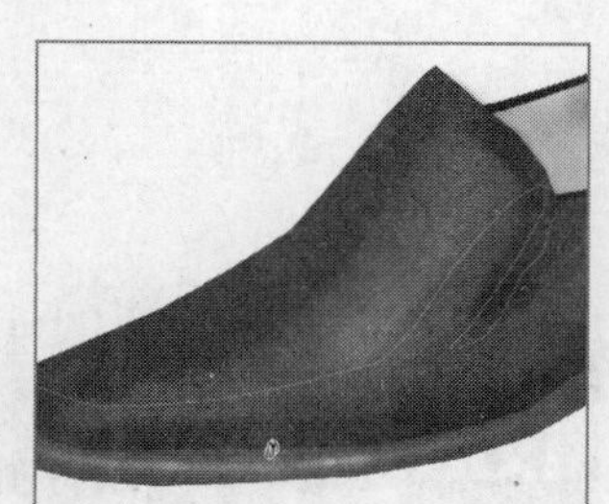

图8-60

07 选择“加深工具”、“减淡工具”，如图8-61、图8-62所示设置参数，对图像进行处理，效果如图8-63所示。

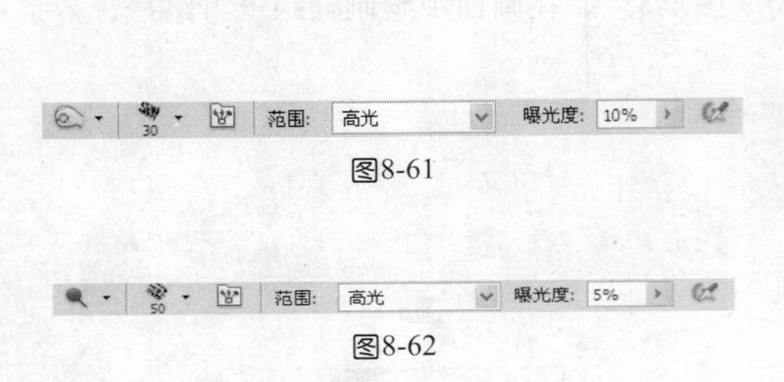

图8-61

图8-62

图8-63

08 选择“滤镜/纹理/纹理化”命令，如图8-64所示设置参数，效果如图8-65所示。选择背景图层，选择“渐变工具”，设置渐变颜色从淡蓝色到深蓝色，在画面中绘制渐变效果，最终效果如图8-66所示。

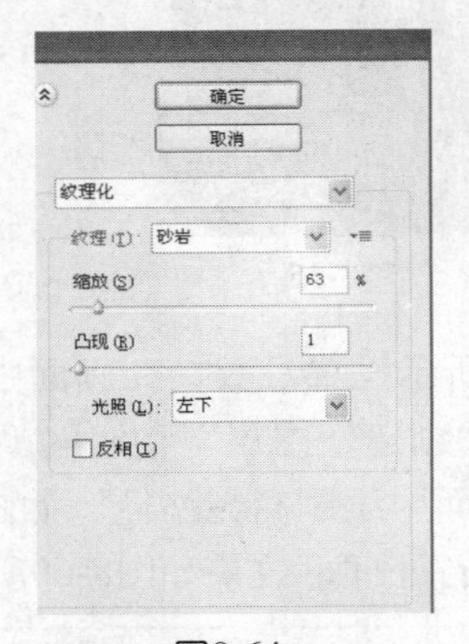

图8-64

图8-65

图8-66

本例着重介绍了滤镜工具的作用。纹理滤镜组有六种滤镜，它们可以模拟具有深度感、立体感的外观，或者添加一种器质外观。例如“龟裂缝”滤镜可以将图像绘制在一个高凸现的石膏表面上，以循着图像等高线生成精细的网状龟裂，使用该滤镜可以对包含多种颜色值或灰度值的图像创建浮雕效果。

8.3 男士拖鞋

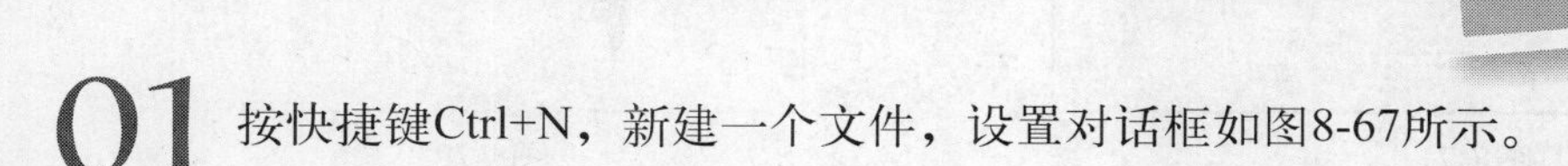

设计步骤

01 按快捷键Ctrl+N，新建一个文件，设置对话框如图8-67所示。

02 单击“图层”面板底部的“创建新图层”按钮，新建一个图层，图层名称为“图层1”，选择“钢笔工具”，在画面中绘制鞋面路径，设置前景色为深蓝色填充路径，效果如图8-68所示。

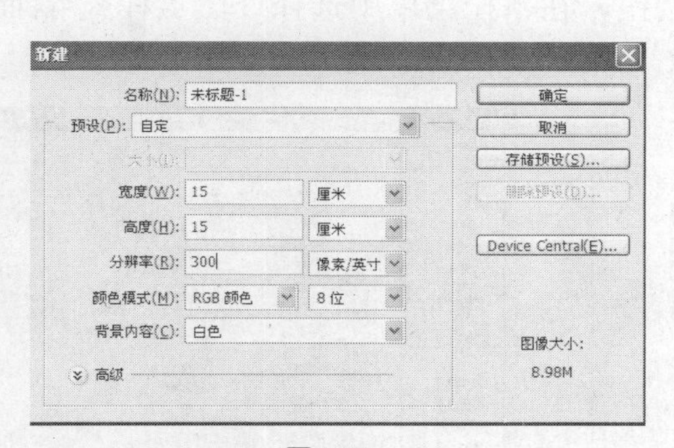

图8-67

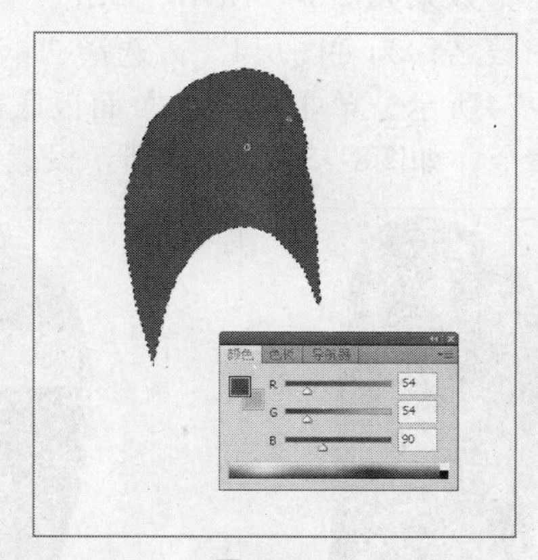

图8-68

03 单击“图层”面板底部的“创建新图层”按钮，新建一个图层，图层名称为“图层2”，选择“椭圆工具”，在画面中绘制一个椭圆形。选择“选择/修改/羽化”命令，设置羽化半径为2，效果如图8-69所示。向选区内填充白色，按Alt键复制多个椭圆形，如图8-70所示。单击“图层”面板底部的按钮，在下拉菜单中选择“图层样式/斜面和浮雕”命令，如图8-71所示设置参数，效果如图8-72所示。

图8-69

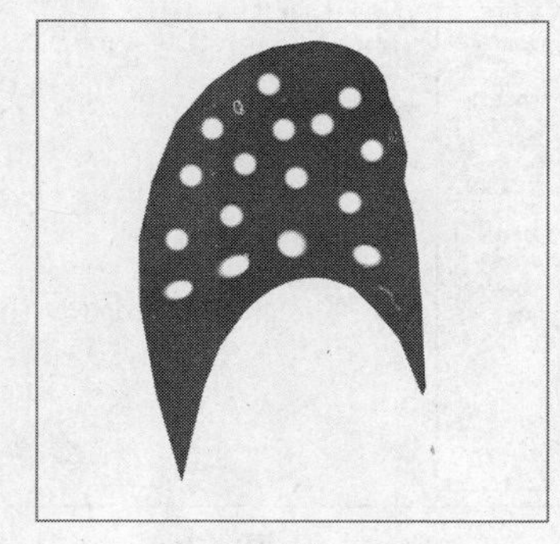

图8-70

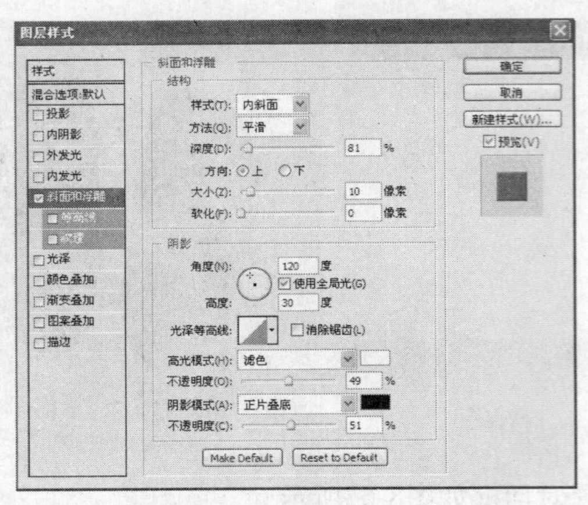

图8-71

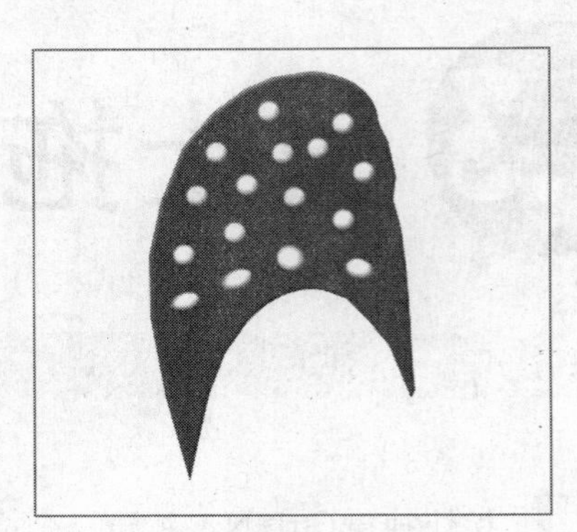

图8-72

04 单击“图层”面板底部的“创建新图层”按钮，新建一个图层，图层名称为“图层3”，选择“钢笔工具”，在画面中绘制鞋内侧路径，设置前景色为浅蓝色填充路径，效果如图8-73所示。单击“图层”面板底部的“创建新图层”按钮，新建一个图层，图层名称为“图层4”，选择“钢笔工具”，在画面中绘制路径，设置羽化半径为3，如图8-74所示。单击“图层”面板底部的按钮，在下拉菜单中选择“图层样式/斜面和浮雕”命令，如图8-75、图8-76所示设置参数，效果如图8-77所示。

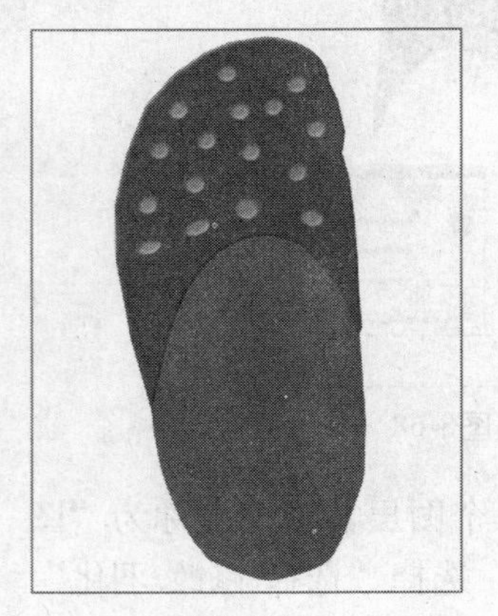

图8-73

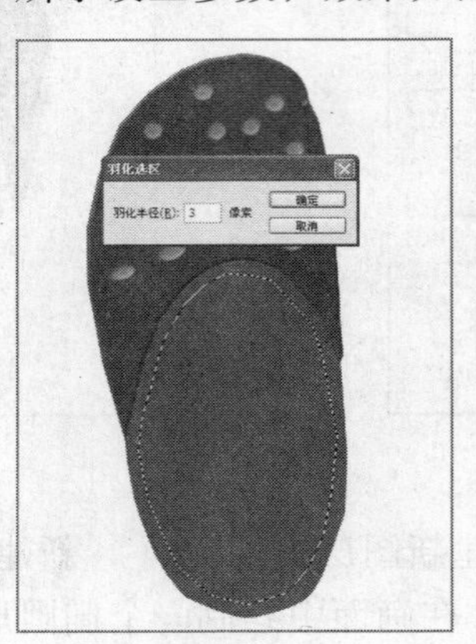

图8-74

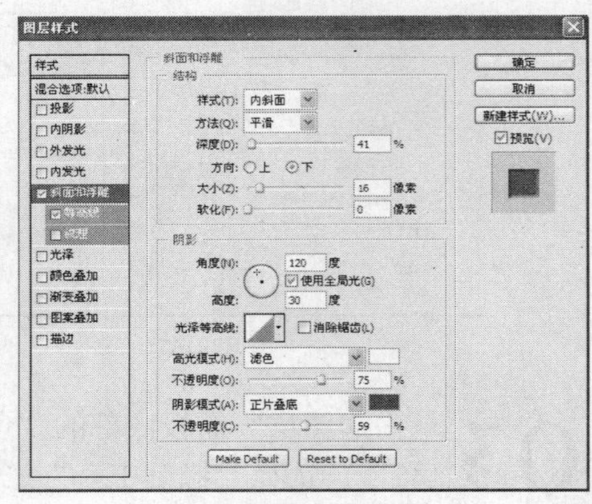

图8-75

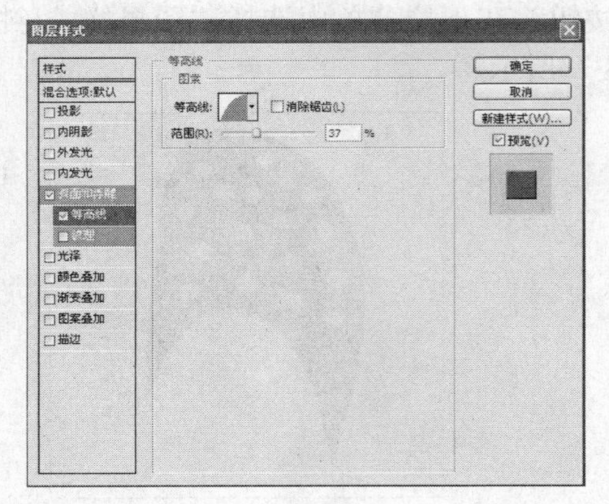

图8-76

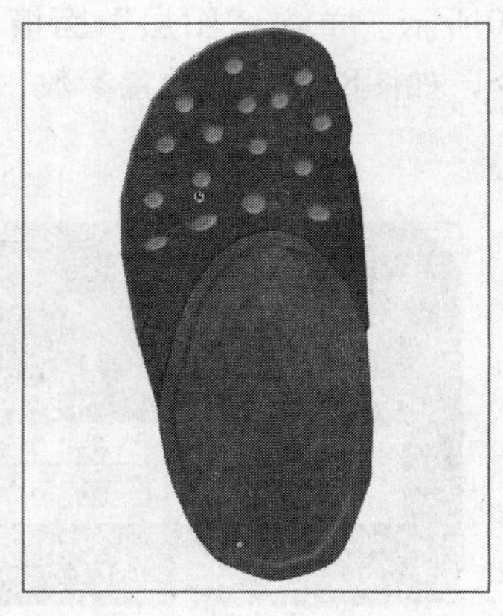

图8-77

05 选择“减淡工具”、“加深工具”，如图8-78、图8-79所示设置参数，对鞋面的颜色进行处理，效果如图8-80所示。

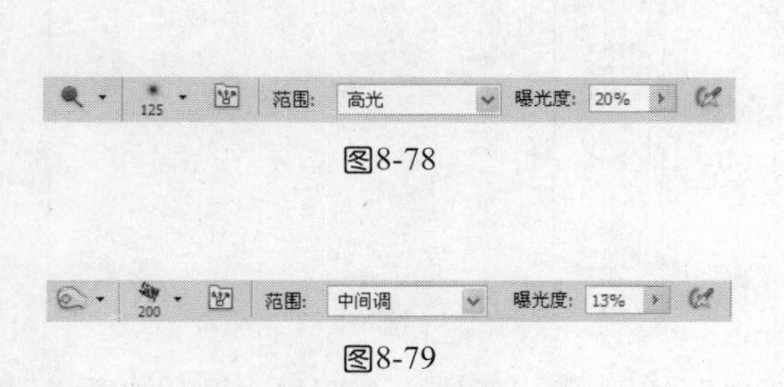

图8-78

图8-79

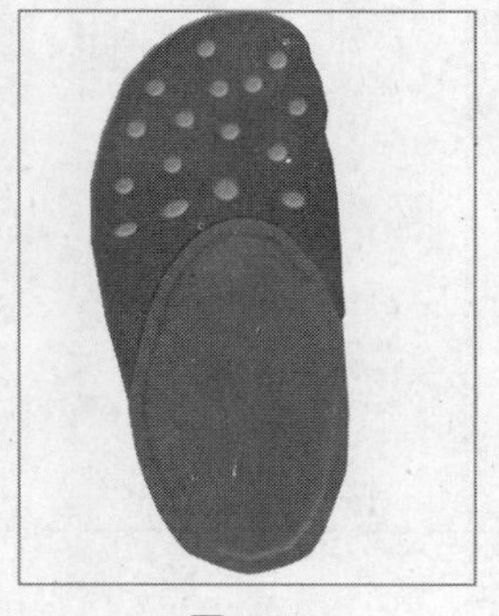

图8-80

06 选择“钢笔工具”，在画面中绘制阴影路径，效果如图8-81所示。选择“加深工具”、“减淡工具”，如图8-82、图8-83所示设置参数，效果如图8-84所示。

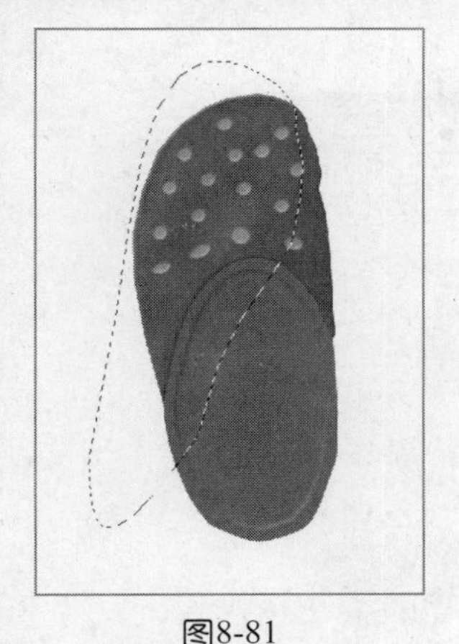

图8-81

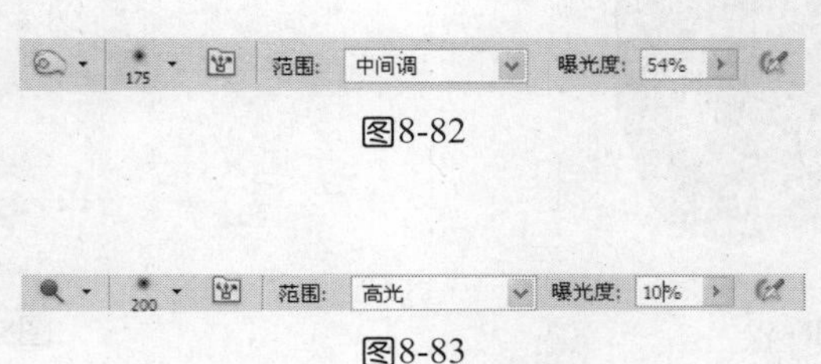

图8-82

图8-83

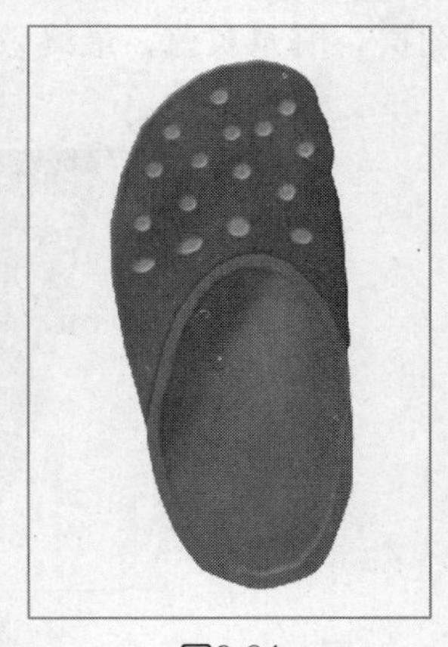

图8-84

07 单击“图层”面板底部的“创建新图层”按钮，新建一个图层，图层名称为“图层5”，选择“钢笔工具”，在画面中绘制鞋边路径，如图8-85所示。设置前景色为灰蓝色填充路径，效果如图8-86所示。单击“图层”面板底部的按钮，在下拉菜单中选择“图层样式/斜面和浮雕”命令，如图8-87、图8-88所示设置参数。

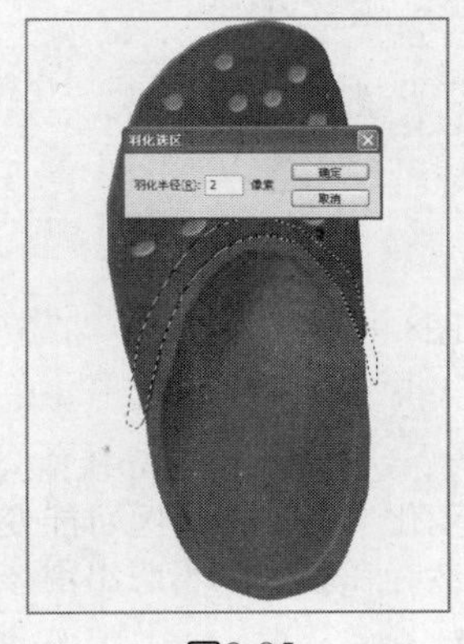

图8-85

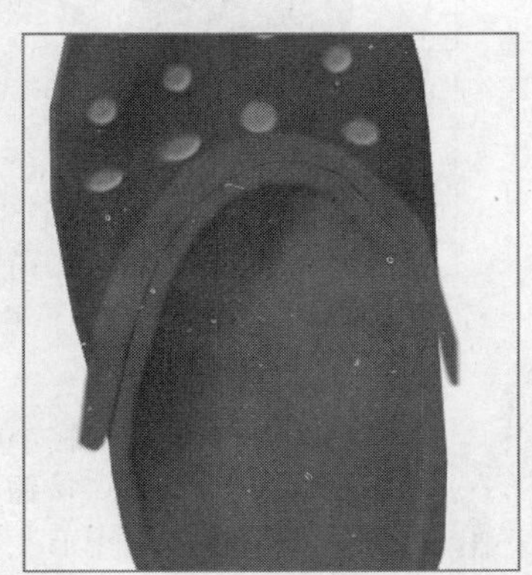

图8-86

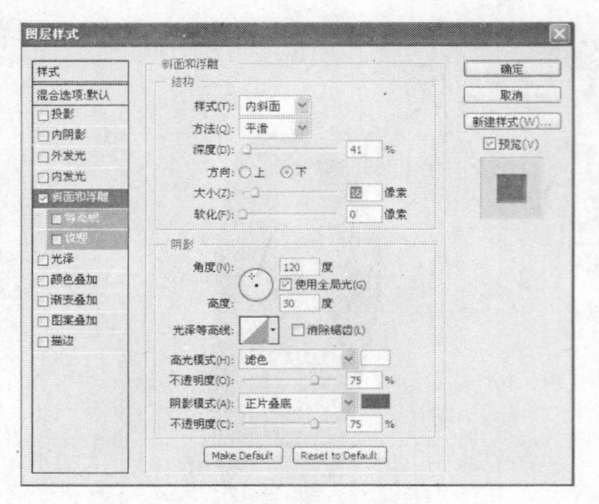

图8-87

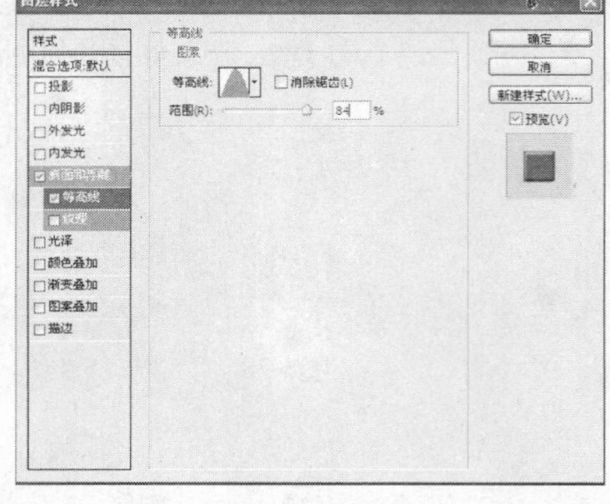

图8-88

08 单击"图层"面板底部的"创建新图层"按钮，新建一个图层，图层名称为"图层6"，选择"钢笔工具"，在画面中绘制鞋底纹理路径，如图8-89所示，选择"画笔工具"，设置画笔属性如图8-90所示，添加画笔样式，效果如图8-91所示。选择背景图层，填充灰色，最终效果如图8-92所示。

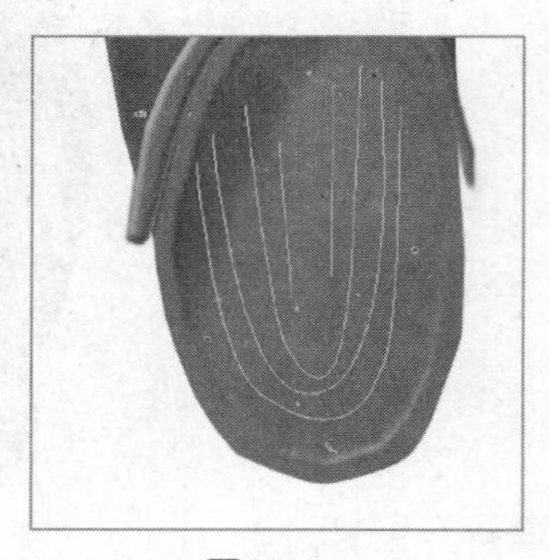

图8-89

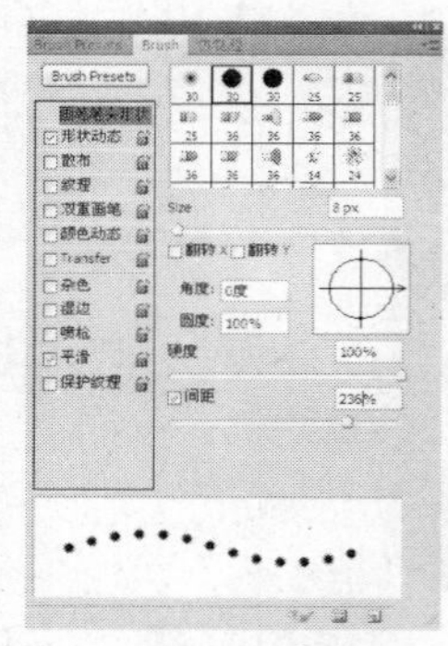

图8-90

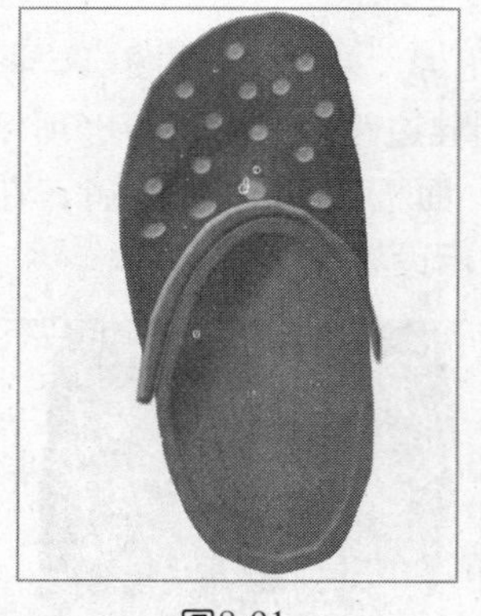

图8-91

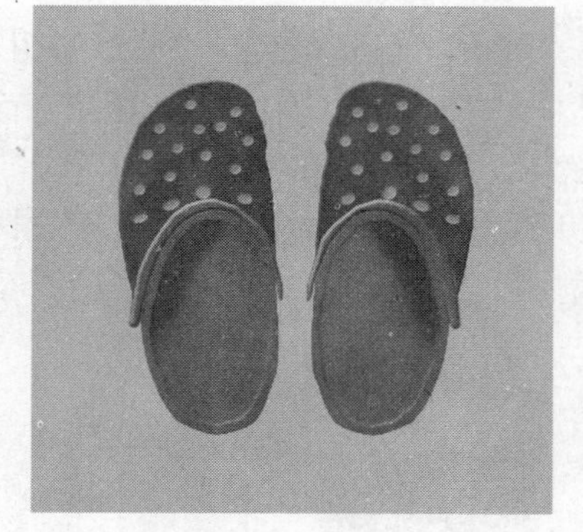

图8-92

如果羽化选区较小而羽化半径设置得较大，这时Photoshop软件会弹出对话框，单击"确定"按钮，可确认当前设置的羽化半径，而选区可能变得非常模糊，甚至在画面中看不到，不过此时选区仍然存在。如果不想出现该警告，应减小羽化半径或增大选区的范围。

8.4 男士休闲鞋

设计步骤

01 按快捷键Ctrl+N，新建一个文件，设置对话框如图8-93所示。

02 单击“图层”面板底部的“创建新图层”按钮，新建一个图层，图层名称为“图层1”，选择“钢笔工具”，在画面中绘制鞋面路径，设置前景色为灰色填充路径，效果如图8-94所示。

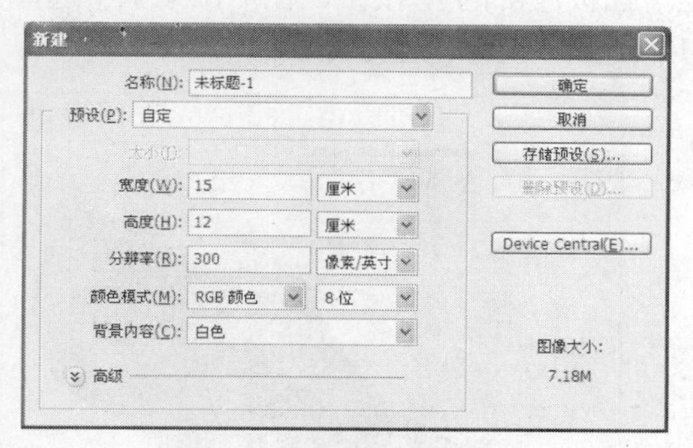

图8-93

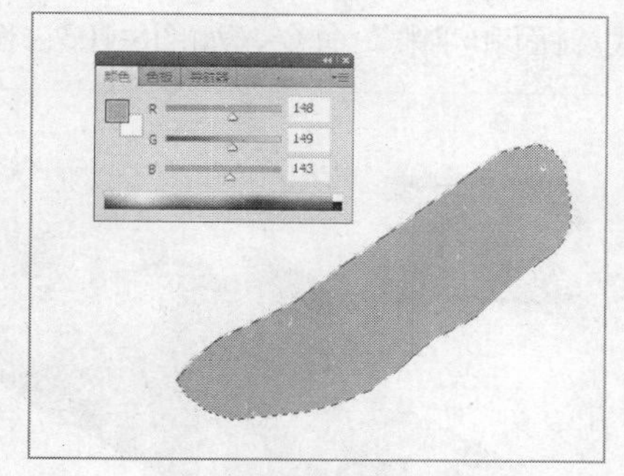

图8-94

03 选择“滤镜/杂色/添加杂色”命令，如图8-95所示设置参数，效果如图8-96所示。选择“滤镜/风格化/浮雕”命令，如图8-97所示设置参数，效果如图8-98所示。选择“滤镜/模糊/高斯模糊”命令，如图8-99所示设置参数，效果如图8-100所示。

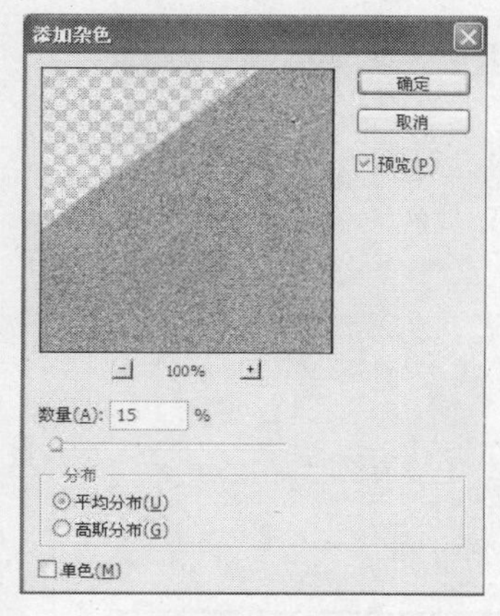

图8-95

图8-96

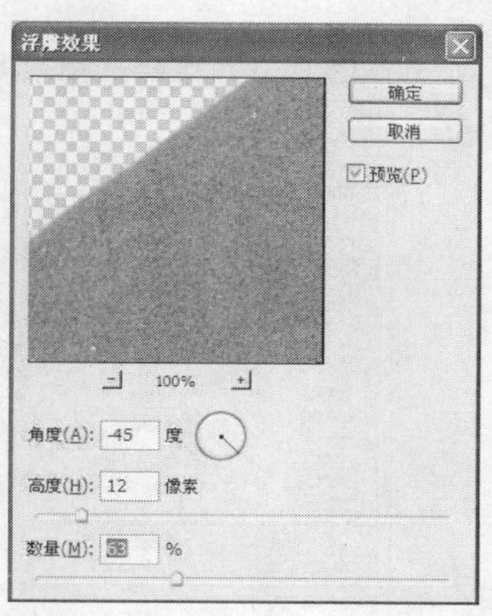

图8-97

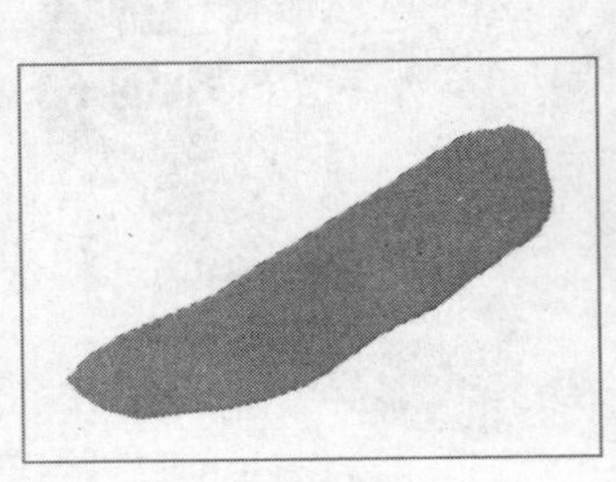

图8-98

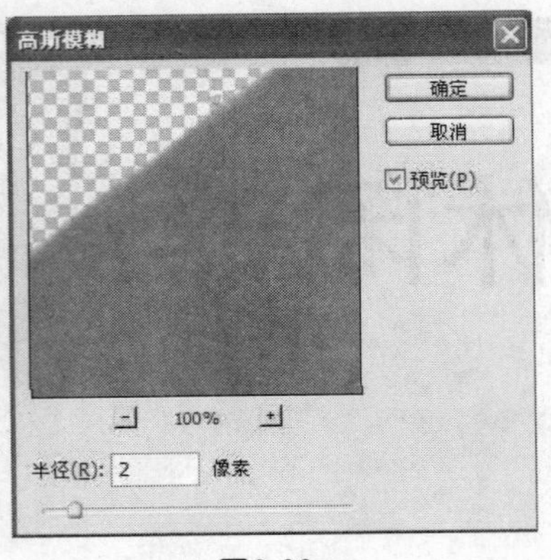

图8-99

图8-100

04 单击“图层”面板底部的“创建新图层”按钮，新建一个图层，图层名称为“图层2”，选择“钢笔工具”，绘制鞋带，设置前景色为黄色填充路径，在画面中绘制鞋面路径，设置深灰色填充路径，在画面中绘制鞋底并填充深灰色，效果如图8-101所示。单击“图层”面板底部的“创建新图层”按钮，新建一个图层，图层名称为“图层3”，在画面中绘制鞋带路径，效果如图8-102所示。单击“图层”面板底部的按钮，在下拉菜单中选择“图层样式/斜面和浮雕”命令，如图8-103、图8-104所示设置参数，完成效果。

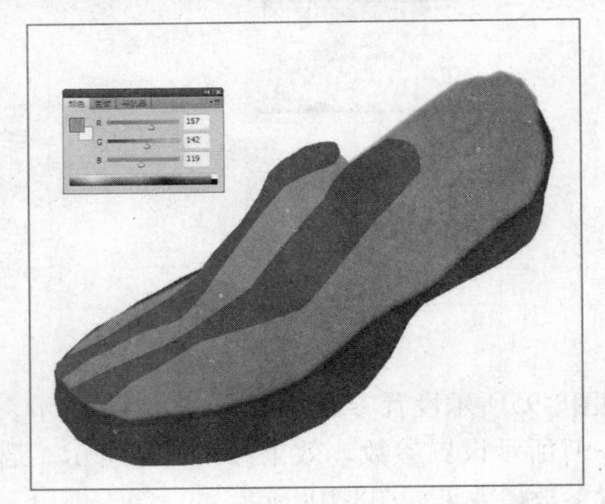

图8-101

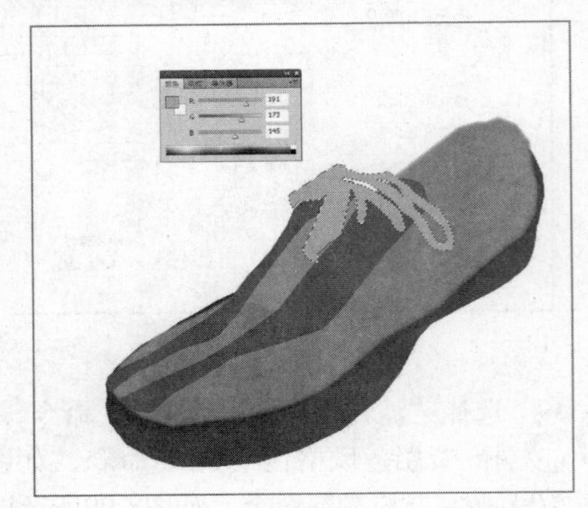

图8-102

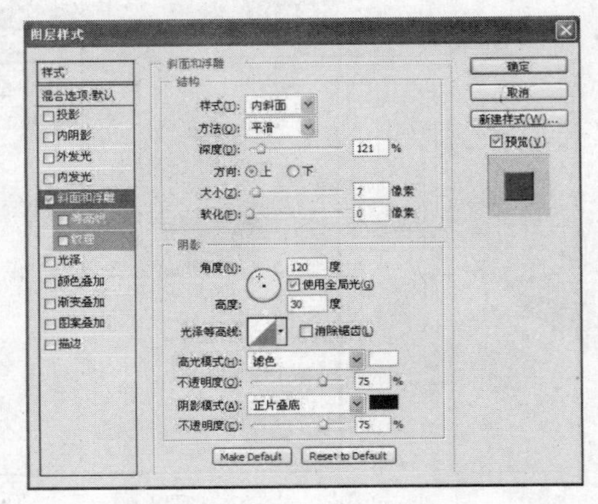

图8-103

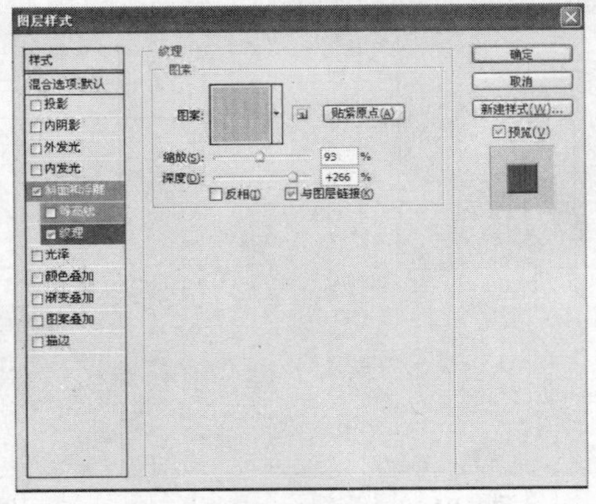

图8-104

05 选择“加深工具”、“减淡工具”，如图8-105、图8-106所示设置参数，对图像进行处理，效果如图8-107所示。使用相同的方法将交叉的鞋带也绘制出来，效果如图8-108所示。

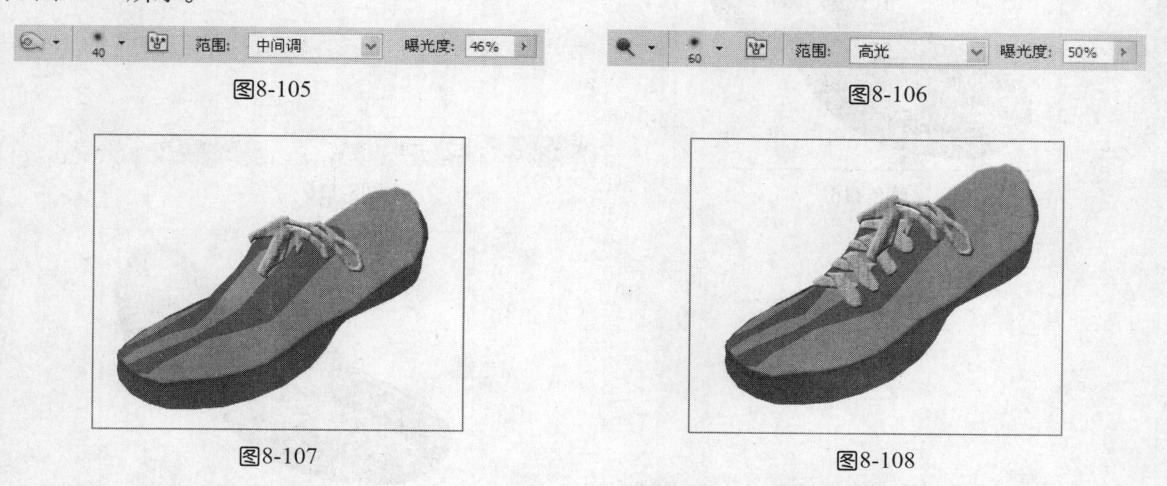

图8-105　图8-106

图8-107　图8-108

06 选择“钢笔工具”，在画面中绘制鞋面缝合线路径，如图8-109所示。选择“画笔工具”，如图8-110所示，为路径描边，效果如图8-111所示。选择“样式”面板，如图8-112所示，效果如图8-113所示。使用相同的方法将鞋侧面的缝合线也绘制出来，效果如图8-114所示。

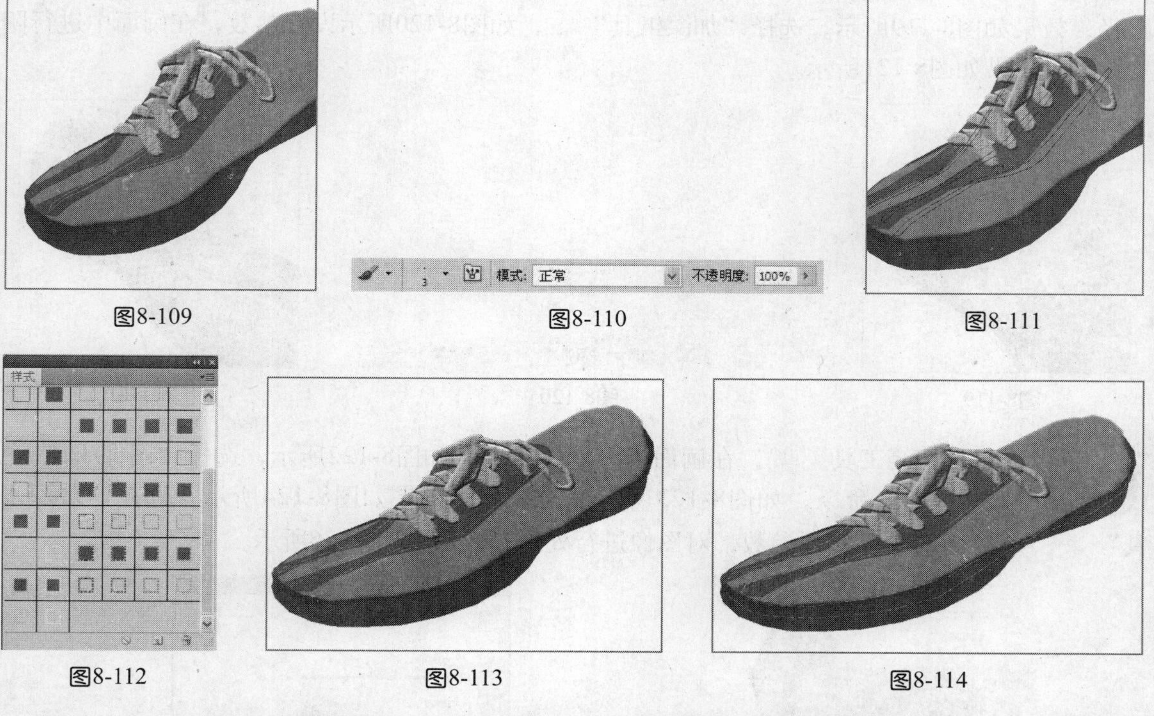

图8-109　图8-110　图8-111

图8-112　图8-113　图8-114

07 单击“图层”面板底部的“创建新图层”按钮，新建一个图层，图层名称为“图层4”，选择“钢笔工具”，在画面中绘制装饰线路径，设置前景色为粉色并填充，效果如图8-115所示。选择“减淡工具”、“加深工具”，如图8-116、图8-117所示设置参数，对图像进行处理，效果如图8-118所示。

图8-115

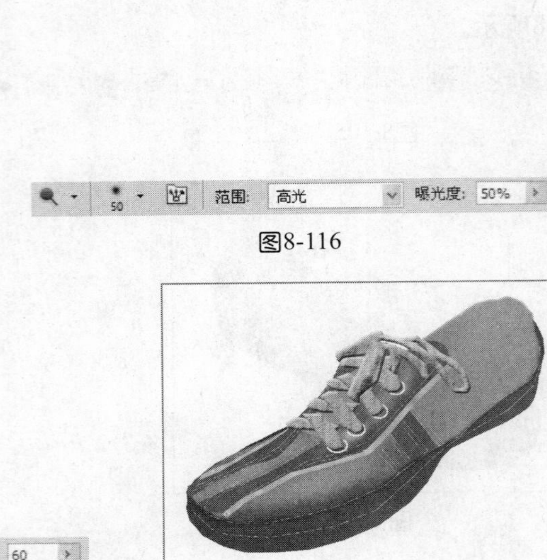

图8-116

范围: 中间调 曝光度: 60

图8-117

图8-118

08 单击“图层”面板底部的“创建新图层”按钮，新建一个图层，图层名称为“图层5”，选择“钢笔工具”，在画面中绘制鞋内侧路径，设置前景色为黄色填充路径，效果如图8-119所示。选择“加深工具”，如图8-120所示设置参数，在画面中进行阴影绘制，效果如图8-121所示。

图8-119

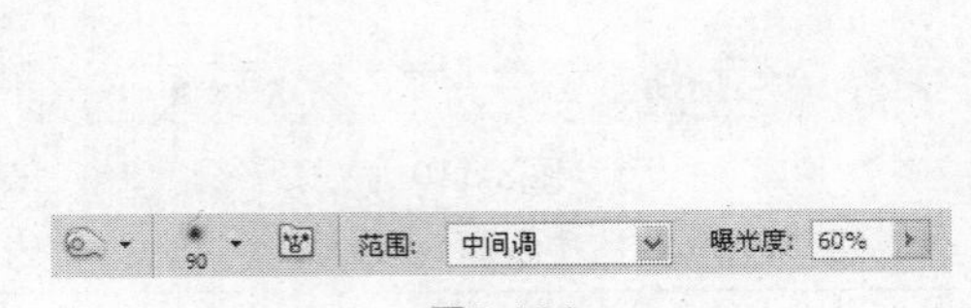

图8-120

图8-121

09 选择“钢笔工具”，在画面中绘制鞋后跟，如图8-122所示，选择“图像/调整/色相/饱和度”命令，如图8-123所示设置参数，效果如图8-124所示。选择“加深工具”，如图8-125所示设置参数，对图像进行处理，效果如图8-126所示。

图8-122

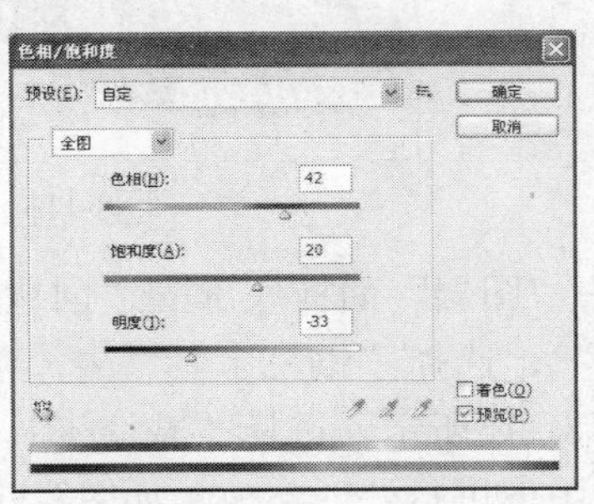

图8-123

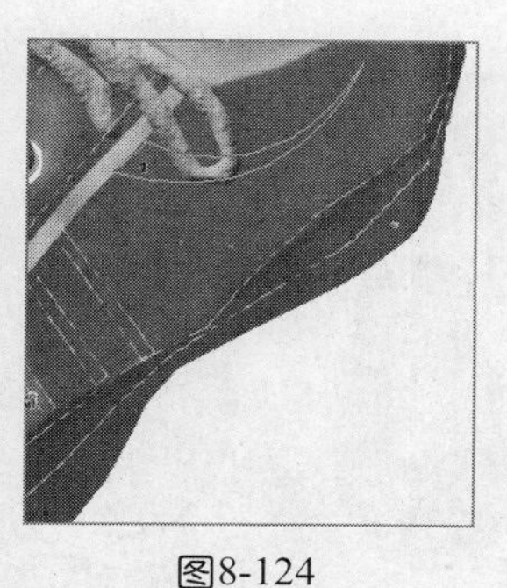

图8-124

图8-125

图8-126

10 单击“图层”面板底部的“创建新图层”按钮，新建一个图层，图层名称为“图层6”，选择“钢笔工具”，在画面中绘制装饰线路径，并填充颜色，效果如图8-127所示。单击“图层”面板底部的按钮，在下拉菜单中选择“图层样式/斜面和浮雕”命令，如图8-128所示设置参数，效果如图8-129所示。选择背景图层，选择“渐变工具”，设置渐变颜色从深棕色到浅粉色，最终效果如图8-130所示。

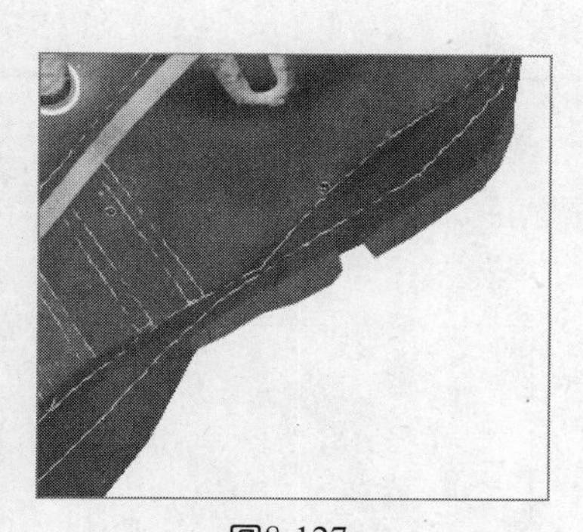

图8-127

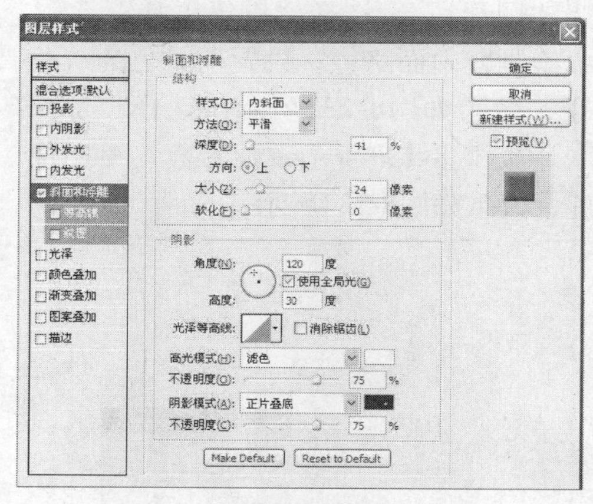

图8-128

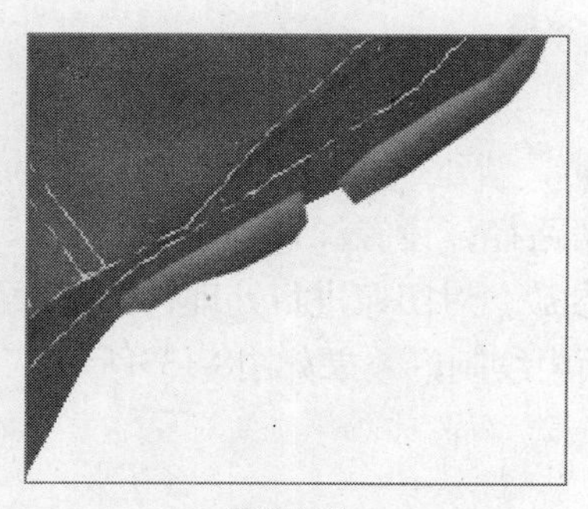

图8-129

图8-130

在生成选区的时，除了绘制路径这个方法，还可以使用工具。例如魔术棒工具，通过点选就可以选中选区，除了通过拖动鼠标的方式来选择对象外，单击也可以选择对象。此外，如果有漏选的地方，还可以按住Shift键单击对象，将其添加到选区中，如果有多选的地方，可按住Alt键单击对象，将其从选区中排除。

8.5 男士跑鞋

设计步骤

01 按快捷键Ctrl+N，新建一个文件，设置对话框如图8-131所示。

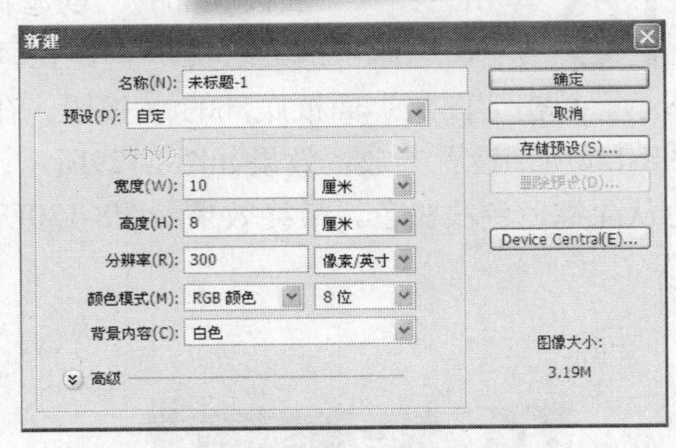

图8-131

02 单击“图层”面板底部的“创建新图层”按钮，新建一个图层，图层名称为“图层1”，选择“钢笔工具”，在画面中绘制鞋内面路径，设置前景色为灰色填充路径，效果如图8-132所示。选择“加深工具”，如图8-133所示设置参数，对图像进行处理，效果如图8-134所示。

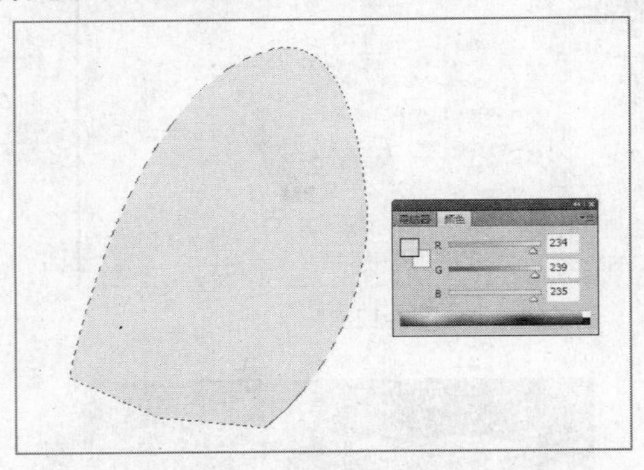

图8-132

范围: 中间调 曝光度: 10%

图8-133

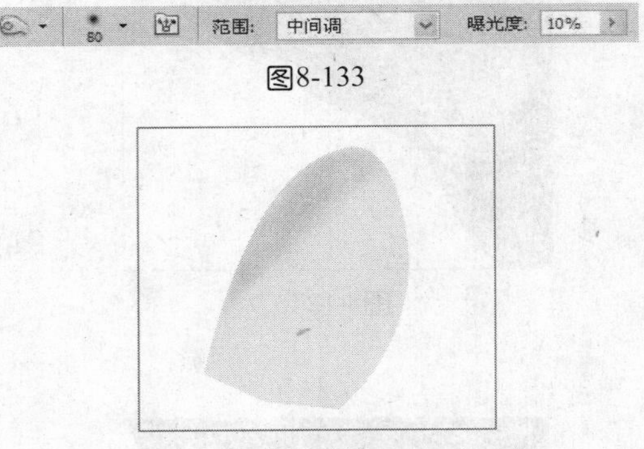

图8-134

03 单击“图层”面板底部的“创建新图层”按钮，新建一个图层，图层名称为“图层2”，选择“钢笔工具”，在画面中绘制鞋帮路径，设置深灰色填充路径，效果如图8-135所示。选择“加深工具”，如图8-136所示设置参数，对图像进行处理，效果如图8-137所示。选择“画笔工具”，如图8-138所示设置，在画面中绘制，效果如图8-139所示。

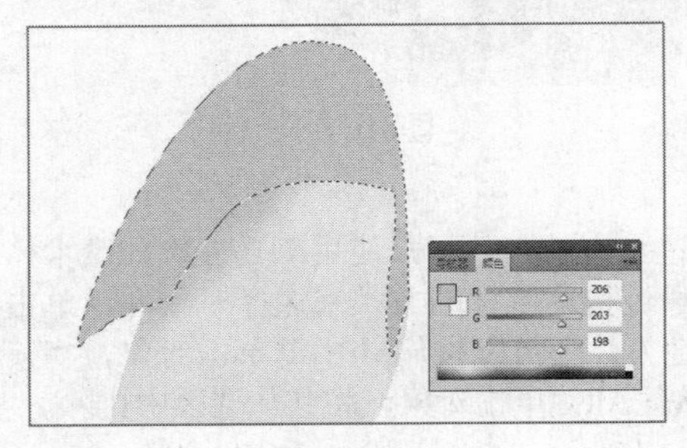

图8-135

图8-136

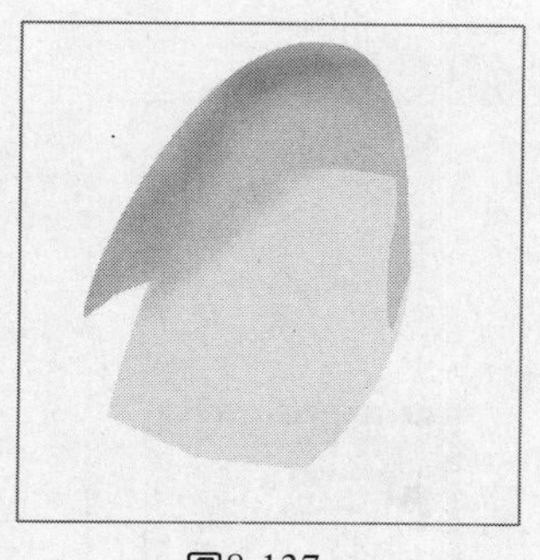
图8-137

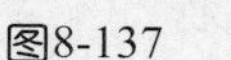

图8-138

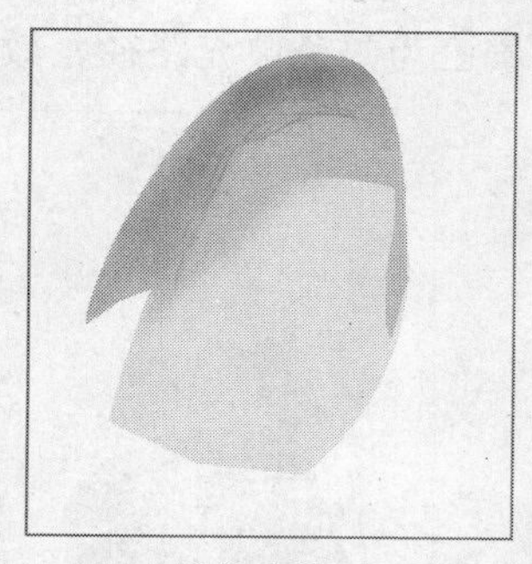
图8-139

04 单击“图层”面板底部的“创建新图层”按钮，新建一个图层，图层名称为“图层3”，选择“钢笔工具”，在画面中绘制鞋面路径，设置前景色为深灰色填充路径，效果如图8-140所示。

05 选择“滤镜/纹理/纹理化”命令，如图8-141所示设置参数，效果如图8-142所示。单击“图层”面板底部的按钮，在下拉菜单中选择“图层样式/图案叠加”命令，如图8-143所示设置参数，效果如图8-144所示。

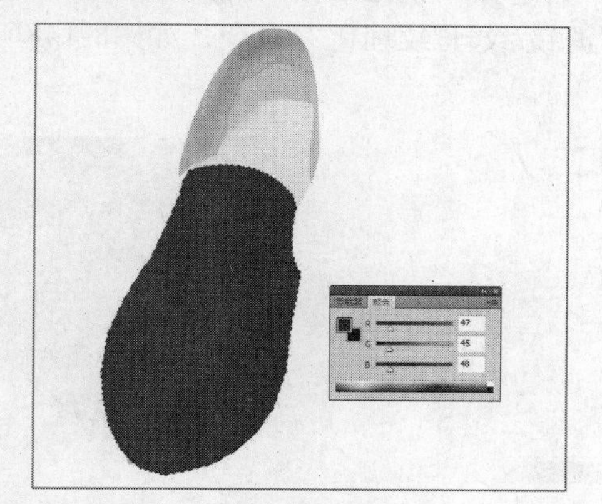
图8-140

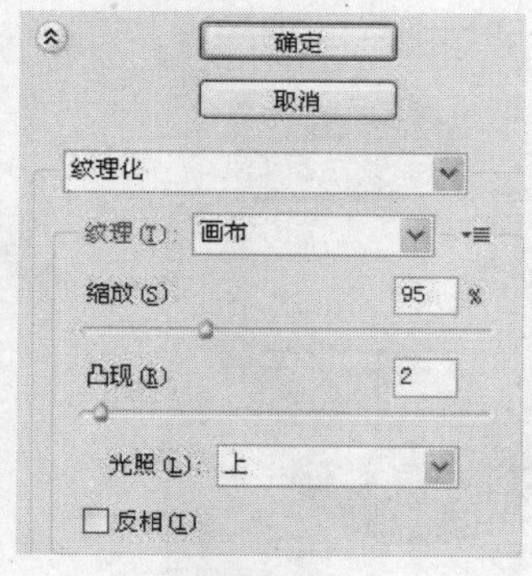

图8-141

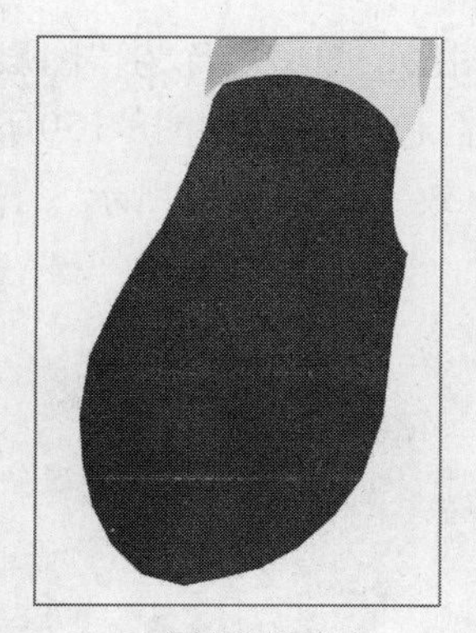
图8-142

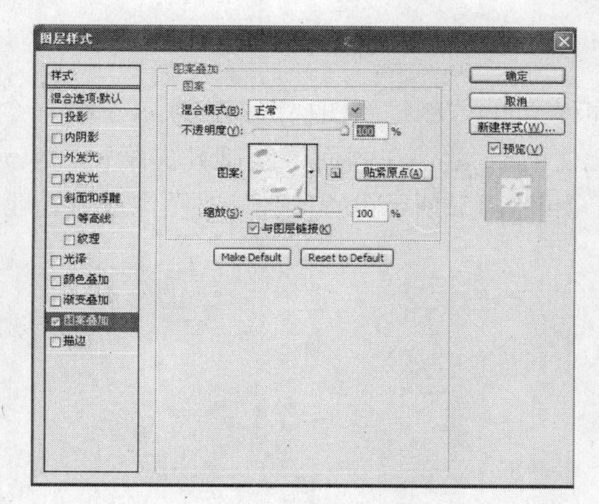

图8-143

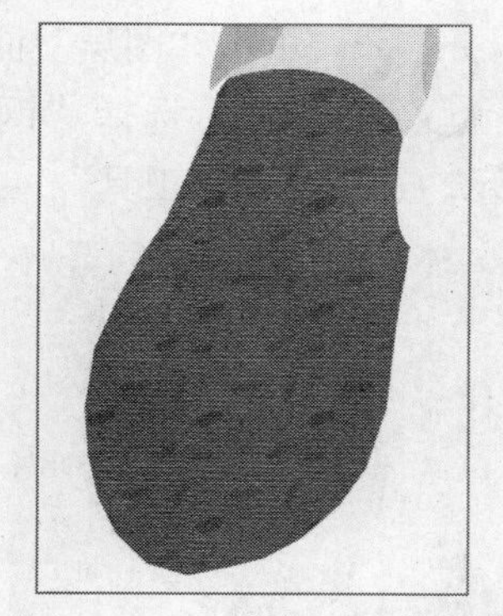
图8-144

06 单击“图层”面板底部的“创建新图层”按钮，新建一个图层，图层名称为“图层4”，选择“钢笔工具”，在画面中绘制鞋内帮路径，如图8-145所示。设置前景色为白色填充路径，效果如图8-146所示。

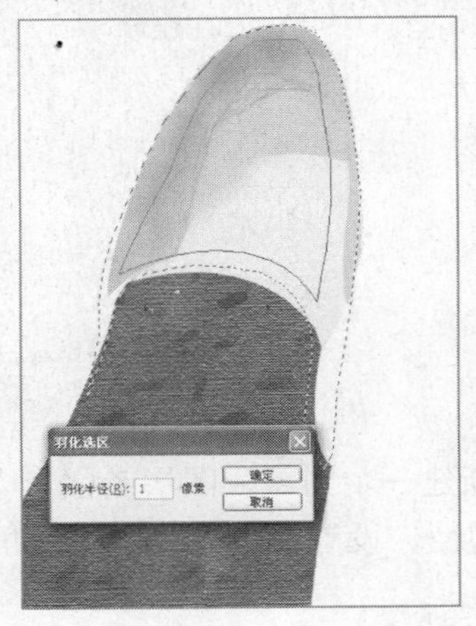

图8-145

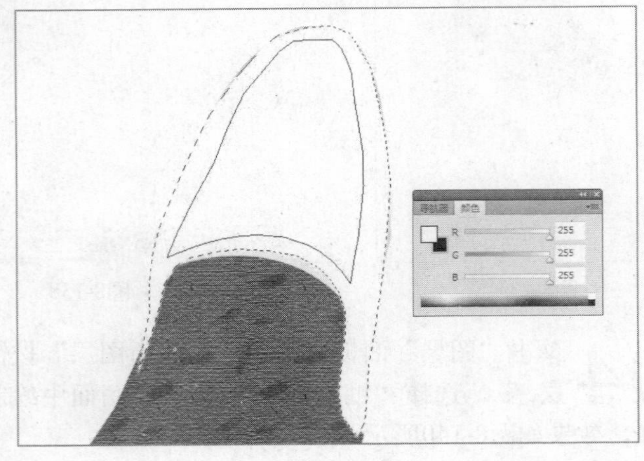

图8-146

07 选择背景图层，填充为土黄色。单击“图层”面板底部的“创建新图层”按钮，新建一个图层，图层名称为“图层5”，选择“钢笔工具”，在画面中绘制鞋底路径，填充白色，效果如图8-147所示。选择“滤镜/纹理/纹理化”命令，如图8-148所示设置参数，效果如图8-149所示。

图8-147

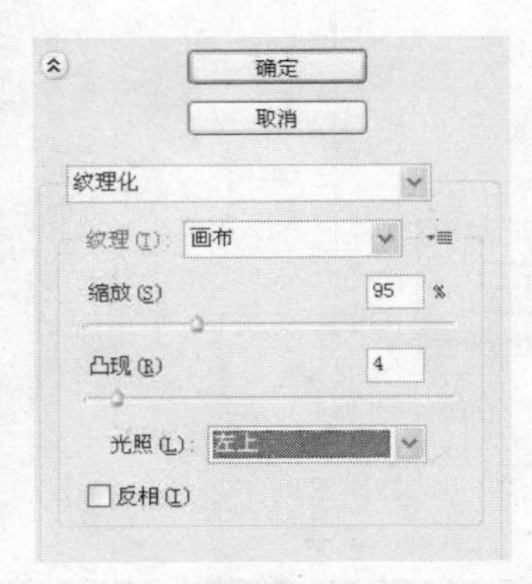

图8-148

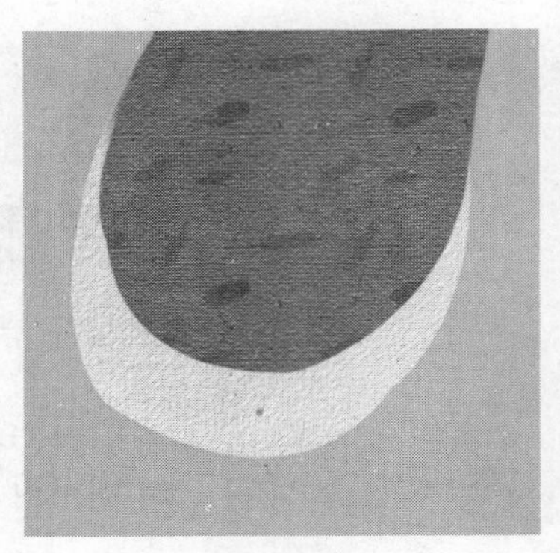

图8-149

08 单击“图层”面板底部的“创建新图层”按钮，新建一个图层，图层名称为“图层6”，选择“钢笔工具”，在画面中绘制鞋尖路径，填充白色，效果如图8-150所示。选择“加深工具”，如图8-151所示设置参数，对图像进行处理，效果如图8-152所示。

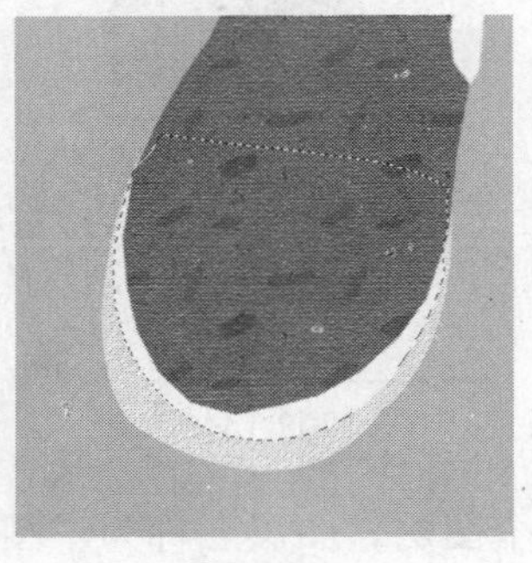

图8-150

图8-151

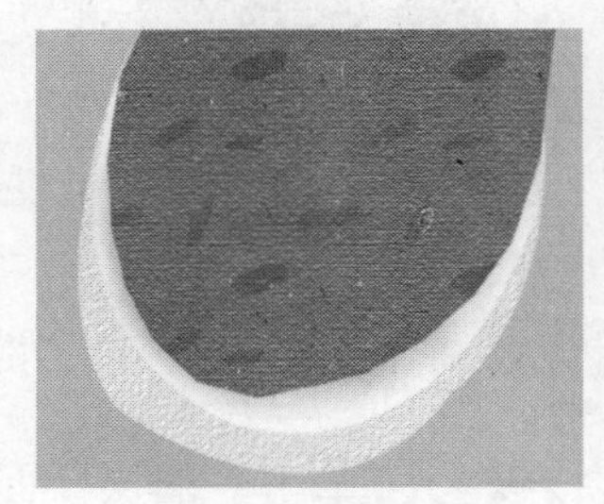

图8-152

09 单击“图层”面板底部的fx.按钮，在下拉菜单中选择“图层样式/投影”命令，添加投影，将绘制好的鞋复制一个，摆放好位置，最终效果如图8-153所示。

图8-153

在绘制图像的时侯，如果想改变它的色彩，但不破坏原来的图像，此时可以选择“色相平衡”命令，其中的“亮度/对比度”选项会对每个像素进行相同程度的调整，但这有可能导致丢失图像的部分细节，因此，最好使用“色阶”或“曲线”来调整图像。

读书笔记

第9章 童装与童鞋的设计

Photoshop CS5

9.1 乖巧顽皮童装

设计步骤

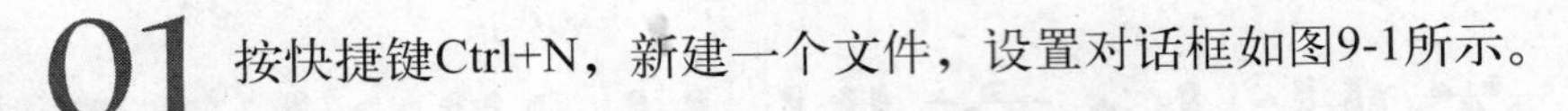

01 按快捷键Ctrl+N，新建一个文件，设置对话框如图9-1所示。

02 单击“图层”面板底部的“创建新图层”按钮，新建一个图层，名称为“图层1”，选择“钢笔工具”，在画面中绘制整体轮廓路径，如图9-2所示。选择“画笔工具”，为路径描边，效果如图9-3所示。

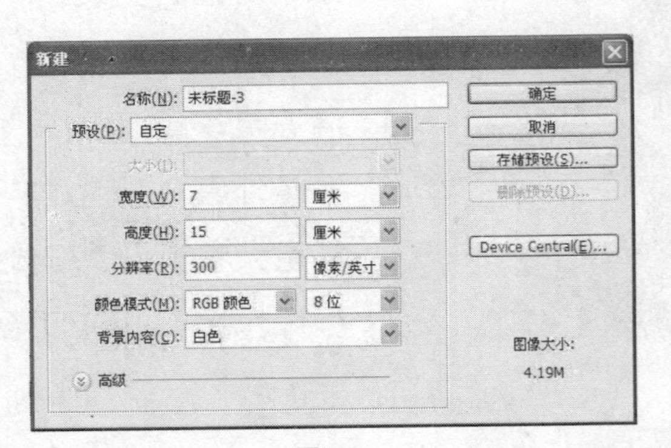

图9-1

图9-2

图9-3

03 单击“图层”面板底部的“创建新图层”按钮，新建一个图层，名称为“图层2”，设置前景色为黄色，如图9-4所示，在画面中绘制脸部。选择“减淡工具”，如图9-5所示设置参数，填充颜色后，效果如图9-6所示。

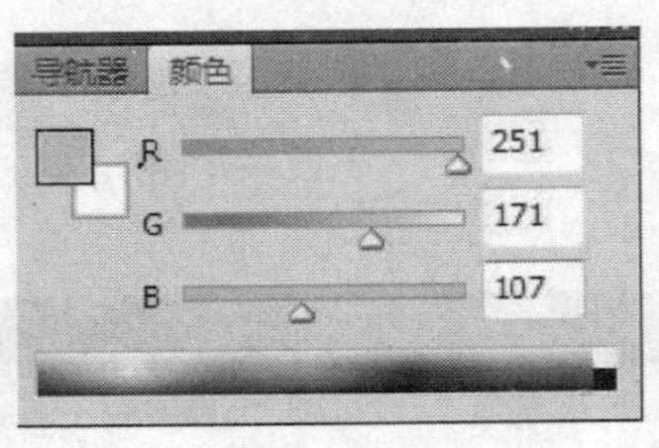

图9-4

图9-5

图9-6

04 单击“图层”面板底部的“创建新图层”按钮，新建一个图层，名称为“图层3”，设置前景色为绿色，如图9-7所示，填充颜色后，效果如图9-8所示。选择“自定义形状工具”按钮，如图9-9所示添加图案，效果如图9-10所示。

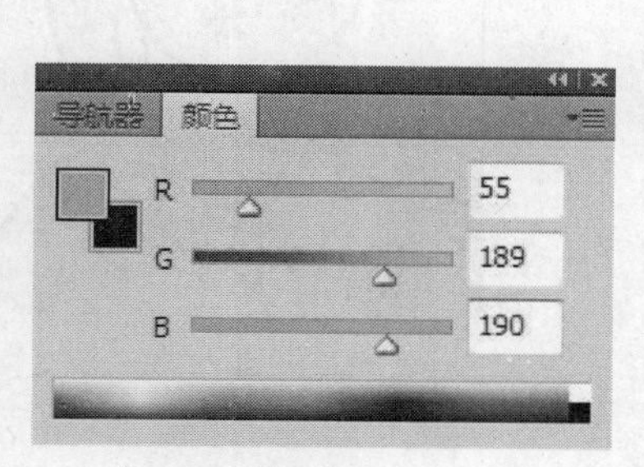

图9-7

图9-8

图9-9

图9-10

05 单击“图层”面板底部的“创建新图层”按钮，新建一个图层，名称为“图层4”，选择“画笔工具”，如图9-11所示，在画面中绘制图案，效果如图9-12所示。单击“图层”面板底部的“创建新图层”按钮，图层名称为“图层5”，分别设置前景色为绿色、黄色，填充颜色后，效果如图9-13所示。

图9-11

图9-12

图9-13

06 单击“图层”面板底部的“创建新图层”按钮，新建一个图层，名称为“图层6”，设置前景色为红色，在画面中绘制围巾。选择“减淡工具”，如图9-14所示设置参数，在画面中填充颜色，效果如图9-15所示。单击“图层”面板底部的按钮，在下拉菜单中选择“图层样式/斜面和浮雕”命令，如图9-16所示设置参数，效果如图9-17所示。

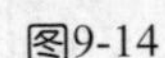

图9-14

图9-15

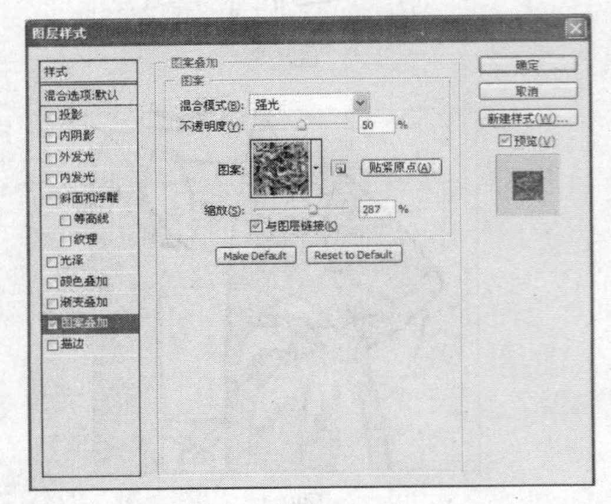

图9-16

图9-17

07

单击“图层”面板底部的“创建新图层”按钮，新建一个图层，名称为“图层7”，设置前景色为黄色，如图9-18所示，在画面中绘制孩子皮肤的颜色。选择“减淡工具”，如图9-19所示设置参数，对图像进行处理，效果如图9-20所示。

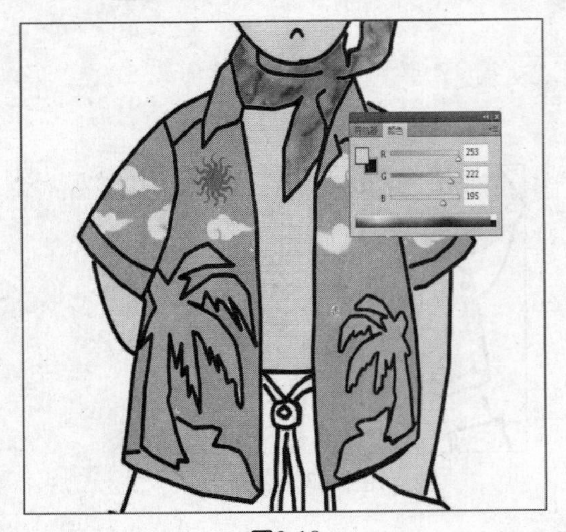

图9-18

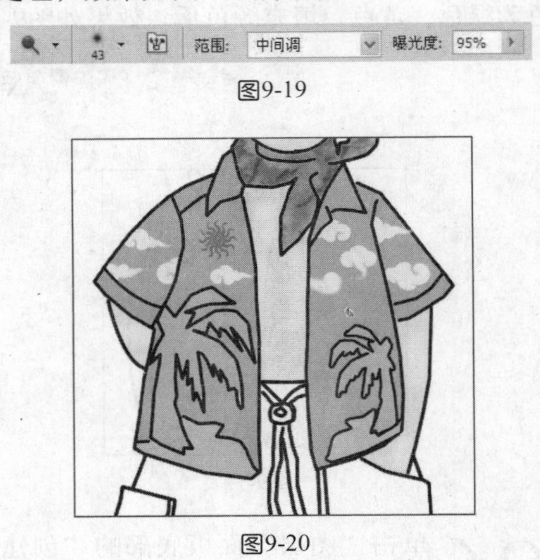

图9-19

图9-20

08

单击“图层”面板底部的“创建新图层”按钮，新建一个图层，名称为“图层8”，设置前景色为黄色，在画面中绘制短裤并填充颜色，效果如图9-21所示。

09 单击“图层”面板底部的“创建新图层”按钮，新建一个图层，名称为“图层9”，选择“钢笔工具”，在画面中绘制图案路径，如图9-22所示。选择“渐变工具”，如图9-23、图9-24所示，设置渐变颜色，效果如图9-25所示，整体效果如图9-26所示。

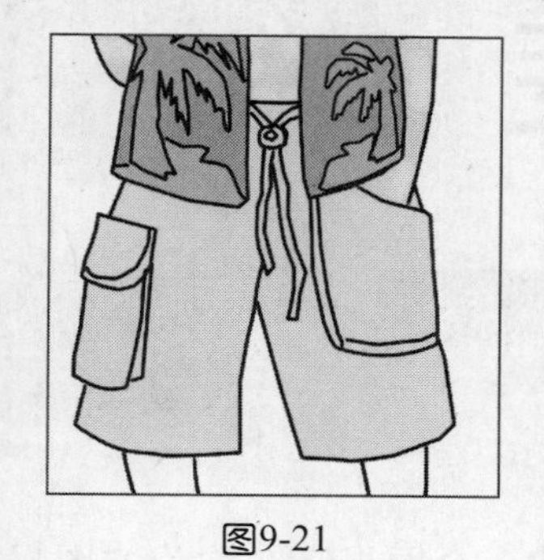
图9-21

图9-22

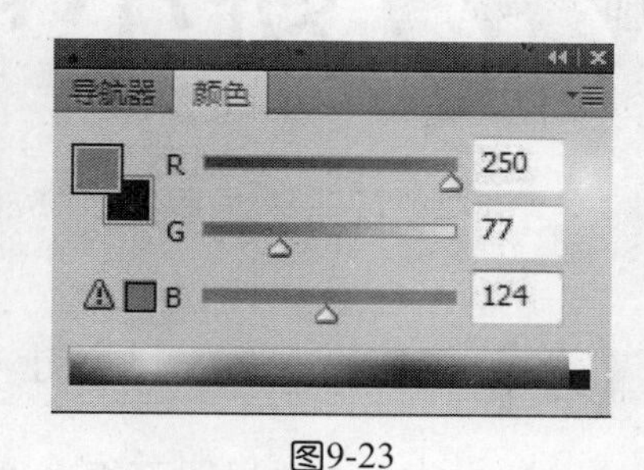

图9-23

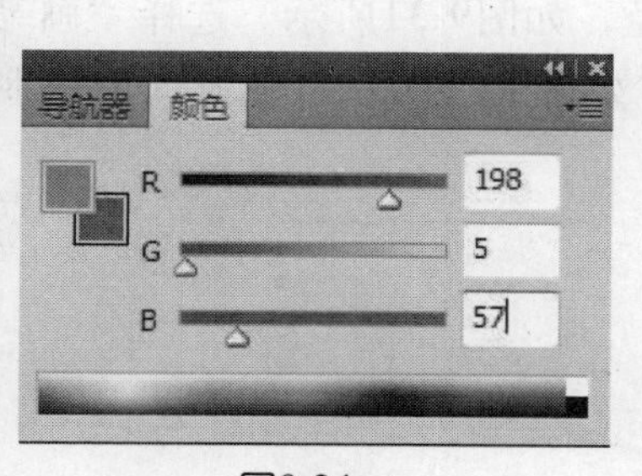

图9-24

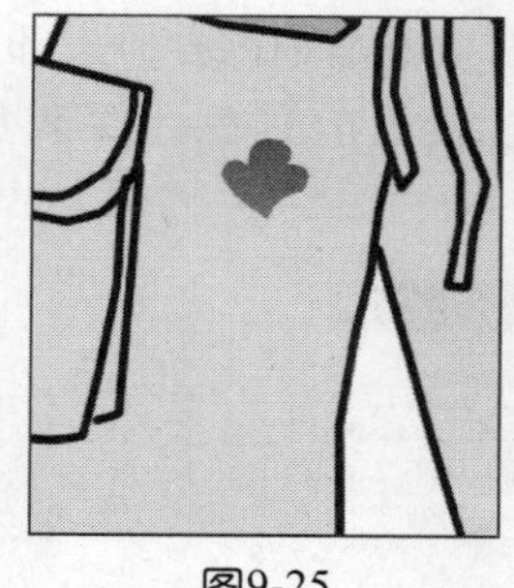
图9-25

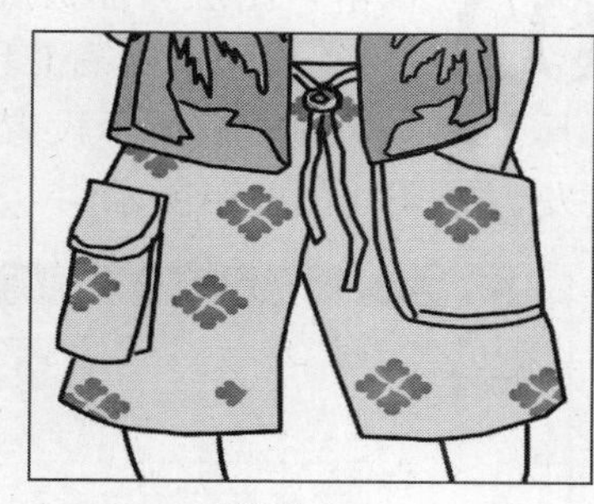
图9-26

10 新建两个图层，图层名称为“图层10、图层11”，在画面中绘制草叶，效果如图9-27、图9-28所示。打开素材文件夹，导入素材图片，最终效果如图9-29所示。

图9-27

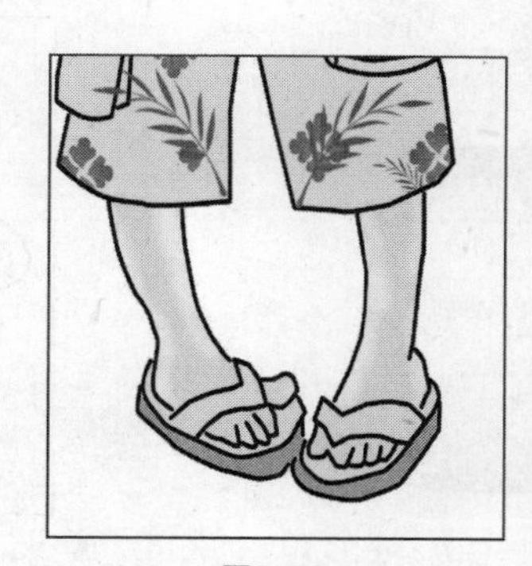
图9-28

图9-29

渐变颜色对话框中最左侧的色标代表了渐变的起点颜色，最右侧的色标代表了渐变的终点颜色。杂色渐变的随机性较强，可以单击“随机化”按钮，得到近似的颜色。

9.2 娇小可爱公主装

设计步骤

01 按快捷键Ctrl+N，新建一个文件，设置对话框如图9-30所示。

02 单击“图层”面板底部的“创建新图层”按钮，新建一个图层，名称为“图层1”，选择“钢笔工具”，在画面中绘制头部路径，如图9-31所示。选择“画笔工具”，如图9-32所示设置参数。设置前景色为深灰色，如图9-33所示，在画面中绘制头发，效果如图9-34所示。

新建
名称(N): 未标题-3
预设(P): 自定
大小(I):
宽度(W): 7 厘米
高度(H): 16 厘米
分辨率(R): 300 像素/英寸
颜色模式(M): RGB 颜色 8 位
背景内容(C): 白色
高级
确定
取消
存储预设(S)...
删除预设(D)...
Device Central(E)...
图像大小:
4.47M

图9-30

图9-31

图9-32

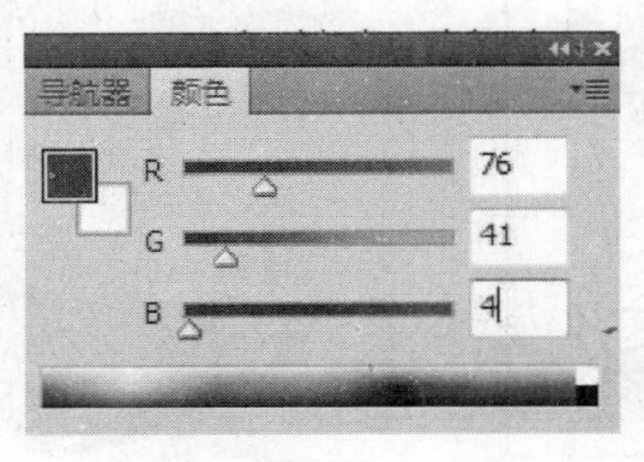

图9-33

图9-34

03 新建两个图层，图层名称为“图层2、图层3”，选择“画笔工具”，如图9-35所示设置参数。如图9-36、图9-37所示设置前景色，在画面中绘制人物脸部肤色，效果如图9-38、图9-39所示。

图9-35

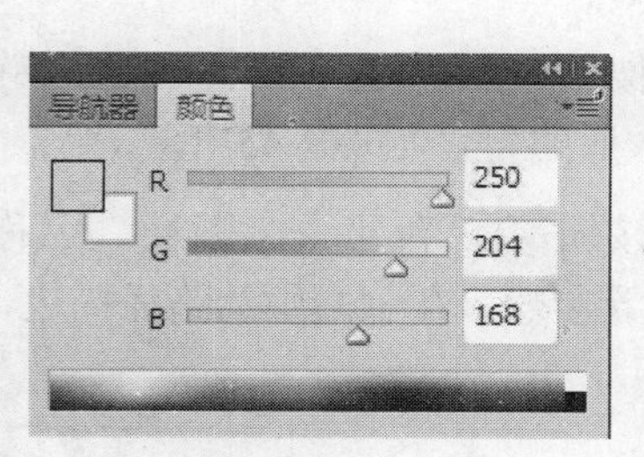

图9-36

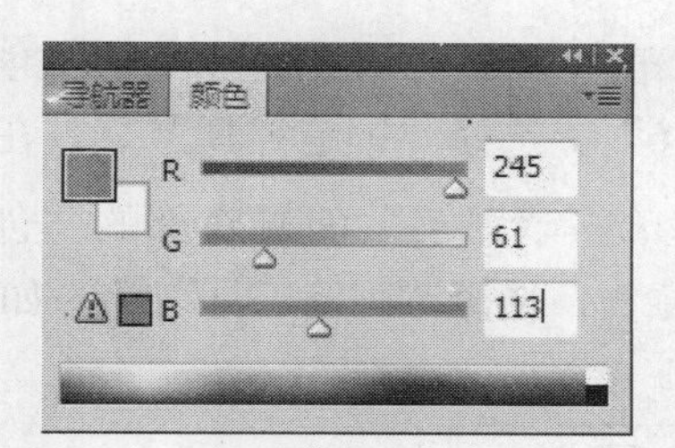

图9-37

图9-38

图9-39

04 新建两个图层，图层名称为“图层4、图层5”， 选择“画笔工具”，如图9-40所示设置参数。设置前景色如图9-41、图9-42、图9-43所示，在画面中绘制头发颜色，使头发呈现立体感觉，效果如图9-44所示。

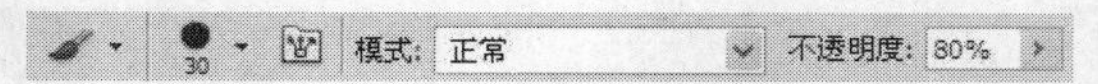

图9-40

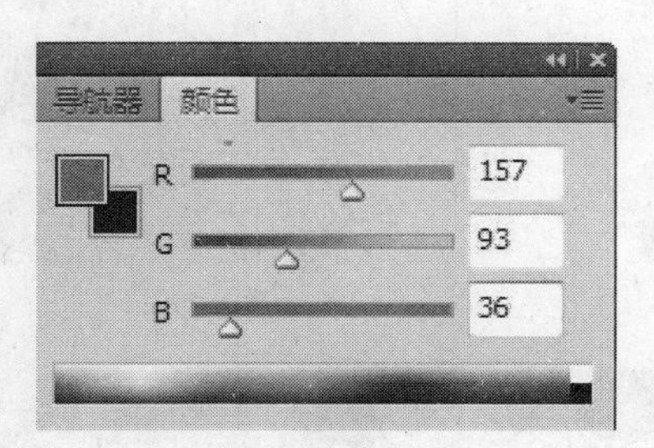

图9-41

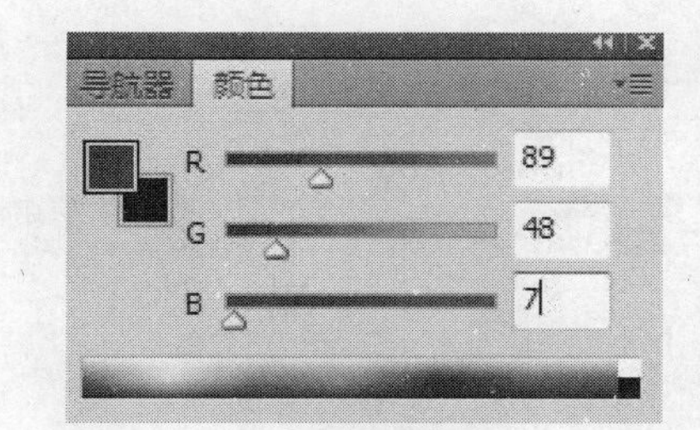

图9-42

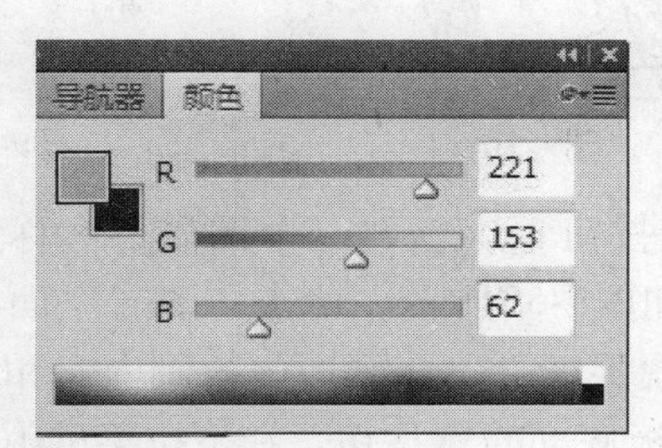

图9-43

图9-44

05 单击“图层”面板底部的“创建新图层”按钮，新建一个图层，名称为“图层6”，选择“钢笔工具”，在画面中绘制衣服路径，如图9-45所示。

06 单击“图层”面板底部的“创建新图层”按钮，新建一个图层，名称为“图层7”，选择“画笔工具”，如图9-46所示设置参数，在画面中为路径描边，效果如图9-47所示。

图9-45

图9-46

图9-47

07 单击“图层”面板底部的“创建新图层”按钮，新建一个图层，名称为“图层8”，选择“画笔工具”，如图9-48所示设置参数，设置前景色为蓝色填充画面，效果如图9-49所示。选择“加深工具”，如图9-50所示设置参数，对图像进行处理，效果如图9-51所示。选择 “滤镜/艺术效果/粗糙蜡笔”命令，如图9-52所示设置参数。

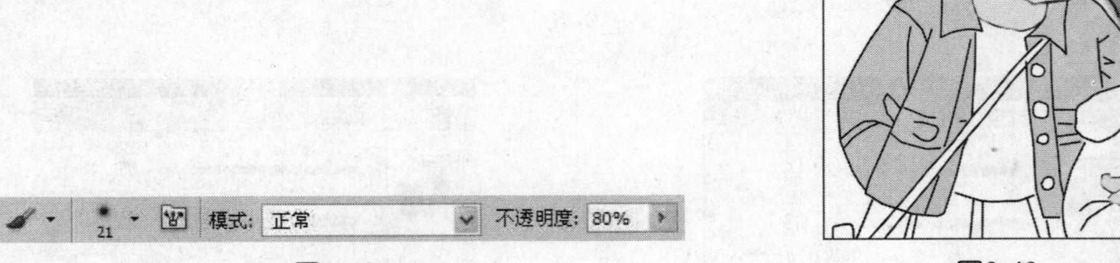
图9-48

图9-49

图9-50

图9-51

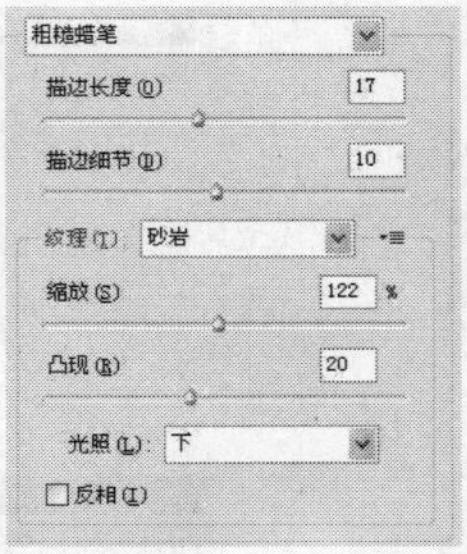

图9-52

08 单击“图层”面板底部的“创建新图层”按钮，新建一个图层，名称为“图层9”，在画面中绘制衣服上的图案，效果如图9-53所示。单击“图层”面板底部的“创建新图层”按钮，新建一个图层，名称为“图层10”，在画面中绘制内衣和背包的路径，填充粉色，效果如图9-54所示。单击“图层”面板底部的按钮，在下拉菜单中选择“图层样式/图案叠加”命令，如图9-55所示设置参数，效果如图9-56所示。

图9-53

图9-54

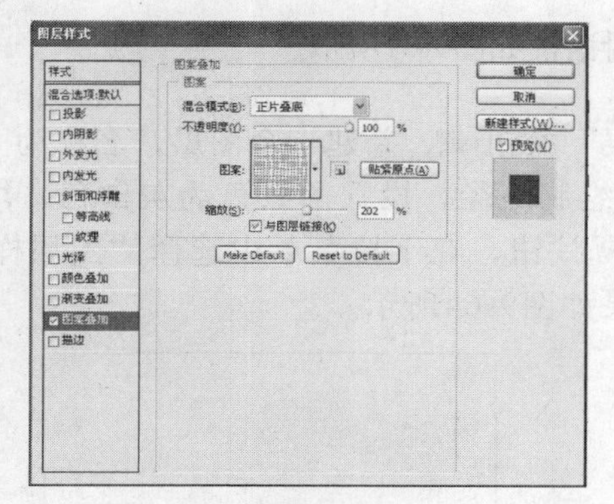

图9-55

图9-56

09 单击“图层”面板底部的“创建新图层”按钮，新建一个图层，名称为“图层11”，设置前景色为淡粉色并填充。选择“加深工具”调整颜色，效果如图9-57所示。单击“图层”面板底部的“创建新图层”按钮，新建一个图层，名称为“图层12”，选择“钢笔工具”，在画面中绘制腿部路径，效果如图9-58所示。选择“钢笔工具”绘制袜子，设置前景色为黄色并填充。选择“钢笔工具”绘制鞋的路径，设置粉色并填充。绘制鞋底后填充黑色，效果如图9-59所示。打开素材文件夹，导入素材图片，最终效果如图9-60所示。

图9-57

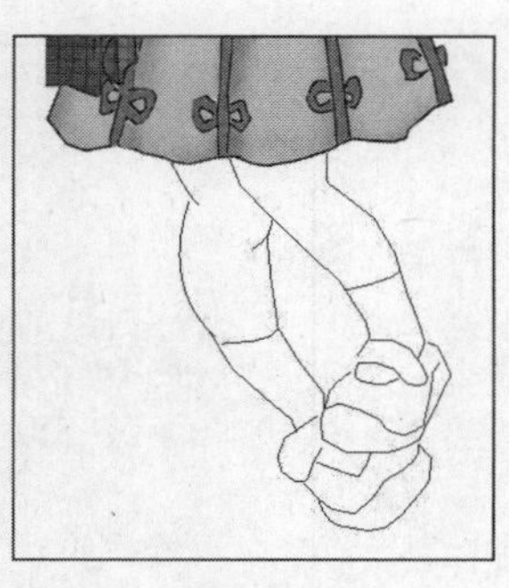
图9-58

图9-59

图9-60

在绘制图案的时侯可以使用仿章图章工具，然后在对话框顶部的选项中选择一种“修复”模式。如果要绘画而不与周围像素的颜色、光照和阴影混合，可选择“关”；如果要绘画并将描边与周围像素的光照混合，同时保留样本像素的颜色，可选择“亮度”；如果要绘画并保留样本图像的纹理，同时与周围像素的颜色、光照和阴影混合，可选择“开”。

9.3 新颖别致公主鞋

设计步骤

01 按快捷键Ctrl+N，新建一个文件，设置对话框如图9-61所示。

02 单击“图层”面板底部的“创建新图层”按钮，新建一个图层，名称为“图层1”，选择“钢笔工具”，在画面中绘制路径，设置前景色为灰白色，填充后效果如图9-62所示。单击“图层”面板底部的fx按钮，在下拉菜单中选择“图层样式/斜面和浮雕”命令，如图9-63所示设置参数，效果如图9-64所示。

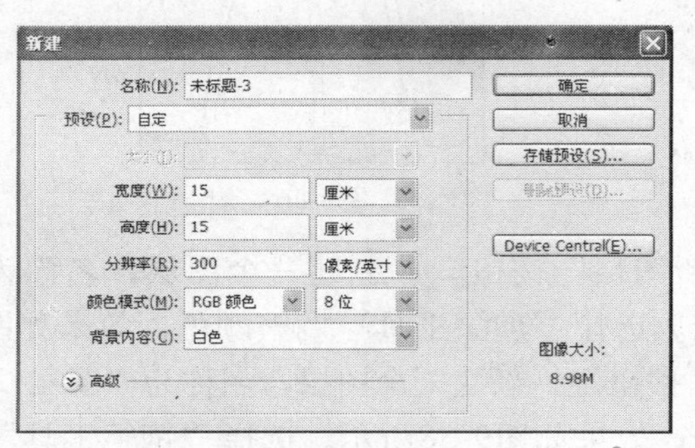

图9-61

图9-62

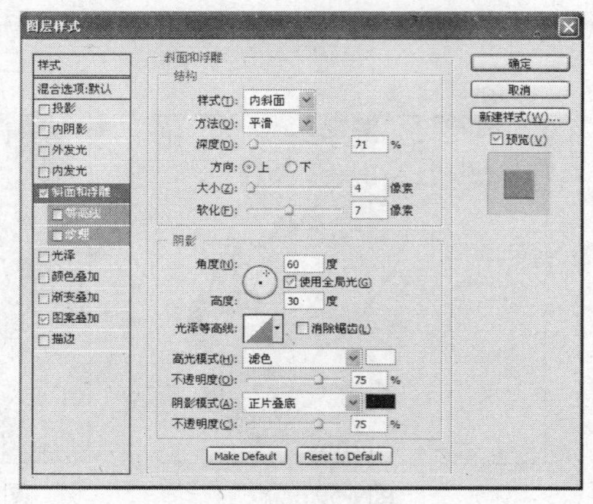

图9-63

图9-64

03 单击“图层”面板底部的“创建新图层”按钮，新建一个图层，名称为“图层2”，选择“钢笔工具”，在画面中绘制鞋尖路径，如图9-65所示。单击“图层”面板底部的fx按钮，在下拉菜单中选择“图层样式/斜面和浮雕”命令，如图9-66所示设置参数，效果如图9-67所示。

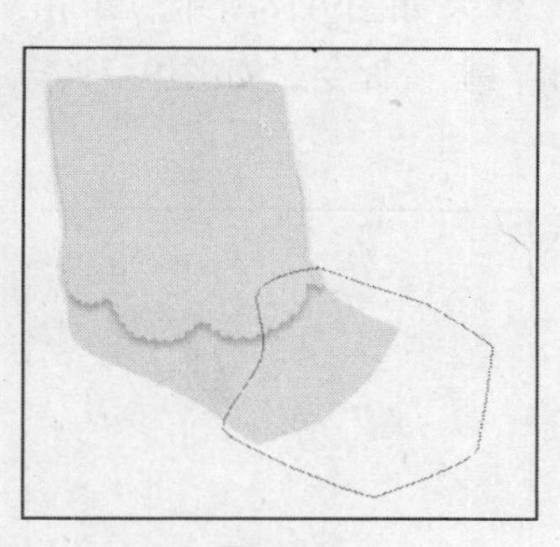

图9-65

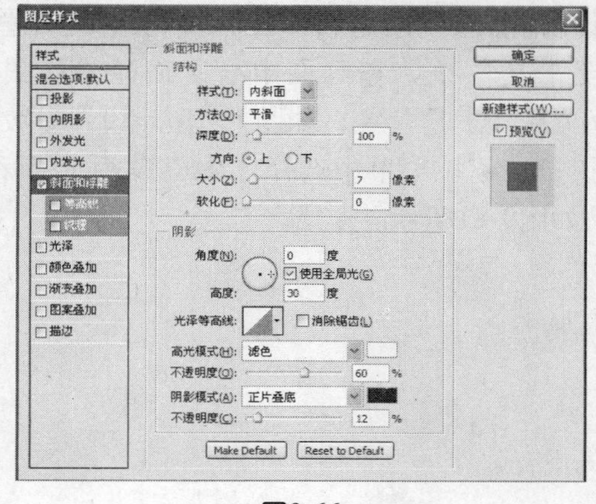

图9-66

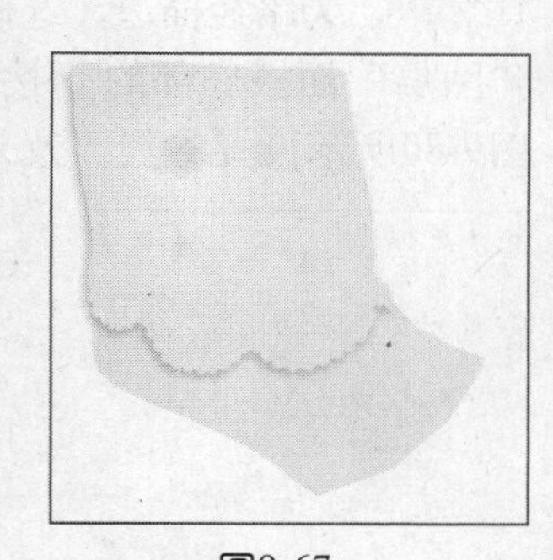

图9-67

04 单击“图层”面板底部的“创建新图层”按钮，新建一个图层，名称为“图层3”，在画面中绘制路径，效果如图9-68所示。选择“钢笔工具”，在画面中绘制路径，如图9-69所示。选择“减淡工具”，如图9-70所示设置参数，对图像进行处理，效果如图9-71所示。选择“钢笔工具”，在画面中绘制路径，效果如图9-72所示。选择“减淡工具”、“加深工具”，如图9-73、图9-74所示设置参数，对图像进行处理，效果如图9-75所示。

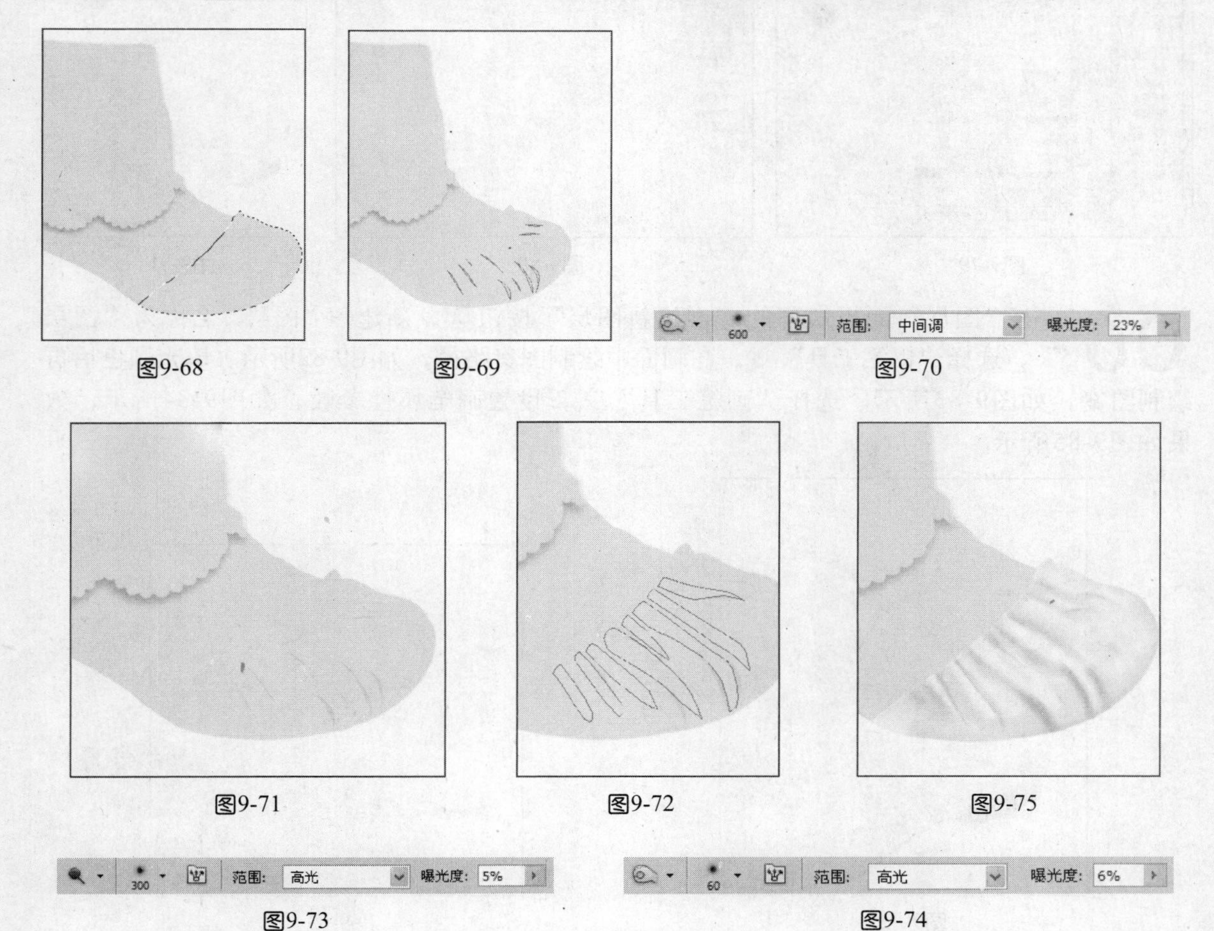

图9-68　图9-69　图9-70

图9-71　图9-72　图9-75

图9-73　图9-74

05 单击“图层”面板底部的“创建新图层”按钮，新建一个图层，名称为“图层4”，选择“钢笔工具”，在画面中绘制路径，如图9-76所示。使用“画笔工具”，为路径描边，选择“减淡工具”，如图9-77所示设置参数，效果如图9-78所示。单击“图层”面板底部的按钮，在下拉菜单中选择“图层样式/斜面和浮雕”命令，如图9-79、图9-80所示设置参数，效果如图9-81所示。

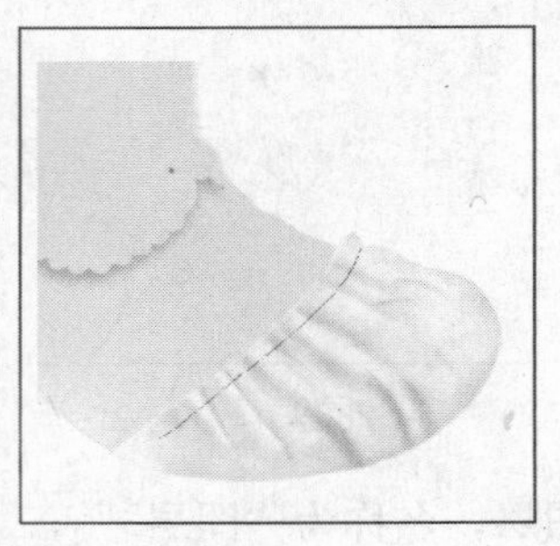
图9-76

图9-77

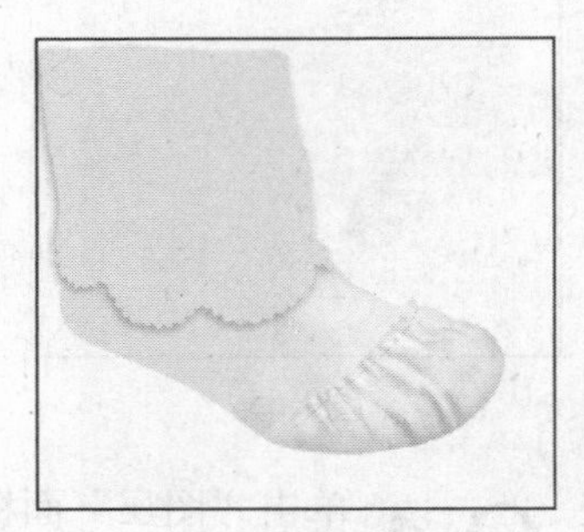
图9-78

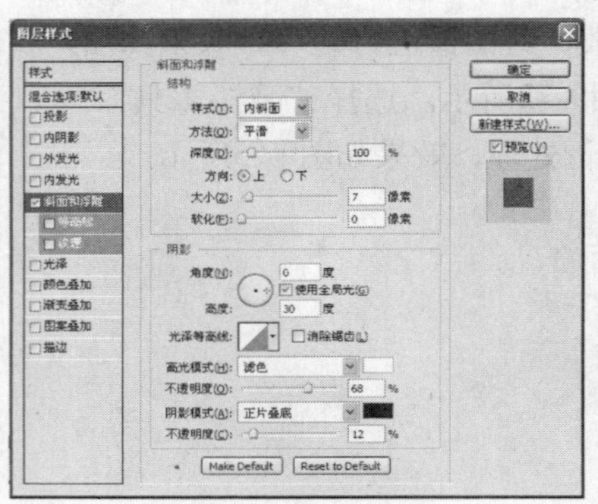
图9-79

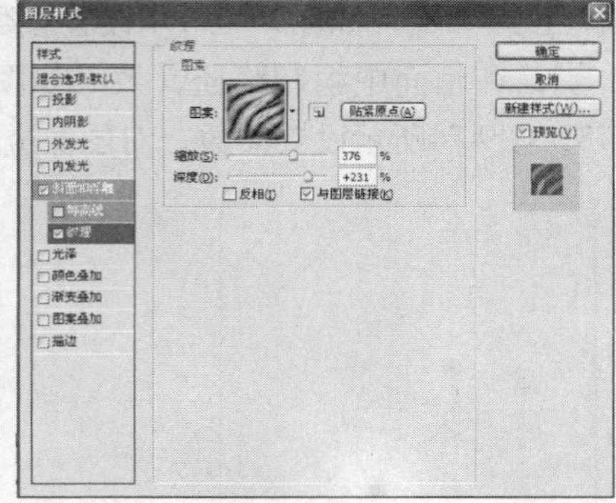
图9-80

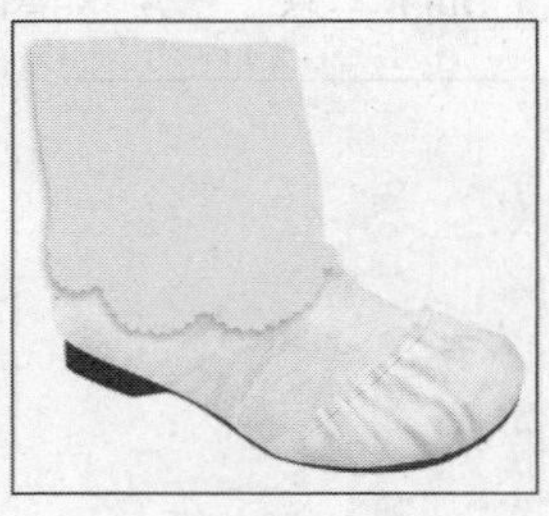
图9-81

06 单击“图层”面板底部的“创建新图层”按钮，新建一个图层，名称为“图层5”，选择“钢笔工具”，在画面中绘制图案路径，如图9-82所示。填充颜色后再绘制图案，如图9-83所示。选择“画笔工具”，设置画笔属性参数，如图9-84所示，效果如图9-85所示。

图9-82

图9-83

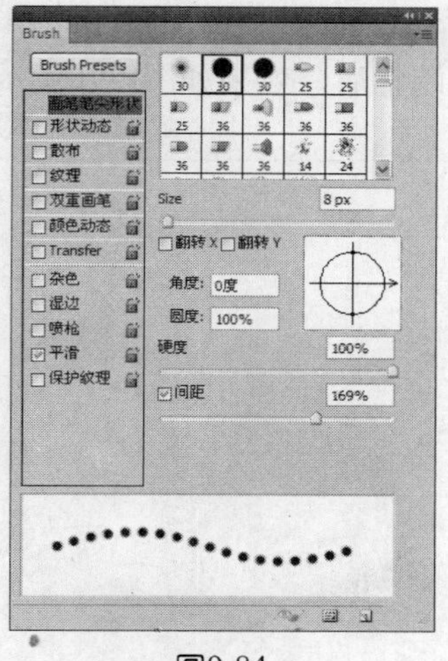

图9-84

图9-85

07 单击“图层”面板底部的“创建新图层”按钮，新建一个图层，名称为“图层6”，选择“钢笔工具”，在画面中绘制靴口装饰路径，如图9-86所示。单击“图层”面板底部的fx按钮，在下拉菜单中选择“图层样式/斜面和浮雕”命令，如图9-87所示设置参数，效果如图9-88所示。选择“加深工具”、“减淡工具”对图像进行修饰，最终效果如图9-89所示。

图9-86

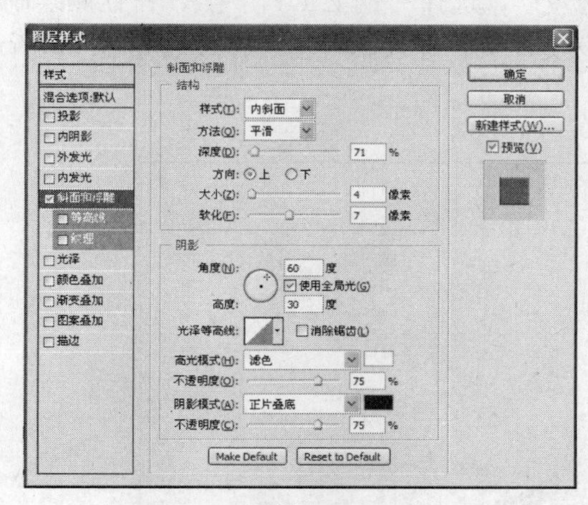

图9-87

图9-88

图9-89

08 选择“钢笔工具”，在画面中绘制靴口路径，如图9-90所示。选择“加深工具”，如图9-91所示设置参数，将图像的颜色调整后，效果如图9-92所示。

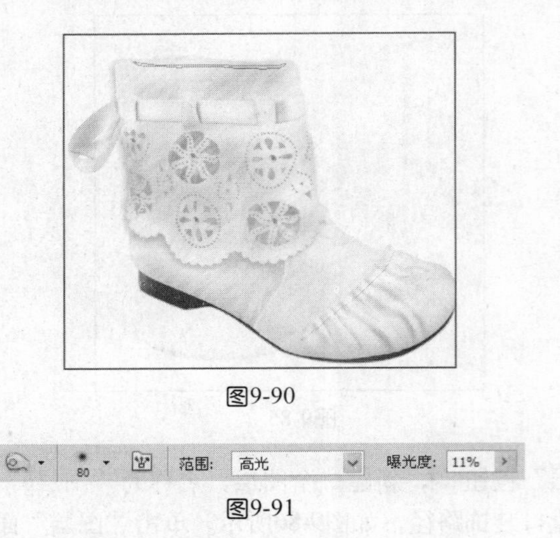

图9-90

图9-91

图9-92

09 单击“图层”面板底部的“创建新图层”按钮，新建一个图层，名称为“图层7”，选择“钢笔工具”，在鞋侧绘制路径，添加“样式”面板，如图9-93所示，打开素材文件夹，导入素材图片，效果如图9-94所示。

图9-93

图9-94

“调整图层”命令可以调整应用于该图层下面的所有图层。将一个图层拖动到调整图层的下面，会对该图层产生影响；将调整图层下面的图层拖动到上面，可排除对该图层的影响。如果想要对多个图层进行相同的调整，可以在这些图层上面创建一个调整图层，通过调整图层来影响这些图层，而不必分别调整每个图层。

9.4 清凉夏季童装

设计步骤

01 按快捷键Ctrl+N，新建一个文件，设置对话框如图9-95所示。

02 单击“图层”面板底部的“创建新图层”按钮，新建一个图层，名称为“图层1”，设置前景色为黄色，填充后效果如图9-96所示。

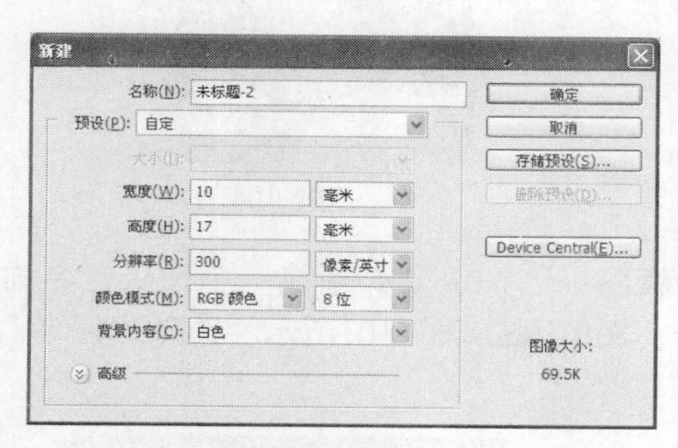

图9-95

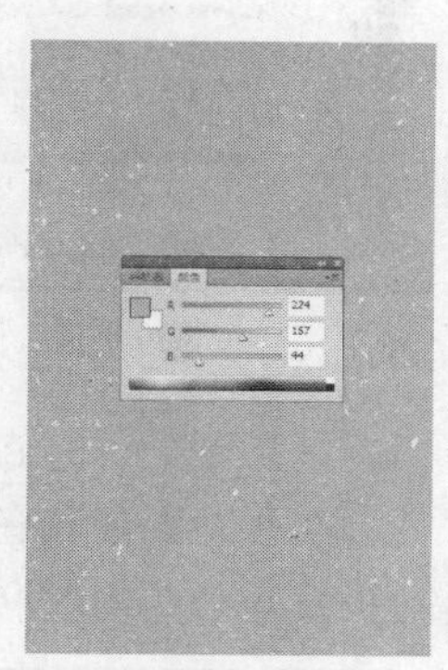

图9-96

03 单击“图层”面板底部的按钮，在下拉菜单中选择“图层样式/图案叠加”命令，如图9-97所示设置参数，效果如图9-98所示。

04 单击“图层”面板底部的“创建新图层”按钮，新建一个图层，名称为“图层2”，选择“钢笔工具”，在画面中绘制整体人物路径，如图9-99所示。选择“画笔工具”，为路径描边，效果如图9-100所示。

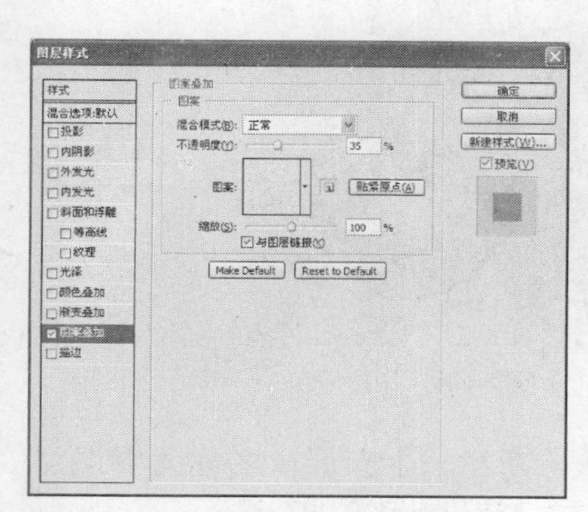

图9-97

图9-98

图9-99

图9-100

05 单击“图层”面板底部的“创建新图层”按钮，新建一个图层，名称为“图层3”，分别设置前景色，如图9-101、图9-102、图9-103所示。选择“画笔工具”，在画面中绘制眼睛，效果如图9-104所示。

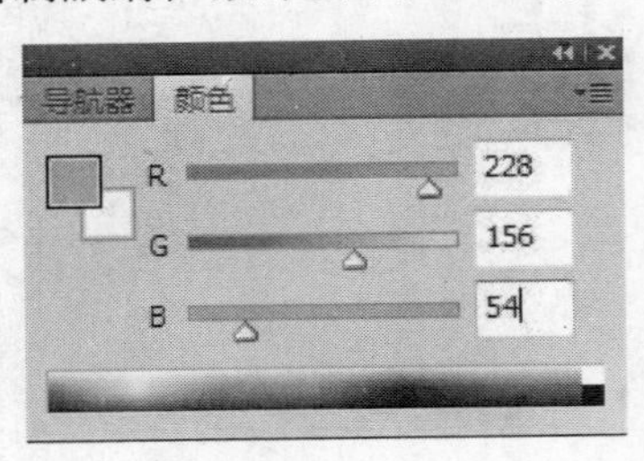

图9-101

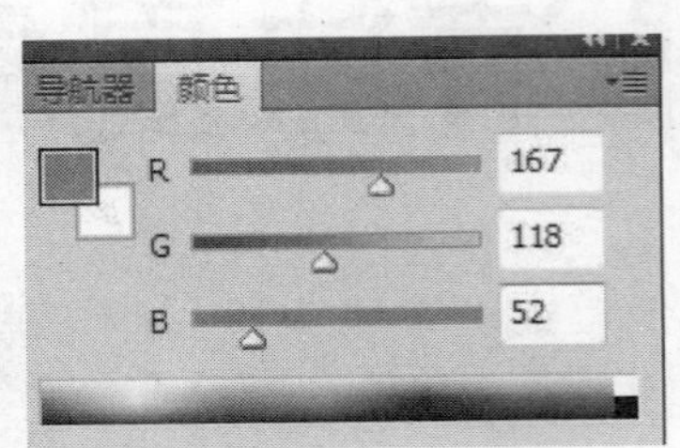

图9-102

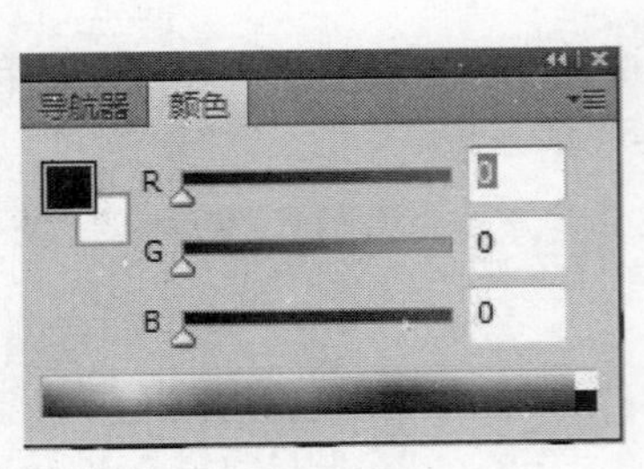

图9-103

图9-104

06 单击“图层”面板底部的“创建新图层”按钮，新建一个图层，名称为“图层4”，分别设置前景色，如图9-105、图9-106、图9-107所示。选择“画笔工具”，在画面中绘制头发，效果如图9-108所示。

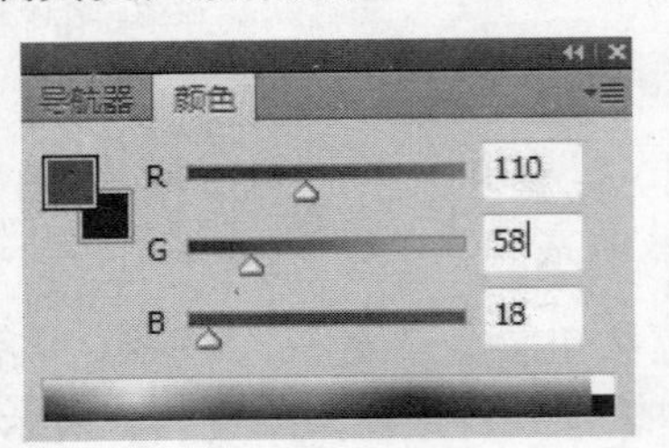

图9-1105

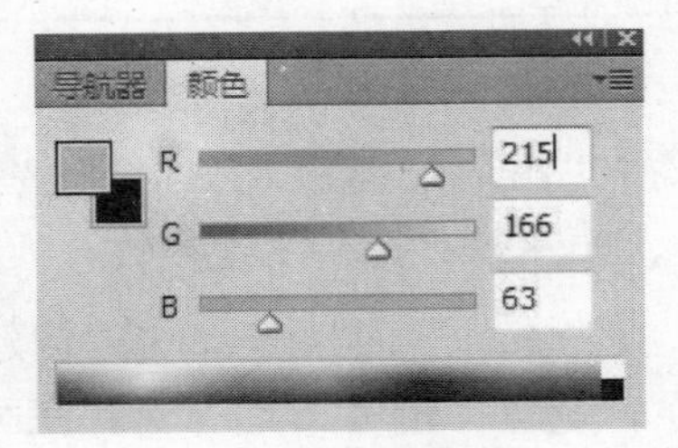

图9-1106

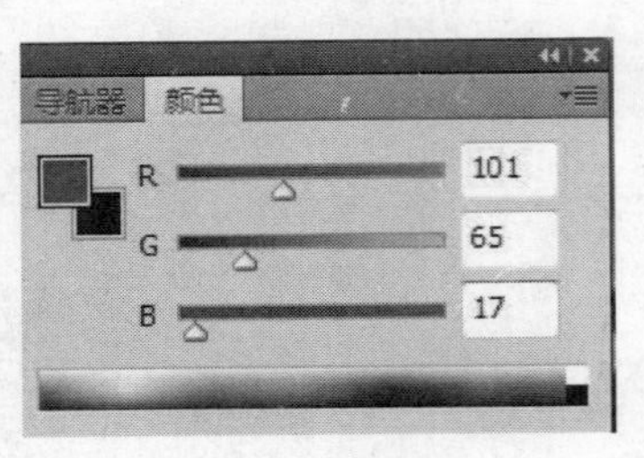

图9-107

图9-108

07 单击“图层”面板底部的“创建新图层”按钮，新建一个图层，名称为“图层5”，设置前景色如图9-109所示，在画面中绘制头花，效果如图9-110所示。

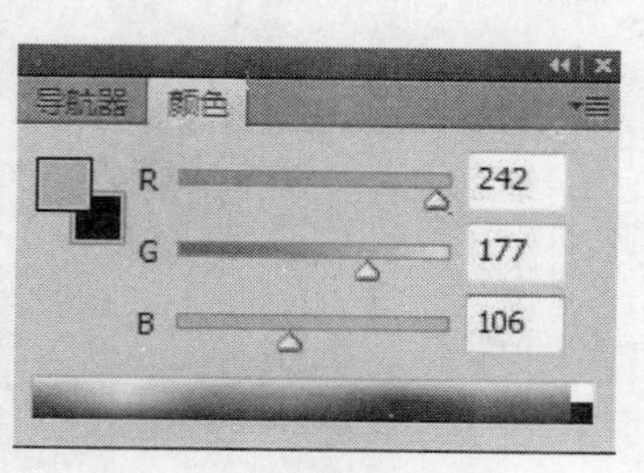

图9-109

图9-110

08 单击“图层”面板底部的“创建新图层”按钮，新建一个图层，名称为“图层6”，设置前景色如图9-111所示，在画面中绘制阴影部分，效果如图9-112所示。

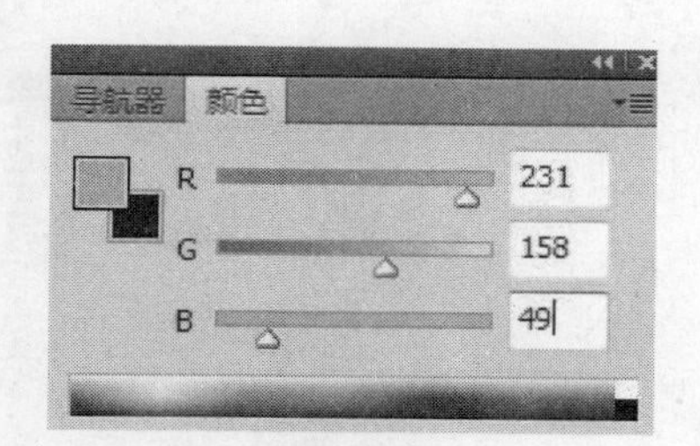

图9-111

图9-112

09 单击“图层”面板底部的“创建新图层”按钮，新建一个图层，名称为“图层7”，设置前景色如图9-113所示，在画面中绘制小背心和短裤，效果如图9-114所示。单击“图层”面板底部的按钮，在下拉菜单中选择“图层样式/斜面和浮雕”、“图层样式/图案叠加”命令，如图9-115所示设置参数，对图像进行处理，效果如图9-116所示。

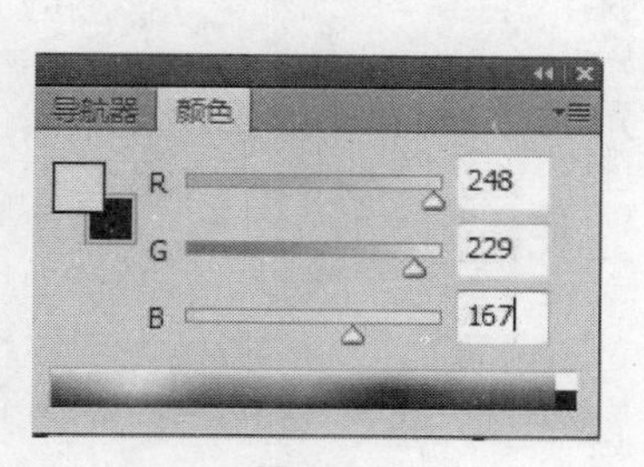

图9-113

图9-114

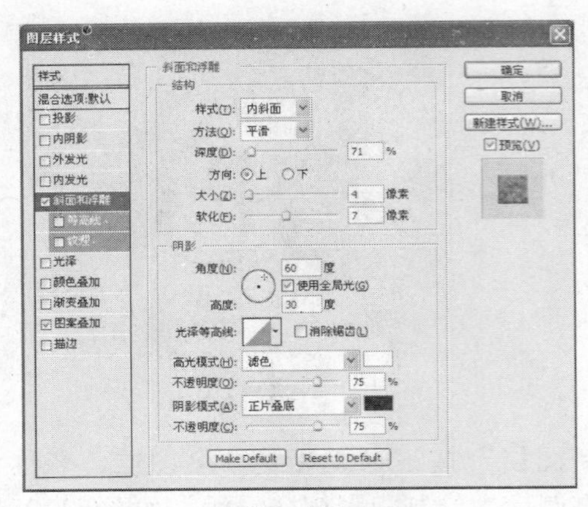

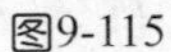
图9-115

图9-116

10 单击“图层”面板底部的“创建新图层”按钮，新建一个图层，名称为“图层8”，选择“自定义形状工具”按钮，如图9-117所示设置参数，在画面中绘制图案并填充红色，效果如图9-118所示。选择“自定义形状工具”按钮，如图9-119所示，在画面中绘制图案，填充黄色后，效果如图9-120所示。按Alt键复制多个图案并摆放在腰部位置，效果如图9-121所示。

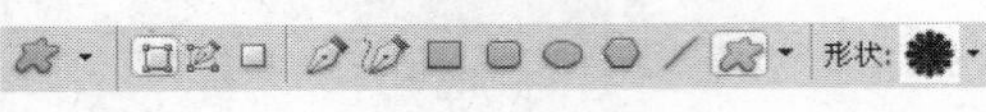

图9-117

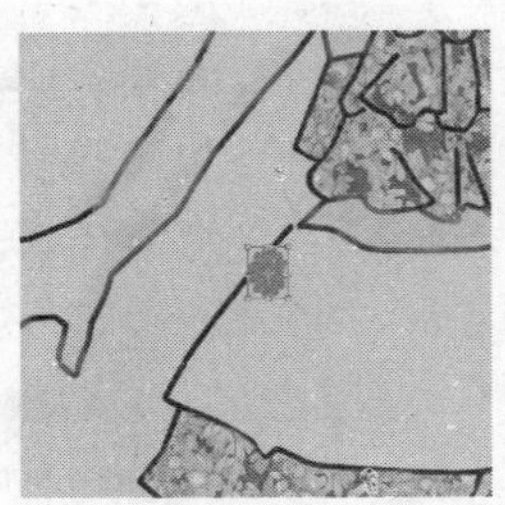
图9-118

图9-119

图9-120

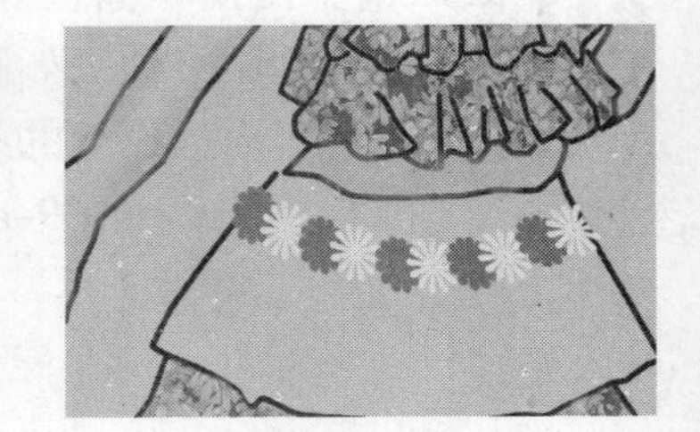
图9-121

11 单击“图层”面板底部的“创建新图层”按钮，新建一个图层，名称为“图层9”，在画面中绘制路径，向裙内填充橘黄色，如图9-122所示。选择“钢笔工具”，在画面中绘制路径，并填充颜色，效果如图9-123、图9-124所示。

图9-122

图9-123

图9-124

12 单击“图层”面板底部的“创建新图层”按钮，新建一个图层，名称为“图层10”，在画面中绘制花朵图案，选择“钢笔工具”绘制花叶并填充黄色。选择“椭圆工具”绘制花芯并填充红色，将图案复制多个摆放在脚踝位置，效果如图9-125所示。选择“钢笔工具”绘制拖鞋带，并选择紫色填充，效果如图9-126所示，最终效果如图9-127所示。

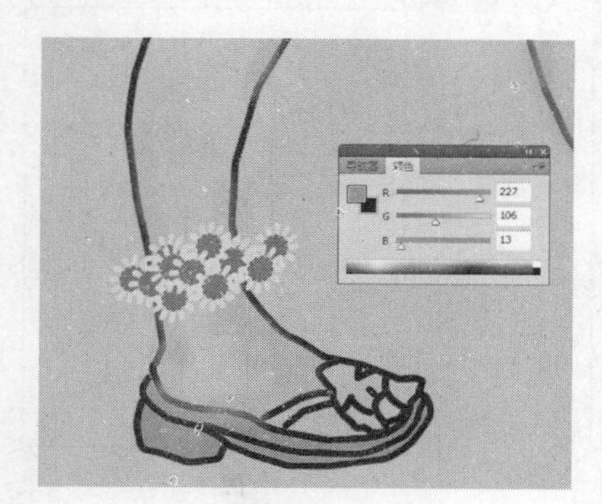

图9-125

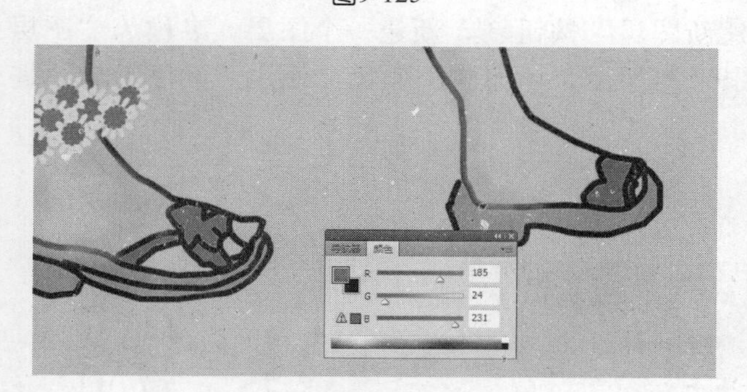

图9-126

图9-127

创建了填充图层或调整图层后，执行“图层/图层内容选项”命令，可以重新打开填充或调整对话框，在对话框中修改选项和参数。

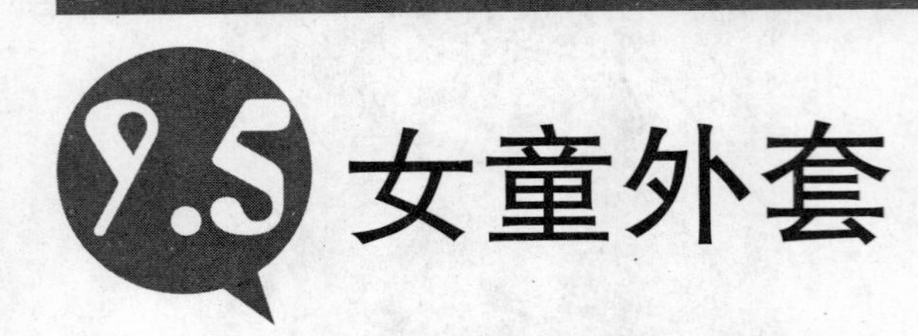

9.5 女童外套

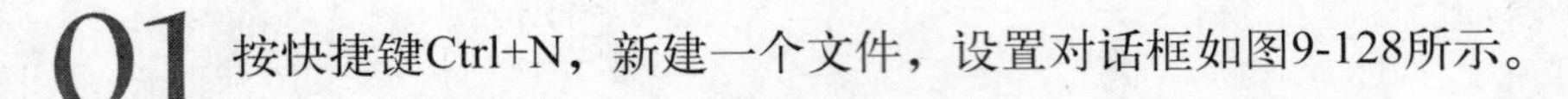

设计步骤

01 按快捷键Ctrl+N，新建一个文件，设置对话框如图9-128所示。

02 单击“图层”面板底部的“创建新图层”按钮，新建一个图层，名称为“图层1”，选择“钢笔工具”，在画面中绘制头部路径，使用“画笔工具”对路径进行描边，效果如图9-129所示。

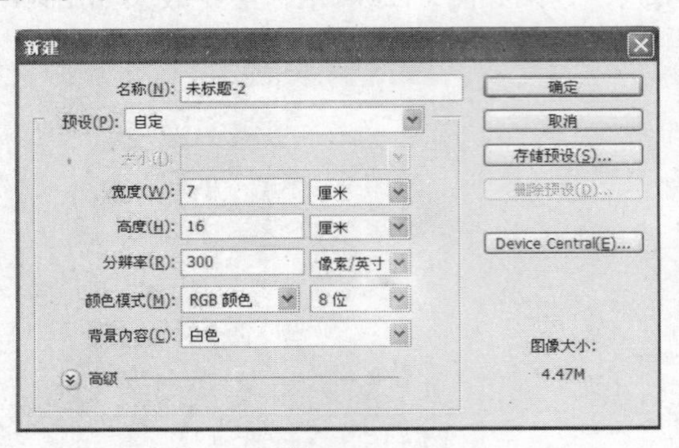

图9-128

图9-129

03 单击“图层”面板底部的“创建新图层”按钮，新建一个图层，名称为“图层2”，设置前景色如图9-130、图9-131所示，填充脸部颜色，使用“画笔工具”绘制脸红的效果，如图9-132所示。

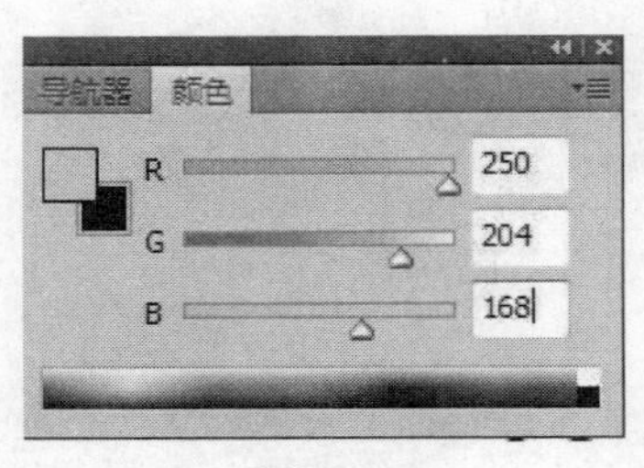

图9-130

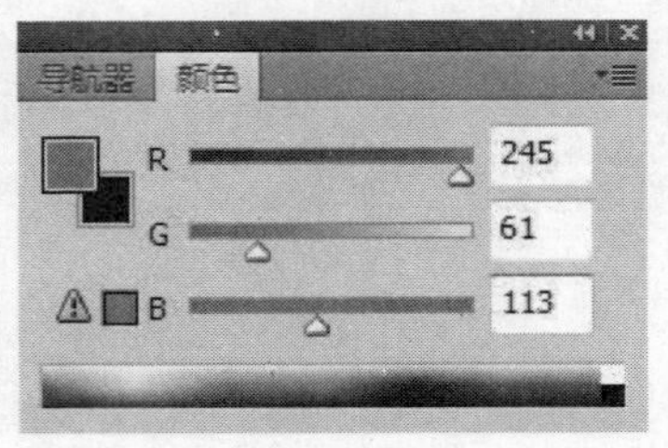

图9-131

图9-132

04 单击“图层”面板底部的“创建新图层”按钮，新建一个图层，名称为“图层3”设置前景色如图9-133、图9-134、图9-135所示，分别选择这几种色彩在头发上绘制，让头发区分出层次，效果如图9-136所示。

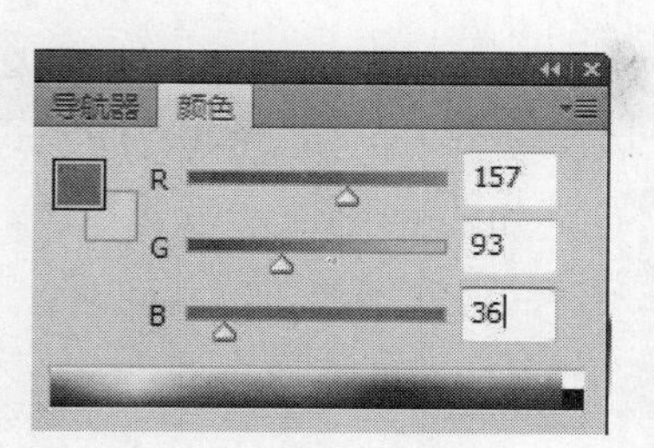

图9-133

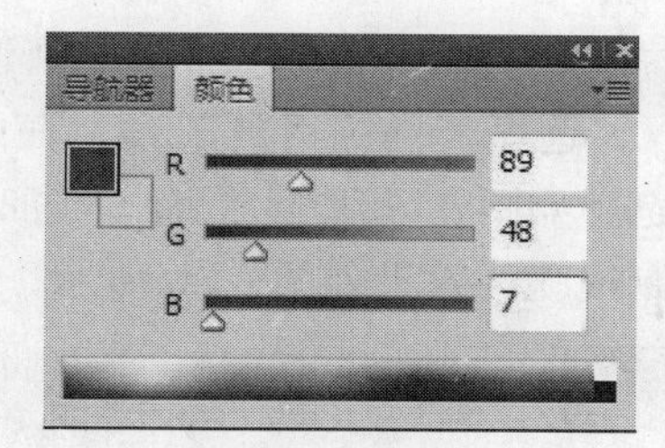

图9-134

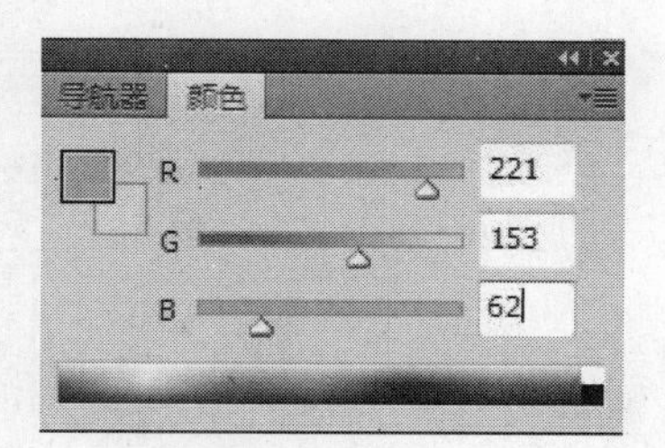

图9-135

图9-136

05 单击“图层”面板底部的“创建新图层”按钮，新建一个图层，名称为“图层4”选择“钢笔工具”，在画面中绘制身体路径，使用“画笔工具”为路径描边，如图9-137所示，设置前景色如图9-138所示，填充效果如图9-139所示。选择“加深工具”，如图9-140所示设置参数，对图像进行暗部处理，效果如图9-141所示。

图9-137

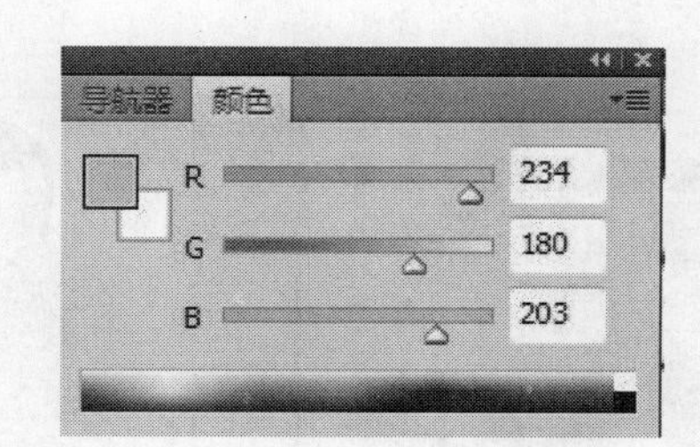

图9-138

图9-139

图9-140

图9-141

06 单击“图层”面板底部的“创建新图层”按钮，新建一个图层，名称为“图层5”，选择“椭圆工具”，在画面中绘制衣服扣子，如图9-142所示。设置前景为淡粉色并填充，如图9-143所示。选择“加深工具”，如图9-144所示设置参数，选择“画笔工具”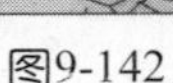绘制线孔，效果如图9-145所示。

图9-142

图9-143

图9-144

图9-145

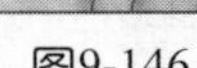

图9-146

07 按Alt键复制多个衣服扣子，如图9-146所示。选择 “滤镜/艺术效果/粗糙蜡笔”命令，如图9-147所示设置参数，效果如图9-148所示。打开素材文件夹，导入素材图片，最终效果如图9-149所示。

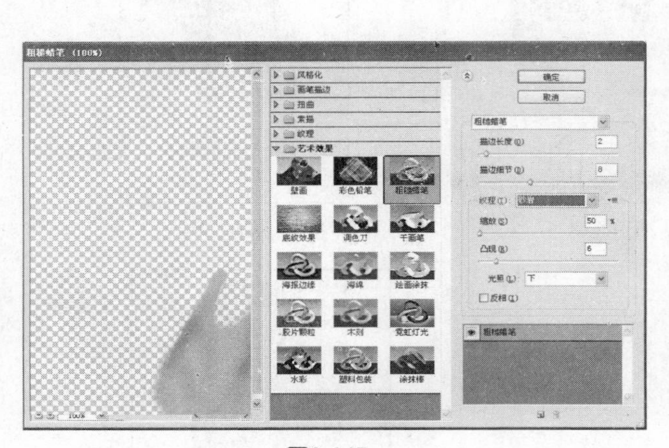

图9-147

图9-148

图9-149

艺术效果滤镜组包含十五种滤镜，它们可以模仿自然或传统介质效果，使图像看起来更贴近绘画或艺术效果。“粗糙蜡笔滤镜”是使用彩色铅笔在纯色背景上绘制图像，并保留重要边缘，这样纯色背景会透过比较平滑的区域显示出来。

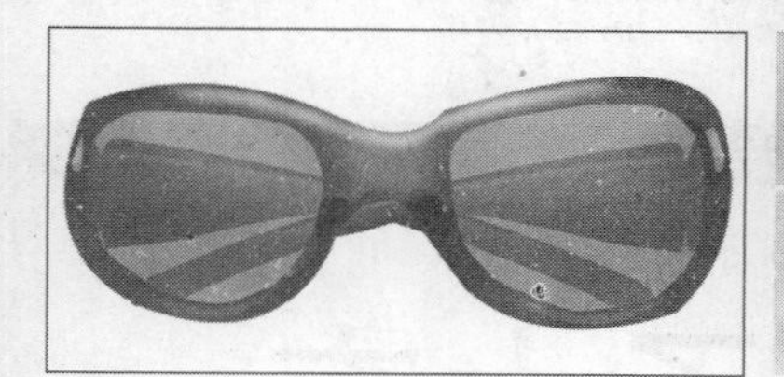

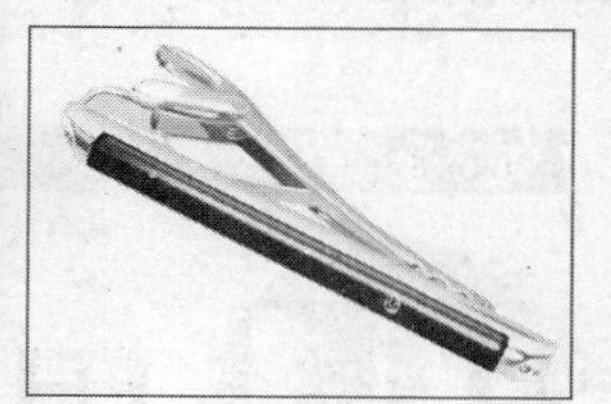

第10章 男士服装与配饰的设计

男士呢子大衣

设计步骤

01 按快捷键Ctrl+N，新建一个文件，设置对话框如图10-1所示。

02 单击“图层”面板底部的“创建新图层”按钮，新建一个图层，名称为“图层1”，选择“钢笔工具”，在画面中绘制整体轮廓路径，使用“画笔工具”为路径描边，效果如图10-2所示。

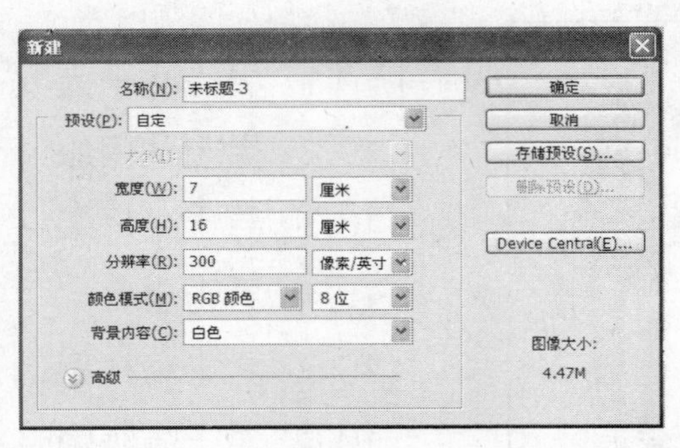

图10-1

图10-2

03 单击“图层”面板底部的“创建新图层”按钮，新建一个图层，名称为“图层2”，设置前景色为黄色，填充脸部的肤色，如图10-3所示。选择“加深工具”、“减淡工具”，如图10-4、图10-5所示设置参数，对图像进行处理，效果如图10-6所示。

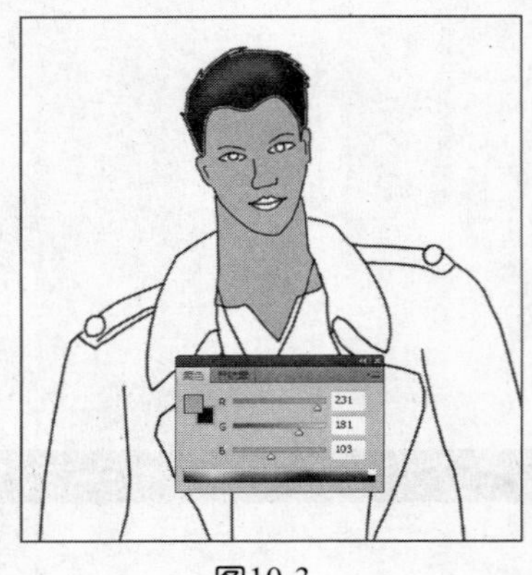

图10-3

图10-4

图10-5

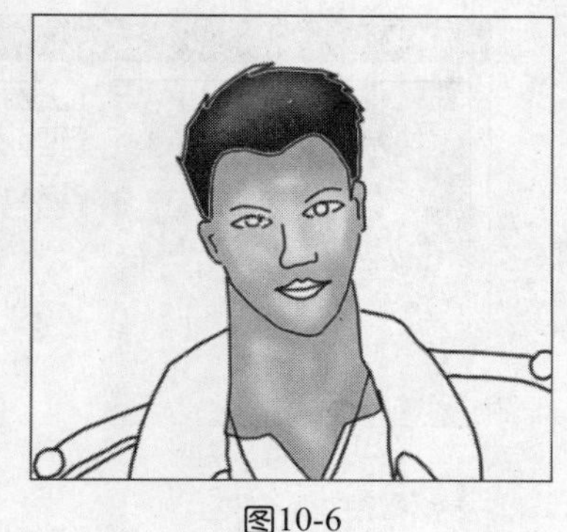

图10-6

04 单击“图层”面板底部的“创建新图层”按钮，新建一个图层，名称为“图层3”，设置前景色为灰色，填充衣服颜色，如图10-7所示。选择“加深工具”、“减淡工具”，如图10-8、图10-9所示设置参数，对衣服上的明暗部分进行处理，效果如图10-10所示。

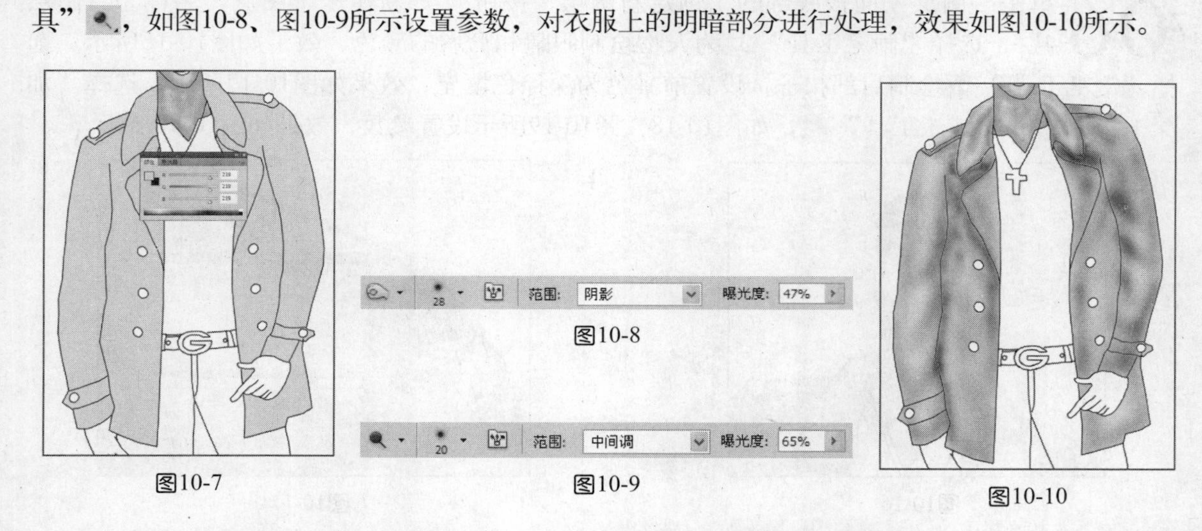

图10-7　图10-8　图10-9　图10-10

05 选择“滤镜/杂色/添加杂色”命令和“滤镜/模糊/动感模糊”、“滤镜/模糊/高斯模糊”命令，如图10-11、图10-12、图10-13、图10-14所示设置参数，对图像进行处理，效果如图10-15所示。

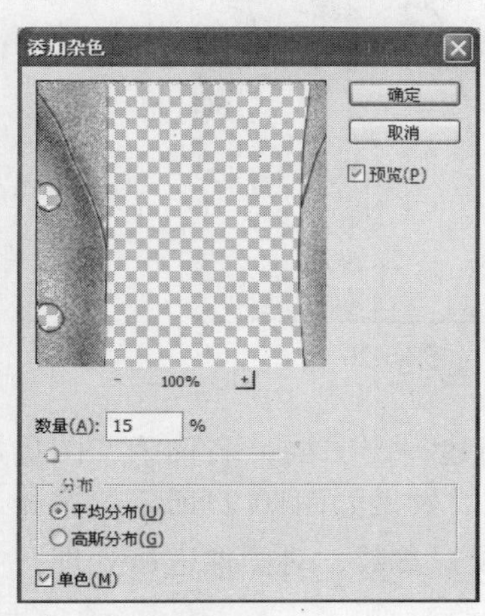

图10-11

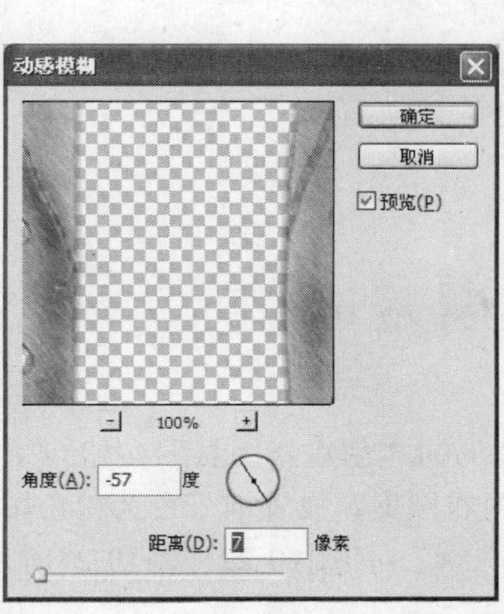

图10-12

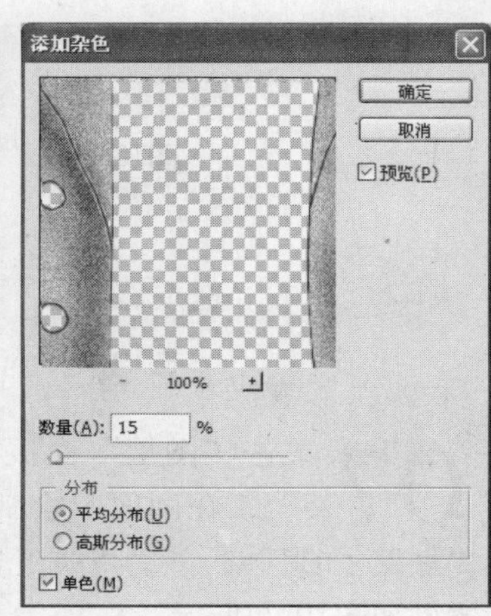

图10-13

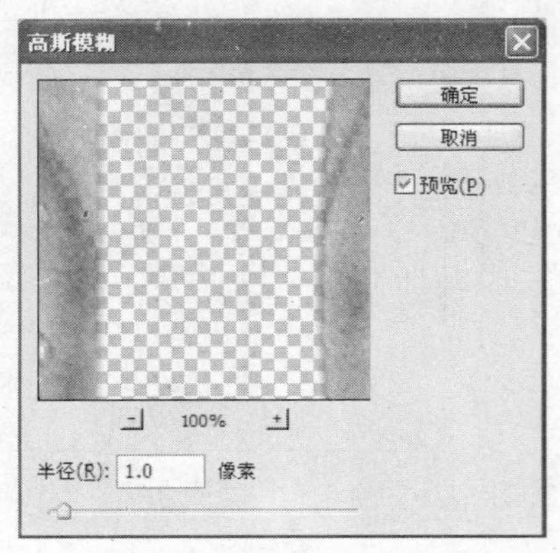

图10-14

图10-15

06

单击“图层”面板底部的“创建新图层”按钮，新建一个图层，名称为“图层4”，选择“画笔工具”为人物绘制眼睛和嘴唇的颜色，效果如图10-16所示。选择“钢笔工具”绘制肩部扣子，设置前景色为深棕色填充，效果如图10-17所示。选择“加深工具”、“减淡工具”，如图10-18、图10-19所示设置参数，效果如图10-20所示。

图10-16

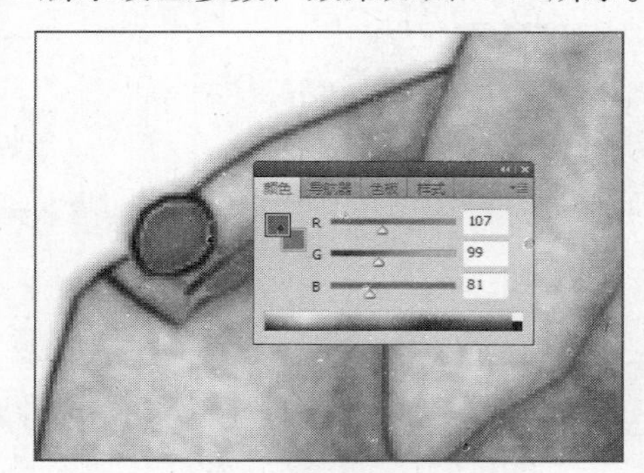

图10-17

图10-18

图10-19

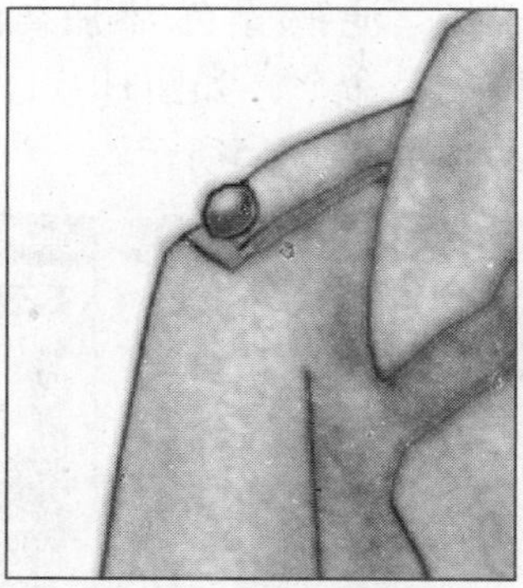

图10-20

07

单击“图层”面板底部的“创建新图层”按钮，新建一个图层，名称为“图层5”，在画面中绘制内衣图案，设置前景色为粉色填充，效果如图10-21所示。选择“加深工具”、“减淡工具”，如图10-22、图10-23所示设置参数，对图像进行处理，效果如图10-24所示。

图10-21

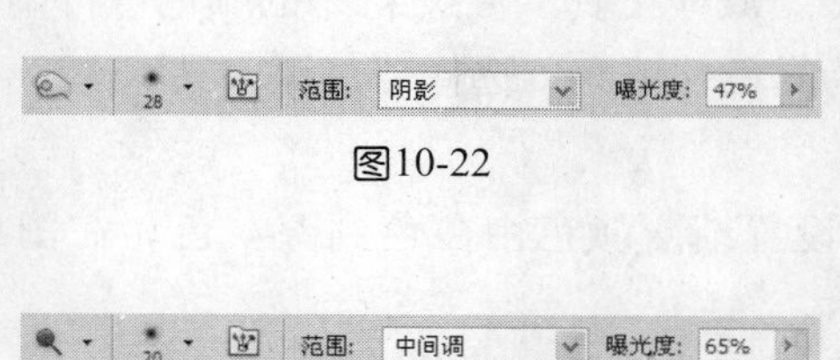

图10-22

图10-23

图10-24

08 单击“图层”面板底部的“创建新图层”按钮，新建一个图层，名称为“图层6”，选择“钢笔工具”绘制十字架路径，设置前景色为灰色并填充，效果如图10-25所示。单击“图层”面板底部的按钮，在下拉菜单中选择“图层样式/斜面和浮雕”命令，如图10-26、图10-27所示设置参数，效果如图10-28所示。

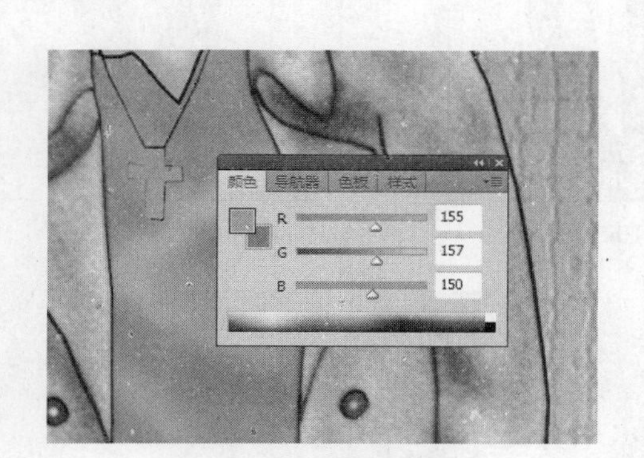

图10-25

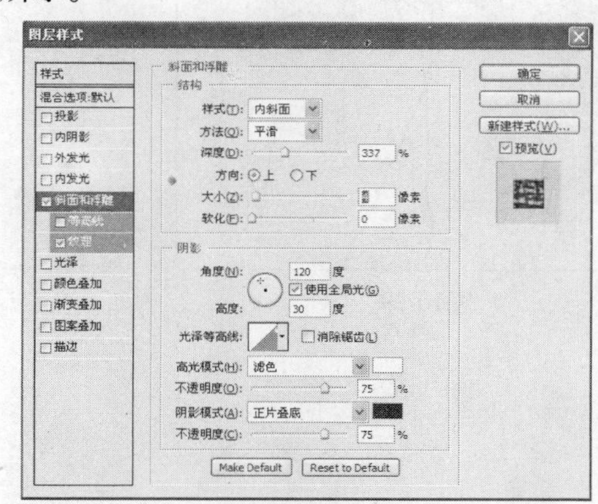

图10-26

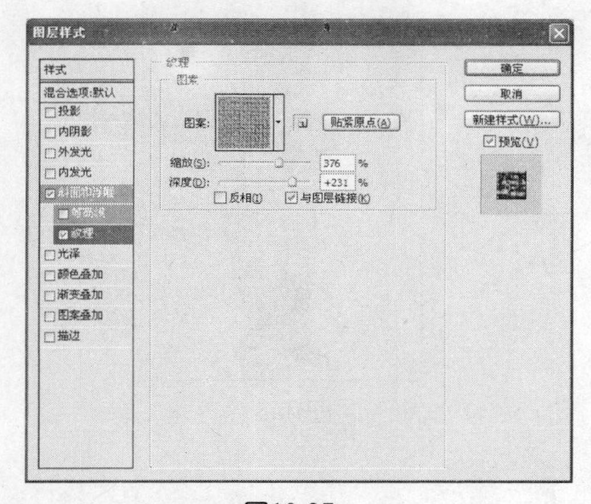

图10-27

图10-28

09 单击“图层”面板底部的“创建新图层”按钮，新建一个图层，名称为“图层7”，选择“钢笔工具”在画面中绘制腰带，设置前景色为深棕色并填充。使用“画笔工具”绘制腰带的图案，使用“钢笔工具”绘制腰带扣，设置前景色为黄色并填充，使用“加深工具”、“减淡工具”对图像进行处理，使其呈现立体效果。选择“钢笔工具”绘制手部，设置前景色为黄色进行填充。使用“加深工具”、“减淡工具”进行绘制，效果如图10-29所示。选择裤子路径，设置前景色为深蓝色并填充，如图10-30所示。使用“加深工具”、“减淡工具”对裤子的颜色进行调整，效果如图10-31所示。选择鞋子路径，设置前景色为黑色并填充，选择“加深工具”、“减淡工具”进行绘制，效果如图10-32所示。

10 选择背景图层，设置渐变颜色由白色到深灰色，在图层中拉出渐变颜色，最终效果如图10-33所示。

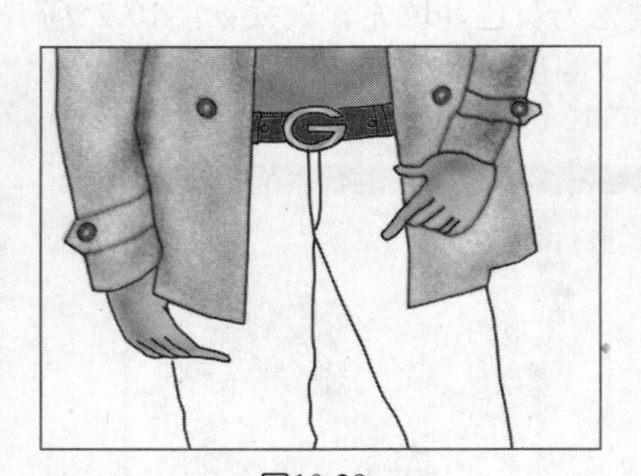
图10-29

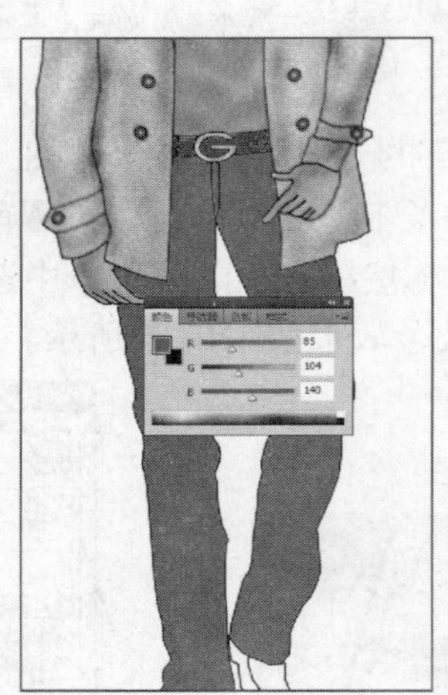
图10-30

图10-31

图10-32

图10-33

本实例着重讲解模糊滤镜，在模糊滤镜组中有十一种滤镜，它们可以削弱相邻像素的对比度并柔化图像，使图像产生模糊效果。在去除图像的杂色，或者创建特殊效果时会经常用到此类滤镜。

10.2 男士休闲服

设计步骤

01 按快捷键Ctrl+N，新建一个文件，设置对话框如图10-34所示。

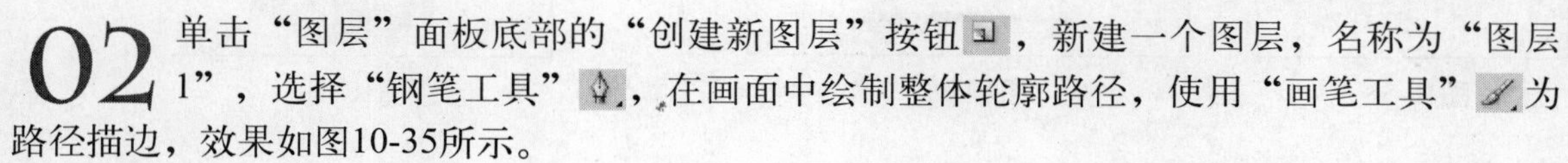

02 单击“图层”面板底部的“创建新图层”按钮，新建一个图层，名称为“图层1”，选择“钢笔工具”，在画面中绘制整体轮廓路径，使用“画笔工具”为路径描边，效果如图10-35所示。

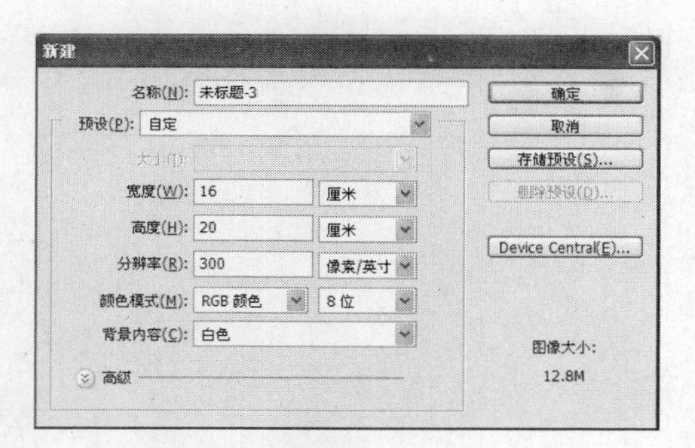

图10-34

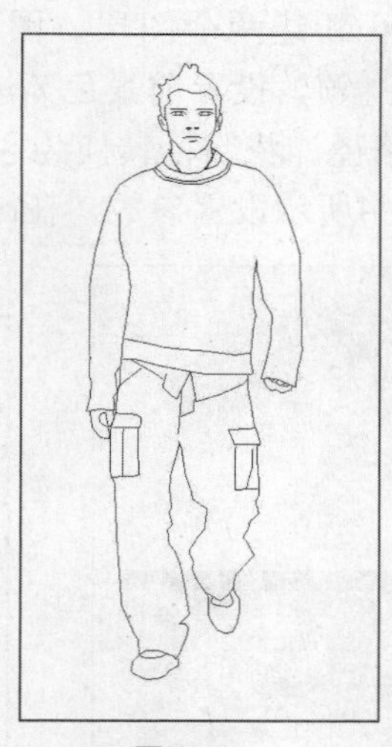

图10-35

03 单击“图层”面板底部的“创建新图层”按钮，新建一个图层，名称为“图层2”，绘制头发路径，选择“画笔工具”，如图10-36所示设置参数，设置前景色为黑色，在画面中填充颜色，如图10-37所示。

图10-36

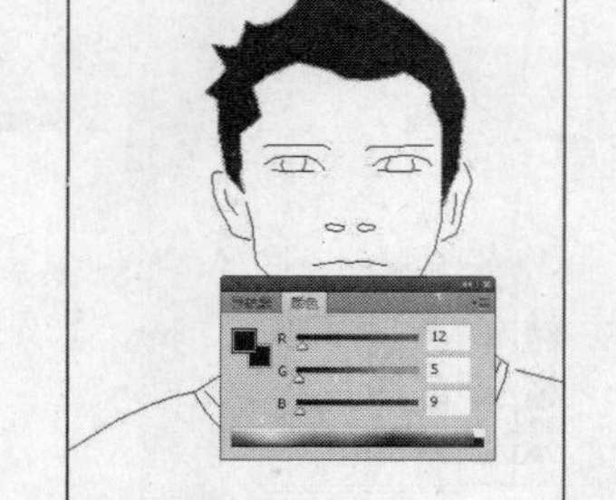

图10-37

04 新建两个图层，图层名称为“图层3、图层4”，绘制人物的脸部和脖子，设置前景色为土红色并填充。选择“画笔工具”绘制人物五官，如图10-38所示。选择衣领路径，设置前景色为蓝色并填充，效果如图10-39所示。选择“加深工具”，如图10-40所示设置参数，对图像进行处理，效果如图10-41所示。

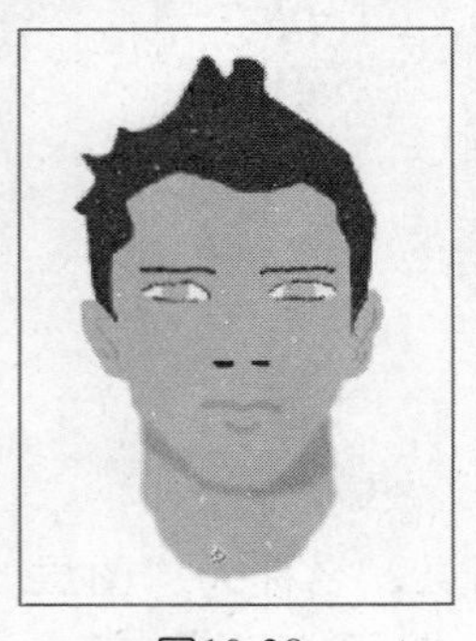

图10-38

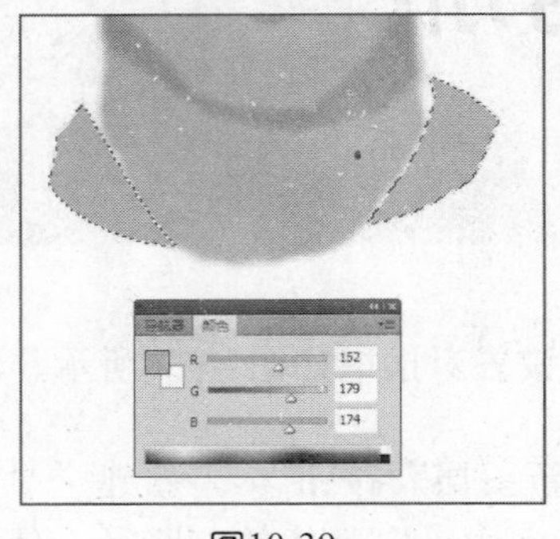

图10-39

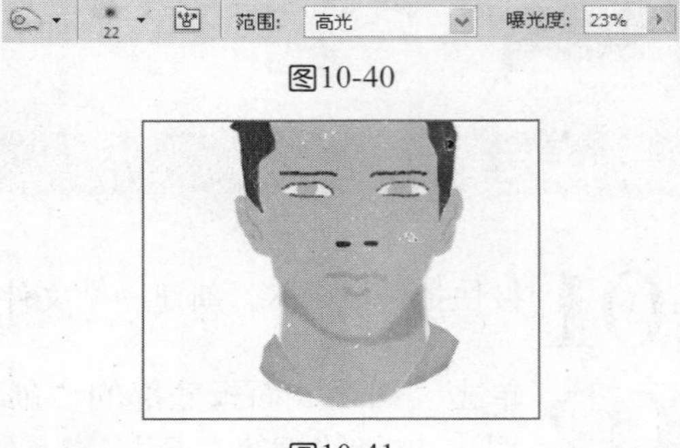

图10-40

图10-41

05 新建两个图层，图层名称为“图层5、图层6”，选择“钢笔工具”绘制T恤衫领，设置前景色为淡蓝色并填充，效果如图10-42所示。选择“钢笔工具”绘制T恤整体路径，将路径转换为选区，填充淡蓝色，效果如图10-43所示。选择“加深工具”，如图10-44所示设置参数，在画面中绘制褶皱效果，效果如图10-45所示。

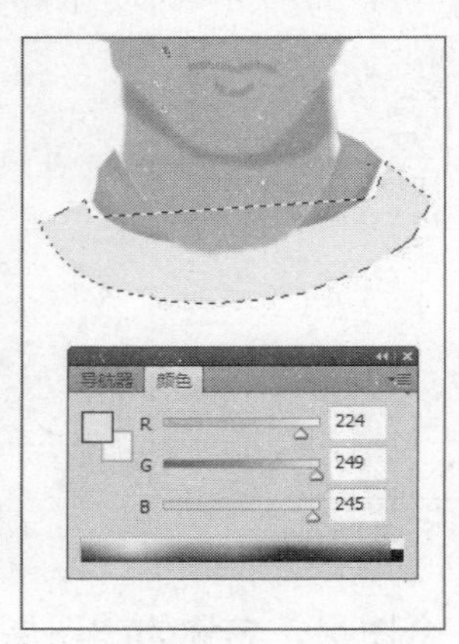

图10-42

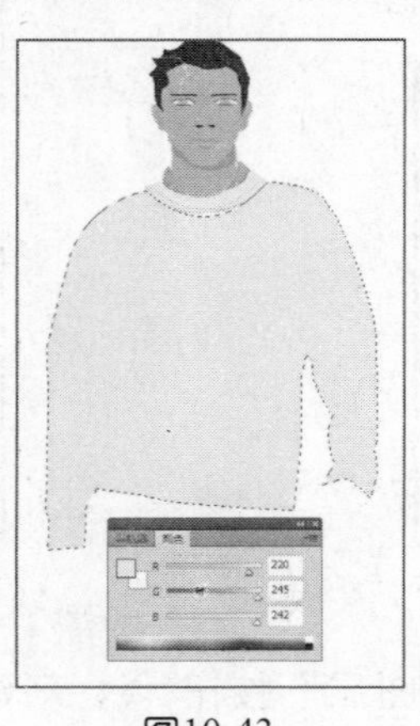

图10-43

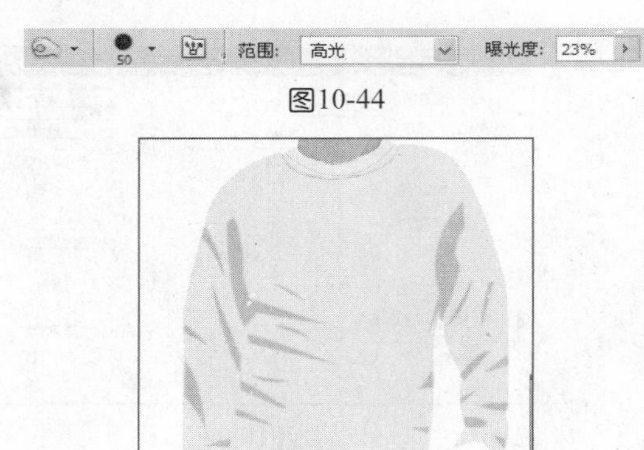

图10-44

图10-45

06 单击“图层”面板底部的“创建新图层”按钮，新建一个图层，名称为“图层7”，选择“画笔工具”，打开画笔属性栏，选择画笔图案，如图10-46所示，在画面中绘制图案，效果如图10-47所示。

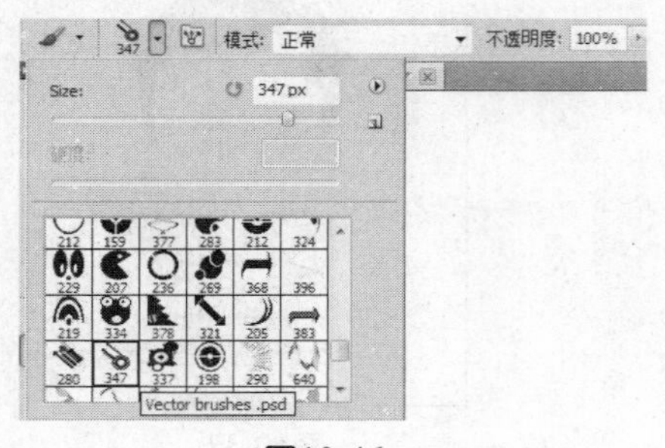

图10-46

图10-47

07 单击"图层"面板底部的"创建新图层"按钮，新建一个图层，名称为"图层8"，选择"钢笔工具"，在画面中绘制缝合线路径，设置前景色为深灰色并填充，效果如图10-48所示。选择"涂抹工具"，如图10-49所示设置参数，对填充后的颜色进行涂抹，效果如图10-50所示。

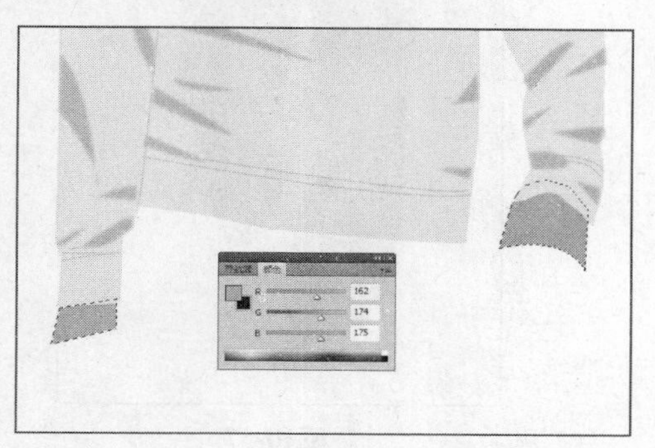
图10-48

图10-49

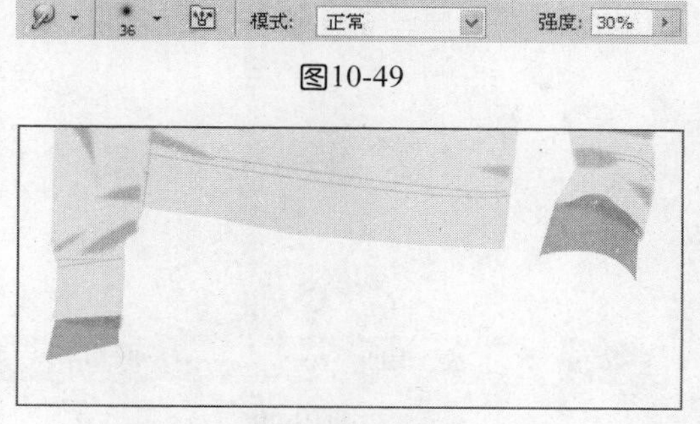
图10-50

08 单击"图层"面板底部的"创建新图层"按钮，新建一个图层，名称为"图层9"，选择"钢笔工具"，在画面中绘制露出来的内衣路径，设置前景色为灰色并填充，效果如图10-51所示。选择"加深工具"，如图10-52所示设置参数，对填充后的颜色进行加深处理，效果如图10-53所示。

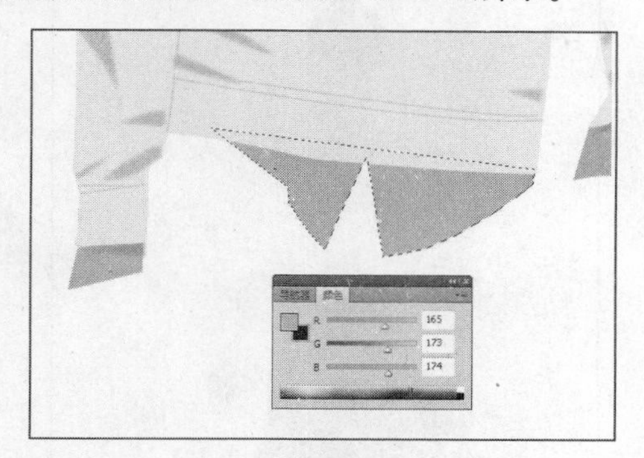

图10-51

图10-52

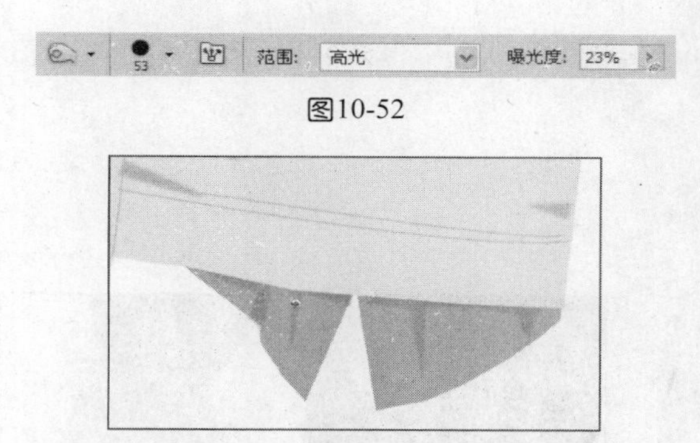
图10-53

09 单击"图层"面板底部的"创建新图层"按钮，新建一个图层，名称为"图层10"，选择"钢笔工具"，在画面中绘制裤子，设置前景色为墨绿色并填充，效果如图10-54所示。选择"钢笔工具"绘制缝合线路径，如图10-55所示。选择"加深工具"，如图10-56所示设置参数，对图像进行处理，效果如图10-57所示。

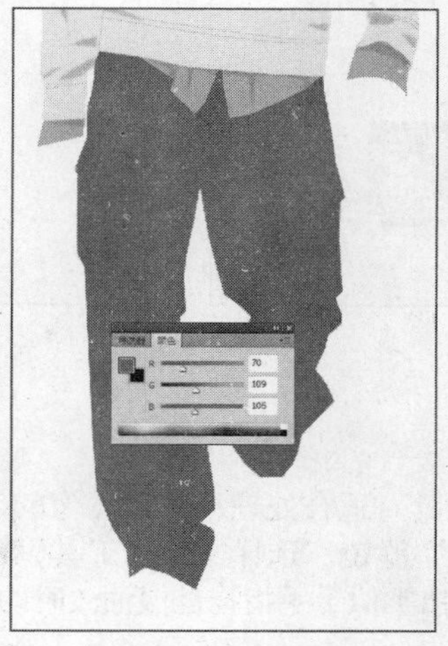

图10-54

图10-55

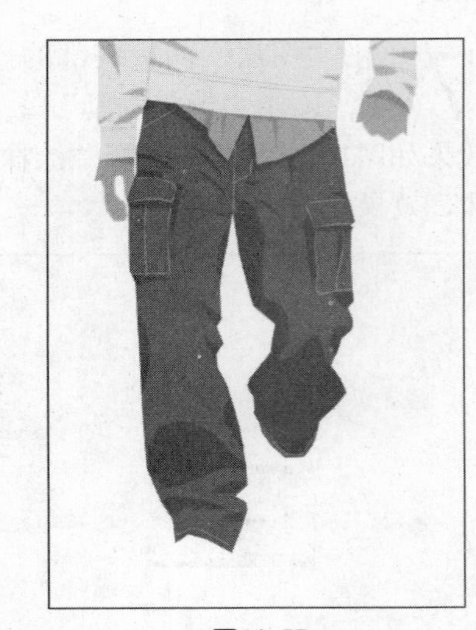

图10-56

图10-57

10 单击“图层”面板底部的“创建新图层”按钮，新建一个图层，名称为“图层11”，选择“钢笔工具”，在画面中绘制鞋的路径，设置前景色为灰色并填充，效果如图10-58所示，最终效果如图10-59所示。

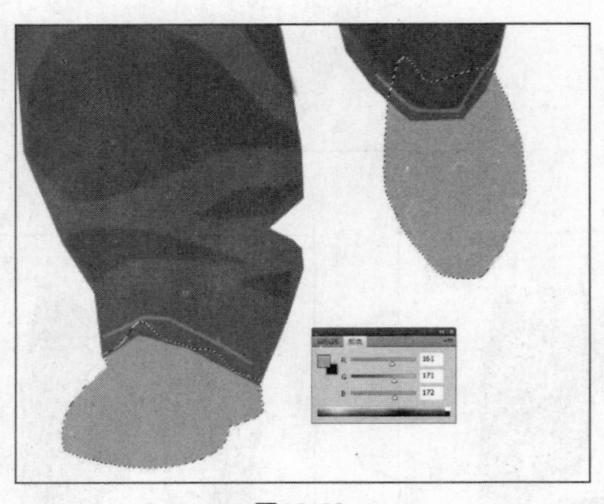

图10-58

图10-59

“涂抹工具”适合处理小部分图像的颜色，如果要处理大面积的图像，可以使用“液化”滤镜。选择“涂抹工具”后，在画面中单击并拖动鼠标即可进行涂抹，模拟出类似于手指拖过湿油漆时的效果。

10.3 男士牛仔装

设计步骤

01 按快捷键Ctrl+N，新建一个文件，设置对话框如图10-60所示。

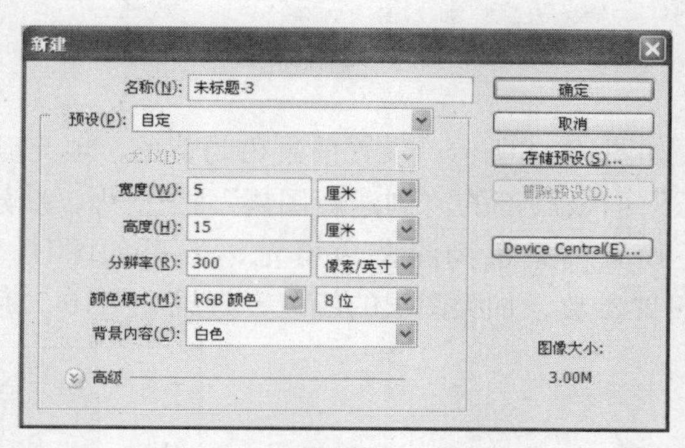

图10-60

02 单击“图层”面板底部的“创建新图层”按钮，新建一个图层，名称为“图层1”，选择“钢笔工具”，在画面中绘制人物整体轮廓路径，如图10-61所示。选择“画笔工具”，如图10-62所示设置参数，为路径进行描边，效果如图10-63所示。

图10-61

图10-62

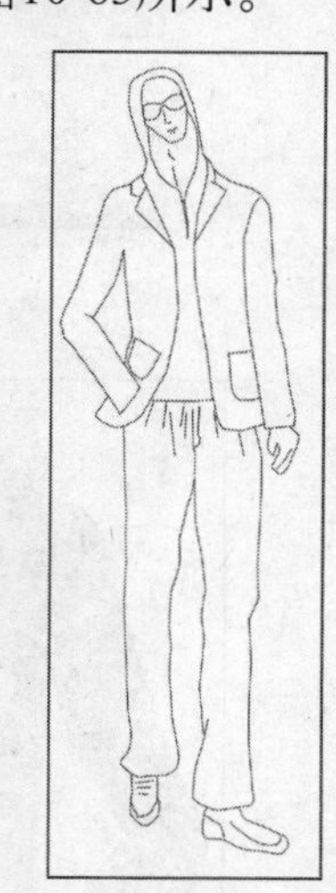

图10-63

03 单击“图层”面板底部的“创建新图层”按钮，新建一个图层，名称为“图层2”，如图10-64所示，设置前景色为淡绿色，填充内衣颜色，效果如图10-65所示。选择“加深工具”，如图10-66所示设置参数，对图像进行处理，效果如图10-67所示。

图10-65

图10-67

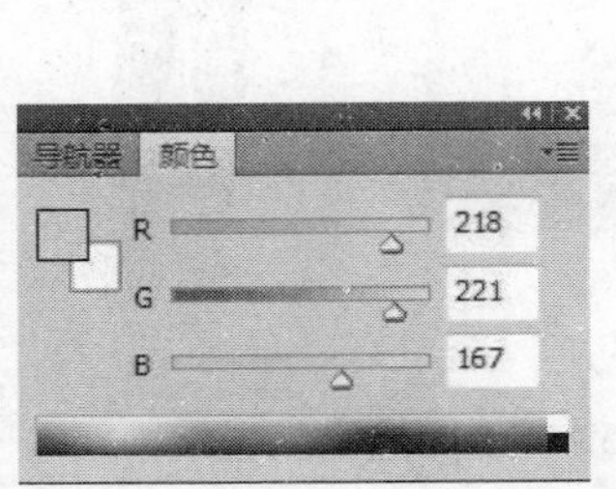

图10-64

范围: 中间调 曝光度: 23%

图10-66

04 选择脸部路径，如图10-68所示，设置前景色为黄色，填充颜色后，效果如图10-69所示。单击“图层”面板底部的“创建新图层”按钮，新建一个图层，名称为“图层3”，绘制外衣路径，设置前景色为深蓝色填充，效果如图10-70所示。选择“加深工具”，如图10-71所示设置参数，加深图层的颜色，效果如图10-72所示。

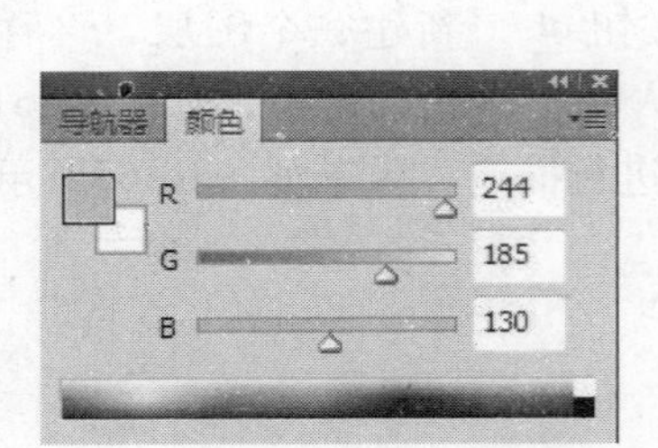

图10-68

图10-69

图10-70

范围: 中间调 曝光度: 23%

图10-71

图10-72

05 新建两个图层，图层名称为“图层4、图层5”，选择“钢笔工具”绘制人物手部路径，设置前景为淡黄色并填充，效果如图10-73所示。选择裤子路径，设置前景色为深蓝色并填充，效果如图10-74所示。选择“加深工具”、选择“减淡工具”，如图10-75、图10-76所示设置参数，效果如图10-77所示。选择“钢笔工具”绘制鞋子，设置前景色为粉色并填充，选择“钢笔工具”绘制鞋的前尖和后跟部分路径，设置前景色为深粉色并填充，最终效果如图10-78所示。

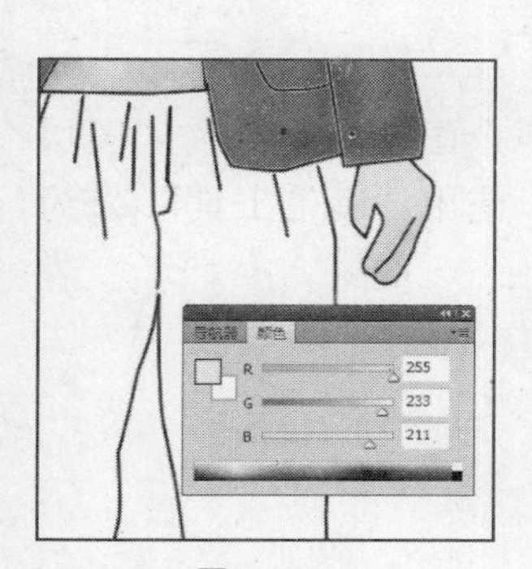

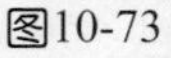
图10-73

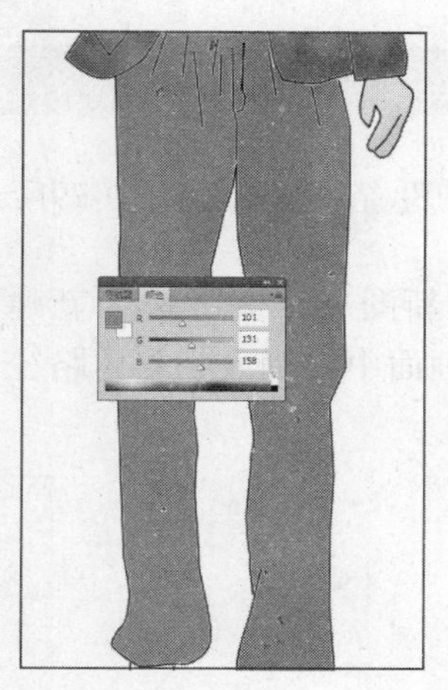

图10-74

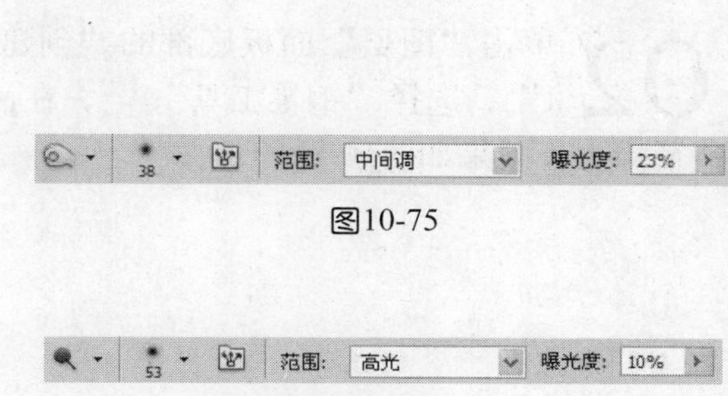

图10-75

图10-76

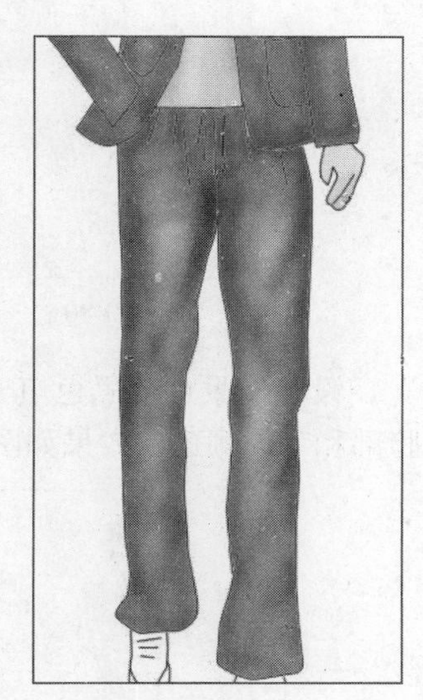

图10-77

图10-78

使用钢笔工具绘图或者描摹对象的轮廓时，如果不能一次就绘制准确，可以在绘制完成后，通过对锚点和路径的编辑来达到目的。创建路径后，也使用“路径选择”工具选择多个子路径，然后通过工具选项栏中的运算按钮进行路径运算。如果按下“组合”按钮，则可以合并重叠的路径组件。

10.4 男士皮草

设计步骤

01 按快捷键Ctrl+N，新建一个文件，设置对话框如图10-79所示。

02 单击“图层”面板底部的“创建新图层”按钮，新建一个图层，名称为“图层1”，选择“钢笔工具”，在画面中绘制人物整体路径，使用“画笔工具”为路径描边，效果如图10-80所示。

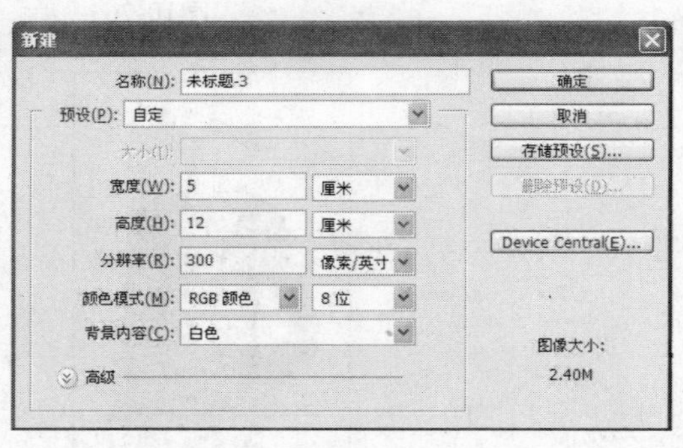

图10-79

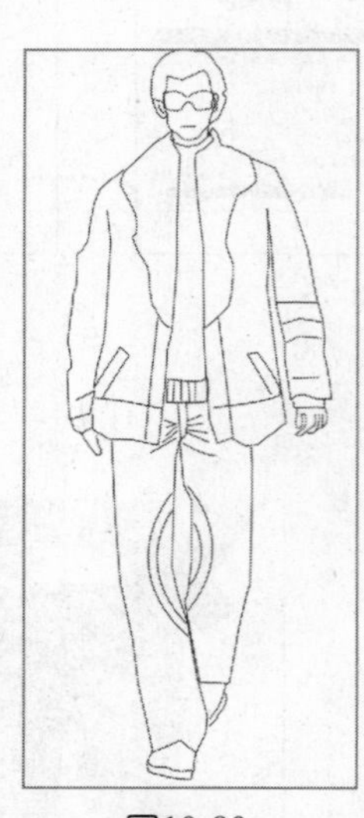

图10-80

03 新建两个图层，图层名称为“图层2、图层3”，设置前景色为黑色填充头发，效果如图10-81所示。设置前景色为黄色填充人物脸部和手的颜色，效果如图10-82所示。

图10-81

图10-82

04 选择“加深工具”，如图10-83所示设置参数，对头发进行处理，使头发呈立体感，效果如图10-84所示。

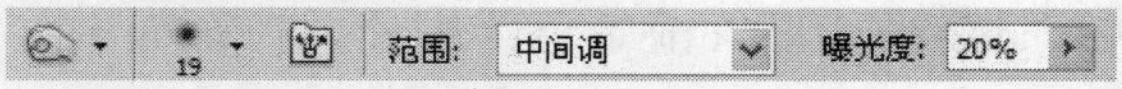
19
范围:
中间调
曝光度:
20%
图10-83

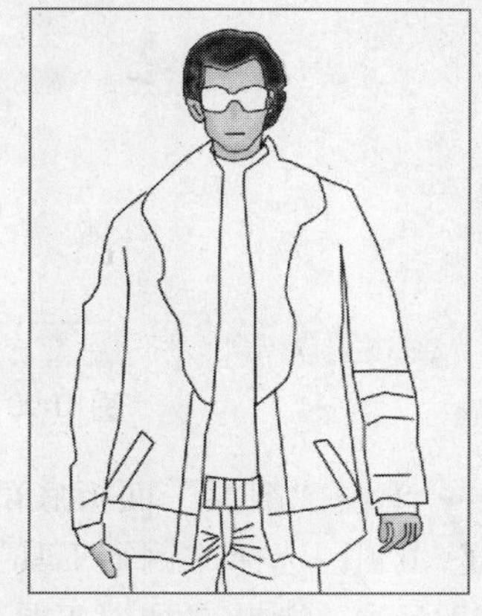

图10-84

05 单击“图层”面板底部的“创建新图层”按钮，新建一个图层，名称为“图层4”，选择“钢笔工具”绘制眼镜路径，设置前景色为深棕色并填充，效果如图10-85所示。选择“加深工具”，如图10-86所示设置参数，对图像进行处理，使眼镜具有反光效果，如图10-87所示。

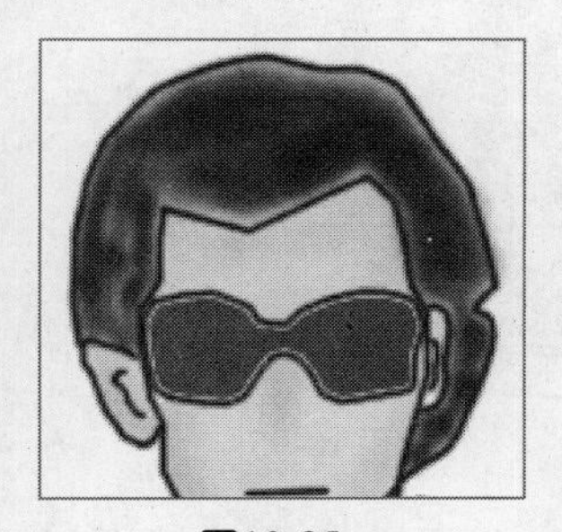

图10-85

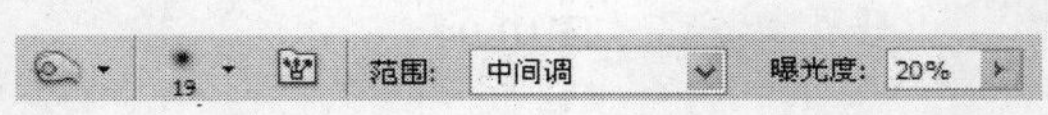

19
范围:
中间调
曝光度:
20%
图10-86

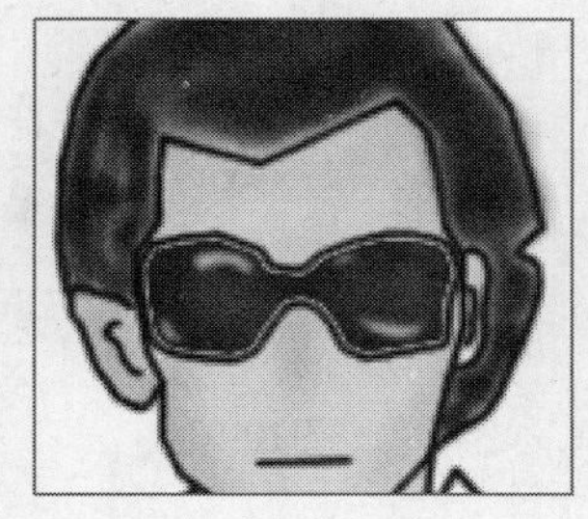

图10-87

06 单击“图层”面板底部的“创建新图层”按钮，新建一个图层，名称为“图层5”，选择“画笔工具”，设置前景色为淡黄色，在画面中绘制衣服上皮草的图案，如图10-88所示。选择“加深工具”，“涂抹工具”，如图10-89、图10-90所示设置参数，对皮草进行处理，效果如图10-91所示。

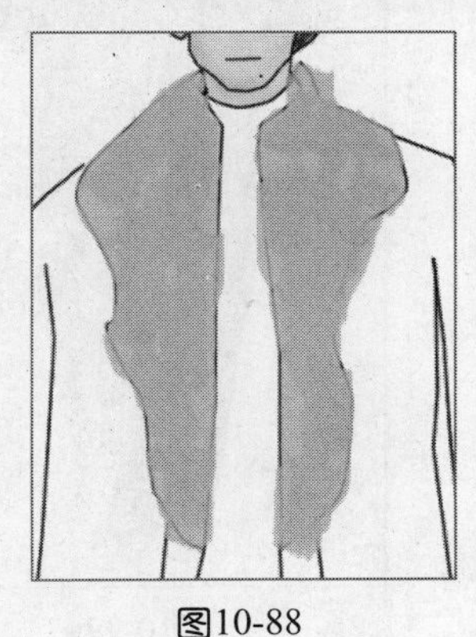

图10-88

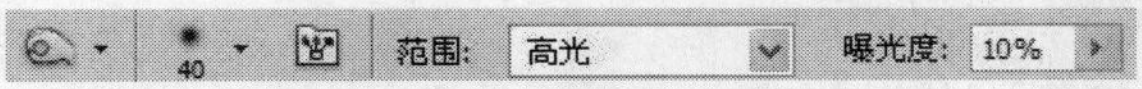
40
范围:
高光
曝光度:
10%
图10-89

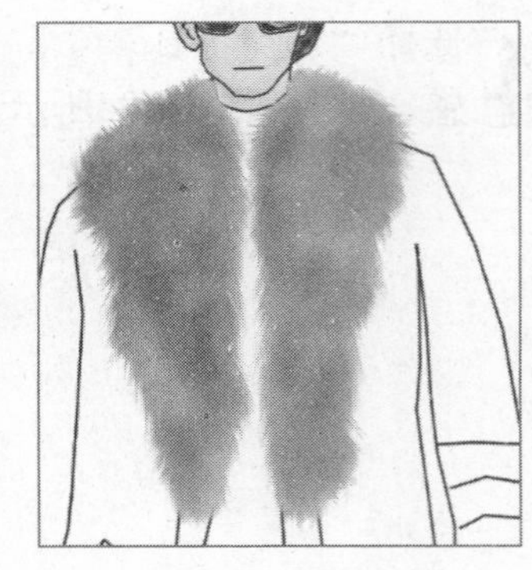

图10-90

图10-91

07 单击“图层”面板底部的“创建新图层”按钮，新建一个图层，名称为“图层6”，选择“钢笔工具”绘制衣服路径，设置前景色为棕色，在画面中绘制，如图10-92所示。选择“加深工具”，“减淡工具”，如图10-93、图10-94所示设置参数，对图像进行处理，效果如图10-95所示。

图10-92

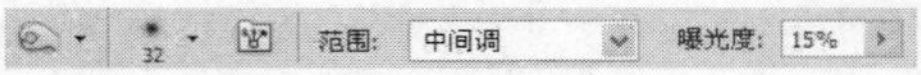

32 范围: 中间调 曝光度: 15%

图10-93

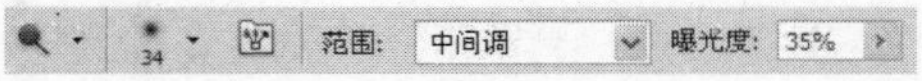

34 范围: 中间调 曝光度: 35%

图10-94

图10-95

08 单击“图层”面板底部的“创建新图层”按钮，新建一个图层，名称为“图层7”，设置前景色为深灰色，使用“钢笔工具”绘制裤子上的图案，效果如图10-96所示。选择“加深工具”，“减淡工具”，如图10-97、图10-98所示设置参数，对图像进行处理，效果如图10-99所示。

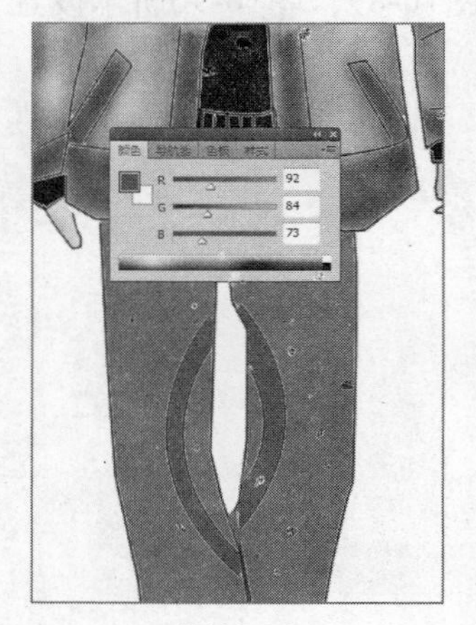

图10-96

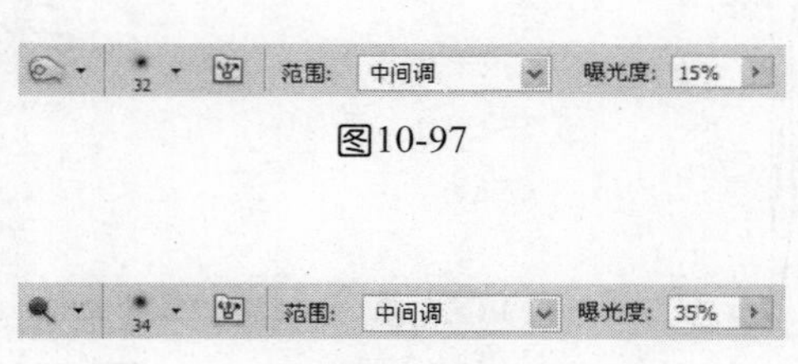

图10-97

图10-98

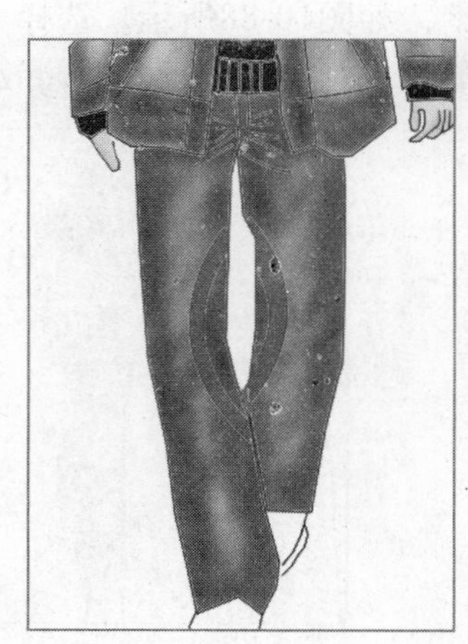

图10-99

09 单击“图层”面板底部的“创建新图层”按钮，新建一个图层，名称为“图层8”，选择“钢笔工具”绘制鞋子，设置前景色为黑色并填充。选择“减淡工具”绘制高光，效果如图10-100所示，打开素材文件夹，导入素材图片，最终效果如图10-101所示。

图10-100

图10-101

“路径”面板的作用是保存和管理路径，面板中显示了每条存储的路径、当前工作路径和当前矢量蒙版的名称和缩览图。双击面板中的路径名称，可以在显示的文本框中对路径重命名。选择路径后，可直接将路径拖动到其他图像中使用，例如整体路径画完之后，可以在路径面板中点取其中一部分路径，然后在相应的图层中填充或者绘制特殊效果，而不影响其他图像的效果。

10.5 男士高档领带

设计步骤

01 按快捷键Ctrl+N，新建一个文件，设置对话框如图10-102所示。

02 单击“图层”面板底部的“创建新图层”按钮，新建一个图层，名称为“图层1”，选择“钢笔工具”，在画面中绘制领带路径，设置前景色为深紫色并填充，效果如图10-103所示。

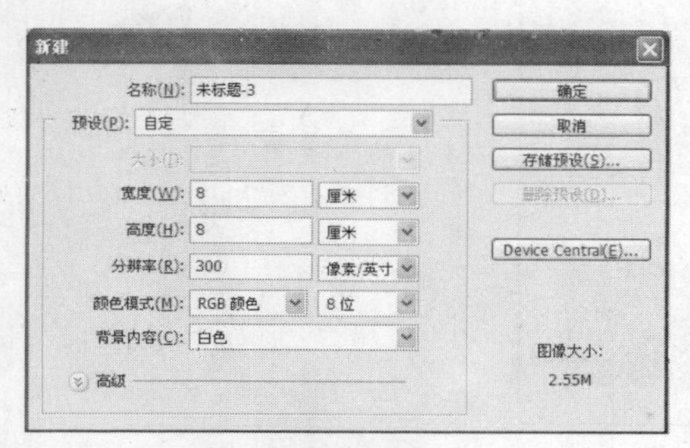

图10-102

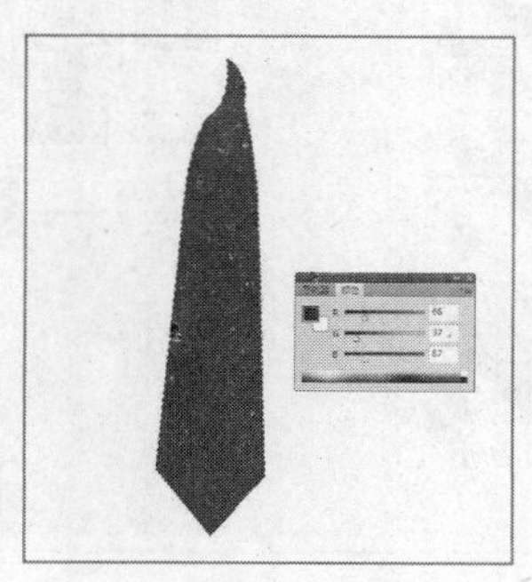
图10-103

03 新建三个图层，图层名称为“图层2、图层3、图层4”，选择“钢笔工具”来绘制领带上的图案，分别设置前景色为深棕色，黑色，浅粉色并填充，效果如图10-104所示。选择“钢笔工具”绘制领结扣部分，设置前景色为深棕色并填充，效果如图10-105所示。选择“钢笔工具”绘制路径图案，选择相同的颜色填充，效果如图10-106所示。选择“加深工具”，如图10-107所示设置参数，对图像进行处理，效果如图10-108所示。

图10-104

图10-105

图10-106

图10-107

图10-108

04 选择 “滤镜/纹理/颗粒”命令，如图10-109所示设置参数，选择“减淡工具”，如图10-110所示设置参数，对图像进行修饰，效果如图10-111所示。

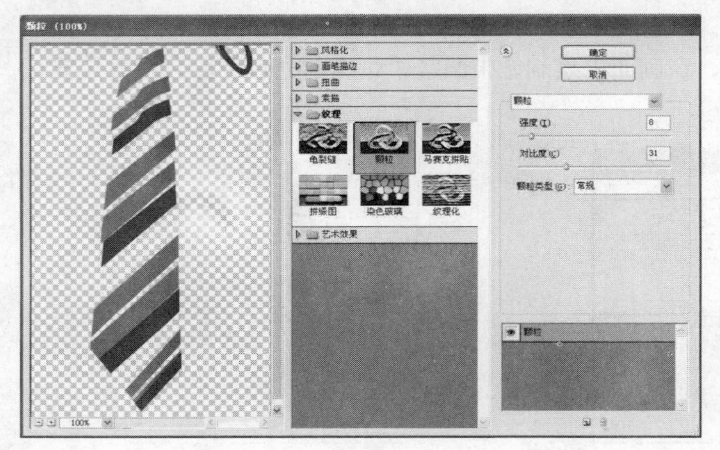

图10-109

图10-110

图10-111

05 新建两个图层，图层名称为“图层5、图层6”，选择“钢笔工具”，在画面中绘制卷曲领带路径，设置前景色为黑色并填充，效果如图10-112所示。选择“钢笔工具”绘制路径，向路径内填充与领带相同的颜色，效果如图10-113所示。

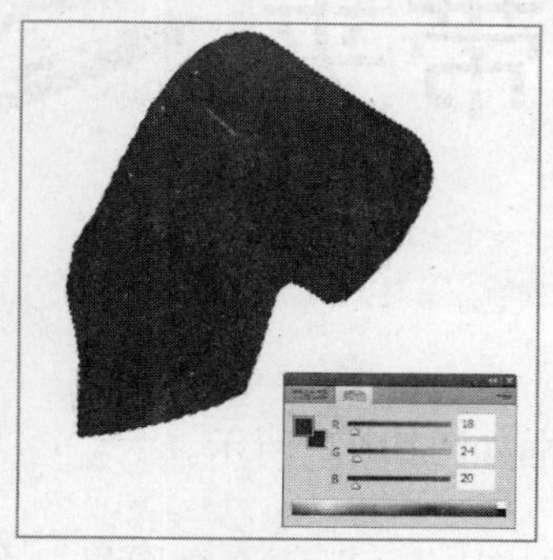

图10-112

图10-113

06 选择“加深工具”，如图10-114所示设置参数，对图像进行处理，效果如图10-115所示。选择 “滤镜/纹理/颗粒”命令，如图10-116所示设置参数，对图像进行处理后，效果如图10-117所示。打开素材文件夹，导入素材图片，最终效果如图10-118所示。

图10-114

图10-115

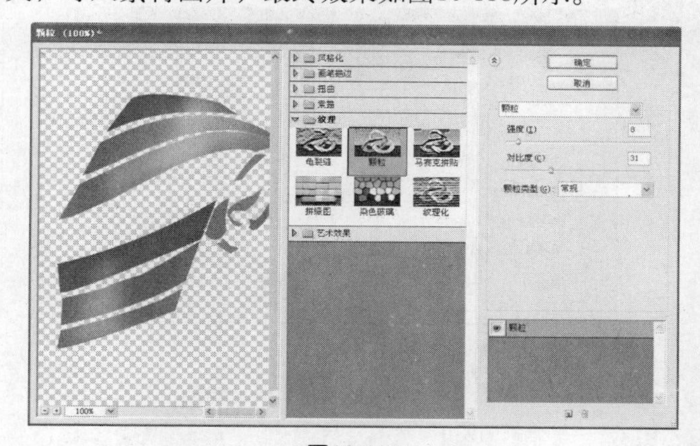

图10-116

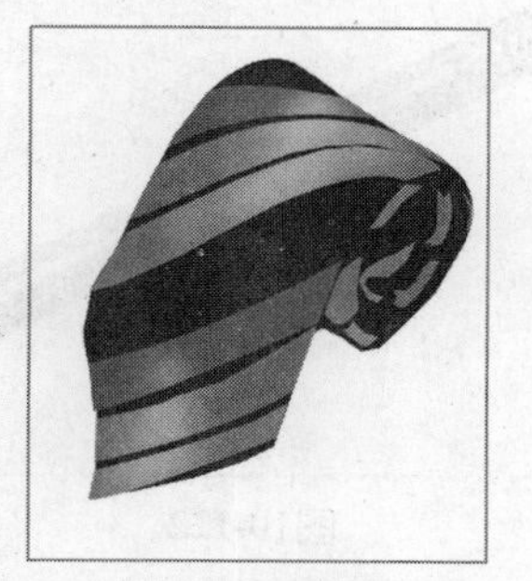

图10-117

图10-118

技法点评

在“描边路径”对话框中可以选择画笔、铅笔、橡皮擦、背景橡皮擦、仿制图章、历史记录画笔、加深和减淡工具都可以对路径进行描边。如果勾选“模拟压力”选项，则可以使描边的线条产生粗细变化。在对路径进行描边前，需要先设置好工具的参数。

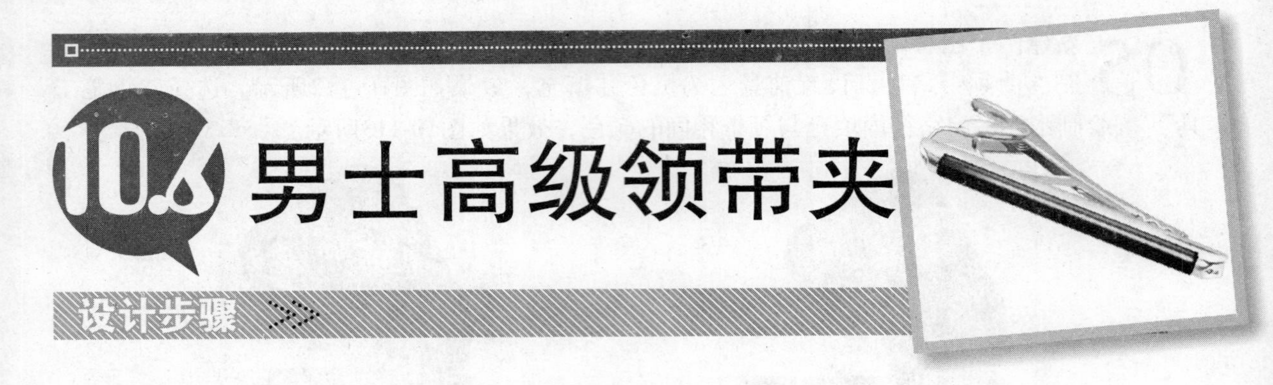

10.6 男士高级领带夹

设计步骤

01 按快捷键Ctrl+N，新建一个文件，设置对话框如图10-119所示。

02 单击“图层”面板底部的“创建新图层”按钮，新建一个图层，名称为“图层1”，选择“钢笔工具”，在画面中绘制矩形路径，将路径转换为选区，设置前景色为黑色并填充，效果如图10-120所示。选择“减淡工具”，如图10-121所示设置参数，绘制出高光效果，如图10-122所示。

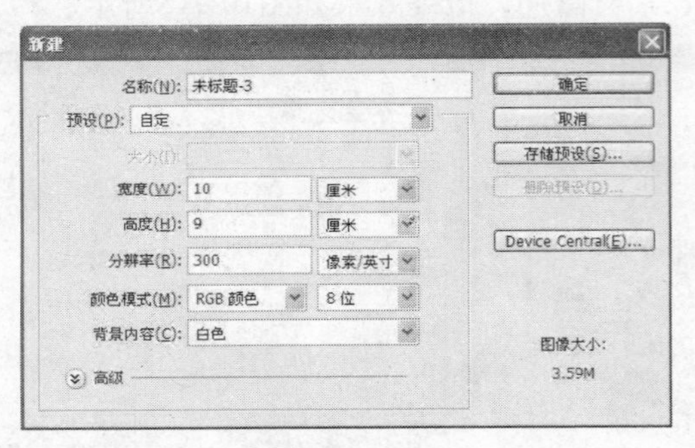

图10-119

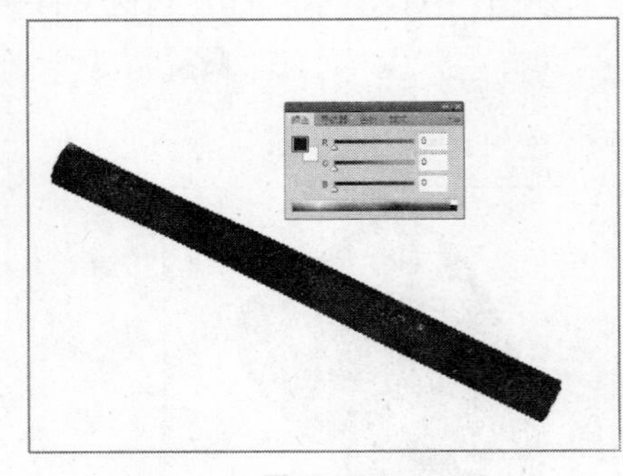

图10-120

图10-121

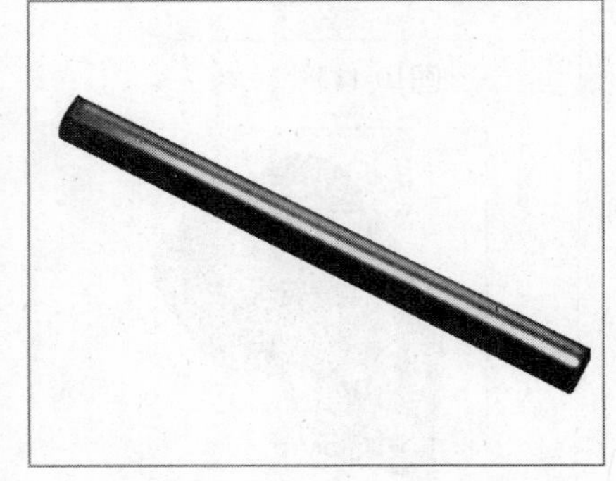

图10-122

03 单击“图层”面板底部的“创建新图层”按钮，新建一个图层，名称为“图层2”，选择“钢笔工具”，在画面中绘制领带夹路径，设置前景色为黄色并填充，效果如图10-123所示。选择“加深工具”，如图10-124所示设置参数，对图像进行处理，效果如图10-125所示。选择“加深工具”、“减淡工具”，如图10-126、图10-127所示设置参数，对图像进行处理，效果如图10-128所示。

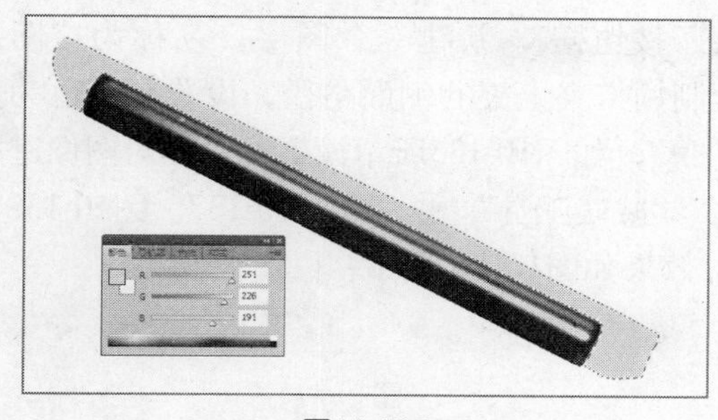

图10-123

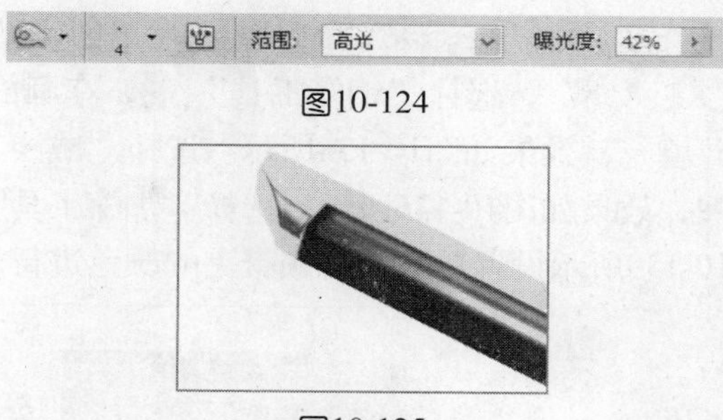

图10-124

图10-125

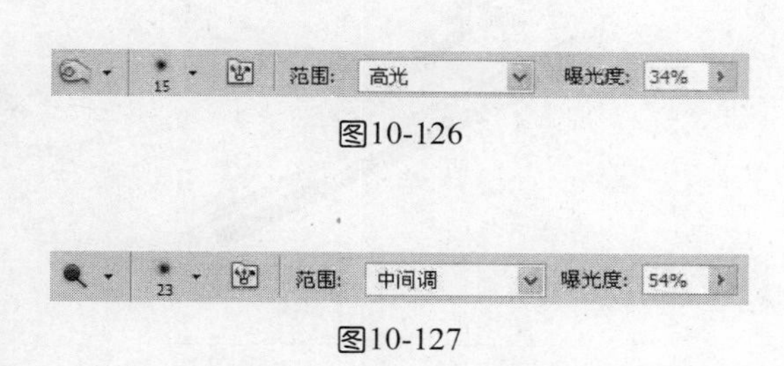

图10-126

图10-127

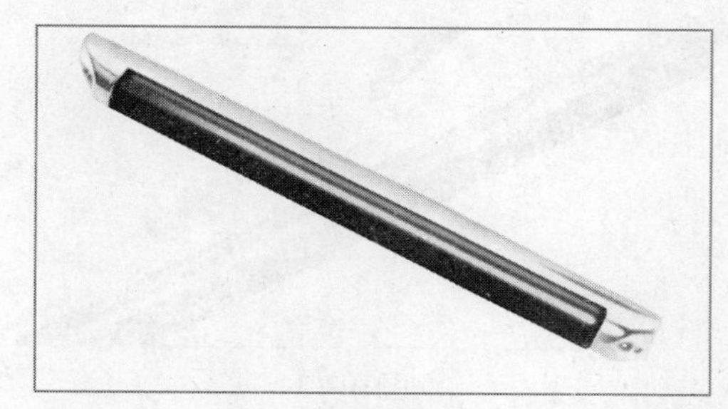

图10-128

04 新建五个图层，图层名称为“图层3、图层4、图层5、图层6、图层7”，选择“钢笔工具”，在画面中绘制领带夹的支点，设置前景色为黄色并填充。使用“加深工具”、“减淡工具”对图像进行处理，效果如图10-129所示。选择“钢笔工具”绘制另一侧支点，设置前景色为深黄色并填充，阴影部分设置深棕色并填充，效果如图10-130所示。选择“钢笔工具”绘制领带夹上面的内侧阴影路径，设置前景色为深棕色并填充。使用“减淡工具”在画面中绘制，效果如图10-131所示。选择“钢笔工具”绘制领带夹的螺丝，设置前景色为黄色并填充，选择“减淡工具”进行提亮，效果如图10-132所示。选择“钢笔工具”绘制领带夹侧面路径，设置前景色为黄色进行填充，使用“减淡工具”对图像进行处理，效果如图10-133所示。

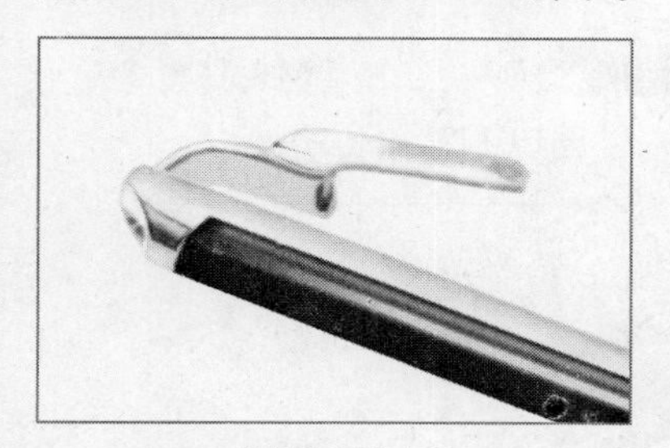

图10-129

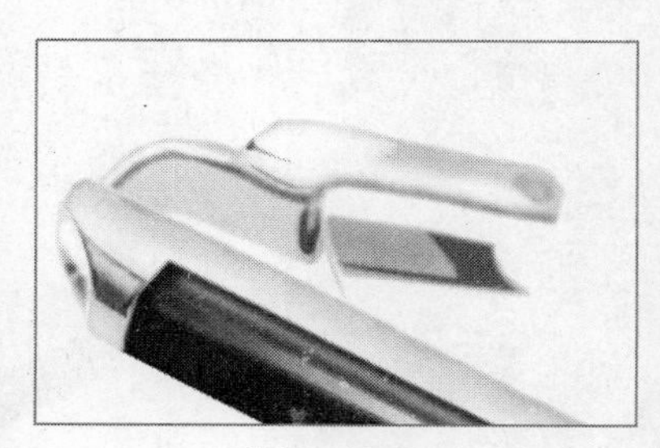

图10-130

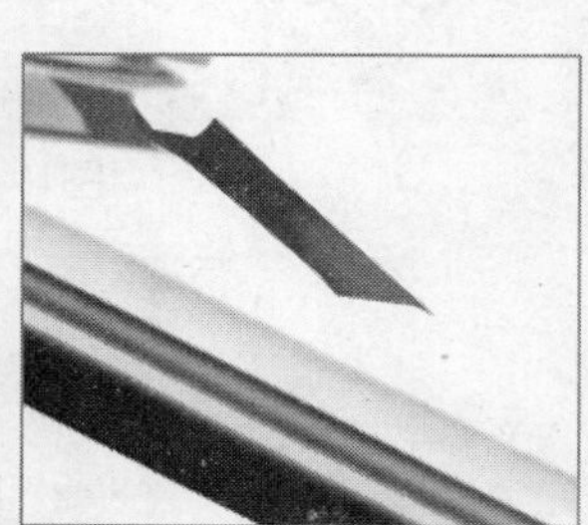

图10-131

图10-132

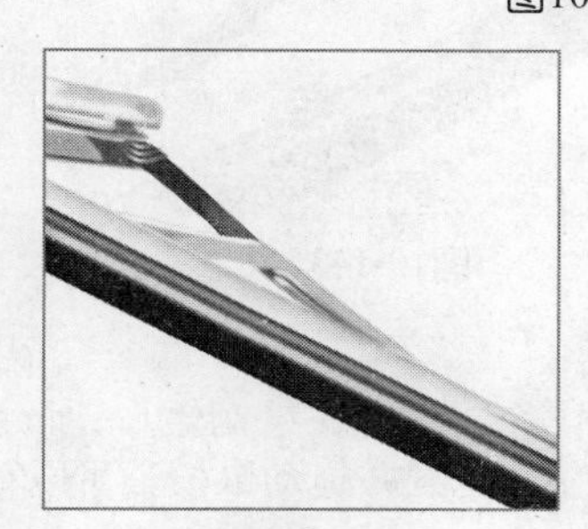

图10-133

05 单击“图层”面板底部的“创建新图层”按钮，新建一个图层，名称为“图层8”，选择“钢笔工具”，在画面中绘制领带夹上夹的侧面路径，设置前景色为黄色并填充，效果如图10-134所示。选择“减淡工具”，如图10-135所示设置参数，对图像进行处理，效果如图10-136所示。选择“加深工具”、“减淡工具”，如图10-137、图10-138、图10-139所示设置参数，对领带夹的颜色进行调整，效果如图10-140所示。

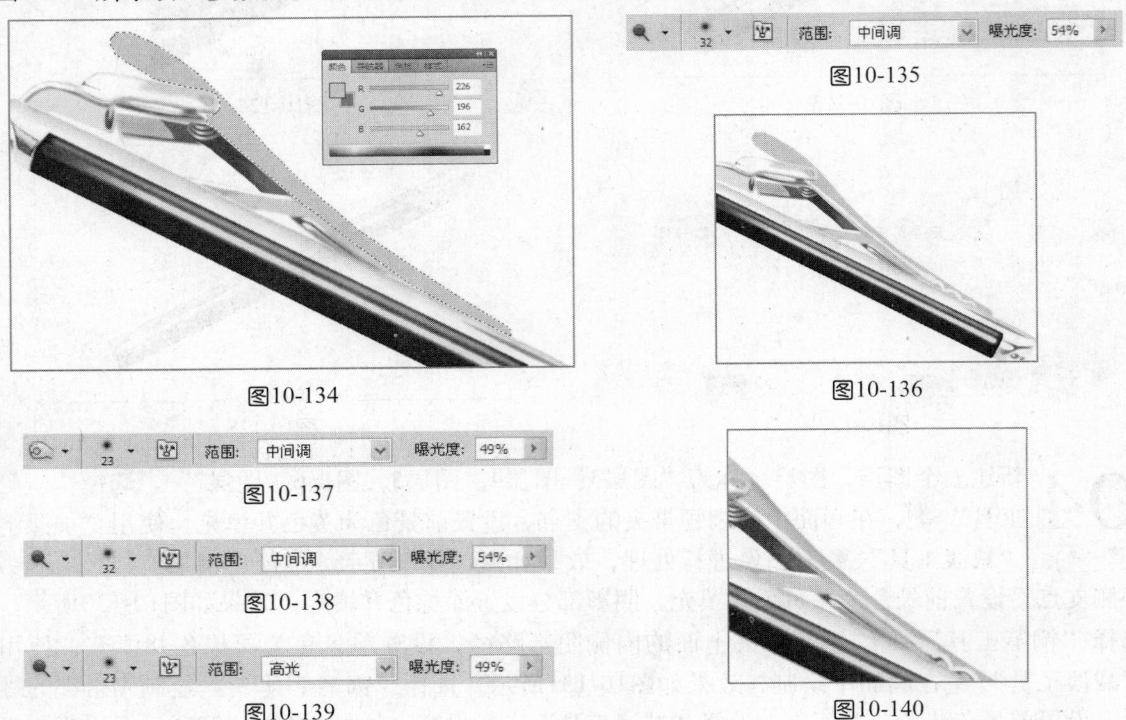

图10-134

图10-135

图10-136

图10-137

图10-138

图10-139

图10-140

06 选择“加深工具”、“减淡工具”，如图10-141、图10-142所示设置参数，交互使用这两个工具，在画面中绘制，效果如图10-143所示。最终效果如图10-144所示。

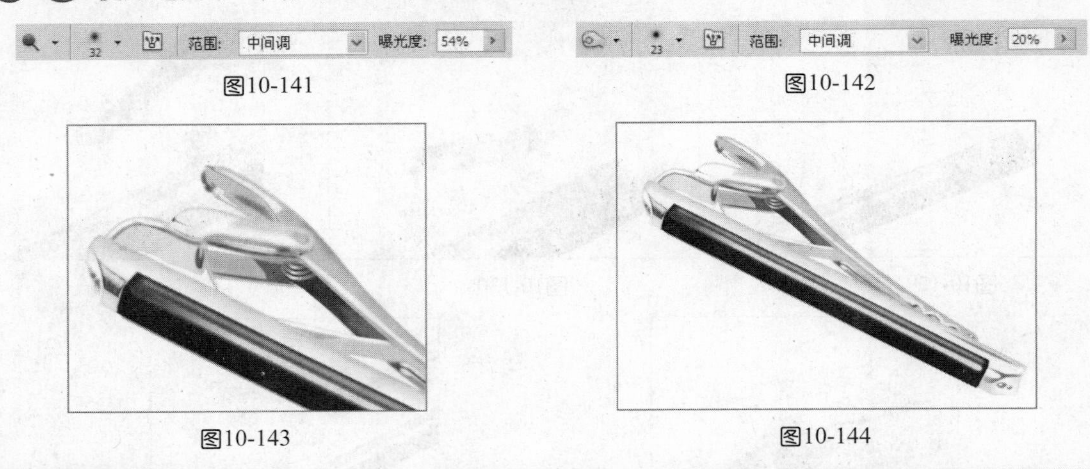

图10-141

图10-142

图10-143

图10-144

在绘制矩形、圆形、多边形、直线等自定义形状时，按下键盘中的空格键并拖动鼠标，可以移动图形的位置。

第11章 妖媚迷人的女裙设计

11.1 淑女装

设计步骤

01 按快捷键Ctrl+N，新建一个文件，设置对话框如图11-1所示。

02 单击“图层”面板底部的“创建新图层”按钮，新建一个图层，图层名称为“图层1”，选择“钢笔工具”，在画面中绘制整体轮廓路径，如图11-2所示。选择“画笔工具”，为路径描边，效果如图11-3所示。

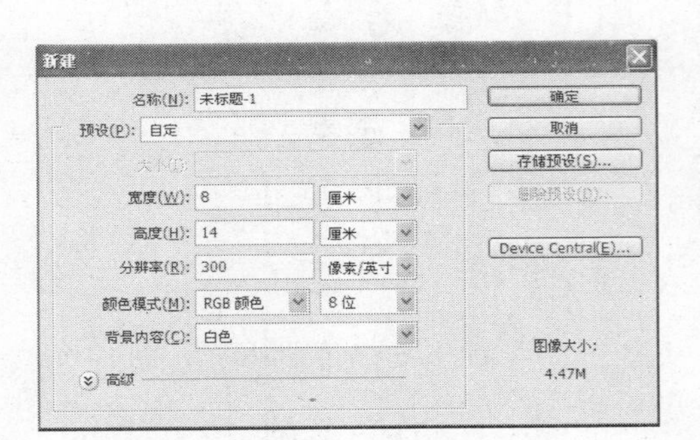

图11-1

图11-2

图11-3

03 单击“图层”面板底部的“创建新图层”按钮，新建一个图层，图层名称为“图层2”，设置前景色为黑色填充头发，如图11-4所示。选择“减淡工具”，如图11-5所示设置参数，提亮头发的颜色，效果如图11-6所示。

图11-4

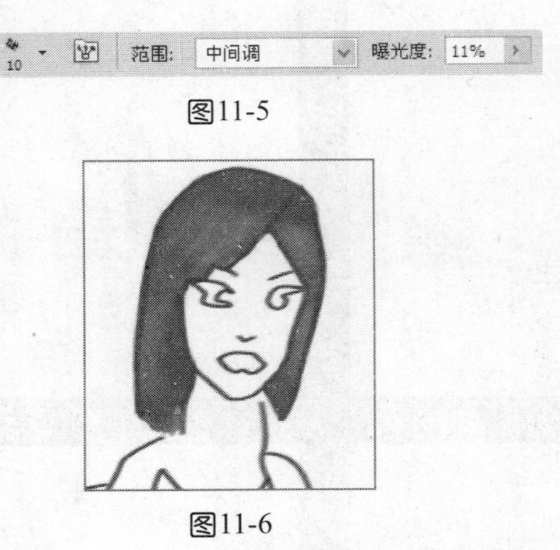

图11-5

图11-6

04 新建三个图层，图层名称为“图层3、图层4、图层5”，分别设置前景色为黄色填充脸部肤色，如图11-7所示。使用“画笔工具”，设置画笔颜色为深红色绘制图案，效果如图11-8所示。选择内衣路径，如图11-9所示设置前景色为紫色并填充，选择“减淡工具”、“加深工具”，如图11-10、图11-11所示设置参数，对图像进行处理，如图11-12所示。

图11-7

图11-8

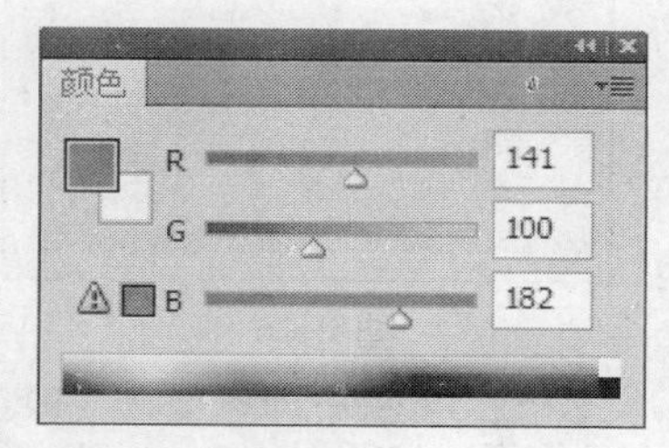

图11-9

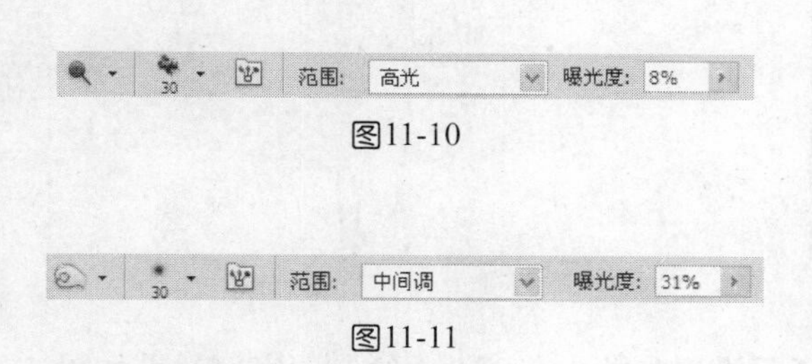

图11-10

图11-11

图11-12

05 单击“图层”面板底部的“创建新图层”按钮，新建一个图层，图层名称为“图层6”，如图11-13所示，设置前景色为紫色。选择“减淡工具”，如图11-14所示设置参数，绘制出淡粉色的衣领，效果如图11-15所示。

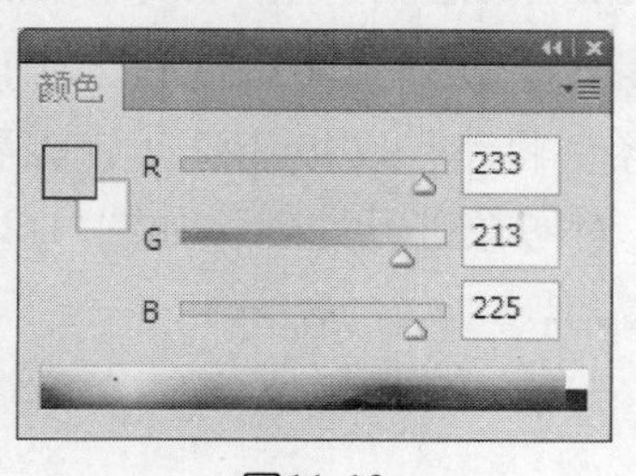

图11-13

图11-14

图11-15

06 单击“图层”面板底部的“创建新图层”按钮，新建一个图层，图层名称为“图层7”，选择上衣路径，如图11-16所示，设置前景色为紫色，填充上衣的颜色并为手部上色，效果如图11-17所示。单击“图层”面板底部的“创建新图层”按钮，新建一个图层，图层名称为“图层8”，如图11-18所示，设置前景色为蓝绿色，单击“图层”面板底部的fx按钮，在下拉菜单中选择“图层样式/图案叠加”命令，如图11-19所示设置参数，对图像进行处理，效果如图11-20所示。

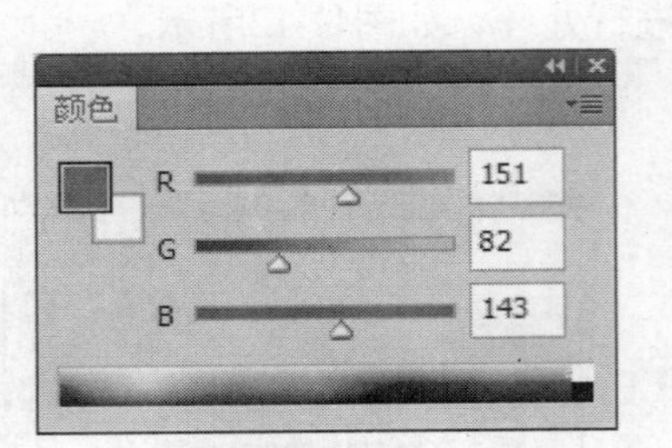

图11-16

图11-17

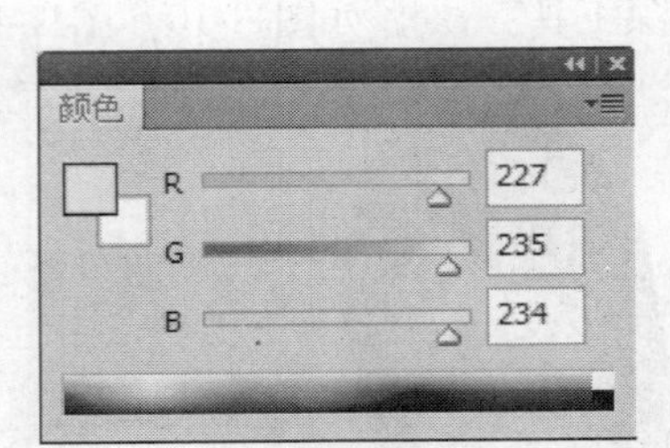

图11-18

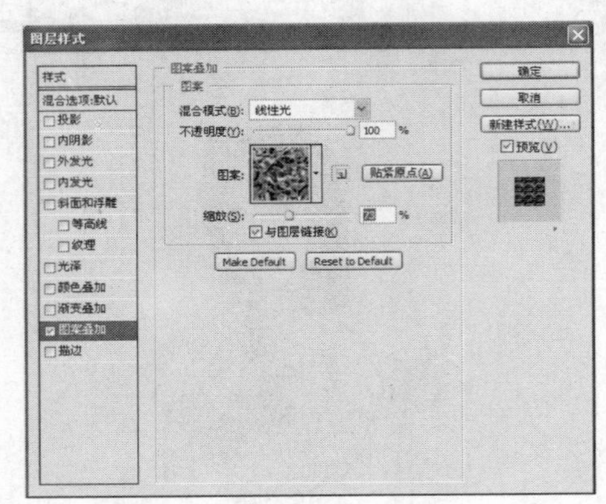

图11-19

图11-20

07 选择“画笔工具”，如图11-21所示设置参数，在画面中绘制图案，效果如图11-22所示。单击“图层”面板底部的“创建新图层”按钮，新建一个图层，图层名称为“图层9”，选择人物腿部路径，将路径转换为选区，设置前景色为黄色进行填充，效果如图11-23所示。选择“减淡工具”，如图11-24所示设置参数，在画面绘制出立体效果，如图11-25所示。

08 单击“图层”面板底部的“创建新图层”按钮，新建一个图层，图层名称为“图层10”，选择“钢笔工具”绘制鞋子路径，将路径转换为选区，设置前景色为黑色进行填充，如图11-26所示。选择“减淡工具”，对图像进行处理，如图11-27所示。

10	模式: 正常	不透明度: 72%	流量: 95%

图11-21

图11-22

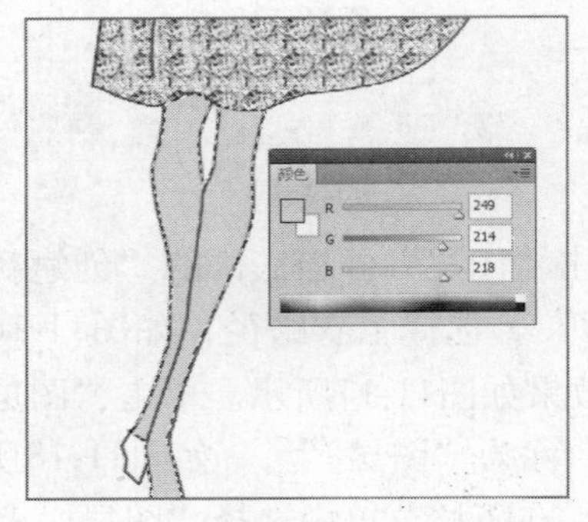

图11-23

图11-24

图11-25

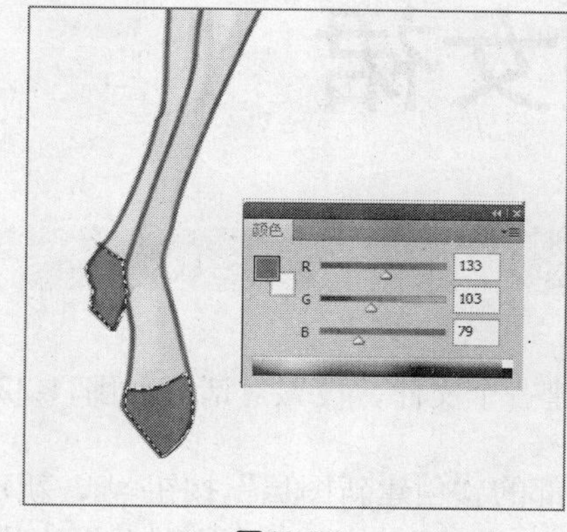

图11-26

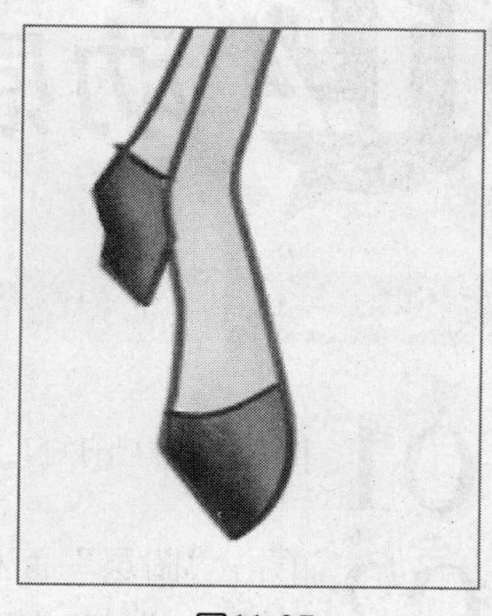

图11-27

09 选择“加深工具”，如图11-28所示设置参数，对图像进行暗部处理，如图11-29所示，整体效果如图11-30所示。打开素材文件夹，导入素材图片、为人体绘制投影，使用“钢笔工具”绘制人影路径，将路径转换为选区，设置前景色为深灰色进行填充，效果如图11-31所示。

图11-28

图11-29

图11-30

图11-31

本实例中使用了“图案叠加”命令，在这里着重讲解图案叠加的使用方法。“图案叠加”效果可以在图层上叠加指定的图案，并且可以缩放图案、设置图案的不透明度和混合模式。如果素材库中的图案令你不满意，也可以自己做一个图案效果存放在图案库中，然后调出来放在图像上。

11.2 动感女裙

设计步骤

01 按快捷键Ctrl+N，新建一个文件，设置对话框如图11-32所示。

02 单击“图层”面板底部的“创建新图层”按钮，新建一个图层，图层名称为“图层1”，选择“钢笔工具”，在画面中绘制人物的整体路径，如图11-33所示。选择“画笔工具”，为路径描边，效果如图11-34所示。

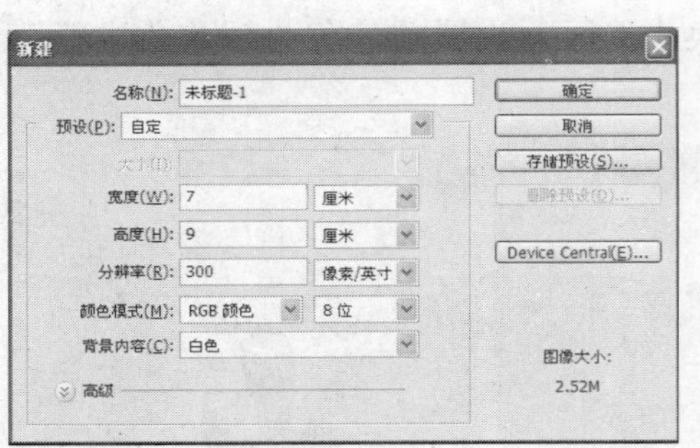

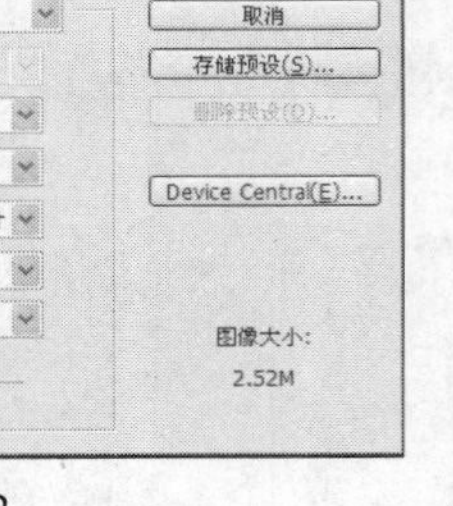

图11-32

图11-33

图11-34

03 选择“画笔工具”，如图11-35、图11-36所示设置参数，分别设置蓝、绿、粉、黄色在画面中绘制，效果如图11-37所示。选择“画笔工具”，如图11-38所示设置参数，在画面中绘制衣服上的装饰图案，效果如图11-39所示。使用“画笔工具”绘制上衣的图案纹理，效果如图11-40所示。

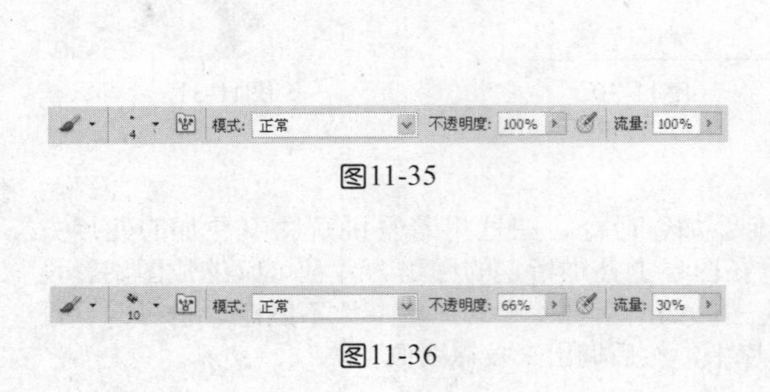

图11-35

图11-36

图11-37

图11-38

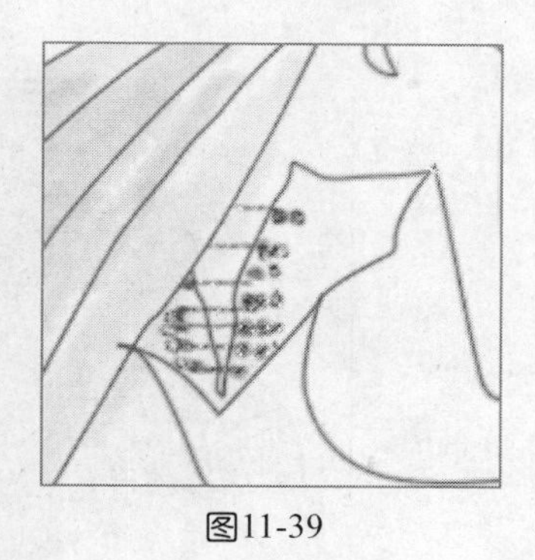
图11-39

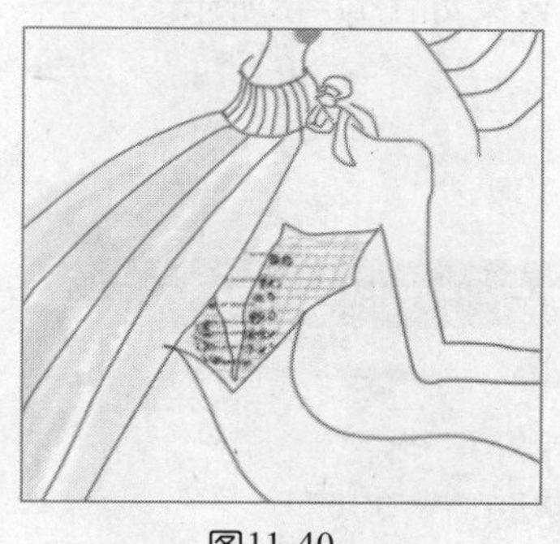
图11-40

04 单击“图层”面板底部的“创建新图层”按钮，新建一个图层，图层名称为“图层2”，选择裙子路径，设置前景色为黑色进行填充，效果如图11-41所示。单击“图层”面板底部的“创建新图层”按钮，新建一个图层，图层名称为“图层3”，选择“钢笔工具”，在画面中绘制图案，设置前景色为白色进行填充，效果如图11-42所示。如图11-43所示，设置前景色为浅紫色并填充。选择“画笔工具”，如图11-44所示设置参数，在画面中绘制，效果如图11-45所示。选择“钢笔工具”绘制裙子上的穗子路径，分别设置前景色为粉色和灰色进行填充，效果如图11-46所示。

图11-41

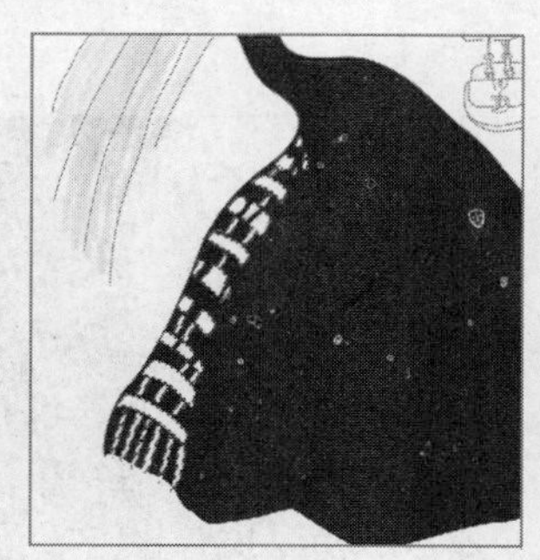
图11-42

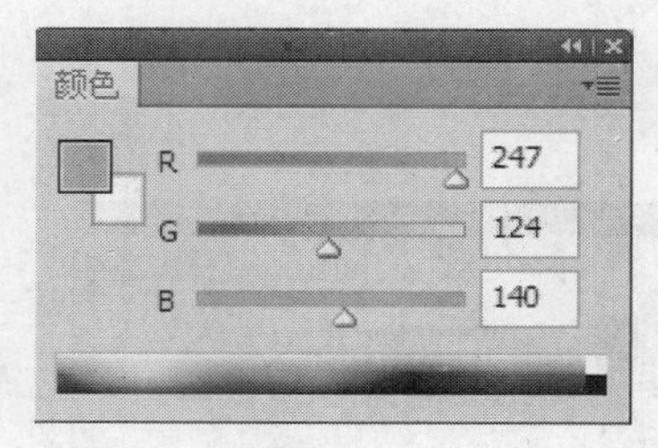

图11-43

图11-44

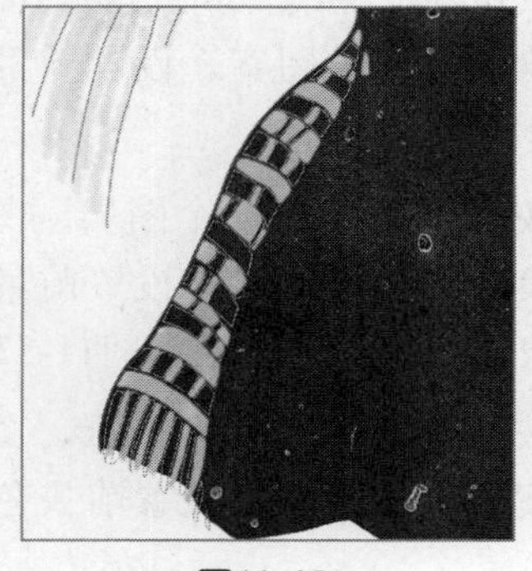
图11-45

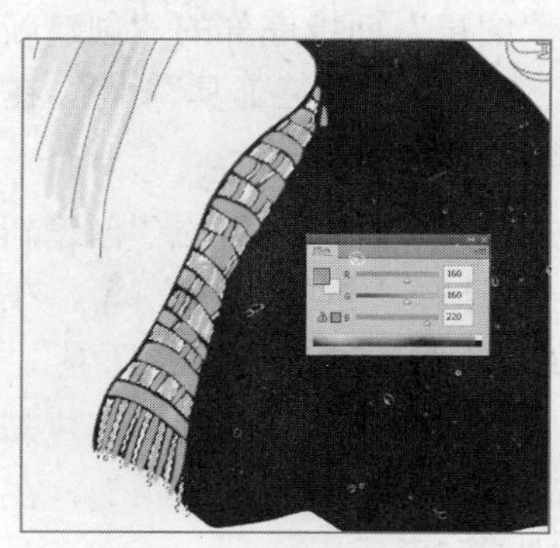
图11-46

05 单击“图层”面板底部的“创建新图层”按钮，新建一个图层，图层名称为“图层4”，选择“钢笔工具”，绘制其他图案路径，如图11-47所示。设置前景色为紫色进行填充，效果如图11-48所示。

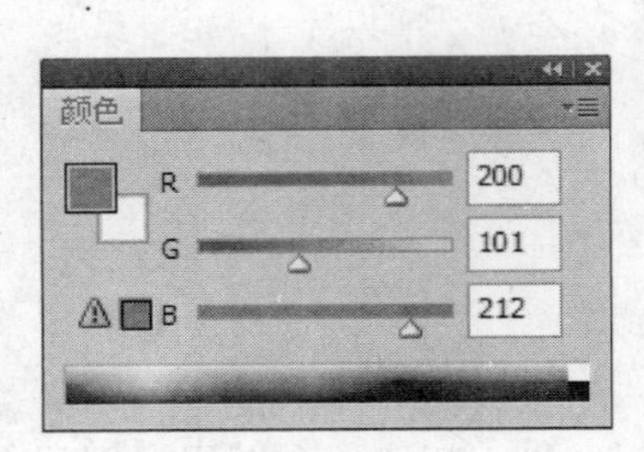

图11-47

图11-48

06 如图11-49所示，设置前景色为深紫色，使用“加深工具”、“减淡工具”在画面中对颜色进行处理。使用“钢笔工具”绘制孔雀头部路径，分别设置不同的前景色进行填充，效果如图11-50所示。单击“图层”面板底部的“创建新图层”按钮，新建一个图层，图层名称为“图层5”，使用“钢笔工具”绘制不同的色彩路径，填充不同的色彩，使用“加深工具”、“减淡工具”在画面中绘制，使图案呈现立体感，效果如图11-51所示。

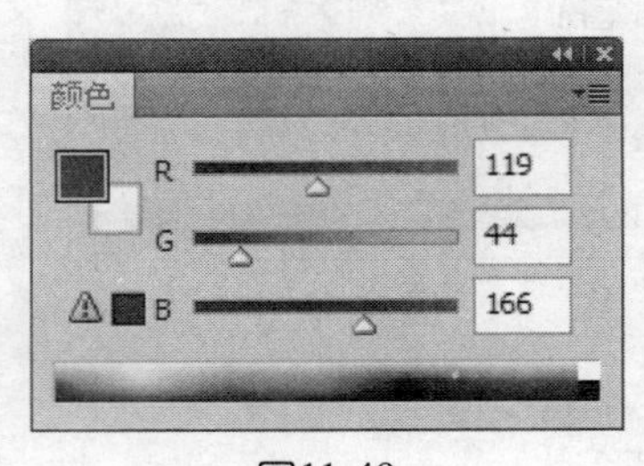

图11-49

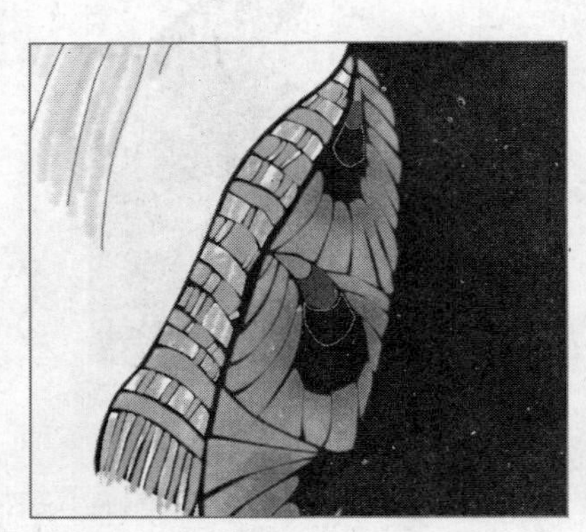

图11-50

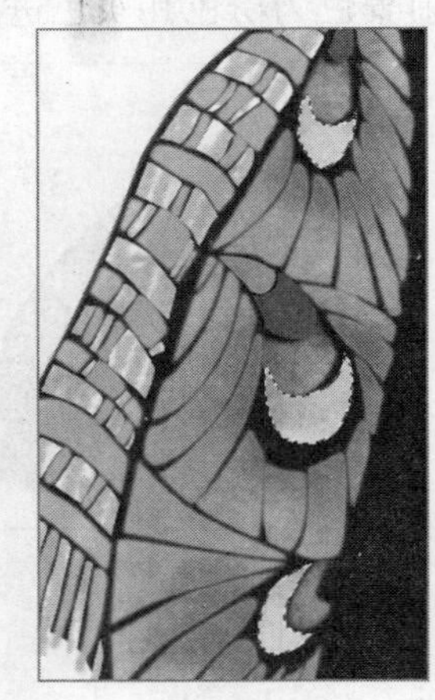

图11-51

07 单击“图层”面板底部的“创建新图层”按钮，新建一个图层，图层名称为“图层6”，选择“钢笔工具”，在画面中绘制不规则图案，设置前景色为粉色进行填充，效果如图11-52所示。

08 单击“图层”面板底部的“创建新图层”按钮，新建一个图层，图层名称为“图层7”，选择“钢笔工具”，在粉色图案之下绘制图案，设置前景色为绿色进行填充，使用“加深工具”、“减淡工具”对图像进行处理，效果如图11-53所示。

09 单击“图层”面板底部的“创建新图层”按钮，新建一个图层，图层名称为“图层8”，选择“钢笔工具”，在绿色图案中绘制路径，设置前景色为淡蓝色进行填充，效果如图11-54所示。

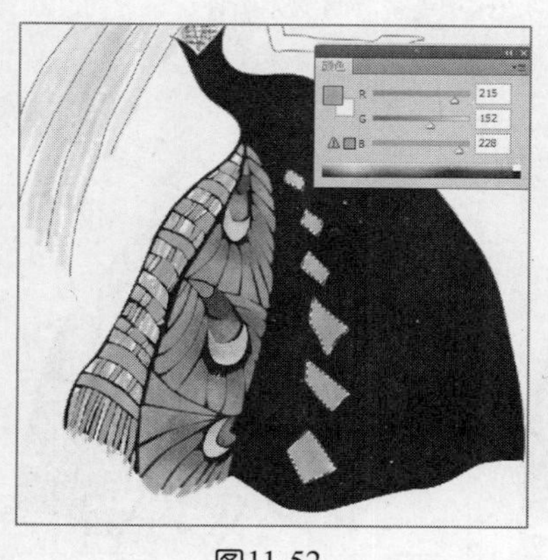

图11-52

图11-53

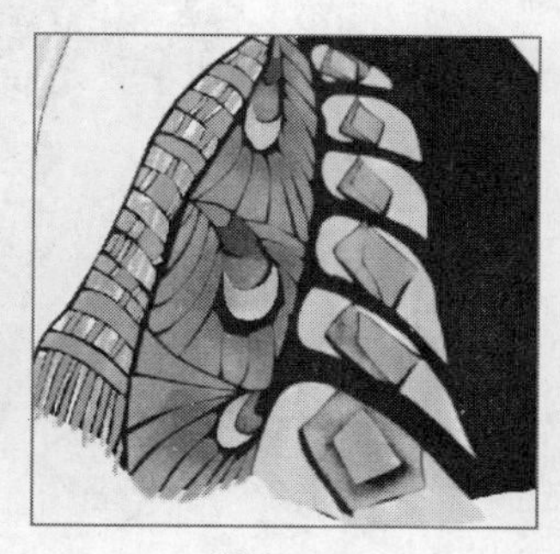
图11-54

10 单击“图层”面板底部的“创建新图层”按钮，新建一个图层，图层名称为“图层9”，选择“钢笔工具”，在画面中绘制长条矩形路径，将路矩转换为选区，设置前景色为黄色进行填充，效果如图11-55所示。

11 单击“图层”面板底部的“创建新图层”按钮，新建一个图层，图层名称为“图层10”，选择“钢笔工具”，在画面中绘制曲线路径，设置前景色为白色进行填充，效果如图11-56所示。

12 单击“图层”面板底部的“创建新图层”按钮，新建一个图层，图层名称为“图层11”，选择“钢笔工具”，在画面中绘制流线形曲线路径，将路径转换为选区，设置前景色为蓝色进行填充，使用“加深工具”、“减淡工具”对图像进行处理，效果如图11-57所示。

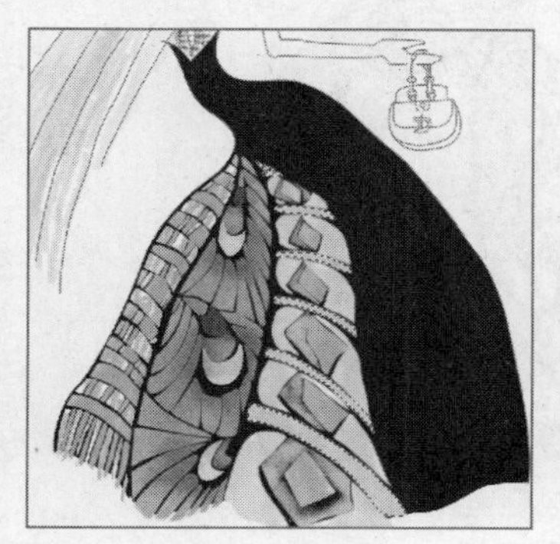
图11-55

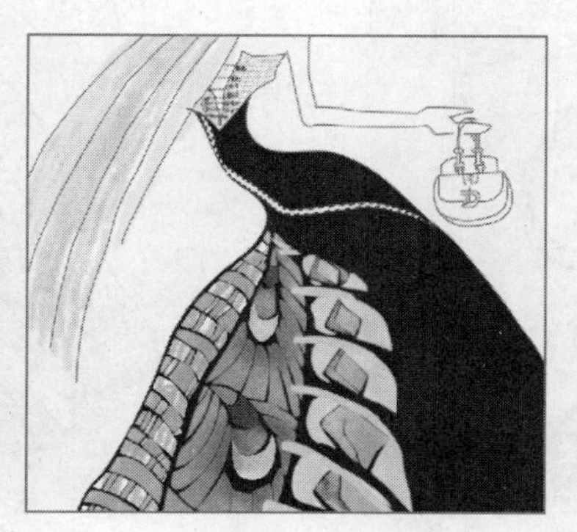
图11-56

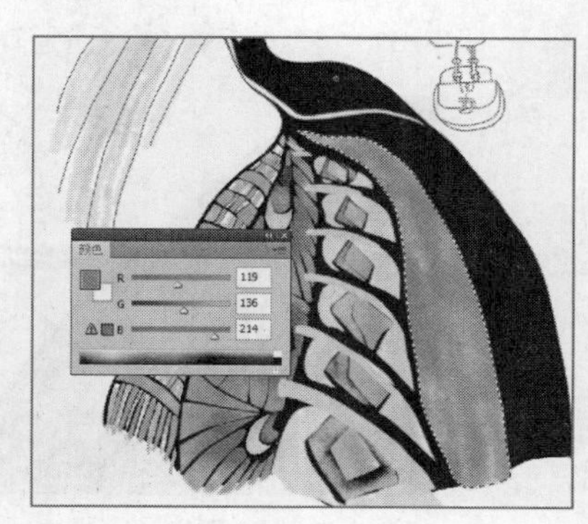

图11-57

13 新建两个图层，图层名称为“图层12、图层13”，选择“钢笔工具”，在画面中绘制花和树叶的图案，设置前景色为绿色填充树叶，设置前景色为黄色填充花朵，使用“加深工具”、“减淡工具”对图像进行处理，效果如图11-58所示。

14 新建一个图层，图层名称为“图层14”，选择“钢笔工具”，在画面中绘制图案，填充颜色，效果如图11-59所示。

15 单击“图层”面板底部的“创建新图层”按钮，新建一个图层，图层名称为“图层15”，选择“钢笔工具”，在裙子的右侧绘制不规则图案，设置前景色为粉色进行填充，使用“加深工具”、“减淡工具”对图像进行处理，效果如图11-60所示。

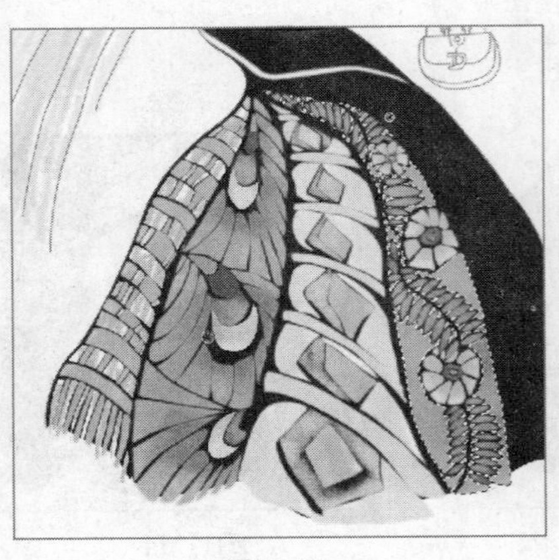

图11-58

图11-59

图11-60

16 新建两个图层，图层名称为“图层16、图层17”，在画面中绘制花朵的路径，设置前景色为红色进行填充。使用“钢笔工具”绘制花芯，选择绿色进行填充。使用“加深工具”、“减淡工具”对图像进行处理，效果如图11-61所示，打开素材文件夹，调入素材放置在背景图层，最终效果如图11-62所示。

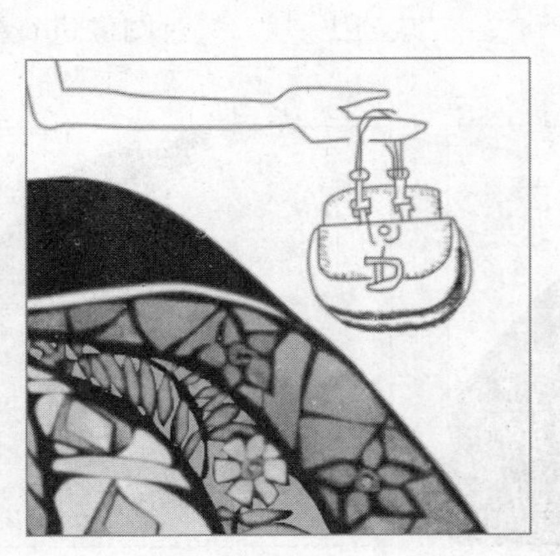

图11-61

图11-62

本实例在绘制图案的时候，将路径转换选区之后填充色彩，这一节讲解选区。有一种使用蒙版创建选区的方法。使用白色涂抹快速蒙版时，被涂抹的区域会显示出图像，这样可以扩展选区；用黑色涂抹的区域会覆盖一层半透明的宝石红色，这样可以收缩选区；用灰色涂抹的区域可以得到羽化的选区。

11.3 性感女装

设计步骤

01 按快捷键Ctrl+N，新建一个文件，设置对话框如图11-63所示。

02 单击“图层”面板底部的“创建新图层”按钮，新建一个图层，图层名称为“图层1”，选择“钢笔工具”，在画面中绘制人物整体轮廓路径，如图11-64所示。选择“画笔工具”，为路径描边，效果如图11-65所示。

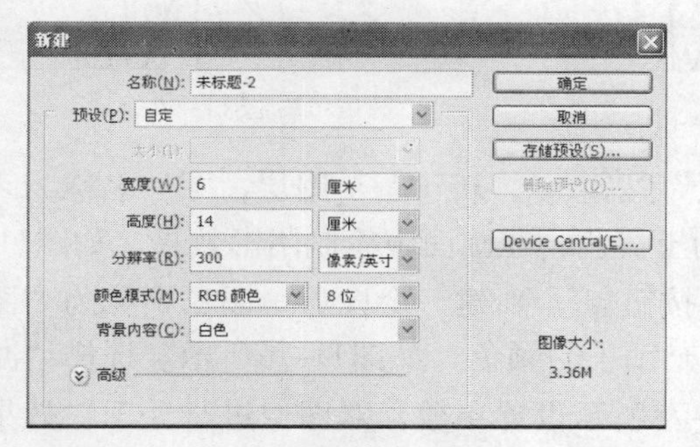

图11-63

图11-64

图11-65

03 单击“图层”面板底部的“创建新图层”按钮，新建一个图层，图层名称为“图层2”，如图11-66所示，设置前景色为黄色，在头部绘制，效果如图11-67所示。单击“图层”面板底部的“创建新图层”按钮，新建一个图层，图层名称为“图层3”，如图11-68所示，设置前景色为土黄色，在画面中填充人物脸部肌肤，效果如图11-69所示。

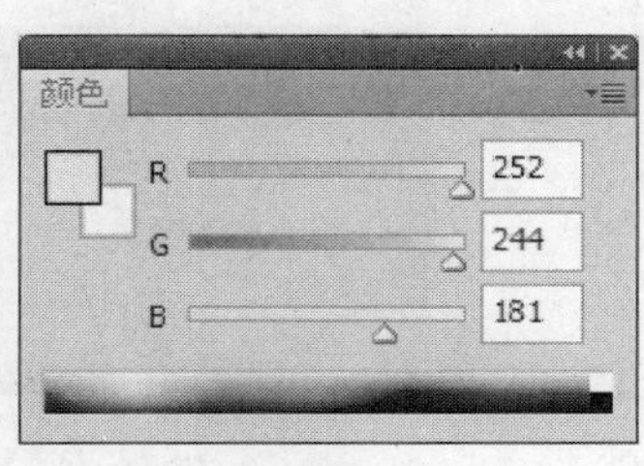

图11-66

图11-67

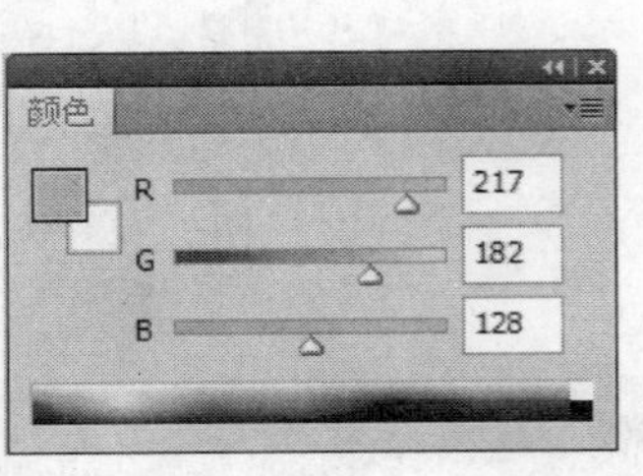

图11-68

图11-69

04 单击“图层”面板底部的“创建新图层”按钮，新建一个图层，图层名称为“图层4”， 如图11-70所示，设置前景色为黄色，在脸部填充颜色，效果如图11-71所示。单击“图层”面板底部的“创建新图层”按钮，新建一个图层，图层名称为“图层5”，使用“画笔工具”在脸上绘制腮红、眼睛、睫毛和嘴唇的颜色，效果如图11-72所示。

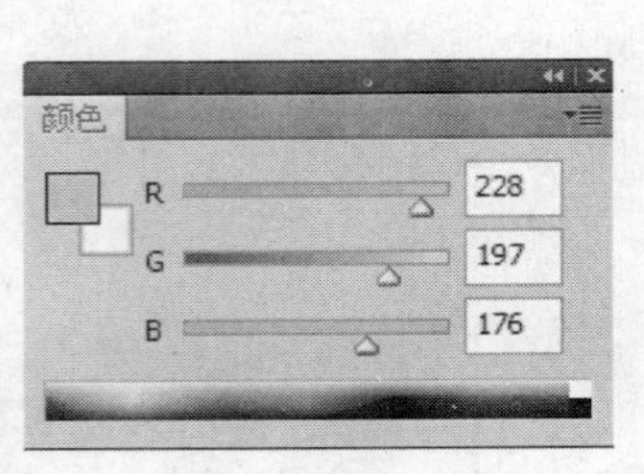

图11-70

图11-71

图11-72

05 单击“图层”面板底部的“创建新图层”按钮，新建一个图层，图层名称为“图层6”， 如图11-73所示，设置前景色为土黄色，在画面中绘制阴影效果，如图11-74所示。单击“图层”面板底部的“创建新图层”按钮，新建一个图层，图层名称为“图层7”，设置前景色为土黄色，如图11-75所示。填充领子的颜色，如图11-76所示。选择“减淡工具”、“加深工具”，如图11-77、图11-78所示设置参数，对图像进行处理，效果如图11-79所示。

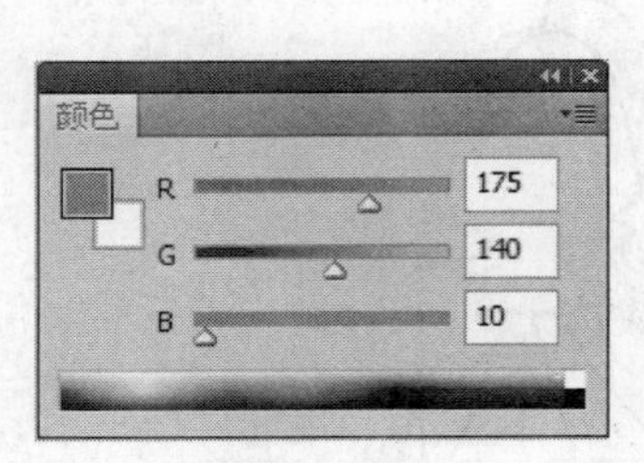

图11-73

图11-74

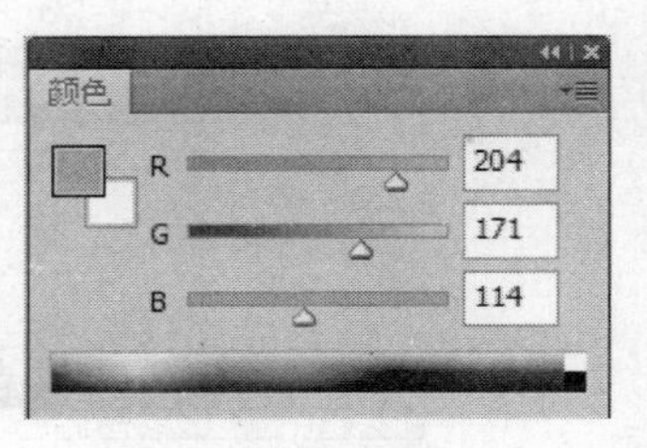

图11-75

图11-76

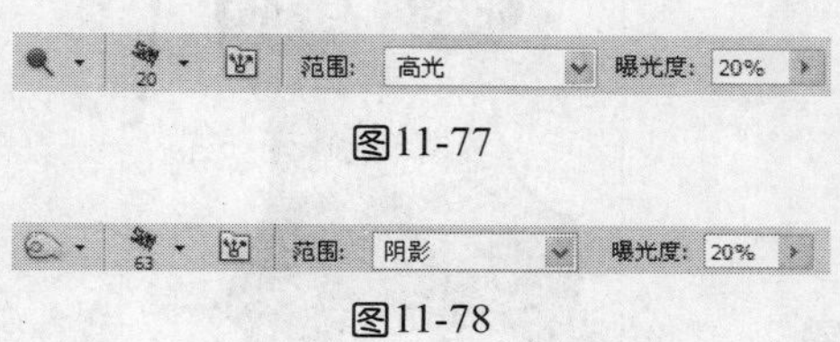

图11-77

图11-78

图11-79

06 单击“图层”面板底部的“创建新图层”按钮，新建一个图层，图层名称为“图层8”，选择上衣路径，将路径转换为选区，选择“画笔工具”，设置画笔颜色如图11-80、图11-81所示，在画面中填充颜色，效果如图11-82所示。选择“减淡工具”、“加深工具”，如图11-83、图11-84、图11-85所示设置参数，对图像进行处理，效果如图11-86所示。

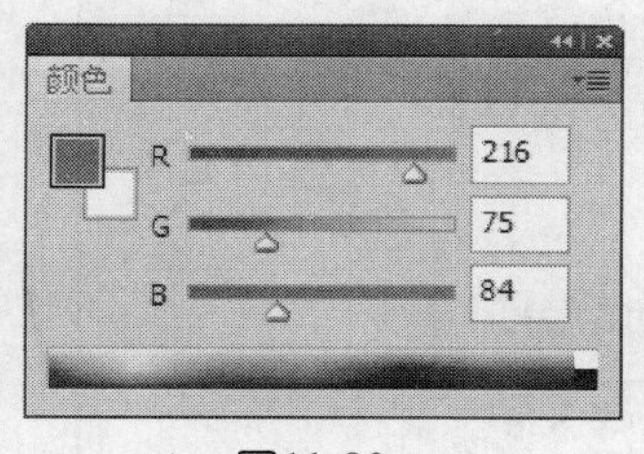

图11-80

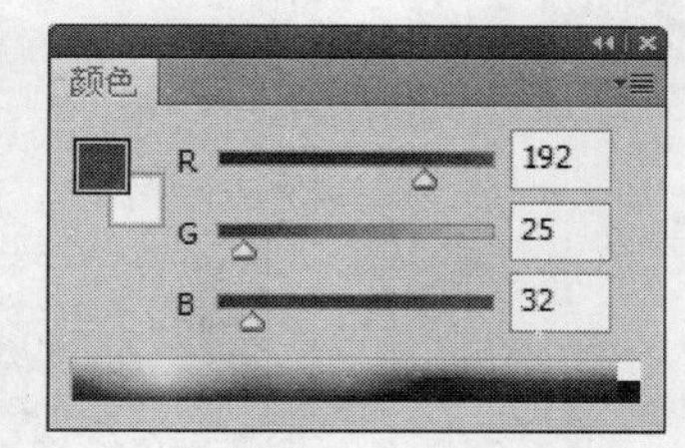

图11-81

图11-82

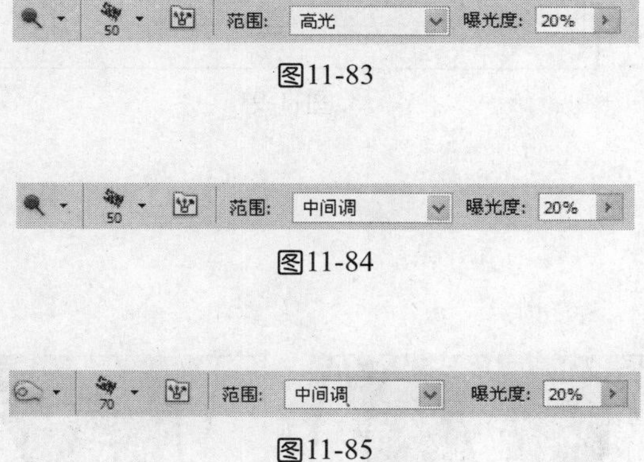

图11-83

图11-84

图11-85

图11-86

07 单击“图层”面板底部的“创建新图层”按钮，新建一个图层，图层名称为“图层9”，使用“钢笔工具”绘制装饰路径，将路径转换为选区，如图11-87所示，设置前景色为土黄色，填充后，效果如图11-88所示，选择“减淡工具”，对图像进行处理，效果如图11-89所示。单击“图层”面板底部的“创建新图层”按钮，新建一个图层，图层名称为“图层10”，选择“椭圆工具”，在画面中绘制腰带，设置前景色为土黄色进行填充，效果如图11-90所示。单击“图层”面板底部的按钮，在下拉菜单中选择“图层样式/斜面浮雕”、“图层样式/等高线”命令，如图11-91、图11-92所示设置参数，效果如图11-93所示。复制此腰带的图案并摆放在下面，效果如图11-94所示。

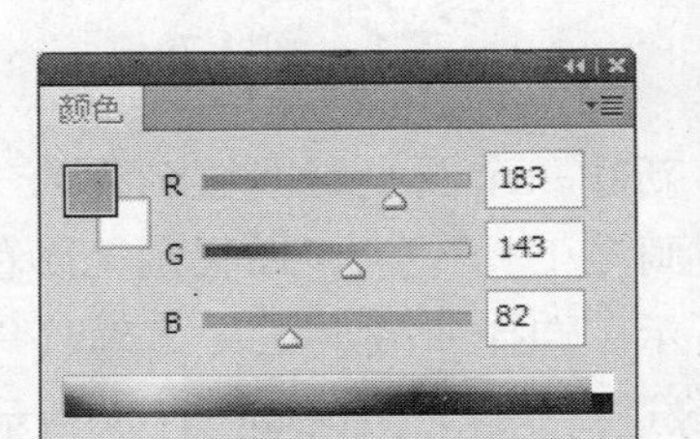

图11-87

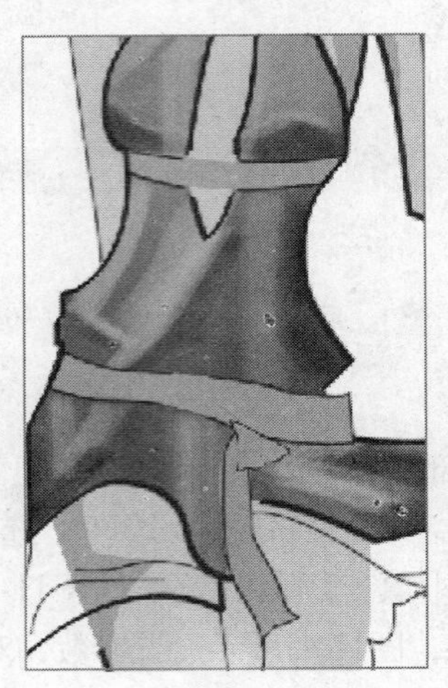

图11-88

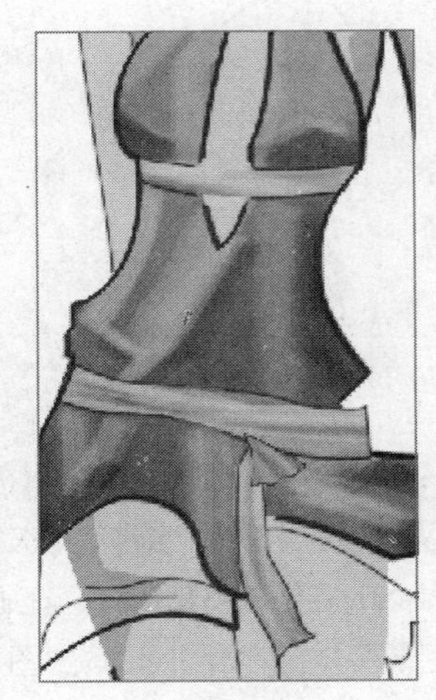

图11-89

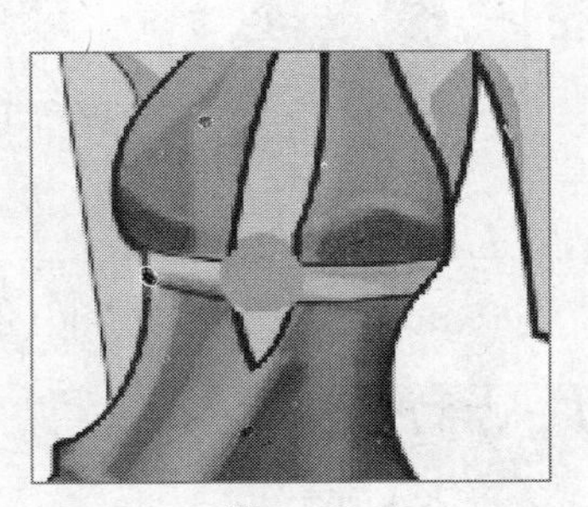

图11-90

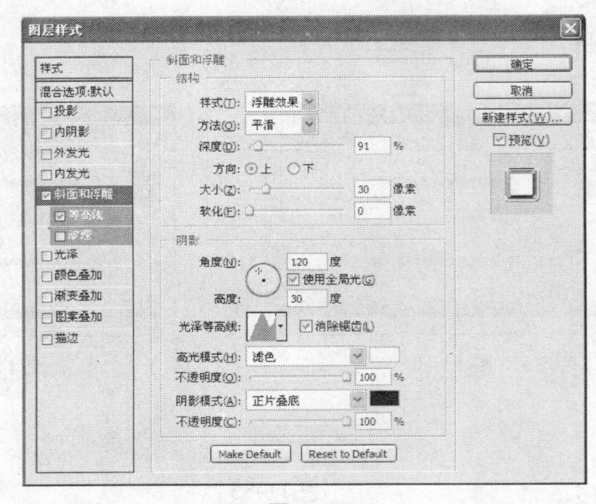

图11-91

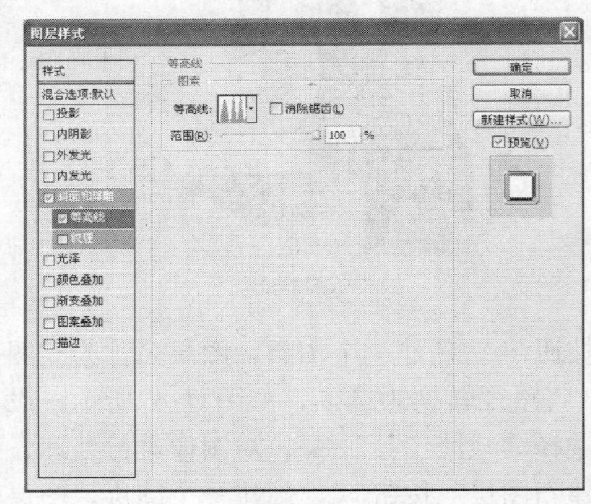

图11-92

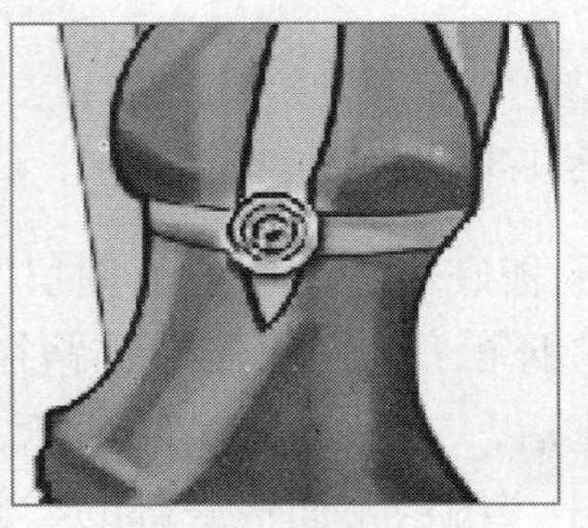

图11-93

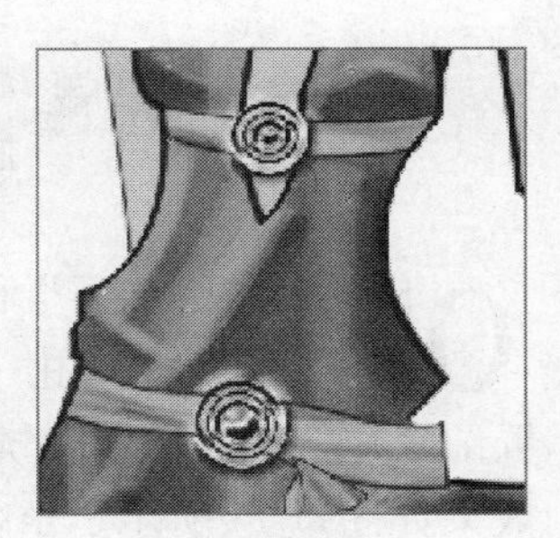

图11-94

08 单击“图层”面板底部的“创建新图层”按钮，新建两个图层，图层名称为“图层11、图层12”，在画面中绘制短裤的路径，将路径转换为选区，设置前景色为淡

粉色进行填充，适度降低此图层的不透明度，效果如图11-95所示。设置前景色为白色，使用“加深工具”、“减淡工具”对短裤的颜色进行绘制，效果如图11-96所示。使用“钢笔工具”绘制裙摆，设置前景色为淡粉色进行填充。使用“加深工具”、“减淡工具”在画面绘制，效果如图11-97所示。使用“钢笔工具”在画面绘制落在下方的裙摆，设置前景色为粉色填充。使用“加深工具”、“减淡工具”对图像进行处理，效果如图11-98所示。

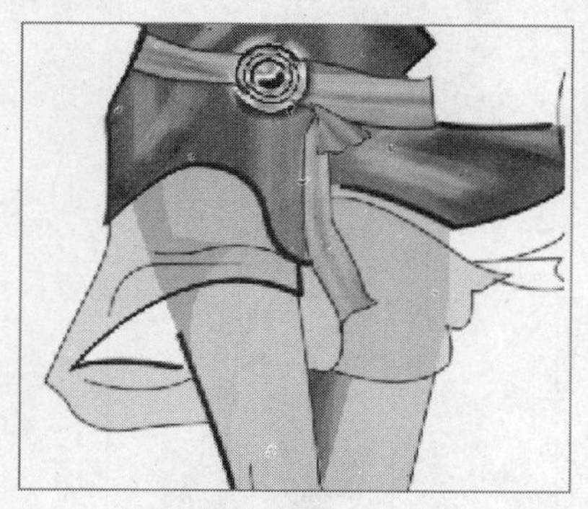

图11-95

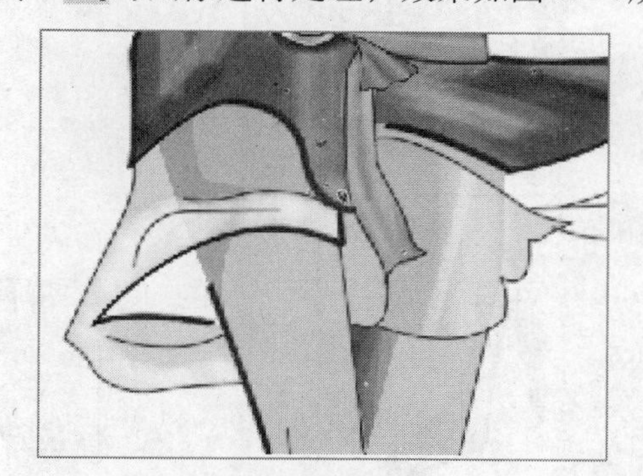

图11-96

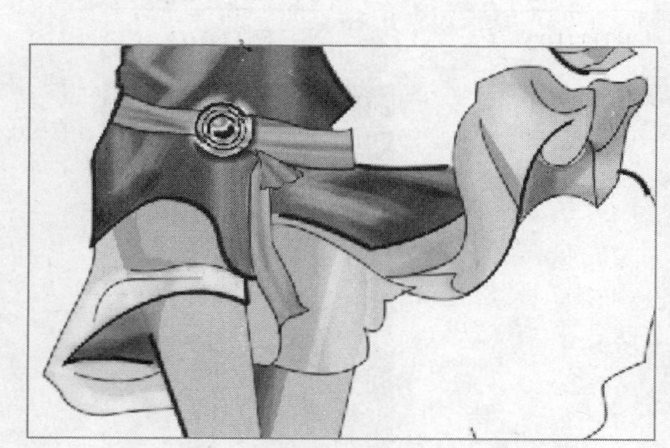

图11-97

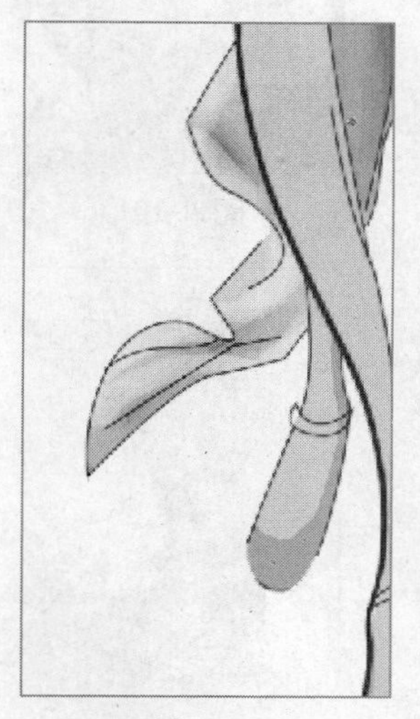

图11-98

09 单击“图层”面板底部的“创建新图层”按钮，新建一个图层，图层名称为“图层13”，选择“钢笔工具”绘制裙摆飘起来的效果，选择“渐变工具”，设置渐变颜色由淡紫色到淡粉色，填充裙摆内侧路径，效果如图11-99所示。使用“钢笔工具”，在裙摆内侧绘制不同区域的色彩路径，分别设置深棕色、浅棕色、深咖啡色、土红色进行填充，效果如图11-100所示。单击“图层”面板底部的“创建新图层”按钮，新建一个图层，图层名称为“图层14”，在手腕位置绘制手镯路径，设置前景色为黄色进行填充，效果如图11-101所示。使用“钢笔工具”在脚腕位置绘制脚环路径，设置前景色为黄色进行填充，效果如图11-102所示。使用“钢笔工具”在脚面上绘制鞋的装饰花朵图案，设置前景色为红色进行填充，使用“加深工具”、“减淡工具”对图像进行处理，效果如图11-103所示。整体效果如图11-104所示，打开素材文件夹，导入素材图片，最终效果如图11-105所示。

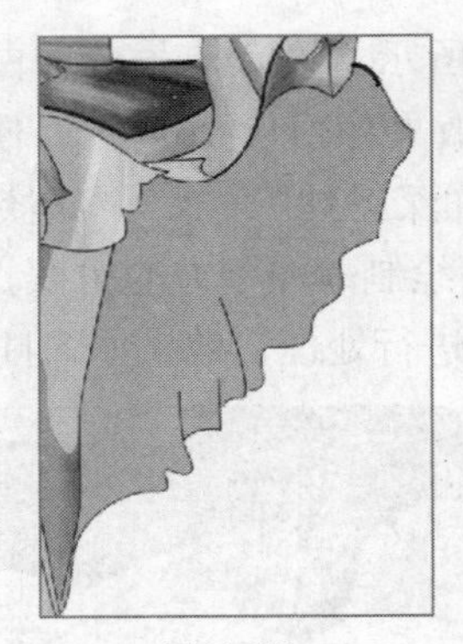

图11-99

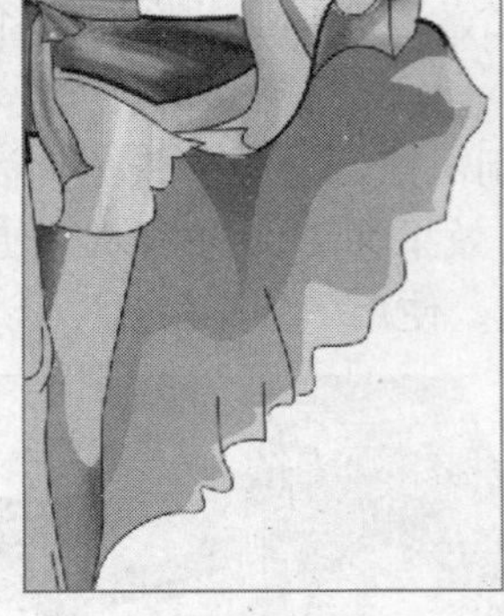

图11-100

图11-101

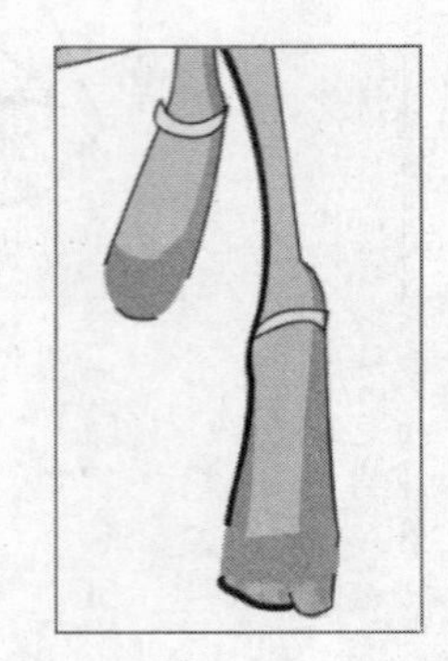

图11-102

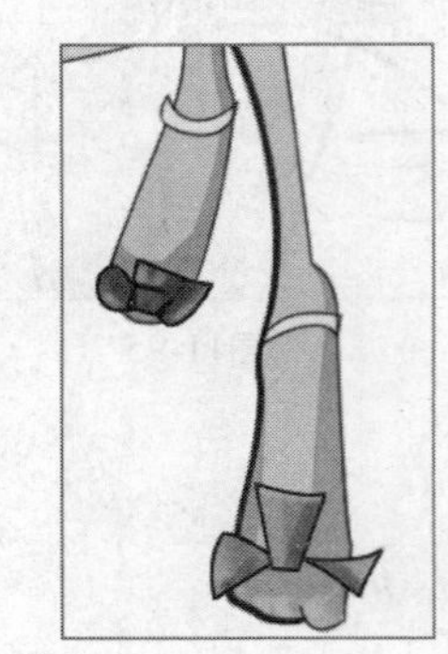

图11-103

图11-104

图11-105

如果想为衣服添加图案，而图案库里没有你想要的图案时，可以单击面板右上角的小三角按钮，选择“图案”命令，加载该图案库。

11.4 小摆女裙

设计步骤

01 按快捷键Ctrl+N，新建一个文件，设置对话框如图11-106所示。

02 单击“图层”面板底部的“创建新图层”按钮，新建一个图层，图层名称为“图层1”，选择“钢笔工具”，在画面中绘制人物的整体轮廓，选择“画笔工具”，为路径描边，效果如图11-107所示。

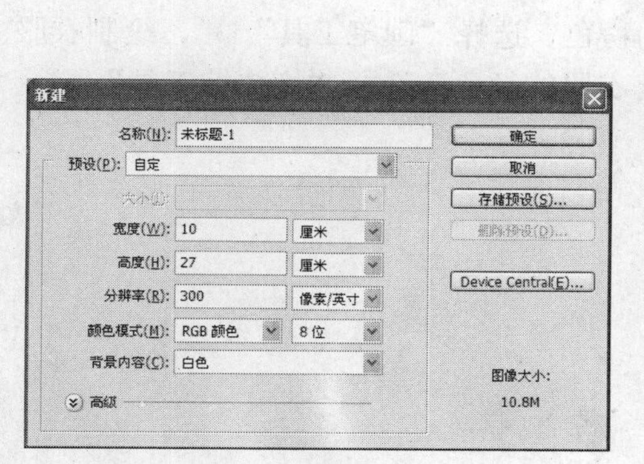

图11-106

图11-107

03 选择“画笔工具”，如图11-108、图11-109所示设置参数，效果如图11-110所示。单击“图层”面板底部的“创建新图层”按钮，新建一个图层，图层名称为“图层2”，设置前景色为米黄色，填充颜色后，效果如图11-111所示。选择“加深工具”，如图11-112所示设置参数，对图像进行处理，效果如图11-113所示。单击“图层”面板底部的“创建新图层”按钮，新建一个图层，图层名称为“图层3”，设置前景色为紫色，绘制脸部腮红，效果如图11-114所示。

5　模式: 正常　不透明度: 100%　流量: 100%

图11-108

30　模式: 正常　不透明度: 22%　流量: 100%

图11-109

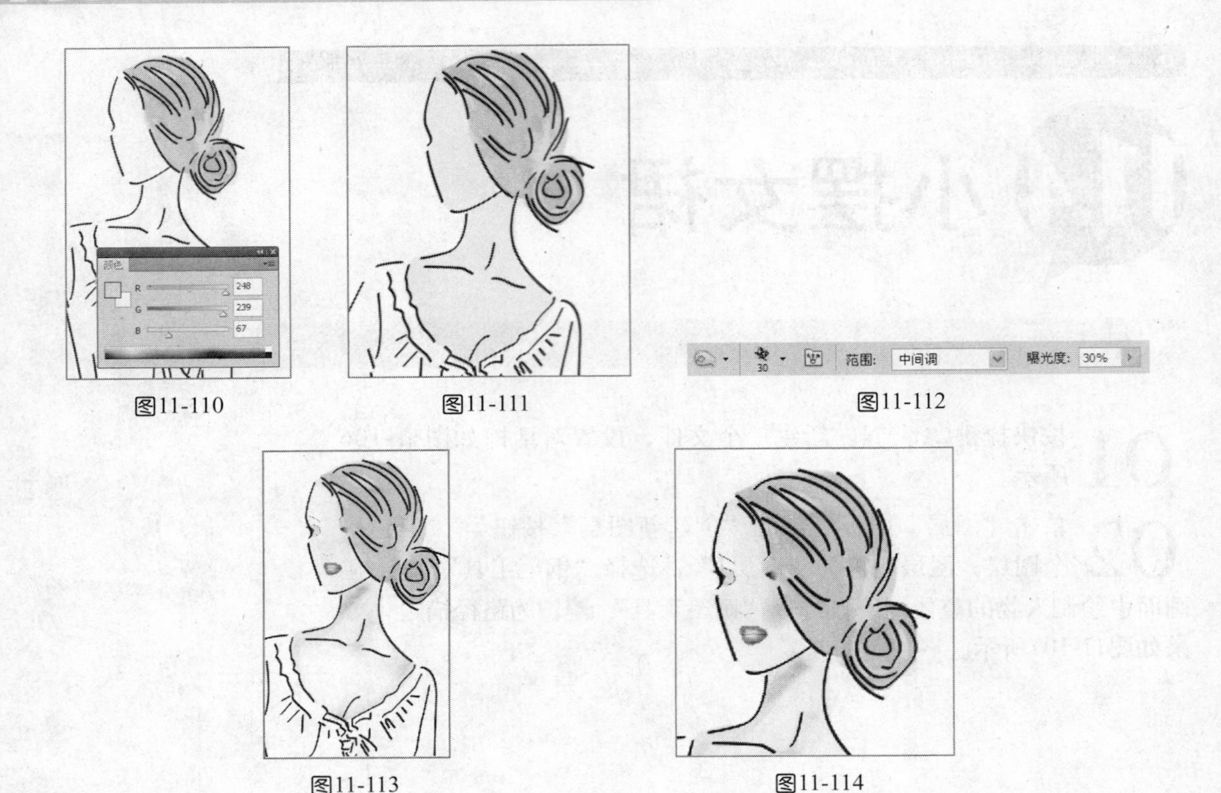

图11-110　图11-111　图11-112

图11-113　图11-114

04 如图11-115所示，设置前景色为粉色，选择“画笔工具”，绘制衣服上的路径，如图11-116所示设置参数，填充衣服的颜色。选择“橡皮擦工具”，如图11-117所示设置参数，效果如图11-118所示。

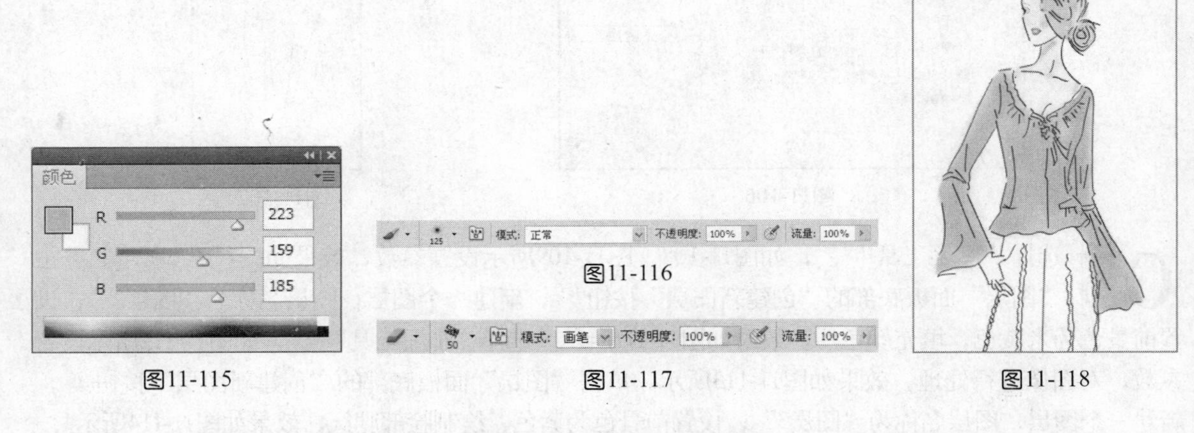

图11-115　图11-116　图11-117　图11-118

05 选择“画笔工具”，如图11-119所示设置参数，在画面中绘制，效果如图11-120所示。选择“画笔工具”，如图11-121所示设置参数，调整衣服的透明度，效果如图11-122所示。

图11-119

图11-120

图11-121

图11-122

06 单击“图层”面板底部的“创建新图层”按钮，设置前景色为深粉色，新建一个图层，图层名称为“图层3”，如图11-123所示设置前景色，在画面中绘制服装上的装饰图案，效果如图11-124所示。选择“加深工具”，如图11-125所示设置参数，加深图案的颜色，效果如图11-126所示。

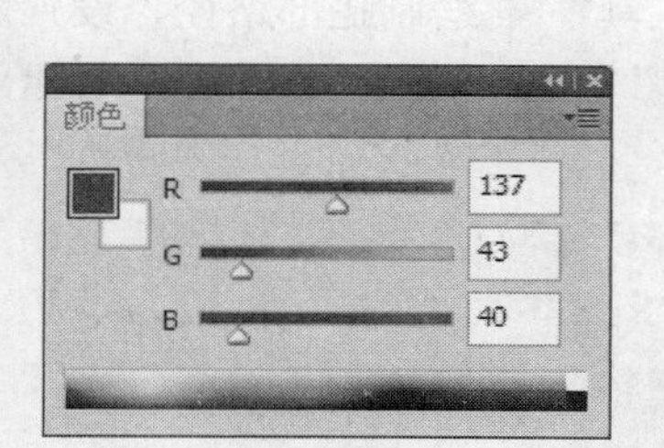

图11-123

图11-124

范围: 中间调　曝光度: 14%

图11-125

图11-126

07 选择“画笔工具”，如图11-127所示设置参数，在画面中绘制，效果如图11-128所示。单击“图层”面板底部的“创建新图层”按钮，新建一个图层，图层名称为“图层4”，如图11-129所示，设置前景色为土黄色，填充裙子颜色，效果如图11-130所示。选择“橡皮擦工具”，如图11-131所示设置参数，调整裙子的明暗度，效果如图11-132所示。

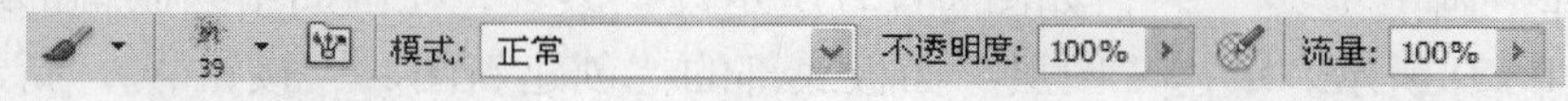

图11-127

图11-128

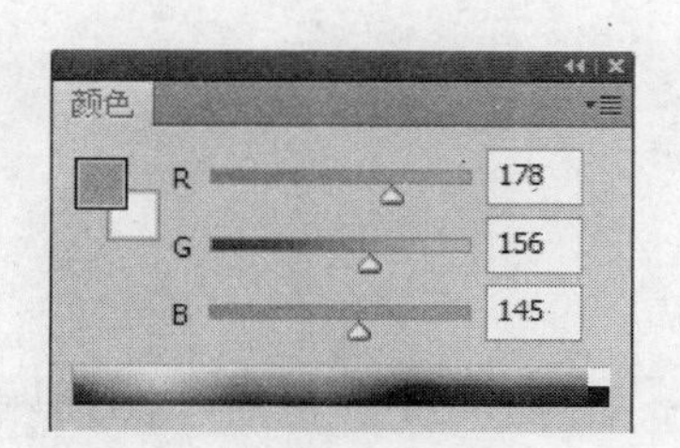

图11-129

图11-130

图11-131

图11-132

08 新建四个图层，图层名称为“图层5、图层6、图层7、图层8”，选择“钢笔工具”，在画面中绘制缝合线路径，使用“画笔工具”为路径描边，效果如图11-133所示。设置画笔颜色为白色，绘制效果如图11-134所示。选择“钢笔工具”绘制腿部路径，设置前景色为淡黄色进行填充，效果如图11-135所示。使用“加深工具”、“减淡工具”对腿部进行修饰，使腿部呈现出立体效果，如图11-136所示。

图11-133

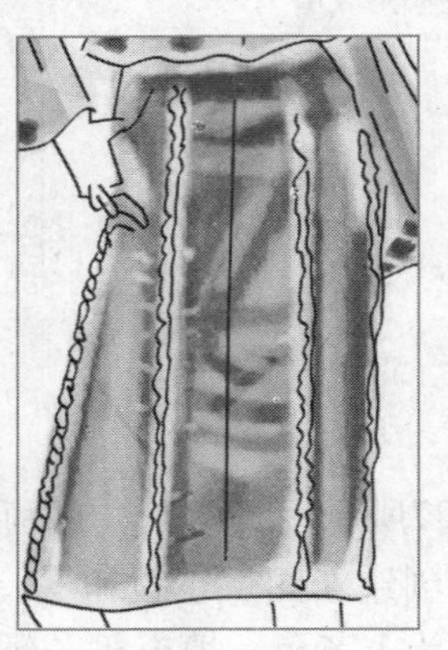

图11-134

图11-135

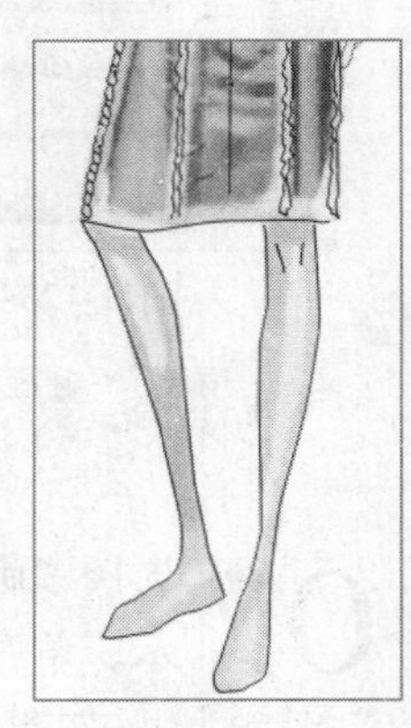

图11-136

09 选择“画笔工具”，如图11-137所示设置参数，在画面中绘制脚部路径，效果如图11-138所示。单击“图层”面板底部的“创建新图层”按钮，新建一个图层，图层名称为“图层9”，如图11-139所示，设置前景色土黄色，在画面中绘制脚指颜色，效果如图11-140所示。打开素材文件夹，导入素材图片，最终效果如图11-141所示。

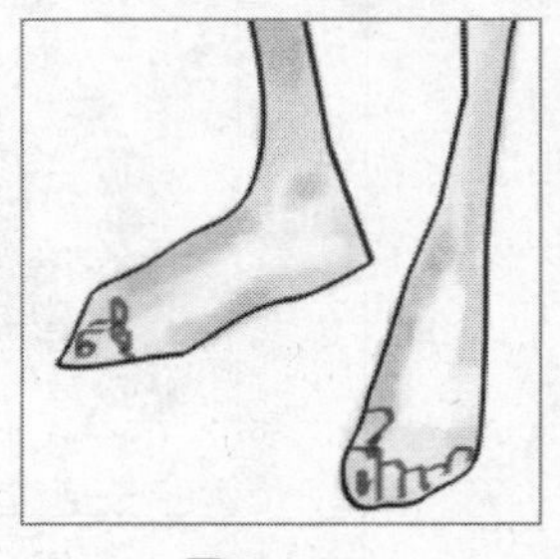

图11-138

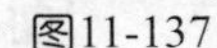

图11-137

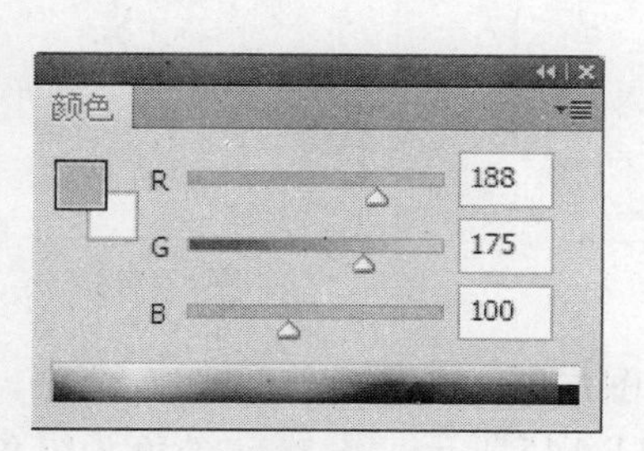

图11-139

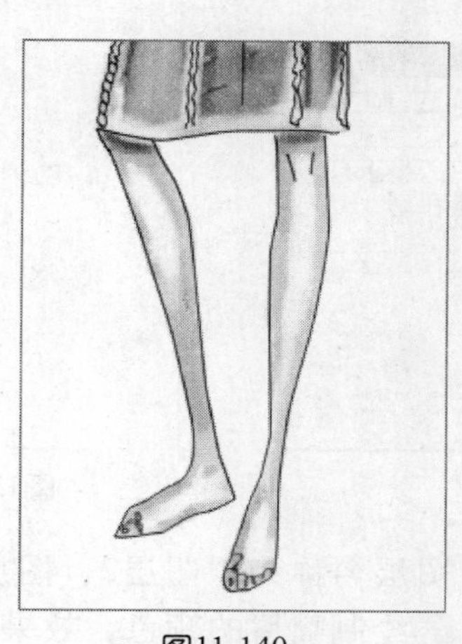

图11-140

图11-141

使用画笔工具时，按下“[”键可减小画笔的直径，按下“]”键增加画笔的直径；对于实边例、柔边圆和书法画笔，按下“shift+[”键可减少画笔的硬度，按下“shift+]”键则增加画笔的硬度。按下键盘中的数字键可以调整工具的不透明度。例如，按下1时，不透明度为10%；按下5时，不透明度为50%；按下0，不透明度会恢复为100%。

11.5 荷叶裙

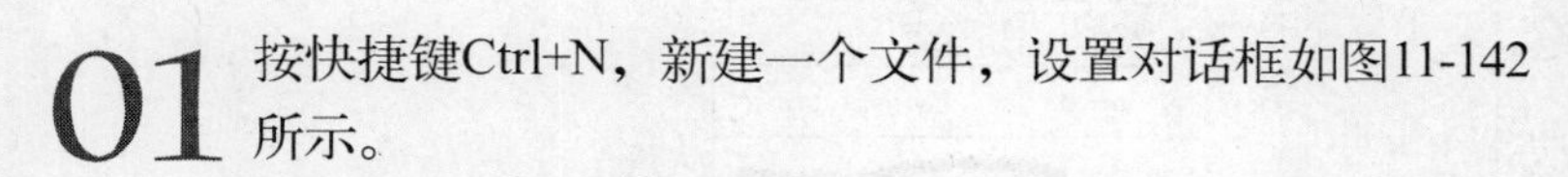

01 按快捷键Ctrl+N，新建一个文件，设置对话框如图11-142所示。

02 单击“图层”面板底部的“创建新图层”按钮，新建一个图层，图层名称为“图层1”，选择“钢笔工具”，在画面中绘制人物轮廓路径，如图11-143所示。选择“画笔工具”，为路径描边，效果如图11-144所示。

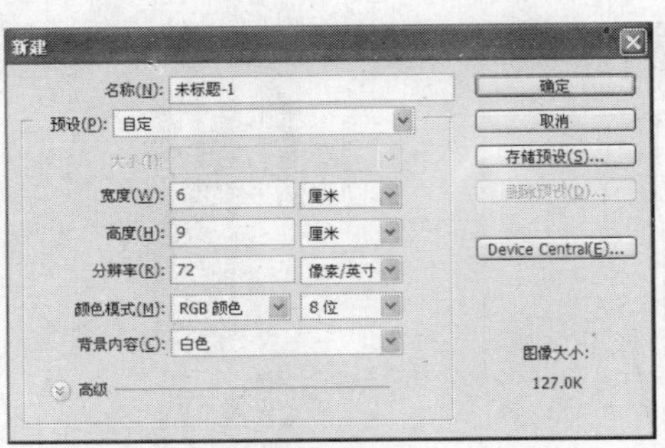

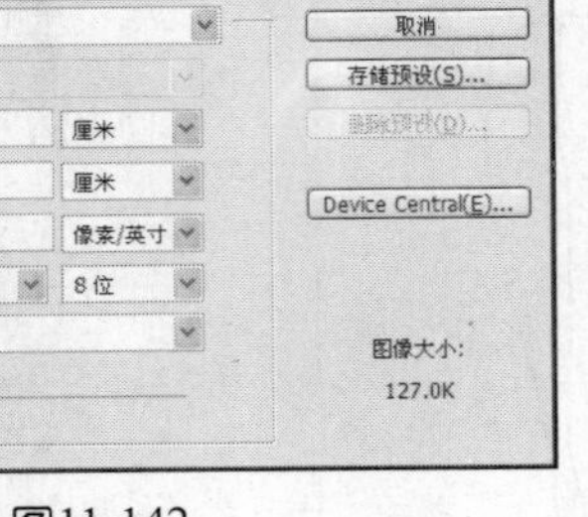

图11-142

图11-143

图11-144

03 新建三个图层，图层名称为“图层2、图层3、图层4”，设置前景色为粉色，选择“画笔工具”绘制嘴唇的颜色，效果如图11-145所示。设置前景色为绿色，绘制头发上的装饰物，效果如图11-146所示。再选择其他的前景色，在画面绘制头饰效果，如图11-147所示。

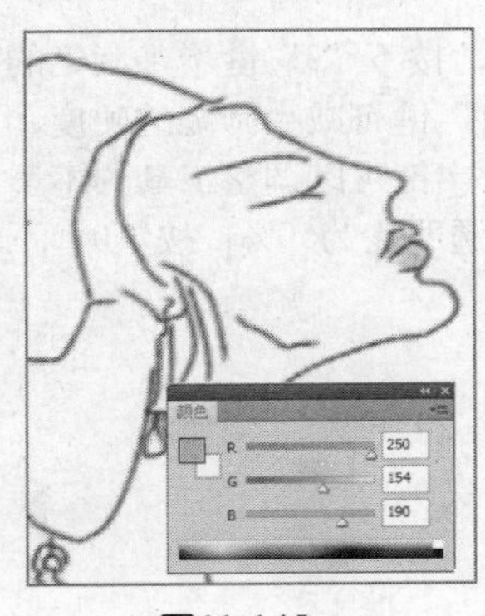

图11-145

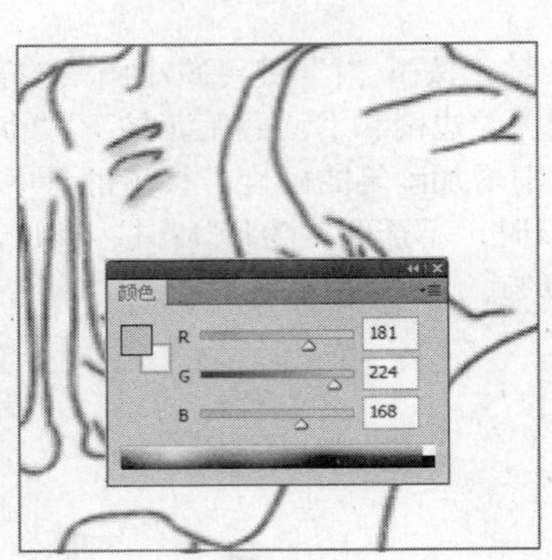

图11-146

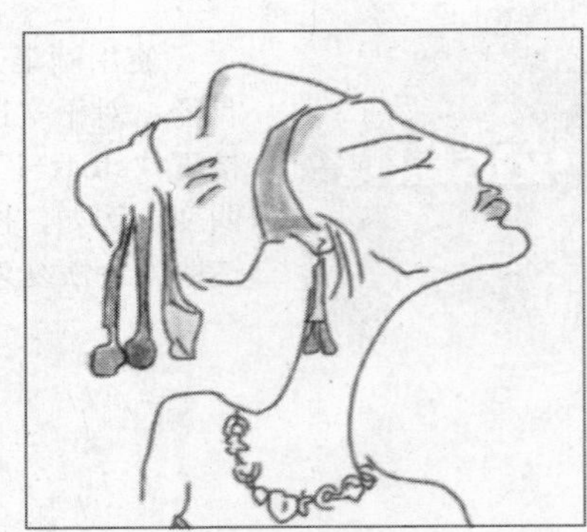

图11-147

04 单击“图层”面板底部的“创建新图层”按钮，新建一个图层，图层名称为“图层5”，在画面中绘制胸衣的图案，效果如图11-148所示。选择“画笔工具”，如图11-149所示设置其属性，绘制图案纹理，效果如图11-150所示。选择胸衣路径，设置前景色为深蓝色，选择“画笔工具”为路径描边，效果如图11-151所示。

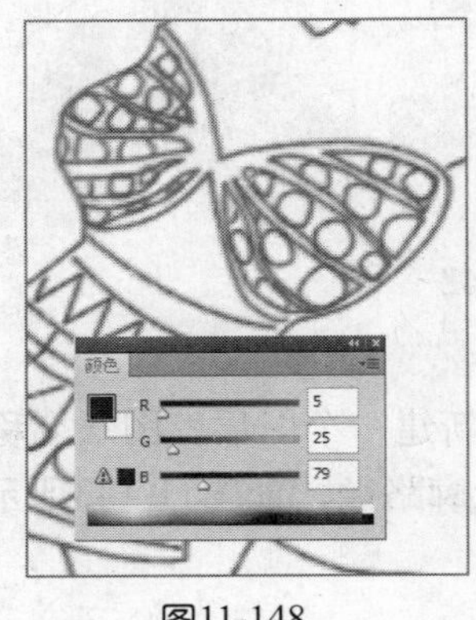

图11-148

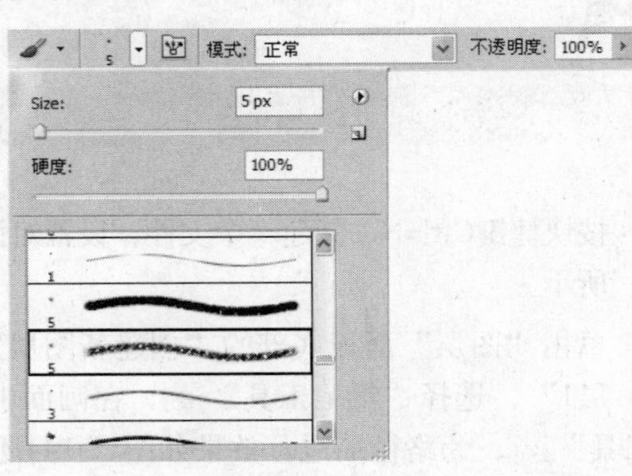

图11-149

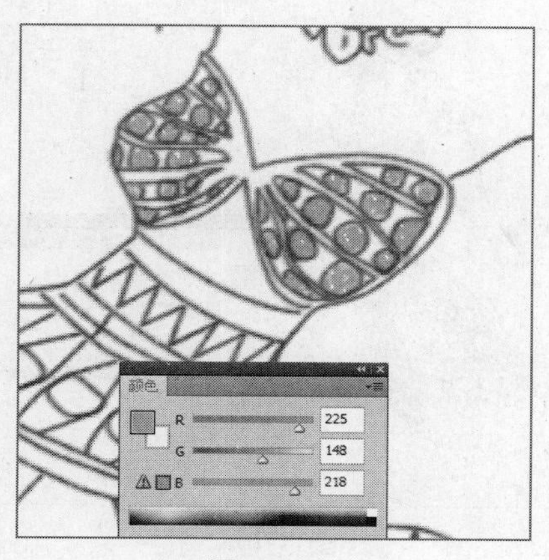

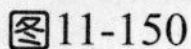
图11-150

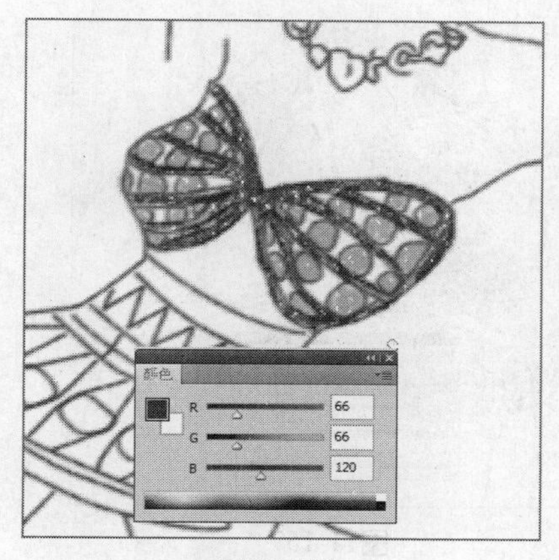

图11-151

05 单击“图层”面板底部的“创建新图层”按钮，新建一个图层，图层名称为“图层6”，设置前景色为蓝色，在画面中绘制背心的图案，效果如图11-152所示。设置前景色为红色和黄色，在图案上绘制，效果如图11-153所示。设置前景色为蓝色，使用“画笔工具”在背心上方绘制线条纹理，效果如图11-154所示。单击“图层”面板底部的“创建新图层”按钮，新建一个图层，图层名称为“图层7”，设置不同的前景色在画面中绘制手镯和围饰，效果如图11-155所示。单击“图层”面板底部的“创建新图层”按钮，新建一个图层，图层名称为“图层8”，设置前景色为紫色，在裙子上绘制花朵的颜色，效果如图11-156所示。设置前景色为棕色，绘制花心的路径，设置前景色为黄色填充花心，效果如图11-157所示。设置前景色为绿色，在裙摆上面绘制树叶，效果如图11-158所示。

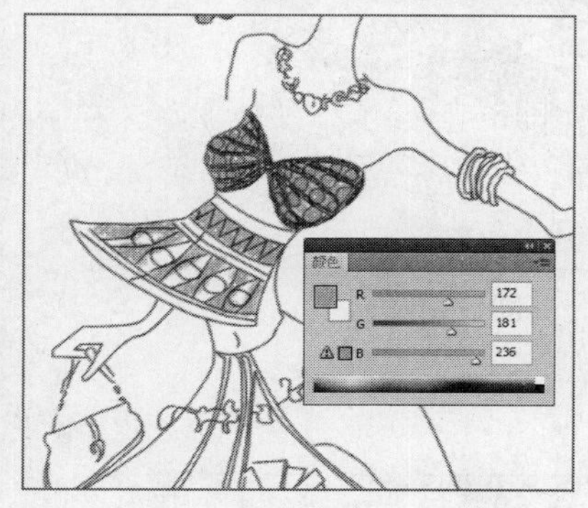

图11-152

图11-153

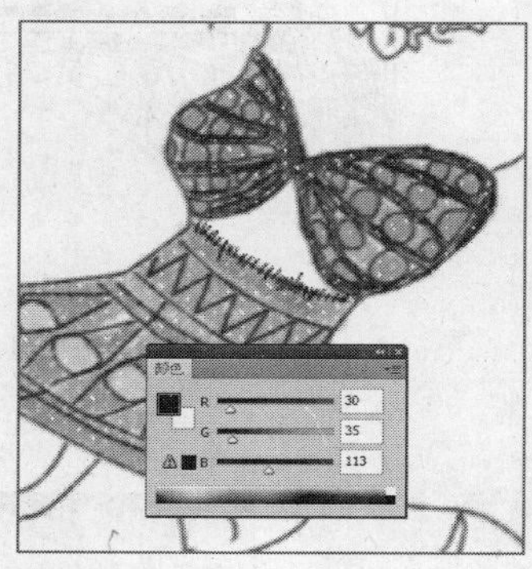

图11-154

图11-155

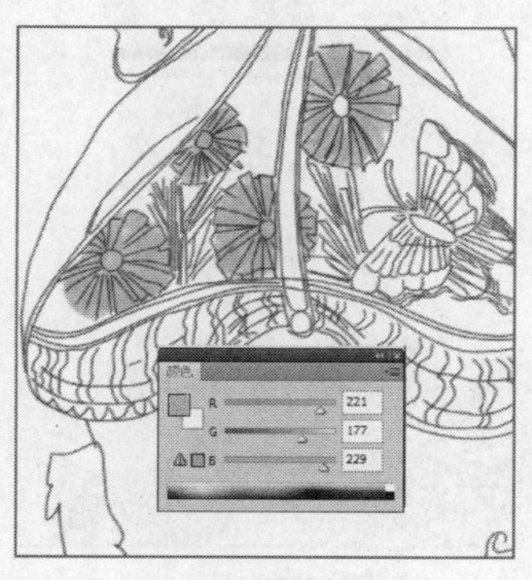

图11-156

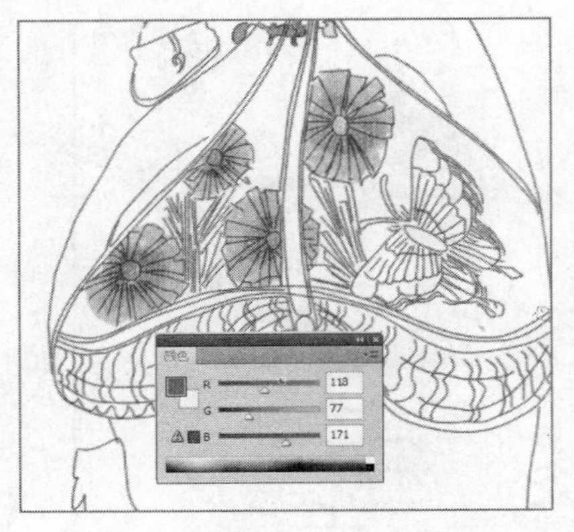

图11-157

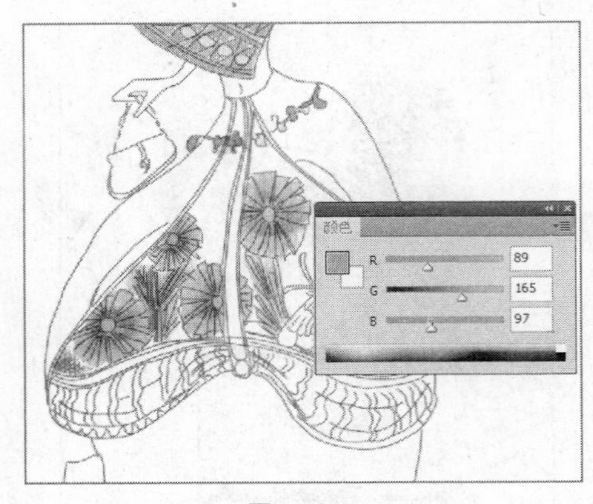

图11-158

06 单击“图层”面板底部的“创建新图层”按钮，新建一个图层，图层名称为“图层9”，选择“画笔工具”，设置前景色为绿色，在画面中填充裙摆的颜色，效果如图11-159所示。设置前景色为粉色，在裙摆上绘制图案，效果如图11-160所示。绘制裙子两侧路径，设置前景色为淡粉色并填充，效果如图11-161所示。设置前景色为深蓝色，绘制飘带，选择黄色填充圆点的颜色，效果如图11-162所示。

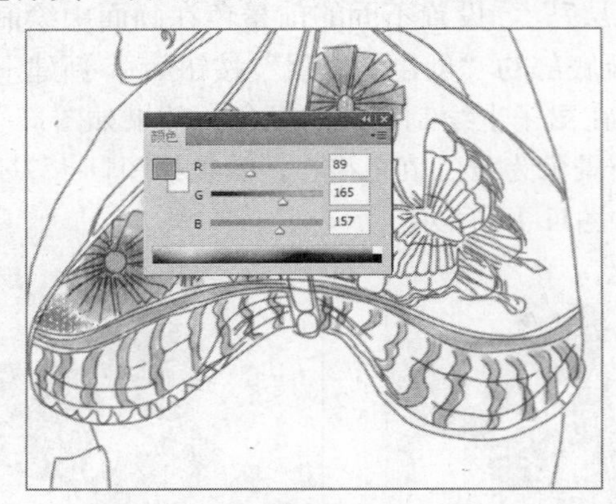

图11-159

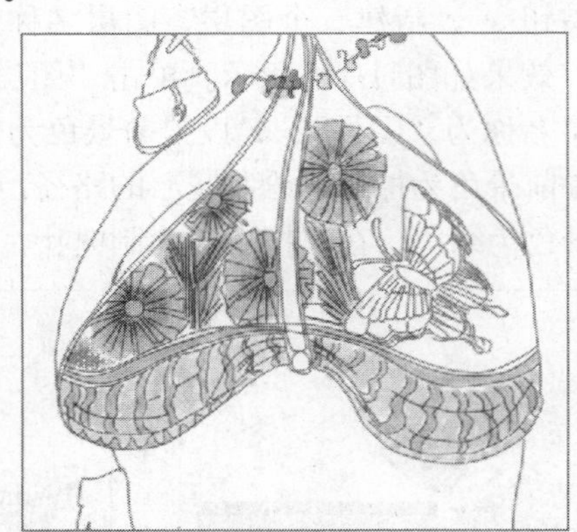

图11-160

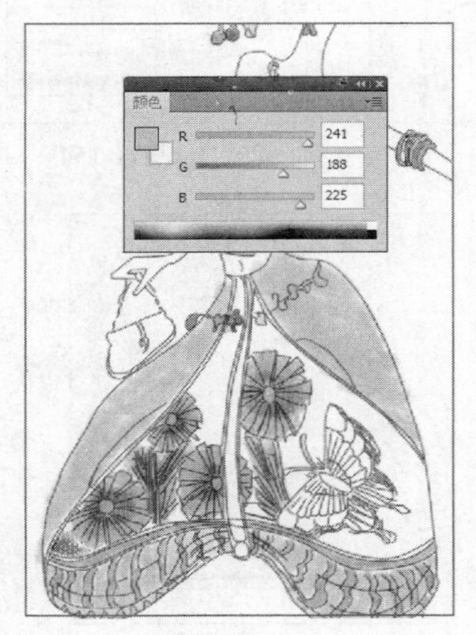

图11-161

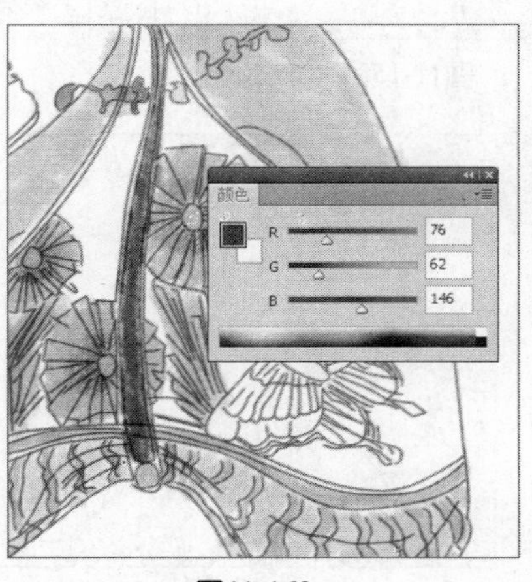

图11-162

07 单击“图层”面板底部的“创建新图层”按钮，新建一个图层，图层名称为“图层10”，设置前景色为深蓝色，选择“画笔工具”，在画面中绘制裙子上的蝴蝶图案，选择深蓝色加深图案的颜色，选择红色绘制翅膀内部，选择黄色绘制蝴蝶的身体，效果如图11-163所示，整体效果如图11-164所示。打开素材文件夹，导入素材图片，最终效果如图11-165所示。

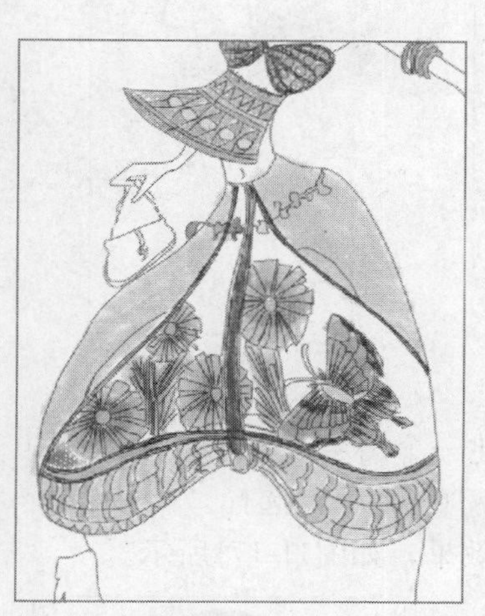

图11-163

图11-164

图11-165

技法点评

“画笔”面板中包含两种类型的笔尖：圆形笔尖和非圆形的图像样本笔尖。圆形的笔尖包含尖角、柔角、实边和柔边几种样式。使用尖角和实边笔尖绘制的线条具有清晰的边缘；而所谓的柔角和柔边，就是线条的边缘柔和，可以呈现逐渐淡出的效果。

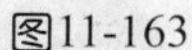

11.6 短衫太阳裙

设计步骤

01 按快捷键Ctrl+N，新建一个文件，设置对话框如图11-166所示。

02 单击“图层”面板底部的“创建新图层”按钮，新建一个图层，图层名称为“图层1”，选择“钢笔工具”，在画面中绘制路径，如图11-167所示，选择“画笔工具”，为路径描边，效果如图11-168所示。

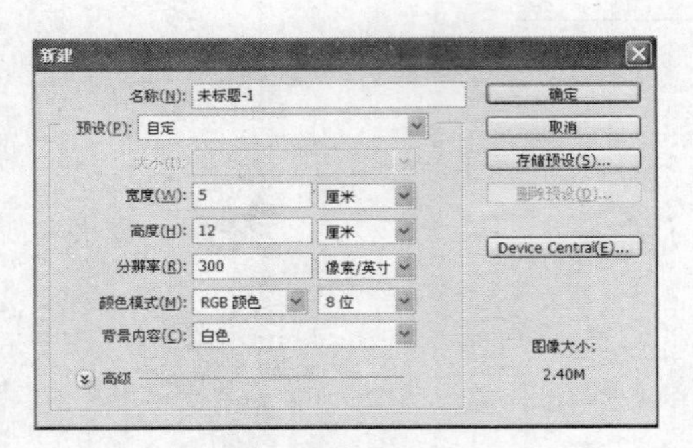

图11-166

图11-167

图11-168

03 单击“图层”面板底部的“创建新图层”按钮，新建一个图层，图层名称为“图层2”，设置前景色为黑色，填充头发，效果如图11-169所示。选择“橡皮擦工具”，如图11-170所示设置参数，在画面中擦出头发上的亮部效果，如图11-171所示。

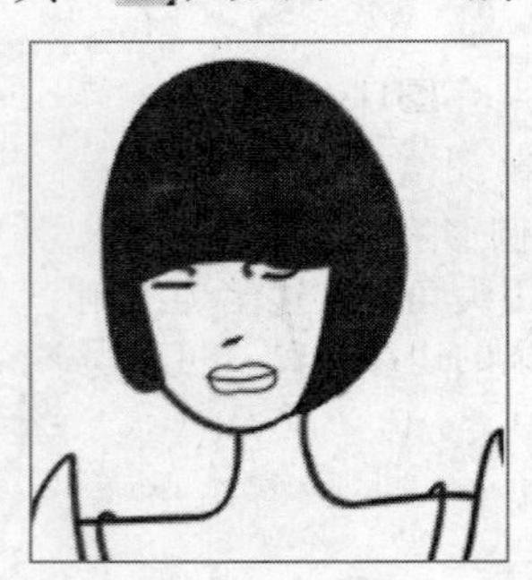

图11-169

图11-170

图11-171

04 单击“图层”面板底部的“创建新图层”按钮，新建一个图层，图层名称为“图层3”，在画面中绘制眼睛，如图11-172所示。单击“图层”面板底部的“创建新图层”按钮，新建一个图层，图层名称为“图层4”，选择“画笔工具”，如图11-173所示设置参数。如图11-174所示，设置前景色为黄色，填充人物皮肤上的颜色，设置前景色为棕色绘制衣服，效果如图11-175所示。

图11-172

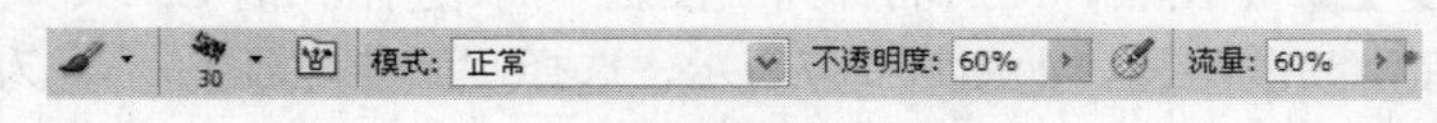

图11-173

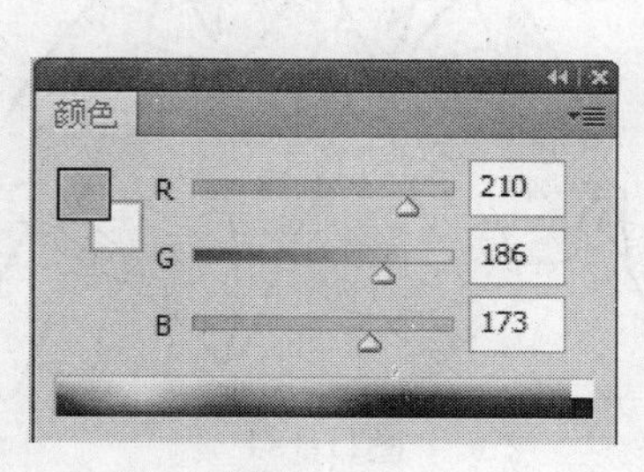

图11-174

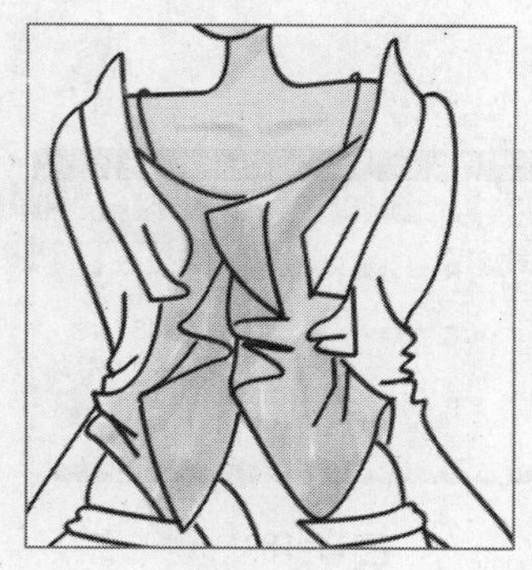
图11-175

05 选择“加深工具”，如图11-176所示设置参数，绘制出衣服上的暗部效果，如图11-177所示。使用画笔在画面中继续绘制衣服，效果如图11-178所示。选择“加深工具”，如图11-179所示设置参数，对图像进行加深处理，效果如图11-180所示。选择“涂抹工具”，如图11-181所示设置参数，使衣服呈现立体感，效果如图11-182所示。

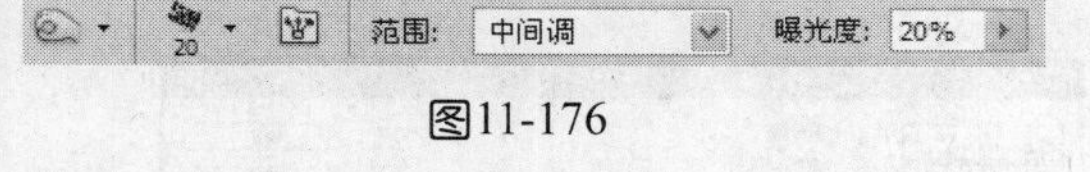

图11-176

图11-177

图11-178

图11-179

图11-181

图11-180

图11-182

06 单击“图层”面板底部的“创建新图层”按钮，新建一个图层，图层名称为“图层5”， 如图11-183所示，设置前景色为黄色。选择“画笔工具”，在画面中填充裙子下摆颜色，效果如图11-184所示。选择“加深工具”，如图11-185所示设置参数，对图像进行加深处理，效果如图11-186所示。

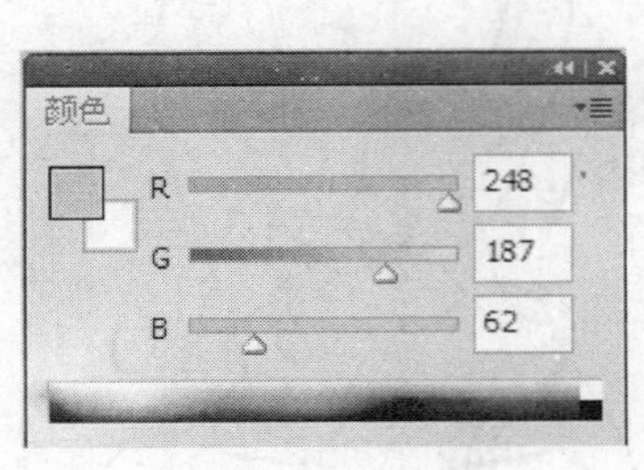

图11-183

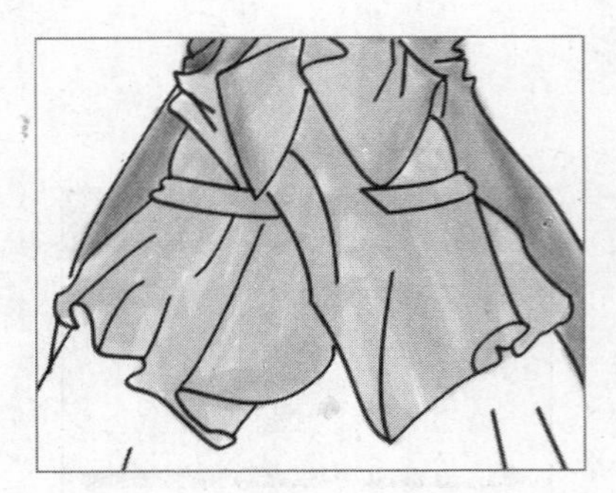

图11-184

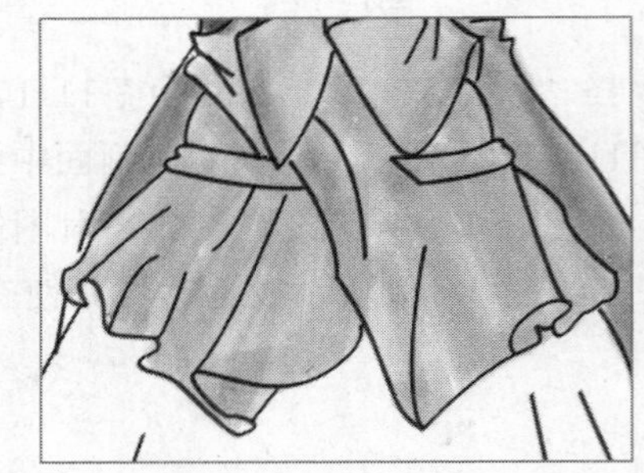

图11-186

图11-85

07 选择“减淡工具”，如图11-187所示设置参数，提亮图像的颜色，效果如图11-188所示。单击“图层”面板底部的按钮，在下拉菜单中选择“图层样式/图案叠加”命令，如图11-189所示设置参数，效果如图11-190所示，继续加深腰部的颜色，效果如图11-191所示。

范围: 高光　曝光度: 20%

图11-187

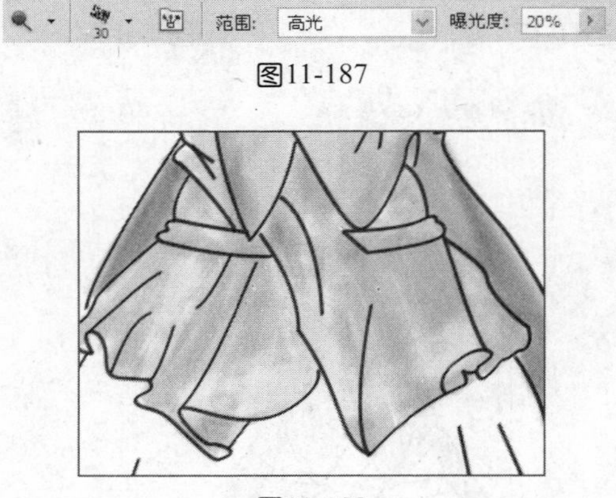

图11-188

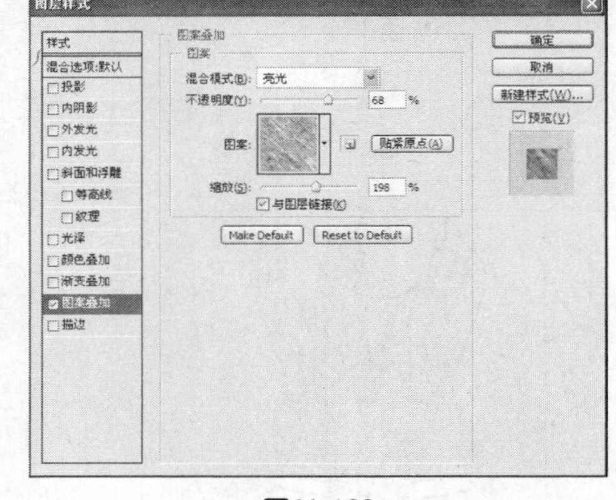

图11-189

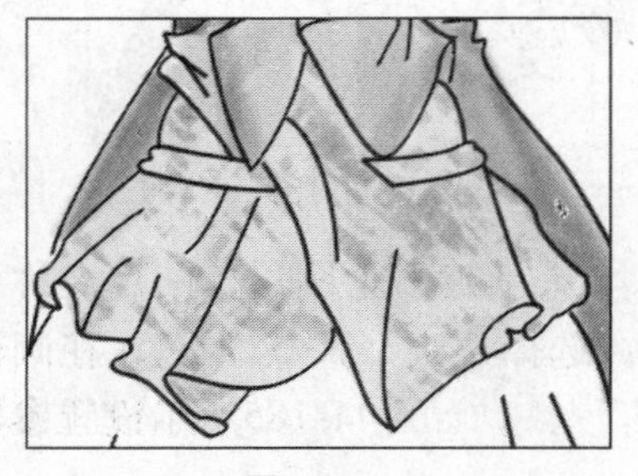

图11-190

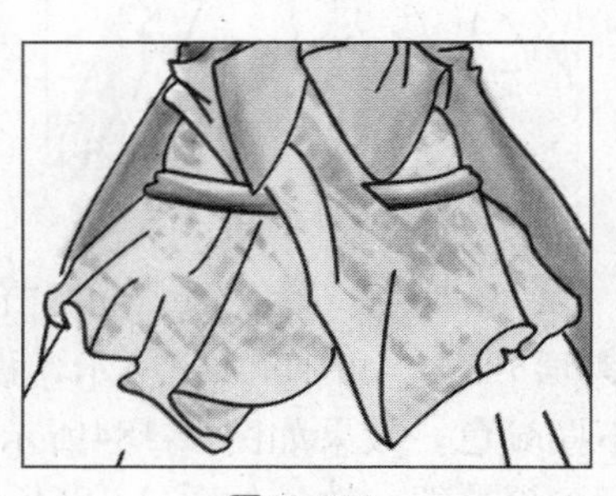

图11-191

08 使用相同的方法，新建两个图层，图层名称为“图层6、图层7”，设置前景色为淡黄色，使用“减淡工具”在画面中绘制裙子的颜色，效果如图11-192所示。选择“钢笔工具”绘制腿部路径，设置前景色为淡黄色进行填充。使用“减淡工具”提亮腿部颜色，选择“钢笔工具”绘制脚部路径，设置黄色进行填充。使用“减淡工具”提亮脚部颜色，效果如图11-193所示，整体效果如图11-194所示。打开素材文件夹，导入素材图片，效果如图11-195所示。

图11-192

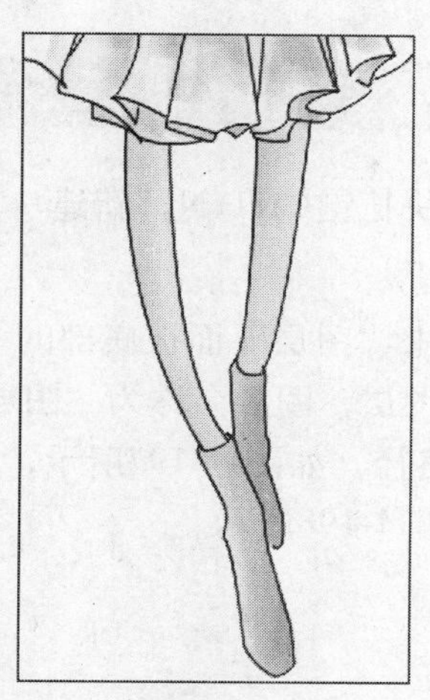
图11-193

图11-194

图11-195

本实例中多次使用了画笔工具，在选择“画笔”面板菜单中的“清除画笔控制”命令时，可以一次清除为画笔预设更改的所有选项。有时侯我们选择的是彩色图像，但定义的画笔却是灰度图像，每种类型的预设库都有它自己的文件扩展名和默认文件夹，预设文件安装在电脑应用程序文件夹的“预设”文件夹内。

11.7 时尚女裙

设计步骤

01 按快捷键Ctrl+N，新建一个文件，设置对话框如图11-196所示。

02 单击“图层”面板底部的“创建新图层”按钮，新建一个图层，图层名称为“图层1”，选择“钢笔工具”，在画面中绘制路径，如图11-197所示，选择“画笔工具”，为路径描边，效果如图11-198所示。

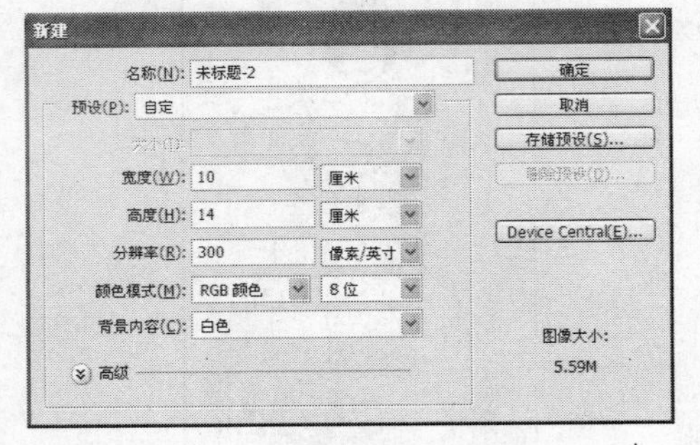

图11-196

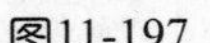
图11-197

图11-198

03 单击“图层”面板底部的“创建新图层”按钮，新建一个图层，图层名称为“图层2”，选择“画笔工具”，如图11-199所示设置参数，在画面中绘制头发颜色，效果如图11-200所示。选择“橡皮擦工具”，如图11-201所示设置参数，在画面中绘制出头发的层次感，效果如图11-202所示。

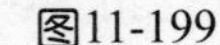
图11-199

图11-200

模式: 画笔
不透明度: 16%
流量: 20%

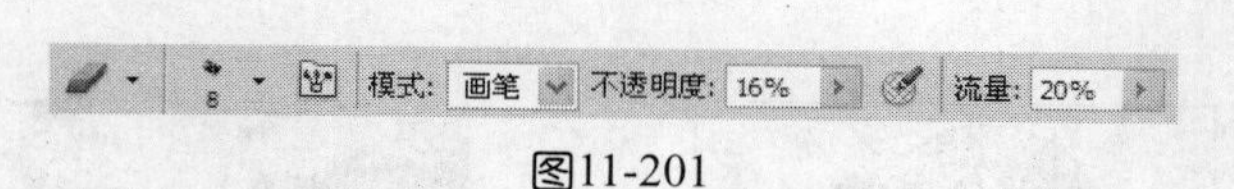

图11-201

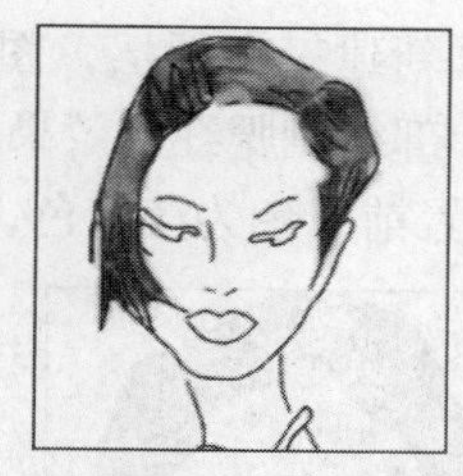

图11-202

04 单击“图层”面板底部的“创建新图层”按钮，新建一个图层，图层名称为“图层3”，选择“画笔工具”，如图11-203所示设置参数，设置前景色为黄色，绘制身体皮肤的颜色。设置前景色为白色，绘制衣服的颜色，效果如图11-204所示。选择“橡皮擦工具”，如图11-205所示设置参数，擦去多余的部分，效果如图11-206所示。选择“减淡工具”，如图11-207所示设置参数，绘制脸部和身体肤色的立体效果，如图11-208所示。选择“加深工具”，如图11-209所示设置参数，进一步绘制出身体的立体效果，如图11-210所示。

63
模式: 正常
不透明度: 100%
流量: 80%

图11-203

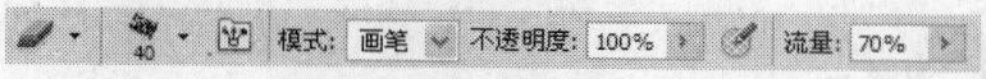

40
模式: 画笔
不透明度: 100%
流量: 70%

图11-205

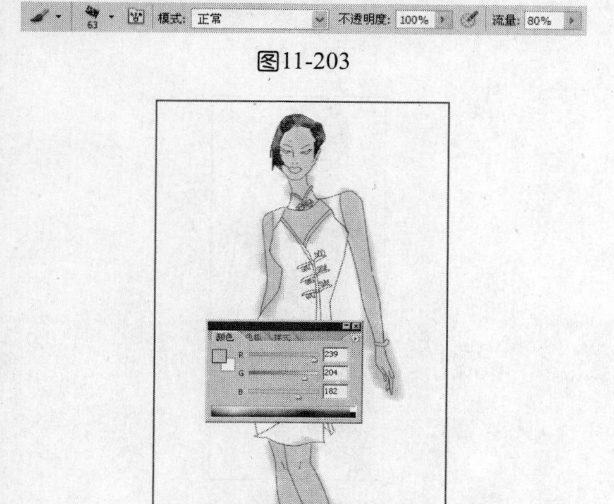

R 239
G 204
B 182

图11-204

图11-206

40
范围: 中间调
曝光度: 13%

图11-207

20
范围: 中间调
曝光度: 26%

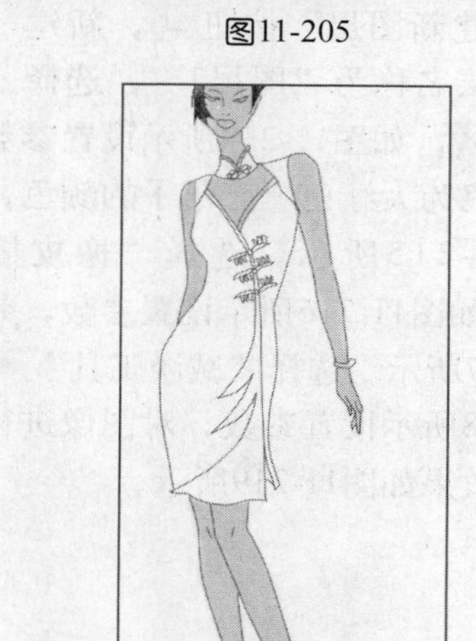

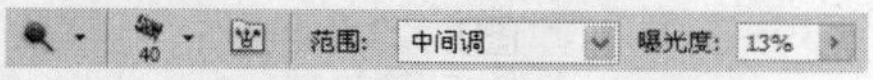

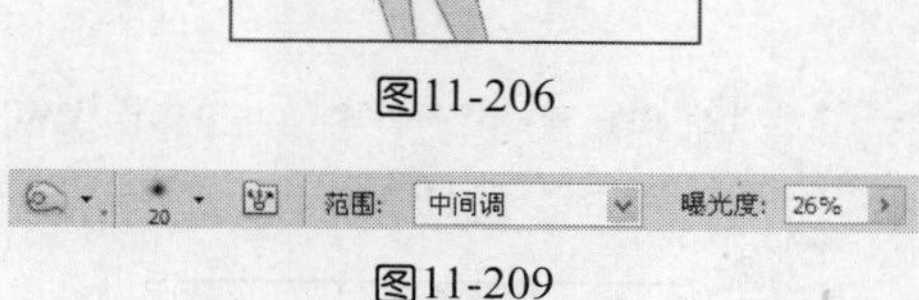

图11-209

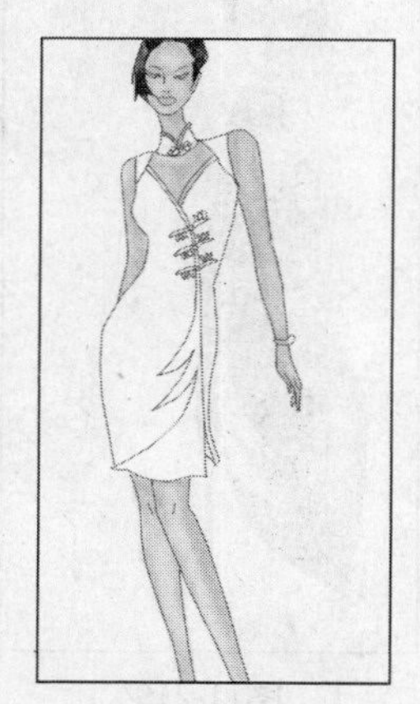

图11-208

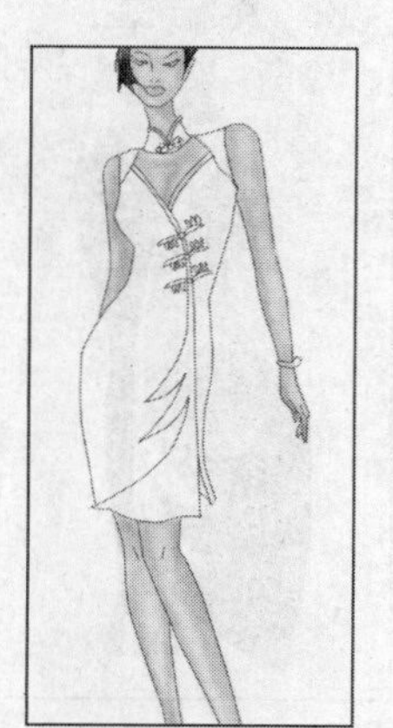

图11-210

05 新建三个图层，图层名称为“图层4、图层5、图层6”，设置前景色为淡红色，在脸部绘制腮红，效果如图11-211所示。设置前景色为黑色，绘制眼睛和眉毛，如图11-212所示。设置前景色为淡红色，绘制嘴唇，设置淡粉色，绘制嘴唇的高光效果，如图11-213所示。

图11-211

图11-212

图11-213

06 单击“图层”面板底部的“创建新图层”按钮，新建一个图层，图层名称为“图层7”，选择“画笔工具”，如图11-214所示设置参数，设置前景色为大红色填充裙子的颜色，效果如图11-215所示。选择“橡皮擦工具”，如图11-216所示设置参数，效果如图11-217所示。选择“减淡工具”，如图11-218所示设置参数，对图像进行提亮处理，效果如图11-219所示。

图11-214

图11-215

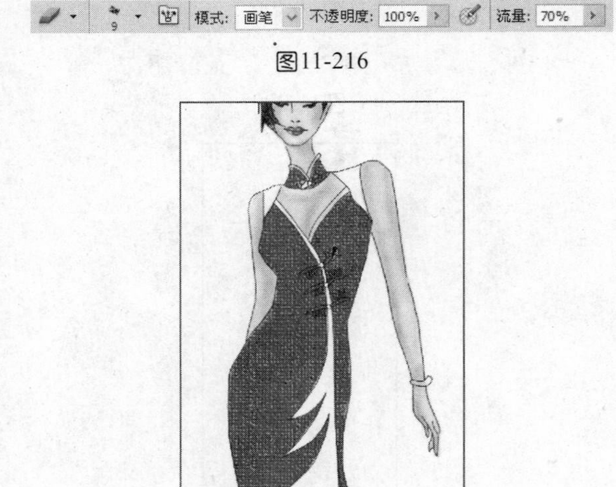

图11-216

图11-217

图11-218

图11-219

07 单击“图层”面板底部的“创建新图层”按钮，新建一个图层，图层名称为“图层8”， 如图11-220所示，设置前景色为绿色，选择旗袍其他部分的路径填充绿色，效果如图11-221所示。单击“图层”面板底部的fx.按钮，在下拉菜单中选择“图层样式/图案叠加”命令，如图11-222所示设置参数，效果如图11-223所示。

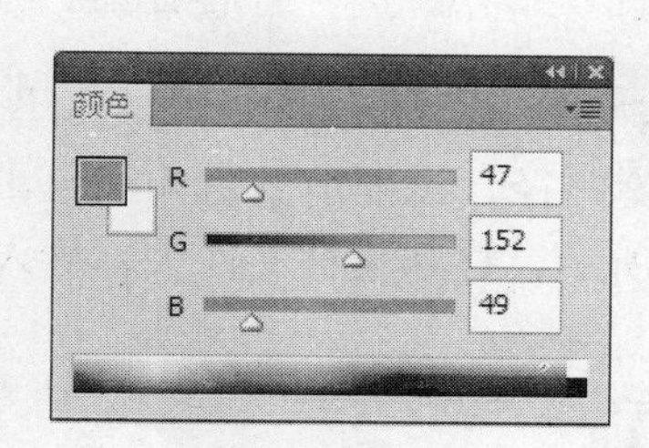

图11-220

图11-221

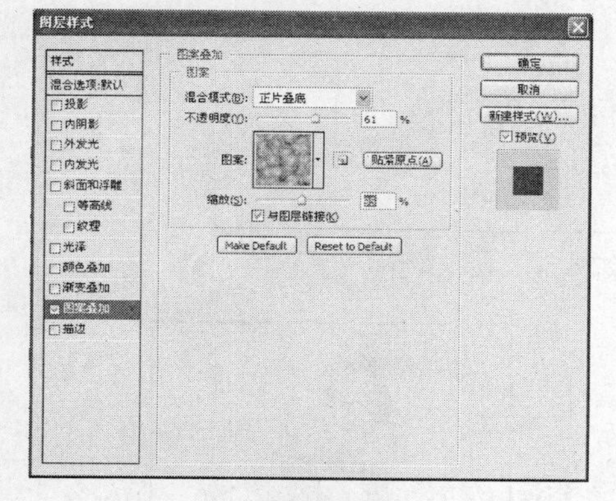

图11-222

图11-223

08 单击“图层”面板底部的“创建新图层”按钮，新建一个图层，图层名称为“图层9”，选择“钢笔工具”绘制鞋子路径，设置前景色为绿色进行填充，效果如图11-224所示。单击“图层”面板底部的fx.按钮，在下拉菜单中选择“图层样式/图案叠加”命令，如图11-225所示设置参数，效果如图11-226所示。选择“减淡工具”，如图11-227所示设置参数，对图像进行提亮，效果如图11-228所示。

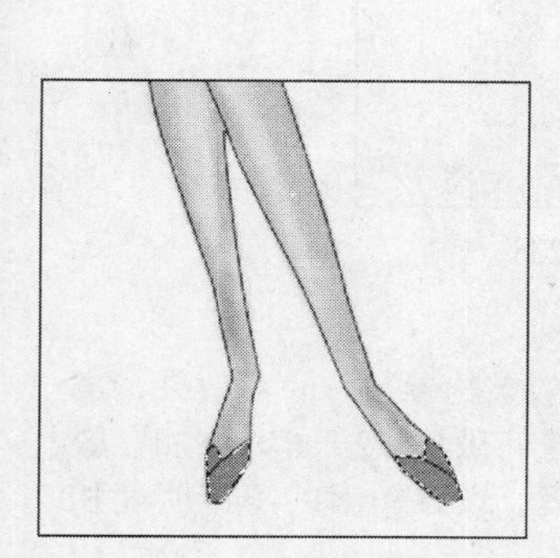

图11-224

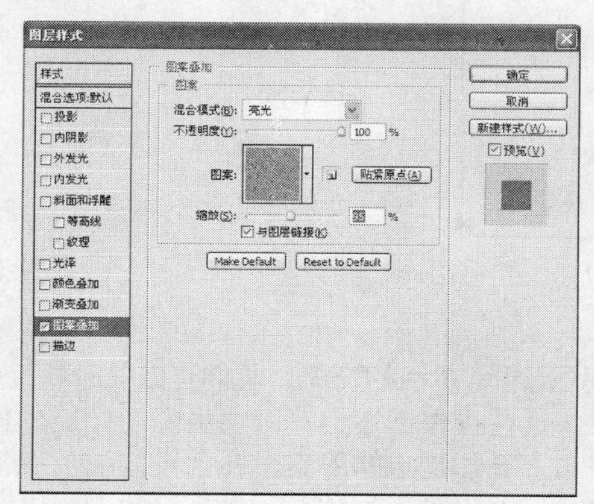

图11-225

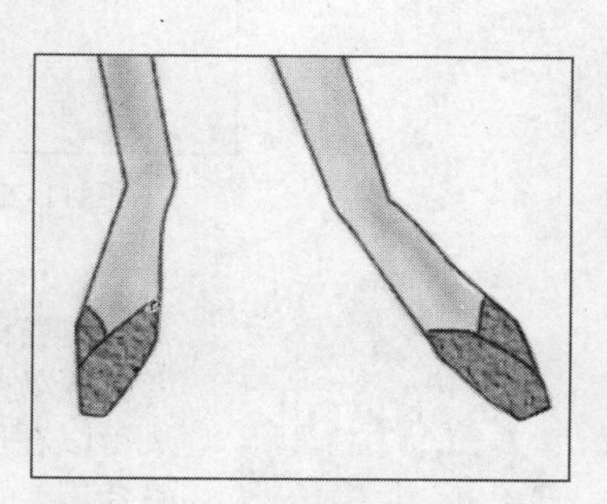

图11-226

范围: 高光 曝光度: 100%

图11-227

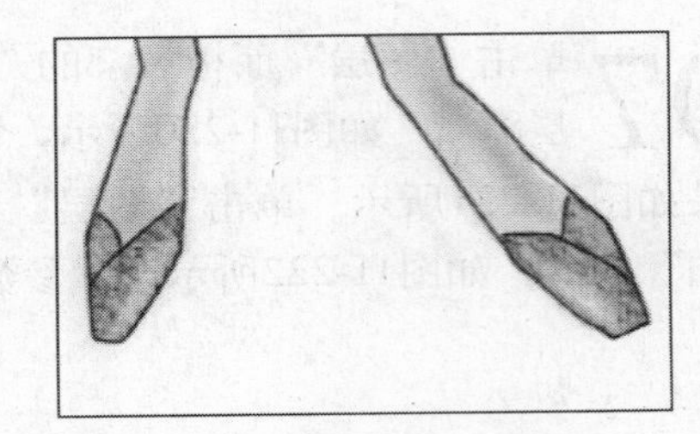

图11-228

09 单击“图层”面板底部的“创建新图层”按钮，新建一个图层，图层名称为“图层10”，使用“钢笔工具”，绘制图案路径，设置前景色为红色，绘制鞋子上的图案，效果如图11-229所示。整体效果如图11-230所示，打开素材文件夹，导入素材图片效果如图11-231所示。

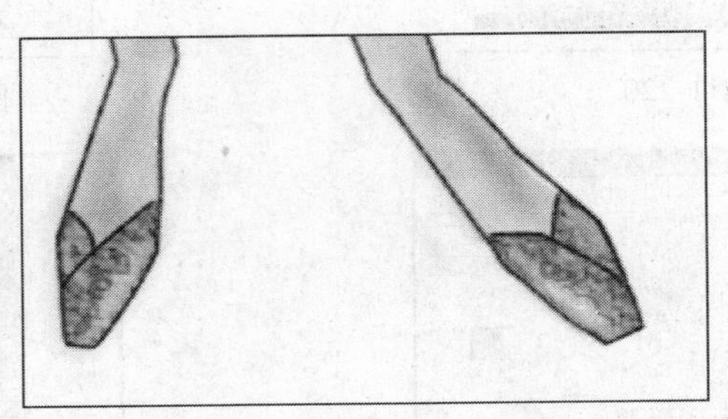

图11-229

图11-230

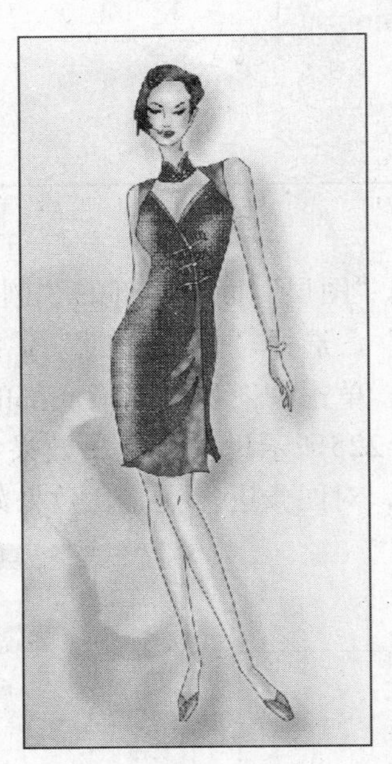

图11-231

图层样式是非常灵活的功能，我们可以随时修改效果的参数，隐藏效果，或者删除效果，这些操作都不会对图层中的图像造成任何破坏。“图案叠加”效果可以在图层上叠加指定的图案，并且可以缩放图案、设置图案的不透明度和混合模式。

第12章 休闲套装与女裙的设计

Photoshop CS5

12.1 优雅风衣

设计步骤

01 按快捷键Ctrl+N，新建一个文件，设置对话框如图12-1所示。

02 单击“图层”面板底部的“创建新图层”按钮，新建一个图层，图层名称为“图层1”，选择“钢笔工具”，在画面中绘制人物的整体轮廓，如图12-2所示。选择“画笔工具”，如图12-3所示设置参数，为路径描边，效果如图12-4所示。

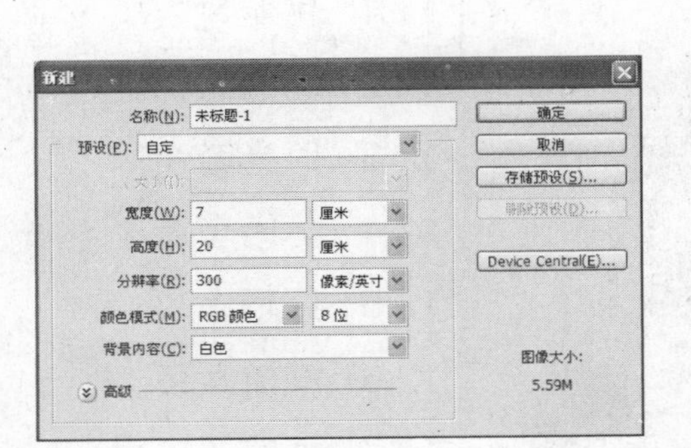

图12-1

图12-2

图12-3

图12-4

03 新建两个图层，图层名称为“图层2、图层3”，分别设置前景色，填充颜色后效果如图12-5、12-6所示。单击“图层”面板底部的“创建新图层”按钮，新建一个图层，图层名称为“图层4”，选择“钢笔工具”，绘制路径，如图12-7所示，选择“选择/修改/羽化”命令，设置羽化参数为2，效果如图12-8所示。

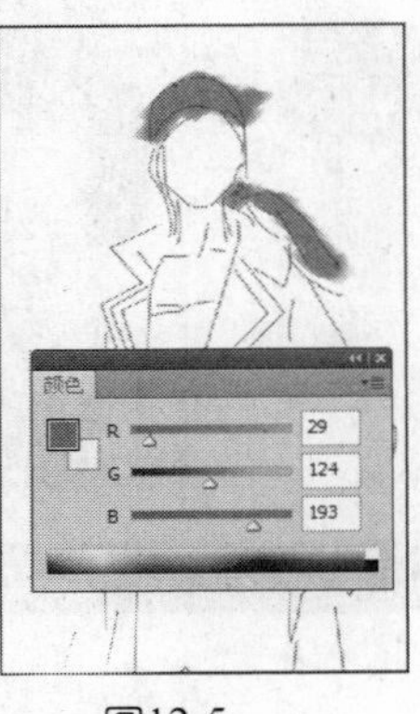

图12-5

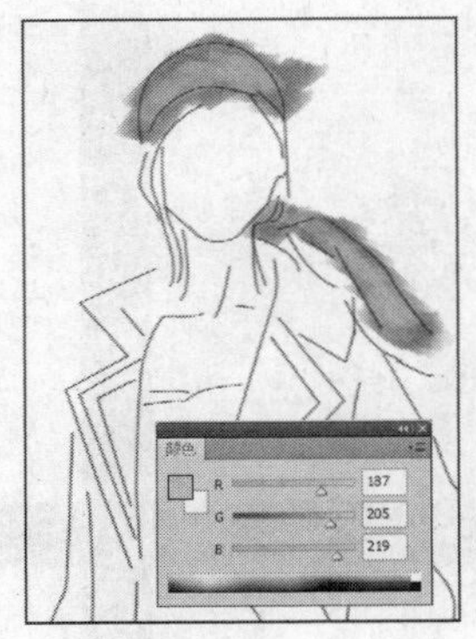

图12-6

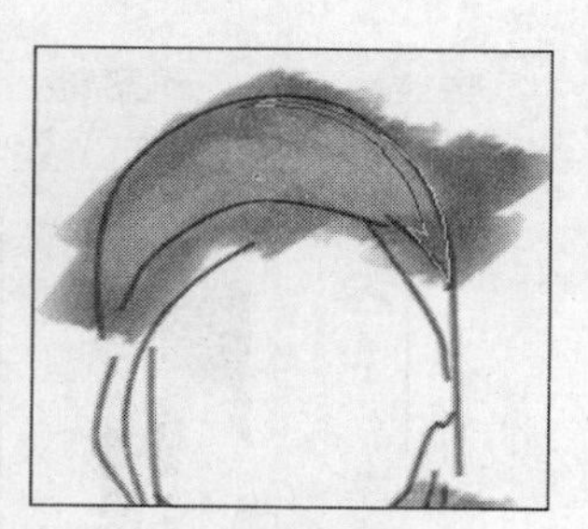
图12-7

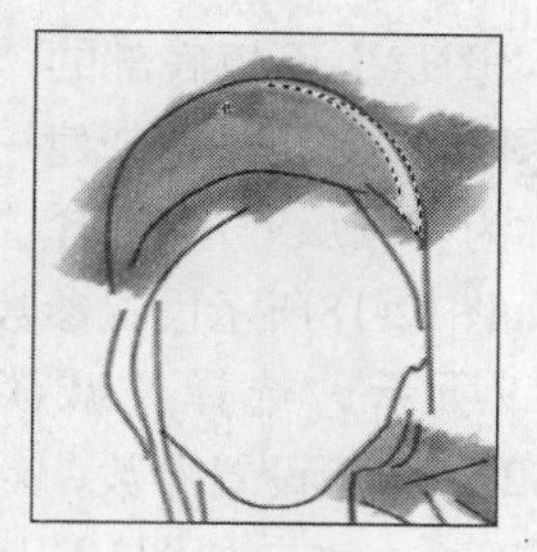
图12-8

04 单击“图层”面板底部的“创建新图层”按钮，新建一个图层，图层名称为“图层5”，设置前景色为褐色，在画面中绘制，效果如图12-9所示。选择“橡皮擦工具”，如图12-10所示设置参数，效果如图12-11所示。

图12-9

图12-10

图12-11

05 新建三个图层，图层名称为“图层6、图层7、图层8”，分别设置前景色色值，如图12-12、图12-13、图12-14所示，填充颜色后，效果如图12-15、图12-16、图12-17所示。

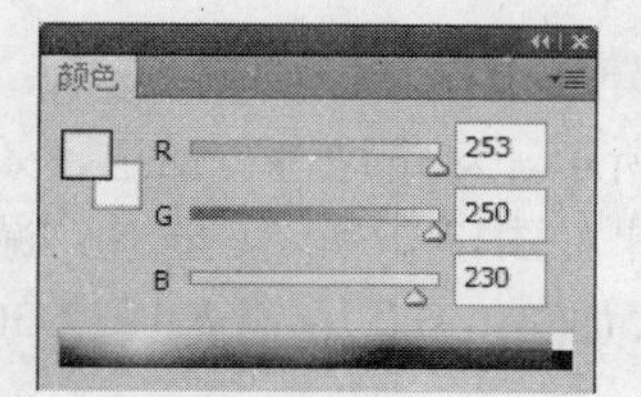

图12-12

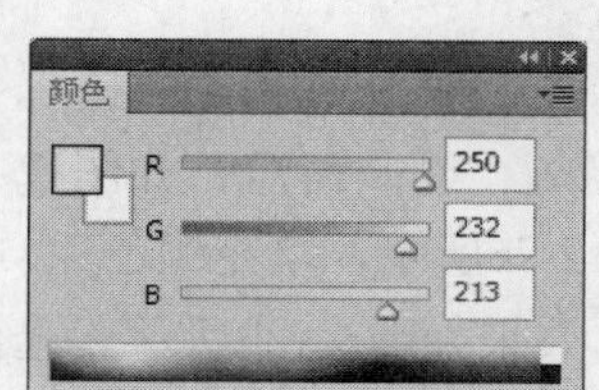

图12-13

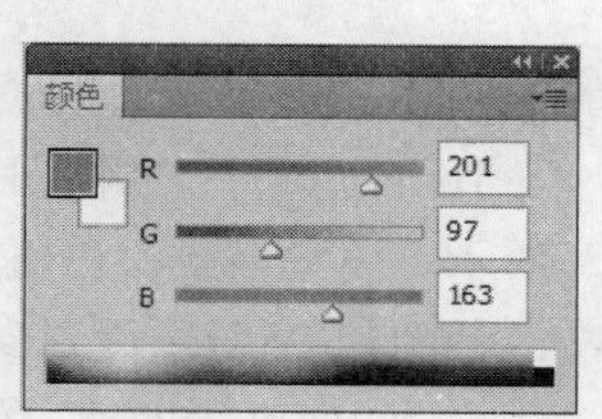

图12-14

图12-15

图12-16

图12-17

06 单击“图层”面板底部的“创建新图层”按钮，新建一个图层，图层名称为“图层9”，选择“画笔工具”，如图12-18所示设置参数，效果如图12-19所示。选择“减淡工具”，如图12-20所示设置参数，对图像的颜色进行提亮，效果如图12-21所示。选择“加深工具”，如图12-22所示设置参数，对图像进行处理，效果如图12-23所示。

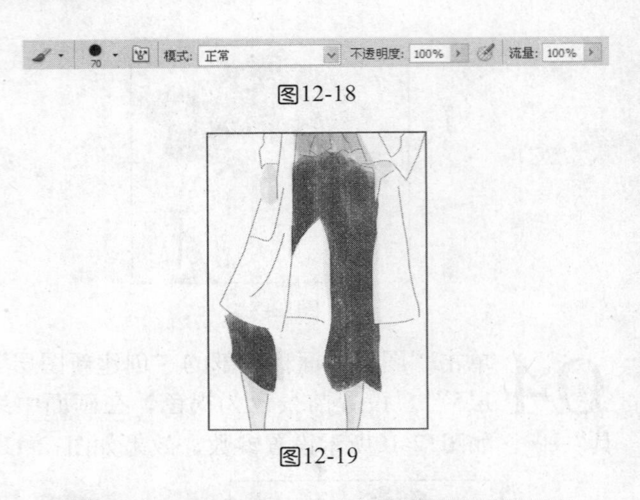

图12-18

图12-19

图12-20

图12-22

图12-21

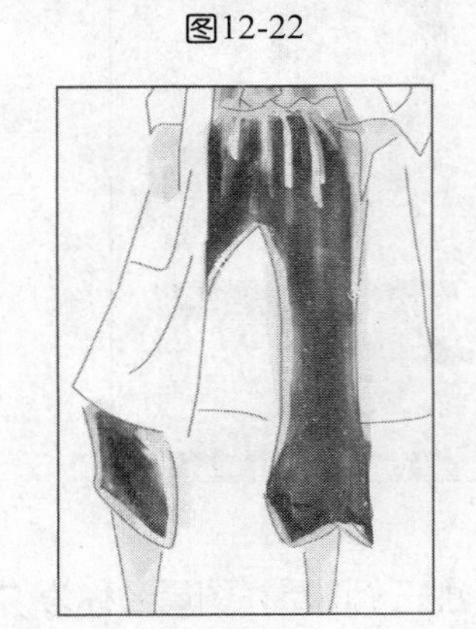
图12-23

07 单击“图层”面板底部的“创建新图层”按钮，新建一个图层，图层名称为“图层10”，选择“钢笔工具”，绘制路径，如图12-24所示，对路径进行描边，效果如图12-25所示。设置前景色色值如图12-26所示，填充颜色后，效果如图12-27所示。选择“减淡工具”，如图12-28所示设置参数，效果如图12-29所示。选择“加深工具”，如图12-30所示设置参数，对图像进行处理，效果如图12-31所示。

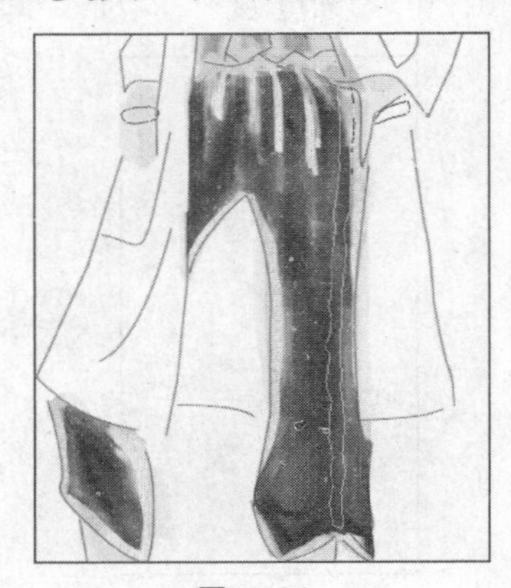
图12-24

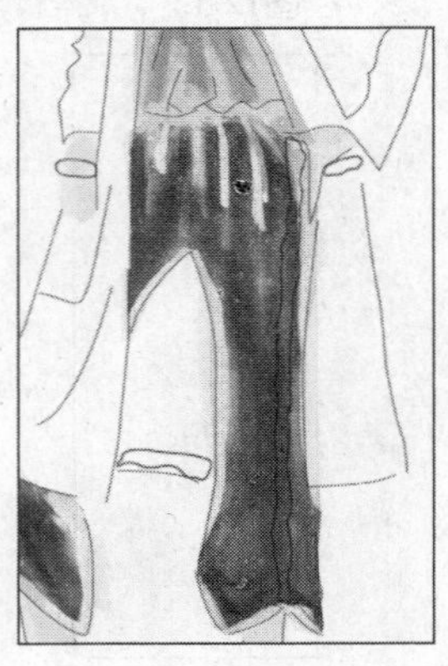
图12-25

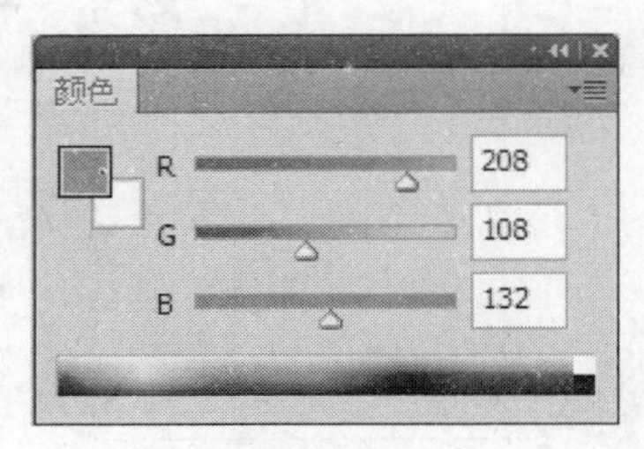

图12-26

图12-27

图12-28

图12-29

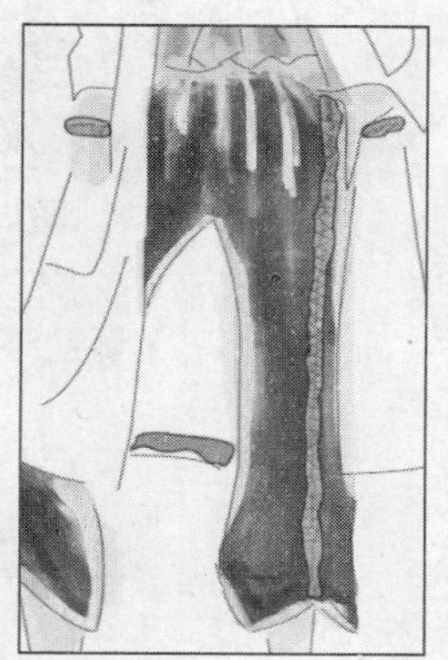

6 范围: 高光 曝光度: 100%

图12-30

图12-31

08 单击“图层”面板底部的“创建新图层”按钮，新建一个图层，图层名称为“图层11”，在画面中绘制图案，效果如图12-32所示。单击“图层”面板底部的“创建新图层”按钮，新建一个图层，图层名称为“图层12”，选择“画笔工具”，如图12-33所示设置参数，如图12-34所示设置前景色，填充颜色后，效果如图12-35所示。

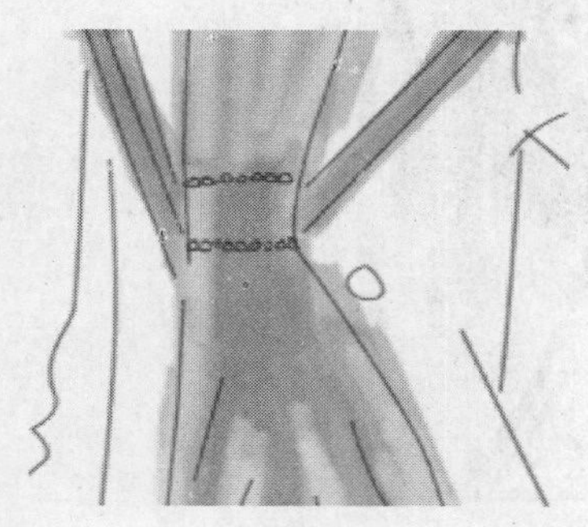

图12-32

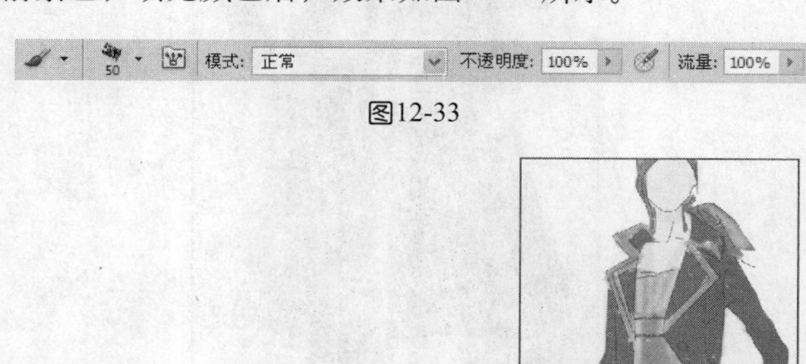

图12-33

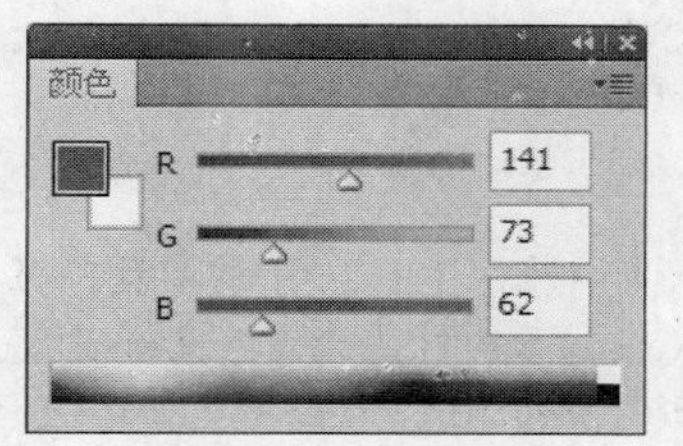

图12-34

图12-35

09 选择“减淡工具”，如图12-36所示设置参数，对图像进行处理，效果如图12-37所示。选择“减淡工具”，如图12-38所示设置参数，选择“画笔工具”，如图12-39所示设置参数，在画面中绘制，效果如图12-40所示。导入素材图片，最终效果如图12-41所示。

图12-37

图12-36

图12-38

图12-39

图12-40

图12-41

这里介绍使用选框工具，套索工具，魔棒工具添加到选区的方法。当鼠标指向工具显示状态右下角时，会有一个小十字图标，按住Shift键的同时，在原有选区的基础上建立新的选区即可。

12.2 动感服饰

设计步骤

01 按快捷键Ctrl+N，新建一个文件，设置对话框如图12-42所示。

02 单击“图层”面板底部的“创建新图层”按钮，新建一个图层，图层名称为“图层1”，选择“钢笔工具”，在画面中绘制路径，如图12-43所示。选择“画笔工具”，如图12-44所示设置参数，为路径描边，效果如图12-45所示。

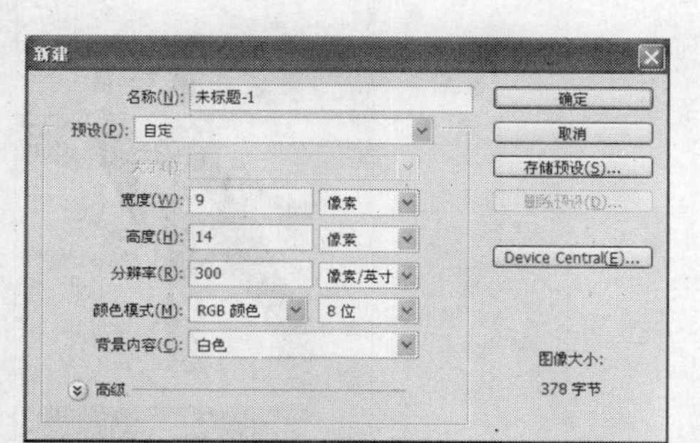

图12-42

图12-43

图12-44

图12-45

03 单击“图层”面板底部的“创建新图层”按钮，新建一个图层，图层名称为“图层2”，如图12-46所示设置前景色色值。选择“橡皮擦工具”，如图12-47所示设置参数，擦除多余的部分，效果如图12-48所示。

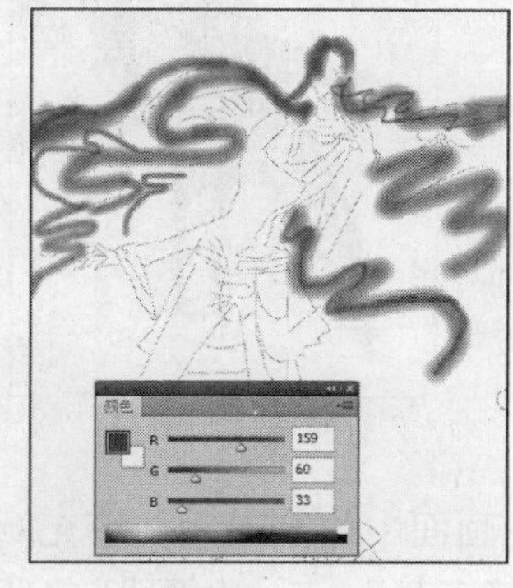

图12-46

30 模式: 画笔 不透明度: 75% 流量: 100%

图12-47

图12-48

04 新建四个图层，图层名称为“图层3、图层4、图层5、图层6”，在画面中绘制图案并填充颜色后，效果如图12-49、图12-50、图12-51、图12-52所示。选择“画笔工具”，如图12-53所示设置参数，对图像进行处理，效果如图12-54所示。选择“减淡工具”，如图12-55所示设置参数，对图像进行处理，效果如图12-56所示。

图12-49

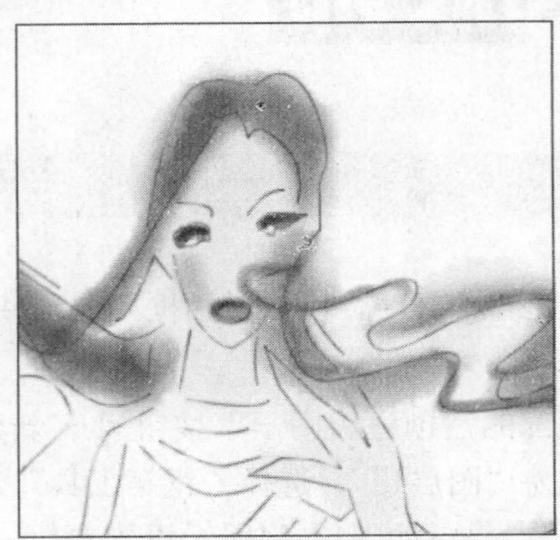

图12-50

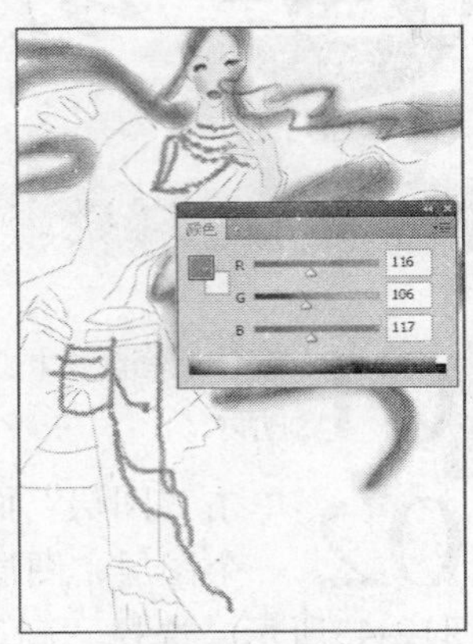

图12-51

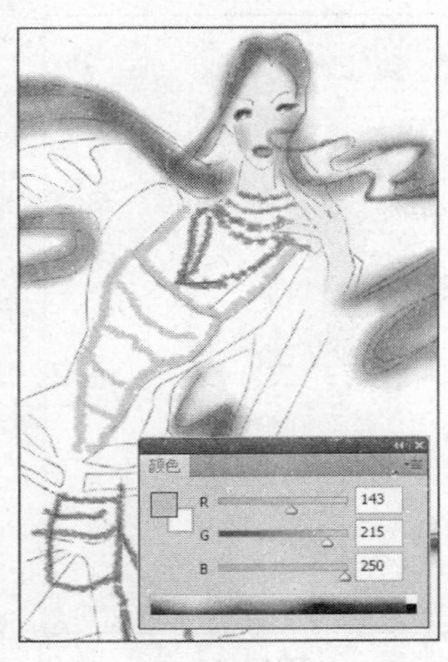

图12-52

图12-53

图12-54

图12-55

图12-56

05 选择“画笔工具”，如图12-57所示设置参数，在画面中绘制图案，填充颜色后，效果如图12-58、图12-59、图12-60所示。选择“画笔工具”，如图12-61所示设置参数，在画面中绘制裙摆，效果如图12-62所示。选择“减淡工具”，如图12-63所示设置参数，对图像进行处理，效果如图12-64所示。

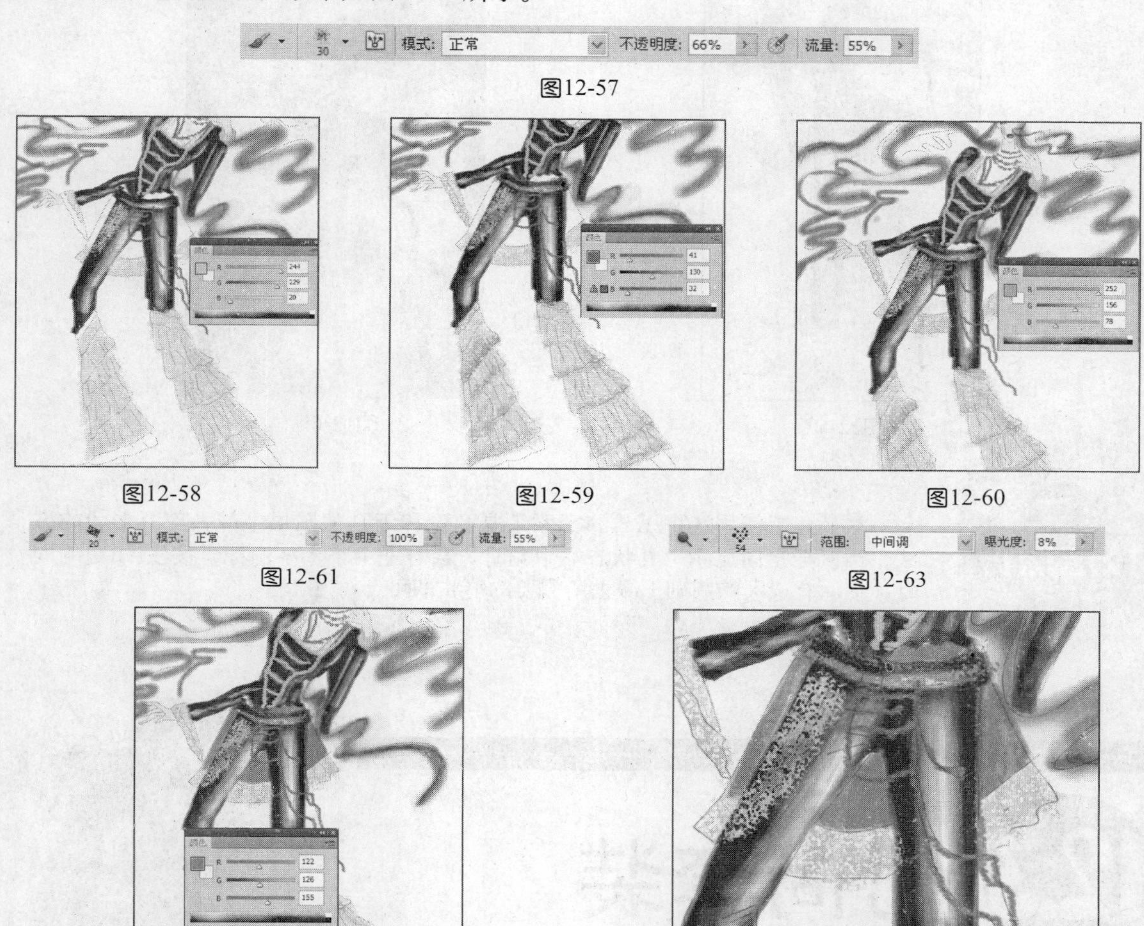

图12-57

图12-58 图12-59 图12-60

图12-61 图12-63

图12-62 图12-64

06

单击“图层”面板底部 “图层样式/斜面和浮雕”、“图层样式/外发光”命令，如图12-65、图12-66所示设置参数，效果如图12-67所示。导入素材图片，最终效果如图12-68所示。

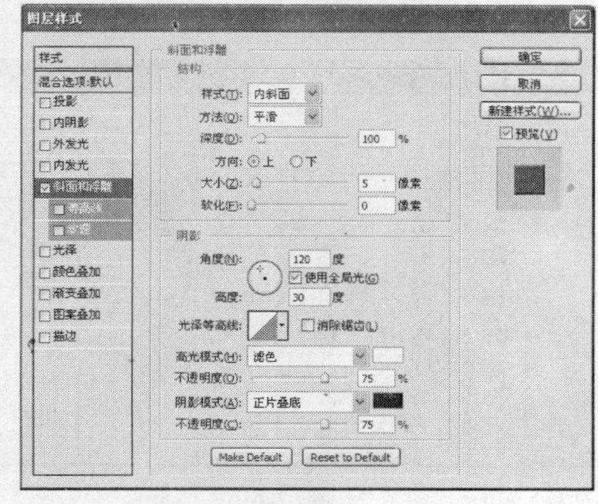

图12-65

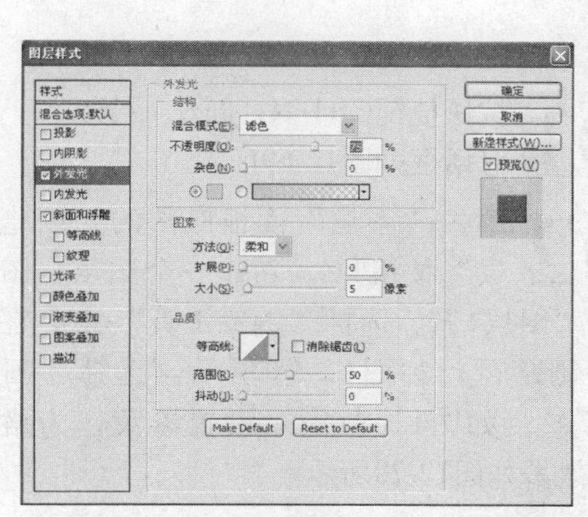

图12-66

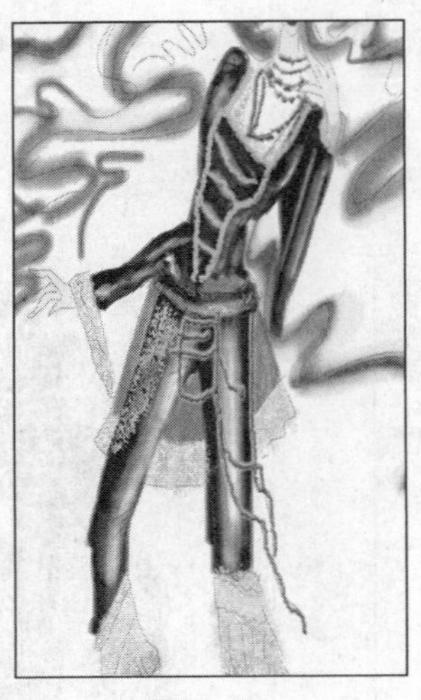

图12-67

图12-68

本节介绍使用选框工具，套索工具及魔棒工具从图层中减去部分形状的方法。当鼠标指向显示工具状态右下角时，会有一个小十字图标，按住Alt键的同时，在原有选区的基础上减去所需要的形状即可。

时尚套装

设计步骤

01 按快捷键Ctrl+N，新建一个文件，设置对话框如图12-69所示。

02 单击“图层”面板底部的“创建新图层”按钮，新建一个图层，图层名称为“图层1”，选择“钢笔工具”，在画面中绘制路径，如图12-70所示。选择“画笔工具”，如图12-71所示设置参数，为路径描边，效果如图12-72所示。

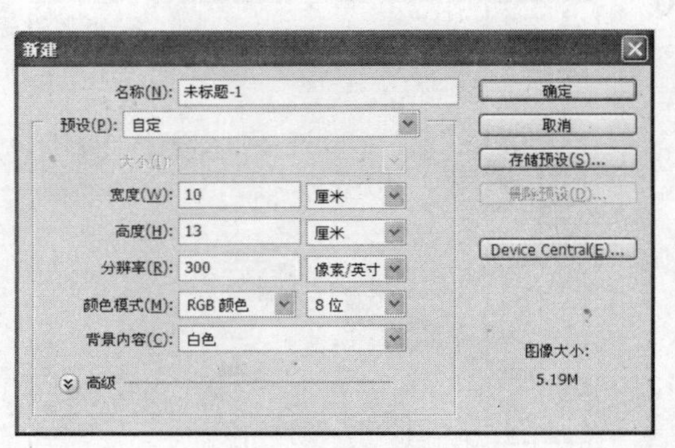

图12-69

图12-70

图12-71

图12-72

03 单击“图层”面板底部的“创建新图层”按钮，新建一个图层，图层名称为“图层2”，在画面中绘制图案，效果如图12-73所示。

04 单击“图层”面板底部的“创建新图层”按钮，新建一个图层，图层名称为“图层3”，如图12-74所示设置前景色，在画面中绘制图案，效果如图12-75所示。单击“图层”面板底部的“创建新图层”按钮，新建一个图层，图层名称为“图层4”，选择“钢笔工具”，绘制路径，如图12-76所示，如图12-77、图12-78所示填充颜色。

图12-73

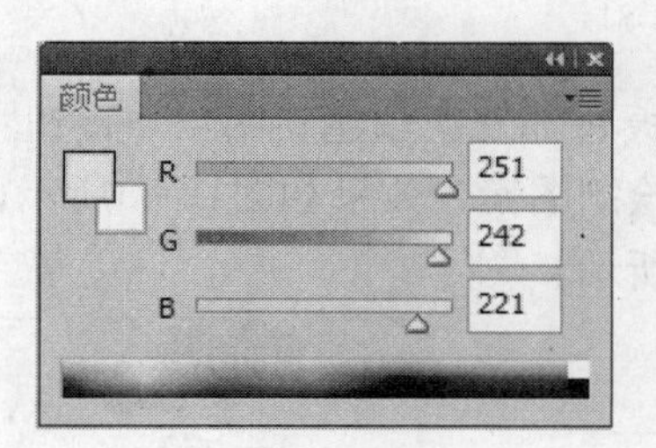

图12-74

图12-75

图12-76

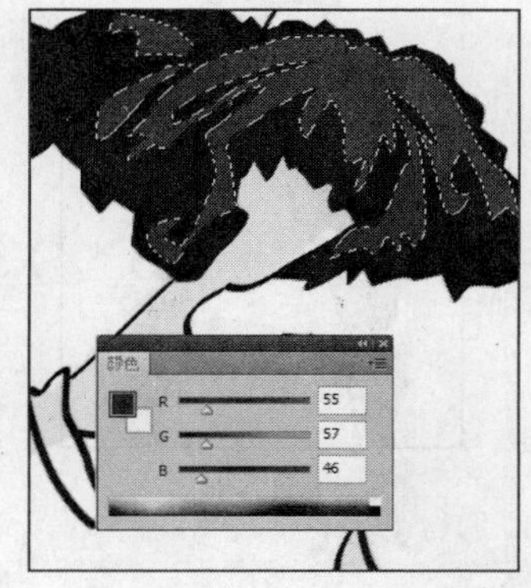

图12-77

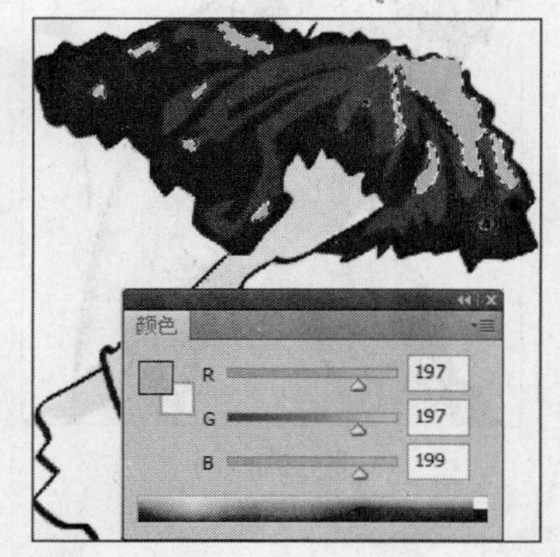

图12-78

05 单击“图层”面板底部的“创建新图层”按钮，新建一个图层，图层名称为“图层5”，在画面绘制图案，效果如图12-79所示。新建四个图层，图层名称为“图层6、图层7、图层8、图层9、”，在画面中绘制图案，填充颜色后，效果如图12-80、图12-81、图12-82所示。

图12-79

图12-80

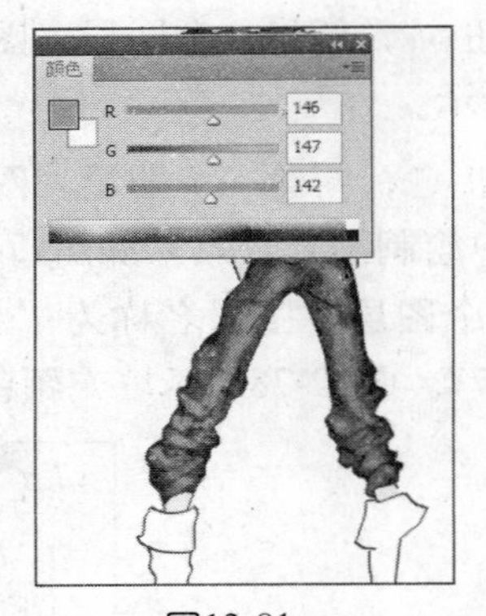

图12-81

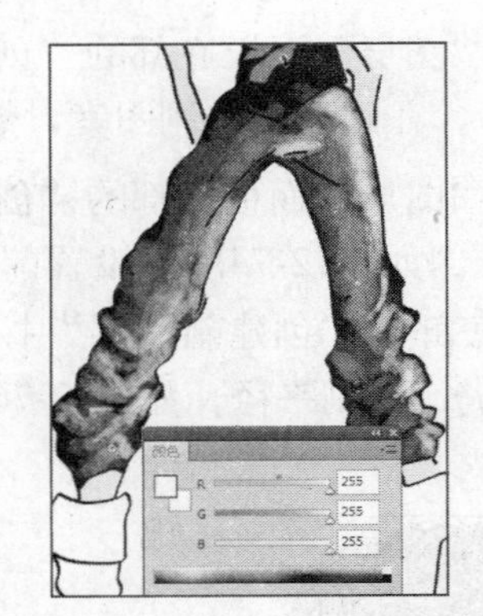

图12-82

06 单击"图层"面板底部的"创建新图层"按钮，新建一个图层，图层名称为"图层10"，在画面绘制图案，效果如图12-83所示，整体效果如图12-84所示。导入素材图片，最终效果如图12-85所示。

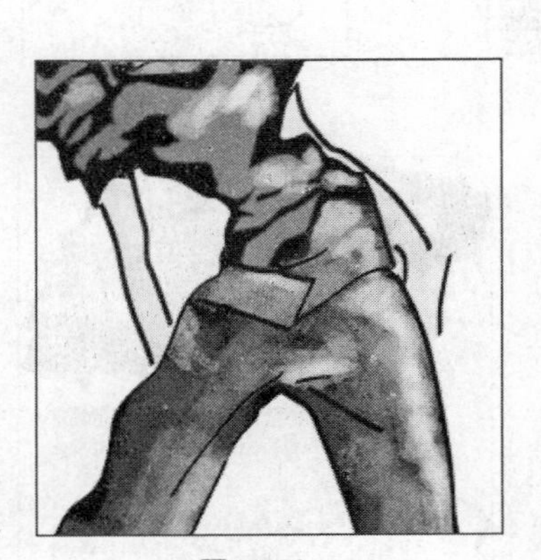

图12-83

图12-84

图12-85

路径其实可以直接转换为选区，并且可以将路径保存在"路径"调板中，以备随时使用。由于组成路径的线是由锚点连接的，因此想要改变路径的位置和形状很容易。

休闲套装

设计步骤

01 按快捷键Ctrl+N，新建一个文件，设置对话框如图12-86所示。

02 单击“图层”面板底部的“创建新图层”按钮，新建一个图层，图层名称为“图层1”，选择“钢笔工具”，在画面中绘制路径，如图12-87所示。选择“画笔工具”，如图12-88所示设置参数，为路径描边，效果如图12-89所示。

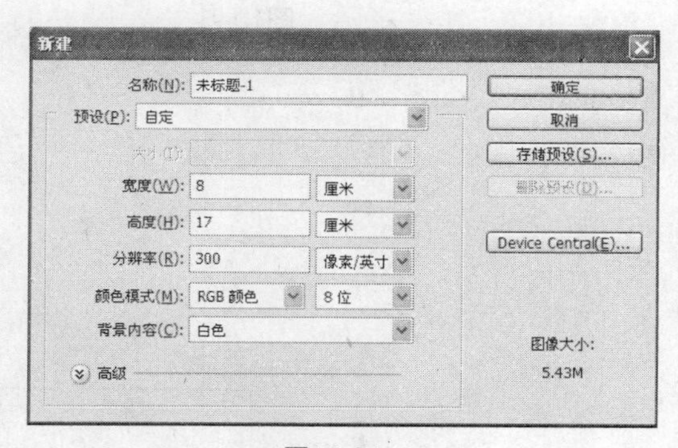

图12-86

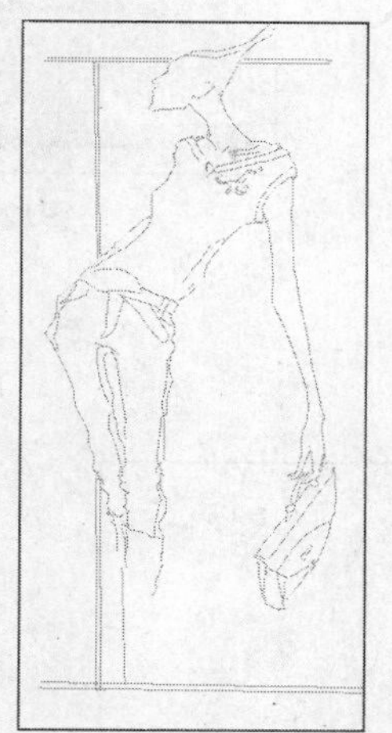

图12-87

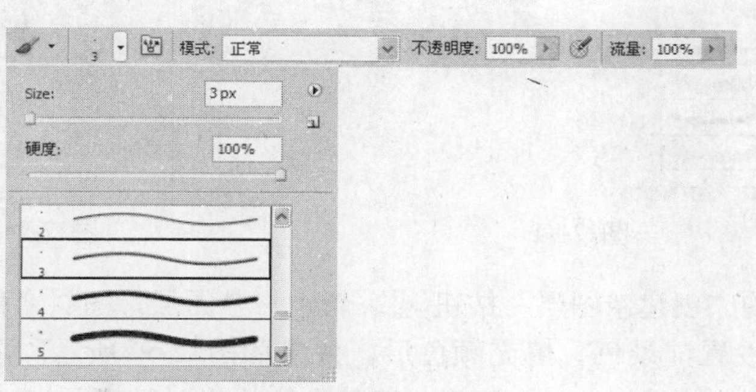

图12-88

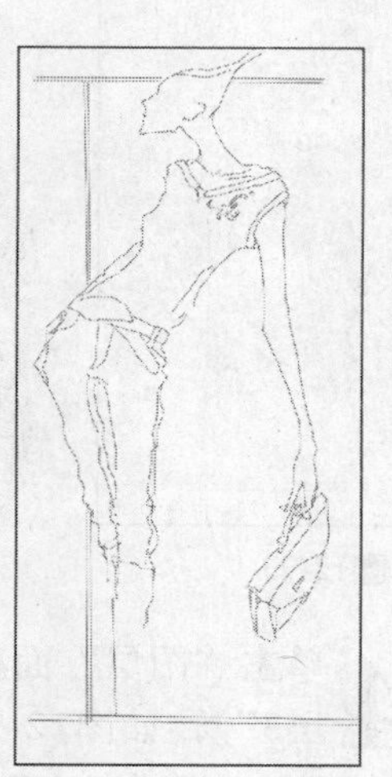

图12-89

03 单击“图层”面板底部的“创建新图层”按钮，新建一个图层，图层名称为“图层2”，如图12-90所示设置前景色，效果如图12-91所示。选择“橡皮擦工具”，如图12-92所示设置参数，擦去多余的部分，效果如图12-93所示。选择“画笔工具”，如图12-94所示设置参数，绘制出衣服上的底色，效果如图12-95所示。

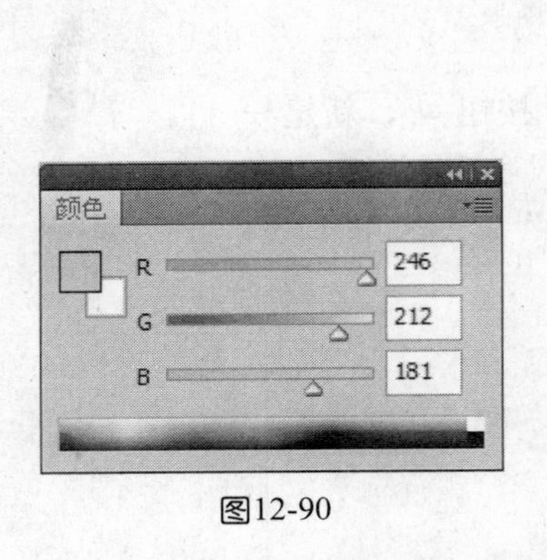

图12-90

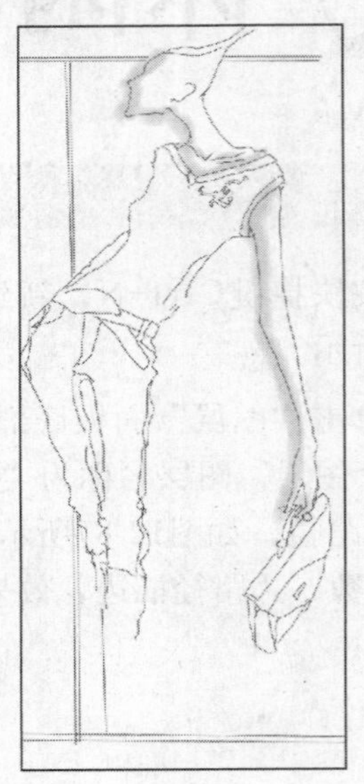

图12-91

图12-92

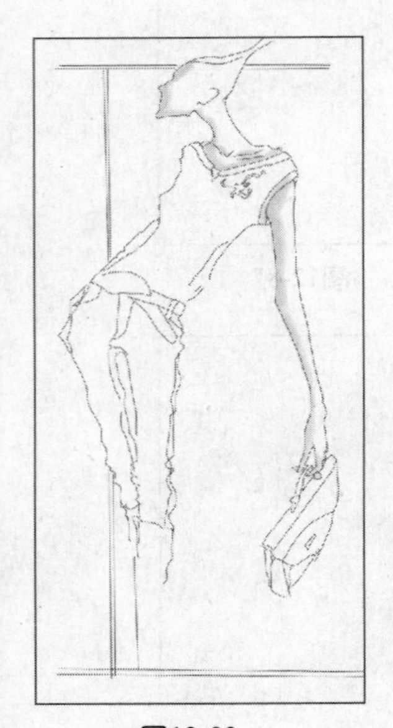

图12-93

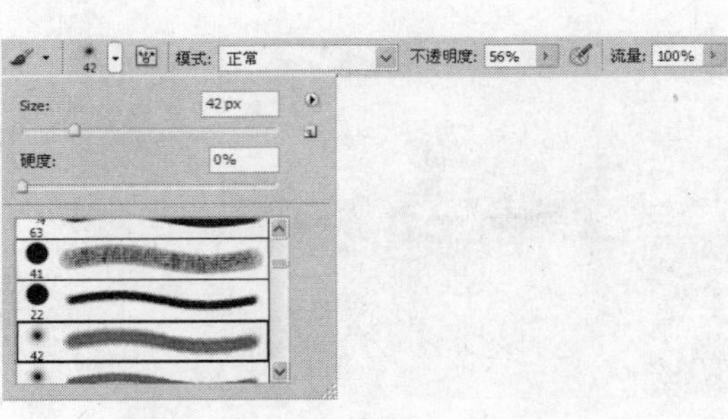

图12-94

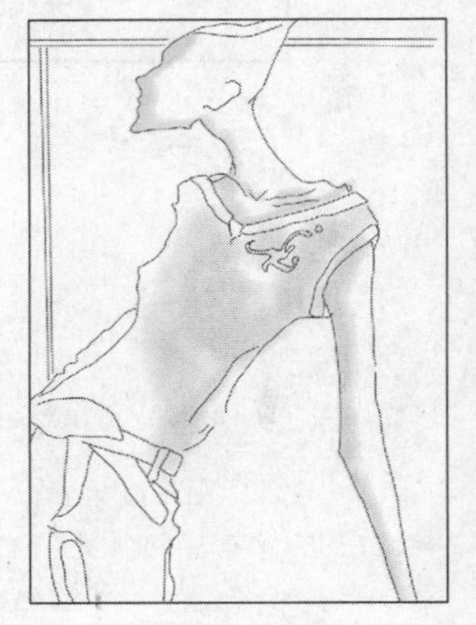

图12-95

04 单击“图层”面板底部的“创建新图层”按钮，新建一个图层，图层名称为“图层3”，如图12-96所示设置前景色，填充颜色后，效果如图12-97所示。单击“图层”面板底部的“创建新图层”按钮，新建一个图层，图层名称为“图层4”，在画面中绘制图案，填充颜色后，效果如图12-98所示。选择“加深工具”，如图12-99所示设置参数，对图像进行处理，效果如图12-100所示。选择“减淡工具”，如图12-101所示设置参数，提亮衣服的颜色，效果如图12-102所示。

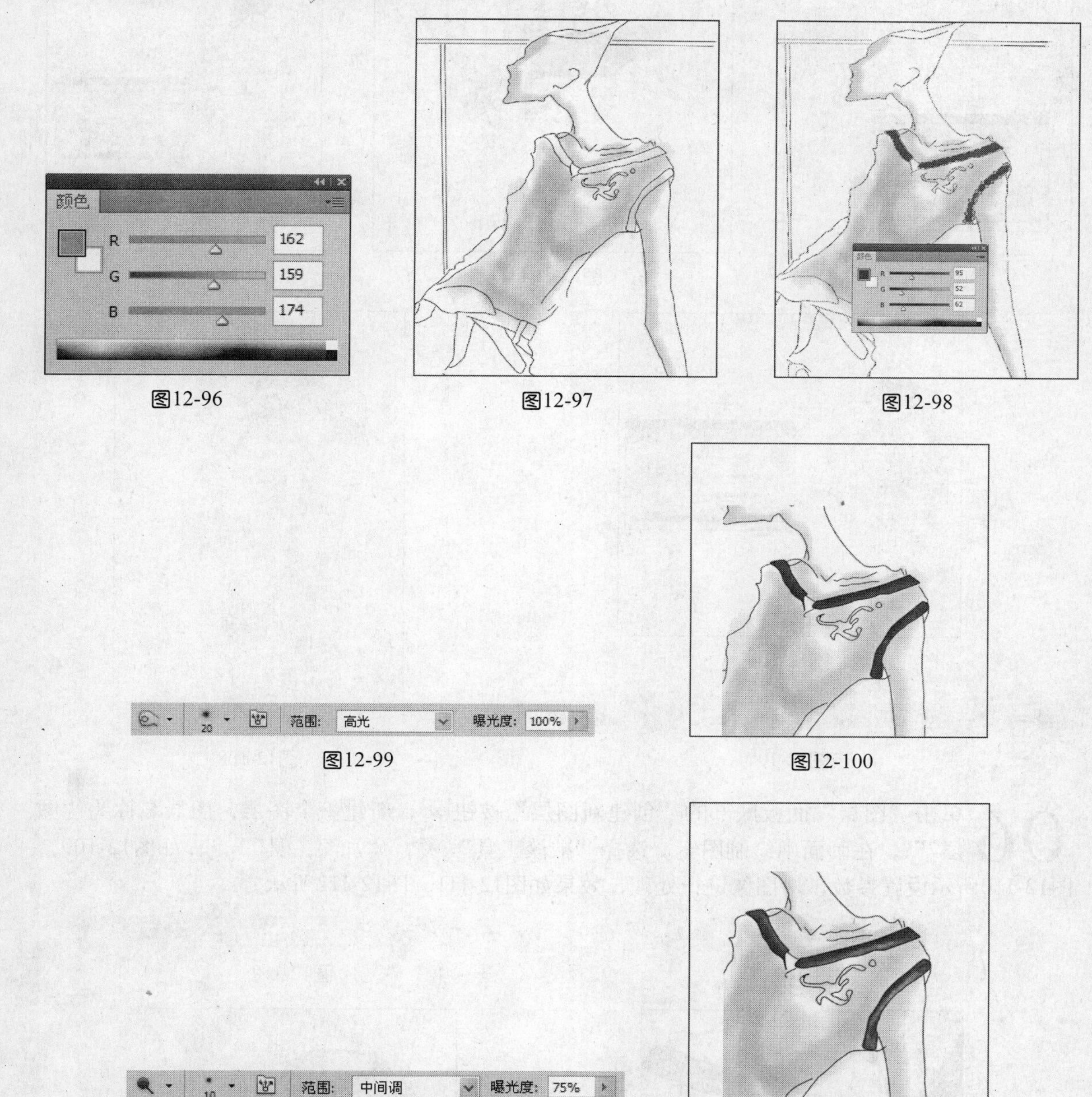

图12-96　图12-97　图12-98

图12-99　图12-100

图12-101　图12-102

05 单击“图层”面板底部的“创建新图层”按钮，新建一个图层，图层名称为“图层5”，在画面中绘制图案，填充颜色后，效果如图12-103、图12-104所示。单击“图层”面板底部的“创建新图层”按钮，新建一个图层，图层名称为“图层6”，在画面中绘制图案，填充颜色后，效果如图12-105、图12-106所示。选择“橡皮擦工具”，如图12-107所示设置参数，效果如图12-108所示。

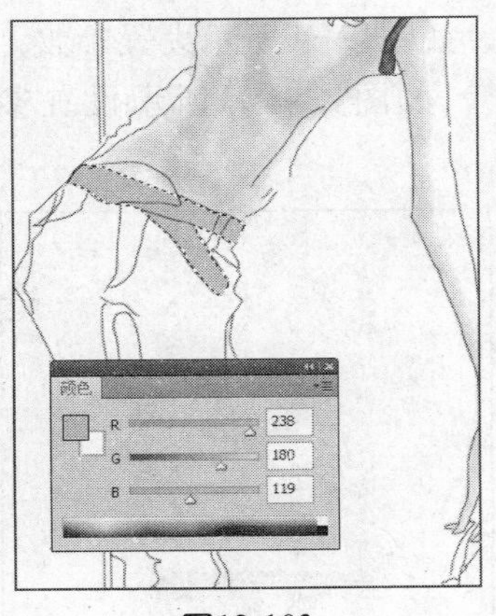

图12-103

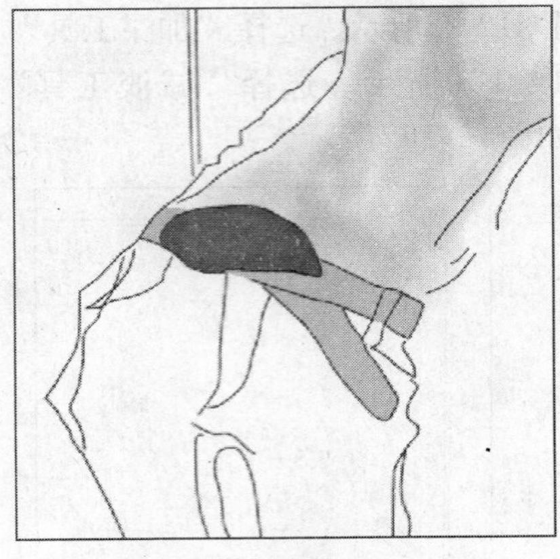

图12-104

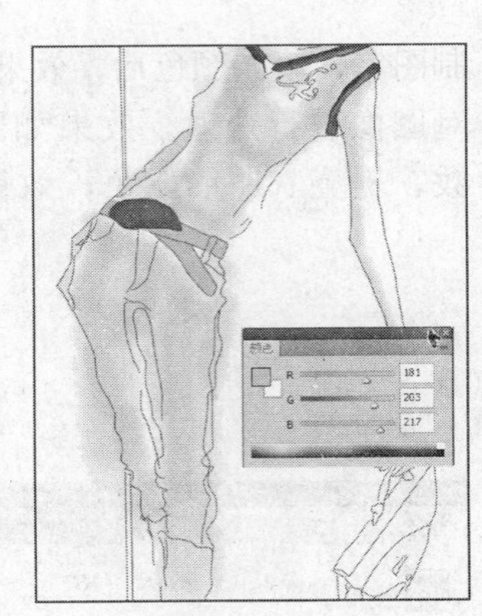

图12-105

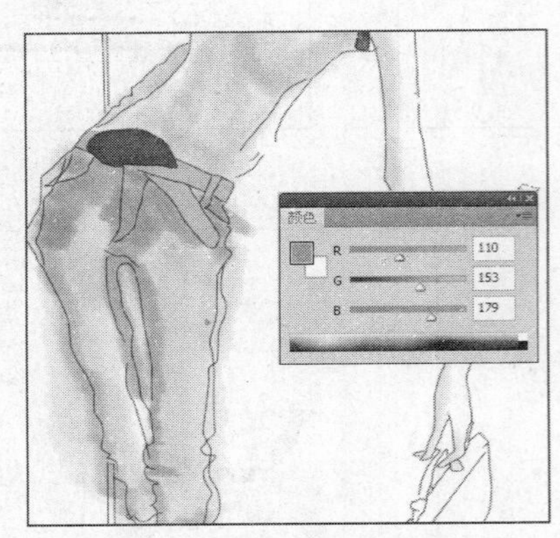

图12-106

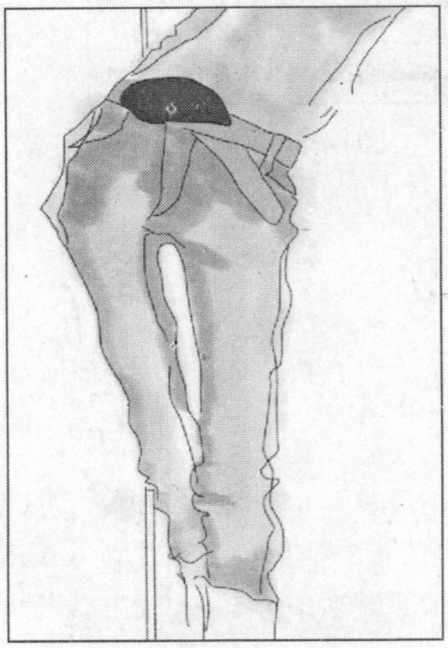

图12-107

图12-108

06 单击“图层”面板底部的“创建新图层”按钮，新建一个图层，图层名称为“图层7”，在画面中绘制图案。选择“减淡工具”，“加深工具”，如图12-109、图12-110所示设置参数，对图像进行处理，效果如图12-111、图12-112所示。

40 范围: 中间调 曝光度: 7%

图12-109

10 范围: 高光 曝光度: 27%

图12-110

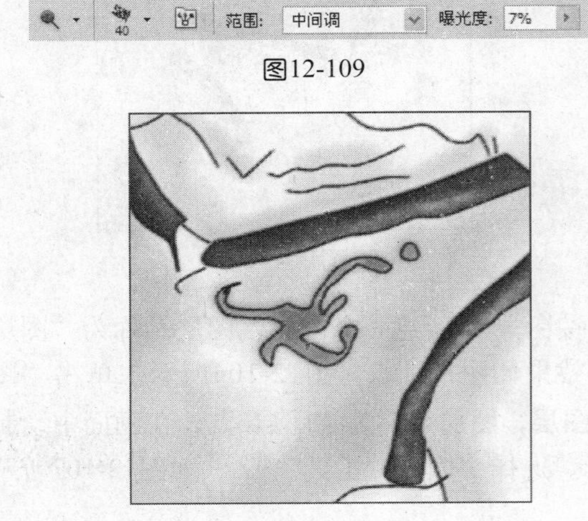

图12-111

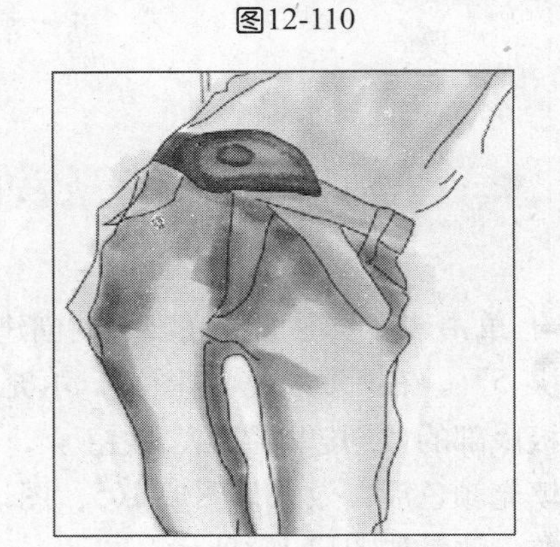

图12-112

07 单击“图层”面板底部的“创建新图层”按钮，新建一个图层，图层名称为“图层8”，在画面中绘制图案，效果如图12-113所示。设置图形样式，如图12-114所示，效果如图12-115所示。选择“自定义形状工具”，如图12-116所示，在画面中绘制，效果如图12-117、图12-118所示。

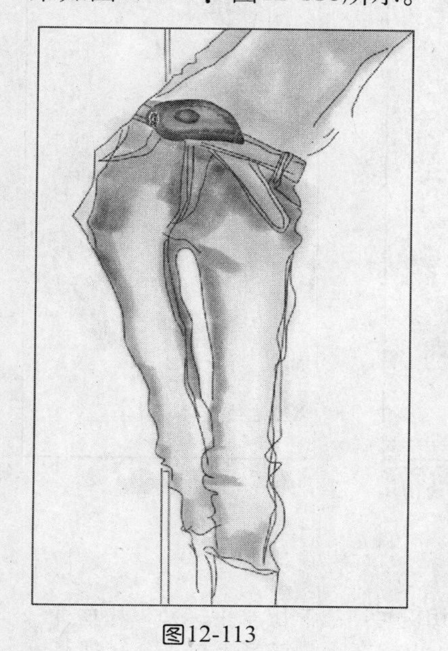

图12-113

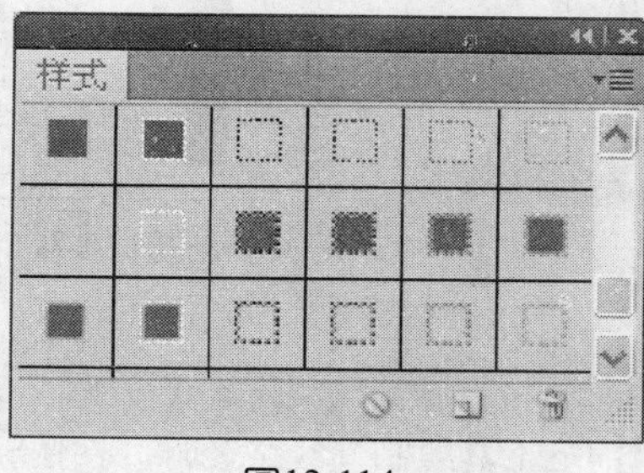

图12-114

图12-115

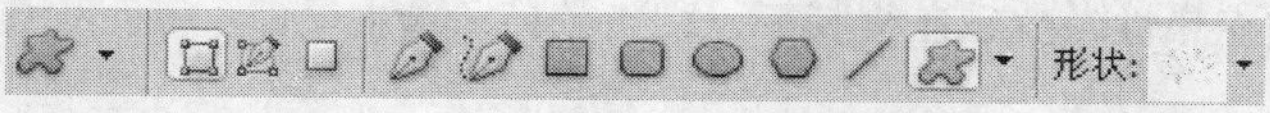

图12-116

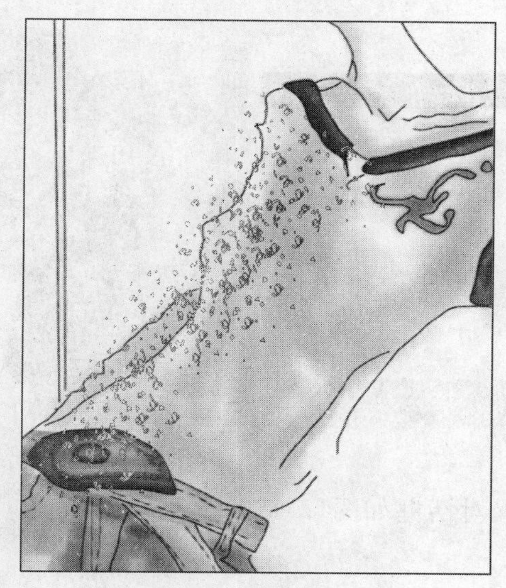

图12-117

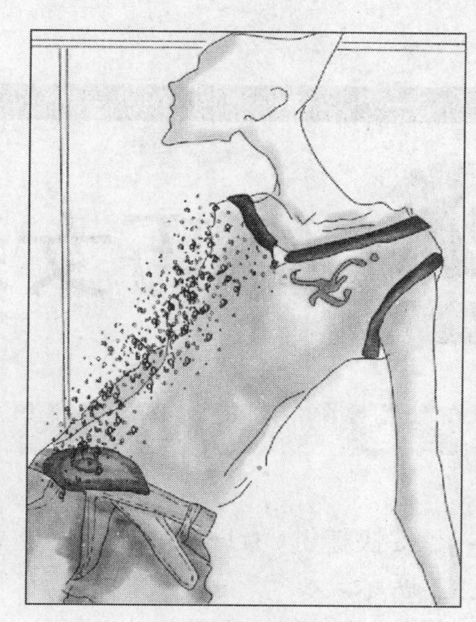

图12-118

08 单击“图层”面板底部的“创建新图层”按钮，新建一个图层，图层名称为“图层9”，在画面中绘制图案，效果如图12-119所示。选择“画笔工具”，如图12-120所示设置参数，最终效果如图12-121、图12-122所示。

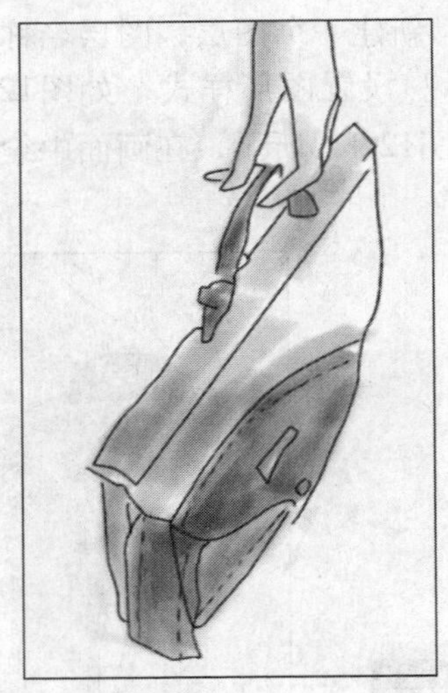
图12-119

图12-120

图12-121

图12-122

技法点评

在使用钢笔工具绘制直线路径时，按住Shift键可以绘制出水平、45°和垂直的直线路径。当绘制完一段曲线路径后，按住Alt键在平滑锚点上单击，转换其锚点属性，然后在绘制下一段路径时，单击鼠标左键，生成的将是直线路径。

12.5 纤巧女装

设计步骤

01 按快捷键Ctrl+N，新建一个文件，设置对话框如图12-123所示。

02 单击“图层”面板底部的“创建新图层”按钮，新建一个图层，图层名称为“图层1”，选择“钢笔工具”，在画面中绘制路径，如图12-124所示。选择“画笔工具”，如图12-125所示设置参数，为路径描边，效果如图12-126所示。

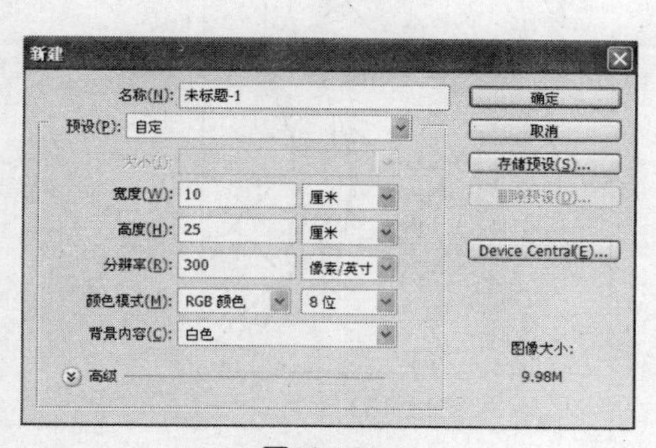

图12-123

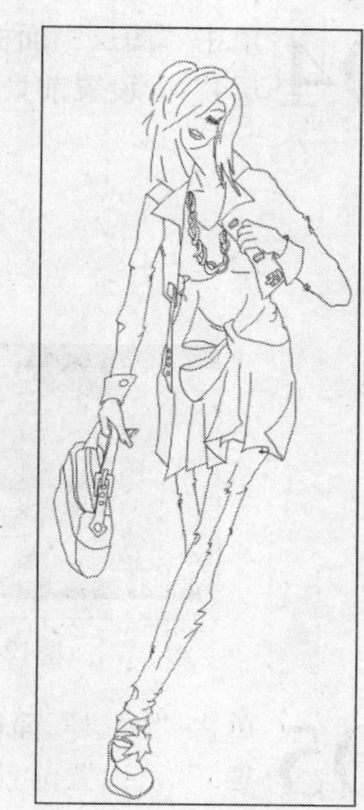

图12-124

图12-125

图12-126

03 单击“图层”面板底部的“创建新图层”按钮，新建一个图层，图层名称为“图层2”，选择“画笔工具”，如图12-127所示设置参数，设置前景色色值如图12-128所示，填充颜色后，效果如图12-129所示。单击“图层”面板底部的“创建新图层”按钮，新建一个图层，图层名称为“图层3”，设置前景色色值如图12-130所示，填充颜色后，效果如图12-131所示。

图12-127

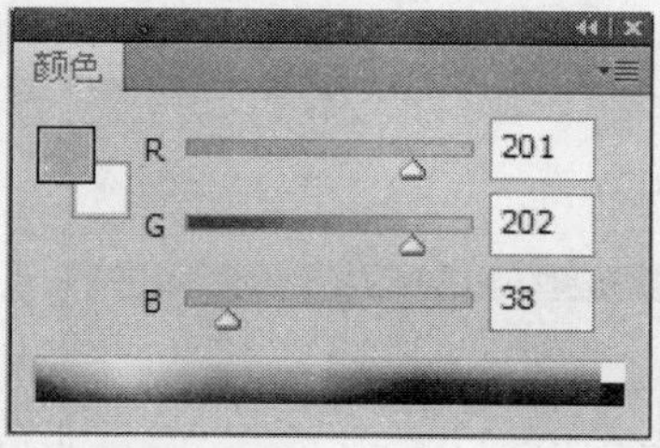

图12-128

图12-129

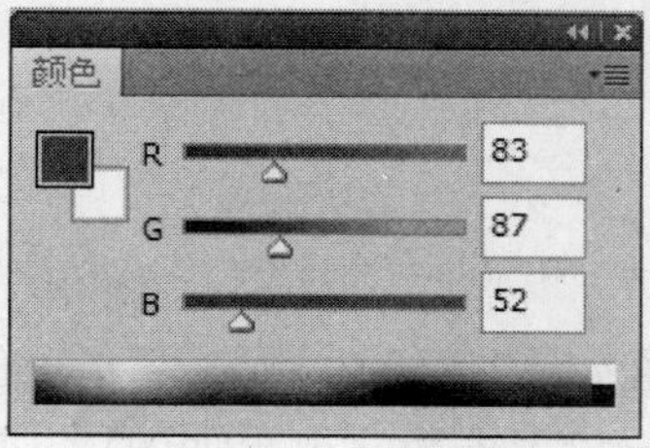

图12-130

图12-131

04 单击“图层”面板底部的“创建新图层”按钮，新建一个图层，图层名称为“图层4”，设置前景色色值如图12-132所示，填充颜色后，效果如图12-133所示。

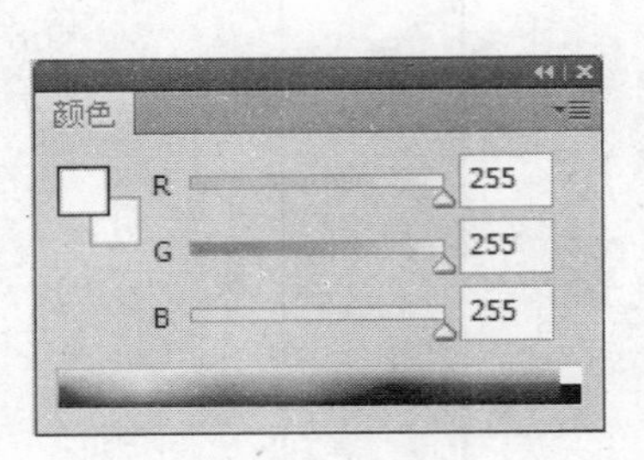

图12-132

图12-133

05 单击“图层”面板底部的“创建新图层”按钮，新建一个图层，图层名称为“图层5”，设置前景色色值如图12-134所示，填充颜色后，效果如图12-135所示。选择“加深工具”，如图12-136所示设置参数，对图像进行处理，效果如图12-137所示。

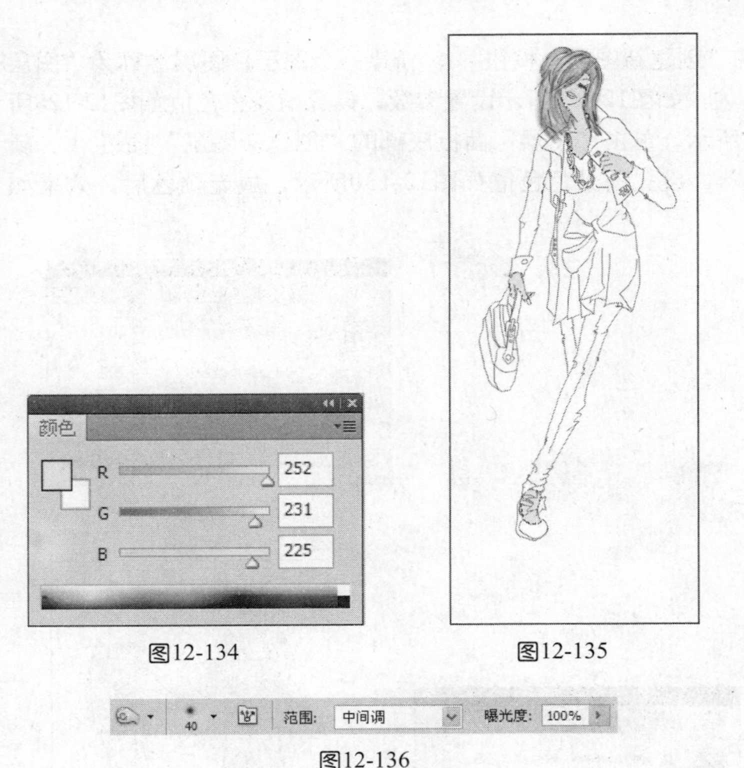

图12-134

图12-135

图12-136

图12-137

06 单击“图层”面板底部的“创建新图层”按钮，新建一个图层，图层名称为“图层6”，设置前景色色值如图12-138所示，填充颜色后，效果如图12-139所示。选择“加深工具”，如图12-140所示设置参数，效果如图12-141所示。

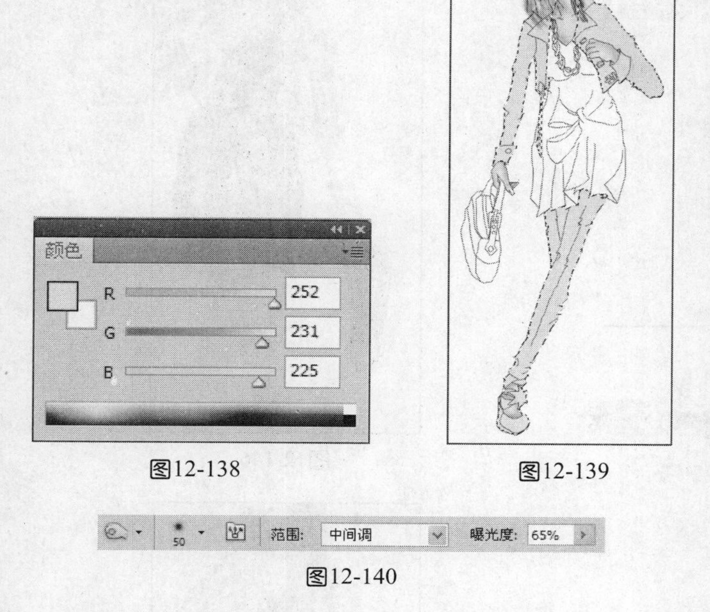

图12-138　图12-139

图12-140

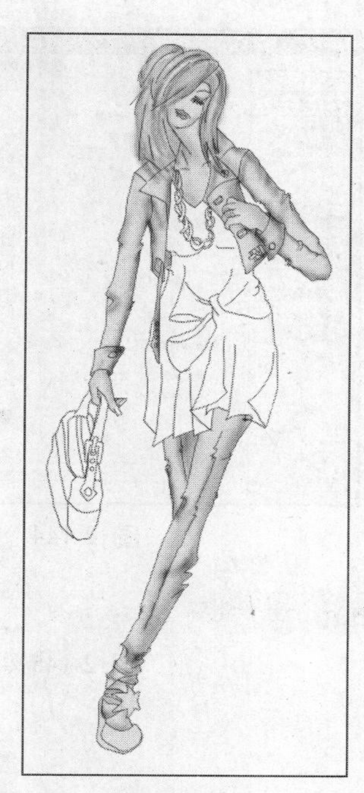

图12-141

07 单击“图层”面板底部的“创建新图层”按钮，新建一个图层，图层名称为“图层7”，设置前景色色值如图12-142所示，填充颜色后，效果如图12-143所示。单击“图层”面板底部“图层样式/斜面和浮雕”命令，如图12-144所示设置参数，选择“减淡工具”，如图12-145所示设置参数，对图像进行处理，效果如图12-146所示。

08 单击“图层”面板底部的“创建新图层”按钮，新建一个图层，图层名称为“图层8”，设置前景色色值如图12-147所示，填充颜色后，效果如图12-148所示。选择“减淡工具”，如图12-149所示设置参数，效果如图12-150所示。单击“图层”面板底部“图层样式/斜面和浮雕”、“图层样式/图案叠加”命令，如图12-151、图12-152所示设置参数，效果如图12-153所示。

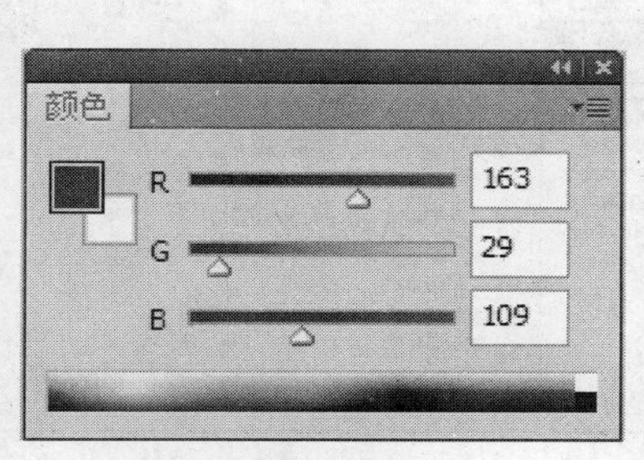

图12-142

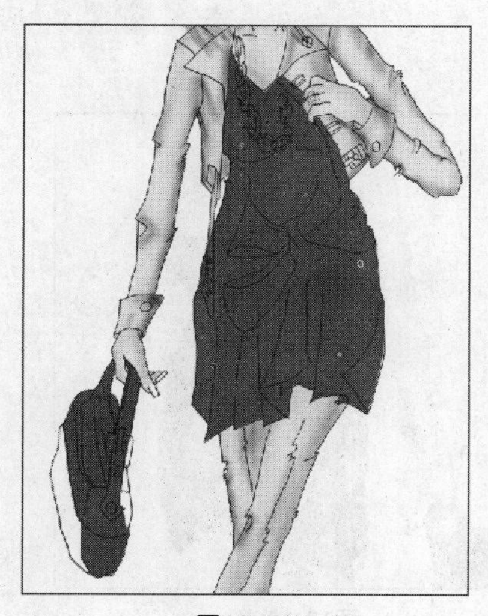

图12-143

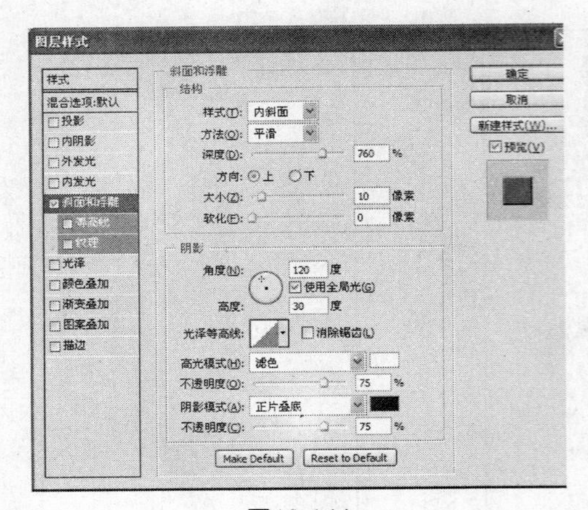

图12-144

图12-145

图12-146

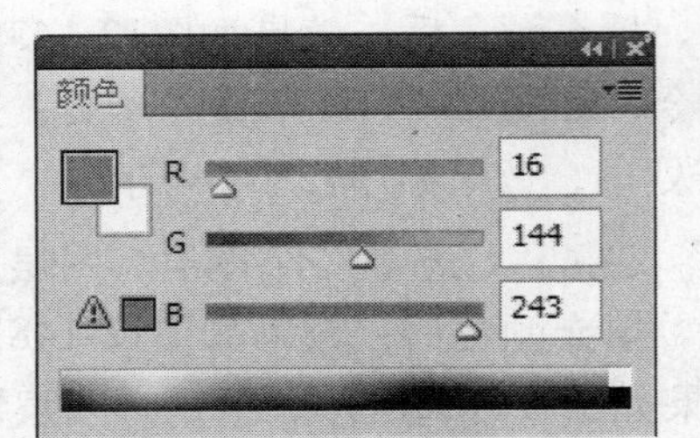

图12-147

图12-148

图12-149

图12-150

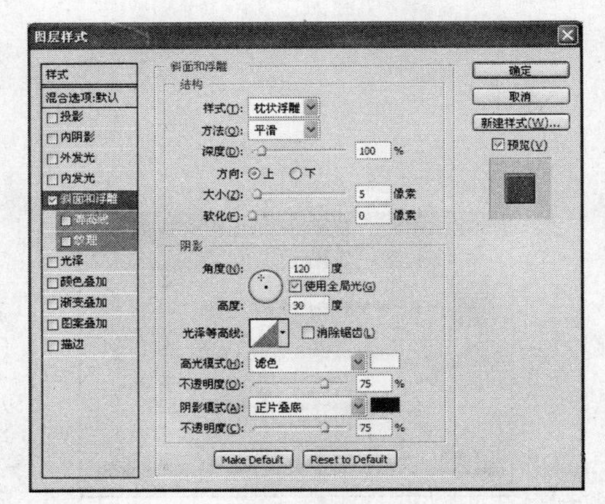

图12-151

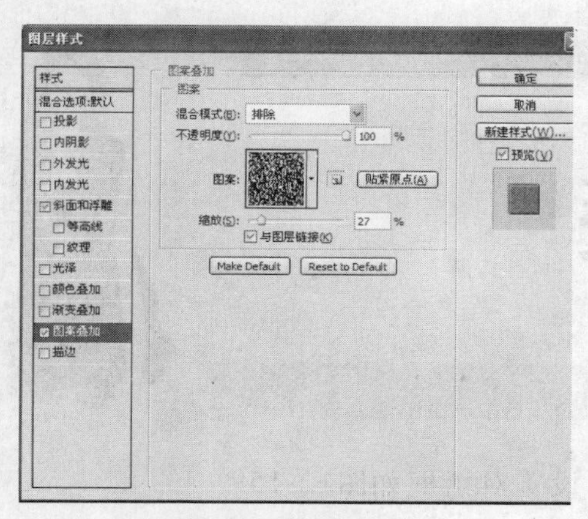

图12-152

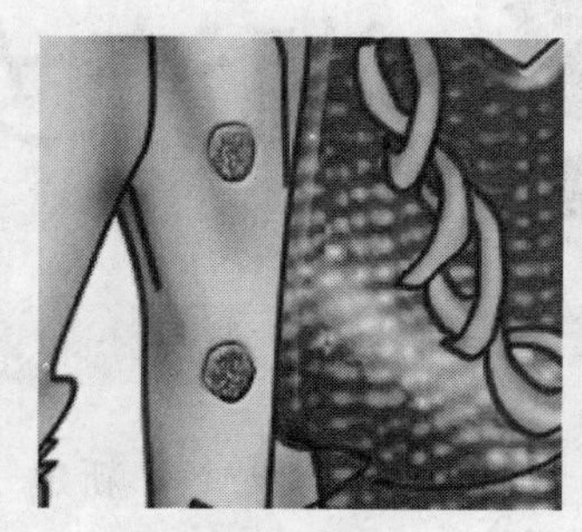

图12-153

09 单击“图层”面板底部的“创建新图层”按钮，新建一个图层，图层名称为“图层9”，设置前景色色值如图12-154所示。选择“减淡工具”，如图12-155所示设置参数，对图像进行处理，效果如图12-156、图12-157所示。导入素材图片，最终效果如图12-158所示。

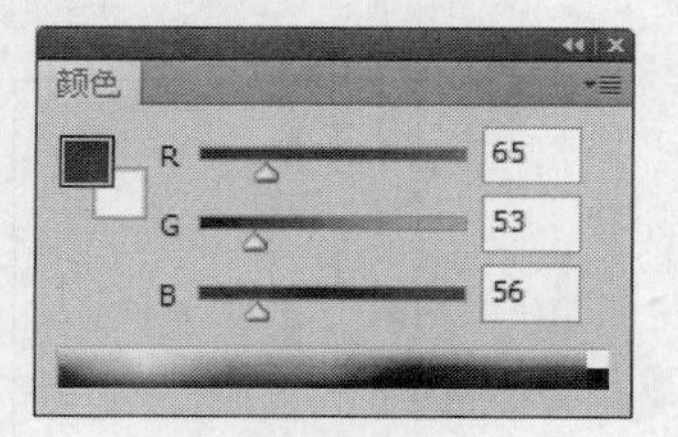

图12-154

图12-155

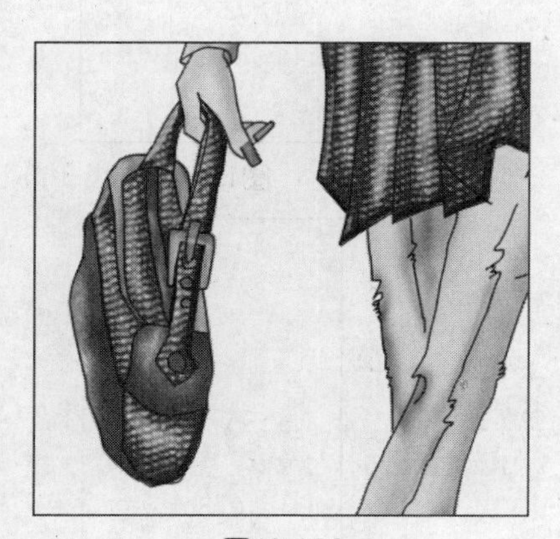

图12-156

图12-157

图12-158

如果要打印设计图，通常情况下，对图像进行高分辨率打印时，建议将展平度值设置为8～10。进行低分辨率打印时，将该值设置为1～3。

潮流女装

设计步骤

01 按快捷键Ctrl+N，新建一个文件，设置对话框如图12-159所示。

02 单击“图层”面板底部的“创建新图层”按钮，新建一个图层，图层名称为“图层1”，选择“钢笔工具”，在画面中绘制路径，如图12-160所示。选择“画笔工具”，如图12-161所示设置参数，为路径描边，效果如图12-162所示。

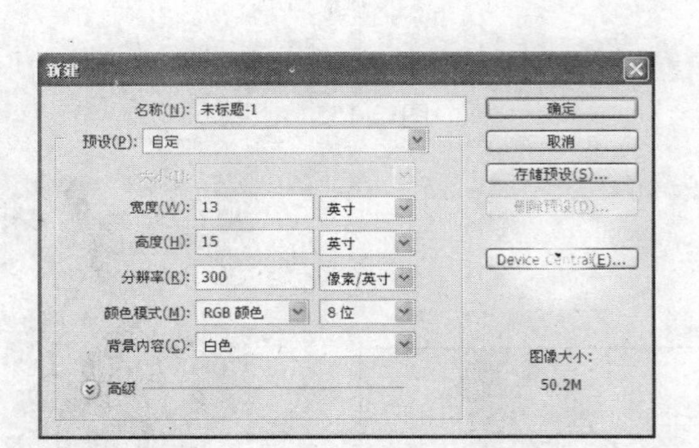

图12-159

图12-160

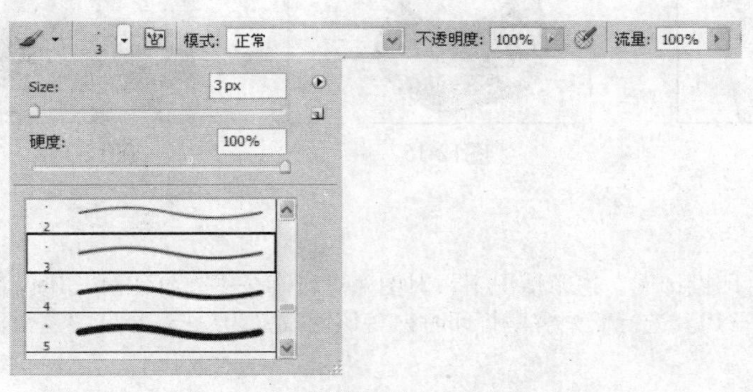

图12-161

图12-162

03 单击“图层”面板底部的“创建新图层”按钮，新建一个图层，图层名称为“图层2”，设置前景色色值，填充颜色后，效果如图12-163所示。选择“橡皮擦工具”，如图12-164所示设置参数，擦去多余的部分，效果如图12-165所示。

图12-163

图12-164

图12-165

04 单击“图层”面板底部的“创建新图层”按钮，新建一个图层，图层名称为“图层3”，设置前景色色值，填充颜色后，效果如图12-166所示。选择“橡皮擦工具”，如图12-167所示设置参数，效果如图12-168所示。

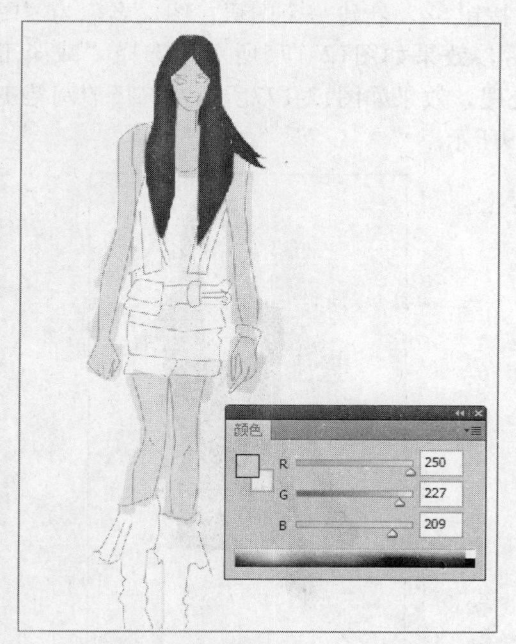

图12-166

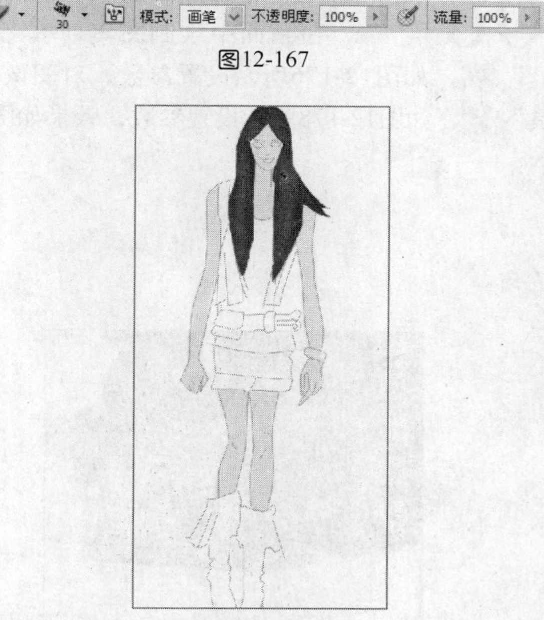

图12-167

图12-168

05 新建三个图层，图层名称为“图层4、图层5、图层6、”，在画面中绘制图案并填充颜色后，效果如图12-169、图12-170、图12-171、图12-172所示。选择“加深工具”，如图12-173所示设置参数，对图像进行处理，效果如图12-174所示。

图12-169

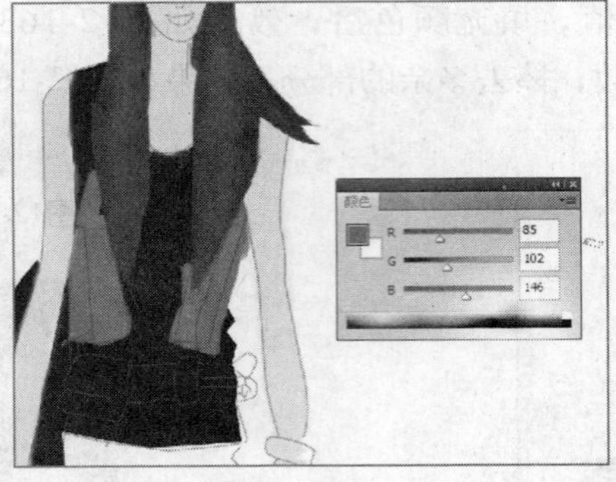

图12-170

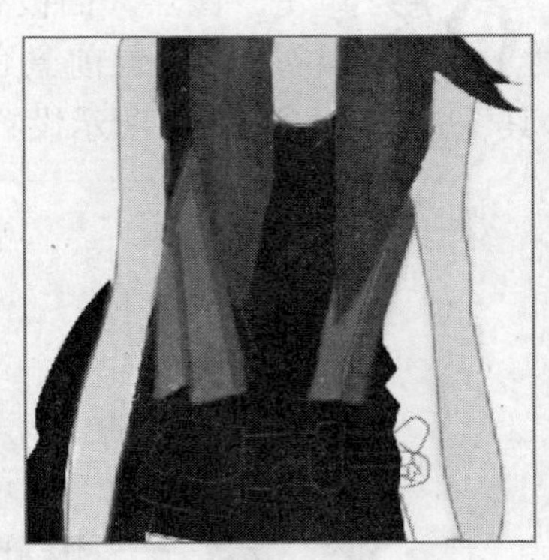
图12-171

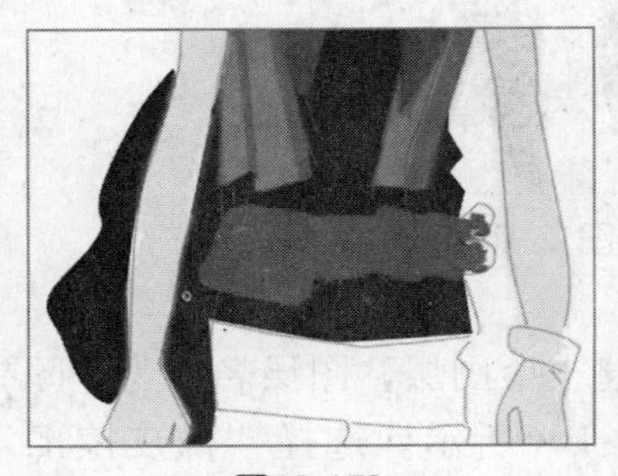
图12-172

图12-173

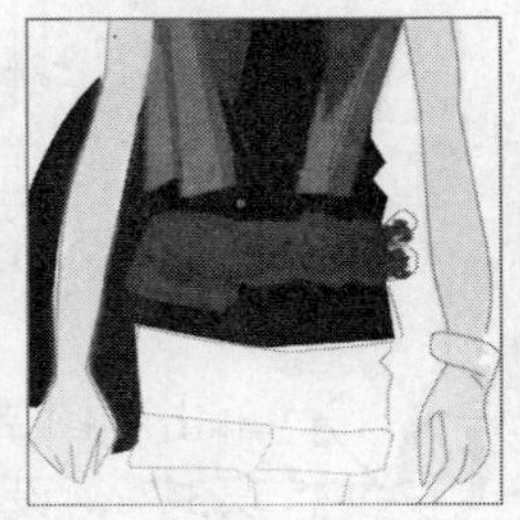
图12-174

06 单击“图层”面板底部的“创建新图层”按钮，新建一个图层，图层名称为“图层7”，在画面中绘制图案，填充颜色后，效果如图12-175所示。选择“减淡工具”，如图12-176所示设置参数，对图像进行处理，效果如图12-177所示。选择“画笔工具”，如图12-178所示设置参数，效果如图12-179所示。

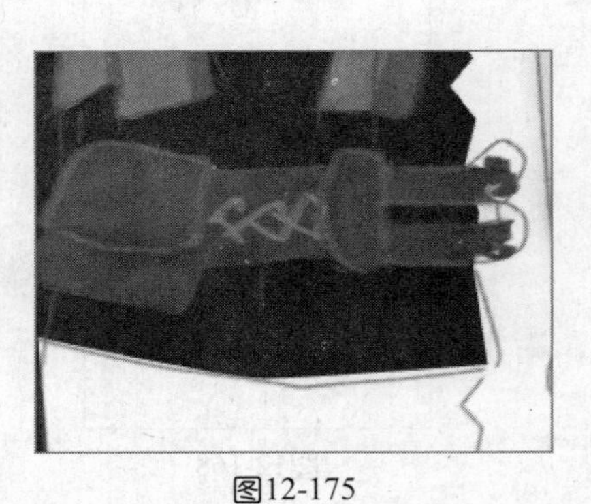
图12-175

图12-176

图12-177

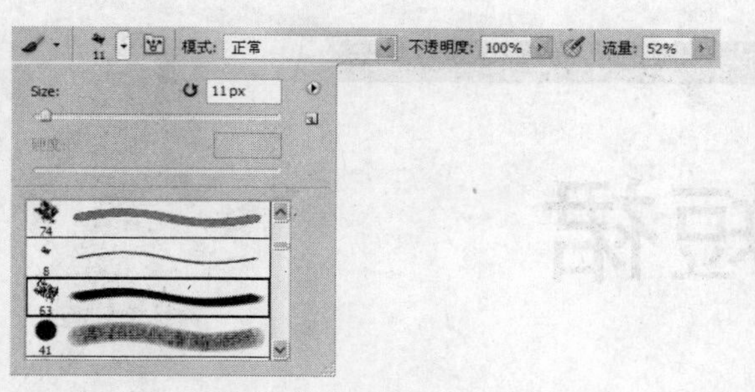

图12-178

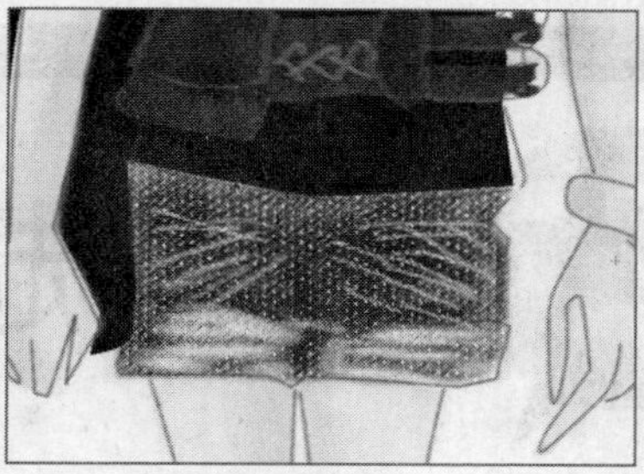

图12-179

07 新建两个图层，图层名称为“图层8、图层9”，在画面中绘制鞋子，效果如图12-180、图12-181所示，选择“加深工具”、“减淡工具”，如图12-183、图12-184所示设置参数，对鞋子的颜色进行调整，效果如图12-185所示。

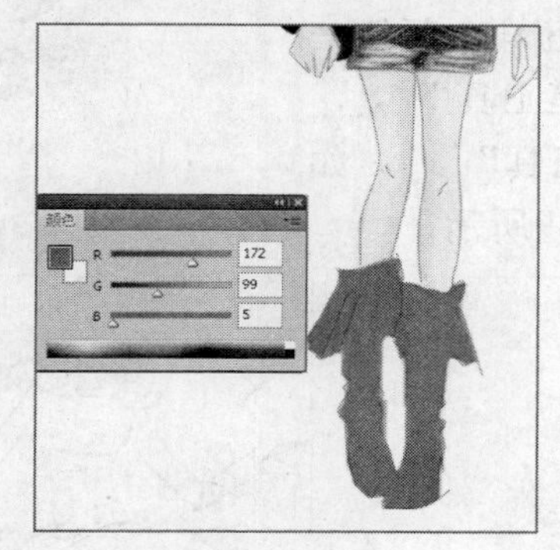

图12-180

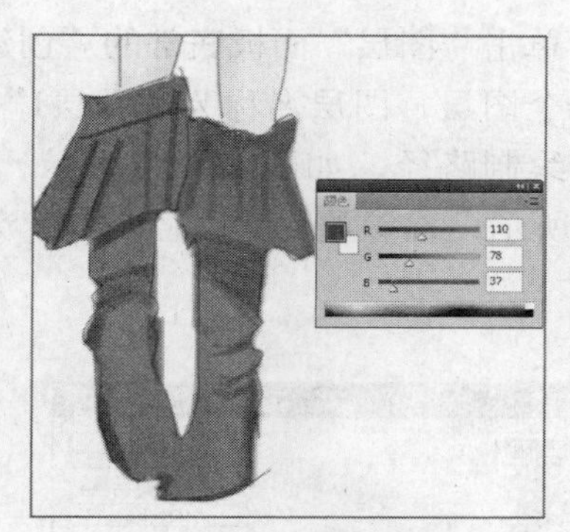

图12-181

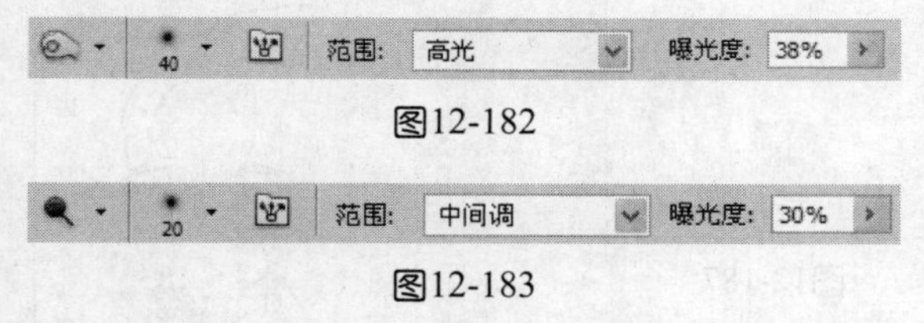

图12-182

图12-183

图12-184

图12-185

按住Shift键并单击选中的锚点，可取消对该锚点的选择。按下Esc键并单击路径以外的空白区域，可取消对所有锚点和路径线的选择。

12.7 性感超短裙

设计步骤

01 按快捷键Ctrl+N，新建一个文件，设置对话框如图12-186所示。

02 单击“图层”面板底部的“创建新图层”按钮，新建一个图层，图层名称为“图层1”，选择“钢笔工具”，在画面中绘制路径，如图12-187所示。选择“画笔工具”，如图12-188所示设置参数，为路径描边，效果如图12-189所示。

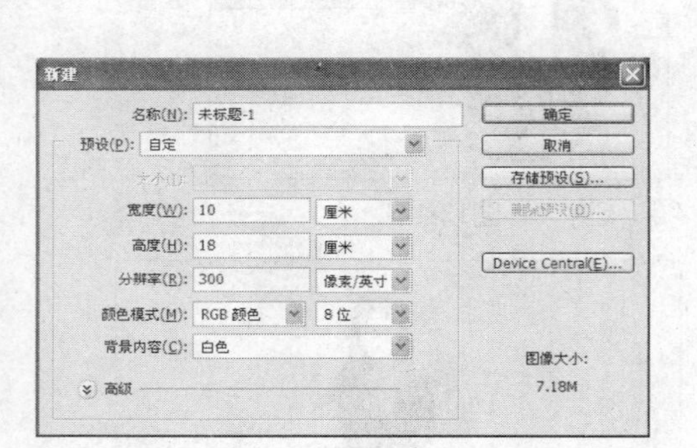

图12-186

图12-187

图12-188

图12-189

03 新建三个图层，图层名称为“图层2、图层3、图层4、”，在画面中绘制人物的头发及脸部，设置前景色为紫色和淡粉色，填充颜色后，效果如图12-190、图12-191、图12-192、图12-193所示。单击“图层”面板底部的“创建新图层”按钮，新建一个图层，图层名称为“图层5”，选择“画笔工具”，如图12-194所示设置参数。设置前景色如图12-195所示。选择“画笔工具”，如图12-196所示设置参数，填充衣服和裙子的颜色，效果如图12-197、图12-198所示。

图12-190

图12-191

图12-192

图12-193

图12-194

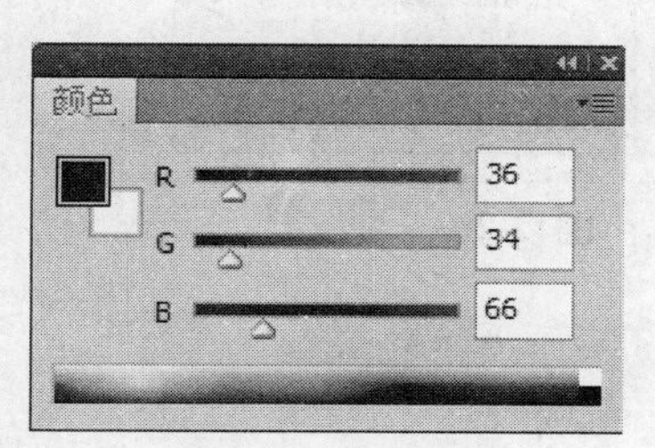

图12-195

图12-196

图12-197

图12-198

04 单击“图层”面板底部的“创建新图层”按钮，新建一个图层，图层名称为“图层6”，选择“画笔工具”，如图12-199所示设置参数，调整裙子的颜色，效果如图12-200所示。单击“图层”面板底部的“创建新图层”按钮，新建一个图层，图层名称为“图层7”，选择“画笔工具”，如图12-201所示设置参数，填充人物的皮肤和腿部的颜色，效果如图12-202、图12-203所示。选择“画笔工具”，如图12-204所示设置参数，效果如图12-205所示。

图12-199

图12-200

图12-201

图12-202

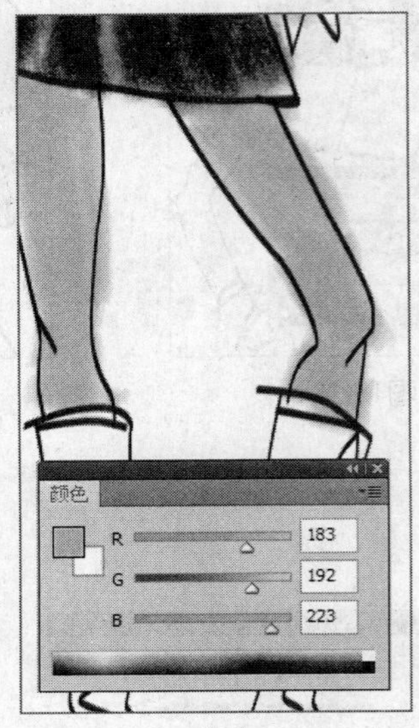

图12-203

图12-204

图12-205

05 单击“图层”面板底部的“创建新图层”按钮，新建一个图层，图层名称为“图层8”，设置前景色为深蓝色在画面中绘制靴子，效果如图12-206所示。选择“减淡工具”，如图12-207所示设置参数，对靴子的颜色进行提亮，效果如图12-208所示。选择“加深工具”，如图12-209所示设置参数，对图像进行处理，效果如图12-210所示。整体效果如图12-211所示。

06 单击“图层”面板底部的“创建新图层”按钮，新建一个图层，图层名称为“图层9”，在画面中绘制，最终效果如图12-212所示。

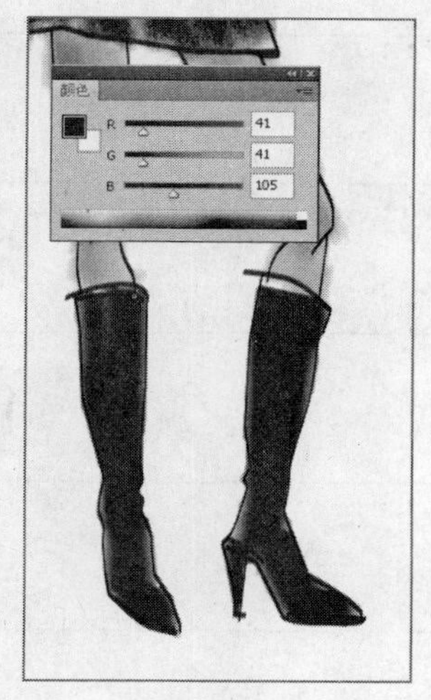

图12-206

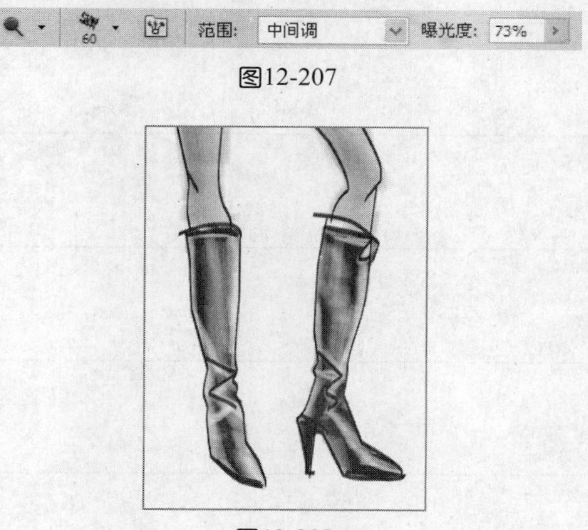

图12-207

图12-208

图12-209

图12-210

图12-211

图12-212

在“导出路径”对话框中的“路径”下拉列表中，列出了当前文件存储在路径调板中的所有路径和新创建的工作路径，用户可以从中根据需要导出路径。

读书笔记

第13章 时尚超酷女装的设计

Photoshop CS5

13.1 干练女装

设计步骤

01 按快捷键Ctrl+N，新建一个文件，设置对话框如图13-1所示。

02 单击“图层”面板底部的“创建新图层”按钮，新建一个图层，图层名称为“图层1”，选择“钢笔工具”，在画面中绘制路径，如图13-2所示。选择“画笔工具”，如图13-3所示设置参数，为路径描边，效果如图13-4所示。

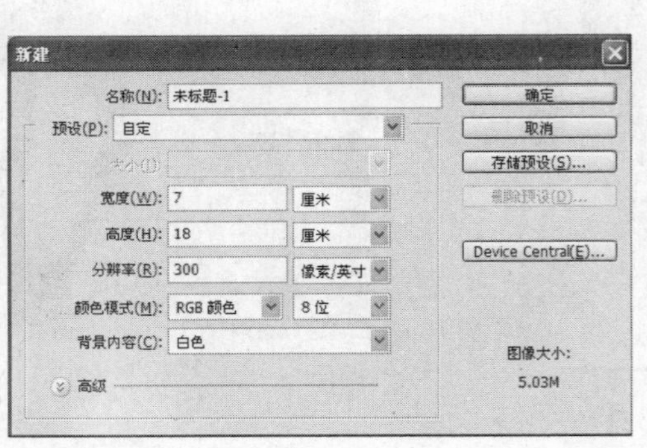

图13-1

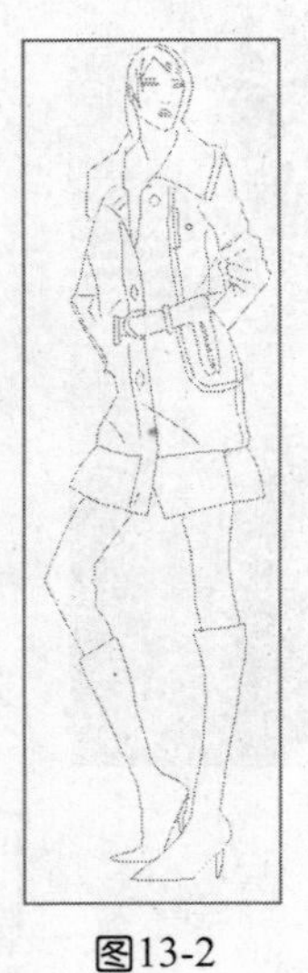

图13-2

图13-3

图13-4

03 单击“图层”面板底部的“创建新图层”按钮，新建一个图层，图层名称为“图层2”，选择“画笔工具”，如图13-5所示，在画面中绘制头发，效果如图13-6所示。选择“橡皮擦工具”，如图13-7所示设置参数，擦除多余部分，效果如图13-8所示。选择“加深工具”，如图13-9所示设置参数，对图像进行加深处理，效果如图13-10所示。选择“加深工具”，如图13-11所示设置参数，继续对头发的颜色进行加深处理，效果如图13-12所示。

图13-5

图13-6

图13-7

图13-8

图13-9

图13-11

图13-10

图13-12

04 单击“图层”面板底部的“创建新图层”按钮，新建一个图层，图层名称为“图层3”，使用“画笔工具”，如图13-13所示设置参数，进行颜色填充，效果如图13-14所示。选择“减淡工具”，如图13-15所示设置参数，对图像进行减淡处理，效果如图13-16所示。

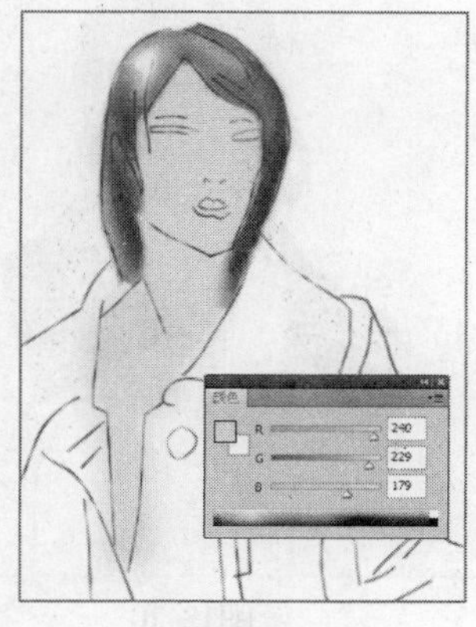

图13-13

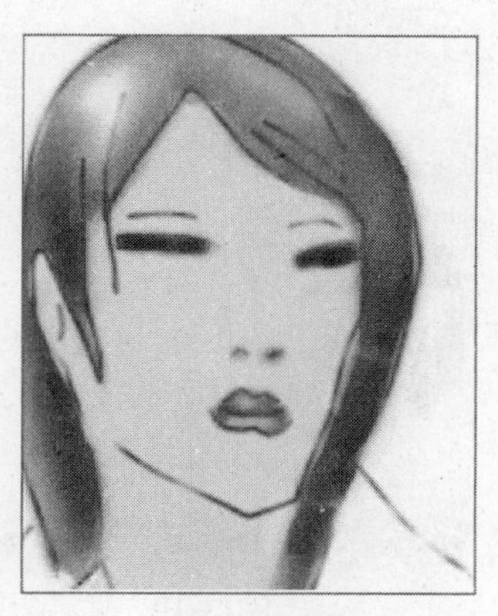

图13-14

图13-15

图13-16

05 单击“图层”面板底部的“创建新图层”按钮，新建一个图层，图层名称为“图层4”，使用“画笔工具”，在画面中填充颜色，效果如图13-17所示。选择“橡皮擦工具”，擦除多余部分，如图13-18所示。选择“减淡工具”，如图13-19所示设置参数，对图像进行减淡处理，效果如图13-20所示。

图13-17

图13-18

图13-19

图13-20

06 单击“图层”面板底部的“创建新图层”按钮，新建一个图层，图层名称为“图层5”，设置前景色为灰绿色，使用“画笔工具”，在画面中填充风衣的颜色，效果如图13-21所示。选择“加深工具”，如图13-22所示设置参数，对图像进行加深处理，效果如图13-23所示。

图13-21

图13-22

图13-23

07 单击“图层”面板底部的“创建新图层”按钮，新建一个图层，图层名称为“图层6”，设置前景色为黑色，使用“画笔工具”，在画面中绘制腿部颜色，效果如图13-24所示。选择“加深工具”、“减淡工具”，如图13-25、图13-26所示设置参数，对图像进行加深、减淡处理，效果如图13-27所示。

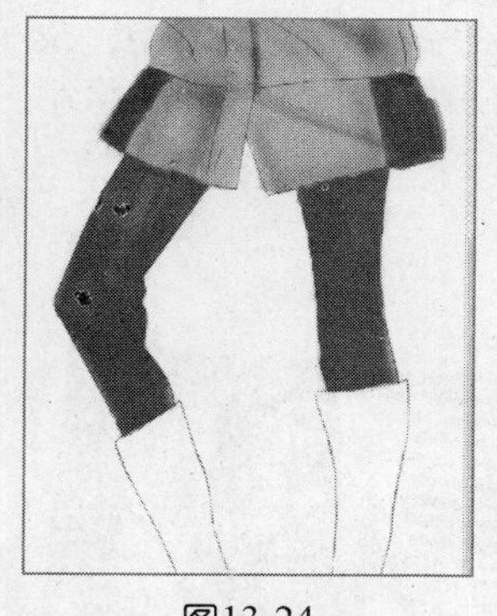

图13-24

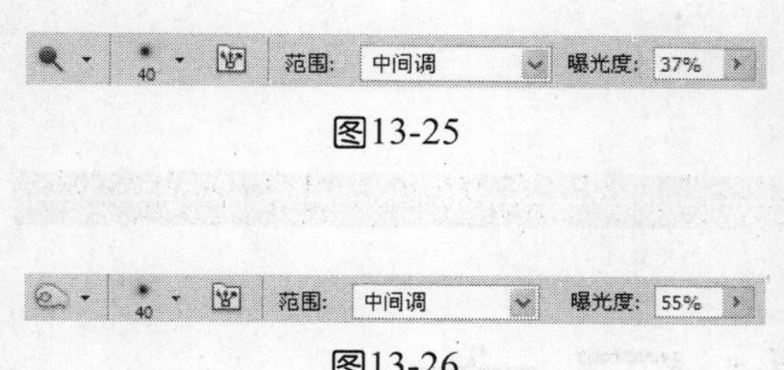

图13-25

图13-26

图13-27

08 单击“图层”面板底部的“创建新图层”按钮，新建一个图层，图层名称为“图层7”，设置前景色为褐色，使用“画笔工具”，在画面中绘制靴子的颜色，效果如图13-28所示。选择“加深工具”，如图13-29所示，对图像进行加深处理，效果如图13-30所示。打开素材文件夹，导入素材图片，最终效果如图13-31所示。

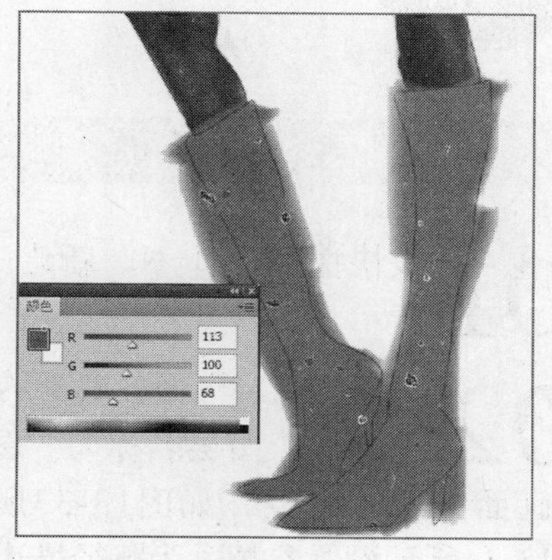

图13-28

范围：中间调 曝光度：55%

图13-29

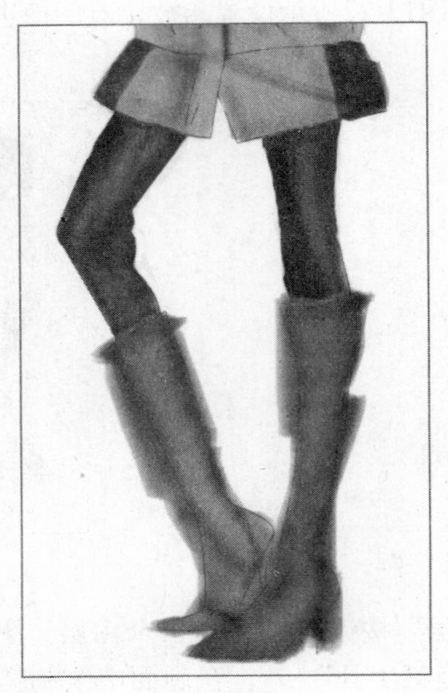

图13-30

图13-31

本例讲解在Photoshop CS5 中，制作干练女装的方法与技巧。绘制外衣时，主要使用钢笔工具绘制路径，使用画笔工具为路径描边，调整加深、减淡工具的工具栏设置参数，绘制出外衣的层次感。使用橡皮擦工具擦除绘制时多余的部分。

13.2 时尚风衣

设计步骤

01 按快捷键Ctrl+N，新建一个文件，设置对话框如图13-32所示。

02 单击“图层”面板底部的“创建新图层”按钮，新建一个图层，图层名称为“图层1”，选择“钢笔工具”，在画面中绘制路径，如图13-33所示。选择“画笔工具”，如图13-34所示设置参数，为路径描边，效果如图13-35所示。

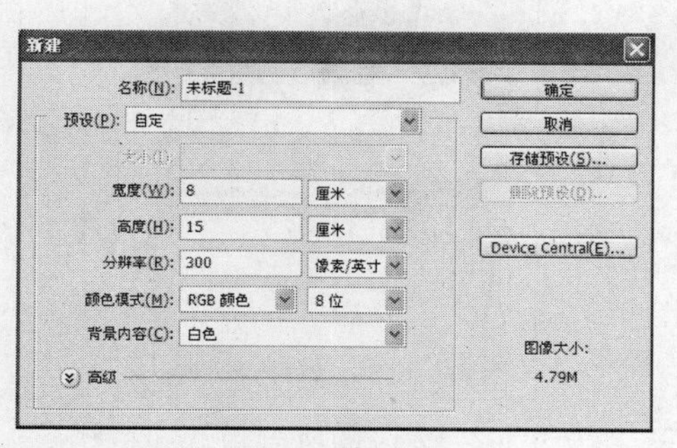

图13-32

图13-33

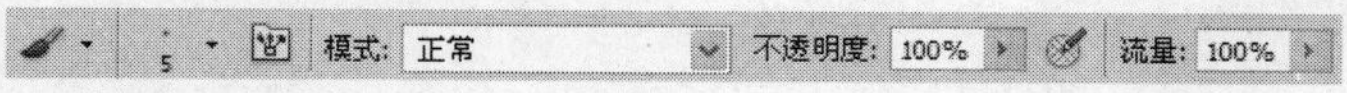

模式: 正常 不透明度: 100% 流量: 100%

图13-34

图13-35

03 单击“图层”面板底部的“创建新图层”按钮，新建一个图层，图层名称为“图层2”，选择“画笔工具”，如图13-36所示，分别设置前景色，在画面中绘制人物的头发，效果如图13-37、图13-38所示。单击“图层”面板底部的“创建新图层”按钮，新建一个图层，图层名称为“图层3”，选择“画笔工具”，如图13-39所示设置参数，分别设置前景色，在画面中继续绘制头发，效果如图13-40、图13-41所示。单击“图层”面板底部的“创建新图层”按钮，新建一个图层，图层名称为“图层4”，选择“画笔工具”，如图13-42所示设置参数，分别设置前景色，在画面中绘制眼睛和嘴唇，效果如图13-43、图13-44所示。

图13-36

图13-37

图13-38

模式: 正常 不透明度: 77% 流量: 100%

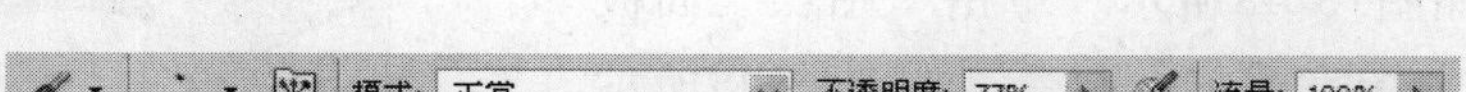

图13-39

图13-40

图13-41

图13-42

图13-43

图13-44

04 单击“图层”面板底部的“创建新图层”按钮，新建一个图层，图层名称为“图层5”，选择“画笔工具”，设置前景色为绿色，在画面中绘制风衣，效果如图13-45所示。

05 单击“图层”面板底部的“创建新图层”按钮，新建一个图层，图层名称为“图层6”，选择“画笔工具”，设置前景色为紫色，在画面中绘制风衣，效果如图13-46所示。选择“加深工具”，如图13-47所示设置参数，对图像进行加深处理，效果如图13-48所示。单击“图层”面板底部“图层样式/图案叠加”命令，如图13-49所示设置参数，效果如图13-50所示。

图13-45

图13-46

图13-47

图13-48

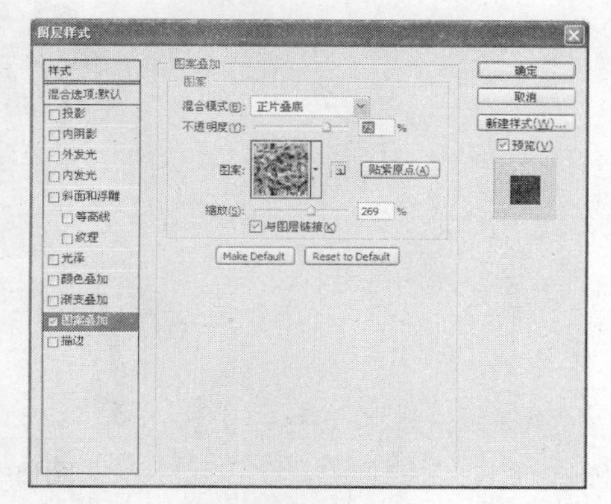

图13-49

图13-50

06 单击“图层”面板底部的“创建新图层”按钮，新建一个图层，图层名称为“图层7”，选择“画笔工具”，在画面中绘制腰带，效果如图13-51所示。单击“图层”面板底部的“创建新图层”按钮，新建一个图层，图层名称为“图层8”， 如图13-52所示，设置前景色，使用“画笔工具”，在画面中绘制，效果如图13-53所示。

图13-51

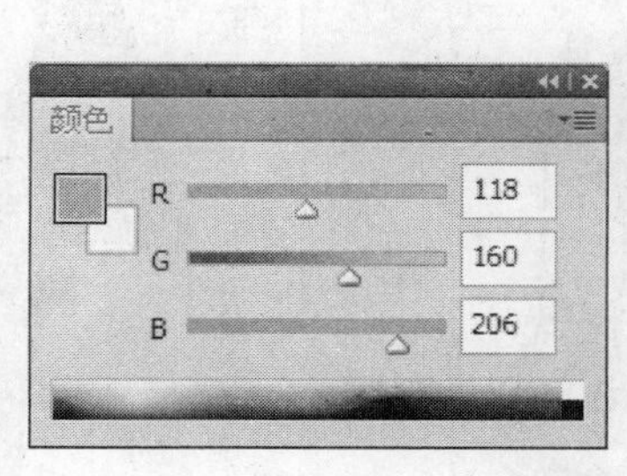

图13-52

图13-53

07 单击“图层”面板底部的“创建新图层”按钮，新建一个图层，图层名称为“图层9”，选择“画笔工具”，如图13-54所示，设置前景色，在画面中绘制裤子，效果如图13-55所示。单击“图层”面板底部的“创建新图层”按钮，新建一个图层，图层名称为“图层10”，选择“画笔工具”，如图13-56所示，设置前景色，在画面中绘制出立体效果，效果如图13-57所示。选择“橡皮擦工具”，如图13-58所示，擦除多余部分，效果如图13-59所示。

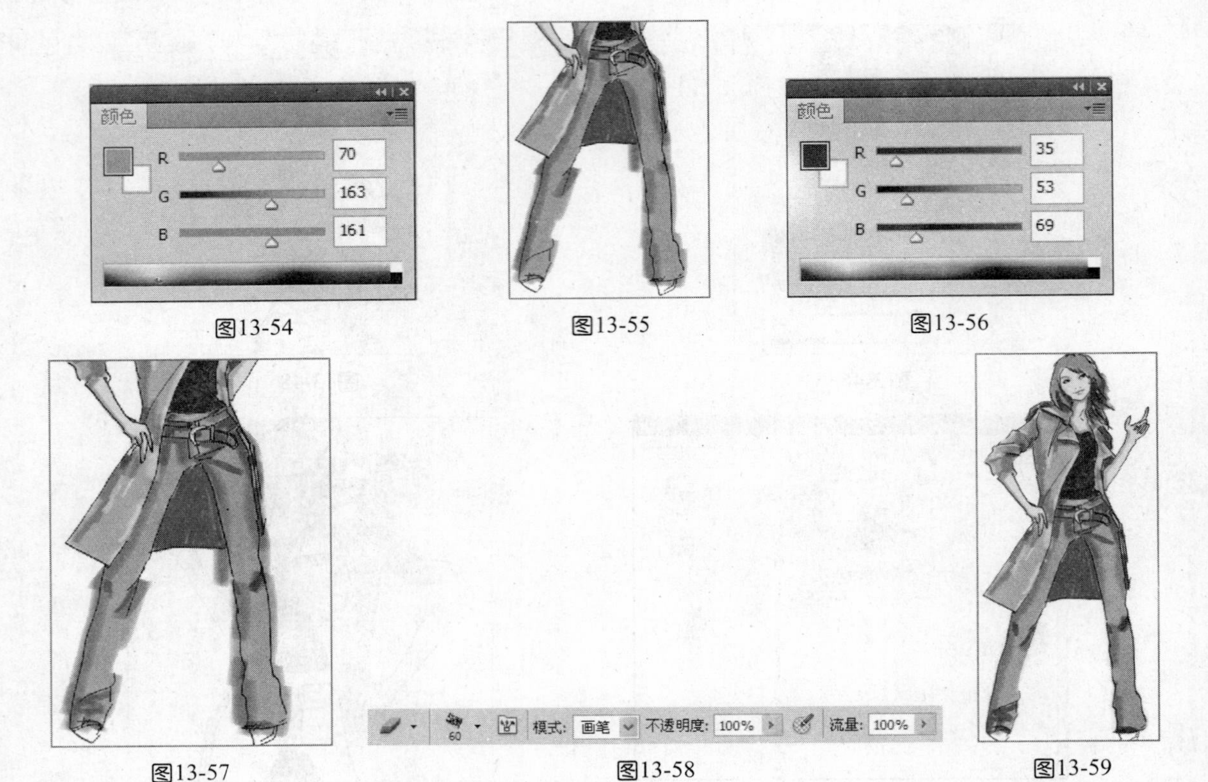

图13-54　图13-55　图13-56

图13-57　图13-58　图13-59

08 单击“图层”面板底部的“创建新图层”按钮，新建一个图层，图层名称为“图层11”，使用相同的方法在画面中绘制鞋子，效果如图13-60所示，整体效果如图13-61所示，打开素材文件夹，导入素材图片，最终效果如图13-62所示。

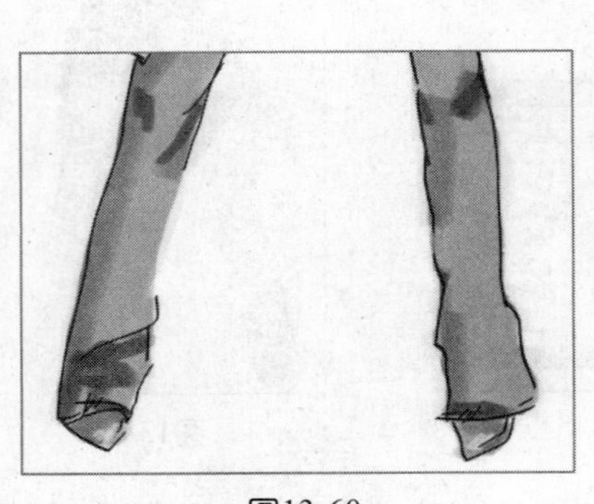

图13-60

图13-61

图13-62

本例讲解在Photoshop CS5 中，制作时尚女风衣的方法与技巧。在制作风衣的时候，本例主要使用画笔工具在画面中填充颜色，设置加深、减淡工具栏的属性，绘制出图案的明暗效果。在图层样式中使用了“图案叠加”命令。在图层样式中还有投影、描边、外发光等命令，读者可自己尝试练习。

13.3 休闲时尚女装

设计步骤

01 按快捷键Ctrl+N，新建一个文件，设置对话框如图13-63所示。

02 单击“图层”面板底部的“创建新图层”按钮，新建一个图层，图层名称为“图层1”，选择“钢笔工具”，在画面中绘制路径，如图13-64所示。选择“画笔工具”，如图13-65所示设置参数，为路径描边，效果如图13-66所示。

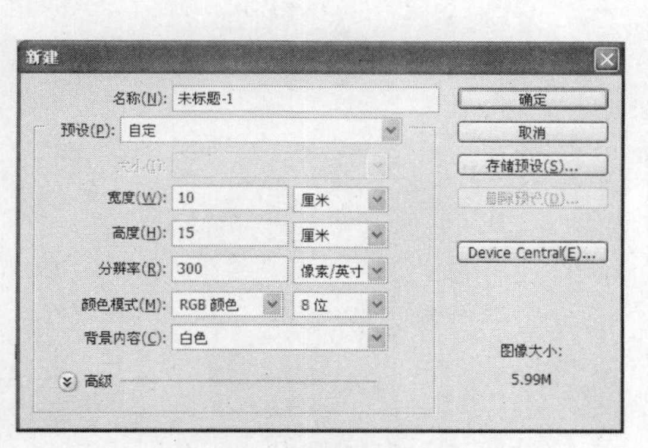

图13-63

图13-64

图13-65

图13-66

03 单击“图层”面板底部的“创建新图层”按钮，新建一个图层，图层名称为“图层2”，选择“画笔工具”，如图13-67所示，在画面中绘制头发，效果如图13-68所示。选择“橡皮擦工具”，如图13-69所示设置参数，擦除多余部分，效果如图13-70所示。

图13-67

图13-68

图13-69

图13-70

04 单击“图层”面板底部的“创建新图层”按钮，新建一个图层，图层名称为“图层3”，如图13-71所示，设置前景色，选择“画笔工具”，在画面中绘制人物的皮肤，效果如图13-72所示。选择“减淡工具”，如图13-73所示设置参数，对图像进行处理，效果如图13-74所示，选择“画笔工具”，在画面中绘制人物的五官，效果如图13-75所示。

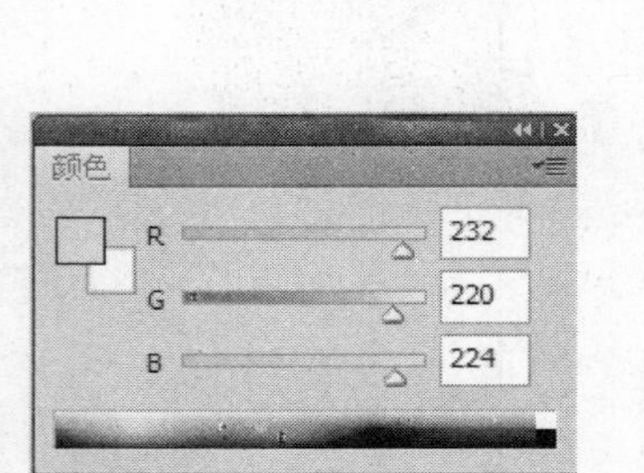

图13-71

图13-72

图13-73

图13-74

图13-75

05 单击“图层”面板底部的“创建新图层”按钮，新建一个图层，图层名称为“图层4”，选择“画笔工具”，如图13-76所示设置参数，如图13-77所示，设置前景色，在画面中绘制。再分别设置前景色为深红色、黄色、黑色，在画面中绘制挎包，内衣，裙子，效果如图13-78所示。选择“加深工具”，如图13-79所示设置参数，对图像进行加深处理，效果如图13-80所示。使用“钢笔工具”，在画面中绘制路径，设置画笔颜色是黑色进行描边，效果如图13-81所示，设置描边样式，如图13-82所示，效果如图13-83所示。

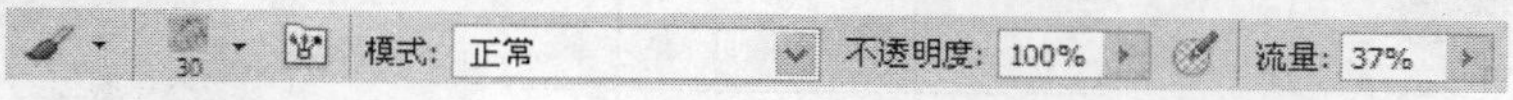

模式: 正常　不透明度: 100%　流量: 37%

图13-76

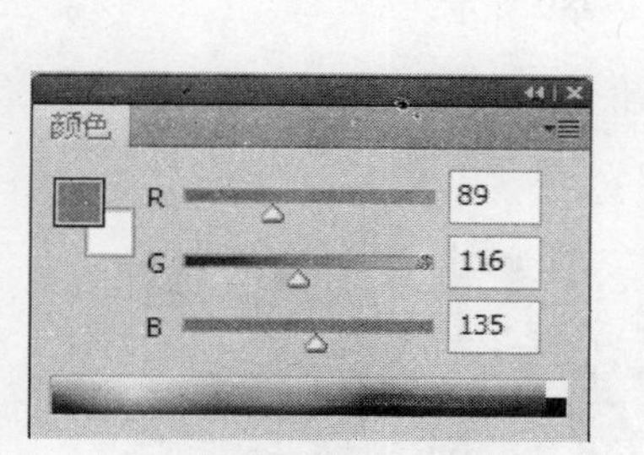

图13-77

图13-78

图13-80

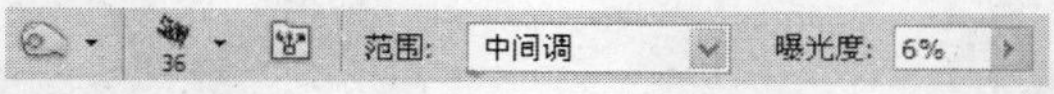

范围: 中间调　曝光度: 6%

图13-79

图13-81

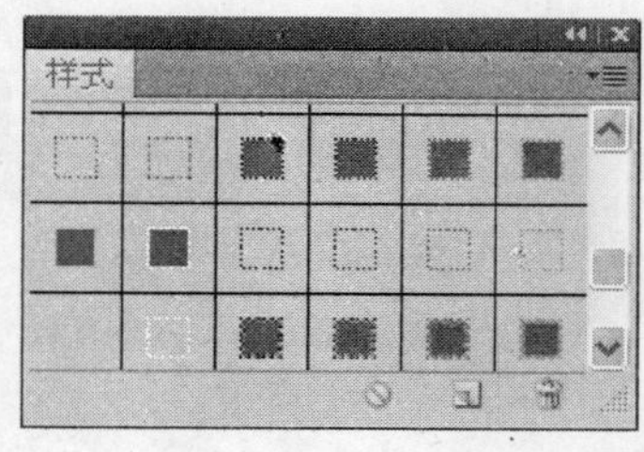

图13-82

图13-83

06 单击“图层”面板底部的“创建新图层”按钮，新建一个图层，图层名称为“图层5”，使用“钢笔工具”，在画面中绘制路径，设置画笔描边颜色为白色，效果如图13-84所示。如图13-85所示，设置描边样式，效果如图13-86所示。

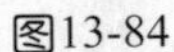

图13-84

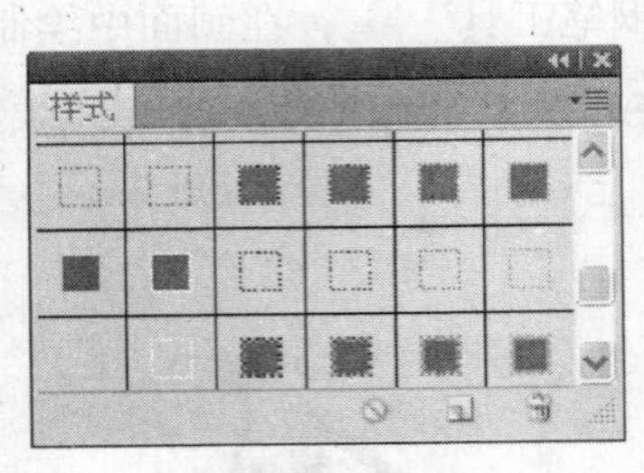

图13-85

图13-86

07 单击“图层”面板底部的“创建新图层”按钮，新建一个图层，图层名称为“图层6”，选择“画笔工具”，如图13-87所示，在画面中绘制裙子装饰图案，效果如图13-88所示。打开素材文件夹，导入素材图片，效果如图13-89所示。

模式: 正常 | 不透明度: 100% | 流量: 100%

图13-87

图13-88

图13-89

本例讲解在Photoshop CS5 中，制作休闲时尚女装的方法与技巧。本例主要使用画笔为路径描边，并在描边的基础上设置描边样式，单击“窗口/样式”，弹出“样式描边”对话框，里面有很多样式，可为线条设置样式、为图形设置样式，并根据自己的需要进行调整设置。

13.4 动感超酷女装

设计步骤

01 按快捷键Ctrl+N，新建一个文件，设置对话框如图13-90所示。

02 单击“图层”面板底部的“创建新图层”按钮，新建一个图层，图层名称为“图层1”，选择“钢笔工具”，在画面中绘制路径，如图13-91所示。选择“画笔工具”，如图13-92所示，为路径描边，效果如图13-93所示。

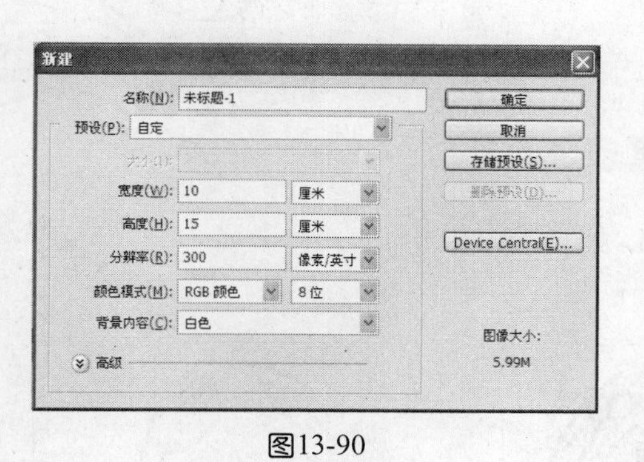

图13-90

图13-91

模式: 正常　不透明度: 100%　流量: 100%

图13-92

图13-93

03 单击“图层”面板底部的“创建新图层”按钮，新建一个图层，图层名称为“图层2”，如图13-94所示，设置前景色，绘制人物皮肤的颜色，如图13-95所示。单击“图层”面板底部的“创建新图层”按钮，新建一个图层，图层名称为“图层3”，如图13-96所示，设置前景色，绘制头发的颜色，效果如图13-97所示。选择“橡皮擦工具”，如图13-98所示，擦除多余部分，效果如图13-99所示。选择“减淡工具”，如图13-100所示设置参数，对图像进行减淡处理，效果如图13-101所示。选择“画笔工具”，在画面中绘制人物五官，如图13-102所示，选择“减淡工具”，对人物脸部的颜色进行减淡处理，如图13-103所示。

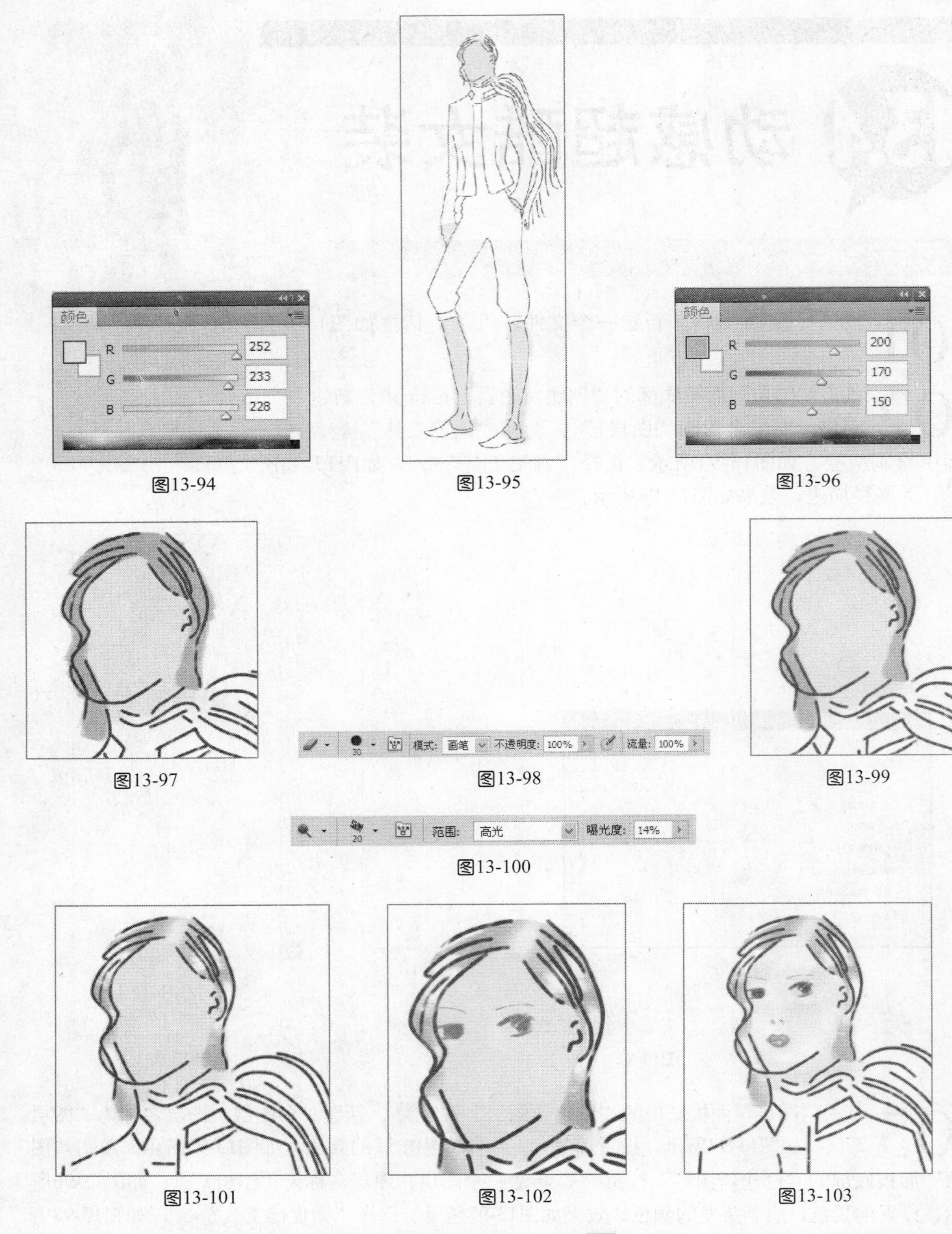

图13-94 图13-95 图13-96

图13-97 图13-98 图13-99

图13-100

图13-101 图13-102 图13-103

04 单击“图层”面板底部的“创建新图层”按钮，新建一个图层，图层名称为“图层4”，如图13-104所示，设置前景色，选择“画笔工具”，绘制人物的围巾，效果如图13-105、图13-106所示。

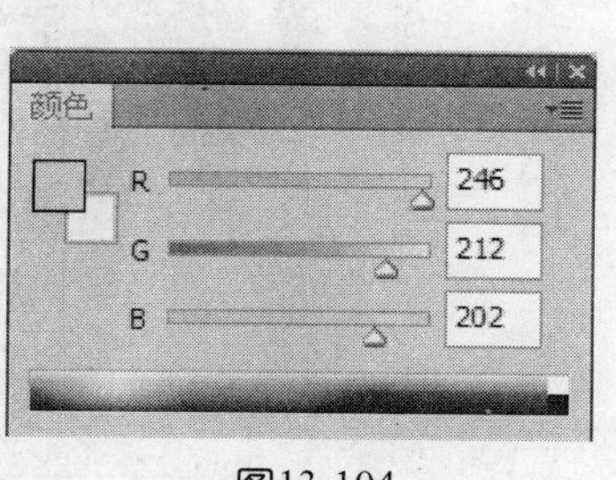

图13-104

图13-105

图13-106

05 单击“图层”面板底部的“创建新图层”按钮，新建一个图层，图层名称为“图层5”，设置前景色，如图13-107所示。选择“画笔工具”，在画面中绘制人物的上衣，效果如图13-108所示。选择“加深工具”，如图13-109所示设置参数，对图像进行加深处理，选择“画笔工具”，在画面中绘制衣服上的扣子，效果如图13-110所示。

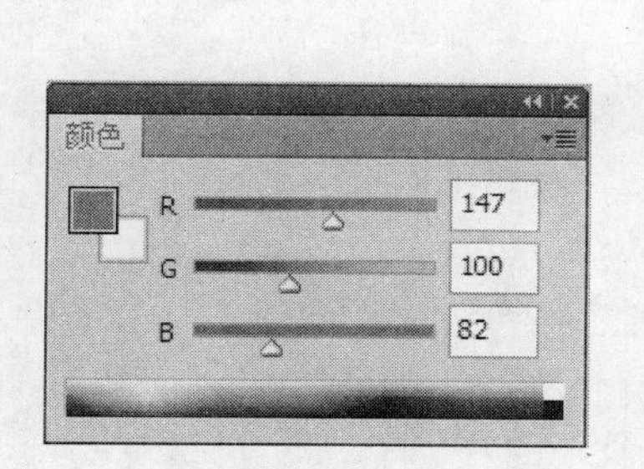

图13-107

图13-108

范围: 阴影 曝光度: 16%

图13-109

图13-110

06 单击“图层”面板底部的“创建新图层”按钮，新建一个图层，图层名称为“图层6”， 如图13-111所示，设置前景色，选择“画笔工具”，在画面中绘制裤子，效果如图13-112所示。选择“减淡工具”，如图13-113所示设置参数，对图像进行减淡处理，效果如图13-114所示。选择“加深工具”，如图13-115所示设置参数，对图像进行加深处理，效果如图13-116所示。

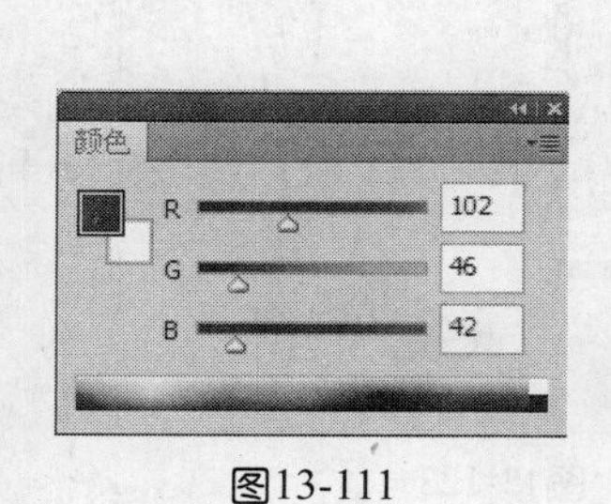

图13-111

图13-112

图13-113

图13-114

图13-115

图13-116

07 选择“加深工具”、“减淡工具”，如图13-117、图13-118所示设置参数，对图像进行处理，效果如图13-119所示。单击“图层”面板底部的“创建新图层”按钮，新建一个图层，图层名称为“图层7”，选择“画笔工具”，在画面中绘制腿部和鞋子，效果如图13-120、图13-121所示。单击“图层”面板底部“图层样式/图案叠加”命令，如图13-122所示设置参数，效果如图13-123所示。整体效果如图13-124所示，打开素材文件夹，导入素材图片，最终效果如图13-125所示。

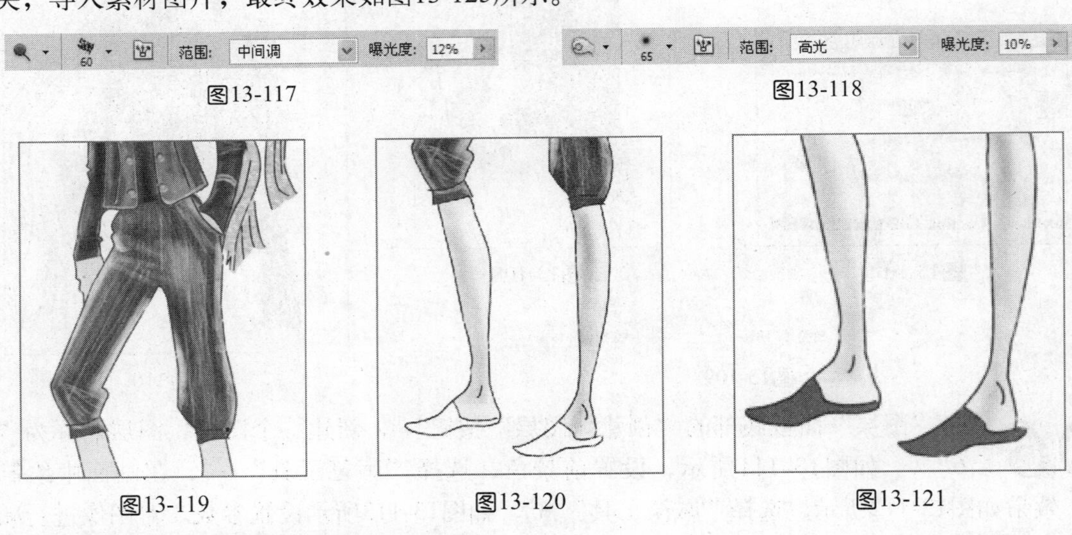

图13-117

图13-118

图13-119

图13-120

图13-121

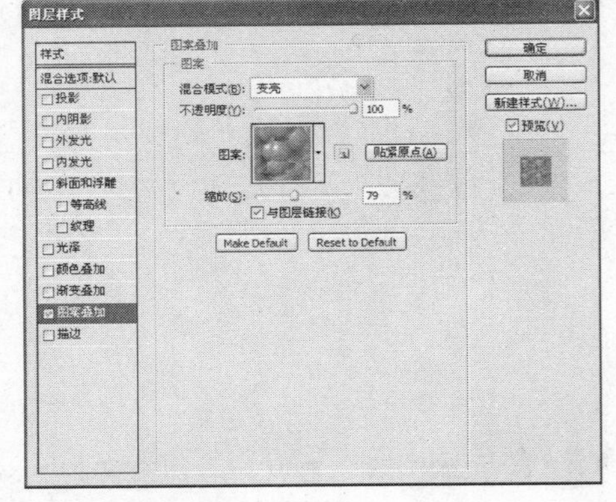

图13-122

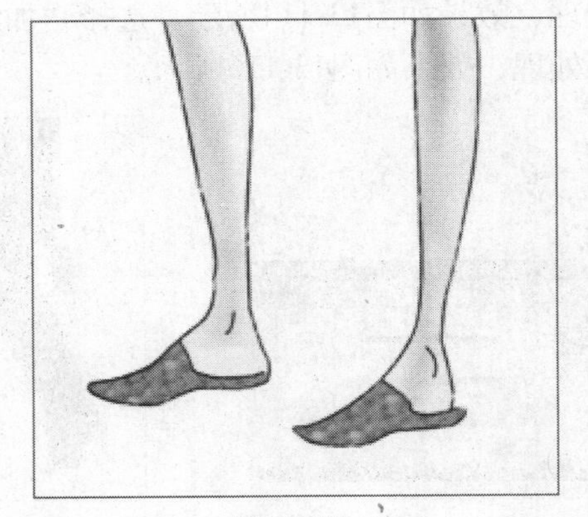

图13-123

图13-124

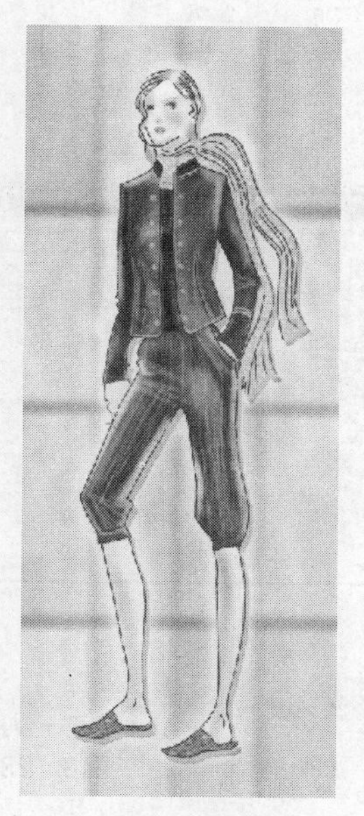
图13-125

本例讲解在Photoshop CS5 中，制作动感超酷女装的方法与技巧。在制作女装的时候，主要是使用钢笔工具绘制大体轮廓，再调整加深、减淡工具的属性参数，绘制图像的立体效果，接着运用图层样式中的“图案叠加”命令，为图形添加图案、纹理，整个画面以棕色为主，体现出女装的高贵、典雅。

靓丽生活装

设计步骤

01 按快捷键Ctrl+N，新建一个文件，设置对话框如图13-126所示。

02 单击“图层”面板底部的“创建新图层”按钮，新建一个图层，图层名称为“图层1”，选择“钢笔工具”，在画面中绘制路径，如图13-127所示。选择“画笔工具”，如图13-128所示，为路径描边，效果如图13-129所示。

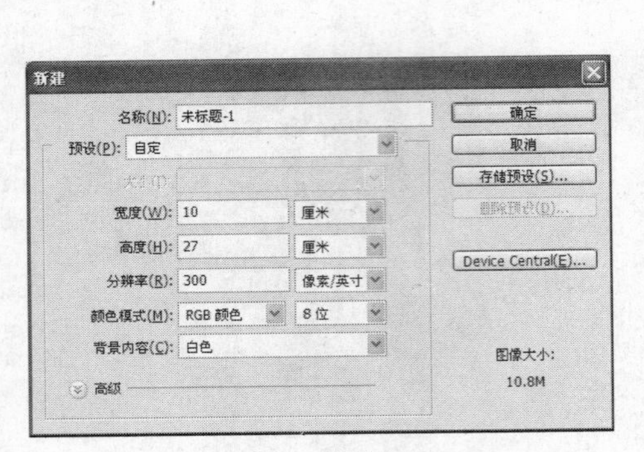

图13-126

图13-127

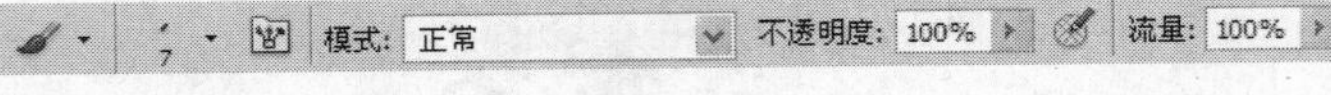

图13-128

图13-129

03 单击“图层”面板底部的“创建新图层”按钮，新建一个图层，图层名称为“图层2”，如图13-130所示，设置前景色，在画面中绘制人物的头发，效果如图13-131所示。单击“图层”面板底部的“创建新图层”按钮，新建一个图层，图层名称为“图层3”，如图13-132所示，设置前景色，在画面中绘制人物的皮肤，效果如图13-133所示。单击“图层”面板底部的“创建新图层”按钮，新建一个图层，图层名称为“图层4”，如图13-134所示，设置前景色，继续绘制人物肤色，效果如图13-135所示。

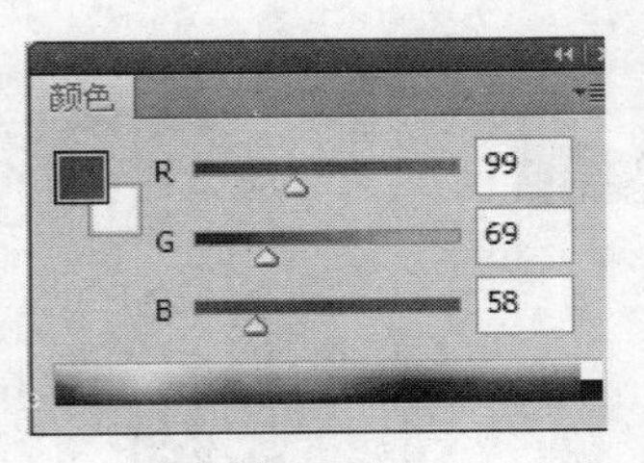

图13-130

图13-131

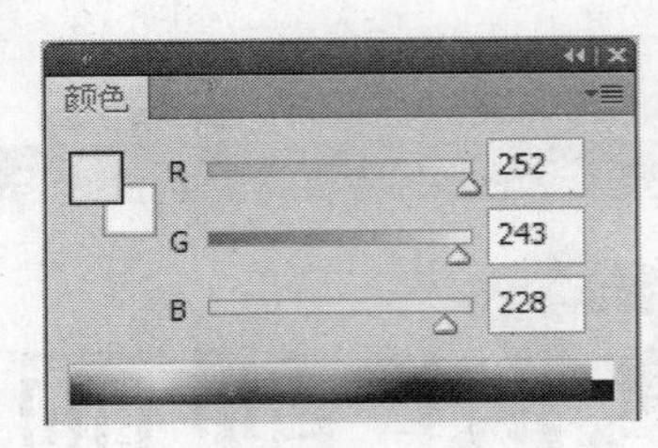

图13-132

图13-133

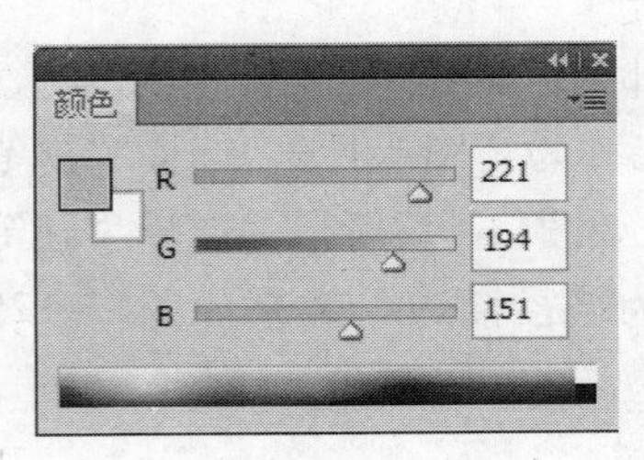

图13-134

图13-135

04 单击“图层”面板底部的“创建新图层”按钮，新建一个图层，图层名称为“图层5”，如图13-136所示，设置前景色，使用“画笔工具”填充颜色，效果如图13-137所示。如图13-138所示，设置前景色，对衣服的颜色进行提亮，效果如图13-139所示。

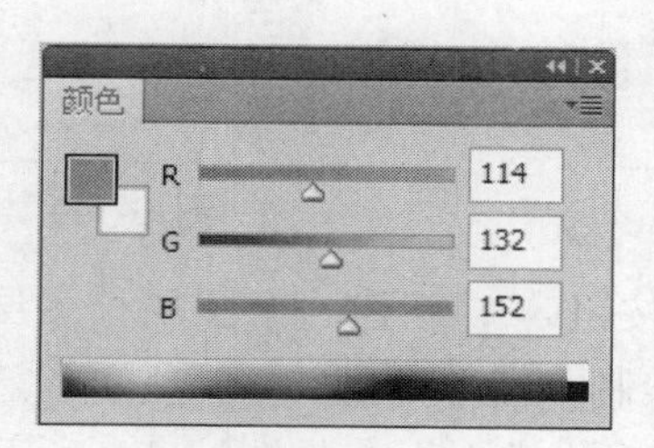

图13-136

图13-137

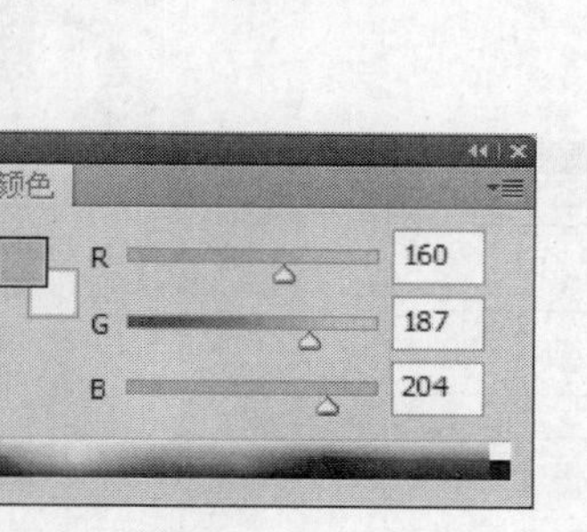

图13-138

图13-139

05 单击“图层”面板底部的“创建新图层”按钮，新建一个图层，图层名称为“图层6”，如图13-140所示，设置前景色，选择“画笔工具”，如图13-141所示设置参数，继续绘制衣服的颜色，效果如图13-142所示。单击“图层”面板底部的“创建新图层”按钮，新建一个图层，图层名称为“图层7”，使用“钢笔工具”绘制人物五官，填充颜色后，效果如图13-143所示。选择“画笔工具”，设置前景色为浅灰色，在画面中绘制裙摆的颜色，如图13-144所示。

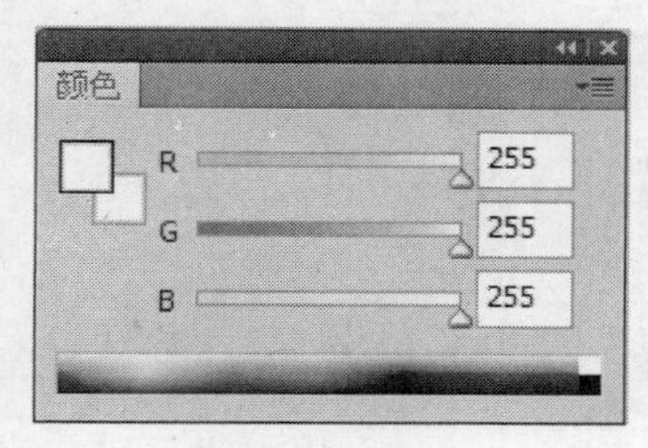

图13-140

图13-141

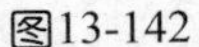

图13-142

图13-143

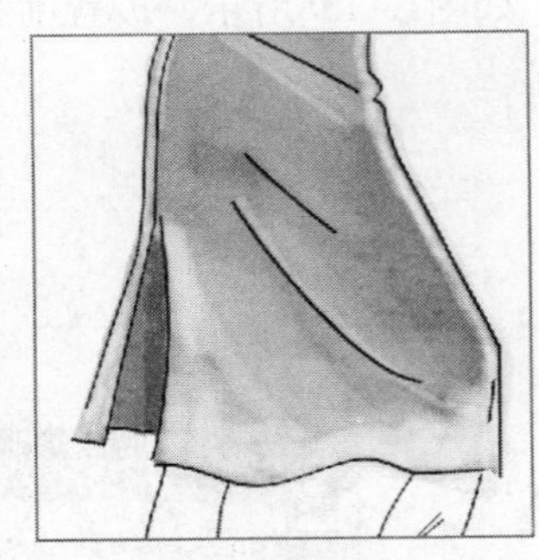

图13-144

06 单击“图层”面板底部的“创建新图层”按钮，新建一个图层，图层名称为“图层8”，使用“钢笔工具”，在画面中绘制路径，如图13-145所示。选择“画笔工具”，为路径描边，选择“窗口/样式”命令，弹出样式面板，如图13-146所示，设置描边样式，效果如图13-147所示。

图13-145

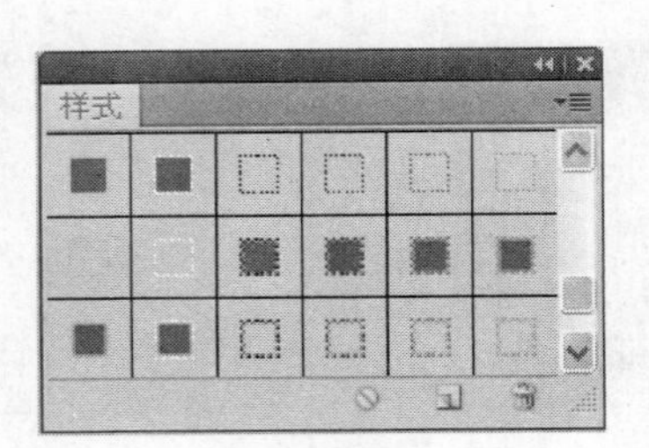

图13-146

图13-147

07 单击“图层”面板底部的“创建新图层”按钮，新建一个图层，图层名称为“图层9”，如图13-148所示，设置前景色。使用“钢笔工具”，在画面中绘制路径，填充颜色后，效果如图13-149所示。设置前景色为白色，选择“画笔工具”，如图13-150所示设置参数，在画面中绘制裤子的立体效果，如图13-151所示。单击“图层”面板底部 选择“图层样式/图案叠加”命令，如图13-152所示设置参数，效果如图13-153所示。

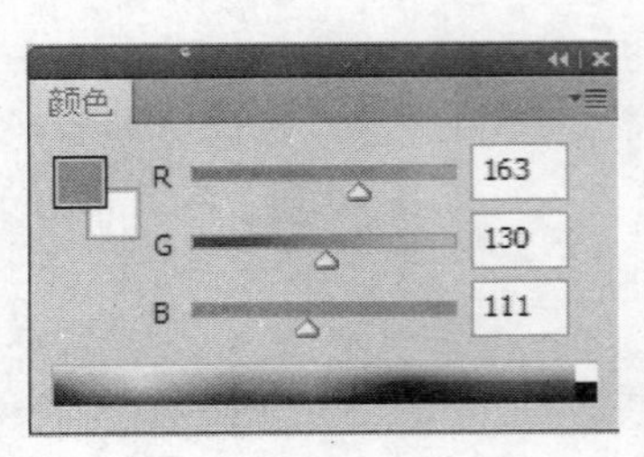

图13-148

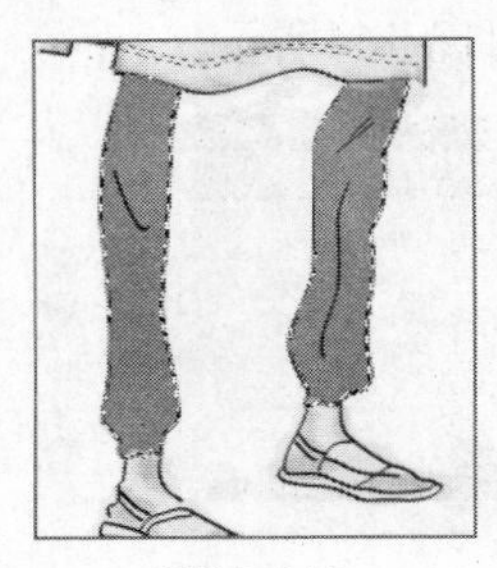

图13-149

图13-150

图13-151

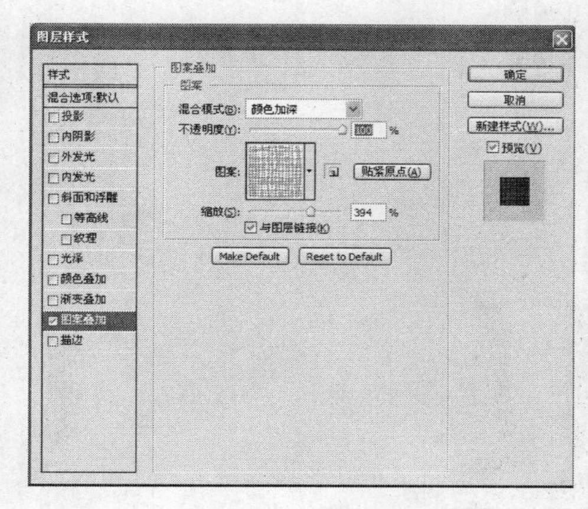

图13-152

图13-153

08 单击“图层”面板底部的“创建新图层”按钮，新建一个图层，图层名称为“图层10”， 如图13-154所示，设置前景色，选择“画笔工具”，在画面中绘制鞋子，如图13-155所示。选择“减淡工具”，如图13-156所示设置参数，对图像进行减淡处理，效果如图13-157所示，整体效果如图13-158所示，打开素材文件夹，导入素材图片，最终效果如图13-159所示。

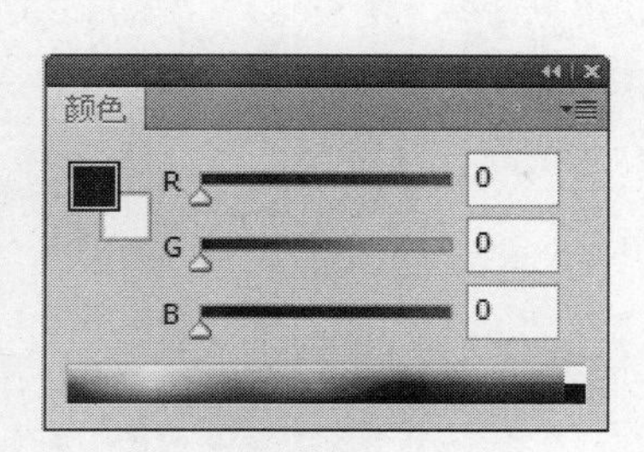

图13-154

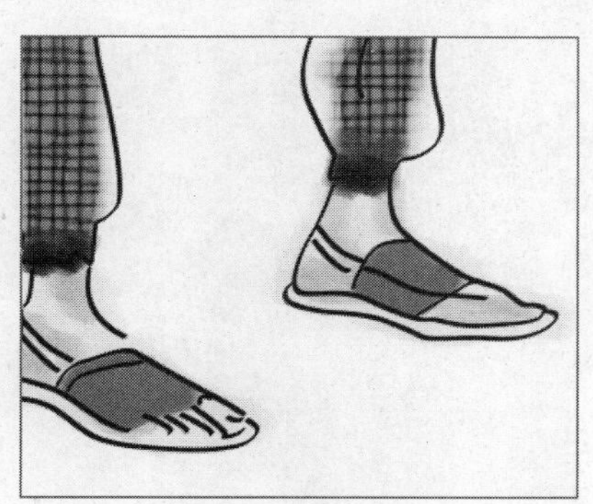

图13-155

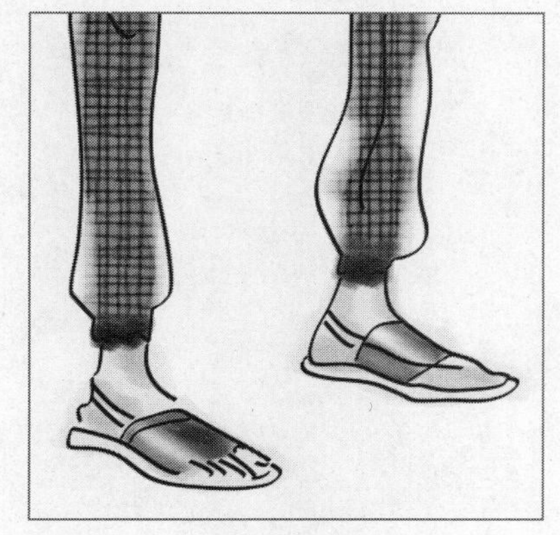

图13-157

图13-156

图13-158

图13-159

本例讲解在Photoshop CS5 中，制作生活装的方法与技巧。在制作生活装的时候，主要使用钢笔工具绘制大体轮廓，使用画笔工具为路径描边和使用画笔工具在画面中上色，熟练使用加深、减淡工具的参数调整，使其绘制出自己所需要的效果，使用“图层样式/图案叠加”命令，为图形添加各式各样的图案，增强美感。

第14章 晚礼服与婚纱

14.1 高贵晚礼服

设计步骤

01 按快捷键Ctrl+N，新建一个文件，设置对话框如图14-1所示。

02 单击“图层”面板底部的“创建新图层”按钮，新建一个图层，图层名称为“图层1”，使用“钢笔工具”，在画面中绘制人物整体轮廓路径，如图14-2所示。选择“画笔工具”，为路径描边，如图14-3所示。

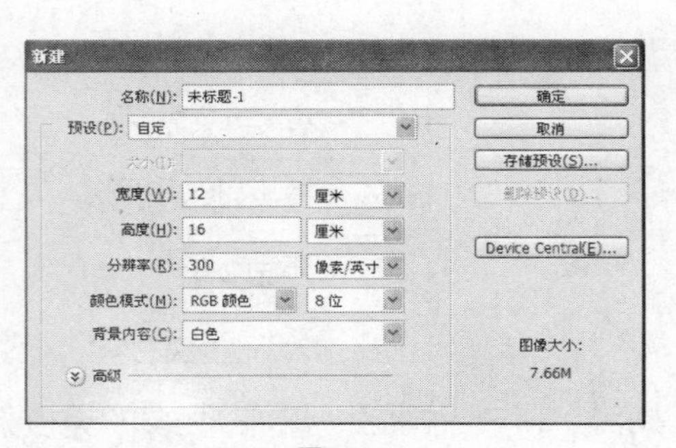

图14-1

图14-2

图14-3

03 单击“图层”面板底部的“创建新图层”按钮，新建一个图层，图层名称为“图层2”，设置前景色为黑色，选择“画笔工具”，在画面中绘制人物头发。如图14-4、图14-5所示设置前景色，在画面中绘制人物的头发和肤色，效果如图14-6所示。

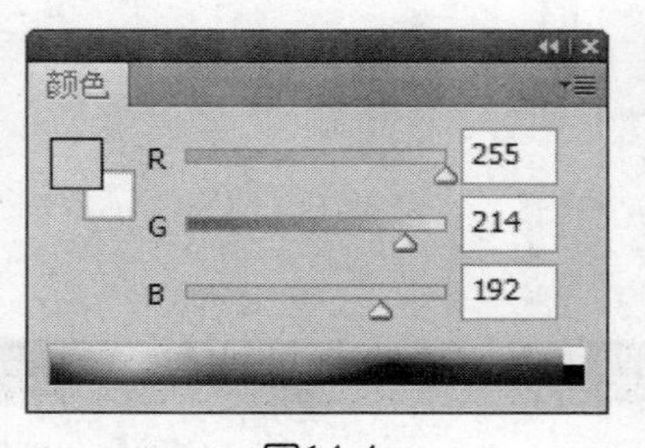

图14-4

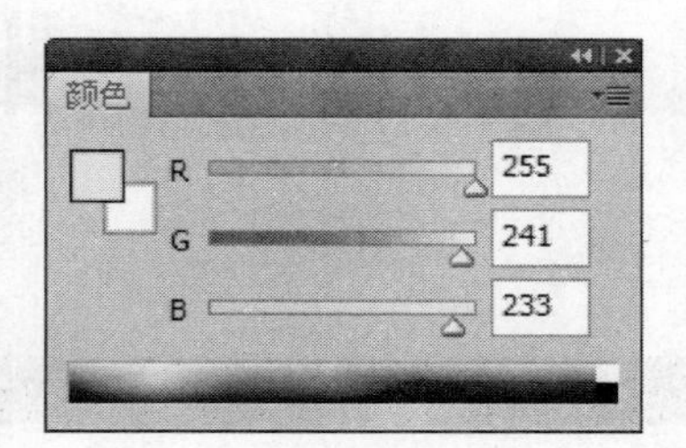

图14-5

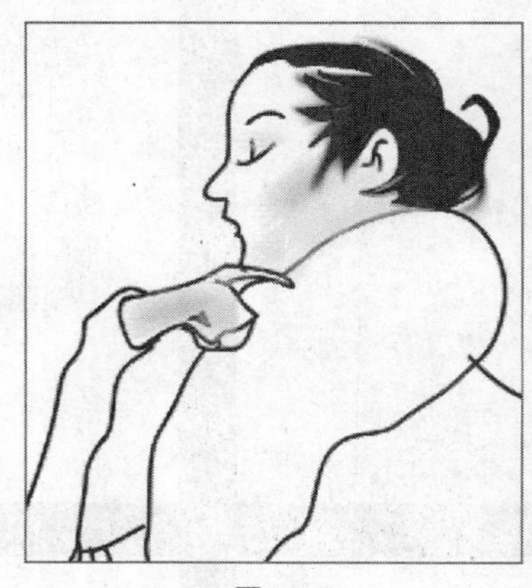

图14-6

04 单击“图层”面板底部的“创建新图层”按钮，新建一个图层，图层名称为“图层3”，选择“钢笔工具”，绘制路径，设置描边颜色为灰色，绘制头发上的装饰，选择“加深工具”，如图14-7所示设置参数，对图像进行处理，效果如图14-8所示。

图14-7

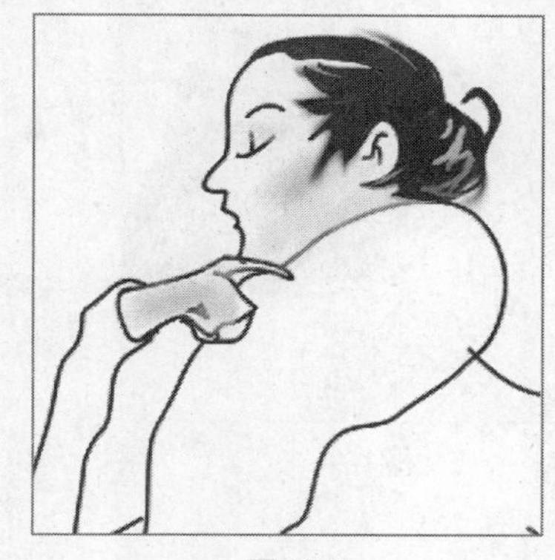

图14-8

05 单击“图层”面板底部的“创建新图层”按钮，新建一个图层，图层名称为“图层4”，使用相同的方法，在画面中填充人物的肤色，效果如图14-9所示。单击“图层”面板底部的“创建新图层”按钮，新建一个图层，图层名称为“图层5”，在画面中绘制鞋子，选择“减淡工具”，如图14-10所示设置参数，对图像进行减淡处理，效果如图14-11所示。

图14-9

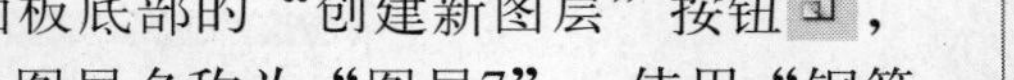

图14-10

图14-11

06 单击“图层”面板底部的“创建新图层”按钮，新建一个图层，图层名称为“图层6”，选择“钢笔工具”，绘制路径并填充黑色，效果如图14-12所示。

图14-12

07 单击“图层”面板底部的“创建新图层”按钮，新建一个图层，图层名称为“图层7”，使用“钢笔工具”，绘制裙子上的路径，如图14-13所示，设置填充颜色为白色。选择“效果/模糊/高斯模糊”命令，如图14-14所示设置参数，选择“画笔工具”，如图14-15所示设置参数，分别设置前景色如图14-16、图14-17所示设置参数，在画面中绘制裙子的褶皱效果，最终效果如图14-18所示。

图14-13

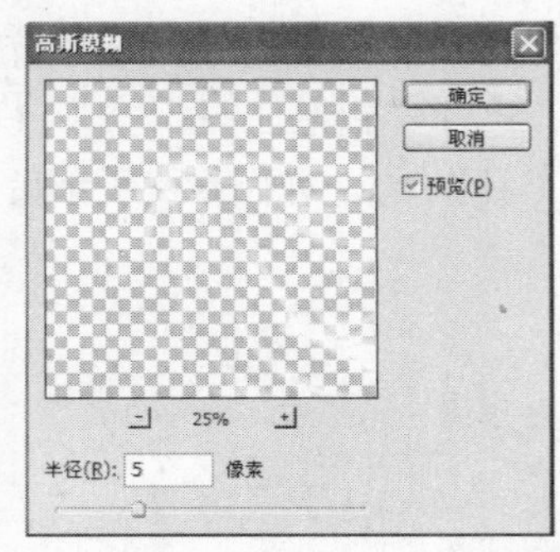

图14-14

图14-15

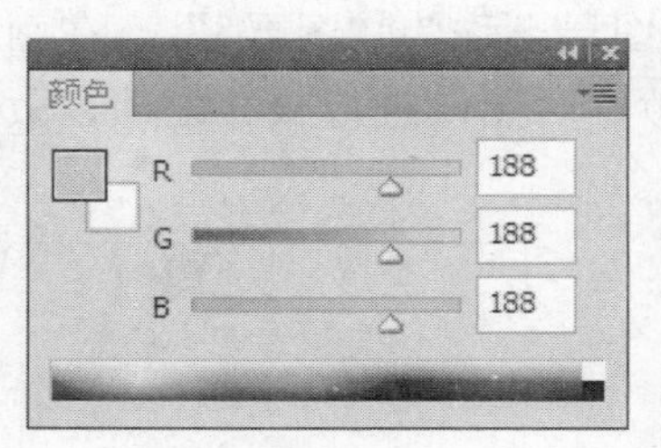

图14-16

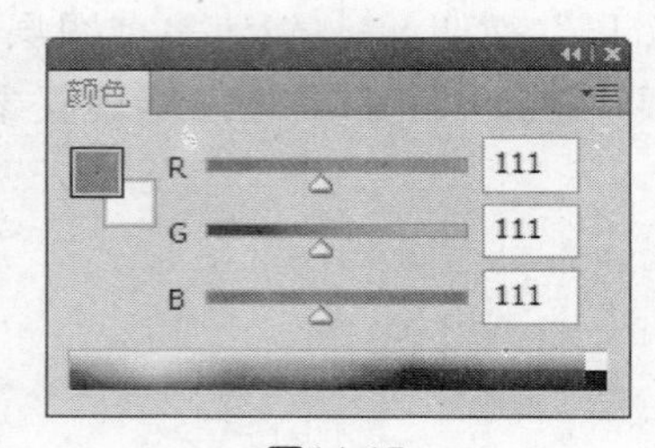

图14-17

图14-18

08 单击“图层”面板底部的“创建新图层”按钮，新建一个图层，图层名称为“图层8”，使用“钢笔工具”，在画面中绘制裙子上的装饰路径，填充颜色后，效果如图14-19所示。单击“图层”面板底部的“创建新图层”按钮，新建一个图层，图层名称为“图层9”，选择“画笔工具”，如图14-20所示设置参数，如图14-21、图14-22所示分别设置前景色，在画面中绘制上衣的颜色，效果如图14-23、图14-24所示。

图14-19

图14-20

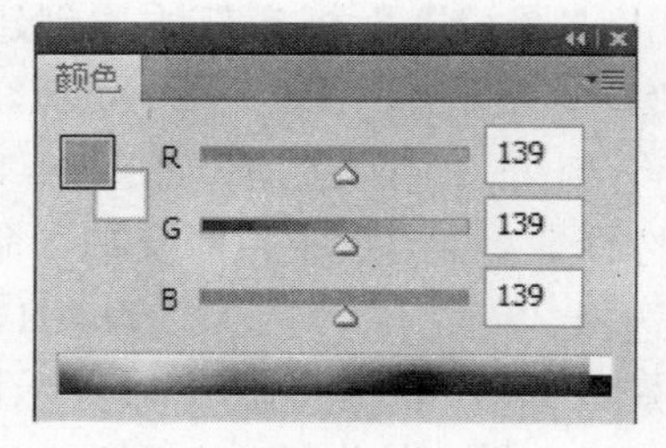

图14-21

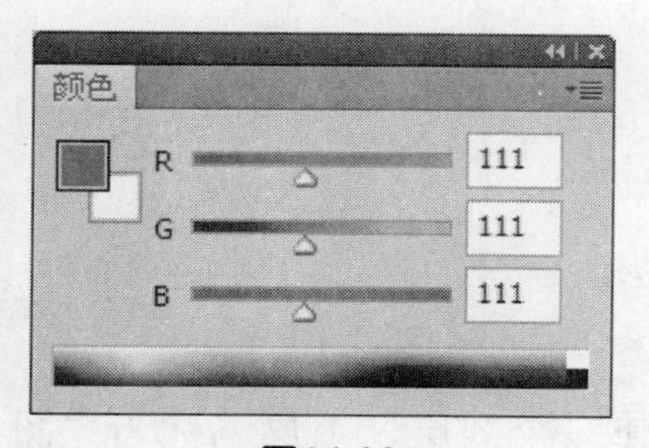

图14-22

图14-23

图14-24

09 单击“图层”面板底部的“创建新图层”按钮，新建一个图层，图层名称为“图层10”，选择“画笔工具”，如图14-25所示设置参数，在画面中绘制，效果如图14-26所示，打开素材文件夹，导入素材图片，效果如图14-27所示。

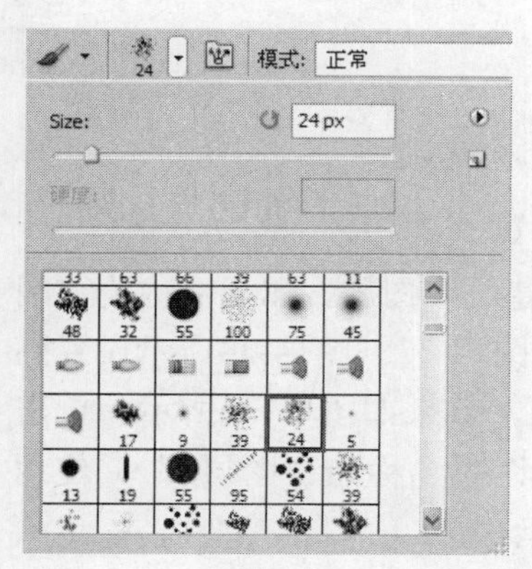

图14-25

图14-26

图14-27

技法点评

用户可以根据需要处理的图像的大小来调整画笔的大小，如果画笔的参数设置得太大，容易擦涂到需要保留的图像区域，如果设置得太小，则会降低工作效率。

14.2 欧式晚礼服

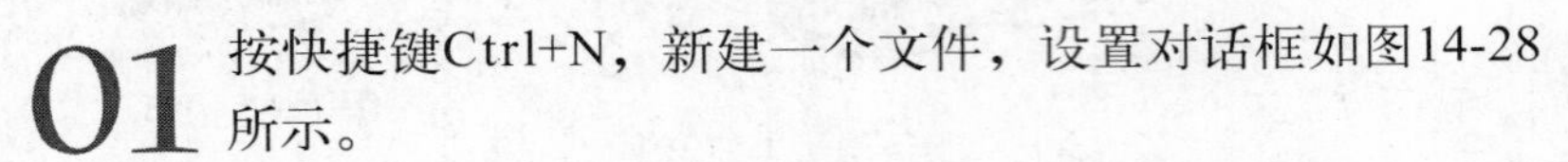

01 按快捷键Ctrl+N，新建一个文件，设置对话框如图14-28所示。

02 单击“图层”面板底部的“创建新图层”按钮，新建一个图层，图层名称为“图层1”，使用“钢笔工具”，在画面中绘制人物轮廓的路径，如图14-29所示，选择“画笔工具”，为路径描边，效果如图14-30所示。

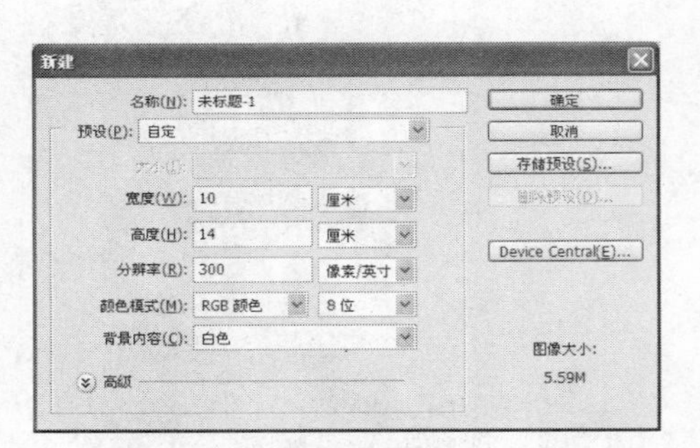

图14-28

图14-29

图14-30

03 单击“图层”面板底部的“创建新图层”按钮，新建一个图层，图层名称为“图层2”，选择“画笔工具”，如图14-31、图14-32、图14-33、图14-34所示设置画笔属性参数。如图14-35所示设置前景色，填充人物头发的颜色，效果如图14-36所示。单击“图层”面板底部的“创建新图层”按钮，新建一个图层，图层名称为“图层3”，使用“画笔工具”，在画面中绘制人物的五官，效果如图14-37所示。

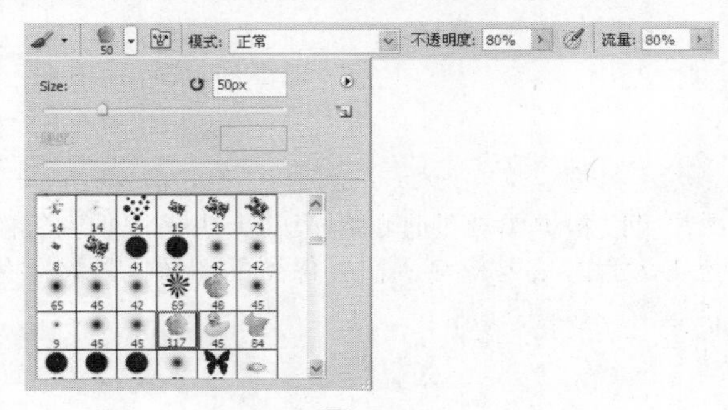

图14-31

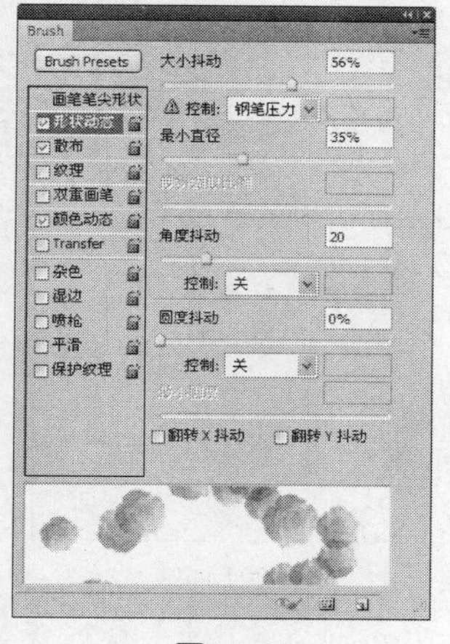

图14-32

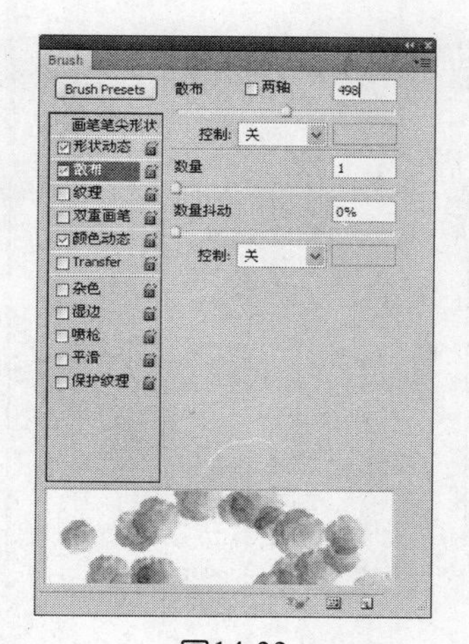

图14-33

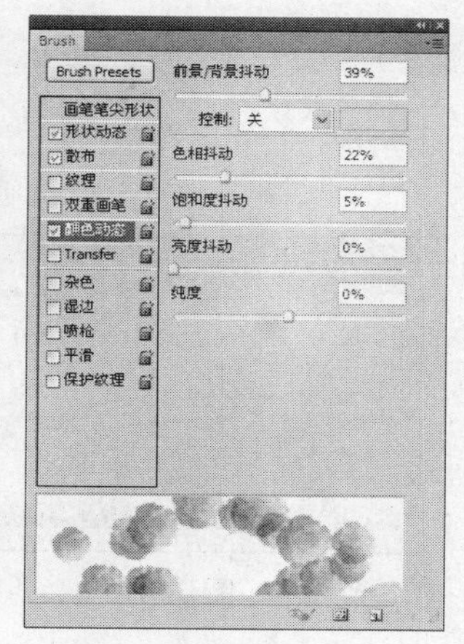

图14-34

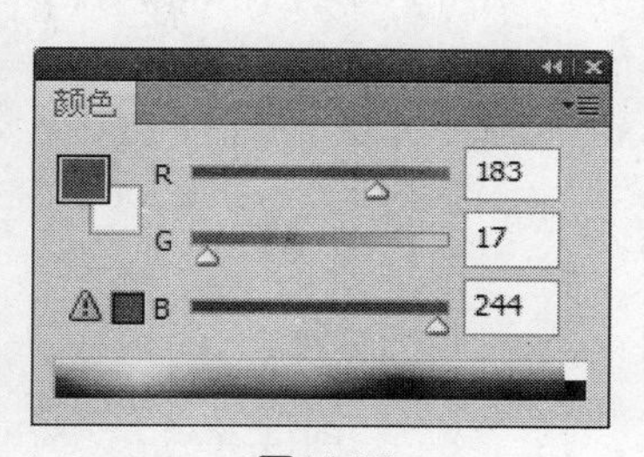

图14-35

图14-36

图14-37

04 单击“图层”面板底部的“创建新图层”按钮，新建一个图层，图层名称为“图层4”，选择“画笔工具”，如图14-38所示设置参数，如图14-39所示设置前景色，填充衣服的颜色，效果如图14-40所示。

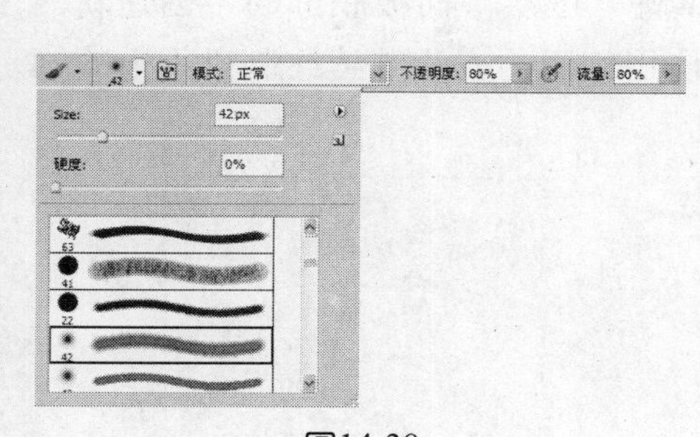

图14-38

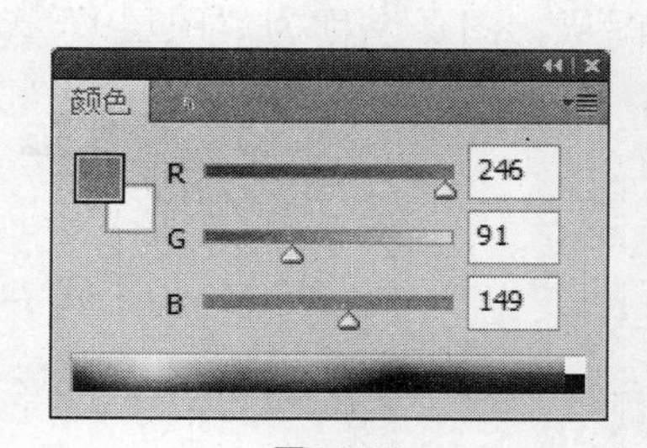

图14-39

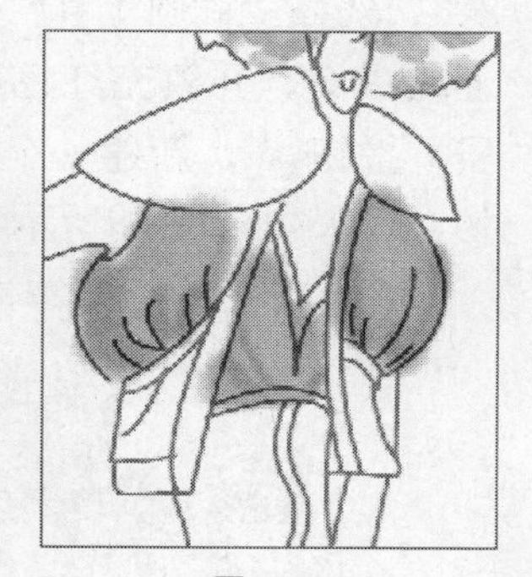

图14-40

05 单击“图层”面板底部的“创建新图层”按钮，新建一个图层，图层名称为“图层5”，如图14-41所示设置前景色，选择“画笔工具”，在画面中绘制人物的腰部颜色，效果如图14-42所示。单击“图层”面板底部的“创建新图层”按钮，新建一个图层，图层名称为“图层6”，选择“钢笔工具”，在画面中绘制路径，如图14-43所示。如图14-44所示设置前景色，为路径描边，更改“图层6”的混合模式为“溶解”，如图14-45所示，最终效果如图14-46所示。

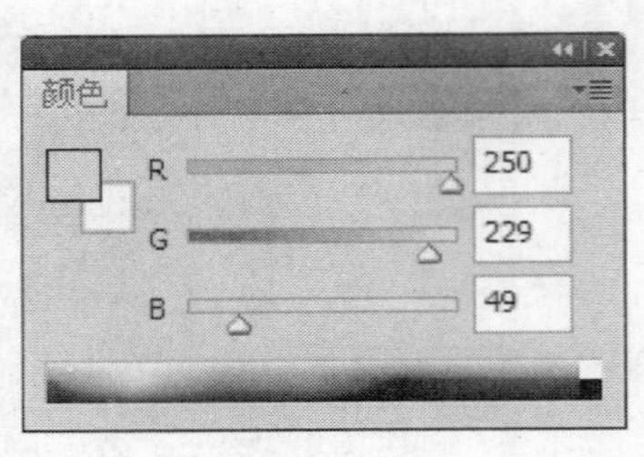

图14-41

图14-42

图14-43

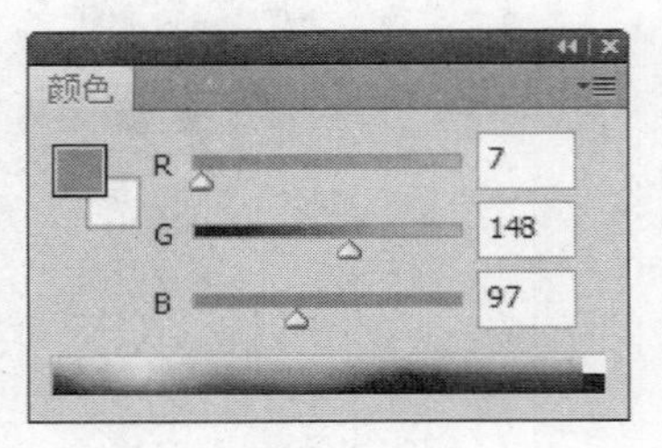

图14-44

图14-45

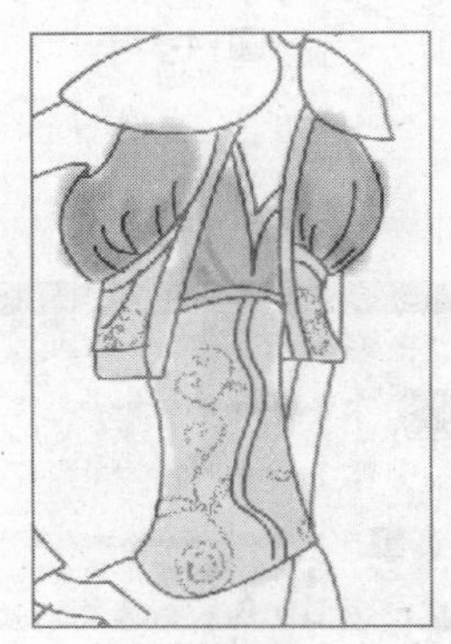
图14-46

06 单击“图层”面板底部的“创建新图层”按钮，新建一个图层，图层名称为“图层7”，使用“画笔工具”，在画面中绘制衣服上的修饰图案，效果如图14-47所示，单击“图层”面板底部的“创建新图层”按钮，新建一个图层，图层名称为“图层8”，选择“椭圆工具”绘制图案，设置前景色为绿色进行填充。使用相同的方法绘制裙子上的图案，并填充红色和黄色，效果如图14-48所示。单击“图层”面板底部的“创建新图层”按钮，新建一个图层，图层名称为“图层9”，使用相同的方法继续绘制裙子上的饰物，效果如图14-49所示。

图14-47

图14-48

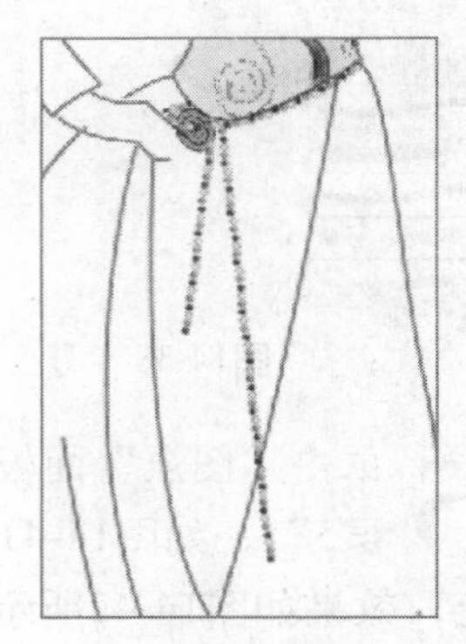
图14-49

07 单击“图层”面板底部的“创建新图层”按钮，新建一个图层，图层名称为“图层10”，如图14-50所示设置前景色，使用“画笔工具”，绘制手臂上的颜色，效果如图14-51所示。单击“图层”面板底部的“创建新图层”按钮，新建一个图层，图层名称为“图层11”，如图14-52所示设置前景色，使用“画笔工具”，绘制手臂上的装饰物并填充颜色，效果如图14-53所示。

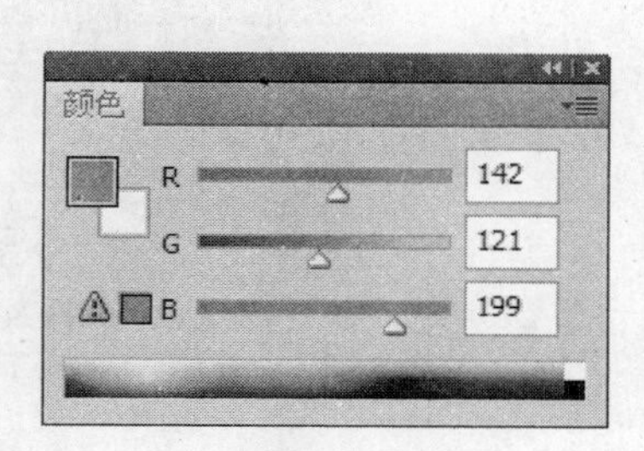

图14-50

图14-51

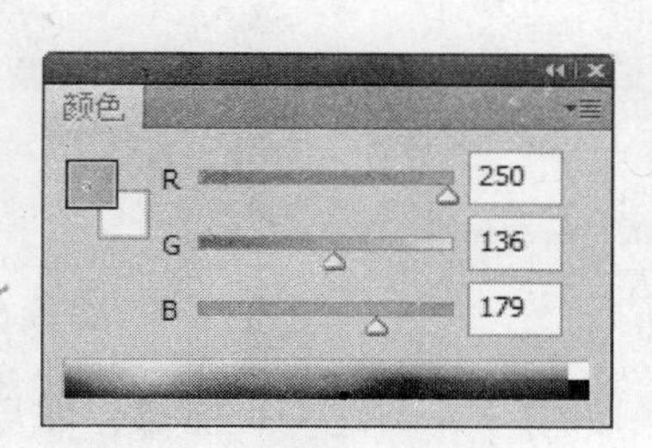

图14-52

图14-53

08 单击“图层”面板底部的“创建新图层”按钮，新建一个图层，图层名称为“图层12”，如图14-54所示设置前景色，选择“画笔工具”，如图14-55所示设置参数，在画面中绘制衣领和衣袖的部分，效果如图14-56所示。

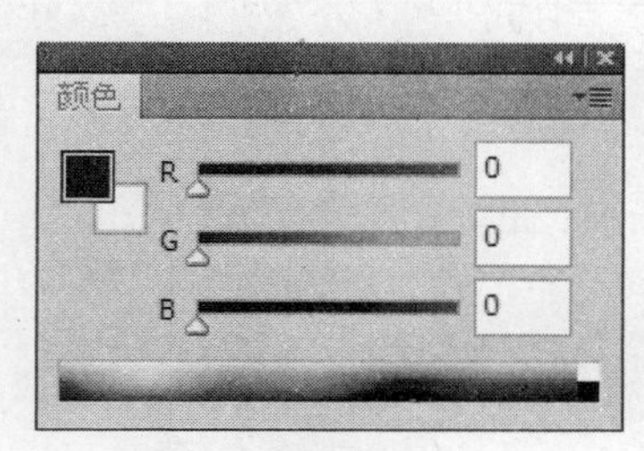

图14-54

50 模式: 正常 不透明度: 50% 流量: 50%

图14-55

图14-56

09 单击“图层”面板底部的“创建新图层”按钮，新建一个图层，图层名称为“图层13”，选择“画笔工具”，如图14-57所示设置参数，如图14-58所示设置前景色，使用“画笔工具”，在画面中涂抹裙子的部分，效果如图14-59所示。单击“图层”面板底部的“创建新图层”按钮，新建一个图层，图层名称为“图层14”，如图14-60所示设置前景色，使用“画笔工具”，在画面中继续绘制裙子的颜色，效果如图14-61所示。

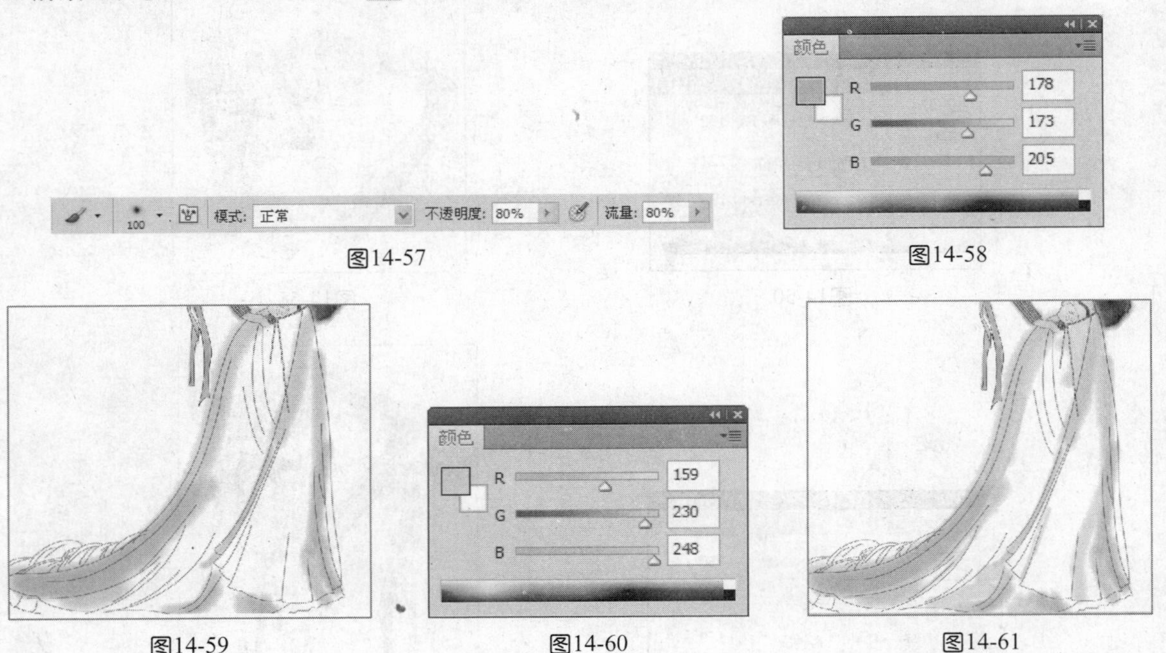

图14-57

图14-58

图14-59

图14-60

图14-61

10 单击“图层”面板底部的“创建新图层”按钮，新建一个图层，图层名称为“图层15”，如图14-62所示设置前景色。使用“画笔工具”，绘制裙子的褶皱效果，如图14-63所示。选择“加深工具”、“减淡工具”，如图14-64、图14-65所示设置参数，对图像进行加深和减淡的处理，效果如图14-66所示。

11 单击“图层”面板底部的“创建新图层”按钮，新建一个图层，图层名称为“图层16”，使用相同的方法在画面中绘制裙子的边缘，效果如图14-67所示，打开素材文件夹，导入素材图片，最终效果如图14-68所示。

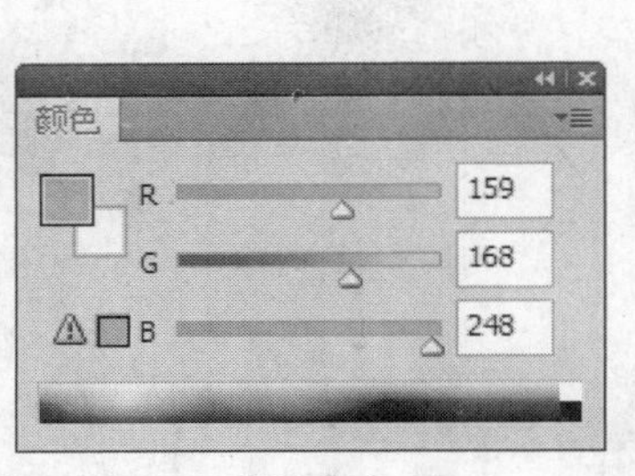

图14-62

图14-63

175 范围: 中间调 曝光度: 10%

图14-64

30 范围: 中间调 曝光度: 10%

图14-65

图14-66

图14-67

图14-68

使用钢笔工具绘制路径时，“填充区域”按钮不可用，只有在选择各种形状工具后，该按钮才会变为可用状态。

14.3 宴会晚礼服

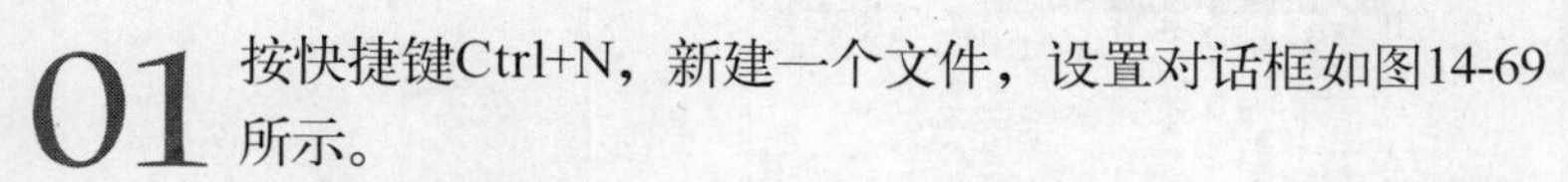

01 按快捷键Ctrl+N，新建一个文件，设置对话框如图14-69所示。

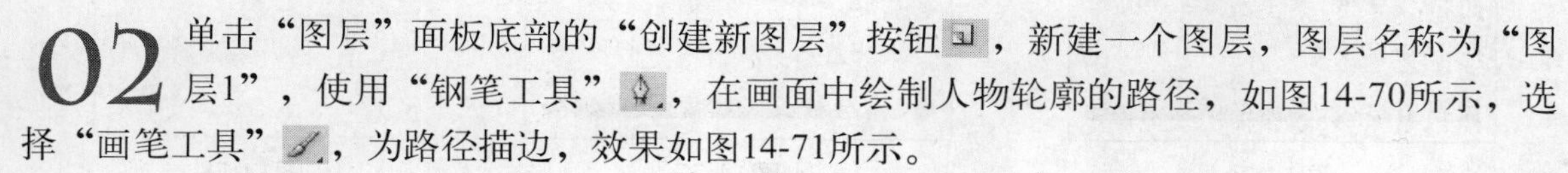

02 单击“图层”面板底部的“创建新图层”按钮，新建一个图层，图层名称为“图层1”，使用“钢笔工具”，在画面中绘制人物轮廓的路径，如图14-70所示，选择“画笔工具”，为路径描边，效果如图14-71所示。

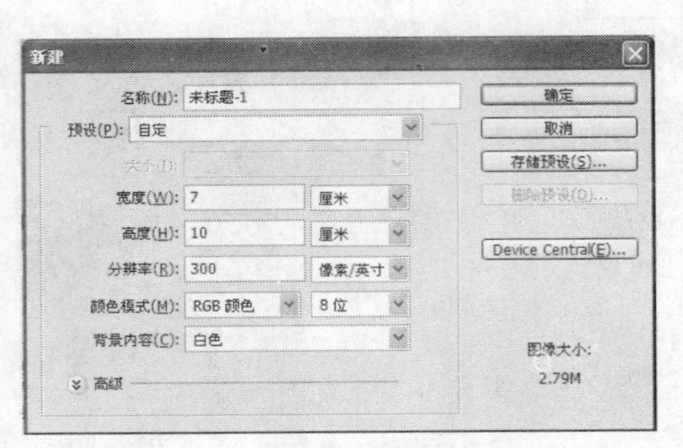

图14-69

图14-70

图14-71

03 单击“图层”面板底部的“创建新图层”按钮，新建一个图层，图层名称为“图层2”，选择“画笔工具”，如图14-72所示设置参数，如图14-73、图14-74所示分别设置前景色，使用“画笔工具”，绘制人物头发的颜色，效果如图14-75所示。单击“图层”面板底部的“创建新图层”按钮，新建一个图层，图层名称为“图层3”，如图14-76、14-77所示分别设置前景色，使用“画笔工具”，在画面中绘制人物的肤色，效果如图14-78所示。

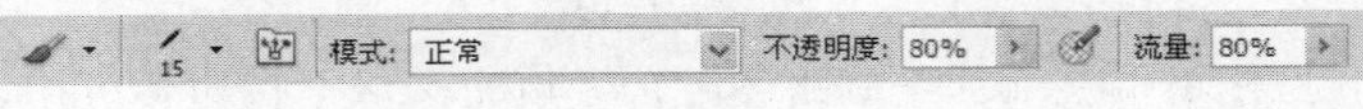

图14-72

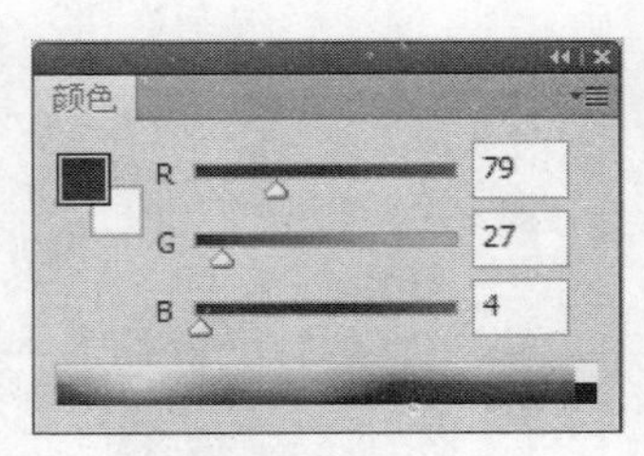

图14-73

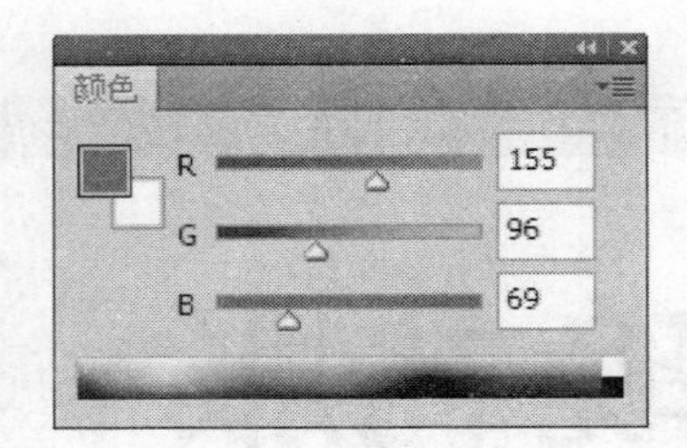

图14-74

图14-75

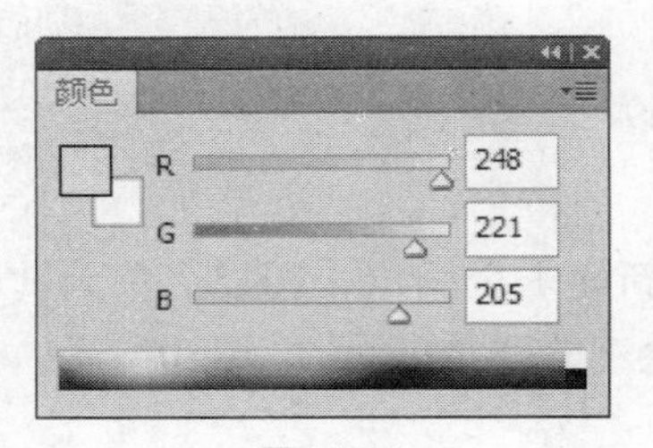

图14-76

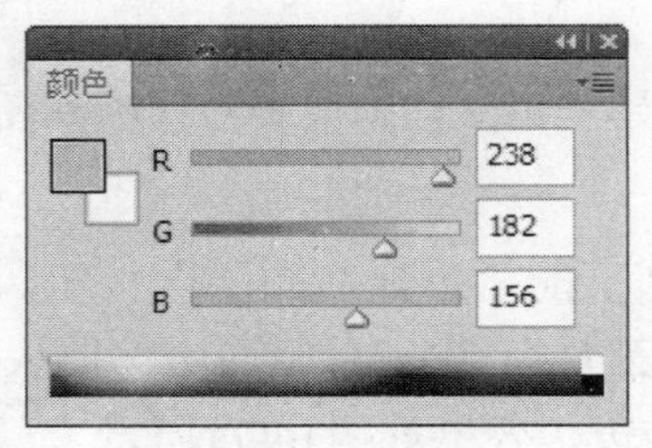

图14-77

图14-78

04 单击“图层”面板底部的“创建新图层”按钮，新建一个图层，图层名称为“图层4”，选择“画笔工具”，如图14-79所示设置画笔属性，如图14-80、图14-81、图14-82所示，分别设置前景色。使用“画笔工具”，在画面中绘制礼服领子的部分，效果如图14-83所示。选择“减淡工具”，如图14-84所示设置参数，对图像进行处理，效果如图14-85所示。

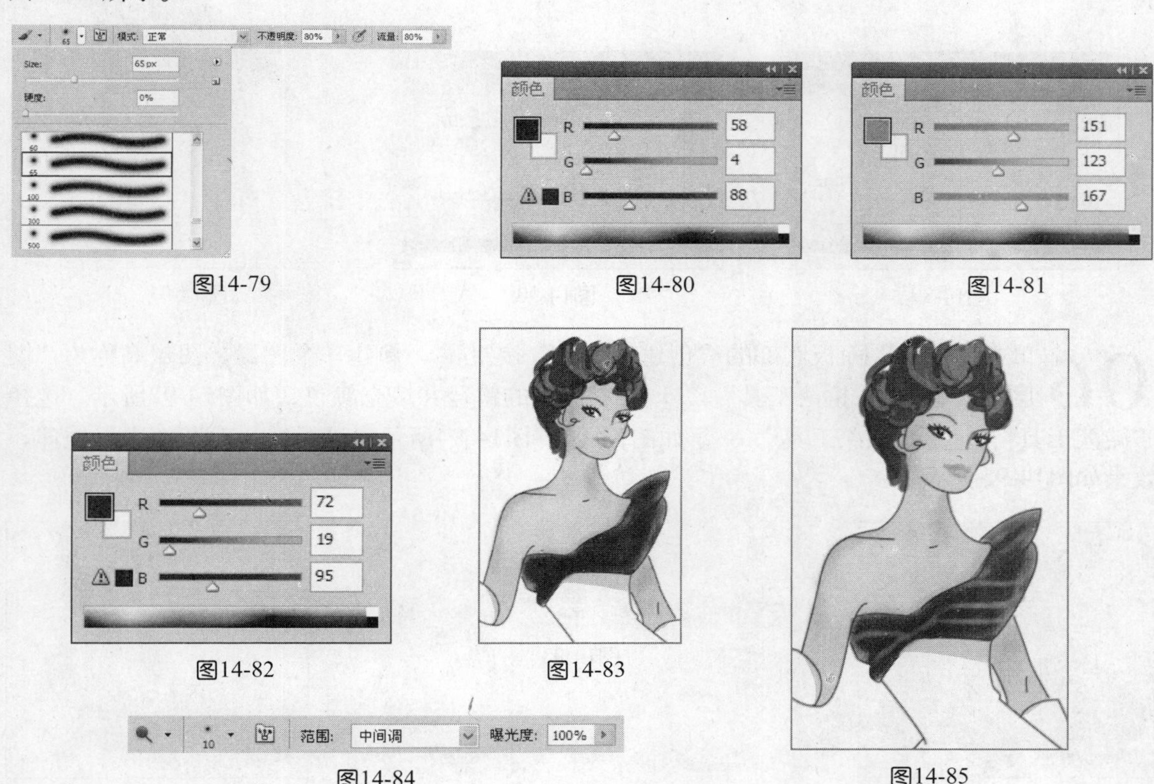

图14-79 图14-80 图14-81

图14-82 图14-83

图14-84 图14-85

05 单击“图层”面板底部的“创建新图层”按钮，新建一个图层，图层名称为“图层5”，选择“钢笔工具”，在画面中绘制路径，使用“画笔工具”为路径描边，效果如图14-86所示。选择“选择/修改/收缩”命令，如图14-87所示设置参数，如图14-88、图14-89、图14-90所示分别设置前景色，使用“画笔工具”，在画面中绘制裙子的颜色，效果如图14-91所示。

图14-86

收缩选区

收缩量(C): 3 像素

确定

取消

图14-87

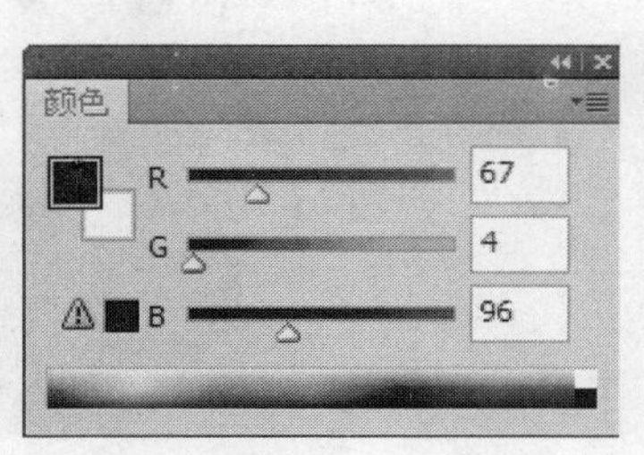

图14-88

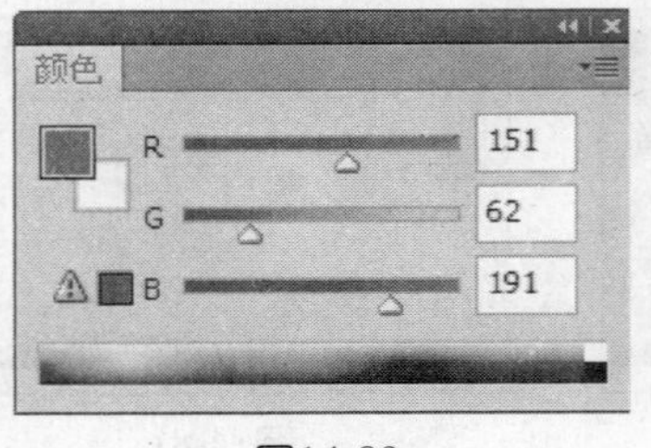

图14-89

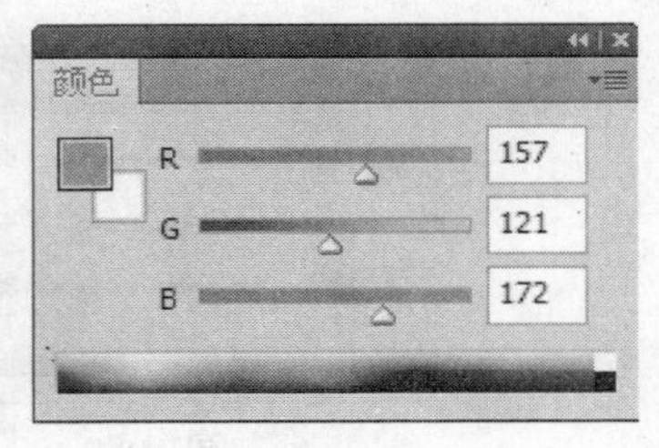

图14-90

图14-91

06 单击“图层”面板底部的“创建新图层”按钮，新建一个图层，图层名称为“图层6”，选择“钢笔工具”，绘制裙摆的路径并填充颜色，如图14-92所示。选择“减淡工具”、“加深工具”，如图14-93、图14-94所示设置参数，对图像进行处理，效果如图14-95所示。

图14-92

图14-93

图14-94

图14-95

07 单击“图层”面板底部的“创建新图层”按钮，新建一个图层，图层名称为“图层7”，选择“钢笔工具”，绘制礼服上的装饰物，如图14-96所示。填充颜色后，效果如图14-97所示。

图14-96

图14-97

08 单击“图层”面板底部的“创建新图层”按钮，新建一个图层，图层名称为“图层8”，使用“画笔工具”，在画面绘制出袖子的轮廓并填充颜色。选择“减淡工具”，如图14-98所示设置参数，对图像进行处理，效果如图14-99所示。打开素材文件夹，导入素材图片，最终效果如图14-100所示。

50　范围: 中间调　曝光度: 80%

图14-98

图14-99

图14-100

如果有视频图层，在视频图层上进行绘制不会对原有图层造成任何破坏。执行“图层—视频图层—恢复帧”或“恢复所有帧”命令，可以丢弃特定的帧或视频图层上已改变的像素。

性感晚礼服

设计步骤

01 按快捷键Ctrl+N，新建一个文件，设置对话框如图14-101所示。

02 单击“图层”面板底部的“创建新图层”按钮，新建一个图层，图层名称为“图层1”，如图14-102所示设置前景色，填充后，效果如图14-103所示。选择“画笔工具”，如图14-104所示，在画面中绘制，效果如图14-105所示。单击“图层”面板底部 “图层样式/图案叠加”命令，如图14-106所示设置参数，效果如图14-107所示。

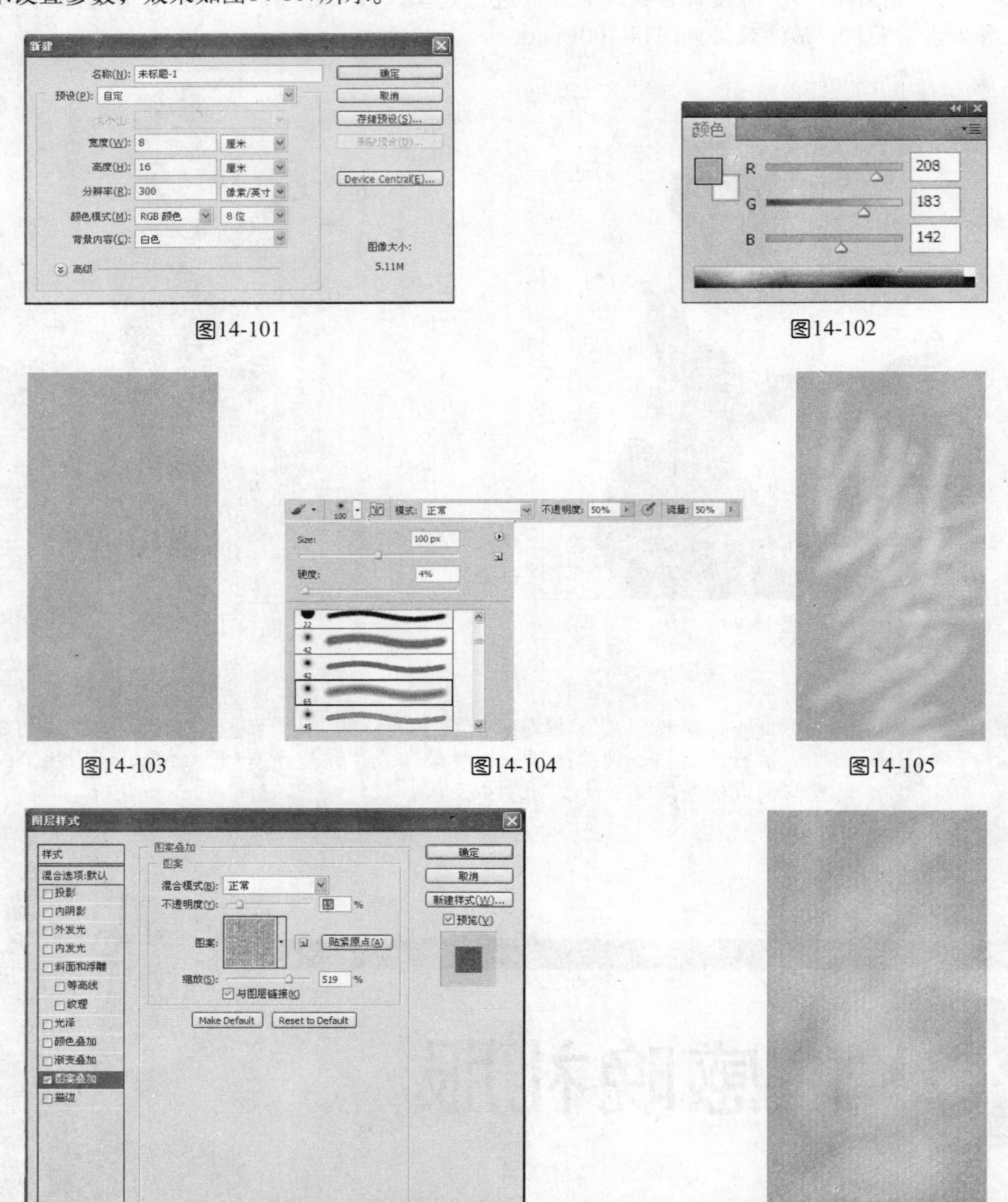

图14-101　图14-102

图14-103　图14-104　图14-105

图14-106　图14-107

03 单击“图层”面板底部的“创建新图层”按钮，新建一个图层，图层名称为“图层2”，选择“钢笔工具”，绘制人物整体轮廓的路径，如图14-108所示。选择“画笔工具”，为路径描边，如图14-109所示。

图14-108

图14-109

04 单击“图层”面板底部的“创建新图层”按钮，新建一个图层，图层名称为“图层3”，选择“画笔工具”，如图14-110所示设置画笔属性，如图14-111所示设置前景色，绘制人物的头发。选择“减淡工具”，如图14-112所示设置参数，对图像的颜色进行减淡处理，效果如图14-113所示。

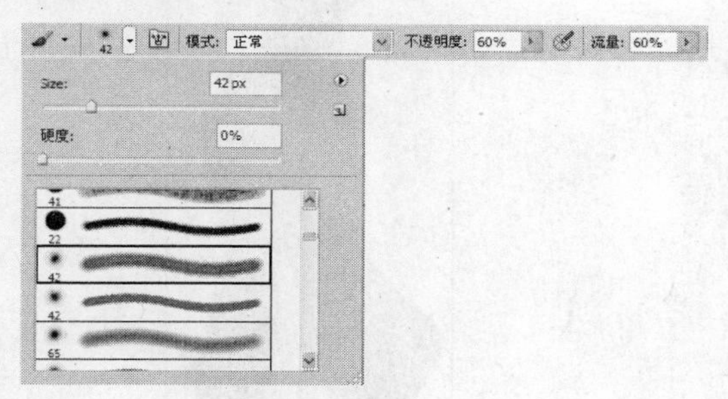

图14-110

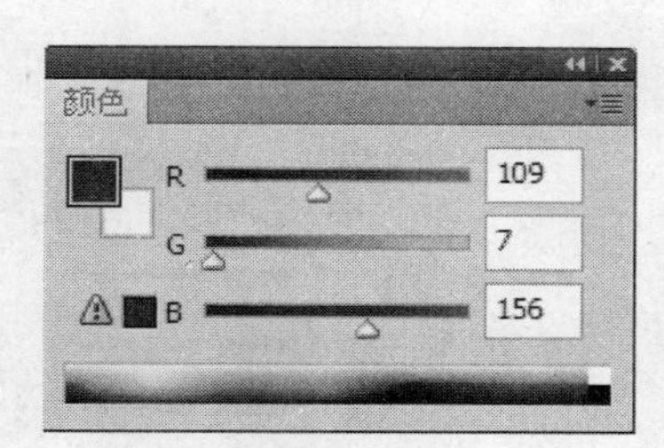

图14-111

图14-112

图14-113

05 单击“图层”面板底部的“创建新图层”按钮，新建一个图层，图层名称为“图层4”，选择“钢笔工具”，绘制人物脖子上的项链，使用“画笔工具”，为路径描边，效果如图14-114所示。如图14-115所示设置前景色，使用“画笔工具”，绘制项链的颜色，效果如图14-116所示。

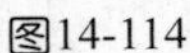

图14-114

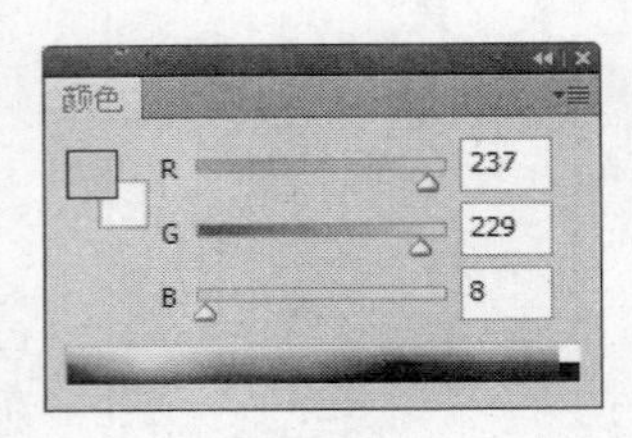

图14-115

图14-116

06 单击“图层”面板底部的“创建新图层”按钮，新建一个图层，图层名称为“图层5”，如图14-117所示设置前景色，填充礼服的颜色，效果如图14-118所示。选择“减淡工具”、“加深工具”，如图14-119、图14-120、图14-121所示设置参数，对图像进行处理，如图14-122所示。

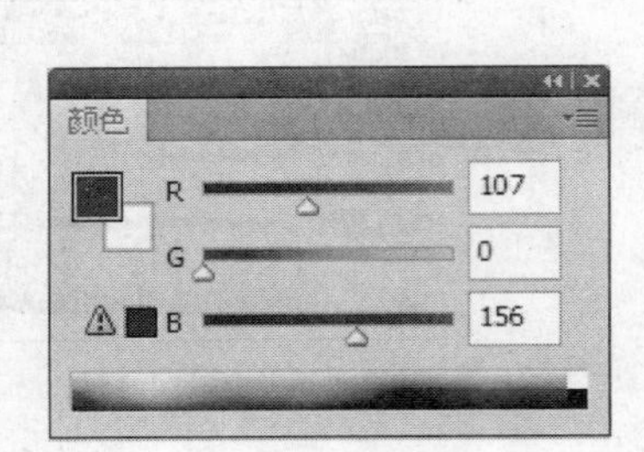

图14-117

图14-118

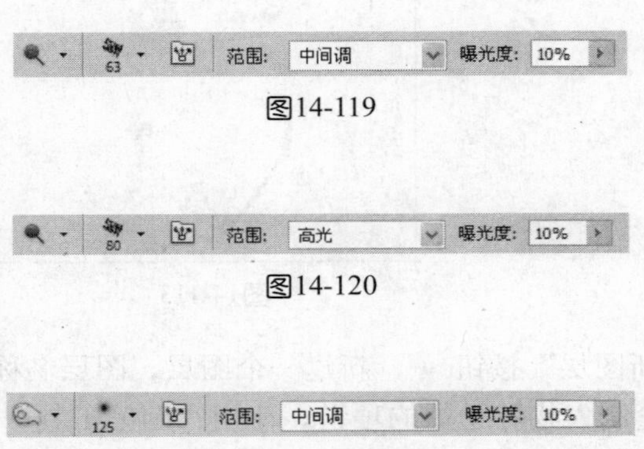

图14-119

图14-120

图14-121

图14-122

07 单击“图层”面板底部的“创建新图层”按钮，新建一个图层，图层名称为“图层6”，选择“画笔工具”，如图14-123所示设置前景色。使用“画笔工具”，在画面中绘制出礼服上的褶皱效果，如图14-124所示。单击“图层”面板底部的“创建新图层”按钮，新建一个图层，图层名称为“图层7”，如图14-125所示设置前景色，选择“画笔工具”，在画面中绘制礼服上的装饰色，效果如图14-126所示。

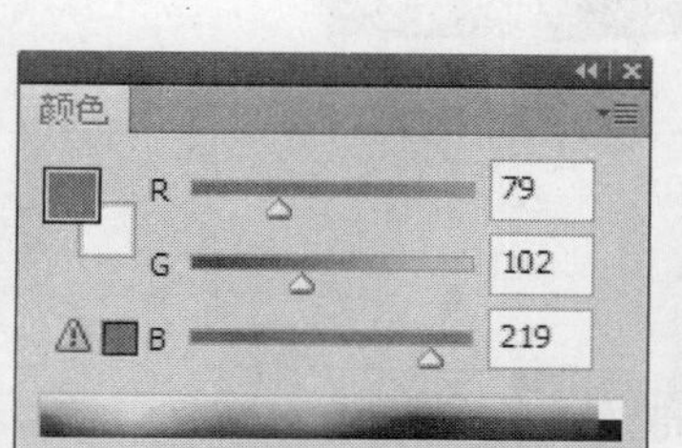

图14-123

图14-124

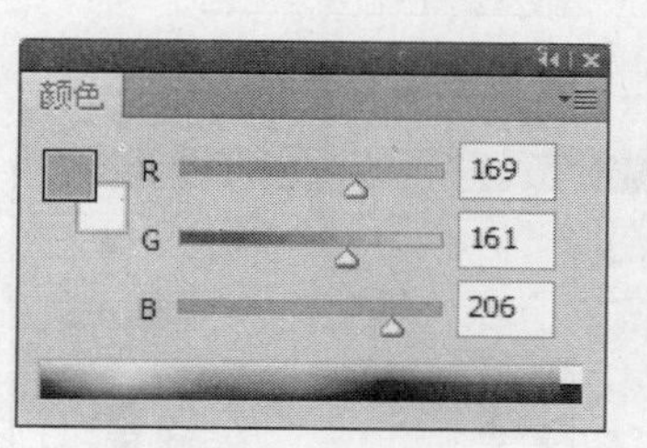

图14-125

图14-126

08 单击“图层”面板底部的“创建新图层”按钮，新建一个图层，图层名称为“图层8”，选择“椭圆工具”，在画面中绘制礼服上的装饰物，并为其描边，效果如图14-127所示。选择“画笔工具”，如图14-128所示设置参数，在画面中绘制装饰物，效果如图14-129所示

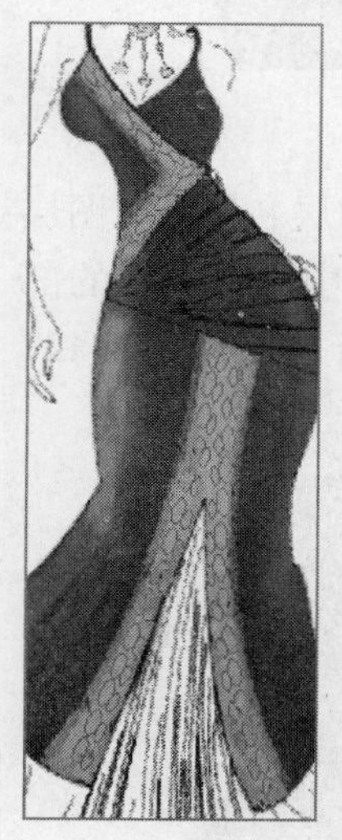

图14-127

图14-128

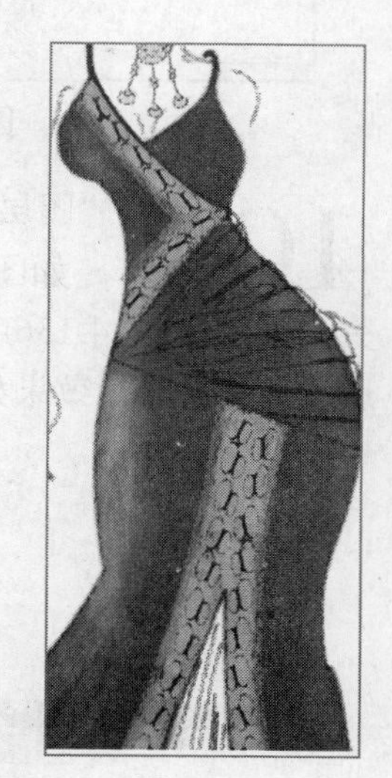

图14-129

09 单击“图层”面板底部的“创建新图层”按钮，新建一个图层，图层名称为“图层9”，选择“画笔工具”，如图14-130所示设置参数。如图14-131所示设置前景色，在画面中绘制礼服上的装饰色，效果如图14-132所示。单击“图层”面板底部“图层样式/图案叠加”命令，如图14-133所示设置参数，效果如图14-134所示。

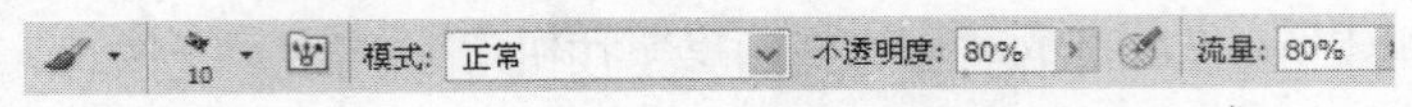

图14-130

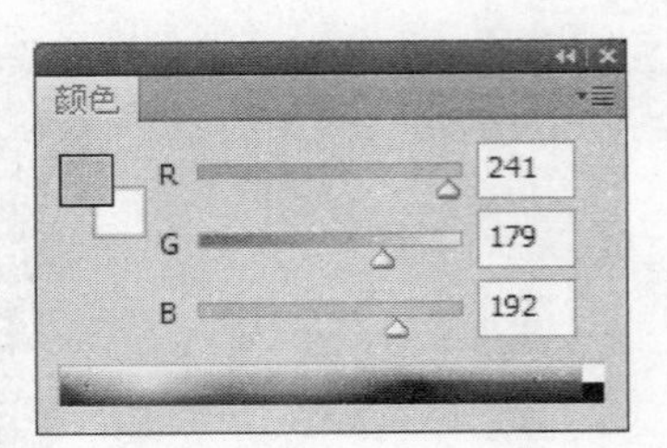

图14-131

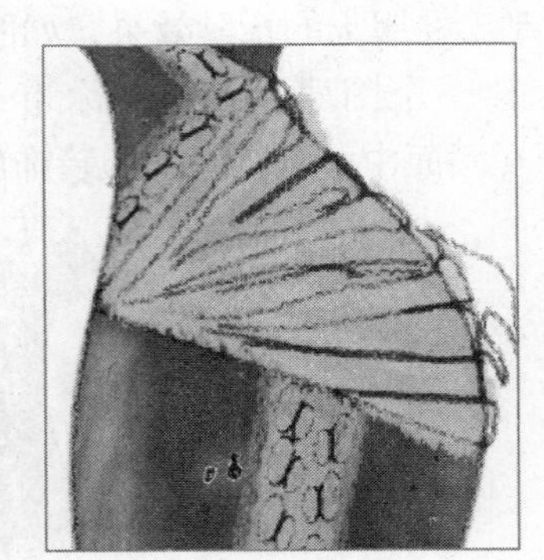

图14-132

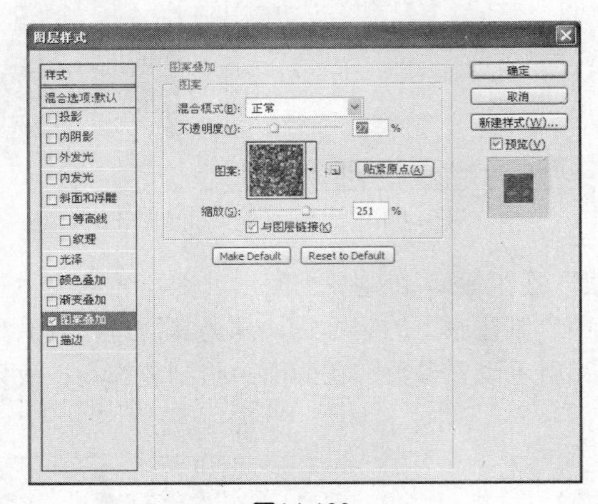

图14-133

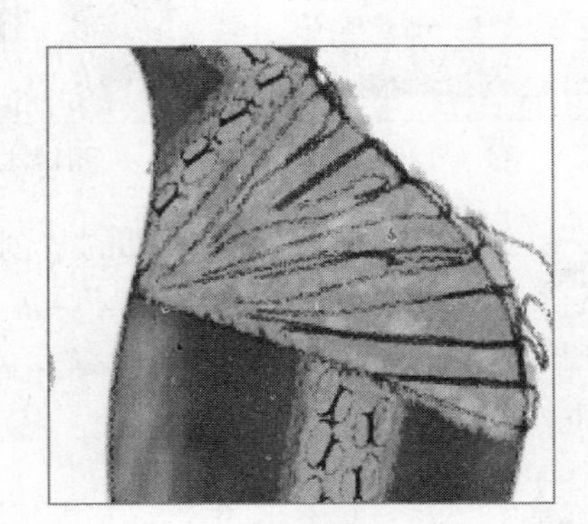

图14-134

10 单击“图层”面板底部的“创建新图层”按钮，新建一个图层，图层名称为“图层10”，如图14-135所示设置前景色，选择“画笔工具”，在画面中绘制裙摆的部分，效果如图14-136所示。单击“图层”面板底部“图层样式/图案叠加”命令，如图14-137所示设置参数，效果如图14-138所示。

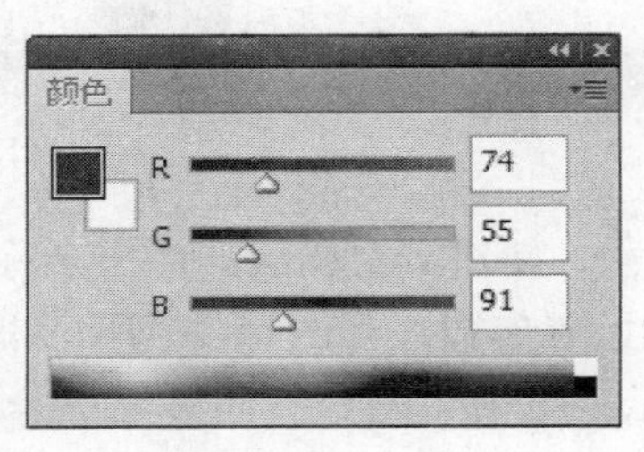

图14-135

图14-136

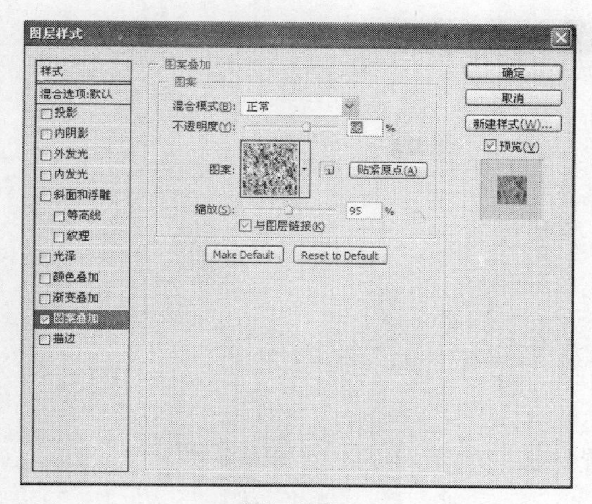

图14-137

图14-138

11 单击“图层”面板底部的“创建新图层”按钮，新建一个图层，图层名称为“图层11”，选择“画笔工具”，在画面中绘制鞋子，效果如图14-139所示，填充颜色后，最终效果如图14-140所示。

图14-139

图14-140

当想要对齐链接图层时，如果只选择链接图层中的一个或多个图层，那么执行“对齐”命令后，链接图层中其他未选择的图层将以当前选择的图层为基准，按照指定的方式与选择的图层对齐。

14.5 西式婚纱

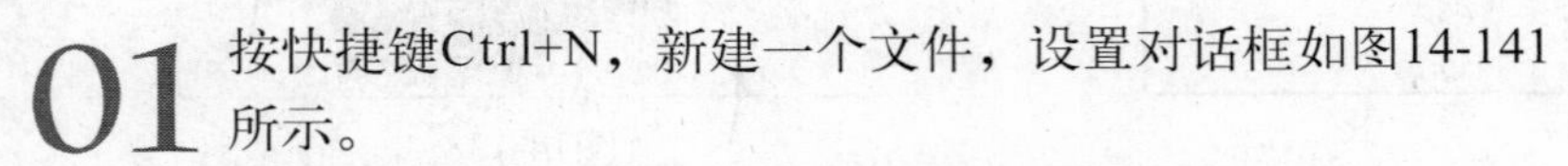

01 按快捷键Ctrl+N，新建一个文件，设置对话框如图14-141所示。

02 单击“图层”面板底部的“创建新图层”按钮，新建一个图层，图层名称为“图层1”，选择“钢笔工具”，在画面中绘制人物的整体轮廓，效果14-142所示。选择“画笔工具”，如图14-143所示设置参数，为路径描边，效果如图14-144所示。

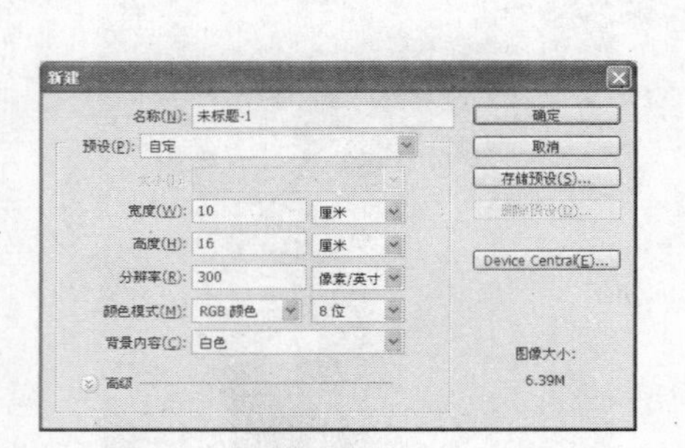

图14-141

图14-142

图14-143

图14-144

03 单击“图层”面板底部的“创建新图层”按钮，新建一个图层，图层名称为“图层2”，如图14-145、图14-146、图14-147所示分别设置前景色，在画面中绘制人物的头发，效果如图14-148所示。

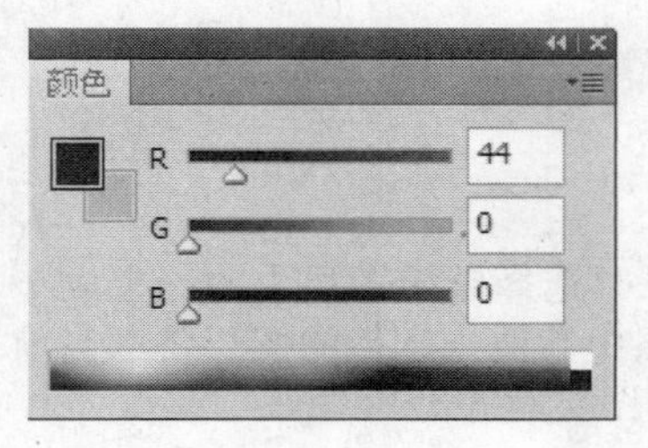

图14-145

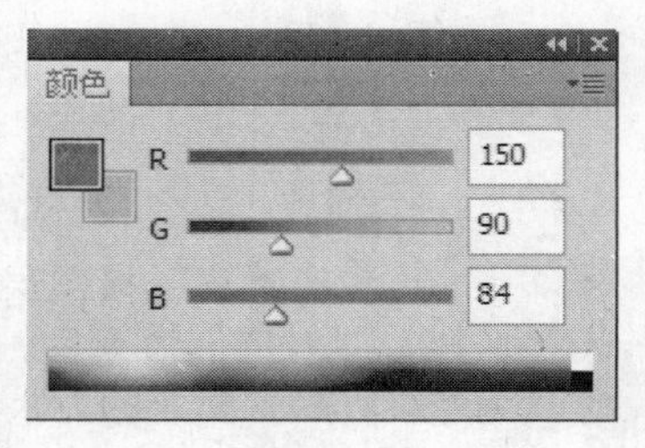

图14-146

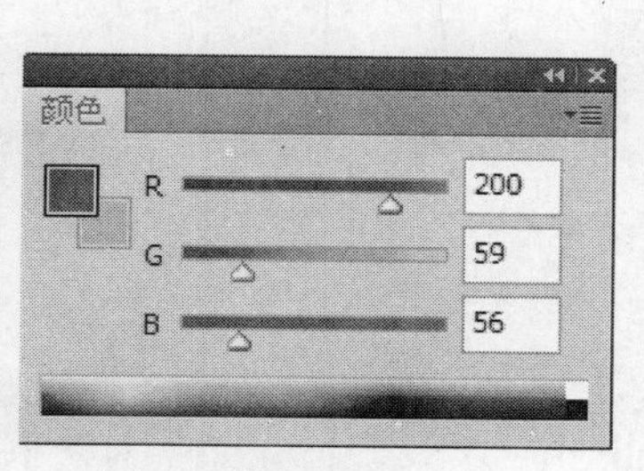

图14-147

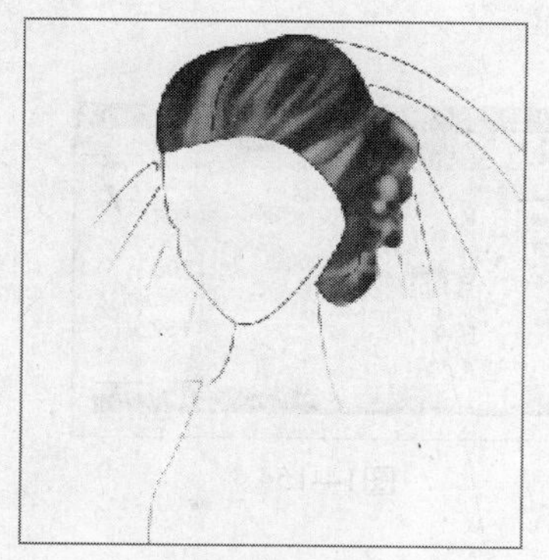

图14-148

04 单击“图层”面板底部的“创建新图层”按钮，新建一个图层，图层名称为“图层3”，如图14-149所示设置前景色，选择“画笔工具”，填充人物的脸部肤色，效果如图14-150所示。选择“减淡工具”，如图14-151所示设置参数。如图14-152所示设置前景色，选择“画笔工具”，在画面中绘制人物的五官，填充颜色后，效果如图14-153所示。

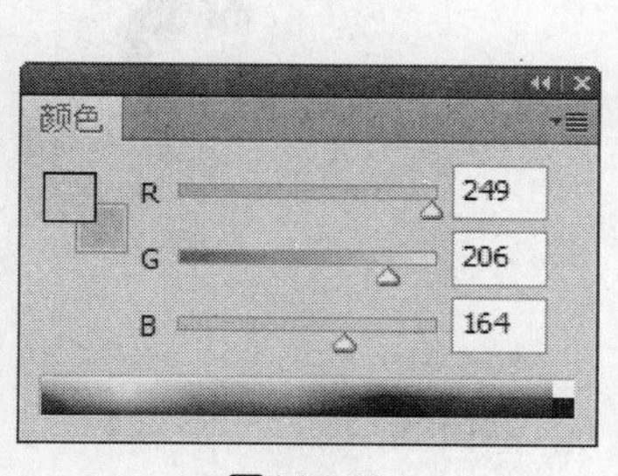

图14-149

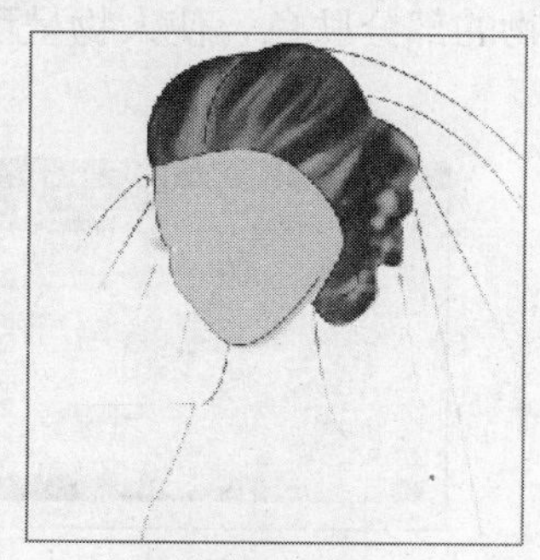

图14-150

图14-151

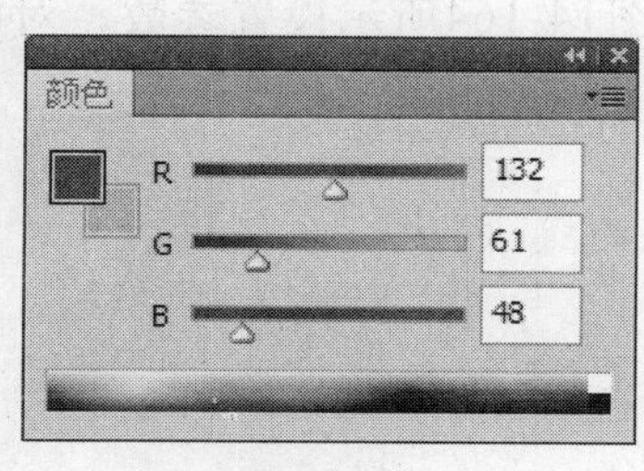

图14-152

图14-153

05 单击“图层”面板底部的“创建新图层”按钮，新建一个图层，图层名称为“图层4”，如图14-154所示设置前景色，绘制人物的肤色，效果如图14-155所示。选择“减淡工具”，如图14-156所示设置参数，对图像的颜色进行减淡处理，效果如图14-157所示。

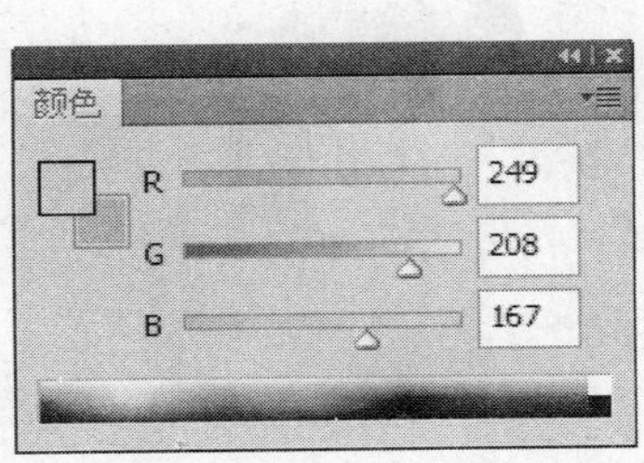

图14-154

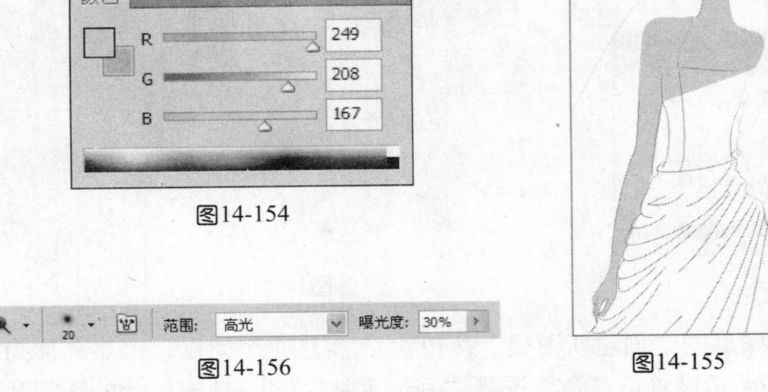

图14-156

图14-155

图14-157

06 单击“图层”面板底部的“创建新图层”按钮，新建一个图层，图层名称为“图层5”，如图14-158所示设置前景色。选择“加深工具”，如图14-159所示设置参数，加深人物的部分肤色，使人物呈现立体的效果，如图14-160所示。

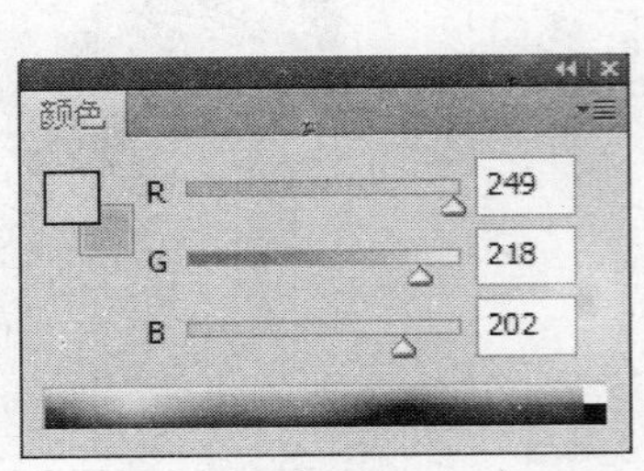

图14-158

图14-159

图14-160

07 单击“图层”面板底部的“创建新图层”按钮，新建一个图层，图层名称为“图层6”，如图14-161所示设置前景色，填充裙子的颜色，效果如图14-162所示。选择“减淡工具”、“加深工具”，如图14-163、图14-164所示设置参数，对图像进行减淡、加深处理，效果如图14-165所示。

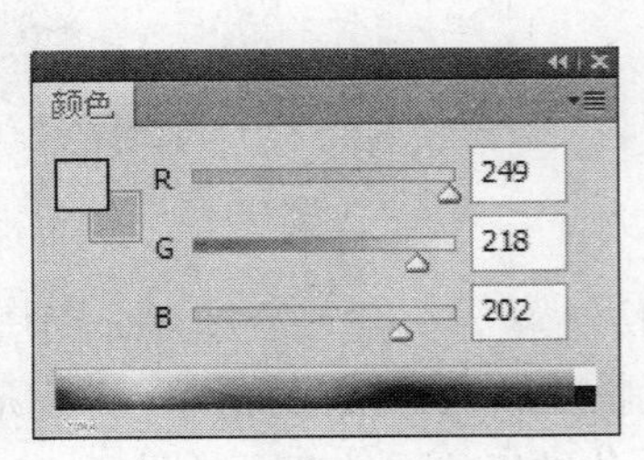

图14-161

图14-162

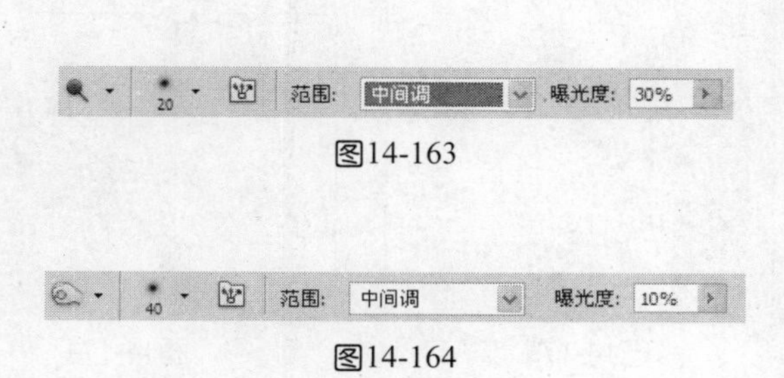

图14-163

图14-164

图14-165

08 单击“图层”面板底部的“创建新图层”按钮，新建一个图层，图层名称为“图层7”，如图14-166所示设置前景色，填充裙摆的颜色，效果如图14-167所示。选择“减淡工具”、“加深工具”，如图14-168、图14-169所示设置参数，对图像进行处理。选择“自定义形状工具”，如图14-170所示，在画面中绘制裙边的装饰物并填充颜色，效果如图14-171所示。

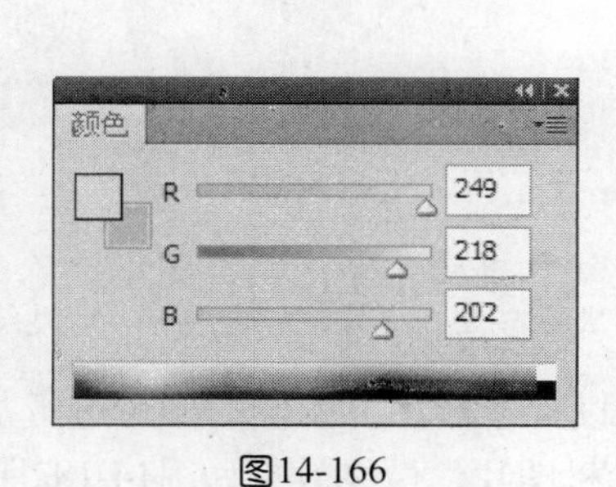

图14-166

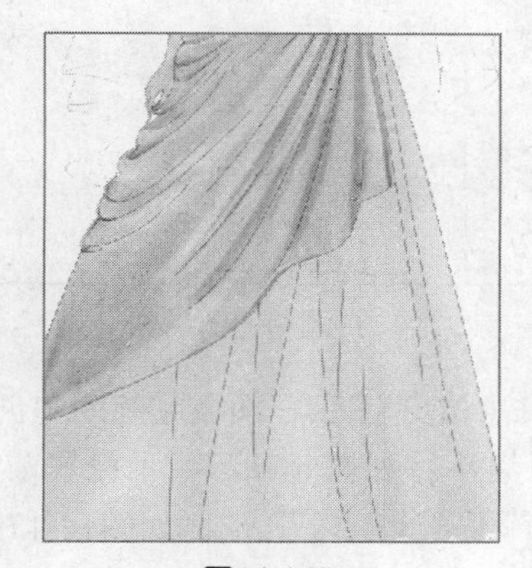

图14-167

图14-168

图14-169

图14-170

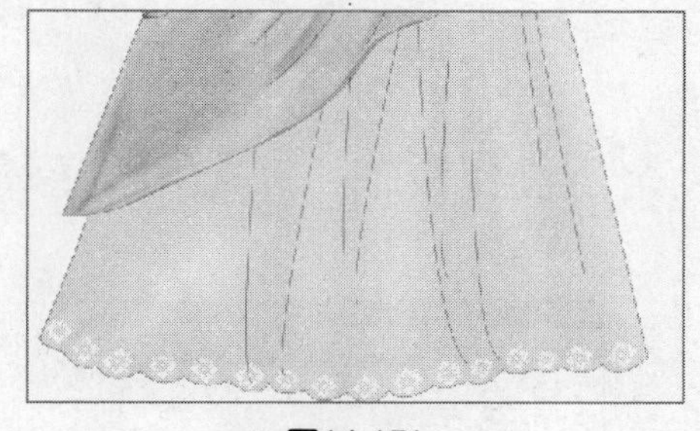

图14-171

09 单击“图层”面板底部“图层样式/图案叠加”命令，如图14-172所示设置参数，效果如图14-173所示。打开素材文件夹，导入素材图片，效果如图14-174所示。单击“图层”面板底部“图层样式/投影”命令，如图14-175所示设置参数，效果如图14-176所示。

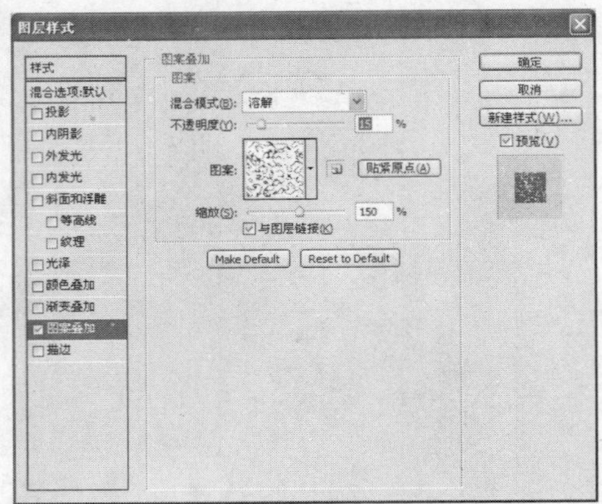

图14-172

图14-173

图14-174

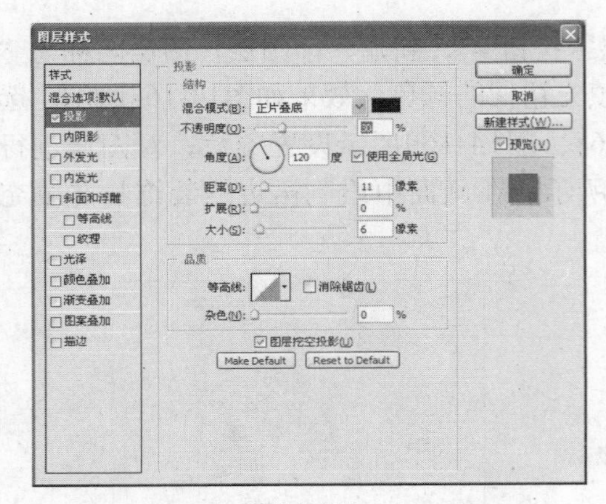

图14-175

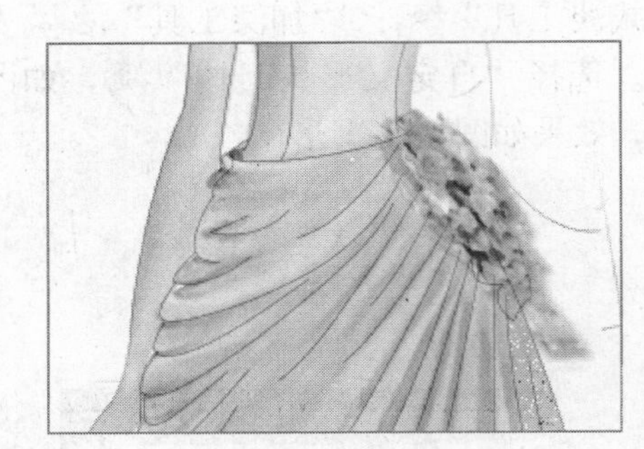

图14-176

10 单击“图层”面板底部的“创建新图层”按钮，新建一个图层，图层名称为“图层8”，如图14-177所示设置前景色，绘制头纱，效果如图14-178所示。选择“加深工具”、“减淡工具”，如图14-179、图14-180所示设置参数，对图像的颜色进行加深、减淡处理，效果如图14-181所示。打开素材文件夹，导入素材图片，最终效果如图14-182所示。

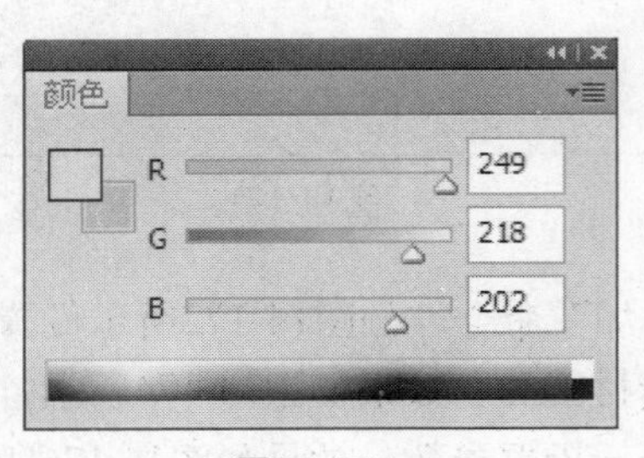

图14-177

图14-178

范围：高光　曝光度：30%

图14-179

模式：正常　强度：50%

图14-180

图14-181

图14-182

设置参考图层的方法有很多，可按住Alt键单击“背景”图层，将其转换为普通图层，然后选择其他的图层，再将相应的图层锁定，以指定其他锁定的图层为自动对齐图层的参考图层。设置不同的参考图层后，执行“自动对齐图层”命令后的效果也会不同。

14.6 公主型婚纱

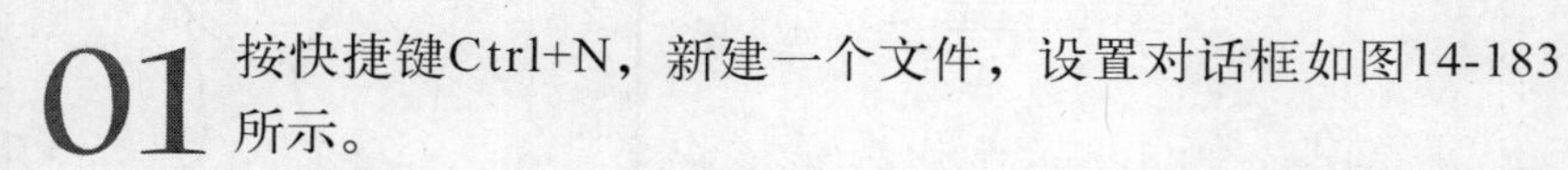

01 按快捷键Ctrl+N，新建一个文件，设置对话框如图14-183所示。

02 单击“图层”面板底部的“创建新图层”按钮，新建一个图层，图层名称为“图层1”，选择“钢笔工具”，在画面中绘制人物的整体轮廓，效果14-184所示。选择“画笔工具”，为路径描边，效果如图14-185所示。

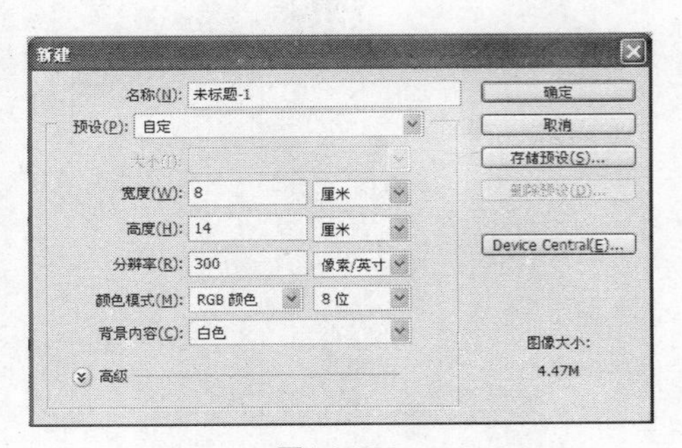

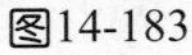
图14-183

图14-184

图14-185

03 单击“图层”面板底部的“创建新图层”按钮，新建一个图层，图层名称为“图层2”，如图14-186所示设置前景色，选择“加深工具”、“减淡工具”，如图14-187、图14-188所示设置参数，在画面中绘制人物的头发，效果如图14-189所示。打开素材文件夹，导入素材图片，效果如图14-190所示。单击“图层”面板底部“填层样式/投影”命令，如图14-191所示设置参数，按Alt键复制多个装饰图，效果如图14-192所示。

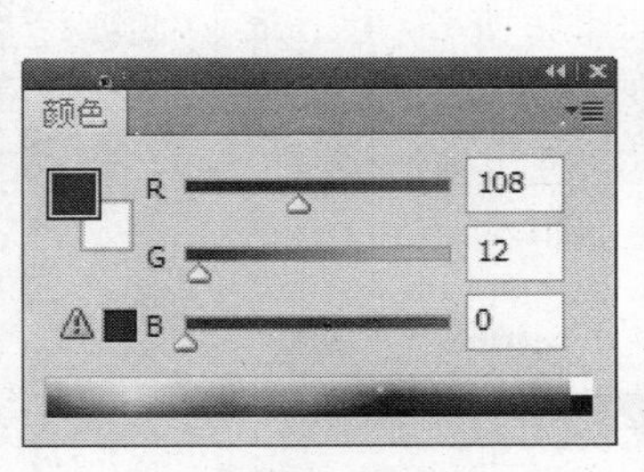

图14-186

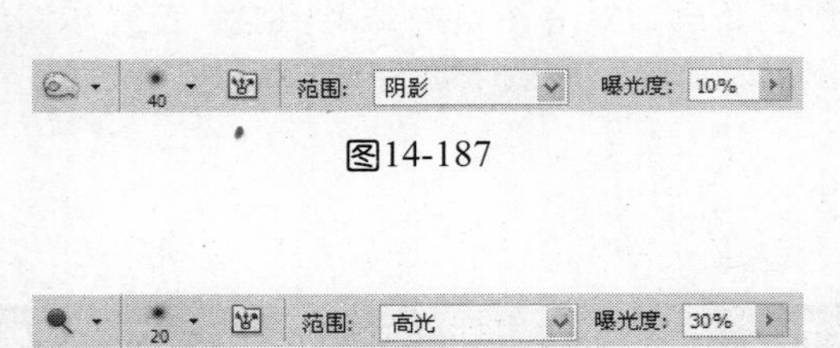

图14-187

图14-188

图14-189

图14-190

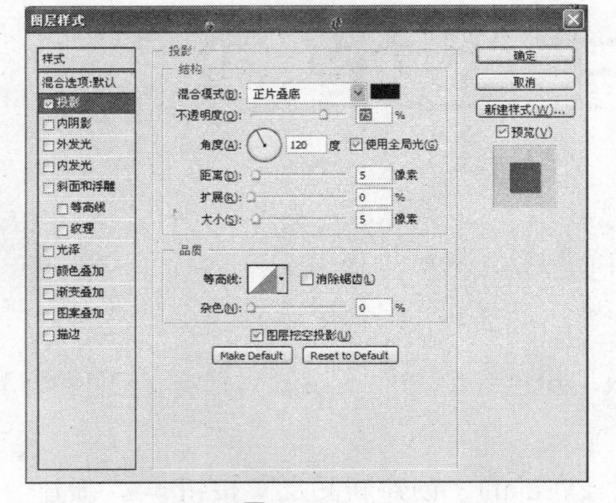

图14-191

图14-192

04 单击“图层”面板底部的“创建新图层”按钮，新建一个图层，图层名称为“图层3”，如图14-193所示设置前景色，填充人物的肤色，效果如图14-194所示。选择

“减淡工具” ，如图14-195所示设置参数，对图像的颜色进行减淡处理。选择“画笔工具” ，在画面中绘制人物的五官，效果如图14-196所示。

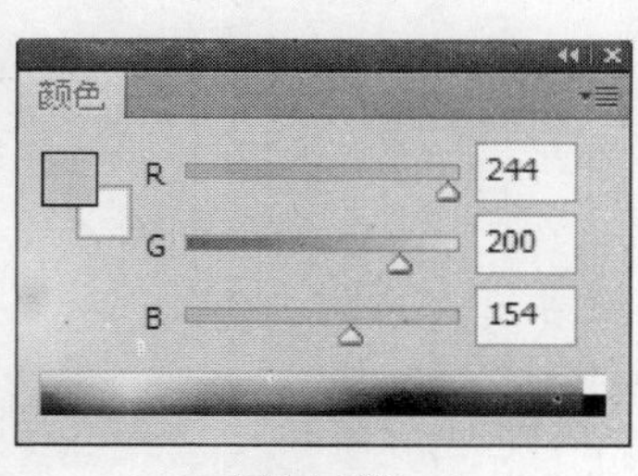

图14-193

图14-194

范围: 高光 曝光度: 30%

图14-195

图14-196

05 单击“图层”面板底部的“创建新图层”按钮 ，新建一个图层，图层名称为“图层4”，如图14-197所示设置前景色，填充脖子和手臂的颜色，效果如图14-198所示。选择“加深工具” ，如图14-199所示设置参数，对图像的颜色进行加深处理，效果如图14-200所示。

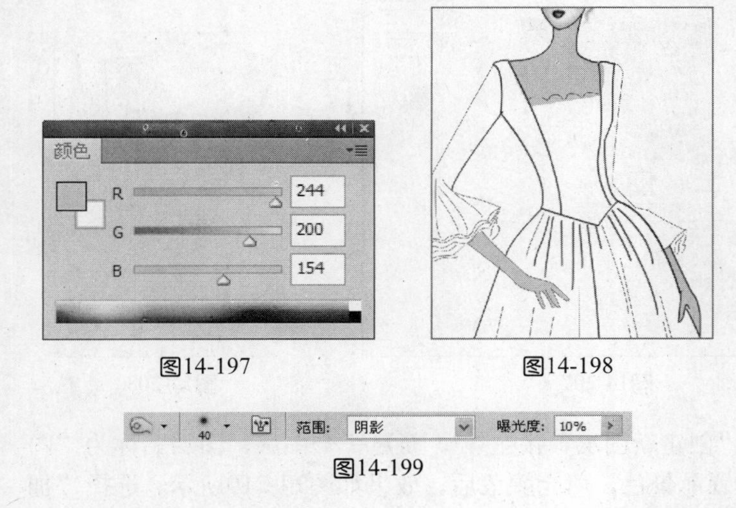

图14-197

图14-198

图14-199

图14-200

06 单击"图层"面板底部的"创建新图层"按钮，新建一个图层，图层名称为"图层5"，如图14-201所示设置前景色，填充上衣的颜色，效果如图14-202所示。选择"减淡工具"，如图14-203所示设置参数，对图像的颜色进行减淡处理，效果如图14-204所示。打开素材文件夹，导入素材图片，设置图层模式为"颜色加深"，效果如图14-205所示。

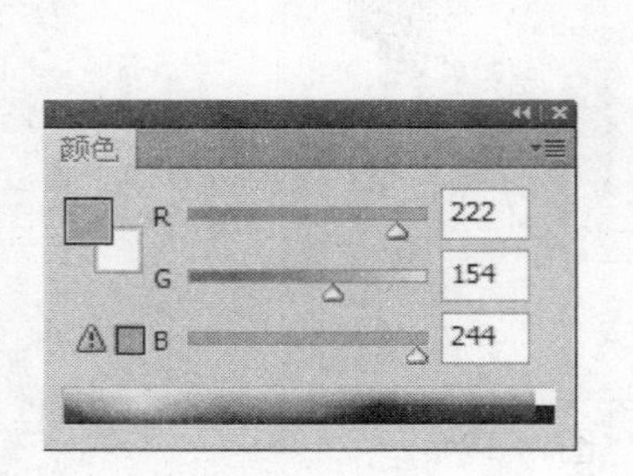

图14-201

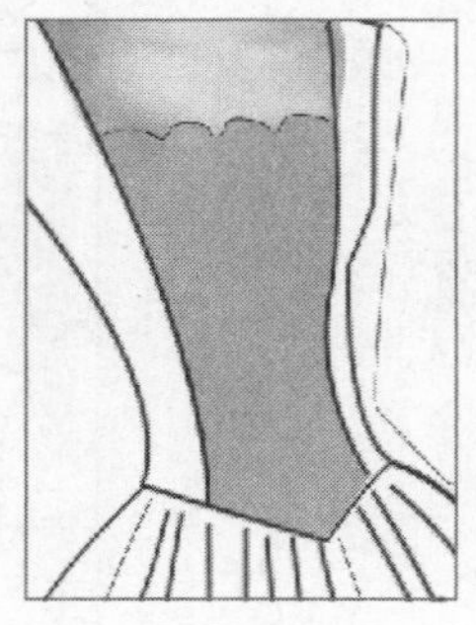

图14-202

图14-203

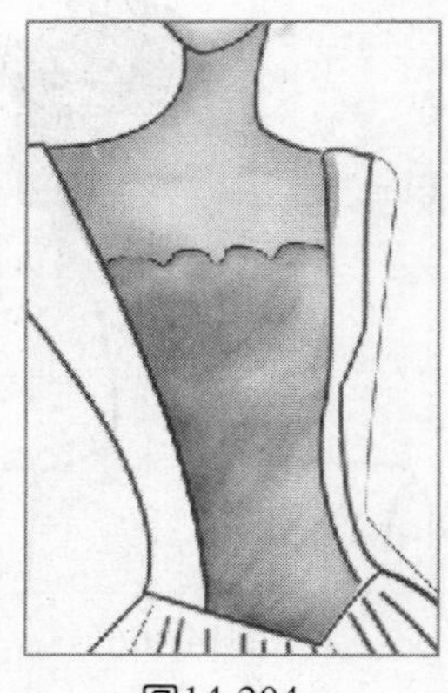

图14-204

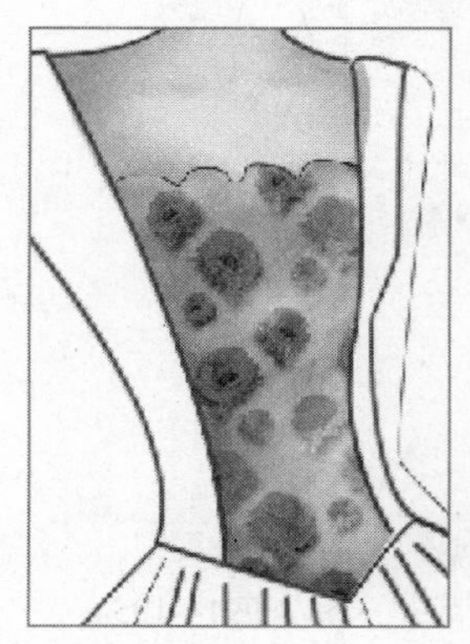

图14-205

07 复制"图层5"，设置图层模式为"滤色"，效果如图14-206所示。单击"图层"面板底部"图层样式/投影"命令，如图14-207所示设置参数，效果如图14-208所示。

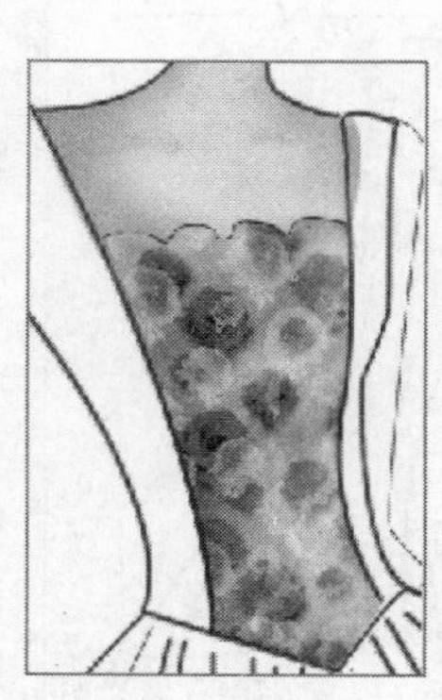

图14-206

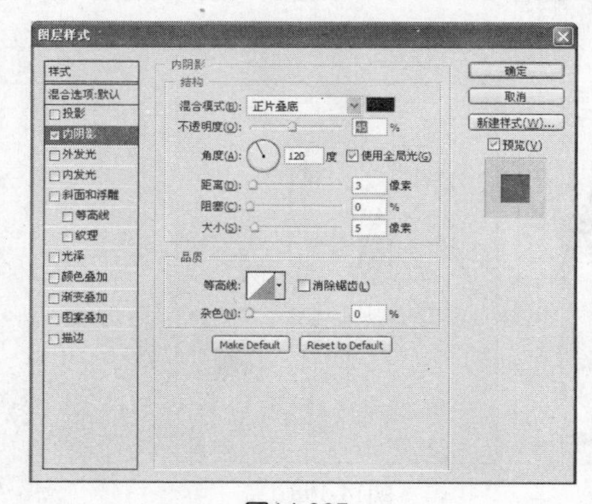

图14-207

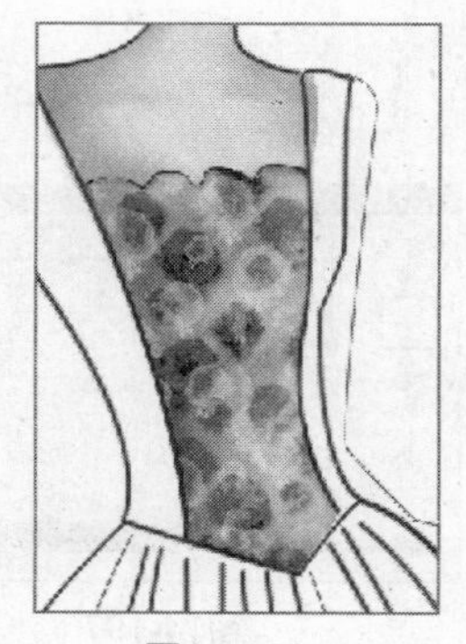

图14-208

08 单击"图层"面板底部的"创建新图层"按钮，新建一个图层，图层名称为"图层6"，如图14-209所示设置前景色，填充颜色后，效果如图14-210所示。选择"加深工具”，如图14-211所示设置参数，对图像的颜色进行加深处理，效果如图14-212所示。单击“图层”面板底部 fx. “图层样式/内阴影”、“图层样式/图案叠加”命令，如图14-213、图14-214所示设置参数，效果如图14-215所示。同理，使用相同的方法，绘制衣袖和裙摆的部分，效果如图14-216、图14-217所示，打开素材文件夹，导入素材图片，效果如图14-218所示。

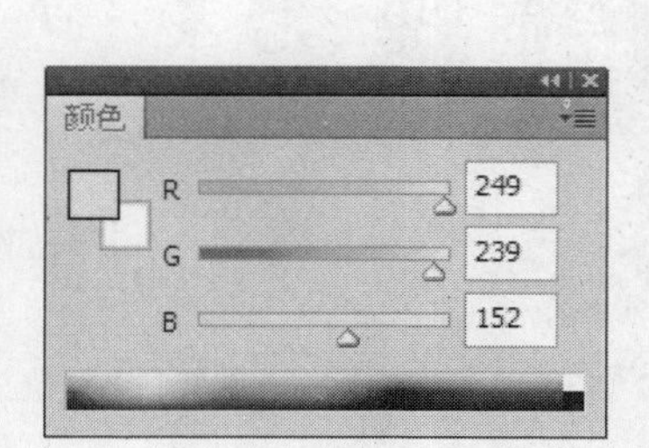

图14-209

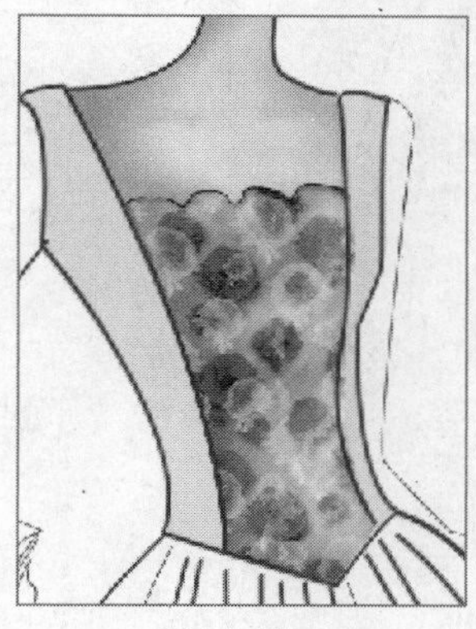

图14-210

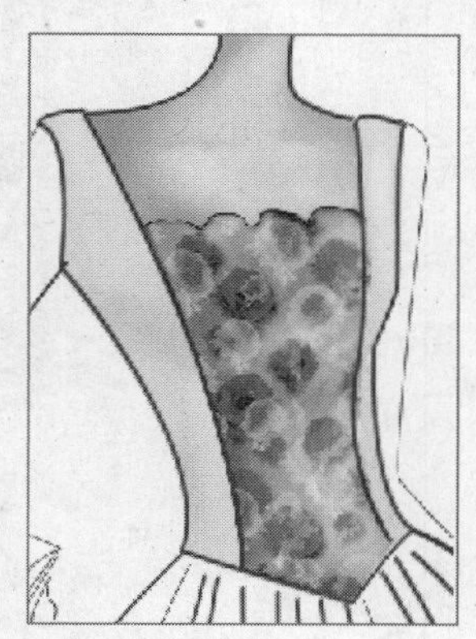

图14-212

范围: 中间调 曝光度: 10%

图14-211

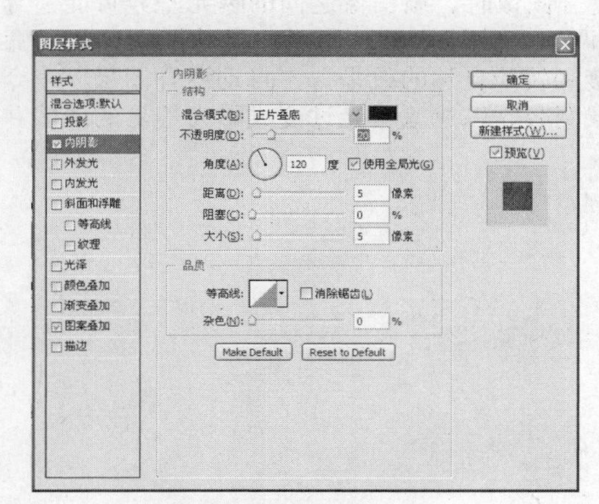

图14-213

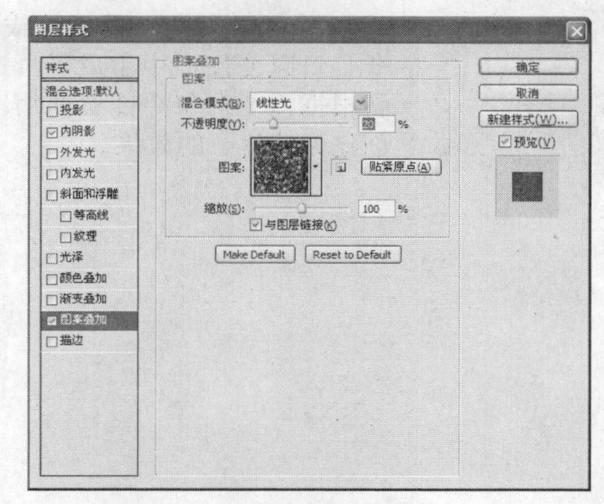

图14-214

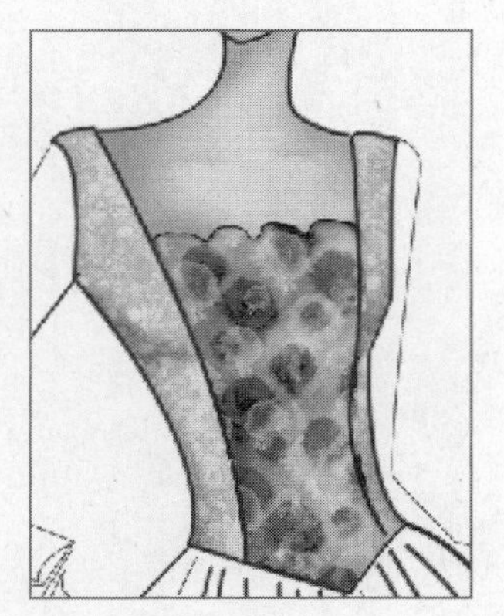

图14-215

图14-216

图14-217

图14-218

当通过拼合多个图像创建复合图像时，源图像之间的曝光差异可能会导致在组合图像中出现接缝或色调不一致等情况。使用“自动混合图层”命令，可以使图像中生成平滑过渡和较为自然的效果。“自动混合图层”命令将根据需要对每个图层使用图层蒙版，以遮盖曝光过度或曝光不足的区域并创建无缝复合的效果。

第15章 舞台装与古代服装的设计

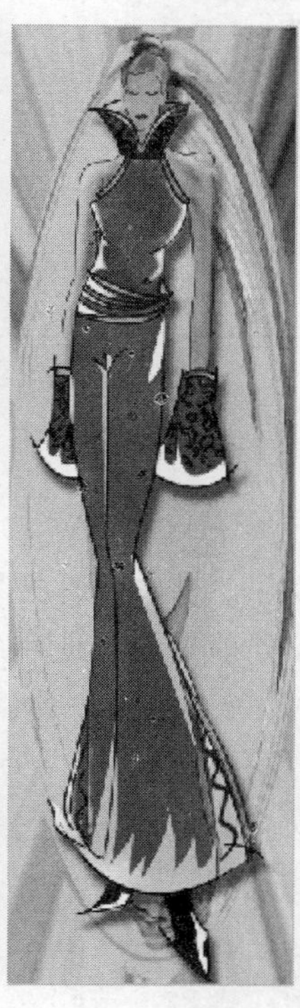

Photoshop CS5

15.1 夸张的舞台装

设计步骤

01 按快捷键Ctrl+N，新建一个文件，设置对话框如图15-1所示。

02 单击“图层”面板底部的“创建新图层”按钮，新建一个图层，新建一个图层，图层名称为“图层1”，使用“钢笔工具”，在画面中绘制路径，如图15-2所示。选择“画笔工具”，如图15-3所示设置参数，为路径描边，效果如图15-4所示。

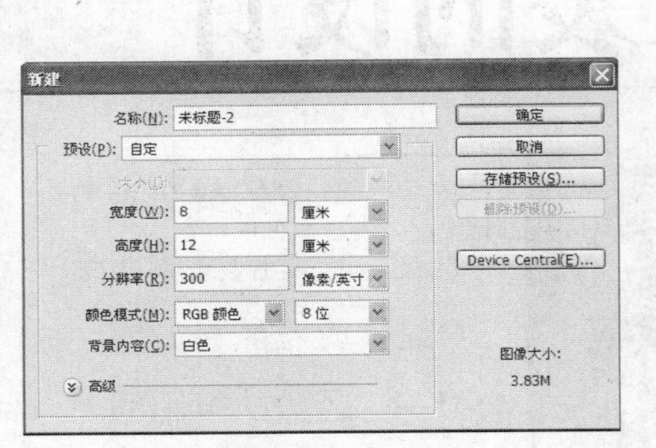

图15-1

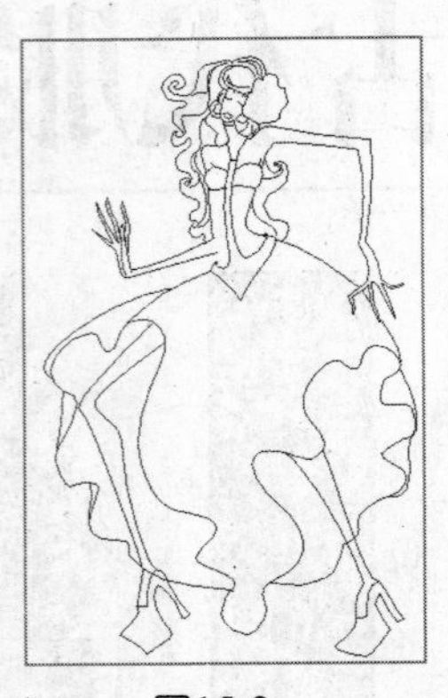

图15-2

模式: 正常 不透明度: 100% 流量: 100%

图15-3

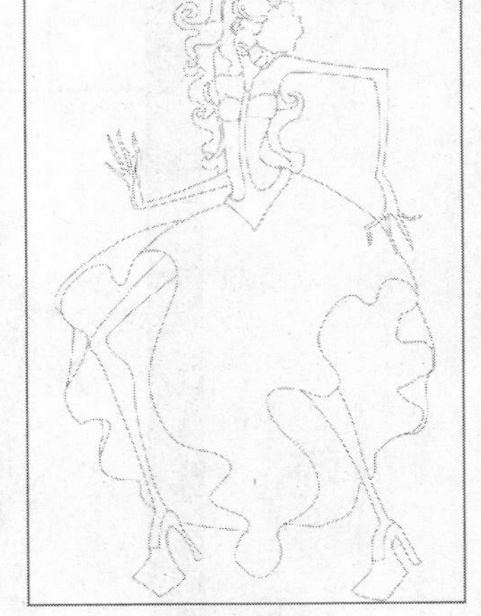

图15-4

03 单击“图层”面板底部的“创建新图层”按钮，新建一个图层，图层名称为“图层2”，如图15-5所示设置前景色，使用“画笔工具”，在画面中进行涂抹，效果如图15-6所示。单击“图层”面板底部的“创建新图层”按钮，新建一个图层，图层名称为“图层3”，选择“画笔工具”，如图15-7所示设置参数，如图15-8所示设置前景色，在画面中进行涂抹，效果如图15-9所示。

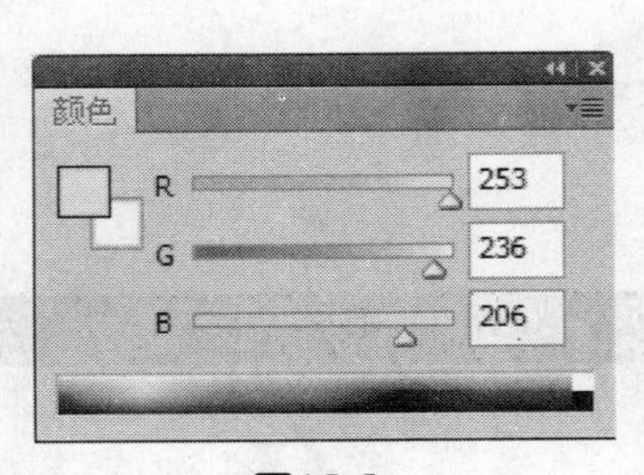

图15-5

图15-6

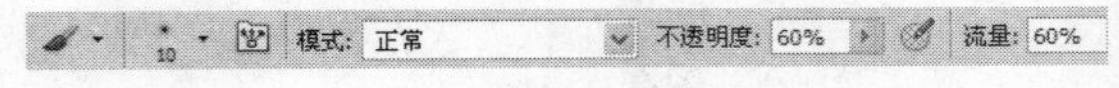

图15-7

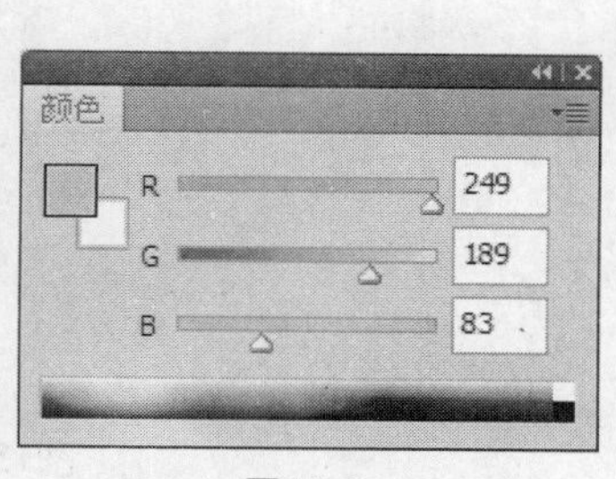

图15-8

图15-9

04 单击“图层”面板底部的“创建新图层”按钮，新建一个图层，图层名称为“图层4”，如图15-10所示设置前景色，使用“画笔工具”，在画面中进行涂抹，效果如图15-11所示。如图15-12所示设置前景色，使用“画笔工具”，在画面中绘制阴影，效果如图15-13所示。选择“画笔工具”，设置前景色颜色值为黄色，在画面中绘制头花花蕊，效果如图15-14所示。

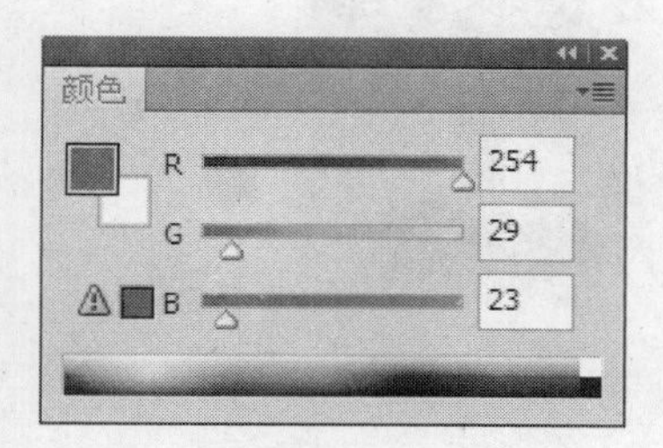

图15-10

图15-11

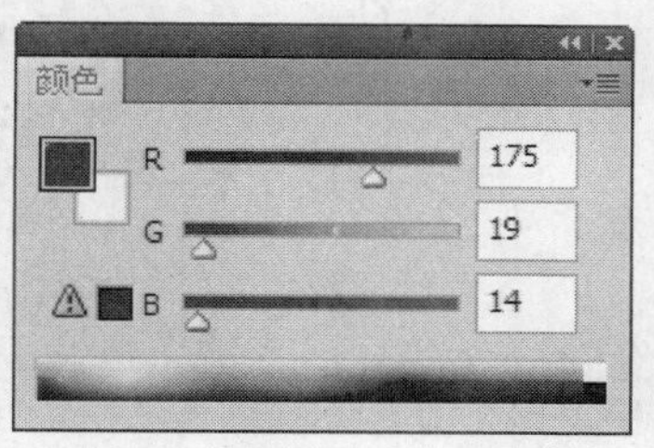

图15-12

图15-13

图15-14

05 单击“图层”面板底部的“创建新图层”按钮，新建一个图层，图层名称为“图层5”，如图15-15所示设置前景色。使用“画笔工具”，在画面中进行涂抹，效果如图15-16所示，设置前景色为橘黄色，在画面中绘制，效果如图15-17所示。

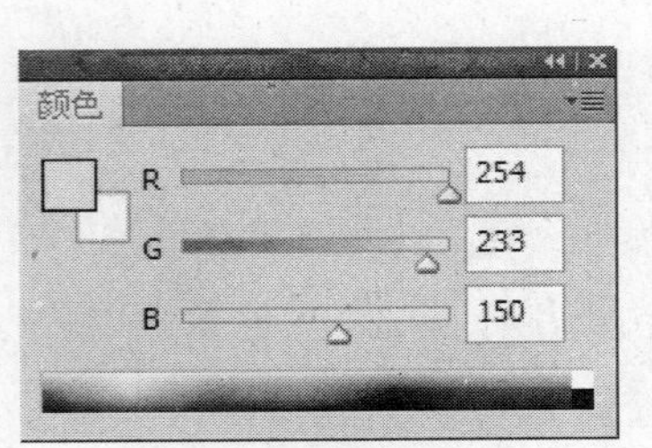

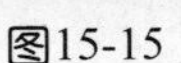

图15-15

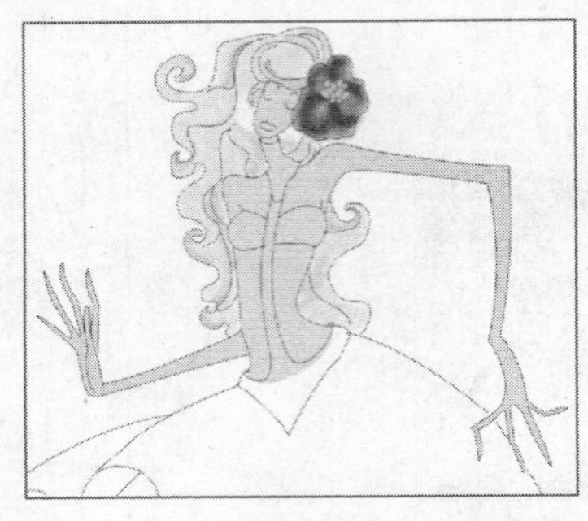

图15-16

图15-17

06 单击“图层”面板底部的“创建新图层”按钮，新建一个图层，图层名称为“图层6”，使用相同的方法，选择“画笔工具”在画面中绘制人物的耳环，效果如图15-18所示。单击“图层”面板底部的“创建新图层”按钮，新建一个图层，图层名称为“图层7”，设置前景色为红色，使用“画笔工具”，在画面中进行涂抹，如图15-19所示填充颜色。选择“加深工具”如图15-20所示设置参数，在画面中进行涂抹，效果如图15-21所示。选择“画笔工具”，在画面中继续绘制，效果如图15-22所示。

图15-18

图15-19

图15-20

图15-21

图15-22

07 单击“图层”面板底部的“创建新图层”按钮，新建一个图层，图层名称为“图层8”，选择“钢笔工具”，在画面中绘制图案，将路径转为选区，设置前景色为黑色，填充后，效果如图15-23所示。选择“钢笔工具”，绘制人物衣服上的图案，如图15-24所示设置前景色，使用画笔描边，填充颜色后，效果如图15-25所示。

图15-23

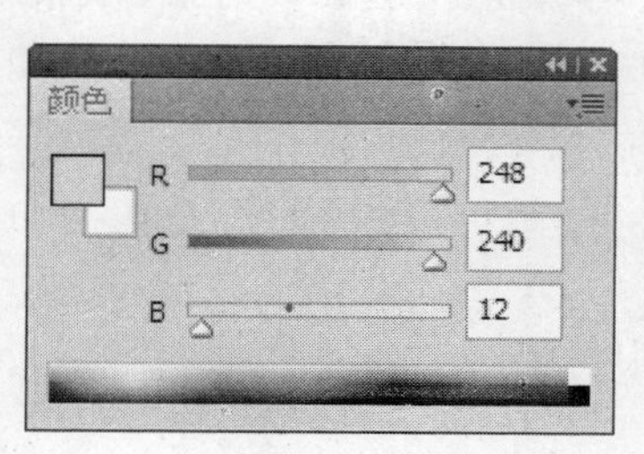

图15-24

图15-25

08 单击“图层”面板底部的“创建新图层”按钮，新建一个图层，图层名称为“图层9”，如图15-26所示设置前景色，载入人物裙子的选区，填充颜色后，效果如图15-27所示。选择“减淡工具”，如图15-28所示设置参数，对图像进行减淡处理，效果如图15-29所示。

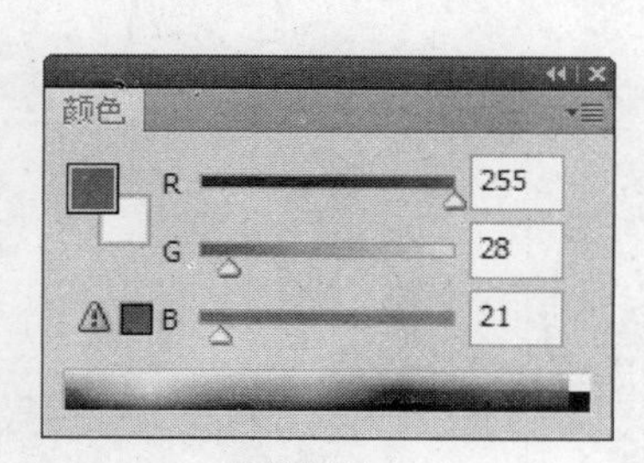

图15-26

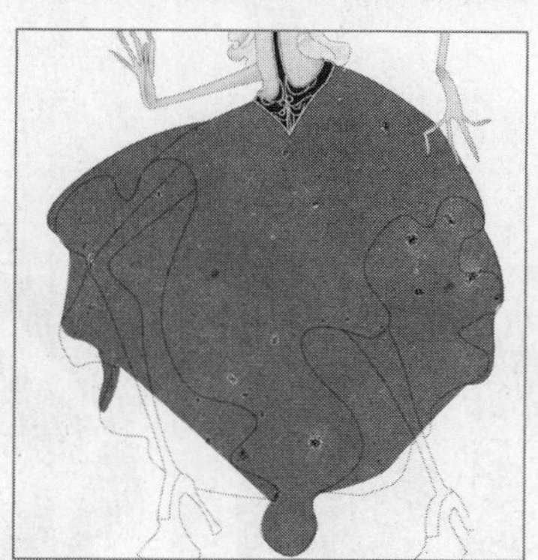

图15-27

范围: 阴影 曝光度: 50%

图15-28

图15-29

09 单击“图层”面板底部的“创建新图层”按钮，新建一个图层，图层名称为“图层10”，设置前景色为深红色，使用“画笔工具”，在画面中进行涂抹，效果如图15-30所示。选择“加深工具”、“减淡工具”，如图15-31、图15-32所示设置参数，对图像进行加深、减淡处理，效果如图15-33所示。

图15-30

图15-31

图15-32

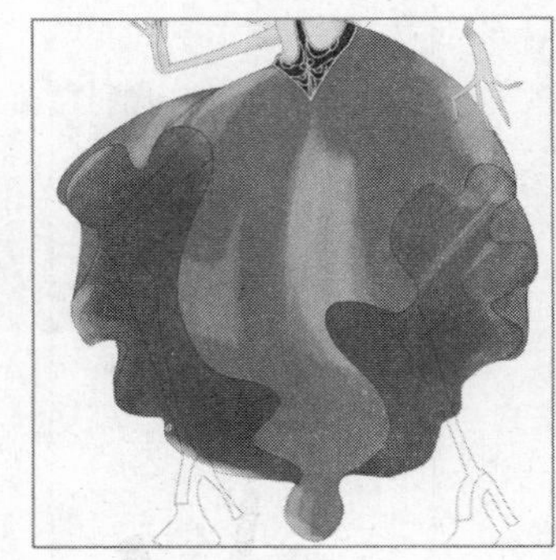

图15-33

10 同理，单击“图层”面板底部的“创建新图层”按钮，新建一个图层，图层名称为“图层11”，在画面中绘制出裙摆的立体效果并填充鞋子的颜色，效果如图15-34、图15-35所示，打开素材文件夹，导入素材图片，最终效果如图15-36所示。

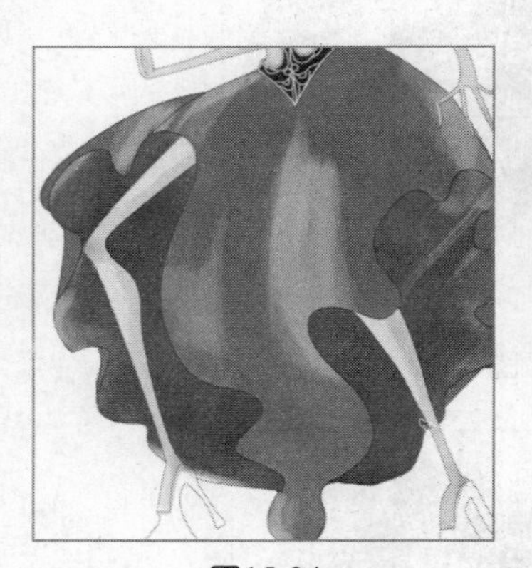

图15-34

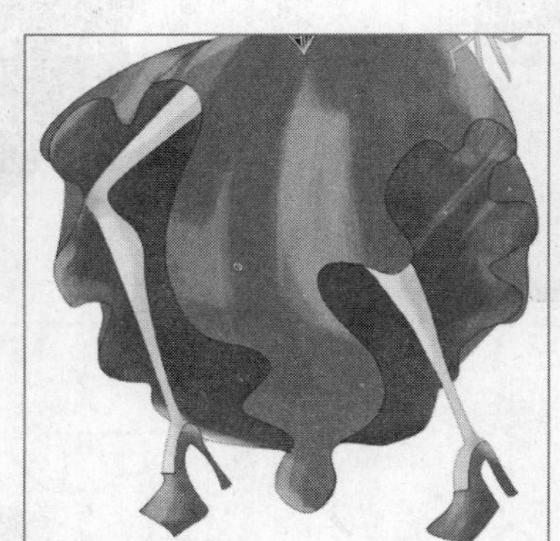

图15-35

图15-36

本例讲解在Photoshop CS5 中，制作服装夸张造型设计的方法与技巧。在制作过程中，使用钢笔工具在画面中绘制路径，选择路径面板，单击鼠标右键，选择“描边路径”，在弹出的对话框中“工具”选择画笔，单击确定即可为路径描边。

唯美的民族服装

设计步骤

01 按快捷键Ctrl+N，新建一个文件，设置对话框如图15-37所示。

02 单击“图层”面板底部的“创建新图层”按钮，新建一个图层，图层名称为“图层1”，使用“钢笔工具”，在画面中绘制路径，如图15-38所示。选择“画笔工具”，如图15-39所示设置参数，为路径描边，如图15-40所示。

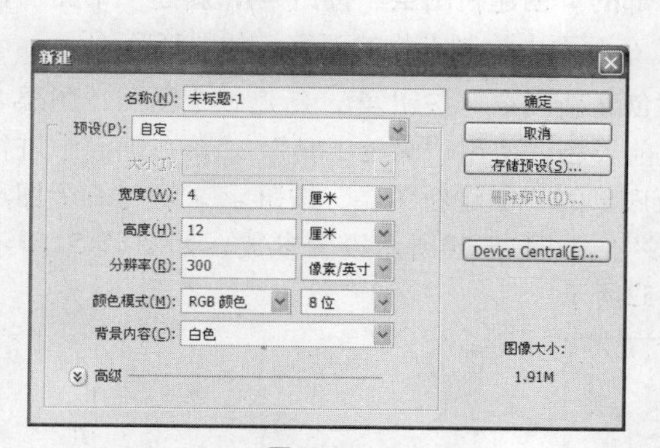

图15-37

图15-38

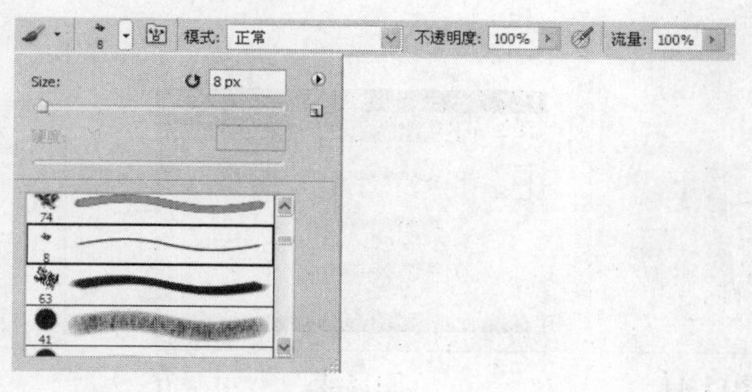

图15-39

图15-40

03 单击“图层”面板底部的“创建新图层”按钮，新建一个图层，图层名称为“图层2”，选择“画笔工具”，如图15-41所示设置参数，在画面中绘制人物的头发，效果如图15-42所示。

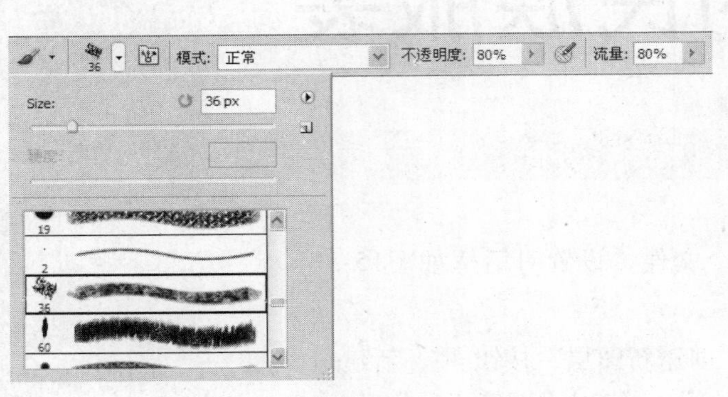

图15-41

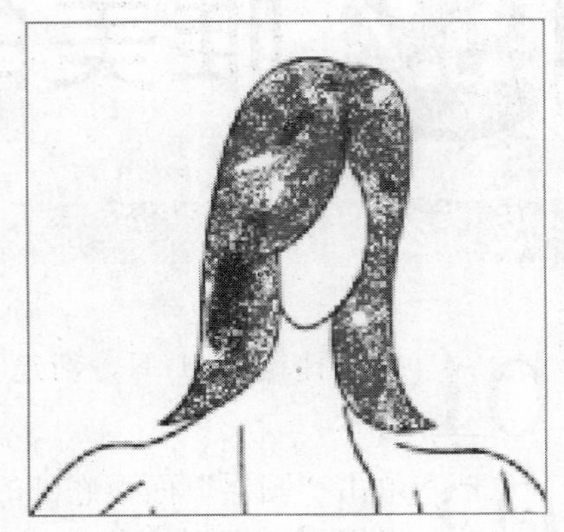
图15-42

04 单击“图层”面板底部的“创建新图层”按钮，新建一个图层，图层名称为“图层3”如图15-43所示设置前景色，使用“画笔工具”，在画面中进行涂抹，效果如图15-44所示。如图15-45所示设置前景色，使用“画笔工具”，在画面中进行涂抹，效果如图15-46所示。单击“图层”面板底部的“创建新图层”按钮，新建一个图层，图层名称为“图层4”，选择“画笔工具”，在画面中绘制人物的五官，如图15-47所示。

05 单击“图层”面板底部的“创建新图层”按钮，新建一个图层，图层名称为“图层4”，如图15-48所示设置前景色，使用“画笔工具”，在画面中进行涂抹，效果如图15-49所示。单击“图层”面板底部的“创建新图层”按钮，新建一个图层，图层名称为“图层5”，选择“画笔工具”，如图15-50所示设置参数，如图15-51所示设置前景色，在画面中进行涂抹，效果如图15-52所示。

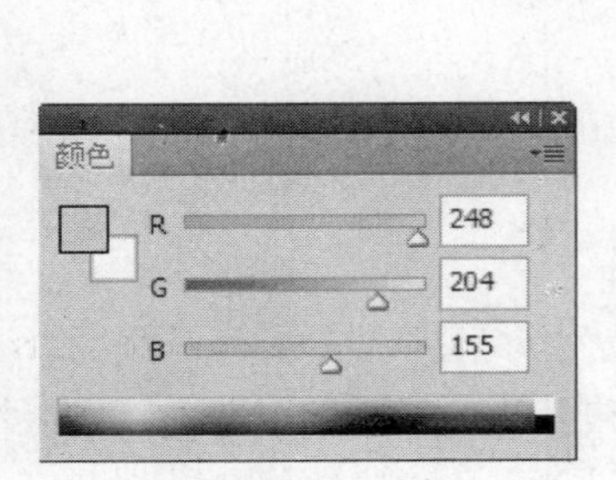

图15-43

图15-44

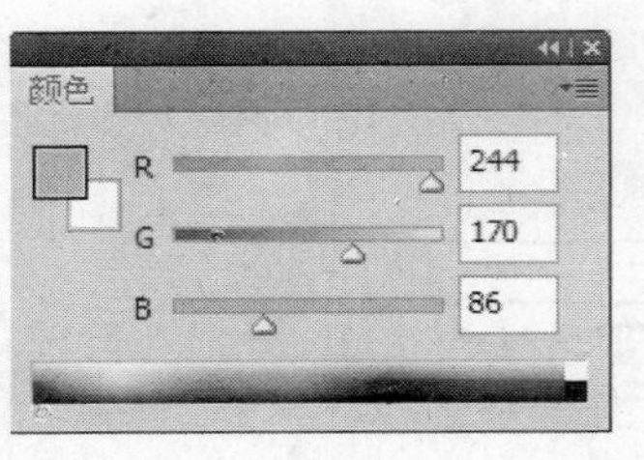

图15-45

图15-46

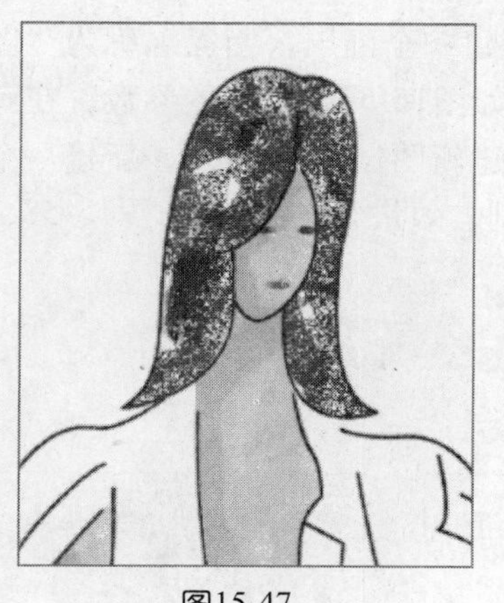

图15-47

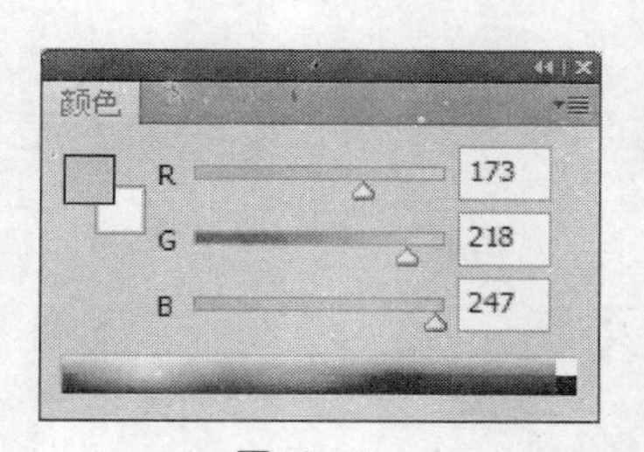

颜色
R 173
G 218
B 247

图15-48

图15-49

40
模式: 正常
不透明度: 50%
流量: 50%

图15-50

颜色
R 144
G 119
B 210

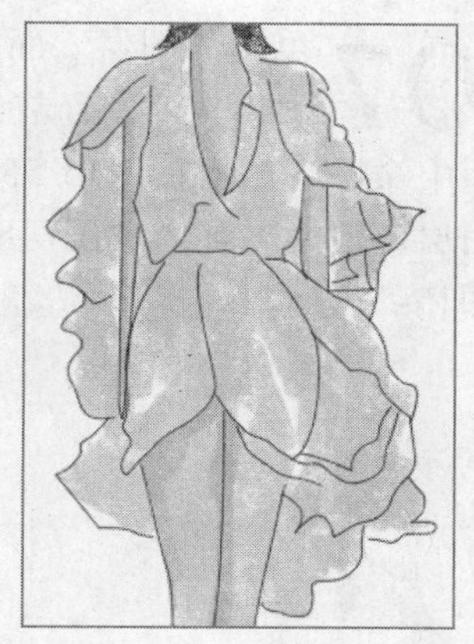

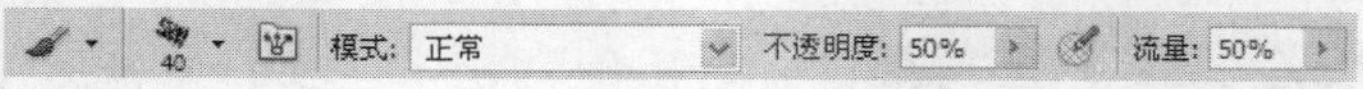

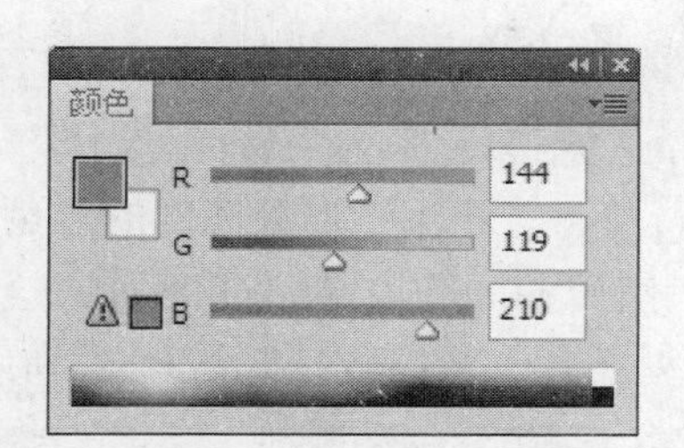

图15-51

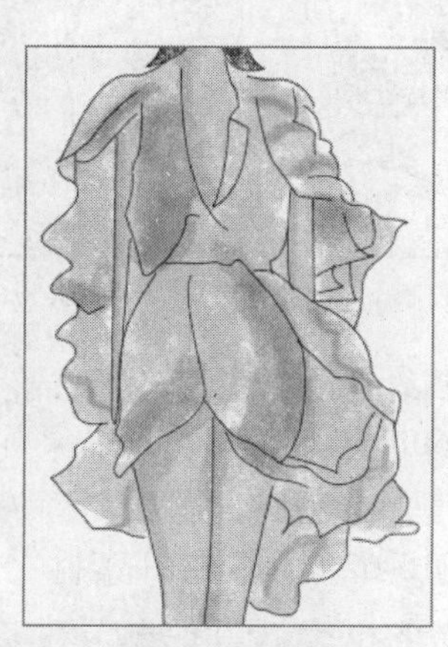

图15-52

06 单击“图层”面板底部的“创建新图层”按钮，新建一个图层，图层名称为“图层6”，选择“画笔工具”，如图15-53所示设置参数，设置前景色为深蓝色，在画面中进行涂抹，效果如图15-54所示。

图15-54

10
模式: 正常
不透明度: 80%
流量: 80%

图15-53

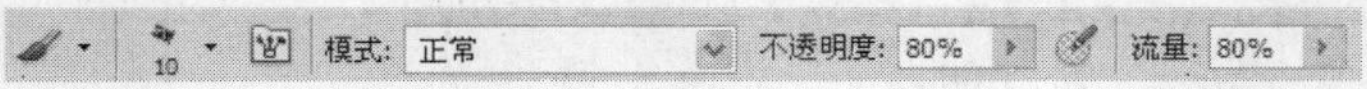

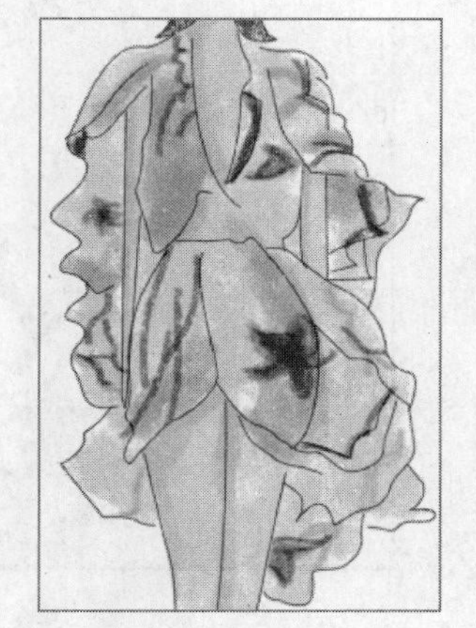

07 单击“图层”面板底部的“创建新图层”按钮，新建一个图层，图层名称为“图层7”，设置前景色为黑色，选择“画笔工具”，如图15-55所示设置参数，在画面中涂抹，效果如图15-56所示。单击“图层”面板底部的“创建新图层”按钮，新建一个图层，图层名称为“图层8”，使用相同的方法，在画面中绘制，效果如图15-57、图15-58、图15-59所示。

图15-55

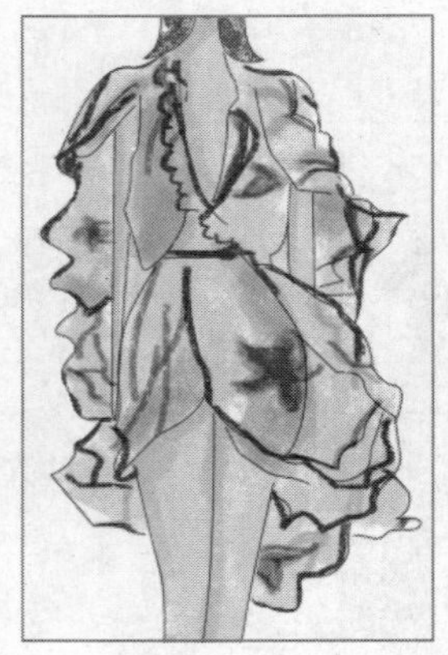

图15-56

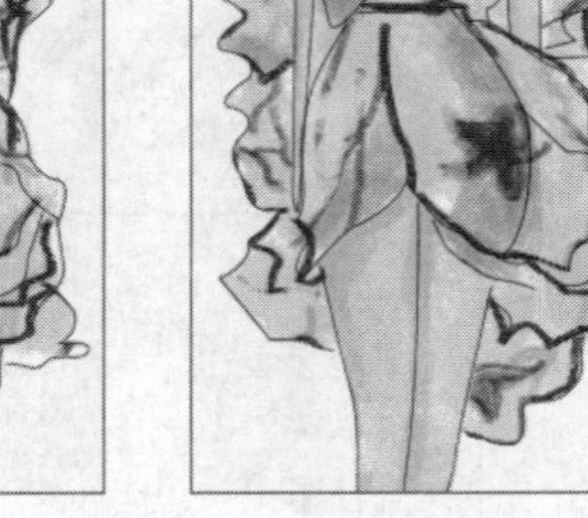

图15-57

图15-58

图15-59

08 复制绘制衣服的所有图层然后合并，选择“滤镜/艺术效果/绘画涂抹”命令，如图15-60所示设置参数，效果如图15-61所示。单击“图层”面板底部的“创建新图层”按钮，新建一个图层，图层名称为“图层9”，使用相同的方法，在画面中绘制人物的鞋子，效果如图15-62所示。打开素材文件夹，导入素材图片，最终效果如图15-63所示。

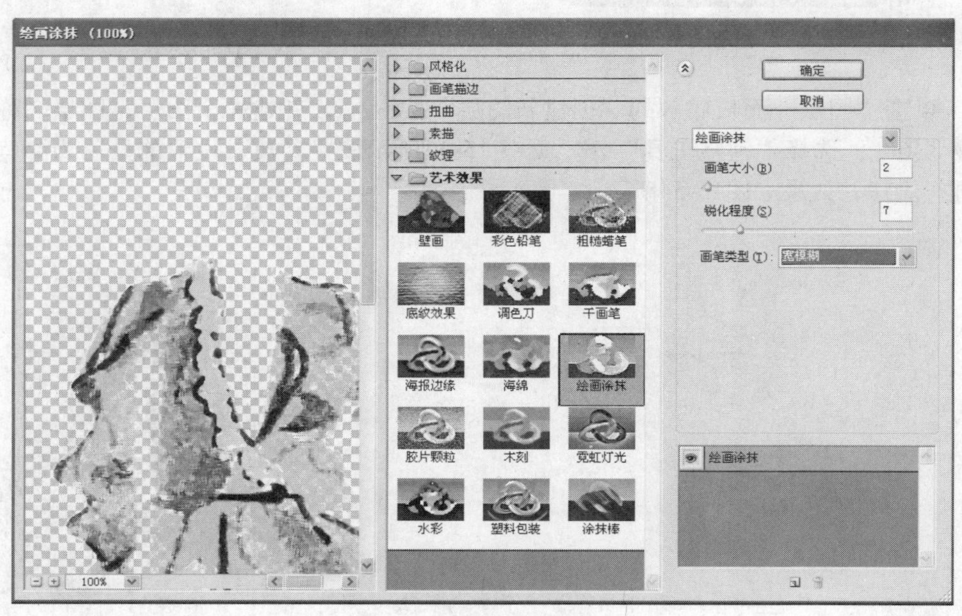

图15-60

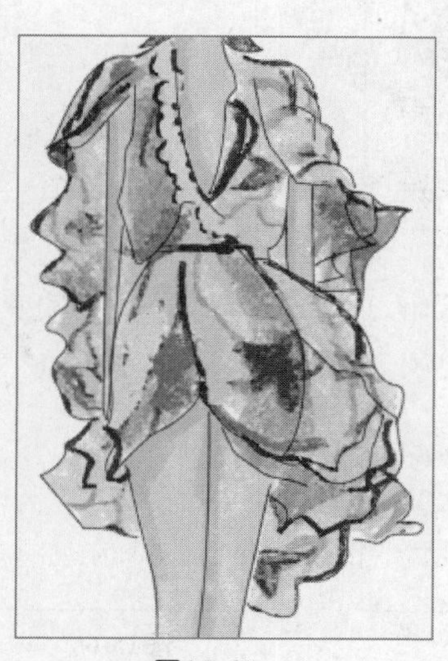

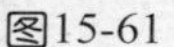

图15-61

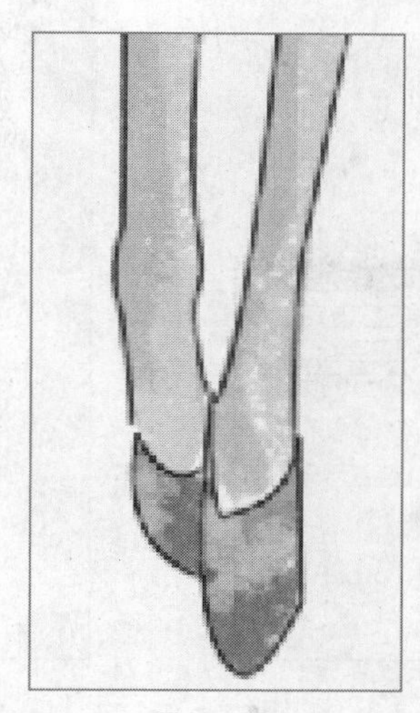

图15-62

图15-63

本例讲解在Photoshop CS5 中，制作民族服装设计的方法与技巧。在制作过程中，优先考虑服装的面料质感，使用钢笔工具绘制轮廓，使用画笔工具在画面中填充颜色，结合滤镜命令制作所需效果，其参数设置根据自己的需要进行调整。滤镜中还有很多其他效果，读者可根据自己的需要随意调整。

15.3 典雅的贵妇服

设计步骤

01 按快捷键Ctrl+N，新建一个文件，设置对话框如图15-64所示。

02 单击“图层”面板底部的“创建新图层”按钮，新建一个图层，图层名称为“图层1”，使用“钢笔工具”，在画面中绘制路径，如图15-65所示。选择“画笔工具”，为路径描边，效果如图15-66所示。

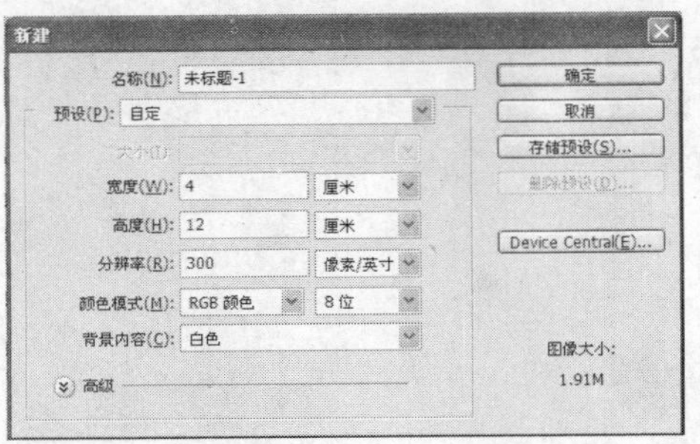

图15-64

图15-65

图15-66

03 单击“图层”面板底部的“创建新图层”按钮，新建一个图层，图层名称为“图层2”，设置前景色为黑色，填充头发的颜色，效果如图15-67所示。选择“钢笔工具”，绘制路径，如图15-68所示。载入选区，选择“选择/修改/羽化”命令，设置参数为2，填充颜色为白色，选择“涂抹工具”，如图15-69所示设置参数，进行涂抹处理，效果如图15-70所示。

图15-67

图15-68

图15-69

图15-70

04 单击“图层”面板底部的“创建新图层”按钮，新建一个图层，图层名称为“图层3”，如图15-71所示设置前景色，选择“钢笔工具”绘制路径，将路径转为选区，填充颜色后，效果如图15-72所示。选择“减淡工具”，如图15-73所示设置参数，对图像进行减淡处理，效果如图15-74所示。单击“图层”面板底部的“创建新图层”按钮，新建一个图层，图层名称为“图层4”，如图15-75所示设置前景色，填充眼镜的颜色，效果如图15-76所示。选择“加深工具”，如图15-77所示设置参数，对图像进行加深处理，效果如图15-78所示。单击“图层”面板底部的“创建新图层”按钮，新建一个图层，图层名称为“图层5”，设置前景色为紫红色，在画面中绘制人物的唇部，效果如图15-79所示。

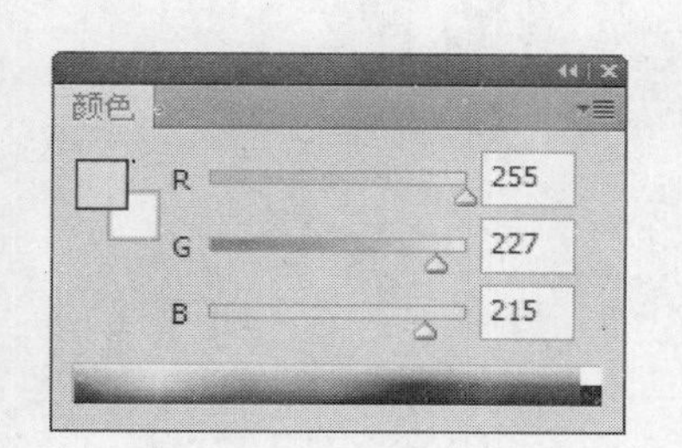

图15-71

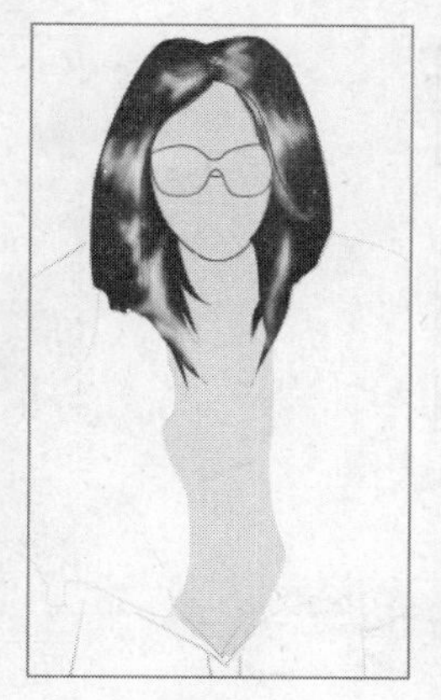

图15-72

图15-73

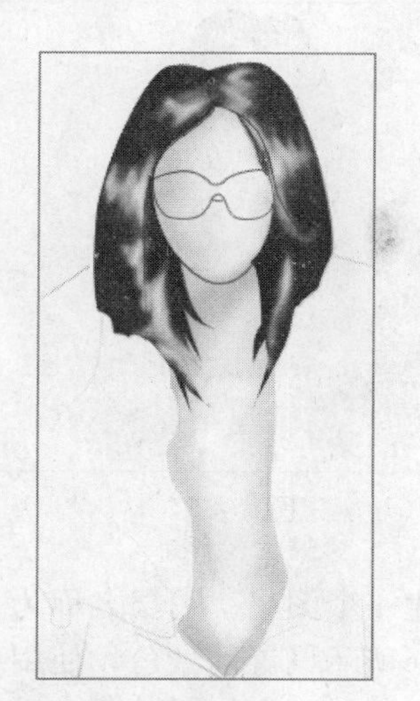

图15-74

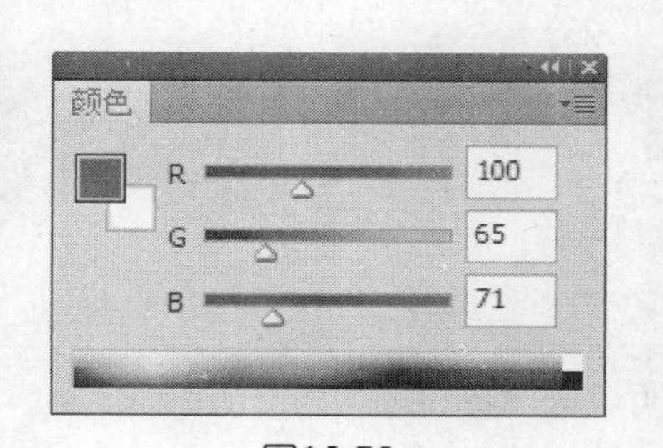

图15-75

图15-76

图15-77

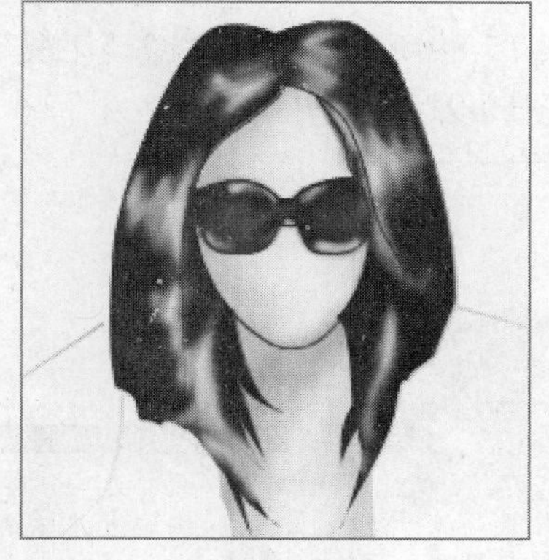

图15-78

图15-79

05 单击“图层”面板底部的“创建新图层”按钮，新建一个图层，图层名称为“图层6”，如图15-80所示设置前景色，选择“画笔工具”，如图15-81所示，在画面中绘制衣领，效果如图15-82所示。选择“加深工具”、“涂抹工具”，如图15-83、

图15-84所示设置参数，对图像进行加深、涂抹处理，效果如图15-85所示。

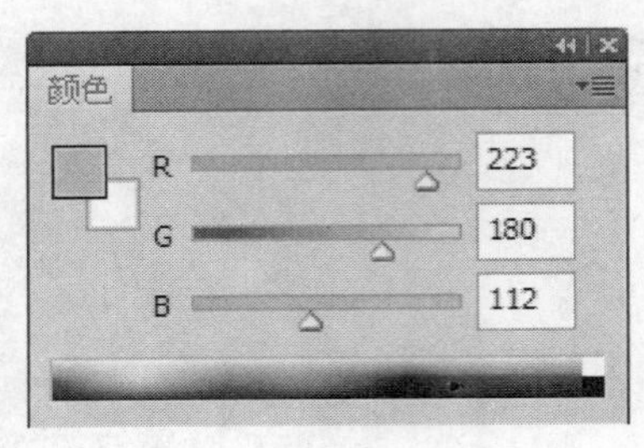

图15-80

图15-82

图15-81

图15-83

模式: 正常 强度: 50%

图15-84

图15-85

06 单击“图层”面板底部的“创建新图层”按钮，新建一个图层，图层名称为“图层7”，将此图层放置在“图层6”图层之下，如图15-86所示设置前景色，使用“画笔工具”绘制人物的衣服，效果如图15-87所示。单击“图层”面板底部的“创建新图层”按钮，新建一个图层，图层名称为“图层8”，如图15-88所示设置前景色，使用“钢笔工具”绘制路径，将路径转为选区，填充效果后，如图15-89所示。选择“减淡工具”，如图15-90所示设置参数，对图像进行减淡处理，效果如图15-91所示。

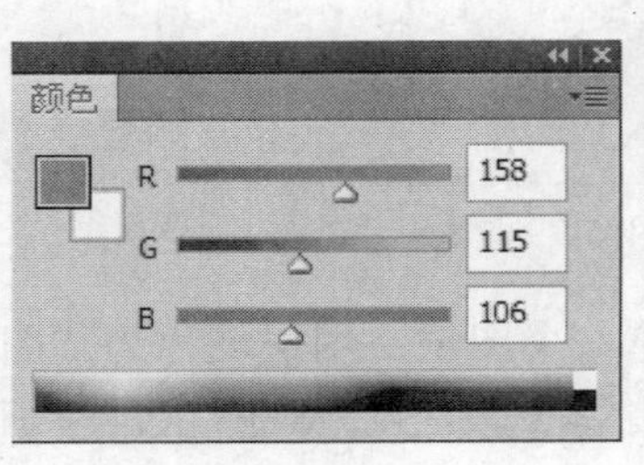

图15-86

图15-87

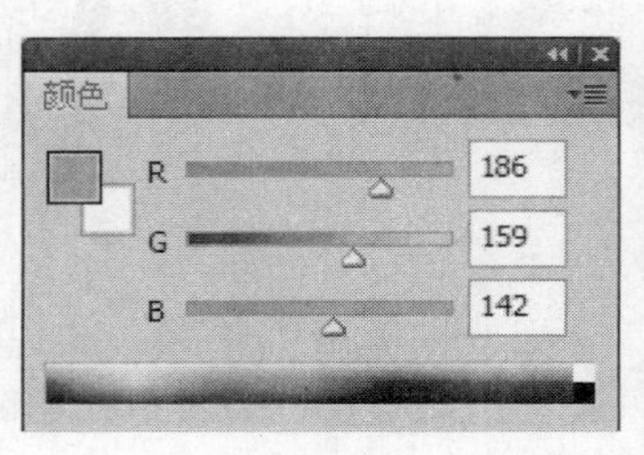

图15-88

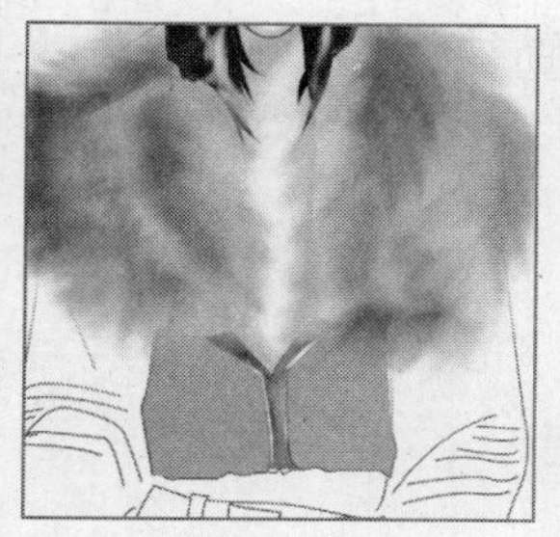

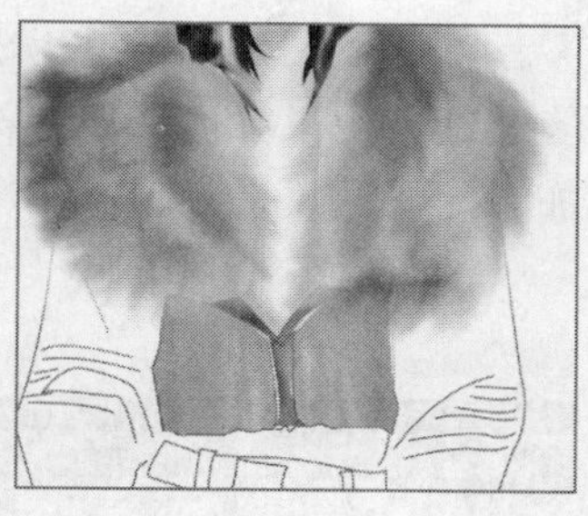

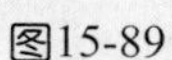
图15-89　　图15-90　　图15-91

07 选择“滤镜/纹理/纹理化”命令，设置参数如图15-92所示设置参数。单击“图层”面板底部 “图层样式/内阴影”命令，如图15-93所示设置参数，效果如图15-94所示。单击“图层”面板底部的“创建新图层”按钮，新建一个图层，图层名称为“图层9”，选择“钢笔工具”绘制路径，将路径转为选区，填充灰色，使用“加深工具”、“减淡工具”对图像进行修饰，效果如图15-95所示。

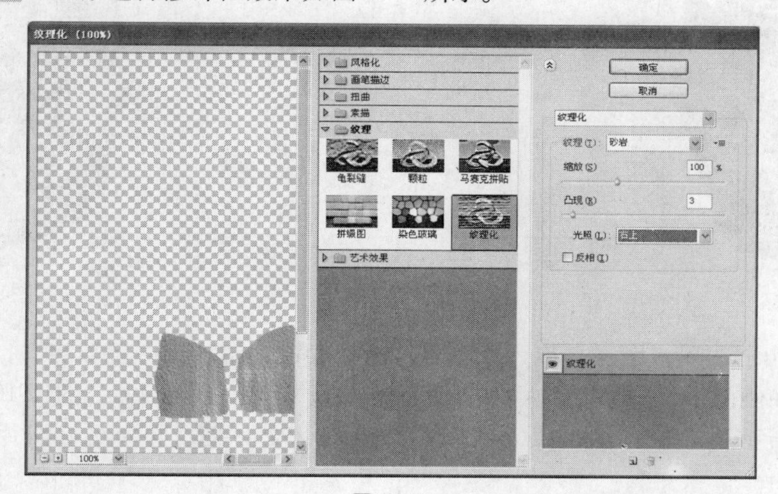

图15-92

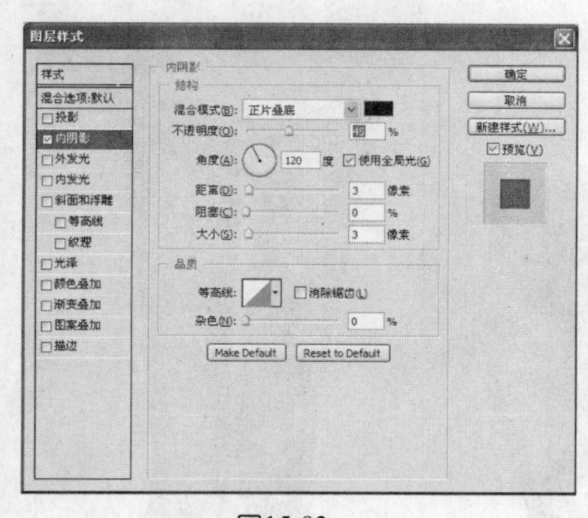

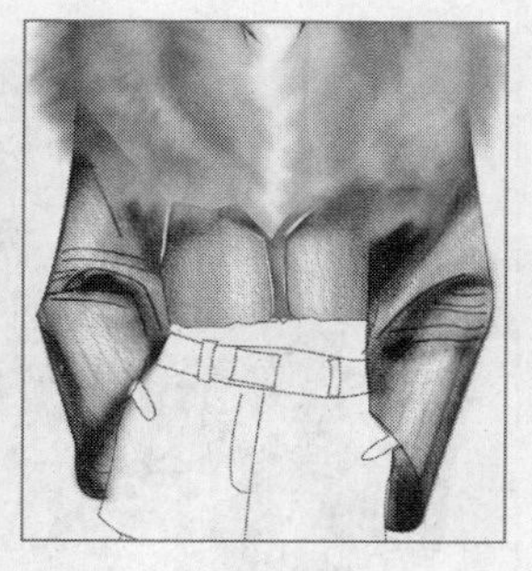

图15-93　　图15-94　　图15-95

08 单击“图层”面板底部的“创建新图层”按钮，新建一个图层，图层名称为“图层10”，如图15-96所示设置前景色，选择“钢笔工具”绘制路径，将路径转为选区，填充效果如图15-97所示。选择“减淡工具”，如图15-98所示设置参数，对图像进行减淡处理，效果如图15-99所示。选择“加深工具”，如图15-100所示设置参数，对图像进行加深处理，效果如图15-101所示。

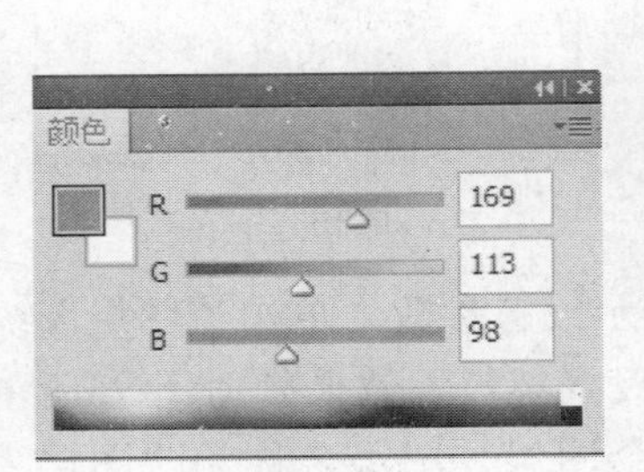

图15-96

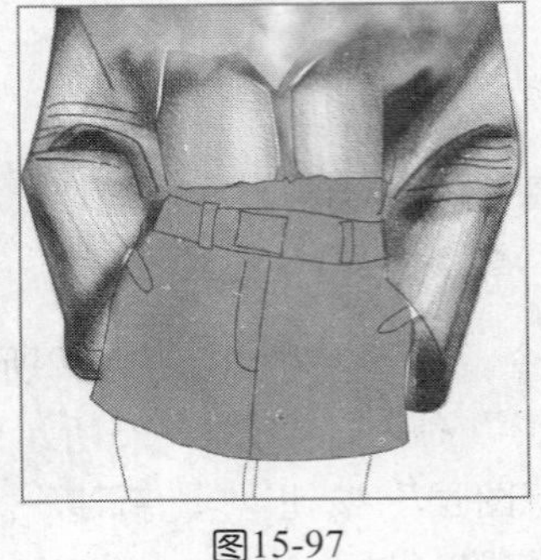

图15-97

图15-98

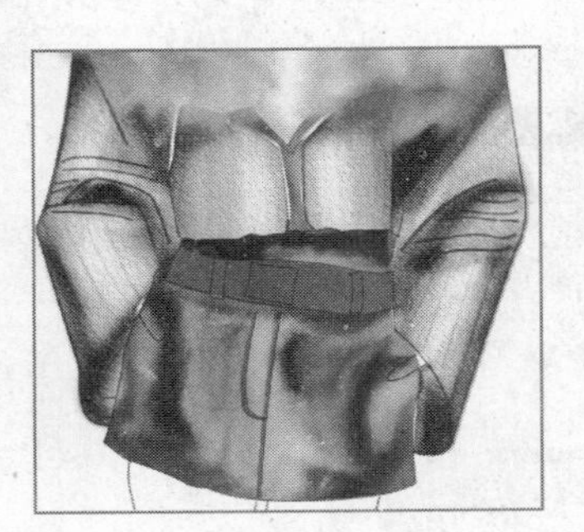

图15-99

图15-100

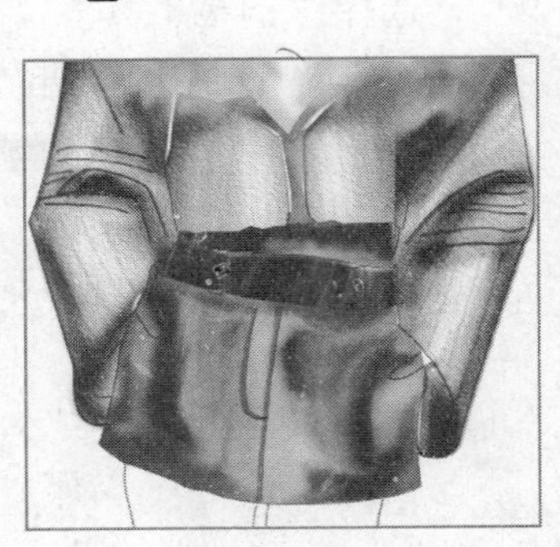

图15-101

09 新建四个图层，图层名称为“图层11、图层12、图层13、图层14”，使用相同的方法，在画面中绘制腰带，人物的腿部和靴子，效果如图15-102、图15-103、图15-104、图15-105所示，整体效果如图15-106所示，打开素材文件夹，导入素材图片，最终效果如图15-107所示。

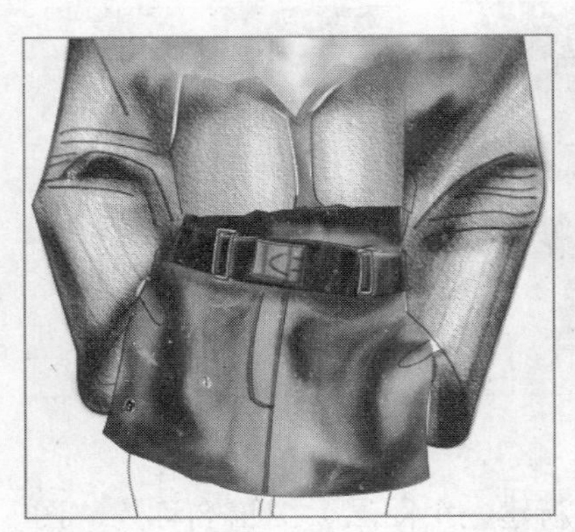

图15-102

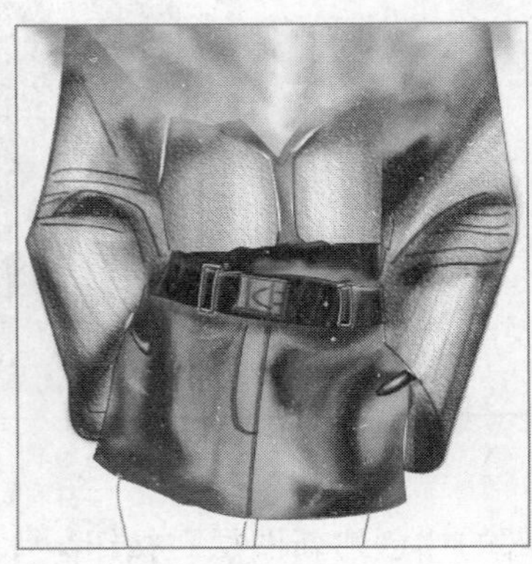

图15-103

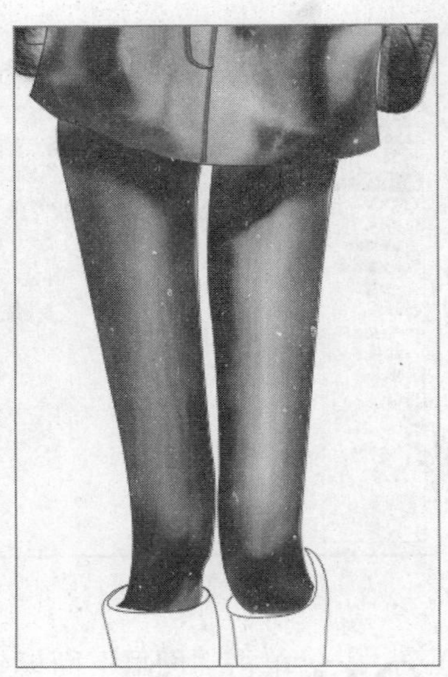

图15-104

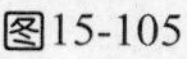

图15-105

图15-106

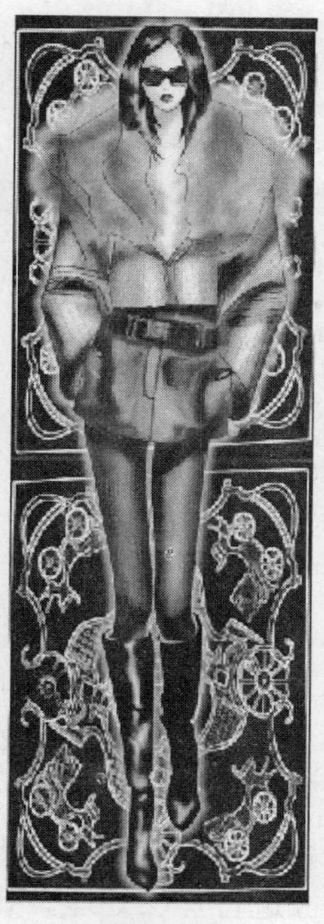

图15-107

本例讲解在Photoshop CS5中，制作贵妇服饰的方法与技巧。在制作过程中，使用“涂抹工具”绘制出裘皮大衣柔软、蓬松的质地，给人以雍容华贵的感觉。但在表现时要注意皮毛边缘的处理，毛皮的走向有顺有逆，不能颠倒，也不能画得太均齐，虚实结合地描绘，才会显得生动。

15.4 轻盈的舞蹈服

设计步骤

01 按快捷键Ctrl+N，新建一个文件，设置对话框如图15-108所示。

02 单击“图层”面板底部的“创建新图层”按钮，新建一个图层，图层名称为“图层1”，使用“钢笔工具”，在画面中绘制路径，如图15-109所示。选择“画笔工具”，为路径描边，如图15-110所示。

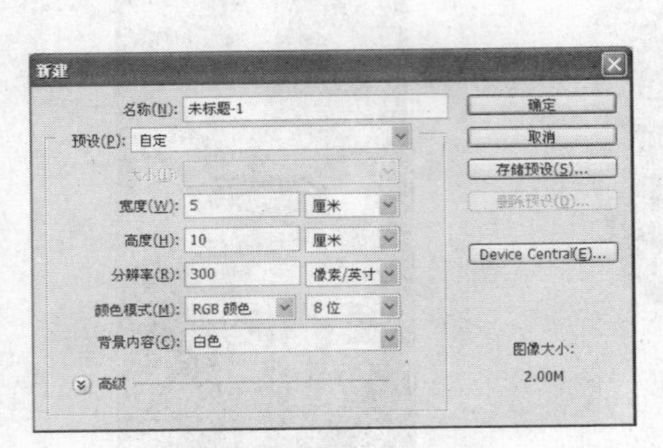

图15-108

图15-109

图15-110

03 单击“图层”面板底部的“创建新图层”按钮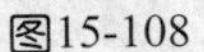，新建一个图层，图层名称为“图层2”，载入头发选区并填充颜色，如图15-111所示。单击“图层”面板底部的“创建新图层”按钮，新建一个图层，图层名称为“图层3”，如图15-112所示设置前景色，载入人物肤色选区，填充颜色后，效果如图15-113所示。选择“加深工具”，如图15-114所示，对图像进行加深处理，效果如图15-115所示。

图15-111

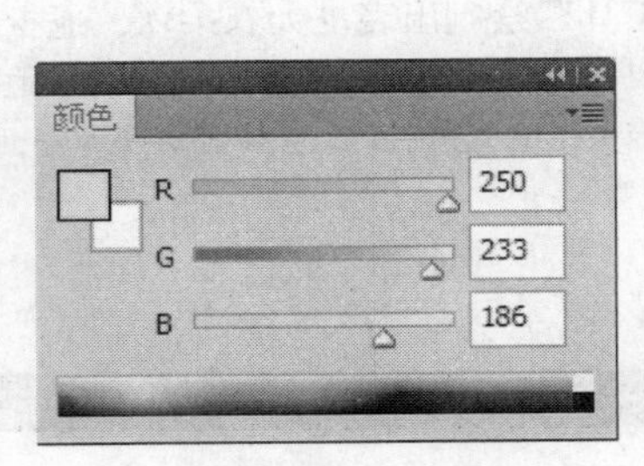

图15-112

图15-113

图15-115

图15-114

04 单击“图层”面板底部的“创建新图层”按钮，新建一个图层，图层名称为“图层4”，选择“画笔工具”，如图15-116所示设置参数。如图15-117所示设置前景色，填充人物的衣服上的颜色，效果如图15-118所示。单击“图层”面板底部的“创建新图层”按钮，新建一个图层，图层名称为“图层5”，设置前景色为黑色，载入衣服边缘选区，填充颜色后，效果如图15-119所示。选择“画笔工具”，在画面中绘制衣服上的装饰图案，效果如图15-120所示。

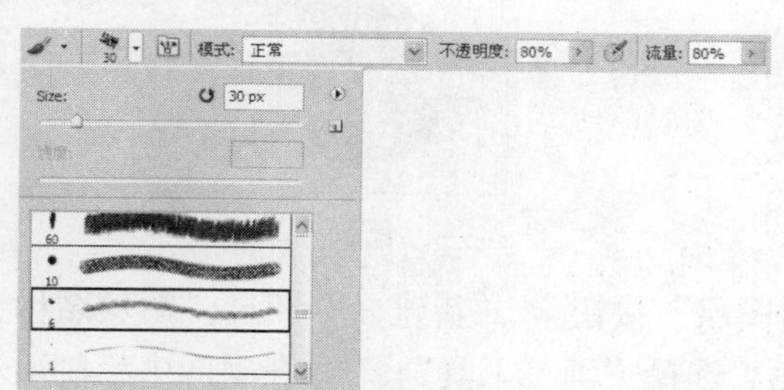

图15-116

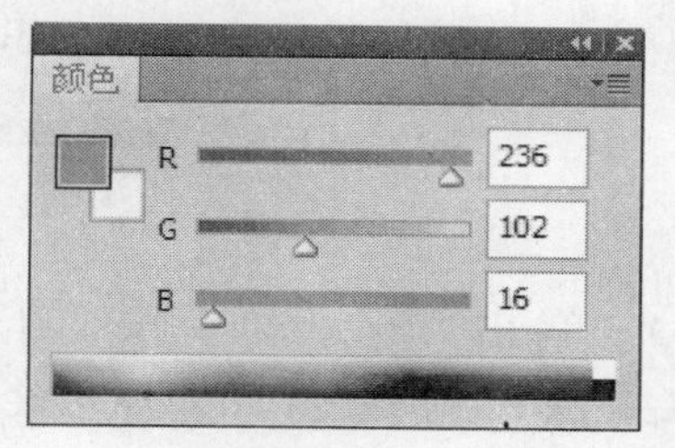

图15-117

图15-118

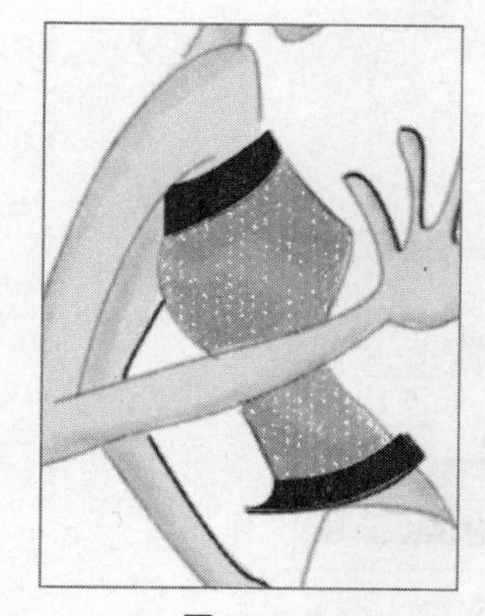
图15-119

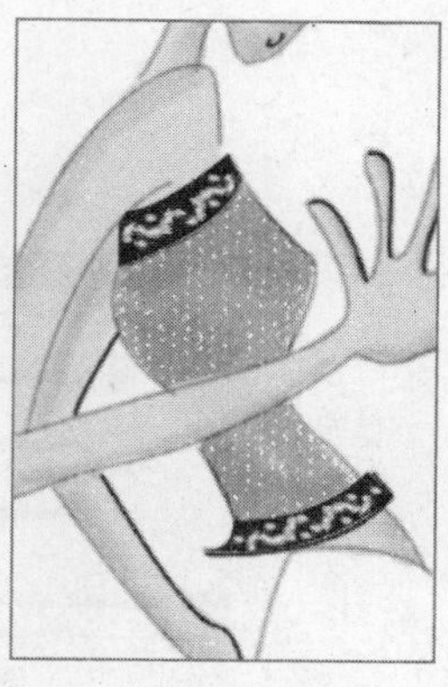
图15-120

05 单击“图层”面板底部的“创建新图层”按钮，新建一个图层，图层名称为“图层6”，如图15-121所示设置前景色，选择“画笔工具”，在画面中绘制人物的下半身并填充颜色，效果如图15-122所示。单击“图层”面板底部的“创建新图层”按钮，新建一个图层，图层名称为“图层7”，如图15-123所示设置前景色，选择“画笔工具”，在画面中继续绘制，效果如图15-124所示。

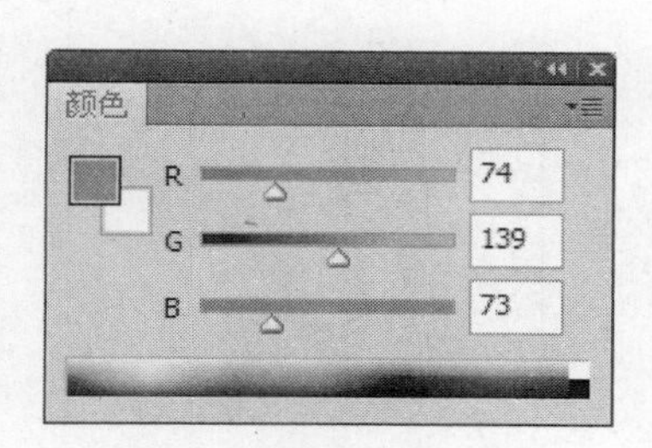

图15-121

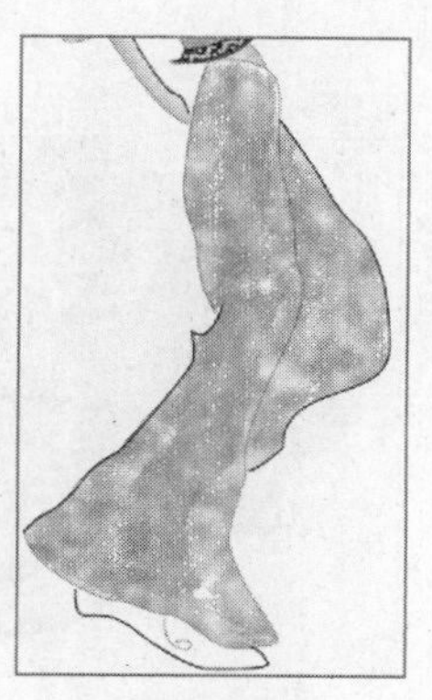
图15-122

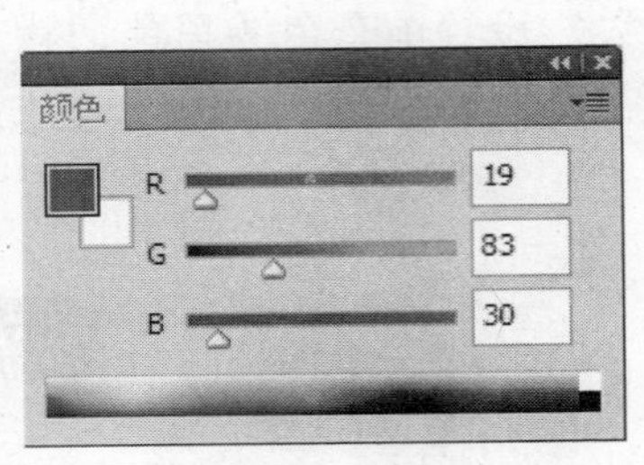

图15-123

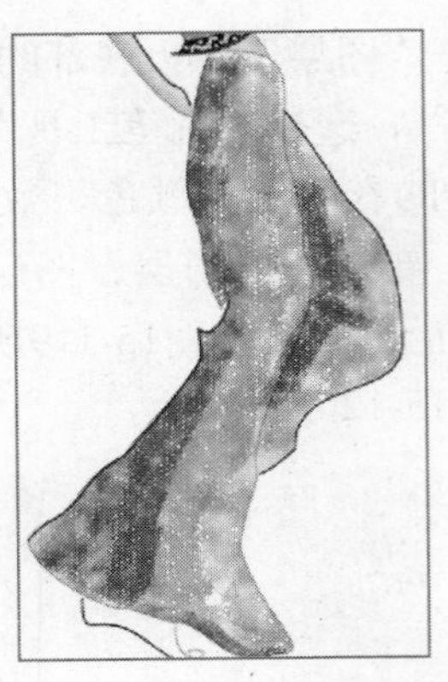

图15-124

06 单击“图层”面板底部的“创建新图层”按钮，新建一个图层，图层名称为“图层8”，如图15-125所示设置前景色。选择“画笔工具”，在画面中绘制裙子的褶皱效果，如图15-126所示。

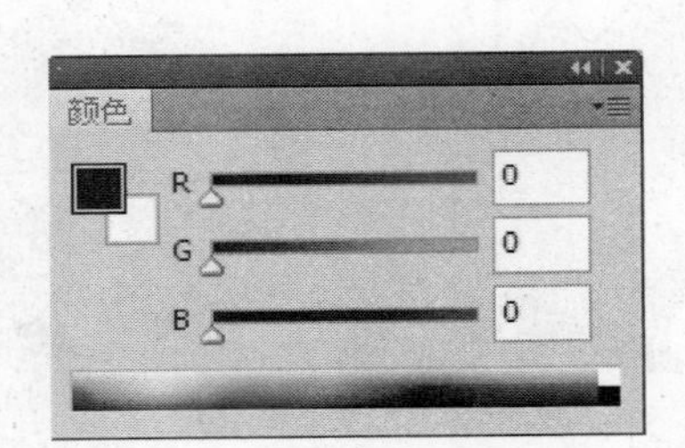

图15-125

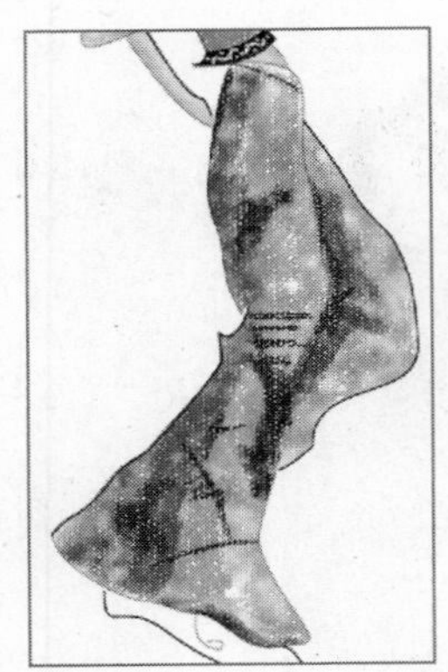

图15-126

07 单击“图层”面板底部的“创建新图层”按钮，新建一个图层，图层名称为“图层9”，选择“画笔工具”，在画面中绘制裙子的图案，效果如图15-127所示。单击“图层”面板底部的“创建新图层”按钮，新建一个图层，图层名称为“图层10”，选择“钢笔工具”，在画面中绘制路径，如图15-128所示。选择“画笔工具”，如图15-129所示设置参数，为路径描边，效果如图15-130所示。

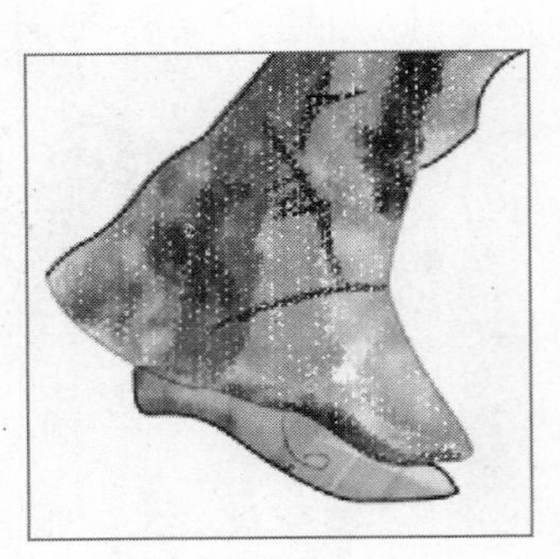

图15-127

图15-128

图15-129

图15-130

08 单击“图层”面板底部的“创建新图层”按钮，新建一个图层，图层名称为“图层11”，选择“画笔工具”，如图15-131、图15-132所示设置参数，在画面中绘制，效果如图15-133所示。

图15-131

图15-132

图15-133

09 单击“图层”面板底部的“创建新图层”按钮，新建一个图层，图层名称为“图层12”，选择“钢笔工具”，绘制路径，选择“画笔工具”，为路径描边，效果如图15-134所示。如图15-135所示设置前景色，填充颜色后，效果如图15-136所示。

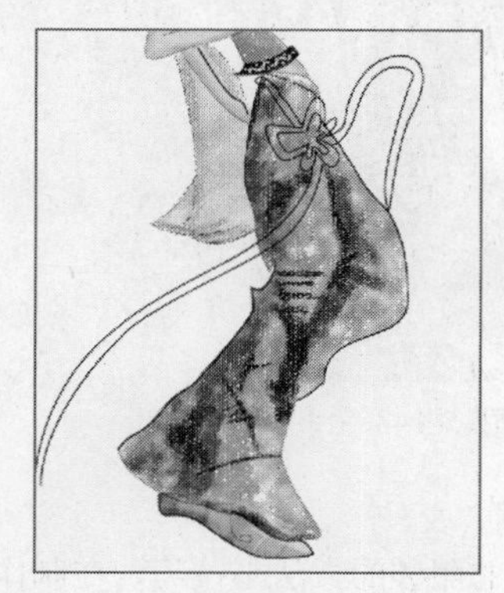

图15-134

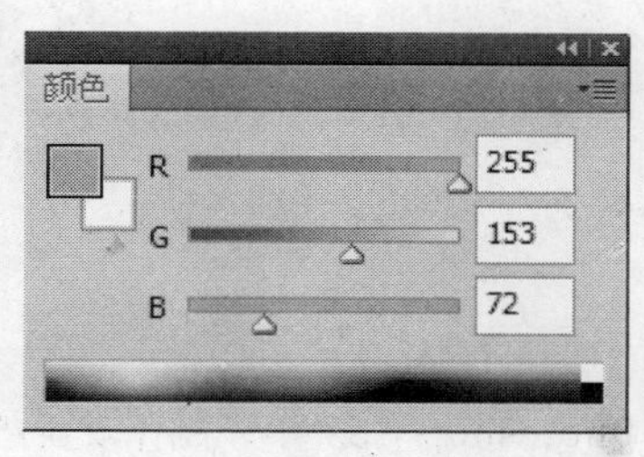

图15-135

图15-136

10 单击“图层”面板底部的“创建新图层”按钮，新建一个图层，图层名称为“图层13”，如图15-137所示设置前景色，使用“钢笔工具”绘制路径，载入选区，填充颜色后，效果如图15-138所示。选择“画笔工具” ，如图15-139所示设置参数。如图15-140所示设置前景色，在画面中绘制，填充颜色后，效果如图15-141所示，整体效果如图15-142所示，打开素材文件夹，导入素材图片，效果如图15-143所示。

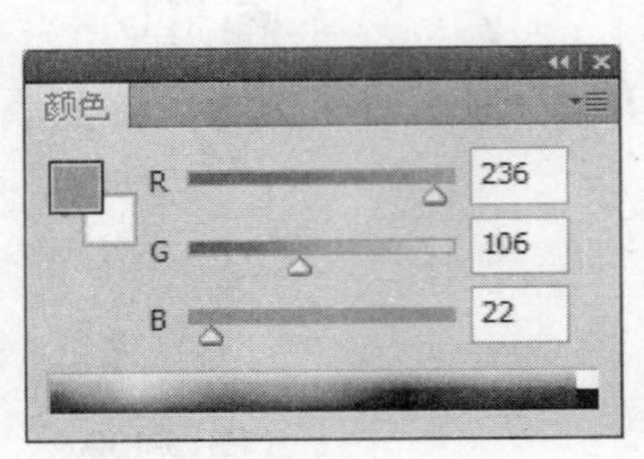

图15-137

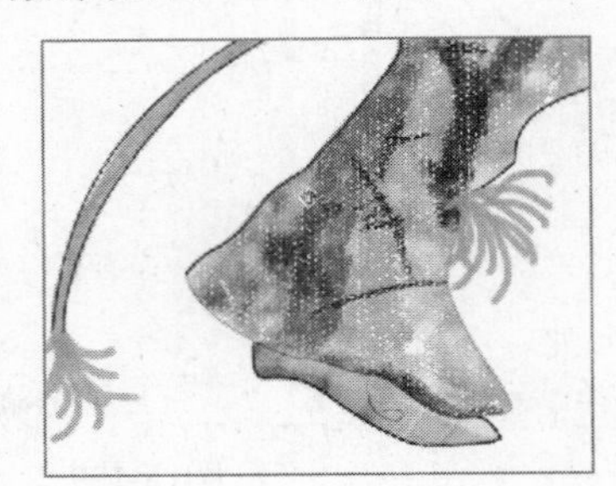

图15-138

模式: 正常 不透明度: 80% 流量: 80%

图15-139

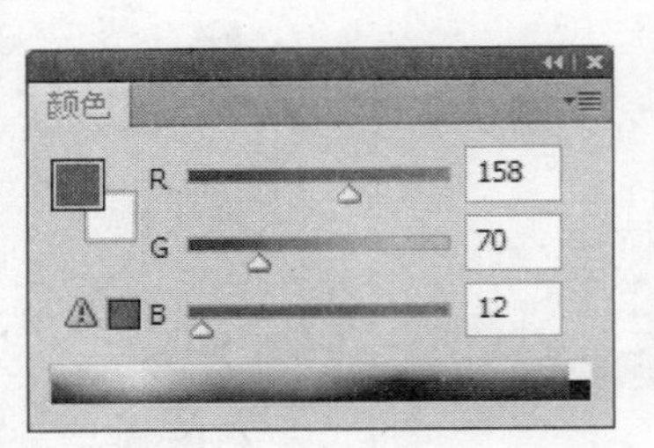

图15-140

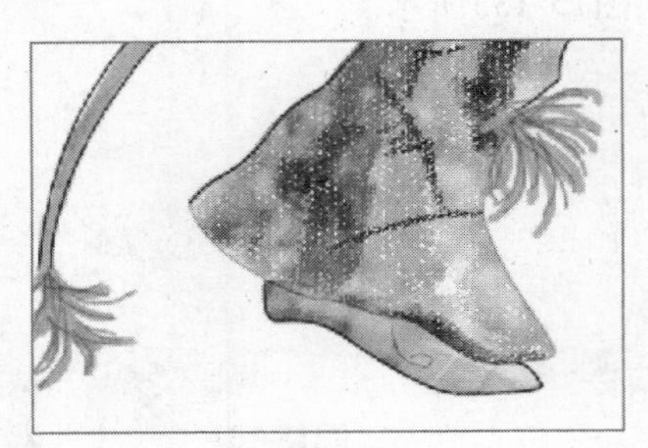

图15-141

图15-142

图15-143

本例讲解在Photoshop CS5 中，制作女舞蹈家的服装的方法与技巧。在制作过程中，使用不同画笔类型可以绘制出不同材质的面料。在使用画笔涂抹的过程中，很容易涂抹出多余的部分，这时不必着急心烦，只要在工具箱中选择“橡皮擦”工具，擦除涂抹出的多余部分即可。

15.5 古典贵妃服

设计步骤

01 按快捷键Ctrl+N，新建一个文件，设置对话框如图15-144所示。

02 单击“图层”面板底部的“创建新图层”按钮，新建一个图层，图层名称为“图层1”，使用“钢笔工具”，在画面中绘制路径，如图15-145所示。选择“画笔工具”，为路径描边，如图15-146所示。

新建
名称(N): 未标题-1
预设(P): 自定
大小(I):
宽度(W): 3.5 厘米
高度(H): 12 厘米
分辨率(R): 300 像素/英寸
颜色模式(M): RGB 颜色 8位
背景内容(C): 白色
高级
确定
取消
存储预设(S)...
删除预设(D)...
Device Central(E)...
图像大小:
1.67M

图15-144

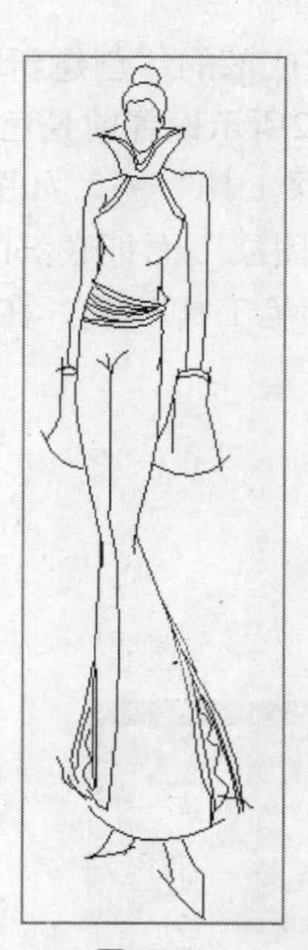

图15-145

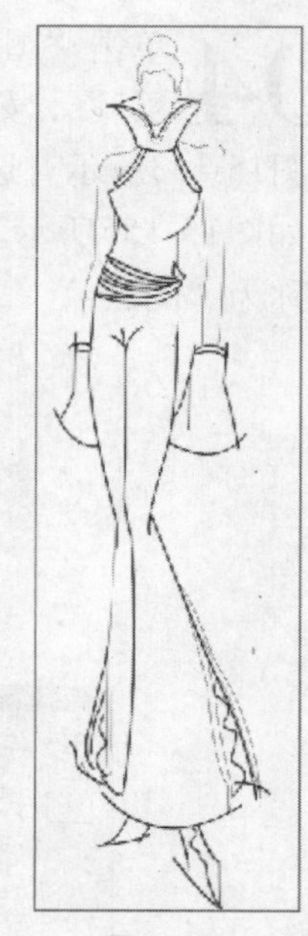

图15-146

03 单击“图层”面板底部的“创建新图层”按钮，新建一个图层，图层名称为“图层2”，如图15-147所示设置前景色，使用“画笔工具”，绘制人物头发，效果如图15-148所示。选择“加深工具”、“涂抹工具”，如图15-149、图15-150所示设置参数，对图像进行加深、涂抹处理，效果如图15-151所示。

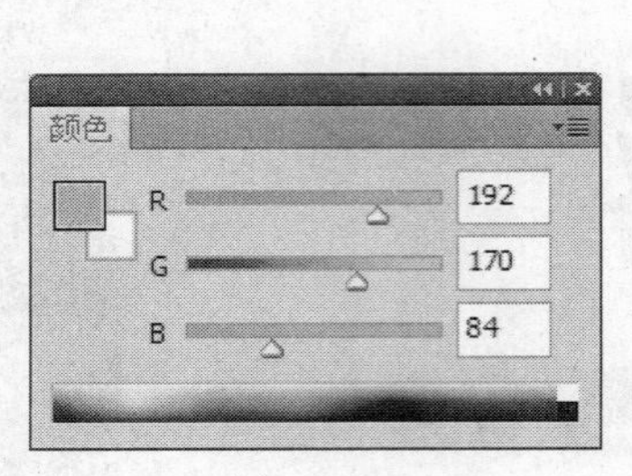

图15-147

图15-148

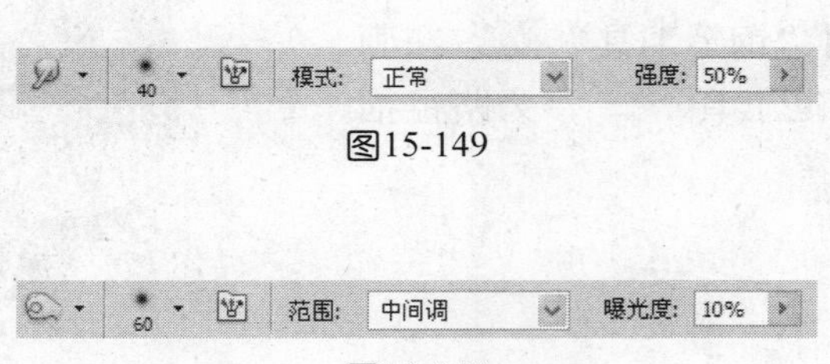

图15-149

图15-150

图15-151

04 单击“图层”面板底部的“创建新图层”按钮，新建一个图层，图层名称为“图层3”，如图15-152所示设置前景色，使用“画笔工具”，绘制人物的皮肤，效果如图15-153所示。选择“加深工具”，如图15-154所示设置参数，对图像进行加深处理，效果如图15-155所示。单击“图层”面板底部的“创建新图层”按钮，新建一个图层，图层名称为“图层4”，选择“画笔工具”，在画面中绘制人物五官，效果如图15-156所示。

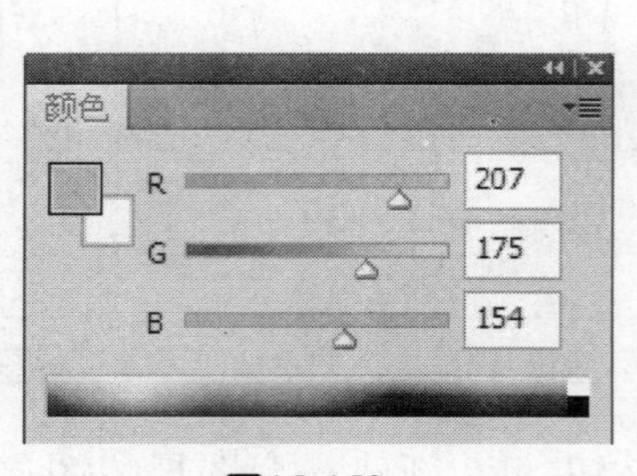

图15-152

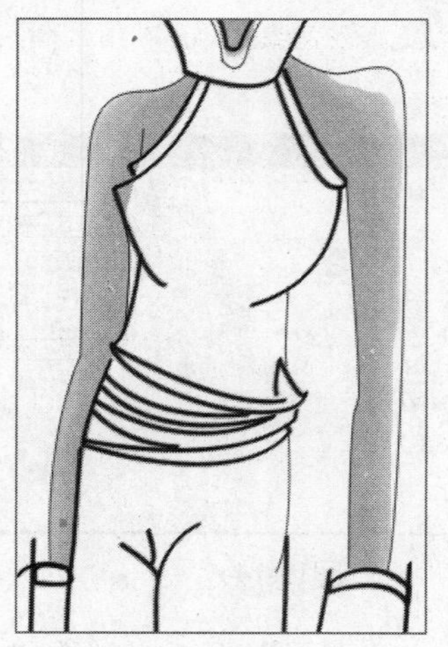

图15-153

图15-154

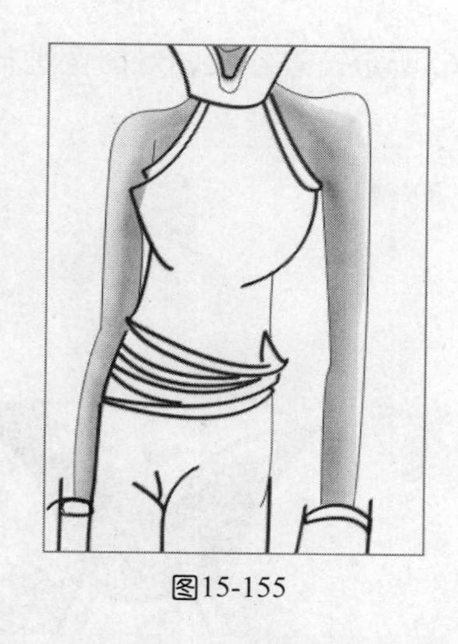

图15-155

图15-156

05 单击“图层”面板底部的“创建新图层”按钮，新建一个图层，图层名称为“图层5”，如图15-157所示设置前景色，选择“钢笔工具”，绘制路径，转为选区，填充颜色后，效果如图15-158所示。选择“加深工具”，如图15-159所示设置参数，对图像进行处理，效果如图15-160所示。单击“图层”面板底部的“创建新图层”按钮，新建一个图层，图层名称为“图层6”，选择“画笔工具”，如图15-161所示设置参数，在画面中绘制衣领上的图案，效果如图15-162所示。

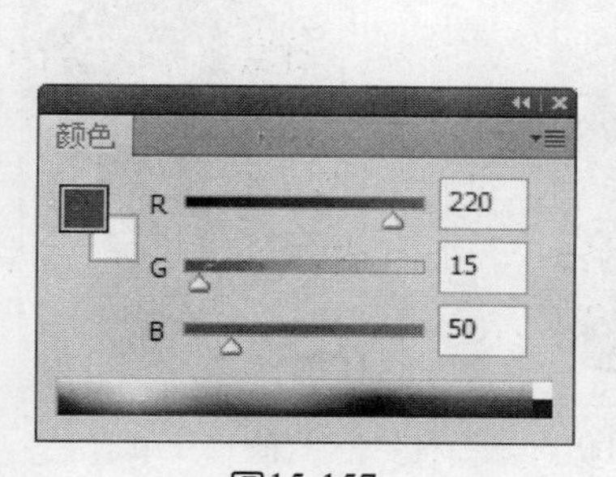

图15-157

图15-158

图15-159

图15-160

图15-161

图15-162

06 单击“图层”面板底部的“创建新图层”按钮，新建一个图层，图层名称为“图层7”，如图15-163所示设置前景色，选择“钢笔工具”，绘制路径，转为选区，效果如图15-164所示。选择“减淡工具”，如图15-165所示设置参数，对图像进行减淡处理，效果如图15-166所示。

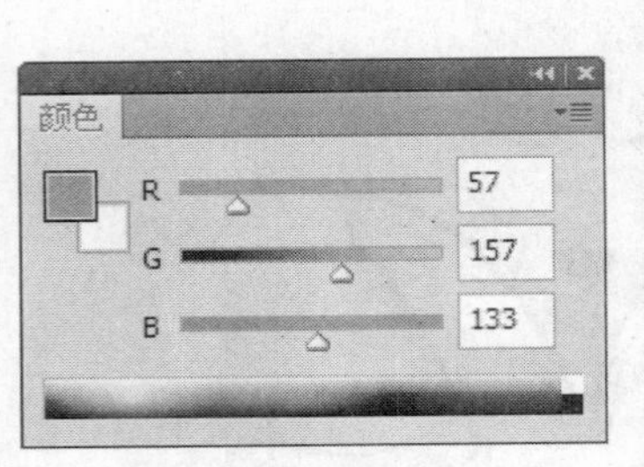

图15-163

图15-164

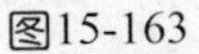

图15-165

图15-166

07 单击“图层”面板底部的“创建新图层”按钮，新建一个图层，图层名称为“图层8”，如图15-167所示设置前景色，选择“钢笔工具”，绘制路径，转为选区，填充颜色后，效果如图15-168所示。继续绘制衣服上的图案，效果如图15-169所示。选择“选择/修改/羽化”命令，设置参数为2，设置填充色为白色，效果如图15-170所示。

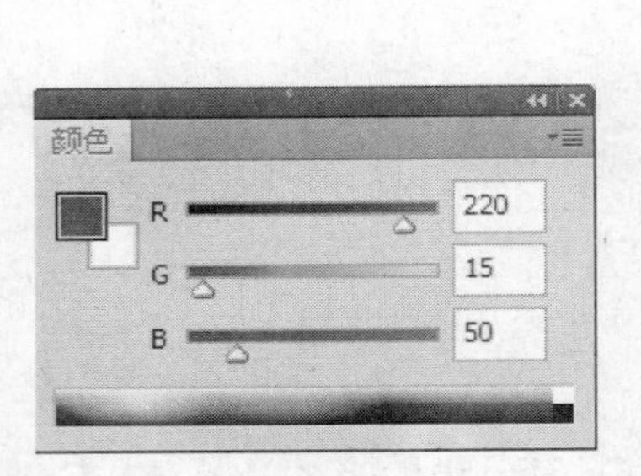

图15-167

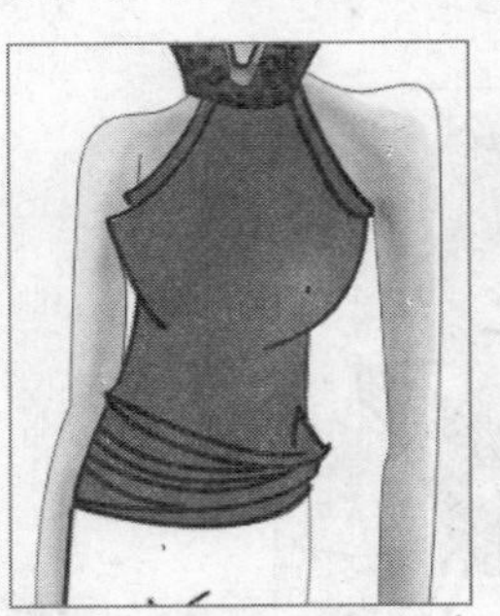
图15-168

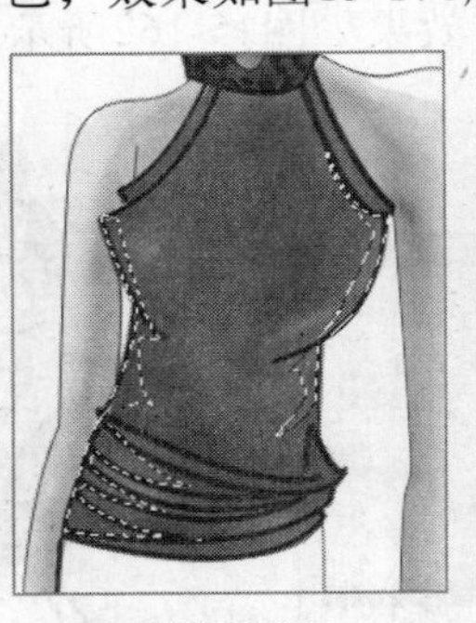
图15-169

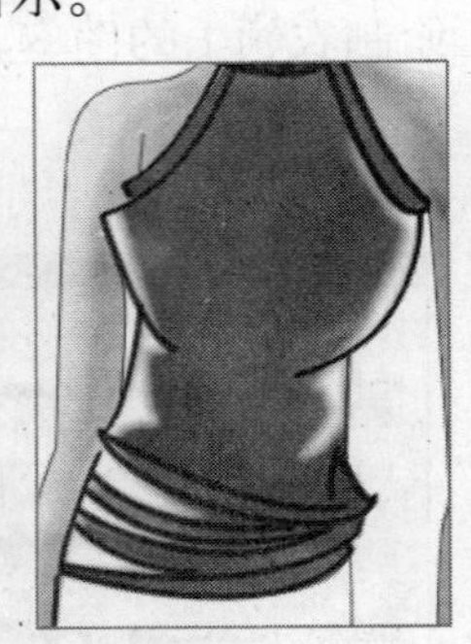
图15-170

08 单击“图层”面板底部的“创建新图层”按钮，新建一个图层，图层名称为“图层9”，如图15-171所示设置前景色。选择“钢笔工具”，绘制路径，转为选区，效果如图15-172所示，选择“加深工具”，如图15-173所示设置参数，对图像进行加深处理，效果如图15-174所示。

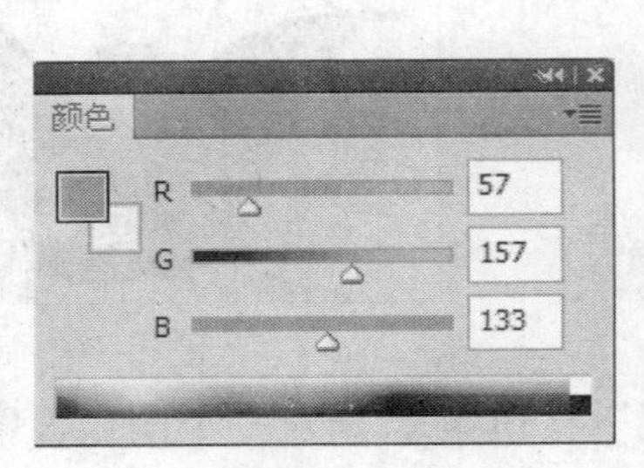

图15-171

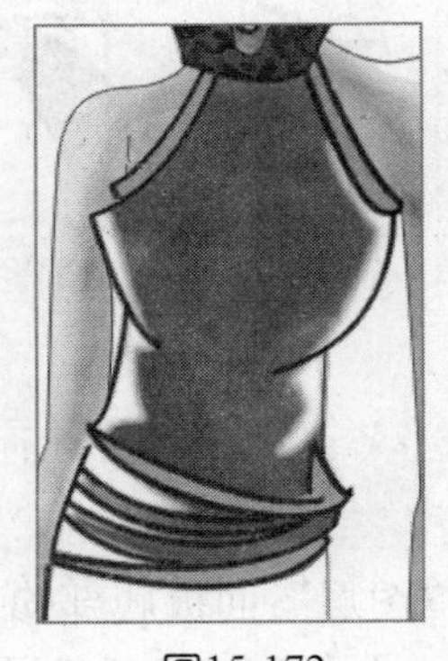
图15-172

图15-173

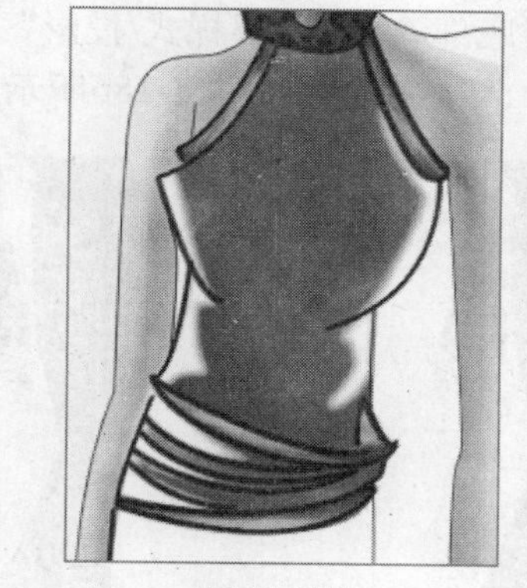

图15-174

09 单击“图层”面板底部的“创建新图层”按钮，新建一个图层，图层名称为“图层10”，选择“钢笔工具”，绘制路径，转为选区，设置前景色为红色，填充颜色后，效果如图15-175所示。选择“加深工具”，如图15-176所示设置参数，对图像进行加深处理，效果如图15-177所示。选择“钢笔工具”，在画面中绘制路径，效果如图15-178所示。选择“画笔工具”，在画面中绘制图案，如图15-179所示。

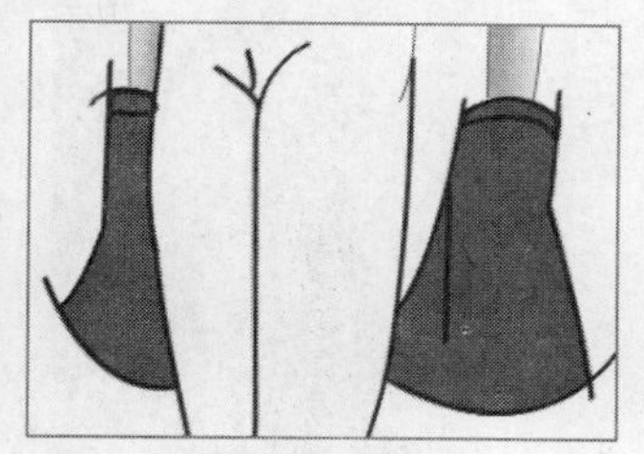

图15-175

图15-176

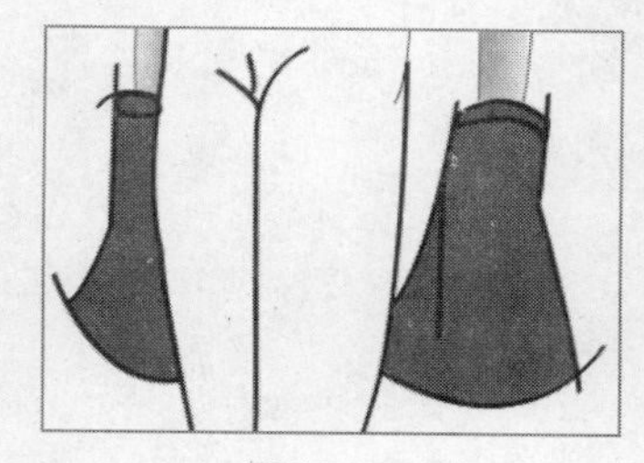

图15-177

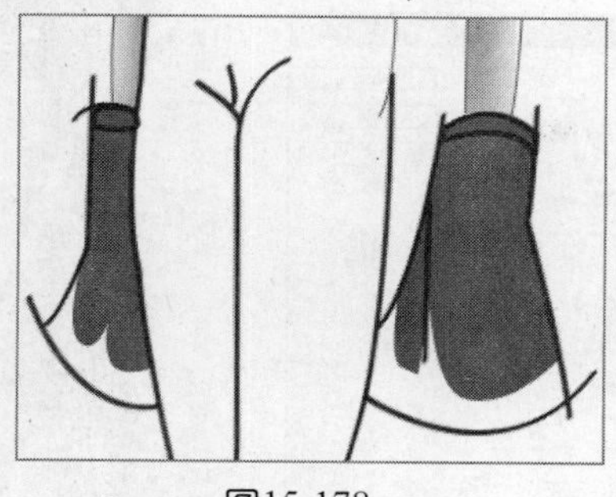

图15-178

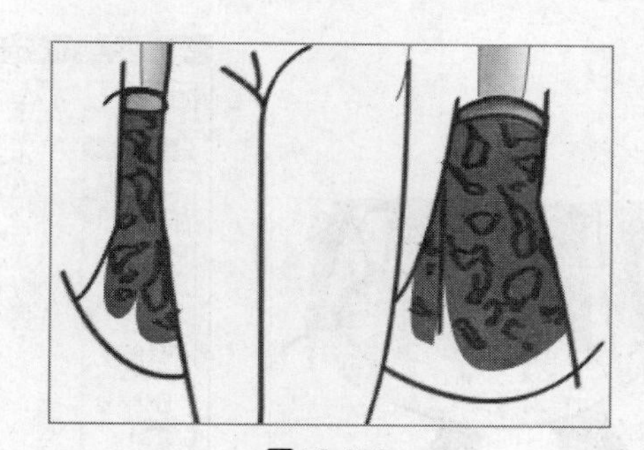

图15-179

10 单击“图层”面板底部的“创建新图层”按钮，新建一个图层，图层名称为“图层11”，选择“钢笔工具”，绘制路径，转为选区，填充颜色后，效果如图15-180、图15-181所示，单击“图层”面板底部的“创建新图层”按钮，新建一个图层，图层名称为“图层12”， 选择“钢笔工具”，绘制路径，将裙摆上的图案转为选区，填充颜色后，效果如图15-182、图15-183所示。

11 单击“图层”面板底部的“创建新图层”按钮，新建一个图层，图层名称为“图层13”，将此图层放在“图层12”下，在画面中绘制鞋子，选择“钢笔工具”，绘制路径，转为选区，填充颜色后，效果如图15-184所示。复制所有图层然后合并，单击“图层”面板底部 fx. “图层样式/投影”命令，如图15-185所示设置参数。打开素材文件夹，导入素材图片，最终效果如图15-186所示。

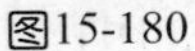
图15-180

图15-181

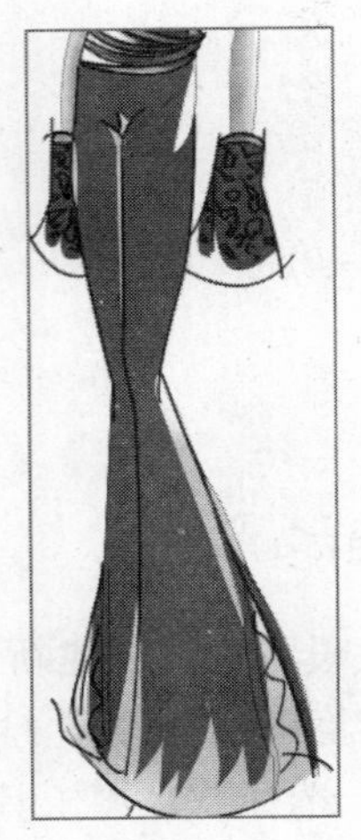
图15-182

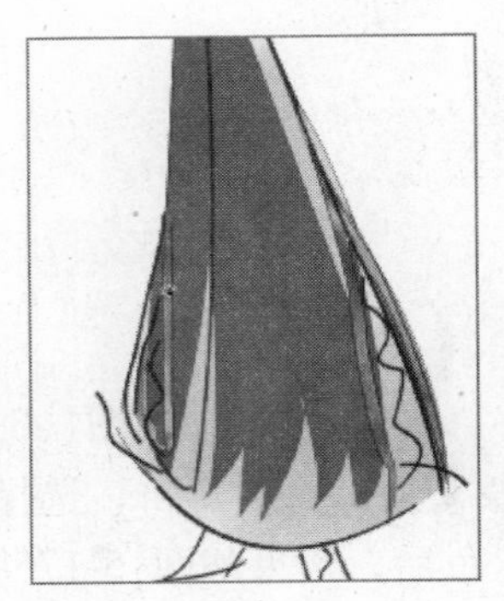
图15-183

图15-184

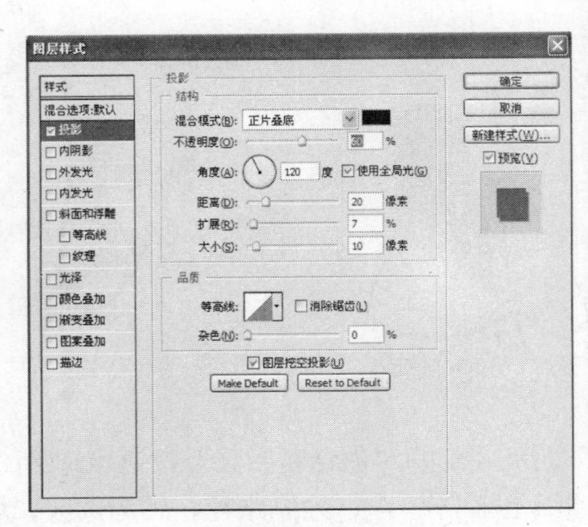

图15-185

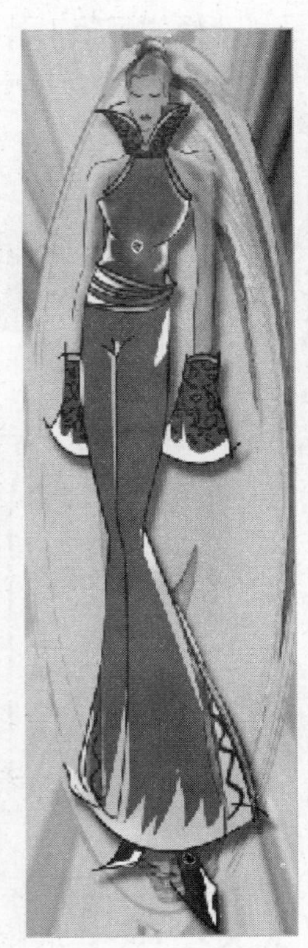
图15-186

本例讲解在Photoshop CS5 中，制作贵妃服装的方法与技巧。在制作过程中，使用羽化命令，虚化边缘，使其与其他图层相融合，羽化的数值越大，虚化的边缘越模糊。本例使用不同画笔工具为衣袖添加图案，整个画面以红色为主，透漏出含蓄、内敛的气质。

有特色的少数民族服装

设计步骤

01 按快捷键Ctrl+N，新建一个文件，设置对话框如图15-187所示。

02 单击“图层”面板底部的“创建新图层”按钮，新建一个图层，图层名称为“图层1”，使用“钢笔工具”，在画面中绘制路径，如图15-188所示，载入选区，如图15-189所示设置前景色，填充颜色后，效果如图15-190所示。

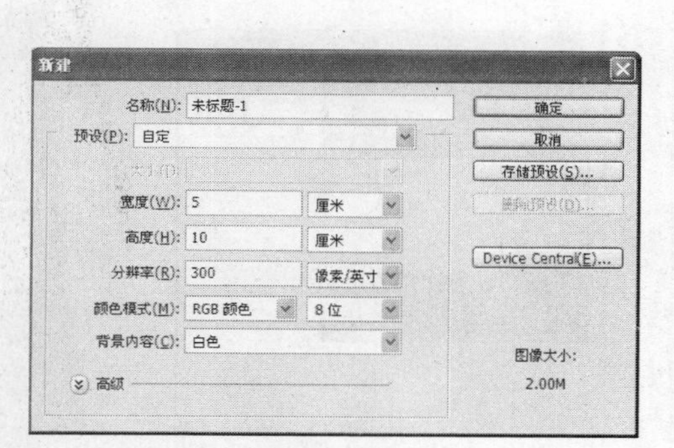

图15-187

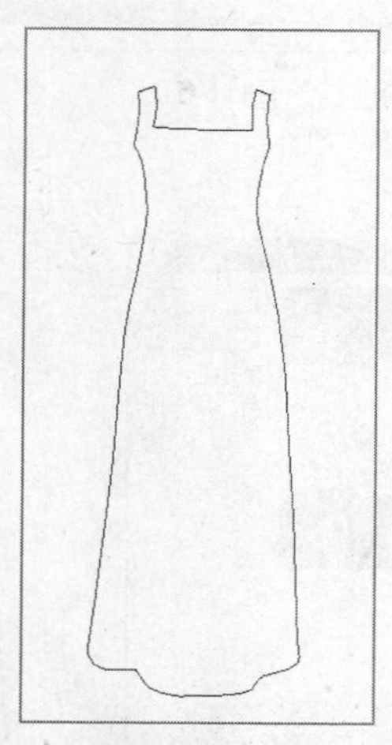

图15-188

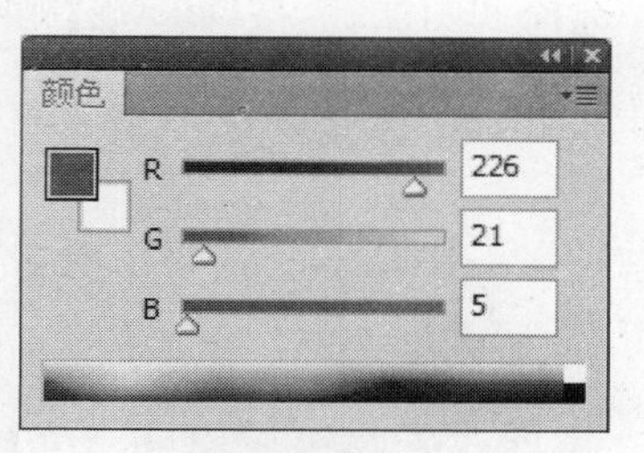

图15-189

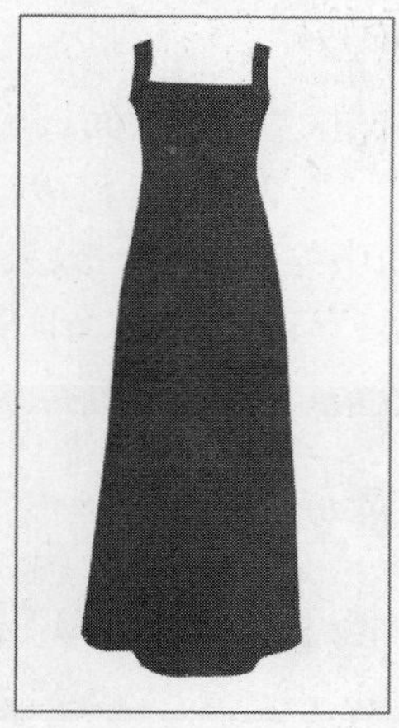

图15-190

03 单击“图层”面板底部的“创建新图层”按钮，新建一个图层，图层名称为“图层2”，如图15-191所示设置前景色，使用“钢笔工具”，绘制路径，效果如图15-192所示。载入“图层1”选区，按Ctrl+Shift+I组合键反选，选择“图层2”按Delete键删除，效果如图15-193所示。选择“滤镜/杂色/添加杂色”命令，如图15-194所示设置参数，效果如图15-195所示。选择“滤镜/杂色/蒙尘与划痕”命令，如图15-196所示设置参数，效果如图15-197所示。

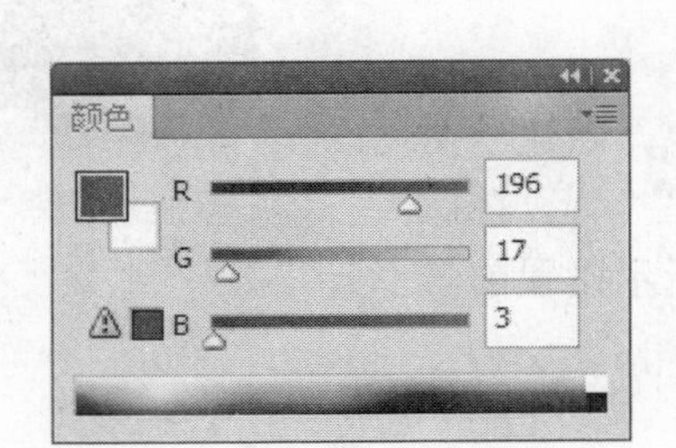

图15-191

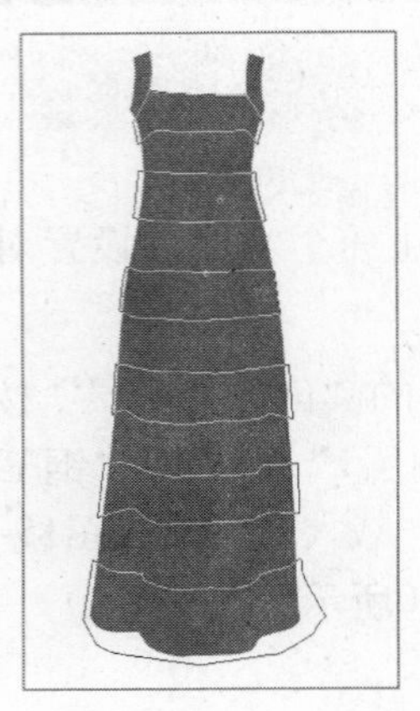
图15-192

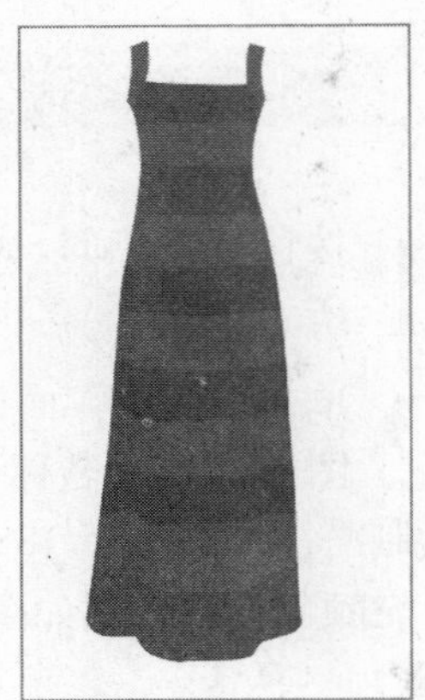
图15-193

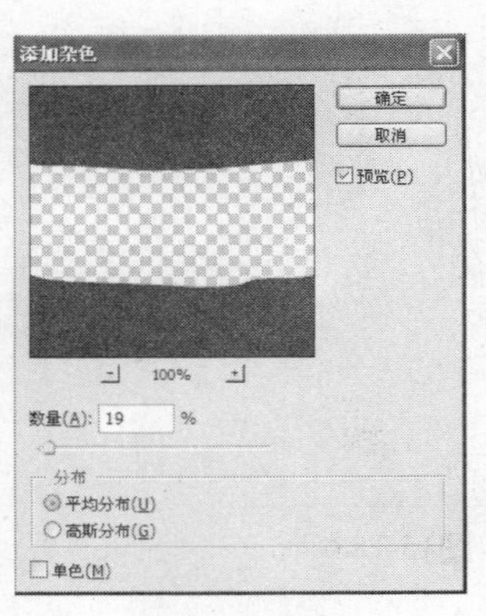

图15-194

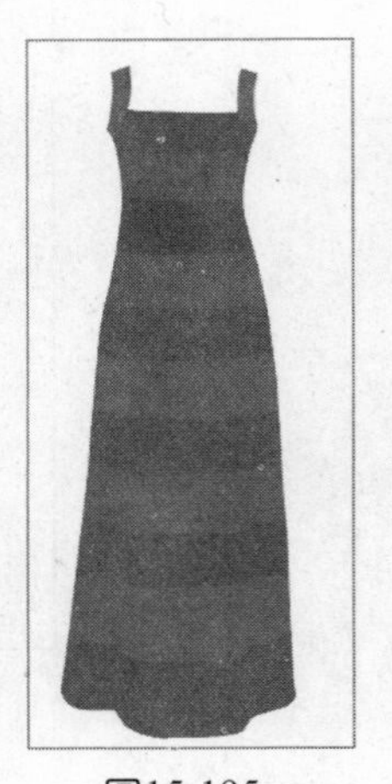
图15-195

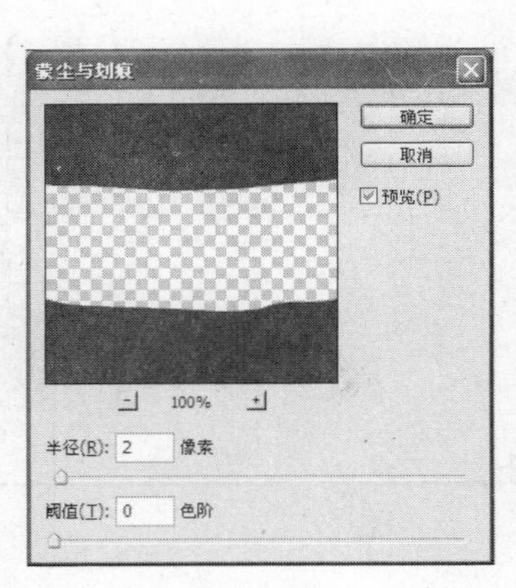

图15-196

图15-197

04 单击“图层”面板底部的“创建新图层”按钮，新建一个图层，图层名称为“图层3”，如图15-198所示设置前景色，选择“自定义形状工具”，如图15-199所示，在画面中绘制路径，效果如图15-200所示。载入选区并填充颜色，效果如图15-201所示。载入“图层1”选区，按Ctrl+Shift+I组合键反选，选择“图层2”按Delete键删除多余部分。

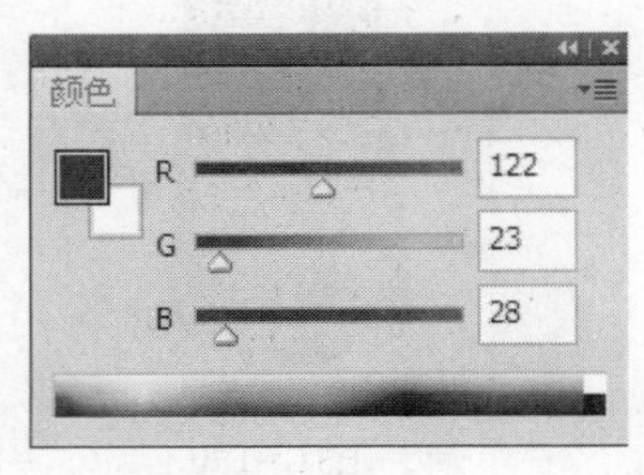

图15-198

图15-199